W0368729

Hauser/Stiegel · Wärmebrücken-Atlas für den Mauerwerksbau

Gerd Hauser / Horst Stiegel

Wärmebrücken Atlas

für den Mauerwerksbau

3., durchgesehene Auflage

BAUVERLAG GMBH · WIESBADEN UND BERLIN

CIP-Titelaufnahme der Deutschen Bibliothek
Hauser, Gerd:
Wärmebrücken-Atlas für den Mauerwerksbau
/Gerd Hauser; Horst Stiegel. - Wiesbaden; Berlin: Bauverl.,
3., durchgesehene Auflage 1996
ISBN 3-7625-3324-5
NE: Stiegel, Horst

Das vorliegende Buch entstand im Rahmen der vom Bundesministerium für Forschung und Technologie geförderten deutschen Mitarbeit in dem Forschungsprojekt "Condensation and Energy" (Annex 14 des "Energy Conservation in Buildings and Community Systems"-Programms) der internationalen Energie-Agentur (IEA) als Unterauftrag des vom Fraunhofer-Institut für Bauphysik, Stuttgart, bearbeiteten Vorhabens "Vermeidung von Feuchteschäden, Tauwasser- und Schimmelpilzbildung an Raumumschließungsflächen bei der Fortschreibung von Energiesparanforderungen" (033 87 65 A). Das Kapitel "Balkonanschluß" enthält Bestandteile der Diplomarbeit von Andreas Krebs "Wärme- und feuchteschutztechnische Untersuchung von auskragenden Balkonplattensystemen" Universität · Gesamthochschule Kassel (1989)

Herrn Dr.-Ing. Ulrich Wolfseher, Maisach/Obb. sei an dieser Stelle für die bereits vor Jahren erfolgte Überlassung des Computer-Programms zur Berechnung dreidimensionaler Temperatur- und Wärmestromfelder nochmals herzlich gedankt.

1. Auflage 1990
2., durchgesehene Auflage 1993
3., durchgesehene Auflage 1996

Das Werk ist urheberrechtlich geschützt. Jede Verwertung auch von Teilen außerhalb des Urheberrechtsgesetzes ist ohne Zustimmung des Verlages unzulässig und strafbar. Das gilt insbesondere für Vervielfältigungen, Übersetzung, Mikroverfilmung sowie die Einspeicherung und Verarbeitung in elektronischen Systemen.

© 1993 Bauverlag GmbH, Wiesbaden und Berlin

Gesamtherstellung: Hans Meister KG, Kassel

ISBN 3-7625-3324-5

Inhalt

1. Einführung

Ein guter Wärmeschutz ist Voraussetzung für thermische Behaglichkeit und damit für gesundes Wohnen bzw. Arbeiten. Er führt bei bauphysikalisch richtiger Anwendung zu einer Senkung des Bauschadenrisikos und vermindert den Heizenergieverbrauch, wodurch die Betriebskosten gesenkt, die volkswirtschaftliche und politische Abhängigkeit aus Öl- und Gasimporten gemindert und insbesondere die Umweltbelastung infolge Gebäudebeheizung reduziert werden.

Zu einem guten Wärmeschutz gehören nicht nur hochwärmedämmende Bauteile, sondern auch entsprechende Bauteilanschlüsse. Im Bereich dieser Anschlüsse besteht die Gefahr zusätzlicher Wärmeabflüsse und niedriger raumseitiger Bauteiloberflächentemperaturen während der Heizperiode. Zusätzliche Heizenergieverbräuche und die Möglichkeit der Tauwasser- und Schimmelpilzbildung sind die Folge. Dabei ist zu bedenken, daß sich dieser Wärmebrückeneffekt bei hochwärmedämmenden Bauteilen wesentlich stärker auswirken kann – ein Drittel der gesamten Transmissionswärmeverluste rührt häufig von Wärmebrücken her – als bei Bauteilen mit geringem Wärmeschutz.

Die Wirkung von Wärmebrücken wurde bislang zunächst im Rahmen der Behandlung von Einzelproblemen dargestellt [1-89]. Für den Holzbau sind einige typische Wärmebrücken in [90] wiedergegeben. Bis 1989 erschienen auch Wärmebrückenkataloge [91-96], welche die Behandlung zahlreicher (bis ca. 200) Wärmebrücken beinhalten. Für spezielle Wärmebrückentypen sind Näherungslösungen für die Berechnung der Auswirkungen entwickelt worden [97-98]. Allgemein verwendbare Planungs- bzw. Dimensionierungsgrundlagen wurden in Form des Wärmebrücken-Atlas für den Holzbau geschaffen [99]. Die gleichen Hilfen sollen mit dem vorliegenden Buch für den Mauerwerksbau bereitgestellt werden, wobei dieselben Kenngrößen und Randbedingungen verwendet werden.

2. Zielsetzung

Aufgabe des vorliegenden Wärmebrücken-Atlas ist die Bereitstellung eines Planungs- und Dimensionierungswerkzeugs für Baupraktiker des Mauerwerkbaus. Der Atlas soll dazu beitragen, im Bereich des Mauerwerksbaus

a) bei Neubauten Konstruktionshilfe zu liefern durch

- Erzeugung eines Problembewußtseins,
- Darstellung von Lösungsmöglichkeiten im Sinne einer Baukonstruktionslehre,
- Beseitigung der Scheu vor „neuen", „anderen" Konstruktionen,
- die Schaffung von Vergleichsmöglichkeiten der Auswirkungen unterschiedlicher Konstruktionen,
- die Möglichkeit einer exakten Dimensionierung von Heizanlagen sowie Vorausberechnung mittlerer Jahres-Heizwärmeverbräuche (Jahres-Heizwärmebedarf),

b) bei bestehenden Bauten

- den thermischen Istzustand darstellen zu können, um damit u. a. Bauschadenserklärungen zu ermöglichen und gegebenenfalls die Grundlage für Bauschadensgutachten zu liefern,
- die Auswirkungen nachträglicher baulicher Veränderungen, positive wie negative, aufzeigen zu können,
- den Wärmebedarf und die zu erwartenden Jahres-Heizwärmeverbräuche rechnerisch exakt erfassen und somit eine wichtige Voraussetzung für eine heizenergetische Beurteilung bzw. Kennzeichnung von Gebäuden (Energiepaß) [100] liefern zu können.

Deshalb werden auch Fälle behandelt, die

- in thermischer Hinsicht schlechte Lösungen darstellen
- einen großen Aufwand ohne Wirkung beinhalten.

Es wird versucht, möglichst viele gängige, sinnvolle, aber auch weniger sinnvolle Lösungen in ihren thermischen Auswirkungen darzustellen.

3. Kenngrößen für Wärmebrücken

Wärmebrücken bewirken einerseits zusätzliche Wärmeverluste und andererseits tiefe raumseitige Oberflächentemperaturen. Dementsprechend sind zur Kennzeichnung der Wirkung von Wärmebrücken auch zwei unterschiedliche, voneinander unabhängige Kenngrößen erforderlich.

3.1 Kennzeichnung zusätzlicher Wärmeverluste

Die infolge von Wärmebrücken zusätzlich auftretenden Transmissionswärmeverluste können gekennzeichnet werden durch die Verwendung

a) einer fiktiven Bauteilfläche, wobei die tatsächliche Fläche um einen Betrag verändert wird, welcher im Zusammenwirken mit dem Wärmedurchgangskoeffizienten des Bauteils den zusätzlichen Wärmeverlusten entspricht [2],

b) von %-Wert-Angaben, wobei auf eine definierte Umgebungsfläche mit dem dort vorhandenen eindimensionalen Wärmefluß bezogen wird [28],

c) von Termen, welche die Wärmebrückenverluste bei linienförmigen Wärmebrücken pro laufenden Meter und bei punktförmigen je Wärmebrücke, bezogen auf 1 K Temperaturdifferenz, angeben [12, 71, 90, 92-94, 96, 101]. Die Einheit ist W/(m·K) bzw. W/K,

d) eines „k-Wert-Zuschlags für den gestörten Meterstreifen" im Wärmebrückenbereich. Die Einheit ist dabei W/(m·K) [91],

e) eines längenbezogenen Leitwertes in W/(m·K), welcher die Wärmeverluste des Bereiches, in welchem die Wärmebrücke wirksam ist, pro laufenden Meter kennzeichnet [95,102]. Dabei muß auch der Wirkungsbereich der Wärmebrücke mit angegeben werden,

f) eines Leitwertes in W/K, welcher die gesamten Transmissionswärmeverluste von Außenbauteilen inklusive aller Wärmebrücken beschreibt [102].

Während von der Anschaulichkeit her die Varianten a) und b) Vorteile aufweisen, ist hinsichtlich der praktischen Handhabung der Variante c) der Vorzug zu geben.

Als Kenngröße wird in [94, 101] k_ℓ für linienförmige und k_p für punktförmige Wärmebrücken benutzt. Dabei besteht die Gefahr, daß Baupraktiker diese Größe mit dem ihnen mittlerweile vertrauten k-Wert (Wärmedurchgangskoeffizienten) verwechseln. Indizes dienen dabei üblicherweise zur Kennzeichnung der Bauteile. Der Index „ℓ" als Unterscheidungsmerkmal erscheint nicht ausreichend, zumal viele Schrifttypen zwischen „ℓ" und „1" kaum Unterschiede aufweisen.

Geeigneter erscheint deshalb die Verwendung einer neuen Größe, welche auch den Inhalt impliziert: Wärmebrückenverlustkoeffizient WBV mit der Einheit W/(m·K) [71, 92, 93, 99]. Bei punktförmigen Wärmebrücken wird zur Kennzeichnung ein p nachgestellt: WBV_p mit der Einheit W/K.

Dabei sei ausdrücklich darauf hingewiesen, daß hochwärmedämmende Bauteile zu hohen WBV-Werten neigen und deshalb für die Beurteilung des Wärmeschutzes insgesamt sowohl die k-Werte als auch die WBV-Werte unter Berücksichtigung der geometrischen Abmessungen heranzuziehen sind. (Die unter e und f beschriebenen Kenngrößen sind diesbezüglich klarer in der Aussage, ziehen jedoch eine komplizierte Vorgehensweise nach sich.)

Als Bezugsfläche können sowohl die Außenmaße als auch die Innenmaße Verwendung finden. Den WBV-Werten des vorliegenden Wärmebrücken-Atlas liegen Innenmaße zugrunde, weil

- diese eine detailliertere Problembetrachtung zulassen als Außenmaße,
- für eine exakte Dimensionierung von Heizflächen bzw. Heizleistungen bei asymmetrischen Bauteilen (z.B. Geschoßdecken) das raumseitige Zuweisen von Wärmebrückenwirkungen nur über den Innenflächenbezug möglich ist,
- eine Umrechnung von innenmaßbezogenen WBV-Werten auf außenmaßbezogene möglich ist, nicht jedoch umgekehrt,
- DIN 4701 „Regeln für die Berechnung des Wärmebedarfs von Gebäuden" [103] und die bislang existierenden Wärmebrückenkataloge [91, 94-96, 99] ebenfalls von Innenmaßen ausgehen,
- hierdurch bei nach außen springenden Ecken generell positive WBV-Werte entstehen.

3. Kenngrößen für Wärmebrücken

Im einzelnen sind die in den Abbildungen 3.1 und 3.2 gekennzeichneten Flächen und Wärmedurchgangskoeffizienten heranzuziehen. Bei auf dem Erdreich aufliegenden Bodenplatten ist der k-Wert aus der Bodenplatte selbst und der Erdreichschicht bis zur ϑ_E-Ebene zu berechnen (vgl. Abbildung 4.1)

Eine Umrechnung der innenmaßbezogenen WBV-Werte auf außenmaßbezogene WBV-Werte ist leicht möglich. Für eine nach außen springende Außenwandecke z. B. gilt:

$$k_W \cdot A_{W,Innenoberfläche} + WBV_{innenmaßbezogen} \cdot \ell =$$
$$k_W \cdot A_{W,Außenoberfläche} + WBV_{außenmaßbezogen} \cdot \ell$$

mit

$$A_{W,Außenoberfläche} = A_{W,Innenoberfläche} + 2 \cdot s \cdot \ell$$

somit:

$$WBV_{außenmaßbezogen} = WBV_{innenmaßbezogen} - 2 \cdot s \cdot k_W$$

Dabei stellt A die Fläche und s die Dicke der Außenwand dar. Die Größe ℓ beinhaltet die Kantenlänge.

Für die wichtigsten Fälle sind die Umrechnungsgleichungen in den Abb. 3.3 - 3.5 wiedergegeben. Die im Atlas enthaltenen innenmaßbezogenen Werte sind mit WBV und die außenmaßbezogenen mit WBV_a gekennzeichnet.

3.2 Kennzeichnung raumseitiger Oberflächentemperaturen

Die raumseitigen Oberflächentemperaturen von Außenbauteilen sind zur Einschätzung der thermischen Behaglichkeit sowie insbesondere der Gefahr der Tauwasser- und Schimmelpilzbildung von Bedeutung. Sie werden im allgemeinen in °C angegeben [91, 94, 95]. Dies bedingt jedoch die zusätzliche Angabe der Außen- und der Innentemperatur. Da je nach Nutzung und meteorologischen Gegebenheiten sehr unterschiedliche Randbedingungen zu wählen sind, wird in Anlehnung an [90] ein dimensionsloses Temperaturdifferenzenverhältnis gem. folgender Definition benutzt:

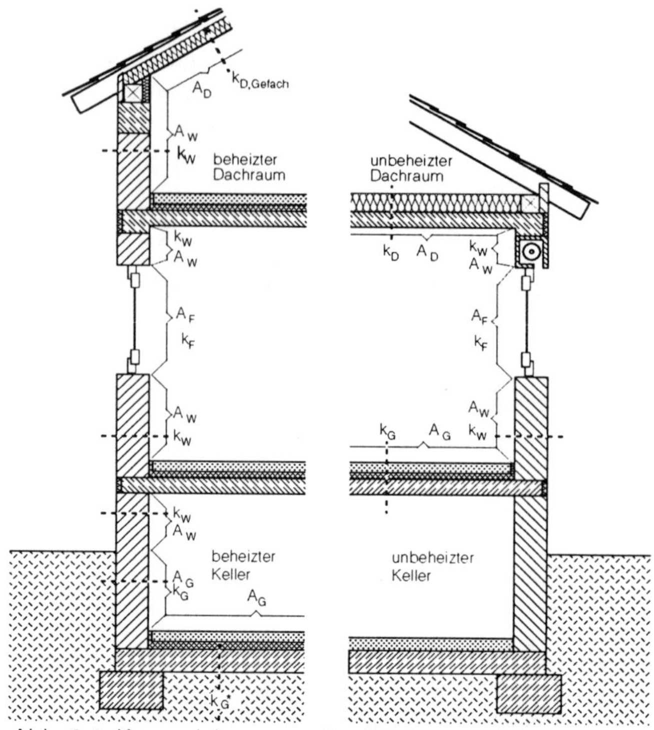

Abb. 3.1 Kennzeichnungen der Flächen und Angabe der k-Werte, die den WBV-Werten zugrunde liegen, im Vertikalschnitt eines Gebäudes (*k_G siehe Abb. 4.1, Seite 14).

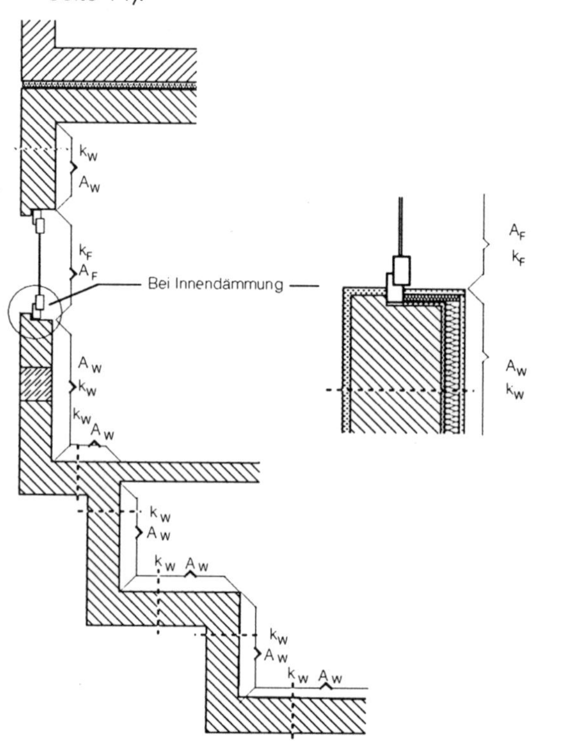

Abb. 3.2 Kennzeichnungen der Flächen und Angabe der k-Werte, die den WBV-Werten zugrunde liegen, im Horizontalschnitt eines Gebäudes.

3. Kenngrößen für Wärmebrücken

$$\Theta = \frac{\vartheta_{Oi} - \vartheta_{La}}{\vartheta_{Li} - \vartheta_{La}}$$

mit

ϑ_{Oi} raumseitige Oberflächentemperatur in °C
ϑ_{Li} Raumlufttemperatur in °C
ϑ_{La} Außenlufttemperatur in °C
Θ = 1,0 entspricht der Raumlufttemperatur und
Θ = 0 der Außenlufttemperatur

Eine eventuelle Berechnung der raumseitigen Oberflächentemperatur in °C kann gem. folgender Gleichung erfolgen:

$$\vartheta_{Oi} = \Theta \cdot (\vartheta_{Li} - \vartheta_{La}) + \vartheta_{La}$$

Ein Θ-Wert von 0,64 entspricht somit bei einer Raumlufttemperatur von 20 °C und einer Außenlufttemperatur von –10 °C einer Oberflächentemperatur von

$$\vartheta_{Oi} = 0{,}64 \cdot (20 + 10) - 10 = 9{,}2\ °C.$$

Das in [95] benutzte Temperaturdifferenzenverhältnis f steht mit Θ in folgendem Zusammenhang

$$\Theta = 1 - f$$

(In [102] wird Θ mit f_{Ri} und f mit ζ_{Ri} bezeichnet.)

Tauwasserbildung setzt ein, sobald

$$p_{s,\vartheta_{Oi}} \leq \varphi \cdot p_{s,\vartheta_{Li}}$$

$p_{s,\vartheta_{Oi}}$ Sättigungsdampfdruck der Luft entsprechend der Temperatur der raumseitigen Oberfläche (gem. Tabelle 1)
$p_{s,\vartheta_{Li}}$ Sättigungsdampfdruck der Luft entsprechend der Raumlufttemperatur (gem. Tabelle 1)
φ relative Feuchte der Raumluft (z.B. 0,5 bei 50 %).

Bei dem zuvor dargestellten Beispiel beträgt

$$p_{s,\vartheta_{Oi}} = p_{s,9,2\,°C} = 1163\ Pa$$
$$p_{s,\vartheta_{Oi}} = p_{s,20\,°C} = 2340\ Pa$$

und die relative Feuchte der Raumluft darf maximal 50 % betragen, damit keine Tauwasserbildung einsetzt.

Der Nachweis der Oberflächentauwasserfreiheit kann alternativ auch über folgende Gleichung geführt werden: Sobald

$$\vartheta_{O,i} > (109{,}8 + \vartheta_{Li}) \cdot \varphi^{0{,}1247} - 109{,}8$$

oder

$$\Theta > \frac{(109{,}8 + \vartheta_{Li}) \cdot \varphi^{0{,}1247} - 109{,}8 - \vartheta_{La}}{\vartheta_{Li} - \vartheta_{La}}$$

tritt kein Tauwasser auf.

Darüber hinaus finden sich in [95] Gewichtsfaktoren g_0, g_1 und g_2, mit deren Hilfe bei Vorlage von 3 Temperaturrandbedingungen für den jeweiligen Temperaturbereich und für beliebige Temperaturen die minimale Oberflächentemperatur fixiert wird.

Es sei ausdrücklich darauf hingewiesen, daß Schimmelpilzbildung bereits bei Luftfeuchten erfolgen kann, die noch keine Tauwasserbildung zur Folge haben. Je nach Oberflächenmaterial kann bei Feuchten von über ca. 75 % [104,105] bzw. ca. 80 % [106], bezogen auf die dazugehörige Oberflächentemperatur, auf dem Wege der Kapillarkondensation die notwendige Feuchte aufgenommen werden und bei entsprechender Dauer zur Schimmelpilzbildung führen.

Im vorliegenden Atlas wird bei den einzelnen Wärmebrücken jeweils nur die tiefste im Bereich der Wärmebrücke auf der raumseitigen Oberfläche auftretende Temperatur, d. h. der kleinste Θ-Wert, angegeben. Bei Abbildungen im Maßstab 1 : 10 findet sich ergänzend der Wert des ungestörten Bauteilbereichs.

3. Kenngrößen für Wärmebrücken

Umrechnung von innenmaß- auf außenmaßbezogene WBV-Werte

Anschluß	Darstellung	$WBV_{außenmaßbezogen} = WBV_a$
Außenecke	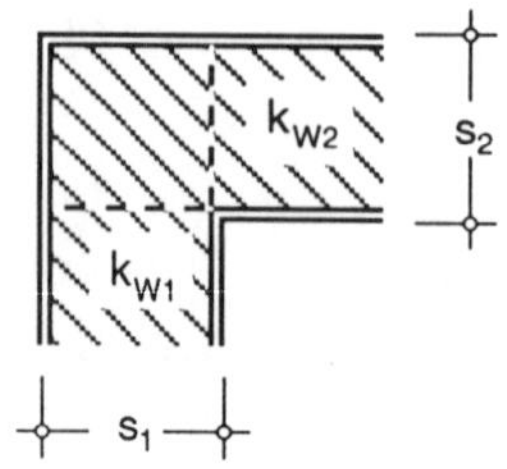	$WBV_a = WBV - k_{W1} \cdot s_2 - k_{W2} \cdot s_1$
Innenecke	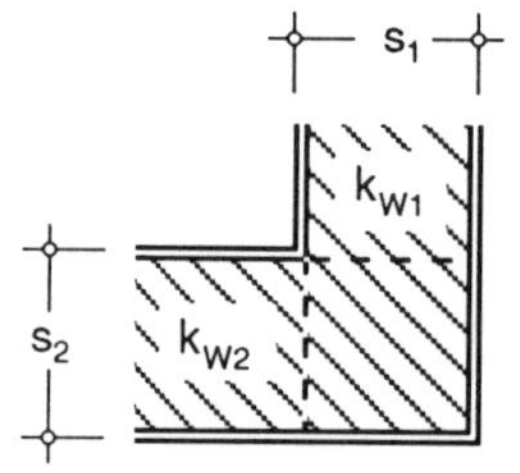	$WBV_a = WBV + k_{W1} \cdot s_2 + k_{W2} \cdot s_1$
Innenwandanschluß	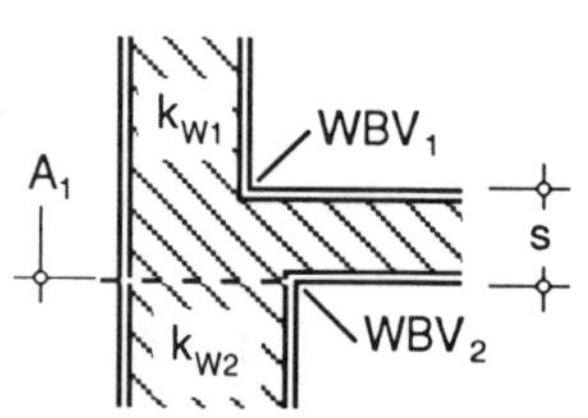	$WBV_a = WBV_1 + WBV_2 - k_{W1} \cdot s$
Stütze	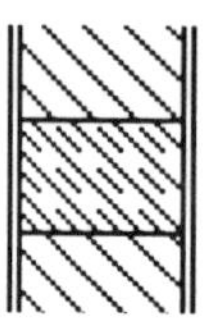	$WBV_a = WBV$

Abb. 3.3

3. Kenngrößen für Wärmebrücken

Umrechnung von innenmaß- auf außenmaßbezogene WBV-Werte

Anschluß	Darstellung	$WBV_{außenmaßbezogen} = WBV_a$
Fensterlaibung	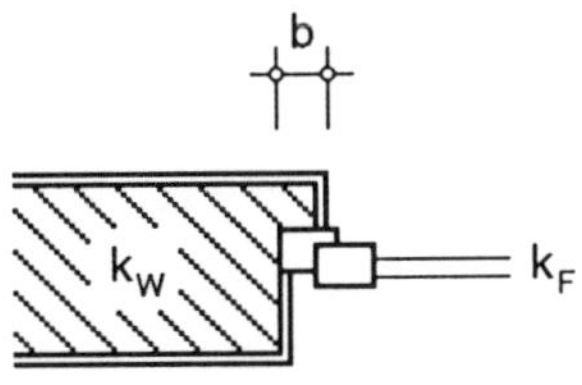	$WBV_a = WBV + (k_F - k_W) \cdot b$
Fensterbrüstung	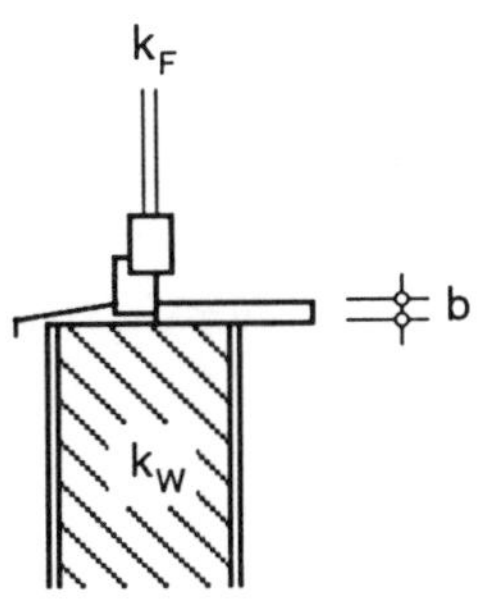	$WBV_a = WBV - k_F \cdot b$
Fenstersturz	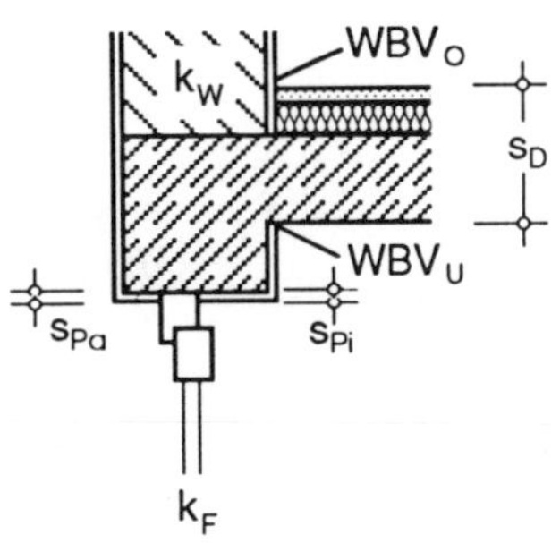	$WBV_a = WBV_O + WBV_U$ $- k_W \cdot s_D$ $+ (k_F - k_W) \cdot (s_{Pa} - s_{Pi})$
Dachanschluß	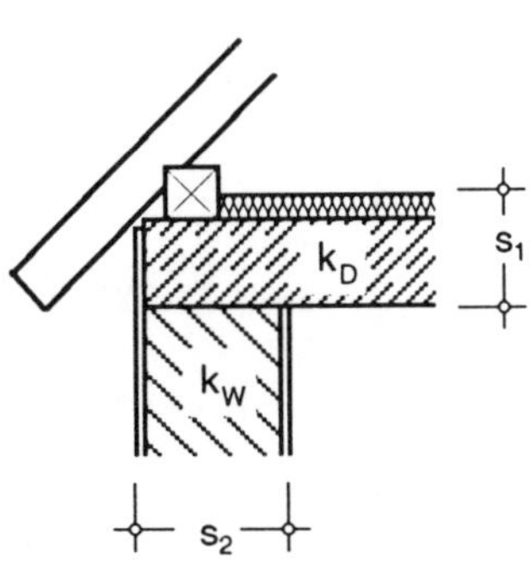	$WBV_a = WBV - k_W \cdot s_1 - 0{,}8 \cdot k_D \cdot s_2$

Abb. 3.4

3. Kenngrößen für Wärmebrücken

Umrechnung von innenmaß- auf außenmaßbezogene WBV-Werte

Anschluß	Darstellung	$WBV_{außenmaßbezogen} = WBV_a$
Deckenanschluß	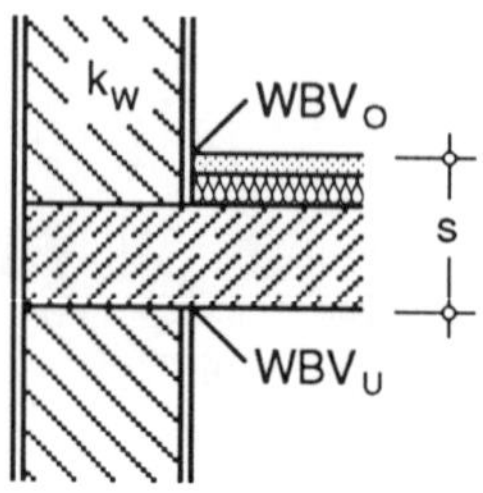	$WBV_a = WBV_O + WBV_U - k_W \cdot s$
Kellerdeckenanschluß zum unbeheizten Keller	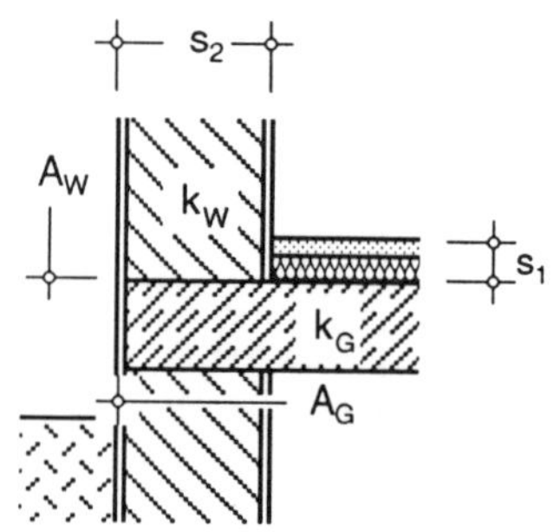	$WBV_a = WBV - k_W \cdot s_1 - 0{,}5 \cdot k_G \cdot s_2$
Innenwandanschluß zum Dach	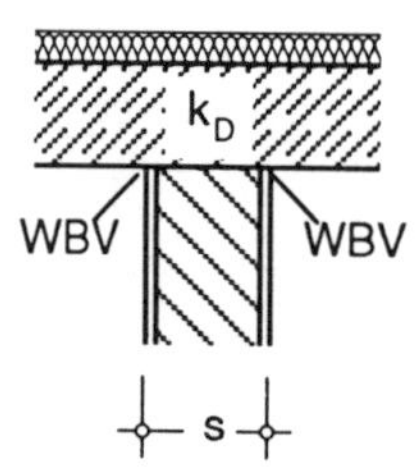	$WBV_a = 2 \cdot WBV - k_D \cdot s$
Innenwandanschluß zum unbeheizten Keller	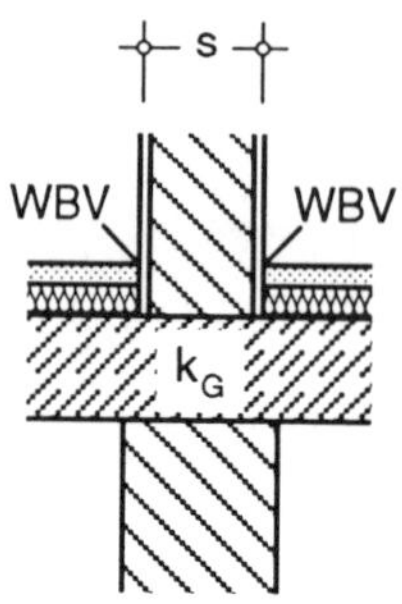	$WBV_a = 2 \cdot WBV - k_G \cdot s$

Abb. 3.5

3. Kenngrößen für Wärmebrücken

Wasserdampfsättigungsdruck p_s in Pa bei Temperaturen von 30,9 bis -20,9 °C

°C	,0	,1	,2	,3	,4	,5	,6	,7	,8	,9
30	4244	4269	4294	4319	4344	4369	4394	4419	4445	4469
29	4006	4030	4053	4077	4101	4124	4148	4172	4196	4219
28	3781	3803	3826	3848	3871	3894	3916	3939	3961	3984
27	3566	3588	3609	3631	3652	3674	3695	3717	3793	3759
26	3362	3382	3403	3423	3443	3463	3484	3504	3525	3544
25	3169	3188	3208	3227	3246	3266	3284	3304	3324	3343
24	2985	3003	3021	3040	3059	3077	3095	3114	3132	3151
23	2810	2827	2845	2863	2880	2897	2915	2932	2950	2968
22	2645	2661	2678	2695	2711	2727	2744	2761	2777	2794
21	2487	2504	2518	2535	2551	2566	2582	2598	2613	2629
20	2340	2354	2369	2384	2399	2413	2428	2443	2457	2473
19	2197	2212	2227	2241	2254	2268	2283	2297	2310	2324
18	2065	2079	2091	2105	2119	2132	2145	2158	2172	2185
17	1937	1950	1963	1976	1988	2001	2014	2027	2039	2052
16	1818	1830	1841	1854	1866	1878	1889	1901	1914	1926
15	1706	1717	1729	1739	1750	1762	1773	1784	1795	1806
14	1599	1610	1621	1631	1642	1653	1663	1674	1684	1695
13	1498	1508	1518	1528	1538	1548	1559	1569	1578	1588
12	1403	1413	1422	1431	1441	1451	1460	1470	1479	1488
11	1312	1321	1330	1340	1349	1358	1367	1375	1385	1394
10	1228	1237	1245	1254	1262	1270	1279	1287	1296	1304
9	1148	1156	1163	1171	1179	1187	1195	1203	1211	1218
8	1073	1081	1088	1096	1103	1110	1117	1125	1133	1140
7	1002	1008	1016	1023	1030	1038	1045	1052	1059	1066
6	935	942	949	955	961	968	975	982	988	995
5	872	878	884	890	896	902	907	913	919	925
4	813	819	825	831	837	843	849	854	861	866
3	759	765	770	776	781	787	793	798	803	808
2	705	710	716	721	727	732	737	743	748	753
1	657	662	667	672	677	682	687	691	696	700
0	611	616	621	626	630	635	640	645	648	653
0	611	605	600	565	592	587	582	577	572	567
-1	562	557	552	547	543	538	534	531	527	522
-2	517	514	509	505	501	496	492	489	484	480
-3	476	472	468	464	461	456	452	448	444	440
-4	437	433	430	426	423	419	415	412	408	405
-5	401	398	395	391	388	385	382	379	375	372
-6	368	365	362	359	356	353	350	347	343	340
-7	337	336	333	330	327	324	321	318	315	312
-8	310	306	304	301	298	296	294	291	288	286
-9	284	281	279	276	274	272	269	267	264	262
-10	260	258	255	253	251	249	246	244	242	239
-11	237	235	233	231	229	228	226	224	221	219
-12	217	215	213	211	209	208	206	204	202	200
-13	198	197	195	193	191	190	188	186	184	182
-14	181	180	178	177	175	173	172	170	168	167
-15	165	164	162	161	159	158	157	155	153	152
-16	150	149	148	146	145	144	142	141	139	138
-17	137	136	135	133	132	131	129	128	127	126
-18	125	124	123	122	121	120	118	117	116	115
-19	114	113	112	111	110	109	107	106	105	104
-20	103	102	101	100	99	98	97	96	95	94

4. Randbedingungen, Definitionen und Stoffwerte

4.1 Lufttemperaturen

Gemäß der Definition der WBV- und Θ-Werte sind die Temperaturrandbedingungen beliebig, sofern nur zwei unterschiedliche Temperaturen auftreten und diese konstant sind. Beim Zusammentreffen von drei unterschiedlichen Temperaturbereichen im Anschluß Außenwand/Geschoßdecke zum unbeheizten Dachraum sowie im Anschluß Außenwand/Kellerdecke zum unbeheizten Keller liegt die Voraussetzung zugrunde, daß die jeweiligen Temperaturen in folgendem Verhältnis zueinander stehen:

a) Anschluß Außenwand/Geschoßdecke zum unbeheizten Dachraum

$$\vartheta_{Li} - \vartheta_{Dachraum} = 0{,}8 \cdot (\vartheta_{Li} - \vartheta_{La})$$

b) Anschluß Außenwand/Geschoßdecke zum unbeheizten Keller

$$\vartheta_{Li} - \vartheta_{Keller} = 0{,}5 \cdot (\vartheta_{Li} - \vartheta_{La})$$

Mit Hilfe der bereits erwähnten Gewichtsfaktoren ließen sich die Fixierungen zwar umgehen, die praktische Handhabung würde jedoch merklich umständlicher.

4.2 An das Erdreich grenzende Bauteile

Bei an das Erdreich grenzenden Bauteilen wird die Temperatur des unmittelbar umgebenden Erdreichs vom Wärmeschutz der Bauteile und der Anschlußdetails selbst beeinflußt. Eine genaue Erfassung der dort auftretenden Transmissionswärmeverluste ist deshalb nur möglich, wenn auch die mehrdimensionalen Wärmeflüsse im Erdreich nahe dem Gebäude Berücksichtigung finden. Jede Näherung, welche dem Einfluß der Wärmedämmwirkung der an das Erdreich grenzenden Bauteile nicht Rechnung trägt, wie z. B. [91, 103], birgt deshalb die Gefahr großer Fehler. Deshalb wird, wie in Abbildung 4.1 dargestellt, in ca. 4m Tiefe eine konstante Erdreichtemperatur ϑ_E festgelegt, und die Temperaturen in höheren Erdreichschichten werden unter Berücksichtigung der baulichen Gegebenheiten berechnet. Hierdurch werden die in [58] beschriebenen Probleme bei der Berechnung der Wärmeverluste eines Kellers gelöst. ϑ_E genügt der Bedingung

$$\vartheta_{Li} - \vartheta_E = 0{,}5 \cdot (\vartheta_{Li} - \vartheta_{La})$$

Hiermit wird den Gesichtspunkten sowohl des Heizenergiebedarfs als auch der Tauwassergefahr Rechnung getragen.

Bei der Einbindung des Gebäudes in das Erdreich wird von den ebenfalls in Abbildung 4.1 wiedergegebenen Maßen ausgegangen.

WBV-Werte beinhalten die durch die Wärmebrücke gegenüber dem ungestörten Bauteilbereich zusätzlich auftretenden Wärmeverluste. Bei an das Erdreich grenzenden Außenwänden liegt jedoch an keiner Stelle ein ungestörter eindimensionaler Wärmefluß vor. Deshalb wird bei beheizten Kellerräumen den WBV-Werten des Anschlusses Außenwand/Kellerdecke zum beheizten Keller der Außenwandbereich oberhalb Oberkante Erdreich und den WBV-Werten des Anschlusses Außenwand/Bodenplatte der Außenwandbereich unterhalb Oberkante Erdreich zugeordnet. Bei der Betrachtung der Auswirkungen einzelner Dämm-Maßnahmen sind deshalb jeweils beide Werte zu beachten.

Alle Temperaturrandbedingungen sind in Abbildung 4.2 zusammengefaßt.

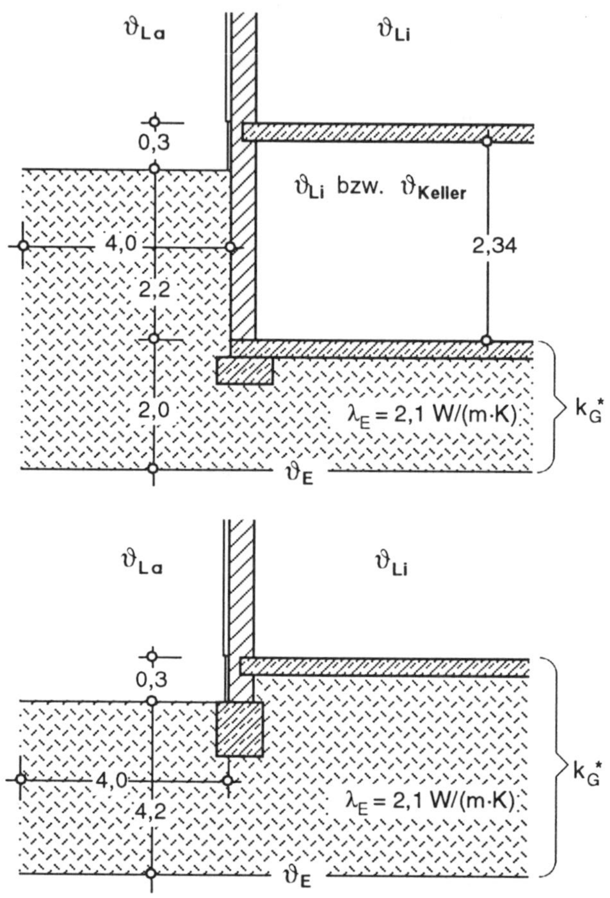

Abb. 4.1 Beschreibung der bei erdberührenden Bauteilen gewählten Randbedingungen.

4. Randbedingungen, Definitionen und Stoffwerte

4.3 Wärmeübergangskoeffizienten

Den Kenngrößen zur Beschreibung der Wärmebrückenwirkung liegen den jeweiligen Aufgabenstellungen entsprechend unterschiedliche Wärmeübergangskoeffizienten zugrunde. Im einzelnen finden für die WBV-Wert-Berechnung in Anlehnung an DIN 4108 „Wärmeschutz im Hochbau" [108] die in Abbildung 4.2 links wiedergegebenen Wärmeübergangskoeffizienten Verwendung.

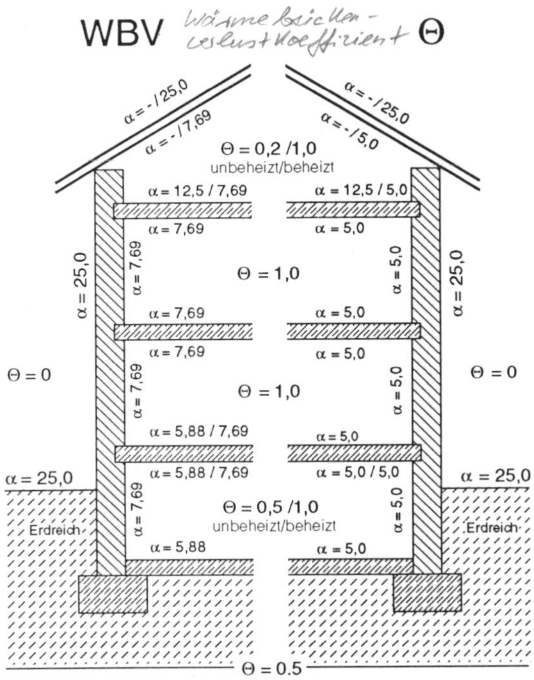

Abb. 4.2 Angabe der verwendeten Temperarurrandbedingungen sowie der dem WBV–Wert und dem Θ–Wert zugrunde gelegten Wärmeübergangskoeffizienten.

Für die Untersuchung der Tauwasserbildung auf Bauteiloberflächen wird in DIN 4108 ein raumseitiger Wärmeübergangskoeffizient von 5,88 W/(m²·K) vorgegeben, „soweit nicht besondere Bedingungen" die Wahl eines kleineren Wärmeübergangskoeffizienten erfordern. Um den praktischen Verhältnissen im Bereich von Bauteilanschlüssen stärker Rechnung zu tragen und um die kritischen Situationen zu erfassen, liegen den Θ-Wert-Berechnungen generell innere Wärmeübergangskoeffizienten von 5,0 W/(m²·K) zugrunde. Zum Vergleich werden in [94] für Kantenbereiche 5, in [91] eine Abstufung in Abhängigkeit von der Kantenentfernung von 5 bis 8 bzw. 5 bis 6 bzw. 8 bis 9, in [96] ein linearer Anstieg innerhalb von 30 cm von einem Minimalwert auf den Normwert und in [95] generell 6 W/(m²·K) verwendet.

Zur Veranschaulichung des Einflusses der inneren Wärmeübergangskoeffizienten auf die tiefste raumseitige Oberflächentemperatur ist diese in Abbildung 4.3 für

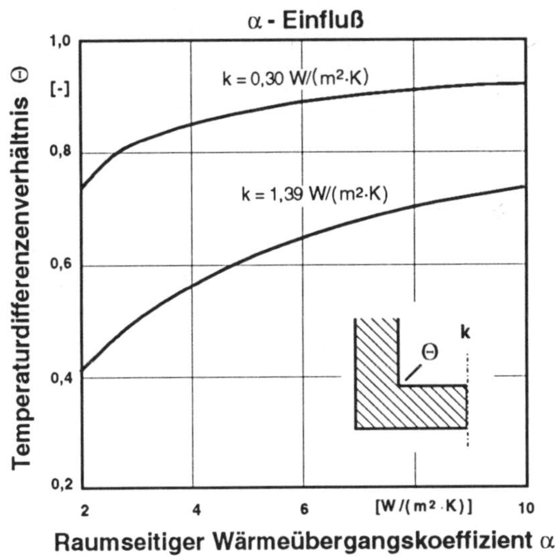

Abb. 4.3 Kleinster Θ-Wert im Bereich einer Ecke (genauer: Kante) einer monolithischen Außenwand (s = 24 cm, λ = 0,48 W/(m·K)) bzw. einer Außenwand (s = 24 cm, λ = 0,15 W/(m·K)) mit 6 cm Wärmedämmverbundsystem in Abhängigkeit vom raumseitigen Wärmeübergangskoeffizienten.

die Kante (entsprechend dem üblichen Sprachgebrauch im weiteren Ecke genannt) einer monolithischen Außenwand bei unterschiedlichen Wärmedämmniveaus dargestellt.

4.4 Stoffwerte

Die den einzelnen Materialien zugeordneten Stoffwerte entsprechen DIN 4108, Teil 4 und sind jeweils angegeben. Gleiches gilt für die Wärmeleitfähigkeit des Erdreichs. Der Norm-Wert stellt dabei einen oberen Wert der in der Literatur aufzufindenden Werte dar. Hier können je nach Bodenart und Feuchtegehalt große Unterschiede auftreten [109 -115]. In [116] wird für einen unbekannten Boden der Wert 2,0 W/(m·K) empfohlen.

Stehenden Luftschichten wird entsprechend [50] eine äquivalente Wärmeleitfähigkeit zugeordnet.

Die Anisotropie der Spanplatten wird berücksichtigt, indem normal zur Plattenebene eine Wärmeleitfähigkeit von 0,13 W/(m·K) und in Plattenebene eine Wärmeleitfähigkeit von 0,29 W/(m·K) [117] zugrunde gelegt wird, sofern nicht durch ihre Vernachlässigung ungünstigere Verhältnisse auftreten, wie dies z. B. bei den Regelquerschnitten der Fall ist.

5. Berechnungsverfahren

Die Berechnung der zwei- und dreidimensionalen Wärmestrom- und Temperaturfelder erfolgt mit Hilfe eines in [118, 119] beschriebenen und sowohl experimentell als auch im Rahmen einer internationalen Vergleichsrechnung der ISO-Arbeitsgruppe „Thermal Bridges" überprüften Verfahrens, welches auf der Methode der finiten Differenzen basiert. Für die Ermittlung der WBV- und Θ-Werte findet ein Zusatzprogramm Verwendung.

Bei der Behandlung nicht orthogonaler Geometrien (Dachanschlüsse) werden die rechensystembedingten Oberflächenvergrößerungen mittels entsprechender Modifikationen der Wärmeübergangskoeffizienten erfaßt. Bei einem 45° geneigten homogenen Bauteil liegt der hieraus resultierende Fehler unter ±2 %.

6. Anwendungsbeispiel

An Hand eines zentral in einem Gebäude gelegenen Raums sollen die Wärmebrückenwirkungen auf die Transmissionswärmeverluste und die Oberflächentemperaturen dargestellt werden. Dazu finden alternativ eine monolithische, eine innen- und eine außengedämmte Außenwand Verwendung. Die Geschoßdecken und die Innenwände sind in allen Fällen gleich. Die im einzelnen betrachteten Anschlußausbildungen sind in den Abbildungen 6.1, 6.3 und 6.5 wiedergegeben.

Entsprechend diesen Details können aus dem Atlas die einzelnen WBV- und Θ-Werte entnommen werden. Sie sind für den Fall, der

- monolithischen Außenwand in Abbildung 6.2
- innengedämmten Außenwand in Abbildung 6.4
- außengedämmten Außenwand in Abbildung 6.6

zusammengefaßt. Darüber hinaus enthalten diese Bilder auch punktuelle Wärmebrückenverlustkoeffizienten WBVp, welche die dreidimensionalen Wärmebrückenwirkungen der räumlichen Ecken

- Anschluß Außenwand/Geschoßdecke/Innenwand
- Anschluß Fenstersturz/Fensterlaibung
- Anschluß Fensterbrüstung/Fensterlaibung

kennzeichnen, sowie die dort auftretenden tiefsten raumseitigen Oberflächentemperaturen.

Es zeigt sich, daß die punktuellen Wärmebrückenverlustkoeffizienten WBV_p generell kleiner gleich Null sind. Beim Zusammentreffen mehrerer linienförmiger Wärmebrücken stellt sich insgesamt ein niedrigeres Temperaturniveau ein, wie auch die entsprechenden Θ-Werte verdeutlichen, wodurch die Wirkung der einzelnen linienförmigen Wärmebrücken hinsichtlich der Transmissionswärmeverluste zurückgeht.

Wie die unter den Bildern dargestellten Berechnungen der temperaturspezifischen Transmissionswärmeverluste zeigen, machen diese punktuellen Wärmebrückenverluste bei dem betrachteten Raum

- monolithische Außenwand -4,7 %
- innengedämmte Außenwand -7,8 %
- außengedämmte Außenwand -0,2 %

der gesamten spezifischen Transmissionswärmeverluste aus. Wegen dieses relativ geringen Einflusses auf die Gesamttransmissionswärmeverluste und angesichts des großen Aufwandes für die Ermittlung dieser Werte sowie insbesondere für die übersichtliche Darstellung der jeweiligen Konstruktionen erscheint ihre Vernachlässigung sinnvoll. (Bei auf die Außenmaße bezogenen Wärmebrückenverluste stellen sich kleinere WBV-Werte, aber größere WBV_p-Werte ein. Eine Vernachlässigung der WBVp-Werte ergäbe dabei größere Fehler.)

Für die Berechnung des Norm-Transmissionswärmebedarfs nach DIN 4701 "Regeln für die Berechnung des Wärmebedarfs von Gebäuden" [87] sind die angegebenen spezifischen Transmissionswärmeverluste mit der Temperaturdifferenz zwischen Norm-Innentemperatur und Norm-Außentemperatur zu multiplizieren, wobei für das Fenster statt des ange-gebenen k_F-Wertes von 2,6 W/m²K ein um 0,3 W/m²K (bei Klarglas) geminderter Wert in Ansatz gebracht werden darf, um die Sonnenenergiegewinne zu berücksichtigen.

Für die Ermittlung des jährlichen Heizwärmeverbrauchs sind die spezifischen Transmissionswärmeverluste mit der Gradtagzahl zu multiplizieren, wobei für die Berücksichtigung der zur Minderung des Heizwärmeverbrauchs nutzbaren Sonneneinstrahlung statt des aufgeführten k_W - und insbesondere k_F -Wertes die Verwendung der entsprechenden äquivalenten k-Werte $k_{eq,W}$ bzw. $k_{eq,F}$ [120-125] empfohlen wird.

Die dargestellten raumseitigen Oberflächentemperaturen verdeutlichen, daß beim Zusammentreffen mehrerer linienförmigen Wärmebrücken meist die absolut tiefsten Werte auftreten. Während die Auswirkungen der räumlichen Ecken auf die Transmissionswärmeverluste allgemein vernachlässigbar erscheinen, ist hinsichtlich der raumseitigen Oberflächentemperaturen keine allgemeingültige Aussage möglich. In vielen Fällen werden hier die absolut tiefsten Temperaturen auftreten. Bei der Beurteilung der einzelnen Ausführungsvarianten empfielt sich deshalb, diesem Umstand Rechnung zu tragen. Zur Abschätzung kritischer Fälle mögen die in den Kapiteln (n.5) wiedergegebenen Fälle dienen.

6. Anwendungsbeispiel

Monolithische Außenwand

Fensterlaibung (Kap. 1.2.1)

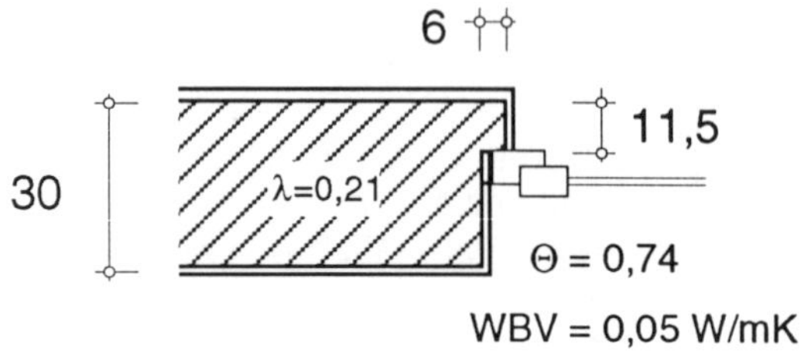

Innenwandanschluß (Kap. 1.1.3)

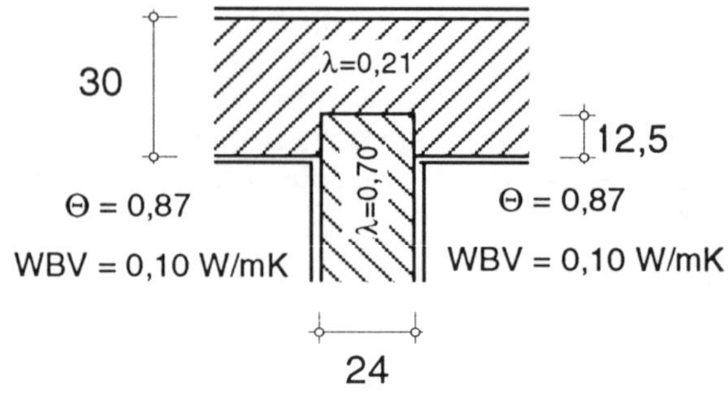

Fenstersturz (Kap. 1.2.2)

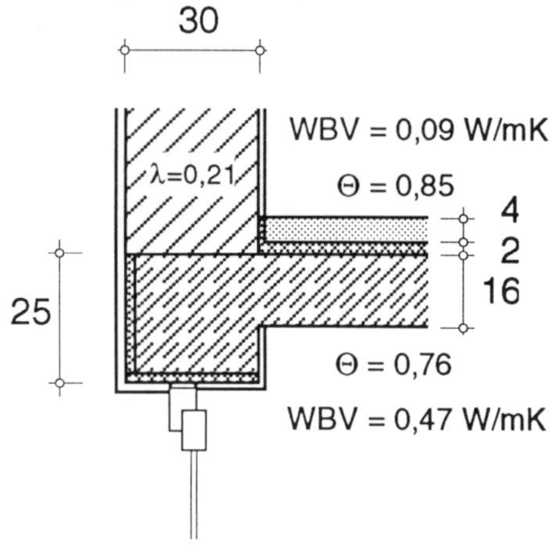

Geschoßdeckenanschluß (Kap. 1.3.3)

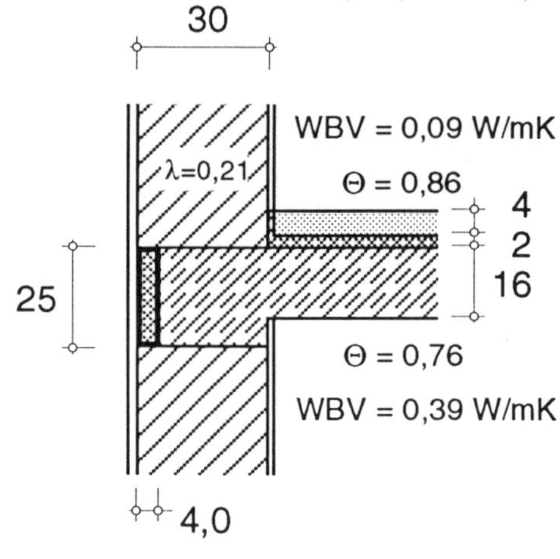

Fensterbrüstung (Kap. 1.2.3)

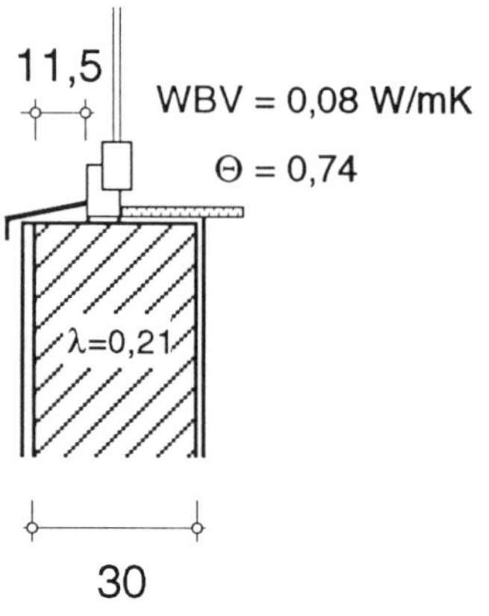

Abb. 6.1

6. Anwendungsbeispiel

Monolithische Außenwand

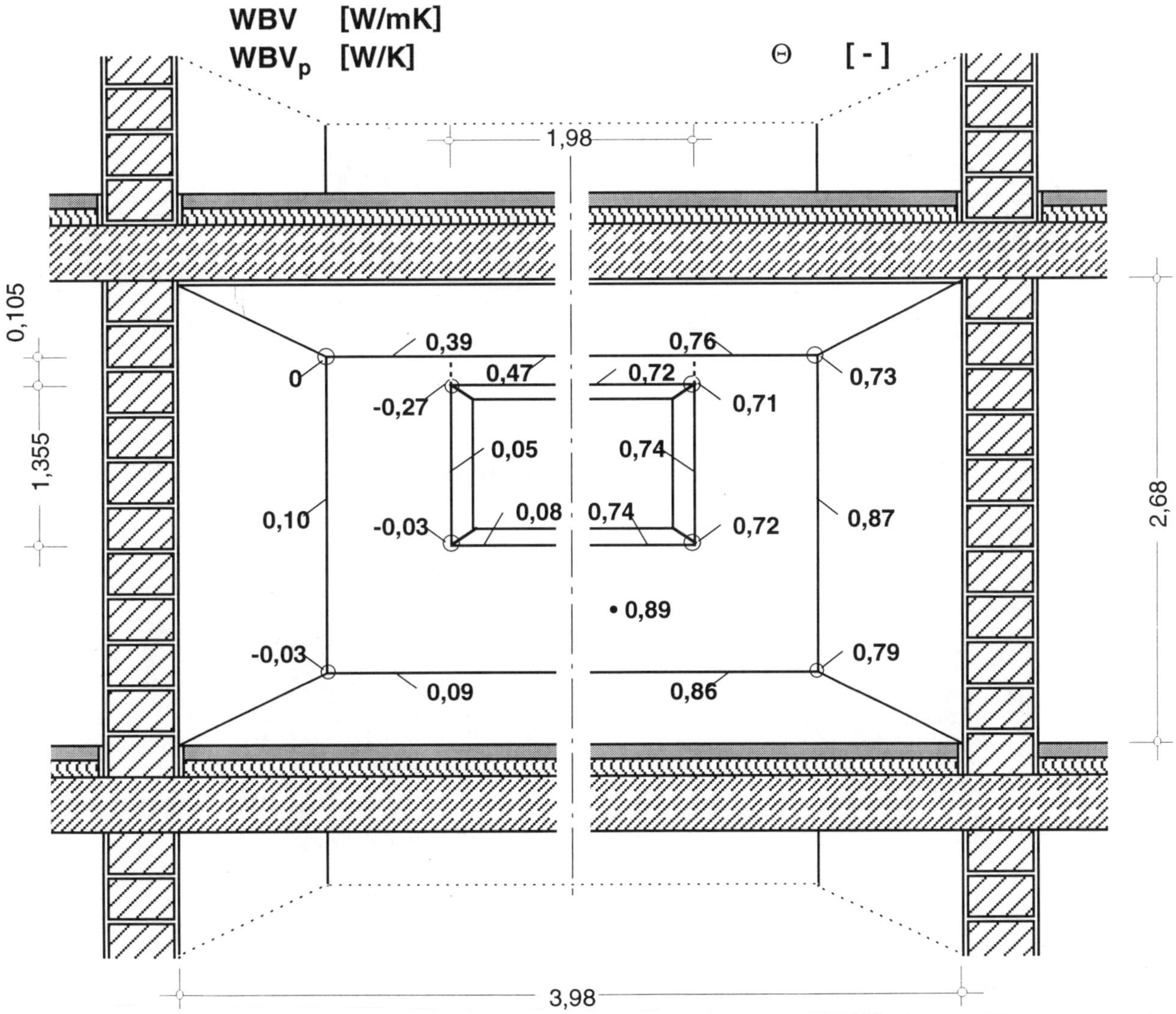

A_W = 7,98 m²
$k_{m,W}$ = 0,60 W/(m²·K)

A_F = 2,68 m²
k_F = 2,6 W/(m²·K)

Spezifische Transmissionswärmeverluste		W/K	%
Eindimensionale Betrachtung	0,60 W/(m²·K) · 7,98 m² + 2,6 W/(m²·K) · 2,68 m²	11,76	84,0
Linienförmige Wärmebrücken	+ 0,39 W/(m·K) · 2,0 m + 0,47 W/(m·K) · 1,98 m + 2 · 0,10 W/(m·K) · 2,68 m + 0,09 W/(m·K) · 3,98 m + 0,08 W/(m·K) · 1,98 m + 2 · 0,05 W/(m·K) · 1,355 m	2,90	20,7
Punktförmige Wärmebrücken	+ 2 · (0,0) W/K + 2 · (-0,03) W/K + 2 · (-0,27) W/K + 2 · (-0,03) W/K	-0,7	-4,7
Summe		13,99	100,0

Abb. 6.2

6. Anwendungsbeispiel

Außenwand mit Innendämmung

Fensterlaibung (Kap. 2.2.1)

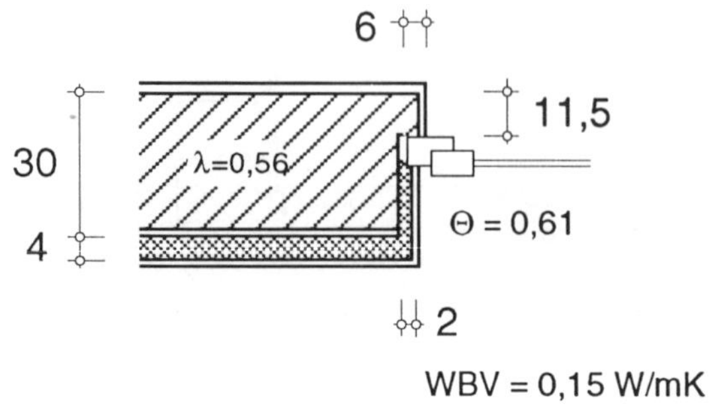

Innenwandanschluß (Kap. 2.1.3)

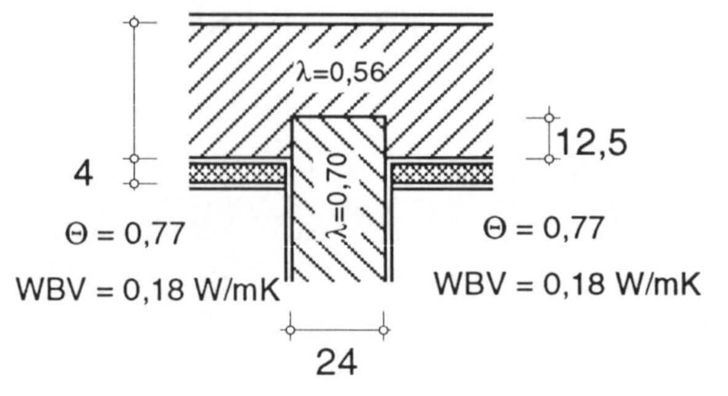

Fenstersturz (Kap. 2.2.2)

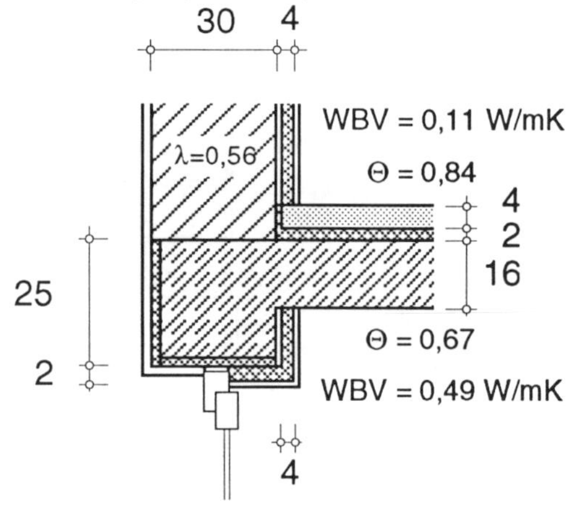

Geschoßdeckenanschluß (Kap. 2.3.3)

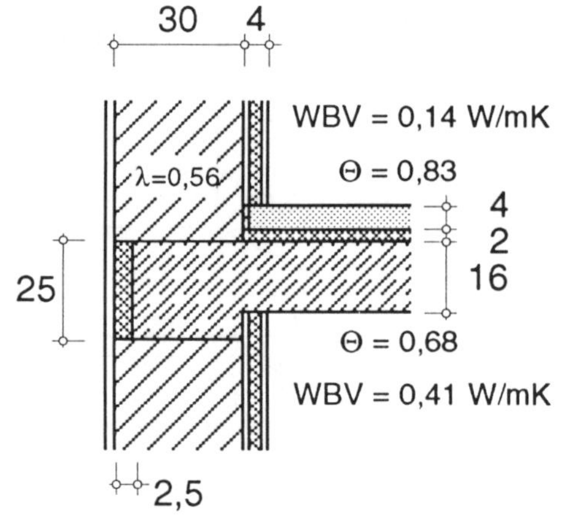

Fensterbrüstung (Kap. 2.2.3)

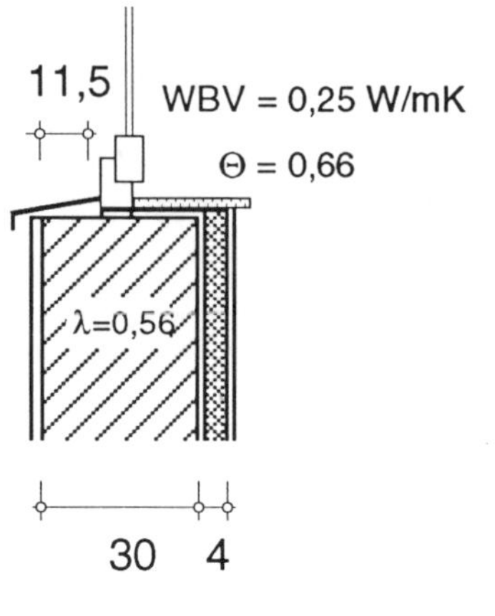

Abb. 6.3

6. Anwendungsbeispiel

Außenwand mit Innendämmung

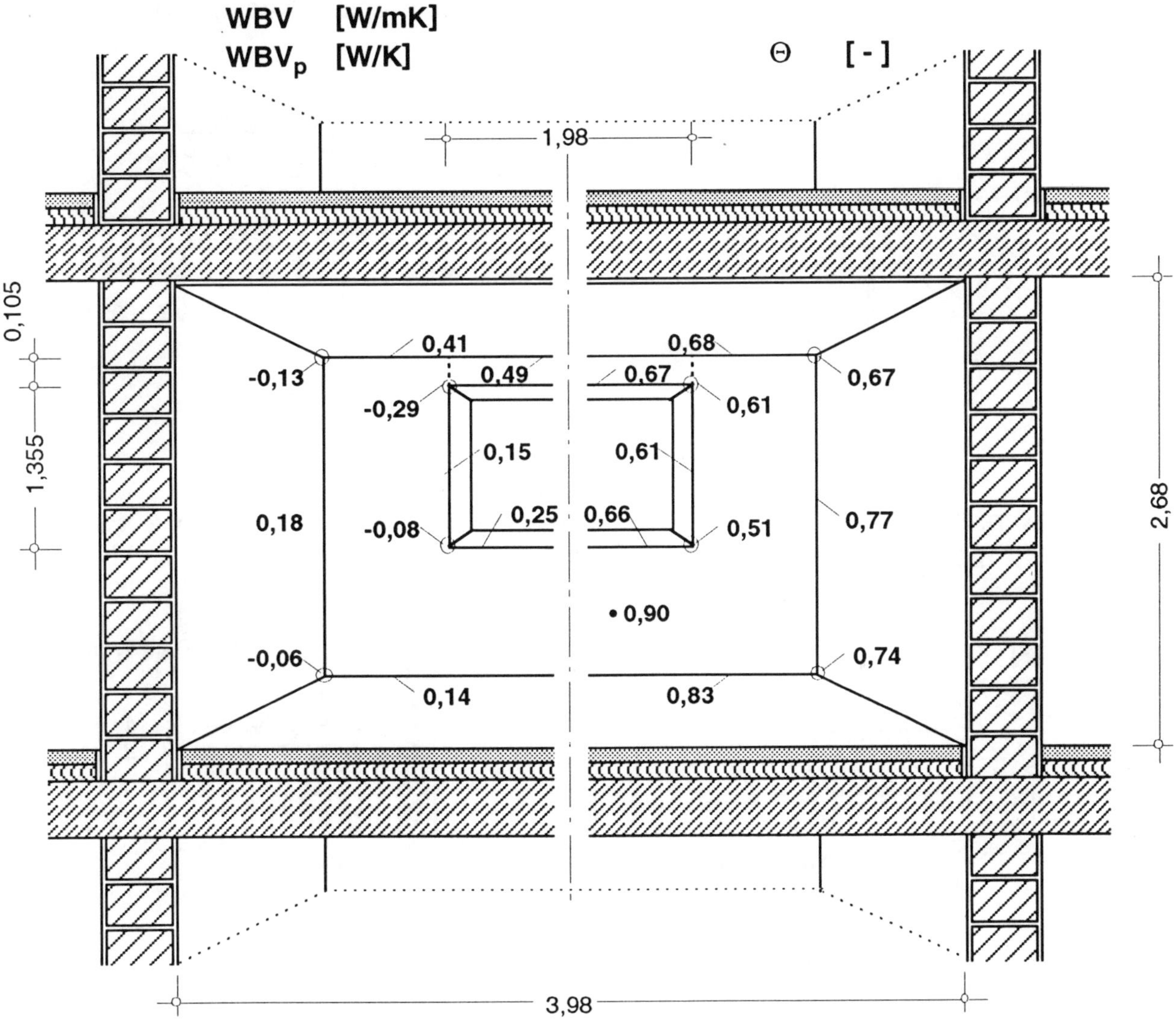

A_W = 7,98 m²
$k_{m,W}$ = 0,54 W/(m²·K)

A_F = 2,68 m²
k_F = 2,6 W/(m²·K)

Spezifische Transmissionswärmeverluste		W/K	%
Eindimensionale Betrachtung	0,54 W/(m²·K) · 7,98 m² + 2,6 W/(m²·K) · 2,68 m²	11,28	78,4
Linienförmige Wärmebrücken	+ 0,41 W/(m·K) · 2,0 m + 0,49 W/(m·K) · 1,98 m + 2 · 0,18 W/(m·K) · 2,68 m + 0,14 W/(m·K) · 3,98 m + 0,25 W/(m·K) · 1,98 m + 2 · 0,15 W/(m·K) · 1,355 m	4,21	29,3
Punktförmige Wärmebrücken	+ 2 · (-0,13) W/K + 2 · (-0,06) W/K + 2 · (-0,29) W/K + 2 · (-0,08) W/K	-1,1	-7,8
Summe		14,38	100,0

Abb. 6.4

6. Anwendungsbeispiel

Außenwand mit Wärmedämmverbundsystem

Fensterlaibung (Kap. 3.2.1)

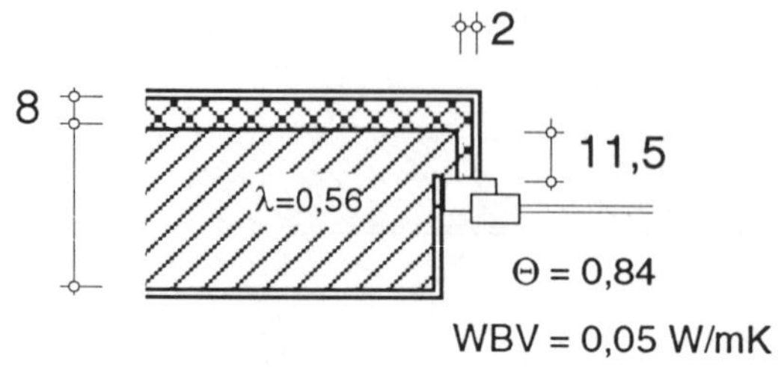

Innenwandanschluß (Kap. 3.1.3)

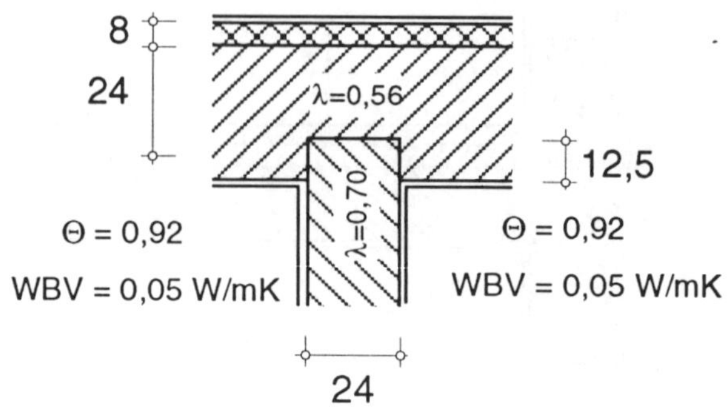

Fenstersturz (Kap. 3.2.2)

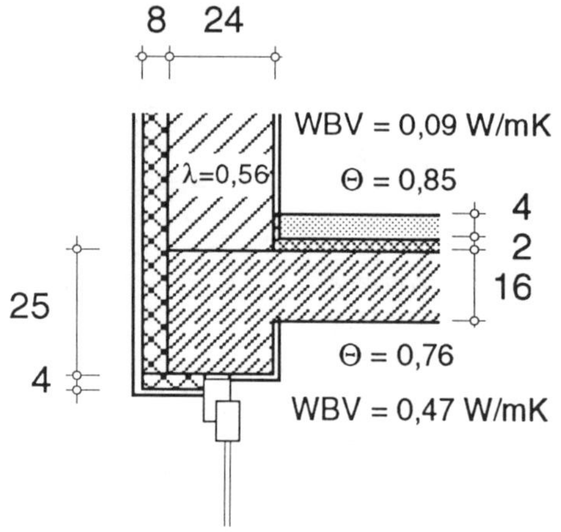

Geschoßdeckenanschluß (Kap. 3.3.3)

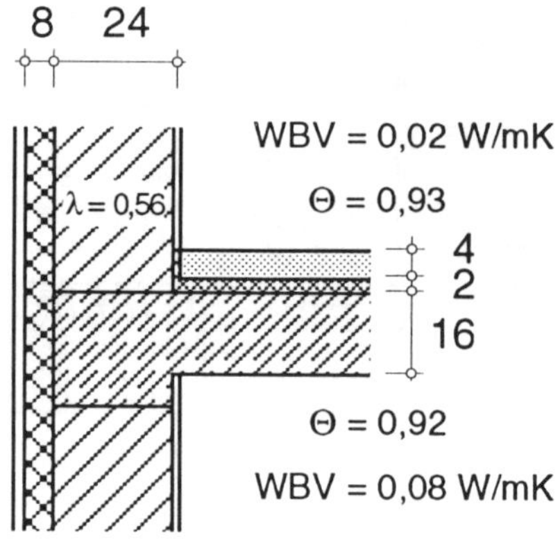

Fensterbrüstung (Kap. 3.2.3)

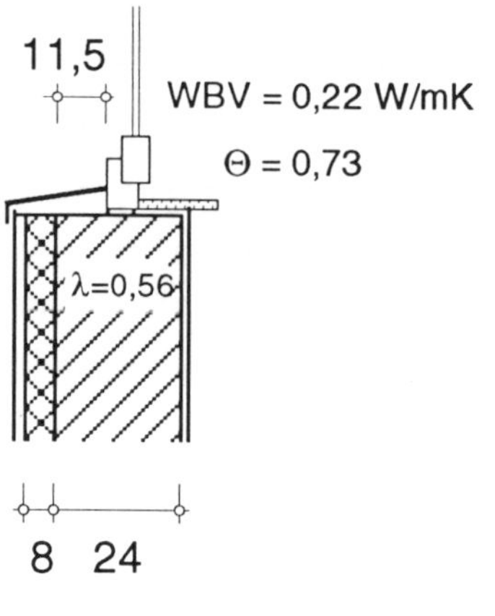

Abb. 6.5

6. Anwendungsbeispiel

Außenwand mit Wärmedämmverbundsystem

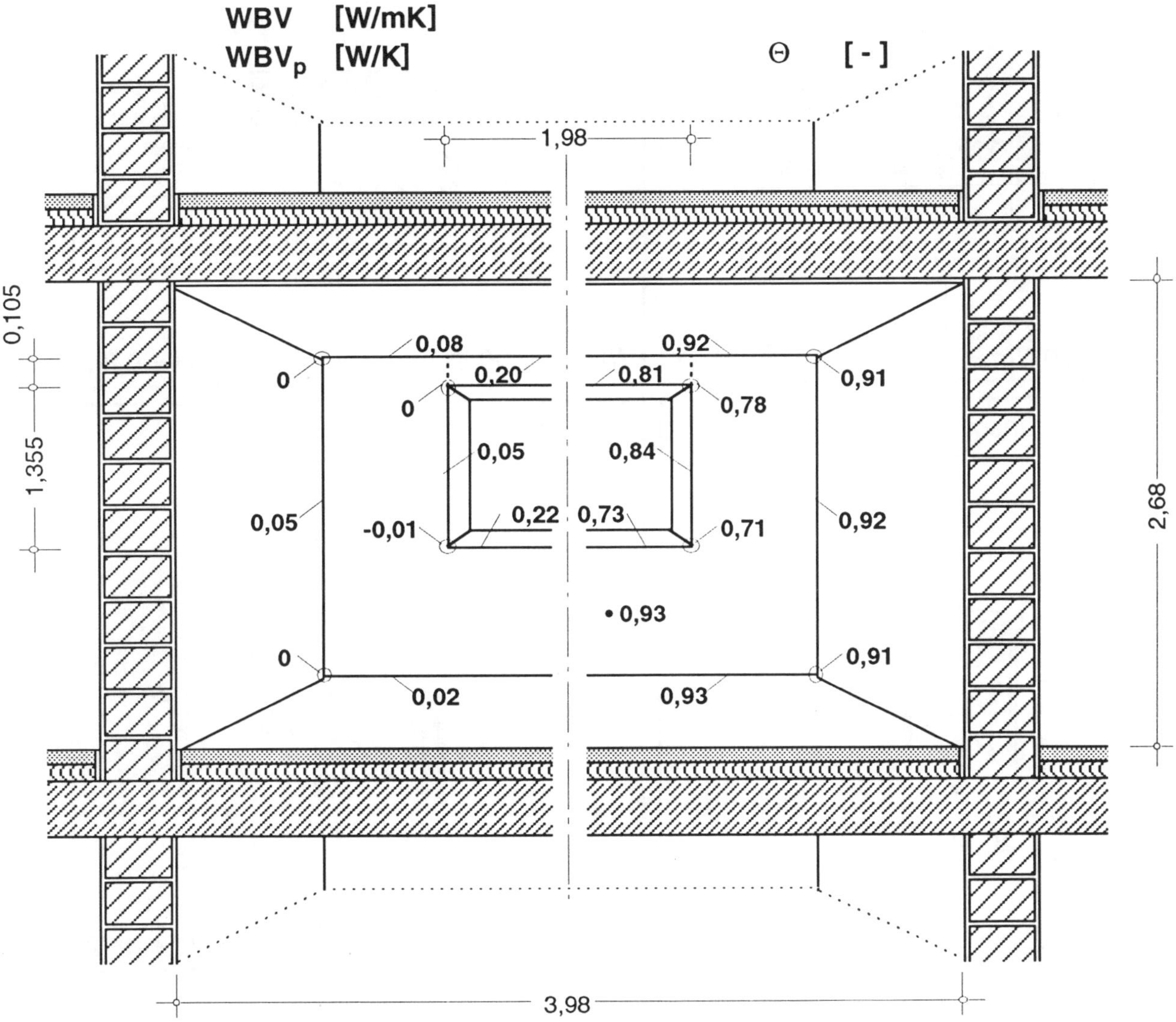

$A_W = 7{,}98\ m^2$ $A_F = 2{,}68\ m^2$

$k_{m,W} = 0{,}38\ W/(m^2 \cdot K)$ $k_F = 2{,}6\ W/(m^2 \cdot K)$

Spezifische Transmissionswärmeverluste		W/K	%
Eindimensionale Betrachtung	$0{,}38\ W/(m^2 \cdot K) \cdot 7{,}98\ m^2 + 2{,}6\ W/(m^2 \cdot K) \cdot 2{,}68\ m^2$	10,00	87,3
Linienförmige Wärmebrücken	$+ 0{,}08\ W/(m \cdot K) \cdot 2{,}0\ m + 0{,}20\ W/(m \cdot K) \cdot 1{,}98\ m$ $+ 2 \cdot 0{,}05\ W/(m \cdot K) \cdot 2{,}68\ m + 0{,}02\ W/(m \cdot K) \cdot 3{,}98\ m$ $+ 0{,}22\ W/(m \cdot K) \cdot 1{,}98\ m + 2 \cdot 0{,}05\ W/(m \cdot K) \cdot 1{,}355\ m$	1,47	12,9
Punktförmige Wärmebrücken	$+ 2 \cdot (0)\ W/K + 2 \cdot (0)\ W/K$ $+ 2 \cdot (0)\ W/K + 2 \cdot (-0{,}01)\ W/K$		-0,2
Summe		11,46	100,0

Abb. 6.6

Außenwand mit Wärmedämmverbundsystem

3.2.2 Fensteranschluß Sturz

WBV$_o$ = 0,04 W/mK Θ_o = 0,91

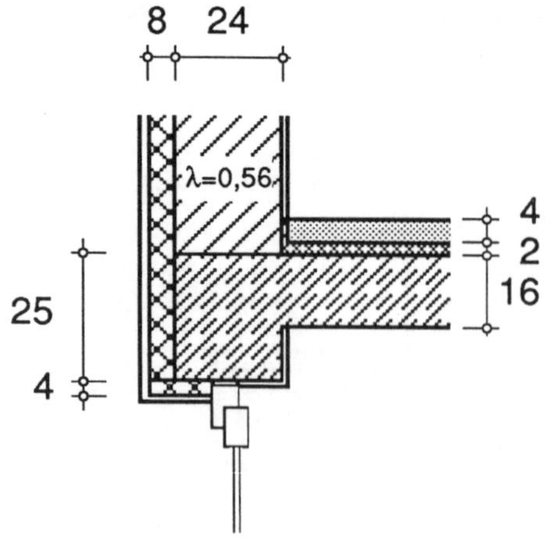

WBV$_u$ = 0,20W/mK Θ_u = 0,81

3.2.1 Fensteranschluß Laibung

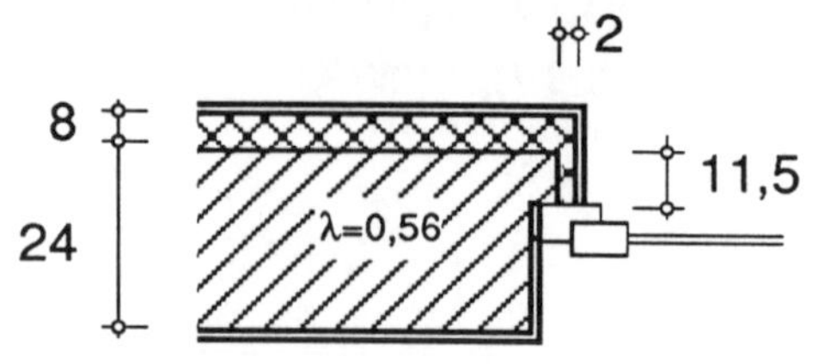

WBV = 0,05 W/mK Θ = 0,84

3.2.3 Fensteranschluß Brüstung

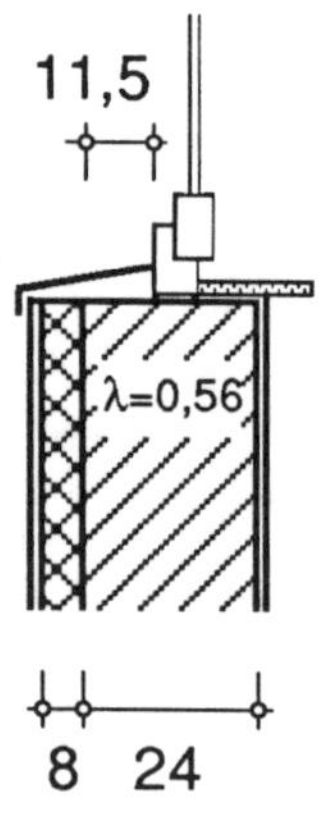

WBV = 0,22 W/mK Θ = 0,73

3.1.3 Innenwandanschluß

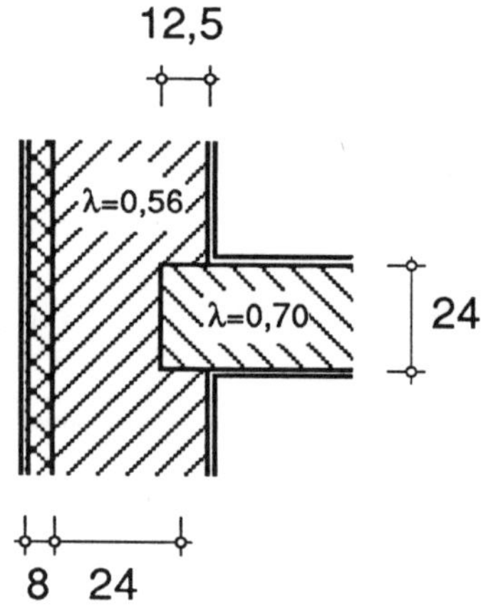

WBV = 0,05 W/mK Θ = 0,92

3.3.3 Geschoßdeckenanschluß

WBV$_o$ = 0,02 W/mK Θ_o = 0,93

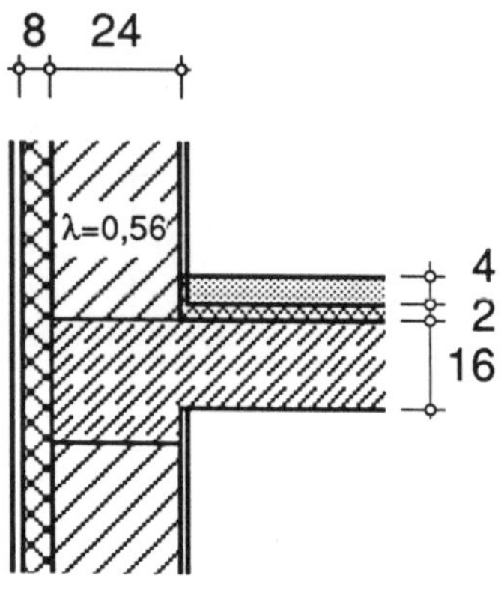

WBV$_u$ = 0,08 W/mK Θ_u = 0,92

Abb. 7.5

7. Literatur

[1] Berthier J.: Weak thermal points or thermal bridges (Les points faibles thermiques ou ponts thermiques), Reprinted from: Cah. Centre Scient. Techn. Bat. (1960), Nr. 334, S.1-20. Hrsg.: National Research Council of Canada, Div. of Building Research Ottawa: Selbstverlag (1964), 38 Seiten.

[2] Gruber, W.: Wärmedurchgang an Ecken und vorspringenden Bauteilen im Hochbau. Dissertation TU Braunschweig (1969).

[3] Kast, W.: Der Wärmestrom durch die Ecke zwische zwei Außenwänden. Ges.-Ing. 93 (1972), H. 8, S. 242-245.

[4] Balkowski, F. D.: Die Teildämmung häufig auftretender Wärmebrücken. wks (1973), H. 4, S. 17 - 20.

[5] Aufaure, M., Humbert, M. und Solignac, G.: Propagation of Heat in a Two-Dimensional Heterogeneous Medium Under Steady and Non-Steady Conditions. Application to the Calculation of Cold Bridges and Heating Floors on Solid Soil. Proceidings of the second Symposium on Use of Computers for Environmental Engineering, Paris (1974).

[6] Caemmerer, W., Rudolphi, R. und Böttcher, B.: Die Behandlung von Wärmebrückenproblemen im Bauwesen mit einem numerischen Netzwerkverfahren. Materialprüfung 16 (1974), H.11, S. 359-360.

[7] Eichler, F. u. Pohnert, J.: Bauphysikalische Entwurfslehre. Band 1 (1974). Verlag Rudolf Müller,Köln.

[8] Eichler, F.: Bauphysikalische Entwurfslehre Band 2, VEB-Verlag für Bauwesen, Berlin (1969).

[9] Achtziger, J.: Einfluß von Wärmebrücken auf den Wärmeschutz von Konstruktionen des Wohn- und Industriebaus. Ges.-Ing. 98 (1977), H. 11, S. 289-291, H. 12. S. 353 - 359.

[10] Ashrae Handbook of Fundamentals, New York (1977), Chapter 22. Design Heat Transmission Coefficients.

[11] Birkeland, O.: Energy losses through thermal bridges. Building Research and Practice (Sept./Okt. 1979), S. 284 - 291.

[12] Cauberg, J. J. M. und Uyttendaele, J.: Inventarisatie van koudebruggen; kwantitatieve bepaling van de betekenis van koudebruggen voor het warmteverlies. Cauberg-Huygen Raadgevende Ingenieurs b.v. (1979).

[13] Kupke, Chr. und Tanaka, T.: Sandwichwände mit Betonstegen.IBP Mitteilung 7 (1979), Nr. 45. Fraunhofer-Institut für Bauphysik.

[14] Kupke, Chr.: Sandwichwände mit Stahlverbindungen. IBP Mitteilung 7 (1979), Nr. 46 Fraunhofer-Institut für Bauphysik.

[15] Lund, E.: Thermal bridges. Second CIB-International Symposium on Energy. Conversation in the built environement Copenhagen (1979), S. 291-300.

[16] Andersson, A.C.: Folgen zusätzlicher Wärmedämmung-Wärmebrücken, Feuchteprobleme, Wärmespannungen, Haltbarkeit. Bauphysik 2 (1980), H. 4, S. 119-124.

[17] Autenrieth, B. und Kupke Chr.:Tauwasserniederschläge in Räumen und ihre Vermeidung. FBW Blätter 4/5 (1980).

[18] Baum, P.: Beitrag zur analytischen Berechnung von Wärmebrücken. 3. Bauklimatisches Symposium TU Dresden, Sektion Architektur. Dresden (1980).

[19] Cziesielski, E. und Ruhnau, R.: Auskragende Stahlbetondecken, Tauwasserbildung an Wärmebrücken. DAB 12 (1980), H.8, S. 1039-1040.

[20] Kupke, C.: Temperatur- und Wärmestromverhältnisse bei Eckausbildungen und auskragenden Bauteilen. Ges.- Ing. 101 (1980), H. 4., S. 88 - 95.

[21] Kupke, Chr.: Einfluß von Leichtmauermörtel auf die Wärmedämmung von Mauerwerk aus Vollsteinen. Bauphysik 2 (1980), H. 6, S. 217 - 223.

[22] Kupke, Chr. und Tanaka, T.: Wärmebrücken. wksb Sonderausgabe (Aug. 1980), S. 36 - 38.

[23] Böttcher, B. und Wagner, A.: Zur Abschätzung der Wirkung von Wärmebrücken. HLH 32 (1981), H. 4, S. 162 - 168.

[24] Cziesielski, E.: Bauphysikalische und konstruktive Probleme bei Außenwandbekleidungen. Vorträge zur Veranstaltung „Vorgehängte Außenwandbekleidungen" am 2. - 3. April 1981 in Berlin.

[25] Hauck, W.: Berechnung und Auswirkung von Wärmebrücken. VDI-Tagung, Stuttgart, 12./13. 11. 1982.

[26] Johannesson, G.: Thermal bridges in sheet metal constructions TK 42 / AG 6 Handling 2, Nov. (1981).

[27] Oswald, P.: Zum Wärmeschutz erdberührter Wände. Bauphysik 3 (1981), H. 5, S. 163-166.

[28] Gertis, K. und Erhorn, H.: Jetzt: Wärmebrücken im Kreuzfeuer? Bauphysik 4 (1982), H. 4., S. 135-139.

[29] Nauhaus, G.: Zur Wärmebrückenwirkung auskragender Betonplatten. Bauphysik 4 (1982), H. 6, S. 199-202.

[30] Saxhof, B. und Poulsen, K.E.: Foundations for Energy Conservation Houses - a thermal analysis based on examples from five low - energy houses at Hjortekaer, DK. Thermal Insulation Laboratory Technical University of Denmark (1982), Report No 130.

[31] Wagner, A., Kasper, F.-J. und Rudolphi, R.: Die Anwendung numerischer Methoden bei der Beurteilung des Wärmeschutzes von Fenstern. Bauphysik 4 (1982), H. 2, S. 49 - 53.

[32] Kasper, F.-J., Müller, R., Rudolphi, R. und Wagner, A.: Rechnerische Ermittlung des Einflusses von Wärmebrücken auf das wärmeschutztechnische Verhalten von Fenstern und Wänden im Anschlußbereich Fenster-Wand. Bundesanstalt für Materialprüfung (Berlin 1983).

[33] Künzel, H., Werner, H. und Schaube, H.: Rechnerische Untersuchungen über die thermische Wirkung von Wärmebrücken. IBP-Bericht aus dem Fraunhofer-Institut für Bauphysik (1983).

[34] Künzel, H., Werner, H. Marquardt, R. und Schaube, H.: Untersuchungen über den effektiven Wärmeschutz verschiedener Ziegelaußenwandkonstruktionen. IBP-Bericht aus dem Fraunhofer-Institut für Bauphysik, Holzkirchen (1983).

7. Literatur

[35] Gertis, K. und Soergel, L.: Tauwasserbildung in Außenecken. Kritische bauphysikalische und rechtliche Anmerkungen zu einem Urteil des Oberlandesgerichts Hamm. DAB 15 (1983), H. 10, S. 1045-1050.

[36] Berber, J.: Außenwinkel als Wärmebrücken. Bauphysik 6 (1984), H. 4, S. 142-144.

[37] Erhorn, H. und Gertis, K.: Auswirkungen der Lage des Fensters im Baukörper auf den Wärmeschutz von Wänden. Fenster und Fassade 11 (1984), H. 2, S. 53-57.

[38] Gertis, K. und Erhorn, H.: Thema: Wärmebrücken und Wärmeschutz, Zuschrift zum Artikel von Werner, H. und Künzel, H. in H. 9, S. 19-22. ABZ 54 (1984), H. 11, S. 6.

[39] Gertis, K. und Erhorn, H.: Vereiteln Wärmebrücken den Wärmeschutz hochgedämmter Mauerwerkskonstruktionen? Allgemeine Bauzeitung 54 (1984), H. 3, S. 9 -10.

[40] Kasper, F.J., Müller, R., Rudolphi, R. und Wagner, A.: Zum wärmeschutztechnischen Verhalten des Anschlußbereichs Fenster - Wand. Ges.-Ing. 105 (1984), H. 4, S. 169-170 und S. 223 - 227.

[41] Künzel, H.: Wärmedurchgang durch die Gebäudeumhüllung im Vergleich zum rechnerischen k-Wert in Abhängigkeit vom Wandaufbau. Ziegelindustrie International (1984), H. 2, S.59-65.

[42] Kupke, Chr. und Schüle, M.: Einfluß von Leichtmauermörtel auf die Wärmedämmung von Mauerwerk aus Hohlblocksteinen. Bauphysik 6 (1984), H. 5, S. 166-169.

[43] Möhl, Hauser, Müller: Baulicher Wärmeschutz, Feuchteschutz und Energieverbrauch. Expert-Verlag, Kontakt & Studium, Bauwesen. Band 131. Grafenau (1984).

[44] Nedder, G.: Wärmebrücken im Wohnungsbau - Wärmebrücken = Planungsfehler? BBaubl (1984), H. 3, S. 176-179.

[45] Zapke, W.: Tragswerkplanung und Baukonstruktion - Vortragsveranstaltung „Erkenntnisse beim kostensparenden Bauen". März 1984 in der Stadthalle Hannover. BBauBl (1984), H. 7, S. 495-497.

[46] Cziesielski, E.: Wärmebrücken im Hochbau. Bauphysik 7 (1985), H. 5, S. 141-149.

[47] Eichberger, J.-I.: Calculation of geometric configuration factors in an enclosure whose boundary is given by an arbitrary polygon in the plane. Wärme- und Stoffübertragung 19 (1985), S. 269-271.

[48] Erhorn, H. und Tammes, E.: Eine einfache Methode zum Abschätzen balkenförmiger Wärmebrücken in Bauteilen mit planparallelen Oberflächen. Bauphysik 7 (1985), H. 1, S. 7 - 11.

[49] Hauser, G.: Das Wohnblockhaus. Kapitel „Wärmeschutz". Entwicklungsgemeinschaft Holzbau in der Deutschen Gesellschaft für Holzforschung (Mai 1985).

[50] Kasper, F.J., Müller, R., Rudophi, R. und Wagner, A.: Theoretische Ermittlung des Wärmedurchgangskoeffizienten von Fensterkonstruktionen unter besonderer Berücksichtigung der Rahmenproblematik. Forschungsbericht 116, BAM Berlin. Wirtschaftsverlag NW, Verlag für neue Wissenschaften (Okt. 1985).

[51] Knapen, M. und Standaert, P.: Experimental Research on Thermal Bridges in Different Outer-Wall Systems. CIB-W40, Holzkirchen (2. - 4. Sept. 1985).

[52] König, N.: Hohlräume in Mauersteinen - wärmetechnisch optimiert. IBP Mitteilung 12 (1985), Nr. 98, Fraunhofer-Institut für Bauphysik, Stuttgart.

[53] Roeser, R.: Berechnungen der Temperaturen und Wärmeströme geometrischer Wärmebrücken des Kühlrippentyps, insbesondere betonierter Kragplatten. Bauphysik 7 (1985), H. 1, S. 1-6.

[54] Rudolphi, R., Müller, R. und Eichberger J.-I.: Ein kurzer Überblick über Versuchs- und Rechenmethoden zum wärmeschutztechnischen Verhalten von Fenstern. Amts- und Mitteilungsblatt der Bundesanstalt für Materialprüfung (BAM) 15 (1985) Nr. 1, S. 19-25.

[55] Rudolphi, R. und Müller, R.: Bauphysikalische Temperaturberechnungen in FORTRAN. Band 1: Zwei- bzw. dreidimensionale stationäre Probleme des Wärmeschutzes. Teubner Verlag Stuttgart (1985).

[56] Verhoeven, A.C.: Simplified Formulae to Calculate Thermal Bridges in Plain Structures. Meeting of CIB-W 40, Holzkirchen (2. - 4. September 1985).

[57] Kasper, F.-J., Müller, R., Rudolphi, R. und Wagner, A.: Rechnerische Simulation von Versuchen am Beispiel des Wärmeschutzes von Fensterkonstruktionen. Materialprüfung 28 (1986) Nr. 4, S. 107-108.

[58] Ottel, M.: Die Wärmeverluste des Kellers, Vergleich verschiedener Berechnungsverfahren. Bauphysik 8 (1986), H.4, S. 106-110.

[59] Roeser, R.: Computergerechte Verfahren zur Berechnung ebener Temperaturfelder. Bauphysik 8 (1986), H. 2, S. 39-44.

[60] Stumm, F. und König, N.: Risse im Mauerwerk - Verschlechtert die Rißverpressung die Wärmedämmung? IBP Mitteilung 13 (1986), Nr. 126, Fraunhofer-Institut für Bauphysik, Stuttgart.

[61] Zapke, W.: Frostfreie Gründungen. DBZ (1986), H.11, S.1467-1474.

[62] Einfeldt, T., Schmid, J. und Feldmeier, F.: Beurteilung der Tauwassergefahr bei Bauanschlüssen. Fenster und Fassade 14 (1987), H. 2, S. 31-42.

[63] Elsner, M. und Winter, E.R.F.: Wärmedämmung in Hochlochziegeln. Bauphysik 9 (1987), H. 6, S. 267-271.

[64] Hauser, G.: Feuchteschutztechnische Probleme infolge von Energiesparmaßnahmen? Deutsche Bauzeitschrift 35 (1987), H.4, S. 433-437.

[65] Mainka, G.-W. und Paschen, H.: Wärmebrückenkatalog als Arbeitshilfe. Bauphysik 9 (1987), H. 1, S. 1- 15.

[66] Kasper, F.-J., Müller, R. und Rudolphi, R.: Numerische Untersuchungen zum Tauwasserrisiko von Mauerwerksaußenwinkeln und Ecken in Gebäuden. Schadenprisma 17 (1988), H.3, S. 43-52 und H. 4, S. 53-58.

7. Literatur

[67] Mainka, G. W. und Werner, H.: Wärmebrücken bei auskragenden Balkonplatten. Ergebnisse experimenteller und rechnerischer Untersuchungen - Vergleichende Gegenüberstellung bei Gebäuden mit Querwänden aus Ziegelmauerwerk bzw. Beton. Bauphysik 10 (1988), H. 4, S. 105 - 112.

[68] Brühwiler, D. und Geiger, G.: Wärmeschutz bei Kragplatten. Wärmebrücken Resultate NEFF Arbeit 262.2. Schweizer Ingenieur und Architekt (1989), H. 11, S. 11-13.

[69] Brunner, C.U. und Nänni, J.: Verminderung von Wärmebrücken bei Neubauten. Wärmebrücken Resultate NEFF Arbeit 262.2. Schweizer Ingenieur und Architekt (1989), H. 11, S. 1-6.

[70] Fehér, J.: Randeinflüsse auf den Wärmeverlust durch Baukonstruktionen. Bauphysik 11 (1989), H. 2, S. 100-105

[71] Hauser, G.: Wärmebrückenprobleme bei Gebäuden mit hoher Wärmedämmung. DBZ 37 (1989), H. 2, S. 193-196.

[72] Hauser, G.: Wege zum Niedrigenergiehaus. Proc. 11. Internationaler Velta-Kongreß 89, S. 9-17, Tirol (1989).

[73] Hessisches Ministerium für Wirtschaft und Technik. Energiespar-Informationen 4. Feist, W., Huber, J. und Oberländer, S.: Wärmebrücken, Ursachen und Auswirkungen - Hinweise zur Verringerung und Vermeidung. Hessisches Ministerium für Wirtschaft und Technik (1989)..

[74] Müller, R., Rudolphi, R. und Liersch K.W.: Numerische Untersuchung der Wärmedämmung profilierter Dämmplatten für Wellplattendächer bei stationären Randbedingungen nach DIN 4108. wksb (1989), H. 26, S. 27-31.

[75] Rudolphi, R., Müller, R. und Grimm, R.: Wärmeschutz von Fenstern - Einsatz von numerischen Methoden und Farbgraphik. Glaswelt 42 (1989), H. 6, S. 76-86.

[76] Spörri, R.: Wärmeschutz-Optimierung am Fenster. Wärmebrücken Resultate NEFF Arbeit 262.2. Schweizer Ingenieur und Architekt (1989), H. 11. S. 7-10.

[77] DGfM Schriftenreihe: Wärmebrücken vermeiden - Lösungsvorschläge. Deutsche Gesellschaft für Mauerwerksbau e.V.

[78] Kreč, K. und Sigmund, A.: Ein praktisches Verfahren zur Beurteilung von Wärmebrücken im Hinblick auf Oberflächenkondensation. Bauphysik 11 (1989), H 5, S. 178 - 184.

[79] Lubinski, F.: Der allgemein gültige Wärmeschutznachweis doppelschaliger Wandkonstruktionen aus Stahlblech. Bauphysik 11 (1989), H 5, S. 198 - 203.

[80] Müller, R. und Rudolphi, R.: Berechnung des Wärmedurchlaßwiderstandes und der Temperaturverteilung im Querschnitt von Hausschornsteinen nach DIN 18160 Teil 6. BAM Berlin. Wirtschaftsverlag NW, Verlag für neue Wissenschaften (5/1989).

[81] Müller, R.: Ein numerisches Verfahren zur simultanen Bestimmung thermischer Stoffeigenschaften oder Größen aus Versuchen - Anwendung aus das Heißdraht-Parallelverfahren und auf Versuche an Hausschornsteinen. Dissertation TU Berlin 1989.

[82] Müller, R. und Rudolphi, R.: Zur numerischen Ermittlung des Wärmedurchlaßwiderstandes von Hausschornsteinen. Bauphysik 11 (1989), H 6, S. 211 - 218.

[83] Nänni, J., Brunner, C.U. ,Spörri, R. und Zürcher, C.: Rationelle, rechnergestützte Bauteilanalyse bei Wärmebrücken. Bauphysik 11 (1989), H 6, S. 219 - 229.

[84] Energy, Mines and Resources Canada, Technology Branch, Ottawa, Ontario: The Effect of Frame Desing on Window Heat loss. Caddet Newsletter (1989), Nr. 3, S. 9-11.

[85] Achtziger, J.: Verfahren zur Beurteilung des Wärmeschutzes und der Wärmebrücken von mehrschaligen Außenwänden und Maßnahmen zur Verminderung der Transmissionswärmeverluste von Fassaden. Dissertation TU Berlin 1990.

[86] Kasper, F.-J., Müller R. und Rudolphi, R.: Numerische Untersuchung geometriebedingter Wärmebrücken (Winkel und Ecken) unter Einsatz hochauflösender Farbgraphik bei Berücksichtigung der Tauwasserproblematik und des Mindestluftwechsels. BAM Berlin. Wirtschaftsverlag NW, Verlag für neue Wissenschaften (1990).

[87] Kasper, F.-J., Müller R. und Rudolphi, R.: Fensteranschlüsse-Numerische Untersuchung zum wärmeschutztechnischen Verhalten. Glaswelt 43 (1990), H.11, S. 36 - 45.

[88] Hauser, G.: Surface condensation caused by cold bridges - A planning aid. International Symposium on Energy, Moisture and Climate in Buildings. CIB W67. 3. - 6. Sept. 1990 Rotterdam.

[89] Hauser, G.: Auskragende Balkonplatten bei wärmeschutztechnischen Sanierungen. Bauphysik 13 (1991), H. 9, S. 144–150.

[90] Hauser, G., Schulze, H. und Wolfseher, U.: Wärmebrücken im Holzbau. Bauphysik 5 (1983), Nr. 1, S. 17-21 und Nr. 2, S. 42-51.

[91] SIA-Dokumentation 99: Wärmebrückenkatalog 1. Neubaudetails. Zürich (1985).

[92] Brückmann, G., Marquardt, H. und Stiegel, H.: Einfluß der Gebäudegeometrie auf den Heizenergieverbrauch von Gebäuden unter besonderer Berücksichtigung von Wärmebrücken. Diplomarbeit Universität Kassel, Fachbereich Architektur (Jan.1986).

[93] Hauser, G.: Einfluß der Baukonstruktion auf den Heizenergieverbrauch. Beckert, Mechel, Lamprecht: Gesundes Wohnen. Wechselbeziehungen zwischen Mensch und gebauter Umwelt. Beton-Verlag (1986), S. 405-417.

[94] Mainka, G.W. und Paschen, H.: Wärmebrückenkatalog. Teubner-Verlag, Stuttgart (1986).

[95] Heindl, Krec, Panzhauser, Sigmund: Wärmebrücken. Springer-Verlag Wien (1987).

[96] Varfalvi, J.: Wärmebrücken - Die wichtigsten wärmetechnischen Kennzahlen - (Ungarisch). TU Budapest (1989).

[97] ISO/DIS 6946/2: Draft International Standard Thermal insulation - calculation rules -. Part 2: Beam-shaped thermal bridges in plain struktures. Projekt de Norme Internationale Isolation thermique - Règle de calcul - . Partie 2: Pons thermiques en forme de poudre dans les structures simples 1985-04-25.

[98] Erhorn, H. und Tammes, E. : Eine einfache Methode zum Abschätzen balkonförmiger Wärmebrücken in Bauteilen mit planparallelen Oberflächen. Bauphysik 7 (1985), H 1, S. 7 - 11.

7. Literatur

[99] Hauser, G. und Stiegel, H.: Wärmebrücken-Atlas für den Holzbau. Bauverlag Wiesbaden 1992.

[100] Hauser, G. und Hausladen, G.: Energiekennzahl zur Beschreibung des Heizenergiebedarfs von Wohngebäuden. Herausgeber: Gesellschaft für Rationelle Energieverwendung e.V., Berlin. Energiepaß-Service Hauser & Hausladen GmbH, Baunatal 1991.

[101] ISO/DP 9164: Thermal Insulation - Calculation of Space Heating Requirements - Residential Buildings. (Entwurf Mai 1986).

[102] CEN TC 89/WG1/N156 „Thermal bridges - Calculation of surface temperatures and heat flows" (Working Draft,März 1991).

[103] DIN 4701 „Regeln für die Berechnung des Wärmebedarfs von Gebäuden" (März 1983).

[104] Balázs, K. und Zöld, A.: Monitoring in Wohnungen in Kecskemet von 1987 bis 1989. (Ungarisch). TU und ETI Budapest (1989).

[105] Balázs, K. und Zöld, A.: Mindestluftwechsel im praktischen Test. Ermittlung der Bedingungen für die Schimmelpilzbildung in Räumen anhand der Kapillarkondensation. HLH 41 (1990), H.7, S. 620-622.

[106] Erhorn, H.: Schimmelpilzanfälligkeiten von Baumaterialien. Fraunhofer-Institut für Bauphysik. Neue Forschungsergebnisse 17 (1990), Mitteilung 196.

[107] SIA-Dokumentation 380: Energie im Hochbau. Zürich (1985).

[108] DIN 4108 „Wärmeschutz in Hochbau". (Aug. 1981).

[109] Munn, R.E.: Descriptive micrometeorology. Academic Press, New York (1966).

[110] de Vries, D.A.: Heat transfer in soils. Heat and mass transfer in the biosphere. Scripta Book Company. Washington (1975). S. 5-28.

[111] Gröber, Erk, Grigull: Grundgesetze der Wärmeübertragung. 3. verbesserter und erweiteter Neudruck. Springer-Verlag Berlin (1963).

[112] Gertis, K. und Wolfseher, U.: Veränderung des thermischen Mikroklimas durch Bebauung. Ges.-Ing. 98 (1977), H. 1/2, S.1-10.

[113] Recknagel, Sprenger, Hönmann: Taschenbuch für Heizung + Klimatechnik. 63. Jahrgang (1986/87). Oldenburg-Verlag.

[114] Hagentoft, C.-E.: Heat Loss to the Ground from a Building. Slab on the Ground and Cellar. Department of Building Technology Report TVBH-1004. Lund Institute of Technology, Sweden (Arpil 1988).

[115] Stingl, W.: Erdspeicher zur Klimatisierung von Schweineställen. Kuratorium für Technik und Bauwesen in der Landwirtschaft e.V., Darmstadt, Schrift 302.

[116] CEN, TC 89/WG5 N147 „ Calculation of ground heat transfer to and from buildings" (Jan. 1992).

[117] Forschungsinstitut für Wärmeschutz e. V. München: Prüfberichte F II 89 und 95/97 (Jan. 1980).

[118] Wolfseher, U.: Rechnerische Ermittlung mehrdimensionaler Temperaturfelder unter stationären und instationären Bedingungen - Rechensystem und bauphysikalische Anwendung-. Dissertation, Universität Essen (1978).

[119] Wolfseher, U.: Verfahren zur Berechnung zwei- oder dreidimensionaler Temperatur- und Wärmestromfelder in Bauteilen, die stationären bzw. instationären Randbedingungen ausgesetzt sind. Bauphysik 2 (1980), Nr.3, S.83-87.

[120] Hauser, G.: Die wärmetechnische Beurteilung von Fenstern unter Berücksichtigung der Sonneneinstrahlung während der Heizperiode. Bauphysik 1 (1979), Nr. 1, S. 12-17.

[121] Rouvel, L. und Wenzl, B.: Kenngrößen zur Beurteilung der Energiebilanz von Fenstern während der Heizperiode. HLH 30 (1979), Nr. 8, S. 285-291.

[122] Gertis, K., Hauser, G., Künzel, H., Nikolic, V., Rouvel, L. und Werner, H.: Energetische Beurteilung von Fenstern während der Heizperiode. DAB 12 (1980), Nr. 2, S. 201-202.

[123] Werner, H.: Auswirkungen meteorologischer Einflußgrößen auf die Wärmebilanz von Fenstern während der Heizperiode. Ges.-Ing. 101 (1980), Nr. 3, S. 63-68.

[124] Hauser, G.: Passive Sonnenenergienutzung durch Fenster, Außenwände und temporäre Wärmeschutzmaßnahmen - Eine einfache Methode zur Quantifizierung durch keq-Werte. HLH 34 (1983), Nr. 3, S. 111-112, Nr. 4, S. 144-153, Nr. 5, S. 200-204, Nr. 6, S. 259-265.

[125] Hauser, G.: Näherungsformel zur einfachen Berechnung von Strahlungsgewinnkoeffizienten. Bauphysik 10 (1988), H. 2, S. 43-51.

Gliederung und Aufbau des Atlas

Der praktische Nutzen des Atlas wird stark davon bestimmt, wie die in ihm enthaltenen Informationen dem Leser schnell, übersichtlich und eindeutig vermittelt werden können. Prmär ist der Atlas nach Außenwandkonstruktionen gegliedert.

1 Monolithische Außenwand
2 Außenwand mit Innendämmung
3 Außenwand mit Wärmedämmverbundsystem
4 Zweischalige Außenwand
5 Außenwand mit Vorhangfassade

Diese Kapitel untergliedern sich jeweils in
n.1 Wandanschlüsse
n.1.1 Außenecke
n.1.2 Innenecke
n.1.3 Innenwandanschluß
n.1.4 Stütze
n.2 Fensteranschlüsse
n.2.1 Fensteranschluß Laibung
n.2.2 Fensteranschluß Brüstung
n.2.3 Fensteranschluß Sturz
n.2.4 Fensteranschluß Rolladenkasten
n.3 Deckenanschlüsse
n.3.1 Dachanschluß
n.3.2 Geschoßdeckenanschluß zum unbeheizten Dachraum
n..3 Geschoßdeckenanschluß
n.3.4 Kellerdeckenanschluß zum beheizten Keller
n.3.5 Kellerdeckenanschluß zum unbeh. Keller
n.3.6 Bodenplattenanschluß, nicht unterkellert
n.3.7 Bodenplattenanschluß, unterkellert
n.4 Balkonanschlüsse
n.4.1 Balkonanschluß, Kragplatte
n.4.2 Balkonanschluß, thermisch getrennte Balkonplatte
n.4.3 Balkonanschluß, Kragarm Stahlbeton
n.4.4 Balkonanschluß, Kragarm Stahlprofil
n.4.5 Balkonanschluß, vorgehängte Stahlkonstruktion
n.5 Räumliche Ecken

Im Anschluß finden sich Wärmebrücken, die von der Außenwandkonstruktion unabhängig sind, nämlich

6 Dach/Geschoßdecke zum unbeh. Dachraum
6.1 Innenwandanschluß zum Dach
6.2 Innenwandanschluß zum unbeh.Dachraum
7 Geschoßdecke zum unb. Keller/Bodenplatte
7.1 Innenwandanschluß zum unbeheizten Keller
7.2 Innenwandanschluß zur Bodenplatte, nicht unterkellert

Gliederung und Aufbau des Atlas

Den jeweiligen Wärmebrücken wird eine Bauteilbeschreibung mit üblichen thermischen Kenngrößen vorangestellt. Dort findet sich auch Platz für persönliche Eintragungen wie z. B. Problempunkte, brand-, feuchte- oder schallschutztechnische Werte, örtliche Preise, Lieferanten usw.

Zum leichteren Auffinden des gesuchten Kapitels dienen in der oberen äußeren Ecke auf jeder Seite aufgenommene Piktogramme.

Alle Wärmebrücken werden in einer Beispielversion im Maßstab 1 : 10 dargestellt, um dem Nutzer auch die Möglichkeit des Durchpausens zumindest einer Konstruktionsgrundlage zu ermöglichen. Alle Maße, auch die von Stahlteilen, sind dabei in cm angegeben. Den anschließenden Varianten liegt der Maßstab 1 : 20 zugrunde, wobei neben besonders kennzeichnenden Größen nur solche Daten aufgeführt sind, die von den im Maßstab 1 : 10 wiedergegebenen abweichen.

In den Fällen, wo zwei WBV- oder Θ-Werte anzugeben sind (Geschoßdecken- und Trennwandeinbindungen in Außenwände), gelten die oberen Zahlenwerte für den im Bild oben und die unteren Zahlenwerte für den im Bild unten dargestellten Bereich.

Bei Fenstern wird generell von einer Isolierverglasung und einem Holzrahmen (Wärmedurchgangskoeffizient des Fensters 2,6 $W/(m^2 \cdot K)$) ausgegangen. Die angegebenen tiefsten raumseitigen Oberflächentemperaturen beziehen sich dabei nur auf den Wand- oder Deckenbereich. Die zum Teil im Bereich der Abstandshalter der Verglasung tieferen Oberflächentemperaturen sind nicht aufgeführt, da sie einerseits nicht typisch für den Mauerwerksbau sind und andererseits in der Regel mit allen Konsequenzen hingenommen werden.

Feuchtigkeitstechnische Schutzschichten (z. B. Dampfsperren, Dachhaut u. a.) werden bei den Berechnungen der Temperatur- und Wärmestromfelder nicht berücksichtigt und in den Zeichnungen auch nicht dargestellt.

Monolithische Außenwand 1.

Monolithische Außenwand 1.

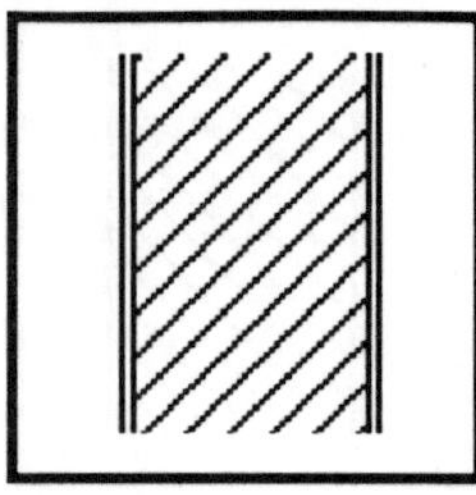

1. Monolithische Außenwand

Bauteil - Beschreibung

Baustoff	s [m]	ρ [kg/m³]	λ_R [W/m·K]
Gipsputz	0,015	1200	0,35
Mauerwerk	s	ρ	λ
Kalkzementputz	0,025	1800	0,87

Kenngrößen

Variation in der Bauteilschicht											
	2	s [cm]	24	24	24	**30**	**30**	**30**	**36,5**	**36,5**	**36,5**
		ρ [kg/m³]	1800	**1200**	**700**	1800	**1200**	**700**	1800	**1200**	**700**
		λ [W/m·K]	0,99	**0,56**	**0,21**	0,99	**0,56**	**0,21**	0,99	**0,56**	**0,21**
		s [cm]									
		ρ [kg/m³]									
		λ [W/m·K]									
		s [cm]									
		ρ [kg/m³]									
		λ [W/m·K]									
s_{ges}		[cm]	28,0	28,0	28,0	34,0	34,0	34,0	40,5	40,5	40,5
m_{ges}		[kg/m²]	495	351	231	603	423	273	720	501	319
m_i		[kg/m²]	495	351	231	603	423	273	720	501	319
Θ		[-]	0,64	0,73	0,86	0,67	0,76	0,89	0,71	0,79	0,90
k		[W/m²·K]	2,07	1,49	0,72	1,84	1,29	0,60	1,64	1,12	0,51

Preis [DM/m²]									

Bemerkungen:

Monolithische Außenwand 1.

Wärmebrücken-Übersicht

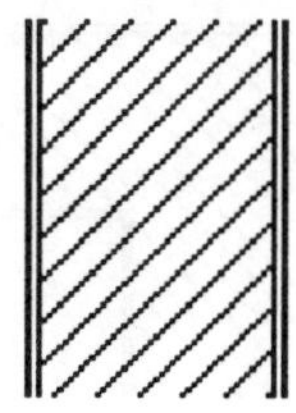

1.1	Wandanschluß	1.2	Fensteranschluß	1.3	Deckenanschluß	1.4	Balkonanschluß	1.5	Räumliche Ecken

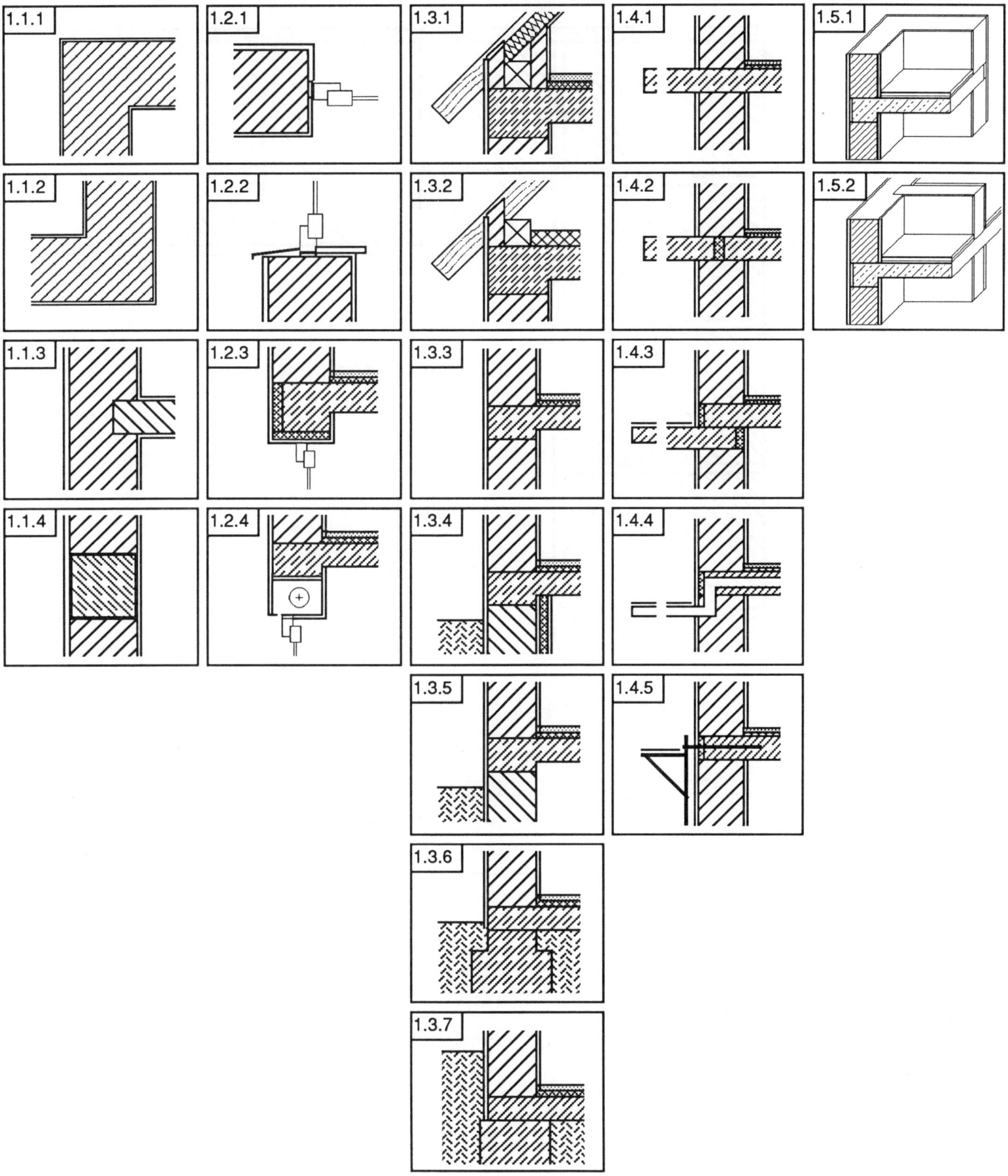

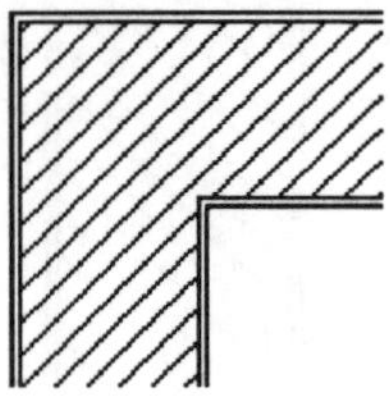

1.	Monolithische Außenwand
1.1.1	Außenecke

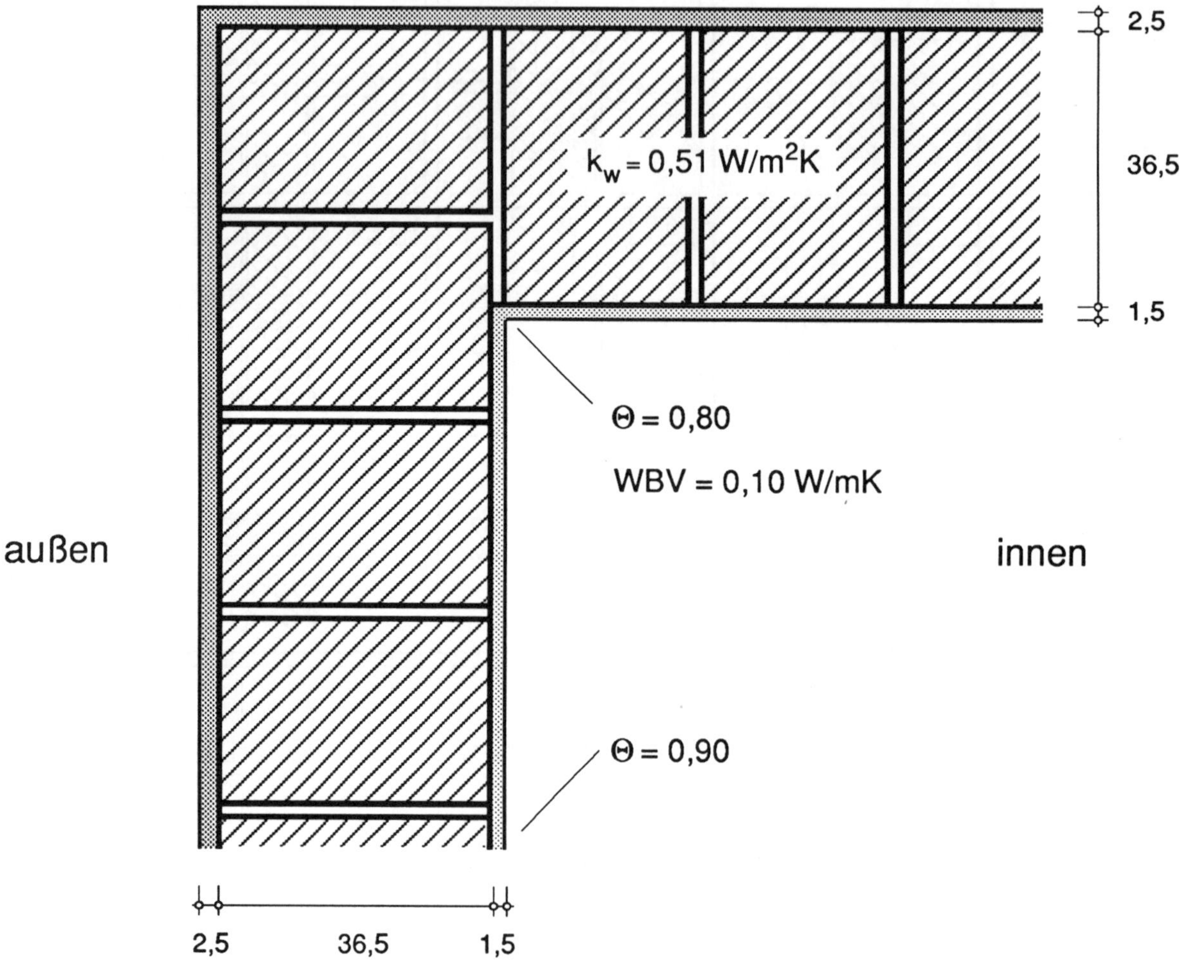

M 1:10

Baustoff	Dicke s [m]	Rohdichte ρ [kg/m³]	Wärmeleitfähigkeit λ_R [W/mK]
Gipsputz	0,015	1200	0,35
Mauerwerk	0,365	700	0,21
Kalkzementputz	0,025	1800	0,87

Monolithische Außenwand 1.

Außenecke 1.1.1

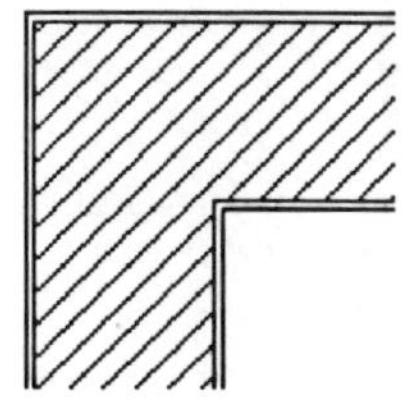

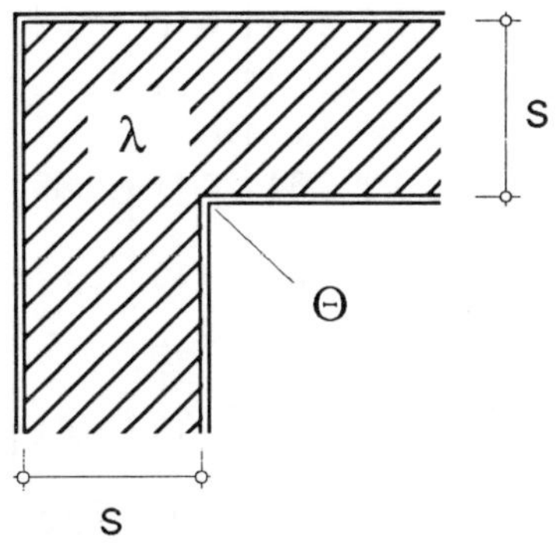

s [cm]	λ = 0,15		λ = 0,18		λ = 0,21		λ = 0,24	
	WBV	Θ	WBV	Θ	WBV	Θ	WBV	Θ
17,5	0,07	0,76	0,08	0,73	0,09	0,70	0,10	0,68
24	0,07	0,80	0,08	0,77	0,09	0,75	0,10	0,73
30	0,08	0,82	0,09	0,80	0,10	0,78	0,11	0,76
36,5	0,08	0,84	0,09	0,82	0,10	0,80	0,11	0,78
49	0,08	0,87	0,09	0,85	0,10	0,83	0,11	0,82

s [cm]	λ = 0,27		λ = 0,30		λ = 0,33		λ = 0,36		λ = 0,39		λ = 0,42		λ = 0,45		λ = 0,50	
	WBV	Θ	WBV	Θ	WBV	Θ	WBV	Θ	WBV	Θ	WBV	Θ	WBV	Θ	WBV	Θ
17,5	0,10	0,66	0,11	0,64	0,11	0,63	0,12	0,61	0,12	0,60	0,12	0,59	0,13	0,58	0,14	0,56
24	0,11	0,71	0,12	0,69	0,13	0,68	0,13	0,66	0,14	0,65	0,14	0,64	0,15	0,62	0,16	0,61
30	0,12	0,74	0,12	0,72	0,13	0,71	0,14	0,70	0,15	0,68	0,15	0,67	0,16	0,66	0,17	0,64
36,5	0,12	0,77	0,13	0,75	0,14	0,74	0,15	0,72	0,16	0,71	0,16	0,70	0,17	0,69	0,18	0,67
49	0,12	0,80	0,14	0,79	0,15	0,78	0,16	0,76	0,16	0,75	0,17	0,74	0,18	0,73	0,20	0,72

s [cm]	λ = 0,56		λ = 0,68		λ = 0,81		λ = 0,96		λ = 0,99							
	WBV	Θ	WBV	Θ	WBV	Θ	WBV	Θ	WBV	Θ	WBV	Θ	WBV	Θ	WBV	Θ
17,5	0,14	0,54	0,16	0,51	0,16	0,48	0,17	0,46	0,17	0,46						
24	0,17	0,59	0,18	0,56	0,19	0,53	0,21	0,50	0,21	0,50						
30	0,18	0,62	0,20	0,59	0,22	0,56	0,23	0,54	0,23	0,53						
36,5	0,19	0,65	0,22	0,62	0,24	0,59	0,26	0,57	0,26	0,56						
49	0,21	0,70	0,24	0,67	0,26	0,64	0,29	0,61	0,29	0,61						

1. Monolithische Außenwand

1.1.1 Außenecke

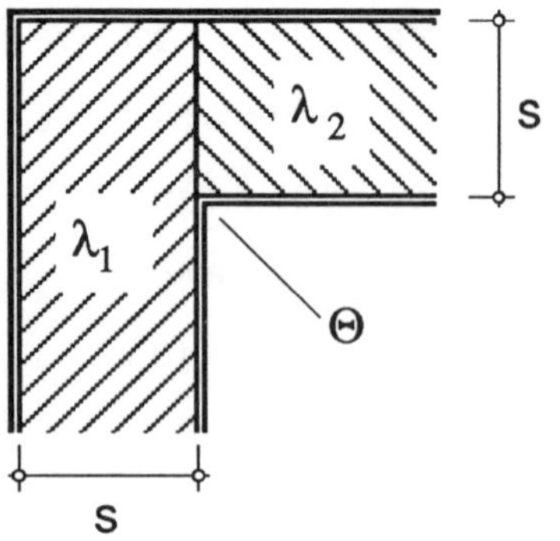

λ_1	λ_2	s = 24 cm		s = 30 cm		s = 36,5 cm		s = 49 cm	
		WBV	Θ	WBV	Θ	WBV	Θ	WBV	Θ
0,21	0,21	0,09	0,75	0,10	0,76	0,10	0,80	0,10	0,83
0,21	0,56	0,10	0,67	0,10	0,71	0,10	0,73	0,11	0,78
0,21	0,99	0,10	0,61	0,10	0,64	0,11	0,68	0,11	0,73
0,56	0,21	0,16	0,61	0,18	0,64	0,19	0,67	0,20	0,71
0,56	0,56	0,17	0,59	0,18	0,62	0,19	0,65	0,21	0,70
0,56	0,99	0,16	0,56	0,18	0,58	0,19	0,61	0,21	0,66
0,99	0,21	0,21	0,52	0,23	0,55	0,25	0,58	0,28	0,62
0,99	0,56	0,21	0,51	0,24	0,54	0,26	0,57	0,30	0,62
0,99	0,99	0,21	0,50	0,23	0,53	0,26	0,56	0,29	0,61

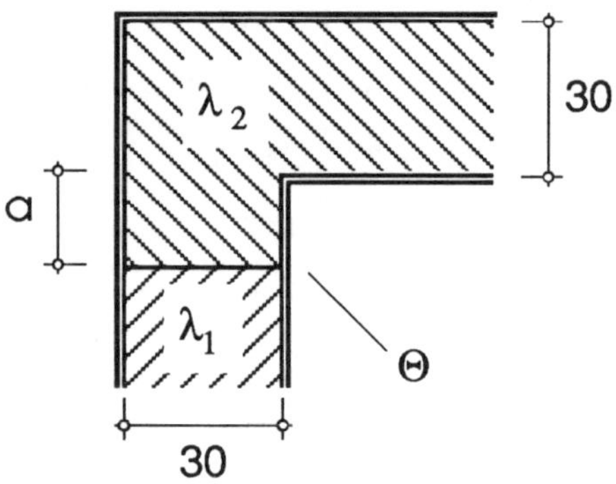

λ_1	λ_2	a = 12,5 cm		a = 25,0 cm		a = 37,5 cm		a = 50,0 cm	
		WBV	Θ	WBV	Θ	WBV	Θ	WBV	Θ
0,21	0,21	0,01	0,78	0,01	0,78	0,01	0,78	0,01	0,78
0,56	0,21	0,01	0,76	-0,07	0,76	-0,16	0,76	-0,25	0,76
0,56	0,56	0,18	0,62	0,18	0,62	0,18	0,62	0,18	0,62
0,99	0,21	-0,05	0,67	-0,20	0,67	-0,36	0,67	-0,52	0,67
0,99	0,56	0,12	0,61	0,06	0,61	-0,01	0,62	-0,08	0,62
0,99	0,99	0,23	0,53	0,23	0,53	0,23	0,53	0,23	0,53

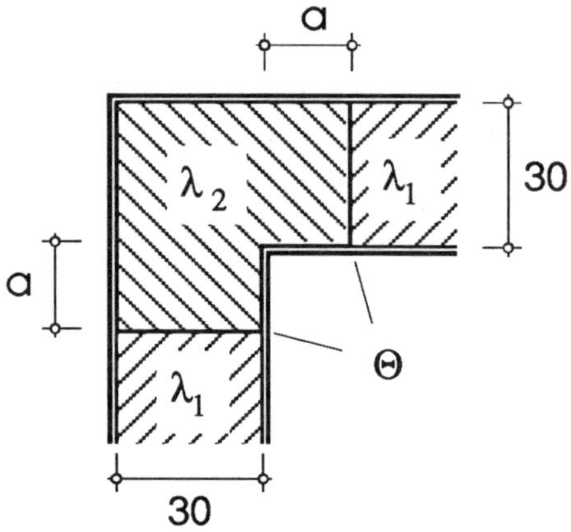

λ_1	λ_2	a = 12,5 cm		a = 25,0 cm		a = 37,5 cm		a = 50,0 cm	
		WBV	Θ	WBV	Θ	WBV	Θ	WBV	Θ
0,21	0,21	0,01	0,78	0,01	0,78	0,01	0,78	0,01	0,78
0,56	0,21	-0,07	0,76	-0,24	0,76	-0,41	0,76	-0,58	0,76
0,56	0,56	0,18	0,62	0,18	0,62	0,18	0,62	0,18	0,62
0,99	0,21	-0,19	0,67	-0,50	0,67	-0,80	0,67	-1,12	0,67
0,99	0,56	0,05	0,61	-0,09	0,61	-0,22	0,62	-0,36	0,62
0,99	0,99	0,23	0,53	0,23	0,53	0,23	0,53	0,23	0,53

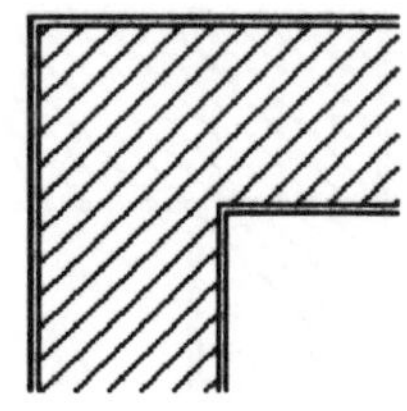

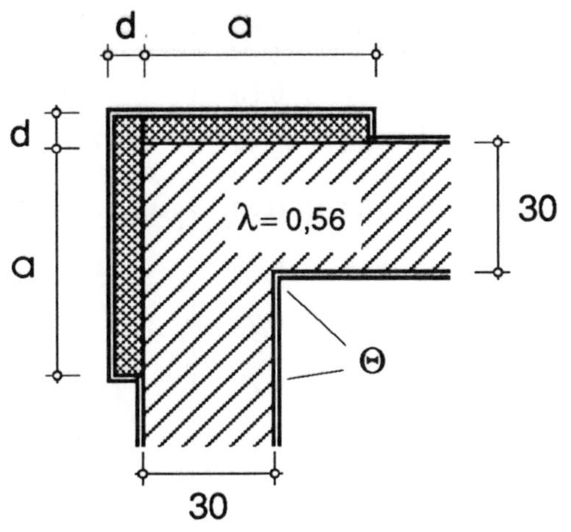

a [cm]	d = 4 cm		d = 6 cm		d = 8 cm	
	WBV	Θ	WBV	Θ	WBV	Θ
30	0,13	0,65	0,12	0,65	0,12	0,66
45	-0,07	0,67	0,05	0,68	0,04	0,69
60	-0,07	0,72	-0,12	0,74	-0,14	0,75
75	-0,26	0,75	-0,33	0,76	-0,38	0,76
100	-0,60	0,76	-0,74	0,76	-0,83	0,76
125	-0,96	0,76	-1,15	0,76	-1,28	0,76

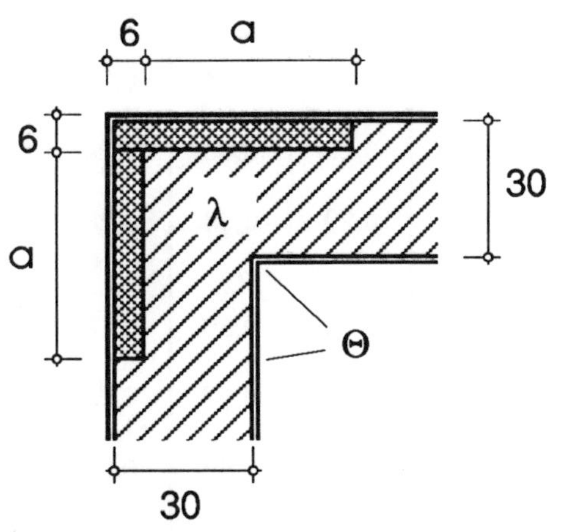

a [cm]	λ =0,21		λ =0,56		λ =0,99	
	WBV	Θ	WBV	Θ	WBV	Θ
30	0,07	0,79	0,11	0,66	0,12	0,58
45	0,03	0,82	-0,04	0,72	-0,10	0,65
60	-0,04	0,84	-0,24	0,76	-0,42	0,67
75	-0,11	0,84	-0,47	0,76	-0,78	0,67
100	-0,24	0,85	-0,88	0,76	-1,44	0,67
125	-0,36	0,85	-1,29	0,76	-2,09	0,67

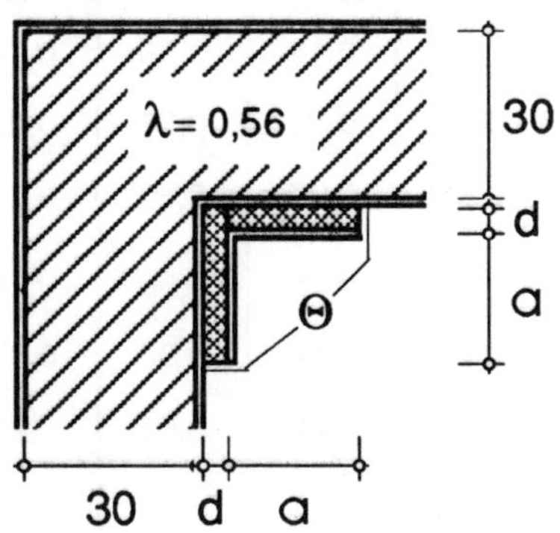

a [cm]	d = 2 cm		d = 4 cm		d = 6 cm	
	WBV	Θ	WBV	Θ	WBV	Θ
30	-0,53	0,71	-0,64	0,69	-0,69	0,68
45	-0,70	0,71	-0,86	0,70	-0,95	0,69
60	-0,86	0,72	-1,08	0,70	-1,20	0,69
75	-1,02	0,73	-1,30	0,72	-1,46	0,71
100	-1,29	0,75	-1,67	0,74	-1,89	0,73
125	-1,56	0,75	-2,05	0,76	-2,32	0,76

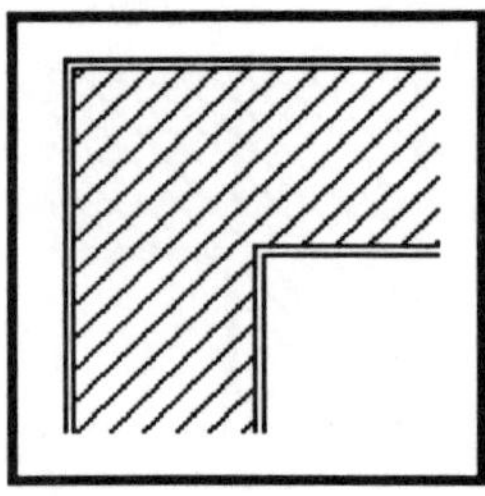

1. Monolithische Außenwand

1.1.1 Außenecke

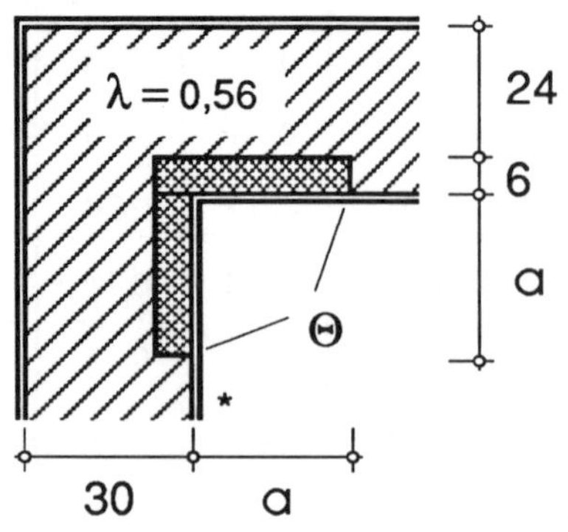

* mit Gipsputz $\lambda_{Pi} = 0,35$
oder Kalkzementputz

a [cm]	$\lambda_{Pi} = 0,35$		$\lambda_{Pi} = 0,70$			
	WBV	Θ	WBV	Θ		
30	-0,36	0,74	-0,37	0,73		
45	-0,61	0,74	-0,63	0,74		
60	-0,86	0,74	-0,89	0,74		
75	-1,11	0,74	-1,15	0,74		
100	-1,53	0,74	-1,58	0,74		
125	-1,96	0,76	-2,04	0,75		

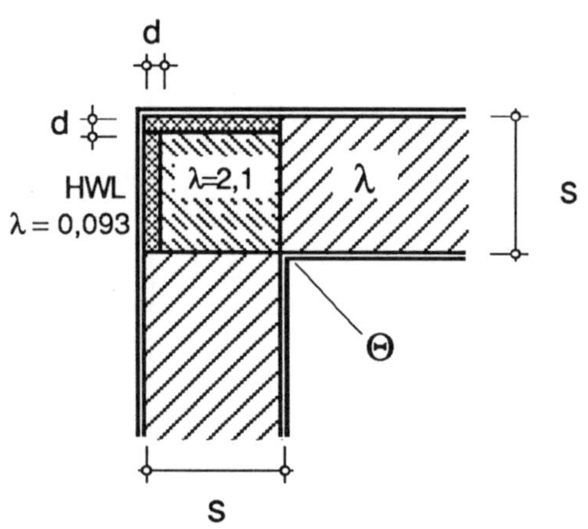

s [cm]	d [cm]	λ =0,21		λ =0,56		λ =0,99	
		WBV	Θ	WBV	Θ	WBV	Θ
24	2,5	0,20	0,62	0,21	0,54	0,20	0,49
30	2,5	0,23	0,63	0,25	0,63	0,24	0,56
36,5	2,5	0,25	0,64	0,29	0,58	0,28	0,54
24	3,5	0,18	0,64	0,19	0,55	0,18	0,50
30	3,5	0,21	0,64	0,23	0,57	0,22	0,52
36,5	3,5	0,24	0,66	0,27	0,59	0,26	0,55

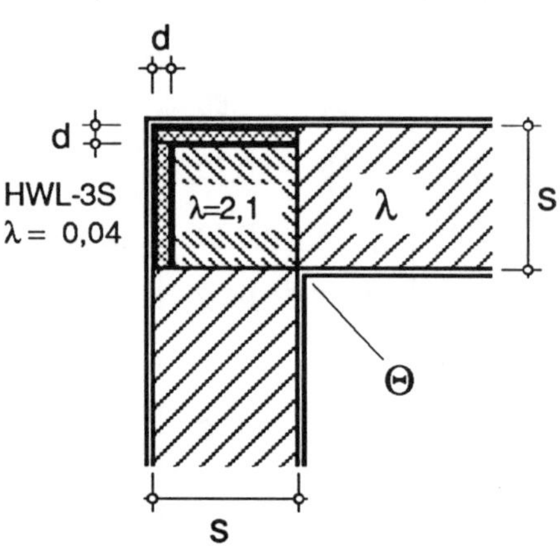

s [cm]	d [cm]	λ =0,21		λ =0,56		λ =0,99	
		WBV	Θ	WBV	Θ	WBV	Θ
24	2,5	0,17	0,65	0,18	0,56	0,16	0,51
30	2,5	0,19	0,66	0,21	0,58	0,20	0,53
36,5	2,5	0,22	0,67	0,25	0,60	0,24	0,55
24	4,0	0,14	0,67	0,15	0,58	0,14	0,52
30	4,0	0,17	0,68	0,18	0,60	0,17	0,54
36,5	4,0	0,19	0,69	0,22	0,61	0,21	0,57
24	6,5	0,11	0,70	0,12	0,60	0,12	0,53
30	6,5	0,14	0,71	0,15	0,62	0,14	0,56
36,5	6,5	0,16	0,72	0,18	0,63	0,17	0,58

Monolithische Außenwand 1.

Außenecke 1.1.1

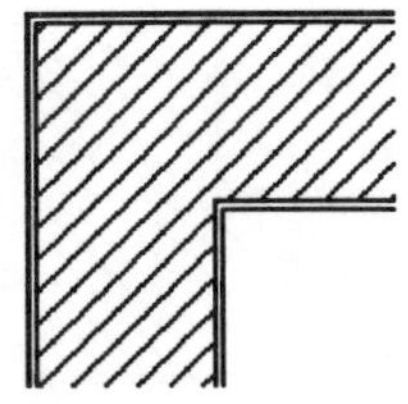

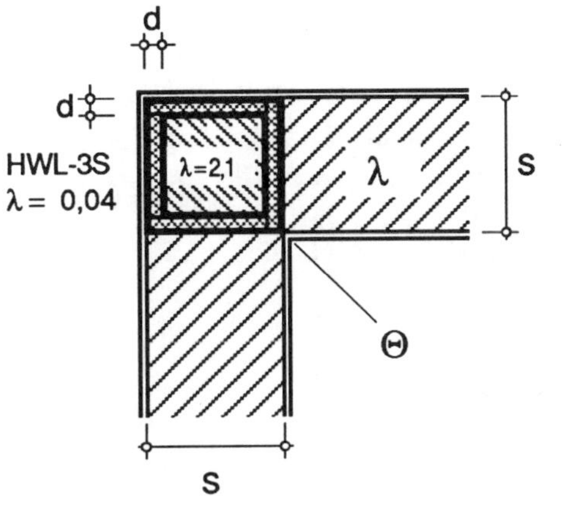

s [cm]	d [cm]	λ =0,21 WBV	λ =0,21 Θ	λ =0,56 WBV	λ =0,56 Θ	λ =0,99 WBV	λ =0,99 Θ
24	2,5	0,08	0,77	0,09	0,65	0,09	0,57
30	2,5	0,10	0,78	0,10	0,68	0,10	0,60
36,5	2,5	0,11	0,80	0,12	0,70	0,12	0,36
24	4,0	0,06	0,79	0,07	0,66	0,07	0,58
30	4,0	0,70	0,81	0,08	0,69	0,08	0,61
36,5	4,0	0,08	0,82	0,09	0,72	0,09	0,64
24	6,5	0,04	0,80	0,05	0,67	0,06	0,58
30	6,5	0,05	0,83	0,06	0,70	0,06	0,62
36,5	6,5	0,06	0,84	0,06	0,73	0,07	0,65

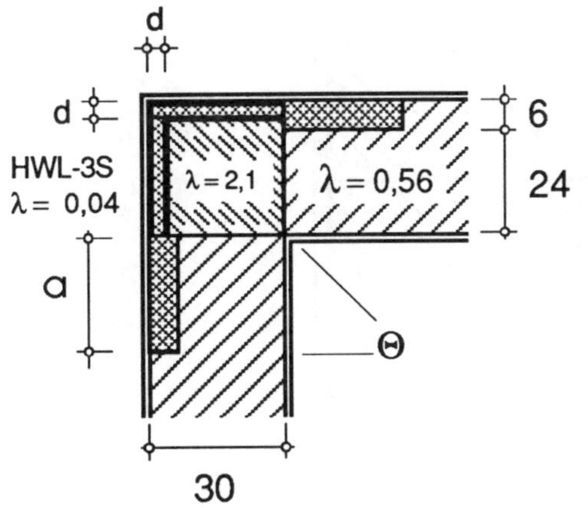

a [cm]	d = 2,5 cm WBV	d = 2,5 cm Θ	d = 4 cm WBV	d = 4 cm Θ	d =6,5 cm WBV	d =6,5 cm Θ
30	-0,11	0,67	-0,17	0,70	-0,23	0,73
45	-0,32	0,69	-0,39	0,73	-0,45	0,76
60	-0,55	0,70	-0,63	0,74	-0,69	0,76
75	-0,80	0,71	-0,87	0,75	-0,94	0,76
100	-1,21	0,71	-1,29	0,75	-1,36	0,76
125	-1,63	0,71	-1,71	0,75	-1,78	0,76

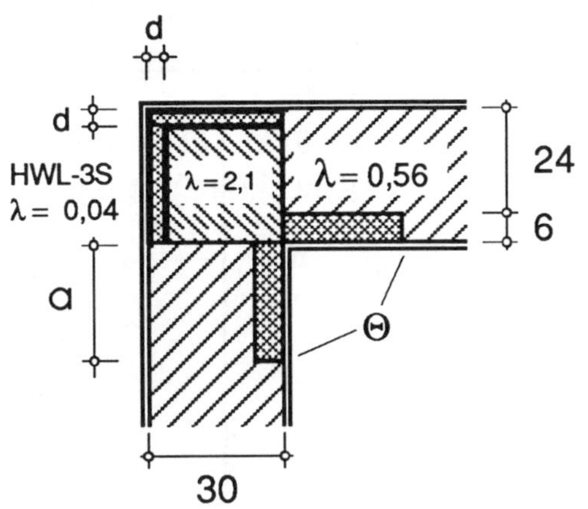

a [cm]	d = 2,5 cm WBV	d = 2,5 cm Θ	d = 4 cm WBV	d = 4 cm Θ	d =6,5 cm WBV	d =6,5 cm Θ
30	-0,34	0,74	-0,34	0,74	-0,35	0,74
45	-0,59	0,74	-0,59	0,74	-0,60	0,74
60	-0,84	0,74	-0,84	0,74	-0,84	0,74
75	-1,09	0,74	-1,09	0,74	-1,10	0,74
100	-1,50	0,74	-1,51	0,74	-1,51	0,74
125	-1,93	0,75	-1,93	0,75	-1,94	0,75

1.	Monolithische Außenwand
1.1.2	Innenecke

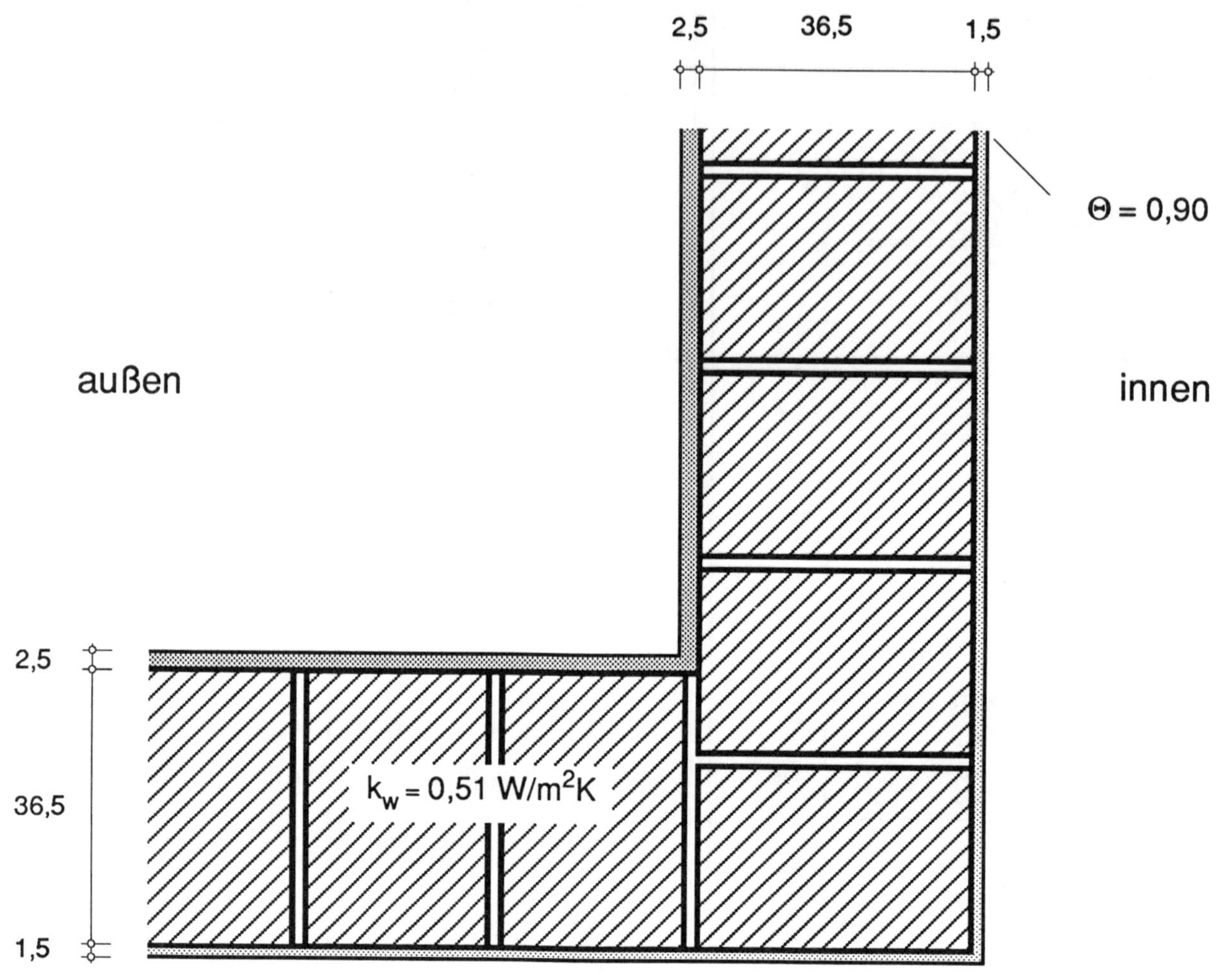

M 1:10

WBV = - 0,28 W/mK

Baustoff	Dicke s [m]	Rohdichte ρ [kg/m³]	Wärmeleitfähigkeit λ_R [W/mK]
Gipsputz	0,015	1200	0,35
Mauerwerk	0,365	700	0,21
Kalkzementputz	0,025	1800	0,87

Monolithische Außenwand 1.

Innenecke 1.1.2

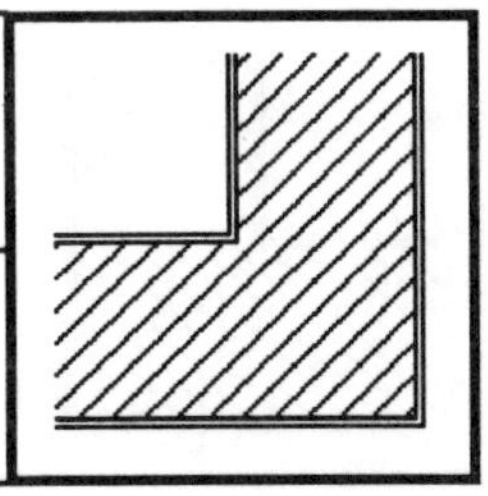

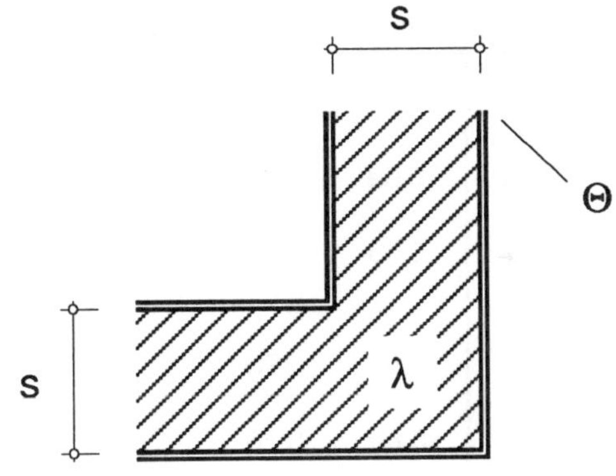

s [cm]	λ = 0,15		λ = 0,18		λ = 0,21		λ = 0,24	
	WBV	Θ	WBV	Θ	WBV	Θ	WBV	Θ
17,5	-0,20	0,86	-0,24	0,84	-0,27	0,83	-0,30	0,81
24	-0,21	0,90	-0,24	0,88	-0,28	0,86	-0,31	0,85
30	-0,21	0,91	-0,25	0,90	-0,28	0,89	-0,31	0,87
36,5	-0,21	0,93	-0,25	0,91	-0,28	0,90	-0,32	0,89
49	-0,21	0,94	-0,25	0,93	-0,29	0,92	-0,33	0,92

s[cm]	λ = 0,27		λ = 0,30		λ = 0,33		λ = 0,36		λ = 0,39		λ = 0,42		λ = 0,45		λ = 0,50	
	WBV	Θ	WBV	Θ	WBV	Θ	WBV	Θ	WBV	Θ	WBV	Θ	WBV	Θ	WBV	Θ
17,5	-0,32	0,79	-0,35	0,78	-0,37	0,76	-0,39	0,75	-0,41	0,74	-0,43	0,73	-0,45	0,71	0,48	0,70
24	-0,34	0,83	-0,37	0,82	-0,39	0,81	-0,42	0,80	-0,44	0,78	-0,47	0,77	-0,49	0,76	-0,52	0,75
30	-0,35	0,86	-0,38	0,85	-0,41	0,84	-0,43	0,83	-0,46	0,82	-0,49	0,81	-0,51	0,80	-0,55	0,78
36,5	-0,35	0,88	-0,38	0,87	-0,42	0,86	-0,45	0,85	-0,48	0,84	-0,50	0,83	-0,53	0,82	-0,57	0,81
49	-0,36	0,91	-0,40	0,90	-0,43	0,89	-0,46	0,88	-0,49	0,87	-0,53	0,86	-0,56	0,86	-0,60	0,85

s[cm]	λ = 0,56		λ = 0,68		λ = 0,81		λ = 0,96		λ = 0,99							
	WBV	Θ	WBV	Θ	WBV	Θ	WBV	Θ	WBV	Θ	WBV	Θ	WBV	Θ	WBV	Θ
17,5	-0,52	0,67	-0,56	0,66	-0,60	0,62	-0,64	0,60	-0,65	0,59						
24	-0,57	0,72	-0,63	0,70	-0,68	0,67	-0,74	0,64	-0,75	0,64						
30	-0,61	0,76	-0,67	0,73	-0,74	0,71	-0,81	0,68	-0,82	0,67						
36,5	-0,64	0,79	-0,71	0,76	-0,79	0,74	-0,87	0,71	-0,89	0,71						
49	-0,68	0,83	-0,76	0,81	-0,86	0,78	-0,96	0,76	-0,98	0,75						

1. Monolithische Außenwand

1.1.2 Innenecke

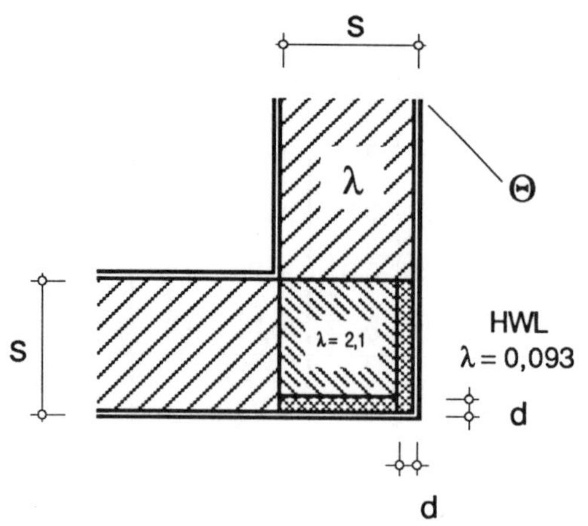

s [cm]	d [cm]	λ =0,21		λ =0,56		λ =0,99	
		WBV	Θ	WBV	Θ	WBV	Θ
24	2,5	-0,27	0,86	-0,64	0,73	-0,91	0,64
30	2,5	-0,28	0,89	-0,69	0,76	-1,02	0,67
36,5	2,5	-0,28	0,90	-0,73	0,79	-1,11	0,71
24	3,5	-0,27	0,86	-0,64	0,73	-0,91	0,64
30	3,5	-0,27	0,89	-0,69	0,76	-1,01	0,67
36,5	3,5	-0,28	0,90	-0,73	0,79	-1,01	0,71

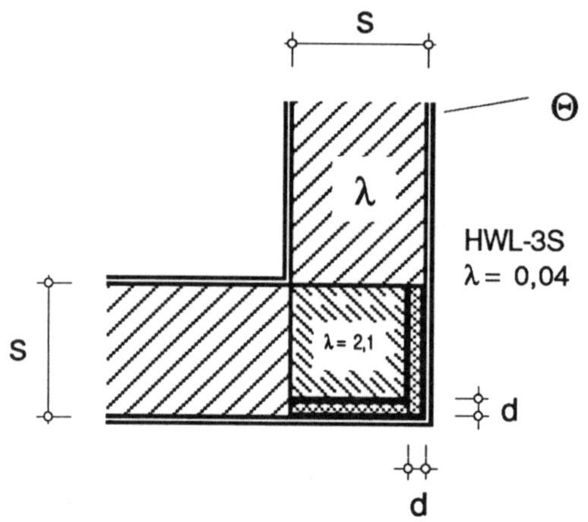

s [cm]	d [cm]	λ =0,21		λ =0,56		λ =0,99	
		WBV	Θ	WBV	Θ	WBV	Θ
24	2,5	-0,31	0,86	-0,69	0,73	-0,98	0,64
30	2,5	-0,31	0,89	-0,74	0,76	-1,07	0,67
36,5	2,5	-0,31	0,90	-0,77	0,79	-1,16	0,71
24	4,0	-0,32	0,86	-0,71	0,73	-0,99	0,64
30	4,0	-0,32	0,89	-0,75	0,76	-1,09	0,67
36,5	4,0	-0,32	0,90	-0,78	0,79	-1,17	0,71
24	6,5	-0,33	0,86	-0,72	0,73	-1,01	0,64
30	6,5	-0,33	0,89	-0,76	0,76	-1,10	0,67
36,5	6,5	-0,34	0,90	-0,80	0,79	-1,19	0,71

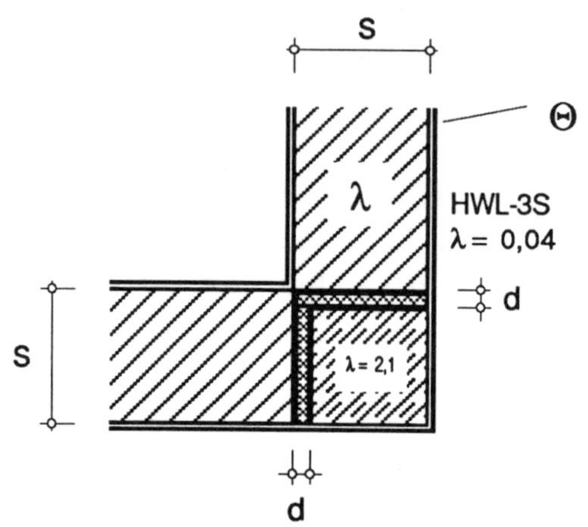

s [cm]	d [cm]	λ =0,21		λ =0,56		λ =0,99	
		WBV	Θ	WBV	Θ	WBV	Θ
24	2,5	-0,29	0,86	-0,68	0,73	-0,97	0,64
30	2,5	-0,30	0,89	-0,73	0,76	-1,07	0,67
36,5	2,5	-0,30	0,90	-0,76	0,79	-1,15	0,71
24	4,0	-0,30	0,86	-0,69	0,73	-0,98	0,64
30	4,0	-0,30	0,89	-0,73	0,76	-1,08	0,67
36,5	4,0	-0,30	0,90	-0,77	0,79	-1,16	0,71
24	6,5	-0,31	0,86	-0,70	0,73	-1,00	0,64
30	6,5	-0,31	0,89	-0,75	0,76	-1,09	0,67
36,5	6,5	-0,31	0,90	-0,78	0,79	-1,18	0,71

Monolithische Außenwand 1.

Innenecke 1.1.2

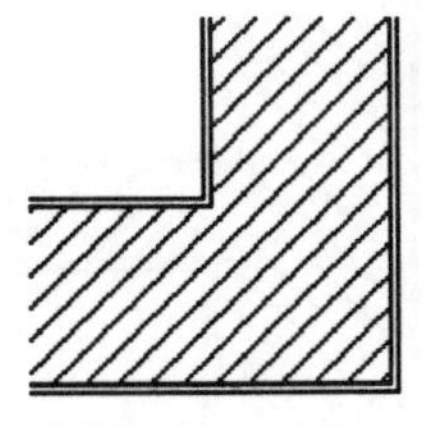

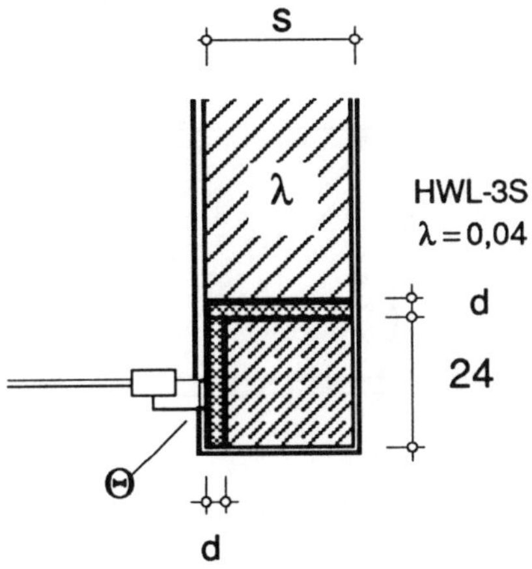

s [cm]	d [cm]	λ =0,21 WBV	λ =0,21 Θ	λ =0,56 WBV	λ =0,56 Θ	λ =0,99 WBV	λ =0,99 Θ
24	0	0,19	0,75	0,20	0,73	0,20	0,64
30	0	0,19	0,79	0,20	0,76	0,21	0,67
36,5	0	0,20	0,80	0,21	0,78	0,22	0,71
24	2,5	0,04	0,86	0,05	0,73	0,05	0,64
30	2,5	0,04	0,89	0,05	0,76	0,05	0,67
36,5	2,5	0,05	0,90	0,05	0,79	0,05	0,71
24	4,0	0,04	0,86	0,04	0,73	0,04	0,64
30	4,0	0,04	0,89	0,04	0,76	0,04	0,67
36,5	4,0	0,04	0,90	0,04	0,79	0,04	0,71

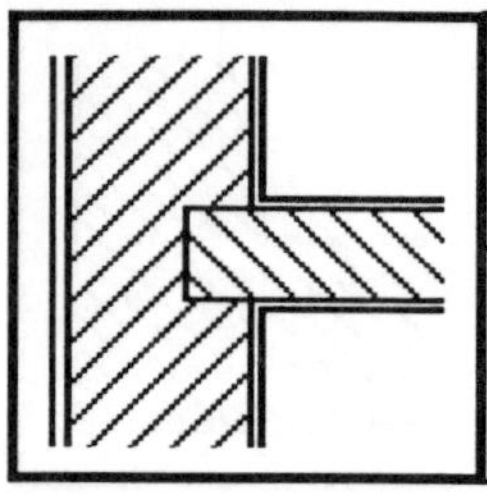

1. Monolithische Außenwand

1.1.3 Innenwandanschluß

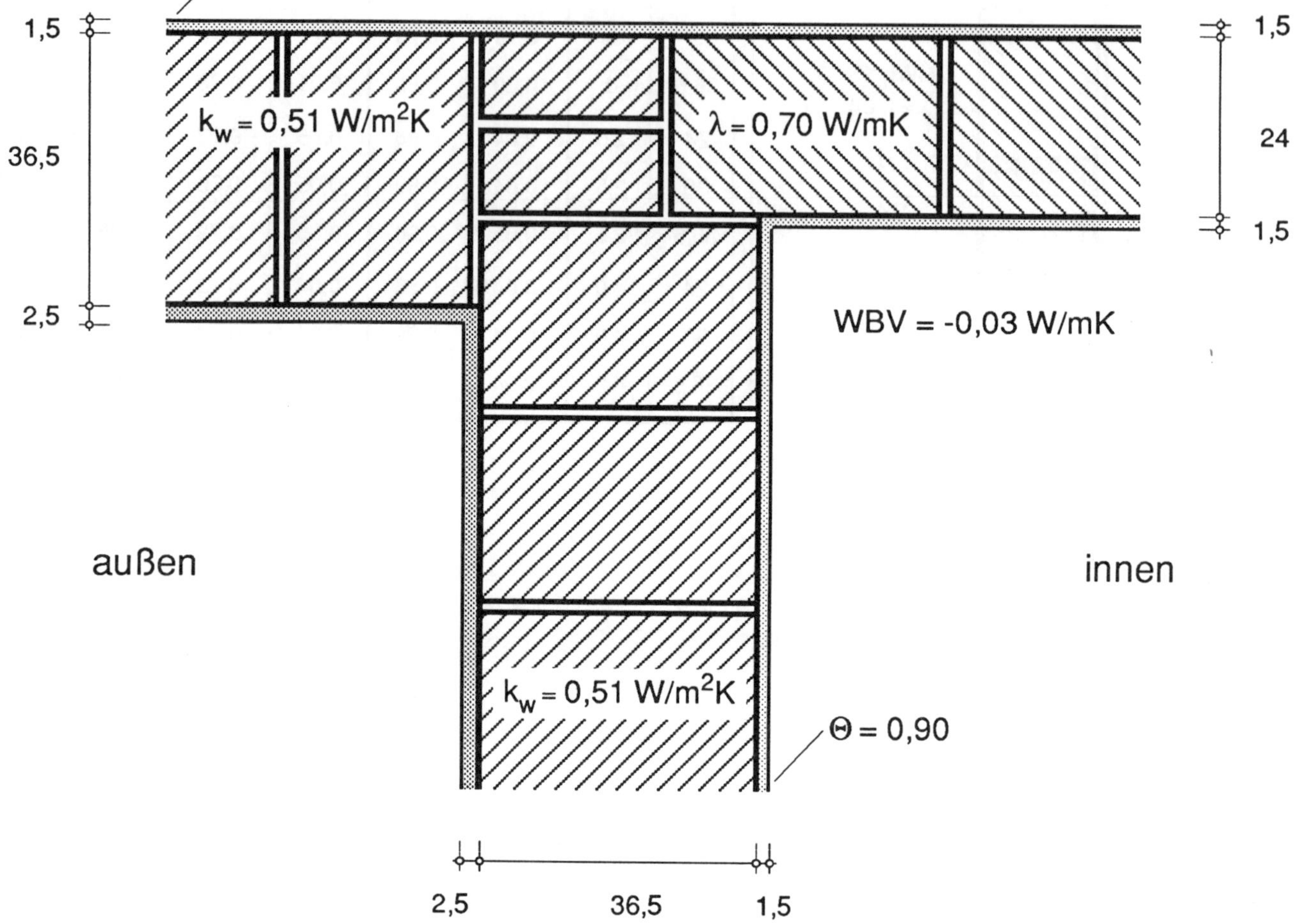

M 1:10

Baustoff	Dicke s [m]	Rohdichte ρ [kg/m³]	Wärmeleitfähigkeit λ_R [W/mK]
Gipsputz	0,015	1200	0,35
Mauerwerk	0,365	700	0,21
Kalkzementputz	0,025	1800	0,87
Mauerwerk, Einbindung 1/2-steinig ≙ 12,5 cm	0,24	1400	0,70

Monolithische Außenwand 1.

Innenwandanschluß 1.1.3

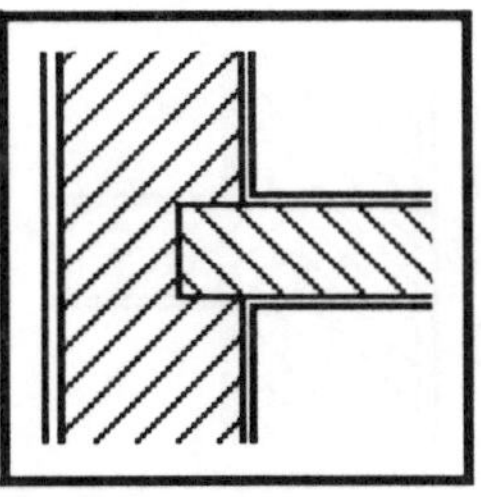

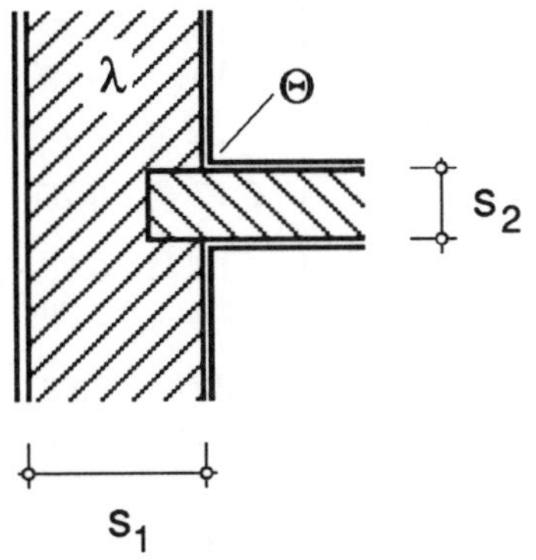

s_1 [cm]	s_2 [cm]	λ = 0,21 WBV	λ = 0,21 Θ	λ = 0,56 WBV	λ = 0,56 Θ	λ = 0,99 WBV	λ = 0,99 Θ
24	11,5	0,07 0,07	0,86 0,86	0,11 0,11	0,73 0,73	0,14 0,14	0,64 0,64
30	11,5	0,06 0,06	0,88 0,88	0,10 0,10	0,76 0,76	0,12 0,12	0,67 0,67
36,5	11,5	0,05 0,05	0,89 0,89	0,09 0,09	0,79 0,79	0,11 0,11	0,71 0,71
24	24	0,12 0,12	0,84 0,84	0,19 0,19	0,72 0,72	0,24 0,24	0,64 0,64
30	24	0,10 0,10	0,87 0,87	0,17 0,17	0,75 0,75	0,21 0,21	0,67 0,67
36,5	24	0,09 0,09	0,88 0,88	0,15 0,15	0,78 0,78	0,19 0,19	0,70 0,70

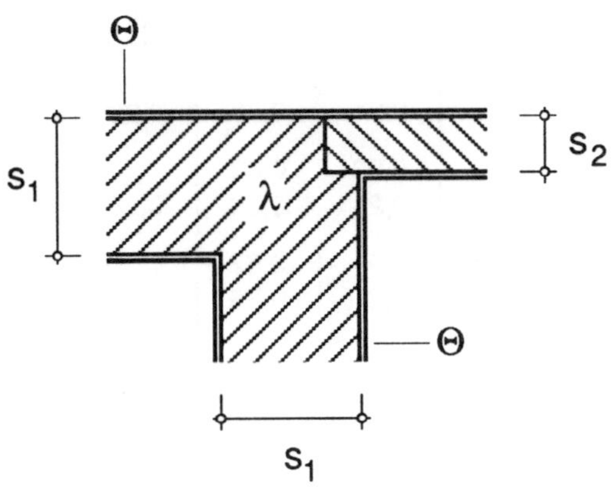

s_1 [cm]	s_2 [cm]	λ = 0,21 WBV	λ = 0,21 Θ	λ = 0,56 WBV	λ = 0,56 Θ	λ = 0,99 WBV	λ = 0,99 Θ
24	11,5	-0,12 -0,05	0,86 0,86	-0,24 -0,10	0,73 0,73	-0,33 -0,13	0,64 0,64
30	11,5	-0,13 -0,06	0,89 0,89	-0,27 -0,14	0,76 0,76	-0,38 -0,19	0,67 0,67
36,5	11,5	-0,14 -0,08	0,90 0,90	-0,29 -0,17	0,79 0,79	-0,42 -0,24	0,71 0,71
24	24	-0,08 0,03	0,86 0,86	-0,19 0,04	0,73 0,73	-0,26 0,04	0,64 0,64
30	24	-0,10 0	0,89 0,89	-0,23 -0,01	0,76 0,76	-0,33 -0,02	0,67 0,67
36,5	24	-0,12 -0,03	0,90 0,90	-0,26 -0,06	0,79 0,79	-0,38 -0,09	0,71 0,71

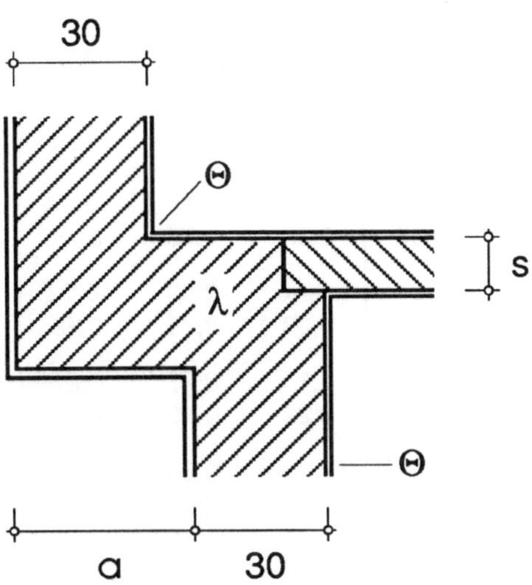

a [cm]	s [cm]	λ = 0,21 WBV	λ = 0,21 Θ	λ = 0,56 WBV	λ = 0,56 Θ	λ = 0,99 WBV	λ = 0,99 Θ
50	11,5	-0,03 -0,06	0,78 0,89	-0,08 -0,13	0,64 0,76	-0,17 -0,11	0,56 0,67
75	11,5	-0,03 -0,06	0,78 0,89	-0,09 -0,13	0,63 0,76	-0,18 -0,13	0,54 0,67
100	11,5	-0,03 -0,06	0,78 0,89	-0,09 -0,14	0,62 0,76	-0,19 -0,14	0,53 0,67
50	24	-0,01 0	0,78 0,89	-0,04 -0,01	0,64 0,76	-0,06 -0,01	0,56 0,67
75	24	-0,01 0	0,78 0,89	-0,05 -0,01	0,63 0,76	-0,08 -0,02	0,54 0,67
100	24	-0,01 0	0,78 0,89	-0,05 -0,01	0,63 0,76	-0,09 -0,02	0,53 0,67

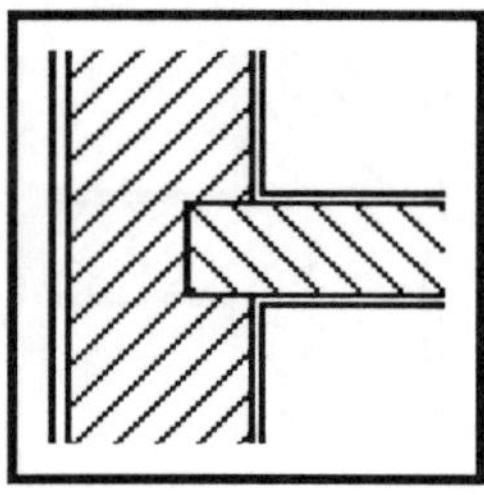

1. Monolithische Außenwand

1.1.3 Innenwandanschluß

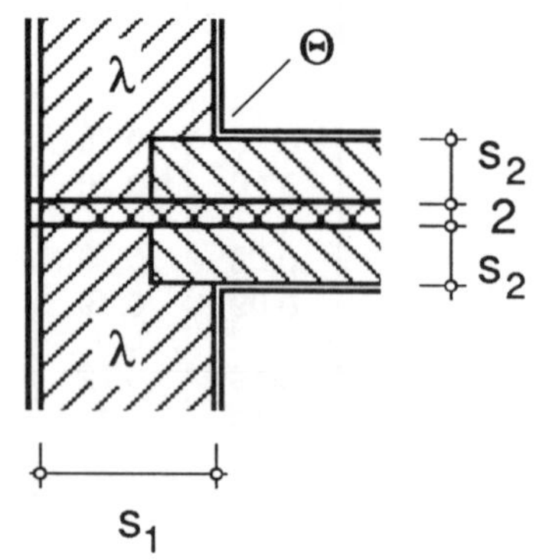

s_1 [cm]	s_2 [cm]	λ = 0,21 WBV	λ = 0,21 Θ	λ = 0,56 WBV	λ = 0,56 Θ	λ = 0,99 WBV	λ = 0,99 Θ
24	11,5	0,13	0,83	0,19	0,72	0,23	0,64
		0,13	0,83	0,19	0,72	0,23	0,64
30	11,5	0,10	0,86	0,17	0,75	0,20	0,67
		0,10	0,86	0,17	0,75	0,20	0,67
36,5	11,5	0,08	0,89	0,14	0,78	0,19	0,70
		0,08	0,89	0,14	0,78	0,19	0,70
24	24	0,22	0,81	0,33	0,69	0,38	0,62
		0,22	0,81	0,33	0,69	0,38	0,62
30	24	0,18	0,84	0,29	0,73	0,35	0,65
		0,18	0,84	0,29	0,73	0,35	0,65
36,5	24	0,15	0,87	0,25	0,76	0,32	0,68
		0,15	0,87	0,25	0,76	0,32	0,68

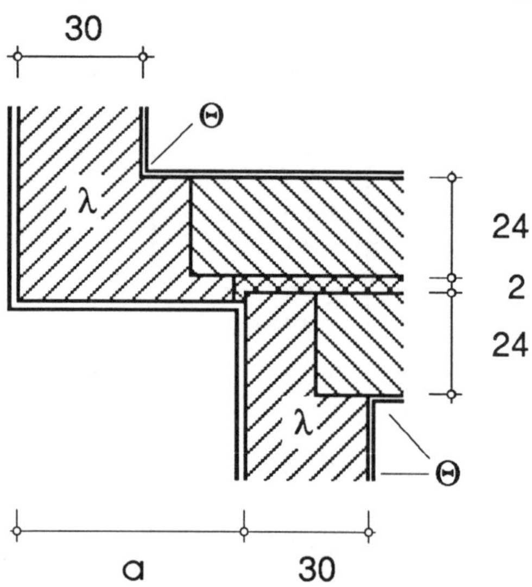

a [cm]	λ = 0,21 WBV	λ = 0,21 Θ	λ = 0,56 WBV	λ = 0,56 Θ	λ = 0,99 WBV	λ = 0,99 Θ
50	0,15	0,79	0,04	0,65	-0,10	0,56
	0,13	0,87	0,21	0,76	0,26	0,67
75	0,13	0,78	0,02	0,63	-0,12	0,54
	0,13	0,87	0,21	0,76	0,26	0,67
100	0,13	0,77	0,01	0,62	-0,13	0,53
	0,12	0,87	0,21	0,76	0,26	0,67

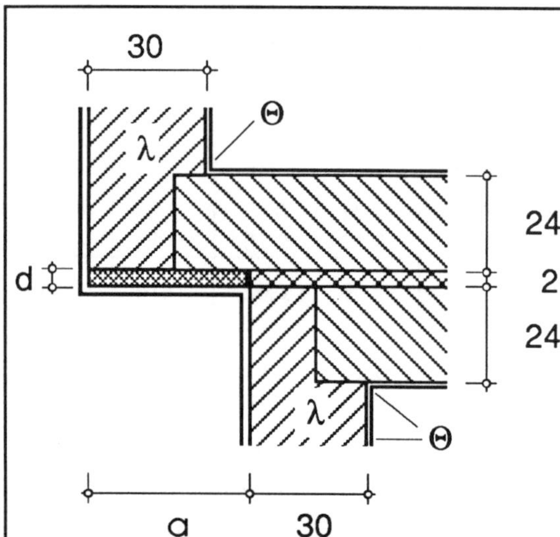

a [cm]	d [cm]	λ = 0,21 WBV	λ = 0,21 Θ	λ = 0,56 WBV	λ = 0,56 Θ	λ = 0,99 WBV	λ = 0,99 Θ
50	0	-0,12	0,64	-0,04	0,60	0	0,56
		0,15	0,86	0,23	0,75	0,28	0,67
75	0	-0,13	0,63	-0,06	0,59	-0,02	0,54
		0,15	0,86	0,23	0,75	0,28	0,67
100	0	-0,14	0,64	-0,06	0,58	-0,02	0,53
		0,15	0,86	0,23	0,75	0,28	0,67
50	2	0,04	0,73	0,14	0,67	0,21	0,61
		0,13	0,86	0,22	0,75	0,27	0,67
75	2	0,02	0,74	0,13	0,65	0,19	0,59
		0,13	0,86	0,21	0,75	0,26	0,67
100	2	0,02	0,73	0,13	0,65	0,19	0,59
		0,13	0,86	0,21	0,76	0,26	0,67

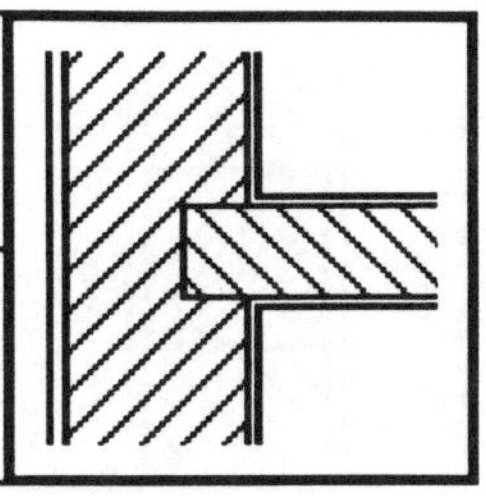

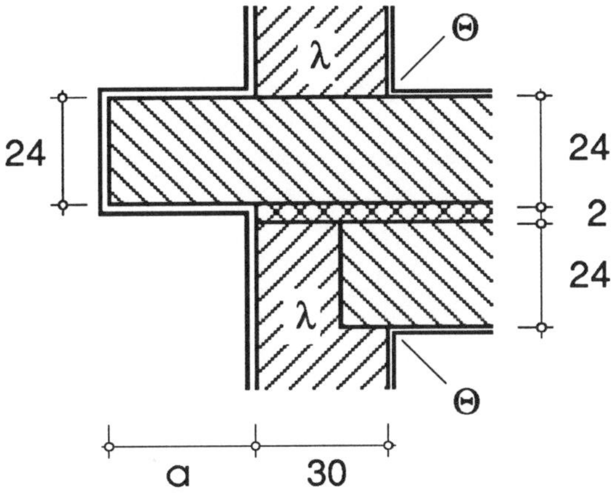

a [cm]	λ = 0,21 WBV	λ = 0,21 Θ	λ = 0,56 WBV	λ = 0,56 Θ	λ = 0,99 WBV	λ = 0,99 Θ
0	0,28 0,22	0,78 0,83	0,31 0,29	0,72 0,73	0,32 0,34	0,66 0,65
25	0,26 0,21	0,79 0,83	0,28 0,29	0,73 0,73	0,29 0,33	0,67 0,66
50	0,26 0,21	0,79 0,83	0,28 0,29	0,73 0,73	0,29 0,33	0,67 0,66
75	0,26 0,21	0,79 0,83	0,28 0,29	0,73 0,73	0,29 0,33	0,67 0,66
100	0,26 0,21	0,79 0,83	0,28 0,29	0,73 0,73	0,29 0,33	0,67 0,66

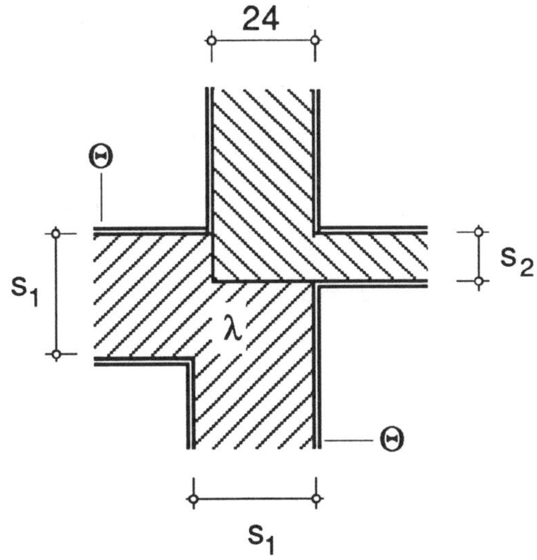

s_1 [cm]	s_2 [cm]	λ = 0,21 WBV	λ = 0,21 Θ	λ = 0,56 WBV	λ = 0,56 Θ	λ = 0,99 WBV	λ = 0,99 Θ
24	11,5	0,06 -0,01	0,86 0,86	0,09 -0,03	0,73 0,73	0,12 -0,04	0,64 0,64
30	11,5	0,02 -0,04	0,89 0,89	0,03 -0,09	0,76 0,76	0,03 -0,12	0,67 0,67
36,5	11,5	-0,01 -0,06	0,90 0,90	-0,03 -0,13	0,79 0,79	-0,04 -0,18	0,71 0,71
24	24	0,10 0,10	0,86 0,86	0,13 0,13	0,73 0,73	0,15 0,15	0,64 0,64
30	24	0,04 0,04	0,89 0,89	0,05 0,05	0,76 0,76	0,06 0,06	0,67 0,67
36,5	24	0 0	0,90 0,90	-0,01 -0,01	0,79 0,79	-0,02 -0,02	0,71 0,71

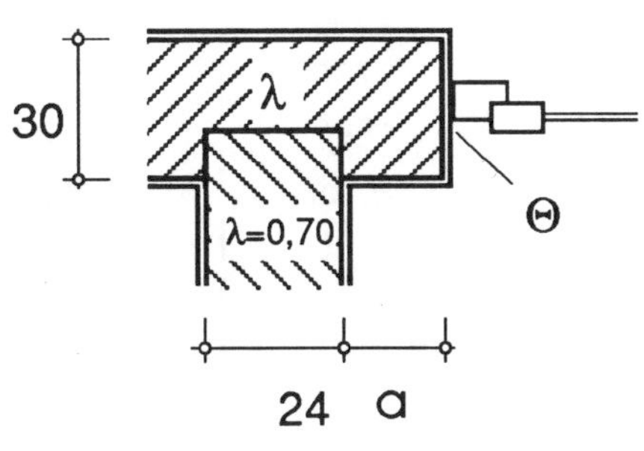

a [cm]	λ = 0,21 WBV	λ = 0,21 Θ	λ = 0,56 WBV	λ = 0,56 Θ	λ = 0,99 WBV	λ = 0,99 Θ
12,5	0,10 0,19	0,86 0,71	0,16 0,31	0,76 0,65	0,20 0,39	0,67 0,59
25	0,10 0,19	0,86 0,70	0,17 0,30	0,75 0,65	0,21 0,39	0,67 0,59
36,5	0,10 0,19	0,86 0,70	0,17 0,30	0,75 0,65	0,21 0,38	0,67 0,60
50	0,10 0,19	0,86 0,70	0,17 0,30	0,75 0,65	0,21 0,38	0,67 0,60
62,5	0,10 0,19	0,86 0,70	0,17 0,30	0,75 0,65	0,21 0,38	0,60

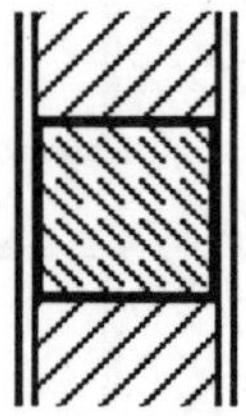	1. Monolithische Außenwand
	1.1.4 Stütze

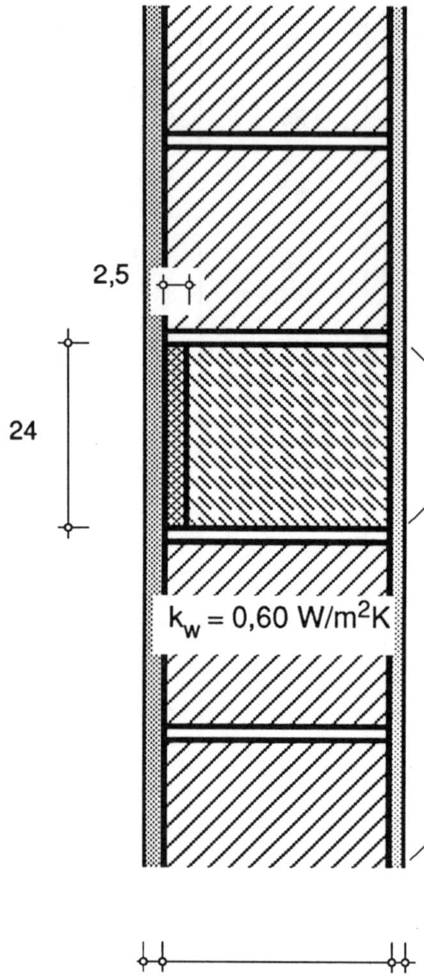

M 1:10

Baustoff	Dicke s [m]	Rohdichte ρ [kg/m³]	Wärmeleitfähigkeit λ_R [W/mK]
Gipsputz	0,015	1200	0,35
Mauerwerk	0,30	700	0,21
Kalkzementputz	0,025	1800	0,87
Mehrschicht-Leichtbauplatte M-35/3	0,025	≥15	0,04
Stahlbeton	0,275	2400	2,1

Monolithische Außenwand 1.

Stütze 1.1.4

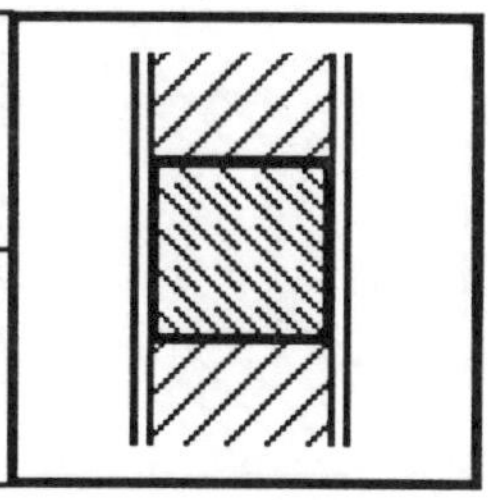

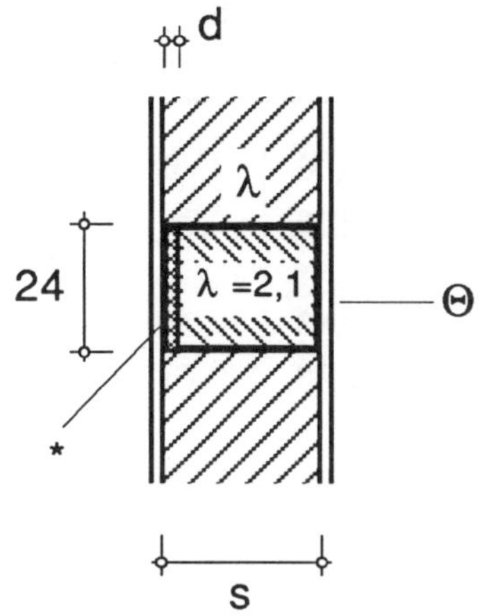

*) Holzwolle-Leichtbauplatte
d = 1,5 ; λ = 0,15
d = 2,5 ; λ = 0,093

s [cm]	λ	d = 0 cm WBV	d = 0 cm Θ	d = 1,5 cm WBV	d = 1,5 cm Θ	d = 2,5 cm WBV	d = 2,5 cm Θ
24	0,21	0,57	0,57	0,41	0,63	0,28	0,69
24	0,56	0,36	0,57	0,22	0,61	0,12	0,65
24	0,99	0,19	0,55	0,07	0,59	-0,01	0,62
30	0,21	0,51	0,64	0,41	0,66	0,30	0,71
30	0,56	0,35	0,64	0,24	0,64	0,15	0,67
30	0,99	0,20	0,62	0,10	0,62	0,03	0,64
36,5	0,21	0,51	0,64	0,40	0,68	0,31	0,72
36,5	0,56	0,35	0,64	0,25	0,67	0,18	0,69
36,5	0,99	0,20	0,62	0,12	0,64	0,05	0,66

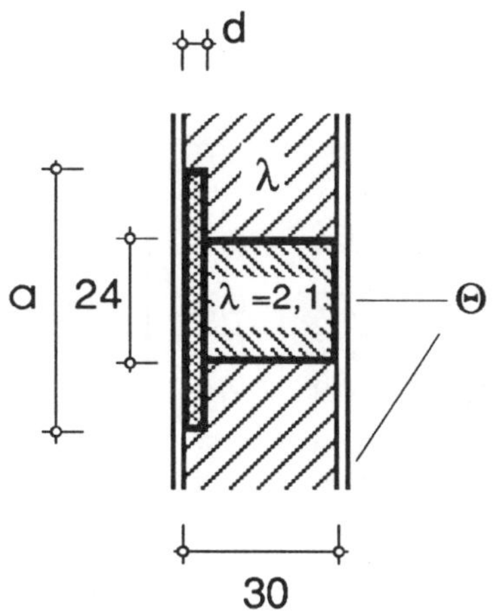

a [cm]	d [cm]	λ = 0,21 WBV	λ = 0,21 Θ	λ = 0,56 WBV	λ = 0,56 Θ	λ = 0,99 WBV	λ = 0,99 Θ
24	2,5	0,21	0,75	0,09	0,69	-0,02	0,65
24	4,0	0,15	0,77	0,04	0,71	-0,06	0,66
24	6,5	0,08	0,81	-0,01	0,73	-0,11	0,67
50	2,5	0,12	0,78	-0,11	0,75	-0,29	0,67
50	4,0	0,04	0,82	-0,20	0,76	-0,38	0,67
50	6,5	-0,04	0,85	-0,29	0,76	-0,46	0,67
75	2,5	0,08	0,79	-0,26	0,76	-0,54	0,67
75	4,0	-0,02	0,83	-0,39	0,76	-0,67	0,67
75	6,5	-0,12	0,87	-0,51	0,76	-0,80	0,67
100	2,5	0,03	0,79	-0,41	0,76	-0,79	0,67
100	4,0	-0,08	0,83	-0,58	0,76	-0,98	0,67
100	6,5	-0,19	0,87	-0,74	0,76	-1,16	0,67

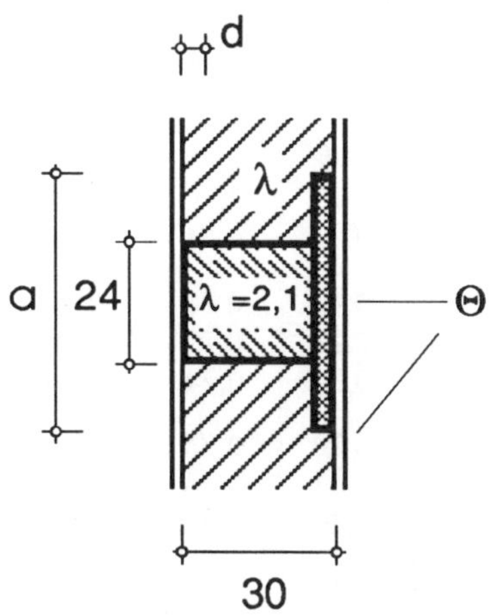

a [cm]	d [cm]	λ = 0,21 WBV	λ = 0,21 Θ	λ = 0,56 WBV	λ = 0,56 Θ	λ = 0,99 WBV	λ = 0,99 Θ
24	2,5	0,22	0,78	0,08	0,68	-0,06	0,62
24	4,0	0,16	0,80	0,03	0,69	-0,11	0,62
24	6,5	0,09	0,83	-0,04	0,71	-0,16	0,63
50	2,5	0,13	0,83	-0,13	0,73	-0,35	0,64
50	4,0	0,04	0,86	-0,22	0,73	-0,44	0,64
50	6,5	-0,04	0,87	-0,32	0,74	-0,54	0,64
75	2,5	0,09	0,83	-0,28	0,74	-0,60	0,64
75	4,0	-0,02	0,87	-0,41	0,74	-0,75	0,64
75	6,5	-0,12	0,87	-0,54	0,74	-0,89	0,64
100	2,5	0,05	0,83	-0,42	0,74	-0,84	0,64
100	4,0	-0,07	0,87	-0,59	0,74	-1,05	0,64
100	6,5	-0,19	0,87	-0,76	0,74	-1,24	0,64

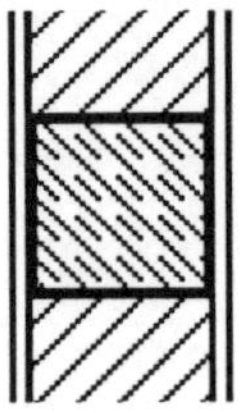

1. Monolithische Außenwand

1.1.4 Stütze

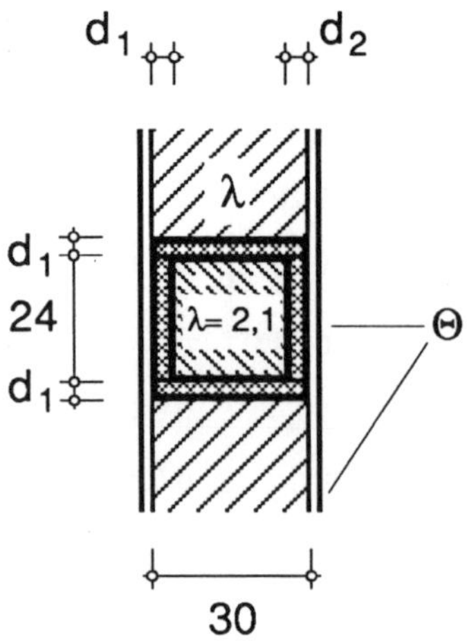

d_1 [cm]	d_2 [cm]	λ = 0,21 WBV	λ = 0,21 Θ	λ = 0,56 WBV	λ = 0,56 Θ	λ = 0,99 WBV	λ = 0,99 Θ
2,5	0	0,13	0,78	-0,06	0,75	-0,20	0,67
2,5	2,5	0,01	0,88	-0,19	0,76	-0,35	0,67
4,0	0	0,04	0,82	-0,16	0,76	-0,32	0,67
4,0	4,0	-0,06	0,88	-0,28	0,76	-0,45	0,67
6,5	0	-0,05	0,86	-0,29	0,76	-0,48	0,67

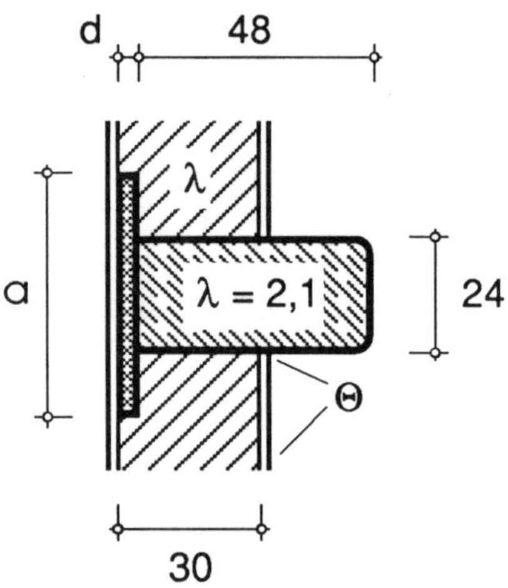

a [cm]	d [cm]	λ = 0,21 WBV	λ = 0,21 Θ	λ = 0,56 WBV	λ = 0,56 Θ	λ = 0,99 WBV	λ = 0,99 Θ
0	0	0,66	0,69	0,48	0,67	0,33	0,65
24	2,5	0,24	0,81	0,15	0,75	0,06	0,67
24	4,0	0,18	0,84	0,10	0,76	0,02	0,67
24	6,5	0,10	0,86	0,03	0,76	-0,04	0,67
50	2,5	0,02	0,84	-0,07	0,76	-0,24	0,67
50	4,0	0,06	0,87	-0,17	0,76	-0,33	0,67
50	6,5	-0,03	0,89	-0,26	0,76	-0,43	0,67
75	2,5	0,10	0,85	-0,23	0,76	-0,50	0,67
75	4,0	0,00	0,88	-0,36	0,76	-0,64	0,67
75	6,5	-0,11	0,89	-0,49	0,76	-0,78	0,67
100	2,5	0,06	0,85	-0,38	0,76	-0,75	0,67
100	4,0	-0,06	0,88	-0,55	0,76	-0,94	0,67
100	6,5	-0,18	0,89	-0,72	0,76	-1,13	0,67

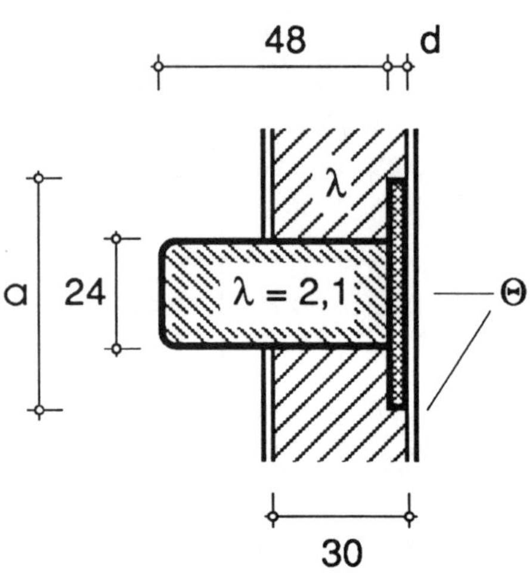

a [cm]	d [cm]	λ = 0,21 WBV	λ = 0,21 Θ	λ = 0,56 WBV	λ = 0,56 Θ	λ = 0,99 WBV	λ = 0,99 Θ
0	0	0,55	0,60	0,36	0,60	0,20	0,59
24	2,5	0,22	0,79	0,08	0,68	-0,06	0,62
24	4,0	0,16	0,80	0,03	0,70	-0,11	0,62
24	6,5	0,09	0,83	-0,04	0,71	-0,16	0,63
50	2,5	0,13	0,83	-0,12	0,73	-0,34	0,64
50	4,0	0,04	0,86	-0,22	0,73	-0,44	0,64
50	6,5	-0,04	0,87	-0,32	0,74	-0,54	0,64
75	2,5	0,09	0,83	-0,28	0,74	-0,60	0,64
75	4,0	-0,02	0,87	-0,41	0,74	-0,75	0,64
75	6,5	-0,12	0,87	-0,54	0,74	-0,89	0,64
100	2,5	0,05	0,83	-0,42	0,74	-0,84	0,64
100	4,0	-0,07	0,87	-0,59	0,74	-1,05	0,64
100	6,5	-0,19	0,87	-0,76	0,74	-1,24	0,64

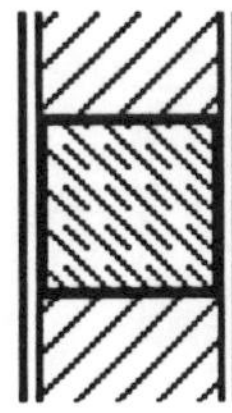

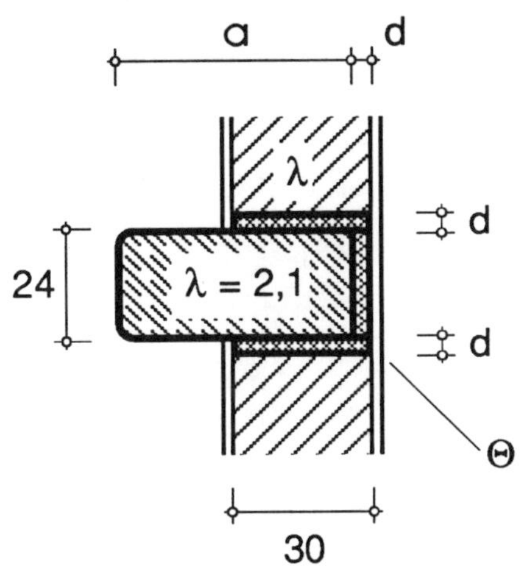

a [cm]	d [cm]	λ = 0,21 WBV	λ = 0,21 Θ	λ = 0,56 WBV	λ = 0,56 Θ	λ = 0,99 WBV	λ = 0,99 Θ
36	2,5	0,15	0,83	-0,05	0,75	-0,21	0,67
36	4,0	0,06	0,86	-0,16	0,75	-0,33	0,67
36	6,5	-0,04	0,88	-0,29	0,76	-0,49	0,67
48	2,5	0,14	0,83	-0,06	0,75	-0,22	0,67
48	4,0	0,05	0,86	-0,16	0,76	-0,34	0,67
48	6,5	-0,04	0,88	-0,29	0,76	-0,49	0,67
60	2,5	0,14	0,83	-0,06	0,75	-0,22	0,67
60	4,0	0,05	0,86	-0,17	0,76	-0,34	0,67
60	6,5	-0,04	0,88	-0,29	0,76	-0,49	0,67

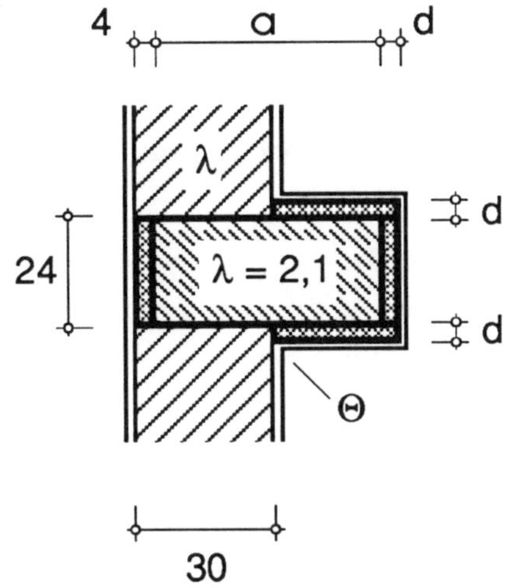

a [cm]	d [cm]	λ = 0,21 WBV	λ = 0,21 Θ	λ = 0,56 WBV	λ = 0,56 Θ	λ = 0,99 WBV	λ = 0,99 Θ
36	2,5	0,06	0,83	-0,09	0,72	-0,24	0,65
36	4,0	0,03	0,82	-0,14	0,71	-0,30	0,63
36	6,5	-0,01	0,82	-0,21	0,70	-0,39	0,62
48	2,5	0,09	0,84	-0,06	0,73	-0,20	0,66
48	4,0	0,05	0,83	-0,11	0,72	-0,27	0,64
48	6,5	0,01	0,83	-0,18	0,70	-0,36	0,62
60	2,5	0,10	0,85	-0,04	0,74	-0,18	0,66
60	4,0	0,07	0,84	-0,09	0,72	-0,24	0,65
60	6,5	0,03	0,83	-0,16	0,71	-0,34	0,63

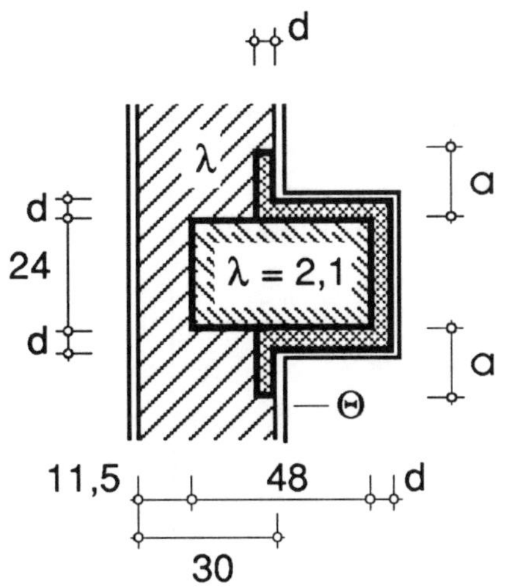

a [cm]	d [cm]	λ = 0,21 WBV	λ = 0,21 Θ	λ = 0,56 WBV	λ = 0,56 Θ	λ = 0,99 WBV	λ = 0,99 Θ
12,5	2,5	0,08	0,88	-0,06	0,75	-0,22	0,66
12,5	4,0	0,06	0,87	-0,19	0,75	-0,44	0,65
12,5	6,5	0,02	0,87	-0,32	0,74	-0,68	0,65
25,0	2,5	0,04	0,88	-0,14	0,75	-0,32	0,65
25,0	4,0	0	0,88	-0,30	0,74	-0,60	0,65
25,0	6,5	-0,05	0,88	-0,48	0,74	-0,89	0,64
37,5	2,5	-0,01	0,88	-0,23	0,75	-0,43	0,65
37,5	4,0	-0,07	0,88	-0,43	0,74	-0,76	0,65
37,5	6,5	-0,14	0,88	-0,64	0,74	-1,10	0,65

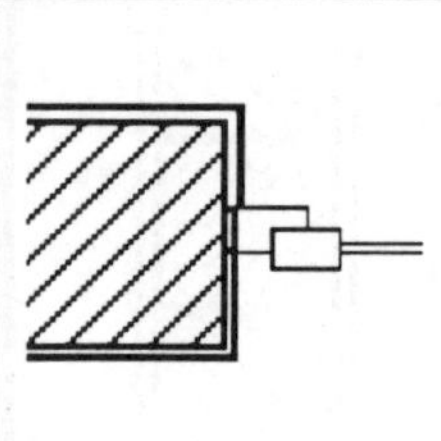

1. Monolithische Außenwand

1.2.1 Fensteranschluß Laibung

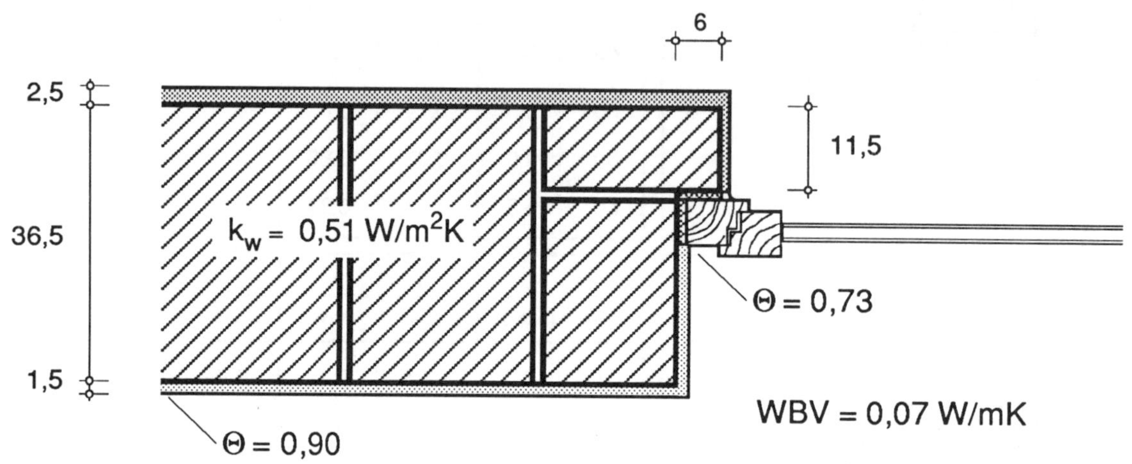

M 1:10

Baustoff	Dicke s [m]	Rohdichte ρ [kg/m³]	Wärmeleitfähigkeit λ_R [W/mK]
Gipsputz	0,015	1200	0,35
Mauerwerk	0,365	700	0,21
Kalkzementputz	0,025	1800	0,87

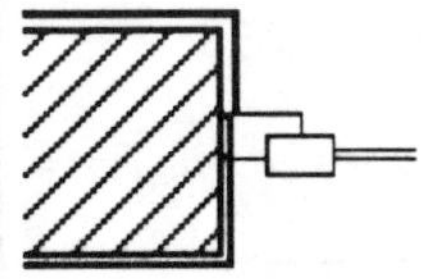

Monolithische Außenwand 1.

Fensteranschluß Laibung 1.2.1

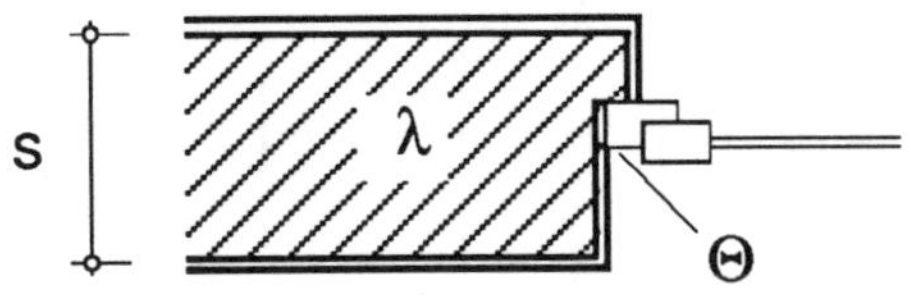

s [cm]	λ = 0,21 WBV	λ = 0,21 Θ	λ = 0,56 WBV	λ = 0,56 Θ	λ = 0,99 WBV	λ = 0,99 Θ
24	0,04	0,75	0,07	0,69	0,11	0,62
30	0,05	0,74	0,10	0,67	0,14	0,60
36,5	0,07	0,73	0,12	0,66	0,18	0,60

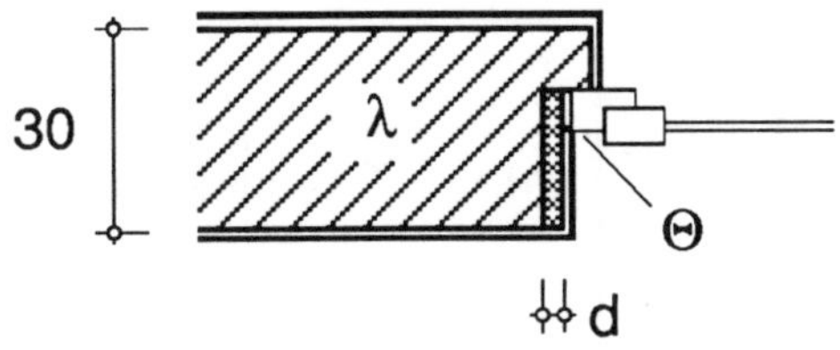

d [cm]	λ = 0,21 WBV	λ = 0,21 Θ	λ = 0,56 WBV	λ = 0,56 Θ	λ = 0,99 WBV	λ = 0,99 Θ
0,5	0,05	0,75	0,07	0,71	0,10	0,67
1	0,04	0,75	0,06	0,72	0,08	0,67
2	0,03	0,76	0,04	0,73	0,05	0,67
3	0,03	0,76	0,02	0,74	0,03	0,67
4	0,02	0,76	0,01	0,74	0	0,67

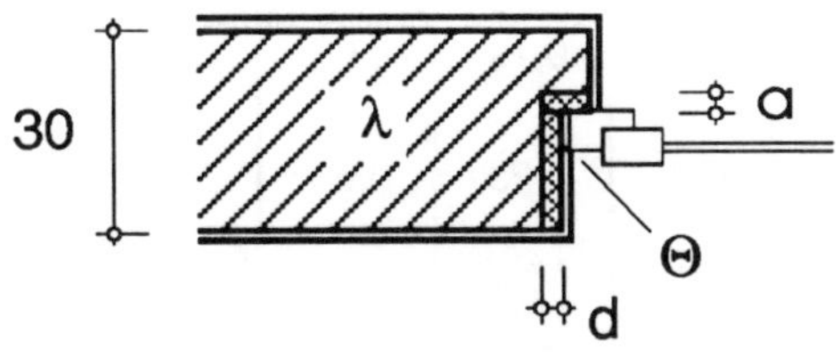

d [cm]	a [cm]	λ = 0,21 WBV	λ = 0,21 Θ	λ = 0,56 WBV	λ = 0,56 Θ	λ = 0,99 WBV	λ = 0,99 Θ
1,0	1,0	0,03	0,77	0,05	0,74	0,07	0,67
1,0	2,0	0,03	0,78	0,04	0,75	0,06	0,67
2,0	1,0	0,02	0,78	0,03	0,76	0,04	0,67
2,0	2,0	0,02	0,79	0,02	0,76	0,03	0,67

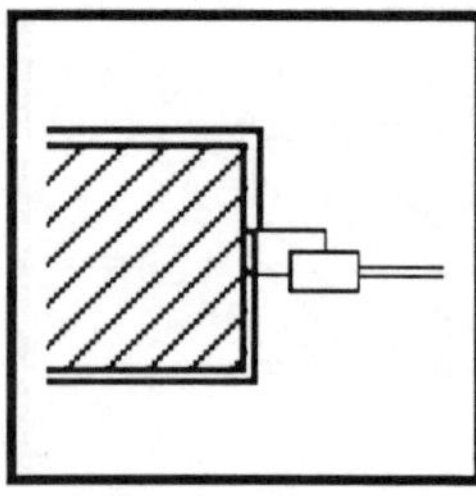

1. Monolithische Außenwand

1.2.1 Fensteranschluß Laibung

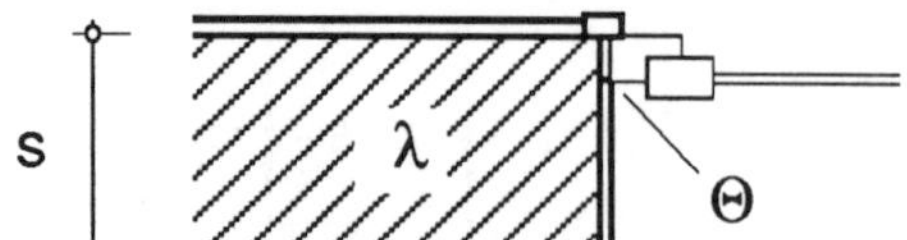

s [cm]	λ = 0,21		λ = 0,56		λ = 0,99	
	WBV	Θ	WBV	Θ	WBV	Θ
24	0,11	0,66	0,17	0,58	0,22	0,54
30	0,14	0,66	0,21	0,57	0,27	0,53
36,5	0,16	0,66	0,25	0,57	0,32	0,52

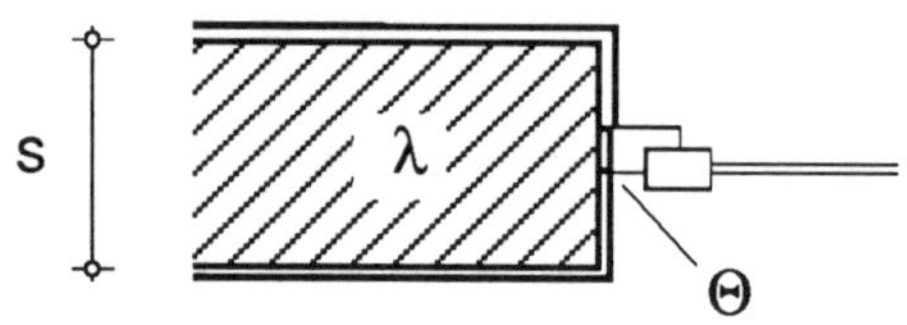

s [cm]	λ = 0,21		λ = 0,56		λ = 0,99	
	WBV	Θ	WBV	Θ	WBV	Θ
24	0,08	0,70	0,11	0,65	0,15	0,59
30	0,09	0,70	0,13	0,65	0,17	0,59
36,5	0,10	0,70	0,15	0,65	0,20	0,60

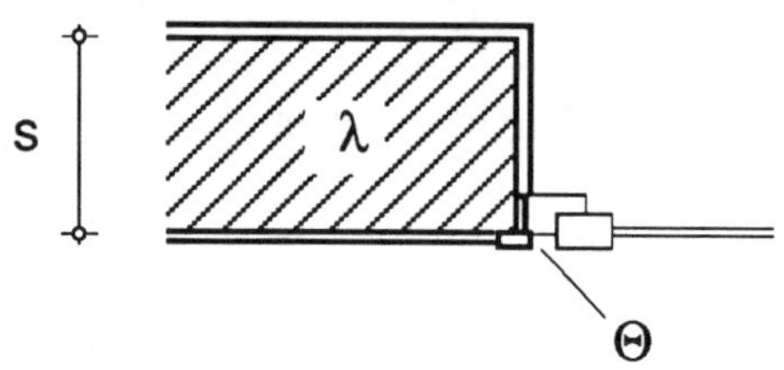

s [cm]	λ = 0,21		λ = 0,56		λ = 0,99	
	WBV	Θ	WBV	Θ	WBV	Θ
24	0,12	0,74	0,15	0,65	0,16	0,56
30	0,14	0,74	0,19	0,66	0,21	0,57
36,5	0,16	0,74	0,23	0,66	0,26	0,58

Monolithische Außenwand 1.

Fensteranschluß Laibung 1.2.1

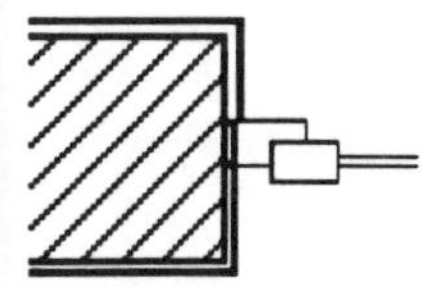

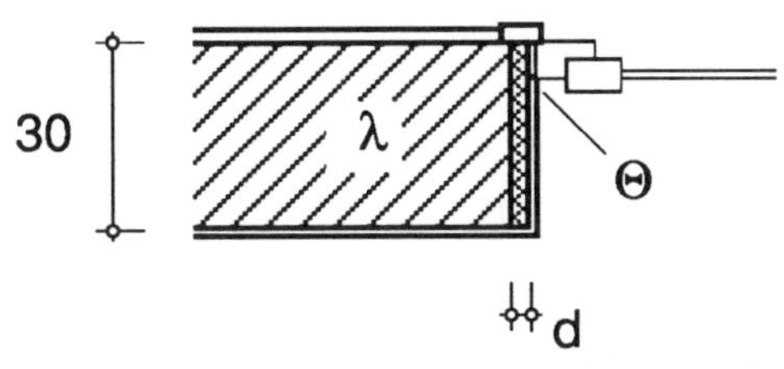

d [cm]	λ = 0,21		λ = 0,56		λ = 0,99	
	WBV	Θ	WBV	Θ	WBV	Θ
0,5	0,12	0,67	0,16	0,65	0,19	0,63
1	0,10	0,68	0,13	0,67	0,14	0,66
2	0,09	0,69	0,09	0,68	0,09	0,67
3	0,07	0,70	0,06	0,70	0,05	0,67
4	0,06	0,71	0,04	0,70	0,02	0,67

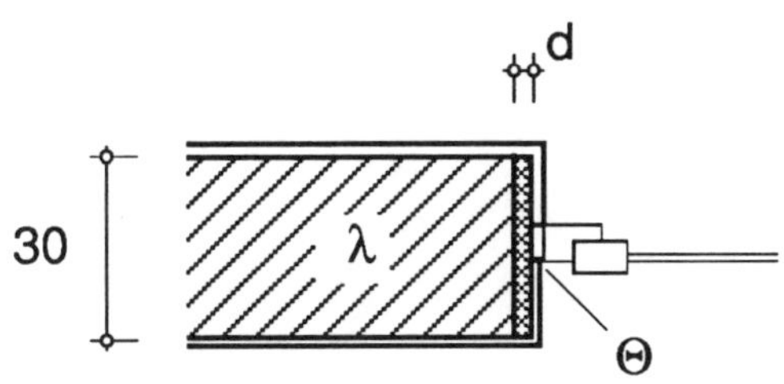

d [cm]	λ = 0,21		λ = 0,56		λ = 0,99	
	WBV	Θ	WBV	Θ	WBV	Θ
0,5	0,07	0,71	0,09	0,69	0,10	0,67
1	0,06	0,72	0,07	0,70	0,07	0,67
2	0,05	0,73	0,04	0,72	0,03	0,67
3	0,04	0,73	0,02	0,72	0,01	0,67
4	0,04	0,73	0,01	0,72	-0,02	0,67

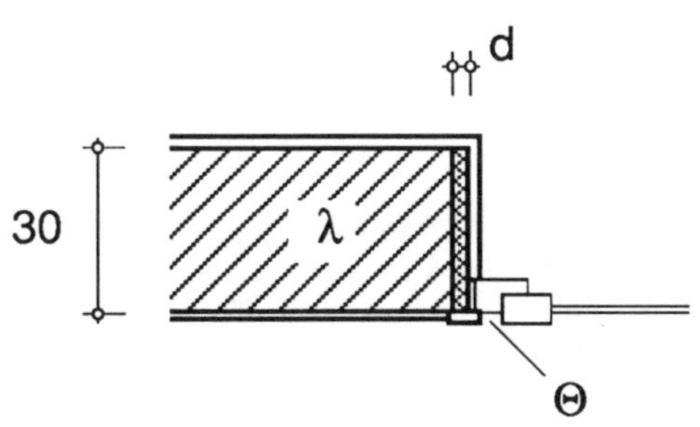

d [cm]	λ = 0,21		λ = 0,56		λ = 0,99	
	WBV	Θ	WBV	Θ	WBV	Θ
0,5	0,12	0,75	0,13	0,69	0,13	0,62
1	0,10	0,75	0,10	0,71	0,09	0,64
2	0,09	0,76	0,07	0,73	0,05	0,65
3	0,07	0,76	0,04	0,74	0,02	0,66
4	0,06	0,76	0,02	0,75	-0,01	0,67

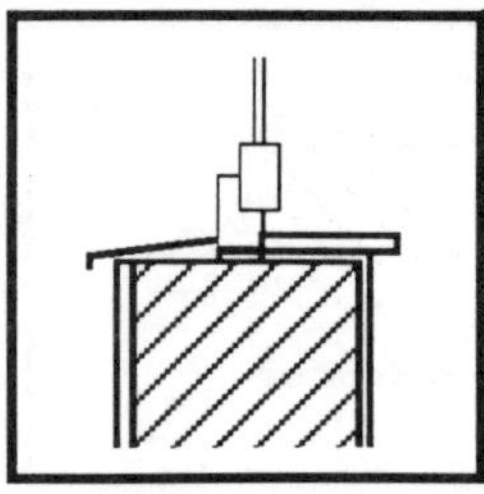

1.	Monolithische Außenwand
1.2.2	Fensteranschluß Brüstung

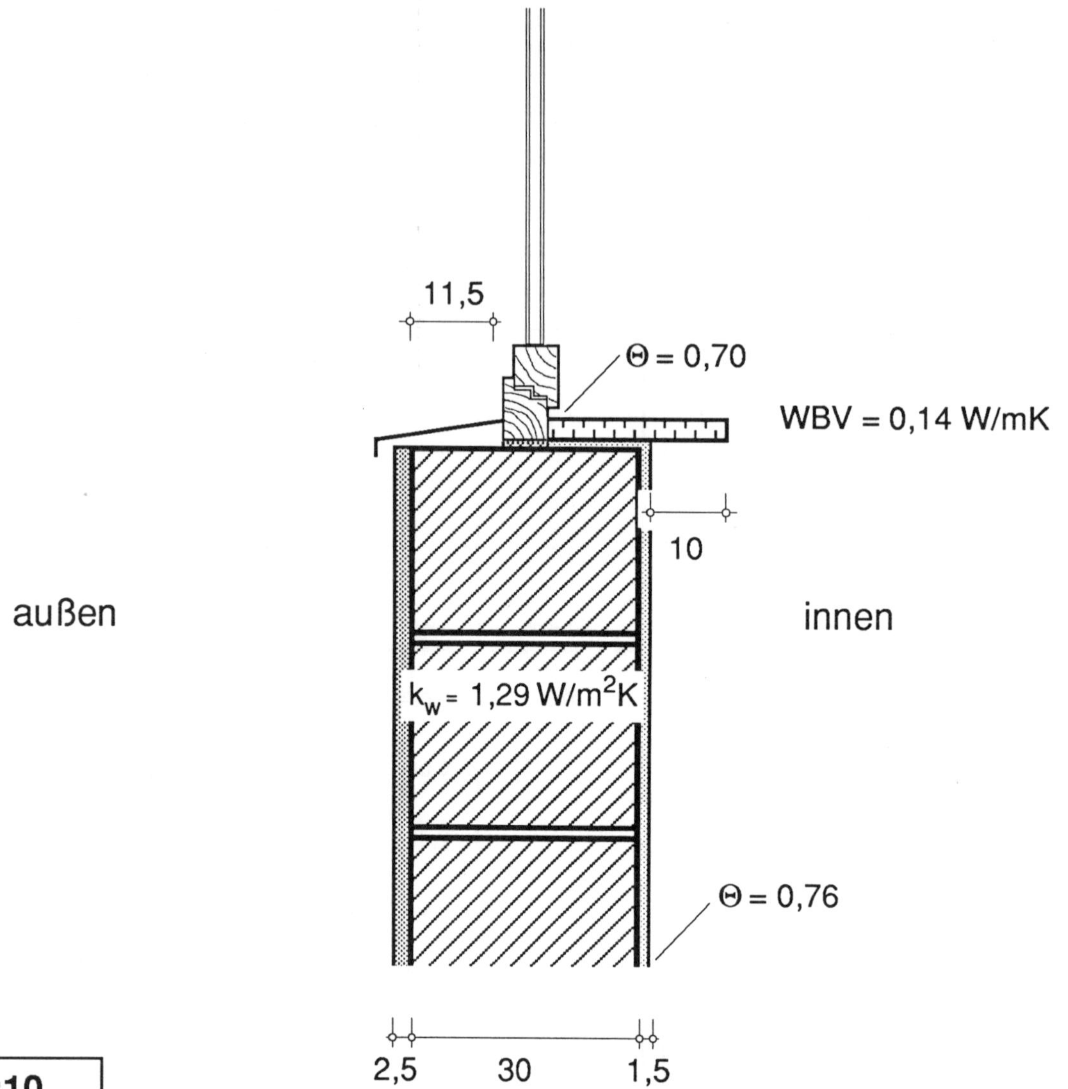

M 1:10

Baustoff	Dicke s [m]	Rohdichte ρ [kg/m³]	Wärmeleitfähigkeit λ_R [W/mK]
Gipsputz	0,015	1200	0,35
Mauerwerk	0,30	1200	0,56
Kalkzementputz	0,025	1800	0,87
Marmor (Fensterbank)	0,025	2800	3,5

Monolithische Außenwand 1.

Fensteranschluß Brüstung 1.2.2

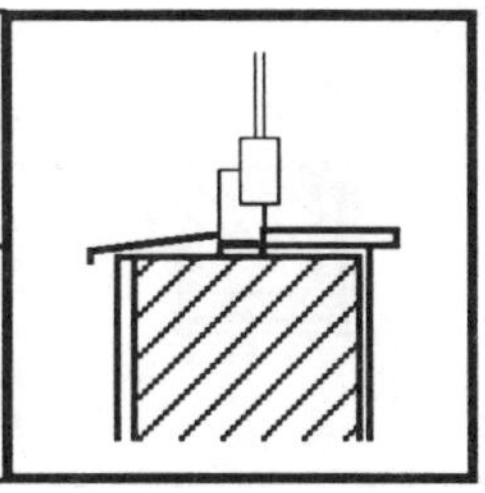

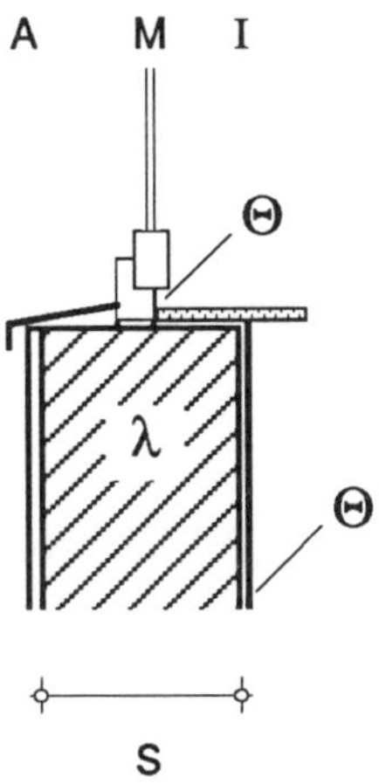

s [cm]		λ = 0,21 WBV	λ = 0,21 Θ	λ = 0,56 WBV	λ = 0,56 Θ	λ = 0,99 WBV	λ = 0,99 Θ
24	A	0,11	0,72	0,18	0,67	0,24	0,61
24	M	0,07	0,74	0,12	0,70	0,18	0,64
24	I	0,12	0,78	0,17	0,65	0,20	0,57
30	A	0,13	0,71	0,21	0,66	0,28	0,60
30	M	0,08	0,74	0,14	0,70	0,21	0,66
30	I	0,14	0,78	0,21	0,66	0,25	0,58
36,5	A	0,15	0,71	0,25	0,65	0,33	0,59
36,5	M	0,09	0,74	0,16	0,70	0,23	0,66
36,5	I	0,16	0,78	0,25	0,67	0,31	0,58

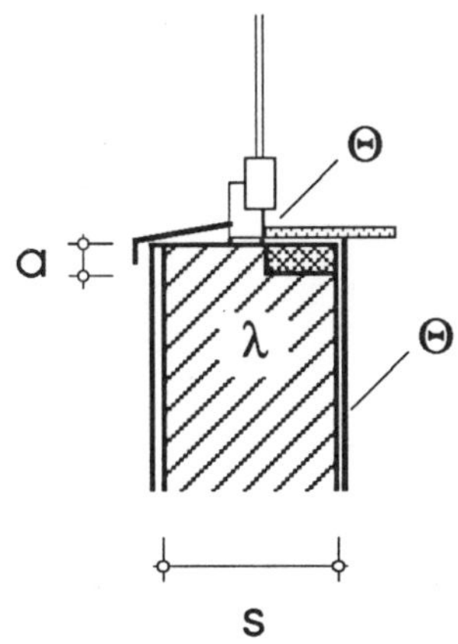

s [cm]	a [cm]	λ = 0,21 WBV	λ = 0,21 Θ	λ = 0,56 WBV	λ = 0,56 Θ	λ = 0,99 WBV	λ = 0,99 Θ
24	2	0,06	0,75	0,07	0,73	0,09	0,64
24	4	0,05	0,76	0,05	0,73	0,06	0,63
24	6	0,04	0,76	0,03	0,73	0,02	0,63
30	2	0,07	0,75	0,09	0,73	0,11	0,67
30	4	0,06	0,75	0,07	0,74	0,08	0,67
30	6	0,05	0,75	0,05	0,74	0,04	0,67
36,5	2	0,07	0,75	0,10	0,73	0,13	0,70
36,5	4	0,07	0,75	0,08	0,74	0,09	0,70
36,5	6	0,06	0,75	0,06	0,74	0,06	0,70

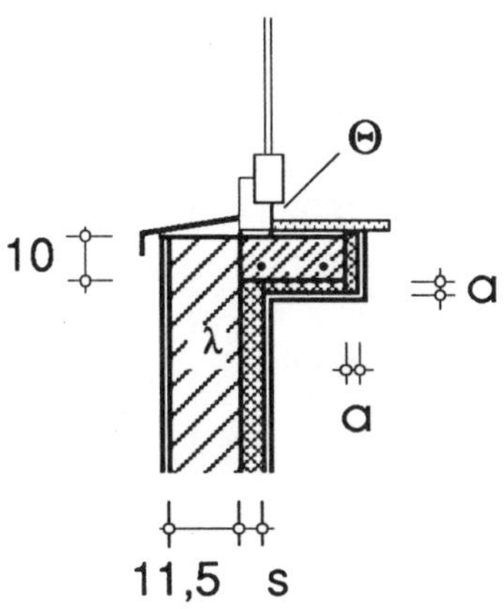

s [cm]	a [cm]	λ = 0,21 WBV	λ = 0,21 Θ	λ = 0,56 WBV	λ = 0,56 Θ	λ = 0,99 WBV	λ = 0,99 Θ
1	0	0,25	0,75	0,38	0,63	0,47	0,56
1	1	0,21	0,70	0,31	0,57	0,37	0,50
1	2	0,20	0,68	0,29	0,55	0,34	0,48
2	0	0,27	0,74	0,43	0,62	0,52	0,55
2	1	0,24	0,69	0,36	0,56	0,43	0,50
2	2	0,23	0,67	0,34	0,54	0,40	0,47
4	0	0,30	0,72	0,47	0,60	0,57	0,54
4	1	0,27	0,68	0,41	0,55	0,48	0,49
4	2	0,26	0,66	0,39	0,53	0,46	0,47
6	0	0,31	0,71	0,48	0,59	0,58	0,53
6	1	0,29	0,67	0,43	0,54	0,51	0,48
6	2	0,28	0,65	0,41	0,52	0,48	0,46

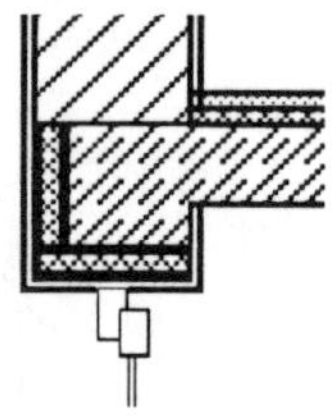

1. Monolithische Außenwand

1.2.3 Fensteranschluß Sturz

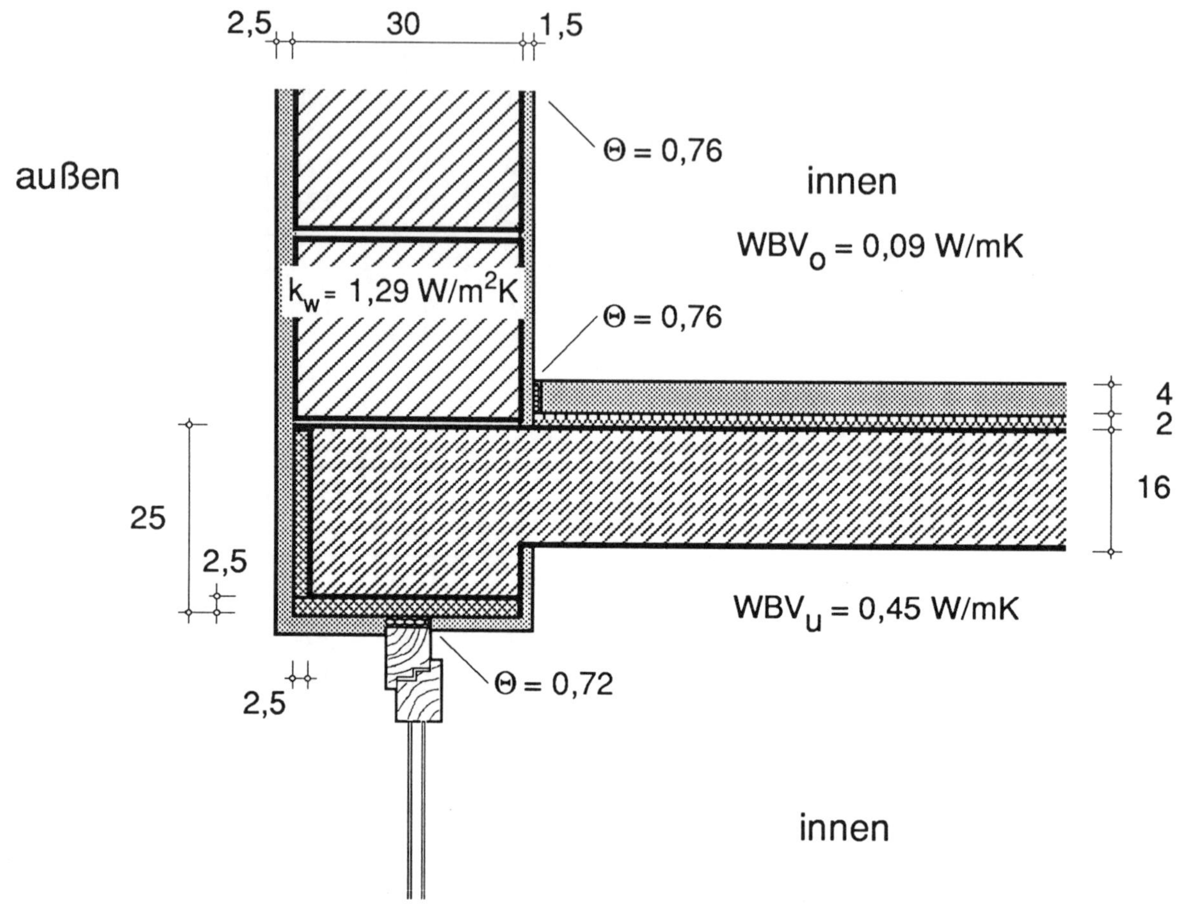

M 1:10

Baustoff	Dicke s [m]	Rohdichte ρ [kg/m³]	Wärmeleitfähigkeit λ_R [W/mK]
Gipsputz	0,015	1200	0,35
Mauerwerk	0,30	1200	0,56
Kalkzementputz	0,025	1800	0,87
Zementestrich	0,04	2000	1,4
Wärmedämmstoff / Trittschalldämmung	0,02	-	0,04
Stahlbeton	0,16	2400	2,1
Holzwolle Leichtbauplatte	0,025	600	0,093

Monolithische Außenwand 1.

Fensteranschluß Sturz 1.2.3

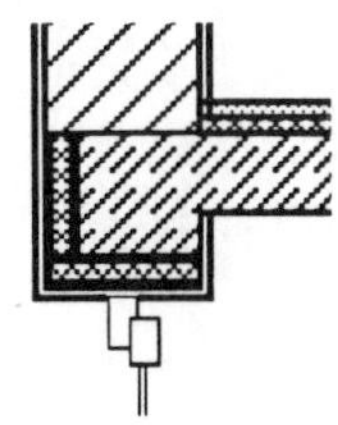

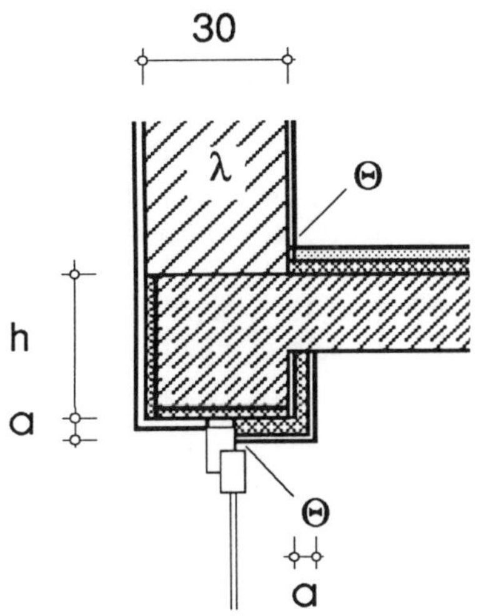

a [cm]	h [cm]	λ = 0,21 WBV	λ = 0,21 Θ	λ = 0,56 WBV	λ = 0,56 Θ	λ = 0,99 WBV	λ = 0,99 Θ
2	25	0,11 0,41	0,83 0,68	0,12 0,37	0,74 0,68	0,11 0,33	0,67 0,67
2	50	0,13 0,49	0,82 0,67	0,13 0,26	0,73 0,67	0,13 0,09	0,67 0,67
4	25	0,12 0,40	0,82 0,65	0,12 0,34	0,73 0,65	0,12 0,29	0,67 0,65
4	50	0,14 0,43	0,80 0,64	0,15 0,18	0,71 0,64	0,14 -0,01	0,65 0,64

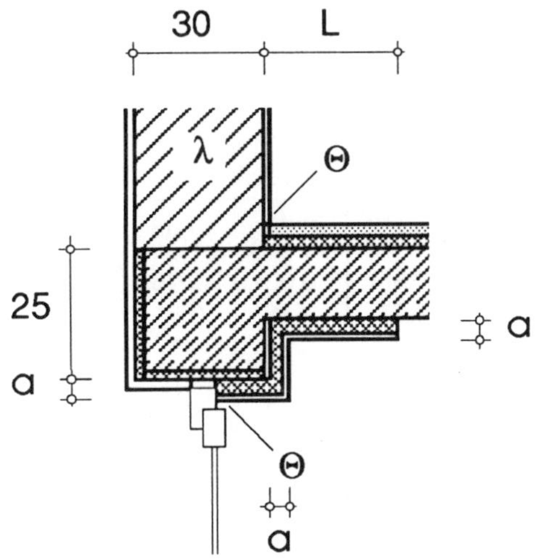

a [cm]	L [cm]	λ = 0,21 WBV	λ = 0,21 Θ	λ = 0,56 WBV	λ = 0,56 Θ	λ = 0,99 WBV	λ = 0,99 Θ
2	10	0,13 0,38	0,83 0,68	0,13 0,32	0,74 0,68	0,13 0,29	0,67 0,67
2	30	0,16 0,32	0,82 0,68	0,17 0,26	0,73 0,67	0,18 0,21	0,66 0,67
2	50	0,18 0,29	0,81 0,68	0,19 0,22	0,72 0,67	0,20 0,18	0,66 0,67
4	10	0,13 0,37	0,81 0,65	0,14 0,30	0,72 0,65	0,14 0,25	0,66 0,65
4	30	0,17 0,29	0,80 0,65	0,19 0,21	0,71 0,65	0,19 0,15	0,64 0,64
4	50	0,20 0,25	0,79 0,65	0,22 0,17	0,70 0,64	0,22 0,10	0,64 0,64

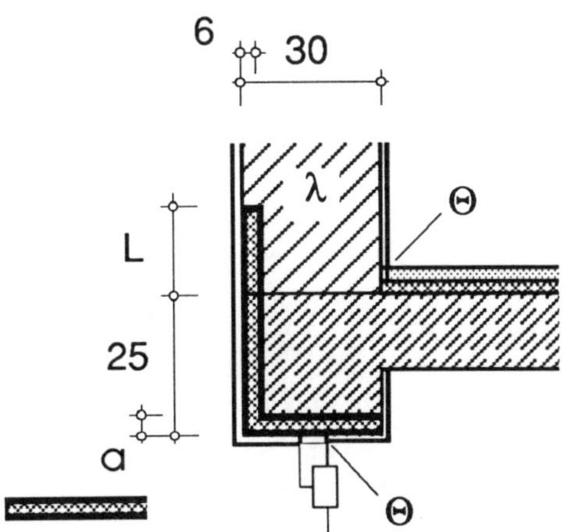

Holzwolle
3-Schichtplatte
λ = 0,04

a [cm]	L [cm]	λ = 0,21 WBV	λ = 0,21 Θ	λ = 0,56 WBV	λ = 0,56 Θ	λ = 0,99 WBV	λ = 0,99 Θ
2,5	12,5	0,01 0,21	0,89 0,76	-0,03 0,18	0,76 0,76	-0,06 0,17	0,67 0,75
2,5	25	-0,01 0,20	0,89 0,76	-0,10 0,15	0,76 0,76	-0,18 0,12	0,67 0,76
4,0	12,5	0,01 0,19	0,89 0,76	-0,03 0,16	0,76 0,75	-0,06 0,15	0,67 0,75
4,0	25	-0,02 0,17	0,89 0,76	-0,11 0,12	0,76 0,76	-0,18 0,09	0,67 0,75
6,5	12,5	0,01 0,16	0,89 0,75	-0,03 0,13	0,76 0,75	-0,06 0,12	0,67 0,75
6,5	25	-0,02 0,15	0,89 0,75	-0,11 0,10	0,76 0,75	-0,18 0,07	0,67 0,75

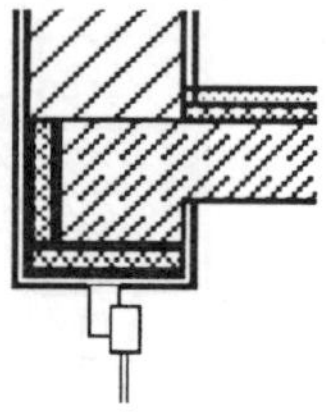

1. Monolithische Außenwand

1.2.3 Fensteranschluß Sturz

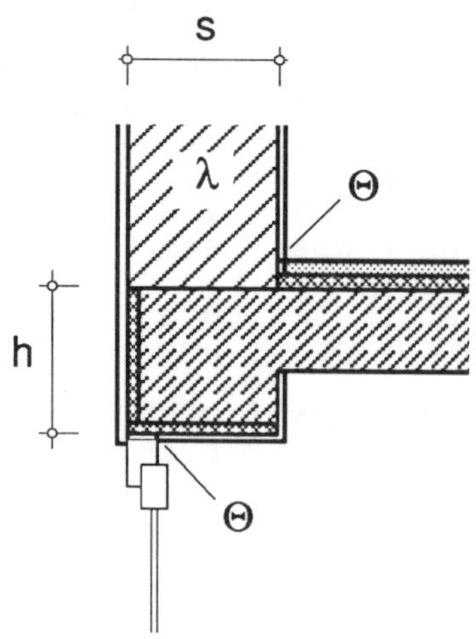

s [cm]	h [cm]	λ = 0,21 WBV	λ = 0,21 Θ	λ = 0,56 WBV	λ = 0,56 Θ	λ = 0,99 WBV	λ = 0,99 Θ
24	25	0,07 0,43	0,85 0,71	0,07 0,42	0,73 0,70	0,06 0,42	0,64 0,70
24	50	0,08 0,65	0,84 0,71	0,08 0,44	0,73 0,70	0,07 0,28	0,64 0,70
30	25	0,06 0,45	0,87 0,71	0,05 0,45	0,76 0,70	0,04 0,45	0,67 0,69
30	50	0,07 0,67	0,85 0,70	0,07 0,49	0,76 0,70	0,06 0,35	0,67 0,70
36,5	25	0,05 0,46	0,88 0,70	0,04 0,47	0,79 0,70	0,03 0,48	0,71 0,69
36,5	50	0,06 0,69	0,87 0,70	0,06 0,53	0,79 0,70	0,04 0,41	0,71 0,70

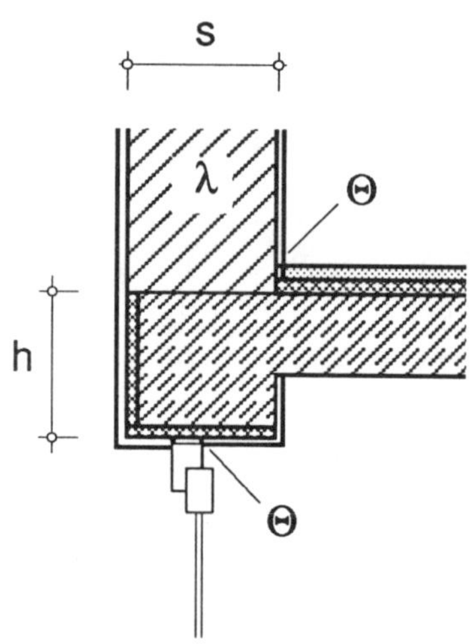

s [cm]	h [cm]	λ = 0,21 WBV	λ = 0,21 Θ	λ = 0,56 WBV	λ = 0,56 Θ	λ = 0,99 WBV	λ = 0,99 Θ
24	25	0,10 0,47	0,83 0,73	0,10 0,44	0,73 0,71	0,10 0,42	0,64 0,68
24	50	0,09 0,70	0,83 0,71	0,09 0,48	0,73 0,69	0,08 0,33	0,64 0,68
30	25	0,09 0,47	0,85 0,72	0,09 0,45	0,76 0,72	0,08 0,43	0,67 0,71
30	50	0,08 0,71	0,85 0,72	0,08 0,53	0,76 0,72	0,07 0,38	0,67 0,71
36,5	25	0,07 0,48	0,87 0,72	0,07 0,46	0,79 0,71	0,06 0,45	0,71 0,70
36,5	50	0,08 0,72	0,86 0,72	0,07 0,56	0,79 0,71	0,06 0,42	0,71 0,71

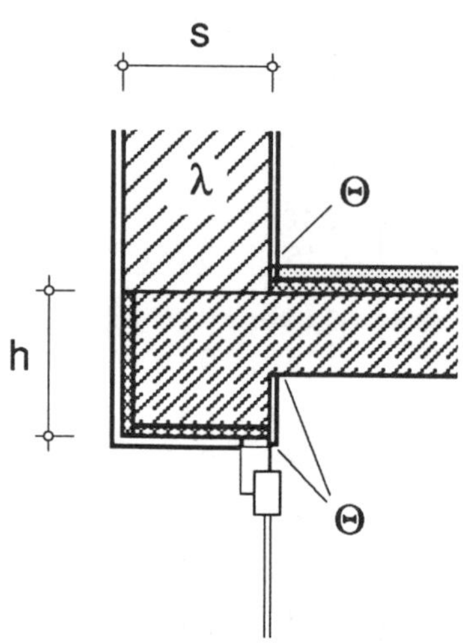

s [cm]	h [cm]	λ = 0,21 WBV	λ = 0,21 Θ	λ = 0,56 WBV	λ = 0,56 Θ	λ = 0,99 WBV	λ = 0,99 Θ
24	25	0,14 0,59	0,79 0,65	0,15 0,53	0,69 0,63	0,14 0,49	0,63 0,62
24	50	0,13 0,95	0,80 0,61	0,13 0,71	0,70 0,60	0,13 0,53	0,64 0,60
30	25	0,13 0,54	0,82 0,68	0,13 0,50	0,73 0,66	0,13 0,46	0,67 0,65
30	50	0,11 0,84	0,83 0,65	0,11 0,63	0,74 0,64	0,10 0,47	0,67 0,63
36,5	25	0,13 0,53	0,83 0,69	0,13 0,49	0,75 0,68	0,13 0,46	0,69 0,66
36,5	50	0,10 0,79	0,85 0,67	0,10 0,61	0,77 0,66	0,09 0,47	0,71 0,65

Monolithische Außenwand 1.

Fensteranschluß Sturz 1.2.3

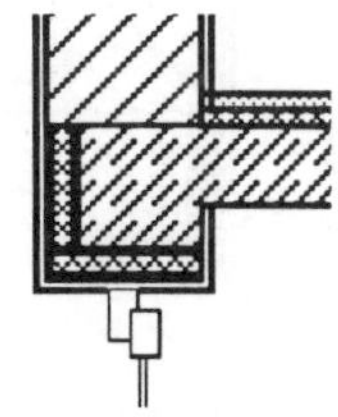

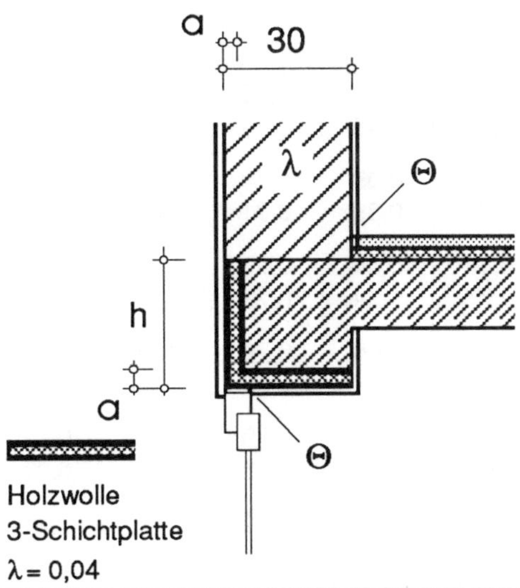

a [cm]	h [cm]	λ = 0,21 WBV	λ = 0,21 Θ	λ = 0,56 WBV	λ = 0,56 Θ	λ = 0,99 WBV	λ = 0,99 Θ
2,5	25	0,04 0,31	0,88 0,73	0,04 0,33	0,76 0,73	0,03 0,34	0,67 0,72
4,0	25	0,03 0,25	0,89 0,73	0,03 0,27	0,76 0,73	0,02 0,28	0,67 0,72
6,5	25	0,02 0,19	0,89 0,73	0,02 0,21	0,76 0,73	0,02 0,22	0,67 0,72
2,5	50	0,04 0,41	0,88 0,73	0,03 0,26	0,76 0,73	0,02 0,14	0,67 0,73
4,0	50	0,03 0,28	0,89 0,73	0,02 0,15	0,76 0,73	0,01 0,03	0,67 0,73
6,5	50	0,01 0,17	0,89 0,73	0 0,04	0,76 0,73	-0,01 -0,07	0,67 0,73

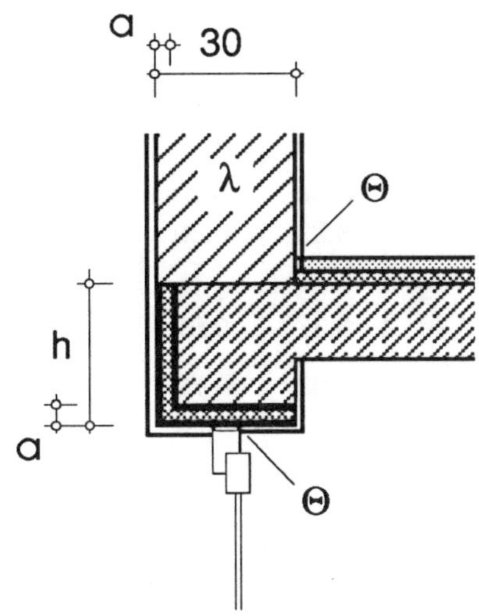

a [cm]	h [cm]	λ = 0,21 WBV	λ = 0,21 Θ	λ = 0,56 WBV	λ = 0,56 Θ	λ = 0,99 WBV	λ = 0,99 Θ
2,5	25	0,06 0,35	0,87 0,75	0,06 0,35	0,76 0,74	0,05 0,34	0,67 0,73
4,0	25	0,04 0,27	0,88 0,75	0,04 0,28	0,76 0,74	0,04 0,28	0,67 0,74
6,5	25	0,03 0,19	0,89 0,75	0,03 0,21	0,76 0,75	0,03 0,21	0,67 0,74
2,5	50	0,05 0,46	0,87 0,75	0,04 0,30	0,76 0,74	0,03 0,18	0,67 0,74
4,0	50	0,03 0,32	0,89 0,75	0,02 0,17	0,76 0,75	0,01 0,06	0,67 0,75
6,5	50	0,02 0,19	0,89 0,75	0,01 0,05	0,76 0,75	0 -0,06	0,67 0,75

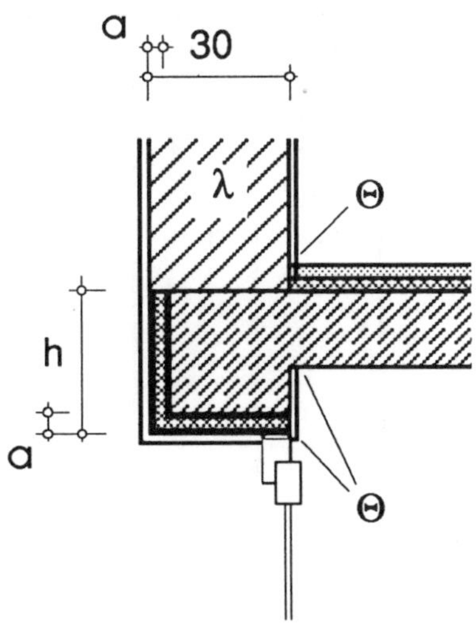

a [cm]	h [cm]	λ = 0,21 WBV	λ = 0,21 Θ	λ = 0,56 WBV	λ = 0,56 Θ	λ = 0,99 WBV	λ = 0,99 Θ
2,5	25	0,09 0,41	0,85 0,74	0,09 0,39	0,76 0,72	0,09 0,37	0,67 0,69
4,0	25	0,08 0,37	0,85 0,75	0,08 0,35	0,76 0,73	0,08 0,33	0,67 0,70
6,5	25	0,07 0,32	0,86 0,76	0,08 0,30	0,76 0,74	0,08 0,29	0,67 0,71
2,5	50	0,07 0,58	0,86 0,73	0,07 0,41	0,76 0,72	0,06 0,27	0,67 0,71
4,0	50	0,07 0,52	0,86 0,75	0,06 0,36	0,76 0,73	0,05 0,22	0,67 0,72
6,5	50	0,06 0,47	0,86 0,76	0,06 0,30	0,76 0,75	0,05 0,17	0,67 0,73

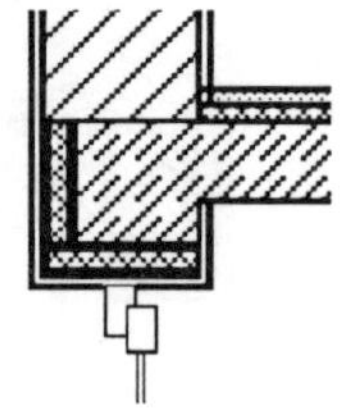

1. Monolithische Außenwand

1.2.3 Fensteranschluß Sturz

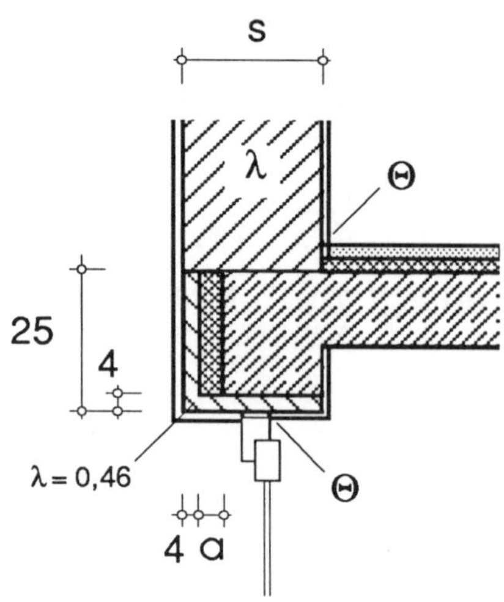

s [cm]	a [cm]	λ = 0,21 WBV	λ = 0,21 Θ	λ = 0,56 WBV	λ = 0,56 Θ	λ = 0,99 WBV	λ = 0,99 Θ
30	2	0,07 0,46	0,86 0,71	0,07 0,45	0,76 0,70	0,07 0,44	0,67 0,69
30	4	0,06 0,39	0,87 0,72	0,05 0,39	0,76 0,71	0,05 0,39	0,67 0,70
30	6	0,04 0,34	0,88 0,73	0,04 0,34	0,76 0,72	0,03 0,35	0,67 0,71
36,5	2	0,06 0,48	0,88 0,71	0,05 0,48	0,79 0,69	0,04 0,48	0,71 0,68
36,5	4	0,04 0,41	0,89 0,72	0,04 0,42	0,79 0,71	0,03 0,43	0,71 0,69
36,5	6	0,03 0,36	0,90 0,73	0,02 0,37	0,79 0,71	0,01 0,39	0,71 0,70

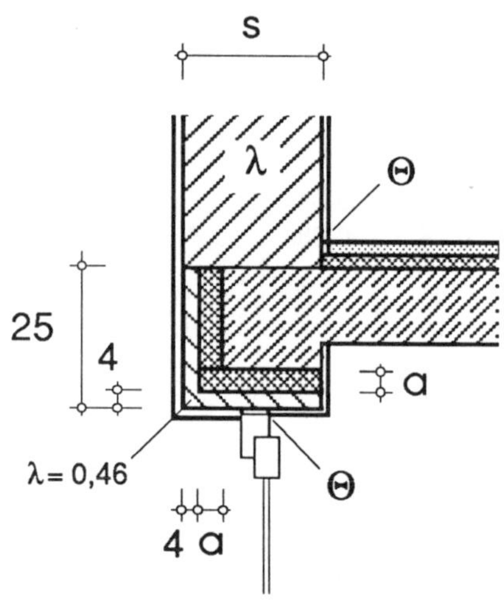

s [cm]	a [cm]	λ = 0,21 WBV	λ = 0,21 Θ	λ = 0,56 WBV	λ = 0,56 Θ	λ = 0,99 WBV	λ = 0,99 Θ
30	2	0,06 0,37	0,87 0,70	0,06 0,36	0,76 0,69	0,06 0,35	0,67 0,69
30	4	0,04 0,29	0,89 0,70	0,04 0,29	0,76 0,69	0,04 0,29	0,67 0,69
36,5	2	0,05 0,37	0,89 0,70	0,05 0,37	0,79 0,69	0,05 0,37	0,71 0,69
36,5	4	0,03 0,30	0,90 0,70	0,03 0,31	0,79 0,69	0,03 0,31	0,71 0,69

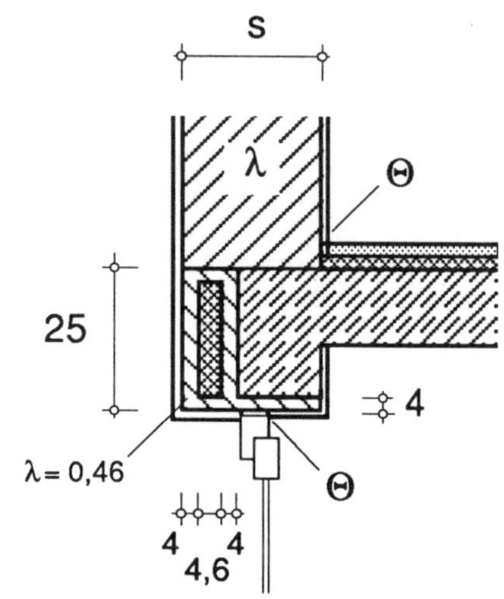

s [cm]	λ = 0,21 WBV	λ = 0,21 Θ	λ = 0,56 WBV	λ = 0,56 Θ	λ = 0,99 WBV	λ = 0,99 Θ
30	0,06 0,39	0,87 0,72	0,06 0,38	0,76 0,71	0,05 0,37	0,67 0,70
36,5	0,05 0,41	0,89 0,72	0,04 0,41	0,79 0,71	0,03 0,41	0,71 0,70

Monolithische Außenwand 1.

Fensteranschluß Sturz 1.2.3

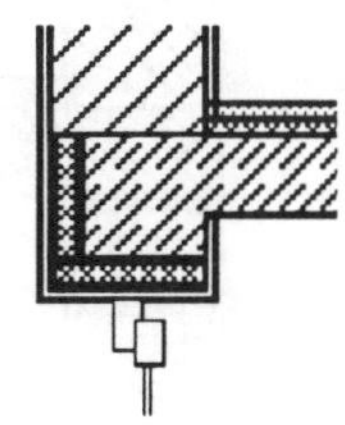

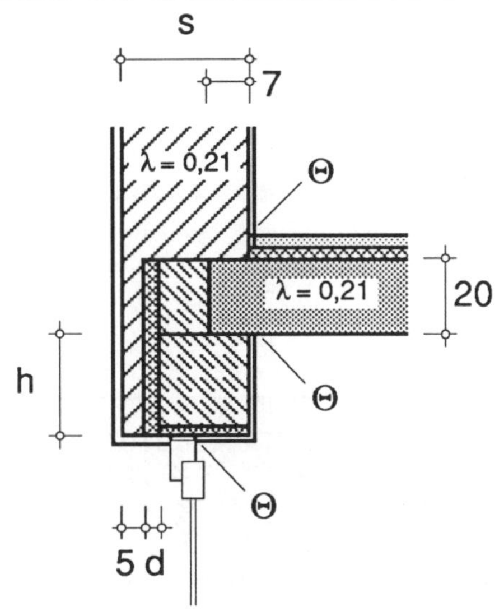

s [cm]	h [cm]	d = 0 cm WBV	d = 0 cm Θ	d = 2 cm WBV	d = 2 cm Θ	d = 4 cm WBV	d = 4 cm Θ	d = 6 cm WBV	d = 6 cm Θ
30	25	0,07	0,83	0,04	0,86	0,03	0,88	0,02	0,88
		0,52	0,67	0,33	0,73	0,24	0,74	0,17	0,75
30	37,5	0,07	0,83	0,04	0,86	0,02	0,88	0,02	0,89
		0,65	0,67	0,38	0,74	0,25	0,75	0,16	0,76
36,5	25	0,06	0,86	0,03	0,88	0,02	0,89	0,01	0,90
		0,53	0,70	0,35	0,73	0,27	0,74	0,20	0,75
36,5	37,5	0,06	0,86	0,03	0,88	0,02	0,90	0,01	0,90
		0,67	0,70	0,41	0,73	0,29	0,75	0,20	0,76

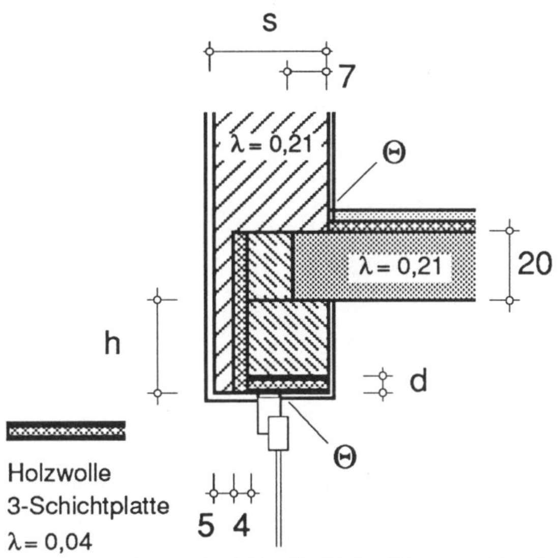

s [cm]	h [cm]	d = 2,5 cm WBV	d = 2,5 cm Θ	d = 4,0 cm WBV	d = 4,0 cm Θ	d = 6,5 cm WBV	d = 6,5 cm Θ
30	25	0,03	0,88	0,03	0,88	0,03	0,88
		0,20	0,75	0,18	0,74	0,16	0,74
30	37,5	0,02	0,89	0,02	0,89	0,02	0,89
		0,23	0,75	0,21	0,75	0,19	0,74
36,5	25	0,02	0,88	0,02	0,88	0,02	0,88
		0,21	0,75	0,19	0,75	0,17	0,75
36,5	37,5	0,02	0,90	0,02	0,90	0,02	0,90
		0,25	0,75	0,23	0,75	0,21	0,75

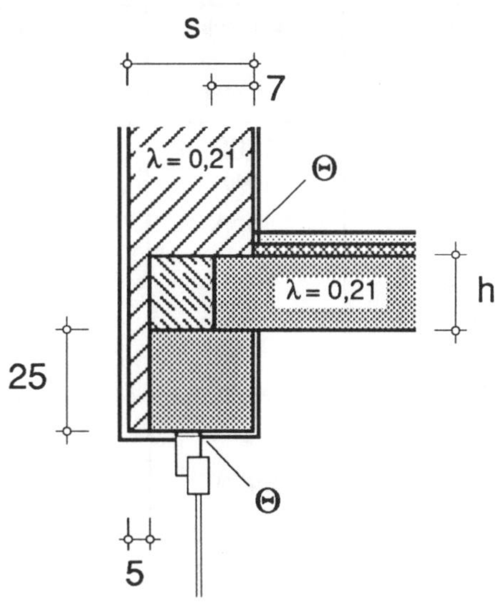

h [cm]	s = 24 cm WBV	s = 24 cm Θ	s = 30 cm WBV	s = 30 cm Θ	s = 36,5 cm WBV	s = 36,5 cm Θ
15	0,08	0,80	0,07	0,84	0,05	0,86
	0,17	0,71	0,16	0,70	0,16	0,69
17,5	0,09	0,80	0,07	0,83	0,06	0,86
	0,18	0,71	0,17	0,70	0,17	0,69
20	0,09	0,79	0,08	0,83	0,06	0,86
	0,19	0,71	0,18	0,70	0,18	0,69
22,5	0,10	0,79	0,08	0,82	0,07	0,85
	0,20	0,71	0,19	0,70	0,18	0,69
25	0,11	0,79	0,09	0,82	0,08	0,85
	0,20	0,71	0,19	0,70	0,19	0,69

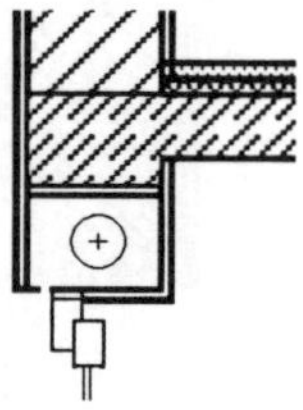	1. Mononolithische Außenwand
	1.2.4 Fensteranschluß Rolladenkasten

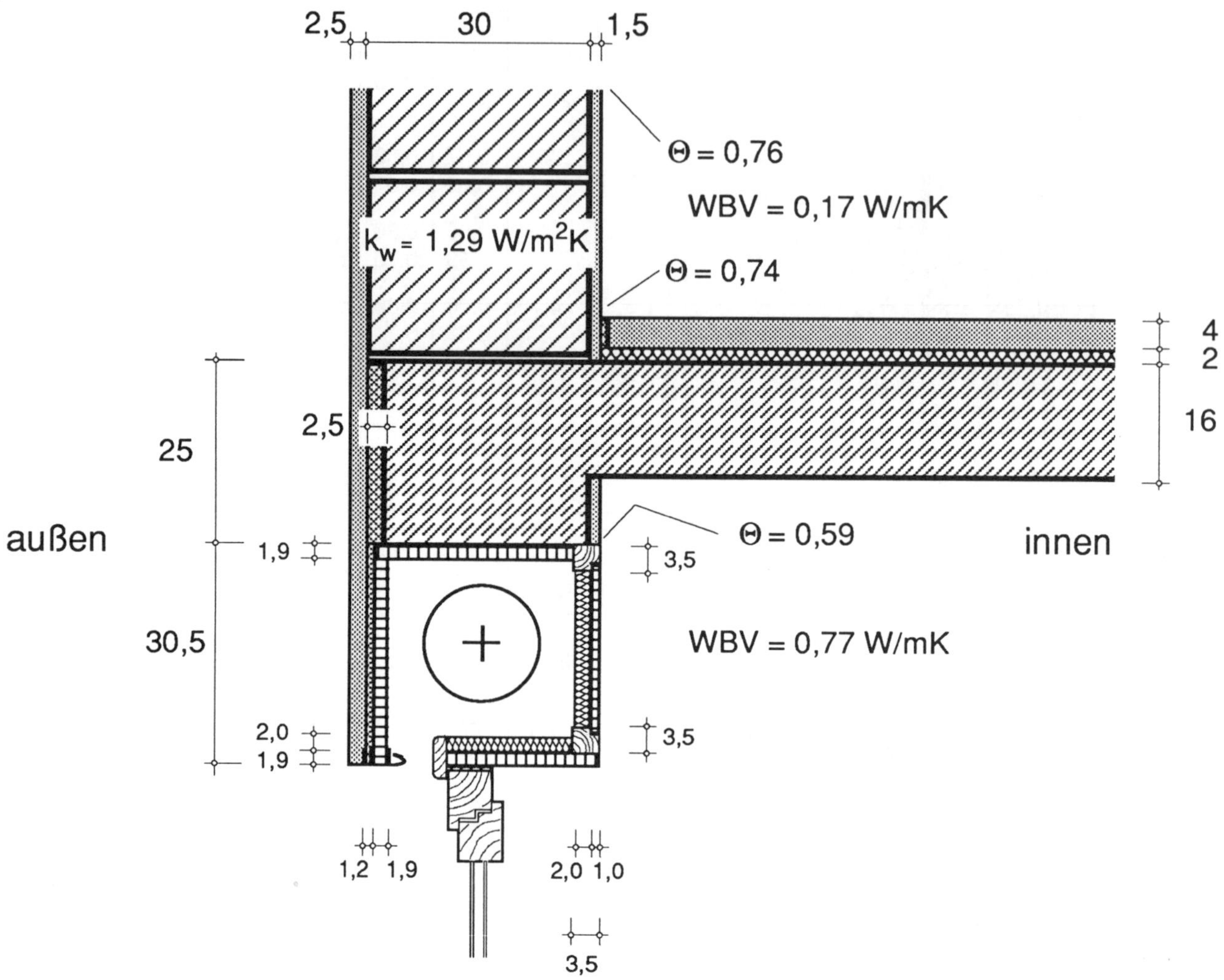

M 1:10

Baustoff	Dicke s [m]	Rohdichte ρ [kg/m³]	Wärmeleitfähigkeit λ_R [W/mK]
Gipsputz	0,015	1200	0,35
Mauerwerk	0,30	1200	0,56
Kalkzementputz	0,025	1800	0,87
Wärmedämmstoff	0,02	-	0,04
Spanplatte	-	700	0,17
Holzwolle Leichtbauplatte	-	600	0,093
Zementestrich	0,04	2000	1,4
Wärmedämmstoff / Trittschalldämmung	0,02	-	0,04
Stahlbeton	0,16	2400	2,1

Mononolithische Außenwand 1.

Fensteranschluß Rolladenkasten 1.2.4

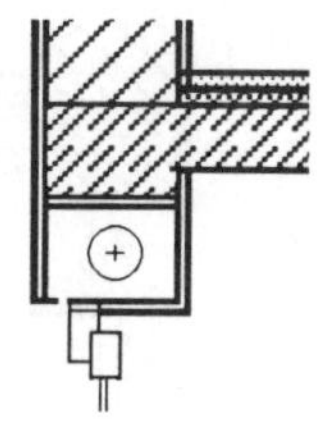

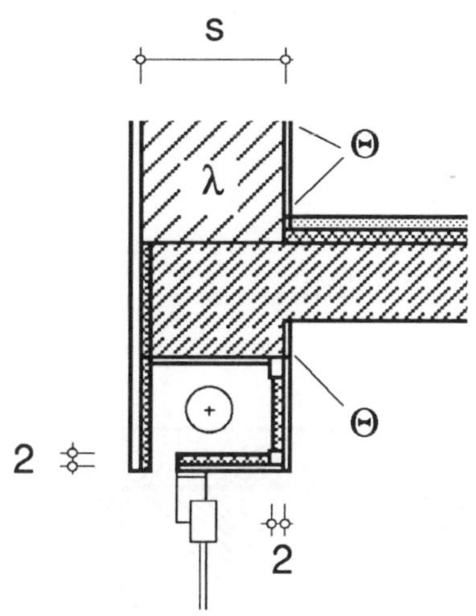

s [cm]	λ =0,21 WBV	λ =0,21 Θ	λ =0,56 WBV	λ =0,56 Θ	λ =0,99 WBV	λ =0,99 Θ
24	0,15	0,83	0,16	0,73	0,17	0,64
	0,90	0,61	0,62	0,60	0,41	0,59
30	0,16	0,83	0,17	0,74	0,18	0,67
	1,03	0,60	0,77	0,59	0,57	0,59
36,5	0,17	0,84	0,19	0,75	0,19	0,70
	1,16	0,60	0,92	0,59	0,72	0,59

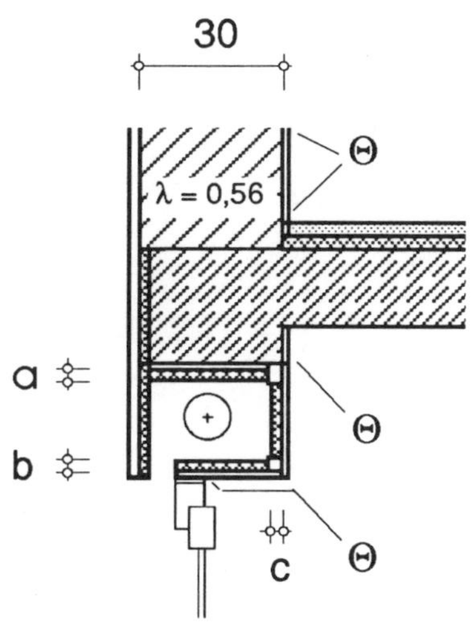

b [cm]	c [cm]	a = 0 cm WBV	a = 0 cm Θ	a = 2 cm WBV	a = 2 cm Θ	a = 4 cm WBV	a = 4 cm Θ
0	2	0,17	0,74	0,13	0,76	0,12	0,76
		1,02	0,42	0,86	0,42	0,80	0,42
0	4	0,17	0,75	0,13	0,76	0,11	0,76
		0,81	0,42	0,67	0,42	0,60	0,42
2	2	0,17	0,74	0,13	0,76	0,12	0,76
		0,77	0,59	0,62	0,62	0,54	0,62
2	4	0,17	0,75	0,13	0,76	0,11	0,76
		0,59	0,61	0,45	0,63	0,39	0,63
4	2	0,17	0,74	0,13	0,76	0,12	0,76
		0,70	0,59	0,54	0,68	0,47	0,68
4	4	0,17	0,75	0,13	0,76	0,11	0,76
		0,53	0,61	0,38	0,68	0,33	0,68

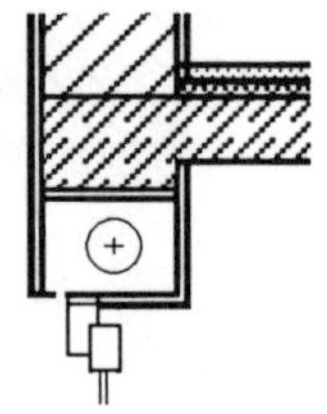

1. Mononolithische Außenwand

1.2.4 Fensteranschluß Rolladenkasten

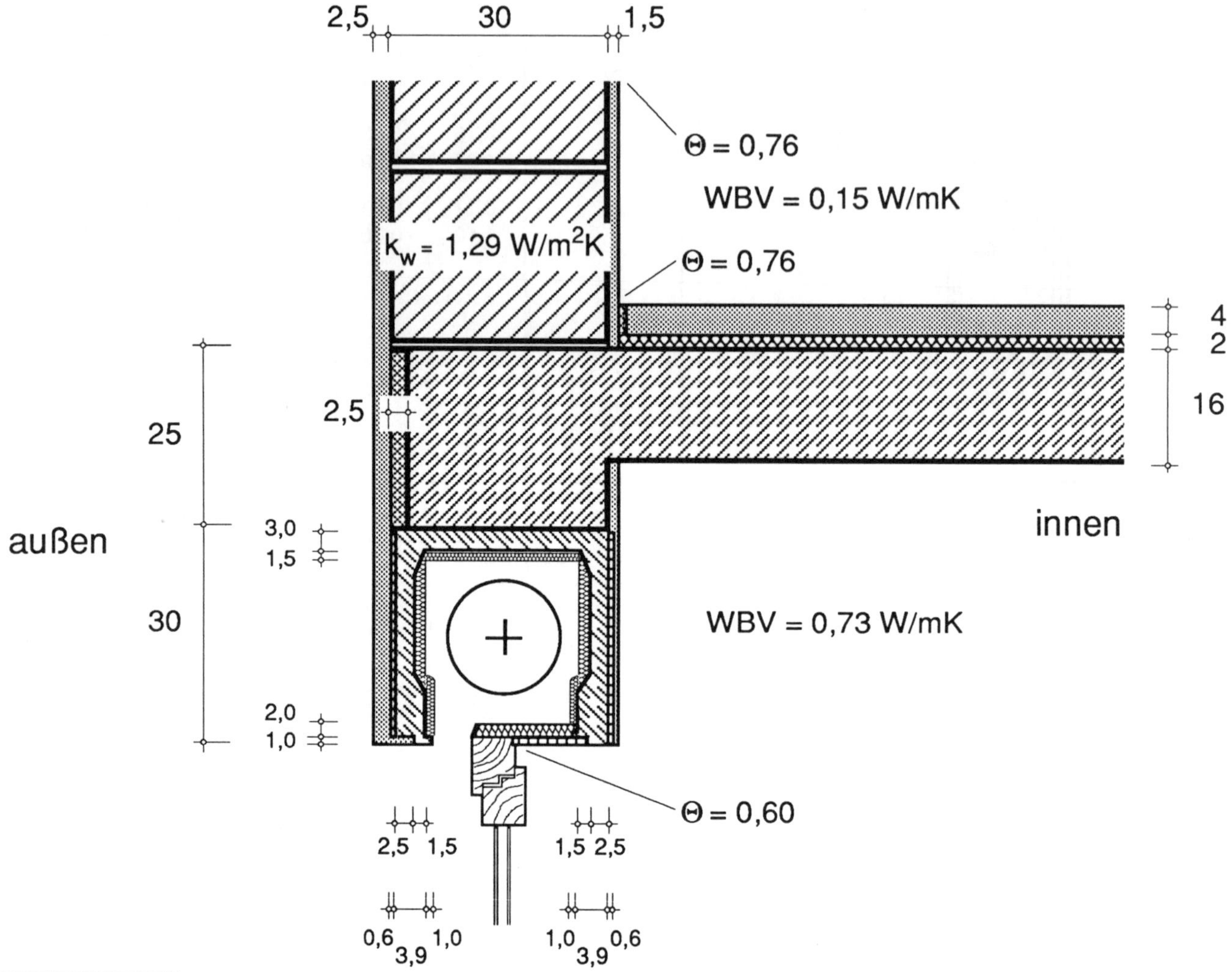

M 1:10

Baustoff	Dicke s [m]	Rohdichte ρ [kg/m³]	Wärmeleitfähigkeit λ_R [W/mK]
Gipsputz	0,015	1200	0,35
Mauerwerk	0,30	1200	0,56
Kalkzementputz	0,025	1800	0,87
Wärmedämmstoff	-	-	0,04
Leichtbeton	-	1200	0,56
Spanplatte	-	700	0,17
Holzwolle Leichtbauplatte	0,025	600	0,093
Zementestrich	0,04	2000	1,4
Wärmedämmstoff / Trittschalldämmung	0,02	-	0,04
Stahlbeton	0,16	2400	2,1

Mononolithische Außenwand 1.

Fensteranschluß Rolladenkasten 1.2.4

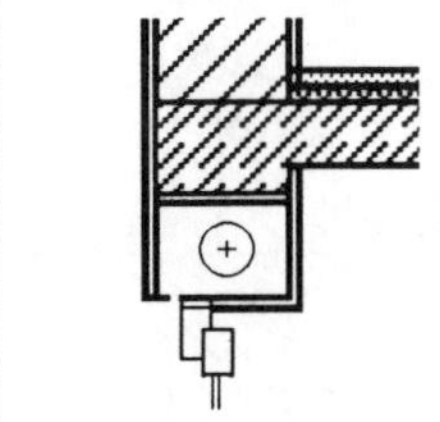

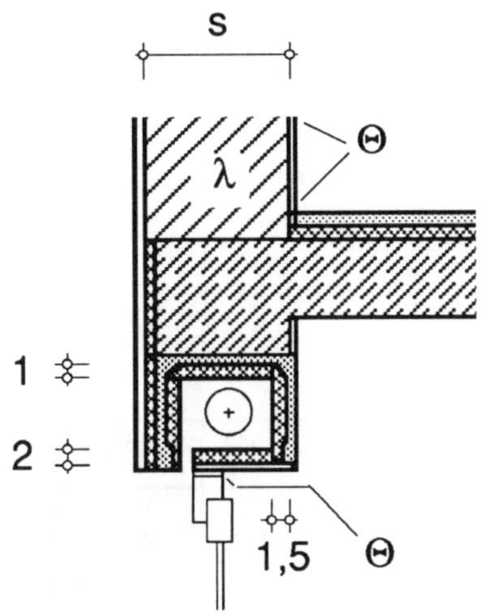

s [cm]	λ =0,21		λ =0,56		λ =0,99	
	WBV	Θ	WBV	Θ	WBV	Θ
24	0,13 0,85	0,84 0,61	0,14 0,58	0,73 0,61	0,15 0,39	0,64 0,61
30	0,13 0,97	0,85 0,61	0,15 0,73	0,76 0,61	0,15 0,54	0,67 0,61
36,5	0,14 1,08	0,85 0,61	0,15 0,86	0,77 0,61	0,15 0,68	0,71 0,61

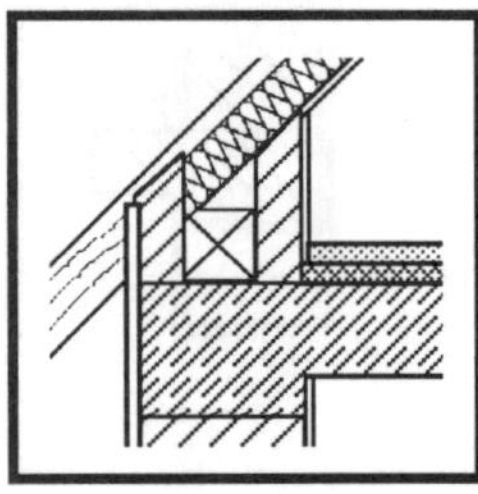

1. Monolithische Außenwand

1.3.1 Dachanschluß/Traufe

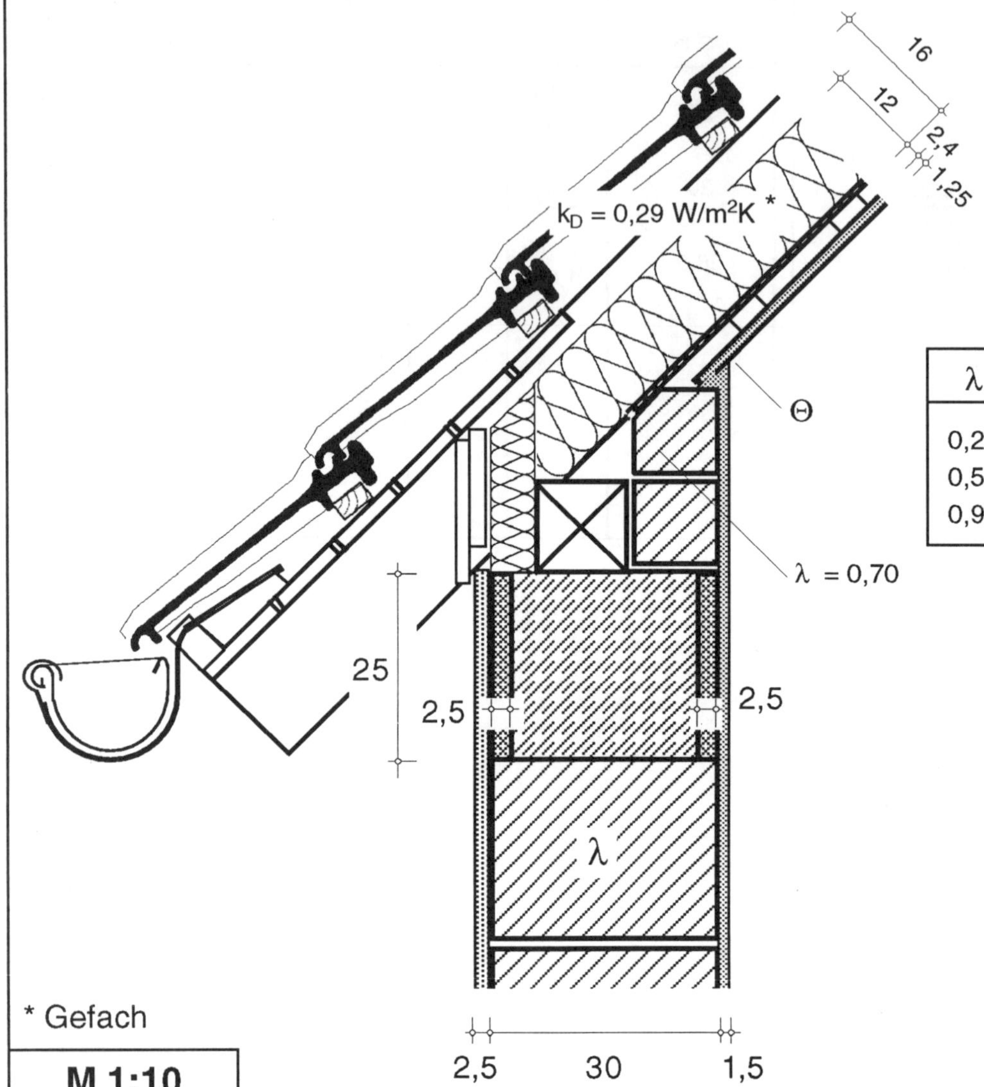

λ	WBV	WBVp	Θ
0,21	0,19	0,02	0,78
0,56	-0,19	0,02	0,75
0,99	-0,49	0,02	0,67

* Gefach

M 1:10

Baustoff	Dicke s [m]	Rohdichte ρ [kg/m³]	Wärmeleitfähigkeit λ_R [W/mK]
Gipsputz	0,015	1200	0,35
Mauerwerk	0,30	700	0,21
Kalkzementputz	0,025	1800	0,87
Holz	-	600	0,13
Wärmedämmstoff	0,12	-	0,04
Stahlbeton	-	2400	2,1
Holzwolle Leichtbauplatte	0,025	600	0,093
Luftschicht	0,024	-	0,14
Gipskartonplatte	0,0125	900	0,21

Monolithische Außenwand	1.
Dachanschluß/Traufe	1.3.1

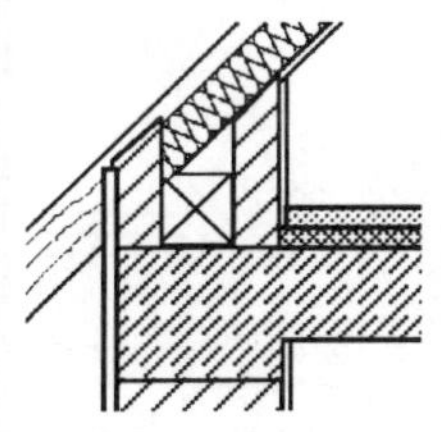

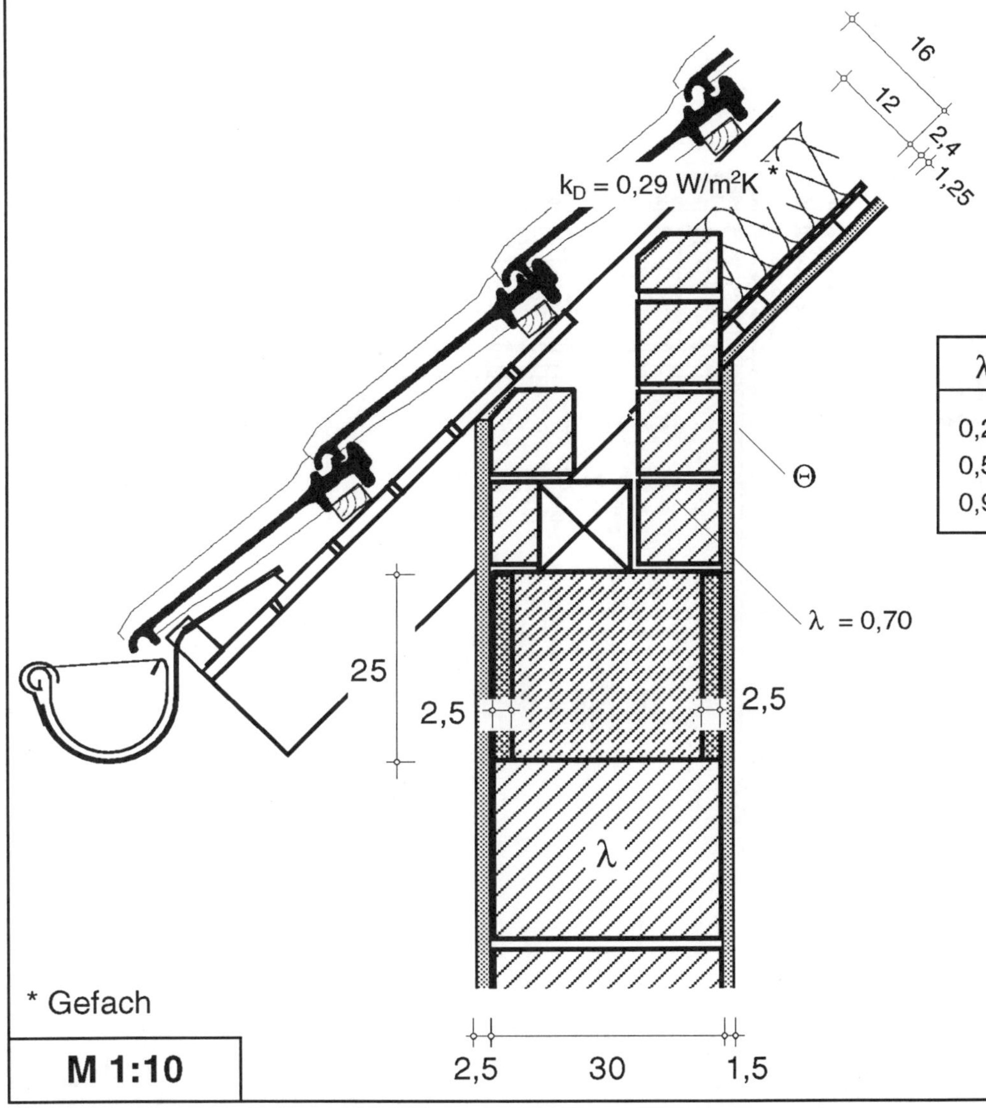

λ	WBV	WBVp	Θ
0,21	0,69	0	0,51
0,56	0,31	0	0,51
0,99	0	0	0,51

* Gefach

M 1:10

Baustoff	Dicke s [m]	Rohdichte ρ [kg/m³]	Wärmeleitfähigkeit λ_R [W/mK]
Gipsputz	0,015	1200	0,35
Mauerwerk	0,30	700	0,21
Kalkzementputz	0,025	1800	0,87
Holz	-	600	0,13
Wärmedämmstoff	0,12	-	0,04
Stahlbeton	-	2400	2,1
Holzwolle Leichtbauplatte	0,025	600	0,093
Luftschicht	0,024	-	0,14
Gipskartonplatte	0,0125	900	0,21

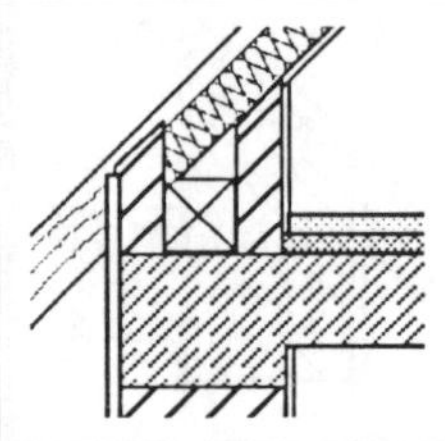

1. Monolithische Außenwand

1.3.1 Dachanschluß/Ortgang

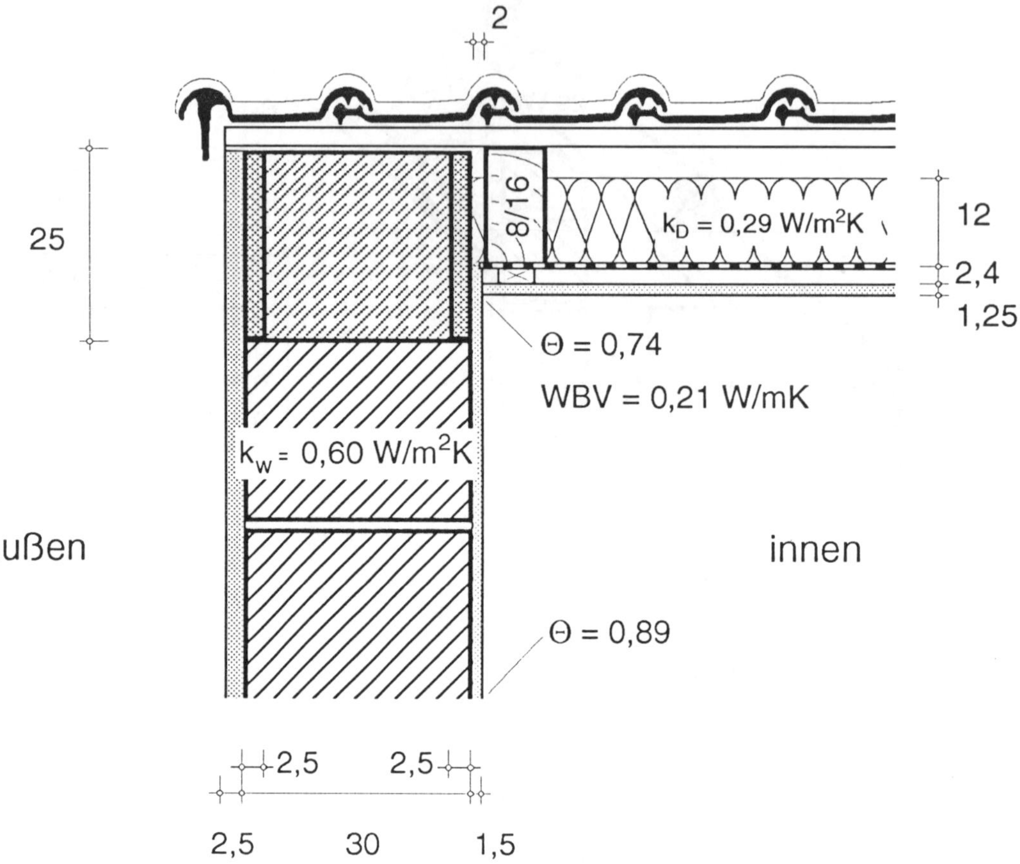

M 1:10

* Gefach

Baustoff	Dicke s [m]	Rohdichte ρ [kg/m³]	Wärmeleitfähigkeit λ_R [W/mK]
Gipsputz	0,015	1200	0,35
Mauerwerk	0,30	1200	0,21
Kalkzementputz	0,025	1800	0,87
Holz (Sparren 8/16 cm)	-	600	0,13
Wärmedämmstoff	0,12	-	0,04
Stahlbeton	-	2400	2,1
Mehrschicht-Leichtbauplatte M35/3	0,025	≥ 15	0,04
Luftschicht	0,024	-	0,14
Gipskartonplatte	0,0125	900	0,21

Monolithische Außenwand 1.

Dachanschluß/Ortgang 1.3.1

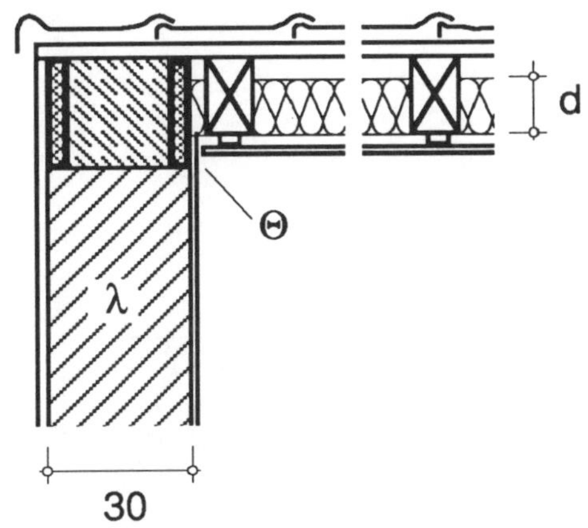

d [cm]	λ = 0,21 WBV	λ = 0,21 Θ	λ = 0,56 WBV	λ = 0,56 Θ	λ = 0,99 WBV	λ = 0,99 Θ
10	0,21	0,74	0,21	0,63	0,18	0,57
12	0,21	0,74	0,21	0,63	0,18	0,57
14	0,21	0,74	0,21	0,64	0,18	0,57
16	0,21	0,74	0,21	0,64	0,18	0,57
ohne Ringanker						
10	0,13	0,74	0,20	0,60	0,25	0,51
12	0,13	0,75	0,20	0,61	0,25	0,52
14	0,13	0,75	0,20	0,61	0,25	0,52
16	0,13	0,76	0,20	0,61	0,25	0,52

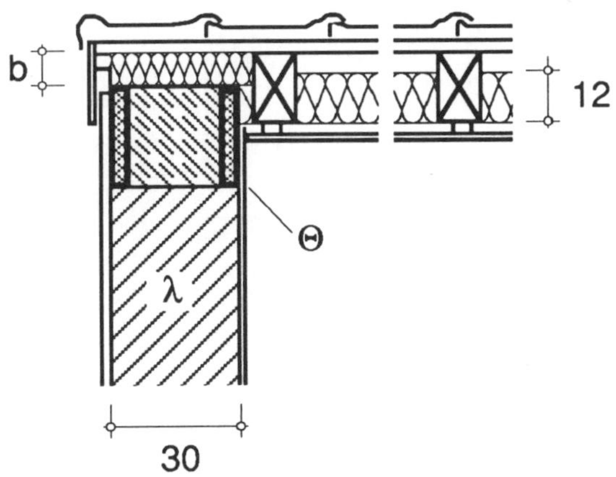

b [cm]	λ = 0,21 WBV	λ = 0,21 Θ	λ = 0,56 WBV	λ = 0,56 Θ	λ = 0,99 WBV	λ = 0,99 Θ
2	0,17	0,77	0,13	0,68	0,09	0,61
4	0,15	0,79	0,10	0,69	0,05	0,63
6	0,14	0,80	0,08	0,70	0,01	0,63
8	0,14	0,80	0,06	0,71	-0,02	0,64
ohne Ringanker						
2	0,12	0,76	0,18	0,62	0,22	0,54
4	0,11	0,77	0,16	0,64	0,19	0,56
6	0,11	0,77	0,15	0,65	0,18	0,57
8	0,10	0,78	0,14	0,66	0,17	0,58

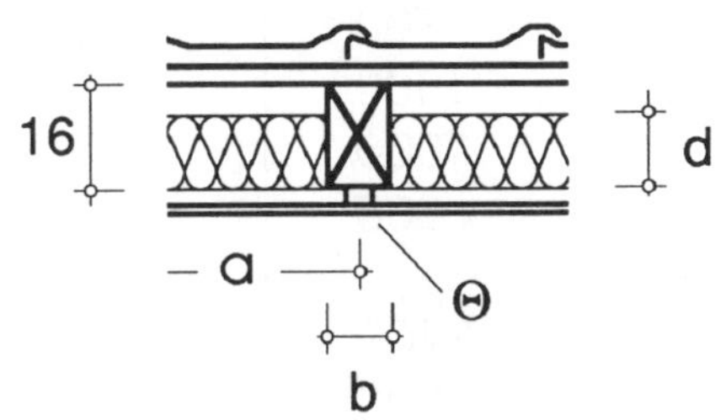

b [cm]	d [cm]	a = 60 cm WBV	a = 60 cm Θ	a = 70 cm WBV	a = 70 cm Θ	a = 80 cm WBV	a = 80 cm Θ
8	10	0,03	0,89	0,03	0,89	0,03	0,89
8	12	0,03	0,90	0,03	0,90	0,03	0,90
8	14	0,03	0,91	0,03	0,91	0,03	0,91
8	16	0,03	0,92	0,03	0,92	0,03	0,92
10	10	0,04	0,88	0,04	0,88	0,04	0,88
10	12	0,04	0,90	0,04	0,90	0,04	0,90
10	14	0,04	0,90	0,04	0,90	0,04	0,90
10	16	0,04	0,91	0,04	0,91	0,04	0,91
12	10	0,05	0,88	0,05	0,88	0,05	0,88
12	12	0,05	0,89	0,05	0,89	0,05	0,89
12	14	0,05	0,90	0,05	0,90	0,05	0,90
12	16	0,05	0,91	0,05	0,91	0,05	0,91

1. Monolithische Außenwand

1.3.2 Geschoßdeckenanschluß zum unbeheizten Dachraum

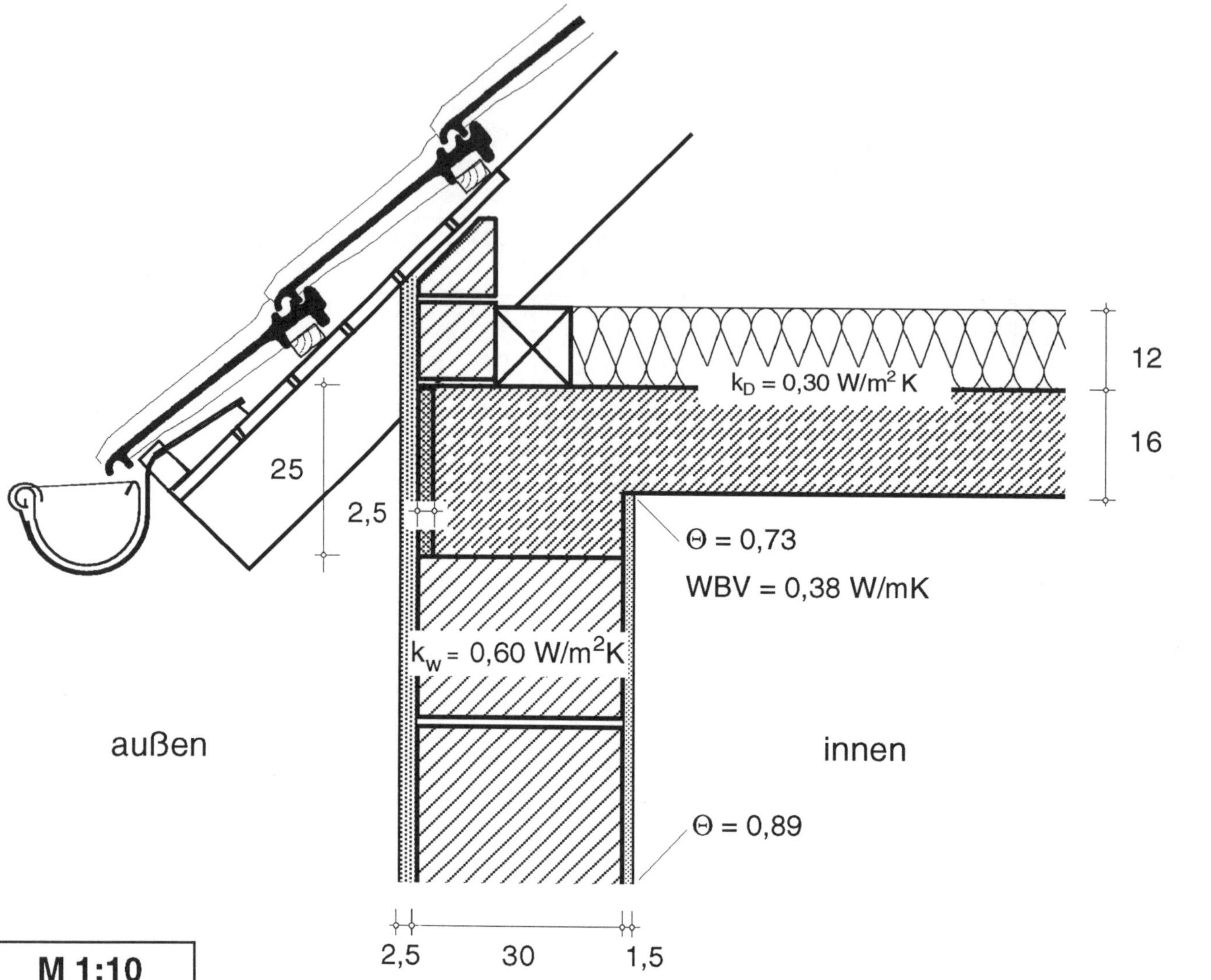

M 1:10

Baustoff	Dicke s [m]	Rohdichte ρ [kg/m³]	Wärmeleitfähigkeit λ_R [W/mK]
Gipsputz	0,015	1200	0,35
Mauerwerk	0,30	700	0,21
Kalkzementputz	0,025	1800	0,87
Holz (Pfette 12/12 cm)	-	600	0,13
Holz (Sparren 8/16 cm)	-	600	0,13
Wärmedämmstoff	0,12	-	0,04
Stahlbeton	-	2400	2,1
Holzwolle Leichtbauplatte	0,025	600	0,093

Monolithische Außenwand 1.

Geschoßdeckenanschluß zum unbeheizten Dachraum 1.3.2

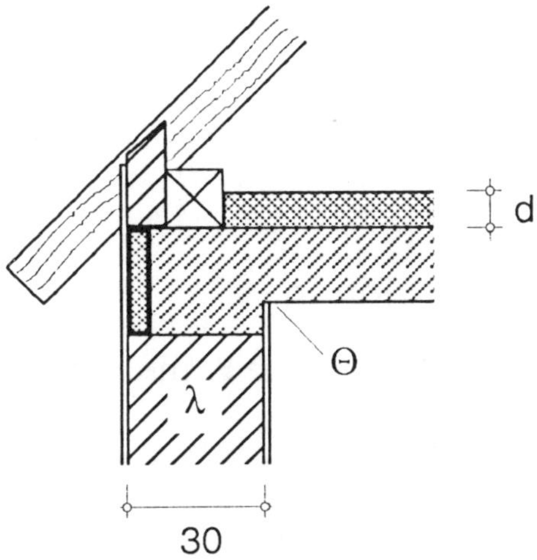

d [cm]	λ = 0,21		λ = 0,56		λ = 0,99	
	WBV	Θ	WBV	Θ	WBV	Θ
8	0,38	0,71	0,38	0,67	0,37	0,64
10	0,38	0,72	0,39	0,68	0,37	0,65
12	0,38	0,73	0,39	0,68	0,38	0,65

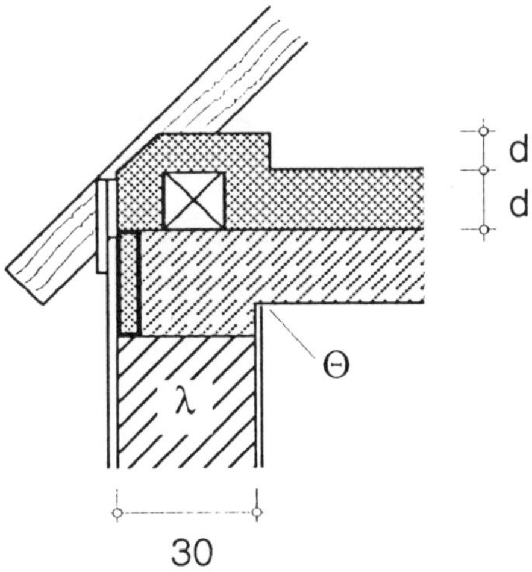

d [cm]	λ = 0,21		λ = 0,56		λ = 0,99	
	WBV	Θ	WBV	Θ	WBV	Θ
8	0,29	0,75	0,26	0,71	0,23	0,67
10	0,30	0,76	0,26	0,72	0,23	0,67
12	0,30	0,76	0,27	0,73	0,24	0,67

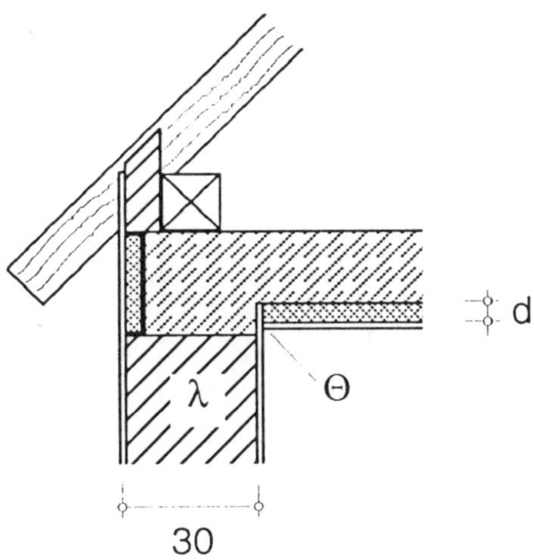

d [cm]	λ = 0,21		λ = 0,56		λ = 0,99	
	WBV	Θ	WBV	Θ	WBV	Θ
8	0,19	0,40	0,20	0,40	0,20	0,40
10	0,15	0,48	0,18	0,44	0,19	0,42
12	0,11	0,83	0,15	0,70	0,17	0,61

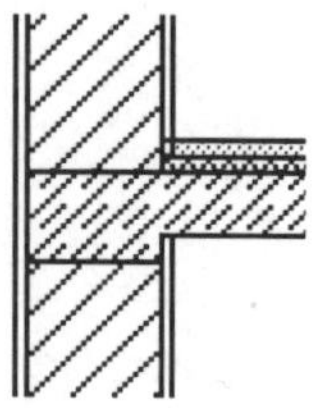

1. Monolithische Außenwand

1.3.3 Geschoßdeckenanschluß

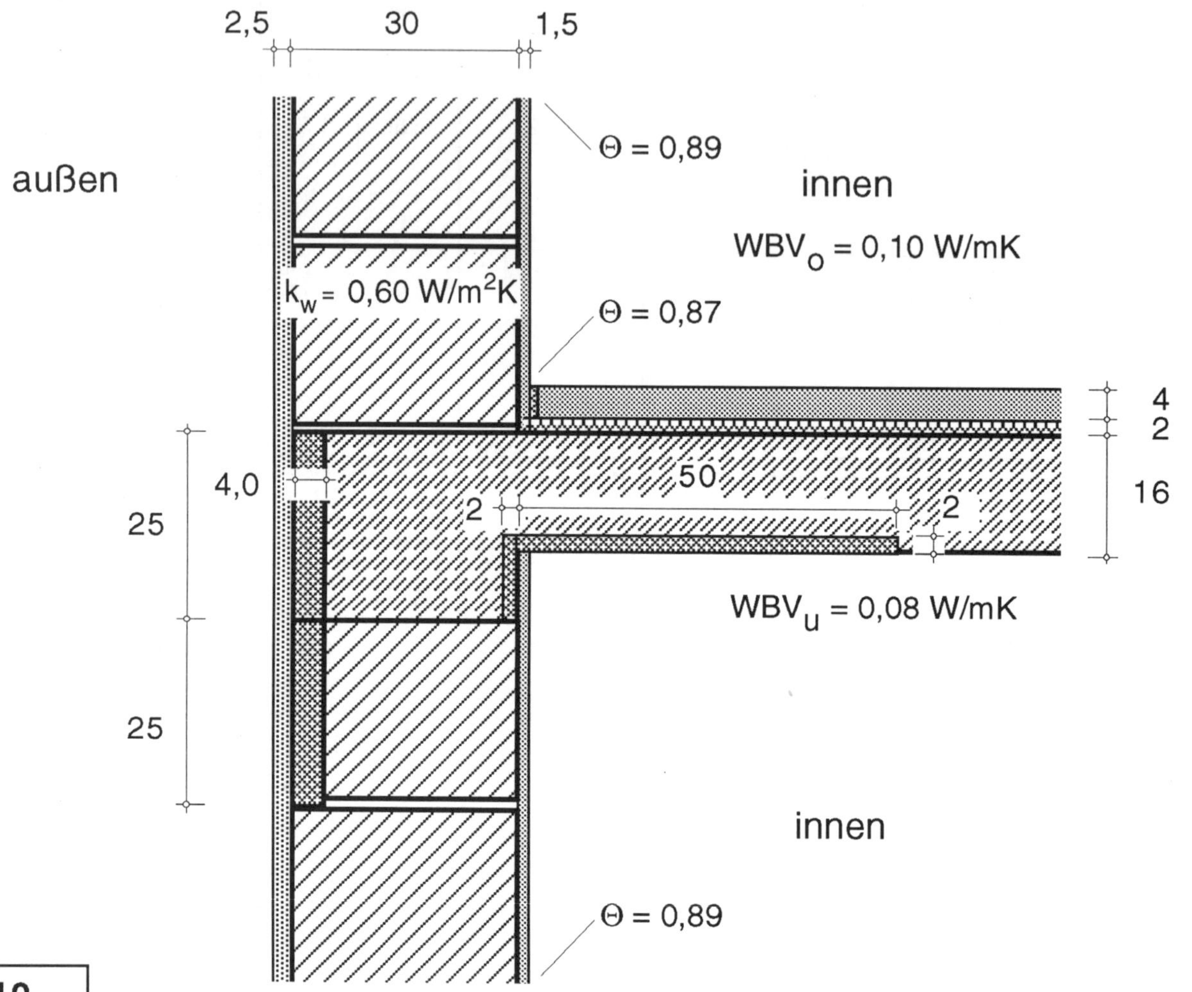

M 1:10

Baustoff	Dicke s [m]	Rohdichte ρ [kg/m³]	Wärmeleitfähigkeit λ_R [W/mK]
Gipsputz	0,015	1200	0,35
Mauerwerk	0,30	700	0,21
Kalkzementputz	0,025	1800	0,87
Zementestrich	0,04	2000	1,4
Wärmedämmstoff / Trittschalldämmung	0,02	-	0,04
Stahlbeton	0,16	2400	2,1
Mehrschicht-Leichtbauplatte M-50/3	0,04	≥ 15	0,04
Wärmedämmstoff	0,02	-	0,04
Randdämmstreifen	0,005	-	0,04

Monolithische Außenwand 1.

Geschoßdeckenanschluß 1.3.3

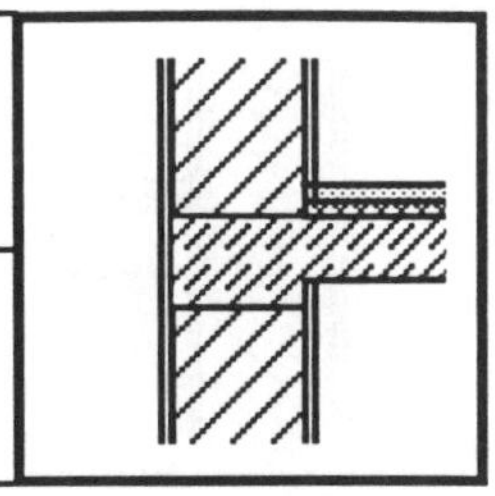

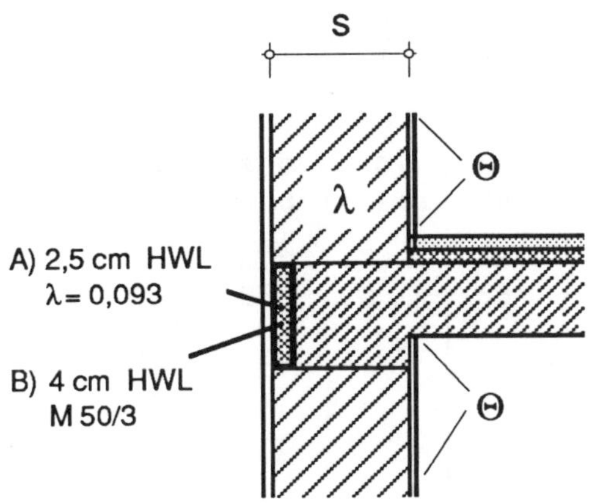

	s [cm]	λ = 0,21		λ = 0,56		λ = 0,99	
		WBV	Θ	WBV	Θ	WBV	Θ
A	24	0,10 0,40	0,84 0,74	0,11 0,39	0,73 0,69	0,12 0,38	0,64 0,64
	30	0,09 0,39	0,86 0,76	0,11 0,38	0,76 0,71	0,11 0,37	0,67 0,67
	36,5	0,09 0,38	0,87 0,77	0,10 0,37	0,78 0,73	0,11 0,35	0,71 0,70
B	24	0,06 0,24	0,86 0,81	0,08 0,28	0,73 0,73	0,09 0,29	0,64 0,64
	30	0,06 0,25	0,88 0,82	0,07 0,29	0,76 0,75	0,08 0,30	0,67 0,67
	36,5	0,05 0,26	0,89 0,82	0,07 0,29	0,79 0,76	0,08 0,30	0,71 0,71

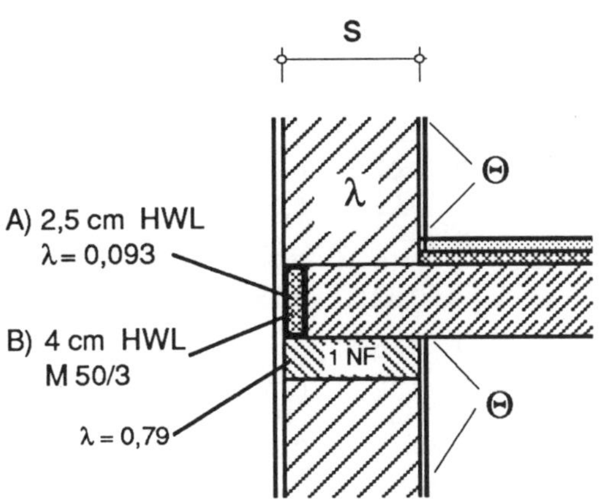

	s [cm]	λ = 0,21		λ = 0,56		λ = 0,99	
		WBV	Θ	WBV	Θ	WBV	Θ
A	24	0,11 0,43	0,83 0,72	0,12 0,39	0,73 0,69	0,13 0,37	0,64 0,64
	30	0,11 0,40	0,85 0,75	0,12 0,37	0,76 0,72	0,12 0,35	0,67 0,67
	36,5	0,10 0,37	0,86 0,77	0,11 0,34	0,78 0,74	0,11 0,33	0,71 0,71
B	24	0,09 0,35	0,85 0,76	0,10 0,33	0,73 0,72	0,10 0,33	0,64 0,64
	30	0,09 0,34	0,86 0,78	0,10 0,32	0,76 0,74	0,10 0,31	0,67 0,67
	36,5	0,08 0,32	0,87 0,79	0,09 0,31	0,79 0,75	0,09 0,30	0,71 0,71

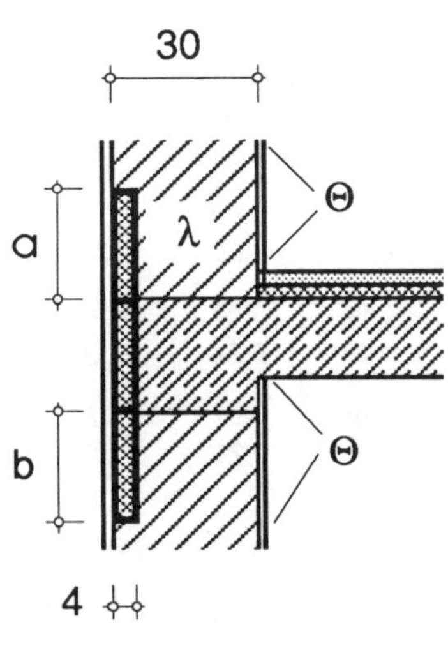

a [cm]	b [cm]	λ = 0,21		λ = 0,56		λ = 0,99	
		WBV	Θ	WBV	Θ	WBV	Θ
0	0	0,05 0,25	0,88 0,82	0,07 0,29	0,76 0,75	0,08 0,30	0,67 0,67
0	25	0,04 0,18	0,89 0,84	0,04 0,11	0,76 0,76	0,04 0,06	0,67 0,67
0	50	0,04 0,13	0,89 0,84	0,04 -0,05	0,76 0,76	0,03 -0,21	0,67 0,67
25	25	0,00 0,13	0,89 0,86	-0,07 -0,01	0,76 0,76	-0,13 -0,10	0,67 0,67

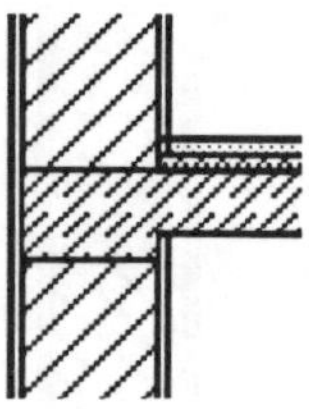

1. Monolithische Außenwand

1.3.3 Geschoßdeckenanschluß

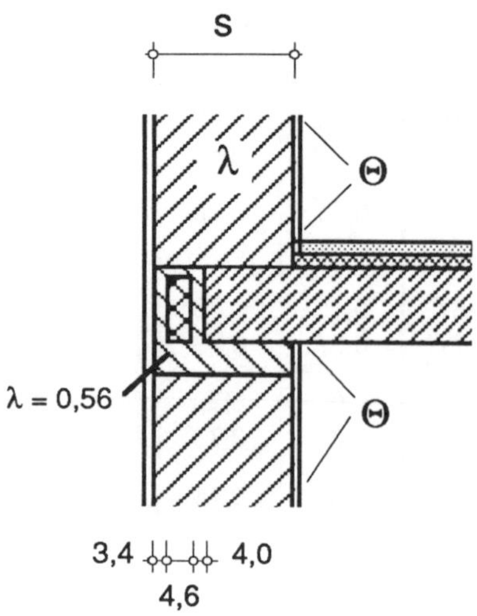

s [cm]	λ = 0,21 WBV	λ = 0,21 Θ	λ = 0,56 WBV	λ = 0,56 Θ	λ = 0,99 WBV	λ = 0,99 Θ
24	0,07 0,26	0,86 0,80	0,08 0,25	0,73 0,73	0,09 0,25	0,64 0,64
30	0,07 0,26	0,88 0,81	0,07 0,25	0,76 0,76	0,08 0,25	0,67 0,67
36,5	0,06 0,25	0,89 0,82	0,07 0,25	0,79 0,78	0,07 0,25	0,71 0,71

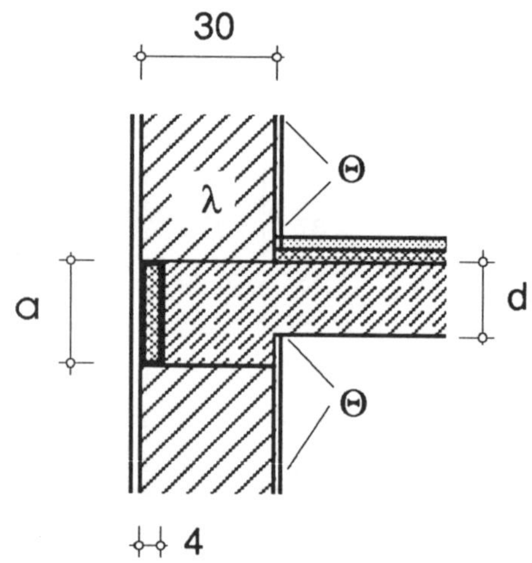

d [cm]	a [cm]	λ = 0,21 WBV	λ = 0,21 Θ	λ = 0,56 WBV	λ = 0,56 Θ	λ = 0,99 WBV	λ = 0,99 Θ
16	16	0,06 0,22	0,88 0,82	0,09 0,29	0,76 0,75	0,10 0,33	0,67 0,67
16	25	0,06 0,25	0,88 0,82	0,07 0,29	0,76 0,75	0,08 0,30	0,67 0,67
20	20	0,07 0,25	0,88 0,82	0,10 0,32	0,76 0,75	0,11 0,37	0,67 0,67
20	25	0,07 0,26	0,88 0,81	0,09 0,32	0,76 0,74	0,10 0,35	0,67 0,67
24	24	0,08 0,27	0,88 0,82	0,11 0,35	0,76 0,75	0,12 0,40	0,67 0,67
24	25	0,08 0,28	0,88 0,82	0,11 0,35	0,76 0,74	0,12 0,40	0,67 0,67

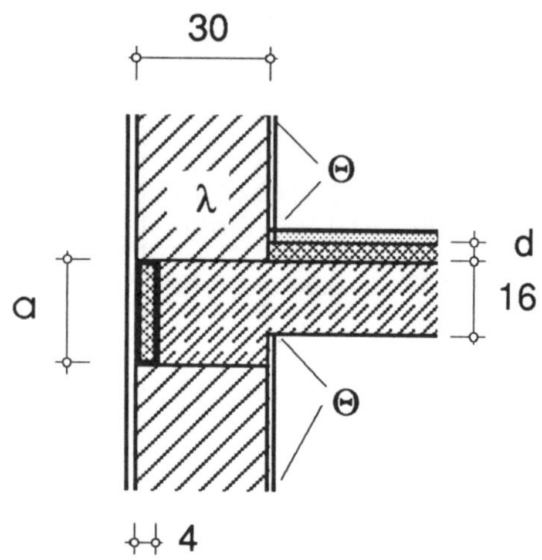

d [cm]	a [cm]	λ = 0,21 WBV	λ = 0,21 Θ	λ = 0,56 WBV	λ = 0,56 Θ	λ = 0,99 WBV	λ = 0,99 Θ
2	16	0,06 0,22	0,88 0,82	0,09 0,29	0,76 0,75	0,10 0,33	0,67 0,67
4	16	0,05 0,24	0,88 0,81	0,08 0,32	0,76 0,74	0,09 0,37	0,67 0,67
6	16	0,04 0,26	0,88 0,81	0,07 0,34	0,76 0,73	0,09 0,39	0,67 0,67
2	25	0,06 0,25	0,88 0,82	0,07 0,29	0,76 0,75	0,08 0,30	0,67 0,67
4	25	0,04 0,27	0,88 0,81	0,06 0,32	0,76 0,74	0,07 0,33	0,67 0,67
6	25	0,04 0,29	0,88 0,81	0,06 0,33	0,76 0,73	0,08 0,35	0,67 0,67

Monolithische Außenwand	1.
Geschoßdeckenanschluß	1.3.3

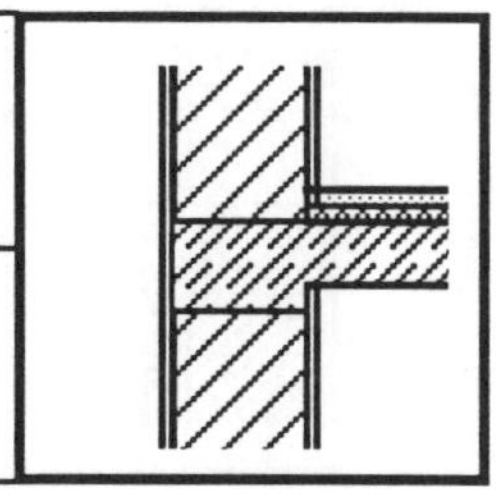

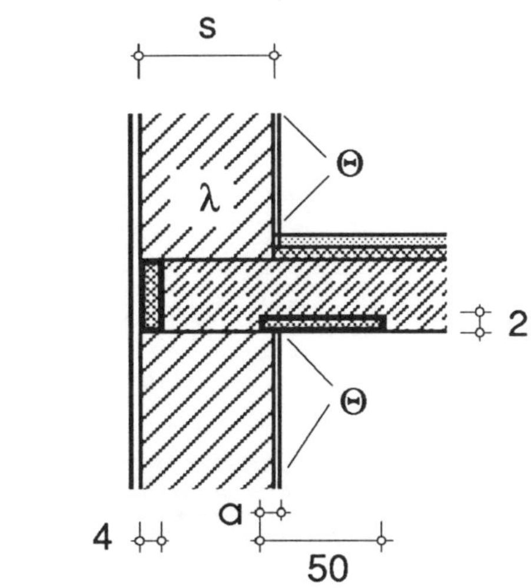

a [cm]	s [cm]	λ = 0,21 WBV	λ = 0,21 Θ	λ = 0,56 WBV	λ = 0,56 Θ	λ = 0,99 WBV	λ = 0,99 Θ
0	30	0,11 0,14	0,86 0,83	0,15 0,18	0,75 0,74	0,18 0,19	0,67 0,67
5	30	0,12 0,14	0,86 0,87	0,15 0,17	0,75 0,76	0,17 0,19	0,67 0,67
10	30	0,11 0,14	0,86 0,87	0,15 0,17	0,75 0,76	0,17 0,19	0,67 0,67
0	36,5	0,11 0,14	0,87 0,84	0,15 0,17	0,77 0,76	0,17 0,19	0,70 0,70
5	36,5	0,11 0,14	0,87 0,88	0,15 0,17	0,77 0,79	0,17 0,18	0,70 0,71
10	36,5	0,11 0,14	0,87 0,88	0,15 0,17	0,77 0,79	0,16 0,18	0,70 0,71

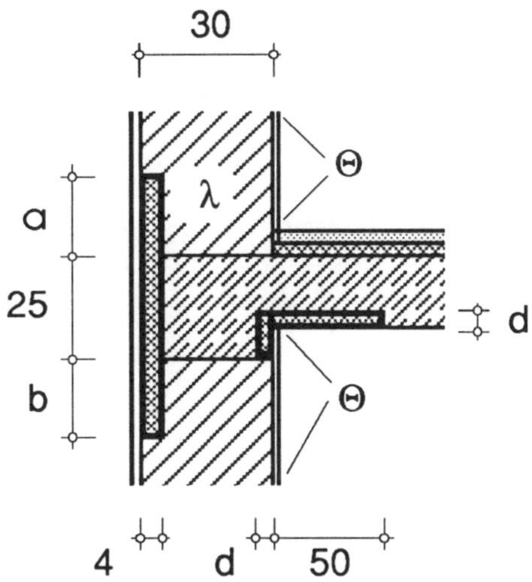

a - [cm] -	b - [cm] -	d - [cm] -	λ = 0,21 WBV	λ = 0,21 Θ	λ = 0,56 WBV	λ = 0,56 Θ	λ = 0,99 WBV	λ = 0,99 Θ
0	25	0	0,04 0,18	0,89 0,83	0,04 0,11	0,76 0,76	0,04 0,06	0,67 0,67
0	25	2	0,10 0,08	0,87 0,89	0,11 -0,02	0,76 0,76	0,12 -0,09	0,67 0,67
0	50	0	0,04 0,13	0,89 0,84	0,04 -0,05	0,76 0,76	0,03 -0,21	0,67 0,67
0	50	2	0,10 0,03	0,87 0,89	0,10 -0,18	0,76 0,76	0,10 -0,35	0,67 0,67
12,5	12,5	0	0,03 0,17	0,89 0,85	0 0,12	0,76 0,76	-0,01 0,09	0,67 0,67
12,5	12,5	2	0,08 0,08	0,88 0,89	0,07 0	0,76 0,76	0 -0,06	0,67 0,67

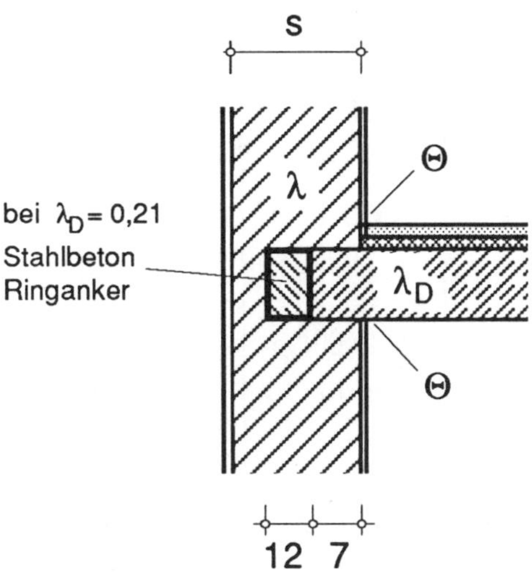

s [cm]	λ_D	λ = 0,15 WBV	λ = 0,15 Θ	λ = 0,21 WBV	λ = 0,21 Θ	λ = 0,33 WBV	λ = 0,33 Θ
30	0,21	0,06 0,08	0,88 0,86	0,08 0,09	0,84 0,84	0,09 0,10	0,80 0,81
30	2,1	0,06 0,21	0,91 0,85	0,07 0,25	0,88 0,81	0,09 0,29	0,84 0,78
36,5	0,21	0,05 0,06	0,90 0,88	0,06 0,07	0,87 0,86	0,08 0,08	0,83 0,83
36,5	2,1	0,04 0,15	0,93 0,88	0,05 0,19	0,90 0,85	0,07 0,23	0,87 0,82

1.	Monolithische Außenwand
1.3.4	Kellerdeckenanschluß zum beheizten Keller

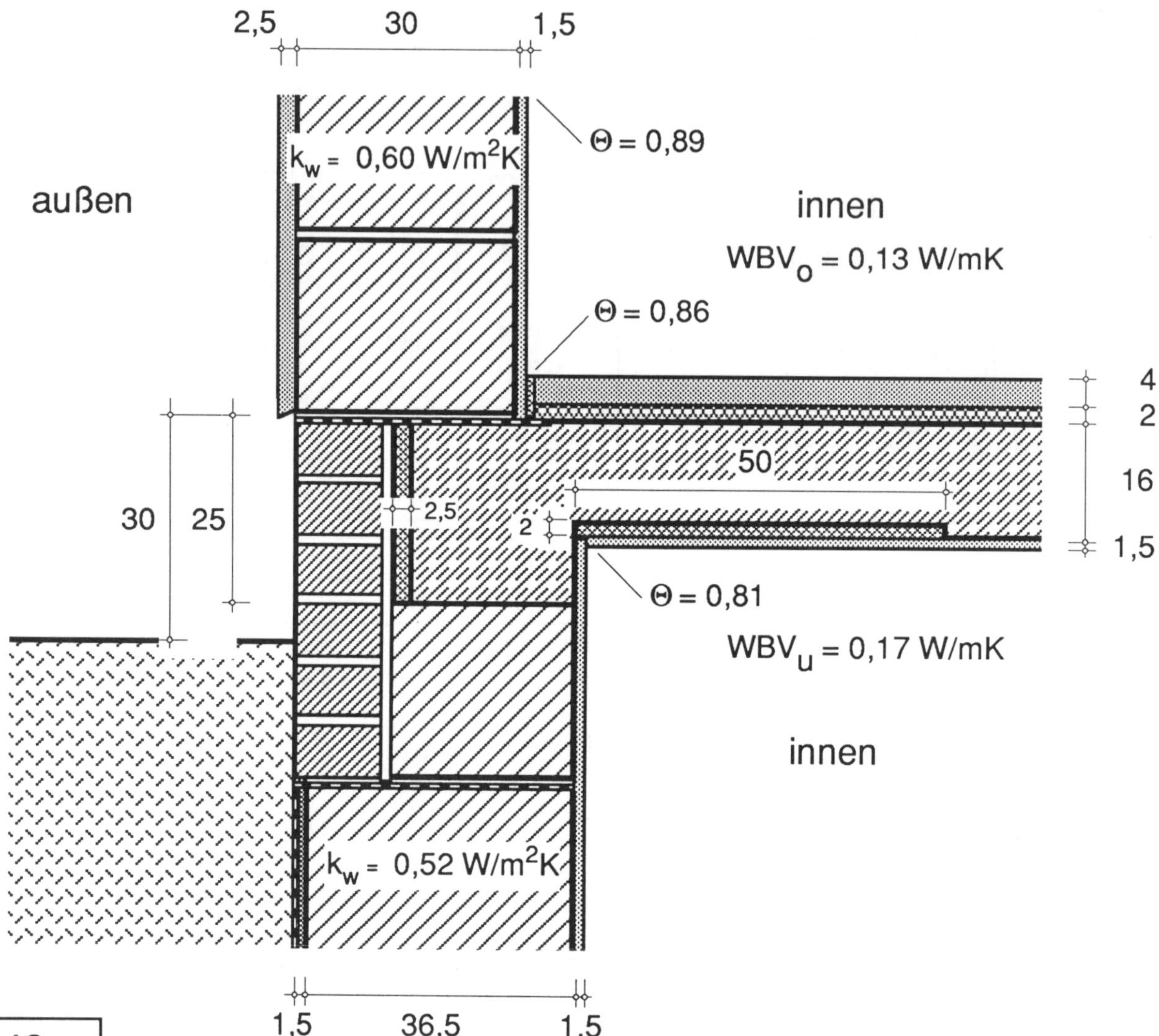

M 1:10

Baustoff	Dicke s [m]	Rohdichte ρ [kg/m³]	Wärmeleitfähigkeit λ_R [W/mK]
Gipsputz	0,015	1200	0,35
Mauerwerk	0,30 / 0,365	700	0,21
Kalkzementputz	0,025	1800	0,87
Zementestrich	0,04	2000	1,4
Wärmedämmstoff / Trittschalldämmung	0,02	-	0,04
Stahlbeton	0,16	2400	2,1
Mehrschicht-Leichtbauplatte M-35/3	0,025	≥15	0,04
Wärmedämmstoff	0,02	-	0,04
Randdämmstreifen	0,005	-	0,04
Erdreich	-	-	2,1
Sockelmauerwerk	0,115	2000	0,96

Monolithische Außenwand 1.

Kellerdeckenanschluß zum beheizten Keller 1.3.4

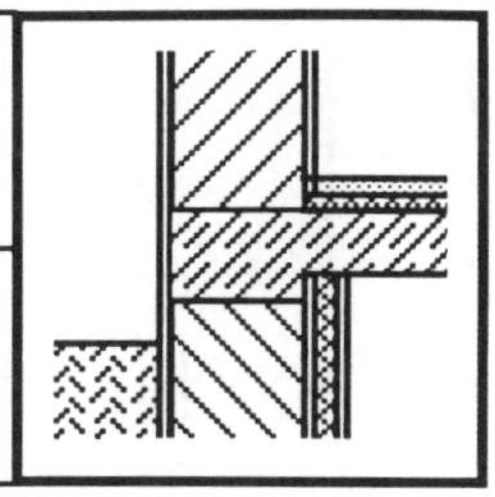

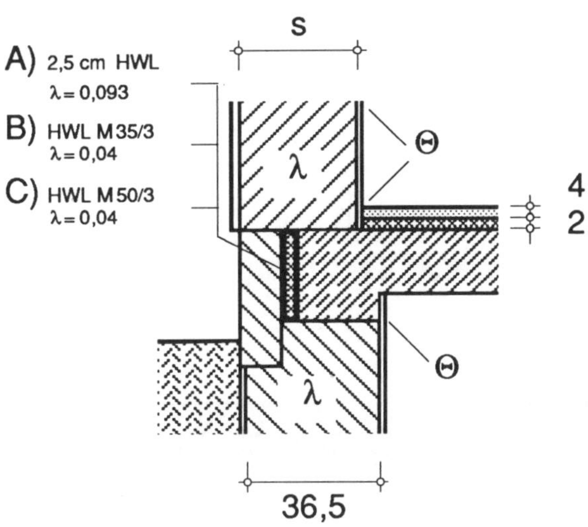

	s [cm]	λ = 0,21 WBV	λ = 0,21 Θ	λ = 0,56 WBV	λ = 0,56 Θ	λ = 0,99 WBV	λ = 0,99 Θ
A	30	0,11	0,85	0,13	0,76	0,14	0,67
		0,30	0,81	0,27	0,78	0,24	0,75
B	30	0,09	0,87	0,11	0,76	0,12	0,67
		0,23	0,84	0,23	0,80	0,21	0,77
C	30	0,07	0,88	0,10	0,76	0,11	0,67
		0,19	0,86	0,20	0,81	0,19	0,77
A	36,5	0,09	0,89	0,11	0,79	0,11	0,71
		0,31	0,80	0,29	0,77	0,26	0,75
B	36,5	0,07	0,90	0,09	0,79	0,10	0,71
		0,25	0,83	0,25	0,79	0,23	0,76
C	36,5	0,06	0,90	0,08	0,79	0,09	0,71
		0,21	0,85	0,22	0,80	0,21	0,77

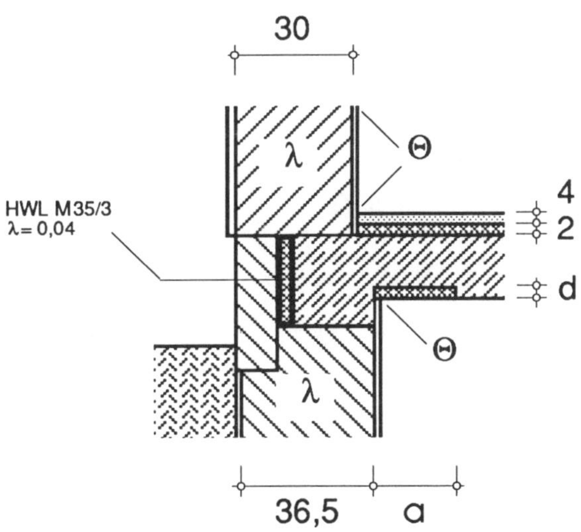

a [cm]	d [cm]	λ = 0,21 WBV	λ = 0,21 Θ	λ = 0,56 WBV	λ = 0,56 Θ	λ = 0,99 WBV	λ = 0,99 Θ
12,5	2	0,10	0,86	0,13	0,76	0,14	0,67
		0,20	0,82	0,18	0,78	0,15	0,75
25	2	0,12	0,86	0,14	0,76	0,16	0,67
		0,19	0,81	0,16	0,77	0,13	0,74
50	2	0,13	0,86	0,16	0,76	0,17	0,67
		0,17	0,81	0,14	0,77	0,10	0,74
12,5	4	0,11	0,86	0,13	0,76	0,14	0,67
		0,19	0,81	0,17	0,77	0,14	0,74
25	4	0,12	0,85	0,15	0,76	0,16	0,67
		0,17	0,80	0,14	0,76	0,11	0,73
50	4	0,14	0,85	0,17	0,75	0,18	0,67
		0,15	0,80	0,12	0,75	0,07	0,72

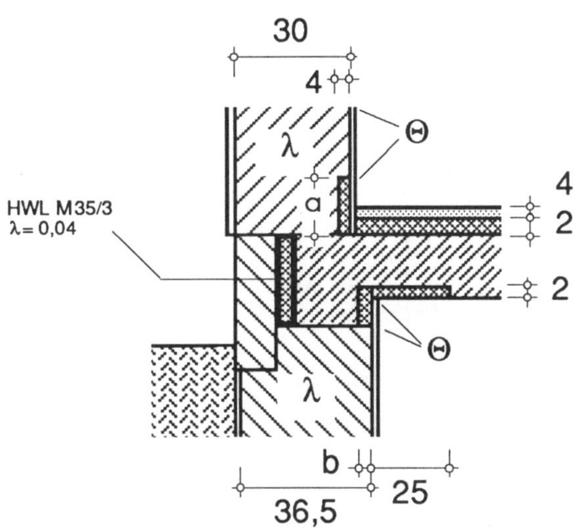

a [cm]	b [cm]	λ = 0,21 WBV	λ = 0,21 Θ	λ = 0,56 WBV	λ = 0,56 Θ	λ = 0,99 WBV	λ = 0,99 Θ
12,5	0	0,10	0,88	0,10	0,76	0,09	0,67
		0,19	0,81	0,17	0,77	0,14	0,74
25	0	0,07	0,88	0,01	0,75	-0,04	0,66
		0,20	0,81	0,18	0,76	0,15	0,73
12,5	2	0,11	0,88	0,11	0,76	0,10	0,67
		0,15	0,89	0,12	0,81	0,07	0,76
25	2	0,09	0,88	0,03	0,75	-0,03	0,66
		0,16	0,88	0,14	0,80	0,10	0,75
12,5	4	0,12	0,88	0,12	0,76	0,11	0,67
		0,14	0,90	0,10	0,82	0,06	0,76
25	4	0,09	0,88	0,03	0,75	-0,03	0,66
		0,14	0,90	0,11	0,81	0,07	0,76

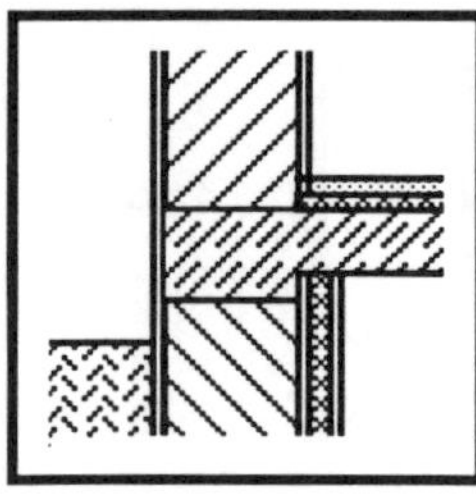

1. Monolithische Außenwand

1.3.4 Kellerdeckenanschluß zum beheizten Keller

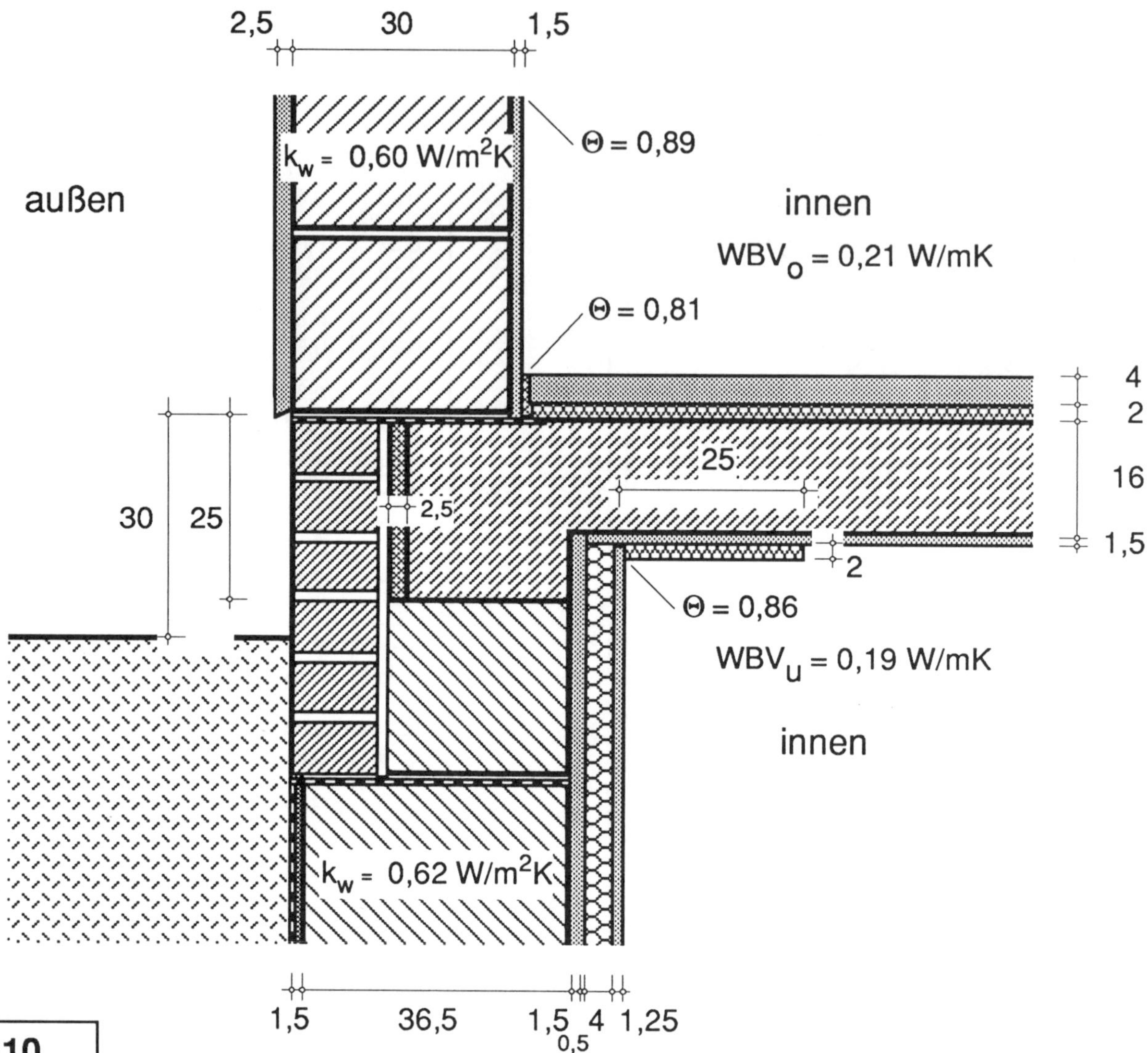

M 1:10

Baustoff	Dicke s [m]	Rohdichte ρ [kg/m³]	Wärmeleitfähigkeit λ_R [W/mK]
Gipsputz/Ansetzmörtel	0,02	1200	0,35
Mauerwerk	0,30	700	0,21
Kalkzementputz	0,025	1800	0,87
Zementestrich	0,04	2000	1,4
Wärmedämmstoff / Trittschalldämmung	0,02	-	0,04
Stahlbeton	0,16	2400	2,1
Mehrschicht-Leichtbauplatte M-35/3	0,025	≥ 15	0,04
Wärmedämmstoff	0,02	-	0,04
Gipskartonplatte	0,0125	900	0,21
Wärmedämmstoff	0,04	-	0,04
Erdreich	-	-	2,1
Sockelmauerwerk	0,115	2000	0,96
Mauerwerk	0,365	1800	0,99

Monolithische Außenwand 1.

Kellerdeckenanschluß zum beheizten Keller 1.3.4

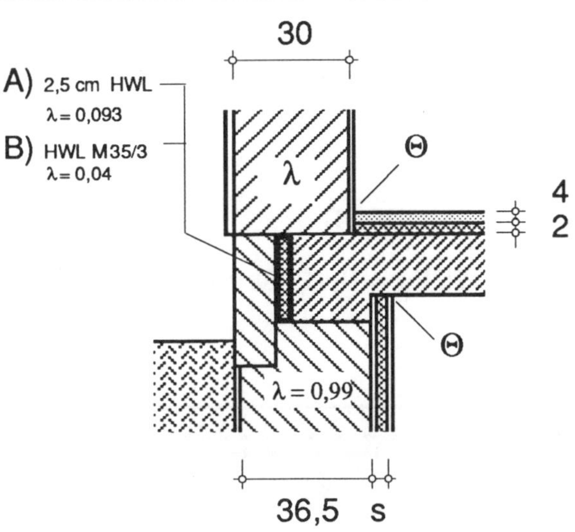

	s [cm]	λ = 0,21 WBV	λ = 0,21 Θ	λ = 0,56 WBV	λ = 0,56 Θ	λ = 0,99 WBV	λ = 0,99 Θ
A	2	0,18 0,26	0,81 0,77	0,19 0,27	0,73 0,76	0,20 0,29	0,66 0,74
A	4	0,20 0,28	0,81 0,77	0,21 0,29	0,72 0,76	0,22 0,31	0,65 0,75
A	6	0,21 0,29	0,80 0,77	0,23 0,29	0,71 0,76	0,24 0,31	0,65 0,75
B	2	0,16 0,23	0,83 0,78	0,18 0,25	0,74 0,77	0,19 0,27	0,67 0,75
B	4	0,18 0,25	0,82 0,78	0,20 0,27	0,73 0,77	0,21 0,29	0,66 0,76
B	6	0,19 0,26	0,81 0,79	0,21 0,28	0,72 0,78	0,22 0,29	0,66 0,76

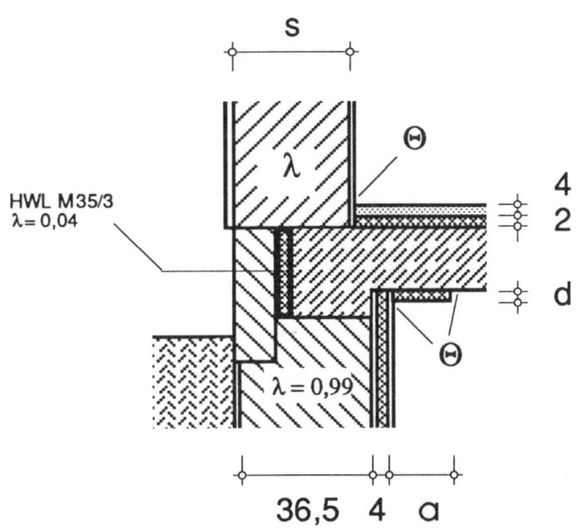

a [cm]	d [cm]	λ = 0,21 WBV	λ = 0,21 Θ	λ = 0,56 WBV	λ = 0,56 Θ	λ = 0,99 WBV	λ = 0,99 Θ
12,5	2	0,20 0,21	0,81 0,85	0,22 0,23	0,72 0,85	0,23 0,24	0,66 0,84
25	2	0,21 0,19	0,81 0,86	0,23 0,21	0,72 0,86	0,25 0,22	0,66 0,85
50	2	0,23 0,17	0,81 0,86	0,25 0,18	0,72 0,85	0,26 0,20	0,65 0,85
12,5	4	0,21 0,19	0,81 0,84	0,23 0,20	0,72 0,83	0,24 0,22	0,65 0,82
25	4	0,23 0,16	0,81 0,89	0,25 0,17	0,71 0,88	0,27 0,18	0,65 0,87
50	4	0,26 0,12	0,80 0,89	0,28 0,13	0,71 0,88	0,30 0,14	0,65 0,88

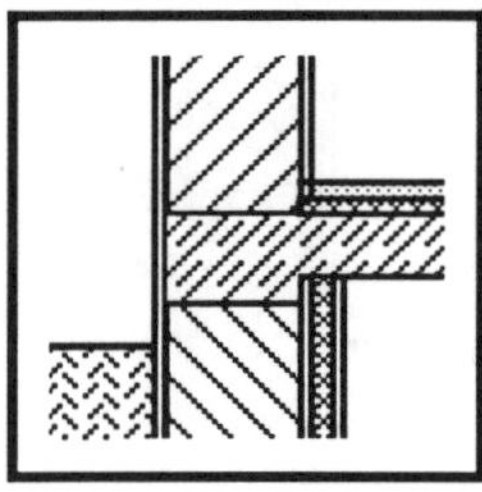

1. Monolithische Außenwand

1.3.4 Kellerdeckenanschluß zum beheizten Keller

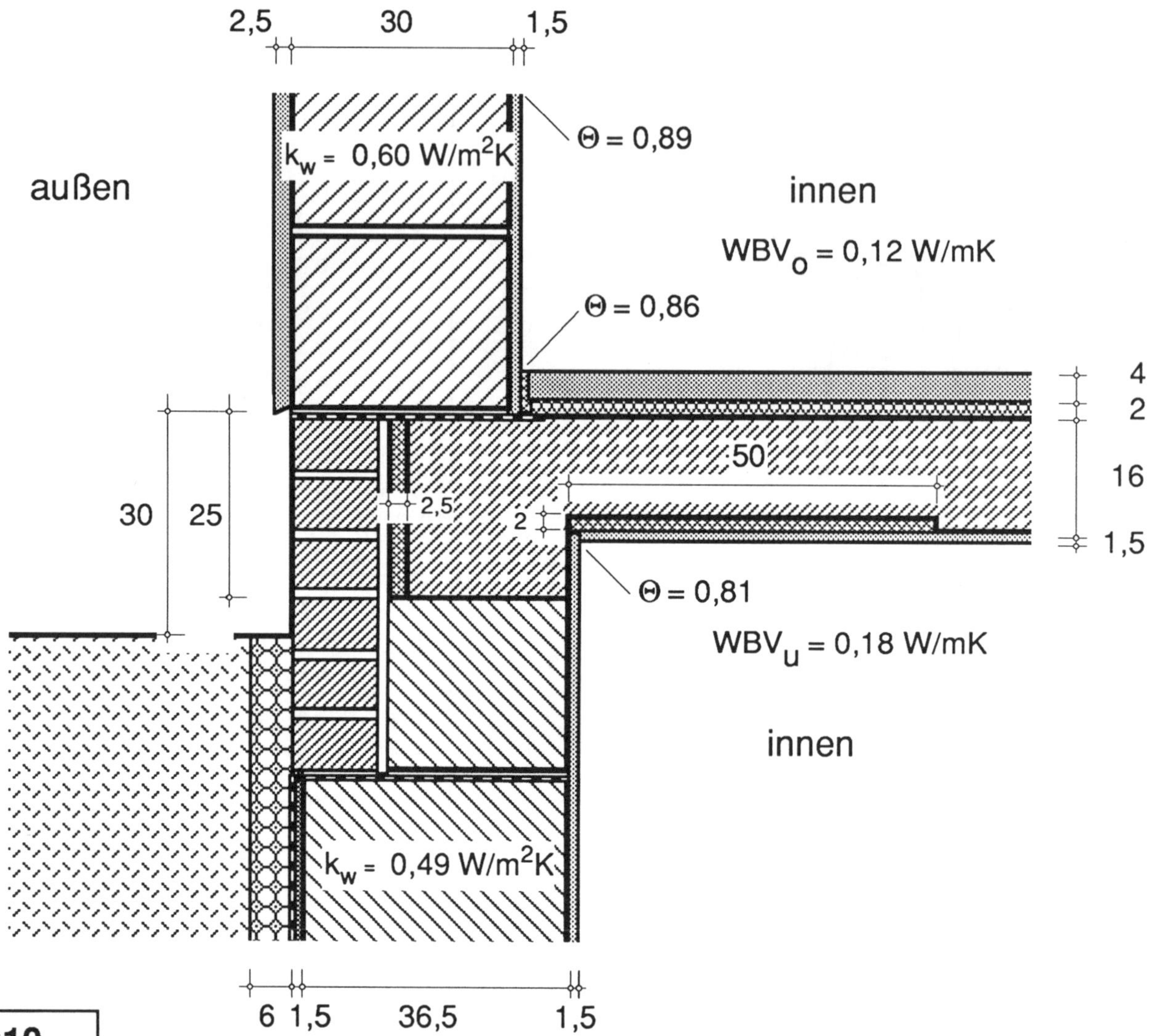

M 1:10

Baustoff	Dicke s [m]	Rohdichte ρ [kg/m³]	Wärmeleitfähigkeit λ_R [W/mK]
Gipsputz	0,015	1200	0,35
Mauerwerk	0,30	700	0,21
Kalkzementputz	0,025	1800	0,87
Zementestrich	0,04	2000	1,4
Wärmedämmstoff / Trittschalldämmung	0,02	-	0,04
Stahlbeton	0,16	2400	2,1
Mehrschicht-Leichtbauplatte M-35/3	0,025	≥ 15	0,04
Wärmedämmstoff	0,02	-	0,04
Randdämmstreifen	0,005	-	0,04
Erdreich	-	-	2,1
Sockelmauerwerk	0,115	2000	0,96
Mauerwerk	0,365	1800	0,99
Wärmedämmstoff/Perimeterdämmung	0,06	-	0,04

Monolithische Außenwand 1.

Kellerdeckenanschluß zum beheizten Keller 1.3.4

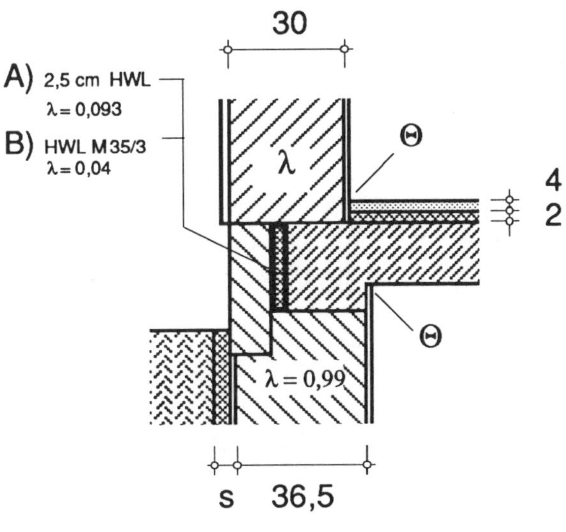

	s [cm]	λ = 0,21 WBV	λ = 0,21 Θ	λ = 0,56 WBV	λ = 0,56 Θ	λ = 0,99 WBV	λ = 0,99 Θ
A	4	0,11 0,29	0,85 0,81	0,11 0,31	0,76 0,79	0,12 0,35	0,67 0,78
	6	0,11 0,30	0,85 0,81	0,11 0,33	0,76 0,80	0,11 0,36	0,67 0,78
	8	0,11 0,31	0,85 0,81	0,11 0,34	0,76 0,80	0,11 0,37	0,67 0,79
B	4	0,09 0,24	0,86 0,83	0,10 0,28	0,76 0,81	0,10 0,32	0,67 0,79
	6	0,09 0,26	0,87 0,83	0,09 0,29	0,76 0,81	0,10 0,33	0,67 0,80
	8	0,09 0,26	0,87 0,83	0,09 0,30	0,76 0,82	0,10 0,34	0,67 0,80

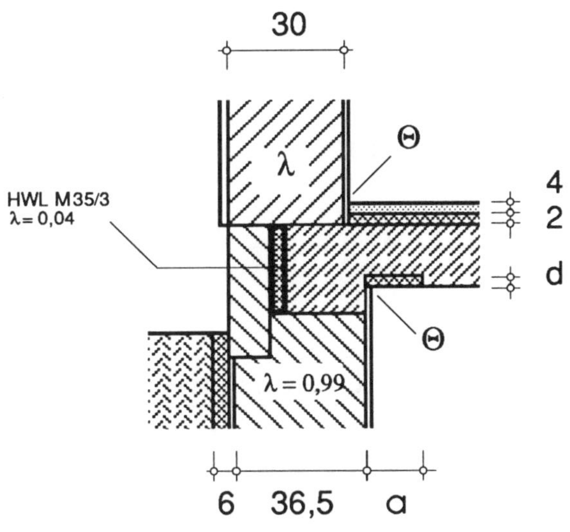

a [cm]	d [cm]	λ = 0,21 WBV	λ = 0,21 Θ	λ = 0,56 WBV	λ = 0,56 Θ	λ = 0,99 WBV	λ = 0,99 Θ
12,5	2	0,10 0,22	0,86 0,82	0,11 0,25	0,76 0,80	0,12 0,28	0,67 0,78
25	2	0,11 0,20	0,86 0,81	0,12 0,23	0,76 0,79	0,13 0,26	0,67 0,77
50	2	0,12 0,18	0,86 0,81	0,14 0,21	0,76 0,79	0,15 0,24	0,67 0,77
12,5	4	0,10 0,21	0,86 0,81	0,11 0,24	0,76 0,79	0,12 0,27	0,67 0,77
25	4	0,12 0,19	0,86 0,80	0,13 0,21	0,76 0,78	0,14 0,24	0,67 0,76
50	4	0,13 0,17	0,85 0,80	0,15 0,19	0,76 0,78	0,16 0,21	0,67 0,76

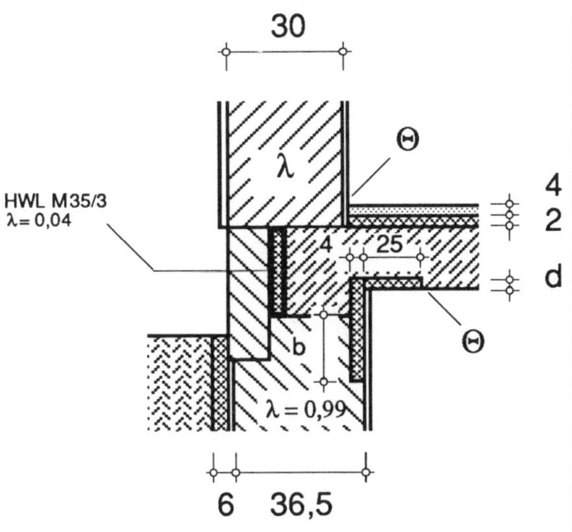

b [cm]	d [cm]	λ = 0,21 WBV	λ = 0,21 Θ	λ = 0,56 WBV	λ = 0,56 Θ	λ = 0,99 WBV	λ = 0,99 Θ
12,5	2,5	0,14 0,13	0,85 0,91	0,15 0,14	0,76 0,90	0,16 0,16	0,67 0,89
25	2,5	0,14 0,14	0,84 0,91	0,16 0,15	0,75 0,90	0,17 0,17	0,67 0,89
37,5	2,5	0,15 0,14	0,84 0,90	0,16 0,16	0,75 0,89	0,18 0,18	0,67 0,89
12,5	4	0,14 0,11	0,84 0,92	0,15 0,13	0,75 0,92	0,17 0,15	0,67 0,91
25	4	0,15 0,12	0,84 0,92	0,16 0,14	0,75 0,91	0,18 0,16	0,67 0,90
38	4	0,15 0,13	0,84 0,92	0,17 0,15	0,75 0,91	0,18 0,17	0,67 0,90

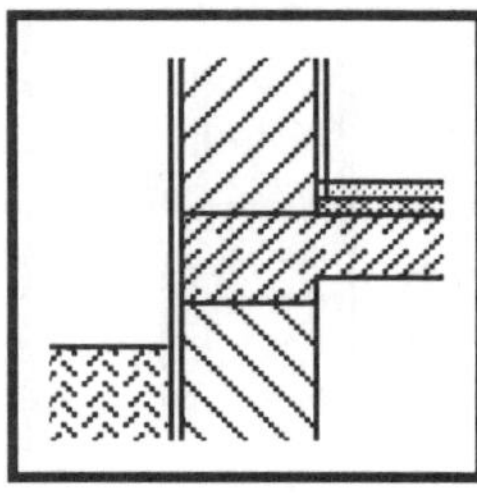

1. Monolithische Außenwand

1.3.5 Kellerdeckenanschluß zum unbeheizten Keller

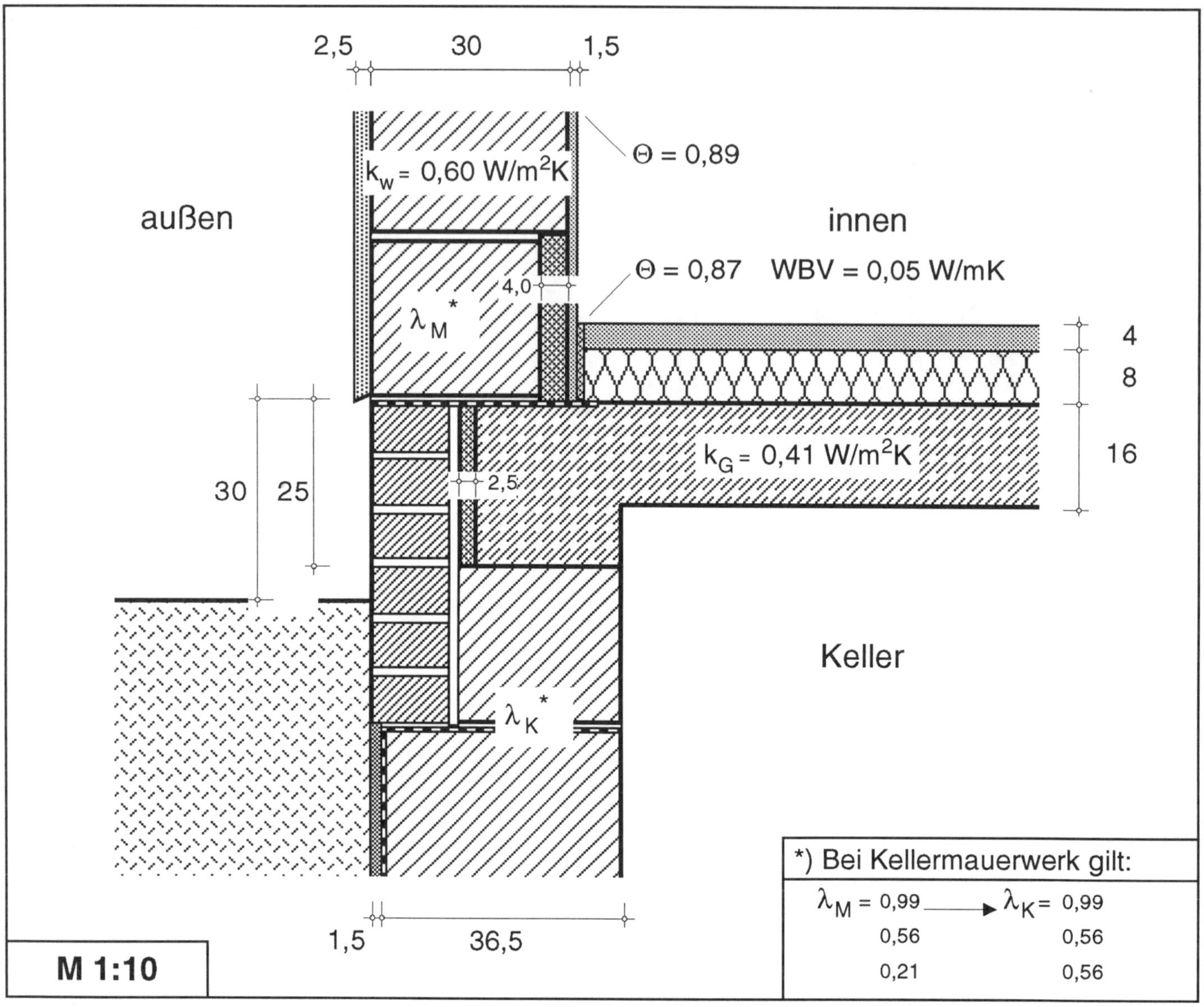

Baustoff	Dicke s [m]	Rohdichte ρ [kg/m³]	Wärmeleitfähigkeit λ_R [W/mK]
Gipsputz	0,015	1200	0,35
Mauerwerk	0,30	700/1200	0,21 / 0,56
Kalkzementputz	0,025	1800	0,87
Zementestrich	0,04	2000	1,4
Wärmedämmstoff / Trittschalldämmung	0,08	-	0,04
Stahlbeton	0,16	2400	2,1
Mehrschicht-Leichtbauplatte - M 35/3	-	≥ 15	0,04
Erdreich	-	-	2,1
Sockelmauerwerk	0,115	2000	0,96
Zementputz	0,015	2000	1,4
Randdämmstreifen	0,005	-	0,04

Kellerdeckenanschluß zum unbeheizten Keller 1.3.5

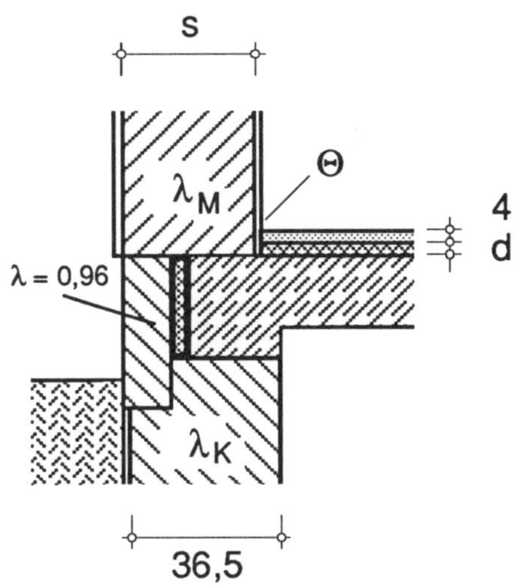

d [cm]	s [cm]	$\lambda_M = 0,21$		$\lambda_M = 0,56$		$\lambda_M = 0,99$	
		WBV	Θ	WBV	Θ	WBV	Θ
2	30	0,12	0,77	0,15	0,68	0,17	0,61
4	30	0,11	0,78	0,14	0,68	0,17	0,61
6	30	0,10	0,79	0,14	0,68	0,17	0,61
2	36,5	0,12	0,78	0,15	0,70	0,17	0,63
4	36,5	0,11	0,79	0,15	0,70	0,17	0,63
6	36,5	0,10	0,81	0,14	0,70	0,17	0,63

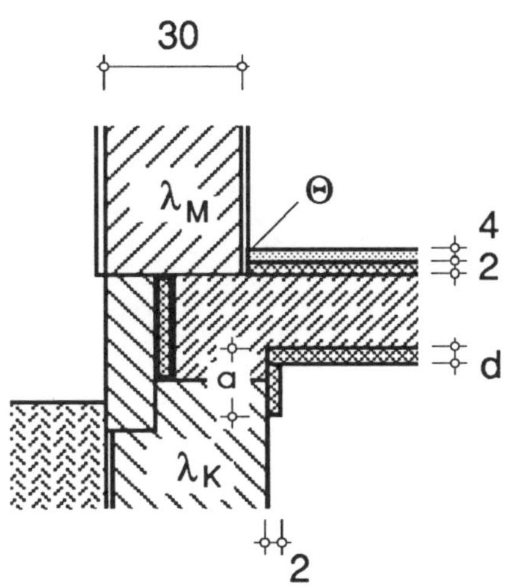

a [cm]	d [cm]	$\lambda_M = 0,21$		$\lambda_M = 0,56$		$\lambda_M = 0,99$	
		WBV	Θ	WBV	Θ	WBV	Θ
0	4	0,23	0,78	0,25	0,69	0,28	0,62
0	6	0,25	0,78	0,28	0,69	0,31	0,62
12,5	4	0,23	0,78	0,25	0,69	0,28	0,62
12,5	6	0,25	0,78	0,28	0,69	0,31	0,62
25	4	0,23	0,78	0,26	0,69	0,29	0,62
25	6	0,26	0,78	0,29	0,69	0,32	0,62

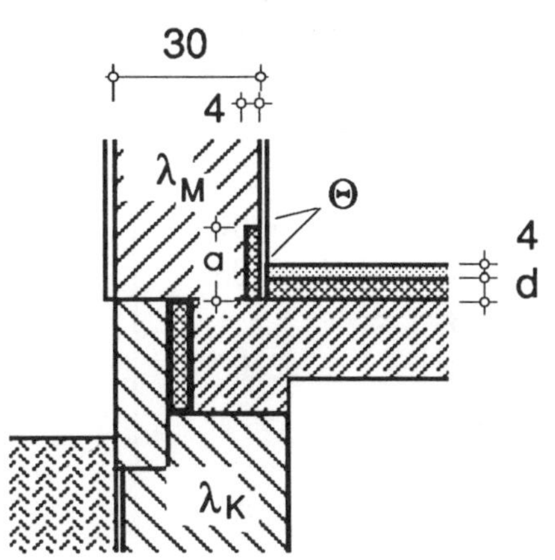

a [cm]	d [cm]	$\lambda_M = 0,21$		$\lambda_M = 0,56$		$\lambda_M = 0,99$	
		WBV	Θ	WBV	Θ	WBV	Θ
0	6	0,10	0,79	0,14	0,68	0,17	0,61
0	8	0,10	0,80	0,14	0,68	0,17	0,60
12,5	6	0,08	0,85	0,10	0,73	0,11	0,64
12,5	8	0,08	0,84	0,11	0,73	0,13	0,64
25	6	0,05	0,86	0,00	0,74	-0,04	0,65
25	8	0,05	0,87	0,02	0,74	-0,01	0,64

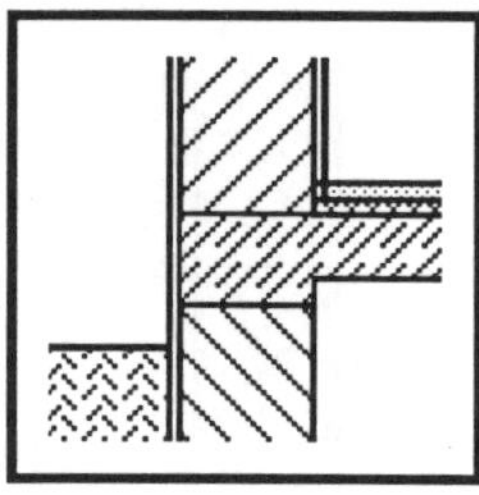

1. Monolithische Außenwand

1.3.5 Kellerdeckenanschluß zum unbeheizten Keller

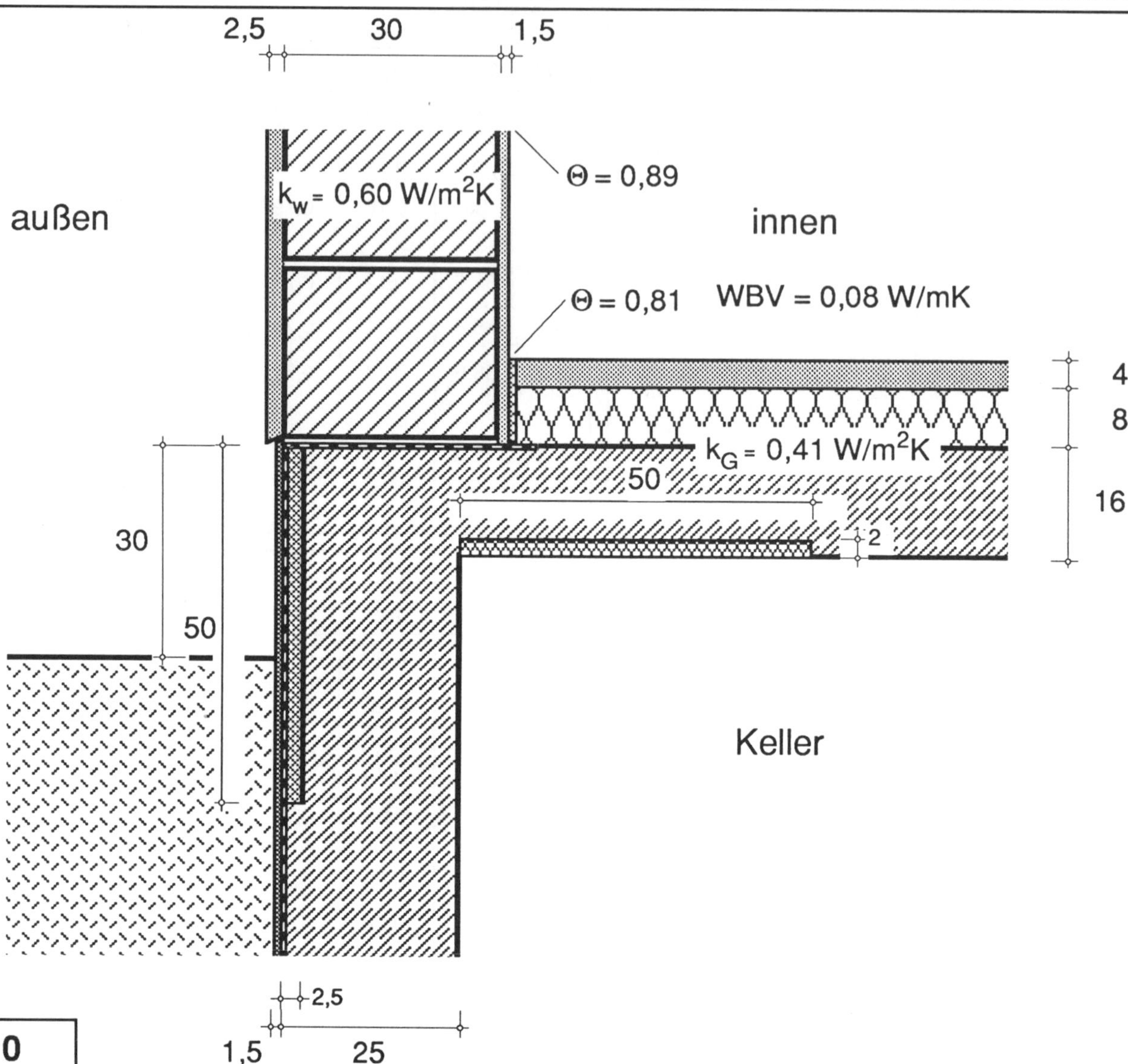

M 1:10

Baustoff	Dicke s [m]	Rohdichte ρ [kg/m³]	Wärmeleitfähigkeit λ_R [W/mK]
Gipsputz	0,015	1200	0,35
Mauerwerk	0,30	1200	0,21
Kalkzementputz	0,025	1800	0,87
Zementestrich	0,04	2000	1,4
Wärmedämmstoff / Trittschalldämmung	0,08	-	0,04
Stahlbeton	0,16	2400	2,1
Mehrschicht-Leichtbauplatte - M 50/3	0,025	≥15	0,04
Wärmedämmstoff	0,02	-	0,04
Erdreich	-	-	2,1
Zementputz	0,015	2000	1,4
Randdämmstreifen	0,005	-	0,04

Monolithische Außenwand 1.

Kellerdeckenanschluß zum unbeheizten Keller 1.3.5

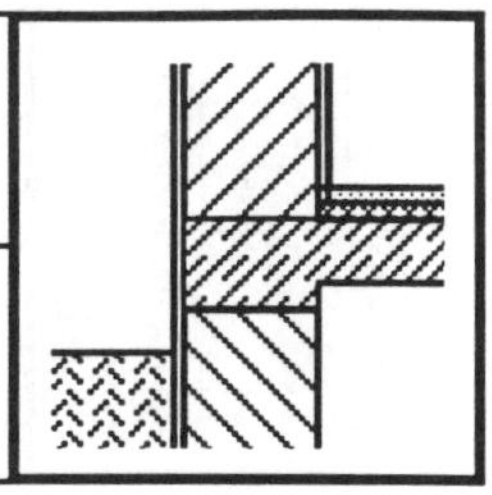

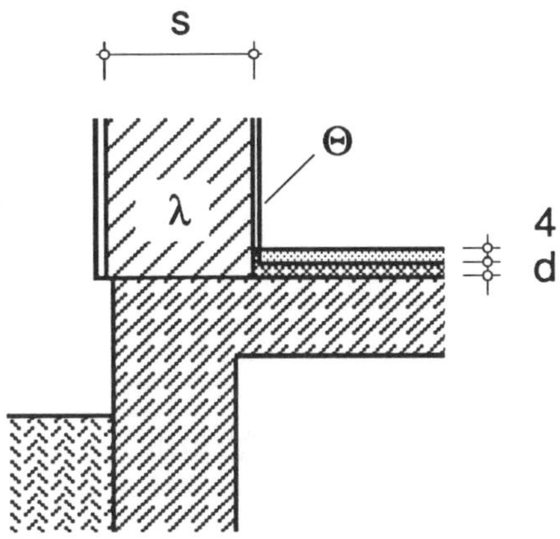

d [cm]	s [cm]	λ = 0,21 WBV	λ = 0,21 Θ	λ = 0,56 WBV	λ = 0,56 Θ	λ = 0,99 WBV	λ = 0,99 Θ
2	30	0,16	0,73	0,20	0,64	0,21	0,58
4	30	0,14	0,76	0,18	0,65	0,20	0,58
6	30	0,13	0,77	0,17	0,66	0,20	0,58
2	36,5	0,15	0,76	0,19	0,67	0,20	0,61
4	36,5	0,13	0,78	0,17	0,68	0,19	0,61
6	36,5	0,12	0,79	0,17	0,68	0,19	0,62

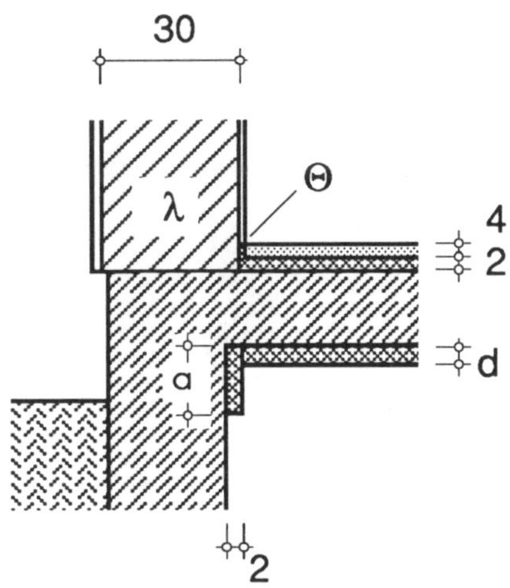

a [cm]	d [cm]	λ = 0,21 WBV	λ = 0,21 Θ	λ = 0,56 WBV	λ = 0,56 Θ	λ = 0,99 WBV	λ = 0,99 Θ
0	4	0,31	0,74	0,34	0,64	0,35	0,58
0	6	0,34	0,74	0,37	0,64	0,39	0,58
12,5	4	0,32	0,73	0,35	0,64	0,36	0,58
12,5	6	0,35	0,73	0,38	0,64	0,40	0,58
25	4	0,32	0,73	0,36	0,63	0,37	0,58
25	6	0,47	0,73	0,50	0,63	0,52	0,58

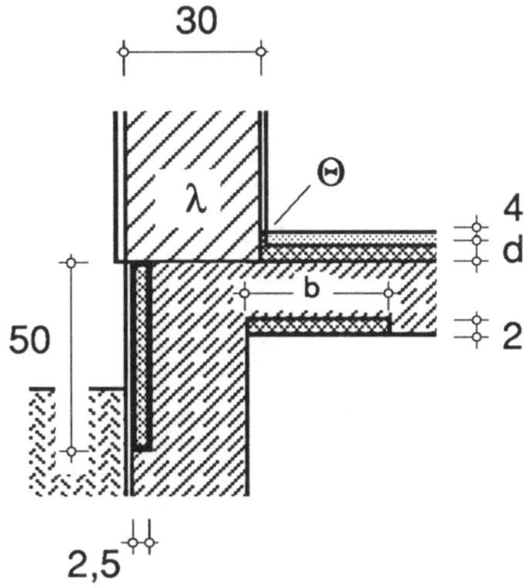

b [cm]	d [cm]	λ = 0,21 WBV	λ = 0,21 Θ	λ = 0,56 WBV	λ = 0,56 Θ	λ = 0,99 WBV	λ = 0,99 Θ
0	6	0,09	0,80	0,12	0,69	0,14	0,62
0	8	0,09	0,80	0,12	0,69	0,14	0,62
12,5	6	0,08	0,80	0,12	0,69	0,14	0,62
12,5	8	0,08	0,81	0,12	0,69	0,15	0,62
25	6	0,09	0,81	0,13	0,69	0,15	0,62
25	8	0,08	0,81	0,12	0,69	0,15	0,62

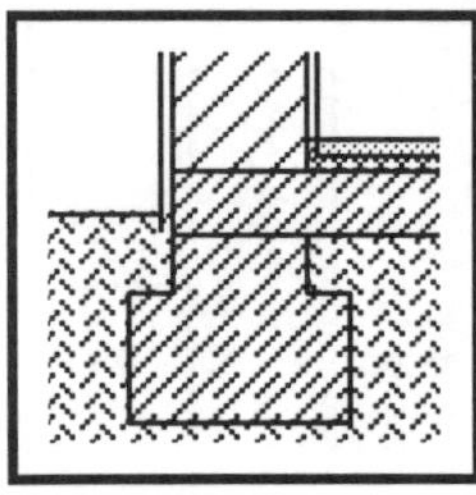

1. Monolithische Außenwand

1.3.6 Bodenplattenanschluß, nicht unterkellert

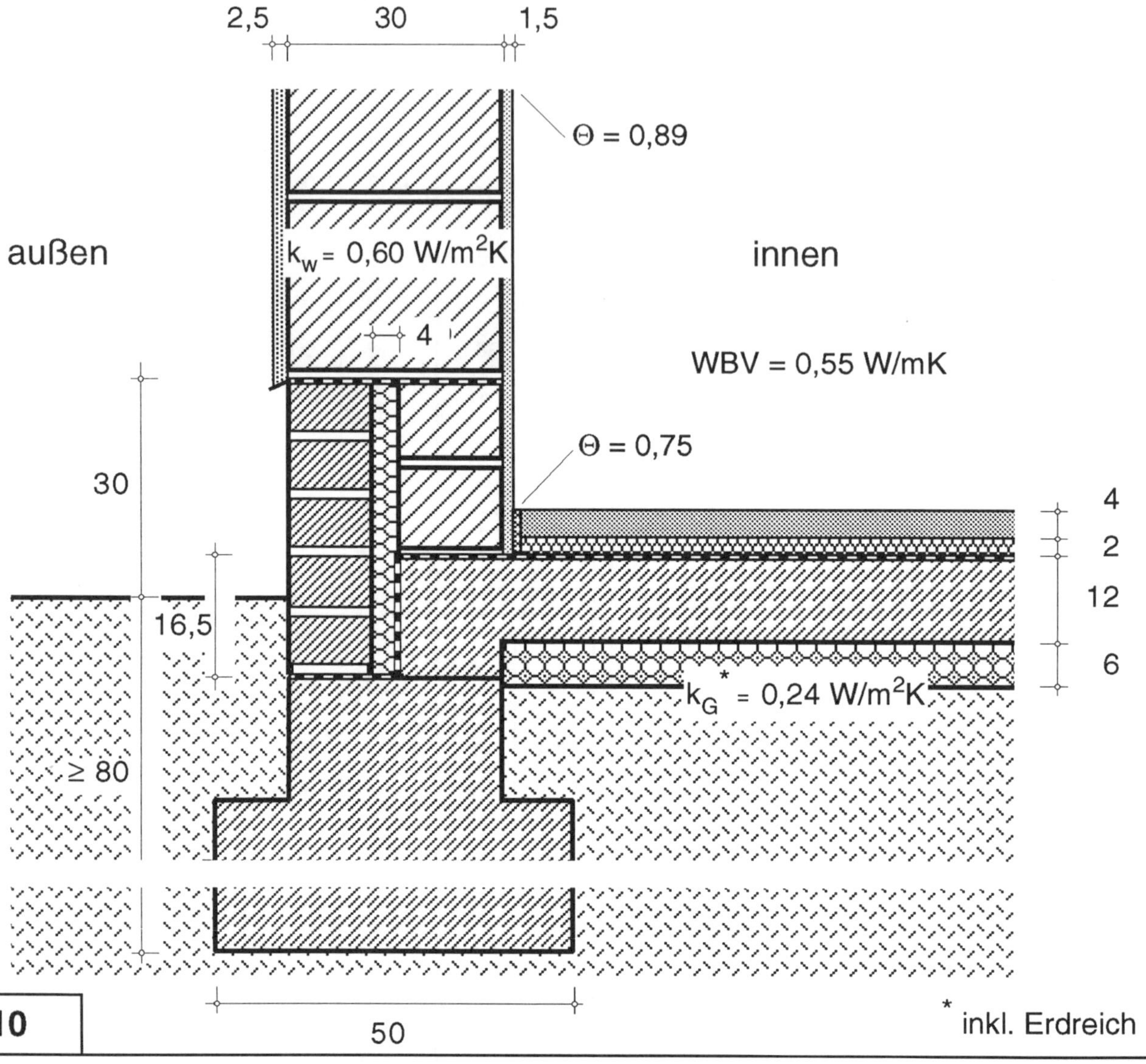

M 1:10

Baustoff	Dicke s [m]	Rohdichte ρ [kg/m³]	Wärmeleitfähigkeit λ_R [W/mK]
Gipsputz	0,015	1200	0,35
Mauerwerk	0,30	700	0,21
Kalkzementputz	0,025	1800	0,87
Zementestrich	0,04	2000	1,4
Wärmedämmstoff / Trittschalldämmung	-	-	0,04
Stahlbeton	-	2400	2,1
Wärmedämmstoff/Perimeterdämmung	0,06	-	0,04
Erdreich	-	-	2,1
Sockelmauerwerk	0,115	2000	0,96
Randdämmstreifen	0,005	-	0,04

Monolithische Außenwand 1.

Bodenplattenanschluß, nicht unterkellert 1.3.6

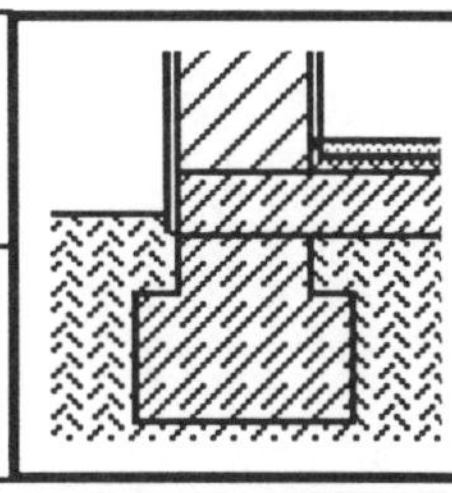

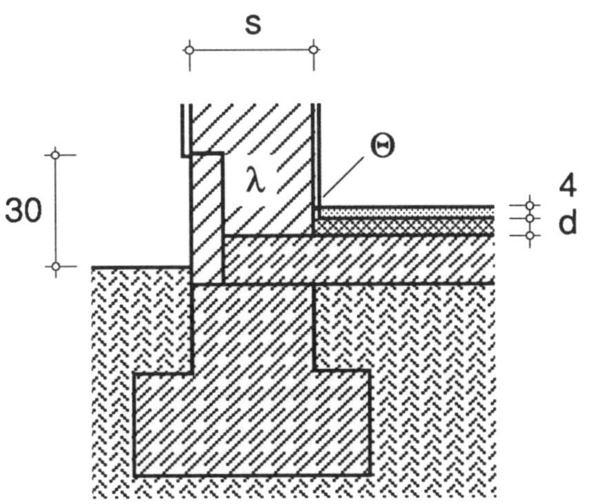

d [cm]	s [cm]	λ = 0,21 WBV	λ = 0,21 Θ	λ = 0,56 WBV	λ = 0,56 Θ	λ = 0,99 WBV	λ = 0,99 Θ
4	30	0,60	0,74	0,63	0,63	0,63	0,58
6	30	0,49	0,75	0,53	0,64	0,54	0,57
8	30	0,43	0,75	0,47	0,64	0,49	0,57
4	36,5	0,57	0,76	0,61	0,66	0,62	0,60
6	36,5	0,47	0,77	0,52	0,66	0,53	0,60
8	36,5	0,41	0,77	0,46	0,66	0,48	0,60

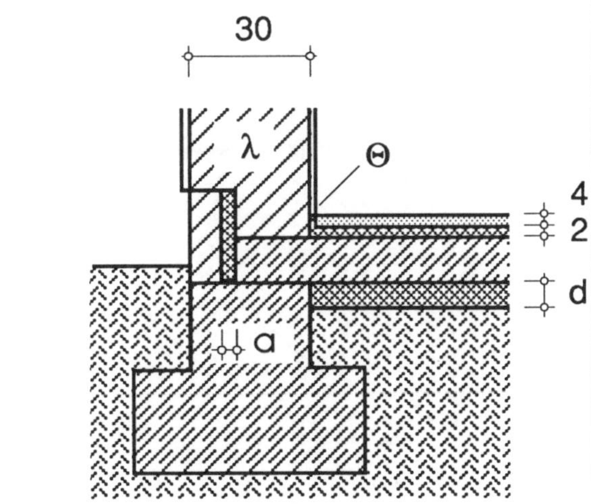

a [cm]	d [cm]	λ = 0,21 WBV	λ = 0,21 Θ	λ = 0,56 WBV	λ = 0,56 Θ	λ = 0,99 WBV	λ = 0,99 Θ
0	4	0,64	0,72	0,66	0,63	0,66	0,58
0	6	0,61	0,72	0,63	0,63	0,63	0,58
0	8	0,59	0,72	0,62	0,63	0,61	0,58
2	4	0,59	0,74	0,59	0,67	0,57	0,62
2	6	0,57	0,74	0,56	0,66	0,54	0,62
2	8	0,55	0,74	0,54	0,66	0,53	0,62
4	4	0,58	0,75	0,56	0,68	0,54	0,63
4	6	0,55	0,75	0,54	0,68	0,52	0,63
4	8	0,53	0,75	0,52	0,68	0,50	0,63

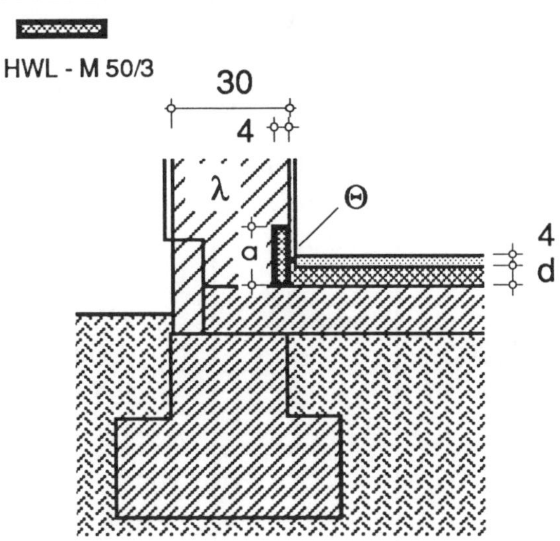

a [cm]	d [cm]	λ = 0,21 WBV	λ = 0,21 Θ	λ = 0,56 WBV	λ = 0,56 Θ	λ = 0,99 WBV	λ = 0,99 Θ
12,5	4	0,56	0,81	0,56	0,72	0,55	0,64
12,5	6	0,46	0,82	0,48	0,71	0,48	0,63
12,5	8	0,39	0,81	0,42	0,70	0,43	0,62
25	4	0,54	0,80	0,48	0,72	0,41	0,64
25	6	0,44	0,82	0,39	0,72	0,33	0,63
25	8	0,38	0,83	0,34	0,72	0,29	0,63

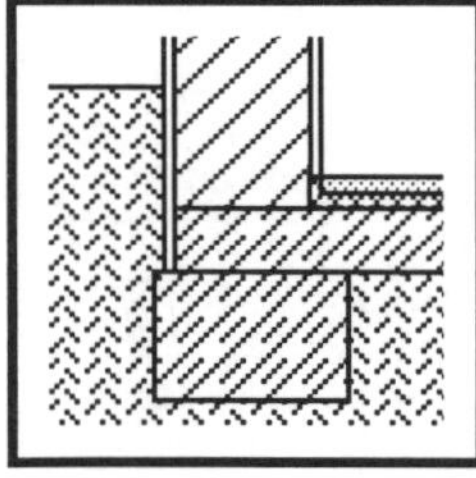

1.	Monolithische Außenwand
1.3.7	Bodenplattenanschluß, unterkellert

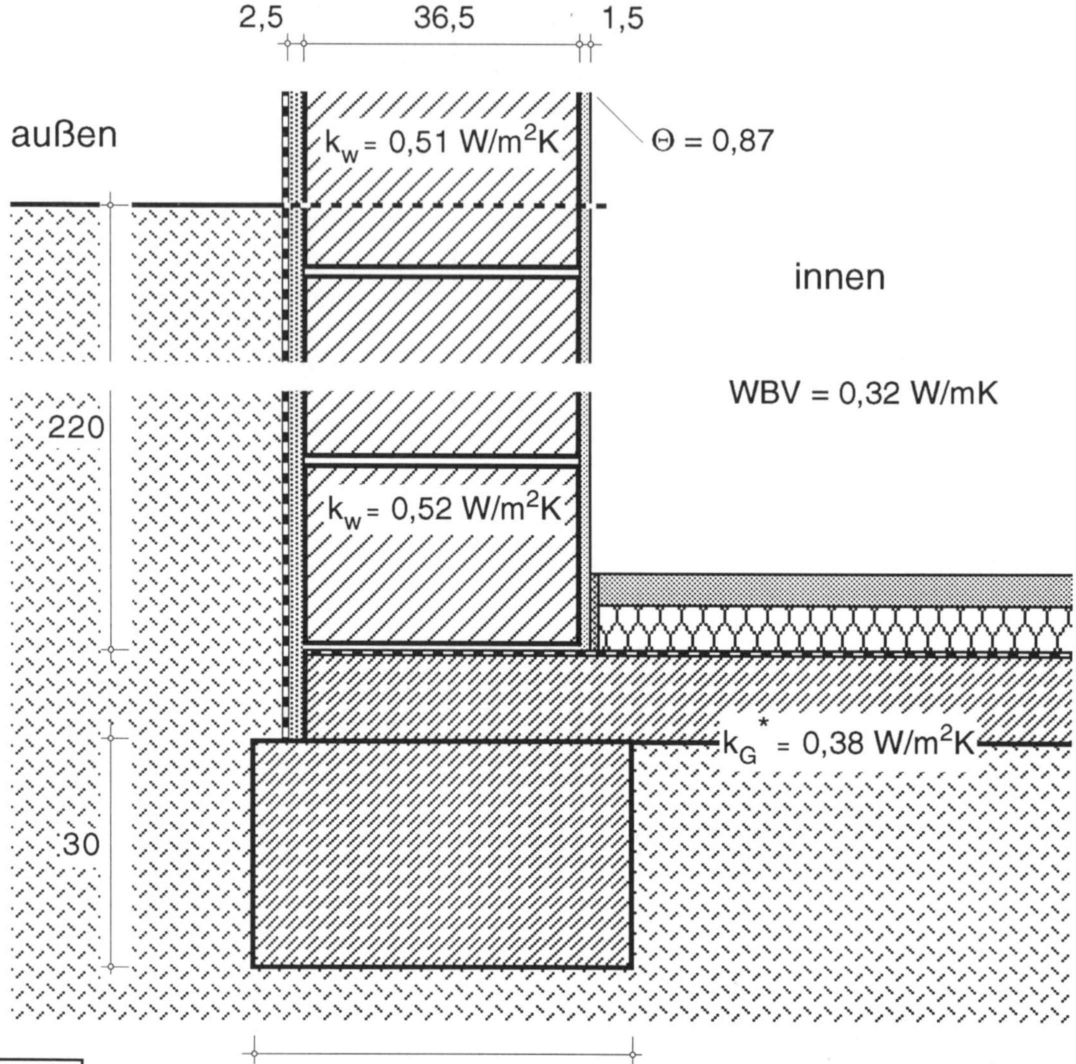

M 1:10

* inkl. Erdreich

Baustoff	Dicke s [m]	Rohdichte ρ [kg/m³]	Wärmeleitfähigkeit λ_R [W/mK]
Gipsputz	0,015	1200	0,35
Mauerwerk	0,365	700	0,21
Kalkzementputz	0,025	1800	0,87
Zementestrich	0,04	2000	1,4
Wärmedämmstoff / Trittschalldämmung	0,06	-	0,04
Stahlbeton	-	2400	2,1
Randdämmstreifen	0,005	-	0,04
Erdreich	-	-	2,1

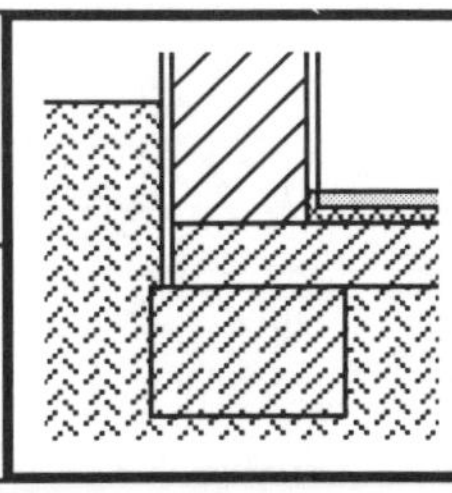

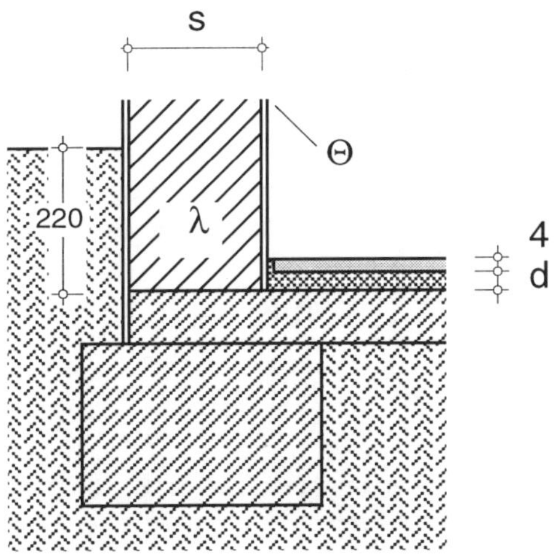

d [cm]	s [cm]	λ = 0,21 WBV	λ = 0,21 Θ	λ = 0,56 WBV	λ = 0,56 Θ	λ = 0,99 WBV	λ = 0,99 Θ
4	30	0,37	0,86	0,29	0,77	0,17	0,69
6	30	0,35	0,86	0,28	0,77	0,17	0,69
8	30	0,33	0,87	0,28	0,77	0,18	0,69
4	36,5	0,36	0,86	0,35	0,80	0,19	0,73
6	36,5	0,34	0,87	0,34	0,80	0,19	0,73
8	36,5	0,32	0,87	0,33	0,80	0,20	0,73

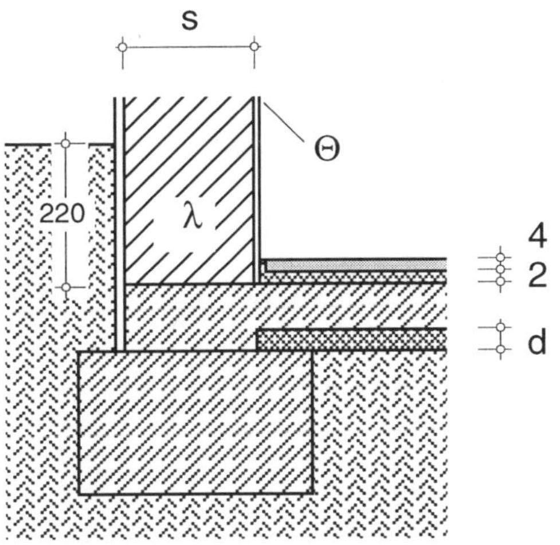

d [cm]	s [cm]	λ = 0,21 WBV	λ = 0,21 Θ	λ = 0,56 WBV	λ = 0,56 Θ	λ = 0,99 WBV	λ = 0,99 Θ
4	30	0,41	0,85	0,31	0,77	0,19	0,69
6	30	0,41	0,85	0,32	0,77	0,20	0,69
8	30	0,42	0,85	0,33	0,77	0,20	0,69
4	36,5	0,40	0,86	0,38	0,80	0,21	0,73
6	36,5	0,41	0,86	0,38	0,80	0,22	0,73
8	36,5	0,41	0,86	0,39	0,80	0,23	0,73

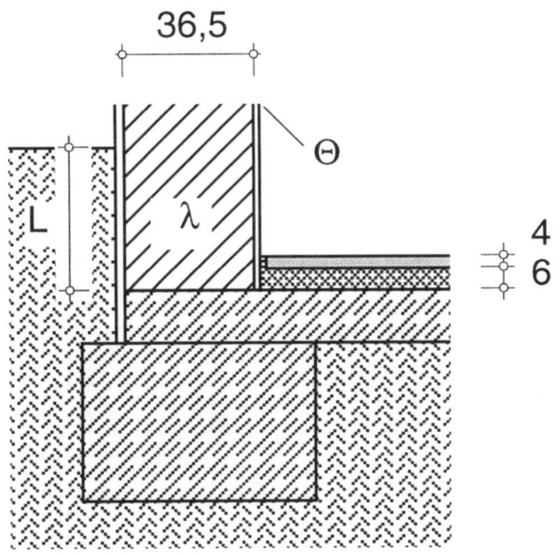

L [cm]	λ = 0,21 WBV	λ = 0,21 Θ	λ = 0,56 WBV	λ = 0,56 Θ	λ = 0,99 WBV	λ = 0,99 Θ
100	0,38	0,84	0,49	0,77	0,54	0,71
125	0,37	0,85	0,47	0,79	0,49	0,71
150	0,36	0,85	0,44	0,79	0,43	0,71
175	0,35	0,86	0,41	0,80	0,35	0,71
200	0,34	0,86	0,37	0,80	0,26	0,73

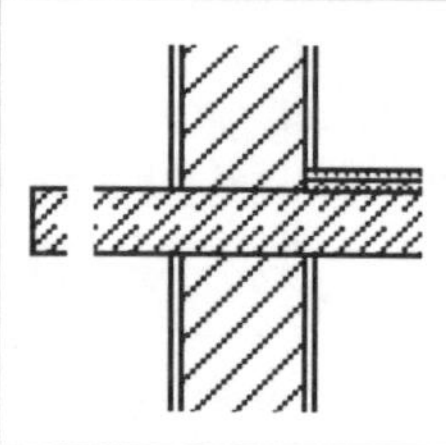

1. Monolithische Außenwand

1.4.1 Balkonanschluß, Kragplatte

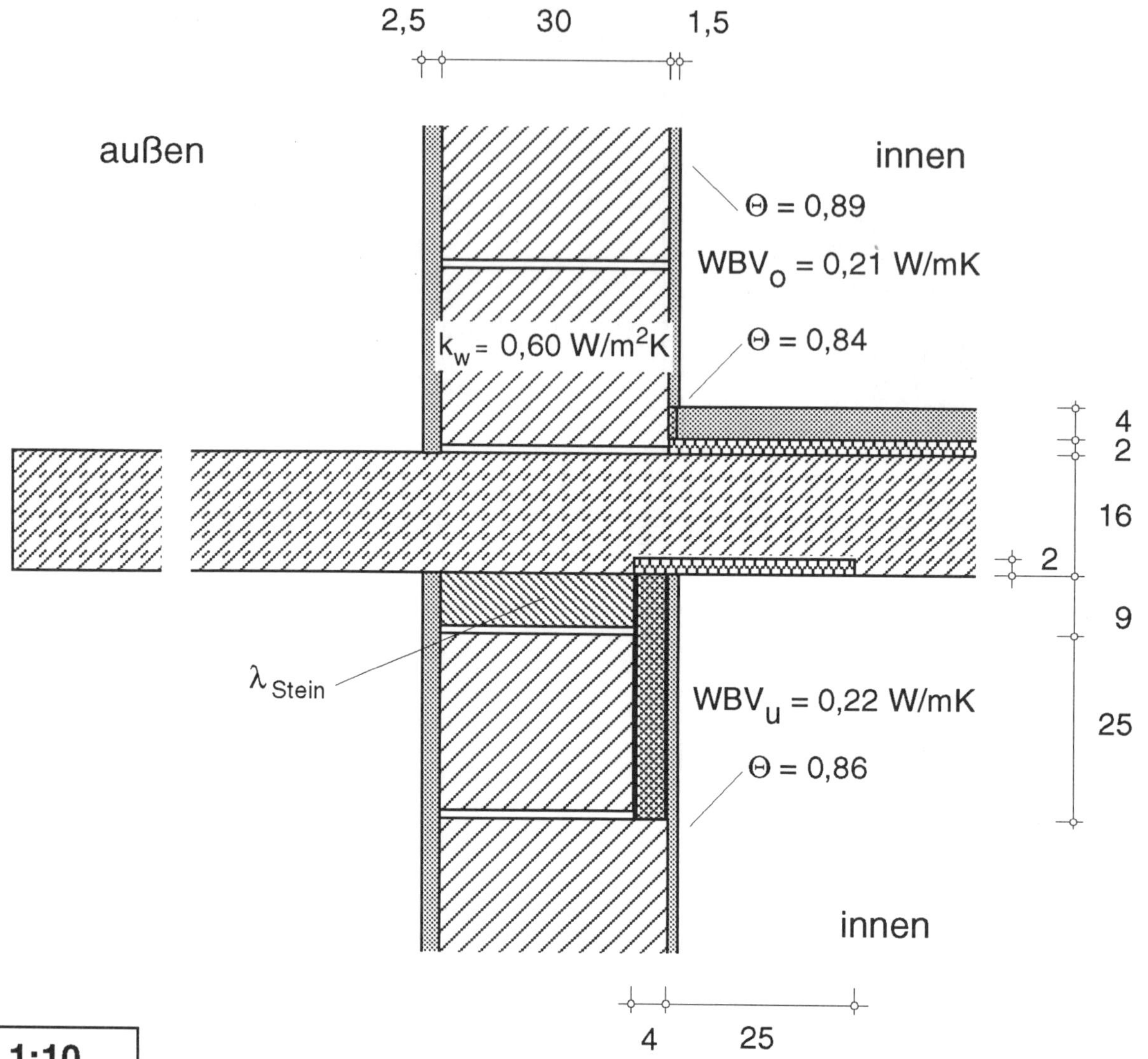

M 1:10

Baustoff	Dicke s [m]	Rohdichte ρ [kg/m³]	Wärmeleitfähigkeit λ_R [W/mK]
Gipsputz	0,015	1200	0,35
Mauerwerk	0,30	700	0,21
Kalkzementputz	0,025	1800	0,87
Zementestrich	0,04	2000	1,4
Wärmedämmstoff / Trittschalldämmung	0,02	-	0,04
Stahlbeton	0,16	2400	2,1
Mehrschicht-Leichtbauplatte M-50/3	0,04	≥ 15	0,04
Ausgleichsstein NF	0,24	1800	0,21
Randdämmstreifen	0,005	-	0,04
Wärmedämmstoff	-	-	0,04

Monolithische Außenwand 1.

Balkonanschluß, Kragplatte 1.4.1

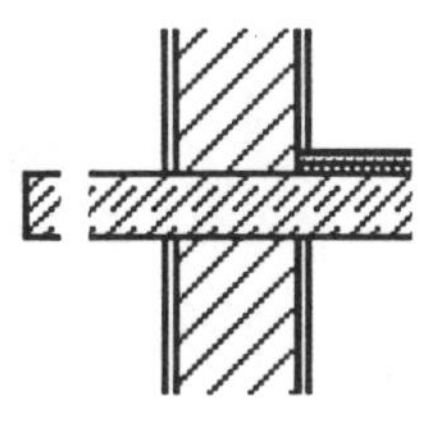

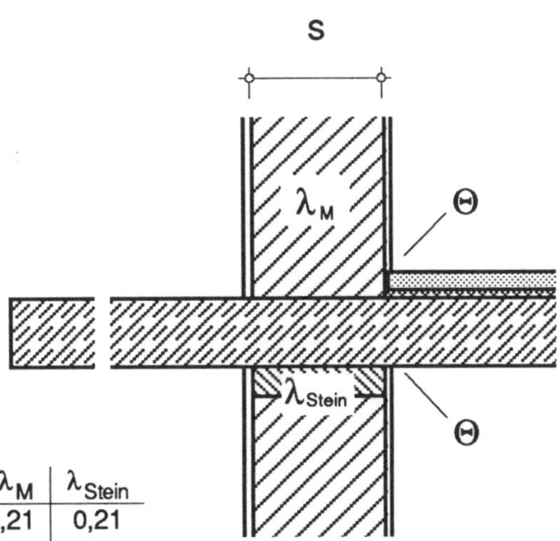

λ_M	λ_{Stein}
0,21	0,21
0,56	0,79
0,99	0,79

s [cm]	$\lambda_M = 0{,}21$ WBV	$\lambda_M = 0{,}21$ Θ	$\lambda_M = 0{,}56$ WBV	$\lambda_M = 0{,}56$ Θ	$\lambda_M = 0{,}99$ WBV	$\lambda_M = 0{,}99$ Θ
24	0,16 0,50	0,84 0,66	0,18 0,51	0,72 0,63	0,19 0,48	0,64 0,61
30	0,14 0,45	0,86 0,69	0,16 0,46	0,76 0,67	0,17 0,44	0,67 0,65
36,5	0,13 0,41	0,87 0,72	0,15 0,42	0,78 0,70	0,16 0,39	0,71 0,68

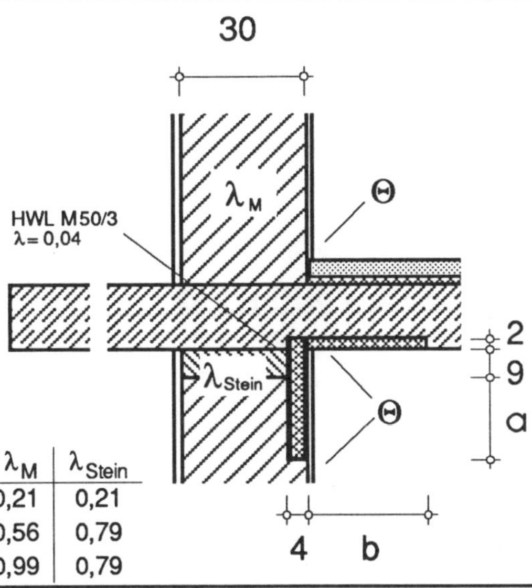

λ_M	λ_{Stein}
0,21	0,21
0,56	0,79
0,99	0,79

a [cm]	b [cm]	$\lambda_M = 0{,}21$ WBV	$\lambda_M = 0{,}21$ Θ	$\lambda_M = 0{,}56$ WBV	$\lambda_M = 0{,}56$ Θ	$\lambda_M = 0{,}99$ WBV	$\lambda_M = 0{,}99$ Θ
0	0	0,14 0,45	0,86 0,69	0,16 0,46	0,76 0,67	0,17 0,44	0,67 0,65
0	25	0,20 0,32	0,84 0,73	0,22 0,33	0,74 0,66	0,23 0,30	0,67 0,64
25	0	0,15 0,38	0,86 0,68	0,18 0,25	0,75 0,65	0,20 0,12	0,67 0,64
25	25	0,21 0,22	0,84 0,86	0,25 0,06	0,73 0,75	0,27 -0,08	0,66 0,65
50	0	0,15 0,33	0,86 0,68	0,19 0,08	0,75 0,65	0,20 -0,17	0,67 0,63
50	25	0,21 0,17	0,84 0,85	0,26 -0,11	0,73 0,75	0,28 -0,37	0,65 0,66

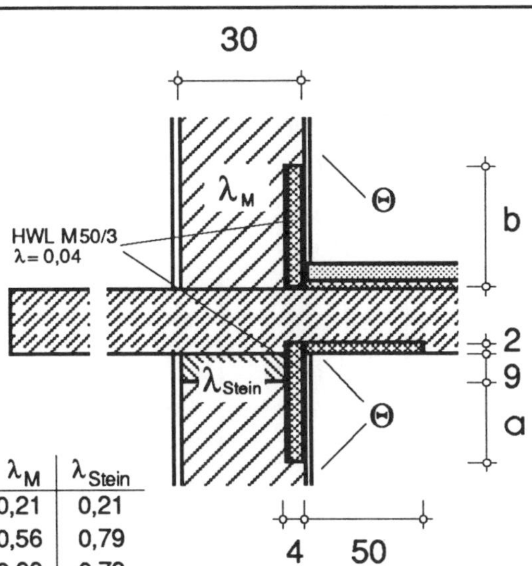

λ_M	λ_{Stein}
0,21	0,21
0,56	0,79
0,99	0,79

a [cm]	b [cm]	$\lambda_M = 0{,}21$ WBV	$\lambda_M = 0{,}21$ Θ	$\lambda_M = 0{,}56$ WBV	$\lambda_M = 0{,}56$ Θ	$\lambda_M = 0{,}99$ WBV	$\lambda_M = 0{,}99$ Θ
0	12,5	0,17 0,30	0,88 0,72	0,10 0,33	0,75 0,64	0,04 0,29	0,66 0,62
0	25	0,10 0,30	0,88 0,72	-0,12 0,34	0,76 0,64	-0,31 0,31	0,66 0,61
25	12,5	0,18 0,19	0,87 0,85	0,13 0,04	0,75 0,75	0,08 -0,10	0,66 0,65
25	25	0,12 0,19	0,87 0,85	-0,09 0,05	0,76 0,75	-0,28 -0,09	0,66 0,65
25	0	0,24 0,18	0,84 0,85	0,28 0,02	0,73 0,75	0,30 -0,12	0,65 0,65
50	0	0,24 0,13	0,84 0,85	0,29 -0,16	0,73 0,75	0,31 -0,42	0,65 0,65

1.	Monolithische Außenwand
1.4.1	Balkonanschluß, Kragplatte

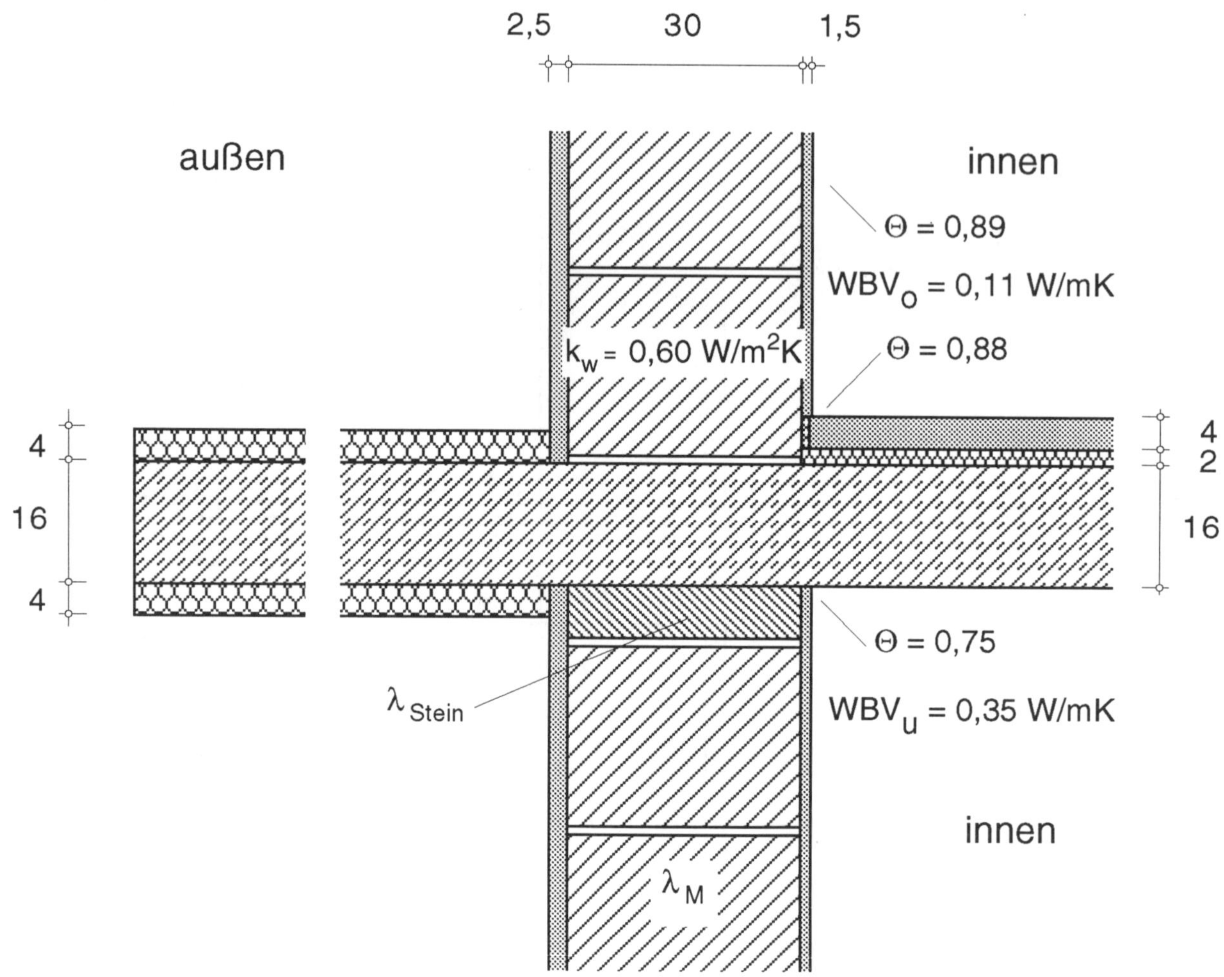

M 1:10

Baustoff	Dicke s [m]	Rohdichte ρ [kg/m³]	Wärmeleitfähigkeit λ_R [W/mK]
Gipsputz	0,015	1200	0,35
Mauerwerk	0,30	700	0,21
Kalkzementputz	0,025	1800	0,87
Zementestrich	0,04	2000	1,4
Wärmedämmstoff / Trittschalldämmung	0,02	-	0,04
Stahlbeton	0,16	2400	2,1
Ausgleichsstein NF	0,30	1800	0,79
Randdämmstreifen	0,005	-	0,04
Wärmedämmstoff	-	-	0,04

Monolithische Außenwand 1.

Balkonanschluß, Kragplatte 1.4.1

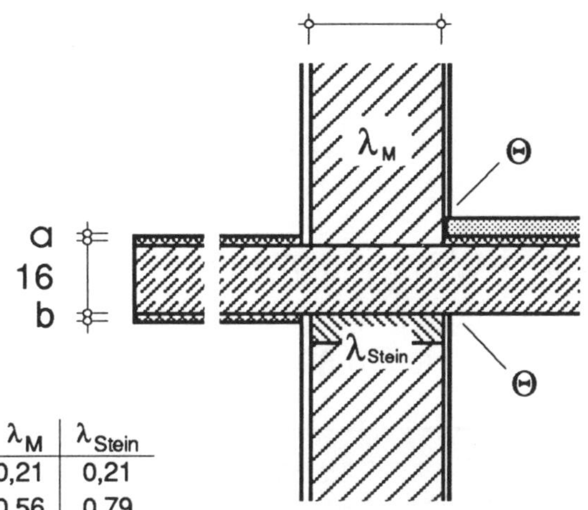

λ_M	λ_{Stein}
0,21	0,21
0,56	0,79
0,99	0,79

a [cm]	b [cm]	$\lambda_M = 0{,}21$ WBV	$\lambda_M = 0{,}21$ Θ	$\lambda_M = 0{,}56$ WBV	$\lambda_M = 0{,}56$ Θ	$\lambda_M = 0{,}99$ WBV	$\lambda_M = 0{,}99$ Θ
0	0	0,14	0,86	0,16	0,76	0,17	0,67
		0,45	0,69	0,46	0,67	0,44	0,65
2	2	0,12	0,87	0,14	0,76	0,14	0,67
		0,39	0,73	0,40	0,70	0,38	0,67
4	4	0,11	0,88	0,12	0,76	0,12	0,67
		0,35	0,75	0,37	0,71	0,35	0,67
0	4	0,14	0,86	0,15	0,76	0,16	0,67
		0,43	0,71	0,44	0,68	0,41	0,66
4	0	0,13	0,86	0,15	0,76	0,17	0,67
		0,43	0,71	0,44	0,68	0,44	0,65
2	4	0,11	0,87	0,13	0,76	0,13	0,67
		0,37	0,74	0,38	0,70	0,36	0,67

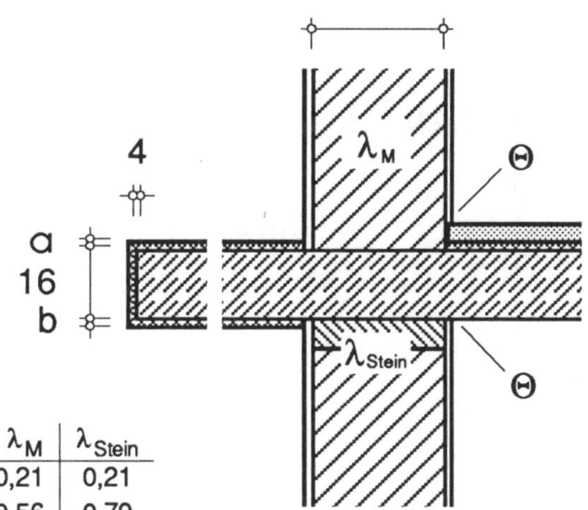

λ_M	λ_{Stein}
0,21	0,21
0,56	0,79
0,99	0,79

a [cm]	b [cm]	$\lambda_M = 0{,}21$ WBV	$\lambda_M = 0{,}21$ Θ	$\lambda_M = 0{,}56$ WBV	$\lambda_M = 0{,}56$ Θ	$\lambda_M = 0{,}99$ WBV	$\lambda_M = 0{,}99$ Θ
0	0	0,14	0,86	0,17	0,76	0,17	0,67
		0,45	0,69	0,47	0,67	0,44	0,65
2	2	0,12	0,87	0,14	0,76	0,14	0,67
		0,39	0,73	0,40	0,70	0,38	0,67
4	4	0,11	0,88	0,12	0,76	0,12	0,67
		0,35	0,75	0,37	0,71	0,35	0,67
0	4	0,14	0,86	0,15	0,76	0,16	0,67
		0,43	0,71	0,44	0,68	0,41	0,66
4	0	0,13	0,86	0,15	0,76	0,16	0,67
		0,43	0,71	0,44	0,68	0,41	0,66
2	4	0,11	0,87	0,13	0,76	0,13	0,67
		0,37	0,74	0,38	0,70	0,36	0,67

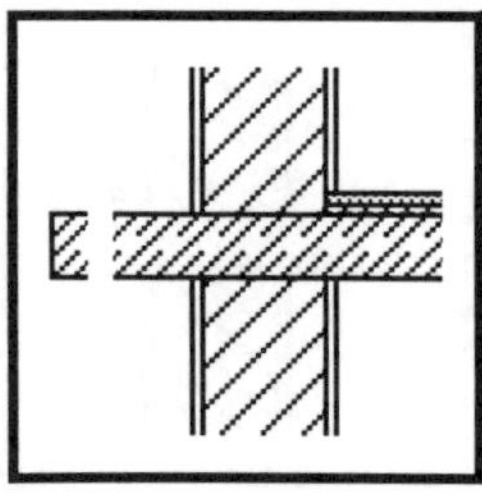

1.	Monolithische Außenwand
1.4.2	Balkonanschluß, thermisch getrennte Balkonplatte

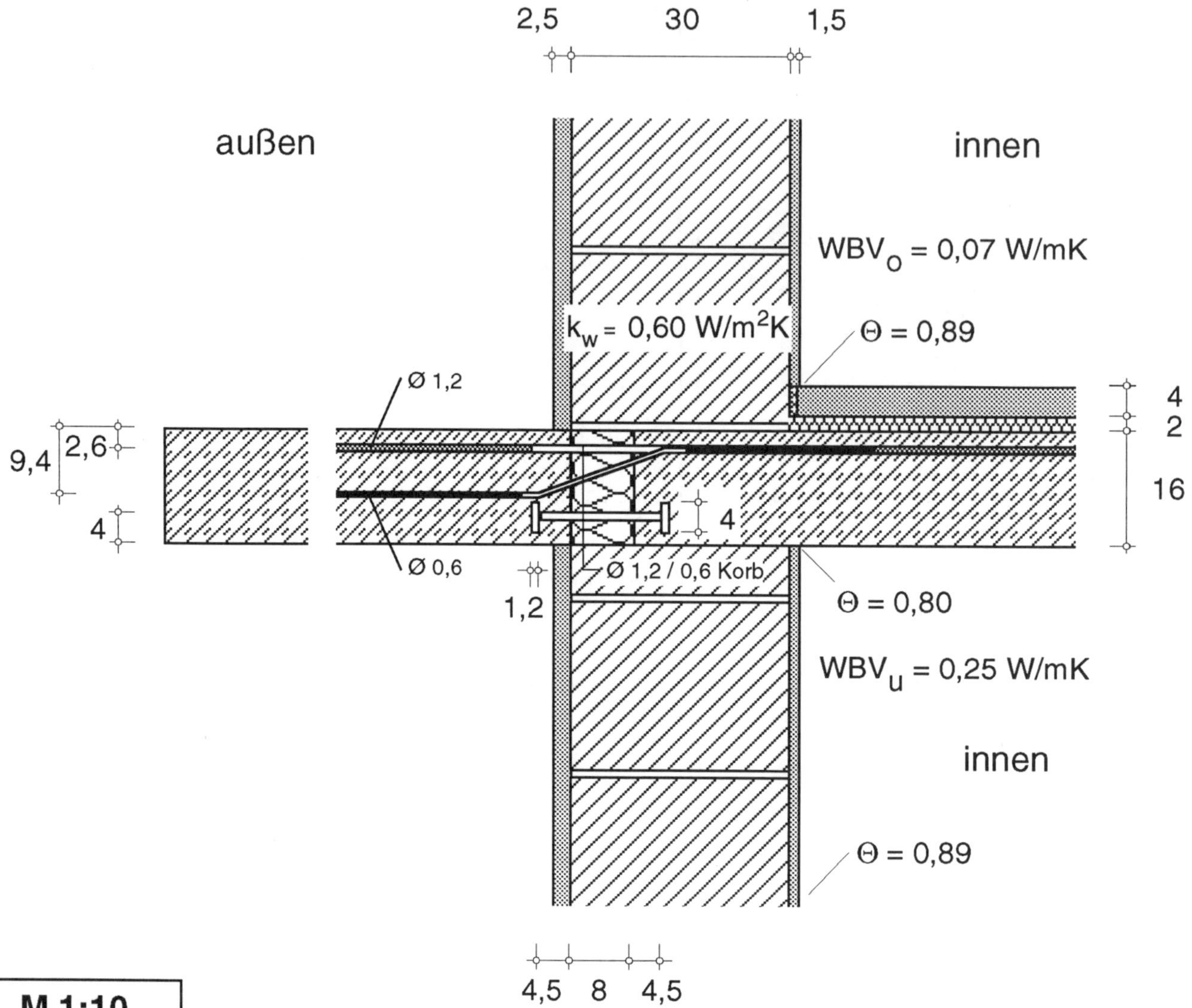

M 1:10

Baustoff	Dicke s [m]	Rohdichte ρ [kg/m³]	Wärmeleitfähigkeit λ_R [W/mK]
Gipsputz	0,015	1200	0,35
Mauerwerk	0,30	700	0,21
Kalkzementputz	0,025	1800	0,87
Zementestrich	0,04	2000	1,4
Wärmedämmstoff / Trittschalldämmung	0,02	-	0,04
Stahlbeton	0,16	2400	2,1
Wärmedämmstoff	0,08	-	0,04
Rundstahl Ø 0,6	-	7850	60
Rundstahl Ø 1,2	-	7850	60
Rundstahl Ø 1,2 / Ø 0,6 Korb	-	7850	15
Randdämmstreifen	0,005	-	0,04

Monolithische Außenwand 1.

Balkonanschluß, thermisch getrennte Balkonplatte 1.4.2

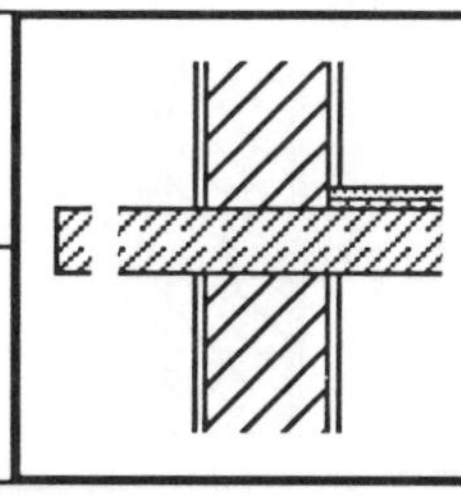

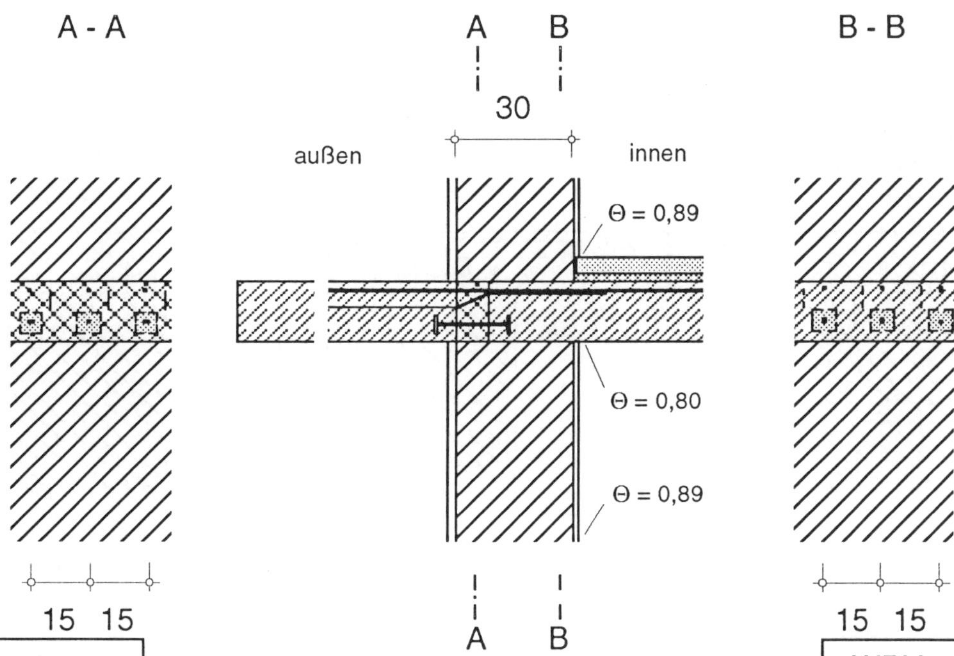

3dimensionale Wärmebrücke

WBV_o = 0,07 W/mK

WBV_u = 0,25 W/mK

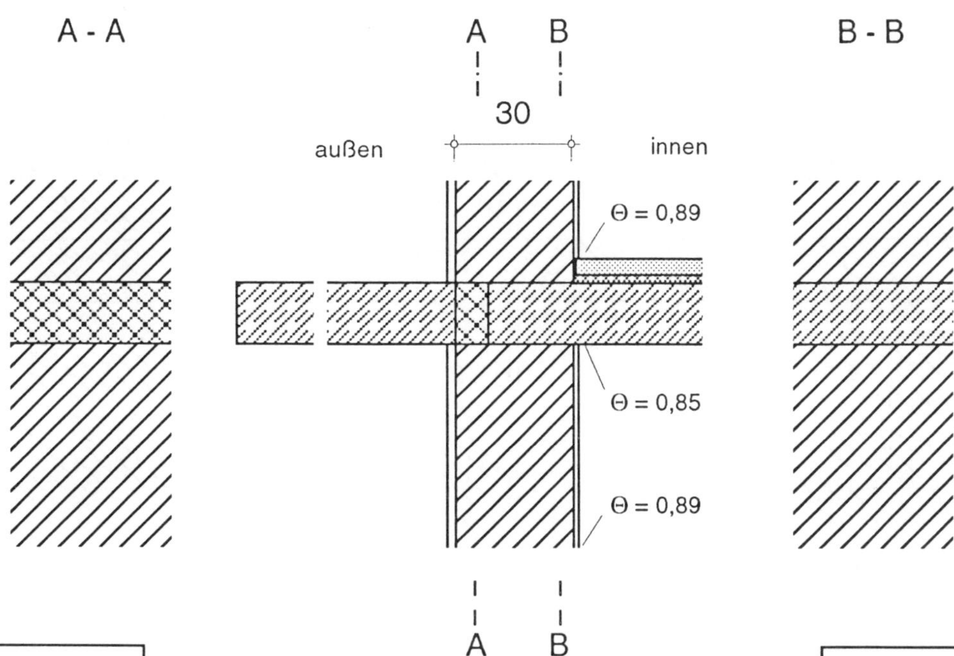

2dimensionale Wärmebrücke

Dient nur zur Darstellung des Einflusses der Stahlteile !

WBV_o = 0,04 W/mK

WBV_u = 0,16 W/mK

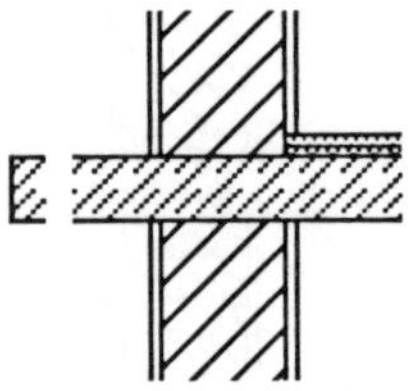

1. Monolithische Außenwand

1.4.2 Balkonanschluß, thermisch getrennte Balkonplatte

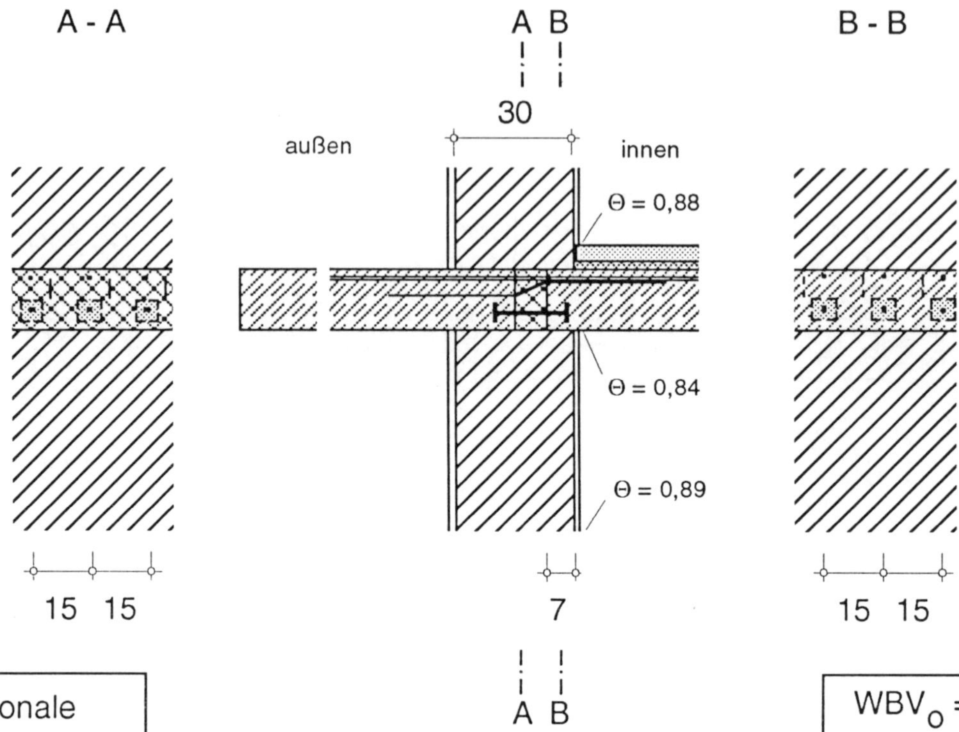

3dimensionale Wärmebrücke

WBV_o = 0,08 W/mK
WBV_u = 0,22 W/mK

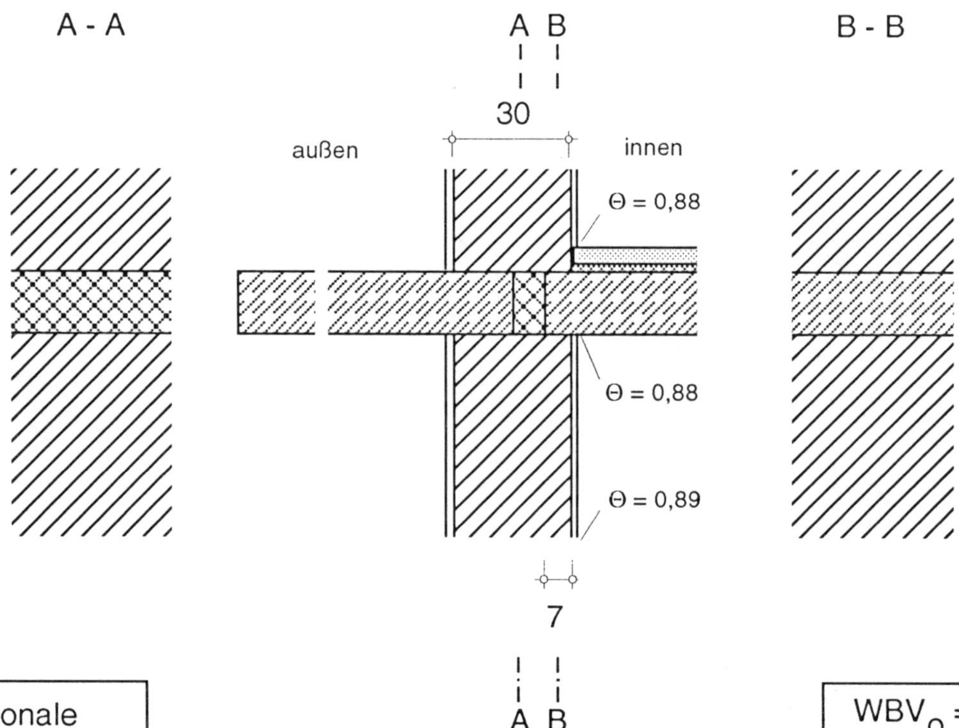

2dimensionale Wärmebrücke

Dient nur zur Darstellung des Einflusses der Stahlteile !

WBV_o = 0,05 W/mK
WBV_u = 0,12 W/mK

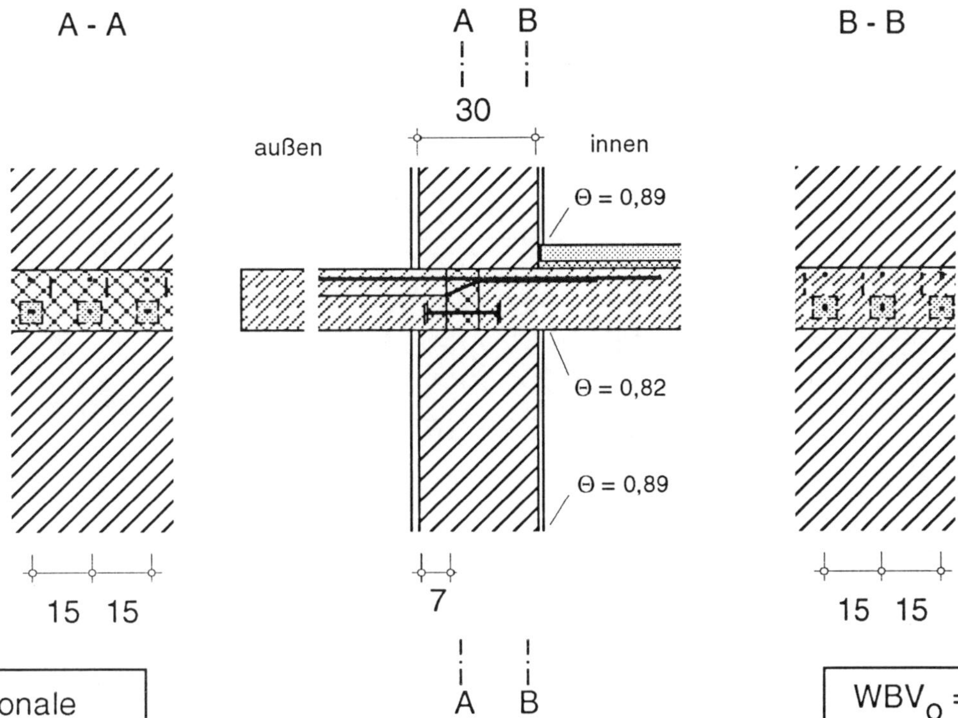

3dimensionale Wärmebrücke

$WBV_o = 0{,}07$ W/mK
$WBV_u = 0{,}23$ W/mK

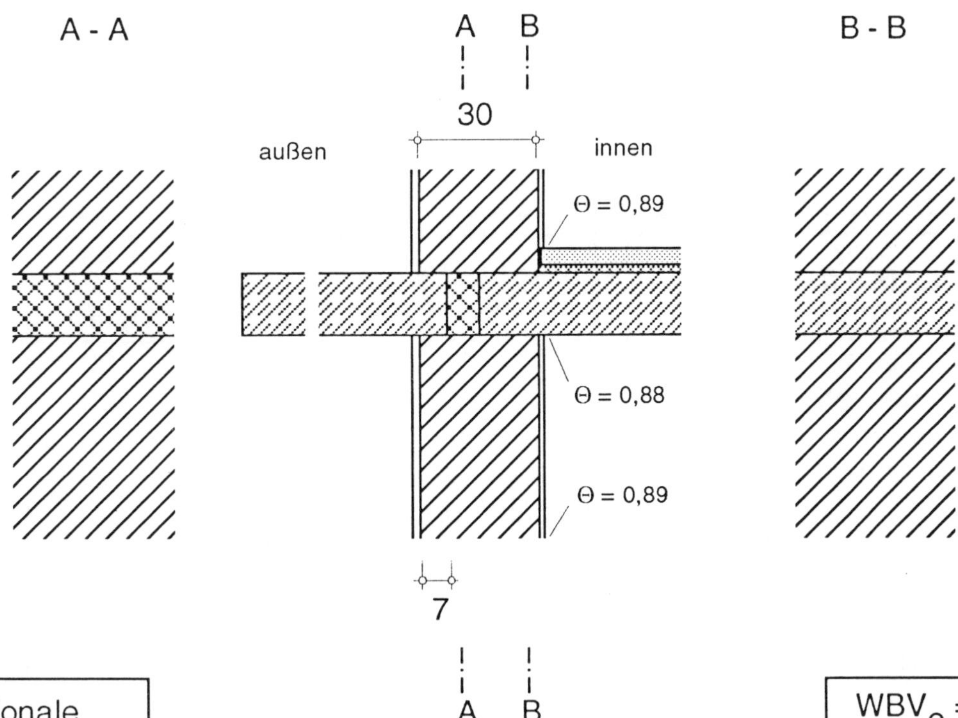

2dimensionale Wärmebrücke

Dient nur zur Darstellung des Einflusses der Stahlteile !

$WBV_o = 0{,}04$ W/mK
$WBV_u = 0{,}13$ W/mK

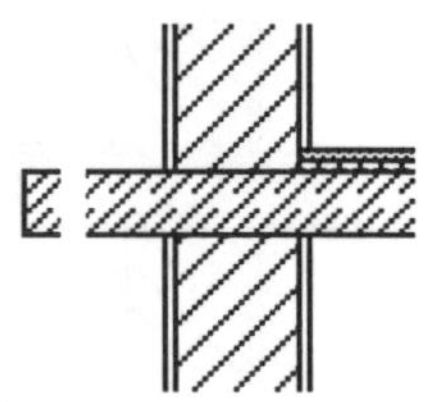

1. Monolithische Außenwand

1.4.2 Balkonanschluß, thermisch getrennte Balkonplatte

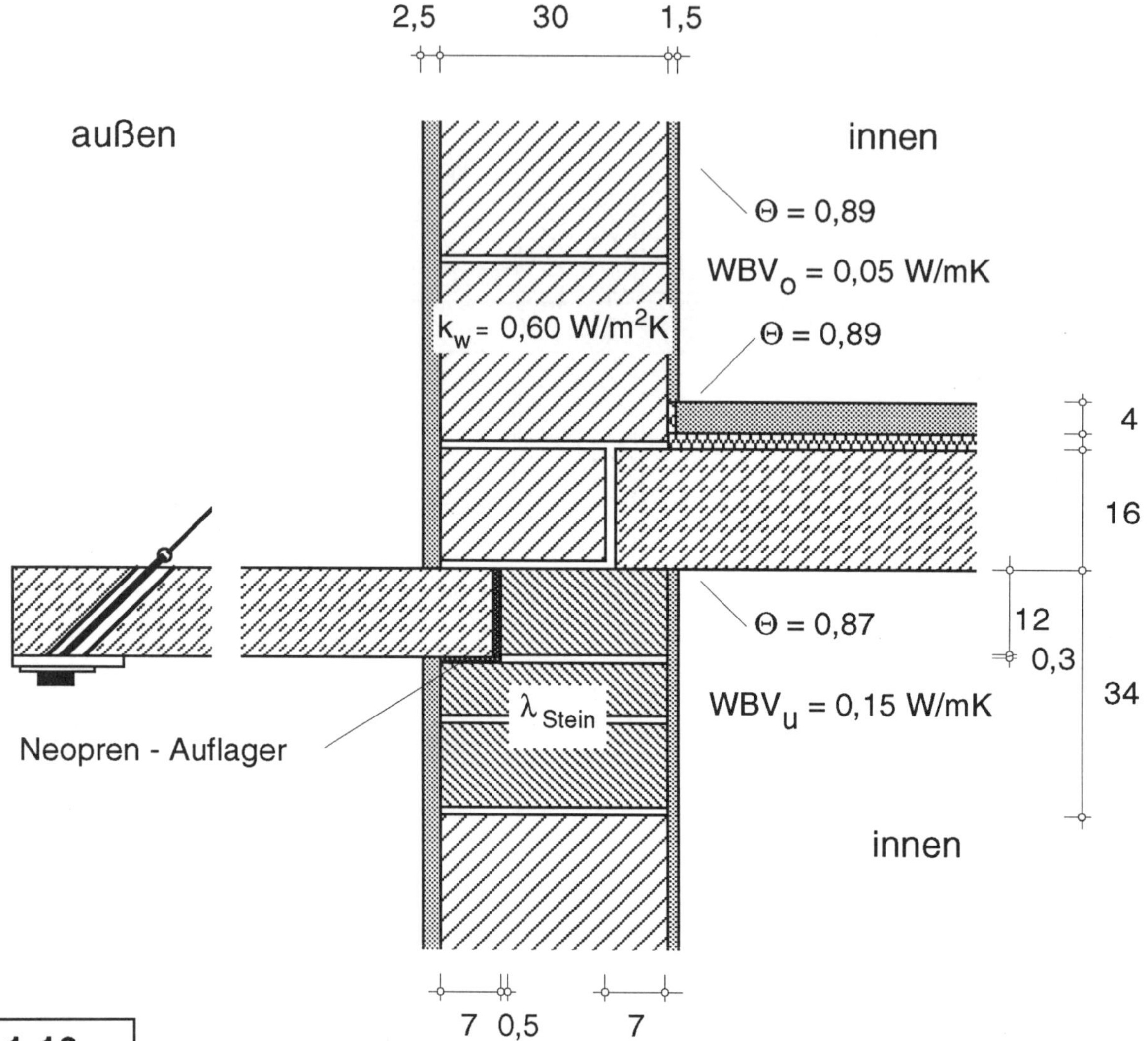

M 1:10

Baustoff	Dicke s [m]	Rohdichte ρ [kg/m³]	Wärmeleitfähigkeit λ_R [W/mK]
Gipsputz	0,015	1200	0,35
Mauerwerk	0,30	700	0,21
Kalkzementputz	0,025	1800	0,87
Zementestrich	0,04	2000	1,4
Wärmedämmstoff / Trittschalldämmung	0,02	-	0,04
Stahlbeton	0,16	2400	2,1
Ausgleichssteine NF / 2DF	0,30	700	0,21
Randdämmstreifen	0,005	-	0,04
Neopren	-	1000	0,20

Monolithische Außenwand 1.

Balkonanschluß, thermisch getrennte Balkonplatte 1.4.2

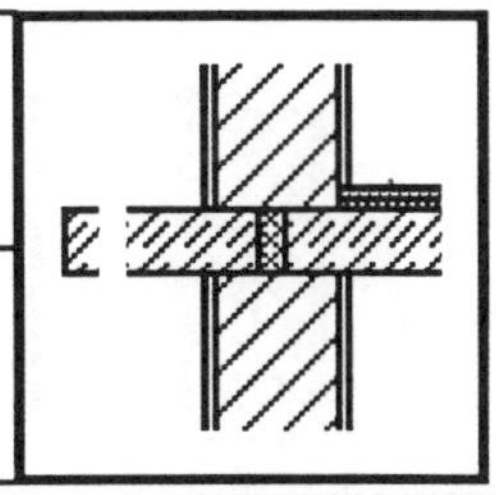

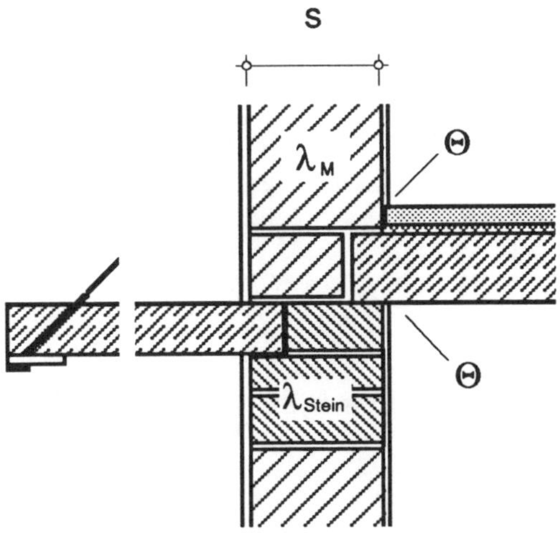

λ_{Stein}	s [cm]	$\lambda_M = 0{,}15$		$\lambda_M = 0{,}21$		$\lambda_M = 0{,}30$	
		WBV	Θ	WBV	Θ	WBV	Θ
λ_M	24	0,04 0,16	0,86 0,87	0,06 0,20	0,86 0,84	0,08 0,25	0,82 0,80
λ_M	30	0,03 0,12	0,91 0,90	0,05 0,15	0,89 0,87	0,06 0,20	0,85 0,84
λ_M	36,5	0,03 0,09	0,93 0,92	0,04 0,12	0,90 0,89	0,05 0,16	0,87 0,86
0,79	24	0,07 0,58	0,90 0,71	0,08 0,55	0,86 0,70	0,09 0,51	0,82 0,70
0,79	30	0,06 0,49	0,91 0,75	0,06 0,47	0,89 0,74	0,08 0,44	0,85 0,74
0,79	36,5	0,05 0,43	0,93 0,78	0,05 0,41	0,90 0,78	0,06 0,38	0,87 0,77

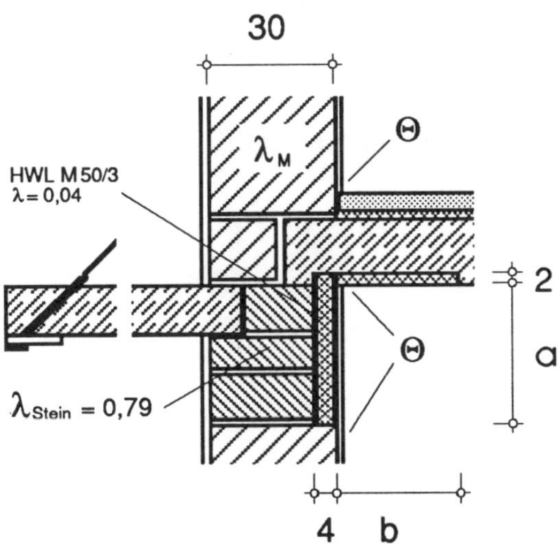

a [cm]	b [cm]	$\lambda_M = 0{,}15$		$\lambda_M = 0{,}21$		$\lambda_M = 0{,}30$	
		WBV	Θ	WBV	Θ	WBV	Θ
0	0	0,06 0,49	0,91 0,75	0,06 0,47	0,89 0,74	0,08 0,44	0,85 0,74
0	25	0,09 0,43	0,91 0,75	0,10 0,41	0,89 0,74	0,12 0,38	0,85 0,74
0	50	0,11 0,41	0,91 0,75	0,12 0,39	0,88 0,74	0,14 0,35	0,85 0,74
34	0	0,08 0,31	0,91 0,79	0,09 0,30	0,89 0,78	0,10 0,27	0,85 0,76
34	25	0,12 0,23	0,90 0,86	0,13 0,20	0,88 0,84	0,14 0,17	0,84 0,80
34	50	0,14 0,20	0,89 0,86	0,15 0,18	0,87 0,84	0,17 0,14	0,84 0,80

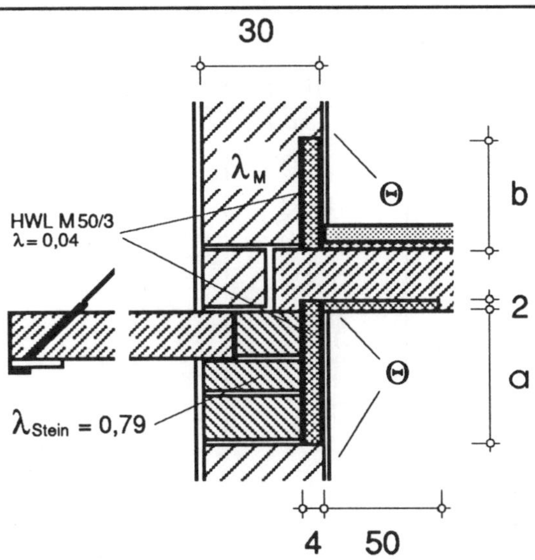

a [cm]	b [cm]	$\lambda_M = 0{,}15$		$\lambda_M = 0{,}21$		$\lambda_M = 0{,}30$	
		WBV	Θ	WBV	Θ	WBV	Θ
0	12,5	0,09 0,42	0,91 0,75	0,10 0,39	0,88 0,74	0,10 0,36	0,84 0,73
0	25	0,08 0,42	0,91 0,75	0,07 0,40	0,88 0,74	0,06 0,37	0,84 0,73
34	12,5	0,12 0,21	0,91 0,86	0,13 0,18	0,88 0,84	0,13 0,15	0,84 0,80
34	25	0,11 0,21	0,91 0,86	0,10 0,19	0,88 0,84	0,09 0,16	0,84 0,80

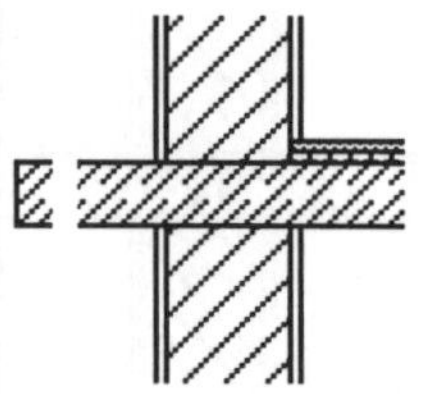

1. Monolithische Außenwand

1.4.5 Balkonanschluß, vorgehängte Stahlkonstruktion

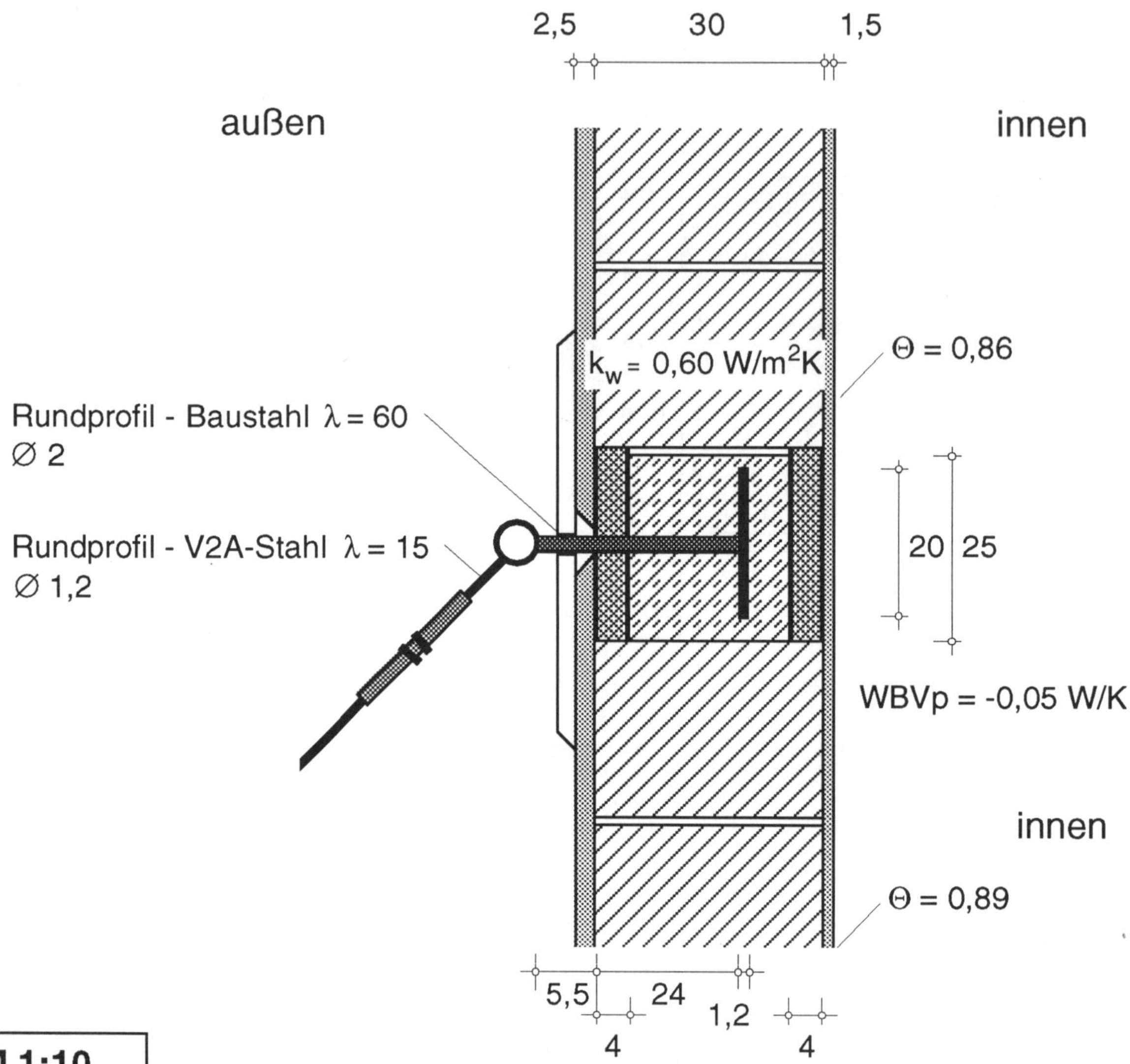

M 1:10

Baustoff	Dicke s [m]	Rohdichte ρ [kg/m³]	Wärmeleitfähigkeit λ_R [W/mK]
Gipsputz	0,015	1200	0,35
Mauerwerk	0,30	700	0,21
Kalkzementputz	0,025	1800	0,87
Stahlbeton	0,22	2400	2,1
Mehrschicht-Leichtbauplatte M-50/3	0,04	≥ 15	0,04
Rundstahl Ø 2	-	7850	60
Rundstahl Ø 1,2	-	7850	15

Monolithische Außenwand 1.

Balkonanschluß, thermisch getrennte Balkonplatte 1.4.2

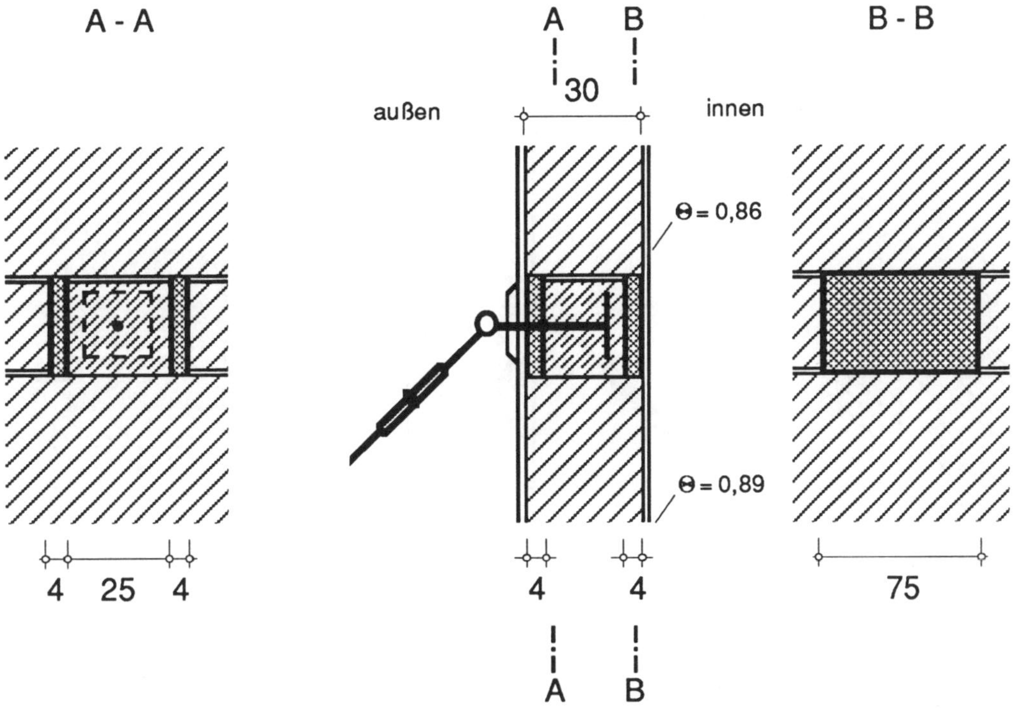

3dimensionale Wärmebrücke

WBVp = -0,05 W/K

1.	Monolithische Außenwand
1.4.2	Balkonanschluß, thermisch getrennte Balkonplatte

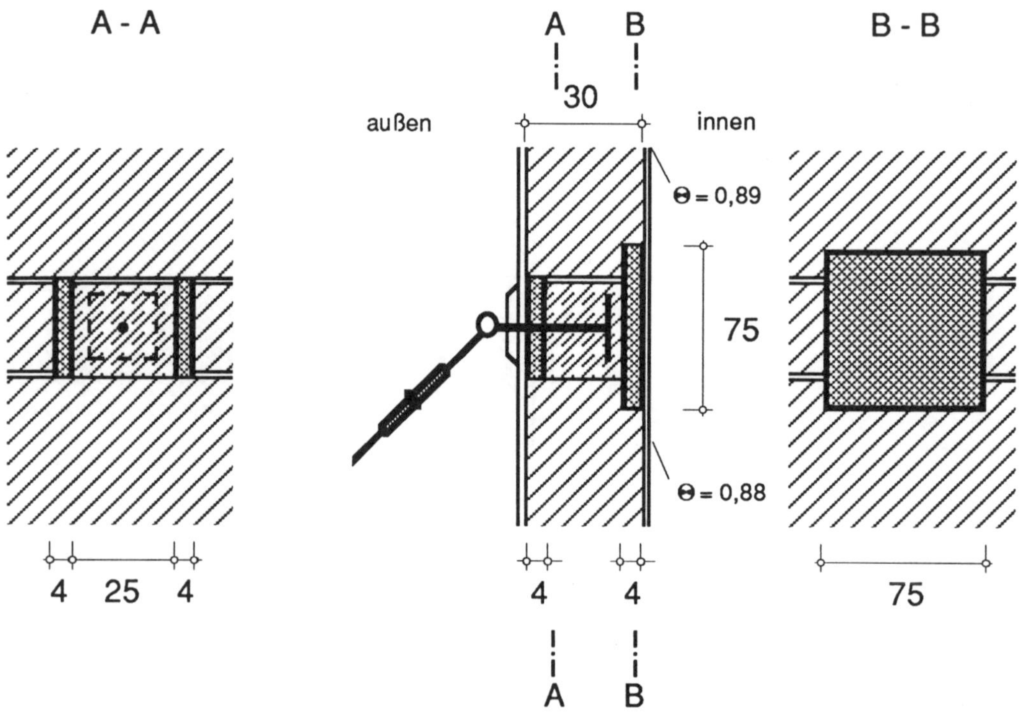

3dimensionale Wärmebrücke

WBVp = -0,10 W/K

Monolithische Außenwand 1.

Balkonanschluß, thermisch getrennte Balkonplatte 1.4.2

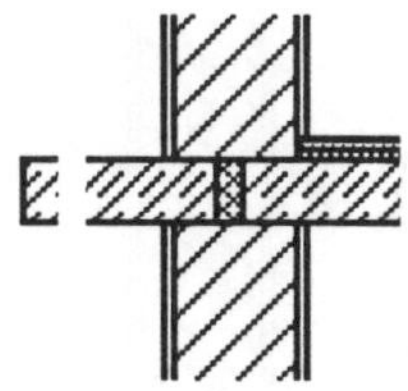

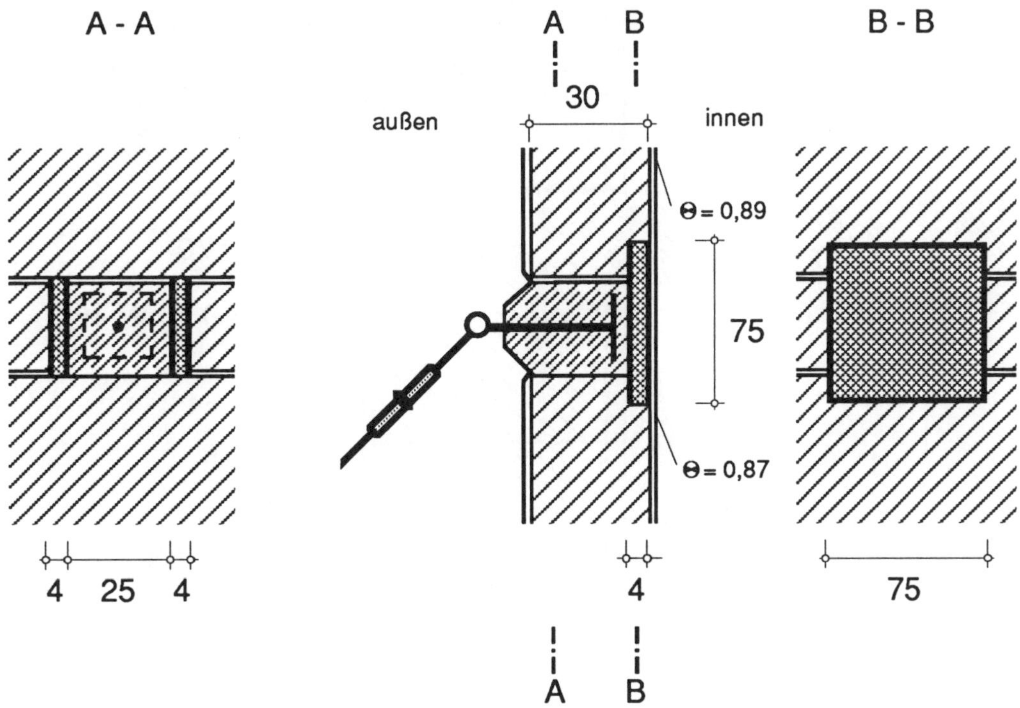

3dimensionale Wärmebrücke

WBVp = 0,01 W/K

1. Monolithische Außenwand

1.4.2 Balkonanschluß, thermisch getrennte Balkonplatte

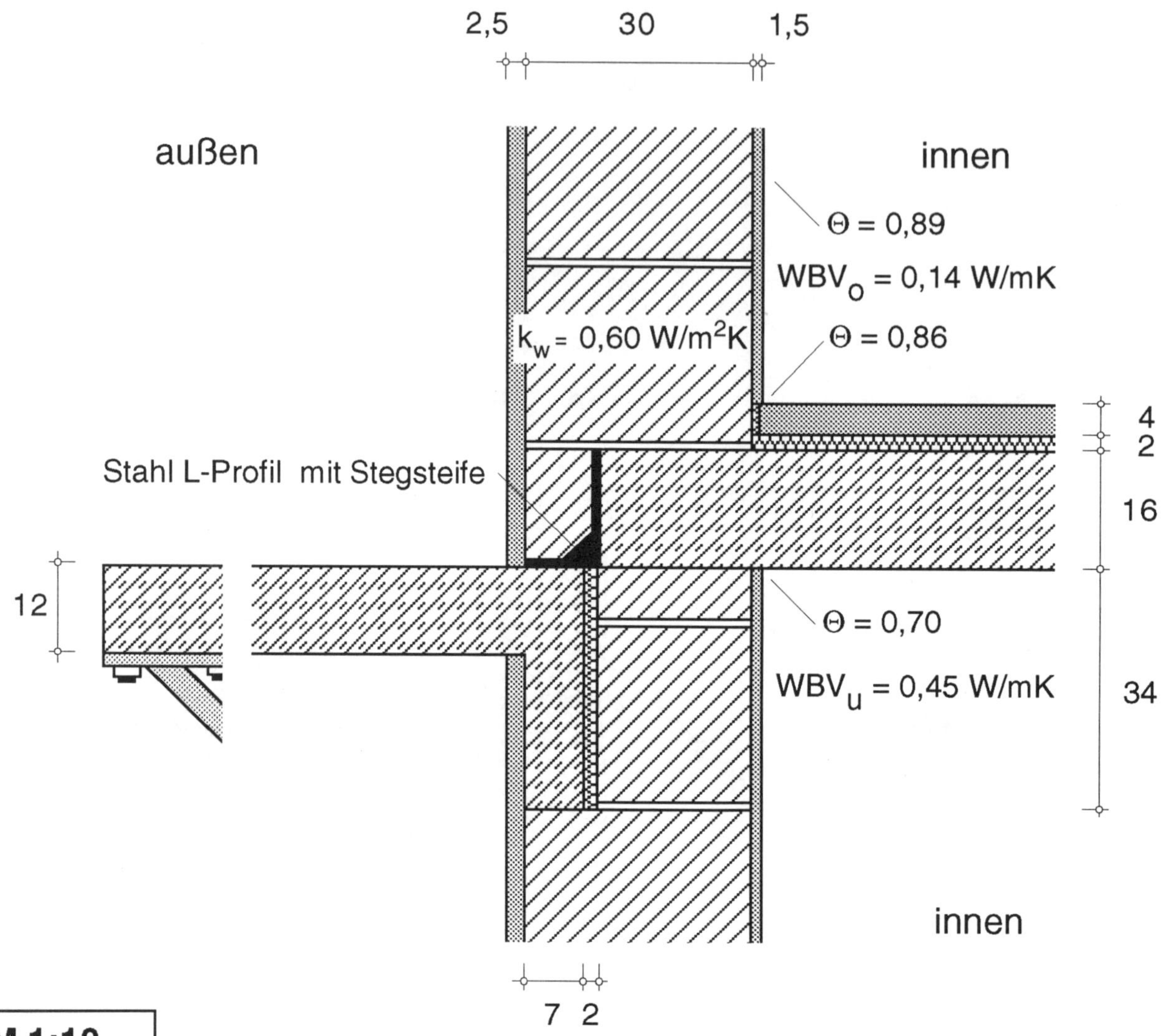

M 1:10

Baustoff	Dicke s [m]	Rohdichte ρ [kg/m³]	Wärmeleitfähigkeit λ_R [W/mK]
Gipsputz	0,015	1200	0,35
Mauerwerk	0,30	700	0,21
Kalkzementputz	0,025	1800	0,87
Zementestrich	0,04	2000	1,4
Wärmedämmstoff / Trittschalldämmung	0,02	-	0,04
Stahlbeton	0,16	2400	2,1
Randdämmstreifen	0,005	-	0,04
Baustahl	0,012	7850	60

Monolithische Außenwand 1.

Balkonanschluß, thermisch getrennte Balkonplatte 1.4.2

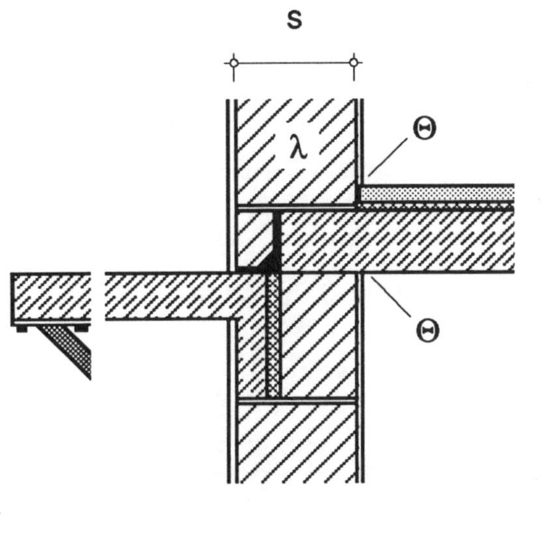

s [cm]	λ = 0,15 WBV	λ = 0,15 Θ	λ = 0,21 WBV	λ = 0,21 Θ	λ = 0,30 WBV	λ = 0,30 Θ
24	0,15	0,87	0,16	0,84	0,17	0,80
	0,52	0,66	0,50	0,66	0,47	0,66
30	0,14	0,88	0,14	0,86	0,15	0,83
	0,46	0,70	0,45	0,70	0,43	0,69
36,5	0,12	0,89	0,13	0,88	0,14	0,85
	0,41	0,73	0,41	0,73	0,39	0,73

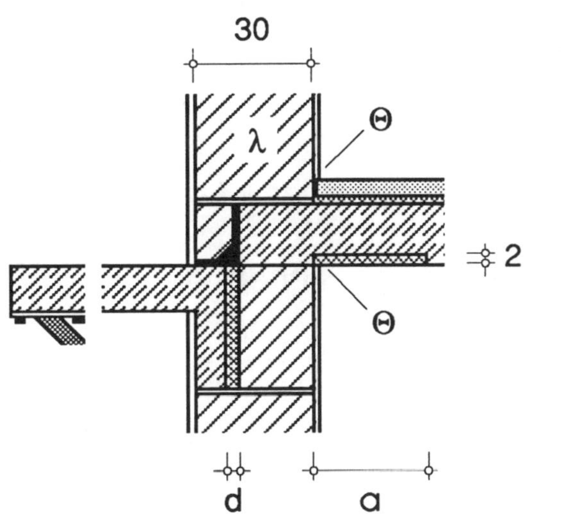

a [cm]	d [cm]	λ = 0,15 WBV	λ = 0,15 Θ	λ = 0,21 WBV	λ = 0,21 Θ	λ = 0,30 WBV	λ = 0,30 Θ
25	0	0,18	0,86	0,19	0,85	0,20	0,81
		0,37	0,76	0,38	0,74	0,39	0,71
25	2	0,18	0,87	0,19	0,85	0,20	0,82
		0,35	0,76	0,34	0,74	0,33	0,72
25	6	0,19	0,86	0,19	0,85	0,20	0,81
		0,33	0,76	0,31	0,74	0,29	0,72
50	0	0,21	0,86	0,22	0,84	0,23	0,81
		0,33	0,75	0,34	0,73	0,35	0,71
50	2	0,21	0,86	0,22	0,84	0,23	0,81
		0,31	0,76	0,30	0,74	0,29	0,72
50	6	0,21	0,86	0,22	0,84	0,23	0,81
		0,29	0,76	0,27	0,74	0,25	0,72

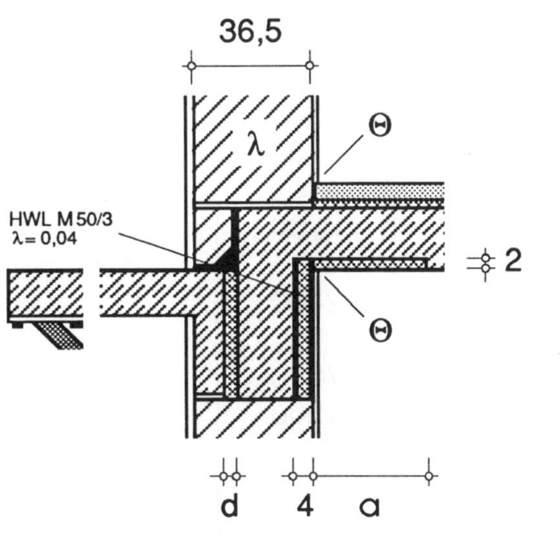

a [cm]	d [cm]	λ = 0,15 WBV	λ = 0,15 Θ	λ = 0,21 WBV	λ = 0,21 Θ	λ = 0,30 WBV	λ = 0,30 Θ
25	0	0,20	0,86	0,21	0,85	0,22	0,82
		0,40	0,85	0,37	0,83	0,34	0,79
25	2	0,18	0,87	0,19	0,86	0,20	0,83
		0,35	0,86	0,31	0,85	0,26	0,82
25	6	0,17	0,88	0,18	0,86	0,20	0,83
		0,31	0,86	0,28	0,86	0,23	0,83
50	0	0,22	0,86	0,24	0,84	0,26	0,81
		0,35	0,84	0,33	0,83	0,29	0,79
50	2	0,21	0,87	0,22	0,85	0,23	0,82
		0,31	0,85	0,27	0,85	0,22	0,82
50	6	0,20	0,87	0,21	0,86	0,22	0,83
		0,27	0,86	0,24	0,86	0,19	0,83

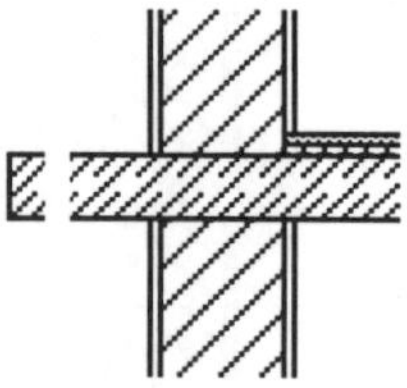

1.	Monolithische Außenwand
1.4.2	Balkonanschluß, thermisch getrennte Balkonplatte

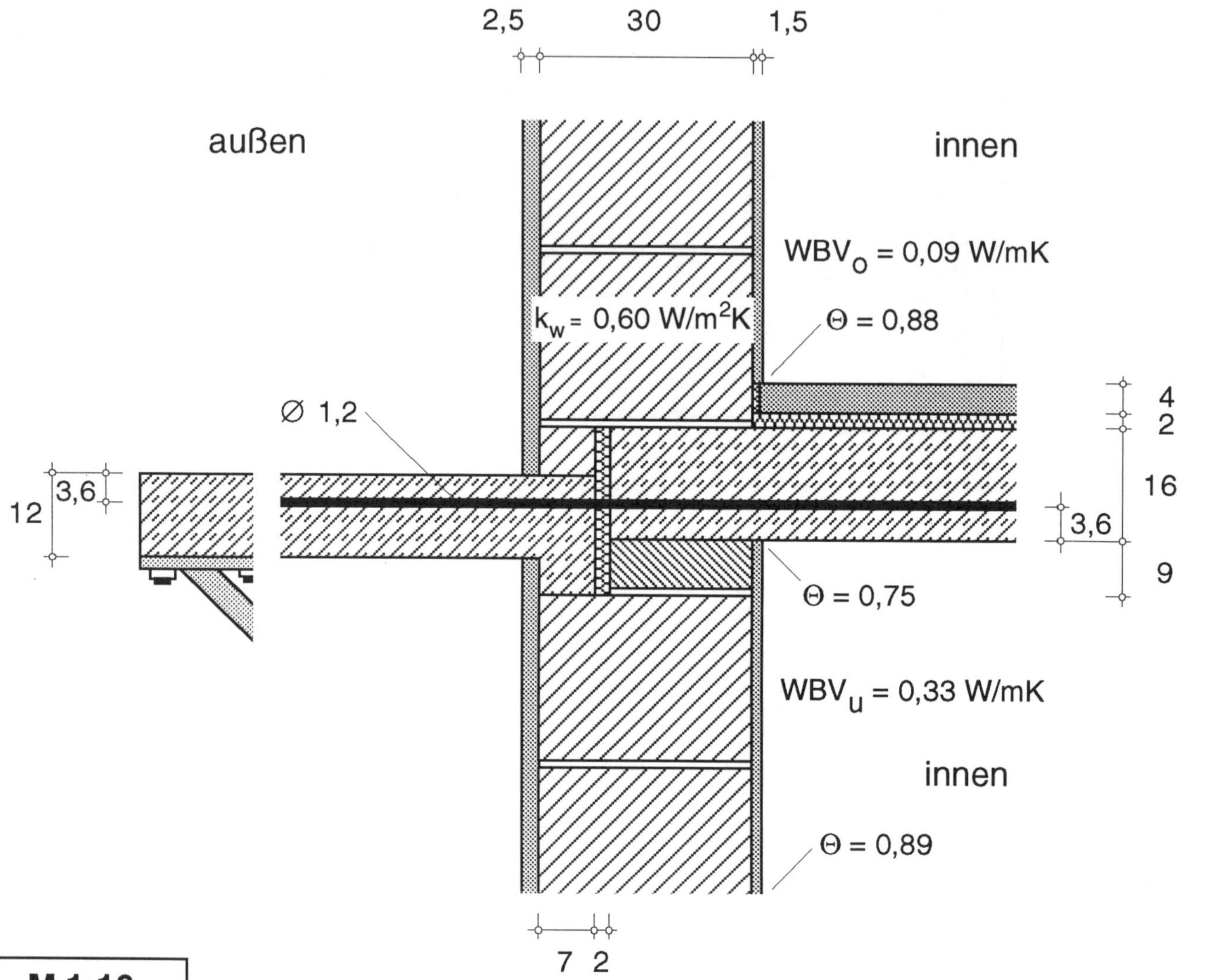

M 1:10

Baustoff	Dicke s [m]	Rohdichte ρ [kg/m³]	Wärmeleitfähigkeit λ_R [W/mK]
Gipsputz	0,015	1200	0,35
Mauerwerk	0,30	700	0,21
Kalkzementputz	0,025	1800	0,87
Zementestrich	0,04	2000	1,4
Wärmedämmstoff / Trittschalldämmung	0,02	-	0,04
Stahlbeton	0,16	2400	2,1
Wärmedämmstoff	0,02	-	0,04
Rundstahl	-	7850	60
Ausgleichsstein NF	0,175	1800	0,79
Randdämmstreifen	0,005	-	0,04

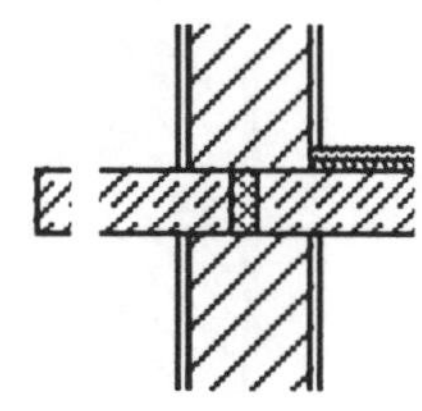

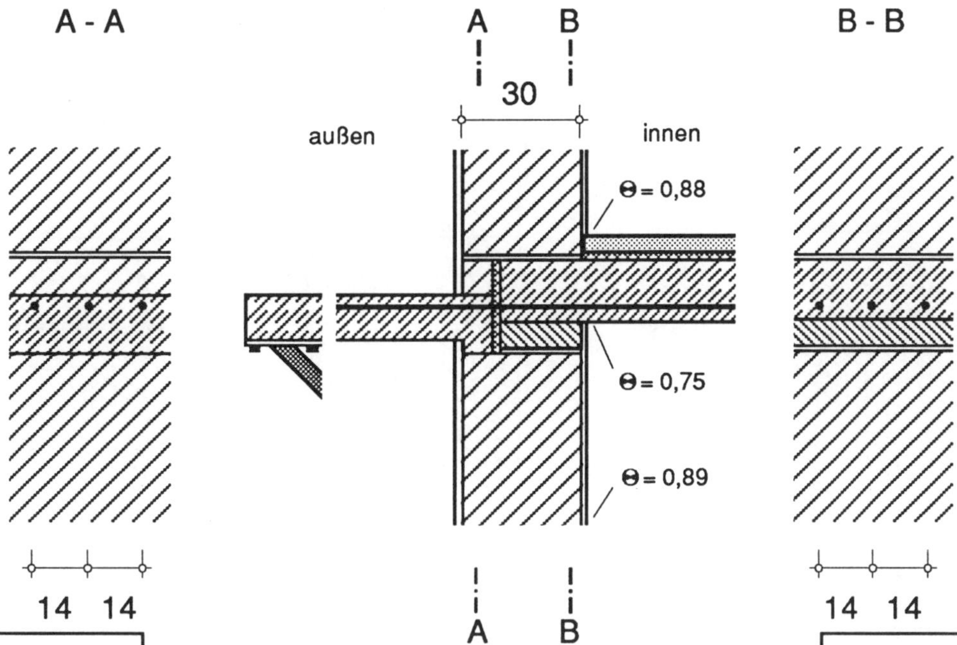

3dimensionale Wärmebrücke

WBV_o = 0,09 W/mK
WBV_u = 0,33 W/mK

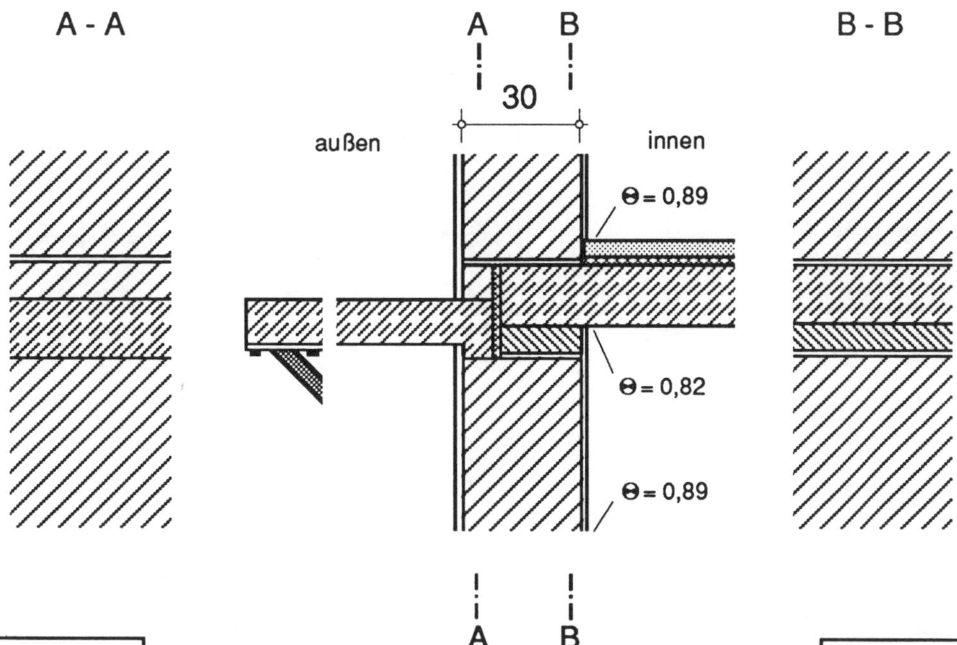

2dimensionale Wärmebrücke

Dient nur zur Darstellung des Einflusses der Stahlteile !

WBV_o = 0,05 W/mK
WBV_u = 0,21 W/mK

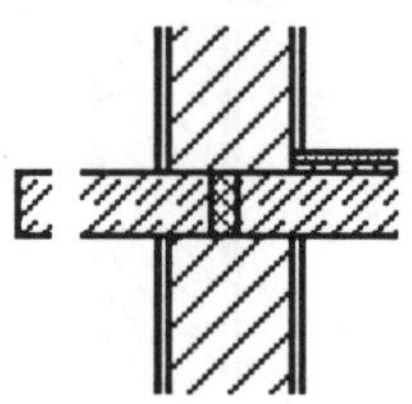

1. Monolithische Außenwand

1.4.2 Balkonanschluß, thermisch getrennte Balkonplatte

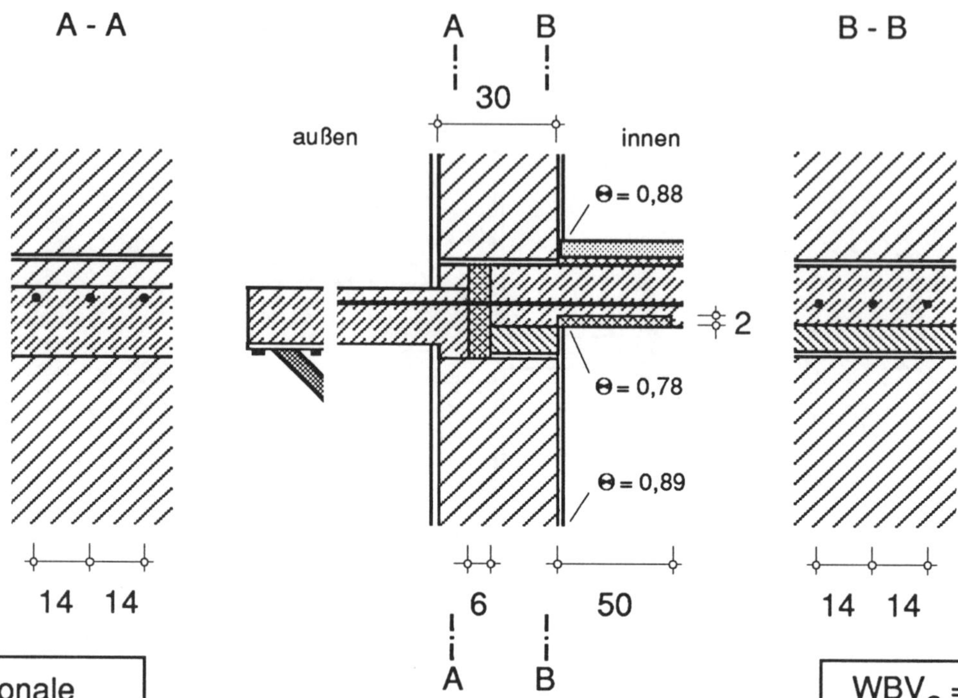

3dimensionale Wärmebrücke

WBV_o = 0,12 W/mK
WBV_u = 0,19 W/mK

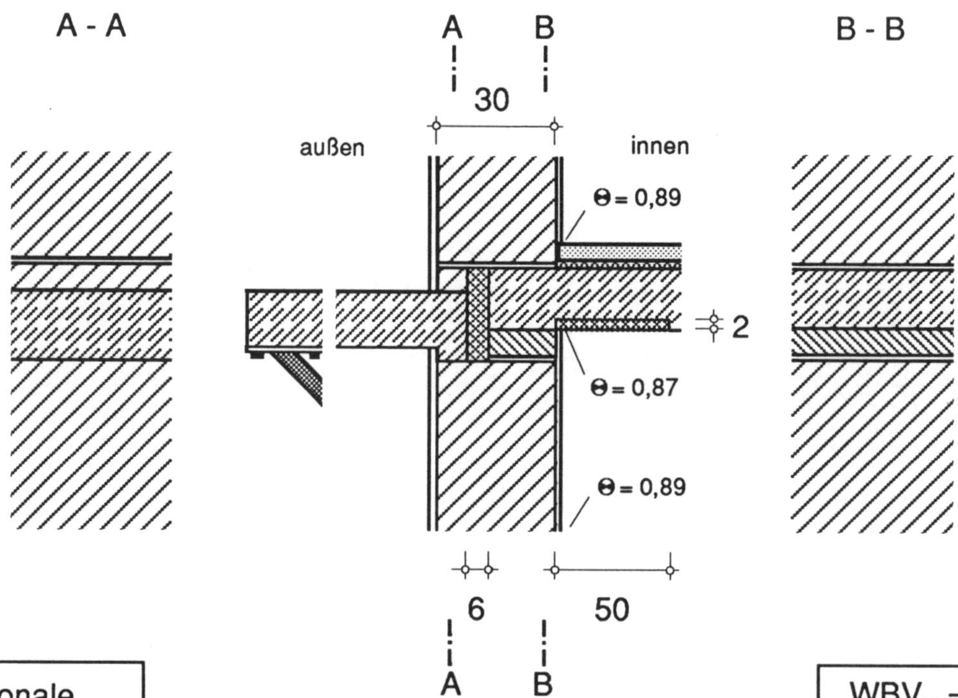

2dimensionale Wärmebrücke

Dient nur zur Darstellung des Einflusses der Stahlteile !

WBV_o = 0,06 W/mK
WBV_u = 0,08 W/mK

Monolithische Außenwand 1.

Balkonanschluß, thermisch getrennte Balkonplatte 1.4.2

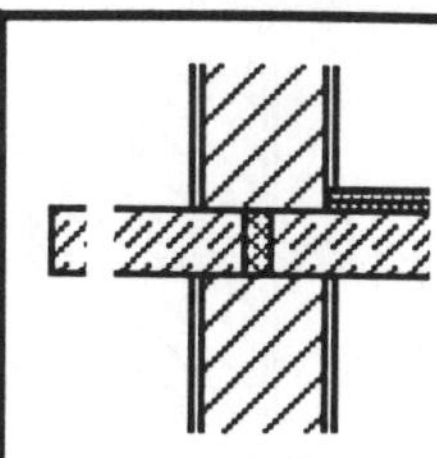

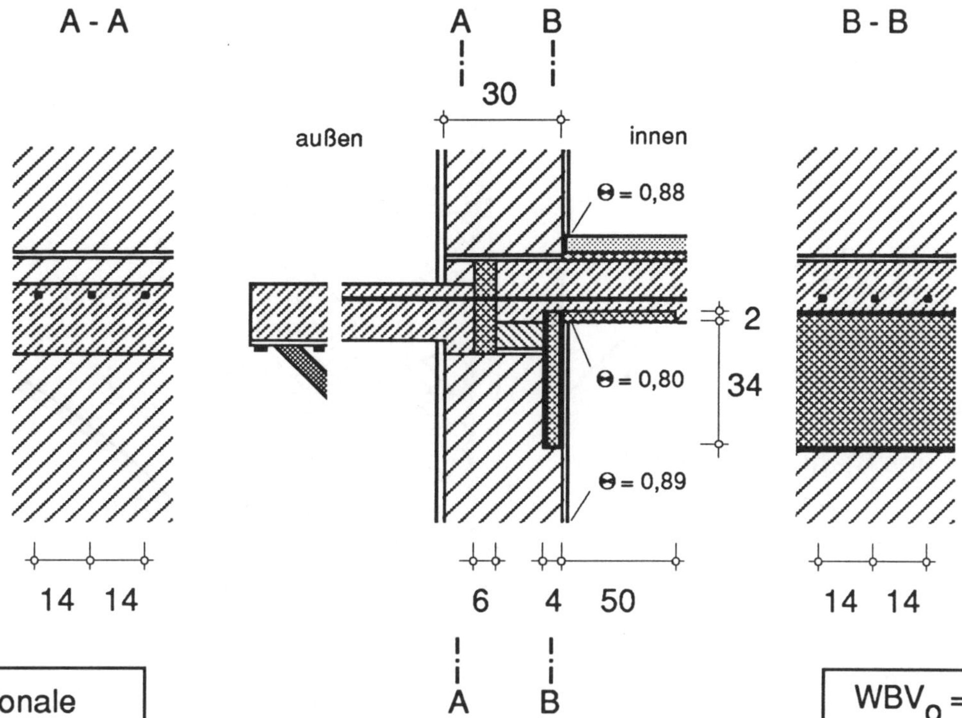

3dimensionale Wärmebrücke

$WBV_o = 0{,}13$ W/mK
$WBV_u = 0{,}12$ W/mK

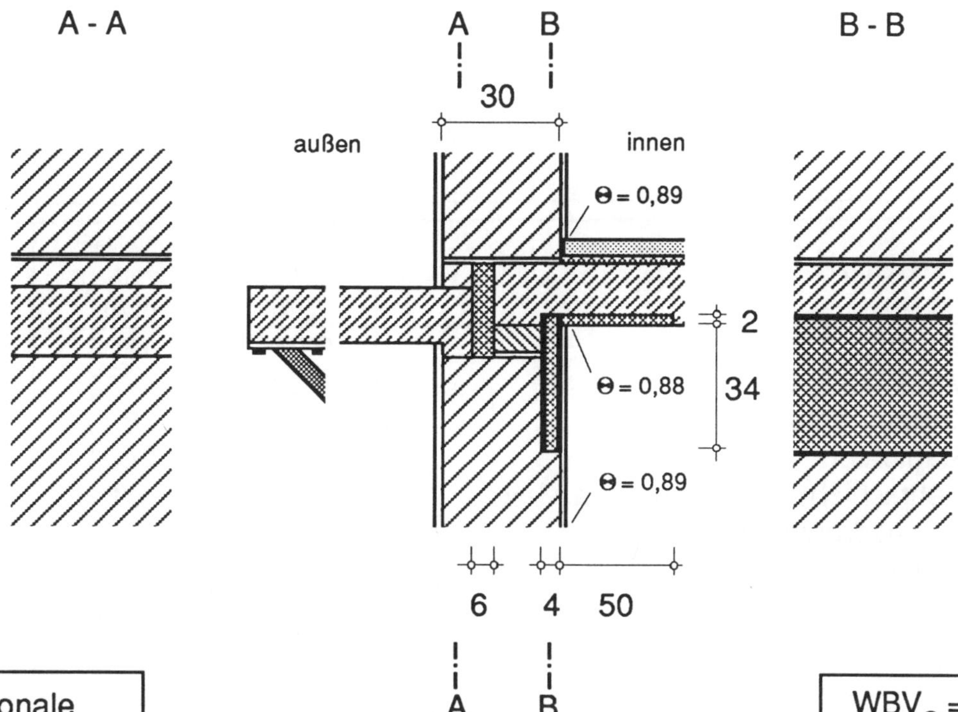

2dimensionale Wärmebrücke

Dient nur zur Darstellung des Einflusses der Stahlteile !

$WBV_o = 0{,}07$ W/mK
$WBV_u = 0{,}02$ W/mK

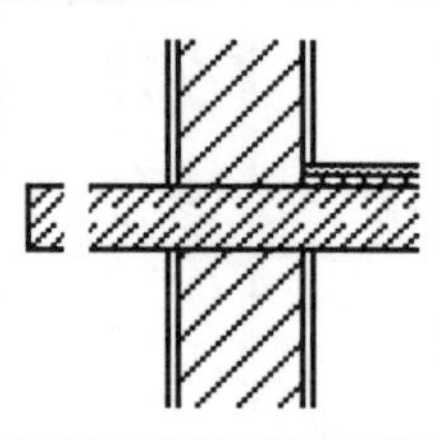

1. Monolithische Außenwand

1.4.5 Balkonanschluß, vorgehängte Stahlkonstruktion

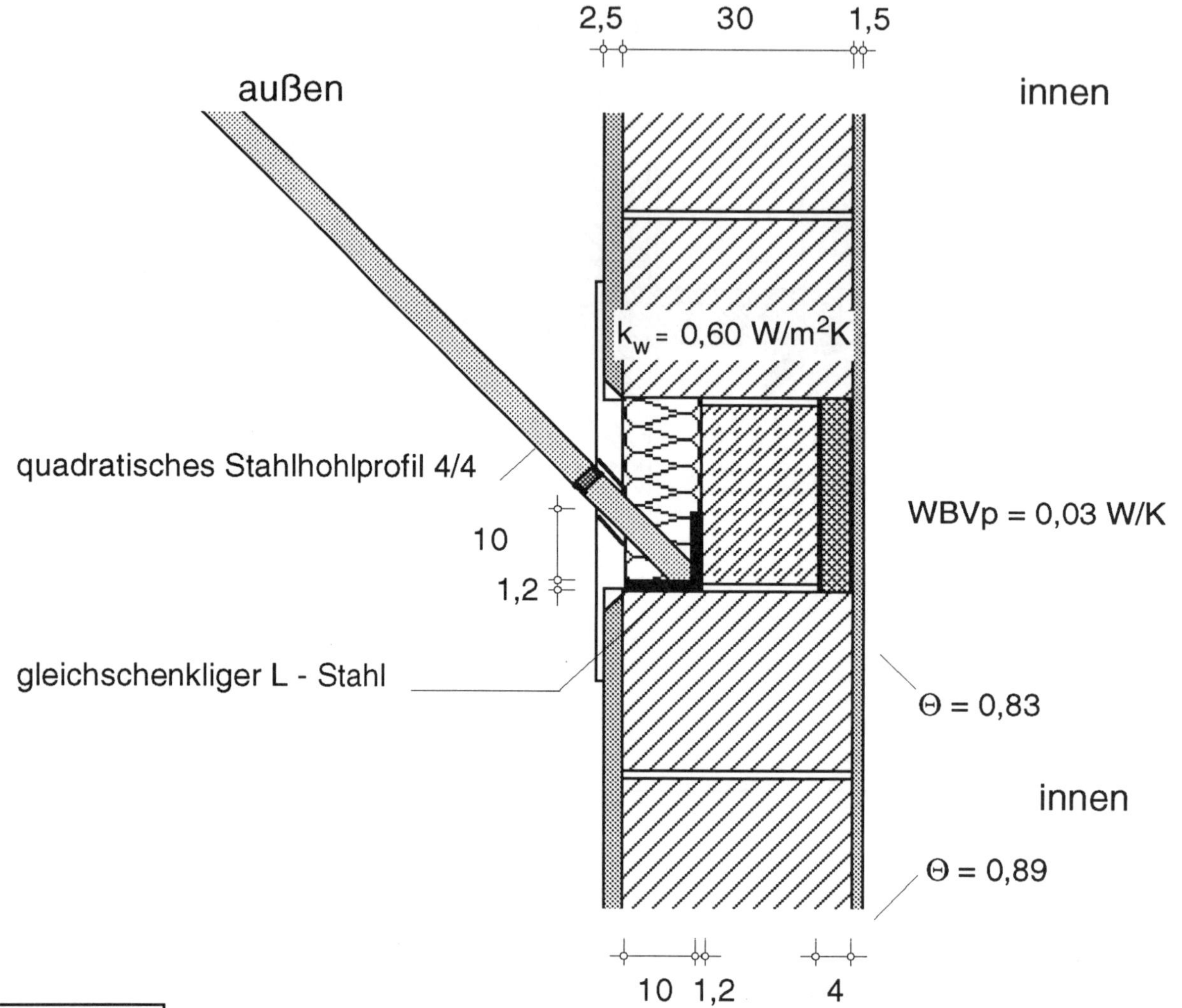

M 1:10

Baustoff	Dicke s [m]	Rohdichte ρ [kg/m³]	Wärmeleitfähigkeit λ_R [W/mK]
Gipsputz	0,015	1200	0,35
Mauerwerk	0,30	700	0,21
Kalkzementputz	0,025	1800	0,87
Stahlbeton	0,16	2400	2,1
Mehrschicht-Leichtbauplatte M-50/3	0,04	≥ 15	0,04
Wärmedämmstoff	0,10	-	0,04
Profilstahl	-	7850	60
Winkelstahl	-	7850	60

Monolithische Außenwand	1.
Balkonanschluß, thermisch getrennte Balkonplatte	1.4.2

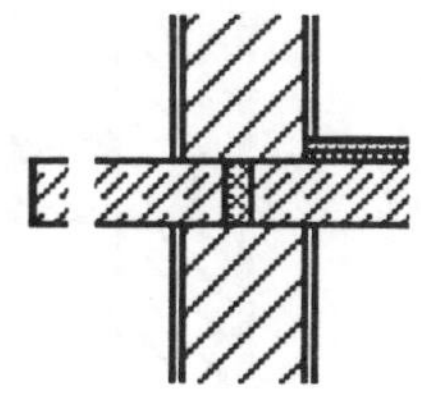

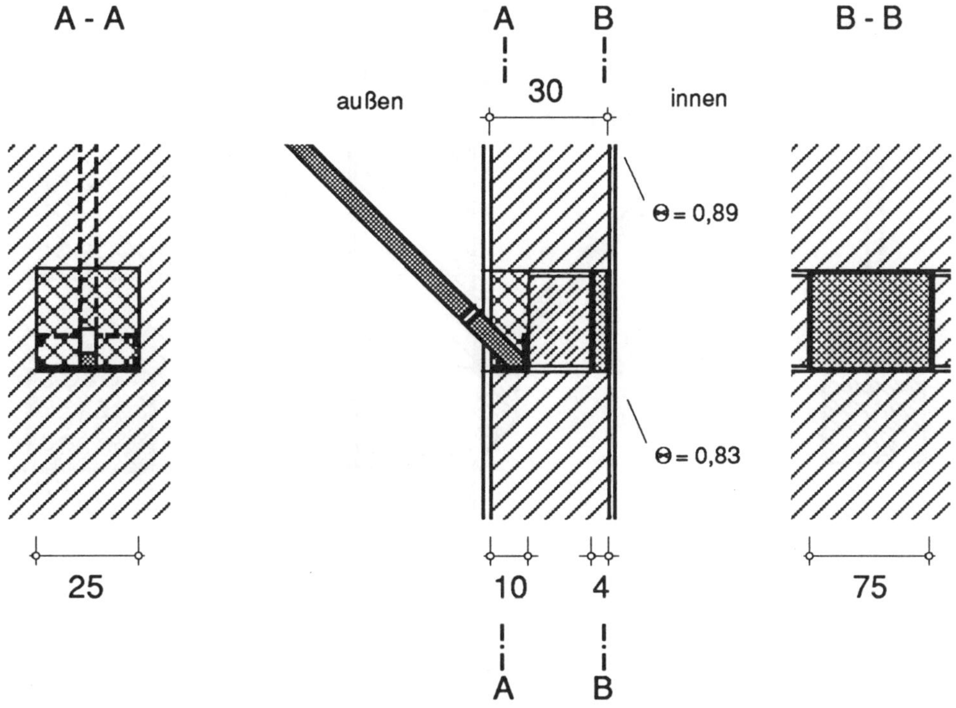

3dimensionale Wärmebrücke

WBVp = 0,03 W/K

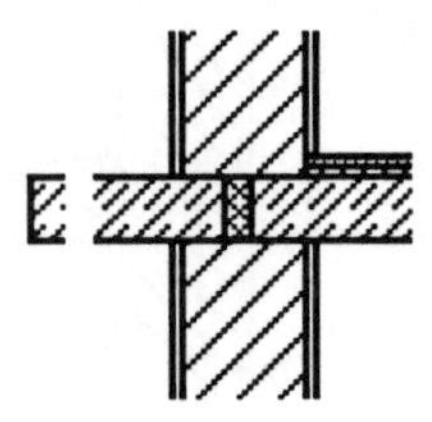

1. Monolithische Außenwand

1.4.2 Balkonanschluß, thermisch getrennte Balkonplatte

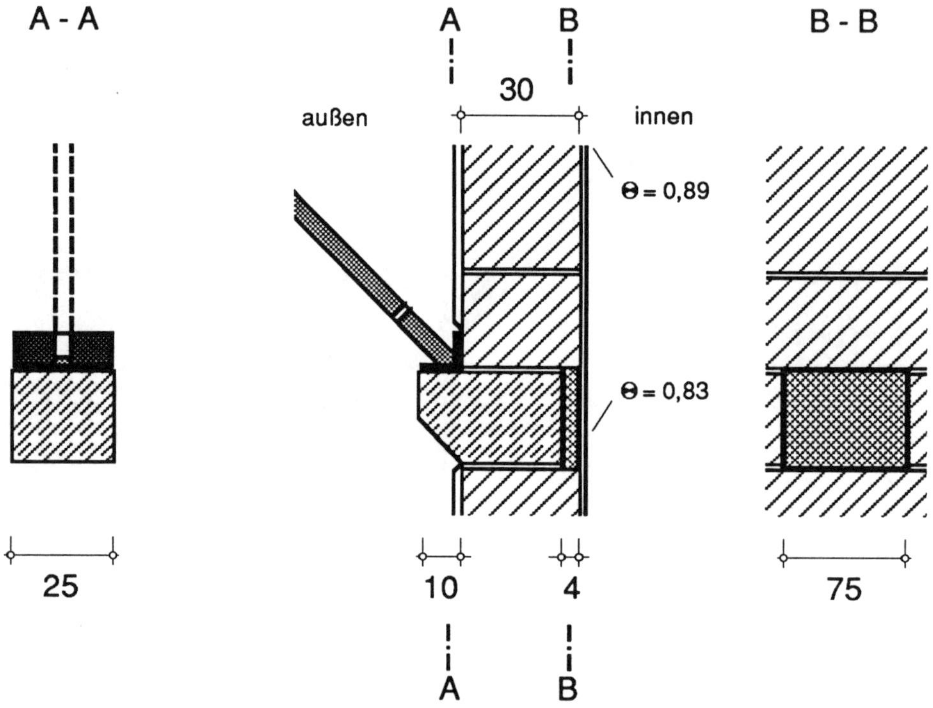

3dimensionale Wärmebrücke

WBVp = 0,03 W/K

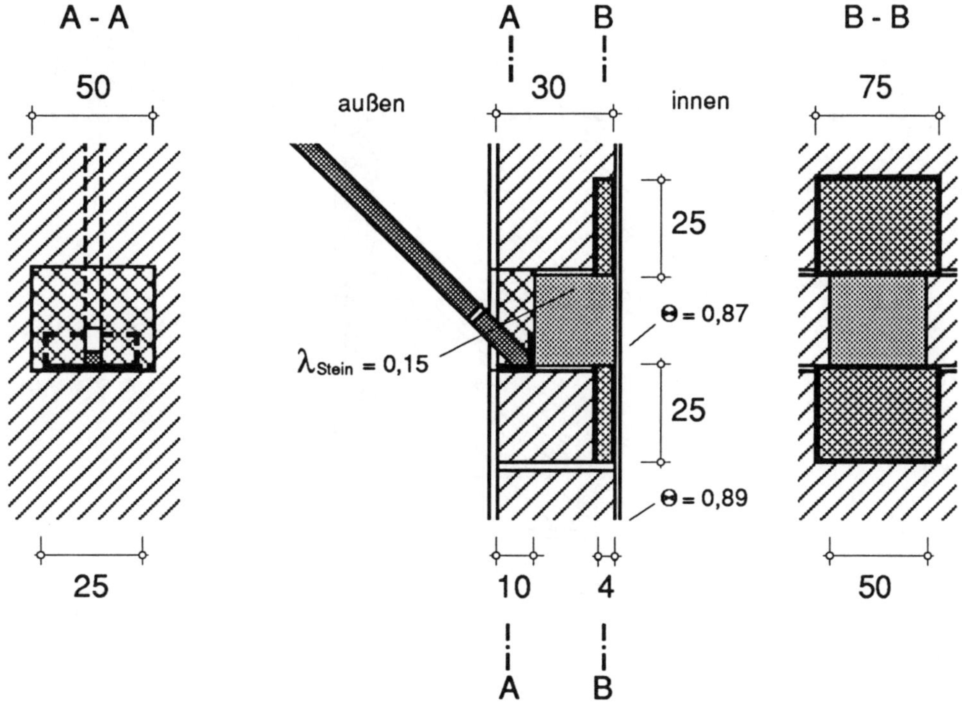

3dimensionale Wärmebrücke

WBVp = -0,07 W/K

1. Monolithische Außenwand

1.4.3 Balkonanschluß, Kragarm Stahlbeton

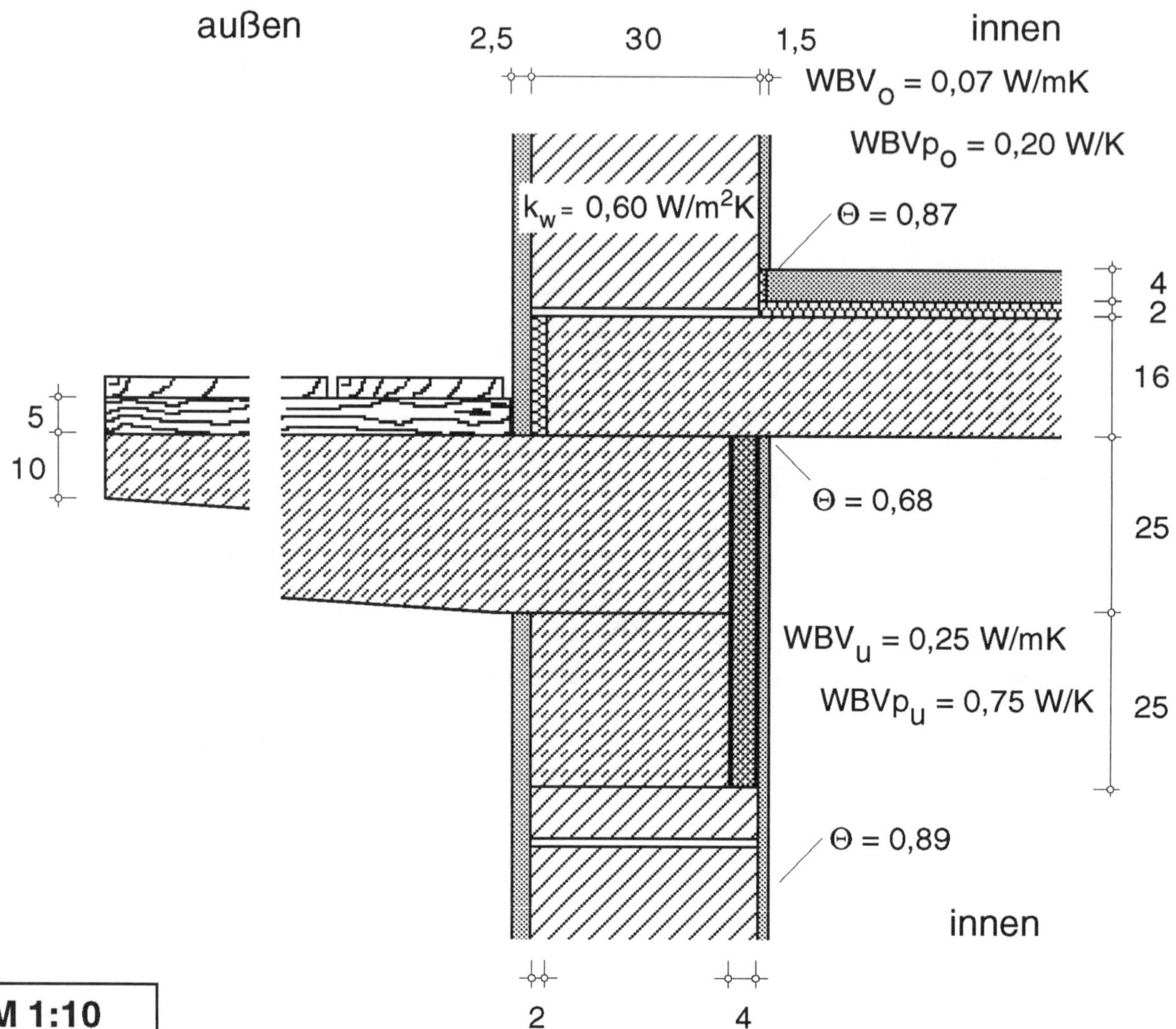

M 1:10

Baustoff	Dicke s [m]	Rohdichte ρ [kg/m³]	Wärmeleitfähigkeit λ_R [W/mK]
Gipsputz	0,015	1200	0,35
Mauerwerk	0,30	700	0,21
Kalkzementputz	0,025	1800	0,87
Zementestrich	0,04	2000	1,4
Wärmedämmstoff / Trittschalldämmung	0,02	-	0,04
Stahlbeton	-	2400	2,1
Mehrschicht-Leichtbauplatte M-50/3	0,04	≥ 15	0,04
Randdämmstreifen	0,005	-	0,04
Holz	-	-	-

Monolithische Außenwand 1.

Balkonanschluß, Kragarm Stahlbeton 1.4.3

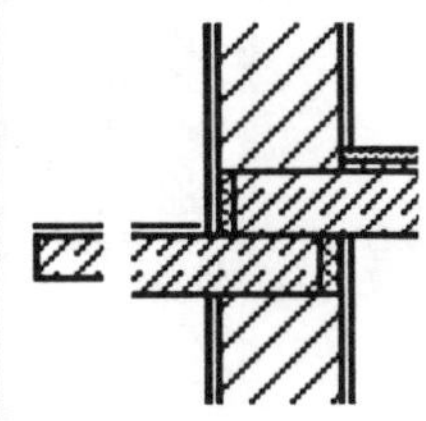

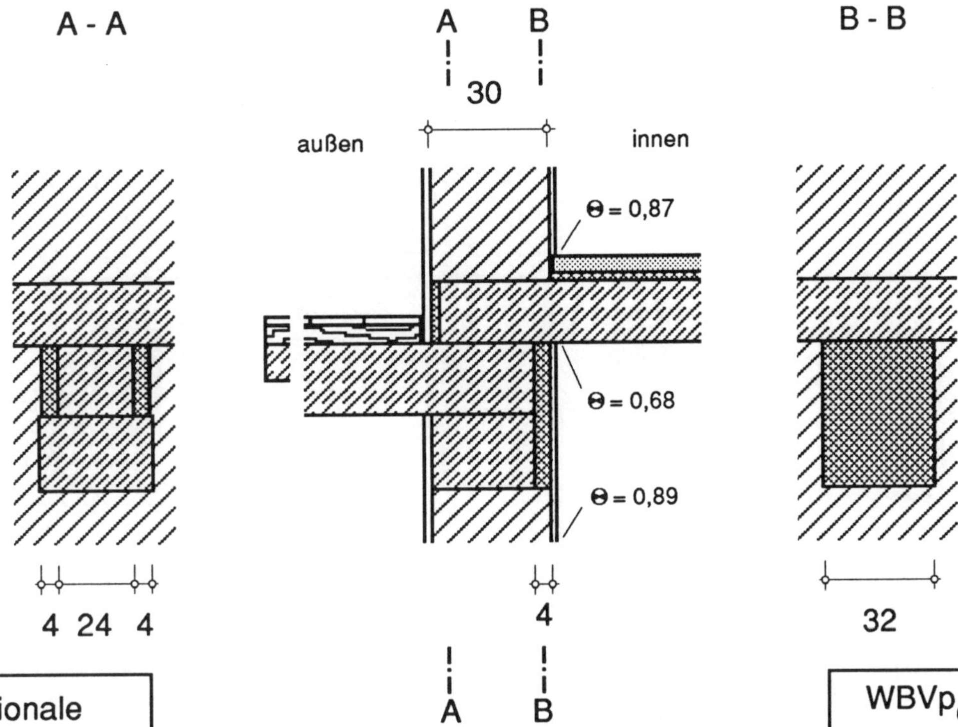

3dimensionale Wärmebrücke

$WBVp_o = 0{,}20$ W/K

$WBVp_u = 0{,}75$ W/K

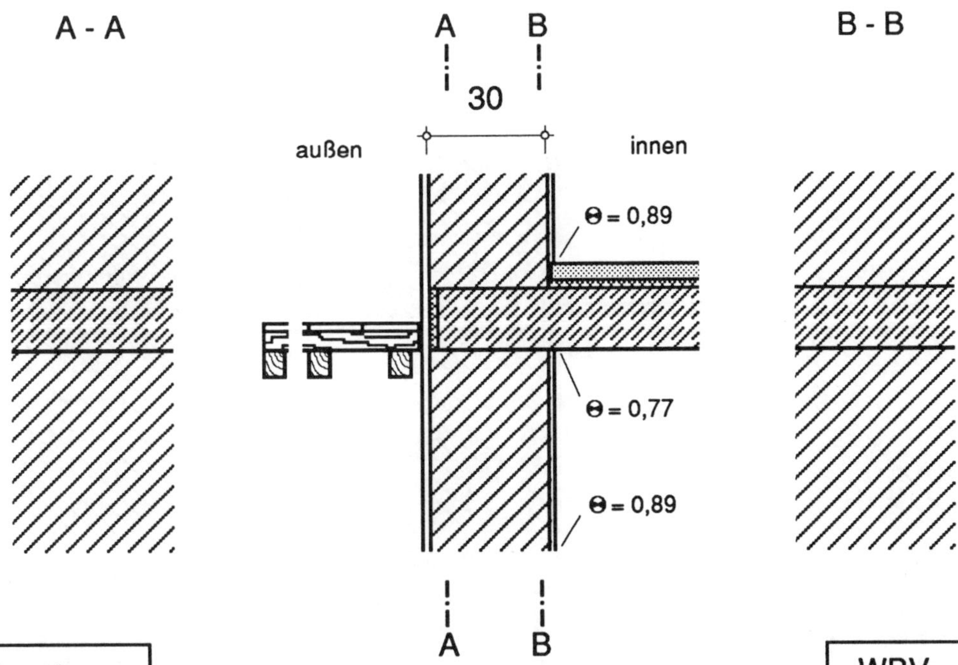

2dimensionale Wärmebrücke

$WBV_o = 0{,}07$ W/mK

$WBV_u = 0{,}25$ W/mK

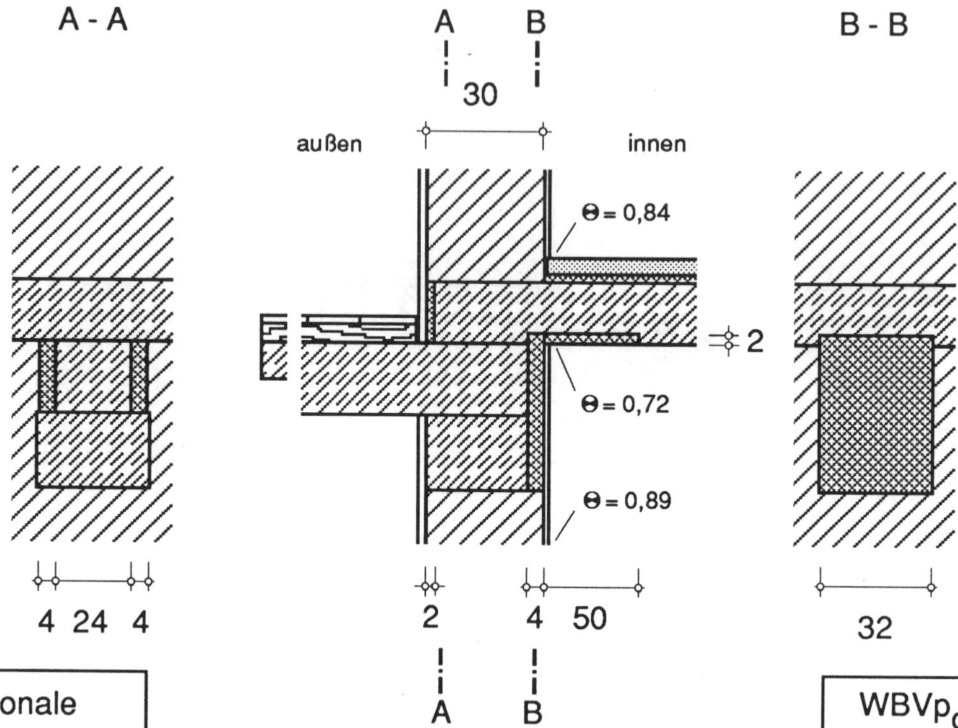

3dimensionale Wärmebrücke

$WBVp_o = 0{,}31$ W/K

$WBVp_u = 0{,}51$ W/K

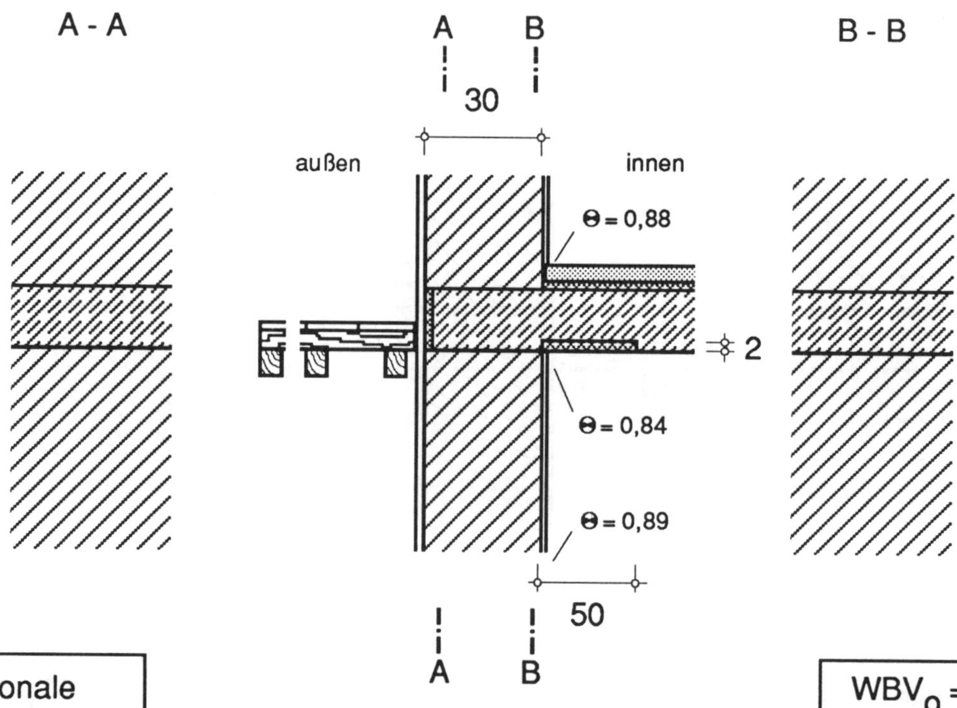

2dimensionale Wärmebrücke

$WBV_o = 0{,}13$ W/mK

$WBV_u = 0{,}15$ W/mK

Monolithische Außenwand 1.

Balkonanschluß, Kragarm Stahlbeton 1.4.3

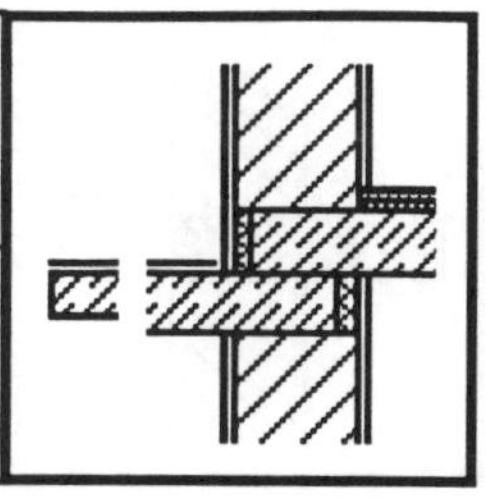

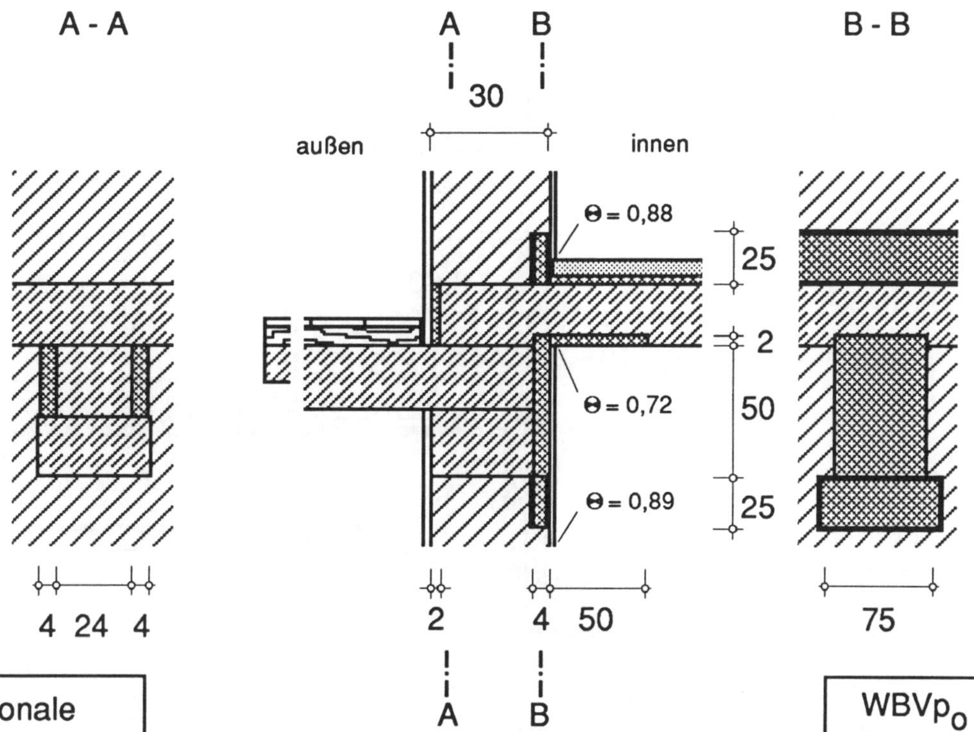

3dimensionale Wärmebrücke

$WBVp_o$ = 0,22 W/K
$WBVp_u$ = 0,47 W/K

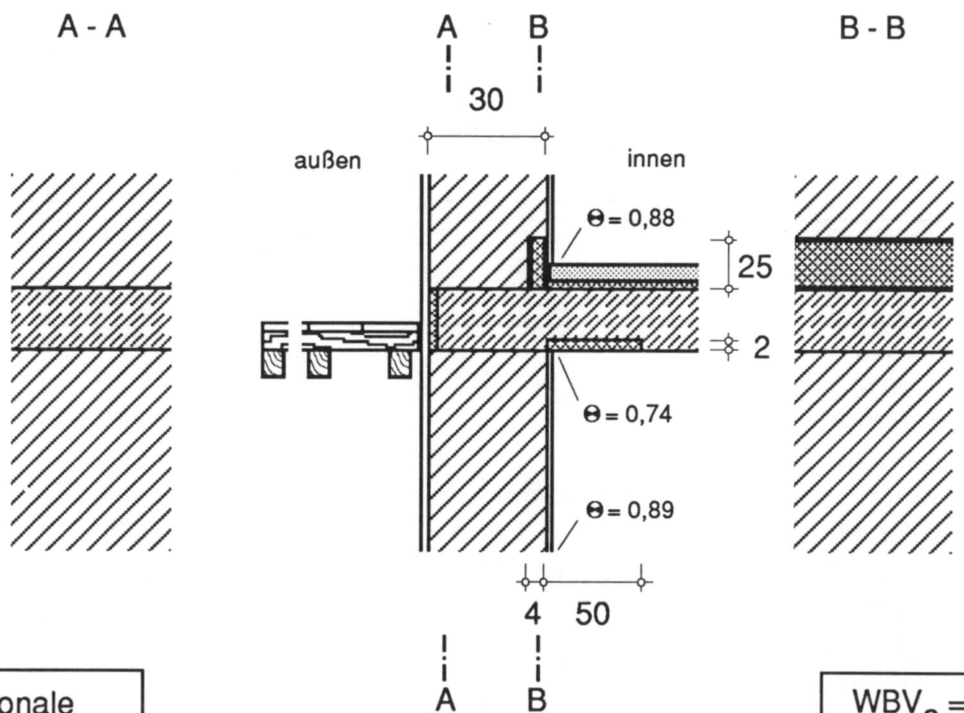

2dimensionale Wärmebrücke

WBV_o = 0,09 W/mK
WBV_u = 0,23 W/mK

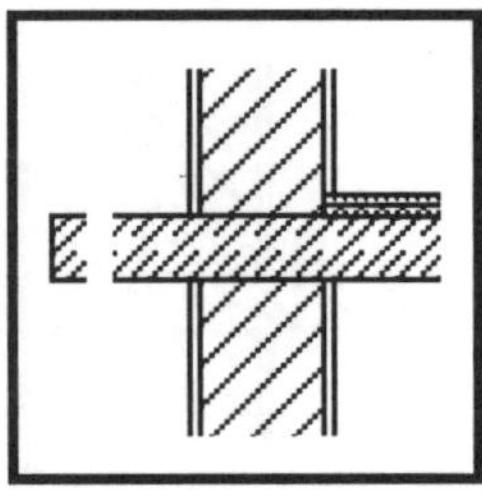

1. Monolithische Außenwand

1.4.4 Balkonanschluß, Kragarm Stahlprofil

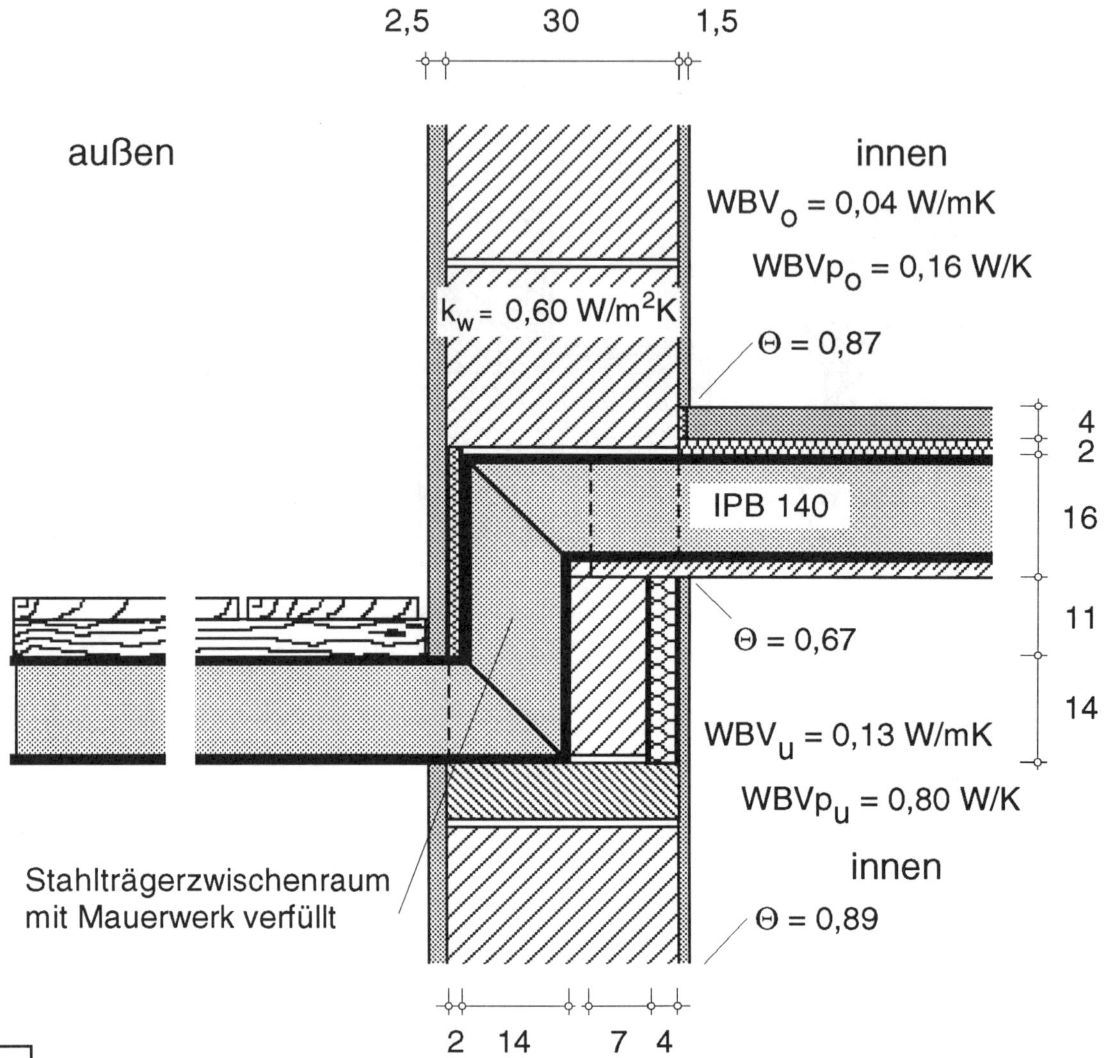

M 1:10

Baustoff	Dicke s [m]	Rohdichte ρ [kg/m³]	Wärmeleitfähigkeit λ_R [W/mK]
Gipsputz	0,015	1200	0,35
Mauerwerk	0,30	700	0,21
Kalkzementputz	0,025	1800	0,87
Zementestrich	0,04	2000	1,4
Wärmedämmstoff / Trittschalldämmung	0,02	-	0,04
Stahlbeton	0,16	2400	2,1
Mehrschicht-Leichtbauplatte M-50/3	-	≥ 15	0,04
Stahlprofil IPB 140	-	7850	60
Ausgleichsstein NF	0,30	1600	0,79
Randdämmstreifen	0,005	-	0,04
Holz	-	-	-

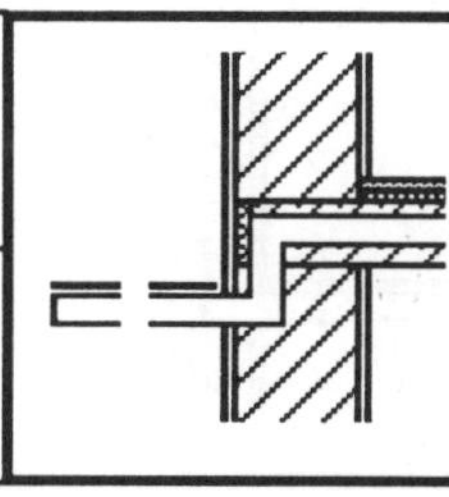

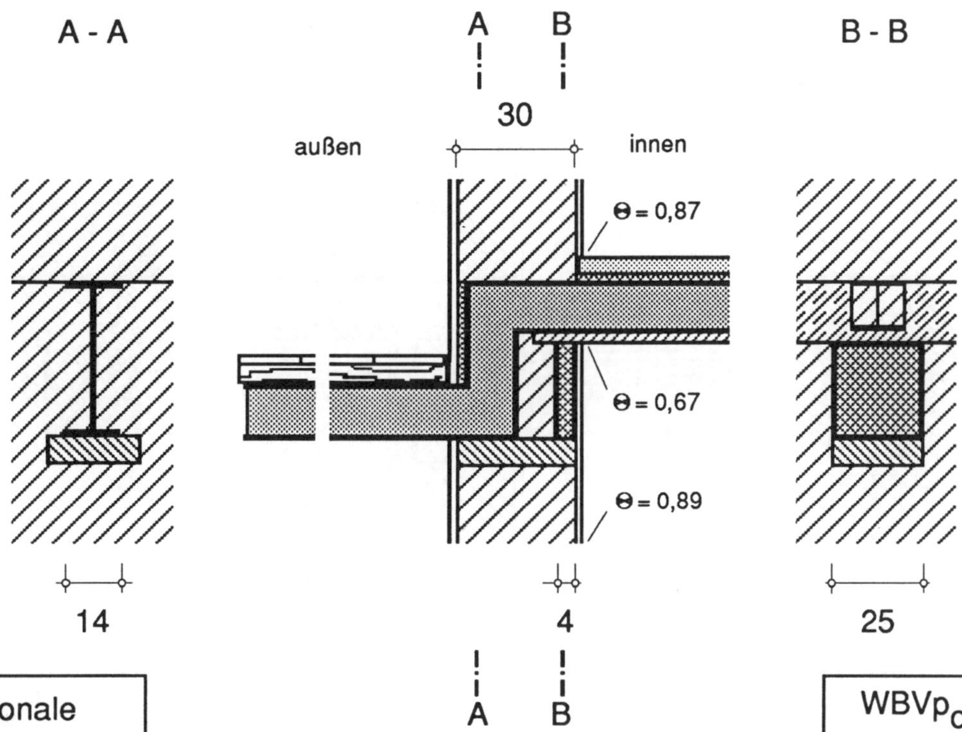

3dimensionale Wärmebrücke

$WBVp_o = 0{,}16$ W/K
$WBVp_u = 0{,}80$ W/K

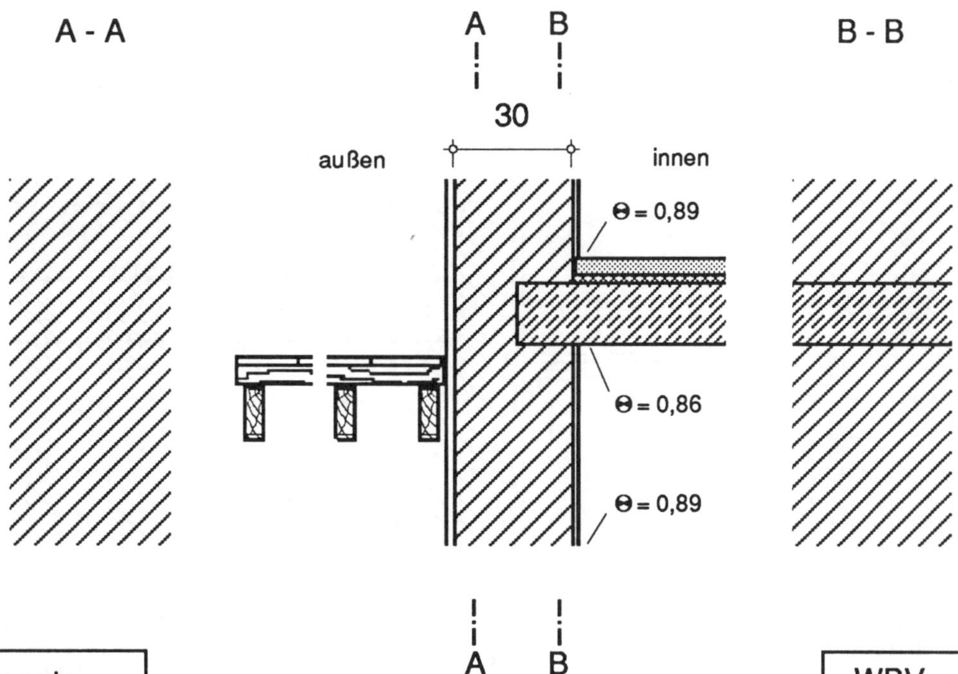

2dimensionale Wärmebrücke

$WBV_o = 0{,}04$ W/mK
$WBV_u = 0{,}13$ W/mK

1. Monolithische Außenwand

1.4.4 Balkonanschluß, Kragarm Stahlprofil

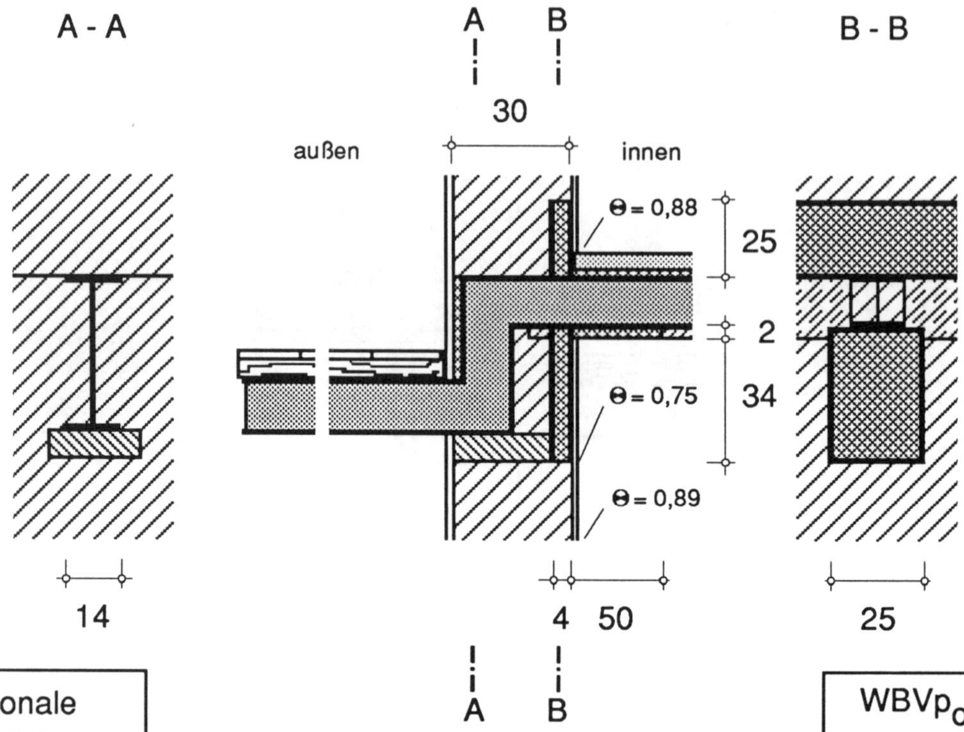

3dimensionale Wärmebrücke

$WBVp_o = 0{,}17$ W/K
$WBVp_u = 0{,}63$ W/K

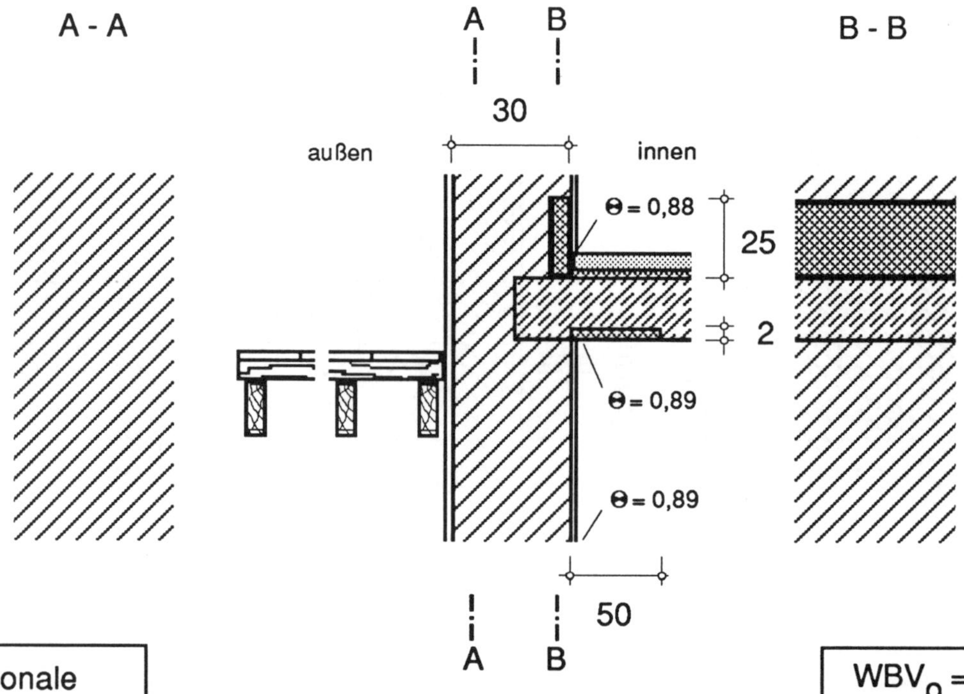

2dimensionale Wärmebrücke

$WBV_o = 0{,}04$ W/mK
$WBV_u = 0{,}09$ W/mK

Monolithische Außenwand 1.

Balkonanschluß, Kragarm Stahlprofil 1.4.4

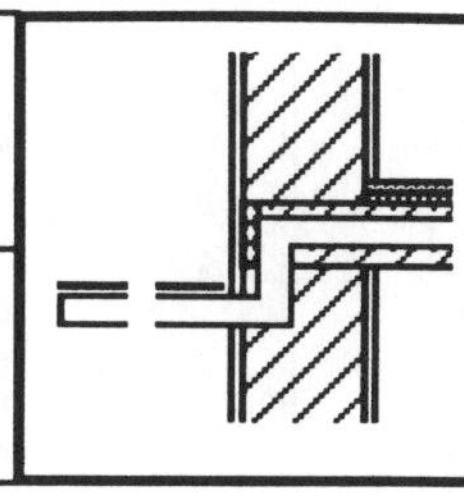

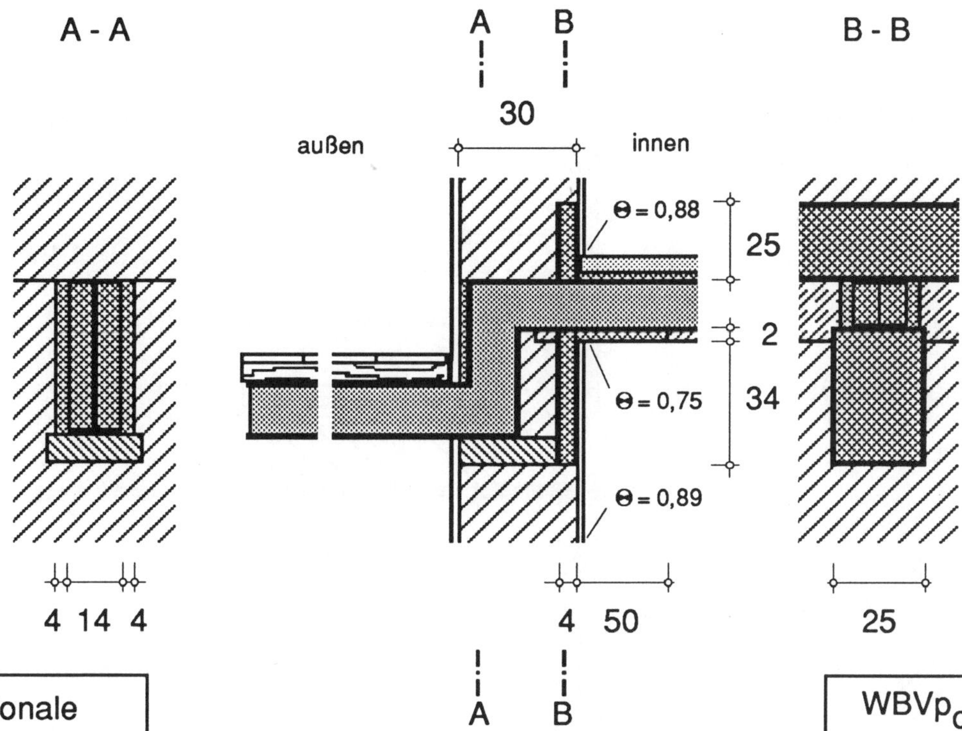

3dimensionale Wärmebrücke

WBVp_o = 0,17 W/K
WBVp_u = 0,61 W/K

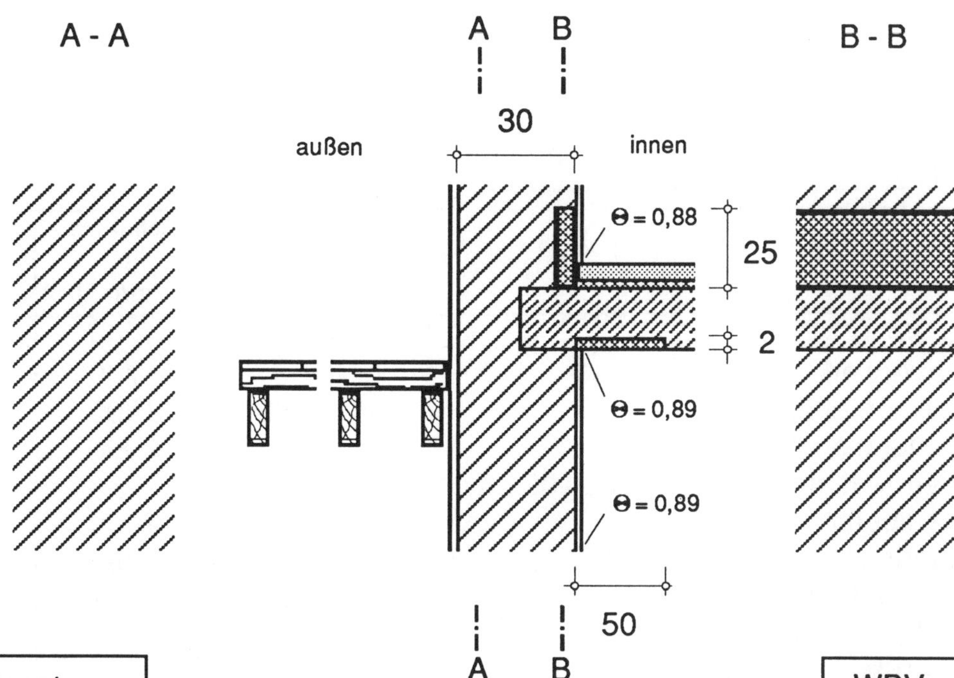

2dimensionale Wärmebrücke

WBV$_o$ = 0,04 W/mK
WBV$_u$ = 0,09 W/mK

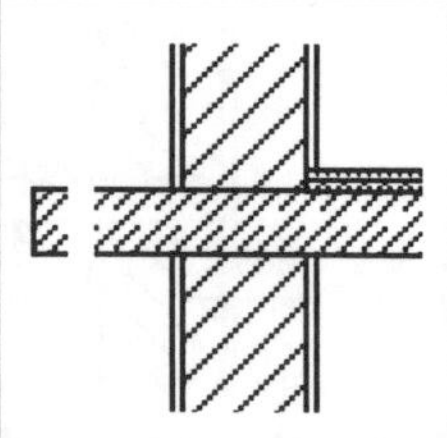

1. Monolithische Außenwand

1.4.5 Balkonanschluß, vorgehängte Stahlkonstruktion

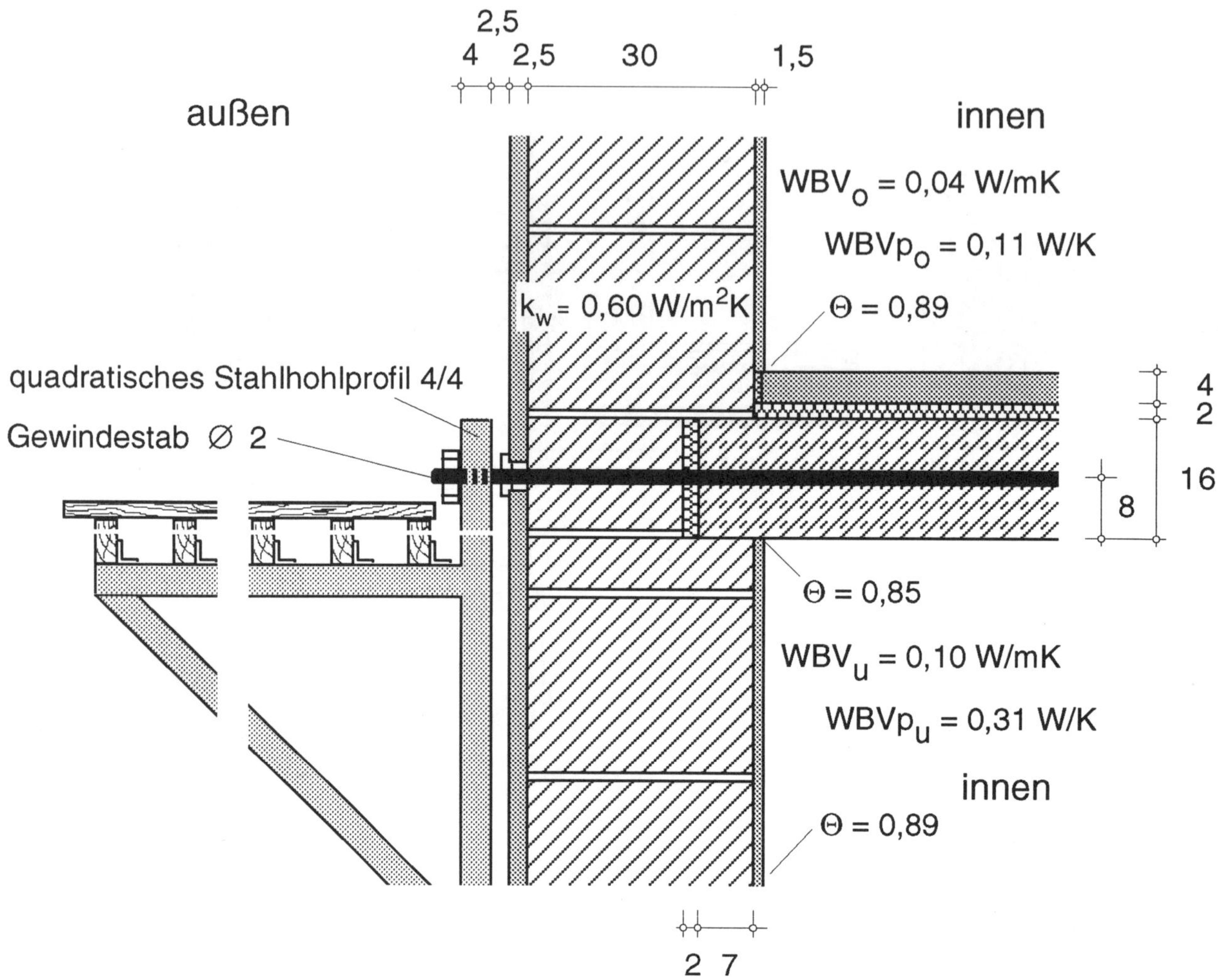

M 1:10

Baustoff	Dicke s [m]	Rohdichte ρ [kg/m³]	Wärmeleitfähigkeit λ_R [W/mK]
Gipsputz	0,015	1200	0,35
Mauerwerk	0,30	700	0,21
Kalkzementputz	0,025	1800	0,87
Zementestrich	0,04	2000	1,4
Wärmedämmstoff / Trittschalldämmung	0,02	-	0,04
Stahlbeton	0,16	2400	2,1
Rundstahl	-	7850	60
Wärmedämmstoff	0,02	-	0,04
Profilstahl	-	7850	60
Randdämmstreifen	0,005	-	0,04
Holz	-	-	-

Monolithische Außenwand 1.

Balkonanschluß, vorgehängte Stahlkonstruktion 1.4.5

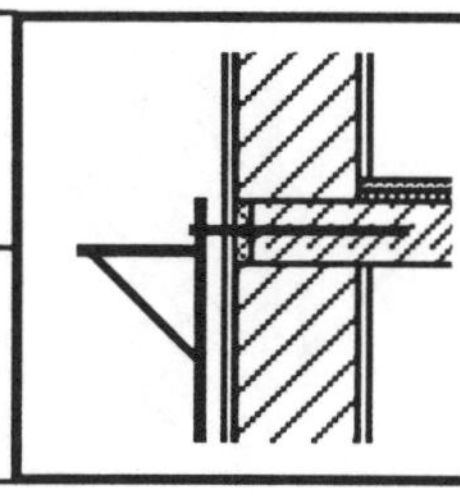

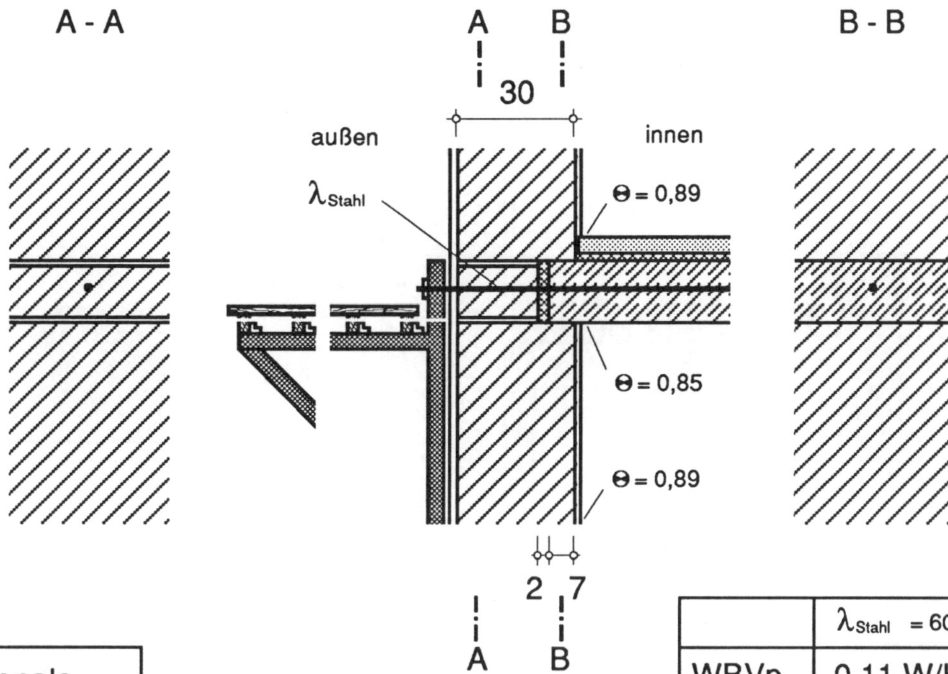

3dimensionale Wärmebrücke

	$\lambda_{Stahl} = 60$	$\lambda_{Stahl} = 15$
$WBVp_o$	0,11 W/K	0,11 W/K
$WBVp_u$	0,31 W/K	0,29 W/K

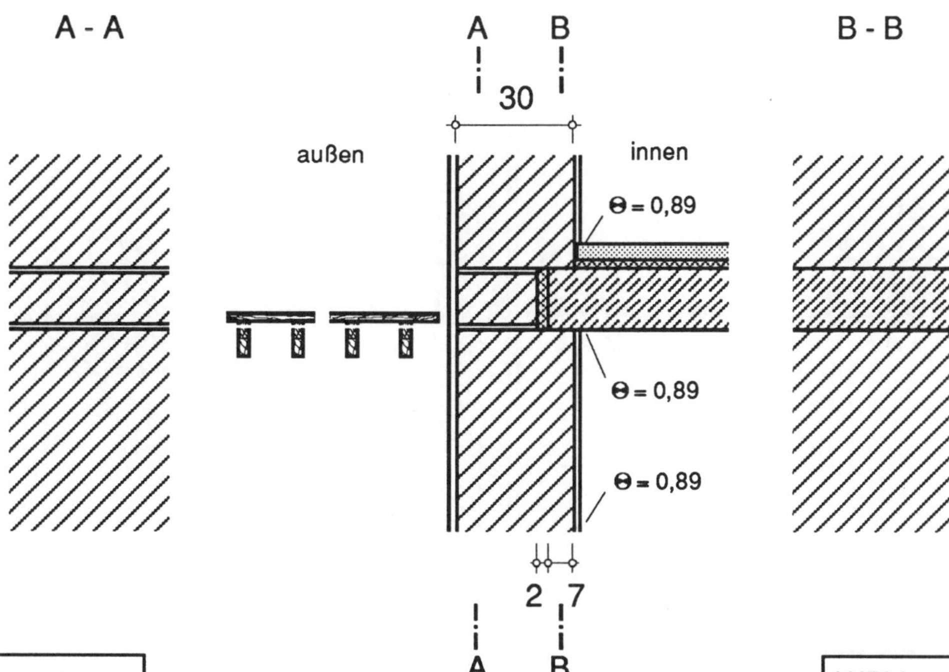

2dimensionale Wärmebrücke

$WBV_o = 0,04$ W/mK
$WBV_u = 0,10$ W/mK

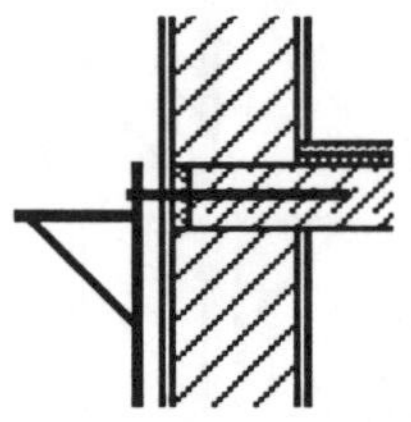	1. Monolithische Außenwand
	1.4.5 Balkonanschluß, vorgehängte Stahlkonstruktion

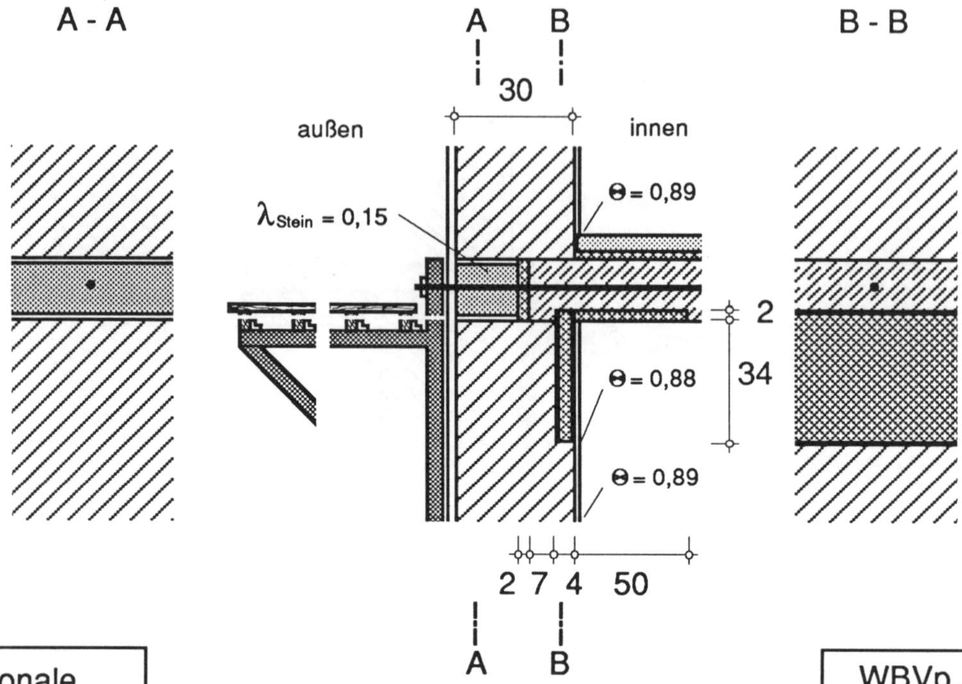

3dimensionale Wärmebrücke

$WBVp_o = 0{,}21$ W/K
$WBVp_u = 0{,}00$ W/K

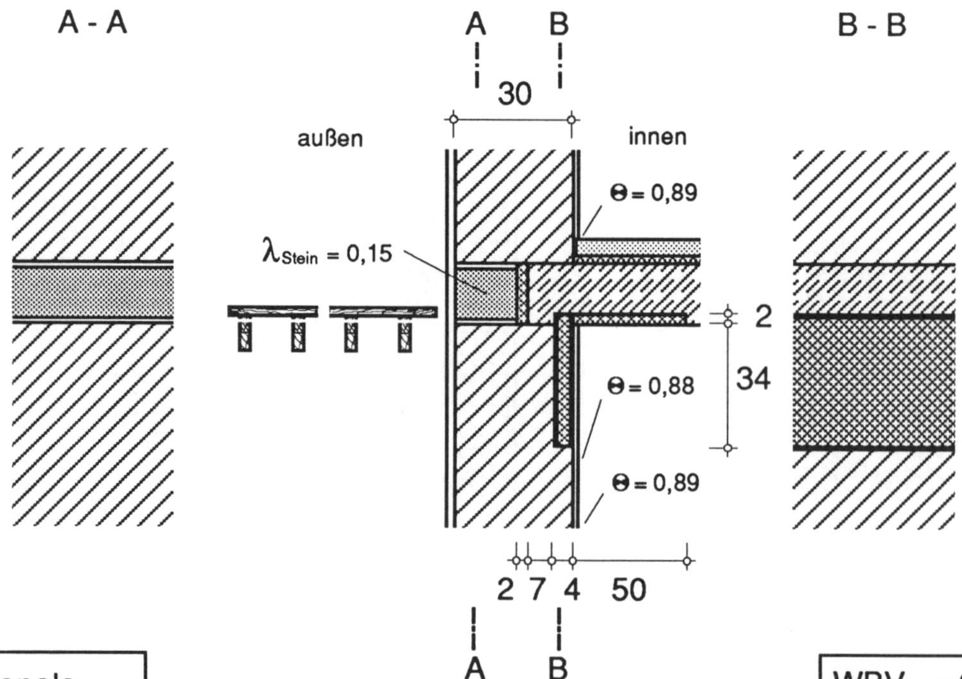

2dimensionale Wärmebrücke

$WBV_o = 0{,}08$ W/mK
$WBV_u = 0{,}00$ W/mK

Monolithische Außenwand 1.

Balkonanschluß, vorgehängte Stahlkonstruktion 1.4.5

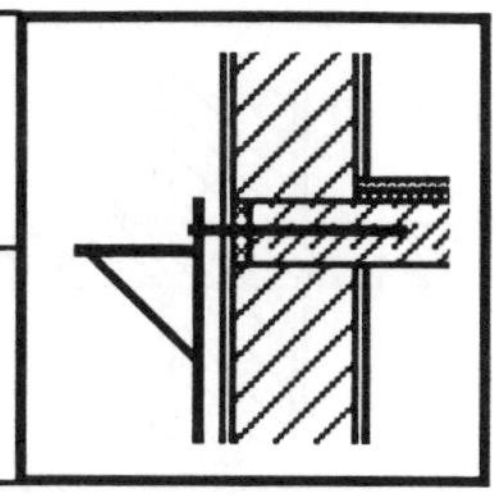

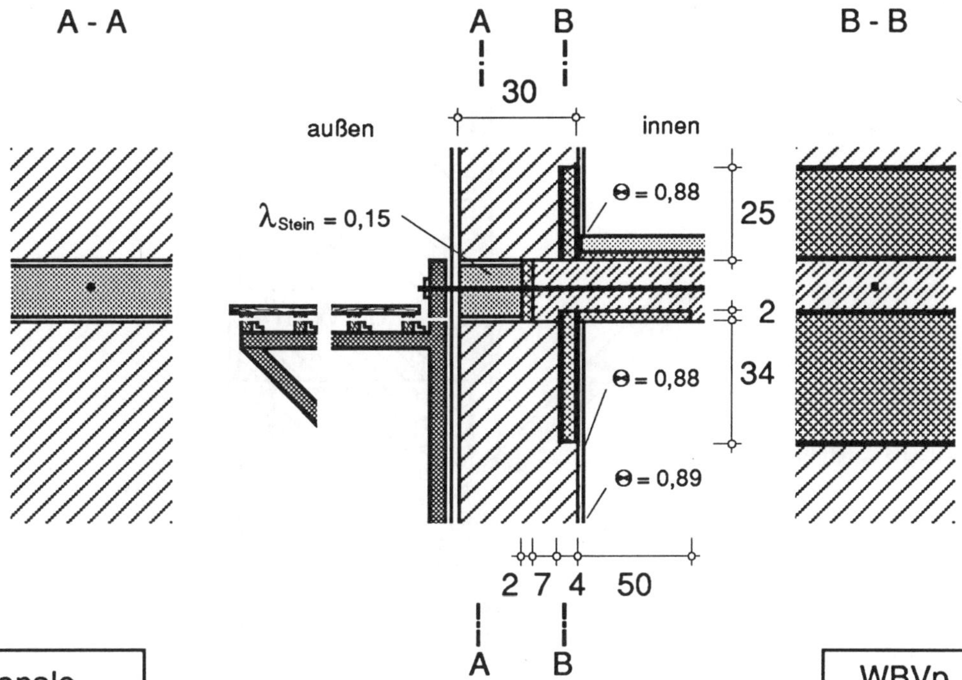

3dimensionale Wärmebrücke

$WBVp_o = 0{,}09$ W/K
$WBVp_u = 0{,}02$ W/K

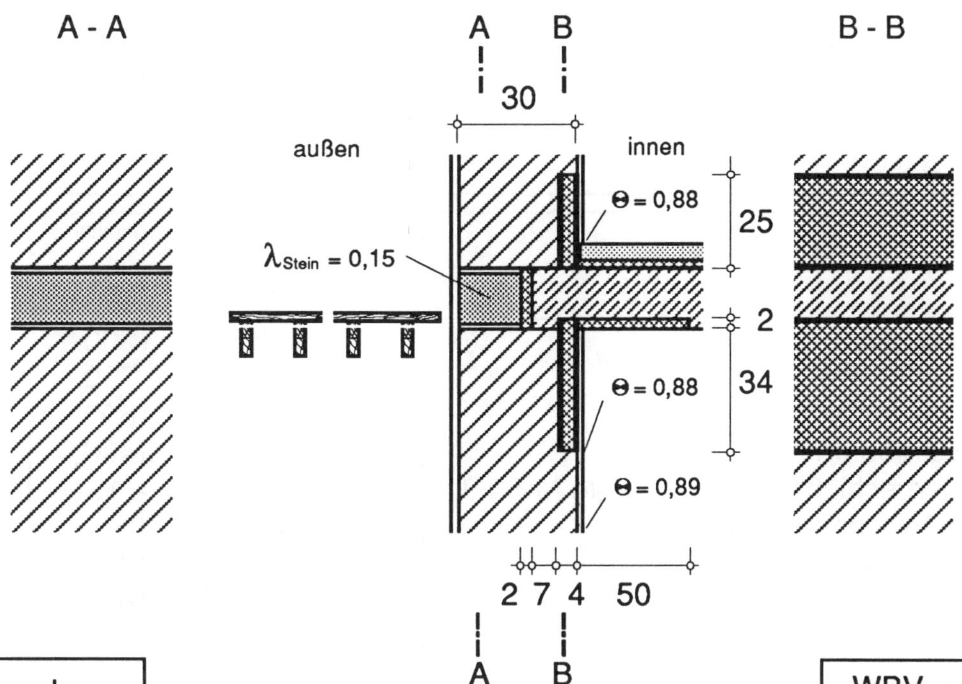

2dimensionale Wärmebrücke

$WBV_o = 0{,}03$ W/mK
$WBV_u = 0{,}01$ W/mK

1. Monolithische Außenwand

1.4.5 Balkonanschluß, vorgehängte Stahlkonstruktion

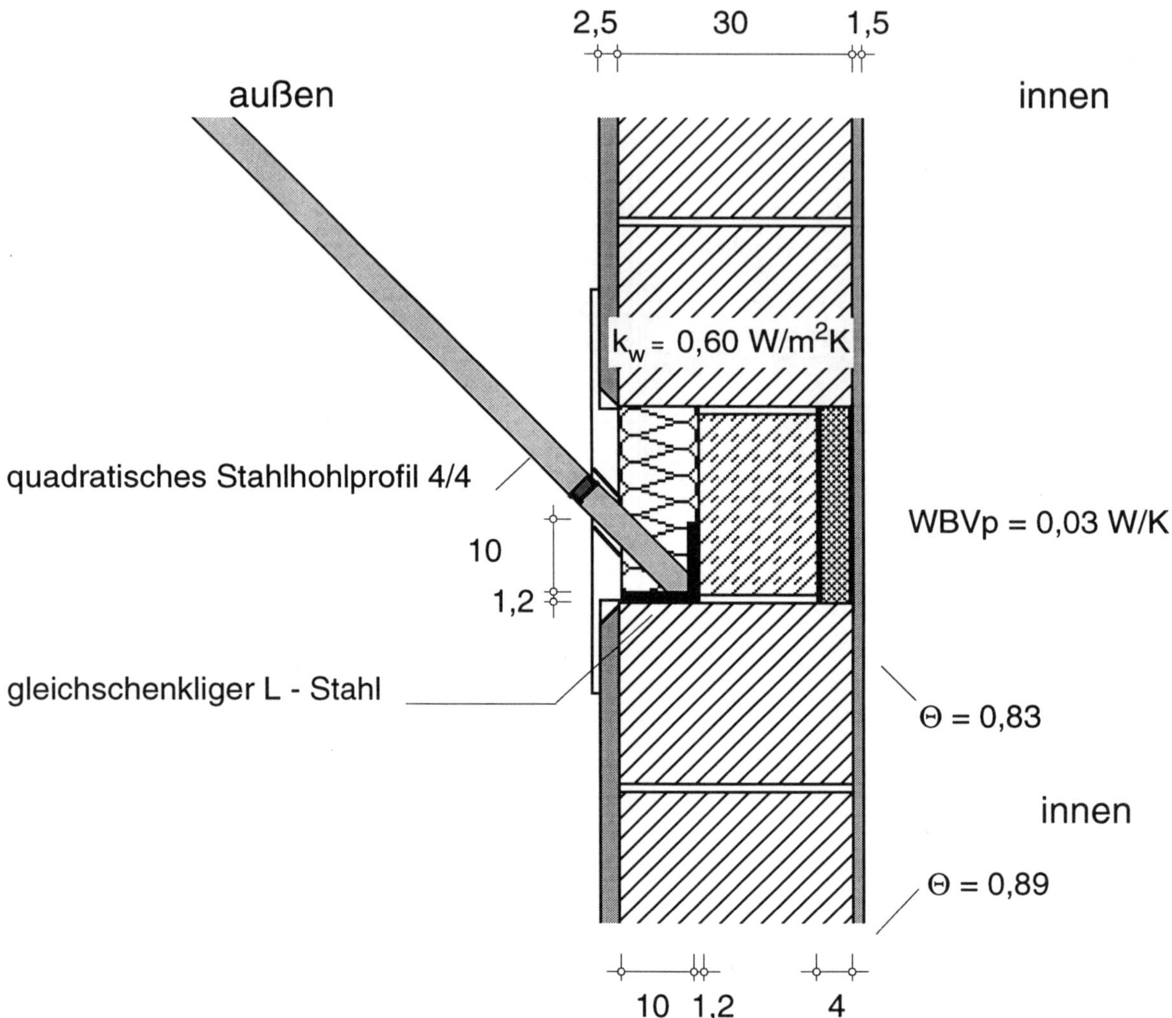

M 1:10

Baustoff	Dicke s [m]	Rohdichte ρ [kg/m³]	Wärmeleitfähigkeit λ_R [W/mK]
Gipsputz	0,015	1200	0,35
Mauerwerk	0,30	700	0,21
Kalkzementputz	0,025	1800	0,87
Stahlbeton	0,16	2400	2,1
Mehrschicht-Leichtbauplatte M-50/3	0,04	≥ 15	0,04
Wärmedämmstoff	0,10	-	0,04
Profilstahl	-	7850	60
Winkelstahl	-	7850	60

Monolithische Außenwand 1.

Balkonanschluß, vorgehängte Stahlkonstruktion 1.4.5

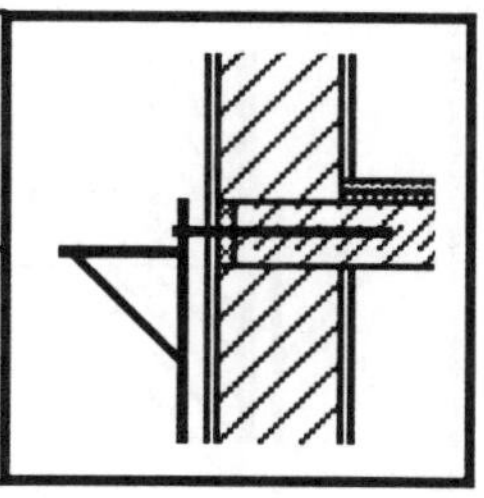

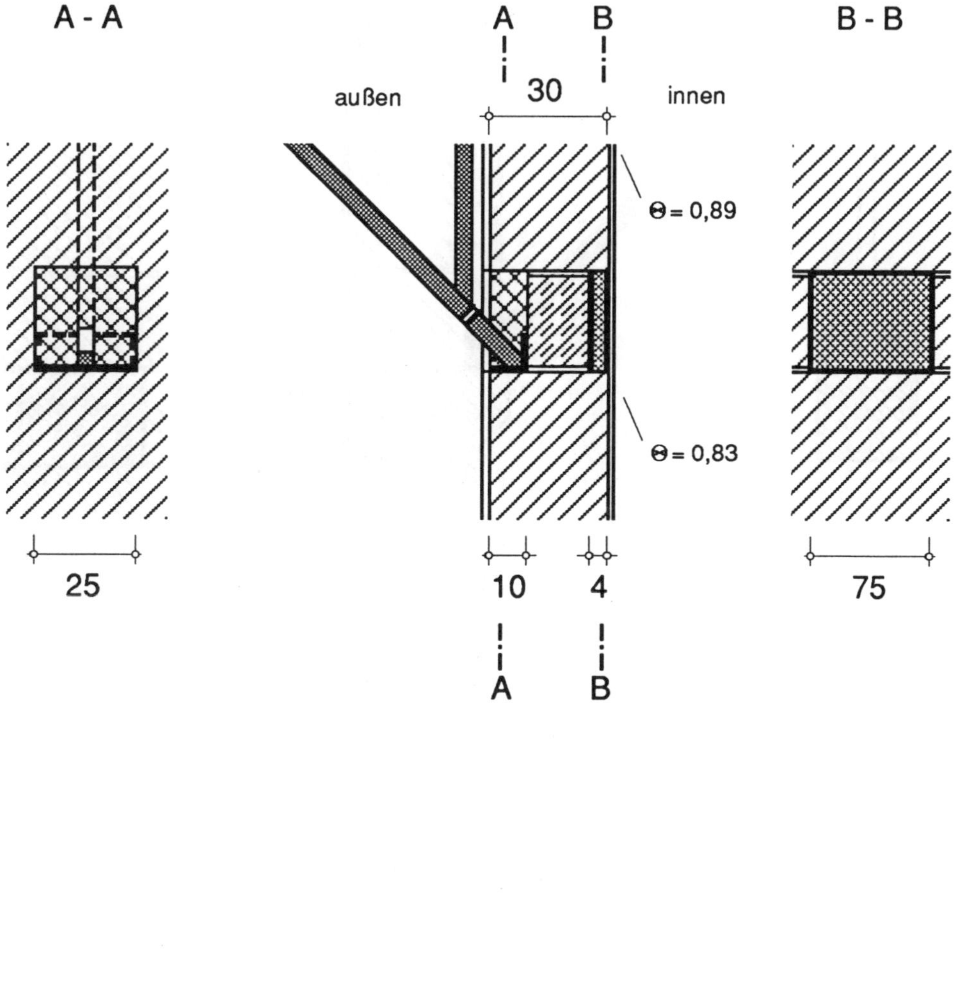

3dimensionale Wärmebrücke

WBVp = 0,03 W/K

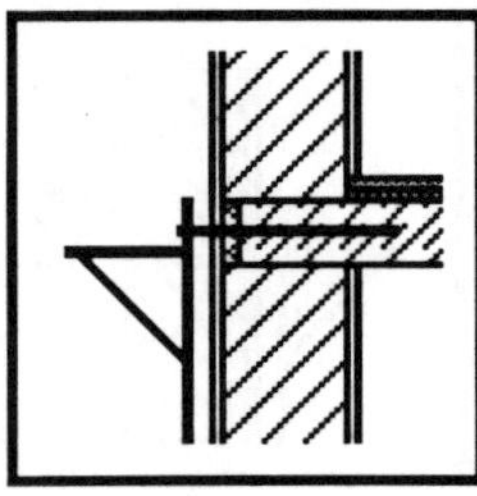

1. Monolithische Außenwand

1.4.5 Balkonanschluß, vorgehängte Stahlkonstruktion

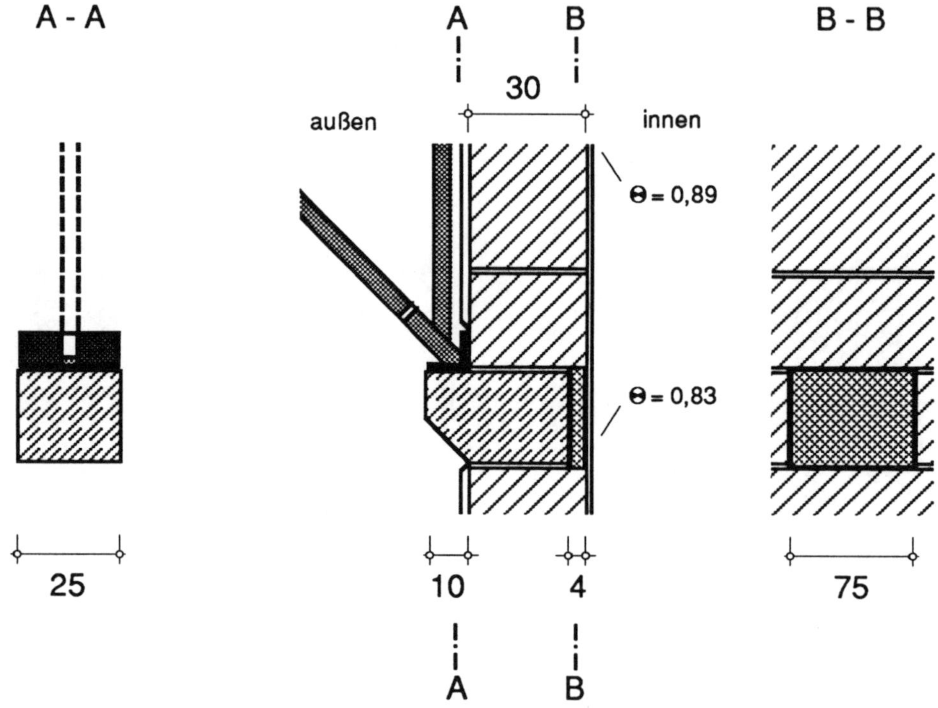

3dimensionale Wärmebrücke

WBVp = 0,03 W/K

Balkonanschluß, vorgehängte Stahlkonstruktion 1.4.5

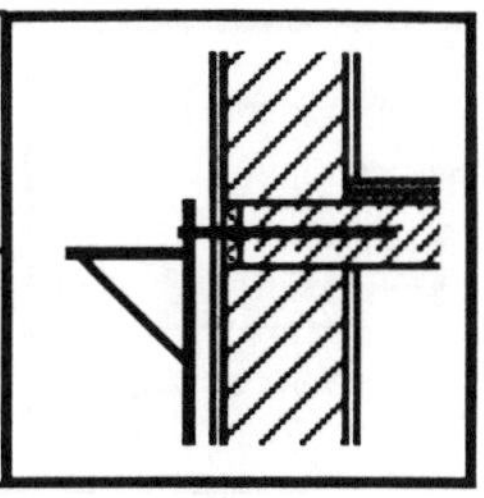

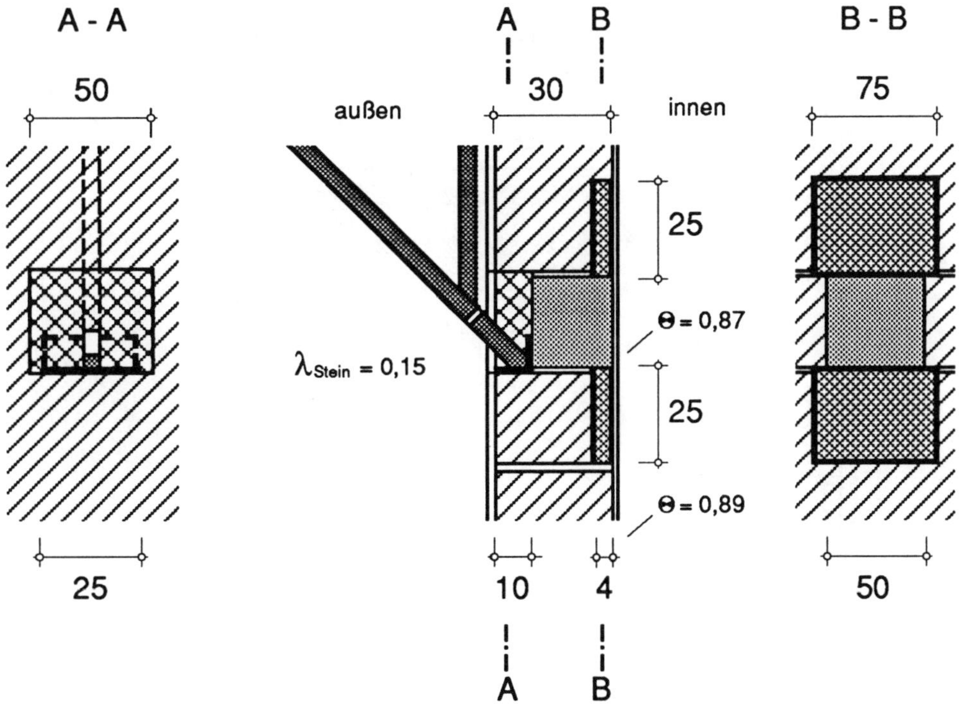

3dimensionale Wärmebrücke

WBVp = -0,07 W/K

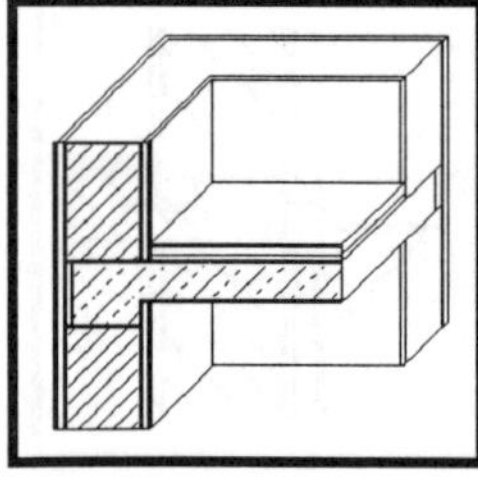

1. Monolithische Außenwand

1.5.1 Außenwand/Geschoßdecke/Außenwand

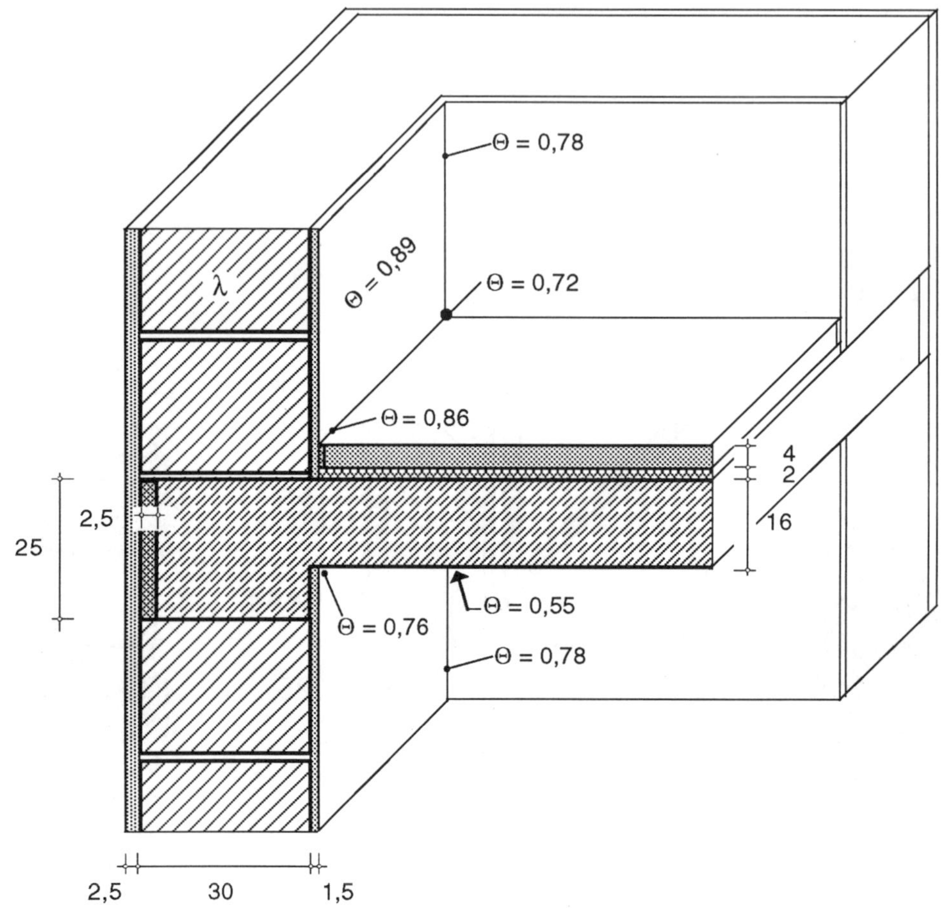

Baustoff	Dicke s [m]	Rohdichte ρ [kg/m³]	Wärmeleitfähigkeit λ_R [W/mK]
Gipsputz	0,015	1200	0,35
Mauerwerk	0,30	700	**0,21**
Kalkzementputz	0,025	1800	0,87
Zementestrich	0,04	2000	1,4
Wärmedämmstoff / Trittschalldämmung	0,02	-	0,04
Stahlbeton	0,16	2400	2,1
Holzwolle Leichtbauplatte	0,025	600	0,093
Wärmedämmstoff	0,02	-	0,04
Randdämmstreifen	0,005	-	0,04

Monolithische Außenwand 1.

Außenwand/Geschoßdecke/Innenwand 1.5.2

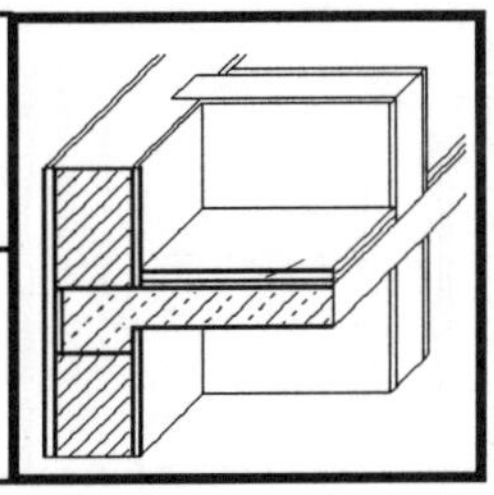

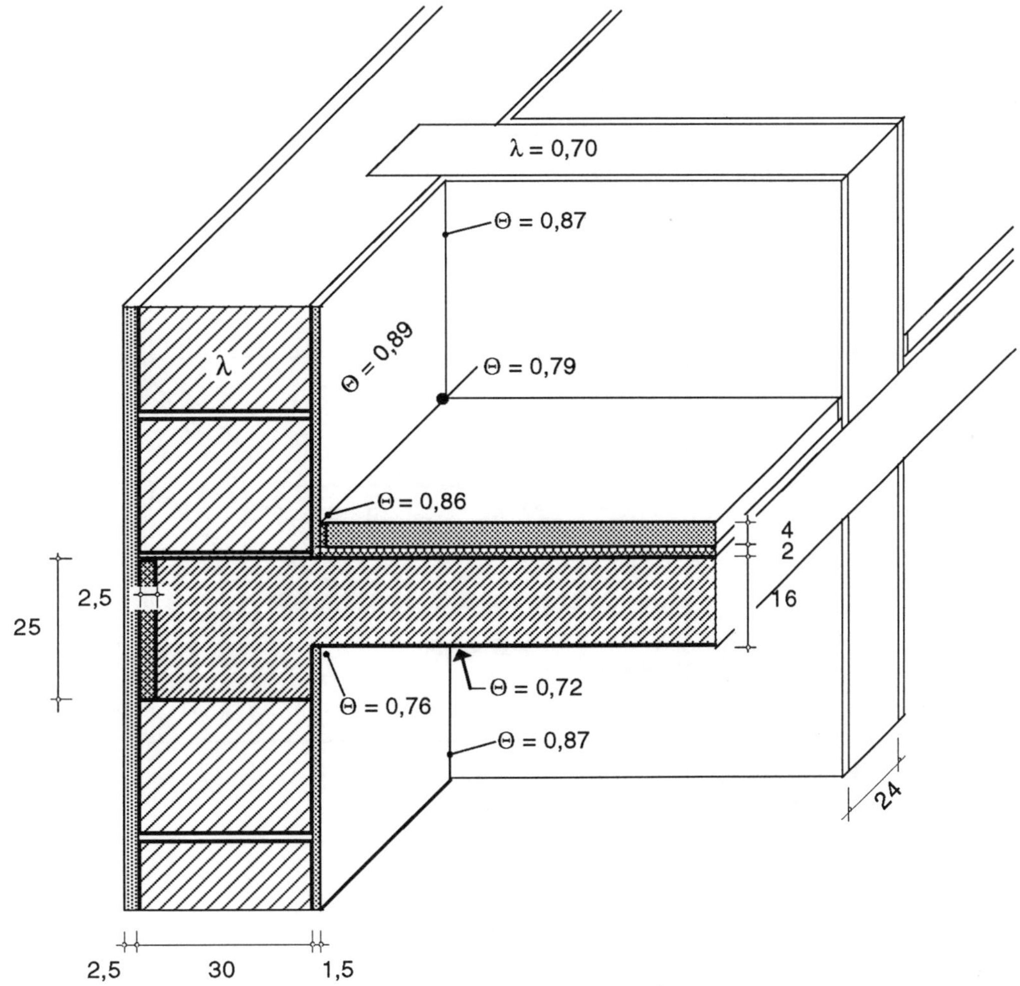

Baustoff	Dicke s [m]	Rohdichte ρ [kg/m³]	Wärmeleitfähigkeit λ_R [W/mK]
Gipsputz	0,015	1200	0,35
Mauerwerk	0,30	700	**0,21**
Kalkzementputz	0,025	1800	0,87
Zementestrich	0,04	2000	1,4
Wärmedämmstoff / Trittschalldämmung	0,02	-	0,04
Stahlbeton	0,16	2400	2,1
Holzwolle Leichtbauplatte	0,025	600	0,093
Wärmedämmstoff	0,02	-	0,04
Randdämmstreifen	0,005	-	0,04

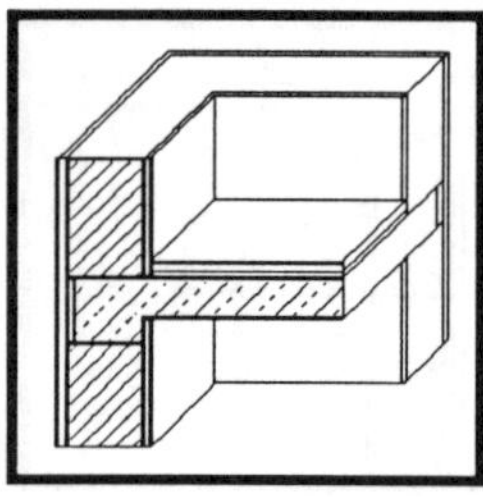

1. Monolithische Außenwand

1.5.1 Außenwand/Geschoßdecke/Außenwand

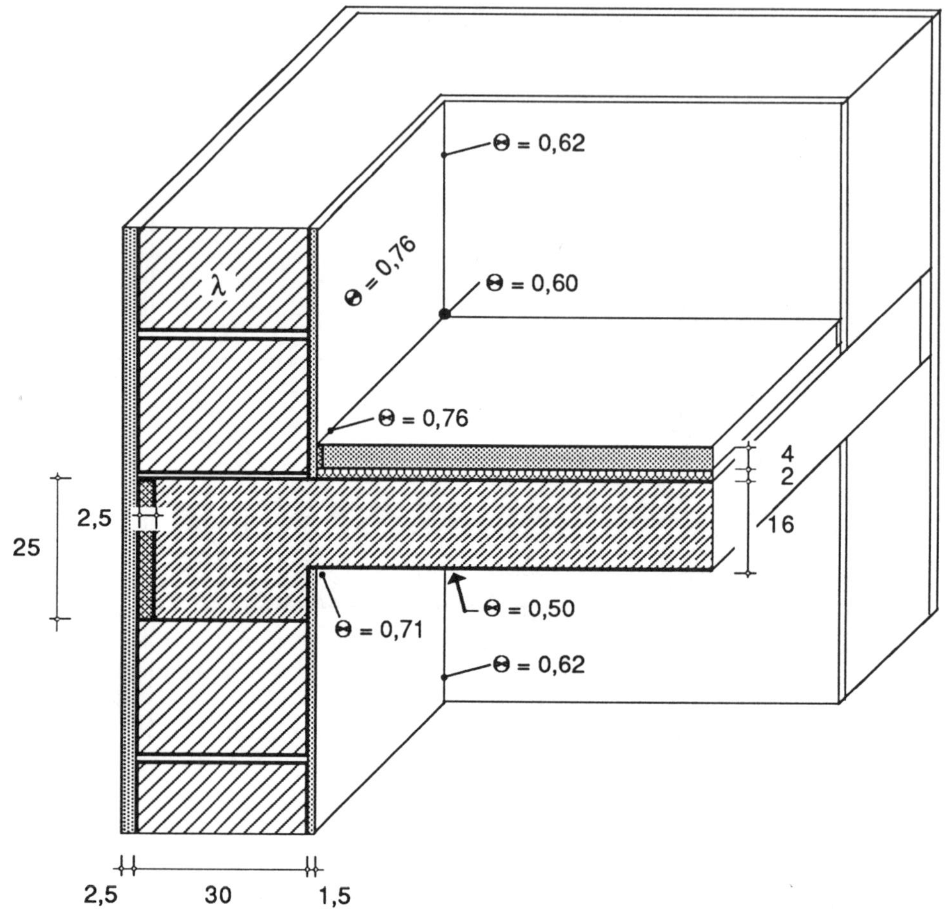

Baustoff	Dicke s [m]	Rohdichte ρ [kg/m³]	Wärmeleitfähigkeit λ_R [W/m K]
Gipsputz	0,015	1200	0,35
Mauerwerk	0,30	1200	**0,56**
Kalkzementputz	0,025	1800	0,87
Zementestrich	0,04	2000	1,4
Wärmedämmstoff / Trittschalldämmung	0,02	-	0,04
Stahlbeton	0,16	2400	2,1
Holzwolle Leichtbauplatte	0,025	600	0,093
Wärmedämmstoff	0,02	-	0,04
Randdämmstreifen	0,005	-	0,04

Monolithische Außenwand 1.

Außenwand/Geschoßdecke/Innenwand 1.5.2

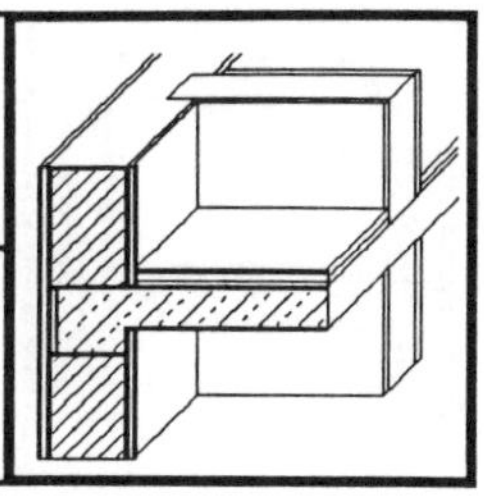

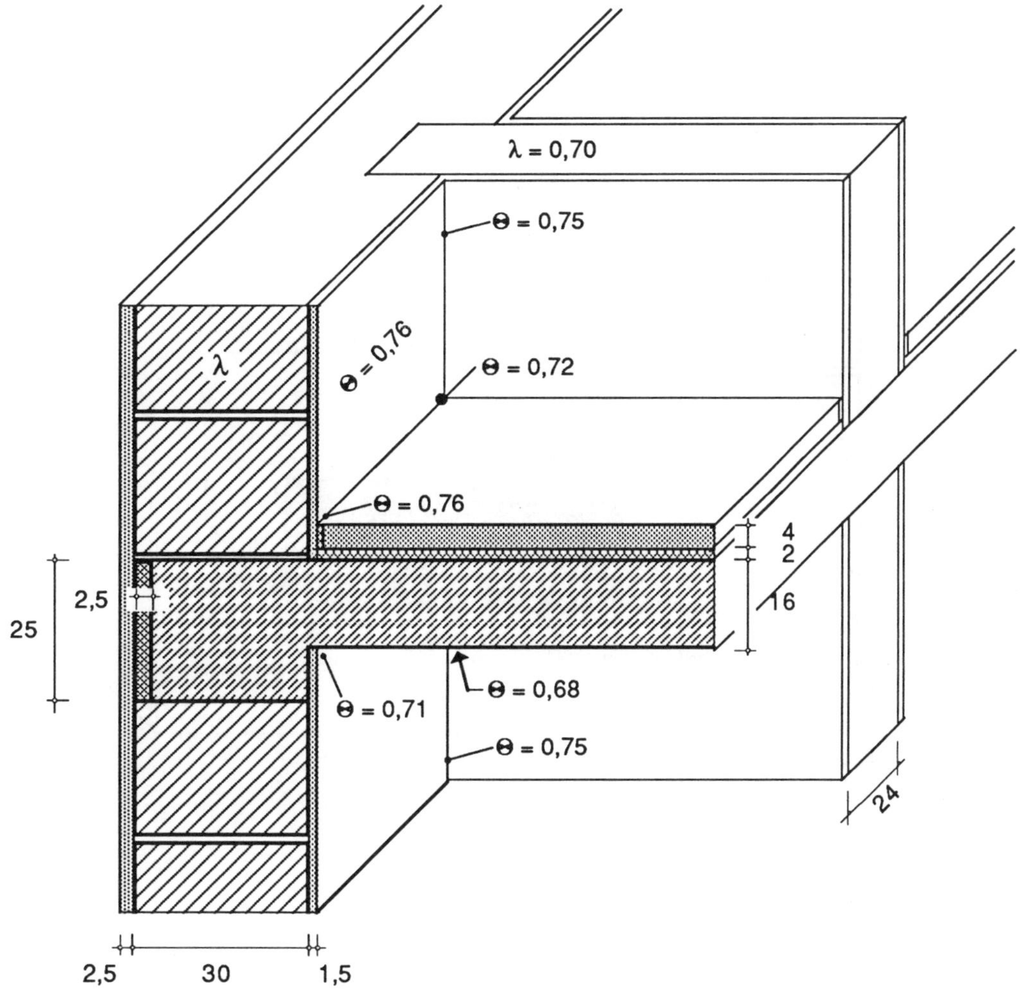

Baustoff	Dicke s [m]	Rohdichte ρ [kg/m³]	Wärmeleitfähigkeit λ_R [W/m K]
Gipsputz	0,015	1200	0,35
Mauerwerk	0,30	1200	**0,56**
Kalkzementputz	0,025	1800	0,87
Zementestrich	0,04	2000	1,4
Wärmedämmstoff / Trittschalldämmung	0,02	-	0,04
Stahlbeton	0,16	2400	2,1
Holzwolle Leichtbauplatte	0,025	600	0,093
Wärmedämmstoff	0,02	-	0,04
Randdämmstreifen	0,005	-	0,04

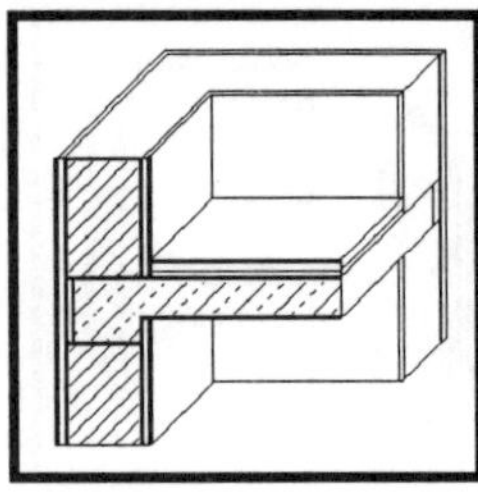

1. Monolithische Außenwand

1.5.1 Außenwand/Geschoßdecke/Außenwand

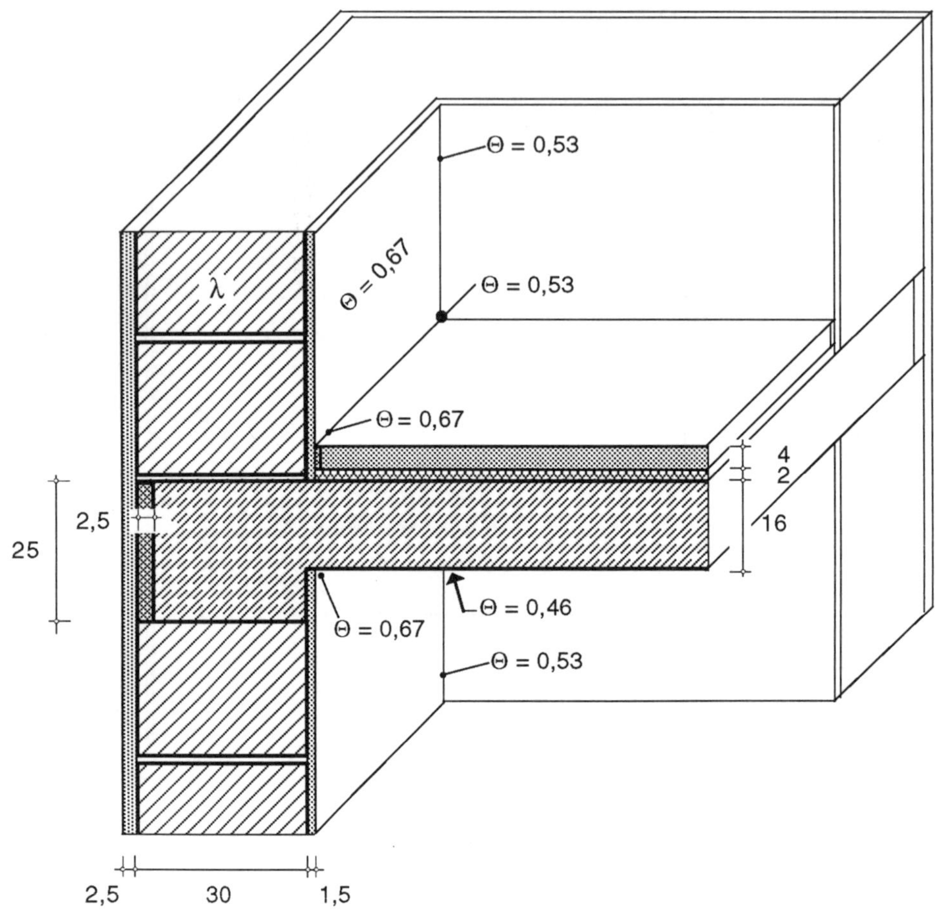

Baustoff	Dicke s [m]	Rohdichte ρ [kg/m³]	Wärmeleitfähigkeit λ_R [W/mK]
Gipsputz	0,015	1200	0,35
Mauerwerk	0,30	1800	**0,99**
Kalkzementputz	0,025	1800	0,87
Zementestrich	0,04	2000	1,4
Wärmedämmstoff / Trittschalldämmung	0,02	-	0,04
Stahlbeton	0,16	2400	2,1
Holzwolle Leichtbauplatte	0,025	600	0,093
Wärmedämmstoff	0,02	-	0,04
Randdämmstreifen	0,005	-	0,04

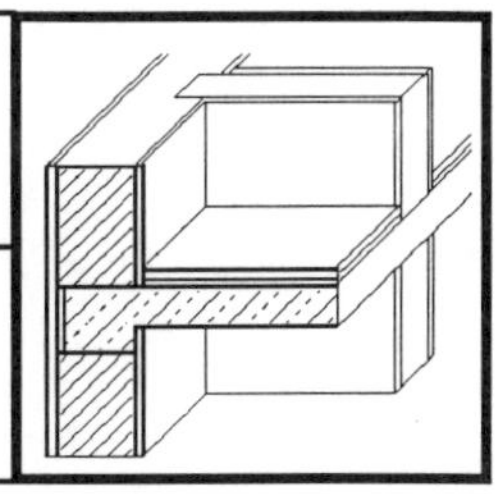

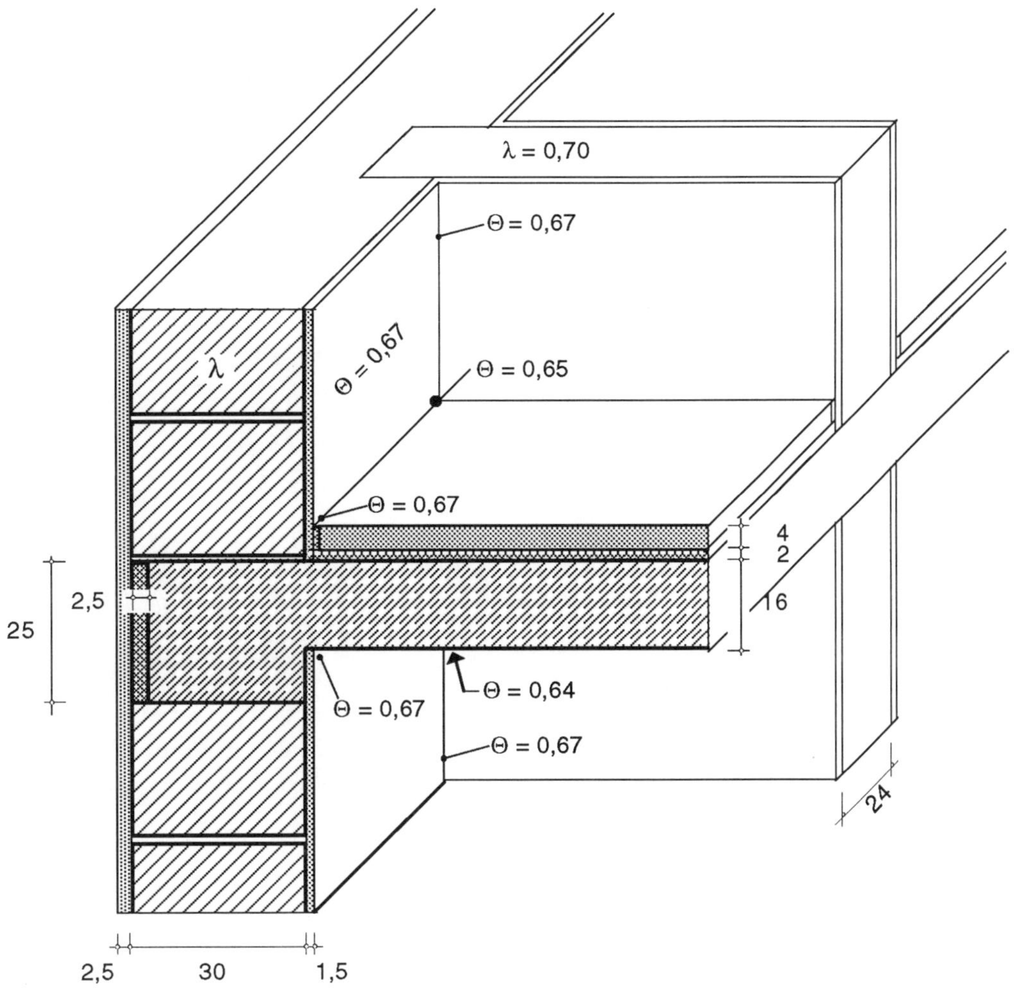

Baustoff	Dicke s [m]	Rohdichte ρ [kg/m³]	Wärmeleitfähigkeit λ_R [W/mK]
Gipsputz	0,015	1200	0,35
Mauerwerk	0,30	1800	**0,99**
Kalkzementputz	0,025	1800	0,87
Zementestrich	0,04	2000	1,4
Wärmedämmstoff / Trittschalldämmung	0,02	-	0,04
Stahlbeton	0,16	2400	2,1
Holzwolle Leichtbauplatte	0,025	600	0,093
Wärmedämmstoff	0,02	-	0,04
Randdämmstreifen	0,005	-	0,04

Außenwand mit Innendämmung 2.

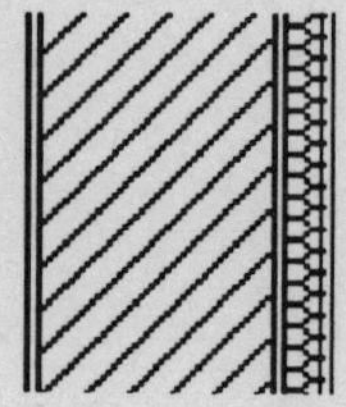

Außenwand mit Innendämmung 2.

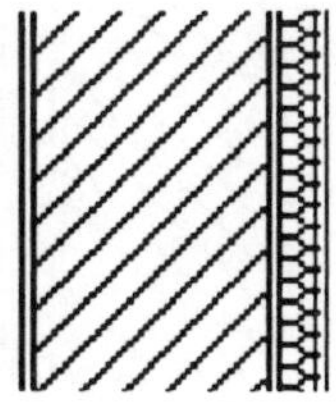

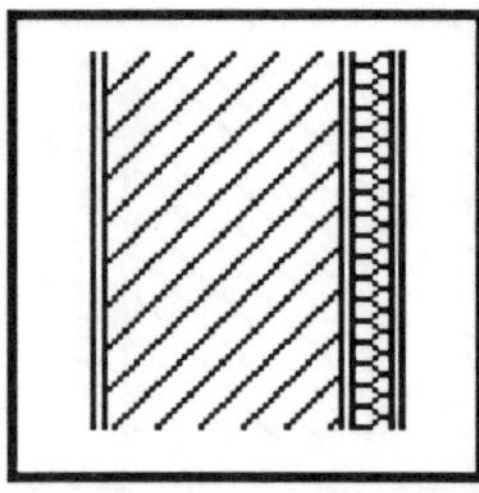

2. Außenwand mit Innendämmung

Bauteil - Beschreibung

außen | innen

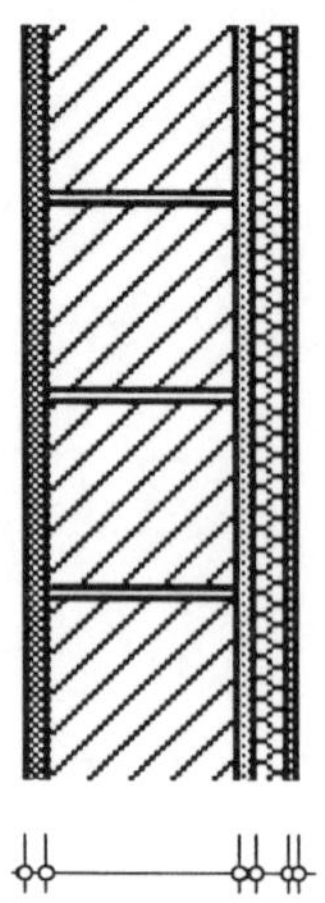

M 1: 20

Baustoff	s [m]	ρ [kg/m³]	λ_R [W/m·K]
Gipskartonplatte	0,0125	900	0,21
Wärmedämmstoff	s	20	λ
Ansetzmörtel	0,005	1000	0,35
Gipsputz	0,015	1200	0,35
Mauerwerk	s	ρ	λ
Kalkzementputz	0,025	1800	0,87

Kenngrößen

Variation in der Bauteilschicht											
5	s [cm]	24	24	24	24	24	**30**	**30**	**30**	**30**
5	ρ [kg/m³]	1200	**1800**	**700**	1200	1200	1200	1200	1200	1200
5	λ [W/m·K]	0,56	**0,99**	**0,21**	0,56	0,56	0,56	0,56	0,56	0,56
2	s [cm]	2	2	2	**4**	**6**	**4**	**6**	**4**	**4**
2	ρ [kg/m³]	20	20	20	20	20	20	20	20	20
2	λ [W/m·K]	0,04	0,04	0,04	0,04	0,04	0,04	0,04	0,035	0,02
	s [cm]									
	ρ [kg/m³]									
	λ [W/m·K]									
s_{ges}	[cm]	31,75	31,75	31,75	33,75	35,75	39,75	41,75	39,75	39,75
m_{ges}	[kg/m²]	369	513	369	369	369	441	441	441	441
m_i	[kg/m²]	11	11	11	11	11	11	11	11	11
Θ	[-]	0,85	0,82	0,90	0,89	0,91	0,90	0,92	0,90	0,93
k	[W/m²·K]	0,80	0,95	0,51	0,57	0,45	0,54	0,43	0,50	0,35

Preis [DM/m²]									

Bemerkungen:

Außenwand mit Innendämmung 2.

Wärmebrücken-Übersicht

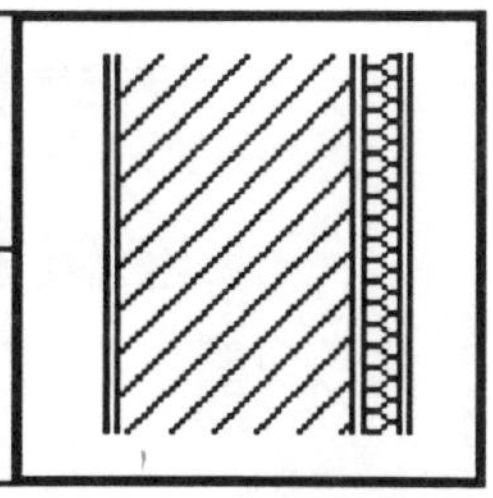

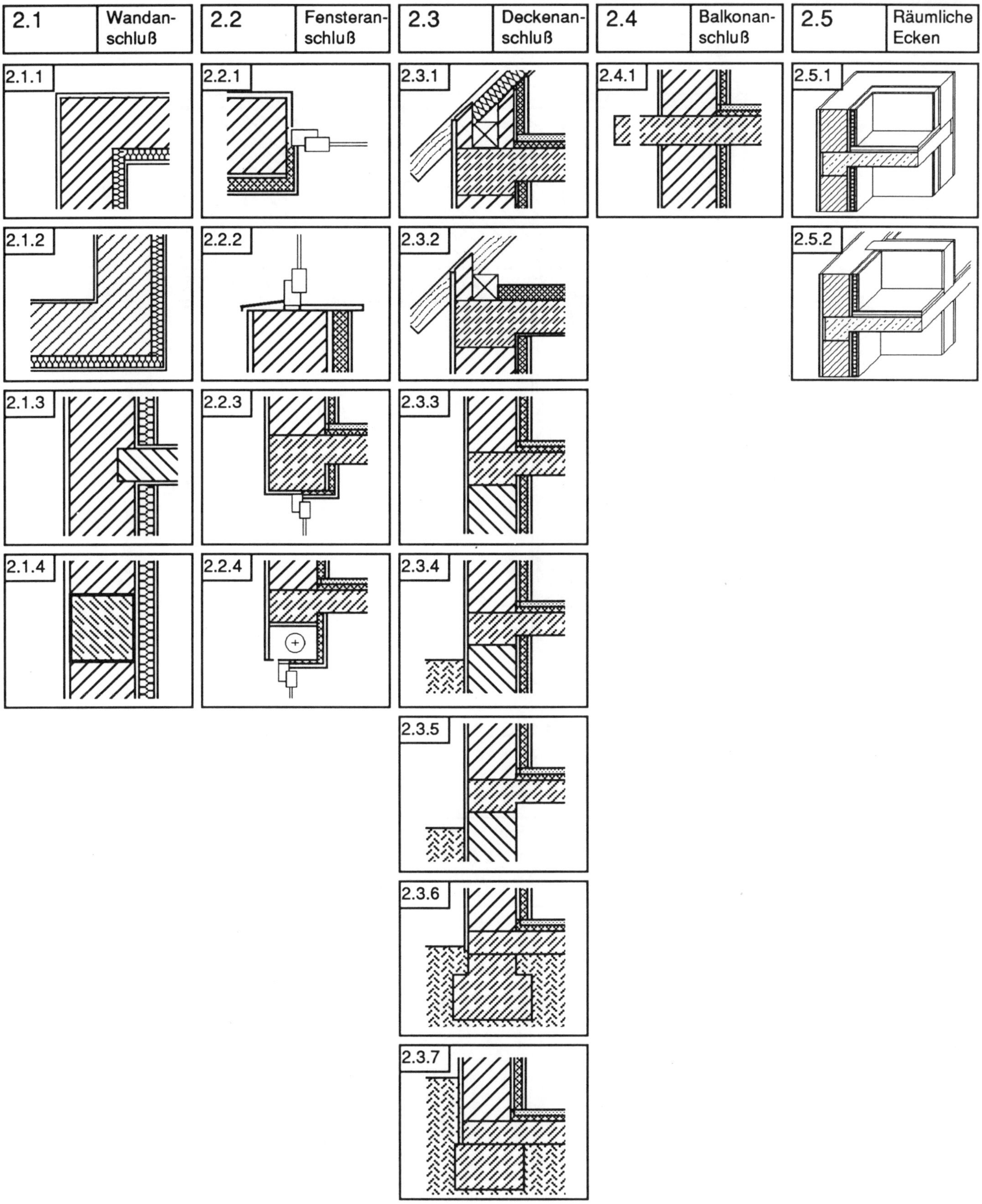

2.	Außenwand mit Innendämmung
2.1.1	Außenecke

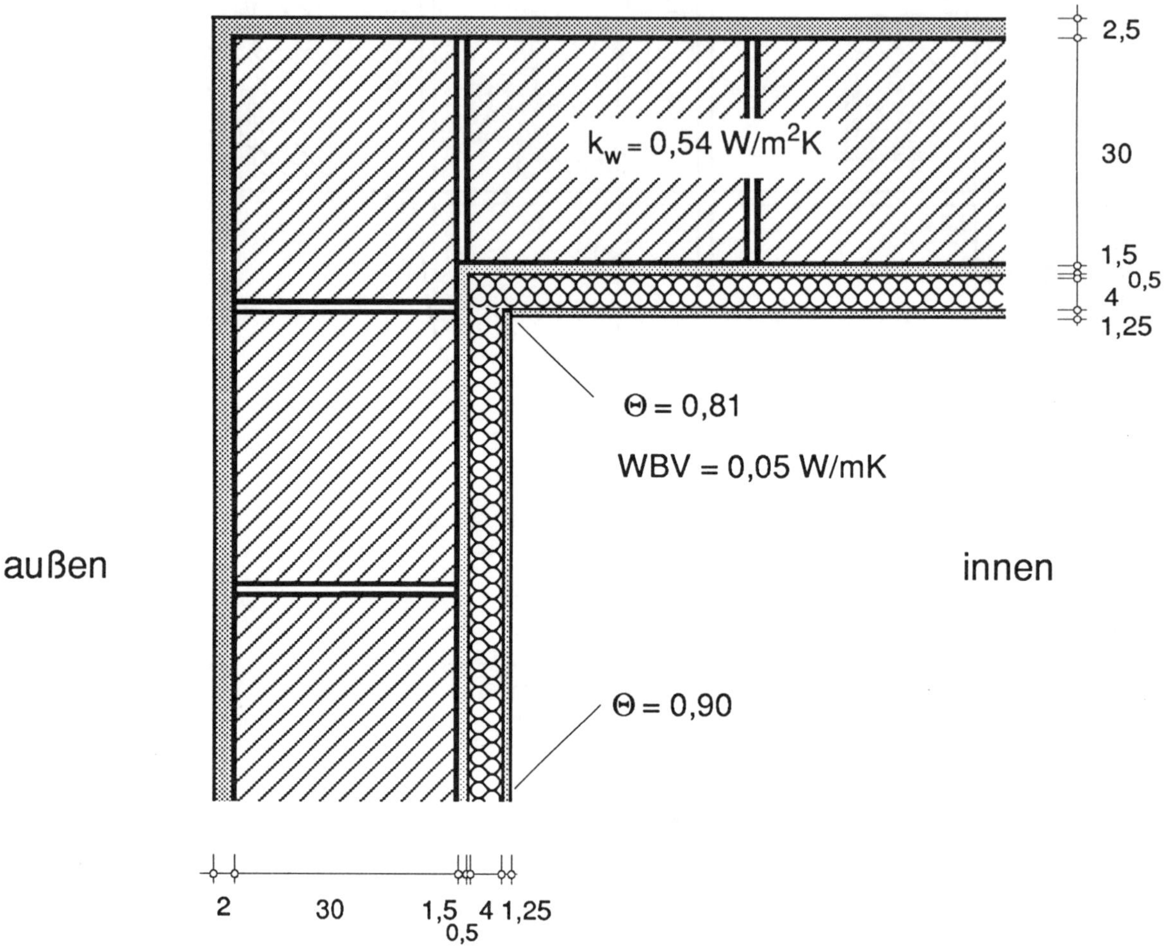

M 1:10

Baustoff	Dicke s [m]	Rohdichte ρ [kg/m³]	Wärmeleitfähigkeit λ_R [W/mK]
Gipskartonplatte	0,0125	900	0,21
Wärmedämmstoff	0,04	-	0,04
Ansetzmörtel	0,005	1000	0,35
Gipsputz	0,015	1200	0,35
Mauerwerk	0,30	1200	0,56
Kalkzementputz	0,025	1800	0,87

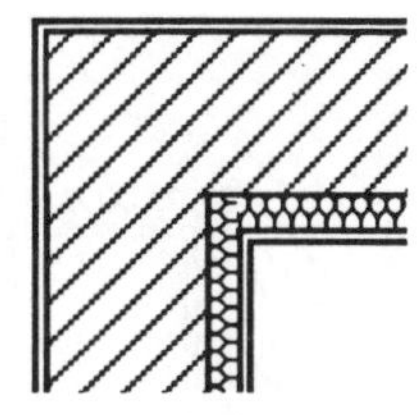

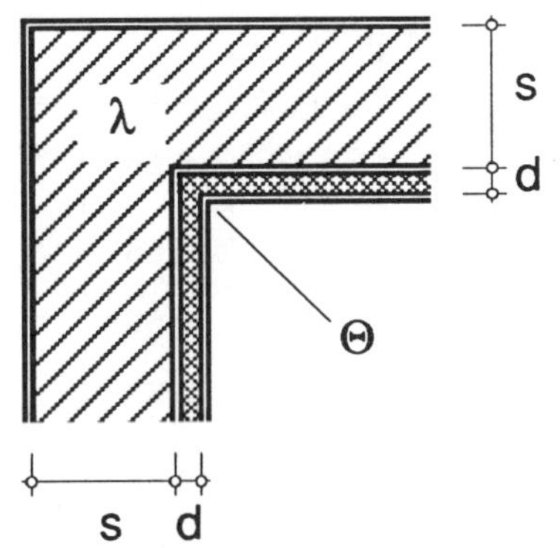

S [cm]	λ	d = 2 cm		d = 3 cm		d = 4 cm		d = 6 cm	
		WBV	Θ	WBV	Θ	WBV	Θ	WBV	Θ
24	0,45	0,07	0,75	0,05	0,78	0,05	0,81	0,04	0,84
24	0,56	0,07	0,74	0,05	0,77	0,04	0,80	0,04	0,84
24	0,99	0,06	0,71	0,05	0,75	0,04	0,78	0,03	0,83
30	0,45	0,08	0,76	0,06	0,79	0,05	0,81	0,04	0,85
30	0,56	0,08	0,75	0,06	0,78	0,05	0,81	0,04	0,84
30	0,99	0,07	0,71	0,06	0,76	0,05	0,79	0,04	0,83
36,5	0,45	0,08	0,78	0,07	0,80	0,06	0,82	0,04	0,85
36,5	0,56	0,09	0,76	0,07	0,79	0,06	0,81	0,04	0,84
36,5	0,99	0,09	0,73	0,07	0,77	0,05	0,79	0,04	0,83

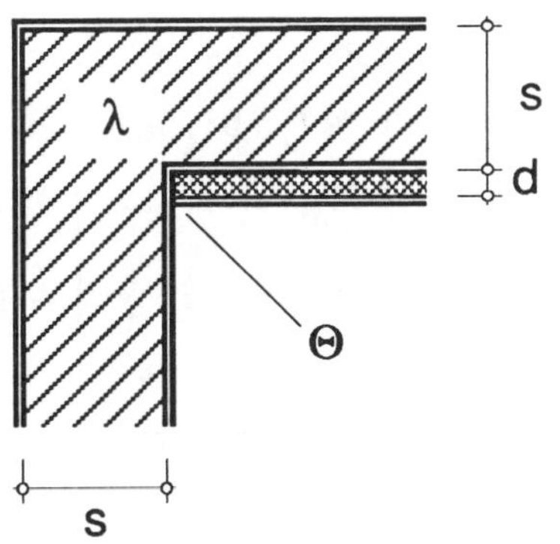

S [cm]	λ	d = 2 cm		d = 4 cm		d = 6 cm	
		WBV	Θ	WBV	Θ	WBV	Θ
24	0,45	0,13	0,60	0,13	0,60	0,13	0,60
24	0,56	0,14	0,56	0,14	0,56	0,14	0,57
24	0,99	0,17	0,48	0,17	0,48	0,17	0,49
30	0,45	0,14	0,63	0,13	0,63	0,13	0,63
30	0,56	0,15	0,59	0,15	0,59	0,15	0,59
30	0,99	0,19	0,50	0,19	0,50	0,19	0,51
36,5	0,45	0,14	0,65	0,14	0,65	0,14	0,66
36,5	0,56	0,16	0,62	0,16	0,62	0,16	0,62
36,5	0,99	0,21	0,53	0,21	0,53	0,21	0,53

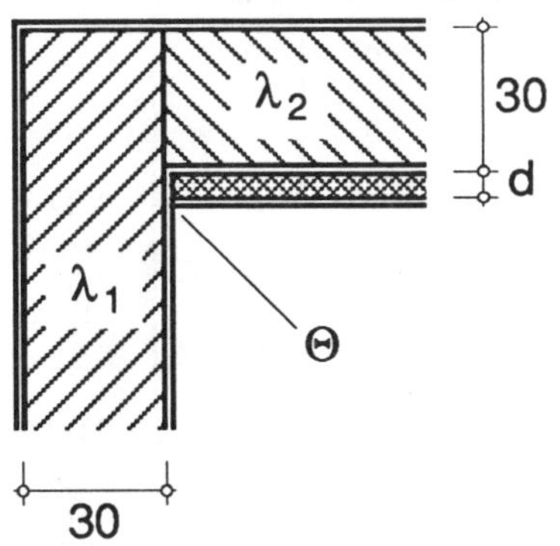

λ_1	λ_2	d = 2 cm		d = 4 cm		d = 6 cm	
		WBV	Θ	WBV	Θ	WBV	Θ
0,21	0,21	0,09	0,75	0,09	0,74	0,09	0,74
0,21	0,56	0,09	0,70	0,09	0,71	0,09	0,72
0,21	0,99	0,09	0,68	0,10	0,69	0,09	0,70
0,56	0,21	0,16	0,61	0,15	0,61	0,15	0,61
0,56	0,56	0,15	0,59	0,15	0,59	0,15	0,59
0,56	0,99	0,15	0,57	0,15	0,58	0,15	0,58
0,99	0,21	0,21	0,53	0,20	0,52	0,20	0,52
0,99	0,56	0,19	0,51	0,19	0,51	0,19	0,51
0,99	0,99	0,19	0,50	0,19	0,50	0,19	0,51

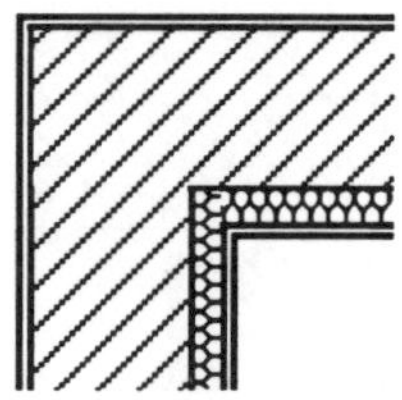

2. Außenwand mit Innendämmung

2.1.1 Außenecke

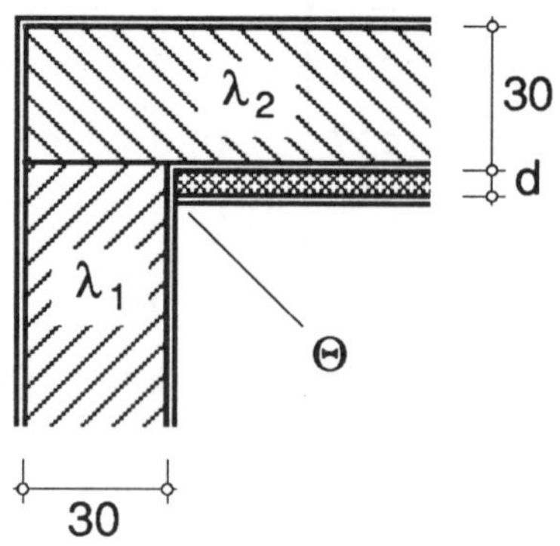

λ_1	λ_2	d = 2 cm		d = 4 cm		d = 6 cm	
		WBV	Θ	WBV	Θ	WBV	Θ
0,21	0,21	0,09	0,75	0,09	0,74	0,09	0,74
0,21	0,56	0,12	0,67	0,11	0,68	0,11	0,69
0,21	0,99	0,14	0,63	0,13	0,65	0,12	0,67
0,56	0,21	0,11	0,66	0,11	0,65	0,12	0,64
0,56	0,56	0,15	0,59	0,15	0,59	0,15	0,59
0,56	0,99	0,18	0,58	0,17	0,56	0,17	0,57
0,99	0,21	0,12	0,60	0,13	0,58	0,14	0,57
0,99	0,56	0,16	0,54	0,16	0,53	0,17	0,53
0,99	0,99	0,19	0,50	0,19	0,50	0,19	0,51

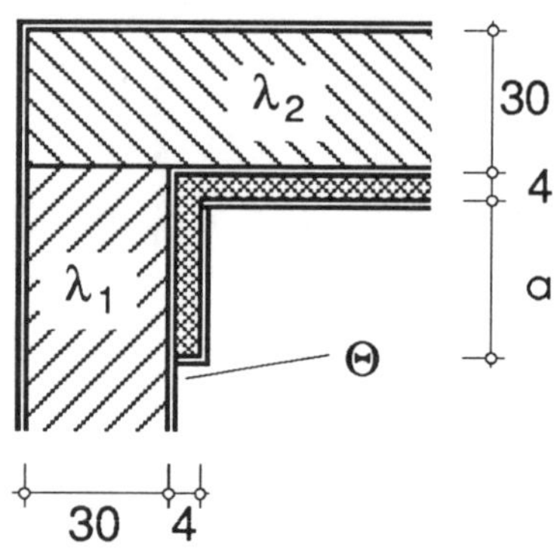

λ_1	λ_2	a = 15 cm		a = 30 cm		a = 45 cm		a = 60 cm	
		WBV	Θ	WBV	Θ	WBV	Θ	WBV	Θ
0,21	0,21	0,03	0,76	-0,01	0,78	-0,05	0,79	-0,08	0,79
0,21	0,56	0,04	0,74	0	0,78	-0,04	0,79	-0,08	0,79
0,21	0,99	0,05	0,73	0	0,77	-0,04	0,77	-0,08	0,77
0,56	0,21	0,01	0,63	-0,11	0,64	-0,22	0,64	-0,34	0,64
0,56	0,56	0,02	0,61	-0,11	0,63	-0,22	0,64	-0,34	0,64
0,56	0,99	0,02	0,60	-0,11	0,63	-0,22	0,64	-0,34	0,64
0,99	0,21	-0	0,55	-0,20	0,54	-0,38	0,54	-0,57	0,55
0,99	0,56	-0,01	0,53	-0,20	0,54	-0,39	0,54	-0,57	0,54
0,99	0,99	0	0,52	-0,20	0,53	-0,39	0,54	-0,57	0,54

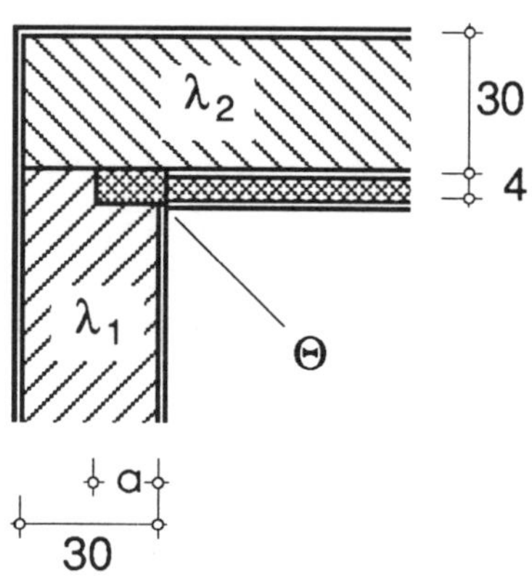

λ_1	λ_2	a = 5 cm		a = 10 cm		a = 15 cm	
		WBV	Θ	WBV	Θ	WBV	Θ
0,21	0,21	0,07	0,80	0,06	0,81	0,06	0,82
0,21	0,56	0,08	0,77	0,07	0,79	0,07	0,79
0,21	0,99	0,09	0,76	0,08	0,77	0,07	0,78
0,56	0,21	0,09	0,70	0,08	0,72	0,07	0,72
0,56	0,56	0,11	0,67	0,10	0,69	0,08	0,70
0,56	0,99	0,13	0,66	0,10	0,68	0,09	0,69
0,99	0,21	0,11	0,63	0,10	0,64	0,09	0,65
0,99	0,56	0,13	0,60	0,11	0,62	0,09	0,63
0,99	0,99	0,15	0,58	0,12	0,61	0,10	0,62

Außenwand mit Innendämmung 2.

Außenecke 2.1.1

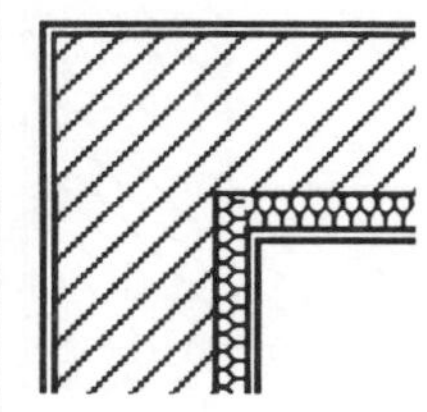

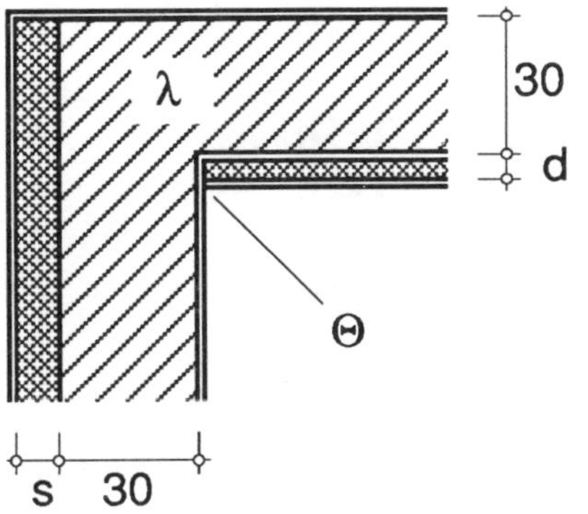

s [cm]	λ	d = 2 cm WBV	d = 2 cm Θ	d = 4 cm WBV	d = 4 cm Θ	d = 6 cm WBV	d = 6 cm Θ
6	0,56	0,23	0,69	0,23	0,69	0,23	0,70
8	0,56	0,24	0,70	0,24	0,70	0,24	0,71
10	0,56	0,25	0,71	0,25	0,71	0,25	0,72
12	0,56	0,25	0,71	0,25	0,71	0,25	0,72
6	0,99	0,37	0,63	0,37	0,64	0,37	0,64
8	0,99	0,39	0,64	0,39	0,65	0,39	0,65
10	0,99	0,40	0,64	0,40	0,65	0,40	0,66
12	0,99	0,41	0,65	0,41	0,66	0,41	0,66

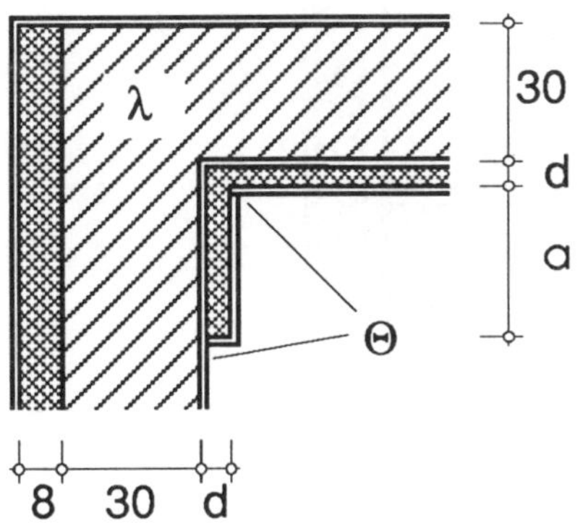

a [cm]	λ	d = 2 cm WBV	d = 2 cm Θ	d = 4 cm WBV	d = 4 cm Θ	d = 6 cm WBV	d = 6 cm Θ
15	0,56	0,18	0,78	0,27	0,79	0,15	0,79
30	0,56	0,15	0,77	0,19	0,79	0,10	0,82
45	0,56	0,13	0,77	0,14	0,81	0,06	0,83
60	0,56	0,11	0,77	0,09	0,81	0,03	0,83
15	0,99	0,30	0,74	0,16	0,74	0,27	0,74
30	0,99	0,25	0,75	0,12	0,79	0,19	0,78
45	0,99	0,22	0,74	0,09	0,79	0,14	0,80
60	0,99	0,19	0,74	0,06	0,79	0,09	0,82

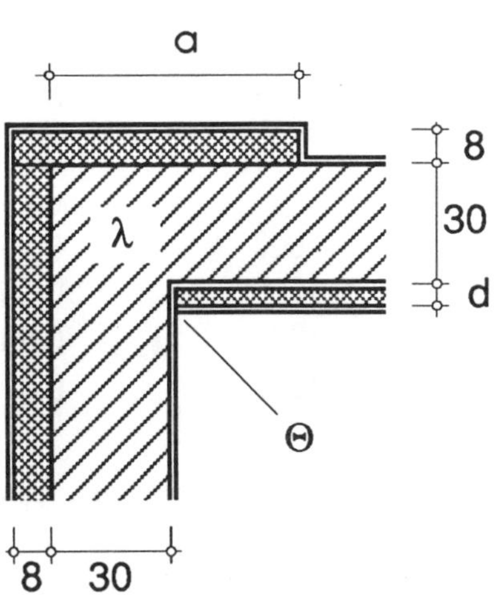

a [cm]	λ	d = 2 cm WBV	d = 2 cm Θ	d = 4 cm WBV	d = 4 cm Θ	d = 6 cm WBV	d = 6 cm Θ
30	0,56	0,18	0,73	0,19	0,73	0,20	0,73
45	0,56	0,14	0,76	0,16	0,75	0,17	0,75
60	0,56	0,08	0,78	0,12	0,77	0,14	0,77
75	0,56	0,02	0,79	0,08	0,78	0,11	0,78
30	0,99	0,29	0,68	0,31	0,68	0,32	0,69
45	0,99	0,22	0,71	0,25	0,71	0,27	0,71
60	0,99	0,14	0,74	0,20	0,73	0,22	0,73
75	0,99	0,05	0,76	0,14	0,75	0,18	0,75

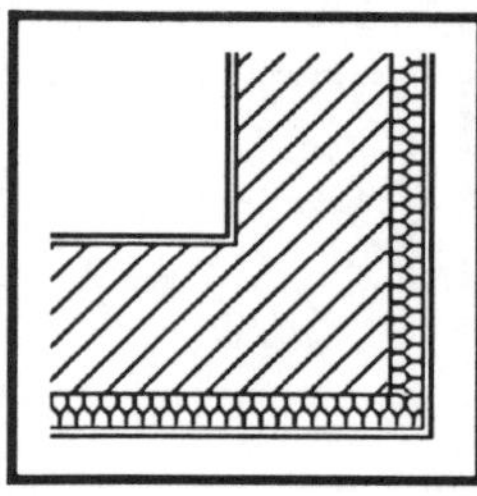

2.	Außenwand mit Innendämmung
2.1.2	Innenecke

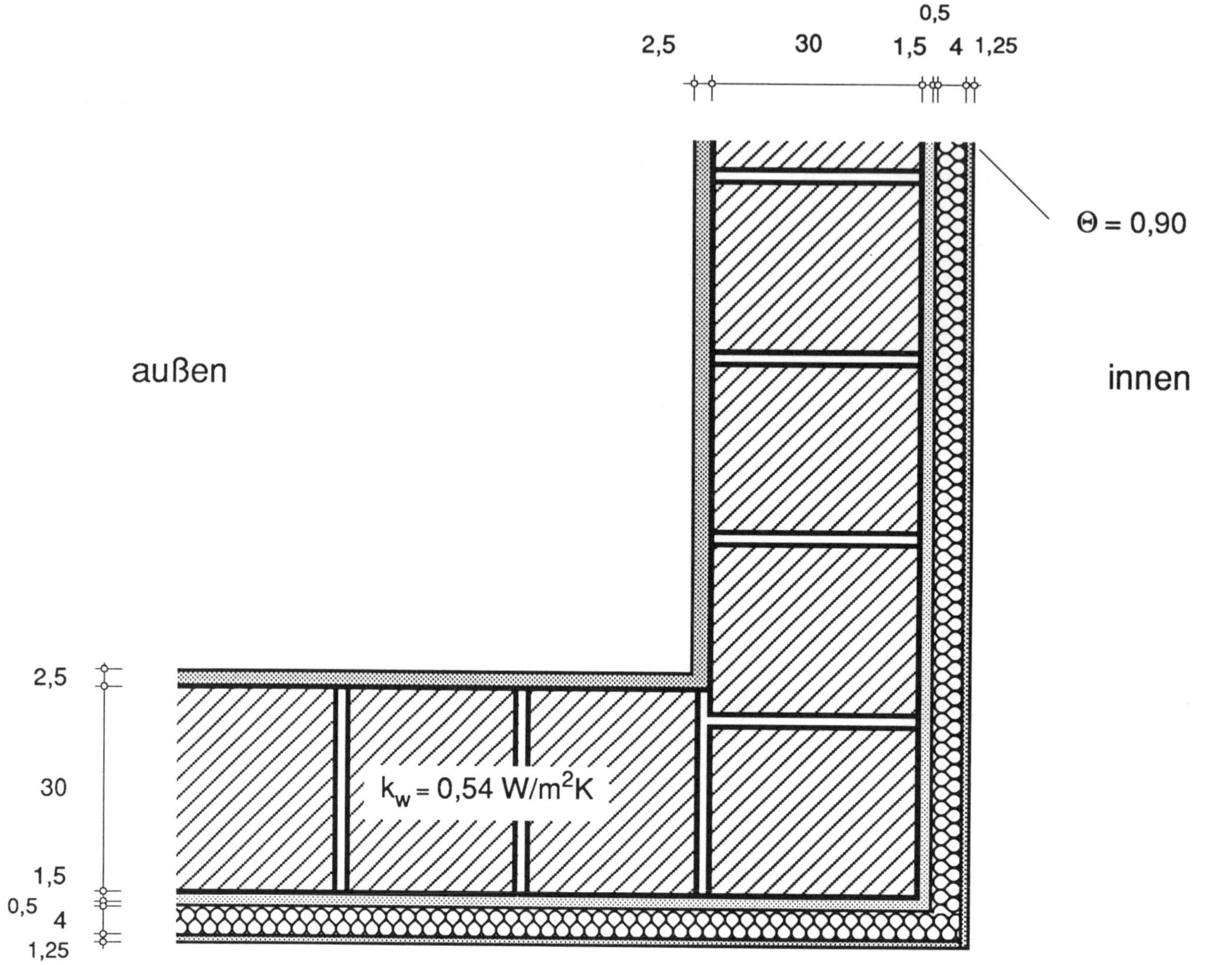

M 1:10

WBV = -0,20 W/mK

Baustoff	Dicke s [m]	Rohdichte ρ [kg/m³]	Wärmeleitfähigkeit λ_R [W/mK]
Gipskartonplatte	0,0125	900	0,21
Wärmedämmstoff	0,04	-	0,04
Ansetzmörtel	0,005	1000	0,35
Gipsputz	0,015	1200	0,35
Mauerwerk	0,30	1200	0,56
Kalkzementputz	0,025	1800	0,87

Außenwand mit Innendämmung 2.

Innenecke 2.1.2

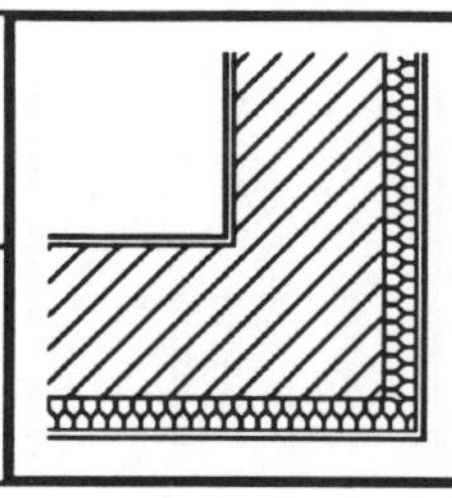

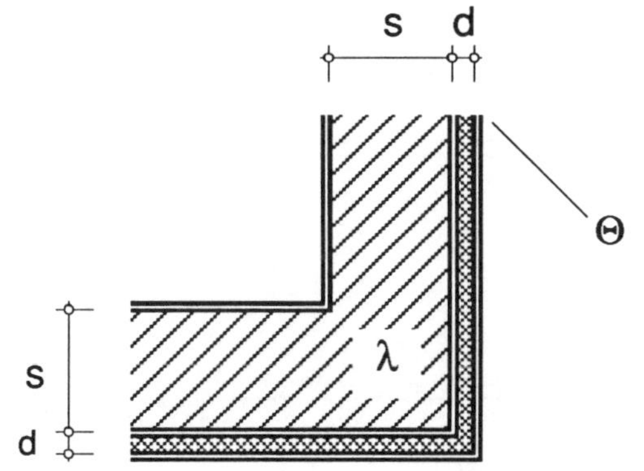

s [cm]	λ	d = 2 cm		d = 3 cm		d = 4 cm		d = 6 cm	
		WBV	Θ	WBV	Θ	WBV	Θ	WBV	Θ
24	0,45	-0,26	0,86	-0,21	0,88	-0,18	0,90	-0,14	0,92
24	0,56	-0,27	0,85	-0,21	0,87	-0,18	0,89	-0,14	0,91
24	0,99	-0,27	0,82	-0,21	0,85	-0,17	0,88	-0,13	0,91
30	0,45	-0,29	0,87	-0,24	0,89	-0,20	0,90	0,16	0,92
30	0,56	-0,30	0,86	-0,24	0,88	-0,20	0,90	-0,16	0,92
30	0,99	-0,32	0,83	-0,24	0,86	-0,20	0,88	-0,14	0,91
36,5	0,45	-0,32	0,88	-0,26	0,90	-0,23	0,91	-0,18	0,93
36,5	0,56	-0,34	0,87	-0,27	0,89	-0,23	0,90	-0,18	0,92
36,5	0,99	-0,36	0,84	-0,28	0,87	-0,23	0,89	-0,17	0,91

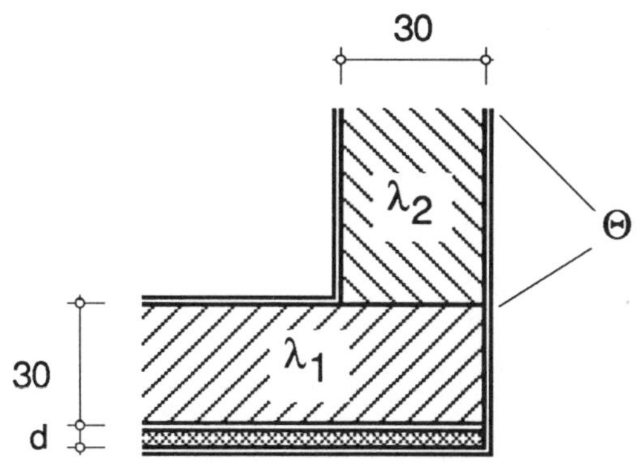

λ_1	λ_2	d = 2 cm		d = 4 cm		d = 6 cm	
		WBV	Θ	WBV	Θ	WBV	Θ
0,21	0,21	-0,25	0,89	-0,23	0,89	-0,22	0,89
0,21	0,56	-0,49	0,76	-0,48	0,76	-0,49	0,76
0,21	0,99	-0,67	0,67	-0,68	0,67	-0,70	0,67
0,56	0,21	-0,21	0,86	-0,14	0,85	-0,11	0,85
0,56	0,56	-0,45	0,76	-0,40	0,76	-0,38	0,76
0,56	0,99	-0,63	0,67	-0,59	0,67	-0,59	0,67
0,99	0,21	-0,12	0,80	-0,02	0,79	-0,02	0,78
0,99	0,56	-0,36	0,76	-0,28	0,76	-0,25	0,76
0,99	0,99	-0,55	0,67	-0,48	0,67	-0,46	0,67

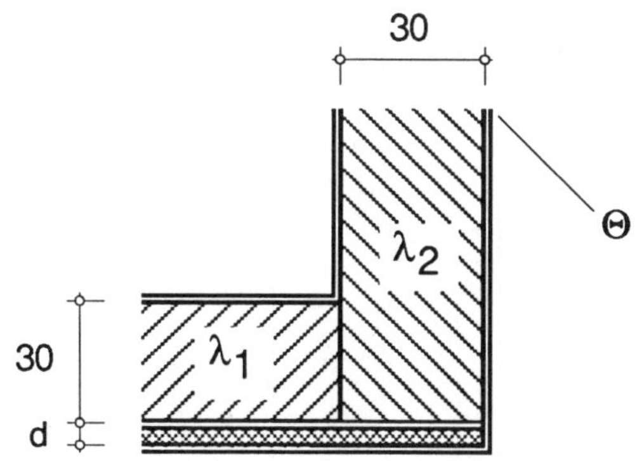

λ_1	λ_2	d = 2 cm		d = 4 cm		d = 6 cm	
		WBV	Θ	WBV	Θ	WBV	Θ
0,21	0,21	-0,25	0,89	-0,23	0,89	-0,22	0,89
0,21	0,56	-0,40	0,76	-0,39	0,76	-0,40	0,76
0,21	0,99	-0,51	0,67	-0,52	0,67	-0,53	0,67
0,56	0,21	-0,31	0,86	-0,25	0,89	-0,22	0,89
0,56	0,56	-0,45	0,76	-0,40	0,76	-0,38	0,76
0,56	0,99	-0,55	0,67	-0,51	0,67	-0,50	0,67
0,99	0,21	-0,34	0,83	-0,25	0,88	-0,21	0,89
0,99	0,56	-0,46	0,76	-0,38	0,76	-0,35	0,76
0,99	0,99	-0,55	0,67	-0,48	0,67	-0,46	0,67

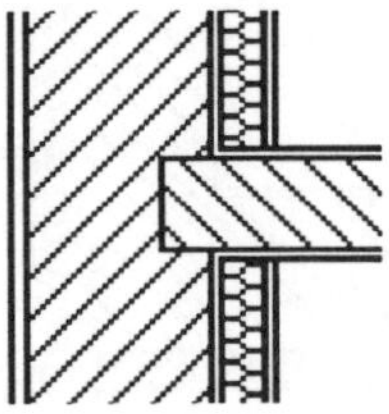

2. Außenwand mit Innendämmung

2.1.3 Innenwandanschluß

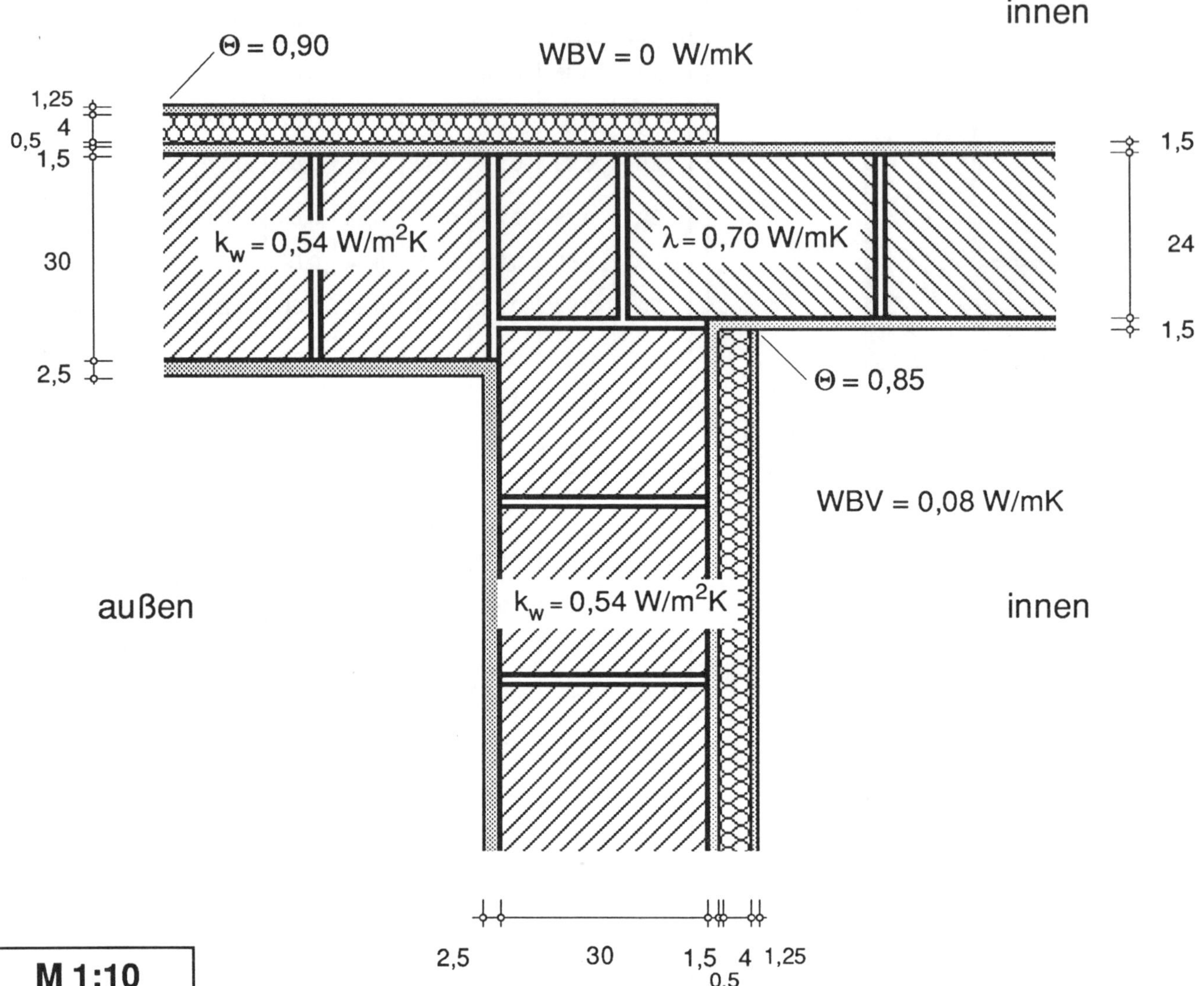

M 1:10

Baustoff	Dicke s [m]	Rohdichte ρ [kg/m³]	Wärmeleitfähigkeit λ_R [W/mK]
Gipskartonplatte	0,0125	900	0,21
Wärmedämmstoff	0,04	-	0,04
Ansetzmörtel	0,005	1000	0,35
Gipsputz	0,015	1200	0,35
Mauerwerk	0,30	1200	0,56
Kalkzementputz	0,025	1800	0,87
Mauerwerk, Einbindung 1/2-steinig ≙ 12,5 cm	0,24	1400	0,70

Außenwand mit Innendämmung 2.

Innenwandanschluß 2.1.3

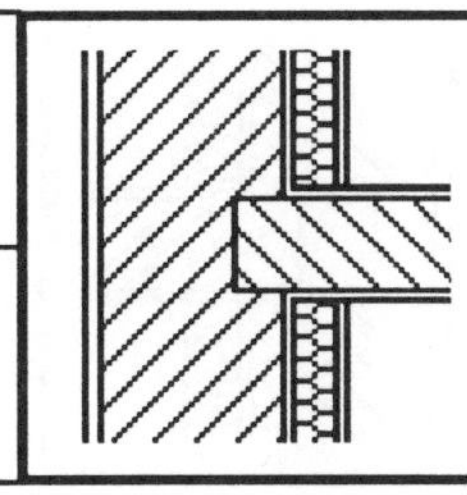

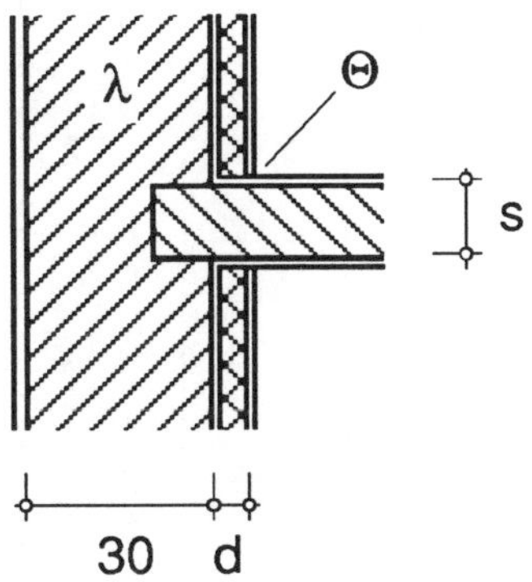

d [cm]	s [cm]	λ = 0,21		λ = 0,56		λ = 0,99	
		WBV	Θ	WBV	Θ	WBV	Θ
2	11,5	0,06	0,87	0,11	0,79	0,14	0,74
		0,06	0,87	0,11	0,79	0,14	0,74
4	11,5	0,07	0,86	0,11	0,79	0,14	0,75
		0,07	0,86	0,11	0,79	0,14	0,75
6	11,5	0,07	0,86	0,12	0,79	0,14	0,76
		0,07	0,86	0,12	0,79	0,14	0,76
2	24	0,10	0,85	0,17	0,77	0,21	0,72
		0,10	0,85	0,17	0,77	0,21	0,72
4	24	0,11	0,85	0,18	0,77	0,22	0,73
		0,11	0,85	0,18	0,77	0,22	0,73
6	24	0,11	0,85	0,18	0,77	0,22	0,74
		0,11	0,85	0,18	0,77	0,22	0,74

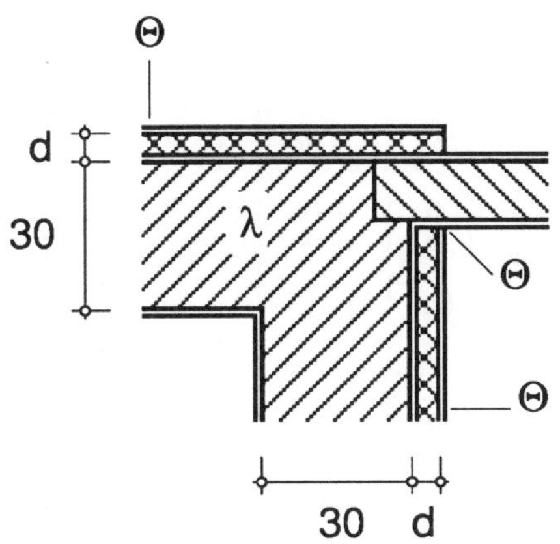

d [cm]	s [cm]	λ = 0,21		λ = 0,56		λ = 0,99	
		WBV	Θ	WBV	Θ	WBV	Θ
2	11,5	-0,08	0,91	-0,08	0,86	-0,05	0,83
		-0,04	0,91	-0,03	0,86	-0,01	0,83
4	11,5	-0,06	0,93	-0,04	0,90	0	0,88
		-0,02	0,93	0,01	0,88	0,04	0,83
6	11,5	-0,05	0,94	-0,01	0,92	0,03	0,91
		-0,01	0,94	0,03	0,88	0,06	0,83
2	24	-0,06	0,91	-0,05	0,86	0	0,83
		0,01	0,91	0,05	0,86	0,09	0,80
4	24	-0,04	0,93	0	0,90	0,05	0,88
		0,02	0,93	0,08	0,85	0,13	0,80
6	24	-0,03	0,94	0,02	0,92	0,08	0,91
		0,03	0,93	0,09	0,85	0,14	0,80

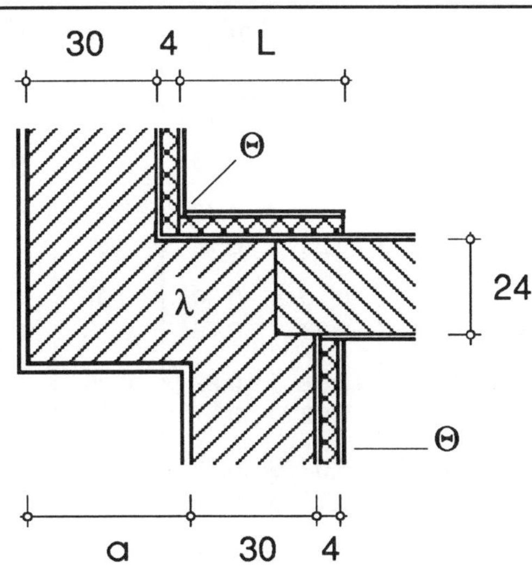

a [cm]	L [cm]	λ = 0,21		λ = 0,56		λ = 0,99	
		WBV	Θ	WBV	Θ	WBV	Θ
50	0	0	0,77	-0,03	0,64	-0,04	0,55
		0,01	0,93	0,04	0,88	0,07	0,84
75	0	-0,01	0,76	-0,04	0,61	-0,06	0,52
		0,01	0,93	0,03	0,88	0,06	0,84
100	0	-0,01	0,75	-0,04	0,60	-0,06	0,51
		0,01	0,93	0,03	0,88	0,06	0,85
50	50	0,02	0,87	0,06	0,83	0,10	0,81
		0,04	0,91	0,10	0,84	0,15	0,79
75	75	0,01	0,86	0,05	0,82	0,09	0,80
		0,04	0,91	0,10	0,84	0,14	0,79
100	100	0,01	0,86	0,05	0,81	0,08	0,80
		0,04	0,92	0,09	0,84	0,14	0,79

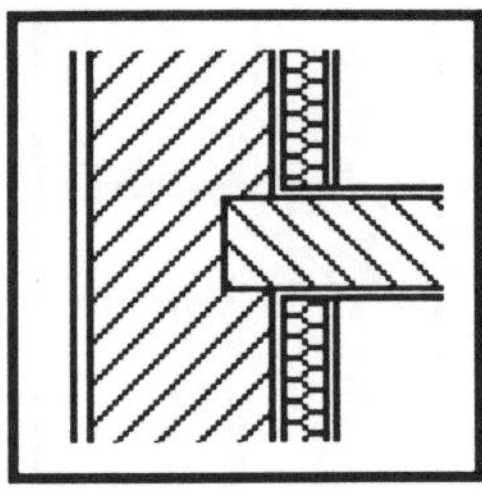

2. Außenwand mit Innendämmung

2.1.3 Innenwandanschluß

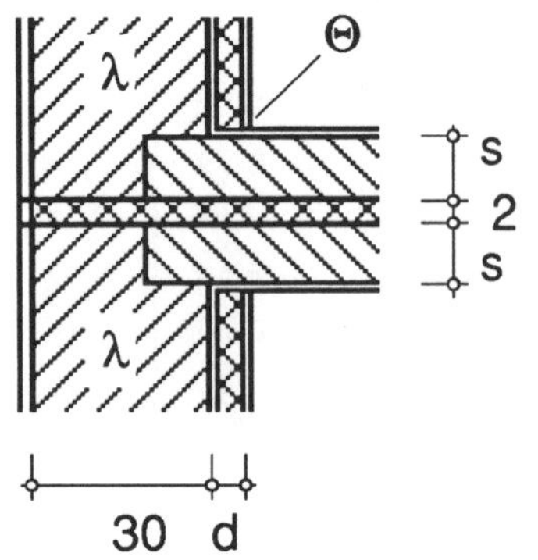

		λ = 0,21		λ = 0,56		λ = 0,99	
d [cm]	s [cm]	WBV	Θ	WBV	Θ	WBV	Θ
2	11,5	0,10 0,10	0,86 0,86	0,17 0,17	0,77 0,77	0,21 0,21	0,72 0,72
4	11,5	0,10 0,10	0,85 0,85	0,17 0,17	0,77 0,77	0,21 0,21	0,73 0,73
6	11,5	0,11 0,11	0,85 0,85	0,17 0,17	0,78 0,78	0,21 0,21	0,74 0,74
2	24	0,18 0,18	0,84 0,84	0,28 0,28	0,74 0,74	0,33 0,33	0,69 0,69
4	24	0,18 0,18	0,83 0,83	0,28 0,28	0,75 0,75	0,33 0,33	0,70 0,70
6	24	0,18 0,18	0,84 0,84	0,28 0,28	0,75 0,75	0,33 0,33	0,72 0,72

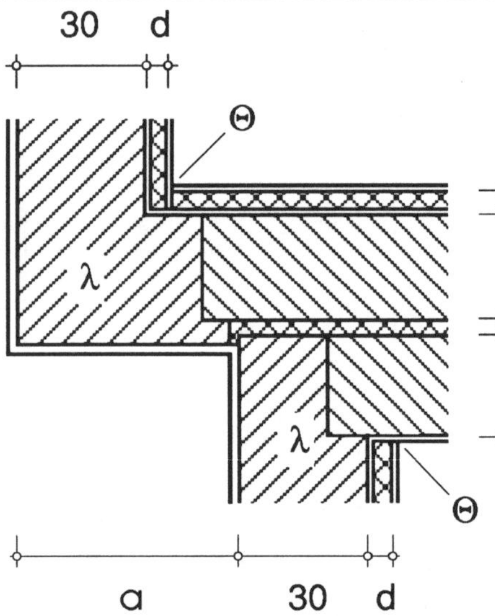

		λ = 0,21		λ = 0,56		λ = 0,99	
a [cm]	d [cm]	WBV	Θ	WBV	Θ	WBV	Θ
50	2	0,10 0,13	0,84 0,86	0,08 0,22	0,77 0,77	0,06 0,27	0,74 0,72
75	2	0,09 0,13	0,83 0,86	0,05 0,22	0,76 0,77	0,03 0,27	0,73 0,72
50	4	0,10 0,14	0,86 0,86	0,10 0,23	0,82 0,77	0,11 0,28	0,80 0,72
75	4	0,09 0,13	0,86 0,86	0,09 0,23	0,82 0,77	0,10 0,28	0,80 0,72
50	6	0,10 0,14	0,88 0,86	0,13 0,23	0,85 0,78	0,14 0,28	0,84 0,73
75	6	0,09 0,14	0,88 0,86	0,11 0,23	0,85 0,78	0,13 0,28	0,84 0,74

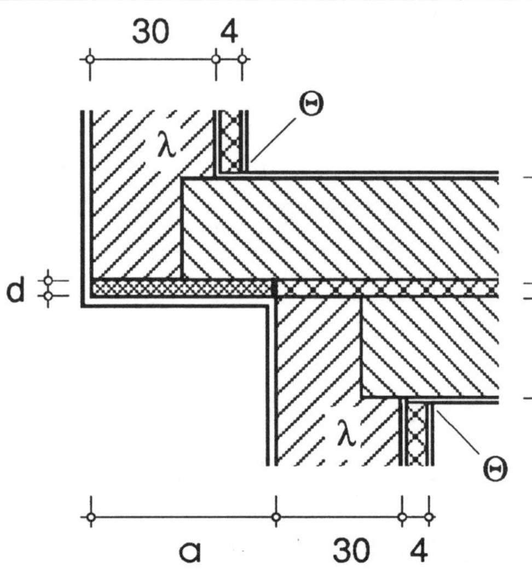

		λ = 0,21		λ = 0,56		λ = 0,99	
a [cm]	d [cm]	WBV	Θ	WBV	Θ	WBV	Θ
50	0	0,15 0,15	0,84 0,85	0,11 0,23	0,81 0,76	0,10 0,28	0,80 0,72
75	0	0,17 0,15	0,85 0,85	0,10 0,23	0,82 0,76	0,08 0,28	0,80 0,72
100	0	0,18 0,15	0,84 0,85	0,10 0,23	0,80 0,76	0,07 0,28	0,79 0,72
50	2	0,08 0,13	0,86 0,86	0,06 0,22	0,83 0,77	0,06 0,27	0,81 0,72
75	2	0,07 0,13	0,86 0,86	0,02 0,22	0,82 0,77	0,01 0,27	0,82 0,73
100	2	0,07 0,13	0,85 0,86	-0,01 0,22	0,82 0,77	-0,04 0,28	0,81 0,73

Außenwand mit Innendämmung 2.

Innenwandanschluß 2.1.3

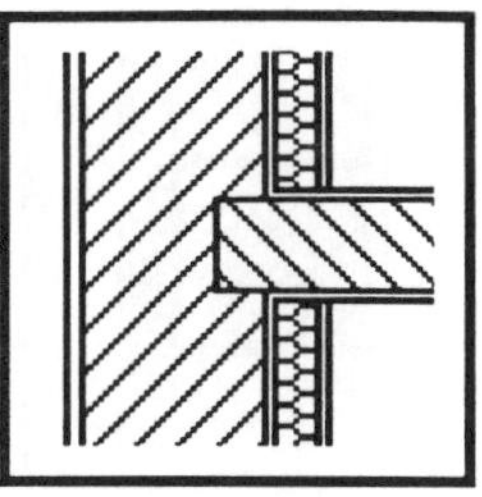

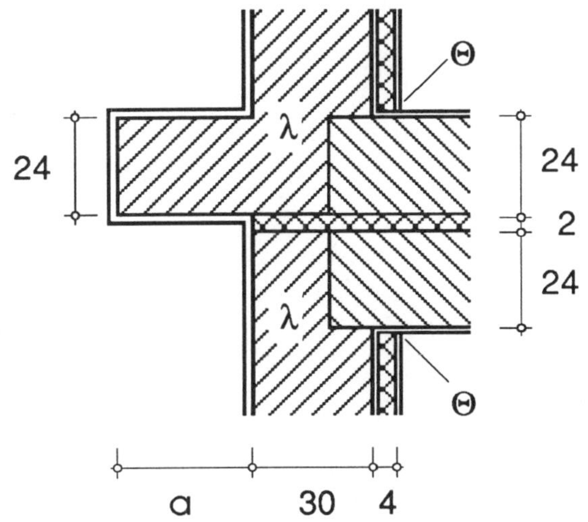

a [cm]	λ = 0,21 WBV	λ = 0,21 Θ	λ = 0,56 WBV	λ = 0,56 Θ	λ = 0,99 WBV	λ = 0,99 Θ
0	0,25 0,19	0,78 0,83	0,29 0,28	0,74 0,75	0,32 0,33	0,71 0,70
25	0,23 0,19	0,79 0,83	0,28 0,28	0,75 0,75	0,31 0,33	0,72 0,70
50	0,23 0,19	0,79 0,83	0,28 0,28	0,75 0,75	0,31 0,33	0,72 0,70
75	0,23 0,19	0,79 0,83	0,28 0,28	0,75 0,75	0,31 0,33	0,72 0,70
100	0,23 0,19	0,79 0,83	0,28 0,28	0,75 0,75	0,31 0,33	0,72 0,70

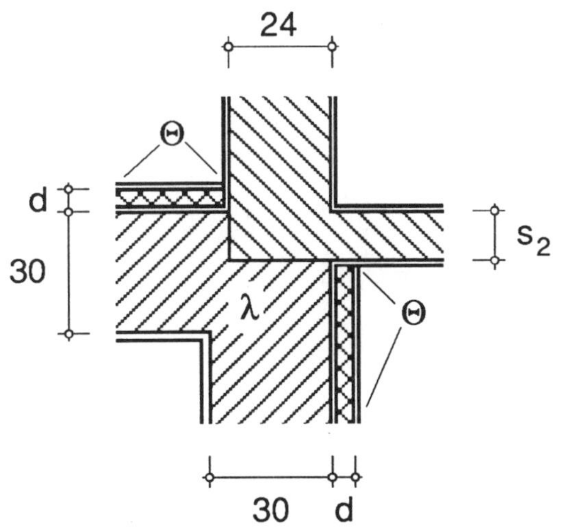

d [cm]	s [cm]	λ = 0,21 WBV	λ = 0,21 Θ	λ = 0,56 WBV	λ = 0,56 Θ	λ = 0,99 WBV	λ = 0,99 Θ
2	11,5	0,04 -0,01	0,91 0,91	0,11 0,02	0,86 0,86	0,17 0,06	0,81 0,83
4	11,5	0,06 0,01	0,93 0,93	0,14 0,06	0,86 0,90	0,21 0,12	0,81 0,87
6	11,5	0,07 0,02	0,93 0,94	0,16 0,09	0,87 0,91	0,23 0,14	0,82 0,88
2	24	0,06 0,06	0,91 0,91	0,13 0,13	0,86 0,86	0,18 0,18	0,82 0,82
4	24	0,08 0,08	0,92 0,92	0,16 0,16	0,86 0,86	0,22 0,22	0,82 0,82
6	24	0,09 0,09	0,93 0,93	0,17 0,17	0,87 0,87	0,23 0,23	0,83 0,83

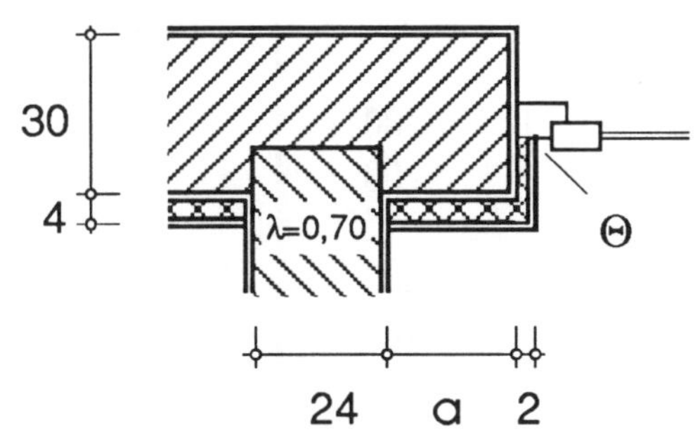

a [cm]	λ = 0,21 WBV	λ = 0,21 Θ	λ = 0,56 WBV	λ = 0,56 Θ	λ = 0,99 WBV	λ = 0,99 Θ
12,5	0,10 0,21	0,86 0,67	0,16 0,31	0,78 0,64	0,20 0,38	0,73 0,63
25	0,10 0,21	0,85 0,66	0,17 0,32	0,77 0,63	0,21 0,38	0,73 0,62
36,5	0,11 0,21	0,85 0,66	0,17 0,32	0,77 0,63	0,21 0,39	0,72 0,62
50	0,11 0,21	0,85 0,65	0,18 0,32	0,77 0,63	0,21 0,39	0,72 0,61
62,5	0,11 0,21	0,85 0,65	0,18 0,32	0,77 0,63	0,21 0,39	0,72 0,61

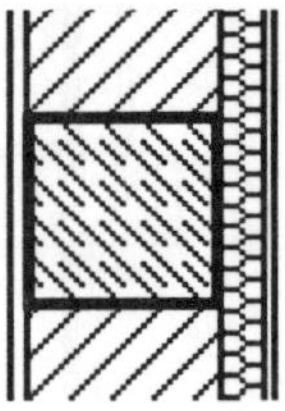

2. Außenwand mit Innendämmung

2.1.4 Stütze

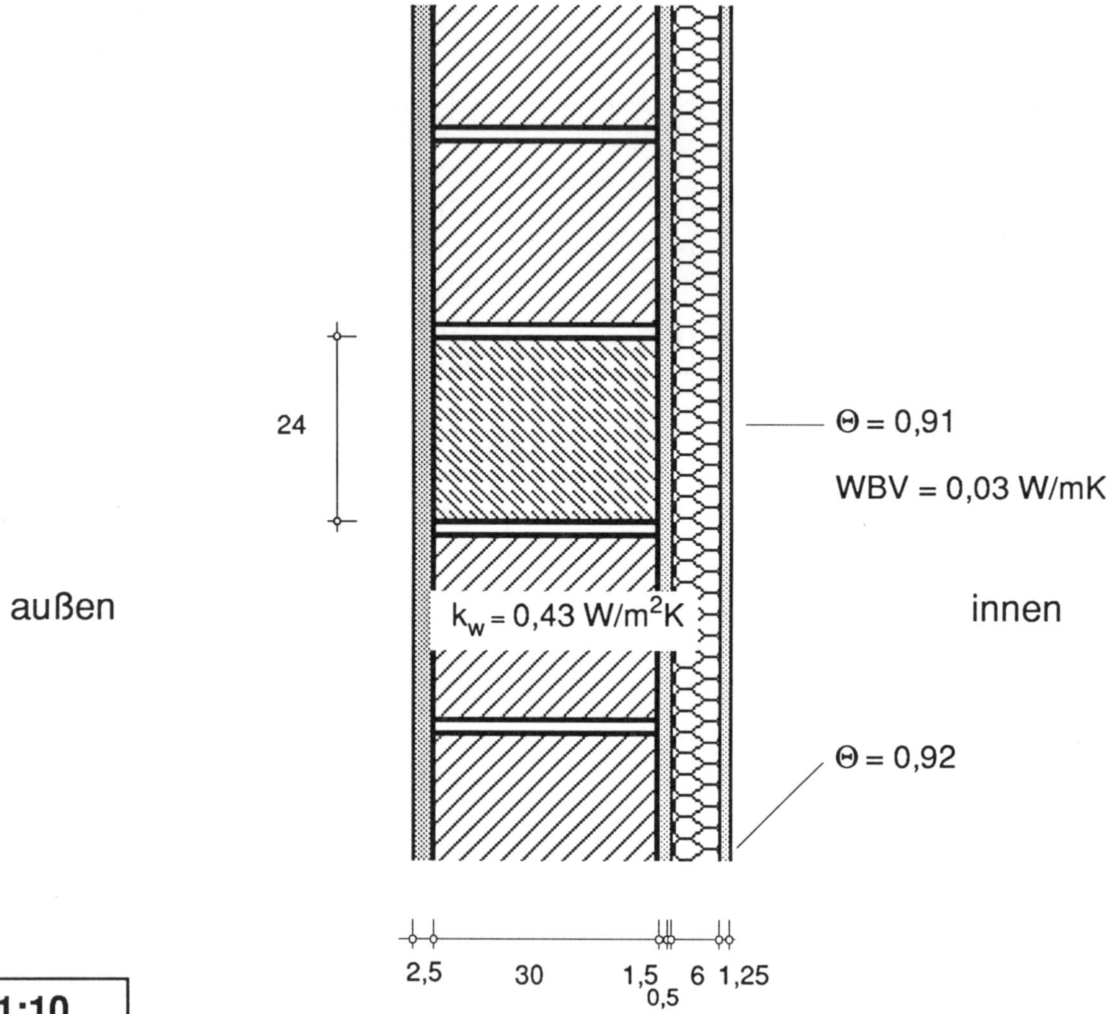

M 1:10

Baustoff	Dicke s [m]	Rohdichte ρ [kg/m³]	Wärmeleitfähigkeit λ_R [W/mK]
Gipskartonplatte	0,0125	900	0,21
Wärmedämmstoff	0,06	-	0,04
Ansetzmörtel	0,005	1000	0,35
Gipsputz	0,015	1200	0,35
Mauerwerk	0,30	1200	0,56
Kalkzementputz	0,025	1800	0,87
Stahlbeton	0,30	2400	2,1

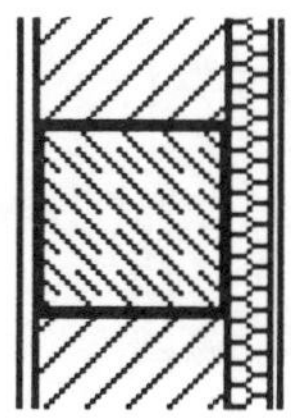

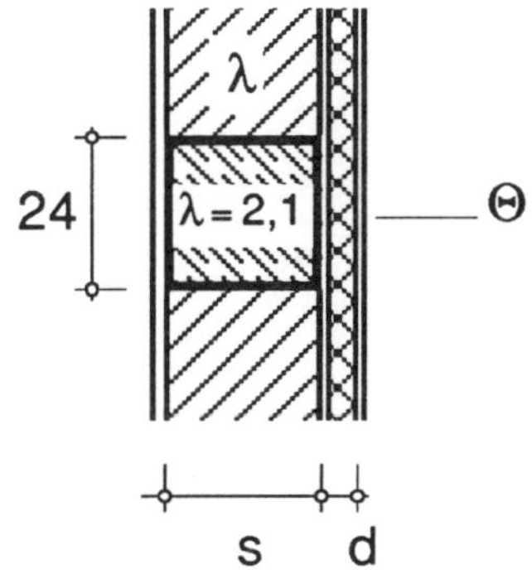

d [cm]	s [cm]	λ = 0,21 WBV	λ = 0,21 Θ	λ = 0,56 WBV	λ = 0,56 Θ	λ = 0,99 WBV	λ = 0,99 Θ
2	24	0,19	0,81	0,09	0,81	0,04	0,80
4	24	0,11	0,87	0,04	0,87	0,02	0,87
6	24	0,07	0,91	0,02	0,90	0,01	0,90
2	30	0,21	0,82	0,10	0,82	0,04	0,81
4	30	0,12	0,88	0,05	0,88	0,02	0,87
6	30	0,08	0,91	0,03	0,91	0,01	0,90
2	36,5	0,22	0,83	0,11	0,83	0,05	0,82
4	36,5	0,13	0,88	0,06	0,88	0,02	0,88
6	36,5	0,09	0,91	0,04	0,91	0,01	0,91

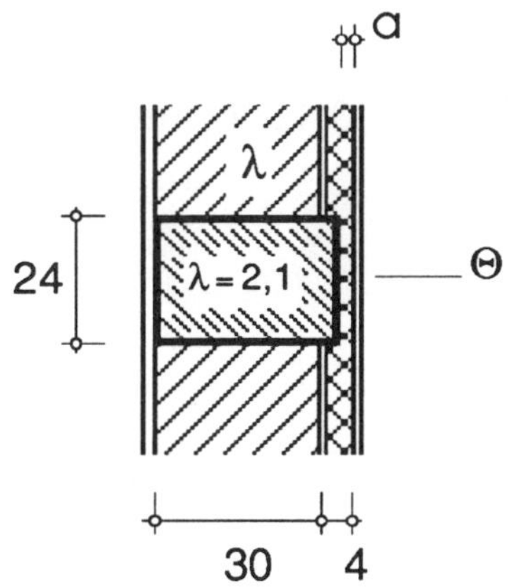

a [cm]	λ = 0,21 WBV	λ = 0,21 Θ	λ = 0,56 WBV	λ = 0,56 Θ	λ = 0,99 WBV	λ = 0,99 Θ
0	0,52	0,60	0,50	0,57	0,52	0,54
1	0,31	0,74	0,25	0,73	0,23	0,72
2	0,22	0,81	0,15	0,80	0,12	0,80
3	0,16	0,85	0,09	0,84	0,06	0,84
4	0,12	0,88	0,05	0,88	0,02	0,87

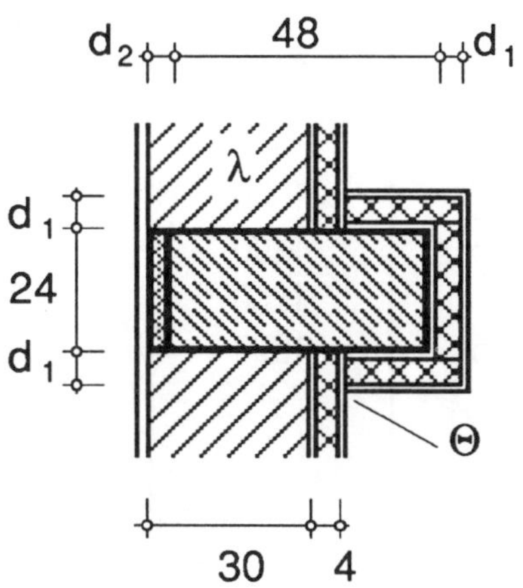

d_1 [cm]	d_2 [cm]	λ = 0,21 WBV	λ = 0,21 Θ	λ = 0,56 WBV	λ = 0,56 Θ	λ = 0,99 WBV	λ = 0,99 Θ
0	0	0,61	0,70	0,60	0,67	0,64	0,64
0	2,5	0,31	0,81	0,42	0,73	0,52	0,69
0	4,0	0,26	0,83	0,40	0,75	0,50	0,70
0	6,5	0,21	0,85	0,36	0,76	0,48	0,71
2	0	0,33	0,78	0,28	0,77	0,26	0,75
4	0	0,23	0,81	0,16	0,79	0,13	0,77
6	0	0,16	0,82	0,08	0,80	0,05	0,78

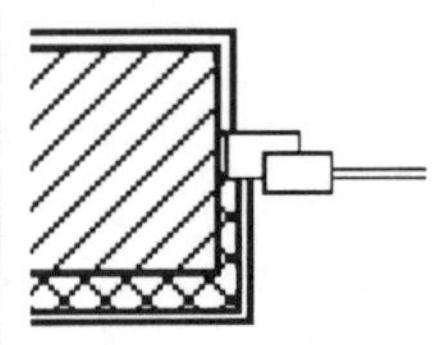

2. Außenwand mit Innendämmung

2.2.1 Fensteranschluß Laibung

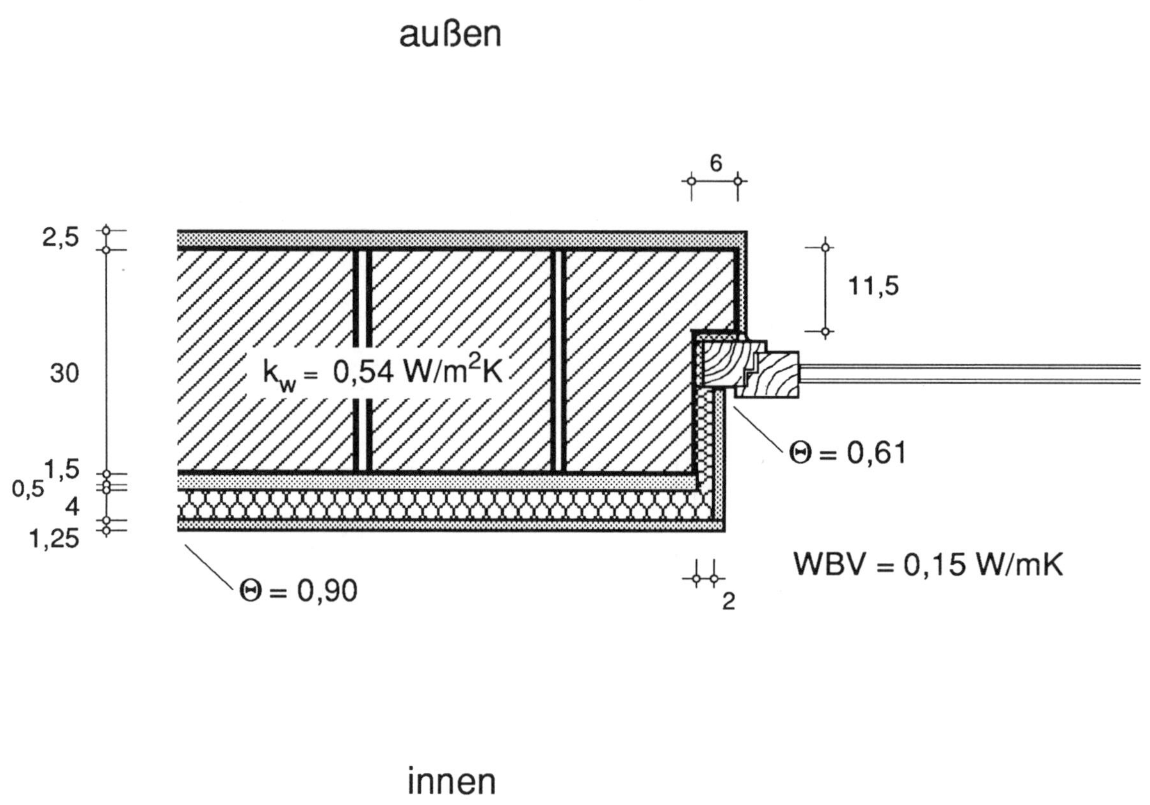

M 1:10

Baustoff	Dicke s [m]	Rohdichte ρ [kg/m³]	Wärmeleitfähigkeit λ_R [W/mK]
Gipskartonplatte	0,0125	900	0,21
Wärmedämmstoff	0,04	-	0,04
Ansetzmörtel	0,005	1000	0,35
Gipsputz	0,015	1200	0,35
Mauerwerk	0,30	1200	0,56
Kalkzementputz	0,025	1800	0,87

Außenwand mit Innendämmung 2.

Fensteranschluß Laibung 2.2.1

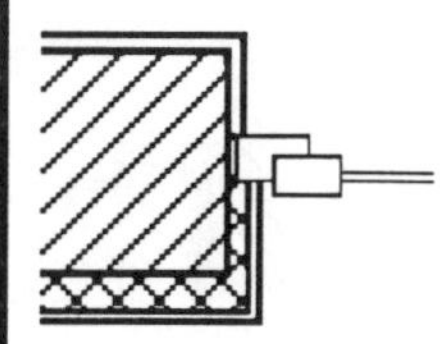

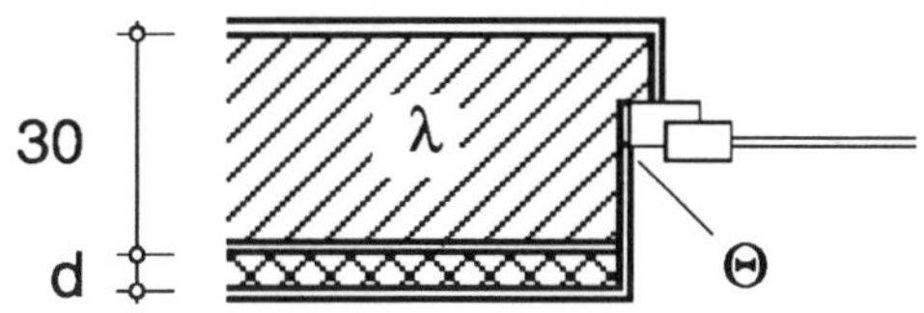

d [cm]	λ = 0,21		λ = 0,56		λ = 0,99	
	WBV	Θ	WBV	Θ	WBV	Θ
2	0,08	0,73	0,18	0,63	0,28	0,55
4	0,10	0,73	0,22	0,61	0,34	0,53
6	0,11	0,72	0,25	0,60	0,37	0,52

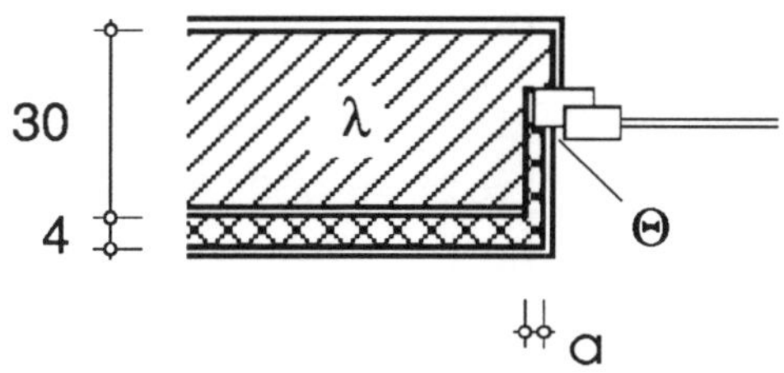

* 2 cm ohne Laibungsputz

a [cm]	λ = 0,21		λ = 0,56		λ = 0,99	
	WBV	Θ	WBV	Θ	WBV	Θ
0,5	0,09	0,69	0,19	0,62	0,26	0,59
1,0	0,09	0,98	0,17	0,62	0,23	0,59
2,0 *	0,10	0,65	0,15	0,61	0,19	0,58

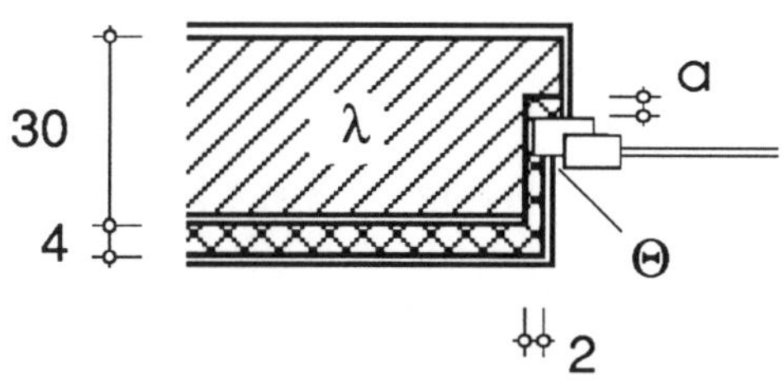

ohne Laibungsputz

a [cm]	λ = 0,21		λ = 0,56		λ = 0,99	
	WBV	Θ	WBV	Θ	WBV	Θ
0,5	0,09	0,66	0,15	0,62	0,18	0,60
1,0	0,09	0,67	0,14	0,63	0,18	0,60
2,0	0,08	0,68	0,13	0,63	0,17	0,61

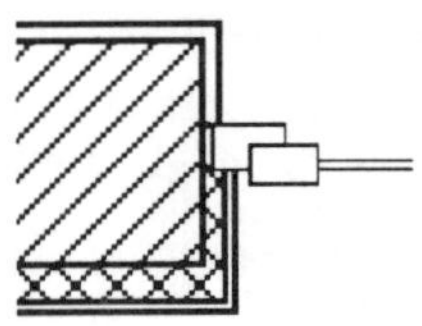

2. Außenwand mit Innendämmung

2.2.1 Fensteranschluß Laibung

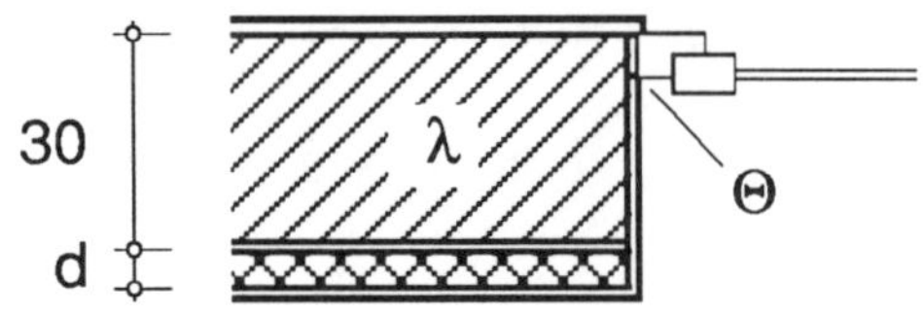

d [cm]	λ = 0,21		λ = 0,56		λ = 0,99	
	WBV	Θ	WBV	Θ	WBV	Θ
2	0,17	0,65	0,33	0,55	0,47	0,50
4	0,19	0,65	0,38	0,55	0,54	0,49
6	0,21	0,65	0,41	0,54	0,58	0,49

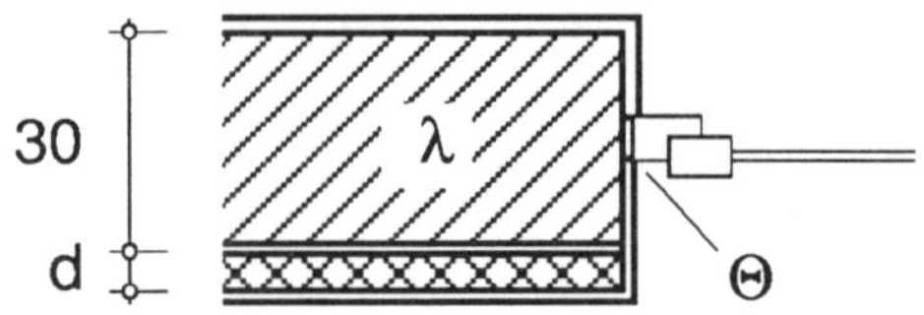

d [cm]	λ = 0,21		λ = 0,56		λ = 0,99	
	WBV	Θ	WBV	Θ	WBV	Θ
2	0,11	0,69	0,21	0,61	0,30	0,53
4	0,13	0,69	0,25	0,59	0,35	0,52
6	0,14	0,68	0,27	0,58	0,38	0,51

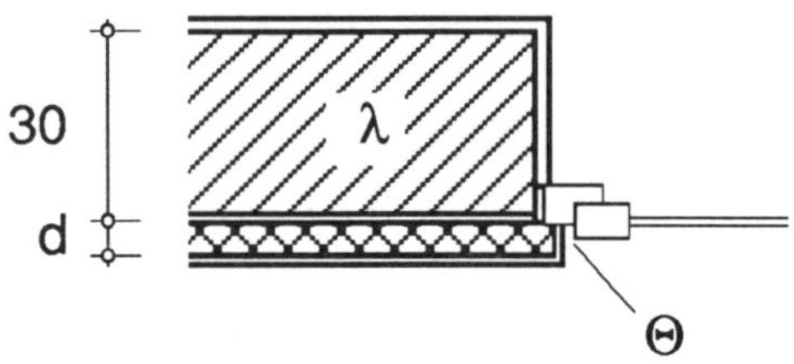

d [cm]	λ = 0,21		λ = 0,56		λ = 0,99	
	WBV	Θ	WBV	Θ	WBV	Θ
2	0,11	0,70	0,15	0,64	0,17	0,59
4	0,11	0,69	0,13	0,62	0,15	0,57
6	0,10	0,68	0,13	0,61	0,15	0,56

Außenwand mit Innendämmung 2.

Fensteranschluß Laibung 2.2.1

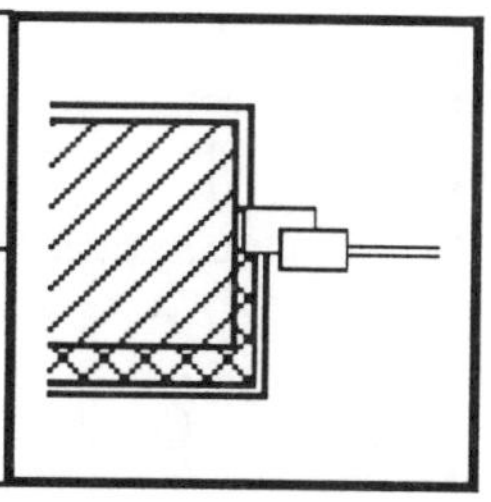

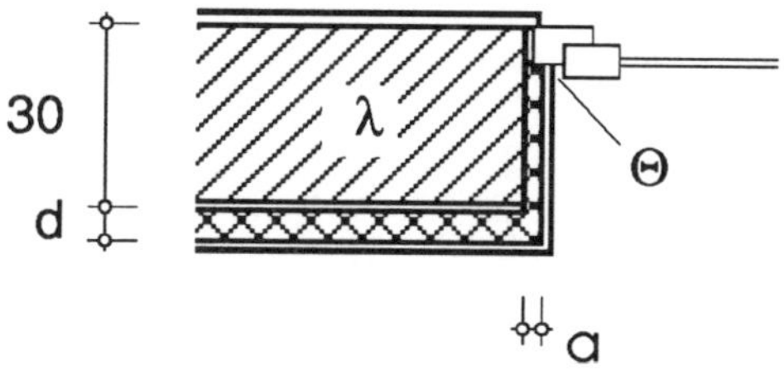

* 2 cm ohne Laibungsputz

d [cm]	a [cm]	λ = 0,21 WBV	λ = 0,21 Θ	λ = 0,56 WBV	λ = 0,56 Θ	λ = 0,99 WBV	λ = 0,99 Θ
2	0,5	0,16	0,64	0,27	0,60	0,35	0,59
4	0,5	0,18	0,64	0,31	0,60	0,41	0,58
6	0,5	0,20	0,64	0,34	0,60	0,44	0,57
2	1	0,16	0,63	0,23	0,61	0,29	0,60
4	1	0,18	0,63	0,27	0,61	0,34	0,59
6	1	0,19	0,63	0,30	0,60	0,37	0,59
2	2*	0,13	0,63	0,18	0,61	0,22	0,61
4	2	0,15	0,63	0,21	0,61	0,26	0,60
6	2	0,16	0,63	0,23	0,61	0,28	0,60

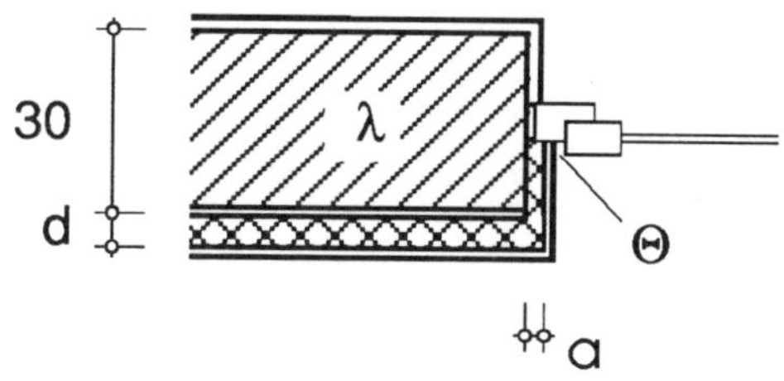

* 2 cm ohne Laibungsputz

d [cm]	a [cm]	λ = 0,21 WBV	λ = 0,21 Θ	λ = 0,56 WBV	λ = 0,56 Θ	λ = 0,99 WBV	λ = 0,99 Θ
2	0,5	0,12	0,67	0,17	0,63	0,23	0,60
4	0,5	0,13	0,66	0,21	0,62	0,27	0,59
6	0,5	0,14	0,66	0,23	0,61	0,29	0,59
2	1	0,12	0,66	0,16	0,63	0,20	0,61
4	1	0,13	0,65	0,19	0,62	0,23	0,60
6	1	0,14	0,65	0,21	0,62	0,25	0,60
2	2*	0,10	0,66	0,13	0,64	0,16	0,62
4	2	0,13	0,65	0,15	0,63	0,19	0,61
6	2	0,12	0,65	0,17	0,62	0,20	0,61

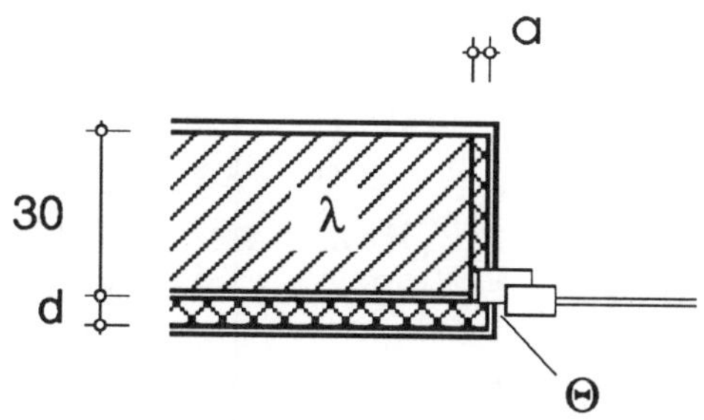

* 4 cm ohne Laibungsputz

d [cm]	a [cm]	λ = 0,21 WBV	λ = 0,21 Θ	λ = 0,56 WBV	λ = 0,56 Θ	λ = 0,99 WBV	λ = 0,99 Θ
2	2	0,07	0,75	0,09	0,69	0,12	0,64
4	2	0,07	0,73	0,10	0,67	0,12	0,61
6	2	0,07	0,72	0,10	0,65	0,12	0,59
2	4	0,06	0,76	0,08	0,71	0,10	0,65
4	4	0,06	0,75	0,09	0,68	0,11	0,62
6	4	0,06	0,74	0,09	0,66	0,12	0,60

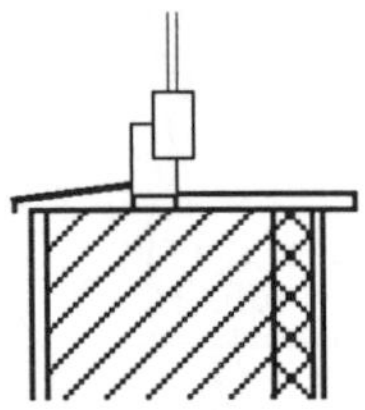

2. Außenwand mit Innendämmung

2.2.2 Fensteranschluß Brüstung

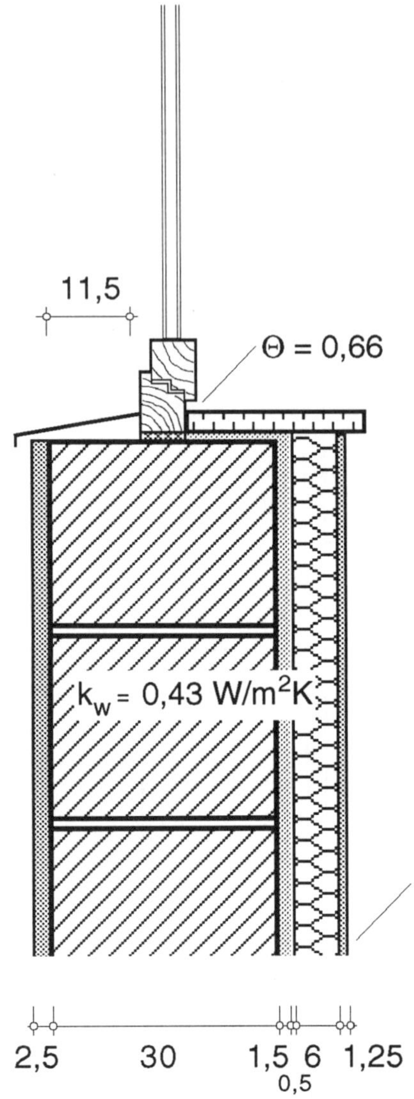

Baustoff	Dicke s [m]	Rohdichte ρ [kg/m³]	Wärmeleitfähigkeit λ_R [W/mK]
Gipskartonplatte	0,0125	900	0,21
Wärmedämmstoff	0,06	-	0,04
Ansetzmörtel	0,005	1000	0,35
Gipsputz	0,015	1200	0,35
Mauerwerk	0,30	1200	0,56
Kalkzementputz	0,025	1800	0,87
Marmor (Fensterbank)	0,025	2800	3,5

Außenwand mit Innendämmung 2.

Fensteranschluß Brüstung 2.2.2

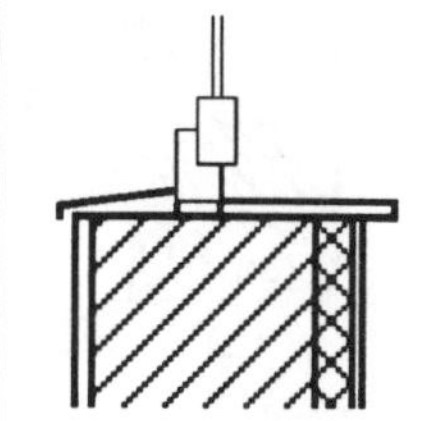

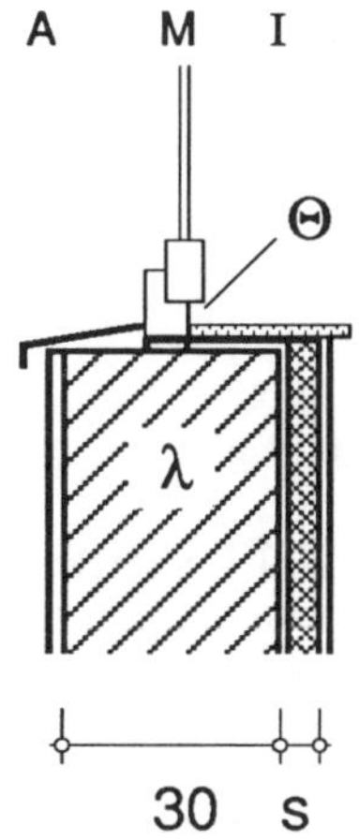

s [cm]		λ = 0,21 WBV	λ = 0,21 Θ	λ = 0,56 WBV	λ = 0,56 Θ	λ = 0,99 WBV	λ = 0,99 Θ
2	A	0,16	0,71	0,33	0,63	0,47	0,56
2	M	0,10	0,73	0,21	0,67	0,32	0,59
2	I	0,10	0,75	0,14	0,72	0,16	0,70
4	A	0,18	0,71	0,38	0,62	0,55	0,55
4	M	0,12	0,73	0,25	0,66	0,37	0,58
4	I	0,10	0,75	0,14	0,71	0,16	0,70
6	A	0,19	0,70	0,41	0,62	0,58	0,54
6	M	0,13	0,72	0,27	0,66	0,40	0,57
6	I	0,10	0,74	0,14	0,71	0,17	0,69

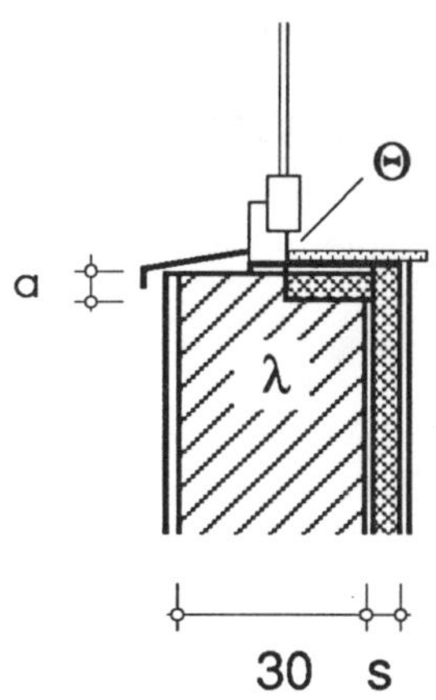

s [cm]	a [cm]	λ = 0,21 WBV	λ = 0,21 Θ	λ = 0,56 WBV	λ = 0,56 Θ	λ = 0,99 WBV	λ = 0,99 Θ
2	2	0,08	0,74	0,12	0,72	0,15	0,70
2	4	0,07	0,75	0,10	0,72	0,11	0,71
2	6	0,06	0,75	0,08	0,73	0,09	0,72
4	2	0,09	0,74	0,14	0,71	0,18	0,70
4	4	0,08	0,74	0,12	0,72	0,14	0,71
4	6	0,07	0,74	0,10	0,73	0,11	0,72
6	2	0,10	0,74	0,16	0,71	0,20	0,69
6	4	0,09	0,74	0,13	0,72	0,15	0,71
6	6	0,08	0,74	0,11	0,72	0,13	0,71

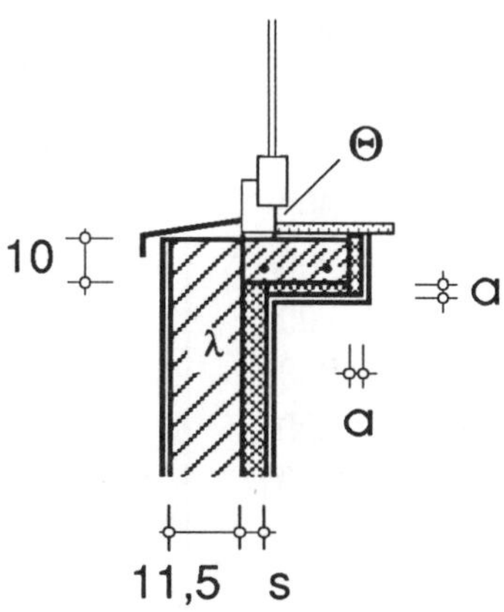

s [cm]	a [cm]	λ = 0,21 WBV	λ = 0,21 Θ	λ = 0,56 WBV	λ = 0,56 Θ	λ = 0,99 WBV	λ = 0,99 Θ
1	0	0,25	0,75	0,38	0,63	0,47	0,56
1	1	0,21	0,70	0,31	0,57	0,37	0,50
1	2	0,20	0,68	0,29	0,55	0,34	0,48
2	0	0,27	0,74	0,43	0,62	0,52	0,55
2	1	0,24	0,69	0,36	0,56	0,43	0,50
2	2	0,23	0,67	0,34	0,54	0,40	0,47
4	0	0,30	0,72	0,47	0,60	0,57	0,54
4	1	0,27	0,68	0,41	0,55	0,48	0,49
4	2	0,26	0,66	0,39	0,53	0,46	0,47
6	0	0,31	0,71	0,48	0,59	0,58	0,53
6	1	0,29	0,67	0,43	0,54	0,51	0,48
6	2	0,28	0,65	0,41	0,52	0,48	0,46

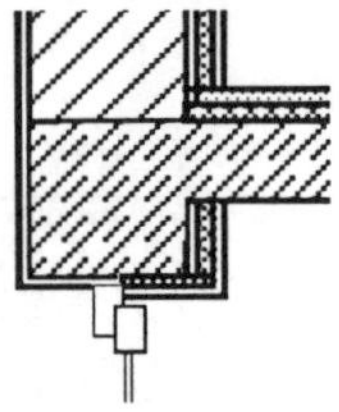

2. Außenwand mit Innendämmung

2.2.3 Fensteranschluß Sturz

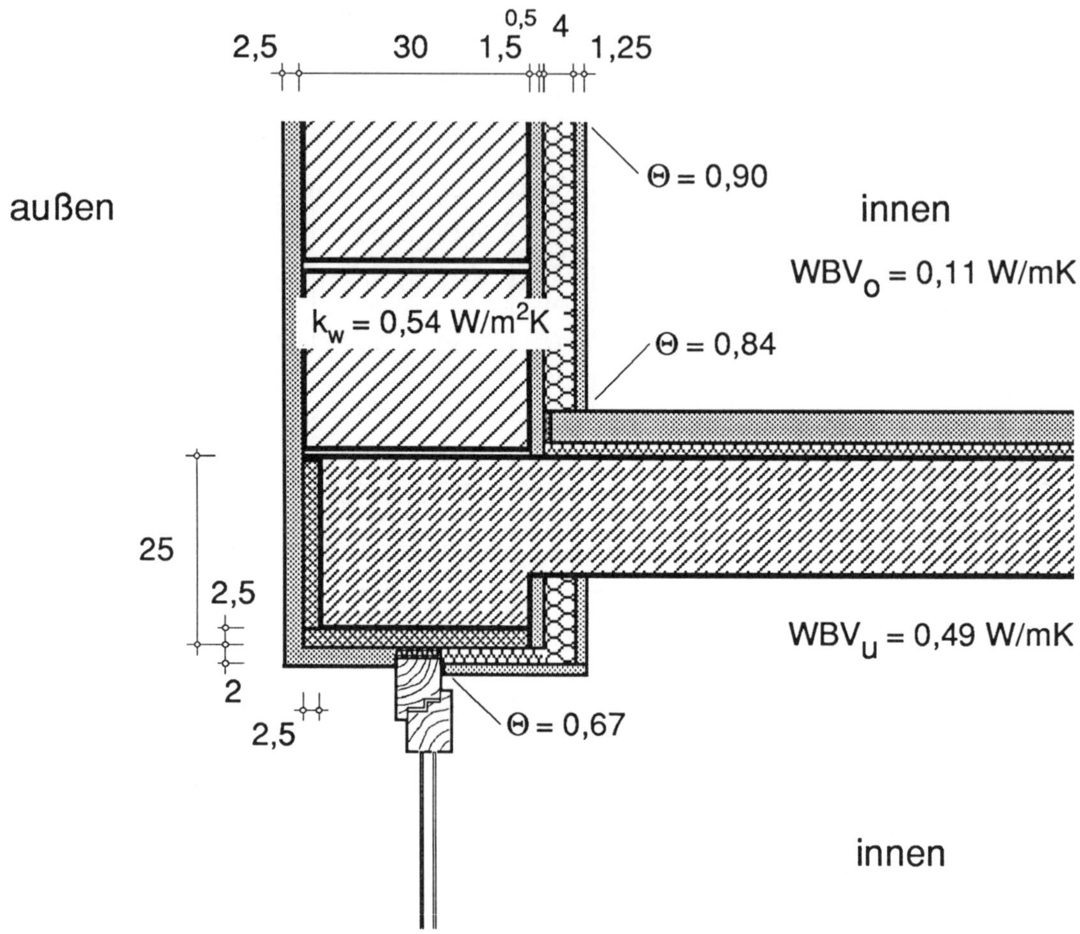

M 1:10

Baustoff	Dicke s [m]	Rohdichte ρ [kg/m³]	Wärmeleitfähigkeit λ_R [W/mK]
Gipskartonplatte	0,0125	900	0,21
Wärmedämmstoff	0,04	-	0,04
Ansetzmörtel	0,005	1000	0,35
Gipsputz	0,015	1200	0,35
Mauerwerk	0,30	1200	0,56
Kalkzementputz	0,025	1800	0,87
Holzwolle Leichtbauplatte	0,025	600	0,093
Zementestrich	0,04	2000	1,4
Wärmedämmstoff / Trittschalldämmung	0,02	-	0,04
Stahlbeton	0,16	2400	2,1

Außenwand mit Innendämmung 2.

Fensteranschluß Sturz 2.2.3

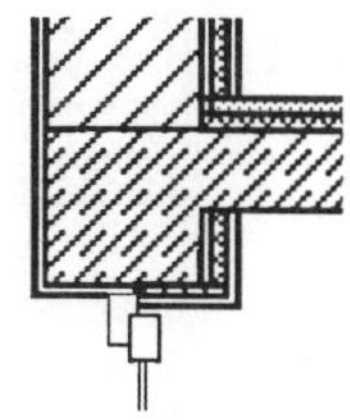

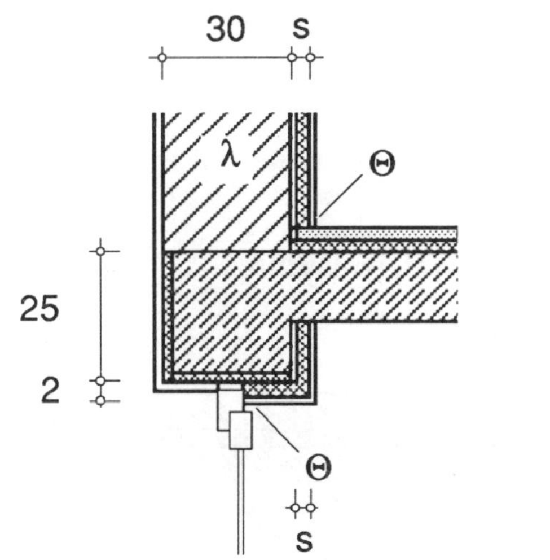

s [cm]	λ = 0,21 WBV	λ = 0,21 Θ	λ = 0,56 WBV	λ = 0,56 Θ	λ = 0,99 WBV	λ = 0,99 Θ
2	0,10 0,45	0,89 0,68	0,10 0,47	0,85 0,67	0,11 0,51	0,82 0,67
4	0,10 0,45	0,88 0,68	0,11 0,49	0,84 0,67	0,13 0,54	0,82 0,66
6	0,10 0,45	0,87 0,68	0,12 0,50	0,84 0,67	0,13 0,54	0,82 0,66

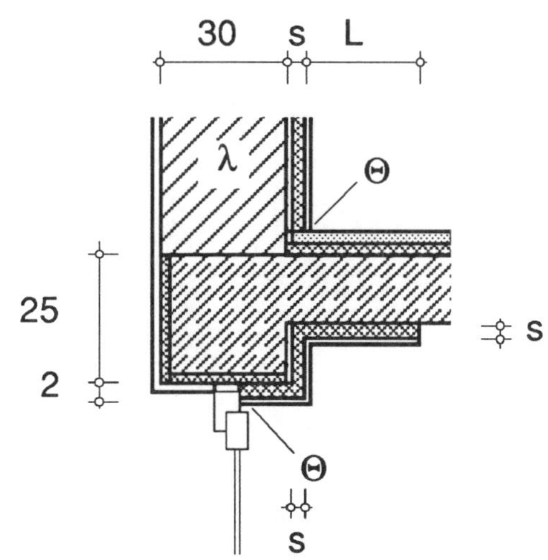

s [cm]	λ	L = 10 [cm] WBV	L = 10 [cm] Θ	L = 30 [cm] WBV	L = 30 [cm] Θ	L = 50 [cm] WBV	L = 50 [cm] Θ
2	0,56	0,13 0,41	0,84 0,67	0,16 0,35	0,83 0,67	0,18 0,32	0,83 0,67
4	0,56	0,13 0,43	0,84 0,67	0,17 0,37	0,83 0,67	0,19 0,34	0,82 0,66
6	0,56	0,14 0,44	0,83 0,67	0,17 0,38	0,82 0,66	0,20 0,35	0,82 0,66
2	0,99	0,14 0,44	0,82 0,67	0,17 0,37	0,81 0,66	0,20 0,33	0,80 0,66
4	0,99	0,15 0,47	0,81 0,66	0,19 0,40	0,80 0,66	0,21 0,37	0,79 0,66
6	0,99	0,16 0,48	0,81 0,66	0,20 0,41	0,80 0,66	0,22 0,38	0,79 0,66

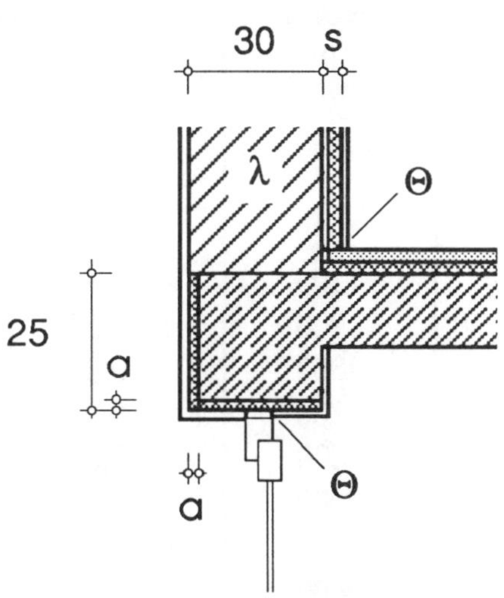

s [cm]	a [cm]	λ = 0,21 WBV	λ = 0,21 Θ	λ = 0,56 WBV	λ = 0,56 Θ	λ = 0,99 WBV	λ = 0,99 Θ
2	0	0,14 0,83	0,86 0,54	0,14 0,83	0,83 0,53	0,14 0,85	0,81 0,52
4	0	0,13 0,82	0,85 0,53	0,14 0,84	0,82 0,52	0,15 0,87	0,80 0,51
6	0	0,13 0,82	0,85 0,52	0,14 0,84	0,82 0,51	0,15 0,88	0,80 0,50
2	2,5	0,09 0,46	0,89 0,71	0,09 0,50	0,85 0,70	0,10 0,54	0,83 0,70
4	2,5	0,09 0,47	0,88 0,71	0,10 0,52	0,85 0,70	0,11 0,57	0,83 0,69
6	2,5	0,09 0,47	0,88 0,71	0,11 0,53	0,85 0,70	0,12 0,58	0,82 0,69

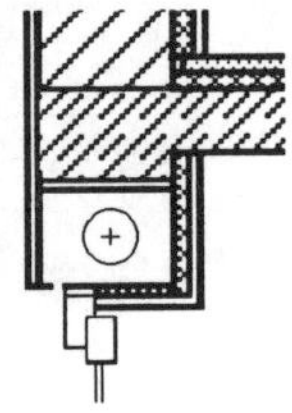

2. Außenwand mit Innendämmung

2.2.4 Fensteranschluß Rolladenkasten

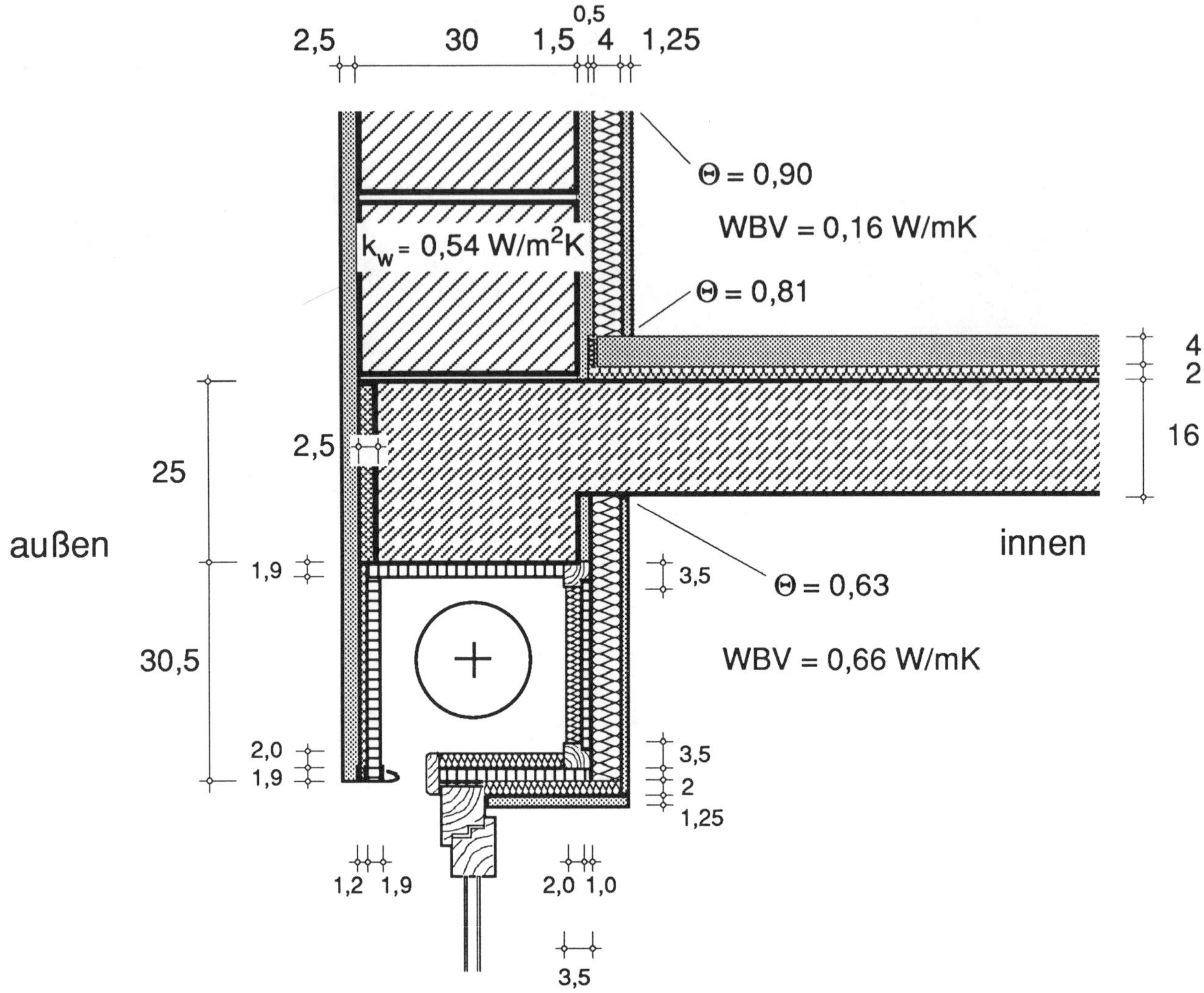

M 1:10

Baustoff	Dicke s [m]	Rohdichte ρ [kg/m³]	Wärmeleitfähigkeit λ_R [W/mK]
Gipskartonplatte	0,0125	900	0,21
Wärmedämmstoff	0,04	-	0,04
Ansetzmörtel	0,005	1000	0,35
Gipsputz	0,015	1200	0,35
Mauerwerk	0,30	1200	0,56
Kalkzementputz	0,025	1800	0,87
Spanplatte	-	700	0,17
Holzwolle Leichtbauplatte	0,025	600	0,093
Zementestrich	0,04	2000	1,4
Wärmedämmstoff / Trittschalldämmung	0,02	-	0,04
Stahlbeton	0,16	2400	2,1

Außenwand mit Innendämmung 2.

Fensteranschluß Rolladenkasten 2.2.4

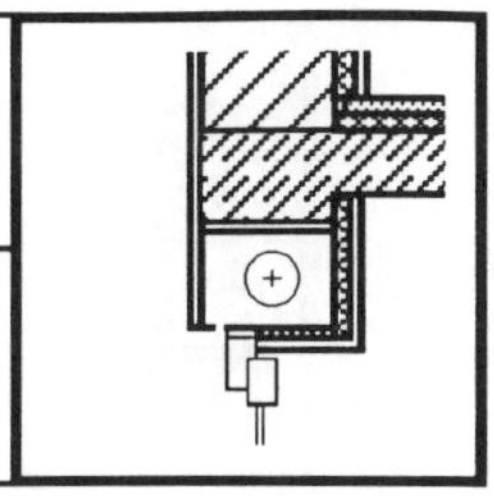

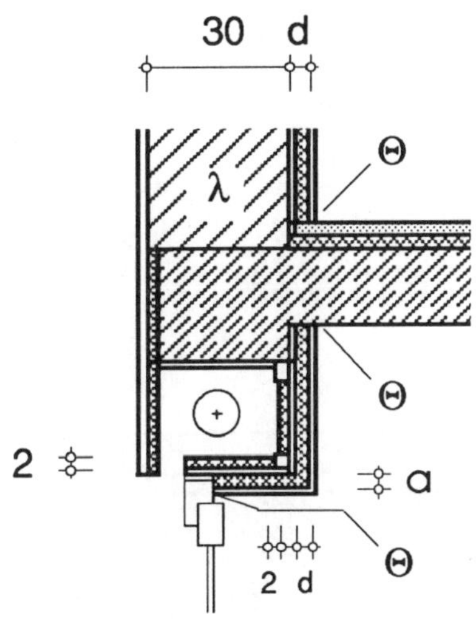

d [cm]	a [cm]	λ =0,21		λ =0,56		λ =0,99	
		WBV	Θ	WBV	Θ	WBV	Θ
2	0	0,15	0,85	0,15	0,81	0,16	0,79
		0,81	0,62	0,72	0,62	0,69	0,61
4	0	0,15	0,84	0,16	0,81	0,17	0,79
		0,76	0,62	0,72	0,62	0,72	0,61
6	0	0,15	0,83	0,16	0,81	0,18	0,79
		0,73	0,62	0,72	0,62	0,73	0,62
2	2	0,15	0,85	0,15	0,81	0,16	0,79
		0,75	0,64	0,66	0,62	0,62	0,61
4	2	0,15	0,84	0,16	0,81	0,17	0,79
		0,70	0,65	0,66	0,63	0,65	0,61
6	2	0,15	0,83	0,16	0,81	0,18	0,79
		0,67	0,67	0,65	0,64	0,66	0,63

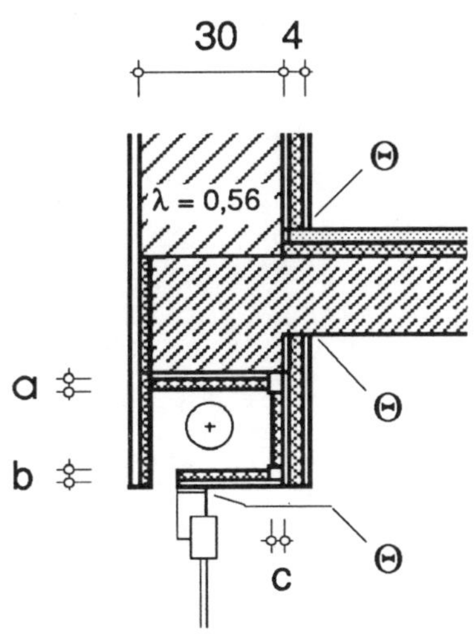

b [cm]	c [cm]	a = 0 cm		a = 2 cm		a = 4 cm	
		WBV	Θ	WBV	Θ	WBV	Θ
0	2	0,16	0,81	0,13	0,83	0,13	0,83
		0,95	0,42	0,87	0,42	0,85	0,42
0	4	0,16	0,81	0,13	0,83	0,12	0,83
		0,86	0,42	0,79	0,42	0,77	0,42
2	2	0,16	0,81	0,13	0,83	0,13	0,83
		0,72	0,62	0,65	0,62	0,62	0,62
2	4	0,16	0,81	0,13	0,83	0,12	0,83
		0,65	0,62	0,58	0,62	0,56	0,62
4	2	0,16	0,81	0,13	0,83	0,13	0,83
		0,66	0,63	0,58	0,68	0,56	0,68
4	4	0,16	0,81	0,13	0,83	0,12	0,83
		0,59	0,64	0,52	0,68	0,50	0,68

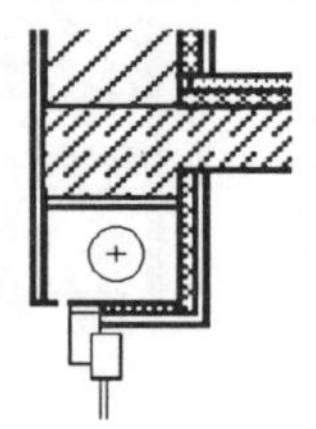

2. Außenwand mit Innendämmung

2.2.4 Fensteranschluß Rolladenkasten

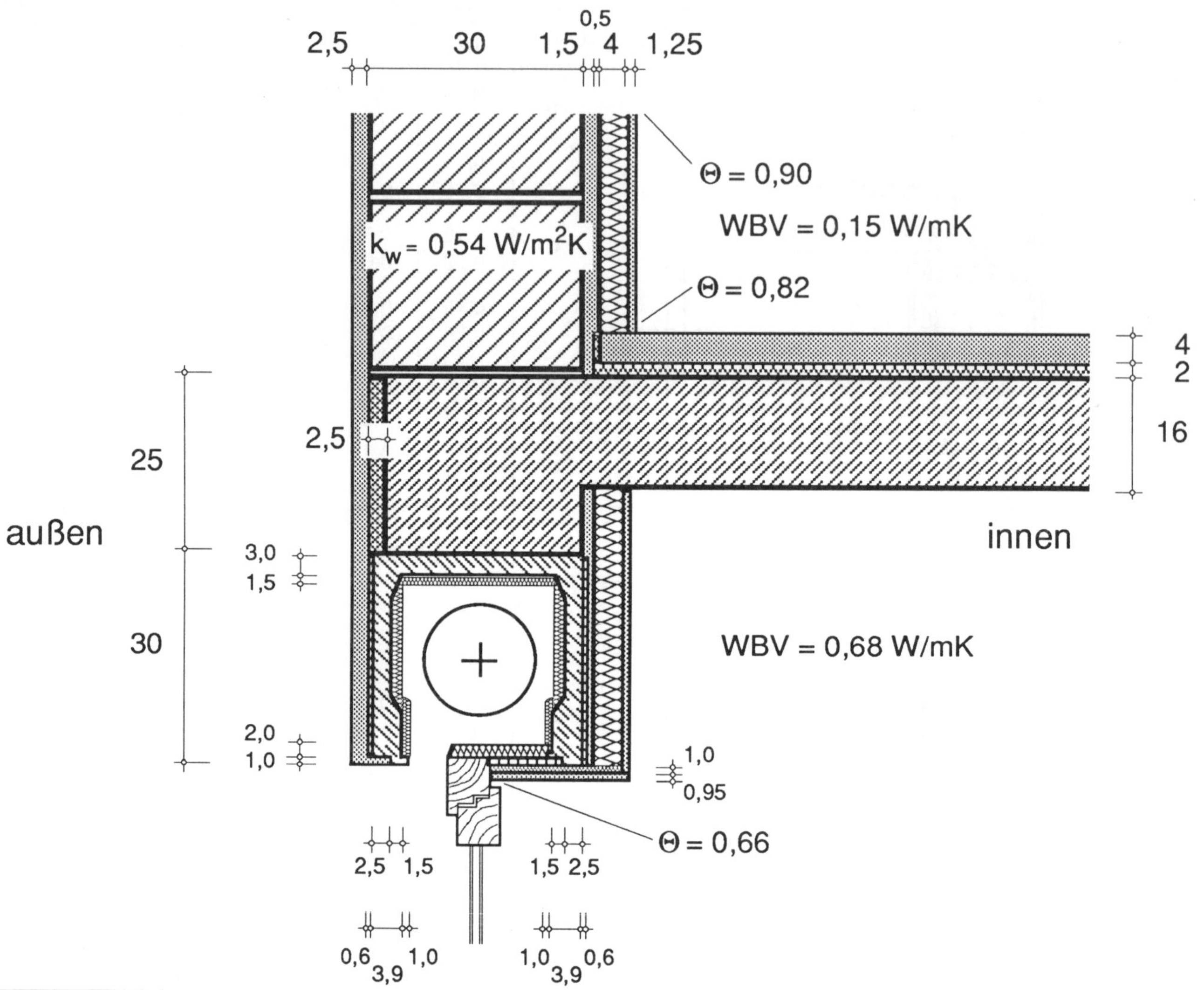

M 1:10

Baustoff	Dicke s [m]	Rohdichte ρ [kg/m³]	Wärmeleitfähigkeit λ_R [W/mK]
Gipskartonplatte	0,0125	900	0,21
Wärmedämmstoff	0,04	-	0,04
Ansetzmörtel / Gipsputz	0,02	1000	0,35
Mauerwerk	0,30	1200	0,56
Kalkzementputz	0,025	1800	0,87
Leichtbeton	-	1200	0,56
Spanplatte	0,01	700	0,17
Holzwolle Leichtbauplatte	0,025	600	0,093
Zementestrich	0,04	2000	1,4
Wärmedämmstoff / Trittschalldämmung	0,02	-	0,04
Stahlbeton	0,16	2400	2,1

Außenwand mit Innendämmung 2.

Fensteranschluß Rolladenkasten 2.2.4

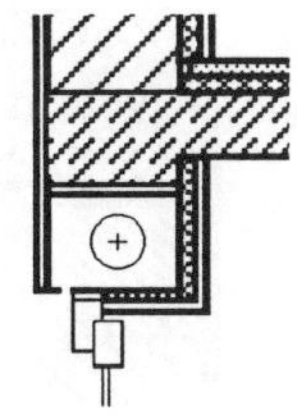

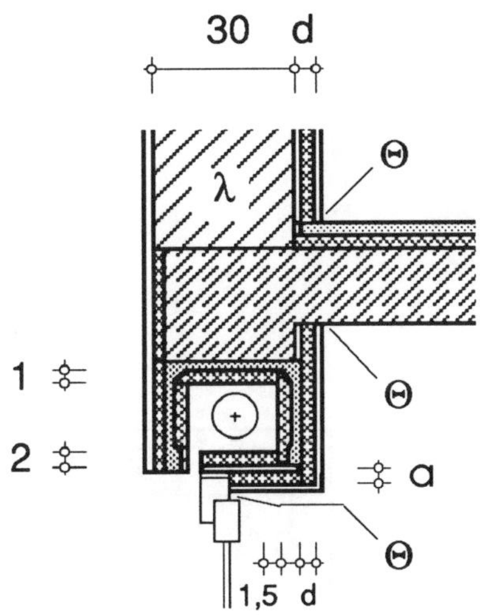

d [cm]	a [cm]	λ=0,21 WBV	λ=0,21 Θ	λ=0,56 WBV	λ=0,56 Θ	λ=0,99 WBV	λ=0,99 Θ
2	0	0,13 0,79	0,86 0,61	0,14 0,72	0,82 0,61	0,14 0,69	0,80 0,61
4	0	0,14 0,76	0,85 0,61	0,15 0,74	0,82 0,61	0,16 0,74	0,80 0,61
6	0	0,14 0,75	0,84 0,61	0,15 0,74	0,81 0,61	0,16 0,76	0,80 0,61
2	1	0,13 0,74	0,86 0,68	0,14 0,66	0,82 0,65	0,14 0,63	0,80 0,63
4	1	0,14 0,71	0,85 0,68	0,15 0,68	0,82 0,66	0,16 0,68	0,80 0,64
6	1	0,14 0,69	0,84 0,69	0,15 0,68	0,81 0,67	0,16 0,70	0,80 0,65

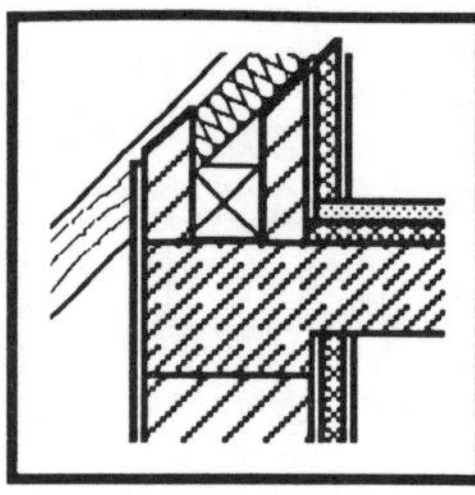

2. Außenwand mit Innendämmung

2.3.1 Dachanschluß/Traufe

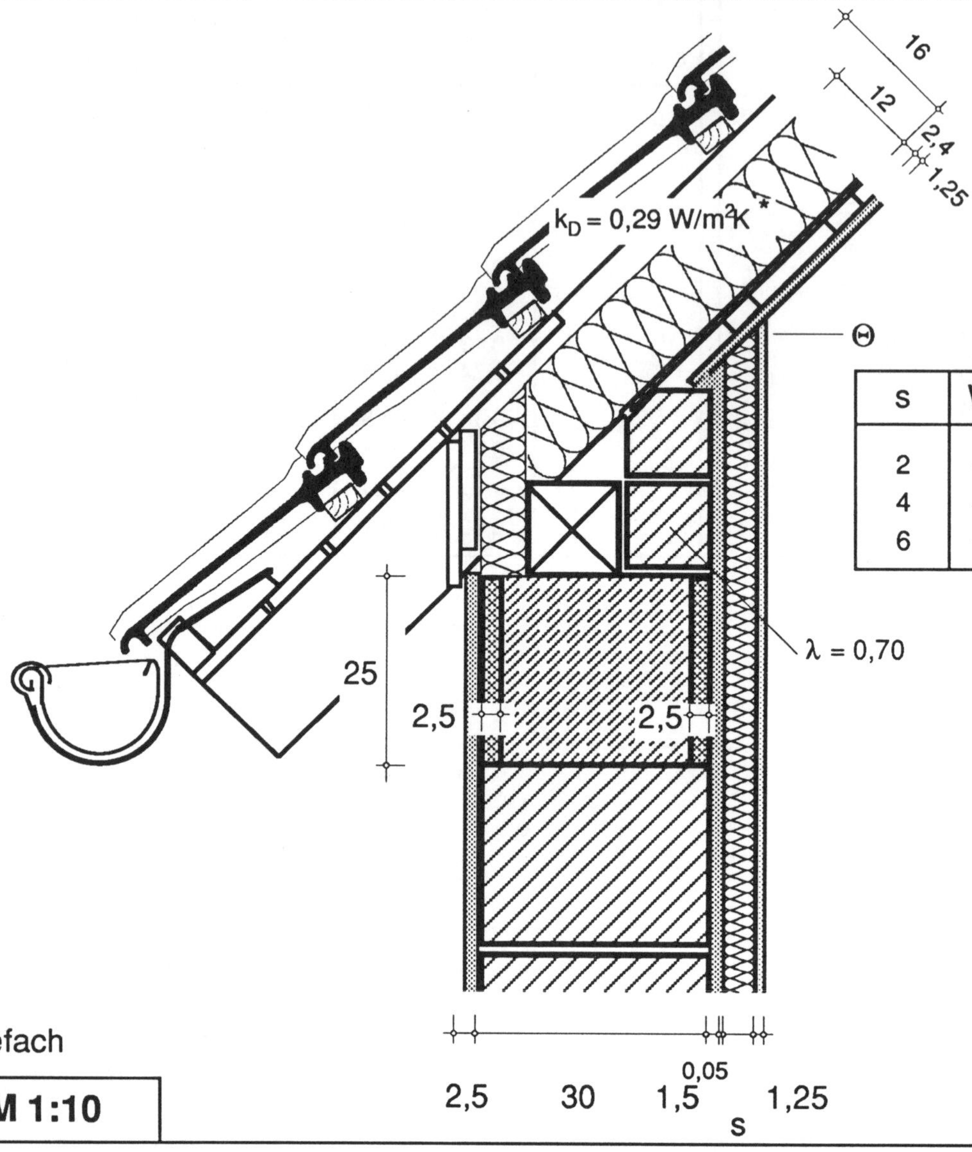

s	WBV	WBVp	Θ
2	-0,77	0,01	0,88
4	-0,45	0,01	0,86
6	-0,29	0,01	0,90

* Gefach

M 1:10

Baustoff	Dicke s [m]	Rohdichte ρ [kg/m³]	Wärmeleitfähigkeit λ_R [W/mK]
Gipskartonplatte	0,0125	900	0,21
Wärmedämmstoff	-	-	0,04
Ansetzmörtel	0,005	1000	0,35
Gipsputz	0,015	1200	0,35
Mauerwerk	0,30	1200	0,56
Kalkzementputz	0,025	1800	0,87
Holz	-	600	0,13
Stahlbeton	-	2400	2,1
Holzwolle Leichtbauplatte	0,025	600	0,093
Luftschicht	0,024	-	0,14
Gipskartonplatte	0,0125	900	0,21

Außenwand mit Innendämmung 2.

Dachanschluß/Traufe 2.3.1

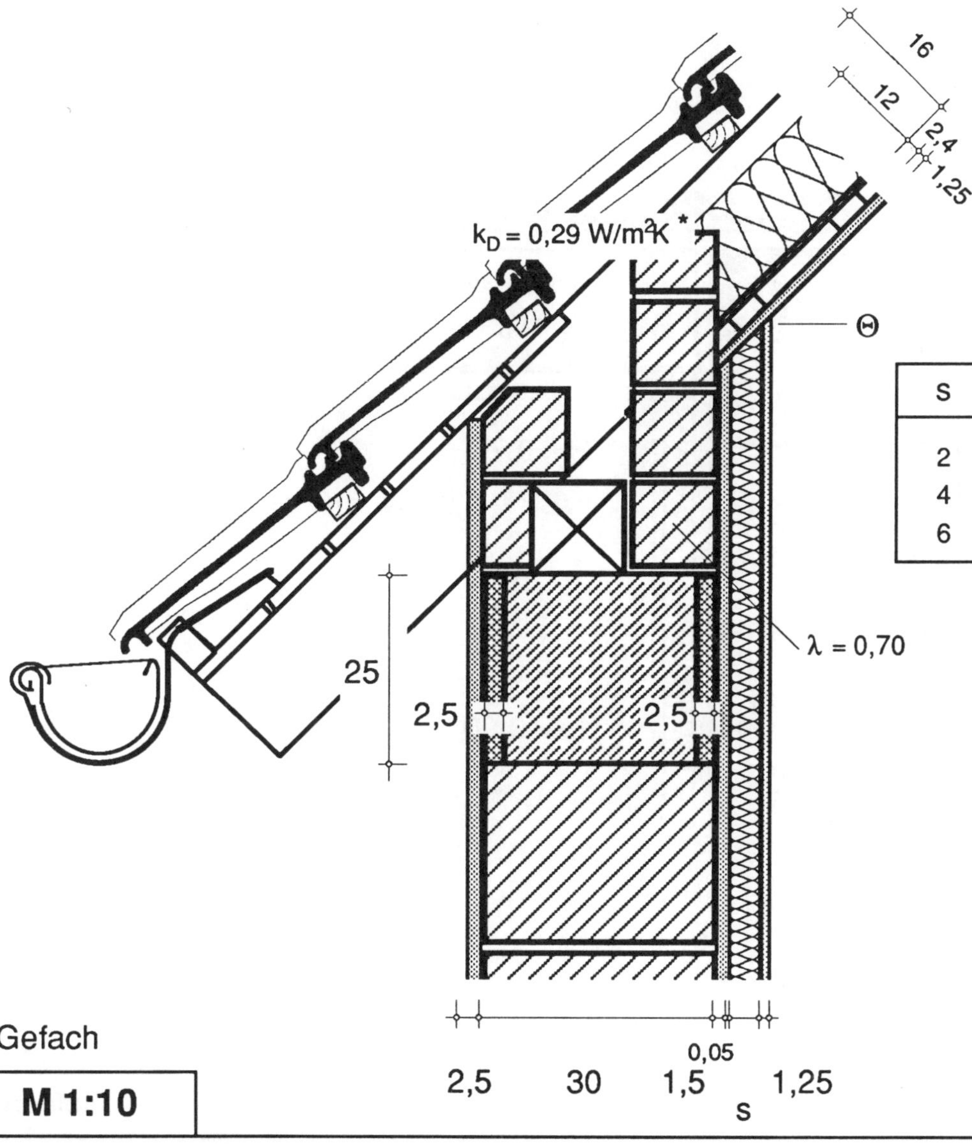

s	WBV	WBVp	Θ
2	-0,56	0	0,80
4	-0,32	0	0,83
6	-0,19	0	0,83

* Gefach

M 1:10

Baustoff	Dicke s [m]	Rohdichte ρ [kg/m³]	Wärmeleitfähigkeit λ_R [W/mK]
Gipskartonplatte	0,0125	900	0,21
Wärmedämmstoff	-	-	0,04
Ansetzmörtel	0,005	1000	0,35
Gipsputz	0,015	1200	0,35
Mauerwerk	0,30	1200	0,56
Kalkzementputz	0,025	1800	0,87
Holz	-	600	0,13
Stahlbeton	-	2400	2,1
Holzwolle Leichtbauplatte	0,025	600	0,093
Luftschicht	0,024	-	0,14
Gipskartonplatte	0,0125	900	0,21

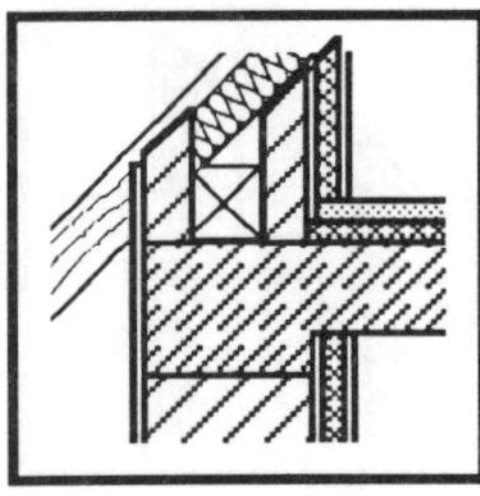

2. Außenwand mit Innendämmung

2.3.1 Dachanschluß/Ortgang

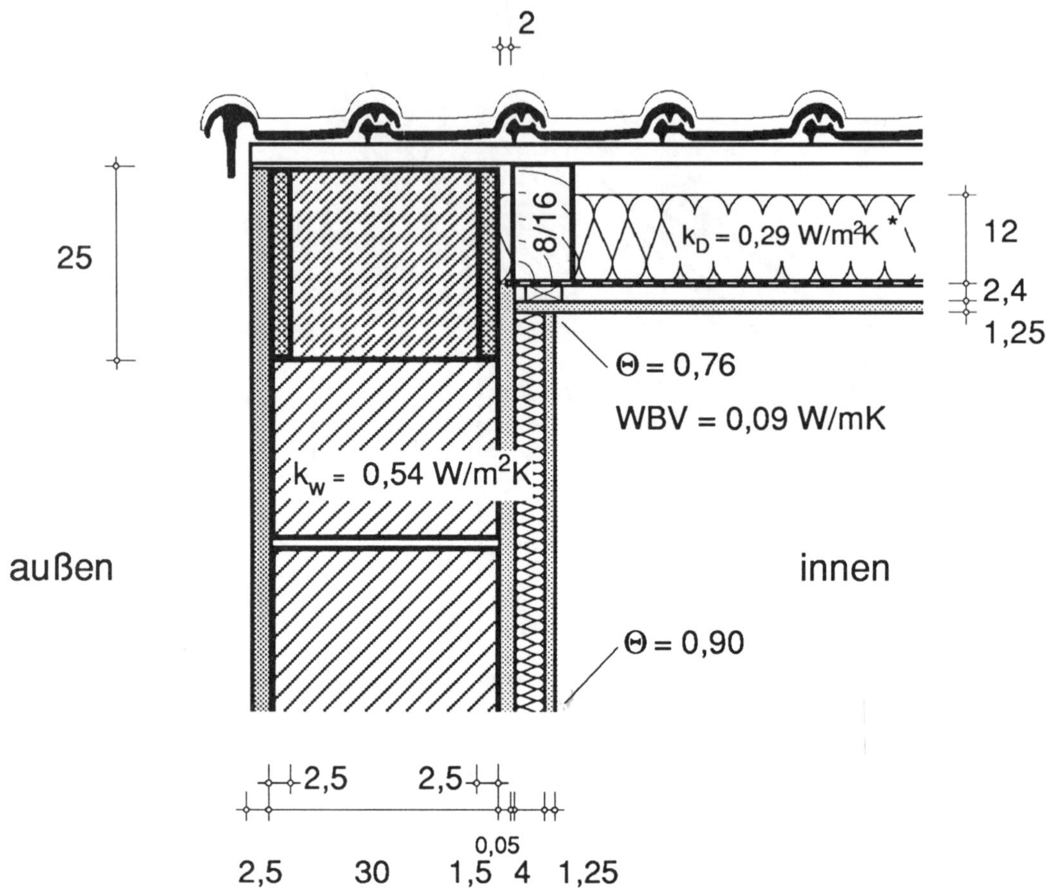

M 1:10

* Gefach

Baustoff	Dicke s [m]	Rohdichte ρ [kg/m³]	Wärmeleitfähigkeit λ_R [W/mK]
Gipskartonplatte	0,0125	900	0,21
Wärmedämmstoff	-	-	0,04
Ansetzmörtel	0,005	1000	0,35
Gipsputz	0,015	1200	0,35
Mauerwerk	0,30	1200	0,56
Kalkzementputz	0,025	1800	0,87
Holz (Sparren 8/16 cm)	-	600	0,13
Stahlbeton	-	2400	2,1
Holzwolle Leichtbauplatte	0,025	600	0,093
Luftschicht	0,024	-	0,14
Gipskartonplatte	0,0125	900	0,21

Außenwand mit Innendämmung 2.

Dachanschluß/Ortgang 2.3.1

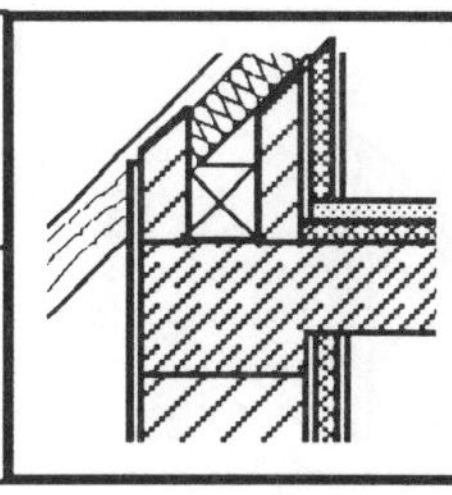

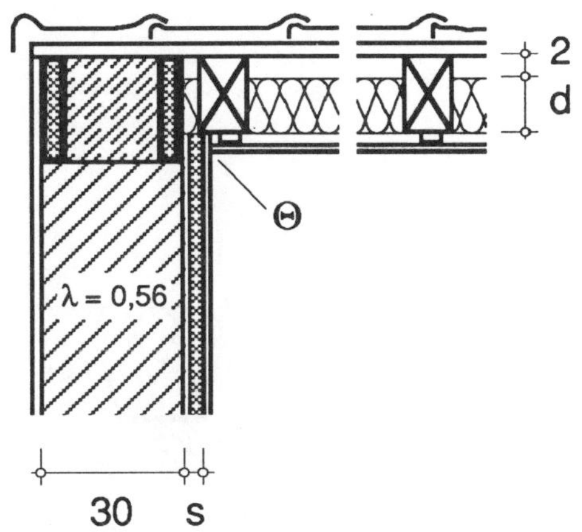

d [cm]	s = 2 cm WBV	s = 2 cm Θ	s = 4 cm WBV	s = 4 cm Θ	s = 6 cm WBV	s = 6 cm Θ
10	0,11	0,76	0,09	0,75	0,07	0,77
12	0,11	0,76	0,09	0,76	0,07	0,78
14	0,11	0,77	0,09	0,76	0,07	0,78
16	0,11	0,77	0,09	0,77	0,07	0,79
ohne Ringanker						
10	0,11	0,72	0,09	0,73	0,08	0,76
12	0,11	0,73	0,09	0,73	0,08	0,76
14	0,11	0,73	0,09	0,74	0,08	0,77
16	0,11	0,73	0,09	0,74	0,08	0,77

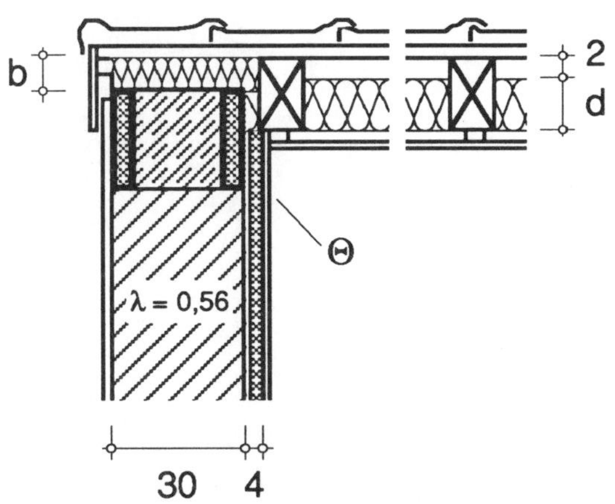

b [cm]	d = 12 cm WBV	d = 12 cm Θ	d = 14 cm WBV	d = 14 cm Θ	d = 16 cm WBV	d = 16 cm Θ
2	0,07	0,77	0,07	0,78	0,07	0,78
4	0,06	0,78	0,06	0,78	0,07	0,78
6	0,06	0,78	0,06	0,78	0,06	0,79
8	0,05	0,78	0,05	0,78	0,06	0,79
ohne Ringanker						
2	0,08	0,74	0,08	0,74	0,09	0,75
4	0,08	0,74	0,08	0,75	0,08	0,75
6	0,08	0,75	0,08	0,75	0,08	0,75
8	0,08	0,75	0,08	0,75	0,08	0,75

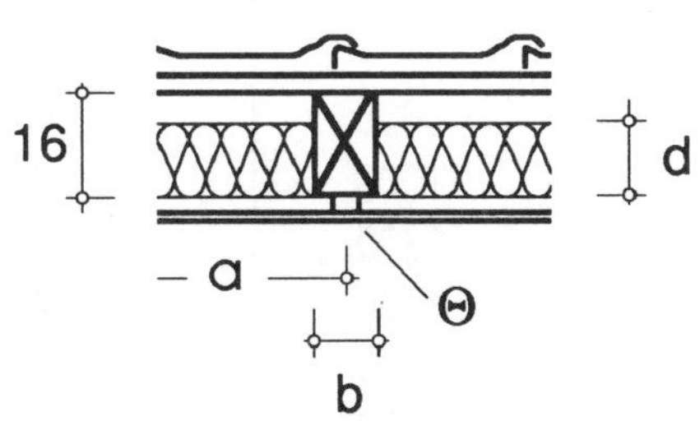

b [cm]	d [cm]	a = 60 cm WBV	a = 60 cm Θ	a = 70 cm WBV	a = 70 cm Θ	a = 80 cm WBV	a = 80 cm Θ
8	10	0,03	0,89	0,03	0,89	0,03	0,89
8	12	0,03	0,90	0,03	0,90	0,03	0,90
8	14	0,03	0,91	0,03	0,91	0,03	0,91
8	16	0,03	0,92	0,03	0,92	0,03	0,92
10	10	0,04	0,88	0,04	0,88	0,04	0,88
10	12	0,04	0,90	0,04	0,90	0,04	0,90
10	14	0,04	0,90	0,04	0,90	0,04	0,90
10	16	0,04	0,91	0,04	0,91	0,04	0,91
12	10	0,05	0,88	0,05	0,88	0,05	0,88
12	12	0,05	0,89	0,05	0,89	0,05	0,89
12	14	0,05	0,90	0,05	0,90	0,05	0,90
12	16	0,05	0,91	0,05	0,91	0,05	0,91

2. Außenwand mit Innendämmung

2.3.2 Geschoßdeckenanschluß zum unbeheizten Dachraum

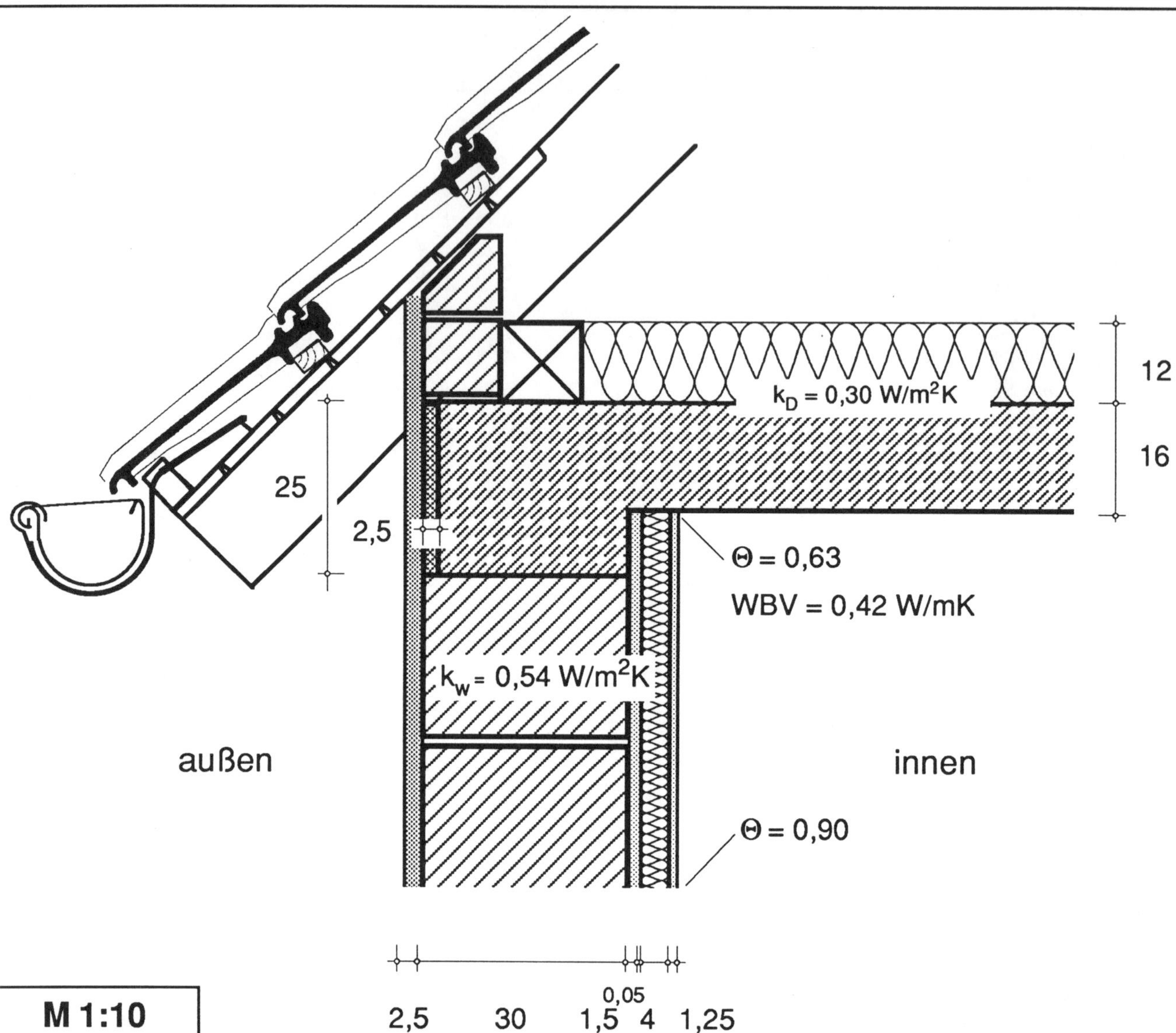

M 1:10

Baustoff	Dicke s [m]	Rohdichte ρ [kg/m³]	Wärmeleitfähigkeit λ_R [W/mK]
Gipskartonplatte	0,0125	900	0,21
Wärmedämmstoff	0,04	-	0,04
Ansetzmörtel	0,005	1000	0,35
Gipsputz	0,015	1200	0,35
Mauerwerk	0,30	1200	0,56
Kalkzementputz	0,025	1800	0,87
Holz (Pfette 12/12 cm)	-	600	0,13
Holz (Sparren 8/16 cm)	-	600	0,13
Wärmedämmstoff	0,12	-	0,04
Stahlbeton	-	2400	2,1
Holzwolle Leichtbauplatte	0,025	600	0,093

Außenwand mit Innendämmung 2.

Geschoßdeckenanschluß zum unbeheizten Dachraum 2.3.2

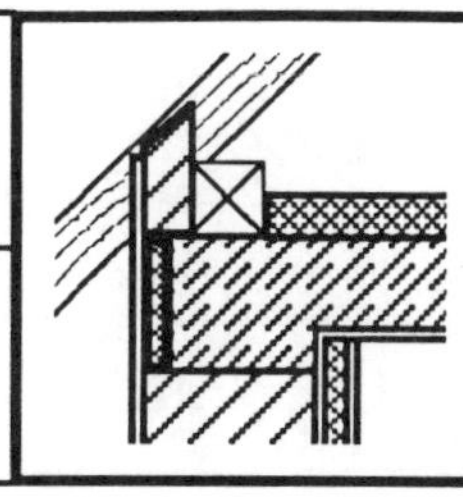

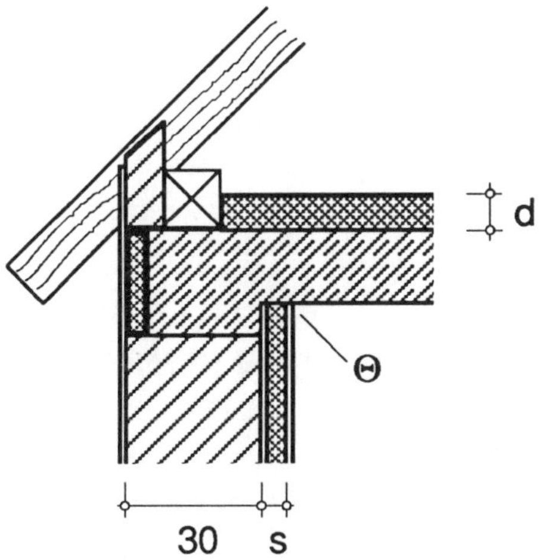

S [cm]	d =8 cm		d = 10 cm		d = 12 cm	
	WBV	Θ	WBV	Θ	WBV	Θ
2	0,40	0,62	0,40	0,63	0,41	0,63
4	0,41	0,62	0,42	0,62	0,42	0,63
6	0,41	0,62	0,42	0,63	0,43	0,63
ohne Dämmstoff an der Deckenstirnseite						
2	0,53	0,56	0,54	0,56	0,55	0,57
4	0,52	0,56	0,53	0,57	0,54	0,57
6	0,51	0,57	0,52	0,57	0,53	0,58

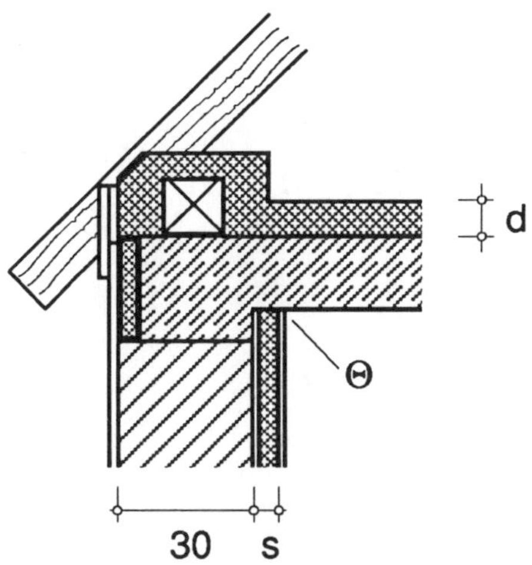

S [cm]	d =8 cm		d = 10 cm		d = 12 cm	
	WBV	Θ	WBV	Θ	WBV	Θ
2	0,31	0,67	0,31	0,68	0,31	0,68
4	0,33	0,66	0,34	0,67	0,34	0,67
6	0,34	0,66	0,35	0,67	0,35	0,67
ohne Dämmstoff an der Deckenstirnseite						
2	0,49	0,58	0,50	0,58	0,51	0,59
4	0,49	0,58	0,50	0,58	0,50	0,59
6	0,48	0,58	0,49	0,59	0,50	0,60

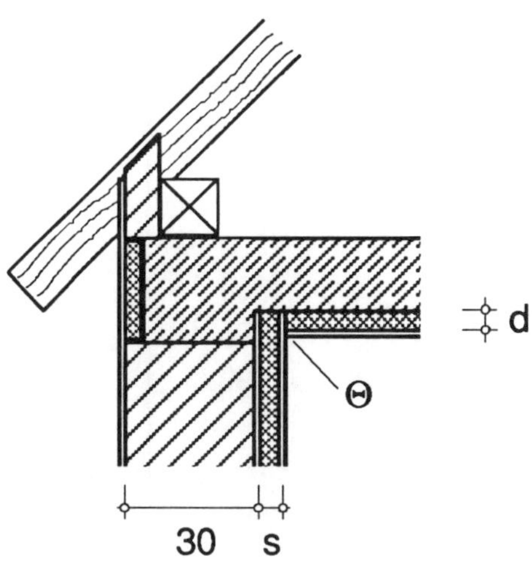

S [cm]	d =8 cm		d = 10 cm		d = 12 cm	
	WBV	Θ	WBV	Θ	WBV	Θ
2	0,06	0,76	0,06	0,75	0,06	0,76
4	0,04	0,81	0,04	0,80	0,04	0,81
6	0,03	0,84	0,03	0,83	0,03	0,84
ohne Dämmstoff an der Deckenstirnseite						
2	0,07	0,75	0,07	0,75	0,06	0,76
4	0,04	0,81	0,04	0,80	0,04	0,81
6	0,03	0,83	0,03	0,83	0,03	0,83

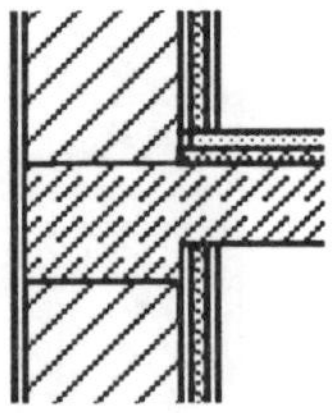

2. Außenwand mit Innendämmung

2.3.3 Geschoßdeckenanschluß

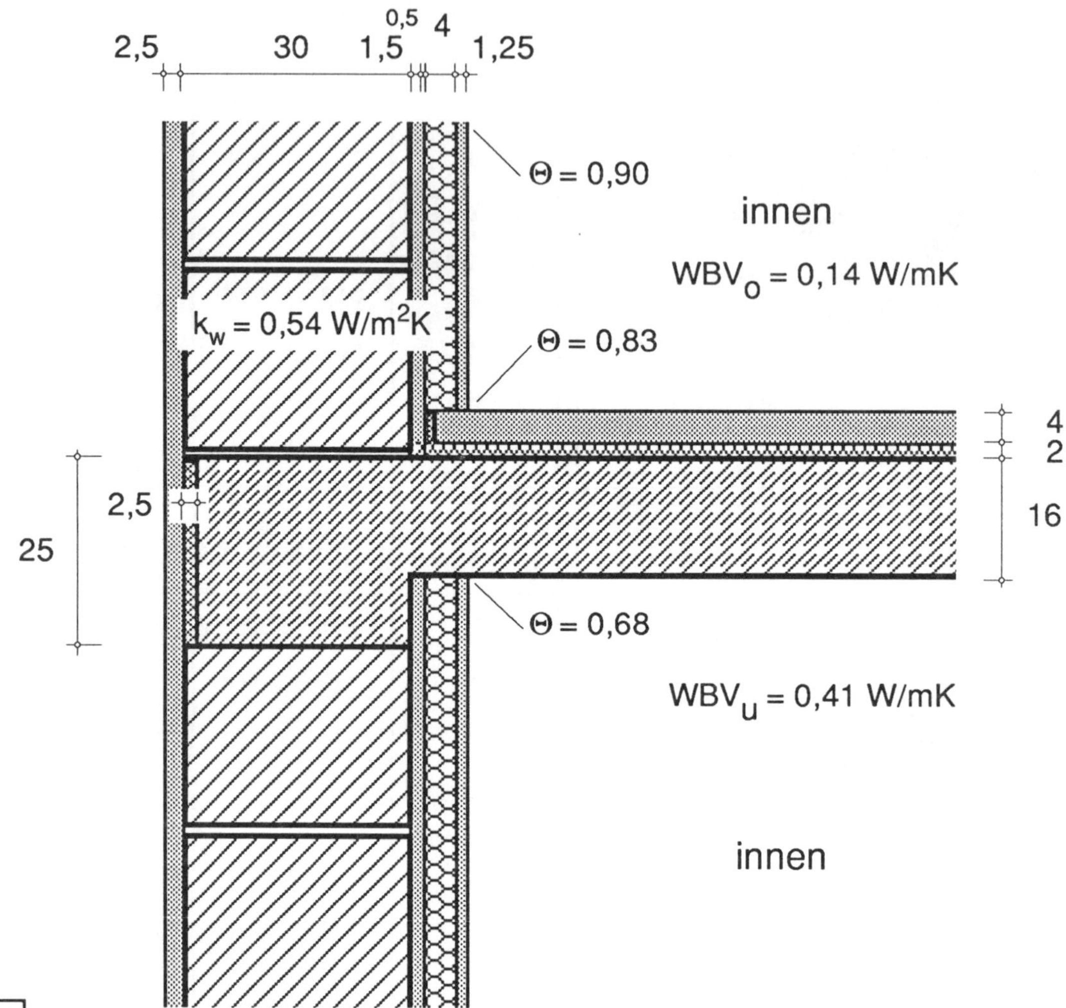

M 1:10

Baustoff	Dicke s [m]	Rohdichte ρ [kg/m³]	Wärmeleitfähigkeit λ_R [W/mK]
Gipskartonplatte	0,0125	900	0,21
Wärmedämmstoff	0,04	-	0,04
Ansetzmörtel	0,005	1000	0,35
Gipsputz	0,015	1200	0,35
Mauerwerk	0,30	1200	0,56
Kalkzementputz	0,025	1800	0,87
Holzwolle Leichtbauplatte	0,025	600	0,093
Zementestrich	0,04	2000	1,4
Wärmedämmstoff / Trittschalldämmung	0,02	-	0,04
Stahlbeton	0,16	2400	2,1
Randdämmstreifen	0,005	-	0,04

Außenwand mit Innendämmung 2.

Geschoßdeckenanschluß 2.3.3

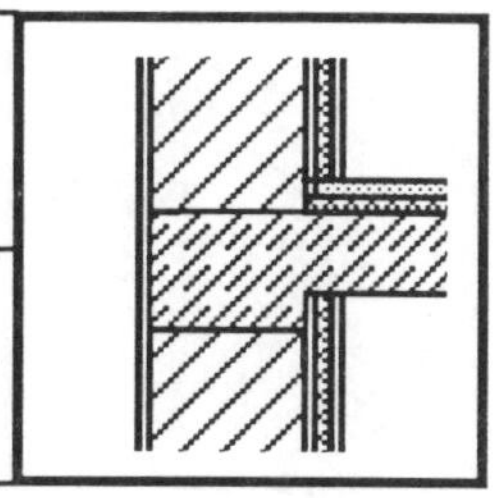

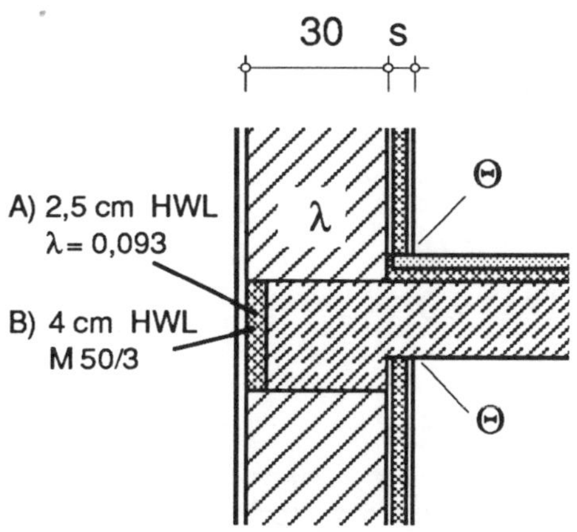

	s [cm]	λ = 0,21		λ = 0,56		λ = 0,99	
		WBV	Θ	WBV	Θ	WBV	Θ
A	2	0,10	0,88	0,12	0,83	0,14	0,80
		0,35	0,74	0,39	0,69	0,44	0,65
	4	0,11	0,87	0,14	0,83	0,16	0,80
		0,34	0,74	0,41	0,68	0,46	0,65
	6	0,11	0,86	0,15	0,82	0,17	0,80
		0,34	0,75	0,41	0,69	0,47	0,65
B	2	0,07	0,90	0,10	0,85	0,13	0,81
		0,25	0,80	0,34	0,72	0,40	0,66
	4	0,08	0,89	0,12	0,84	0,15	0,80
		0,25	0,79	0,36	0,71	0,43	0,66
	6	0,08	0,89	0,13	0,83	0,16	0,80
		0,26	0,79	0,37	0,71	0,44	0,67

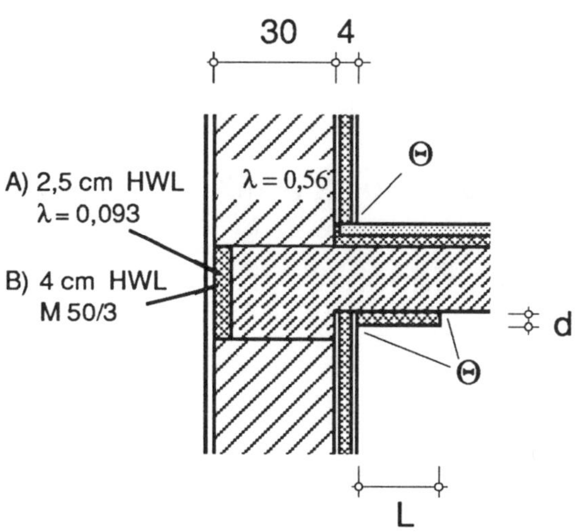

	L [cm]	d = 1 cm		d = 2 cm		d = 4 cm	
		WBV	Θ	WBV	Θ	WBV	Θ
A	12,5	0,16	0,82	0,17	0,81	0,17	0,81
		0,35	0,78	0,33	0,77	0,31	0,76
	25	0,18	0,81	0,19	0,80	0,20	0,80
		0,31	0,77	0,28	0,82	0,25	0,83
	50	0,19	0,80	0,22	0,79	0,24	0,78
		0,28	0,77	0,23	0,82	0,19	0,86
B	12,5	0,14	0,83	0,15	0,82	0,15	0,82
		0,30	0,80	0,29	0,79	0,27	0,78
	25	0,16	0,82	0,17	0,82	0,18	0,81
		0,28	0,79	0,25	0,83	0,22	0,84
	50	0,17	0,81	0,20	0,81	0,22	0,80
		0,25	0,79	0,20	0,83	0,16	0,87

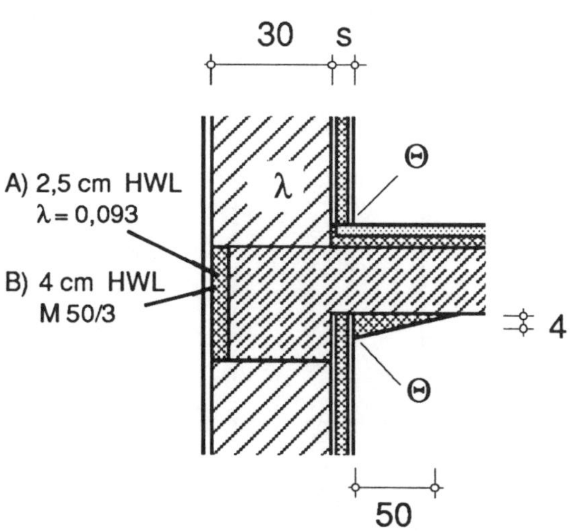

	s [cm]	λ = 0,21		λ = 0,56		λ = 0,99	
		WBV	Θ	WBV	Θ	WBV	Θ
A	2	0,18	0,85	0,22	0,80	0,24	0,77
		0,20	0,83	0,20	0,80	0,21	0,78
	4	0,19	0,84	0,23	0,79	0,26	0,76
		0,19	0,86	0,21	0,83	0,23	0,81
	6	0,19	0,83	0,24	0,79	0,27	0,76
		0,19	0,87	0,22	0,84	0,24	0,82
B	2	0,14	0,88	0,19	0,82	0,22	0,78
		0,14	0,86	0,17	0,81	0,19	0,79
	4	0,15	0,87	0,21	0,81	0,25	0,77
		0,14	0,88	0,18	0,84	0,22	0,81
	6	0,15	0,86	0,22	0,80	0,25	0,77
		0,14	0,89	0,19	0,85	0,23	0,83

2. Außenwand mit Innendämmung

2.3.4 Kellerdeckenanschluß zum beheizten Keller

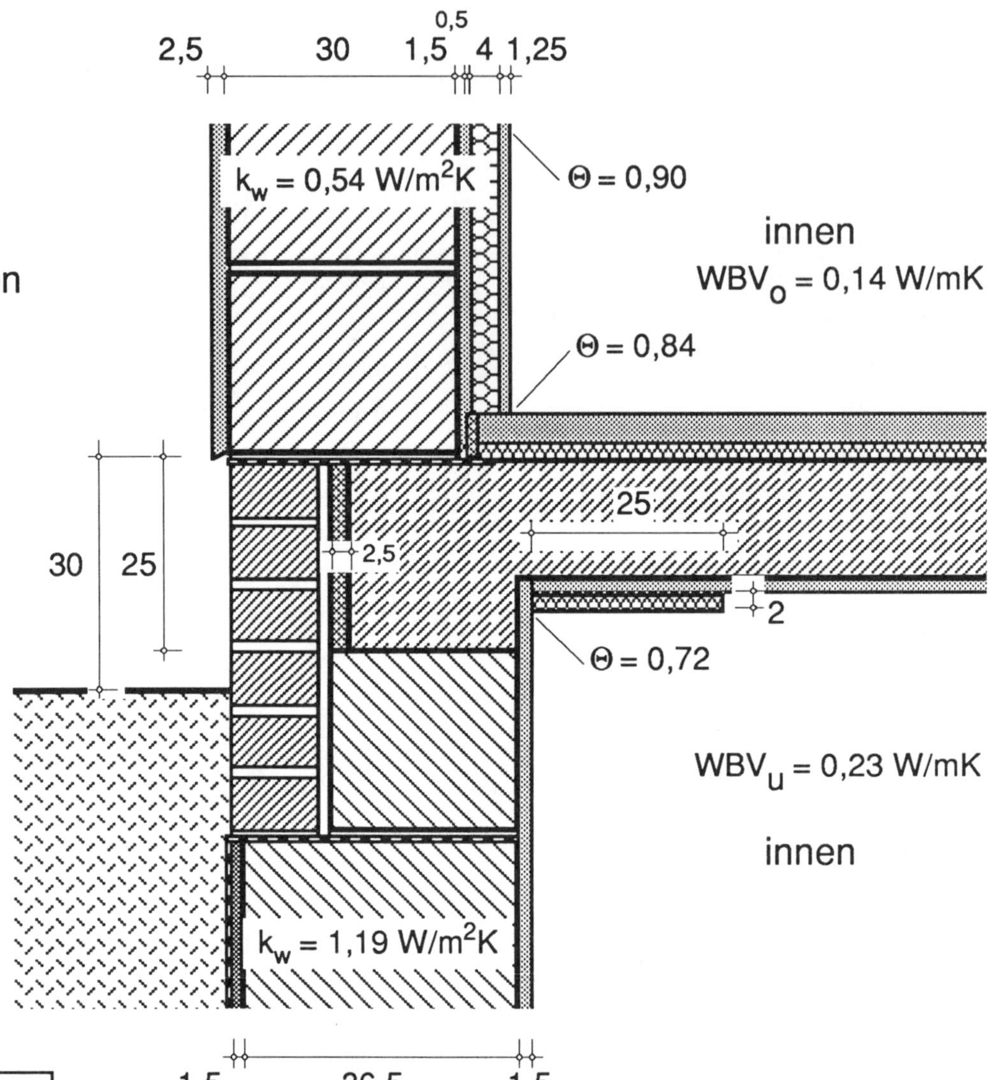

M 1:10

Baustoff	Dicke s [m]	Rohdichte ρ [kg/m³]	Wärmeleitfähigkeit λ_R [W/mK]
Gipskartonplatte	0,0125	900	0,21
Wärmedämmstoff	0,04	-	0,04
Gipsputz/Ansetzmörtel	0,02	1000	0,35
Mauerwerk	0,30	1200	0,56
Vormauerstein	0,115	2000	0,96
Kalkzementputz	0,025	1800	0,87
Holzwolle Leichtbauplatte M35/3	0,025	600	0,093
Zementestrich	0,04	2000	1,4
Wärmedämmstoff / Trittschalldämmung	0,02	-	0,04
Stahlbeton	0,16	2400	2,1
Randdämmstreifen	0,005	-	0,04
Mauerwerk	0,365	1800	0,56
Erdreich	-	-	2,1

Außenwand mit Innendämmung 2.

Kellerdeckenanschluß zum beheizten Keller 2.3.4

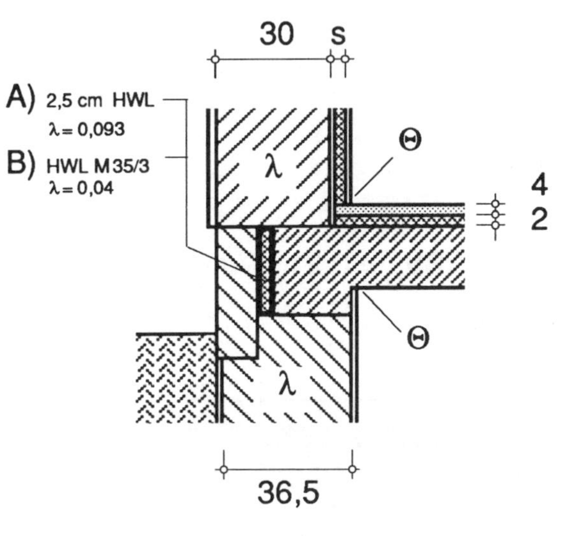

	s [cm]	λ = 0,21 WBV	λ = 0,21 Θ	λ = 0,56 WBV	λ = 0,56 Θ	λ = 0,99 WBV	λ = 0,99 Θ
A	2	0,09 0,32	0,90 0,80	0,10 0,31	0,86 0,76	0,11 0,29	0,83 0,73
A	4	0,09 0,33	0,89 0,79	0,11 0,33	0,85 0,76	0,12 0,31	0,83 0,73
A	6	0,09 0,33	0,88 0,79	0,11 0,33	0,84 0,75	0,12 0,32	0,82 0,72
B	2	0,07 0,25	0,91 0,83	0,09 0,27	0,86 0,78	0,10 0,27	0,83 0,75
B	4	0,07 0,26	0,90 0,83	0,09 0,29	0,86 0,77	0,11 0,28	0,83 0,74
B	6	0,07 0,27	0,90 0,82	0,09 0,30	0,85 0,77	0,12 0,29	0,83 0,74

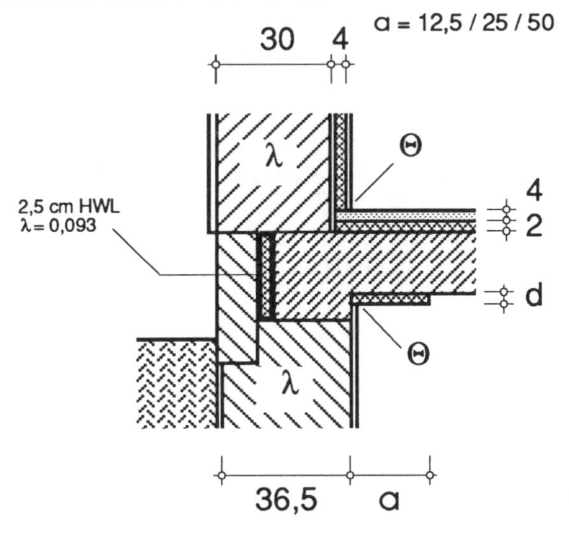

d [cm]	a [cm]	λ = 0,21 WBV	λ = 0,21 Θ	λ = 0,56 WBV	λ = 0,56 Θ	λ = 0,99 WBV	λ = 0,99 Θ
2	12,5	0,11 0,28	0,88 0,77	0,13 0,26	0,84 0,73	0,14 0,23	0,82 0,70
2	25	0,13 0,26	0,87 0,76	0,14 0,23	0,84 0,72	0,16 0,20	0,81 0,70
2	50	0,14 0,23	0,87 0,76	0,17 0,20	0,83 0,72	0,18 0,16	0,80 0,69
4	12,5	0,12 0,26	0,87 0,76	0,14 0,24	0,84 0,72	0,15 0,21	0,81 0,69
4	25	0,14 0,23	0,87 0,75	0,16 0,20	0,83 0,71	0,17 0,16	0,81 0,68
4	50	0,16 0,19	0,86 0,74	0,19 0,15	0,82 0,70	0,21 0,11	0,80 0,68

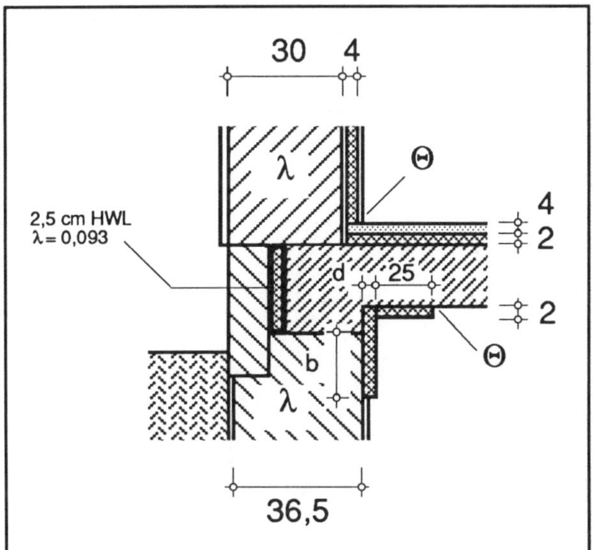

d [cm]	b [cm]	λ = 0,21 WBV	λ = 0,21 Θ	λ = 0,56 WBV	λ = 0,56 Θ	λ = 0,99 WBV	λ = 0,99 Θ
2	12,5	0,12 0,24	0,87 0,81	0,14 0,20	0,83 0,78	0,16 0,16	0,81 0,75
2	25	0,12 0,24	0,87 0,81	0,15 0,21	0,83 0,77	0,16 0,18	0,81 0,74
2	50	0,12 0,25	0,87 0,81	0,15 0,22	0,83 0,77	0,17 0,19	0,80 0,74
4	12,5	0,13 0,22	0,87 0,80	0,15 0,18	0,83 0,77	0,16 0,14	0,81 0,74
4	25	0,13 0,23	0,87 0,80	0,15 0,20	0,83 0,76	0,17 0,16	0,80 0,73
4	50	0,13 0,24	0,86 0,79	0,16 0,21	0,82 0,75	0,18 0,17	0,80 0,72

2. Außenwand mit Innendämmung

2.3.4 Kellerdeckenanschluß zum beheizten Keller

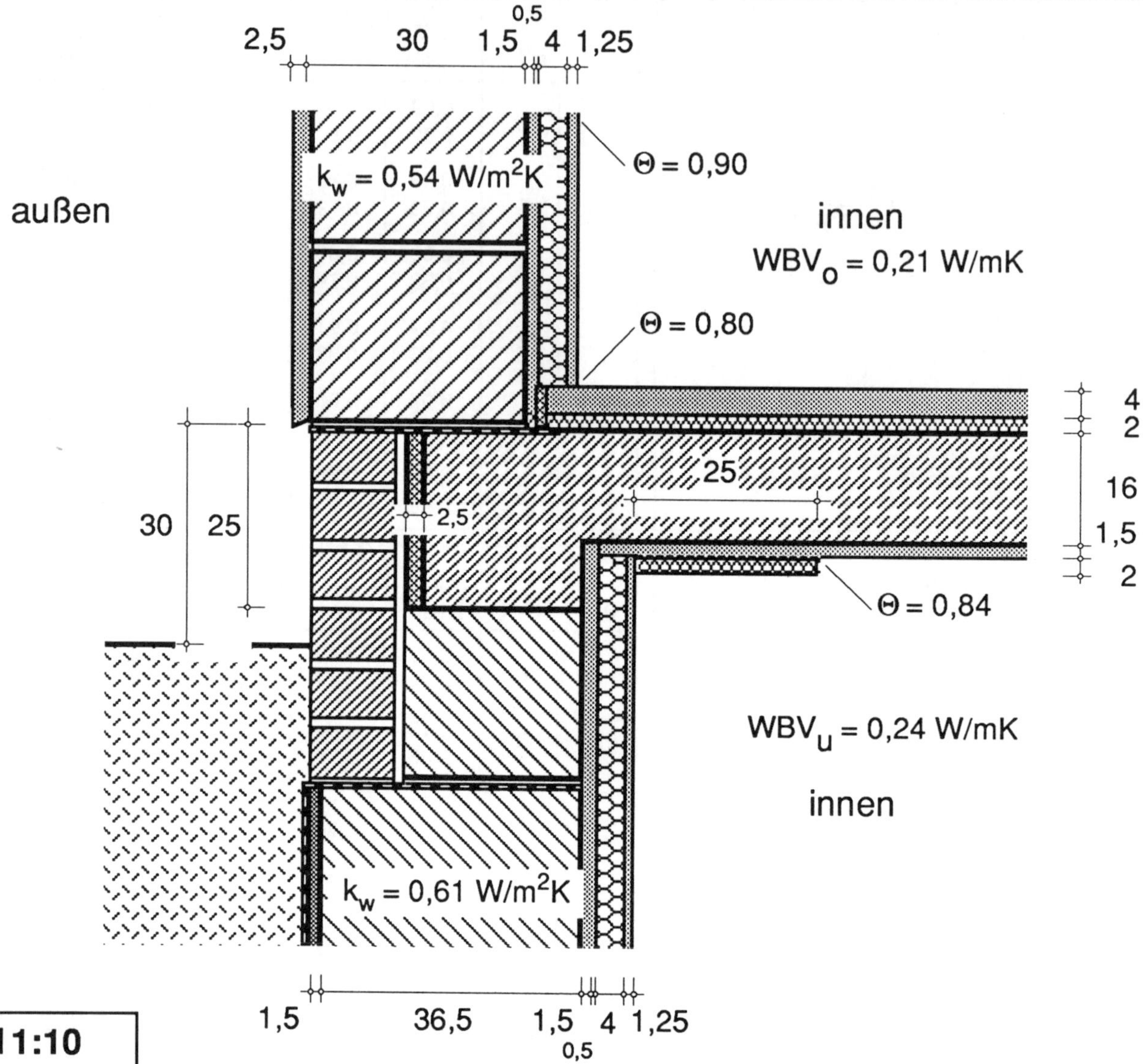

M 1:10

Baustoff	Dicke s [m]	Rohdichte ρ [kg/m³]	Wärmeleitfähigkeit λ_R [W/mK]
Gipskartonplatte	0,0125	900	0,21
Wärmedämmstoff	0,04	-	0,04
Gipsputz/Ansetzmörtel	0,02	1000	0,35
Mauerwerk	0,30	1200	0,56
Vormauerstein	0,115	2000	0,96
Kalkzementputz	0,025	1800	0,87
Holzwolle Leichtbauplatte	0,025	600	0,093
Zementestrich	0,04	2000	1,4
Wärmedämmstoff / Trittschalldämmung	0,02	-	0,04
Stahlbeton	0,16	2400	2,1
Randdämmstreifen	0,005	-	0,04
Mauerwerk	0,365	1800	0,99
Erdreich	-	-	2,1

Außenwand mit Innendämmung 2.

Kellerdeckenanschluß zum beheizten Keller 2.3.4

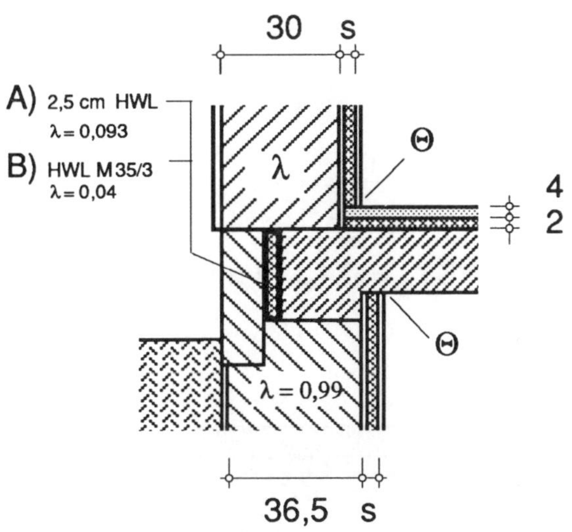

	s [cm]	λ = 0,21 WBV	λ = 0,21 Θ	λ = 0,56 WBV	λ = 0,56 Θ	λ = 0,99 WBV	λ = 0,99 Θ
A	2	0,15	0,87	0,15	0,84	0,16	0,82
		0,28	0,76	0,31	0,74	0,34	0,72
	4	0,16	0,85	0,17	0,82	0,18	0,80
		0,30	0,75	0,34	0,73	0,37	0,71
	6	0,17	0,83	0,18	0,80	0,20	0,78
		0,31	0,75	0,34	0,73	0,37	0,72
B	2	0,14	0,88	0,14	0,84	0,15	0,82
		0,25	0,77	0,28	0,75	0,32	0,73
	4	0,15	0,86	0,16	0,82	0,18	0,80
		0,28	0,77	0,32	0,74	0,35	0,72
	6	0,15	0,84	0,17	0,81	0,19	0,78
		0,29	0,77	0,33	0,75	0,36	0,73

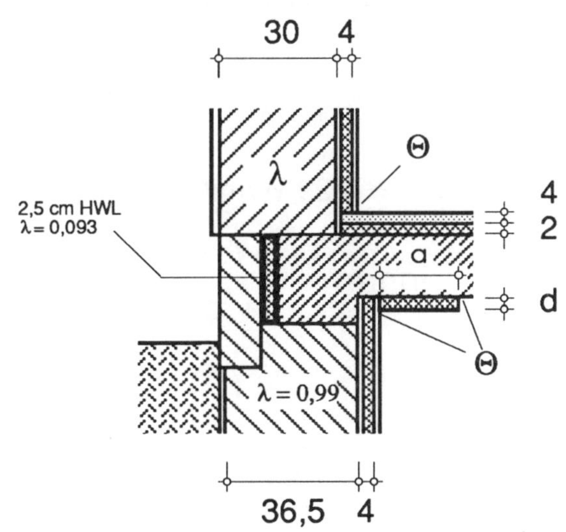

d [cm]	a [cm]	λ = 0,21 WBV	λ = 0,21 Θ	λ = 0,56 WBV	λ = 0,56 Θ	λ = 0,99 WBV	λ = 0,99 Θ
2	12,5	0,18	0,84	0,19	0,81	0,20	0,79
		0,26	0,79	0,29	0,77	0,32	0,76
2	25	0,20	0,83	0,21	0,80	0,23	0,78
		0,22	0,86	0,24	0,84	0,26	0,83
2	50	0,23	0,83	0,25	0,80	0,26	0,78
		0,17	0,89	0,19	0,88	0,21	0,88
4	12,5	0,18	0,84	0,19	0,81	0,21	0,79
		0,26	0,78	0,28	0,77	0,31	0,75
4	25	0,21	0,83	0,22	0,80	0,24	0,78
		0,20	0,85	0,22	0,83	0,24	0,82
4	50	0,25	0,82	0,26	0,79	0,28	0,77
		0,14	0,90	0,15	0,89	0,17	0,89

2. Außenwand mit Innendämmung

2.3.4 Kellerdeckenanschluß zum beheizten Keller

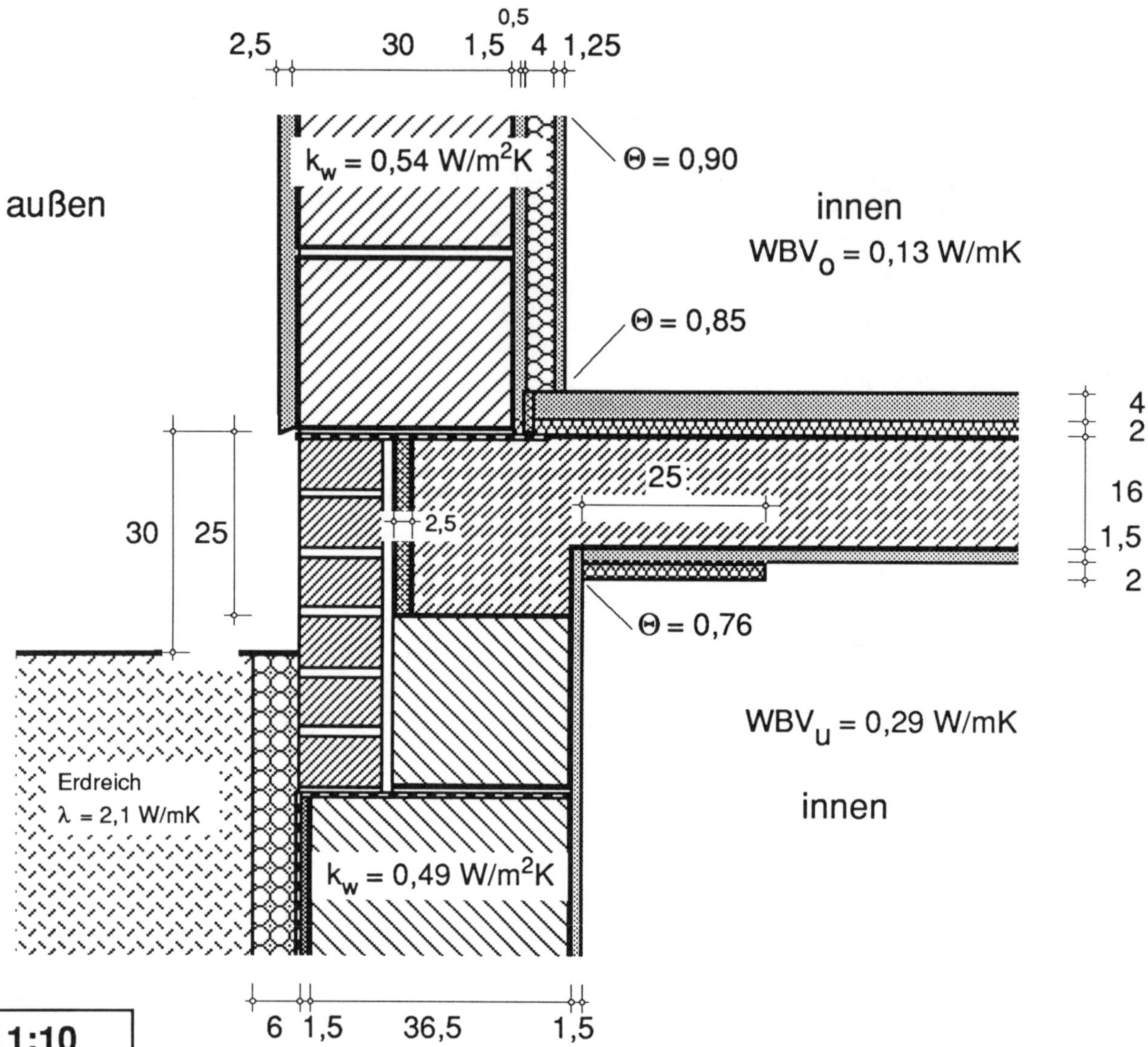

M 1:10

Baustoff	Dicke s [m]	Rohdichte ρ [kg/m³]	Wärmeleitfähigkeit λ_R [W/mK]
Gipskartonplatte	0,0125	900	0,21
Wärmedämmstoff	0,04	-	0,04
Gipsputz/Ansetzmörtel	0,02	1000	0,35
Mauerwerk	0,30	1200	0,56
Vormauerstein	0,115	2000	0,96
Kalkzementputz	0,025	1800	0,87
Holzwolle Leichtbauplatte M35/3	0,025	600	0,093
Zementestrich	0,04	2000	1,4
Wärmedämmstoff / Trittschalldämmung	0,02	-	0,04
Stahlbeton	0,16	2400	2,1
Randdämmstreifen	0,005	-	0,04
Mauerwerk	0,365	1800	0,99
Wärmedämmstoff/Perimeterdämmung	0,06	-	0,04

Außenwand mit Innendämmung 2.

Kellerdeckenanschluß zum beheizten Keller 2.3.4

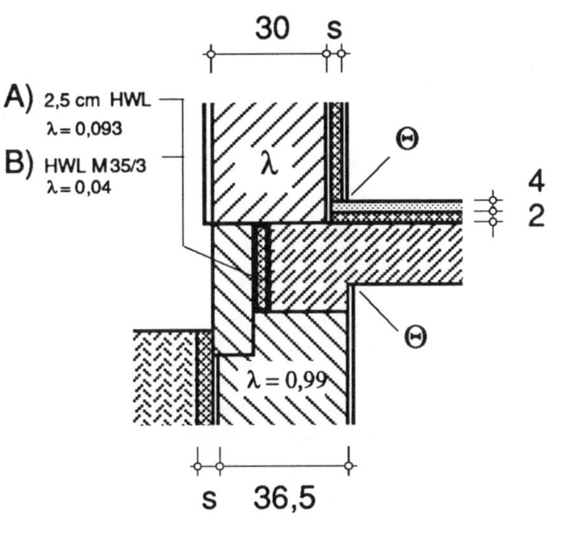

	s [cm]	λ = 0,21 WBV	λ = 0,21 Θ	λ = 0,56 WBV	λ = 0,56 Θ	λ = 0,99 WBV	λ = 0,99 Θ
A	4	0,09 0,30	0,90 0,80	0,09 0,35	0,86 0,78	0,10 0,40	0,83 0,76
A	6	0,09 0,32	0,90 0,80	0,09 0,37	0,86 0,78	0,10 0,42	0,83 0,76
A	8	0,09 0,33	0,90 0,81	0,09 0,38	0,86 0,79	0,10 0,43	0,83 0,76
B	4	0,07 0,26	0,91 0,82	0,08 0,32	0,86 0,80	0,09 0,37	0,83 0,77
B	6	0,07 0,27	0,91 0,82	0,08 0,33	0,86 0,80	0,09 0,39	0,83 0,77
B	8	0,07 0,28	0,91 0,83	0,07 0,34	0,86 0,80	0,09 0,40	0,83 0,78

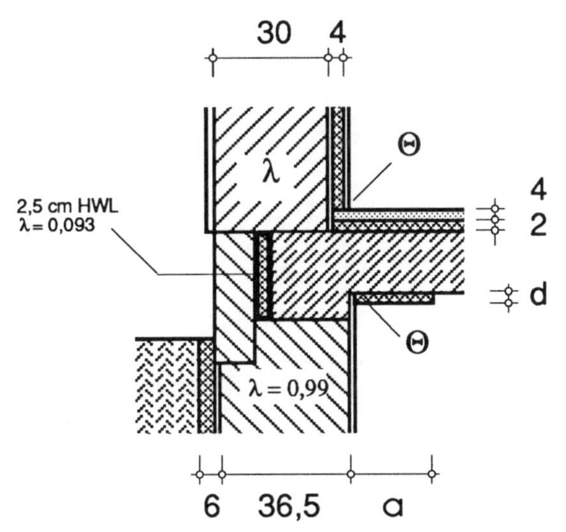

d [cm]	a [cm]	λ = 0,21 WBV	λ = 0,21 Θ	λ = 0,56 WBV	λ = 0,56 Θ	λ = 0,99 WBV	λ = 0,99 Θ
2	12,5	0,10 0,28	0,88 0,79	0,11 0,32	0,85 0,76	0,13 0,36	0,83 0,74
2	25	0,12 0,25	0,88 0,78	0,13 0,29	0,85 0,76	0,15 0,33	0,82 0,73
2	50	0,13 0,22	0,88 0,78	0,15 0,26	0,84 0,75	0,17 0,29	0,82 0,73
4	12,5	0,11 0,26	0,88 0,78	0,12 0,30	0,85 0,76	0,14 0,34	0,82 0,74
4	25	0,13 0,22	0,88 0,77	0,14 0,26	0,84 0,75	0,16 0,29	0,82 0,73
4	50	0,15 0,19	0,87 0,77	0,17 0,22	0,84 0,74	0,19 0,25	0,81 0,72

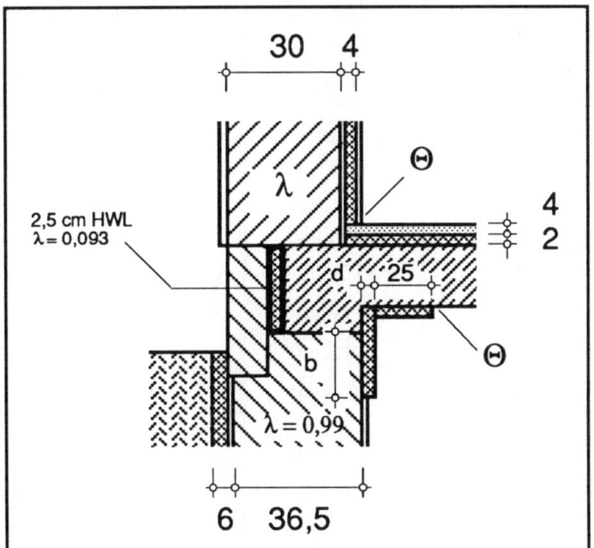

d [cm]	b [cm]	λ = 0,21 WBV	λ = 0,21 Θ	λ = 0,56 WBV	λ = 0,56 Θ	λ = 0,99 WBV	λ = 0,99 Θ
2	12,5	0,14 0,18	0,87 0,89	0,16 0,22	0,83 0,88	0,17 0,24	0,81 0,86
2	25	0,15 0,19	0,86 0,89	0,16 0,23	0,83 0,87	0,18 0,25	0,81 0,86
2	50	0,15 0,20	0,86 0,88	0,17 0,23	0,83 0,87	0,19 0,26	0,80 0,86
4	12,5	0,15 0,16	0,86 0,89	0,16 0,19	0,83 0,87	0,18 0,22	0,81 0,86
4	25	0,16 0,18	0,86 0,88	0,17 0,21	0,82 0,87	0,19 0,23	0,80 0,85
4	50	0,16 0,19	0,85 0,88	0,18 0,22	0,82 0,86	0,20 0,24	0,80 0,85

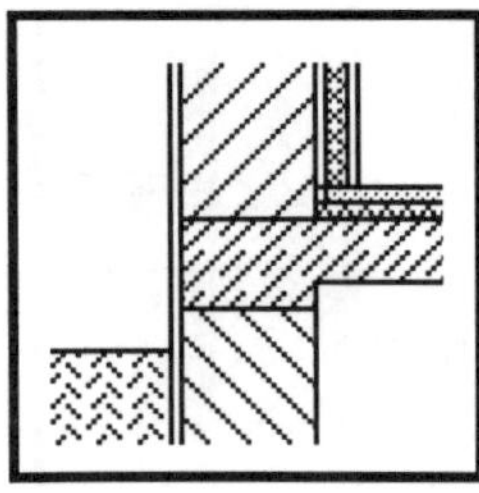

2. Außenwand mit Innendämmung

2.3.5 Kellerdeckenanschluß zum unbeheizten Keller

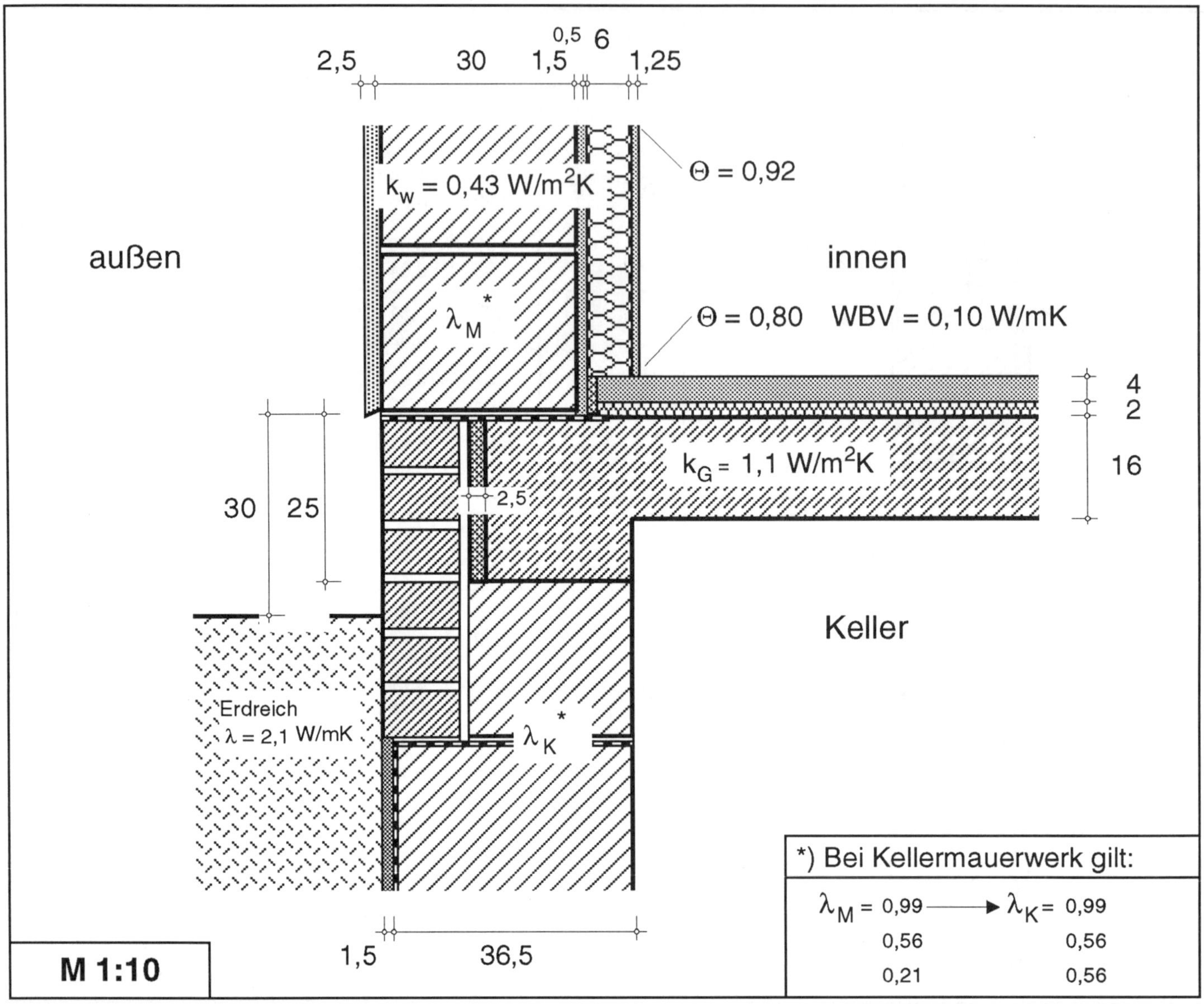

Baustoff	Dicke s [m]	Rohdichte ρ [kg/m³]	Wärmeleitfähigkeit λ_R [W/mK]
Gipskartonplatte	0,0125	900	0,21
Wärmedämmstoff	0,06	-	0,04
Ansetzmörtel	0,005	1000	0,35
Gipsputz	0,015	1200	0,35
Mauerwerk	0,30	1200	0,56
Kalkzementputz	0,025	1800	0,87
Mehrschicht-Leichtbauplatte - M 35/3	0,025	600	0,093
Zementestrich	0,04	2000	1,4
Wärmedämmstoff / Trittschalldämmung	0,02	-	0,04
Stahlbeton	0,16	2400	2,1
Randdämmstreifen	0,005	-	0,04

Außenwand mit Innendämmung 2.

Kellerdeckenanschluß zum unbeheizten Keller 2.3.5

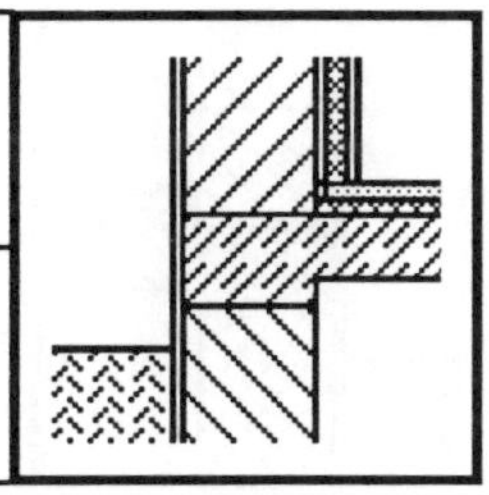

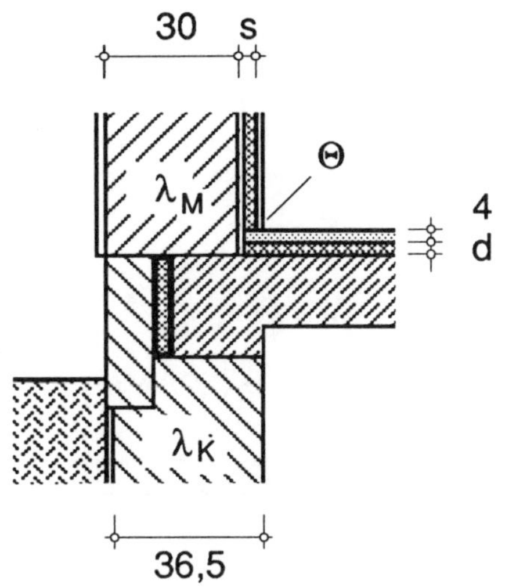

s [cm]	d [cm]	λ = 0,21 WBV	λ = 0,21 Θ	λ = 0,56 WBV	λ = 0,56 Θ	λ = 0,99 WBV	λ = 0,99 Θ
2	2	0,10	0,81	0,11	0,78	0,11	0,76
2	4	0,10	0,79	0,11	0,76	0,12	0,75
2	6	0,10	0,78	0,11	0,75	0,12	0,73
2	8	0,09	0,84	0,10	0,81	0,11	0,79
4	2	0,09	0,83	0,10	0,79	0,11	0,77
4	4	0,09	0,81	0,10	0,78	0,11	0,76
4	6	0,08	0,86	0,10	0,82	0,11	0,80
4	8	0,08	0,85	0,10	0,82	0,11	0,80
6	2	0,08	0,83	0,10	0,80	0,11	0,77
6	4	0,08	0,87	0,10	0,83	0,11	0,80
6	6	0,08	0,86	0,10	0,83	0,11	0,81
6	8	0,08	0,84	0,10	0,80	0,11	0,78

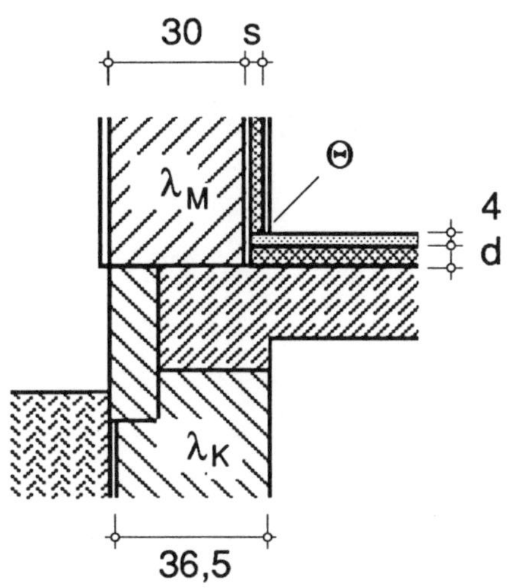

s [cm]	d [cm]	λ = 0,21 WBV	λ = 0,21 Θ	λ = 0,56 WBV	λ = 0,56 Θ	λ = 0,99 WBV	λ = 0,99 Θ
2	2	0,14	0,78	0,14	0,76	0,14	0,75
2	4	0,13	0,77	0,14	0,74	0,14	0,73
2	6	0,13	0,75	0,14	0,73	0,14	0,72
2	8	0,12	0,82	0,12	0,80	0,12	0,78
4	2	0,11	0,81	0,12	0,78	0,12	0,76
4	4	0,11	0,79	0,12	0,77	0,12	0,75
4	6	0,10	0,84	0,12	0,81	0,12	0,79
4	8	0,10	0,84	0,11	0,81	0,12	0,79
6	2	0,10	0,81	0,11	0,78	0,12	0,77
6	4	0,10	0,85	0,11	0,82	0,12	0,79
6	6	0,09	0,85	0,11	0,82	0,12	0,80
6	8	0,09	0,83	0,11	0,79	0,12	0,77

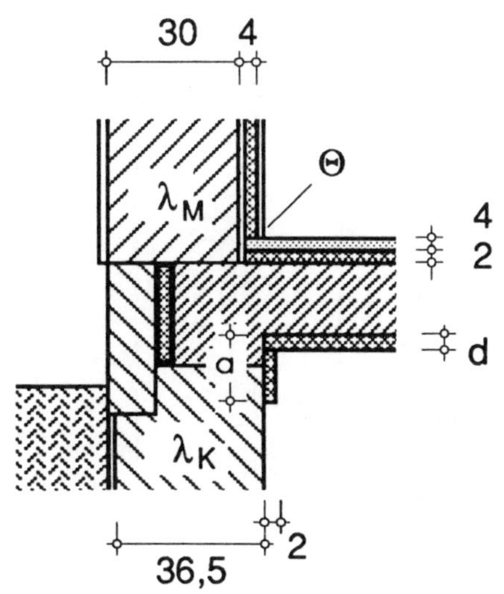

a [cm]	d [cm]	λ = 0,21 WBV	λ = 0,21 Θ	λ = 0,56 WBV	λ = 0,56 Θ	λ = 0,99 WBV	λ = 0,99 Θ
0	4	0,21	0,81	0,23	0,78	0,25	0,75
0	6	0,21	0,81	0,23	0,78	0,26	0,75
0	8	0,21	0,80	0,23	0,77	0,26	0,75
12,5	4	0,23	0,81	0,25	0,78	0,28	0,76
12,5	6	0,24	0,81	0,26	0,78	0,29	0,75
12,5	8	0,24	0,81	0,26	0,78	0,29	0,75
25	4	0,25	0,81	0,27	0,78	0,30	0,76
25	6	0,25	0,81	0,28	0,78	0,31	0,76
25	8	0,26	0,81	0,28	0,78	0,31	0,75

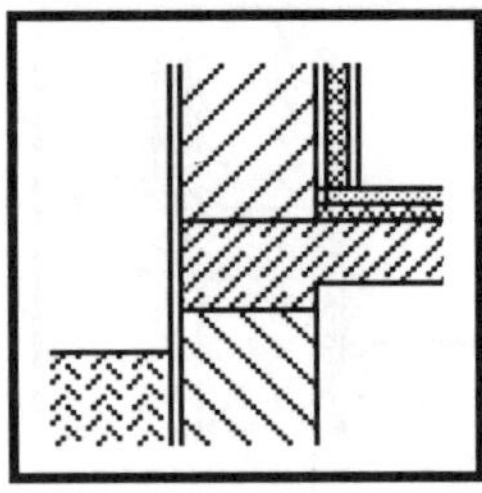

2.	Außenwand mit Innendämmung
2.3.5	Kellerdeckenanschluß zum unbeheizten Keller

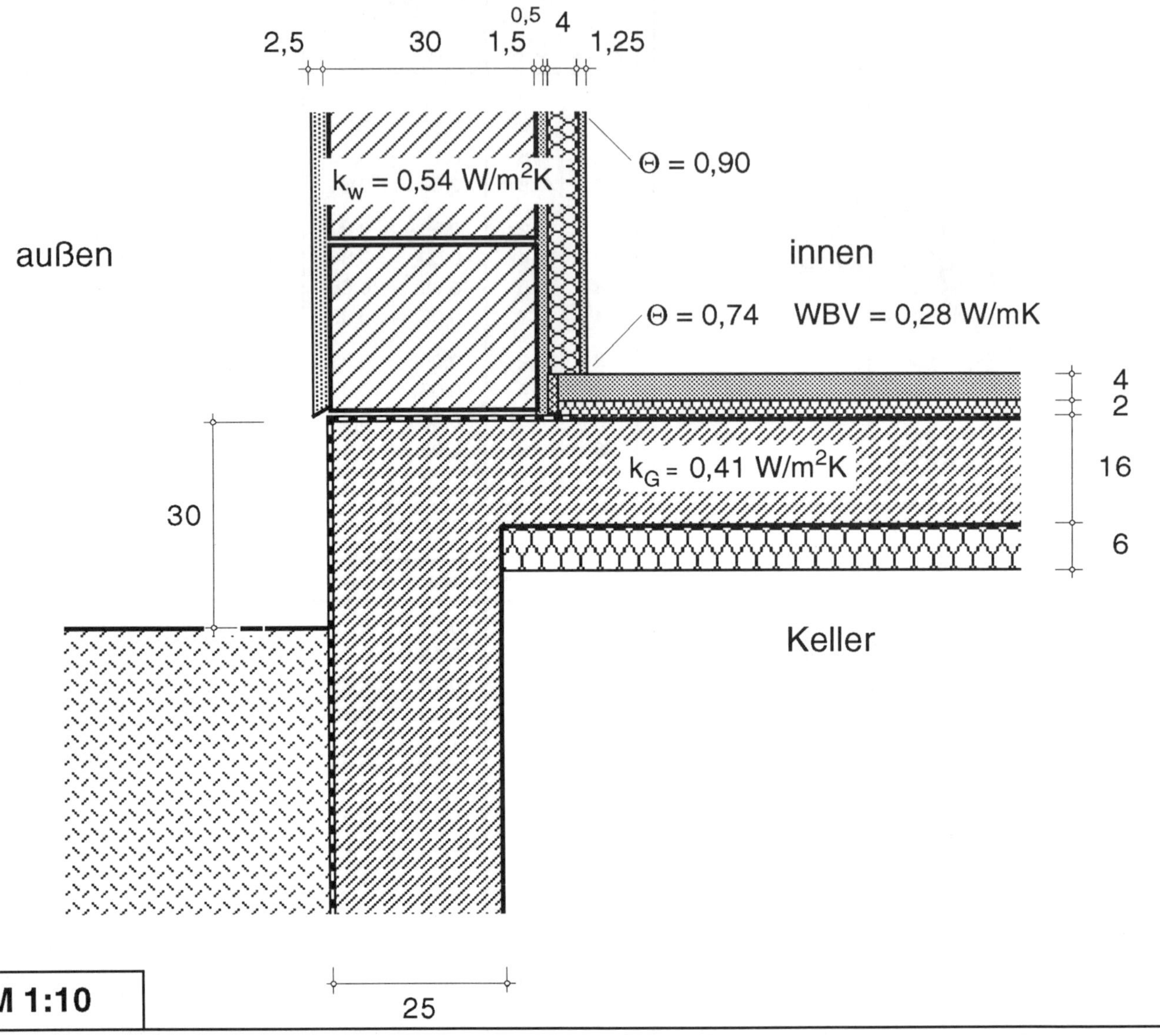

M 1:10

Baustoff	Dicke s [m]	Rohdichte ρ [kg/m³]	Wärmeleitfähigkeit λ_R [W/mK]
Gipskartonplatte	0,0125	900	0,21
Wärmedämmstoff	0,04	-	0,04
Ansetzmörtel	0,005	1000	0,35
Gipsputz	0,015	1200	0,35
Mauerwerk	0,30	1200	0,56
Kalkzementputz	0,025	1800	0,87
Zementestrich	0,04	2000	1,4
Wärmedämmstoff / Trittschalldämmung	0,02	-	0,04
Stahlbeton	0,16	2400	2,1
Randdämmstreifen	0,005	-	0,04
Erdreich	-	-	2,1

Außenwand mit Innendämmung 2.

Kellerdeckenanschluß zum unbeheizten Keller 2.3.5

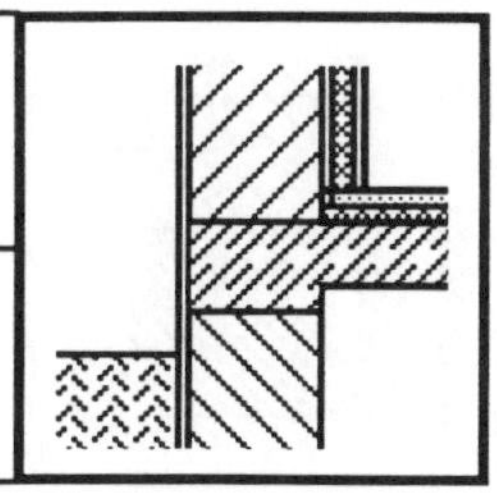

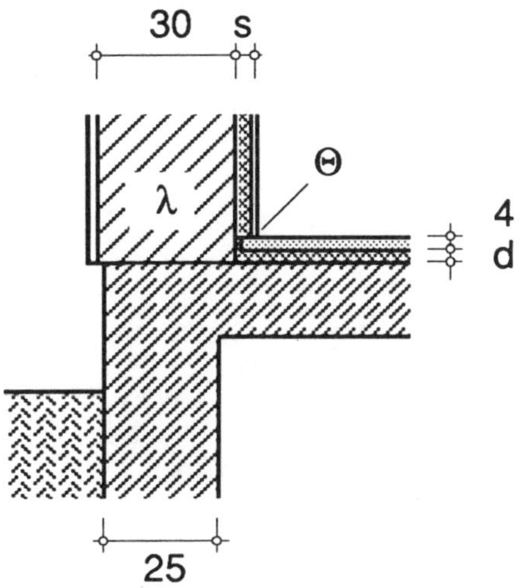

s [cm]	d [cm]	λ = 0,21		λ = 0,56		λ = 0,99	
		WBV	Θ	WBV	Θ	WBV	Θ
2	2	0,13	0,77	0,13	0,75	0,13	0,73
2	4	0,11	0,81	0,12	0,78	0,12	0,76
2	6	0,10	0,83	0,11	0,79	0,12	0,77
2	8	0,09	0,84	0,11	0,80	0,12	0,78
4	2	0,13	0,77	0,13	0,74	0,13	0,73
4	4	0,11	0,81	0,11	0,78	0,12	0,76
4	6	0,10	0,82	0,11	0,79	0,12	0,77
4	8	0,09	0,84	0,11	0,80	0,12	0,78
6	2	0,12	0,76	0,13	0,74	0,13	0,73
6	4	0,10	0,80	0,11	0,78	0,12	0,76
6	6	0,09	0,82	0,11	0,79	0,11	0,78
6	8	0,09	0,83	0,10	0,80	0,11	0,78

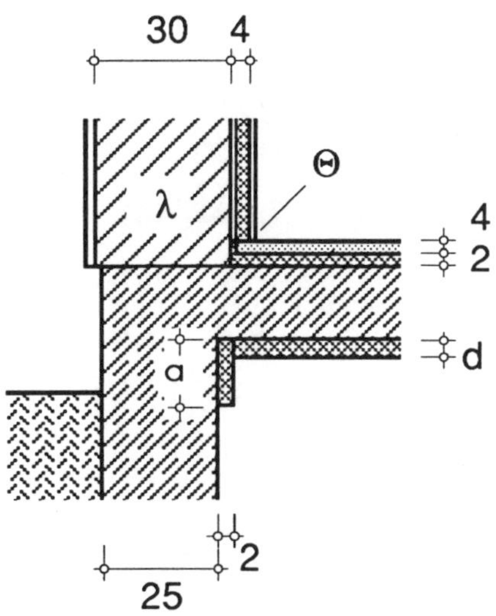

a [cm]	d [cm]	λ = 0,21		λ = 0,56		λ = 0,99	
		WBV	Θ	WBV	Θ	WBV	Θ
0	4	0,27	0,77	0,27	0,75	0,28	0,73
0	6	0,27	0,77	0,28	0,74	0,29	0,73
0	8	0,28	0,77	0,29	0,74	0,30	0,73
12,5	4	0,30	0,77	0,31	0,75	0,32	0,73
12,5	6	0,30	0,77	0,31	0,74	0,32	0,73
12,5	8	0,31	0,77	0,32	0,74	0,33	0,73
25	4	0,32	0,77	0,33	0,75	0,34	0,73
25	6	0,33	0,77	0,34	0,75	0,35	0,73
25	8	0,33	0,77	0,34	0,74	0,35	0,73

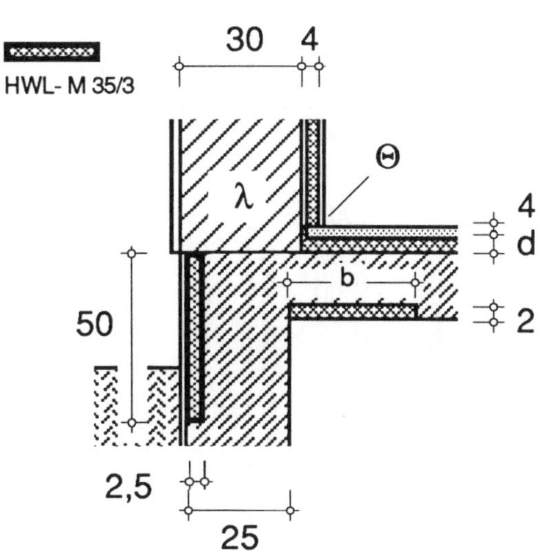

b [cm]	d [cm]	λ = 0,21		λ = 0,56		λ = 0,99	
		WBV	Θ	WBV	Θ	WBV	Θ
0	2	0,08	0,80	0,09	0,77	0,10	0,75
0	4	0,08	0,80	0,09	0,77	0,10	0,75
0	6	0,07	0,79	0,08	0,76	0,09	0,74
0	8	0,07	0,83	0,08	0,80	0,09	0,78
25	2	0,07	0,83	0,08	0,80	0,09	0,78
25	4	0,07	0,82	0,08	0,78	0,09	0,76
25	6	0,07	0,85	0,08	0,81	0,09	0,79
25	8	0,07	0,85	0,08	0,81	0,09	0,79
50	2	0,06	0,83	0,08	0,79	0,09	0,77
50	4	0,07	0,85	0,08	0,82	0,09	0,79
50	6	0,07	0,85	0,08	0,81	0,09	0,79
50	8	0,06	0,84	0,08	0,80	0,09	0,77

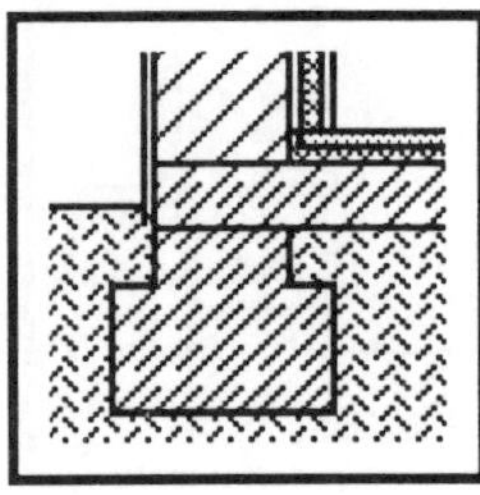

2. Außenwand mit Innendämmung

2.3.6 Bodenplattenanschluß, nicht unterkellert

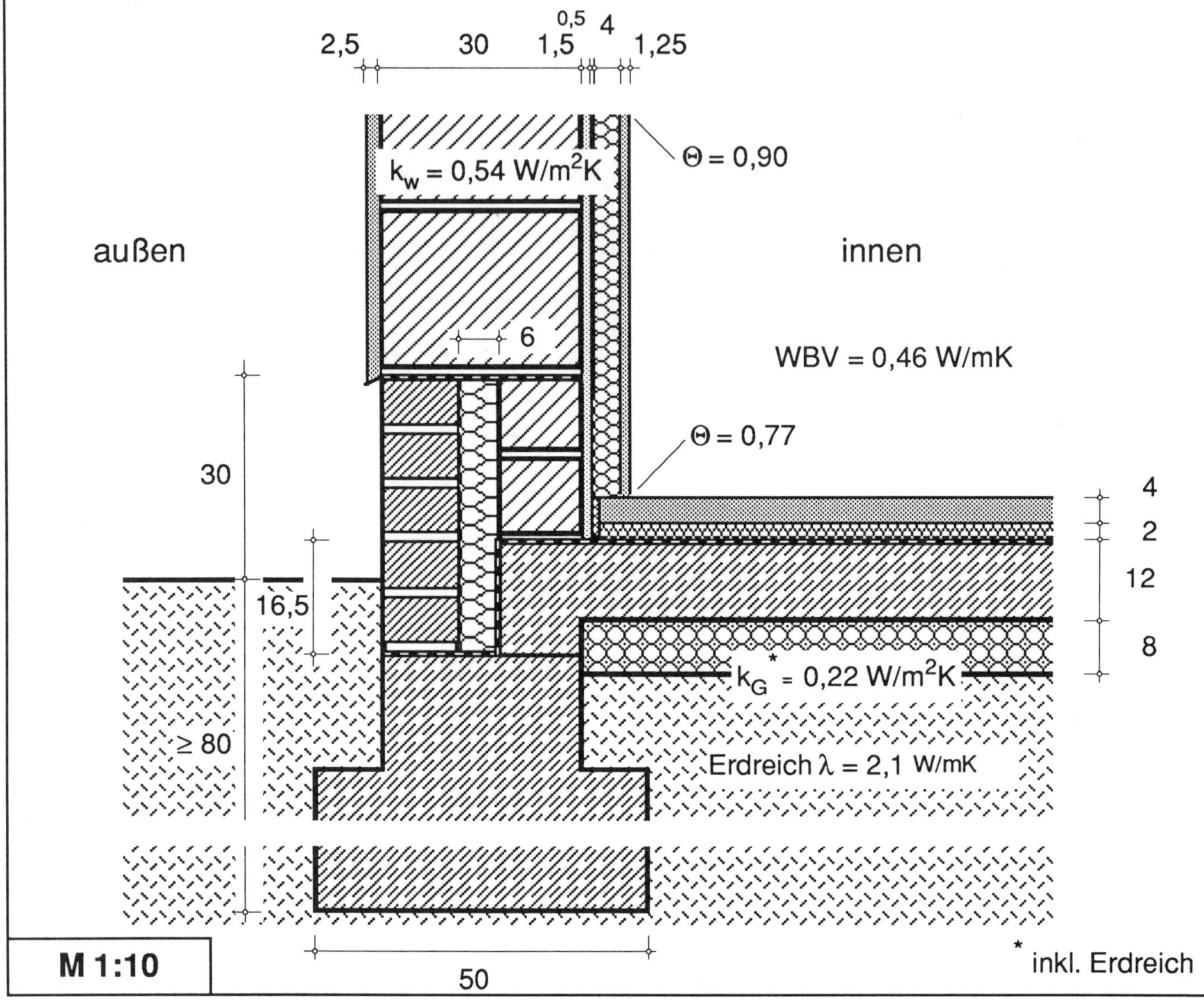

Baustoff	Dicke s [m]	Rohdichte ρ [kg/m³]	Wärmeleitfähigkeit λ_R [W/mK]
Gipskartonplatte	0,0125	900	0,21
Wärmedämmstoff	0,04	-	0,04
Ansetzmörtel	0,005	1000	0,35
Gipsputz	0,015	1200	0,35
Mauerwerk	0,30	1200	0,56
Kalkzementputz	0,025	1800	0,87
Wärmedämmstoff/Perimeterdämmung	0,08	-	0,04
Zementestrich	0,04	2000	1,4
Wärmedämmstoff / Trittschalldämmung	0,02	-	0,04
Stahlbeton	-	2400	2,1
Randdämmstreifen	0,005	-	0,04

Außenwand mit Innendämmung 2.

Bodenplattenanschluß, nicht unterkellert 2.3.6

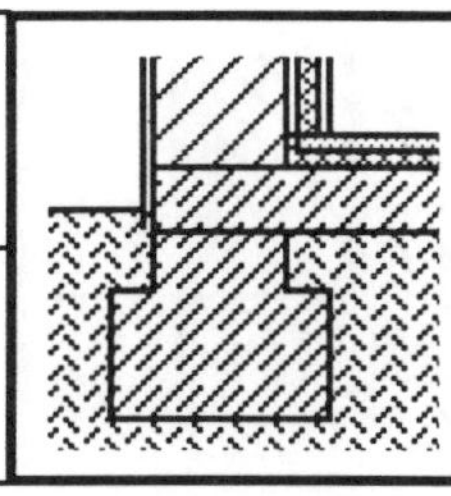

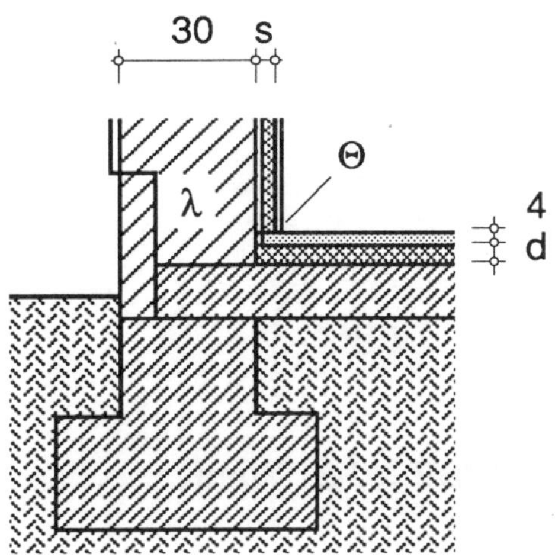

		λ = 0,21		λ = 0,56		λ = 0,99	
s [cm]	d [cm]	WBV	Θ	WBV	Θ	WBV	Θ
2	4	0,56	0,79	0,56	0,75	0,57	0,73
2	6	0,46	0,81	0,47	0,77	0,47	0,74
2	8	0,39	0,82	0,41	0,77	0,41	0,75
4	4	0,55	0,78	0,56	0,75	0,57	0,73
4	6	0,45	0,80	0,46	0,76	0,47	0,75
4	8	0,38	0,81	0,40	0,77	0,41	0,75
6	4	0,54	0,78	0,55	0,75	0,56	0,74
6	6	0,44	0,80	0,46	0,76	0,47	0,75
6	8	0,38	0,81	0,39	0,77	0,40	0,76

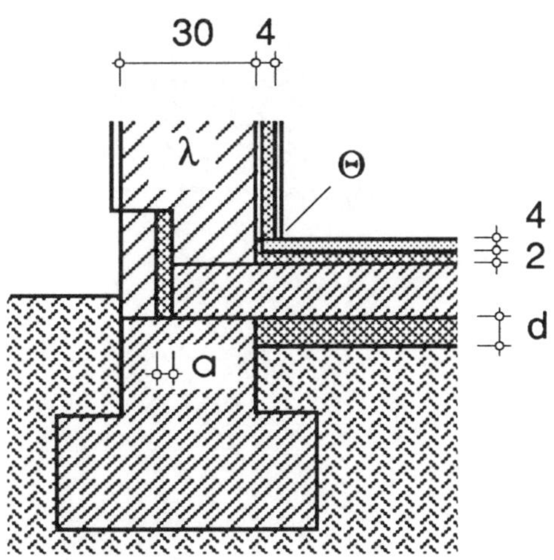

		λ = 0,21		λ = 0,56		λ = 0,99	
a [cm]	d [cm]	WBV	Θ	WBV	Θ	WBV	Θ
0	4	0,58	0,76	0,59	0,73	0,60	0,72
0	6	0,55	0,76	0,56	0,73	0,57	0,72
0	8	0,53	0,76	0,54	0,73	0,55	0,72
2	4	0,54	0,78	0,54	0,75	0,55	0,74
2	6	0,51	0,78	0,51	0,75	0,52	0,74
2	8	0,49	0,78	0,49	0,75	0,50	0,74
4	4	0,52	0,78	0,52	0,76	0,53	0,74
4	6	0,49	0,78	0,49	0,76	0,50	0,75
4	8	0,47	0,79	0,47	0,76	0,48	0,75
6	4	0,51	0,79	0,51	0,77	0,52	0,75
6	6	0,48	0,79	0,48	0,77	0,49	0,75
6	8	0,46	0,79	0,46	0,77	0,47	0,75

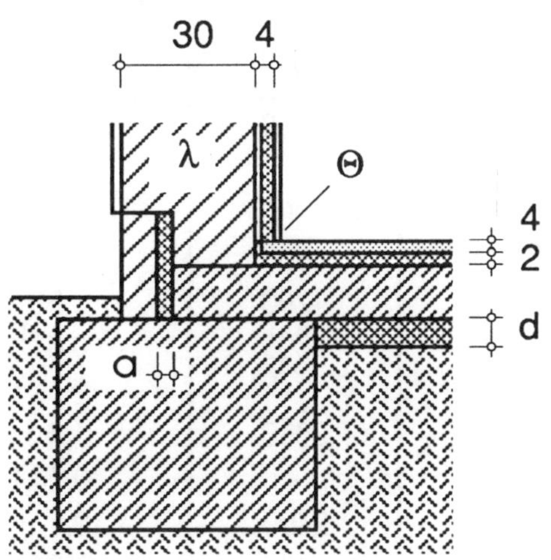

		λ = 0,21		λ = 0,56		λ = 0,99	
a [cm]	d [cm]	WBV	Θ	WBV	Θ	WBV	Θ
0	4	0,60	0,75	0,60	0,73	0,61	0,71
0	6	0,57	0,75	0,58	0,73	0,59	0,71
0	8	0,56	0,75	0,56	0,72	0,57	0,71
2	4	0,56	0,77	0,56	0,75	0,56	0,73
2	6	0,53	0,77	0,53	0,75	0,54	0,73
2	8	0,51	0,77	0,52	0,74	0,52	0,73
4	4	0,54	0,77	0,54	0,75	0,55	0,74
4	6	0,52	0,77	0,52	0,75	0,53	0,74
4	8	0,50	0,77	0,50	0,75	0,51	0,74
6	4	0,53	0,78	0,53	0,76	0,54	0,74
6	6	0,51	0,78	0,51	0,76	0,52	0,74
6	8	0,49	0,78	0,49	0,76	0,50	0,74

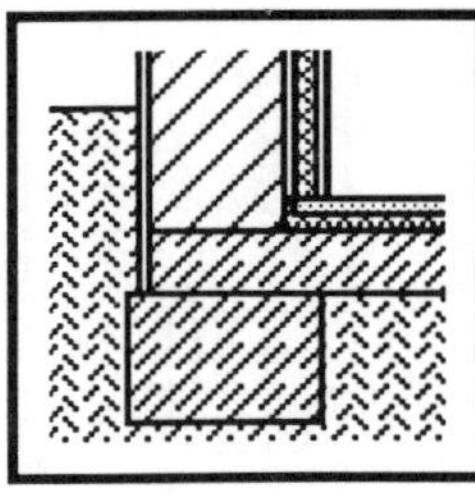

2. Außenwand mit Innendämmung

2.3.7 Bodenplattenanschluß, unterkellert

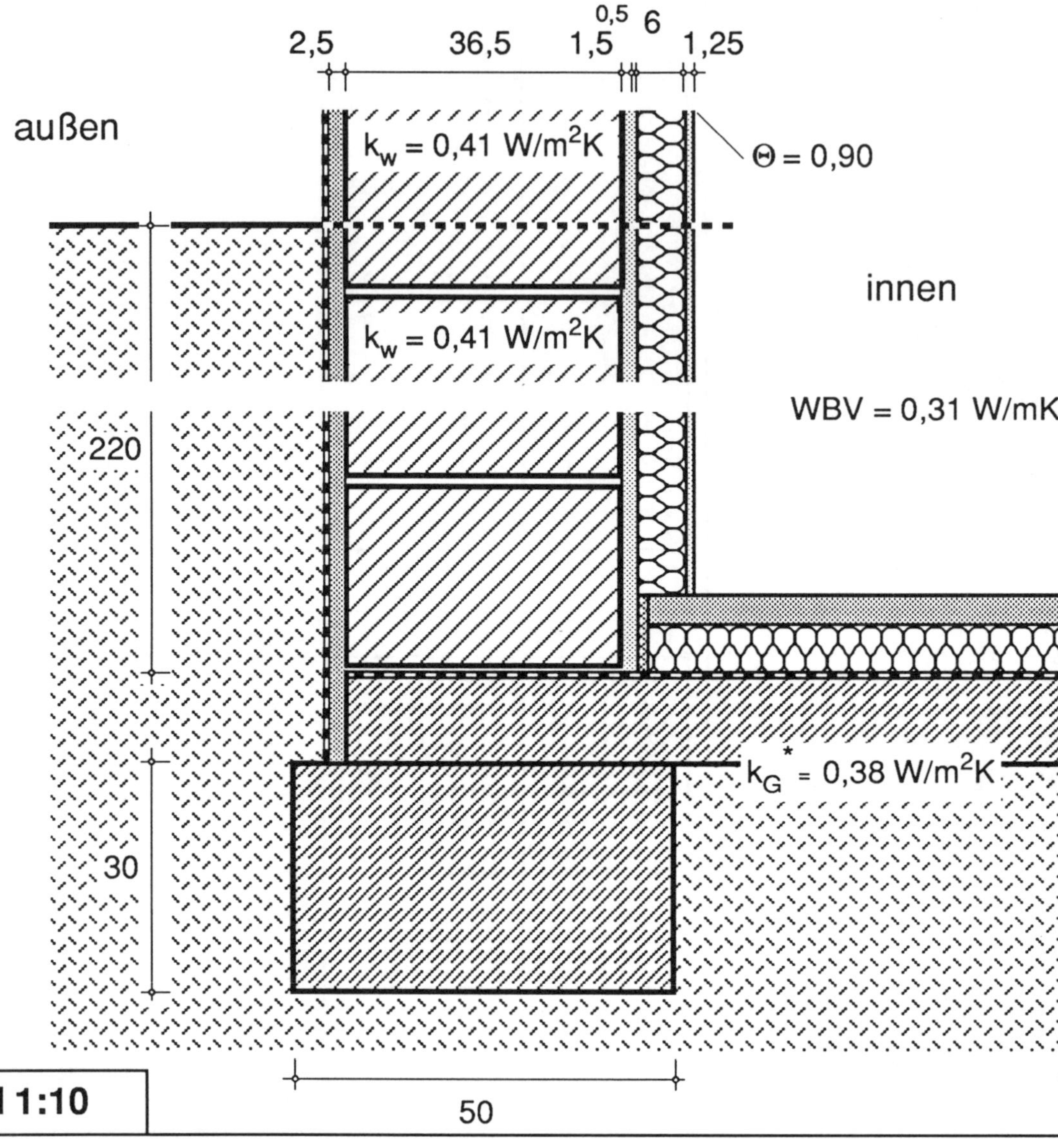

M 1:10

* inkl. Erdreich

Baustoff	Dicke s [m]	Rohdichte ρ [kg/m³]	Wärmeleitfähigkeit λ_R [W/mK]
Gipskartonplatte	0,0125	900	0,21
Wärmedämmstoff	0,04	-	0,04
Ansetzmörtel	0,005	1000	0,35
Gipsputz	0,015	1200	0,35
Mauerwerk	0,365	1200	0,56
Kalkzementputz	0,025	1800	0,87
Erdreich	-	-	2,1
Zementestrich	0,04	2000	1,4
Wärmedämmstoff / Trittschalldämmung	0,06	-	0,04
Stahlbeton	-	2400	2,1
Randdämmstreifen	0,005	-	0,04

Außenwand mit Innendämmung 2.

Bodenplattenanschluß, unterkellert 2.3.7

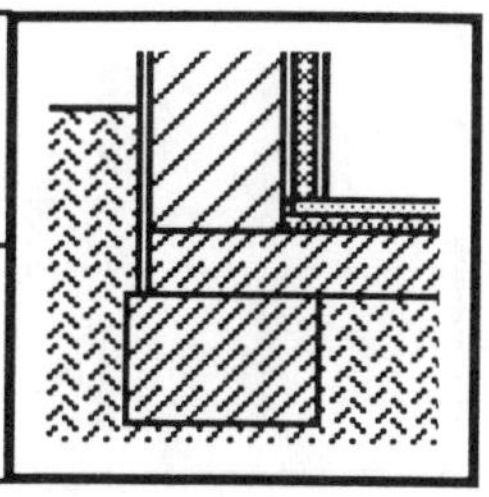

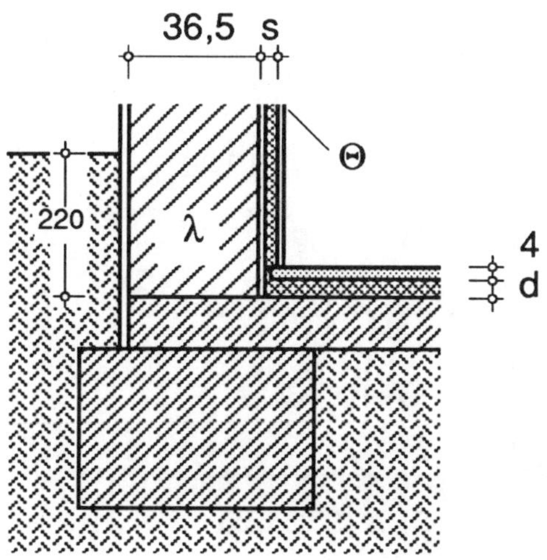

d [cm]	s [cm]	λ = 0,21 WBV	λ = 0,21 Θ	λ = 0,56 WBV	λ = 0,56 Θ	λ = 0,99 WBV	λ = 0,99 Θ
4	2	0,33	0,90	0,38	0,88	0,39	0,85
6	2	0,30	0,91	0,36	0,88	0,38	0,85
8	2	0,29	0,92	0,35	0,88	0,37	0,85
4	4	0,31	0,90	0,36	0,89	0,38	0,88
6	4	0,28	0,91	0,34	0,90	0,36	0,89
8	4	0,27	0,92	0,32	0,90	0,35	0,89
4	6	0,30	0,90	0,34	0,89	0,36	0,89
6	6	0,27	0,91	0,31	0,90	0,33	0,89
8	6	0,25	0,92	0,30	0,90	0,32	0,89

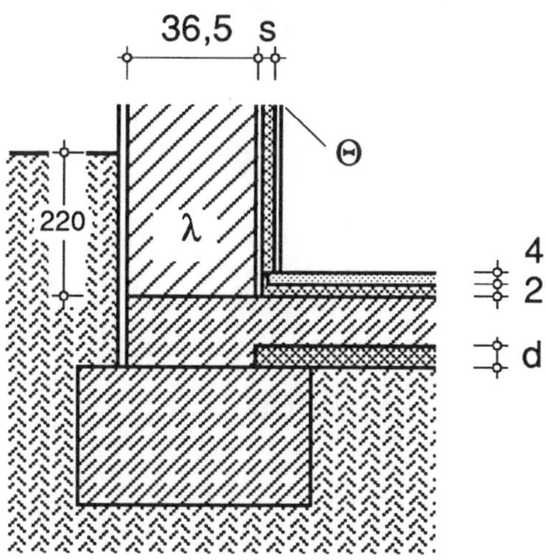

d [cm]	s [cm]	λ = 0,21 WBV	λ = 0,21 Θ	λ = 0,56 WBV	λ = 0,56 Θ	λ = 0,99 WBV	λ = 0,99 Θ
4	2	0,37	0,90	0,41	0,88	0,43	0,85
6	2	0,37	0,90	0,42	0,88	0,43	0,85
8	2	0,38	0,90	0,42	0,88	0,44	0,85
4	4	0,35	0,90	0,39	0,89	0,42	0,88
6	4	0,35	0,90	0,40	0,89	0,42	0,88
8	4	0,36	0,90	0,40	0,89	0,42	0,88
4	6	0,33	0,90	0,37	0,89	0,39	0,88
6	6	0,33	0,90	0,38	0,89	0,40	0,88
8	6	0,34	0,90	0,38	0,89	0,40	0,88

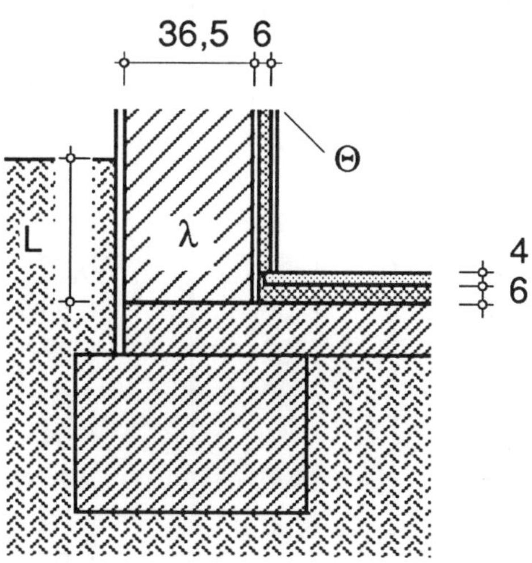

L [cm]	λ = 0,21 WBV	λ = 0,21 Θ	λ = 0,56 WBV	λ = 0,56 Θ	λ = 0,99 WBV	λ = 0,99 Θ
100	0,31	0,90	0,35	0,88	0,37	0,87
125	0,30	0,90	0,34	0,89	0,36	0,88
150	0,29	0,91	0,33	0,89	0,35	0,88
175	0,27	0,91	0,32	0,89	0,34	0,89
200	0,27	0,91	0,31	0,90	0,33	0,89

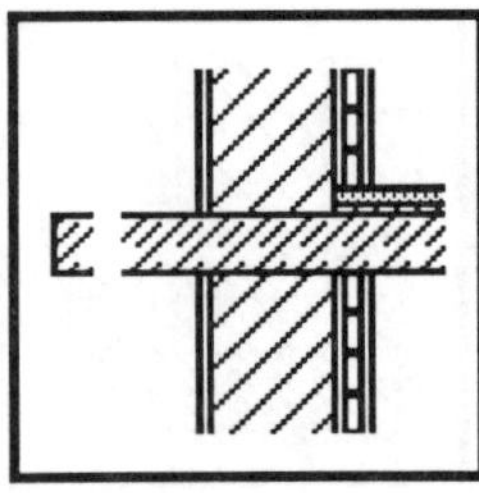

2. Außenwand mit Innendämmung

2.4.1 Balkonanschluß, Kragplatte

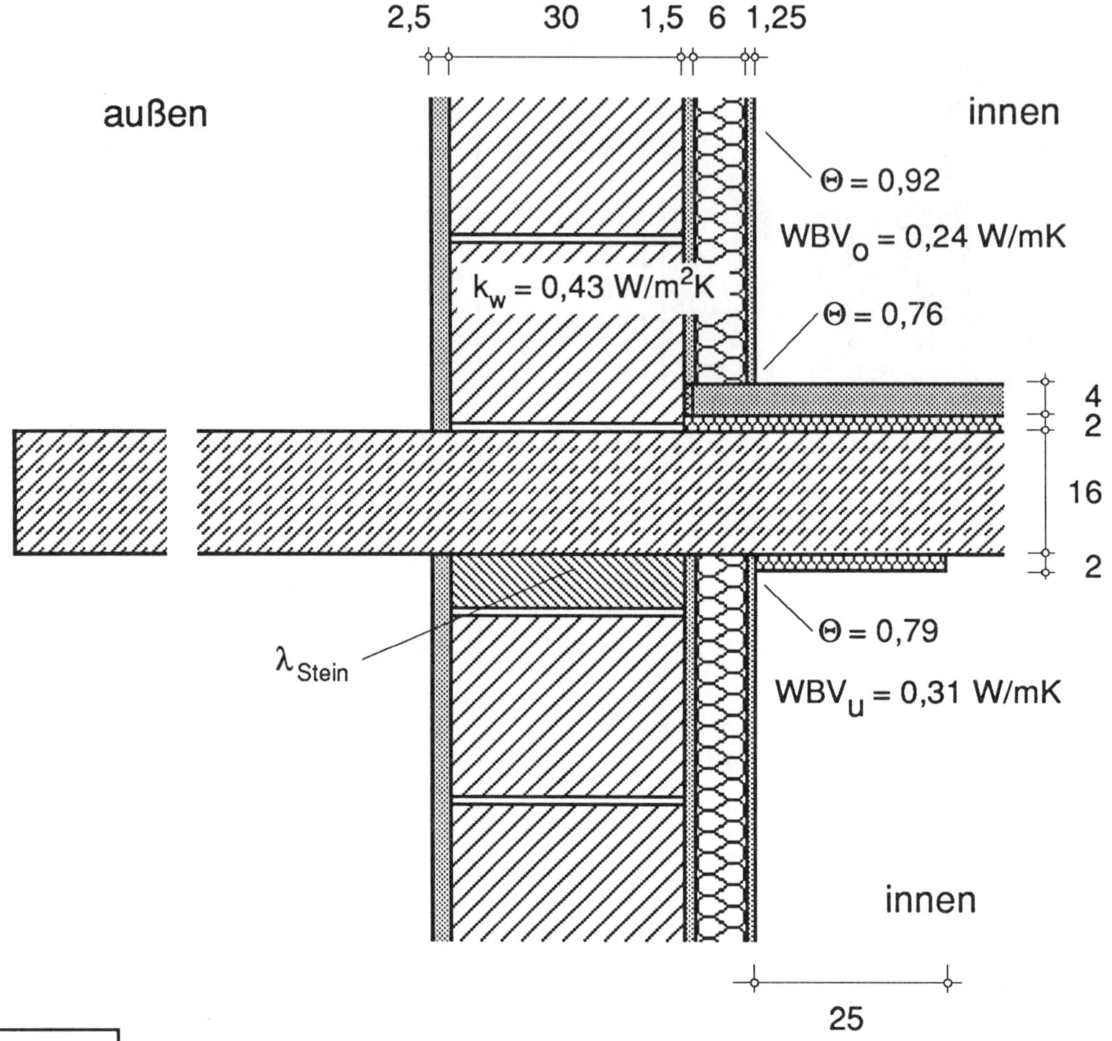

M 1:10

Baustoff	Dicke s [m]	Rohdichte ρ [kg/m³]	Wärmeleitfähigkeit λ_R [W/mK]
Gipskartonplatte	0,0125	900	0,21
Wärmedämmstoff	-	-	0,04
Ansetzmörtel	0,005	1000	0,35
Gipsputz	0,015	1200	0,35
Mauerwerk	0,30	1200	0,56
Kalkzementputz	0,025	1800	0,87
Zementestrich	0,04	2000	1,4
Wärmedämmstoff / Trittschalldämmung	0,02	-	0,04
Stahlbeton	0,16	2400	2,1
Ausgleichsstein NF	0,30	1800	0,79
Randdämmstreifen	0,005	-	0,04

Außenwand mit Innendämmung 2.

Balkonanschluß, Kragplatte 2.4.1

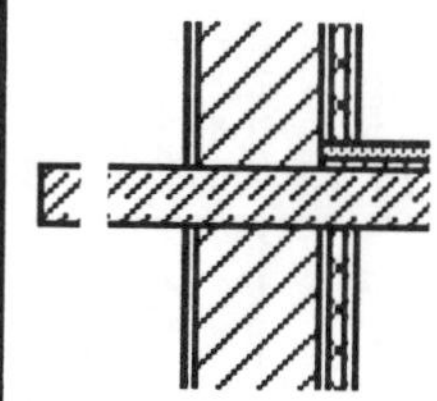

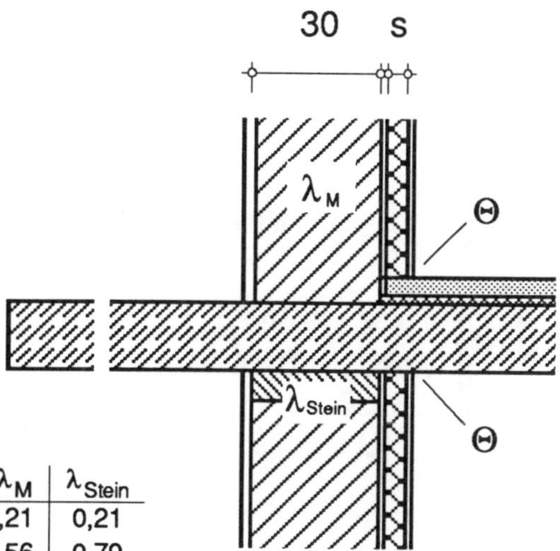

λ_M	λ_{Stein}
0,21	0,21
0,56	0,79
0,99	0,79

s [cm]	$\lambda_M = 0{,}21$ WBV	$\lambda_M = 0{,}21$ Θ	$\lambda_M = 0{,}56$ WBV	$\lambda_M = 0{,}56$ Θ	$\lambda_M = 0{,}99$ WBV	$\lambda_M = 0{,}99$ Θ
2	0,14 0,42	0,84 0,69	0,16 0,46	0,79 0,65	0,18 0,48	0,75 0,62
4	0,14 0,41	0,83 0,69	0,17 0,46	0,78 0,65	0,19 0,49	0,75 0,62
6	0,15 0,40	0,83 0,70	0,18 0,46	0,78 0,66	0,20 0,49	0,75 0,63

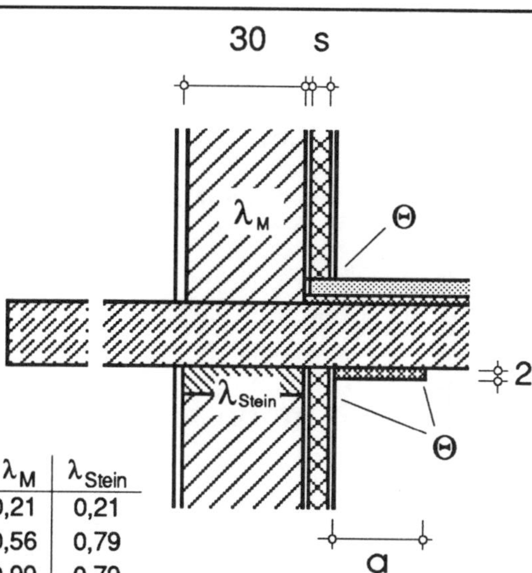

λ_M	λ_{Stein}
0,21	0,21
0,56	0,79
0,99	0,79

s [cm]	a [cm]	$\lambda_M = 0{,}21$ WBV	$\lambda_M = 0{,}21$ Θ	$\lambda_M = 0{,}56$ WBV	$\lambda_M = 0{,}56$ Θ	$\lambda_M = 0{,}99$ WBV	$\lambda_M = 0{,}99$ Θ
2	25	0,20 0,30	0,82 0,79	0,23 0,30	0,76 0,76	0,25 0,31	0,73 0,74
2	50	0,23 0,25	0,82 0,79	0,26 0,26	0,76 0,76	0,28 0,26	0,73 0,74
4	25	0,20 0,29	0,81 0,81	0,24 0,31	0,76 0,78	0,26 0,32	0,73 0,76
4	50	0,23 0,25	0,81 0,80	0,27 0,26	0,75 0,77	0,29 0,27	0,72 0,76
6	25	0,20 0,28	0,81 0,82	0,24 0,31	0,76 0,79	0,26 0,33	0,73 0,78
6	50	0,23 0,24	0,80 0,81	0,27 0,26	0,75 0,79	0,30 0,28	0,73 0,77

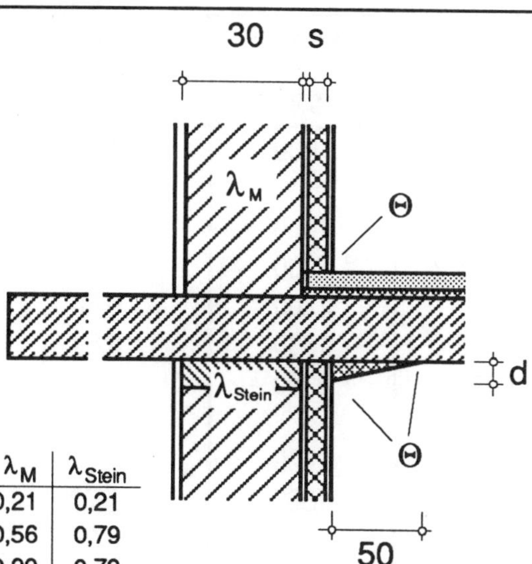

λ_M	λ_{Stein}
0,21	0,21
0,56	0,79
0,99	0,79

s [cm]	d [cm]	$\lambda_M = 0{,}21$ WBV	$\lambda_M = 0{,}21$ Θ	$\lambda_M = 0{,}56$ WBV	$\lambda_M = 0{,}56$ Θ	$\lambda_M = 0{,}99$ WBV	$\lambda_M = 0{,}99$ Θ
2	4	0,21 0,28	0,82 0,86	0,24 0,28	0,76 0,82	0,26 0,28	0,73 0,80
4	4	0,21 0,27	0,81 0,87	0,25 0,29	0,76 0,85	0,27 0,30	0,72 0,83
6	4	0,21 0,27	0,81 0,87	0,25 0,29	0,76 0,85	0,28 0,31	0,73 0,84
2	6	0,23 0,24	0,81 0,83	0,26 0,23	0,76 0,79	0,28 0,23	0,72 0,77
4	6	0,23 0,23	0,81 0,86	0,27 0,24	0,75 0,83	0,29 0,25	0,72 0,81
6	6	0,23 0,23	0,80 0,87	0,27 0,24	0,75 0,85	0,29 0,26	0,72 0,84

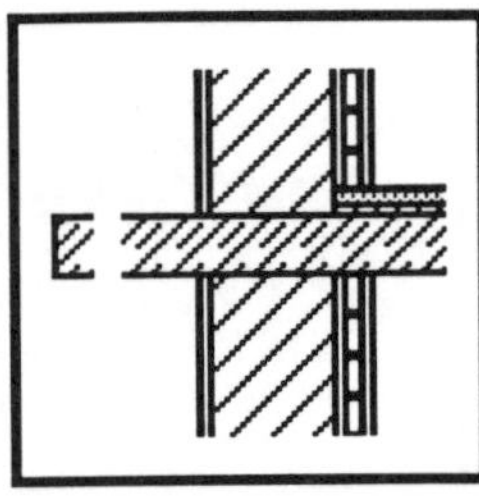

2. Außenwand mit Innendämmung

2.4.1 Balkonanschluß, Kragplatte

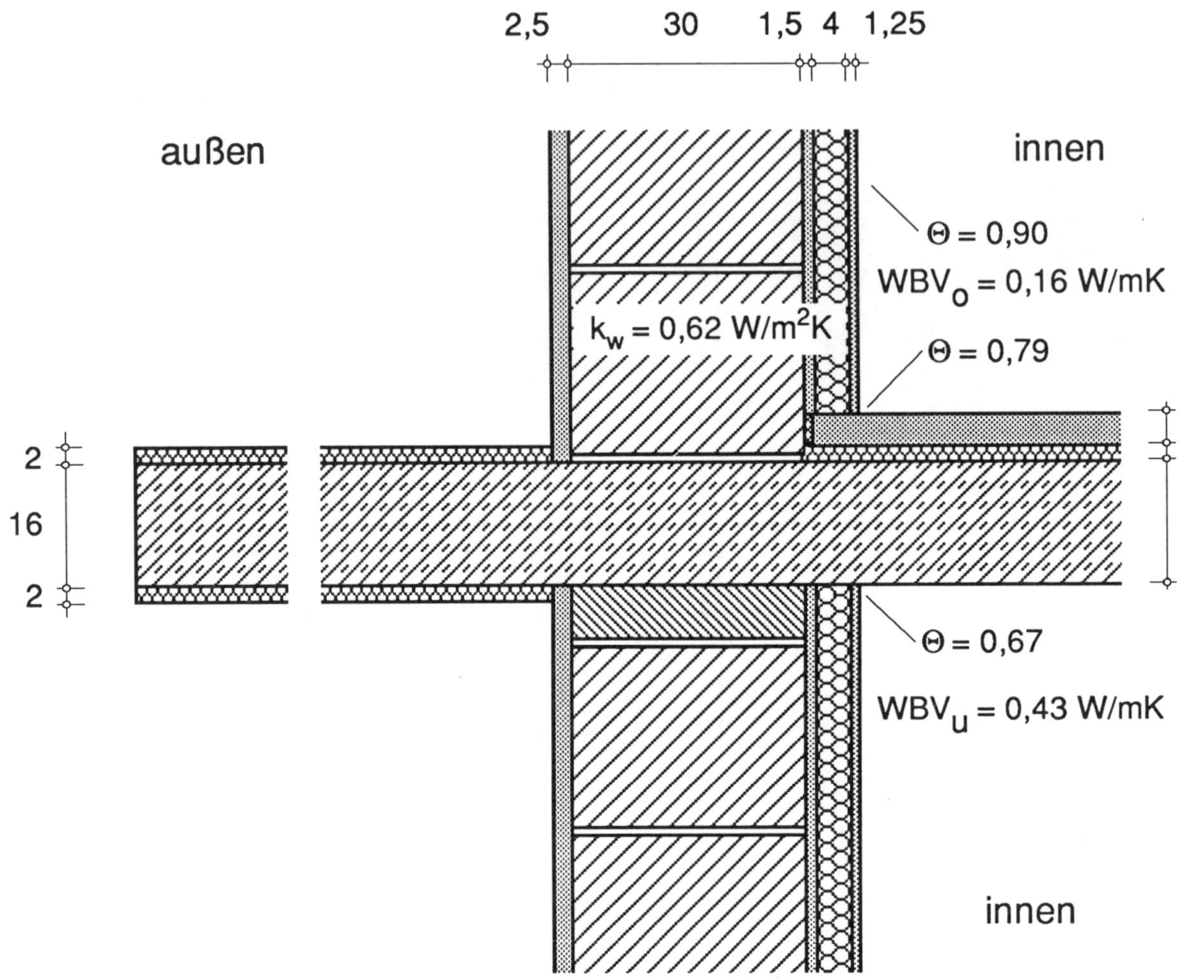

M 1:10

Baustoff	Dicke s [m]	Rohdichte ρ [kg/m³]	Wärmeleitfähigkeit λ_R [W/mK]
Gipskartonplatte	0,0125	900	0,21
Wärmedämmstoff	-	-	0,04
Ansetzmörtel	0,005	1000	0,35
Gipsputz	0,015	1200	0,35
Mauerwerk	0,30	1200	0,56
Kalkzementputz	0,025	1800	0,87
Zementestrich	0,04	2000	1,4
Wärmedämmstoff / Trittschalldämmung	0,02	-	0,04
Stahlbeton	0,16	2400	2,1
Ausgleichsstein NF	0,30	1800	0,79
Randdämmstreifen	0,005	-	0,04

Außenwand mit Innendämmung 2.

Balkonanschluß, Kragplatte 2.4.1

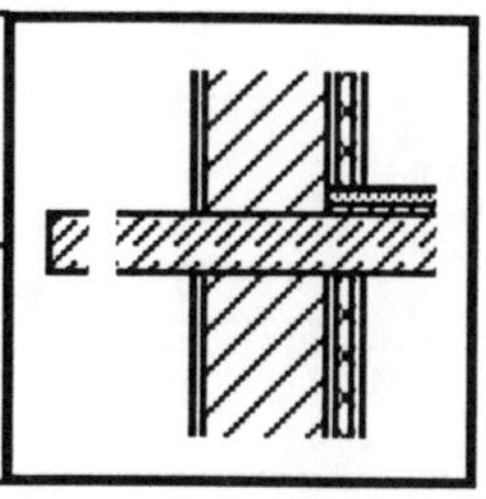

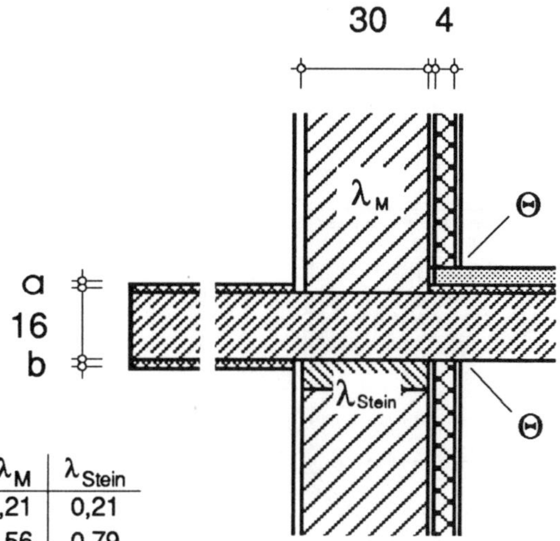

λ_M	λ_{Stein}
0,21	0,21
0,56	0,79
0,99	0,79

a [cm]	b [cm]	$\lambda_M = 0{,}21$		$\lambda_M = 0{,}56$		$\lambda_M = 0{,}99$	
		WBV	Θ	WBV	Θ	WBV	Θ
0	0	0,14 0,42	0,84 0,70	0,17 0,46	0,78 0,65	0,20 0,50	0,75 0,62
2	2	0,12 0,37	0,85 0,73	0,16 0,43	0,79 0,67	0,18 0,47	0,76 0,64
4	4	0,12 0,34	0,86 0,74	0,15 0,41	0,80 0,68	0,18 0,45	0,76 0,65
0	4	0,14 0,40	0,84 0,71	0,17 0,45	0,79 0,66	0,19 0,48	0,75 0,63
4	0	0,14 0,40	0,84 0,71	0,17 0,45	0,79 0,66	0,19 0,49	0,75 0,63
2	4	0,12 0,35	0,85 0,73	0,16 0,42	0,79 0,68	0,18 0,46	0,76 0,64

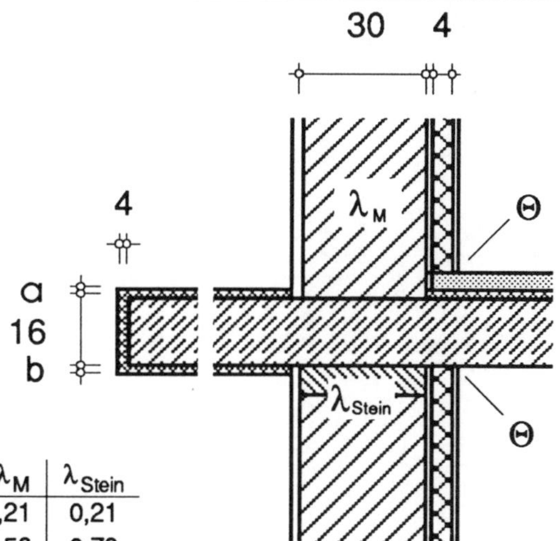

λ_M	λ_{Stein}
0,21	0,21
0,56	0,79
0,99	0,79

a [cm]	b [cm]	$\lambda_M = 0{,}21$		$\lambda_M = 0{,}56$		$\lambda_M = 0{,}99$	
		WBV	Θ	WBV	Θ	WBV	Θ
0	0	0,14 0,42	0,84 0,70	0,17 0,46	0,78 0,65	0,20 0,50	0,75 0,62
2	2	0,12 0,37	0,85 0,73	0,16 0,43	0,79 0,67	0,18 0,47	0,76 0,64
4	4	0,12 0,34	0,86 0,74	0,15 0,41	0,80 0,68	0,18 0,45	0,76 0,65
0	4	0,14 0,40	0,84 0,71	0,17 0,45	0,79 0,66	0,19 0,48	0,75 0,63
4	0	0,14 0,40	0,84 0,71	0,17 0,45	0,79 0,66	0,19 0,49	0,75 0,63
2	4	0,12 0,35	0,85 0,73	0,16 0,42	0,79 0,68	0,18 0,46	0,76 0,64

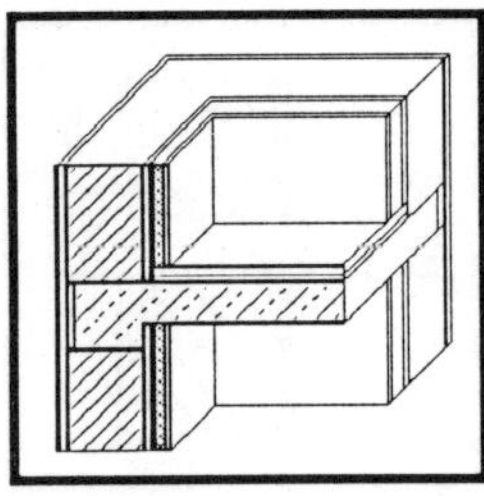

2. Außenwand mit Innendämmung

2.5.1 Außenwand/Geschoßdecke/Außenwand

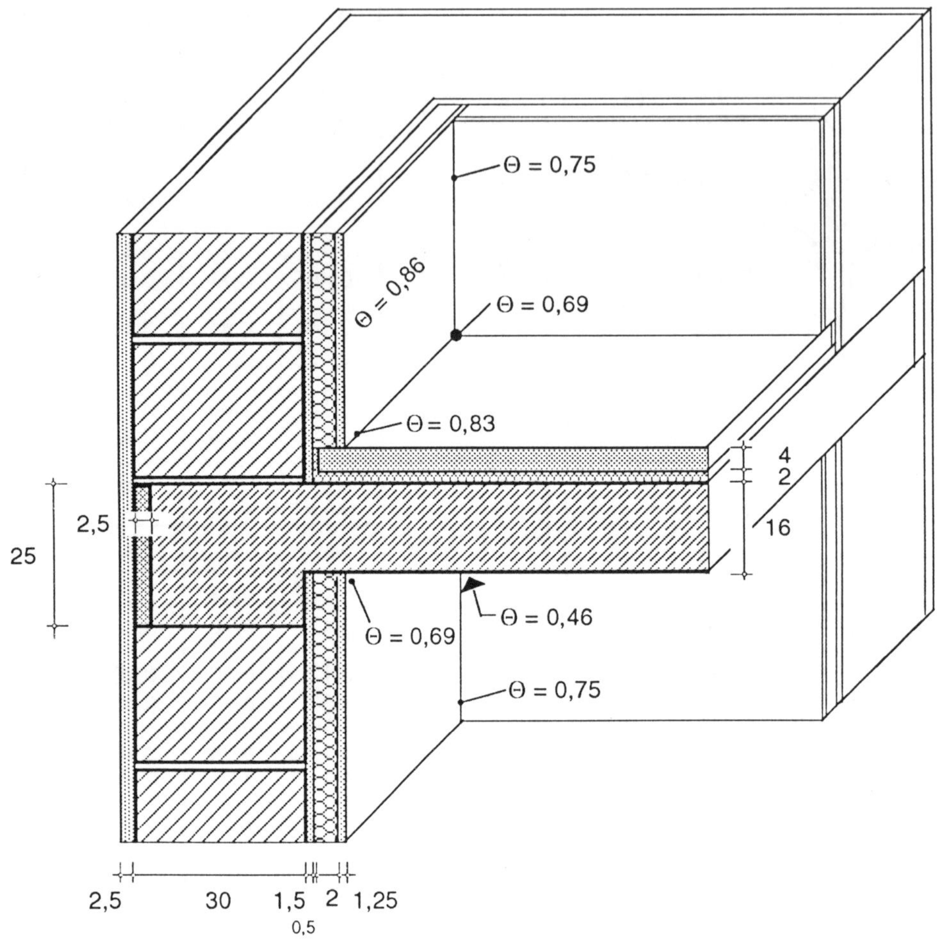

Baustoff	Dicke s [m]	Rohdichte ρ [kg/m³]	Wärmeleitfähigkeit λ_R [W/mK]
Gipskartonplatte	0,0125	900	0,21
Wärmedämmstoff	**0,02**	-	0,04
Ansetzmörtel	0,005	1000	0,35
Gipsputz	0,015	1200	0,35
Mauerwerk	0,30	1200	0,56
Kalkzementputz	0,025	1800	0,87
Holzwolle Leichtbauplatte	0,025	600	0,093
Zementestrich	0,04	2000	1,4
Wärmedämmstoff / Trittschalldämmung	0,02	-	0,04
Stahlbeton	0,16	2400	2,1
Randdämmstreifen	0,005	-	0,04

Außenwand mit Innendämmung 2.

Außenwand/Geschoßdecke/Innenwand 2.5.2

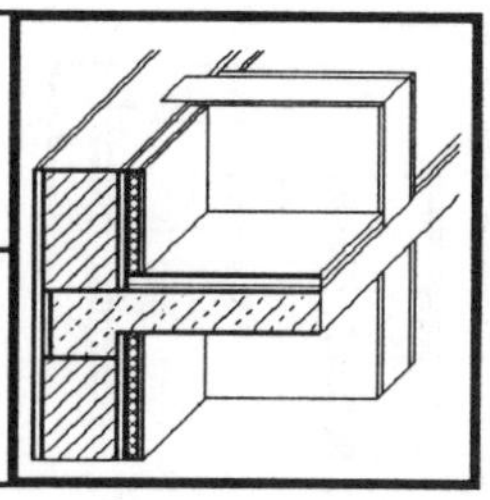

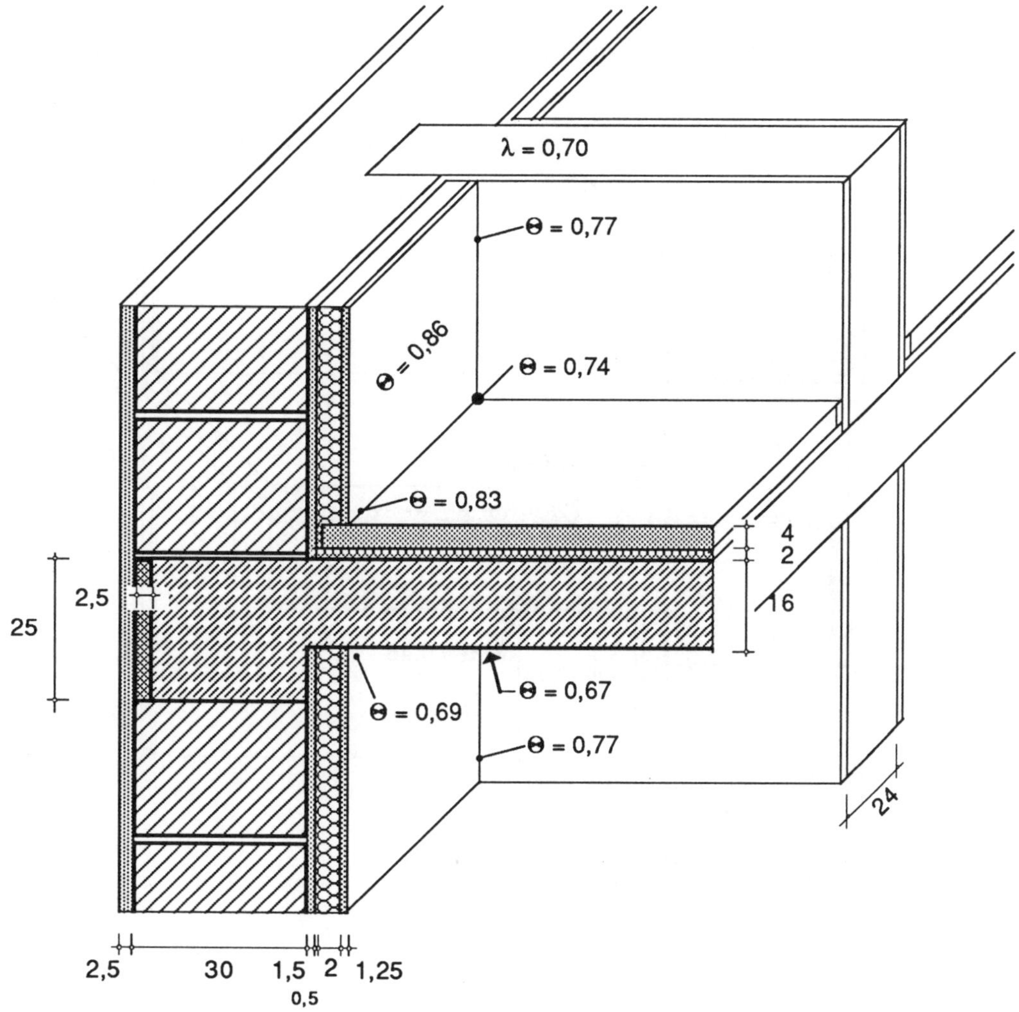

Baustoff	Dicke s [m]	Rohdichte ρ [kg/m³]	Wärmeleitfähigkeit λ_R [W/mK]
Gipskartonplatte	0,0125	900	0,21
Wärmedämmstoff	**0,02**	-	0,04
Ansetzmörtel	0,005	1000	0,35
Gipsputz	0,015	1200	0,35
Mauerwerk	0,30	1200	0,56
Kalkzementputz	0,025	1800	0,87
Holzwolle Leichtbauplatte	0,025	600	0,093
Zementestrich	0,04	2000	1,4
Wärmedämmstoff / Trittschalldämmung	0,02	-	0,04
Stahlbeton	0,16	2400	2,1
Randdämmstreifen	0,005	-	0,04

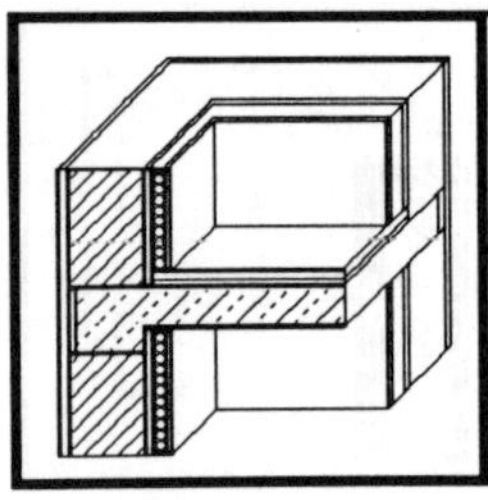

2. Außenwand mit Innendämmung

2.5.1 Außenwand/Geschoßdecke/Außenwand

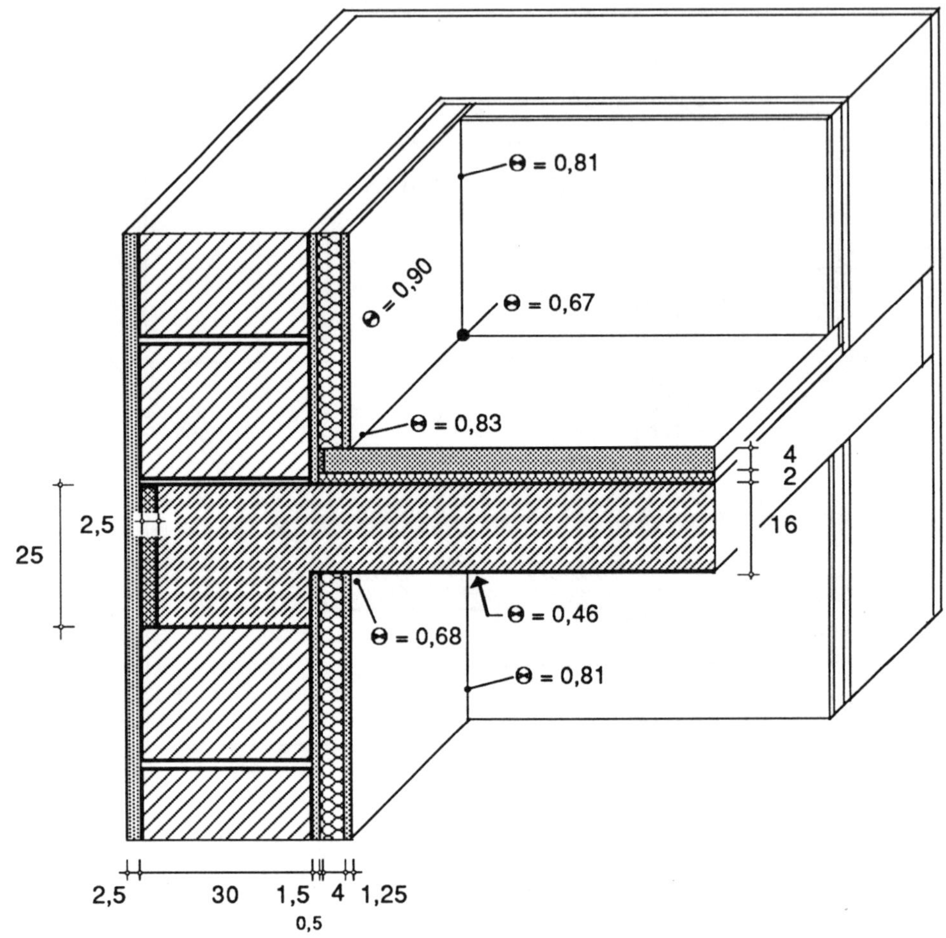

Baustoff	Dicke s [m]	Rohdichte ρ [kg/m³]	Wärmeleitfähigkeit λ_R [W/mK]
Gipskartonplatte	0,0125	900	0,21
Wärmedämmstoff	**0,04**	-	0,04
Ansetzmörtel	0,005	1000	0,35
Gipsputz	0,015	1200	0,35
Mauerwerk	0,30	1200	0,56
Kalkzementputz	0,025	1800	0,87
Holzwolle Leichtbauplatte	0,025	600	0,093
Zementestrich	0,04	2000	1,4
Wärmedämmstoff / Trittschalldämmung	0,02	-	0,04
Stahlbeton	0,16	2400	2,1
Randdämmstreifen	0,005	-	0,04

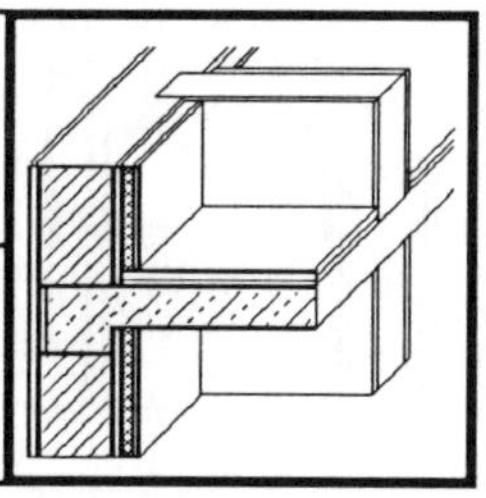

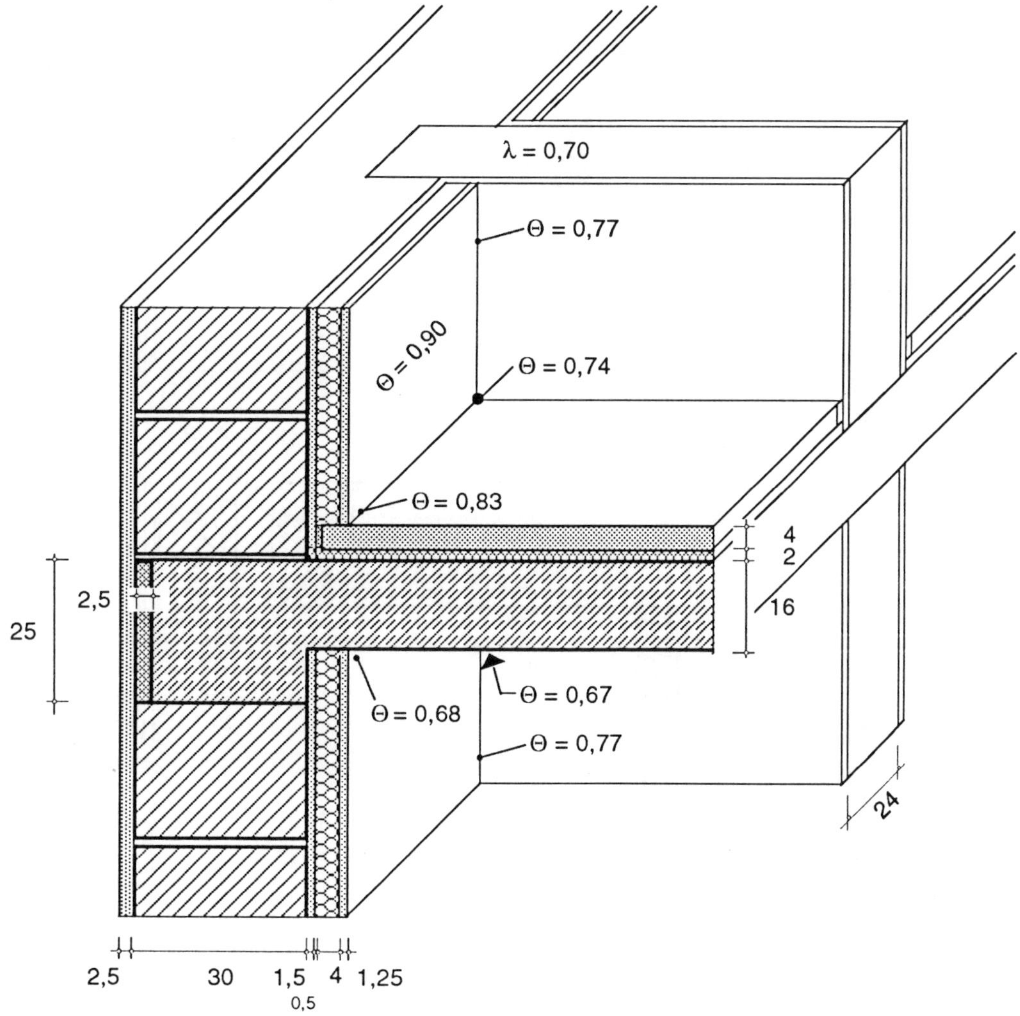

Baustoff	Dicke s [m]	Rohdichte ρ [kg/m³]	Wärmeleitfähigkeit λ_R [W/mK]
Gipskartonplatte	0,0125	900	0,21
Wärmedämmstoff	0,04	-	0,04
Ansetzmörtel	0,005	1000	0,35
Gipsputz	0,015	1200	0,35
Mauerwerk	0,30	1200	0,56
Kalkzementputz	0,025	1800	0,87
Holzwolle Leichtbauplatte	0,025	600	0,093
Zementestrich	0,04	2000	1,4
Wärmedämmstoff / Trittschalldämmung	0,02	-	0,04
Stahlbeton	0,16	2400	2,1
Randdämmstreifen	0,005	-	0,04

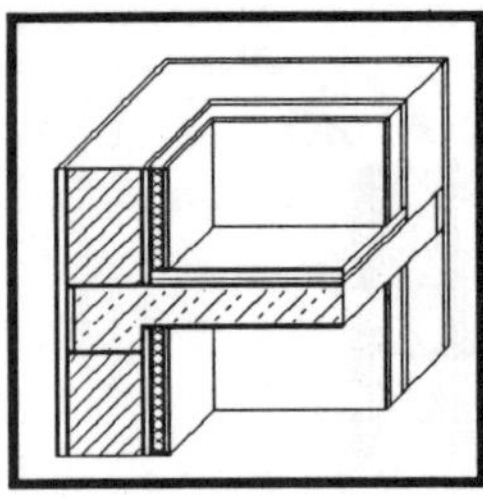

2. Außenwand mit Innendämmung

2.5.1 Außenwand/Geschoßdecke/Außenwand

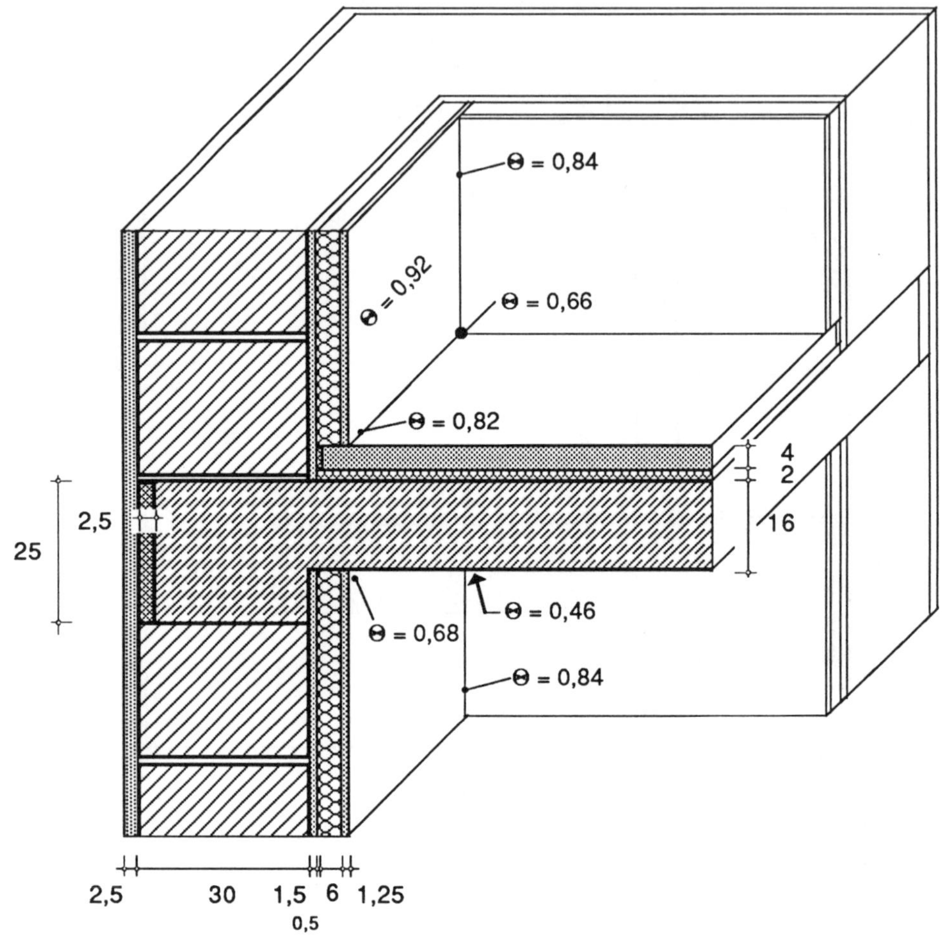

Baustoff	Dicke s [m]	Rohdichte ρ [kg/m³]	Wärmeleitfähigkeit λ_R [W/m K]
Gipskartonplatte	0,0125	900	0,21
Wärmedämmstoff	**0,06**	-	0,04
Ansetzmörtel	0,005	1000	0,35
Gipsputz	0,015	1200	0,35
Mauerwerk	0,30	1200	0,56
Kalkzementputz	0,025	1800	0,87
Holzwolle Leichtbauplatte	0,025	600	0,093
Zementestrich	0,04	2000	1,4
Wärmedämmstoff / Trittschalldämmung	0,02	-	0,04
Stahlbeton	0,16	2400	2,1
Randdämmstreifen	0,005	-	0,04

Außenwand mit Innendämmung 2.

Außenwand/Geschoßdecke/Innenwand 2.5.2

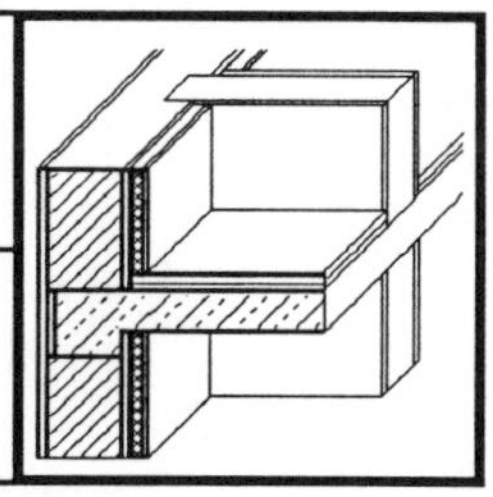

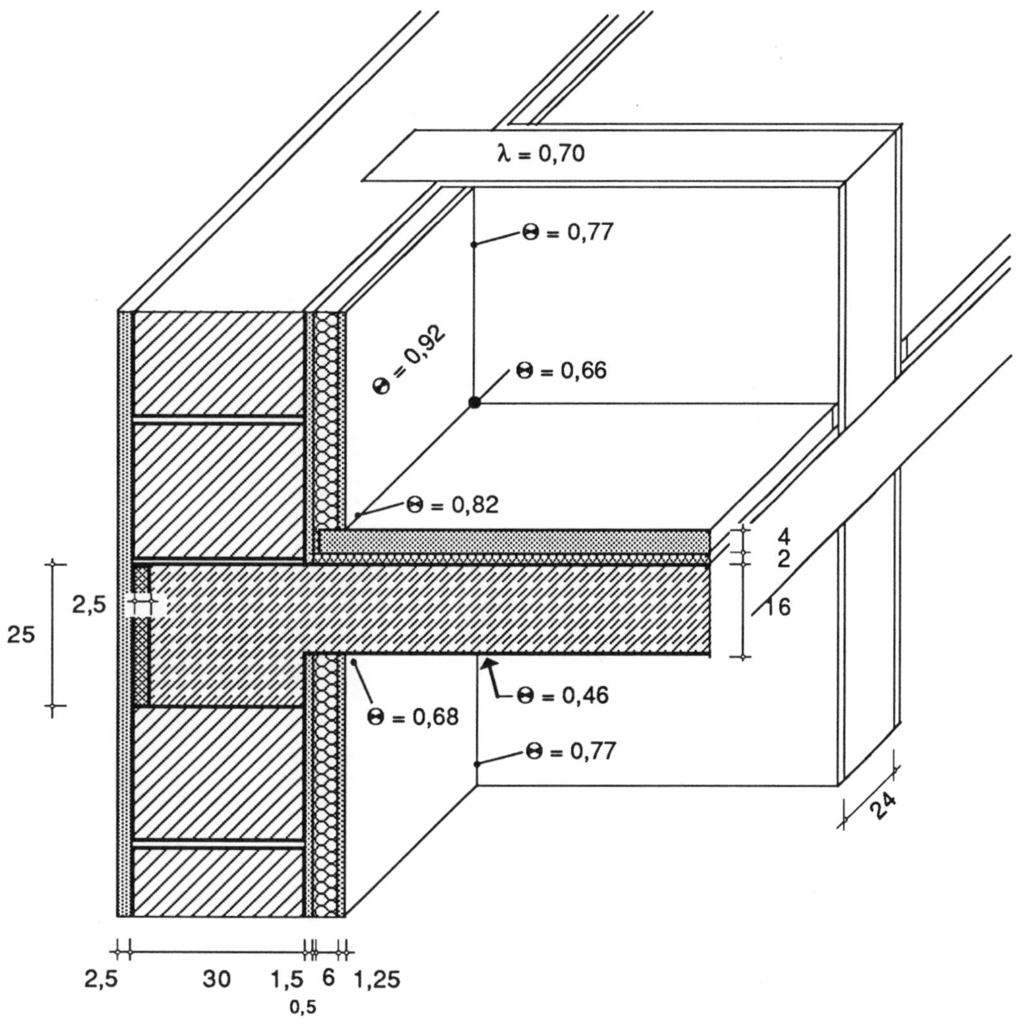

Baustoff	Dicke s [m]	Rohdichte ρ [kg/m³]	Wärmeleitfähigkeit λ_R [W/m K]
Gipskartonplatte	0,0125	900	0,21
Wärmedämmstoff	**0,06**	-	0,04
Ansetzmörtel	0,005	1000	0,35
Gipsputz	0,015	1200	0,35
Mauerwerk	0,30	1200	0,56
Kalkzementputz	0,025	1800	0,87
Holzwolle Leichtbauplatte	0,025	600	0,093
Zementestrich	0,04	2000	1,4
Wärmedämmstoff / Trittschalldämmung	0,02	-	0,04
Stahlbeton	0,16	2400	2,1
Randdämmstreifen	0,005	-	0,04

Außenwand mit Wärmedämmverbundsystem 3.

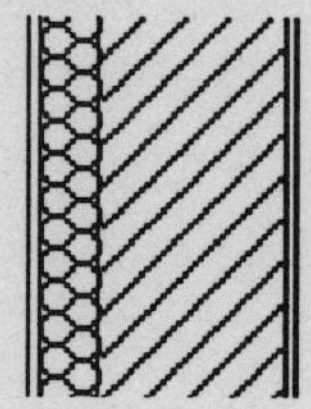

Außenwand mit Wärmedämmverbundsystem 3.

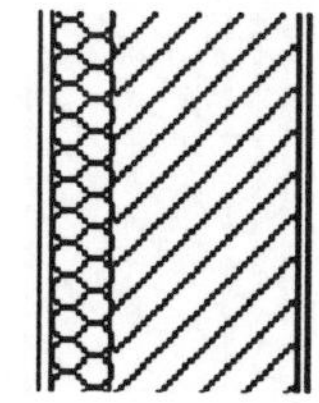

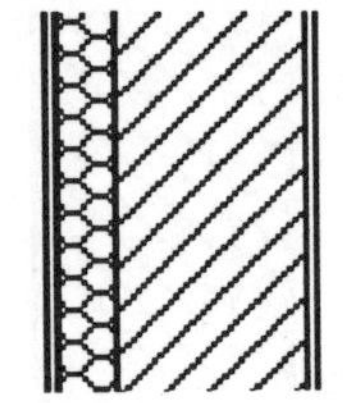

3. Außenwand mit Wärmedämmverbundsystem

Bauteil - Beschreibung

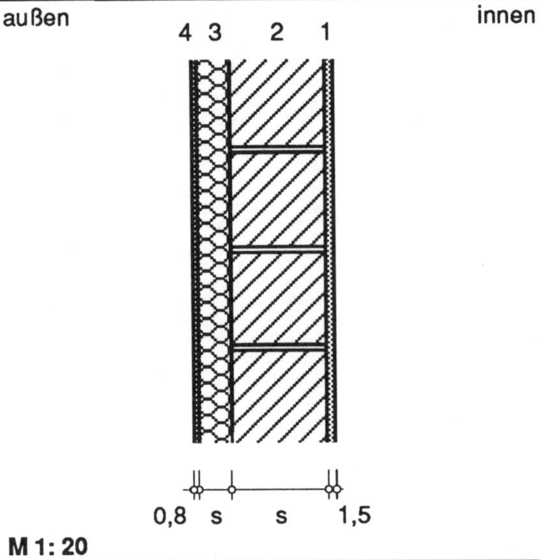

Baustoff	s [m]	ρ [kg/m³]	λ_R [W/m·K]
Gipsputz	0,015	1200	0,35
Mauerwerk	s	ρ	λ
Wärmedämmstoff	s	20	λ
Kunstharzputz	0,008	1000	0,70

Kenngrößen

Variation in der Bauteilschicht										
2	s [cm]	17,5	17,5	17,5	**24**	**24**	**24**	**24**	**24**	**24**
2	ρ [kg/m³]	1200	**1800**	**700**	1200	1200	1200	1200	1200	1200
2	λ [W/m·K]	0,56	**0,99**	**0,21**	0,56	0,56	0,56	0,56	0,56	0,56
3	s [cm]	8	8	8	**6**	8	**10**	**12**	**12**	**12**
3	ρ [kg/m³]	20	20	20	20	20	20	20	20	20
3	λ [W/m·K]	0,04	0,04	0,04	0,04	0,04	0,04	0,04	**0,035**	**0,02**
s_{ges}	[cm]	27,8	27,8	27,8	32,3	34,3	36,3	38,3	38,3	38,3
m_{ges}	[kg/m²]	238	343	150	315	316	316	316	316	316
m_i	[kg/m²]	228	333	140	306	306	306	306	306	306
Θ	[-]	0,92	0,92	0,94	0,91	0,93	0,94	0,95	0,95	0,97
k	[W/m²·K]	0,39	0,42	0,33	0,46	0,38	0,32	0,27	0,25	0,15

Preis [DM/m²]									

Bemerkungen:

Außenwand mit Wärmedämmverbundsystem 3.

Wärmebrücken-Übersicht

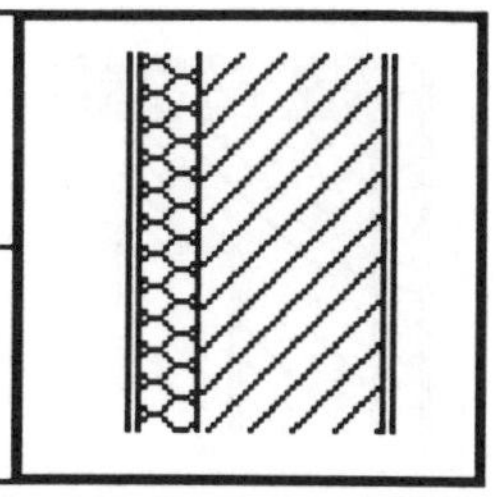

3.1 Wandanschluß	3.2 Fensteranschluß	3.3 Deckenanschluß	3.4 Balkonanschluß	3.5 Räumliche Ecken

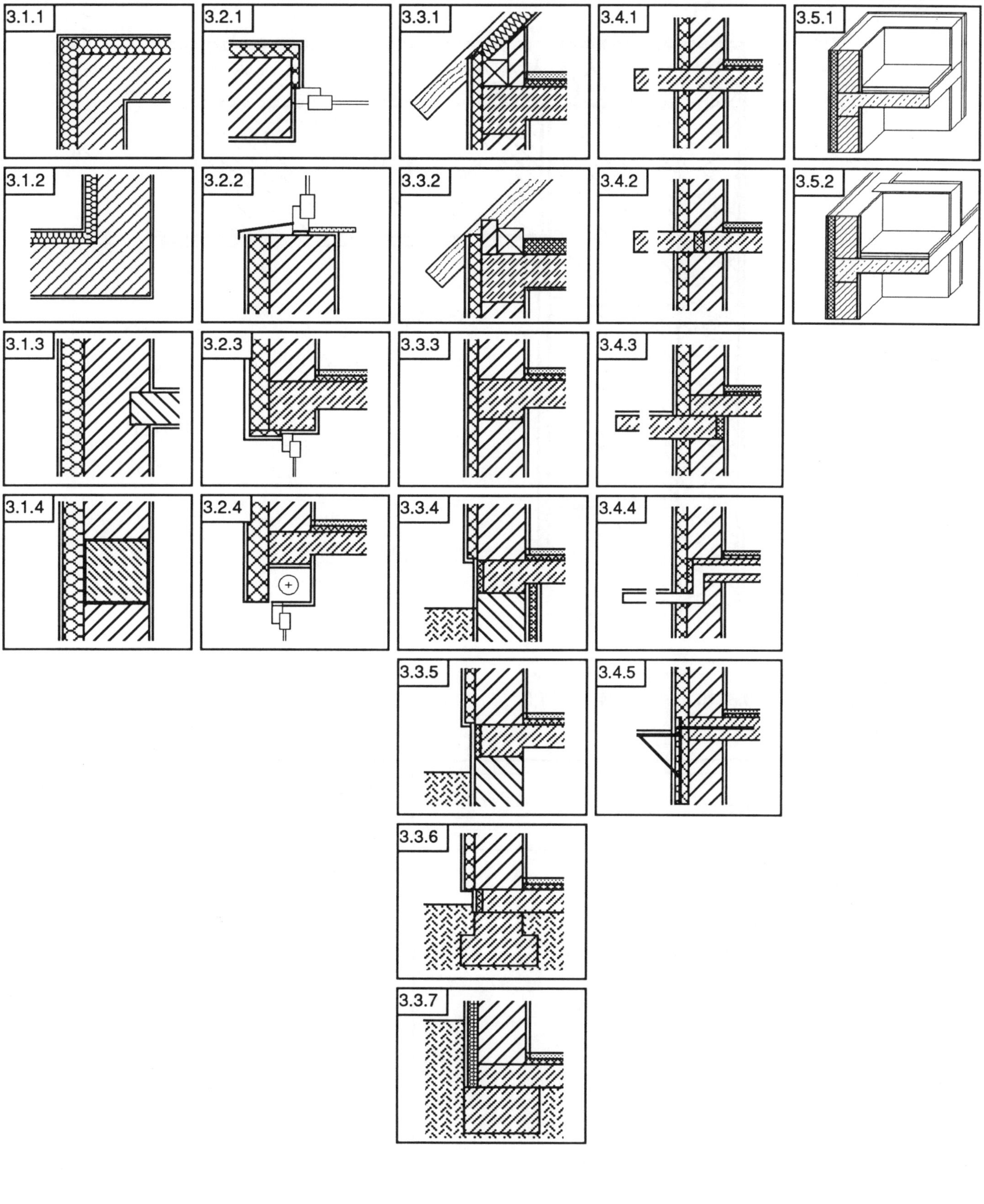

	3. Außenwand mit Wärmedämmverbundsystem
	3.1.1 Außenecke

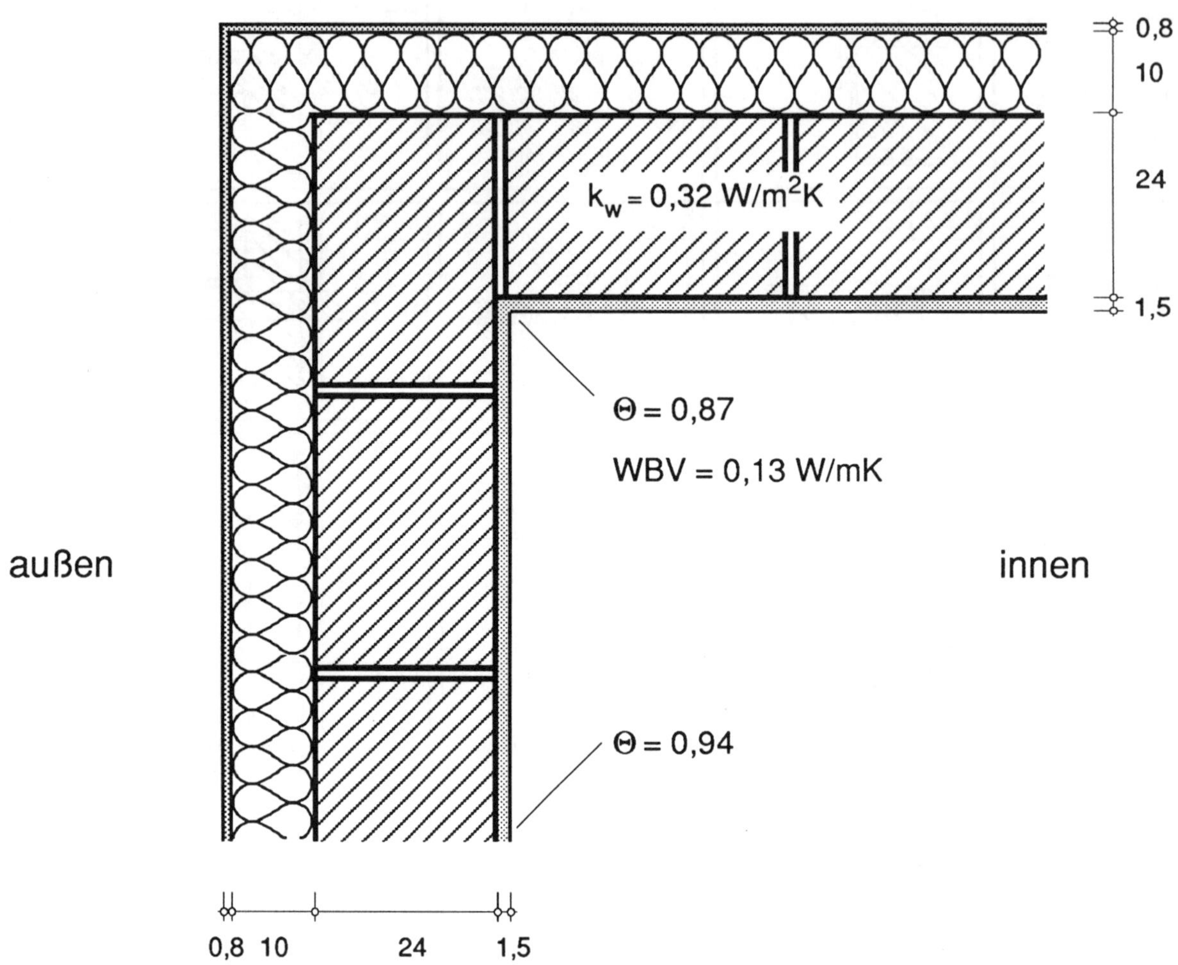

M 1:10

Baustoff	Dicke s [m]	Rohdichte ρ [kg/m³]	Wärmeleitfähigkeit λ_R [W/mK]
Gipsputz	0,015	1200	0,35
Mauerwerk	0,24	1200	0,56
Wärmedämmstoff	0,10	-	0,04
Kunstharzputz	0,008	1000	0,70

Außenwand mit Wärmedämmverbundsystem 3.

Außenecke 3.1.1

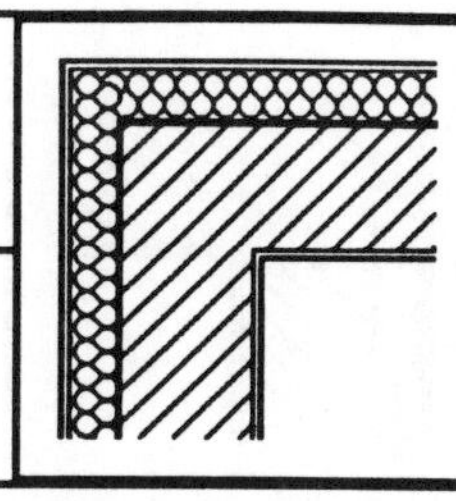

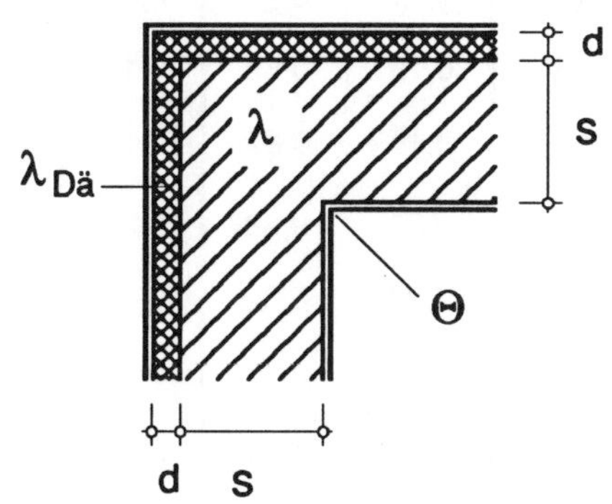

$\lambda_{Dä} = 0{,}040$		d = 6 cm		d = 8 cm		d = 10 cm		d = 12 cm	
S [cm]	λ	WBV	Θ	WBV	Θ	WBV	Θ	WBV	Θ
17,5	0,21	0,08	0,84	0,08	0,86	0,07	0,87	0,07	0,88
17,5	0,56	0,13	0,82	0,12	0,85	0,11	0,87	0,10	0,88
17,5	0,99	0,16	0,82	0,13	0,85	0,12	0,87	0,10	0,89
24	0,21	0,09	0,85	0,09	0,86	0,08	0,88	0,08	0,89
24	0,56	0,16	0,82	0,14	0,85	0,13	0,87	0,12	0,88
24	0,99	0,19	0,82	0,17	0,85	0,15	0,87	0,13	0,89
30	0,21	0,18	0,85	0,15	0,87	0,13	0,88	0,12	0,89
30	0,56	0,22	0,82	0,19	0,85	0,16	0,87	0,15	0,88
30	0,99	0,24	0,82	0,20	0,85	0,18	0,87	0,16	0,88

$\lambda_{Dä} = 0{,}035$		d = 6 cm		d = 8 cm		d = 10 cm		d = 12 cm	
S [cm]	λ	WBV	Θ	WBV	Θ	WBV	Θ	WBV	Θ
17,5	0,21	0,08	0,85	0,08	0,87	0,07	0,88	0,07	0,89
17,5	0,56	0,12	0,83	0,11	0,86	0,10	0,88	0,09	0,89
17,5	0,99	0,14	0,83	0,12	0,86	0,11	0,88	0,10	0,90
24	0,21	0,09	0,85	0,08	0,87	0,08	0,88	0,07	0,90
24	0,56	0,15	0,83	0,13	0,86	0,12	0,88	0,11	0,89
24	0,99	0,18	0,83	0,15	0,86	0,13	0,88	0,12	0,90
30	0,21	0,17	0,86	0,14	0,87	0,12	0,89	0,11	0,90
30	0,56	0,21	0,83	0,17	0,86	0,15	0,88	0,13	0,89
30	0,99	0,22	0,83	0,19	0,86	0,16	0,88	0,14	0,90

$\lambda_{Dä} = 0{,}030$		d = 6 cm		d = 8 cm		d = 10 cm		d = 12 cm	
S [cm]	λ	WBV	Θ	WBV	Θ	WBV	Θ	WBV	Θ
17,5	0,21	0,08	0,86	0,07	0,88	0,07	0,89	0,06	0,90
17,5	0,56	0,12	0,85	0,10	0,87	0,09	0,89	0,08	0,91
17,5	0,99	0,13	0,85	0,11	0,88	0,10	0,90	0,09	0,91
24	0,21	0,09	0,86	0,08	0,88	0,07	0,89	0,07	0,90
24	0,56	0,14	0,85	0,12	0,87	0,11	0,89	0,10	0,90
24	0,99	0,16	0,85	0,14	0,88	0,12	0,90	0,11	0,91
30	0,21	0,15	0,87	0,13	0,88	0,11	0,90	0,10	0,91
30	0,56	0,19	0,85	0,15	0,87	0,13	0,89	0,12	0,90
30	0,99	0,20	0,85	0,17	0,88	0,14	0,89	0,13	0,91

3. Außenwand mit Wärmedämmverbundsystem

3.1.1 Außenecke

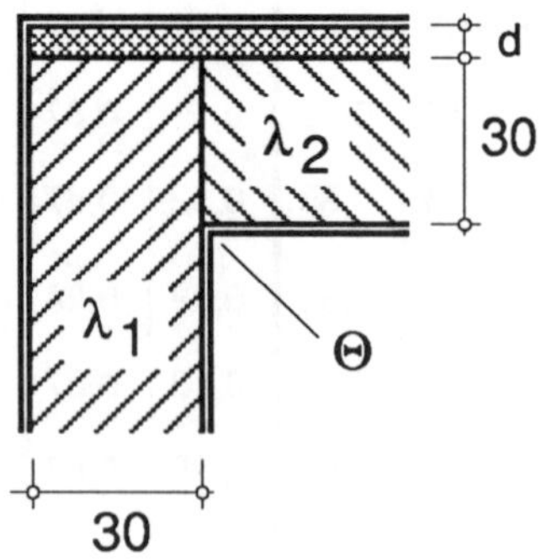

λ_1	λ_2	d = 6 cm		d = 8 cm		d = 10 cm	
		WBV	Θ	WBV	Θ	WBV	Θ
0,21	0,21	0,11	0,81	0,11	0,81	0,12	0,81
0,21	0,56	0,14	0,81	0,15	0,82	0,15	0,82
0,21	0,99	0,16	0,81	0,17	0,82	0,17	0,83
0,56	0,21	0,19	0,67	0,20	0,68	0,20	0,68
0,56	0,56	0,25	0,69	0,26	0,69	0,27	0,70
0,56	0,99	0,29	0,70	0,30	0,71	0,31	0,71
0,99	0,21	0,24	0,58	0,25	0,59	0,26	0,59
0,99	0,56	0,32	0,60	0,34	0,61	0,35	0,61
0,99	0,99	0,31	0,62	0,40	0,62	0,42	0,63

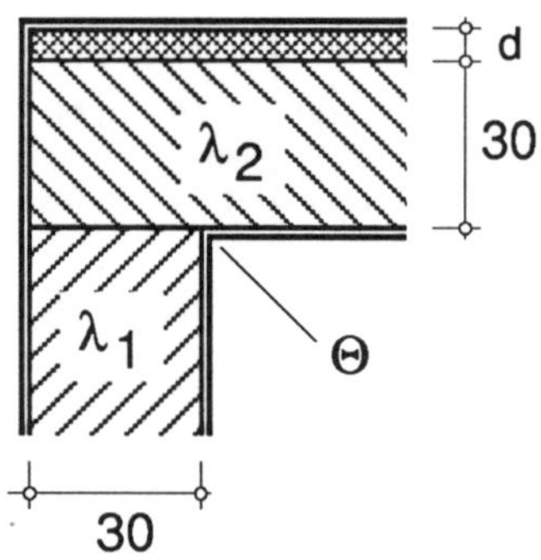

λ_1	λ_2	d = 6 cm		d = 8 cm		d = 10 cm	
		WBV	Θ	WBV	Θ	WBV	Θ
0,21	0,21	0,11	0,81	0,11	0,81	0,12	0,81
0,21	0,56	0,25	0,73	0,26	0,74	0,27	0,74
0,21	0,99	0,39	0,68	0,41	0,69	0,42	0,69
0,56	0,21	0,11	0,73	0,12	0,73	0,12	0,74
0,56	0,56	0,25	0,69	0,26	0,69	0,27	0,70
0,56	0,99	0,39	0,66	0,41	0,66	0,42	0,67
0,99	0,21	0,12	0,66	0,12	0,67	0,13	0,67
0,99	0,56	0,25	0,64	0,26	0,64	0,27	0,65
0,99	0,99	0,31	0,62	0,40	0,62	0,42	0,63

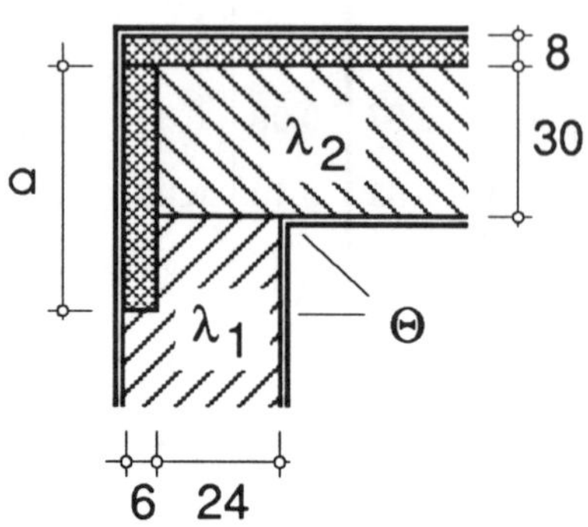

λ_1	λ_2	a = 30 cm		a = 45 cm		a = 60 cm		a = 75 cm	
		WBV	Θ	WBV	Θ	WBV	Θ	WBV	Θ
0,21	0,21	0,32	0,82	0,29	0,83	0,26	0,84	0,22	0,84
0,21	0,56	0,46	0,78	0,43	0,80	0,39	0,80	0,36	0,81
0,21	0,99	0,53	0,77	0,49	0,79	0,46	0,79	0,42	0,80
0,56	0,21	0,32	0,74	0,25	0,76	0,14	0,76	0,03	0,76
0,56	0,56	0,47	0,73	0,38	0,76	0,27	0,76	0,16	0,76
0,56	0,99	0,55	0,72	0,44	0,76	0,33	0,76	0,22	0,76
0,99	0,21	0,33	0,67	0,21	0,67	0,05	0,67	-0,13	0,67
0,99	0,56	0,47	0,67	0,34	0,67	0,18	0,67	-0,05	0,67
0,99	0,99	0,56	0,67	0,41	0,67	0,24	0,67	-0,01	0,67

Außenwand mit Wärmedämmverbundsystem 3.

Außenecke 3.1.1

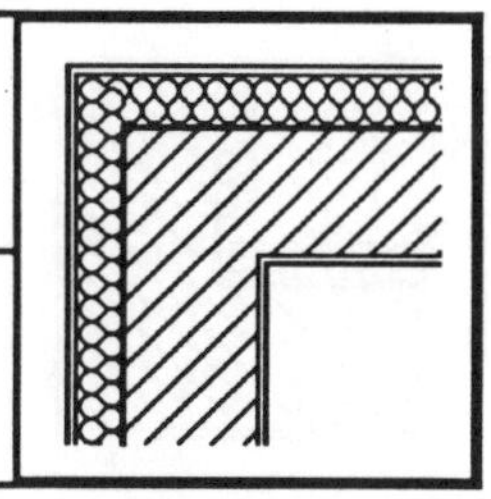

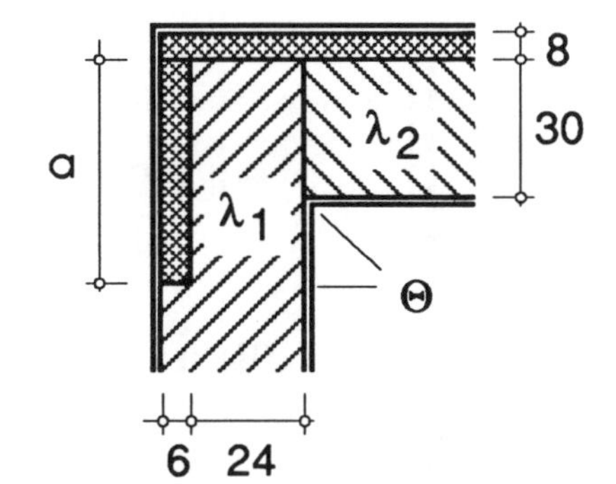

λ_1	λ_2	a = 30 cm WBV	a = 30 cm Θ	a = 45 cm WBV	a = 45 cm Θ	a = 60 cm WBV	a = 60 cm Θ	a = 75 cm WBV	a = 75 cm Θ
0,21	0,21	0,32	0,82	0,29	0,83	0,26	0,84	0,22	0,84
0,21	0,56	0,04	0,82	0,02	0,83	-0,02	0,84	-0,05	0,84
0,21	0,99	-0,60	0,82	-0,09	0,83	-0,12	0,84	-0,15	0,84
0,56	0,21	0,35	0,71	0,27	0,75	0,17	0,76	0,06	0,76
0,56	0,56	0,47	0,73	0,38	0,76	0,27	0,76	0,16	0,76
0,56	0,99	0,52	0,74	0,43	0,76	0,32	0,76	0,20	0,76
0,99	0,21	0,37	0,63	0,25	0,67	0,09	0,67	-0,09	0,67
0,99	0,56	0,49	0,65	0,36	0,67	0,19	0,67	0,01	0,67
0,99	0,99	0,56	0,67	0,41	0,67	0,24	0,67	0,05	0,67

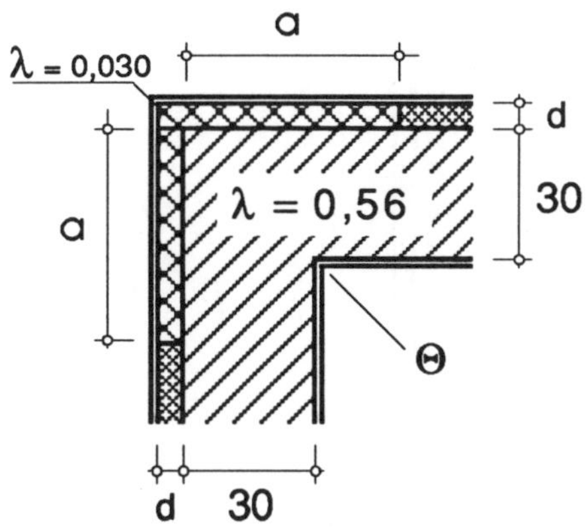

a [cm]	d = 6 cm WBV	d = 6 cm Θ	d = 8 cm WBV	d = 8 cm Θ	d = 10 cm WBV	d = 10 cm Θ
30	0,15	0,83	0,13	0,86	0,12	0,88
45	0,13	0,84	0,11	0,86	0,10	0,88
60	0,11	0,84	0,10	0,87	0,09	0,88
75	0,09	0,84	0,08	0,87	0,07	0,89
100	0,05	0,85	0,04	0,87	0,04	0,89
125	0,01	0,85	0,01	0,87	0,01	0,89

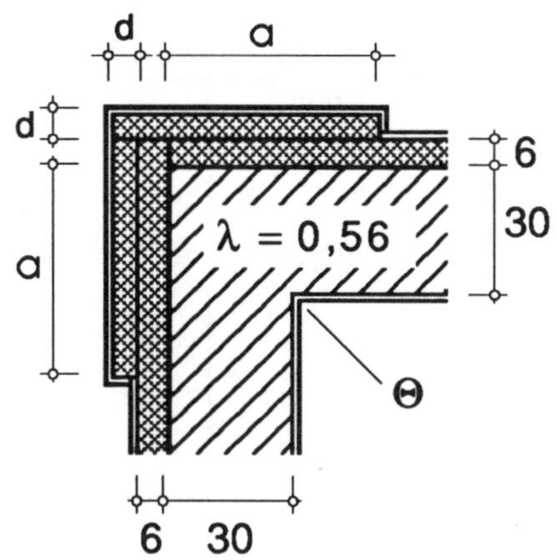

a [cm]	d = 2 cm WBV	d = 2 cm Θ	d = 4 cm WBV	d = 4 cm Θ	d = 6 cm WBV	d = 6 cm Θ
30	0,15	0,83	0,14	0,84	0,13	0,84
45	0,11	0,84	0,07	0,85	0,04	0,86
60	0,11	0,84	0,07	0,85	0,04	0,87
75	0,09	0,84	0,03	0,87	-0,01	0,87
100	0,05	0,85	-0,04	0,86	-0,10	0,88
125	0,01	0,85	-0,10	0,87	-0,19	0,88

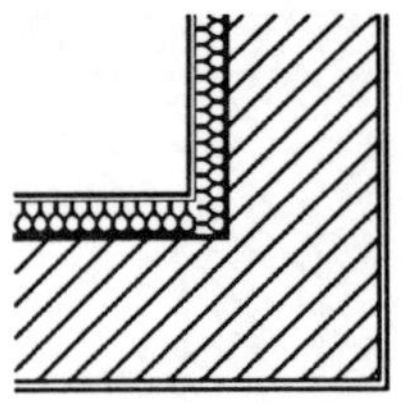

3. Außenwand mit Wärmedämmverbundsystem

3.1.2 Innenecke

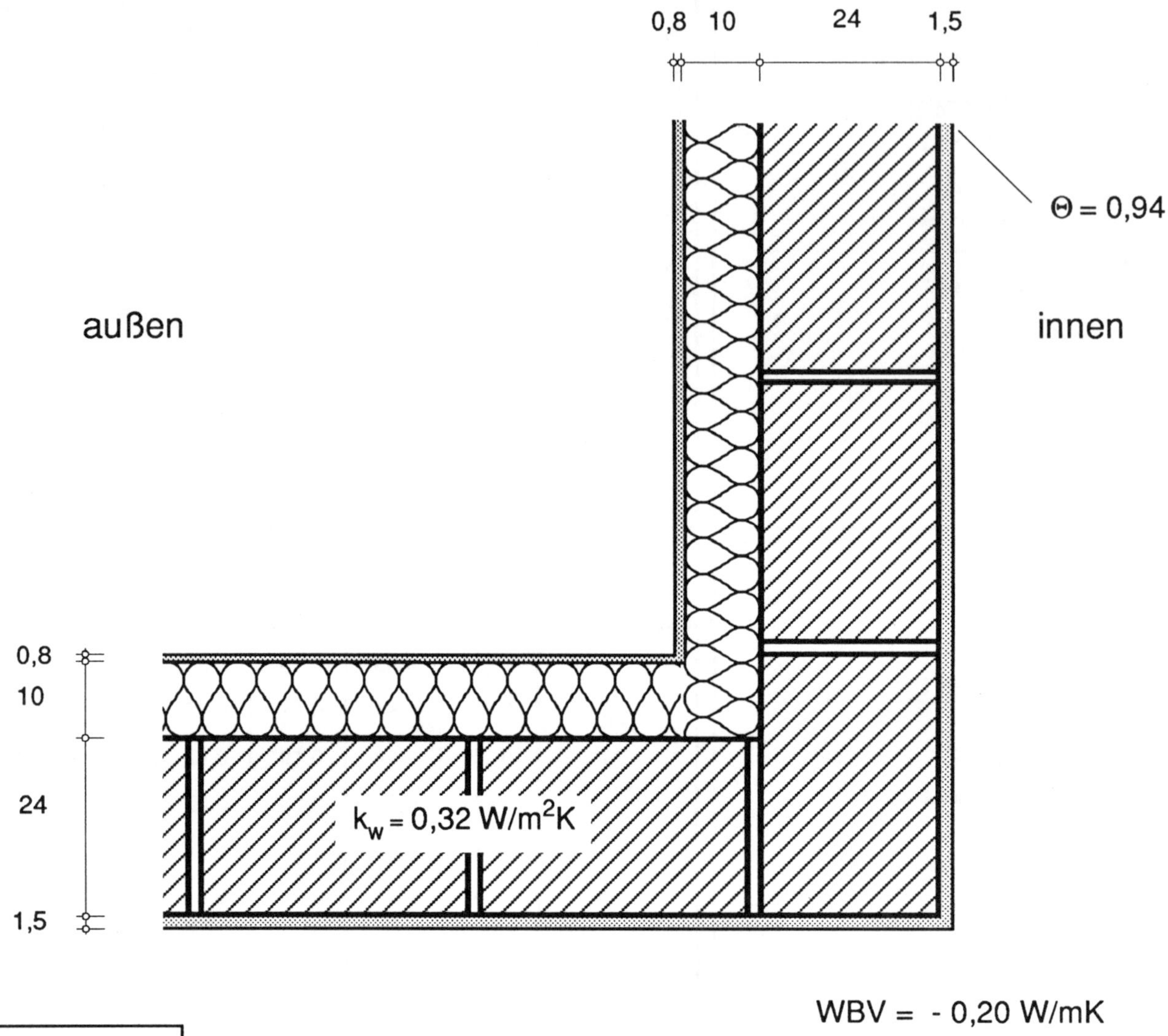

M 1:10

Baustoff	Dicke s [m]	Rohdichte ρ [kg/m³]	Wärmeleitfähigkeit λ_R [W/mK]
Gipsputz	0,015	1200	0,35
Mauerwerk	0,24	1200	0,56
Wärmedämmstoff	0,10	-	0,04
Kunstharzputz	0,008	1000	0,70

Außenwand mit Wärmedämmverbundsystem 3.

Innenecke 3.1.2

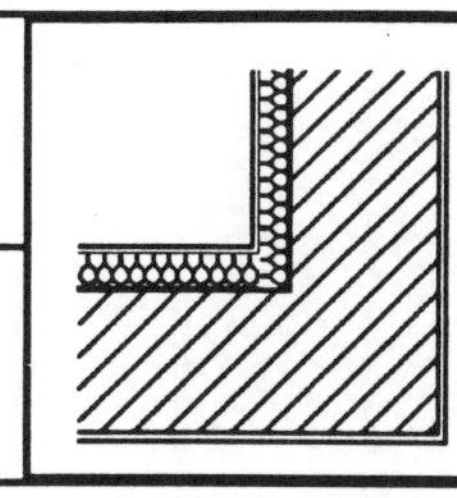

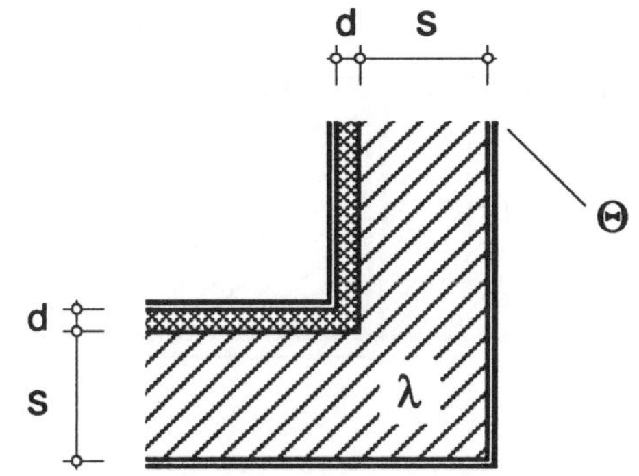

S [cm]	λ	d = 6 cm		d = 8 cm		d = 10 cm	
		WBV	Θ	WBV	Θ	WBV	Θ
17,5	0,21	-0,17	0,92	-0,15	0,94	-0,14	0,94
17,5	0,56	-0,22	0,91	-0,19	0,92	-0,17	0,94
17,5	0,99	-0,23	0,90	-0,20	0,92	-0,18	0,93
24	0,21	-0,19	0,93	-0,17	0,94	-0,16	0,95
24	0,56	-0,26	0,91	-0,22	0,93	-0,20	0,94
24	0,99	-0,29	0,90	-0,24	0,92	-0,21	0,93
30	0,21	-0,20	0,94	-0,18	0,95	-0,17	0,95
30	0,56	-0,29	0,91	-0,25	0,93	-0,23	0,94
30	0,99	-0,33	0,90	-0,28	0,92	-0,25	0,94

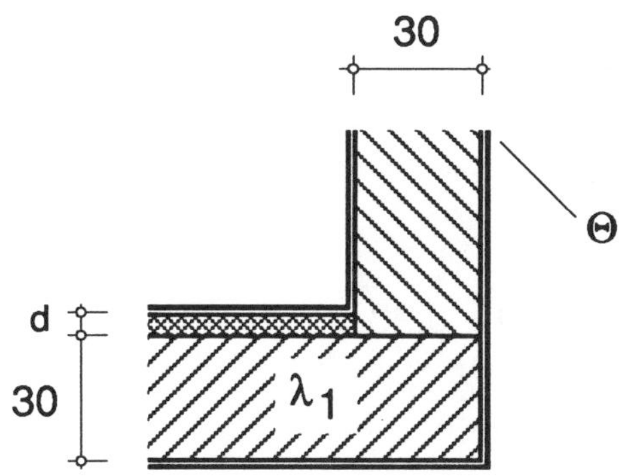

λ_1	λ_2	d = 6 cm		d = 8 cm		d = 10 cm	
		WBV	Θ	WBV	Θ	WBV	Θ
0,21	0,21	-0,24	0,89	-0,24	0,89	-0,24	0,89
0,21	0,56	-0,45	0,76	-0,46	0,76	-0,47	0,76
0,21	0,99	-0,62	0,67	-0,63	0,67	-0,64	0,67
0,56	0,21	-0,25	0,89	-0,25	0,89	-0,25	0,89
0,56	0,56	-0,44	0,76	-0,44	0,76	-0,44	0,76
0,56	0,99	-0,59	0,67	-0,59	0,67	-0,60	0,67
0,99	0,21	-0,26	0,89	-0,25	0,89	-0,24	0,89
0,99	0,56	-0,42	0,76	-0,42	0,76	-0,43	0,76
0,99	0,99	-0,55	0,67	-0,55	0,67	-0,57	0,67

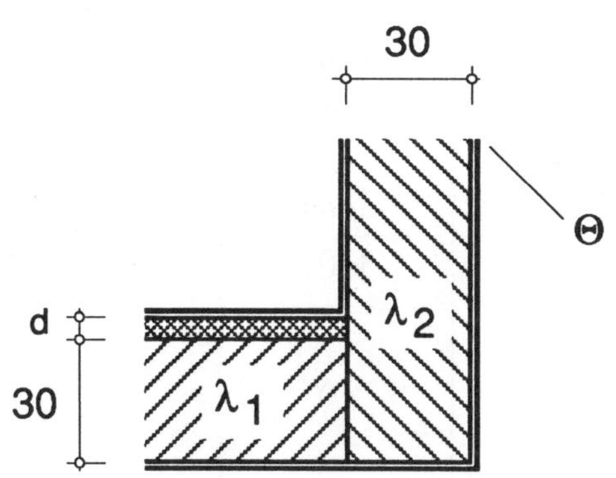

λ_1	λ_2	d = 6 cm		d = 8 cm		d = 10 cm	
		WBV	Θ	WBV	Θ	WBV	Θ
0,21	0,21	-0,24	0,89	-0,24	0,89	-0,24	0,89
0,21	0,56	-0,40	0,76	-0,41	0,76	-0,43	0,76
0,21	0,99	-0,50	0,67	-0,52	0,67	-0,55	0,67
0,56	0,21	-0,28	0,89	-0,27	0,89	-0,26	0,89
0,56	0,56	-0,44	0,76	-0,44	0,76	-0,44	0,76
0,56	0,99	-0,54	0,67	-0,55	0,67	-0,57	0,67
0,99	0,21	-0,30	0,89	-0,28	0,89	-0,27	0,89
0,99	0,56	-0,45	0,76	-0,44	0,76	-0,45	0,76
0,99	0,99	-0,55	0,67	-0,55	0,67	-0,57	0,67

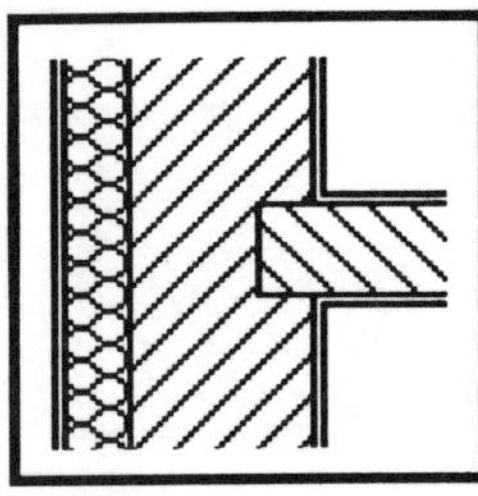

3. Außenwand mit Wärmedämmverbundsystem

3.1.3 Innenwandanschluß

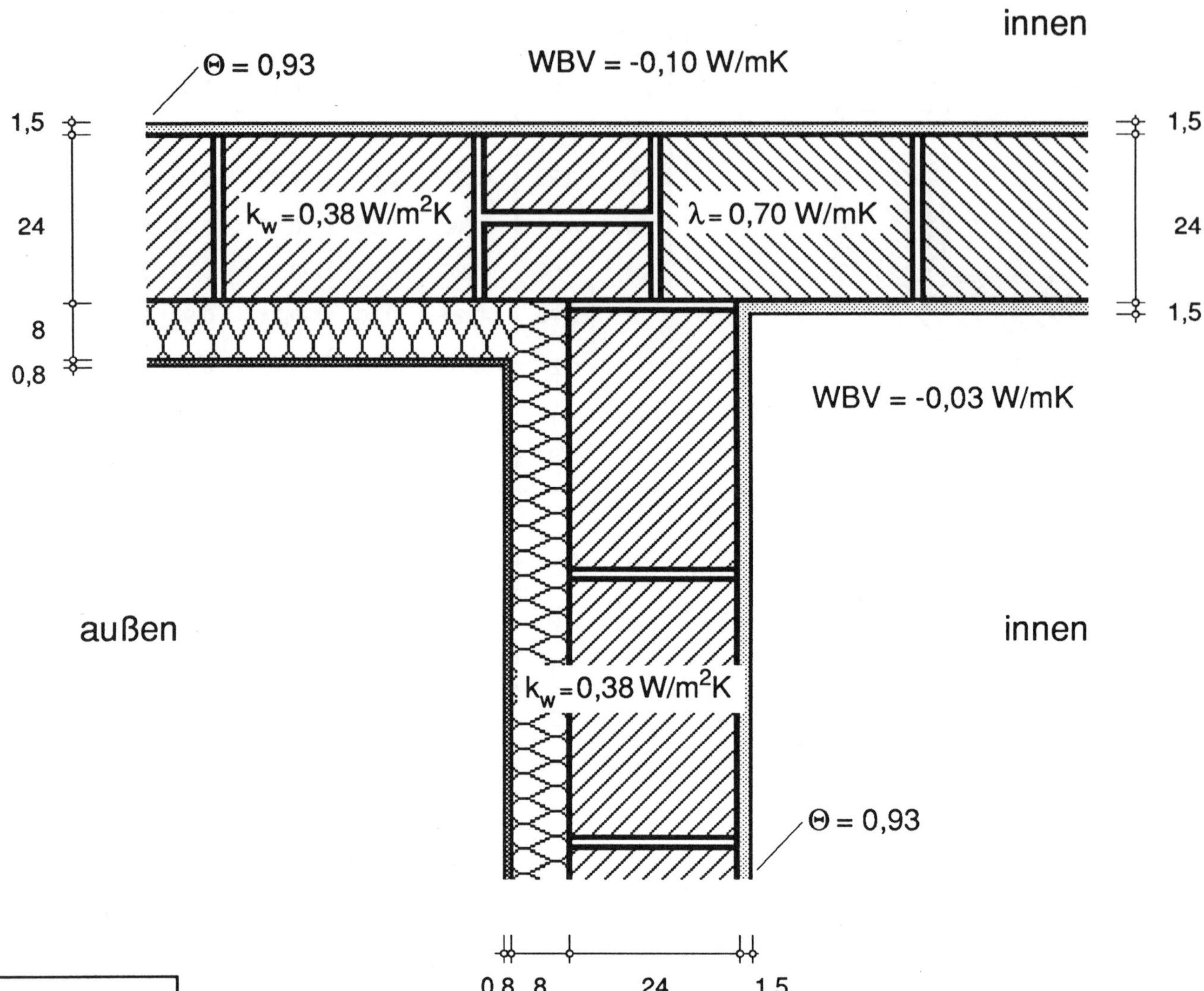

M 1:10

Baustoff	Dicke s [m]	Rohdichte ρ [kg/m³]	Wärmeleitfähigkeit λ_R [W/mK]
Gipsputz	0,015	1200	0,35
Mauerwerk	0,24	1200	0,56
Wärmedämmstoff	0,08	-	0,04
Kunstharzputz	0,008	1000	0,70
Mauerwerk, Einbindung 1/2-steinig ≙ 12,5 cm	0,24	1400	0,70

Außenwand mit Wärmedämmverbundsystem 3.

Innenwandanschluß 3.1.3

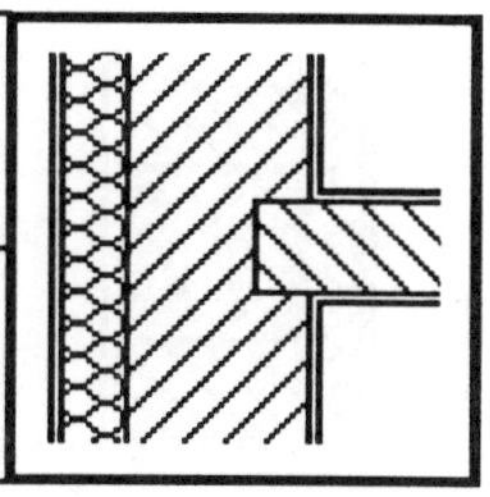

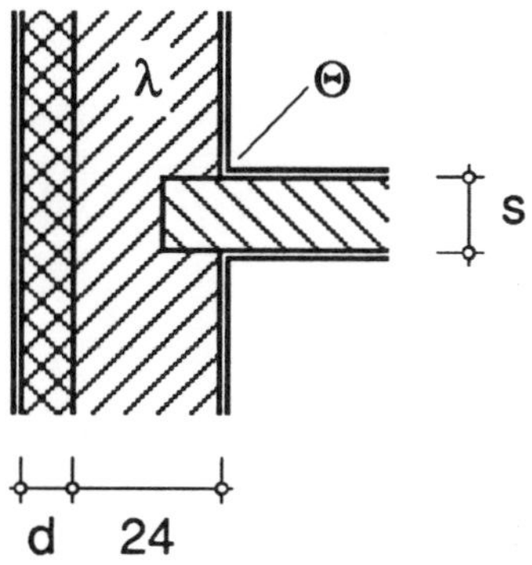

d [cm]	s [cm]	λ = 0,21 WBV	λ = 0,21 Θ	λ = 0,56 WBV	λ = 0,56 Θ	λ = 0,99 WBV	λ = 0,99 Θ
6	11,5	0,03 0,03	0,93 0,93	0,03 0,03	0,91 0,91	0,04 0,04	0,90 0,90
8	11,5	0,03 0,03	0,94 0,94	0,03 0,03	0,93 0,93	0,03 0,03	0,92 0,92
10	11,5	0,04 0,04	0,95 0,95	0,02 0,02	0,94 0,94	0,02 0,02	0,93 0,93
6	24	0,05 0,05	0,92 0,92	0,06 0,06	0,91 0,91	0,07 0,07	0,90 0,90
8	24	0,05 0,05	0,93 0,93	0,05 0,05	0,92 0,92	0,05 0,05	0,92 0,92
10	24	0,04 0,04	0,94 0,94	0,04 0,04	0,94 0,94	0,04 0,04	0,93 0,93

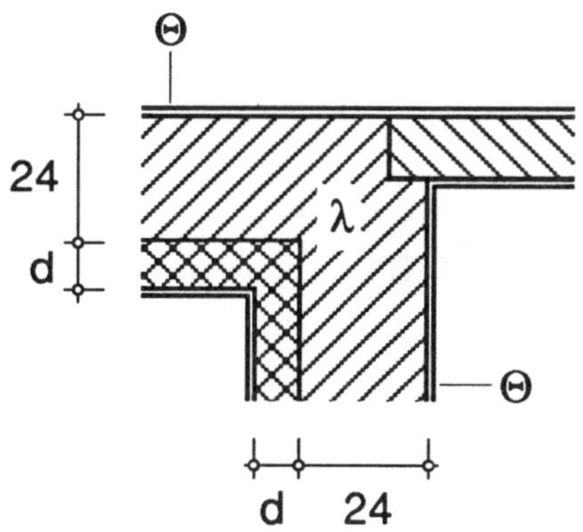

d [cm]	s [cm]	λ = 0,21 WBV	λ = 0,21 Θ	λ = 0,56 WBV	λ = 0,56 Θ	λ = 0,99 WBV	λ = 0,99 Θ
6	11,5	-0,09 -0,05	0,93 0,93	-0,12 -0,07	0,91 0,91	-0,13 -0,08	0,90 0,90
8	11,5	-0,08 -0,05	0,94 0,94	-0,11 -0,06	0,93 0,93	-0,11 -0,07	0,92 0,92
10	11,5	-0,07 -0,04	0,95 0,95	-0,09 -0,06	0,94 0,94	-0,10 -0,06	0,93 0,93
6	24	-0,08 -0,01	0,93 0,93	-0,11 -0,02	0,91 0,91	-0,12 -0,03	0,90 0,90
8	24	-0,07 -0,02	0,94 0,94	-0,10 -0,03	0,93 0,93	-0,10 -0,03	0,92 0,92
10	24	-0,07 -0,02	0,95 0,95	-0,09 -0,03	0,94 0,94	-0,09 -0,03	0,93 0,93

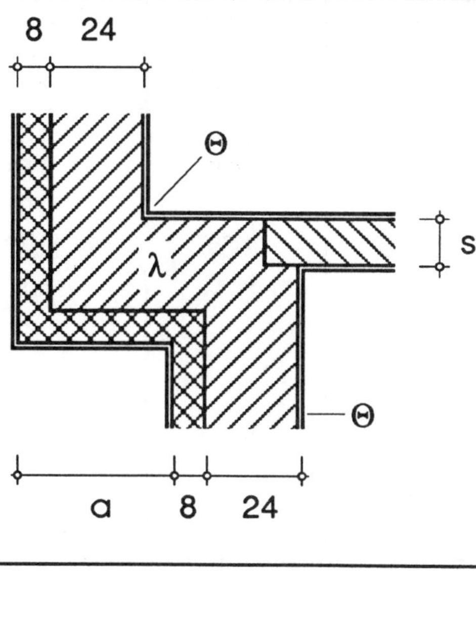

a [cm]	s [cm]	λ = 0,21 WBV	λ = 0,21 Θ	λ = 0,56 WBV	λ = 0,56 Θ	λ = 0,99 WBV	λ = 0,99 Θ
50	11,5	0,01 -0,04	0,87 0,94	0,03 -0,05	0,86 0,93	0,04 -0,05	0,87 0,92
75	11,5	0,01 -0,05	0,87 0,94	0,03 -0,06	0,85 0,93	0,05 -0,07	0,85 0,92
100	11,5	0,01 -0,05	0,86 0,94	0,03 -0,06	0,85 0,93	0,05 -0,07	0,85 0,92
50	24	0,02 -0,01	0,87 0,94	0,04 -0,02	0,86 0,93	0,05 -0,02	0,87 0,92
75	24	0,01 -0,02	0,87 0,94	0,04 -0,02	0,85 0,93	0,06 -0,03	0,85 0,92
100	24	0,01 -0,02	0,86 0,94	0,04 -0,03	0,85 0,93	0,06 -0,03	0,85 0,92

3. Außenwand mit Wärmedämmverbundsystem

3.1.4 Stütze

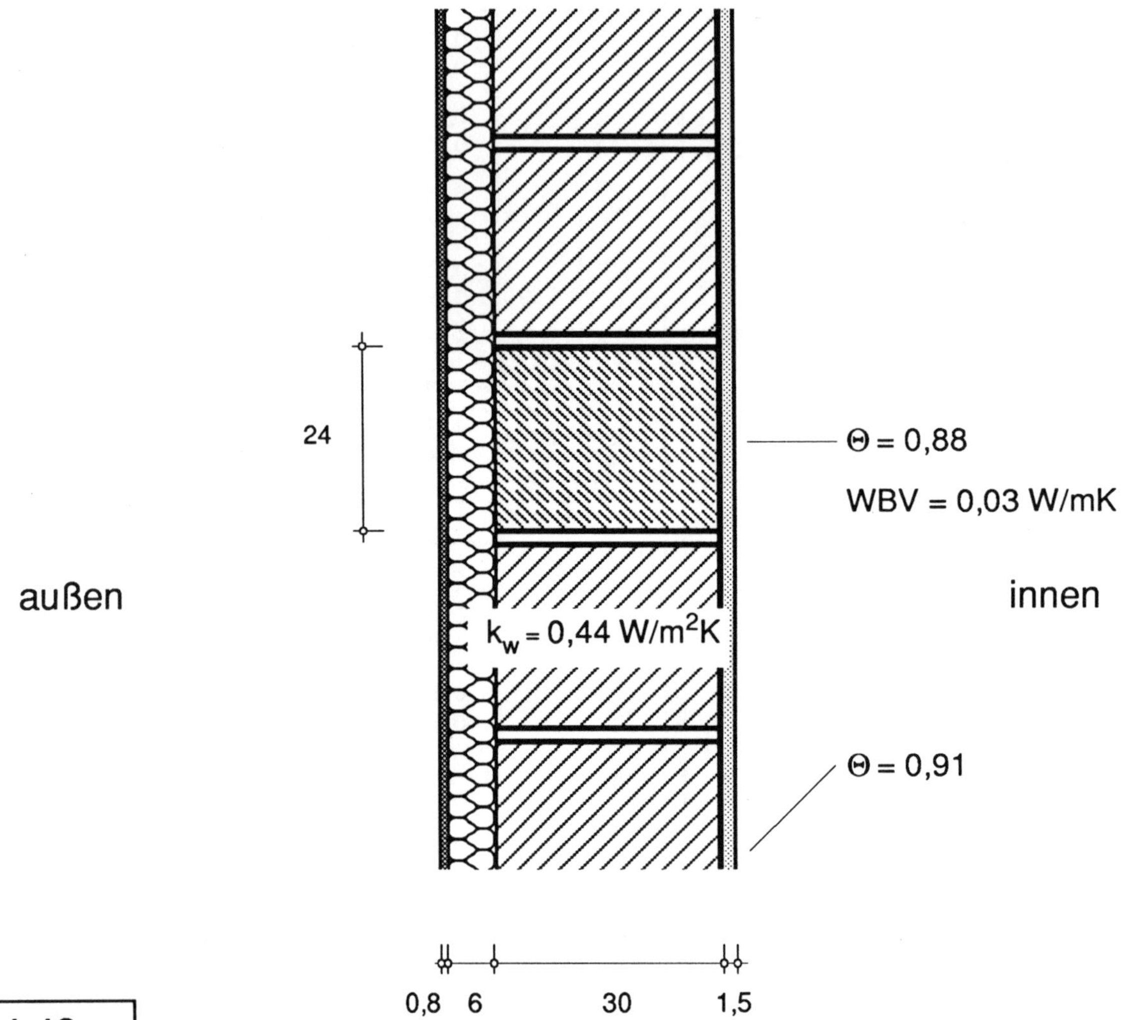

M 1:10

Baustoff	Dicke s [m]	Rohdichte ρ [kg/m³]	Wärmeleitfähigkeit λ_R [W/mK]
Gipsputz	0,015	1200	0,35
Mauerwerk	0,30	1200	0,56
Wärmedämmstoff	0,06	-	0,04
Kunstharzputz	0,008	1000	0,70
Stahlbeton	0,30	2400	2,1

Außenwand mit Wärmedämmverbundsystem 3.

Stütze 3.1.4

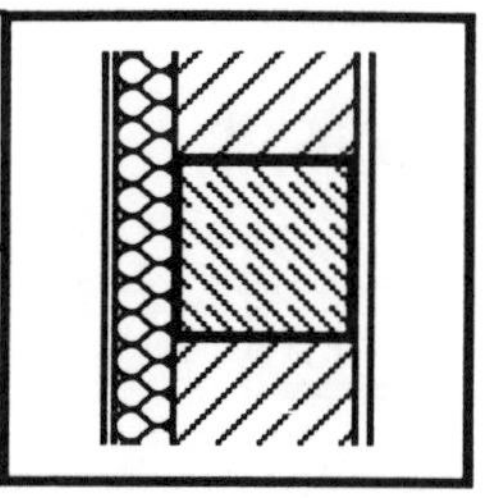

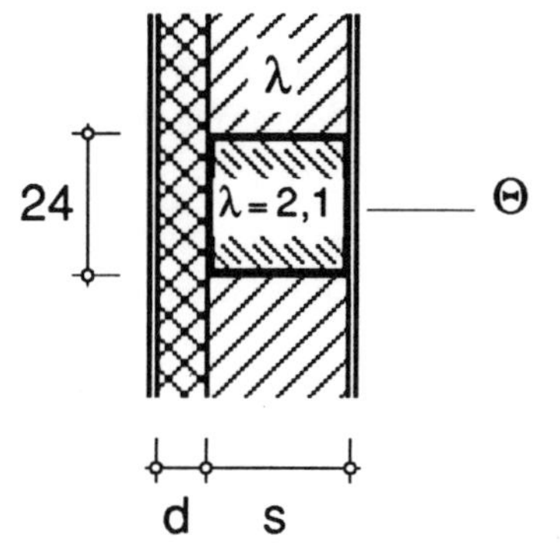

d [cm]	s [cm]	λ = 0,21 WBV	λ = 0,21 Θ	λ = 0,56 WBV	λ = 0,56 Θ	λ = 0,99 WBV	λ = 0,99 Θ
6	17,5	0,05	0,87	0,02	0,88	0,01	0,89
8	17,5	0,04	0,90	0,01	0,91	0,00	0,91
10	17,5	0,03	0,91	0,01	0,92	0,00	0,93
6	24	0,07	0,87	0,03	0,88	0,01	0,89
8	24	0,05	0,89	0,02	0,90	0,01	0,91
10	24	0,03	0,91	0,01	0,92	0,00	0,93
6	30	0,08	0,87	0,03	0,88	0,01	0,89
8	30	0,06	0,89	0,02	0,90	0,01	0,91
10	30	0,04	0,91	0,01	0,92	0,01	0,93

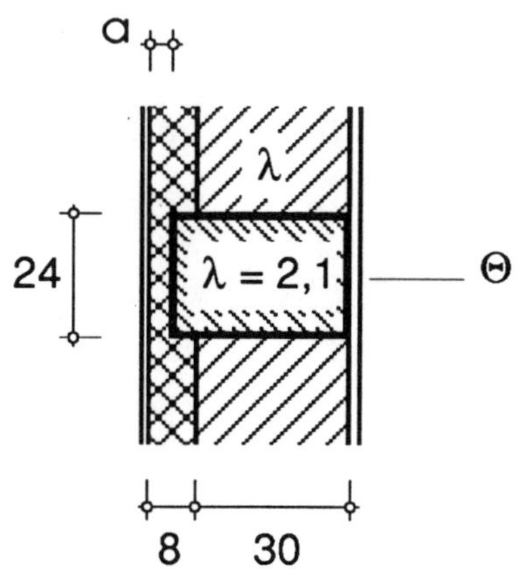

a [cm]	λ = 0,21 WBV	λ = 0,21 Θ	λ = 0,56 WBV	λ = 0,56 Θ	λ = 0,99 WBV	λ = 0,99 Θ
0	0,63	0,66	0,72	0,70	0,82	0,72
2	0,23	0,82	0,21	0,85	0,21	0,86
4	0,13	0,86	0,10	0,88	0,09	0,89
6	0,08	0,88	0,05	0,90	0,04	0,90
8	0,06	0,89	0,02	0,90	0,01	0,91

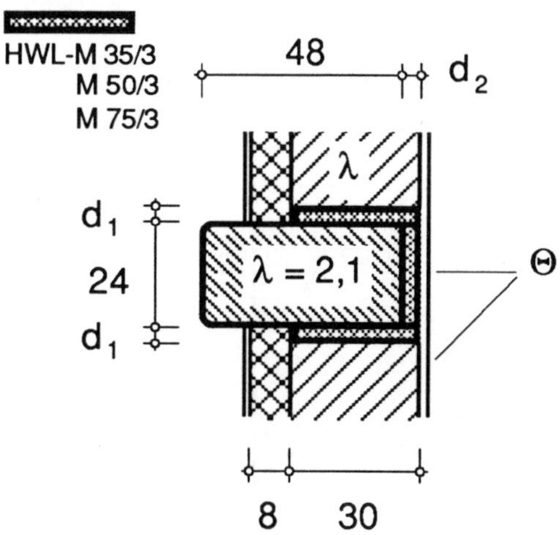

d_1 [cm]	d_2 [cm]	λ = 0,21 WBV	λ = 0,21 Θ	λ = 0,56 WBV	λ = 0,56 Θ	λ = 0,99 WBV	λ = 0,99 Θ
0	0	0,62	0,66	0,71	0,70	0,80	0,72
0	2,5	0,35	0,82	0,53	0,77	0,66	0,76
0	4,0	0,31	0,84	0,50	0,78	0,64	0,76
0	6,5	0,26	0,85	0,46	0,79	0,61	0,77
2,5	2,5	0,26	0,86	0,31	0,86	0,34	0,85
4,0	4,0	0,19	0,89	0,22	0,87	0,24	0,87
6,5	6,5	0,11	0,92	0,12	0,89	0,13	0,89

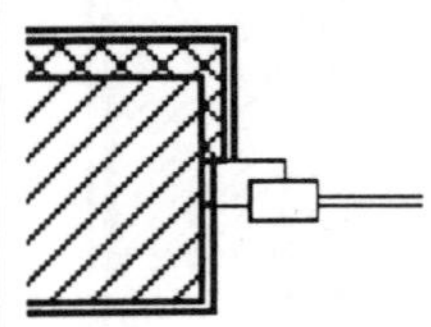

3. Außenwand mit Wärmedämmverbundsystem

3.2.1 Fensteranschluß Laibung

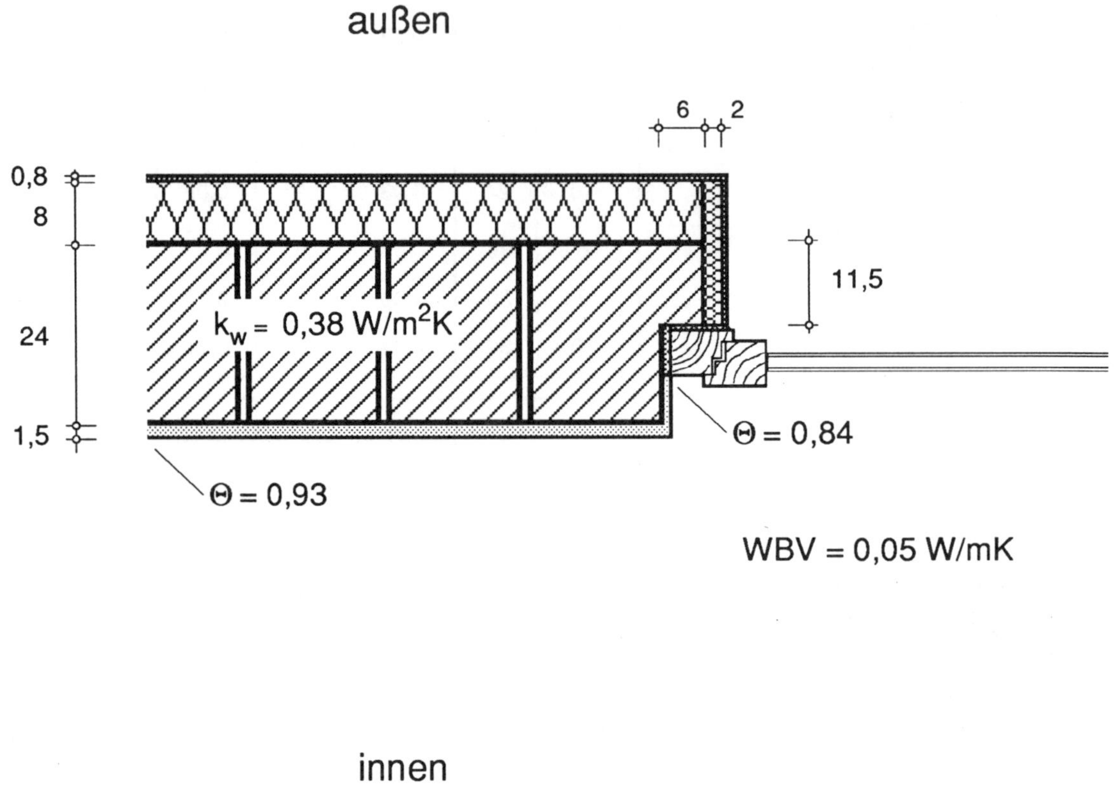

M 1:10

Baustoff	Dicke s [m]	Rohdichte ρ [kg/m³]	Wärmeleitfähigkeit λ_R [W/mK]
Gipsputz	0,015	1200	0,35
Mauerwerk	0,24	1200	0,56
Wärmedämmstoff	0,08	-	0,04
Kunstharzputz	0,008	1000	0,70

Außenwand mit Wärmedämmverbundsystem 3.

Fensteranschluß Laibung 3.2.1

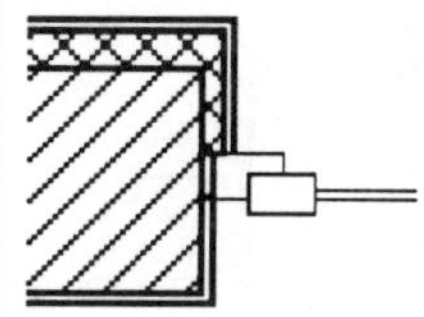

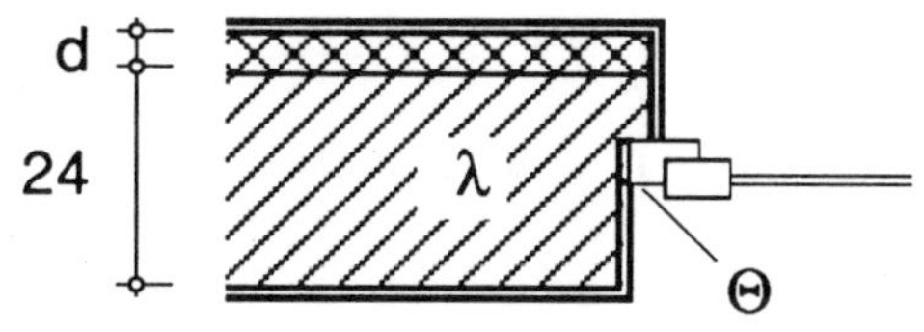

d [cm]	λ = 0,21		λ = 0,56		λ = 0,99	
	WBV	Θ	WBV	Θ	WBV	Θ
6	0,08	0,78	0,20	0,76	0,32	0,74
8	0,08	0,79	0,21	0,76	0,34	0,75
10	0,09	0,79	0,22	0,77	0,36	0,75
12	0,09	0,79	0,23	0,77	0,37	0,76

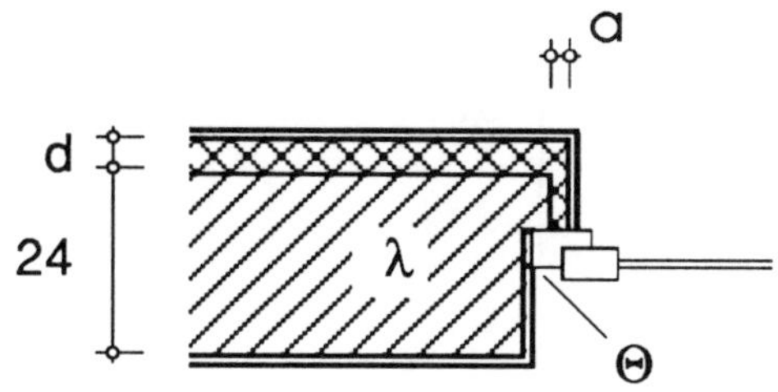

d [cm]	a [cm]	λ = 0,21		λ = 0,56		λ = 0,99	
		WBV	Θ	WBV	Θ	WBV	Θ
6	2	0	0,83	0,05	0,84	0,08	0,84
8	2	0,01	0,84	0,05	0,84	0,08	0,85
10	2	0,01	0,84	0,06	0,85	0,09	0,86
12	2	0,02	0,84	0,06	0,85	0,09	0,86
6	4	-0,05	0,86	-0,03	0,86	-0,01	0,86
8	4	-0,05	0,87	-0,02	0,87	-0,01	0,88
10	4	-0,05	0,87	-0,02	0,88	0	0,89
12	4	-0,04	0,87	-0,02	0,89	0	0,89

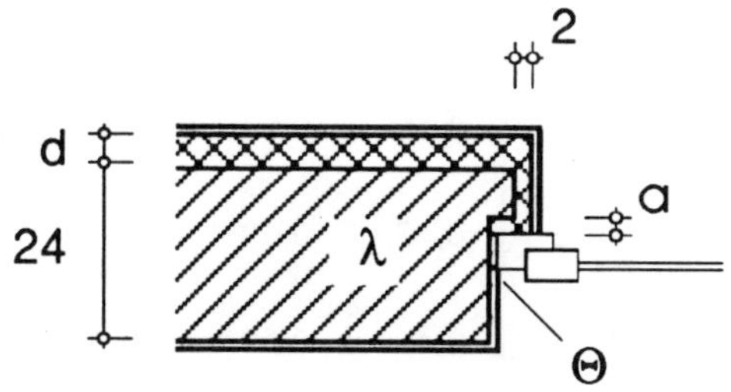

d [cm]	a [cm]	λ = 0,21		λ = 0,56		λ = 0,99	
		WBV	Θ	WBV	Θ	WBV	Θ
6	1	0	0,84	0,04	0,84	0,07	0,84
8	1	0,01	0,84	0,05	0,85	0,08	0,85
10	1	0,01	0,85	0,06	0,85	0,08	0,86
12	1	0,01	0,85	0,06	0,86	0,09	0,87
6	2	0	0,84	0,04	0,84	0,07	0,84
8	2	0	0,85	0,05	0,85	0,07	0,86
10	2	0,01	0,85	0,05	0,86	0,08	0,86
12	2	0,01	0,85	0,06	0,86	0,09	0,87

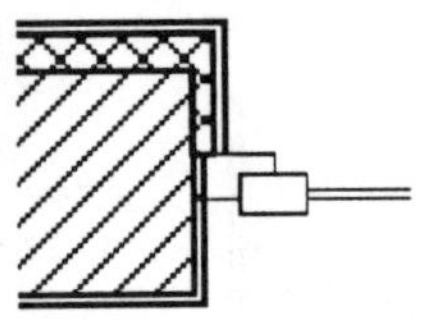

3. Außenwand mit Wärmedämmverbundsystem

3.2.1 Fensteranschluß Laibung

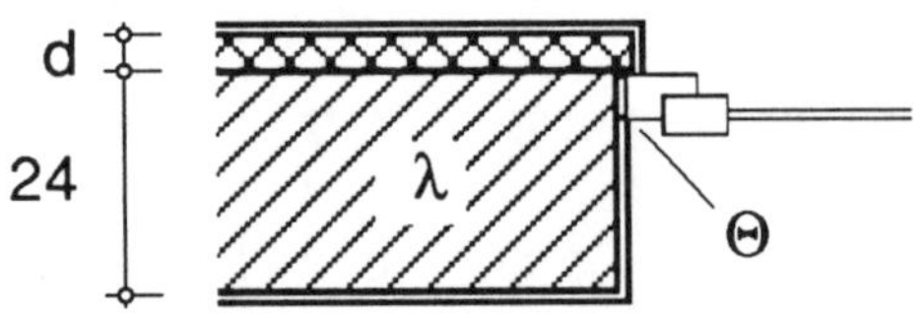

d [cm]	λ = 0,21		λ = 0,56		λ = 0,99	
	WBV	Θ	WBV	Θ	WBV	Θ
6	0,08	0,74	0,08	0,75	0,09	0,77
8	0,08	0,74	0,09	0,76	0,09	0,77
10	0,08	0,75	0,09	0,77	0,10	0,78
12	0,08	0,75	0,09	0,77	0,10	0,78

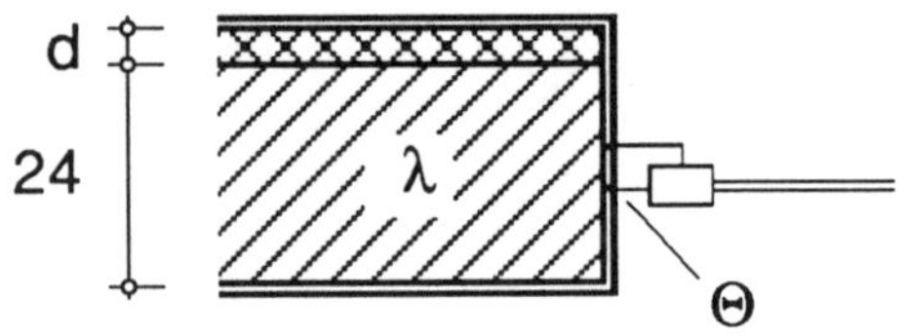

d [cm]	λ = 0,21		λ = 0,56		λ = 0,99	
	WBV	Θ	WBV	Θ	WBV	Θ
6	0,12	0,72	0,26	0,70	0,39	0,69
8	0,13	0,72	0,28	0,7	0,41	0,69
10	0,13	0,72	0,29	0,70	0,43	0,70
12	0,14	0,72	0,30	0,71	0,44	0,70

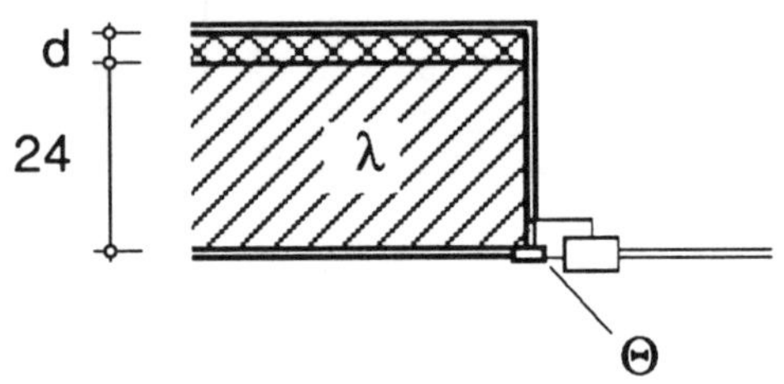

d [cm]	λ = 0,21		λ = 0,56		λ = 0,99	
	WBV	Θ	WBV	Θ	WBV	Θ
6	0,19	0,74	0,39	0,68	0,56	0,62
8	0,20	0,75	0,41	0,68	0,60	0,63
10	0,21	0,75	0,43	0,69	0,62	0,63
12	0,22	0,75	0,45	0,69	0,64	0,63

Außenwand mit Wärmedämmverbundsystem 3.

Fensteranschluß Laibung 3.2.1

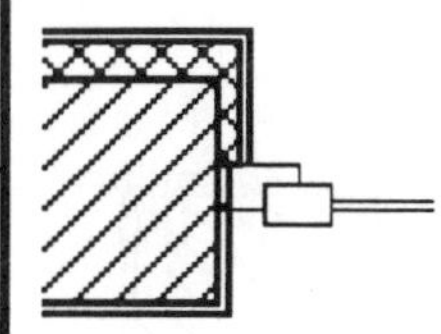

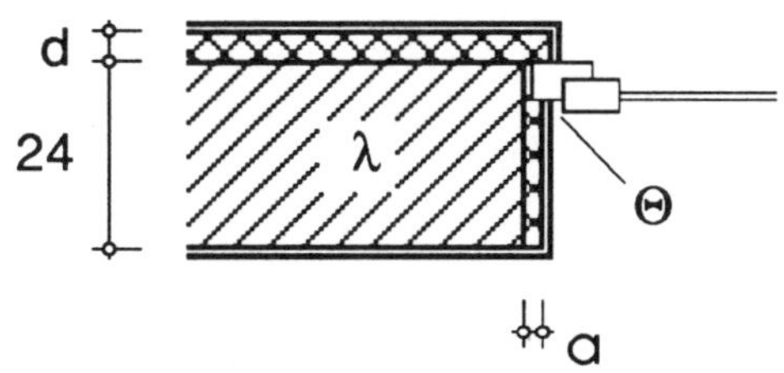

d [cm]	a [cm]	λ = 0,21 WBV	λ = 0,21 Θ	λ = 0,56 WBV	λ = 0,56 Θ	λ = 0,99 WBV	λ = 0,99 Θ
6	1	0,08	0,73	0,08	0,75	0,09	0,76
8	1	0,08	0,74	0,09	0,76	0,10	0,77
10	1	0,08	0,74	0,09	0,76	0,10	0,77
12	1	0,09	0,74	0,10	0,76	0,10	0,78
6	2	0,07	0,72	0,08	0,74	0,09	0,75
8	2	0,08	0,72	0,09	0,75	0,09	0,76
10	2	0,08	0,73	0,09	0,75	0,10	0,76
12	2	0,08	0,73	0,10	0,75	0,10	0,77

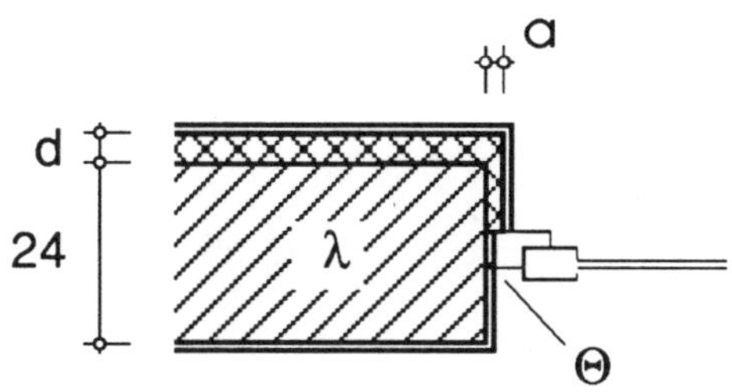

d [cm]	a [cm]	λ = 0,21 WBV	λ = 0,21 Θ	λ = 0,56 WBV	λ = 0,56 Θ	λ = 0,99 WBV	λ = 0,99 Θ
6	2	0,07	0,75	0,11	0,76	0,14	0,77
8	2	0,08	0,76	0,12	0,77	0,15	0,78
10	2	0,08	0,76	0,13	0,78	0,16	0,79
12	2	0,09	0,76	0,14	0,78	0,16	0,79
6	4	0,06	0,78	0,08	0,80	0,09	0,80
8	4	0,06	0,79	0,08	0,80	0,10	0,81
10	4	0,07	0,79	0,09	0,81	0,10	0,82
12	4	0,07	0,79	0,10	0,81	0,11	0,82

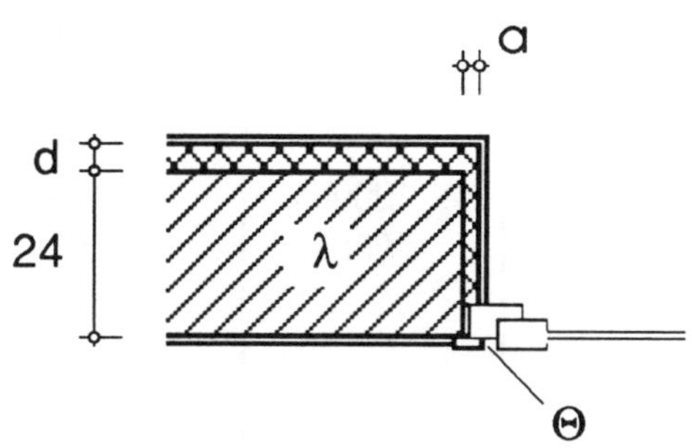

d [cm]	a [cm]	λ = 0,21 WBV	λ = 0,21 Θ	λ = 0,56 WBV	λ = 0,56 Θ	λ = 0,99 WBV	λ = 0,99 Θ
6	2	0,11	0,78	0,18	0,77	0,22	0,77
8	2	0,12	0,78	0,19	0,78	0,23	0,78
10	2	0,13	0,78	0,21	0,78	0,25	0,78
12	2	0,14	0,78	0,21	0,78	0,25	0,78
6	4	0,07	0,82	0,11	0,82	0,13	0,82
8	4	0,08	0,82	0,12	0,82	0,14	0,82
10	4	0,09	0,83	0,13	0,82	0,15	0,83
12	4	0,09	0,83	0,14	0,83	0,16	0,83

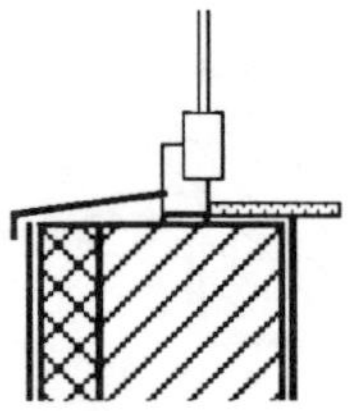

3. Außenwand mit Wärmedämmverbundsystem

3.2.2 Fensteranschluß Brüstung

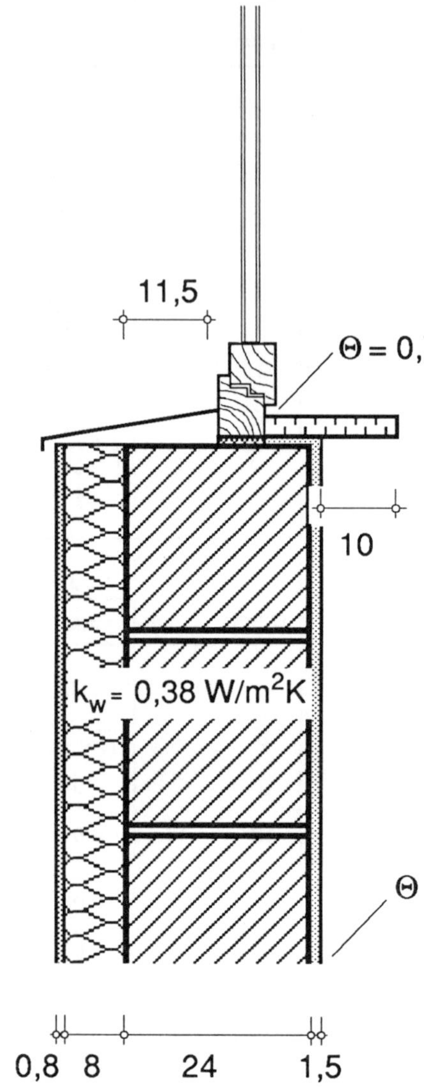

M 1:10

Baustoff	Dicke s [m]	Rohdichte ρ [kg/m³]	Wärmeleitfähigkeit λ_R [W/mK]
Gipsputz	0,015	1200	0,35
Mauerwerk	0,24	1200	0,56
Wärmedämmstoff	0,08	-	0,04
Kunstharzputz	0,008	1000	0,70
Marmor (Fensterbank)	0,025	2800	3,5

Außenwand mit Wärmedämmverbundsystem 3.

Fensteranschluß Brüstung 3.2.2

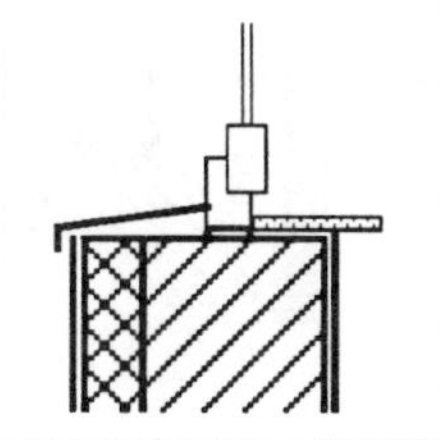

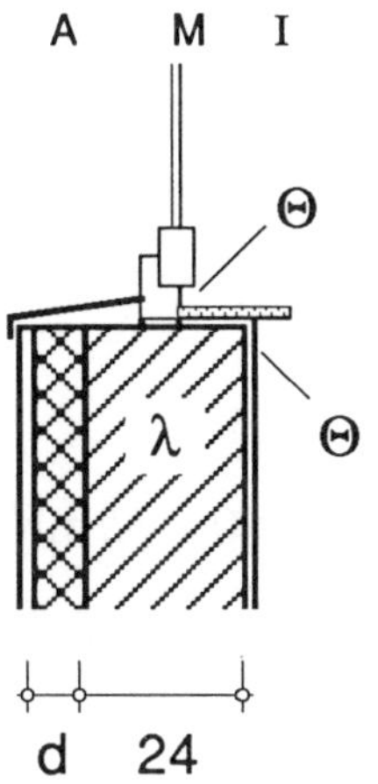

d [cm]		λ = 0,21 WBV	λ = 0,21 Θ	λ = 0,56 WBV	λ = 0,56 Θ	λ = 0,99 WBV	λ = 0,99 Θ
6	A	0,07	0,76	0,09	0,76	0,10	0,76
6	M	0,06	0,75	0,16	0,73	0,29	0,71
6	I	0,13	0,78	0,31	0,69	0,49	0,63
8	A	0,07	0,76	0,09	0,76	0,10	0,77
8	M	0,08	0,76	0,22	0,73	0,36	0,72
8	I	0,16	0,78	0,37	0,70	0,56	0,63
10	A	0,07	0,76	0,09	0,77	0,11	0,77
10	M	0,10	0,76	0,25	0,73	0,40	0,72
10	I	0,18	0,78	0,41	0,70	0,61	0,64
12	A	0,07	0,77	0,10	0,77	0,11	0,77
12	M	0,12	0,76	0,28	0,73	0,43	0,72
12	I	0,20	0,78	0,43	0,70	0,64	0,64

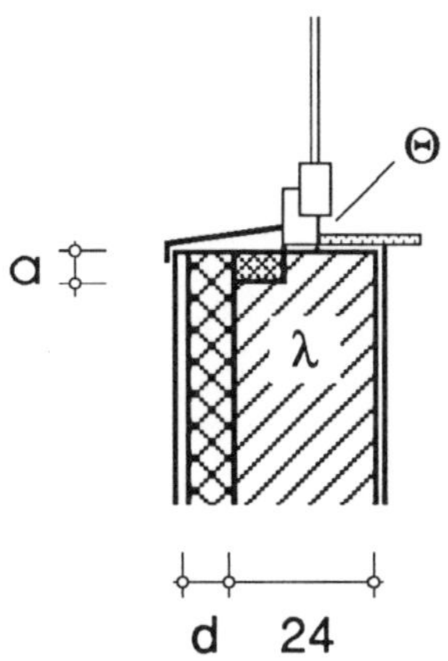

d [cm]	a [cm]	λ = 0,21 WBV	λ = 0,21 Θ	λ = 0,56 WBV	λ = 0,56 Θ	λ = 0,99 WBV	λ = 0,99 Θ
6	2	0,02	0,76	0,02	0,76	0,03	0,76
6	4	0,01	0,77	0	0,77	-0,01	0,77
6	6	0,01	0,77	-0,01	0,77	-0,02	0,77
8	2	0,05	0,77	0,07	0,76	0,09	0,77
8	4	0,04	0,77	0,05	0,77	0,05	0,77
8	6	0,03	0,77	0,03	0,77	0,04	0,77
10	2	0,07	0,77	0,10	0,77	0,13	0,77
10	4	0,06	0,77	0,08	0,77	0,09	0,77
10	6	0,05	0,77	0,06	0,77	0,07	0,78
12	2	0,08	0,77	0,12	0,77	0,15	0,77
12	4	0,07	0,77	0,10	0,77	0,11	0,78
12	6	0,06	0,77	0,08	0,77	0,10	0,78

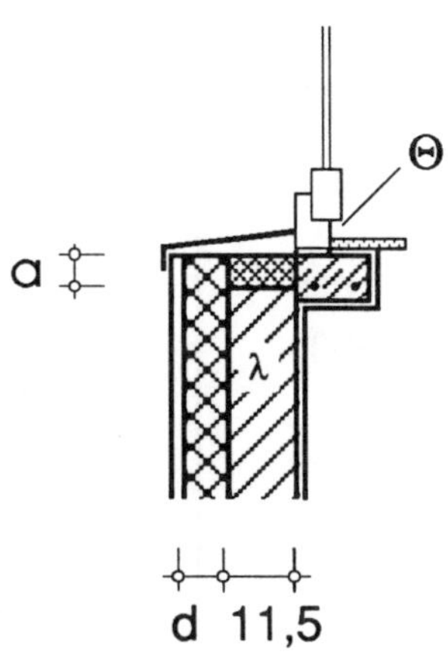

d [cm]	a [cm]	λ = 0,21 WBV	λ = 0,21 Θ	λ = 0,56 WBV	λ = 0,56 Θ	λ = 0,99 WBV	λ = 0,99 Θ
6	2	0,18	0,81	0,21	0,81	0,23	0,81
6	4	0,15	0,81	0,17	0,81	0,17	0,81
6	6	0,14	0,81	0,15	0,81	0,15	0,81
8	2	0,19	0,81	0,23	0,81	0,24	0,81
8	4	0,16	0,81	0,18	0,81	0,18	0,81
8	6	0,15	0,81	0,16	0,81	0,16	0,81
10	2	0,20	0,81	0,23	0,81	0,25	0,81
10	4	0,17	0,81	0,19	0,81	0,19	0,81
10	6	0,16	0,81	0,17	0,81	0,17	0,81
12	2	0,20	0,81	0,24	0,81	0,26	0,81
12	4	0,18	0,81	0,19	0,81	0,20	0,81
12	6	0,16	0,81	0,17	0,81	0,18	0,81

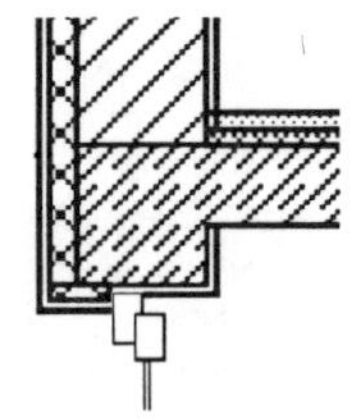

3. Außenwand mit Wärmedämmverbundsystem

3.2.3 Fensteranschluß Sturz

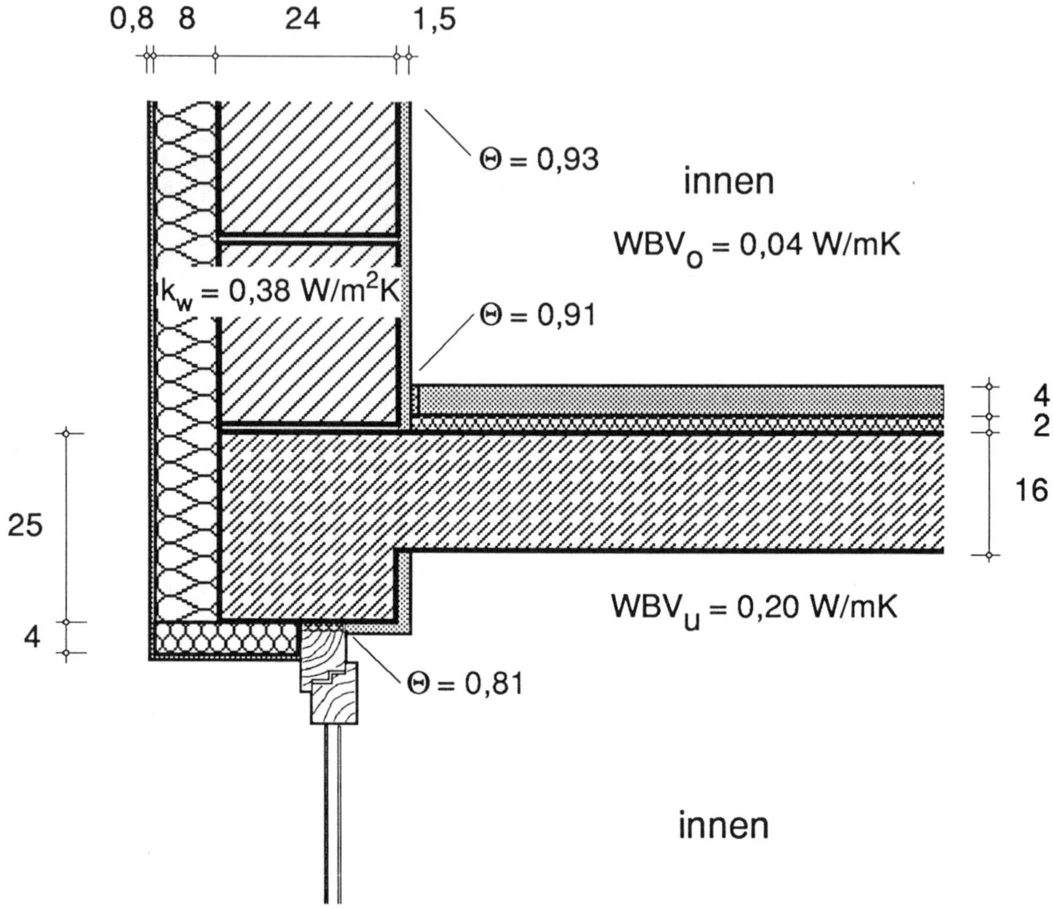

M 1:10

Baustoff	Dicke s [m]	Rohdichte ρ [kg/m³]	Wärmeleitfähigkeit λ_R [W/mK]
Gipsputz	0,015	1200	0,35
Mauerwerk	0,24	1200	0,56
Wärmedämmstoff	0,08	-	0,04
Kunstharzputz	0,008	1000	0,70
Zementestrich	0,04	2000	1,4
Wärmedämmstoff / Trittschalldämmung	0,02	-	0,04
Stahlbeton	0,16	2400	2,1

Außenwand mit Wärmedämmverbundsystem 3.

Fensteranschluß Sturz 3.2.3

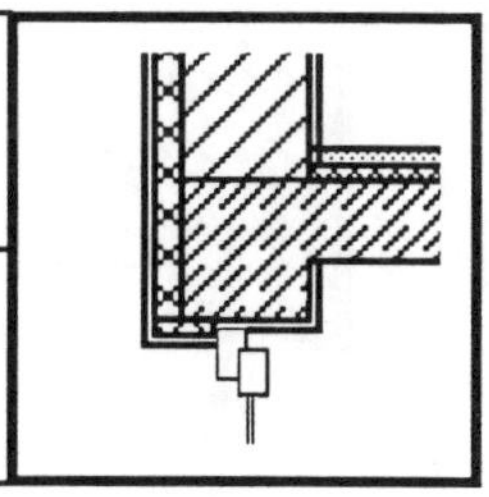

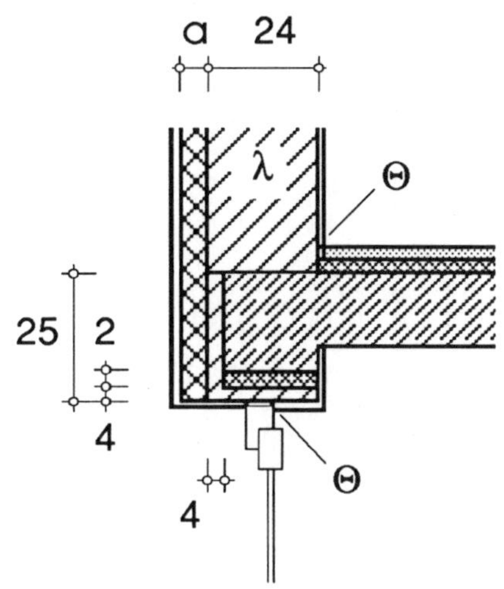

a [cm]	λ = 0,21		λ = 0,56		λ = 0,99	
	WBV	Θ	WBV	Θ	WBV	Θ
6	0,06 0,35	0,90 0,71	0,08 0,32	0,87 0,71	0,10 0,30	0,86 0,71
8	0,06 0,34	0,91 0,71	0,08 0,31	0,89 0,71	0,10 0,30	0,88 0,71
10	0,06 0,33	0,91 0,71	0,09 0,31	0,89 0,71	0,10 0,29	0,89 0,72
12	0,06 0,33	0,92 0,71	0,09 0,31	0,90 0,72	0,11 0,29	0,89 0,72

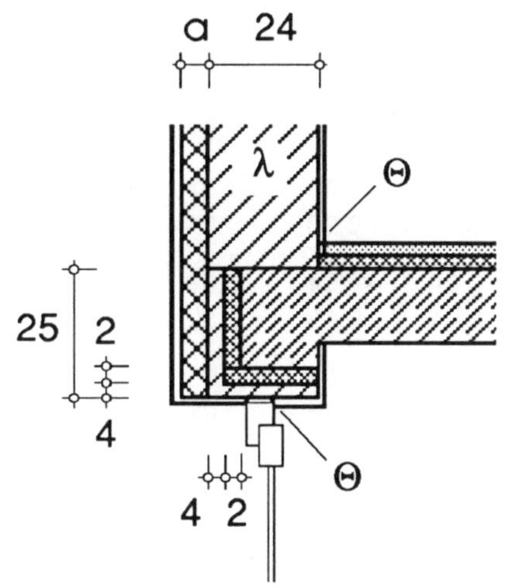

a [cm]	λ = 0,21		λ = 0,56		λ = 0,99	
	WBV	Θ	WBV	Θ	WBV	Θ
6	0,05 0,29	0,91 0,71	0,06 0,27	0,89 0,71	0,07 0,26	0,88 0,72
8	0,05 0,29	0,92 0,72	0,06 0,27	0,90 0,72	0,08 0,26	0,89 0,72
10	0,05 0,28	0,92 0,72	0,07 0,27	0,91 0,72	0,08 0,26	0,90 0,72
12	0,05 0,28	0,93 0,72	0,07 0,26	0,91 0,72	0,08 0,25	0,91 0,72

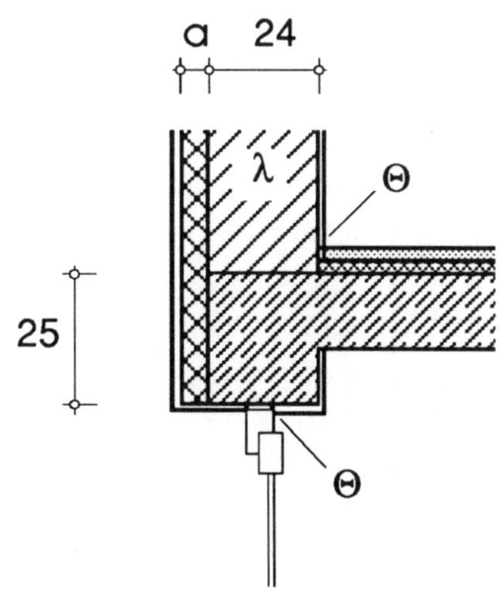

a [cm]	λ = 0,21		λ = 0,56		λ = 0,99	
	WBV	Θ	WBV	Θ	WBV	Θ
6	0,13 0,66	0,85 0,65	0,18 0,62	0,81 0,66	0,22 0,59	0,79 0,66
8	0,13 0,66	0,85 0,65	0,19 0,62	0,82 0,66	0,23 0,59	0,80 0,67
10	0,14 0,65	0,86 0,65	0,19 0,61	0,82 0,66	0,24 0,59	0,81 0,67
12	0,14 0,65	0,86 0,65	0,20 0,61	0,83 0,67	0,24 0,58	0,81 0,67

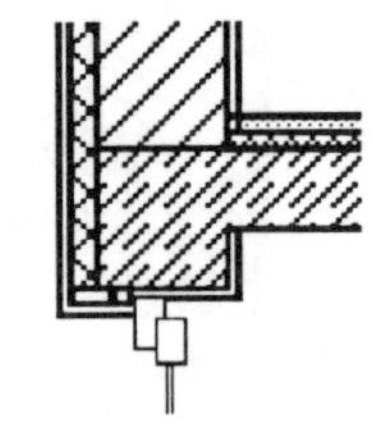

3. Außenwand mit Wärmedämmverbundsystem

3.2.3 Fensteranschluß Sturz

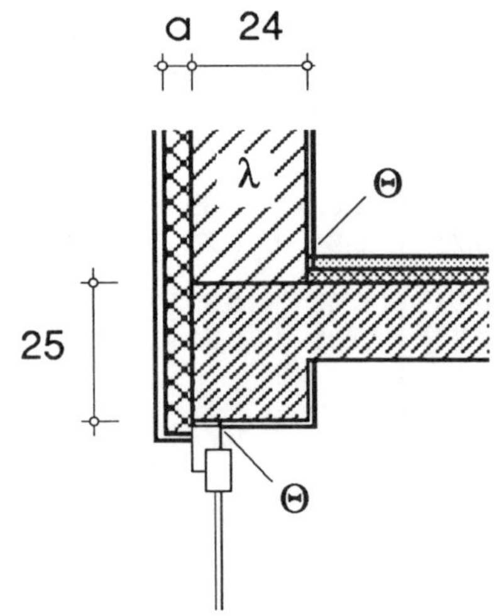

a [cm]	λ = 0,21 WBV	λ = 0,21 Θ	λ = 0,56 WBV	λ = 0,56 Θ	λ = 0,99 WBV	λ = 0,99 Θ
6	0,01	0,93	0,01	0,91	0,01	0,90
	0,22	0,79	0,20	0,79	0,19	0,79
8	0,01	0,94	0,01	0,93	0,01	0,92
	0,19	0,80	0,18	0,80	0,17	0,80
10	0,01	0,95	0,01	0,94	0,02	0,93
	0,17	0,81	0,16	0,81	0,15	0,81
12	0,01	0,95	0,01	0,95	0,02	0,94
	0,16	0,81	0,15	0,81	0,14	0,81

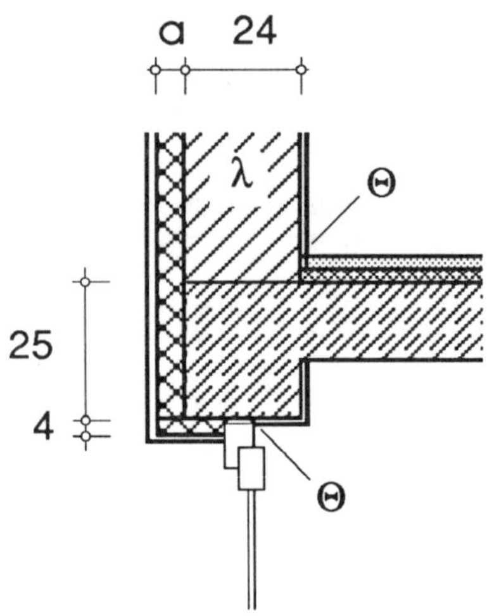

a [cm]	λ = 0,21 WBV	λ = 0,21 Θ	λ = 0,56 WBV	λ = 0,56 Θ	λ = 0,99 WBV	λ = 0,99 Θ
6	0,03	0,92	0,04	0,90	0,05	0,89
	0,24	0,80	0,22	0,81	0,21	0,81
8	0,03	0,93	0,04	0,91	0,05	0,91
	0,22	0,81	0,20	0,81	0,19	0,81
10	0,03	0,94	0,04	0,92	0,05	0,92
	0,21	0,81	0,19	0,82	0,18	0,82
12	0,03	0,94	0,04	0,93	0,05	0,92
	0,20	0,82	0,18	0,82	0,17	0,82

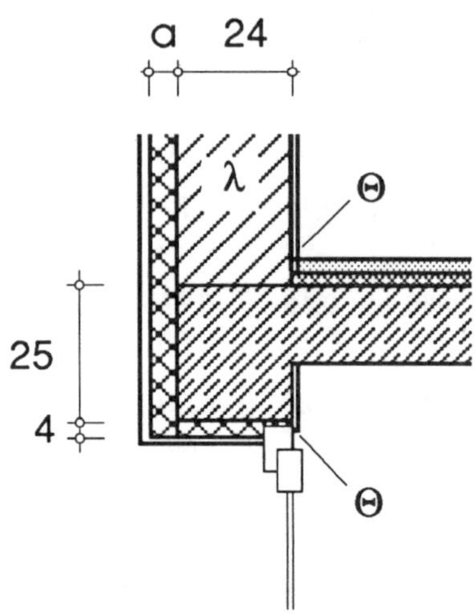

a [cm]	λ = 0,21 WBV	λ = 0,21 Θ	λ = 0,56 WBV	λ = 0,56 Θ	λ = 0,99 WBV	λ = 0,99 Θ
6	0,05	0,91	0,06	0,88	0,08	0,87
	0,27	0,80	0,24	0,81	0,23	0,81
8	0,05	0,92	0,06	0,90	0,08	0,89
	0,25	0,81	0,23	0,81	0,21	0,81
10	0,05	0,92	0,06	0,91	0,08	0,90
	0,24	0,81	0,22	0,81	0,20	0,82
12	0,05	0,93	0,06	0,91	0,08	0,91
	0,23	0,81	0,21	0,82	0,20	0,82

Außenwand mit Wärmedämmverbundsystem 3.

Fensteranschluß Sturz 3.2.3

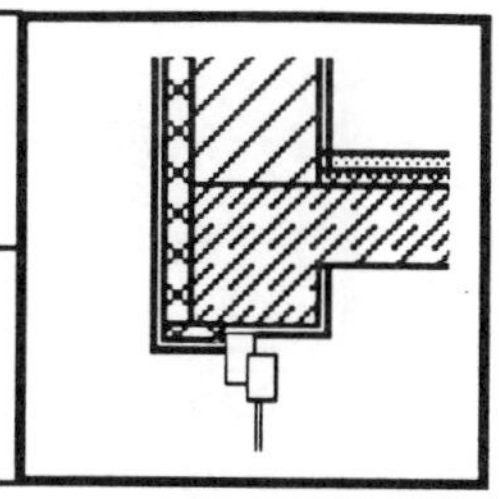

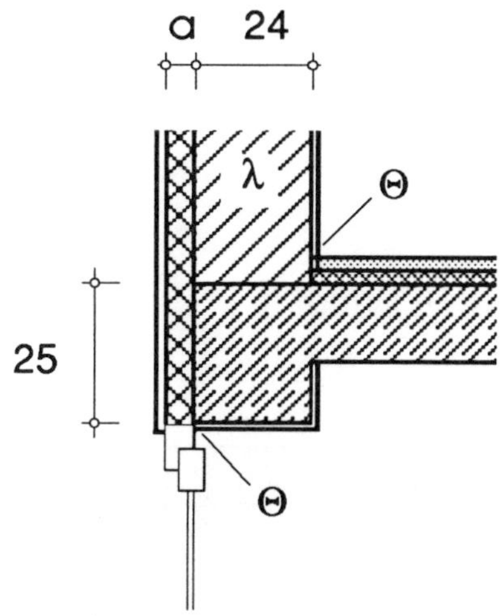

a [cm]	λ = 0,21 WBV	λ = 0,21 Θ	λ = 0,56 WBV	λ = 0,56 Θ	λ = 0,99 WBV	λ = 0,99 Θ
6	0	0,93	-0,01	0,91	-0,01	0,90
	0,19	0,75	0,19	0,75	0,18	0,75
8	0	0,94	0	0,93	0	0,92
	0,16	0,77	0,15	0,77	0,15	0,77
10	0	0,95	0	0,94	0	0,93
	0,14	0,77	0,14	0,77	0,13	0,77
12	0	0,95	0	0,95	0	0,94
	0,13	0,78	0,12	0,78	0,12	0,78

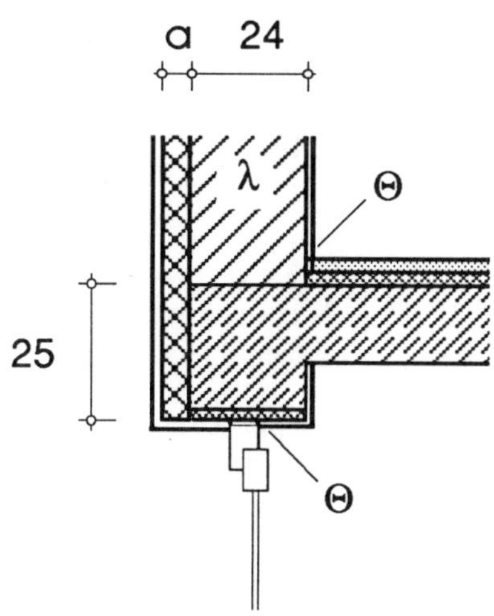

a [cm]	λ = 0,21 WBV	λ = 0,21 Θ	λ = 0,56 WBV	λ = 0,56 Θ	λ = 0,99 WBV	λ = 0,99 Θ
6	0,07	0,90	0,09	0,87	0,11	0,86
	0,33	0,75	0,31	0,75	0,29	0,75
8	0,07	0,90	0,09	0,88	0,11	0,87
	0,32	0,75	0,29	0,76	0,28	0,76
10	0,07	0,91	0,09	0,89	0,11	0,88
	0,31	0,76	0,29	0,76	0,27	0,76
12	0,07	0,91	0,09	0,90	0,11	0,89
	0,31	0,76	0,28	0,76	0,27	0,76

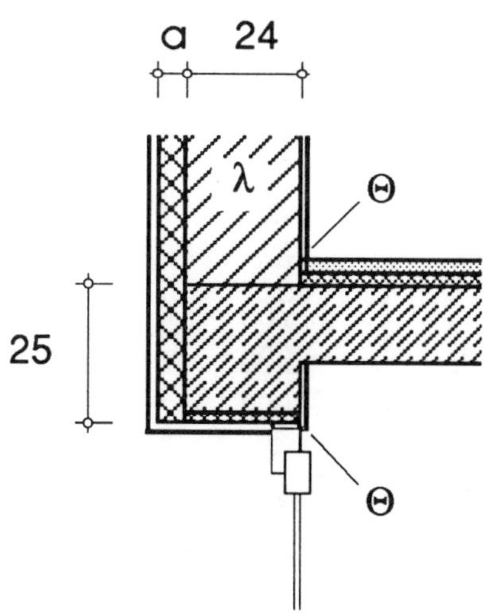

a [cm]	λ = 0,21 WBV	λ = 0,21 Θ	λ = 0,56 WBV	λ = 0,56 Θ	λ = 0,99 WBV	λ = 0,99 Θ
6	0,09	0,88	0,12	0,85	0,15	0,83
	0,40	0,75	0,37	0,75	0,35	0,75
8	0,09	0,88	0,13	0,86	0,15	0,85
	0,39	0,75	0,36	0,76	0,34	0,76
10	0,09	0,89	0,13	0,86	0,16	0,85
	0,39	0,75	0,36	0,76	0,34	0,76
12	0,10	0,89	0,13	0,87	0,16	0,86
	0,38	0,75	0,35	0,76	0,33	0,76

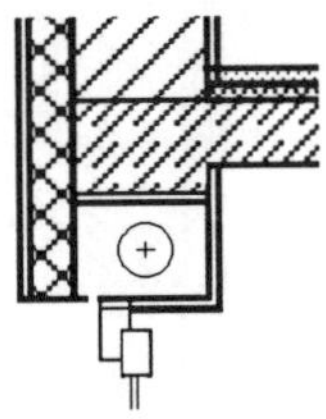

3. Außenwand mit Wärmedämmverbundsystem

3.2.4 Fensteranschluß Rolladenkasten

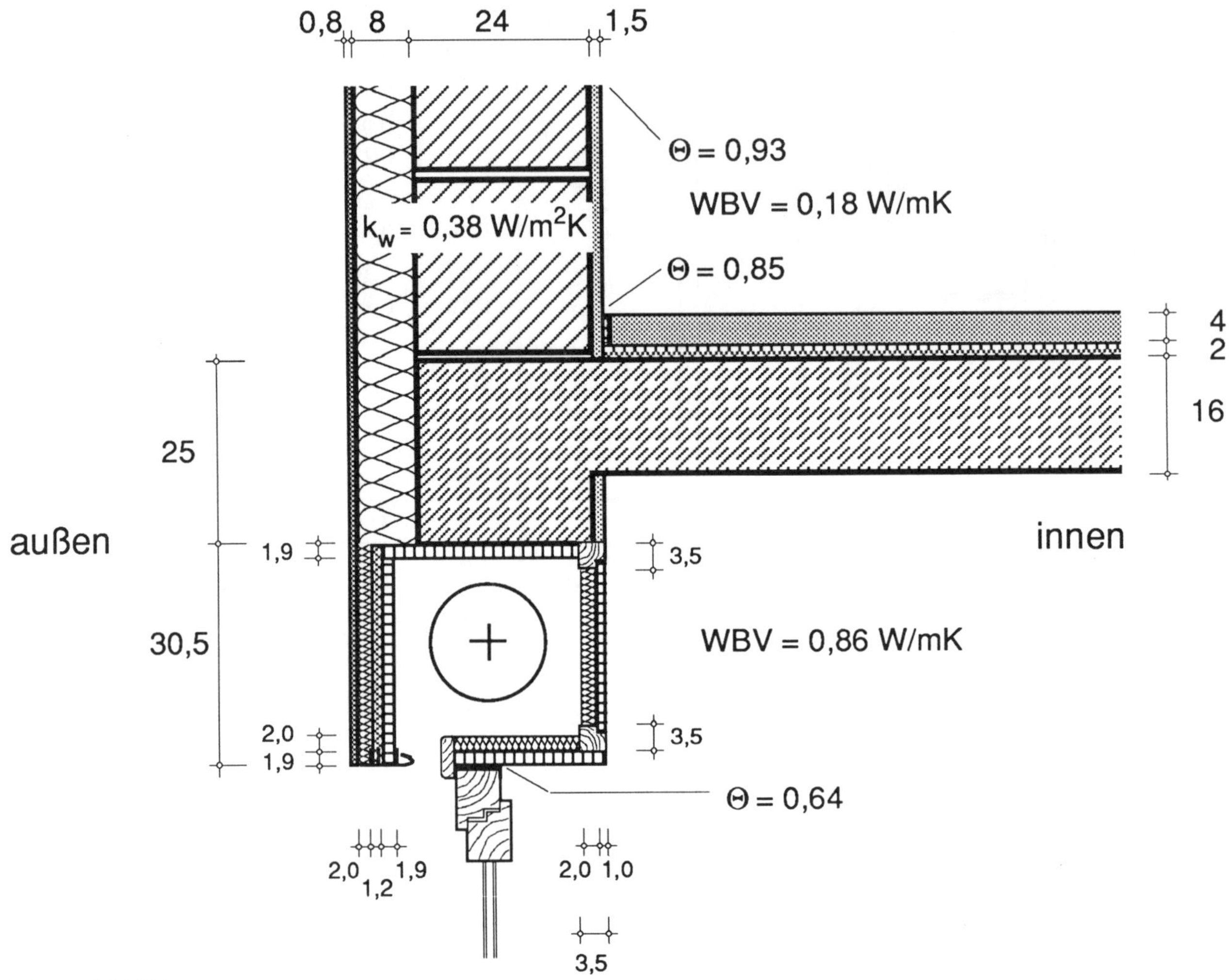

M 1:10

Baustoff	Dicke s [m]	Rohdichte ρ [kg/m³]	Wärmeleitfähigkeit λ_R [W/mK]
Gipsputz	0,015	1200	0,35
Mauerwerk	0,24	1200	0,56
Wärmedämmstoff	-	-	0,04
Kunstharzputz	0,008	1000	0,70
Spanplatte	-	700	0,17
Holzwolle Leichtbauplatte	0,012	600	0,15
Zementestrich	0,04	2000	1,4
Wärmedämmstoff / Trittschalldämmung	0,02	-	0,04
Stahlbeton	0,16	2400	2,1

Außenwand mit Wärmedämmverbundsystem 3.

Fensteranschluß Rolladenkasten 3.2.4

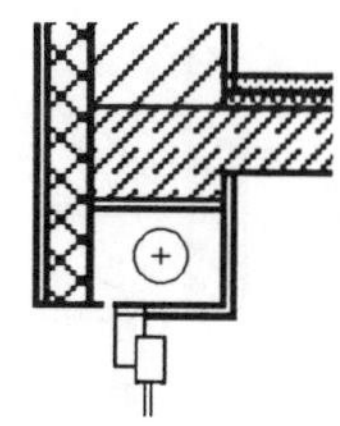

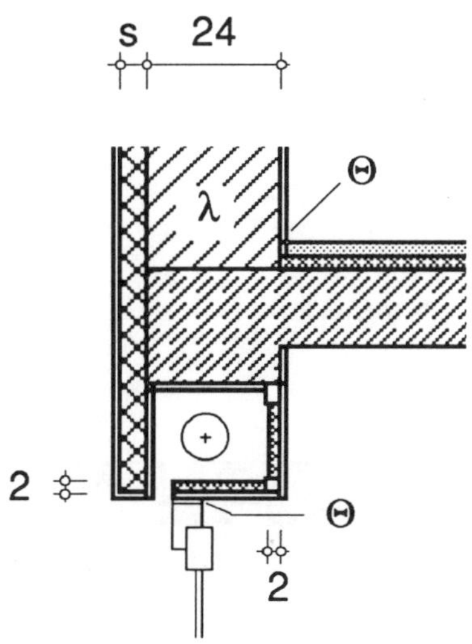

s [cm]	λ =0,21 WBV	λ =0,21 Θ	λ =0,56 WBV	λ =0,56 Θ	λ =0,99 WBV	λ =0,99 Θ
6	0,13	0,88	0,17	0,84	0,21	0,82
	0,92	0,64	0,84	0,64	0,81	0,64
8	0,13	0,88	0,18	0,85	0,22	0,84
	0,93	0,64	0,86	0,64	0,83	0,64
10	0,13	0,88	0,18	0,85	0,22	0,84
	0,93	0,64	0,88	0,64	0,85	0,64
12	0,13	0,89	0,19	0,86	0,22	0,85
	0,94	0,64	0,89	0,64	0,86	0,64

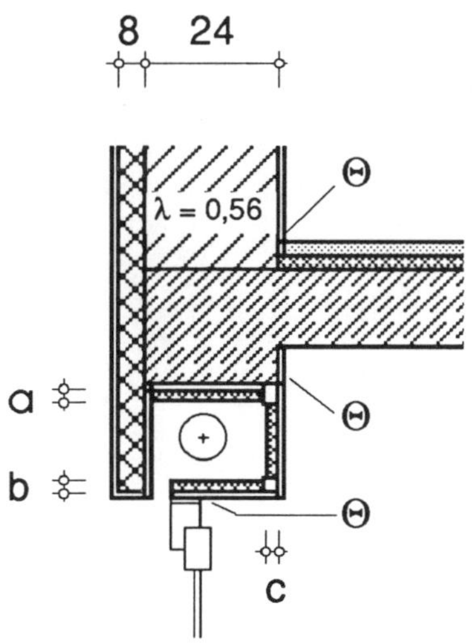

b [cm]	c [cm]	a = 0 cm WBV	a = 0 cm Θ	a = 2 cm WBV	a = 2 cm Θ	a = 4 cm WBV	a = 4 cm Θ
0	2	0,17	0,85	0,08	0,90	0,06	0,92
		0,98	0,43	0,75	0,43	0,68	0,43
0	4	0,16	0,86	0,08	0,90	0,06	0,92
		0,77	0,45	0,55	0,45	0,46	0,45
2	2	0,17	0,85	0,08	0,90	0,06	0,92
		0,85	0,64	0,62	0,64	0,55	0,64
2	4	0,16	0,86	0,08	0,90	0,06	0,92
		0,66	0,65	0,45	0,65	0,38	0,65
4	2	0,17	0,85	0,08	0,90	0,06	0,92
		0,80	0,68	0,58	0,69	0,50	0,69
4	4	0,16	0,86	0,08	0,90	0,06	0,92
		0,63	0,70	0,41	0,70	0,34	0,70

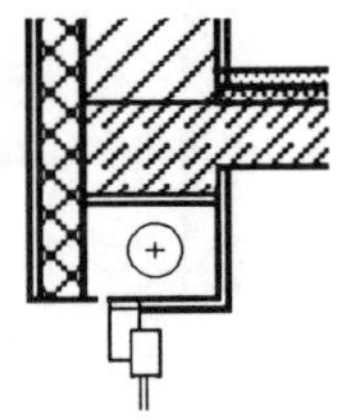

3.	Außenwand mit Wärmedämmverbundsystem
3.2.4	Fensteranschluß Rolladenkasten

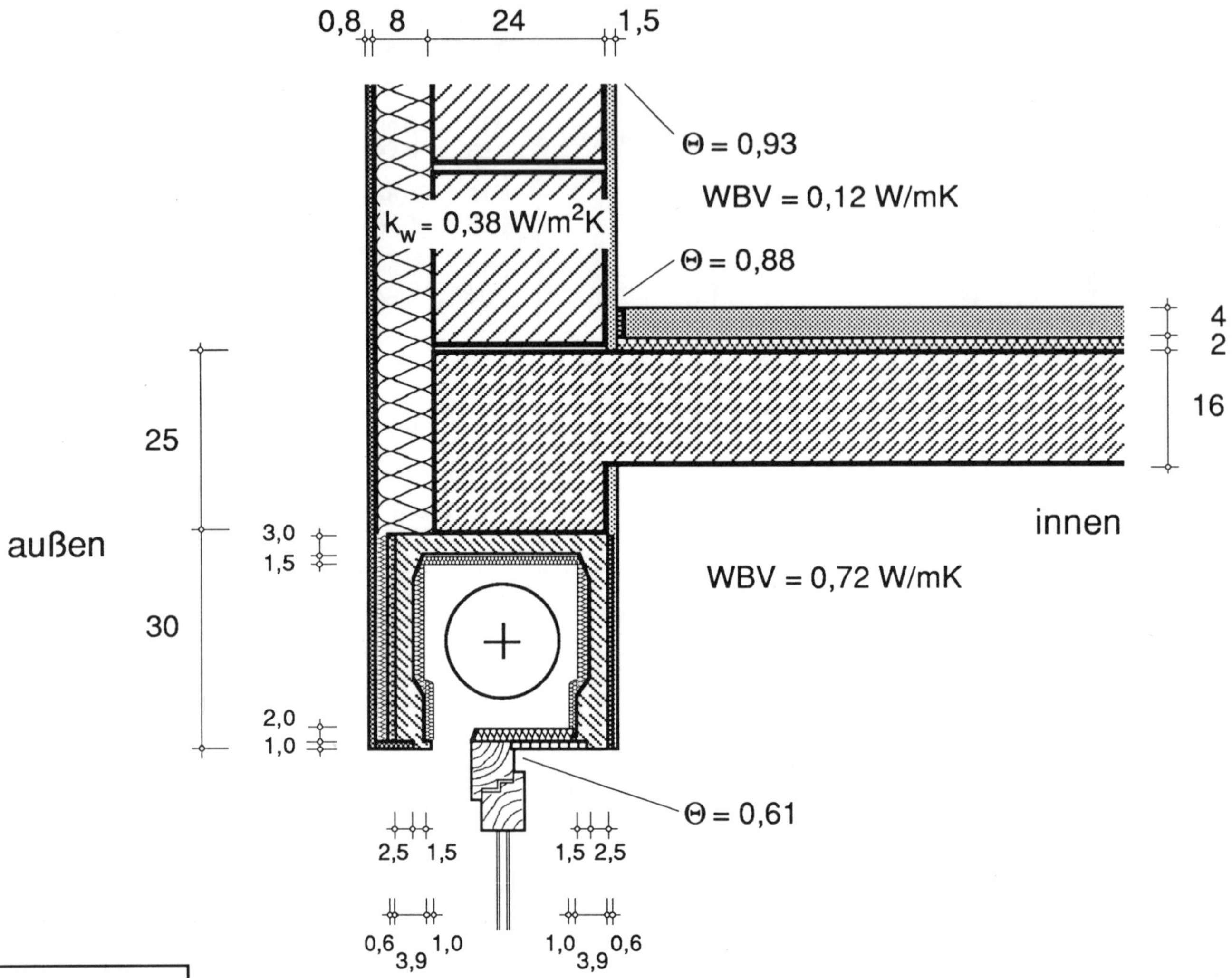

M 1:10

Baustoff	Dicke s [m]	Rohdichte ρ [kg/m³]	Wärmeleitfähigkeit λ_R [W/mK]
Gipsputz	0,015	1200	0,35
Mauerwerk	0,24	1200	0,56
Wärmedämmstoff	-	-	0,04
Kunstharzputz	0,008	1000	0,70
Leichtbeton	-	1200	0,56
Spanplatte	0,010	700	0,17
Holzwolle Leichtbauplatte	0,006	600	0,15
Zementestrich	0,04	2000	1,4
Wärmedämmstoff / Trittschalldämmung	0,02	-	0,04
Stahlbeton	0,16	2400	2,1

Außenwand mit Wärmedämmverbundsystem 3.

Fensteranschluß Rolladenkasten 3.2.4

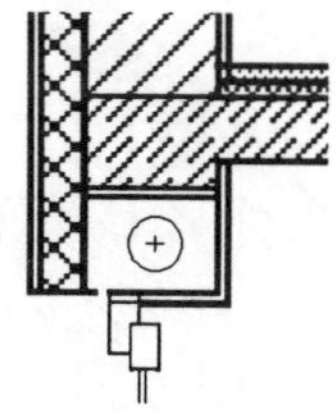

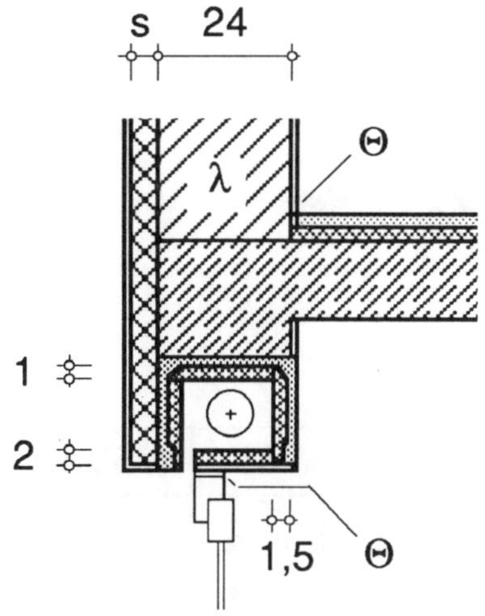

S [cm]	λ =0,21		λ =0,56		λ =0,99	
	WBV	Θ	WBV	Θ	WBV	Θ
6	0,09 0,78	0,90 0,61	0,11 0,71	0,87 0,61	0,14 0,68	0,86 0,61
8	0,09 0,78	0,91 0,61	0,12 0,72	0,88 0,61	0,14 0,69	0,87 0,61
10	0,08 0,78	0,91 0,61	0,12 0,73	0,89 0,61	0,14 0,71	0,88 0,61
12	0,08 0,78	0,92 0,61	0,12 0,74	0,90 0,61	0,14 0,71	0,89 0,61

	3. Außenwand mit Wärmedämmverbundsystem
	3.3.1 Dachanschluß/Traufe

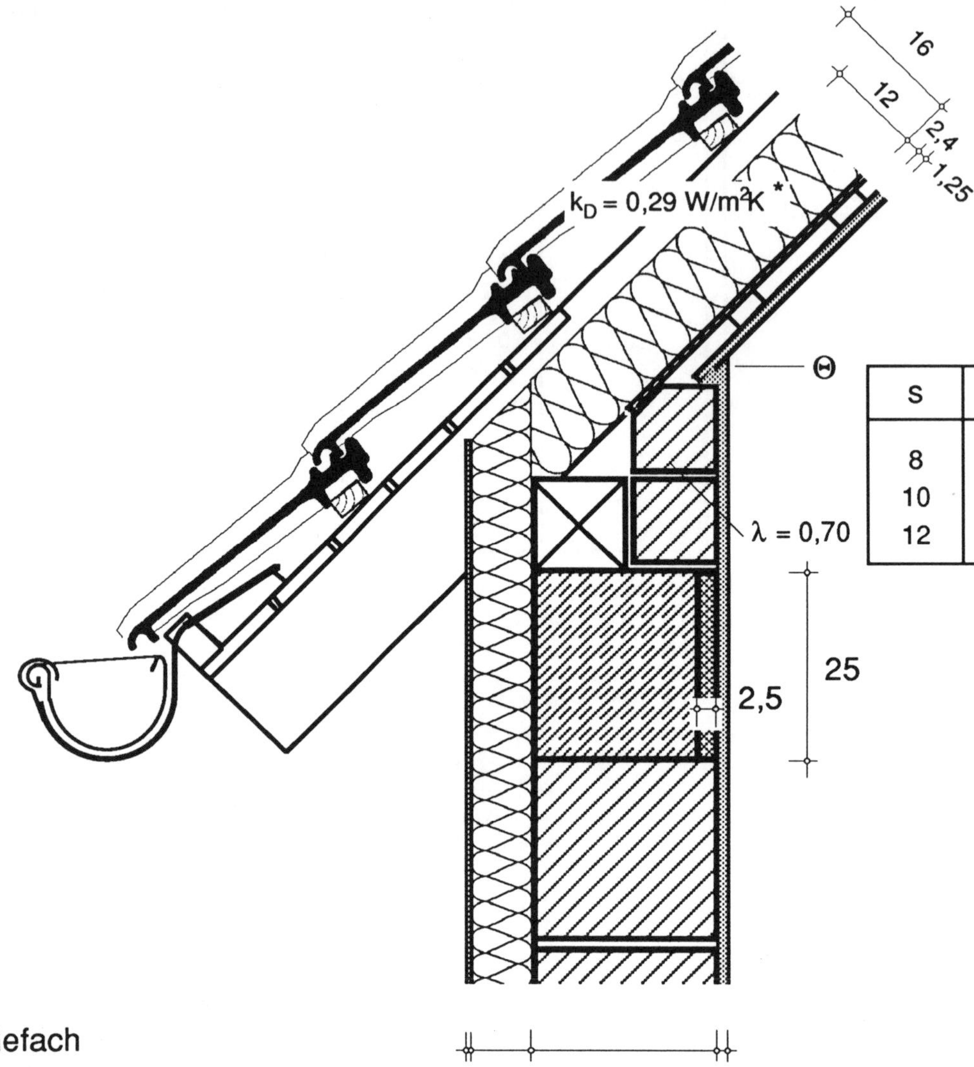

s	WBV	WBVp	Θ
8	0,03	0,02	0,87
10	0,04	0,02	0,88
12	0,04	0,02	0,88

* Gefach

M 1:10

Baustoff	Dicke s [m]	Rohdichte ρ [kg/m³]	Wärmeleitfähigkeit λ_R [W/mK]
Gipsputz	0,015	1200	0,35
Mauerwerk	0,24	1200	0,56
Wärmedämmstoff	-	-	0,04
Kunstharzputz	0,008	1000	0,70
Holz	-	600	0,13
Stahlbeton	-	2400	2,1
Holzwolle Leichtbauplatte	0,025	600	0,093
Luftschicht	0,024	-	0,14
Gipskartonplatte	0,0125	900	0,21

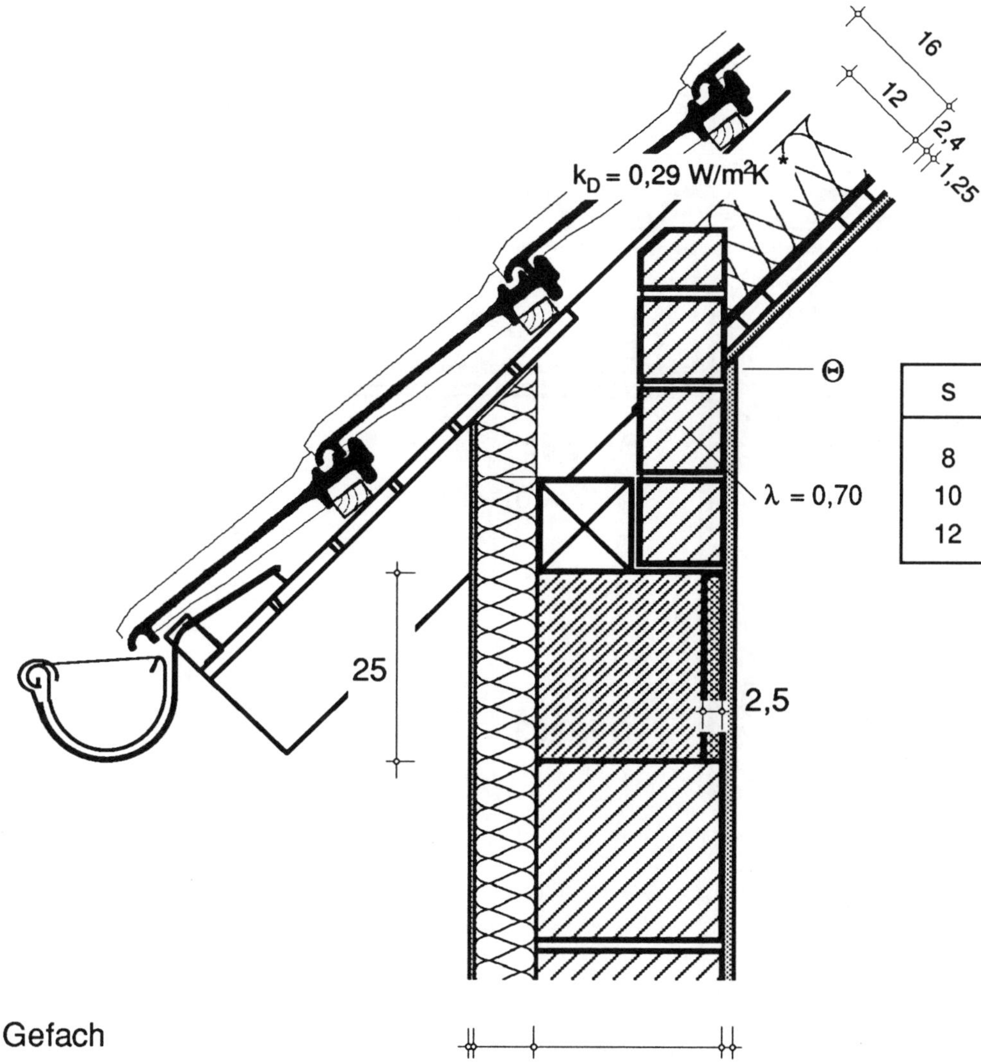

s	WBV	WBVp	Θ
8	0,54	0	0,55
10	0,56	0	0,55
12	0,57	0	0,55

* Gefach

M 1:10

Baustoff	Dicke s [m]	Rohdichte ρ [kg/m³]	Wärmeleitfähigkeit λ_R [W/mK]
Gipsputz	0,015	1200	0,35
Mauerwerk	0,24	1200	0,56
Wärmedämmstoff	-	-	0,04
Kunstharzputz	0,008	1000	0,70
Holz	-	600	0,13
Stahlbeton	-	2400	2,1
Holzwolle Leichtbauplatte	0,025	600	0,093
Luftschicht	0,024	-	0,14
Gipskartonplatte	0,0125	900	0,21

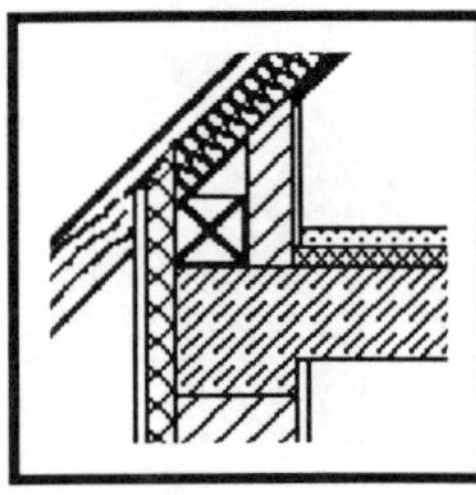

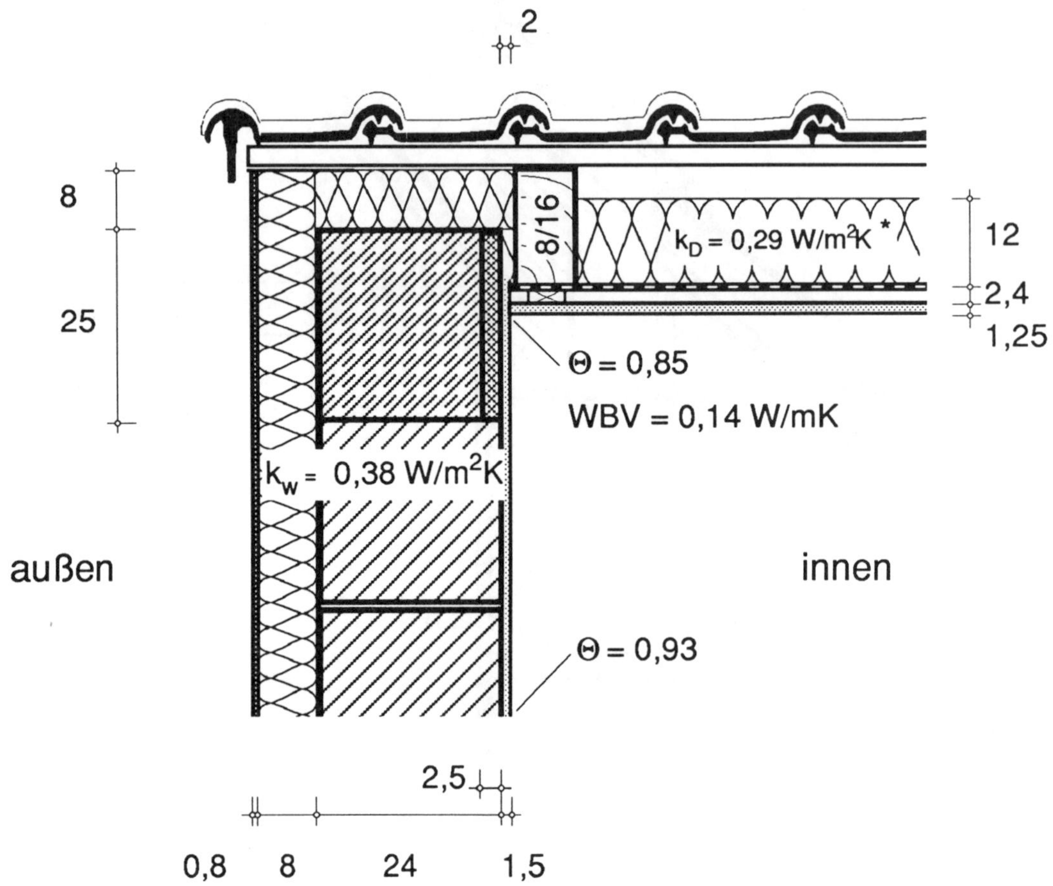

M 1:10

* Gefach

Baustoff	Dicke s [m]	Rohdichte ρ [kg/m³]	Wärmeleitfähigkeit λ_R [W/mK]
Gipsputz	0,015	1200	0,35
Mauerwerk	0,24	1200	0,56
Wärmedämmstoff	-	-	0,04
Kunstharzputz	0,008	1000	0,70
Holz (Sparren 8/16 cm)	-	600	0,13
Stahlbeton	-	2400	2,1
Holzwolle Leichtbauplatte	0,025	600	0,093
Luftschicht	0,024	-	0,14
Gipskartonplatte	0,0125	900	0,21

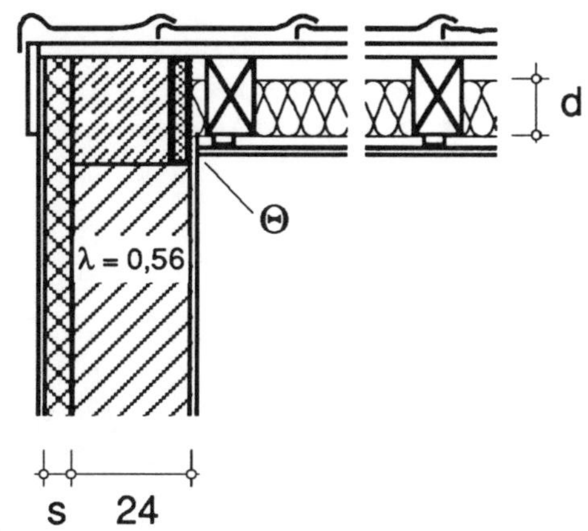

d [cm]	s = 6 cm WBV	s = 6 cm Θ	s = 8 cm WBV	s = 8 cm Θ	s = 10 cm WBV	s = 10 cm Θ
10	0,37	0,69	0,39	0,70	0,41	0,70
12	0,37	0,69	0,39	0,70	0,41	0,70
14	0,37	0,69	0,39	0,70	0,41	0,70
16	0,37	0,69	0,39	0,70	0,41	0,70
ohne Ringanker						
10	0,30	0,67	0,31	0,68	0,32	0,68
12	0,29	0,68	0,31	0,69	0,31	0,69
14	0,29	0,68	0,30	0,69	0,31	0,70
16	0,29	0,69	0,30	0,70	0,31	0,70

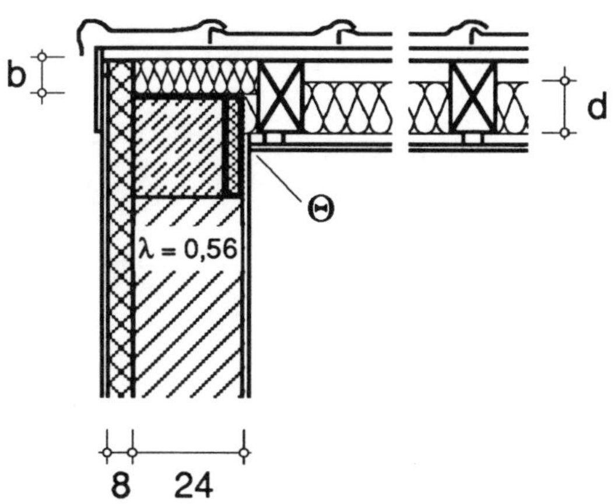

b [cm]	d = 12 cm WBV	d = 12 cm Θ	d = 14 cm WBV	d = 14 cm Θ	d = 16 cm WBV	d = 16 cm Θ
2	0,23	0,79	0,23	0,79	0,24	0,79
4	0,18	0,82	0,18	0,82	0,19	0,82
6	0,16	0,84	0,16	0,84	0,16	0,84
8	0,14	0,85	0,14	0,85	0,14	0,85
ohne Ringanker						
2	0,21	0,75	0,21	0,76	0,22	0,76
4	0,18	0,79	0,18	0,80	0,18	0,80
6	0,16	0,81	0,16	0,81	0,16	0,81
8	0,14	0,82	0,14	0,82	0,14	0,83

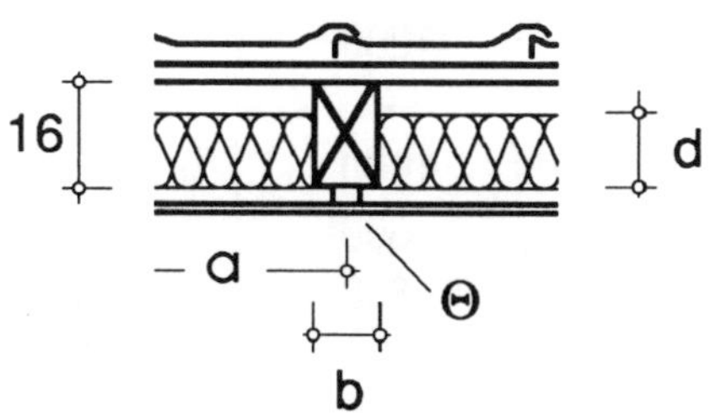

b [cm]	d [cm]	a = 60 cm WBV	a = 60 cm Θ	a = 70 cm WBV	a = 70 cm Θ	a = 80 cm WBV	a = 80 cm Θ
8	10	0,03	0,89	0,03	0,89	0,03	0,89
8	12	0,03	0,90	0,03	0,90	0,03	0,90
8	14	0,03	0,91	0,03	0,91	0,03	0,91
8	16	0,03	0,92	0,03	0,92	0,03	0,92
10	10	0,04	0,88	0,04	0,88	0,04	0,88
10	12	0,04	0,90	0,04	0,90	0,04	0,90
10	14	0,04	0,90	0,04	0,90	0,04	0,90
10	16	0,04	0,91	0,04	0,91	0,04	0,91
12	10	0,05	0,88	0,05	0,88	0,05	0,88
12	12	0,05	0,89	0,05	0,89	0,05	0,89
12	14	0,05	0,90	0,05	0,90	0,05	0,90
12	16	0,05	0,91	0,05	0,91	0,05	0,91

3. Außenwand mit Wärmedämmverbundsystem

3.3.2 Geschoßdeckenanschluß zum unbeheizten Dachraum

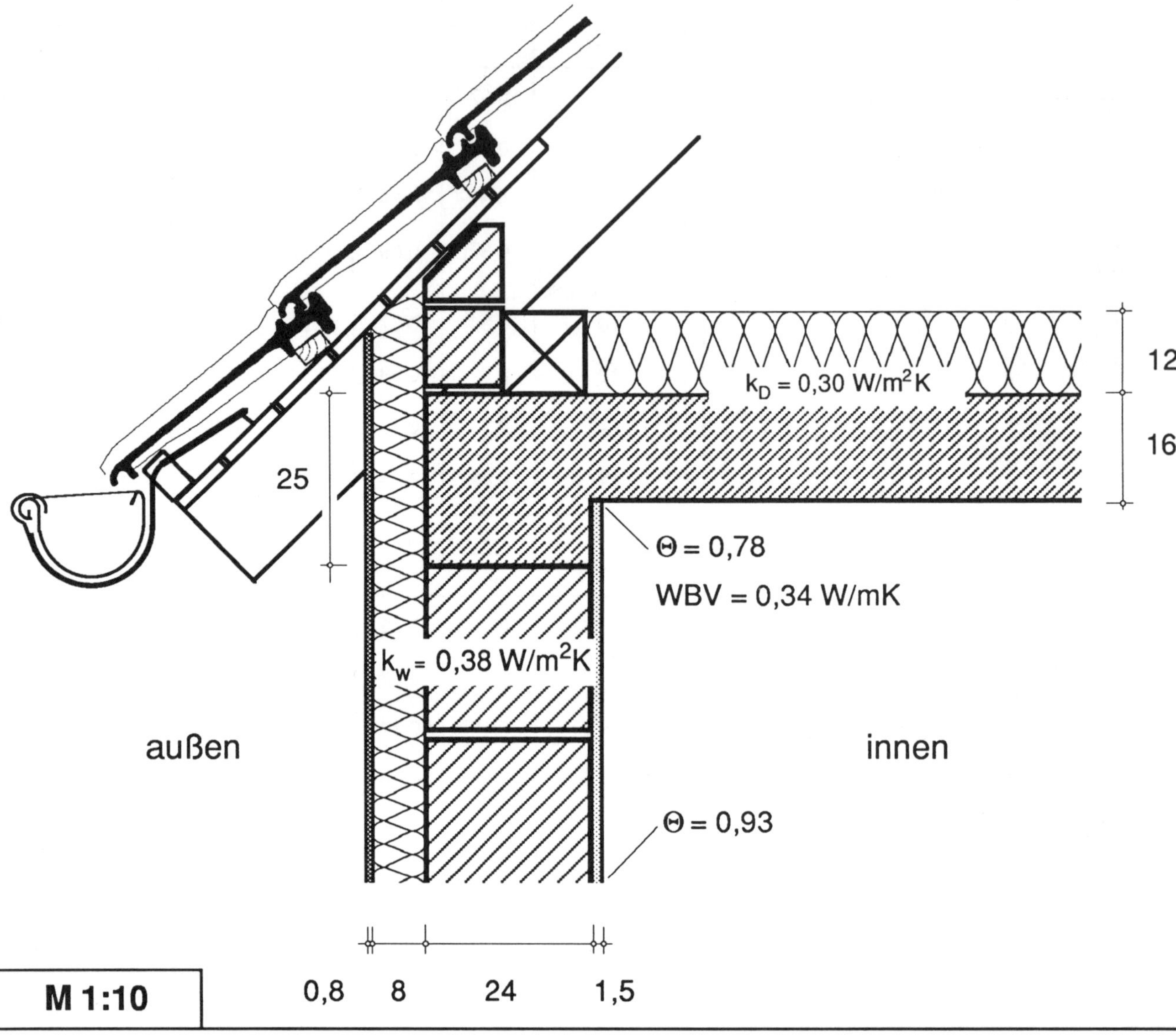

Baustoff	Dicke s [m]	Rohdichte ρ [kg/m³]	Wärmeleitfähigkeit λ_R [W/mK]
Gipsputz	0,015	1200	0,35
Mauerwerk	0,24	1200	0,56
Wärmedämmstoff	0,08	-	0,04
Kunstharzputz	0,008	1000	0,70
Holz (Pfette 12/12 cm)	-	600	0,13
Holz (Sparren 8/16 cm)	-	600	0,13
Wärmedämmstoff	0,12	-	0,04
Stahlbeton	-	2400	2,1
Holzwolle Leichtbauplatte	0,025	600	0,093

Außenwand mit Wärmedämmverbundsystem 3.

Geschoßdeckenanschluß zum unbeheizten Dachraum 3.3.2

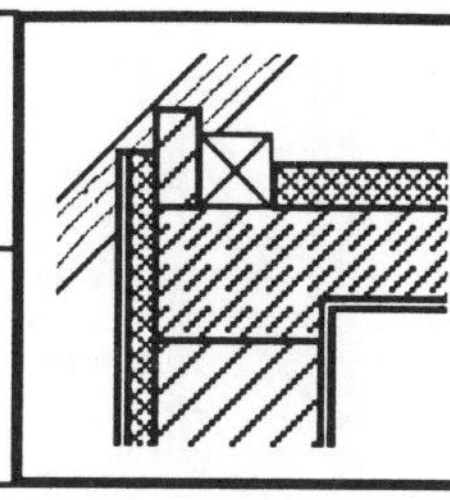

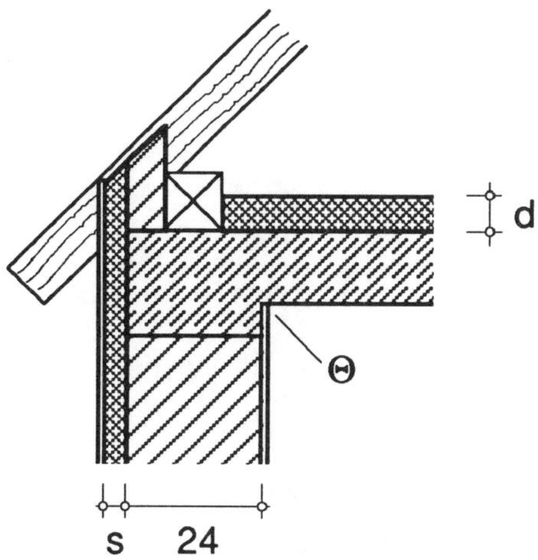

S [cm]	d = 8 cm		d = 10 cm		d = 12 cm	
	WBV	Θ	WBV	Θ	WBV	Θ
6	0,35	0,76	0,35	0,76	0,35	0,77
8	0,34	0,77	0,34	0,78	0,34	0,78
10	0,34	0,78	0,34	0,79	0,34	0,79
12	0,33	0,78	0,34	0,79	0,34	0,80

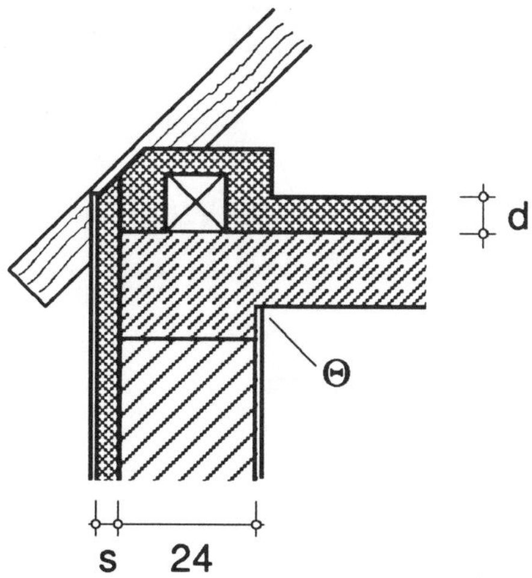

S [cm]	d = 8 cm		d = 10 cm		d = 12 cm	
	WBV	Θ	WBV	Θ	WBV	Θ
6	0,18	0,82	0,18	0,83	0,17	0,84
8	0,17	0,84	0,16	0,85	0,15	0,86
10	0,16	0,85	0,15	0,86	0,14	0,87
12	0,15	0,85	0,14	0,87	0,13	0,88

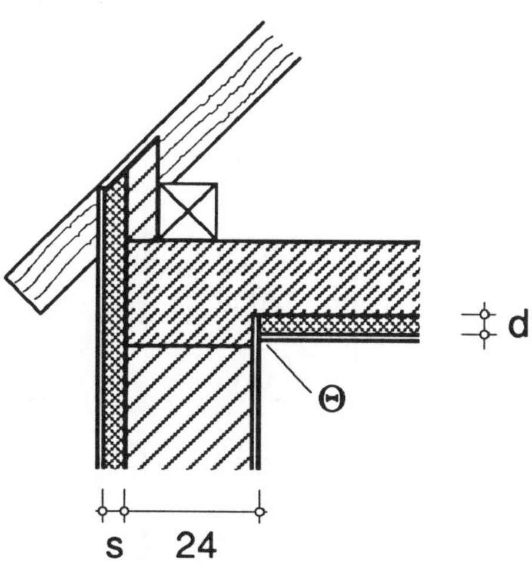

S [cm]	d = 8 cm		d = 10 cm		d = 12 cm	
	WBV	Θ	WBV	Θ	WBV	Θ
6	0,32	0,51	0,29	0,55	0,28	0,58
8	0,34	0,51	0,31	0,56	0,29	0,59
10	0,35	0,52	0,32	0,57	0,30	0,60
12	0,35	0,52	0,32	0,57	0,31	0,60

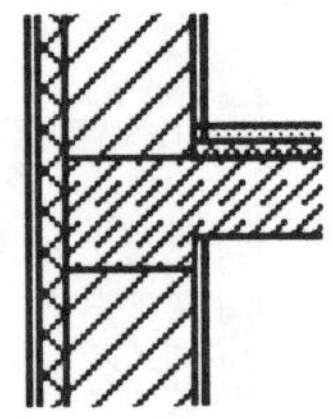

3. Außenwand mit Wärmedämmverbundsystem

3.3.3 Geschoßdeckenanschluß

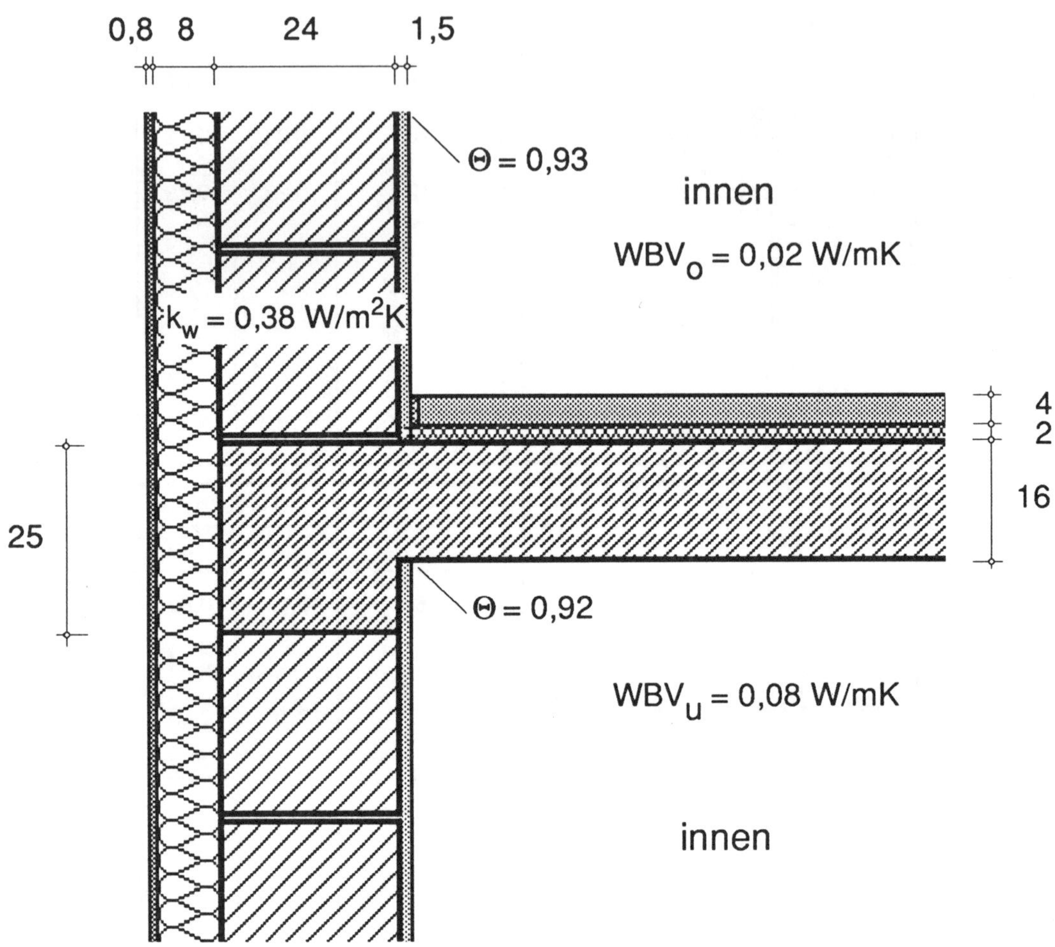

M 1:10

Baustoff	Dicke s [m]	Rohdichte ρ [kg/m³]	Wärmeleitfähigkeit λ_R [W/mK]
Gipsputz	0,015	1200	0,35
Mauerwerk	0,24	1200	0,56
Wärmedämmstoff	0,08	-	0,04
Kunstharzputz	0,008	1000	0,70
Zementestrich	0,04	2000	1,4
Wärmedämmstoff / Trittschalldämmung	0,02	-	0,04
Stahlbeton	0,16	2400	2,1
Randdämmstreifen	0,005	-	0,04

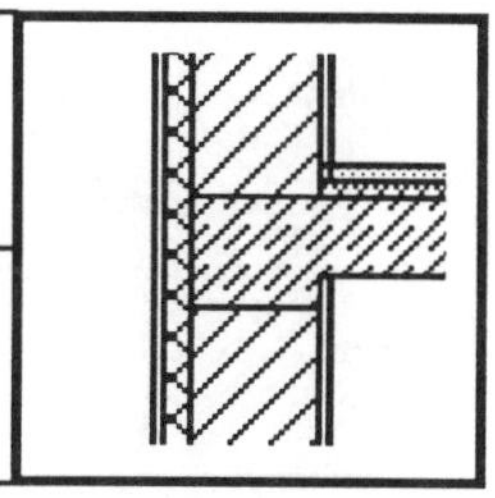

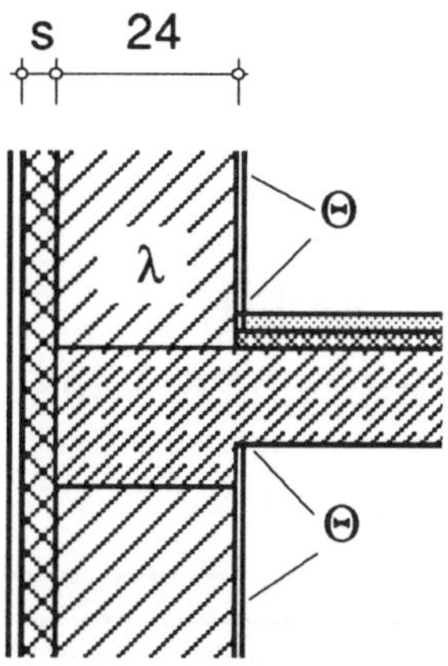

s [cm]	λ = 0,21		λ = 0,56		λ = 0,99	
	WBV	Θ	WBV	Θ	WBV	Θ
6	0,02 0,13	0,93 0,90	0,03 0,11	0,91 0,90	0,03 0,10	0,90 0,90
8	0,02 0,10	0,94 0,92	0,02 0,08	0,93 0,92	0,02 0,08	0,92 0,92
10	0,01 0,08	0,95 0,93	0,01 0,07	0,94 0,93	0,02 0,06	0,93 0,93
12	0,01 0,07	0,95 0,94	0,01 0,06	0,95 0,94	0,01 0,05	0,94 0,94

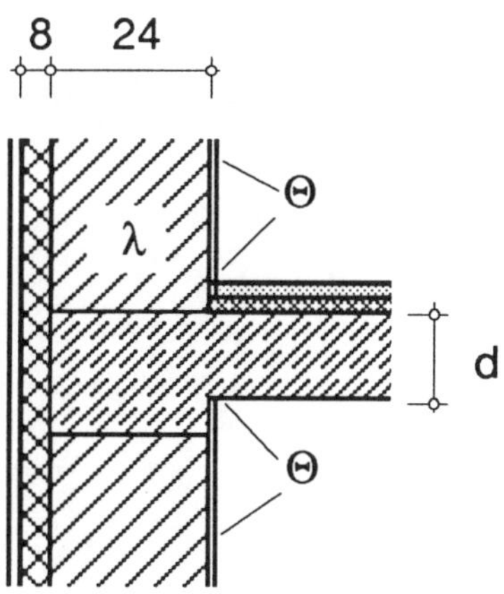

d [cm]	λ = 0,21		λ = 0,56		λ = 0,99	
	WBV	Θ	WBV	Θ	WBV	Θ
16	0,02 0,10	0,94 0,92	0,02 0,08	0,93 0,92	0,02 0,08	0,92 0,92
18	0,02 0,10	0,94 0,92	0,02 0,09	0,93 0,92	0,02 0,08	0,92 0,92
20	0,02 0,11	0,94 0,92	0,02 0,09	0,93 0,92	0,03 0,09	0,92 0,92
22	0,02 0,11	0,94 0,92	0,03 0,10	0,93 0,92	0,03 0,09	0,92 0,92
25	0,03 0,11	0,94 0,92	0,03 0,11	0,93 0,92	0,03 0,10	0,92 0,92

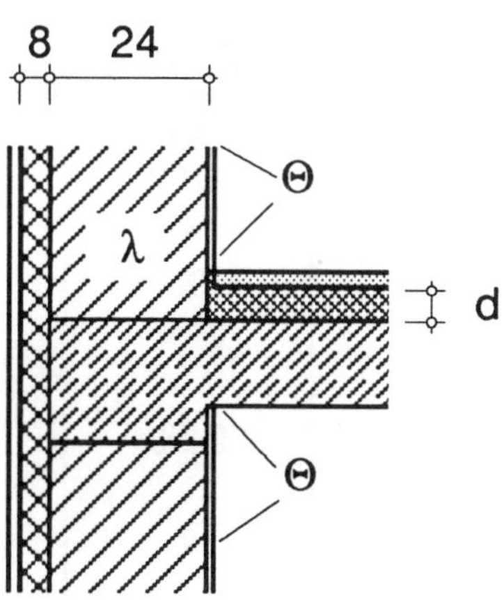

d [cm]	λ = 0,21		λ = 0,56		λ = 0,99	
	WBV	Θ	WBV	Θ	WBV	Θ
2	0,02 0,10	0,94 0,92	0,02 0,08	0,93 0,92	0,02 0,08	0,92 0,92
3	0,01 0,11	0,94 0,91	0,02 0,09	0,93 0,92	0,02 0,08	0,92 0,92
4	0,01 0,11	0,94 0,91	0,02 0,09	0,93 0,92	0,02 0,09	0,92 0,92
5	0,01 0,11	0,94 0,91	0,02 0,10	0,93 0,92	0,02 0,09	0,92 0,92
6	0,01 0,12	0,94 0,91	0,02 0,10	0,93 0,92	0,02 0,09	0,92 0,92

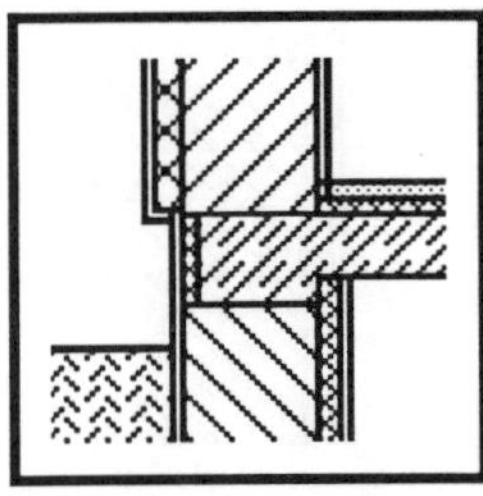

3. Außenwand mit Wärmedämmverbundsystem

3.3.4 Kellerdeckenanschluß zum beheizten Keller

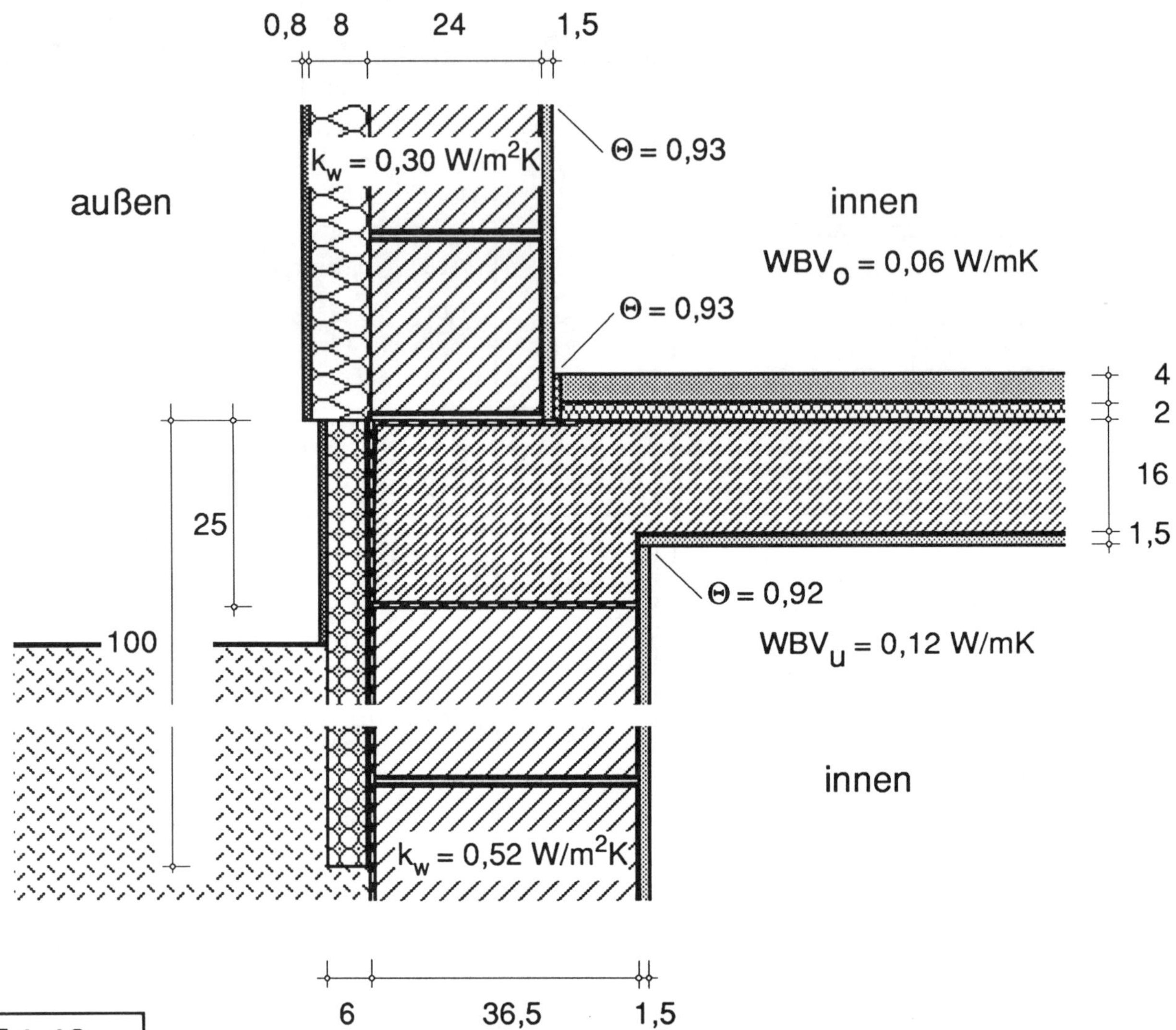

M 1:10

Baustoff	Dicke s [m]	Rohdichte ρ [kg/m³]	Wärmeleitfähigkeit λ_R [W/mK]
Gipsputz	0,015	1200	0,35
Mauerwerk	0,24 / 0,365	700	0,21
Wärmedämmstoff	0,08	-	0,04
Kunstharzputz	0,008	1000	0,70
Zementestrich	0,04	2000	1,4
Wärmedämmstoff / Trittschalldämmung	0,02	-	0,04
Stahlbeton	0,16	2400	2,1
Randdämmstreifen	0,005	-	0,04
Wärmedämmstoff/Perimeterdämmung	0,06	-	0,04
Erdreich	-	-	2,1

Außenwand mit Wärmedämmverbundsystem 3.

Kellerdeckenanschluß zum beheizten Keller 3.3.4

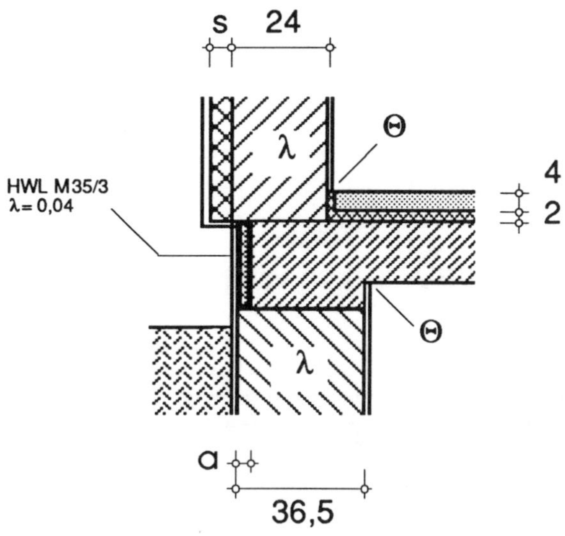

a [cm]	s [cm]	λ = 0,21 WBV	λ = 0,21 Θ	λ = 0,56 WBV	λ = 0,56 Θ	λ = 0,99 WBV	λ = 0,99 Θ
0	6	0,27	0,78	0,37	0,73	0,47	0,70
		0,47	0,72	0,37	0,73	0,29	0,73
0	8	0,28	0,79	0,39	0,73	0,49	0,70
		0,47	0,72	0,37	0,73	0,29	0,73
0	10	0,29	0,79	0,40	0,73	0,50	0,71
		0,47	0,72	0,37	0,73	0,28	0,73
2,5	6	0,13	0,87	0,22	0,81	0,30	0,78
		0,22	0,84	0,19	0,81	0,14	0,80
2,5	8	0,14	0,87	0,24	0,82	0,32	0,79
		0,22	0,84	0,18	0,82	0,13	0,80
2,5	10	0,15	0,88	0,25	0,82	0,33	0,79
		0,22	0,84	0,18	0,82	0,13	0,80

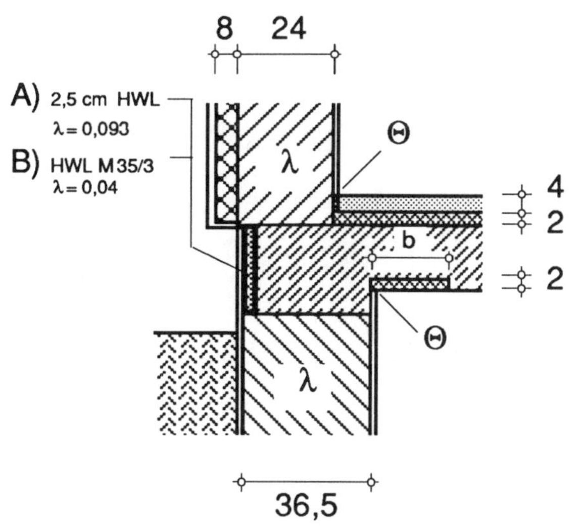

	b [cm]	λ = 0,21 WBV	λ = 0,21 Θ	λ = 0,56 WBV	λ = 0,56 Θ	λ = 0,99 WBV	λ = 0,99 Θ
A	12,5	0,15	0,87	0,25	0,81	0,34	0,78
		0,19	0,83	0,15	0,80	0,09	0,78
	25	0,17	0,87	0,27	0,81	0,35	0,78
		0,18	0,82	0,13	0,80	0,07	0,78
	50	0,18	0,86	0,28	0,81	0,37	0,78
		0,16	0,82	0,11	0,79	0,05	0,78
B	12,5	0,13	0,88	0,23	0,82	0,32	0,79
		0,16	0,85	0,12	0,82	0,07	0,80
	25	0,14	0,88	0,24	0,82	0,33	0,79
		0,14	0,85	0,10	0,81	0,05	0,79
	50	0,15	0,88	0,26	0,82	0,34	0,79
		0,13	0,84	0,08	0,81	0,03	0,79

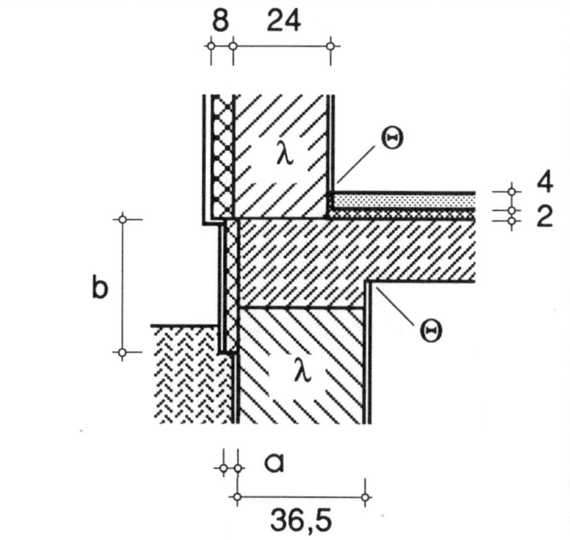

a [cm]	b [cm]	λ = 0,21 WBV	λ = 0,21 Θ	λ = 0,56 WBV	λ = 0,56 Θ	λ = 0,99 WBV	λ = 0,99 Θ
4	30	0,10	0,90	0,15	0,86	0,20	0,84
		0,19	0,87	0,20	0,85	0,20	0,84
4	50	0,08	0,91	0,11	0,88	0,14	0,87
		0,15	0,89	0,14	0,89	0,13	0,88
4	100	0,08	0,91	0,10	0,89	0,11	0,88
		0,15	0,90	0,11	0,90	0,09	0,90
6	30	0,08	0,91	0,13	0,87	0,17	0,85
		0,17	0,89	0,19	0,87	0,20	0,85
6	50	0,06	0,92	0,09	0,90	0,11	0,88
		0,13	0,91	0,12	0,90	0,12	0,89
6	100	0,06	0,93	0,07	0,91	0,08	0,90
		0,12	0,92	0,09	0,92	0,08	0,92

	3. Außenwand mit Wärmedämmverbundsystem
	3.3.4 Kellerdeckenanschluß zum beheizten Keller

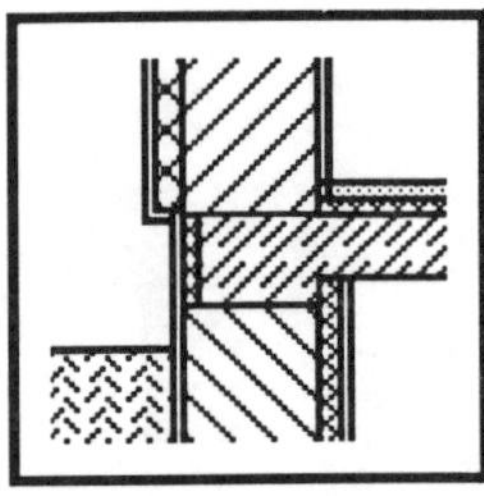

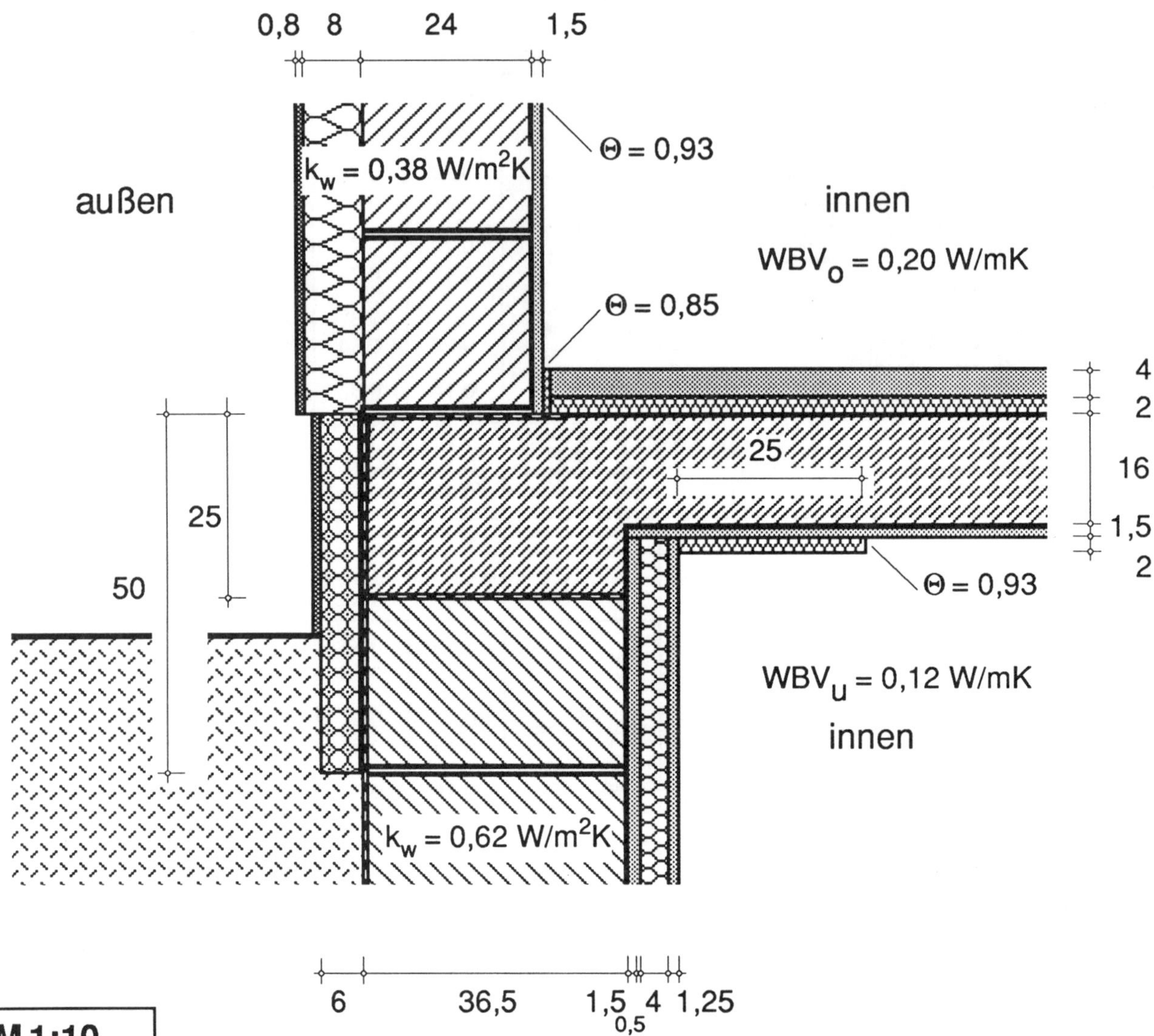

M 1:10

Baustoff	Dicke s [m]	Rohdichte ρ [kg/m³]	Wärmeleitfähigkeit λ_R [W/mK]
Gipsputz/Ansetzmörtel	0,02	1200	0,35
Mauerwerk	0,24	1200	0,56
Wärmedämmstoff	0,08	-	0,04
Kunstharzputz	0,008	1000	0,70
Zementestrich	0,04	2000	1,4
Wärmedämmstoff / Trittschalldämmung	0,02	-	0,04
Stahlbeton	0,16	2400	2,1
Randdämmstreifen	0,005	-	0,04
Mauerwerk	0,365	1800	0,99
Wärmedämmstoff/Perimeterdämmung	0,06	-	0,04
Gipskartonplatte	0,0125	900	0,21
Wärmedämmstoff	0,04	-	0,04
Erdreich	-	-	2,1

Außenwand mit Wärmedämmverbundsystem 3.

Kellerdeckenanschluß zum beheizten Keller 3.3.4

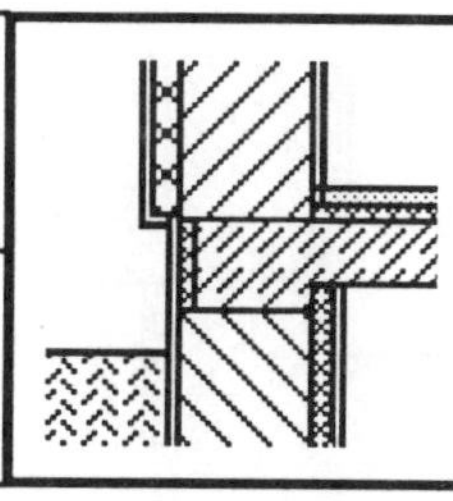

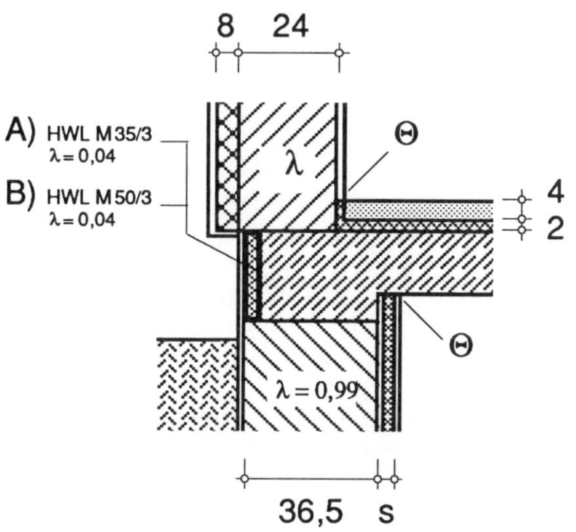

	s [cm]	λ = 0,21 WBV	λ = 0,21 Θ	λ = 0,56 WBV	λ = 0,56 Θ	λ = 0,99 WBV	λ = 0,99 Θ
A	2	0,23 0,27	0,83 0,78	0,32 0,26	0,78 0,79	0,40 0,25	0,76 0,79
A	4	0,26 0,27	0,82 0,78	0,35 0,26	0,77 0,79	0,42 0,25	0,75 0,79
A	6	0,27 0,27	0,81 0,78	0,36 0,26	0,76 0,79	0,44 0,25	0,74 0,80
B	2	0,22 0,25	0,83 0,79	0,30 0,24	0,79 0,80	0,37 0,23	0,77 0,80
B	4	0,24 0,26	0,83 0,79	0,33 0,25	0,78 0,80	0,40 0,24	0,76 0,80
B	6	0,26 0,26	0,82 0,79	0,34 0,25	0,77 0,80	0,42 0,24	0,75 0,80

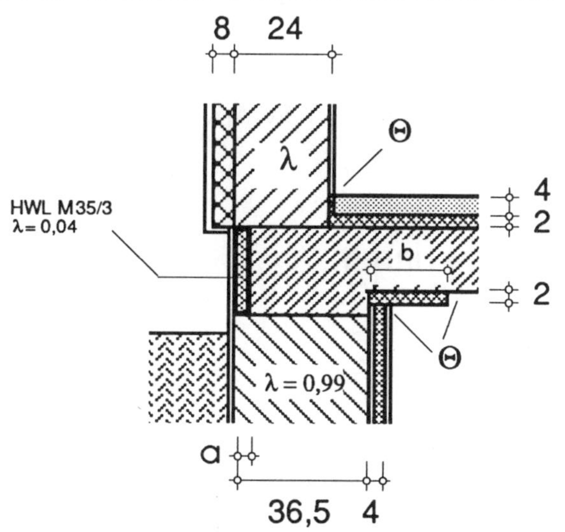

a [cm]	b [cm]	λ = 0,21 WBV	λ = 0,21 Θ	λ = 0,56 WBV	λ = 0,56 Θ	λ = 0,99 WBV	λ = 0,99 Θ
2	12,5	0,26 0,22	0,82 0,83	0,35 0,21	0,77 0,83	0,42 0,20	0,75 0,83
2	25	0,28 0,18	0,82 0,88	0,37 0,18	0,77 0,88	0,44 0,17	0,75 0,89
2	50	0,31 0,15	0,82 0,91	0,39 0,14	0,77 0,91	0,47 0,13	0,75 0,91
4	12,5	0,26 0,21	0,82 0,82	0,35 0,20	0,77 0,83	0,42 0,20	0,75 0,83
4	25	0,29 0,17	0,82 0,87	0,38 0,16	0,77 0,88	0,45 0,15	0,75 0,88
4	50	0,32 0,12	0,81 0,91	0,41 0,11	0,76 0,91	0,49 0,11	0,74 0,92

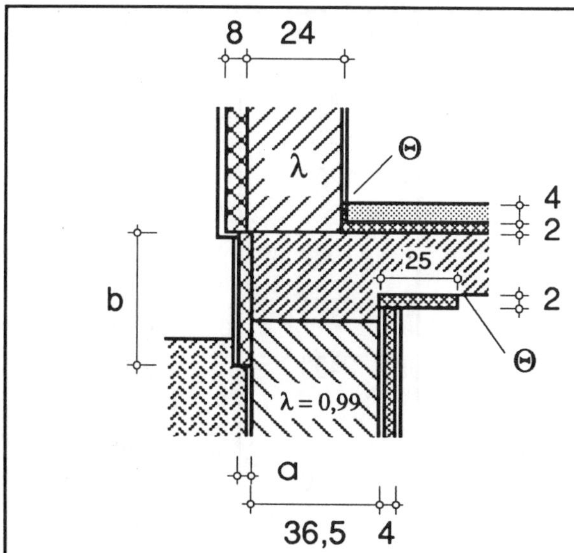

a [cm]	b [cm]	λ = 0,21 WBV	λ = 0,21 Θ	λ = 0,56 WBV	λ = 0,56 Θ	λ = 0,99 WBV	λ = 0,99 Θ
4	30	0,24 0,19	0,84 0,90	0,29 0,17	0,80 0,90	0,33 0,16	0,79 0,91
4	50	0,19 0,15	0,86 0,92	0,23 0,13	0,83 0,92	0,26 0,12	0,82 0,92
4	100	0,16 0,12	0,88 0,93	0,19 0,10	0,85 0,93	0,22 0,09	0,84 0,94
6	30	0,22 0,19	0,84 0,90	0,27 0,17	0,81 0,91	0,31 0,16	0,81 0,91
6	50	0,17 0,14	0,87 0,92	0,20 0,12	0,85 0,93	0,23 0,11	0,84 0,93
6	100	0,13 0,10	0,89 0,94	0,15 0,09	0,87 0,94	0,17 0,08	0,86 0,95

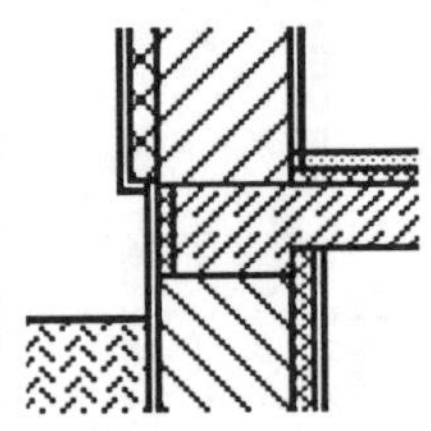

3. Außenwand mit Wärmedämmverbundsystem

3.3.4 Kellerdeckenanschluß zum beheizten Keller

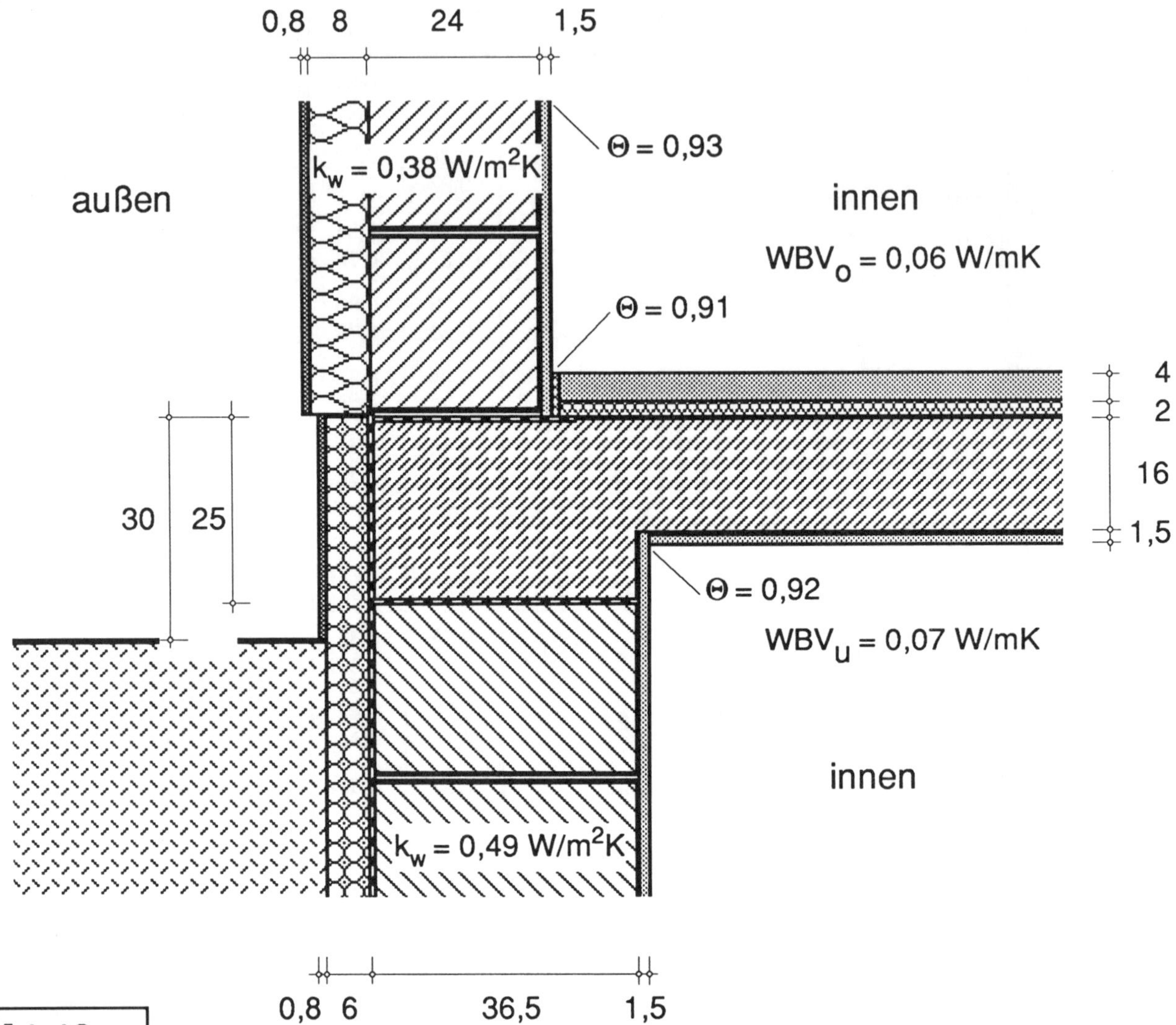

M 1:10

Baustoff	Dicke s [m]	Rohdichte ρ [kg/m³]	Wärmeleitfähigkeit λ_R [W/mK]
Gipsputz	0,015	1200	0,35
Mauerwerk	0,24	1200	0,56
Wärmedämmstoff	0,08	-	0,04
Kunstharzputz	0,008	1000	0,70
Zementestrich	0,04	2000	1,4
Wärmedämmstoff / Trittschalldämmung	0,02	-	0,04
Stahlbeton	0,16	2400	2,1
Randdämmstreifen	0,005	-	0,04
Wärmedämmstoff/Perimeterdämmung	0,06	-	0,04
Mauerwerk	0,365	1800	0,99
Erdreich	-	-	2,1

Außenwand mit Wärmedämmverbundsystem 3.

Kellerdeckenanschluß zum beheizten Keller 3.3.4

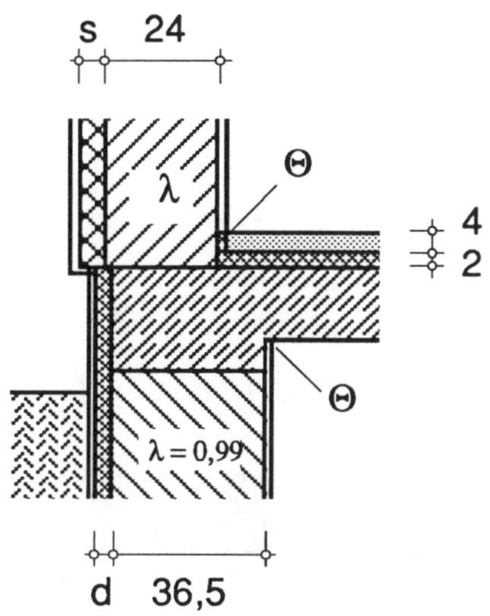

s [cm]	d [cm]	λ = 0,21 WBV	λ = 0,21 Θ	λ = 0,56 WBV	λ = 0,56 Θ	λ = 0,99 WBV	λ = 0,99 Θ
6	4	0,07 0,10	0,91 0,90	0,08 0,10	0,89 0,90	0,10 0,09	0,88 0,90
8	6	0,05 0,08	0,93 0,92	0,06 0,07	0,91 0,92	0,07 0,07	0,91 0,92
10	8	0,04 0,07	0,94 0,94	0,05 0,06	0,93 0,94	0,06 0,06	0,92 0,94
12	10	0,03 0,06	0,95 0,95	0,04 0,05	0,94 0,95	0,05 0,05	0,93 0,95

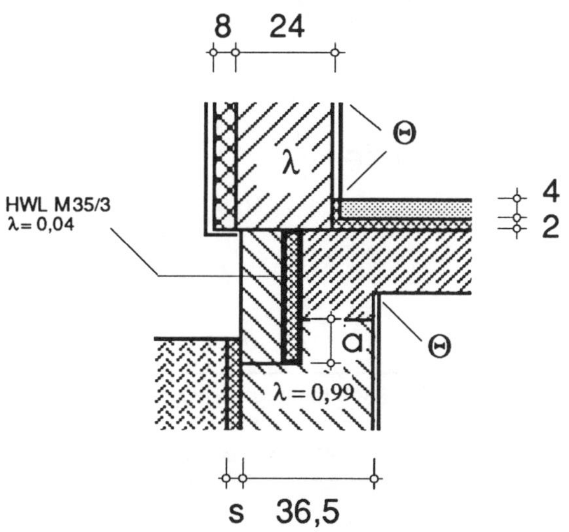

s [cm]	a [cm]	λ = 0,21 WBV	λ = 0,21 Θ	λ = 0,56 WBV	λ = 0,56 Θ	λ = 0,99 WBV	λ = 0,99 Θ
4	0	0,15 0,22	0,86 0,83	0,26 0,23	0,81 0,83	0,34 0,24	0,78 0,83
6	0	0,15 0,24	0,87 0,84	0,25 0,25	0,81 0,83	0,34 0,25	0,79 0,83
8	0	0,15 0,25	0,87 0,84	0,25 0,26	0,81 0,83	0,34 0,26	0,79 0,83
4	25	0,13 0,15	0,88 0,87	0,23 0,16	0,83 0,87	0,31 0,17	0,80 0,86
6	25	0,13 0,17	0,88 0,88	0,23 0,18	0,83 0,87	0,31 0,19	0,80 0,87
8	25	0,13 0,18	0,88 0,88	0,23 0,19	0,83 0,87	0,31 0,20	0,80 0,87

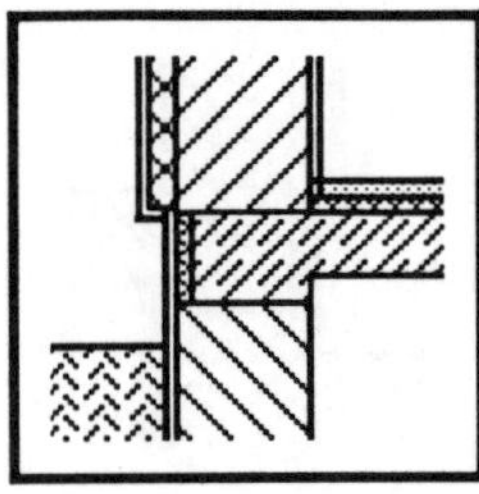

3. Außenwand mit Wärmedämmverbundsystem

3.3.5 Kellerdeckenanschluß zum unbeheizten Keller

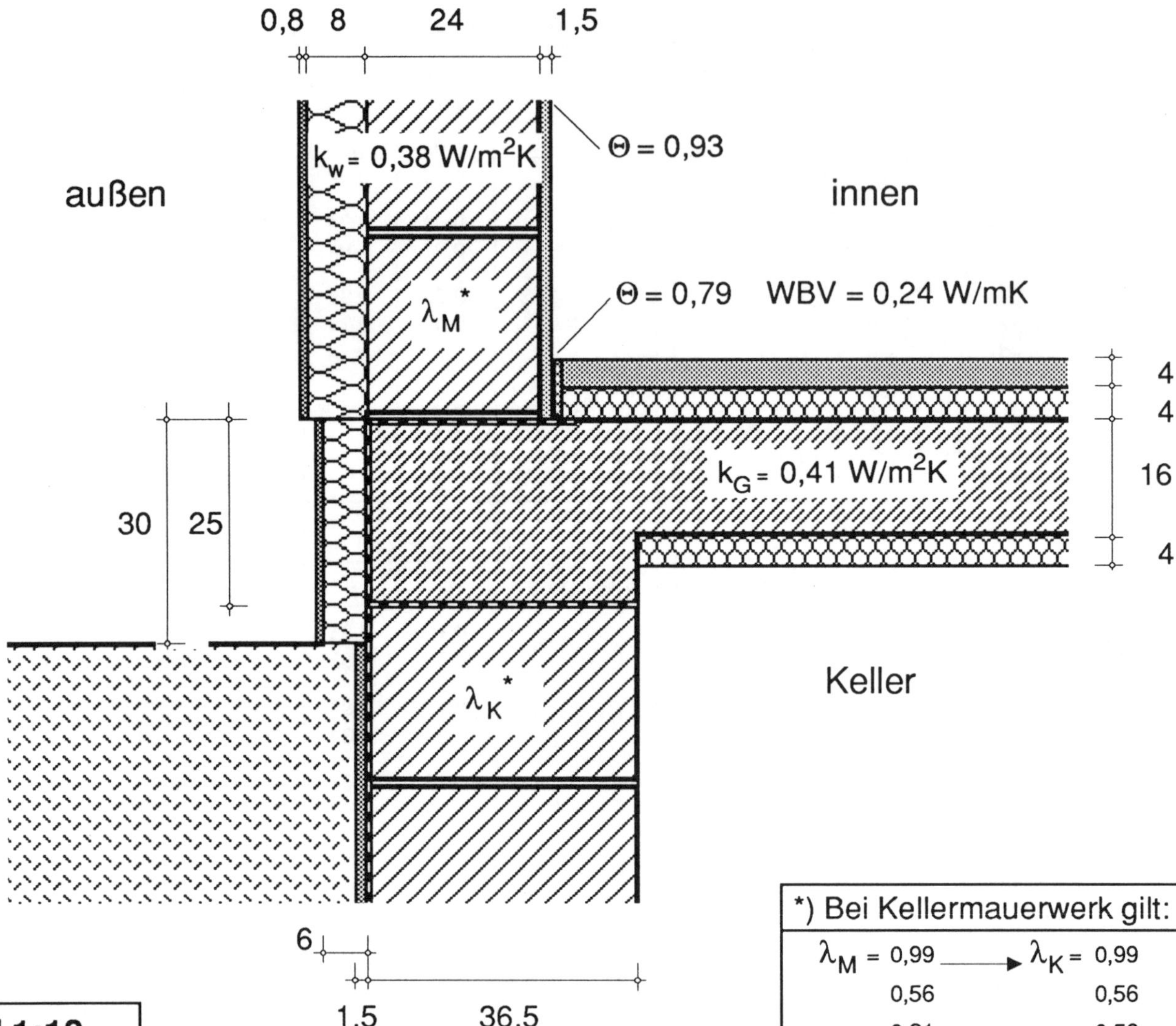

M 1:10

*) Bei Kellermauerwerk gilt:

λ_M		λ_K
λ_M = 0,99	→	λ_K = 0,99
0,56		0,56
0,21		0,56

Baustoff	Dicke s [m]	Rohdichte ρ [kg/m³]	Wärmeleitfähigkeit λ_R [W/mK]
Gipsputz	0,015	1200	0,35
Mauerwerk	-	1200	0,99
Wärmedämmstoff	-	-	0,04
Kunstharzputz	0,008	1000	0,70
Zementestrich	0,04	2000	1,4
Wärmedämmstoff / Trittschalldämmung	0,04	-	0,04
Stahlbeton	0,16	2400	2,1
Erdreich	-	-	2,1
Zementputz	0,015	2000	1,4
Randdämmstreifen	0,005	-	0,04

Außenwand mit Wärmedämmverbundsystem 3.

Kellerdeckenanschluß zum unbeheizten Keller 3.3.5

HWL - M 50/3

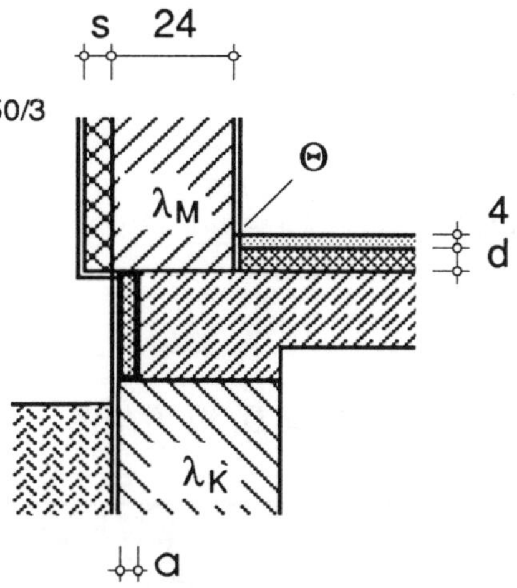

s	a [cm]	d	$\lambda_M = 0{,}21$ WBV	$\lambda_M = 0{,}21$ Θ	$\lambda_M = 0{,}56$ WBV	$\lambda_M = 0{,}56$ Θ	$\lambda_M = 0{,}99$ WBV	$\lambda_M = 0{,}99$ Θ
6	0	4	0,19	0,75	0,33	0,68	0,44	0,64
8	0	4	0,20	0,76	0,34	0,68	0,46	0,65
10	0	4	0,21	0,76	0,35	0,69	0,48	0,65
6	0	6	0,17	0,77	0,30	0,69	0,42	0,66
8	0	6	0,18	0,78	0,32	0,70	0,44	0,66
10	0	6	0,18	0,78	0,33	0,70	0,45	0,67
6	4	4	0,13	0,80	0,23	0,74	0,33	0,70
8	4	4	0,14	0,80	0,24	0,74	0,35	0,71
10	4	4	0,14	0,80	0,25	0,75	0,36	0,72
6	4	6	0,12	0,81	0,22	0,75	0,32	0,71
8	4	6	0,13	0,82	0,23	0,75	0,34	0,72
10	4	6	0,13	0,82	0,24	0,76	0,35	0,72

HWL -
M 35 - 50/3

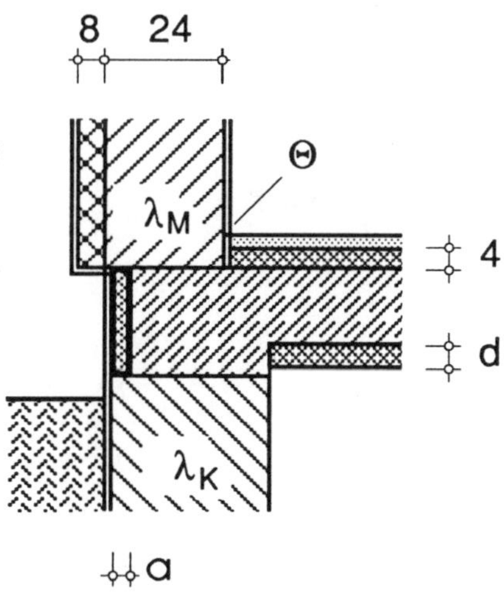

d [cm]	a [cm]	$\lambda_M = 0{,}21$ WBV	$\lambda_M = 0{,}21$ Θ	$\lambda_M = 0{,}56$ WBV	$\lambda_M = 0{,}56$ Θ	$\lambda_M = 0{,}99$ WBV	$\lambda_M = 0{,}99$ Θ
2	0	0,26	0,76	0,40	0,68	0,52	0,65
4	0	0,31	0,76	0,44	0,68	0,56	0,65
6	0	0,34	0,76	0,47	0,68	0,58	0,65
2	2,5	0,19	0,80	0,30	0,74	0,40	0,71
4	2,5	0,22	0,80	0,32	0,75	0,43	0,71
6	2,5	0,25	0,80	0,35	0,75	0,45	0,71
2	4	0,18	0,81	0,28	0,75	0,38	0,72
4	4	0,21	0,81	0,31	0,75	0,41	0,72
6	4	0,23	0,81	0,33	0,76	0,43	0,72

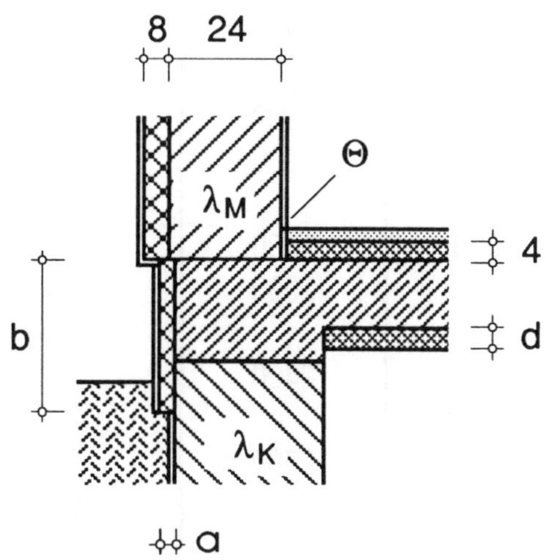

d	a [cm]	b	$\lambda_M = 0{,}21$ WBV	$\lambda_M = 0{,}21$ Θ	$\lambda_M = 0{,}56$ WBV	$\lambda_M = 0{,}56$ Θ	$\lambda_M = 0{,}99$ WBV	$\lambda_M = 0{,}99$ Θ
0	4	30	0,12	0,81	0,21	0,77	0,28	0,74
2	4	30	0,16	0,82	0,24	0,77	0,31	0,75
4	4	30	0,19	0,82	0,26	0,78	0,33	0,75
0	6	30	0,12	0,82	0,19	0,77	0,27	0,75
2	6	30	0,15	0,82	0,22	0,78	0,29	0,76
4	6	30	0,18	0,83	0,24	0,79	0,31	0,76
0	4	50	0,11	0,82	0,19	0,78	0,25	0,76
2	4	50	0,14	0,83	0,21	0,79	0,27	0,77
4	4	50	0,17	0,83	0,23	0,79	0,29	0,77
0	6	50	0,10	0,83	0,17	0,79	0,24	0,77
2	6	50	0,13	0,84	0,19	0,80	0,25	0,78
4	6	50	0,15	0,84	0,21	0,80	0,27	0,78

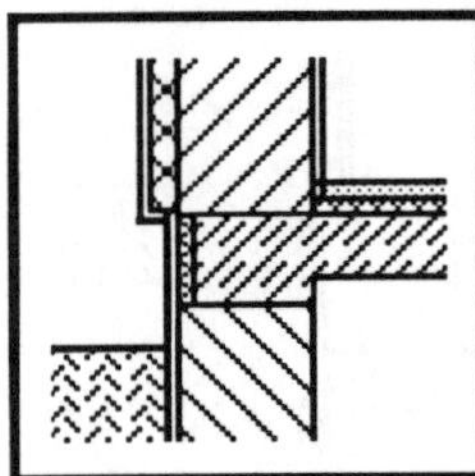

3. Außenwand mit Wärmedämmverbundsystem

3.3.5 Kellerdeckenanschluß zum unbeheizten Keller

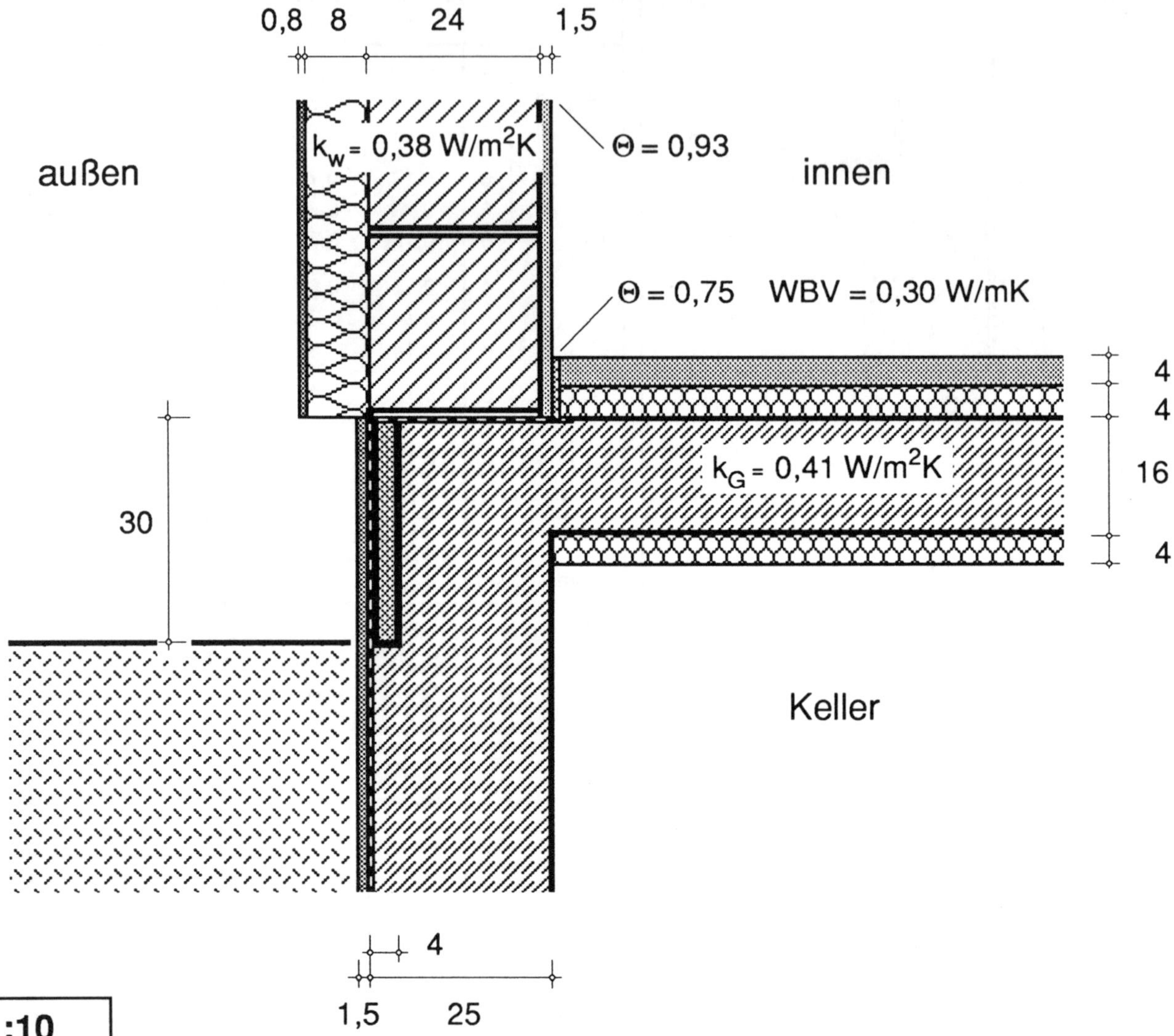

M 1:10

Baustoff	Dicke s [m]	Rohdichte ρ [kg/m³]	Wärmeleitfähigkeit λ_R [W/mK]
Gipsputz	0,015	1200	0,35
Mauerwerk	0,24	1200	0,56
Wärmedämmstoff	-	-	0,04
Kunstharzputz	0,008	1000	0,70
Zementestrich	0,04	2000	1,4
Wärmedämmstoff / Trittschalldämmung	0,04	-	0,04
Stahlbeton	0,16	2400	2,1
Erdreich	-	-	2,1
Zementputz	0,015	2000	1,4
Mehrschicht-Leichtbauplatte - M 50/3	0,04	≥15	0,04
Randdämmstreifen	0,005	-	0,04

Außenwand mit Wärmedämmverbundsystem 3.

Kellerdeckenanschluß zum unbeheizten Keller 3.3.5

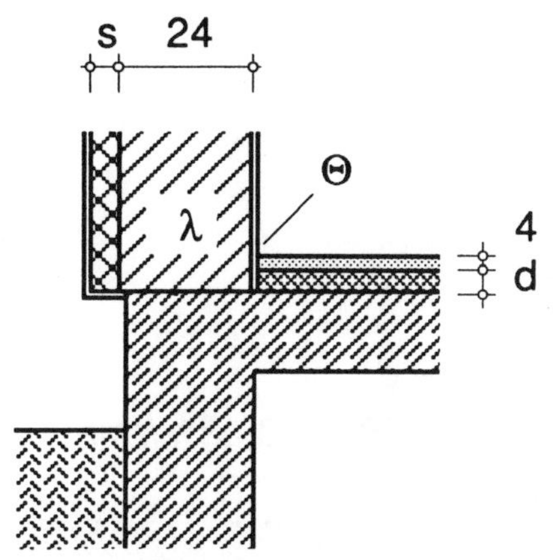

s [cm]	d [cm]	λ = 0,21 WBV	λ = 0,21 Θ	λ = 0,56 WBV	λ = 0,56 Θ	λ = 0,99 WBV	λ = 0,99 Θ
6	4	0,18	0,76	0,31	0,68	0,43	0,65
8	4	0,19	0,76	0,33	0,69	0,45	0,66
10	4	0,19	0,76	0,34	0,69	0,46	0,66
12	4	0,20	0,77	0,35	0,69	0,47	0,66
6	6	0,16	0,78	0,29	0,70	0,40	0,66
8	6	0,17	0,78	0,31	0,70	0,43	0,67
10	6	0,17	0,78	0,32	0,71	0,44	0,67
12	6	0,18	0,79	0,32	0,71	0,45	0,67

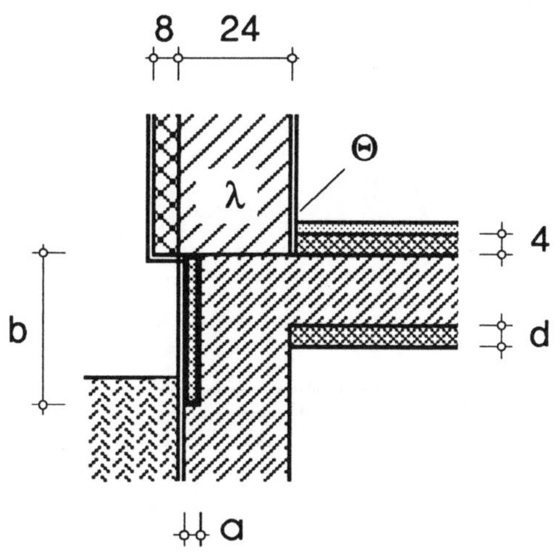

a [cm]	d [cm]	b [cm]	λ = 0,21 WBV	λ = 0,21 Θ	λ = 0,56 WBV	λ = 0,56 Θ	λ = 0,99 WBV	λ = 0,99 Θ
2,5	0	30	0,14	0,80	0,25	0,74	0,35	0,71
4,0	0	30	0,13	0,80	0,24	0,74	0,33	0,72
2,5	2	30	0,18	0,80	0,29	0,74	0,38	0,72
4,0	2	30	0,17	0,81	0,28	0,75	0,36	0,72
2,5	4	30	0,21	0,80	0,32	0,74	0,40	0,72
4,0	4	30	0,20	0,81	0,30	0,75	0,39	0,73
2,5	0	50	0,13	0,81	0,23	0,75	0,32	0,72
4,0	0	50	0,12	0,81	0,22	0,76	0,31	0,73
2,5	2	50	0,16	0,81	0,26	0,76	0,35	0,73
4,0	2	50	0,15	0,82	0,25	0,76	0,33	0,74
2,5	4	50	0,19	0,82	0,29	0,76	0,37	0,73
4,0	4	50	0,18	0,82	0,27	0,77	0,35	0,74

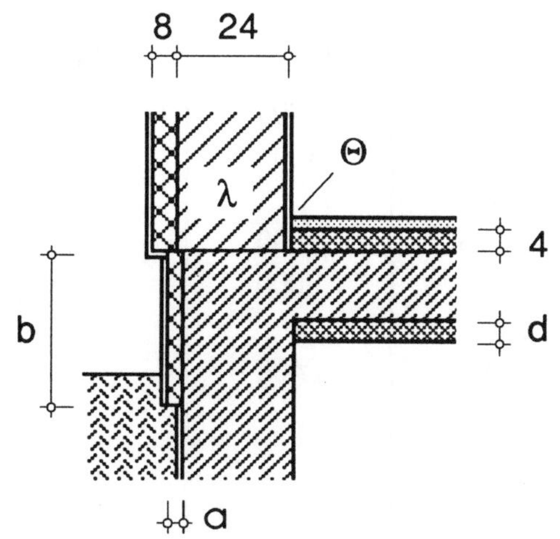

a [cm]	d [cm]	b [cm]	λ = 0,21 WBV	λ = 0,21 Θ	λ = 0,56 WBV	λ = 0,56 Θ	λ = 0,99 WBV	λ = 0,99 Θ
4	0	30	0,13	0,81	0,22	0,76	0,29	0,74
6	0	30	0,12	0,81	0,21	0,76	0,27	0,75
4	2	30	0,16	0,81	0,25	0,76	0,31	0,75
6	2	30	0,16	0,82	0,23	0,77	0,29	0,75
4	4	30	0,19	0,81	0,27	0,77	0,33	0,75
6	4	30	0,18	0,82	0,26	0,77	0,31	0,76
4	0	50	0,11	0,82	0,19	0,77	0,26	0,75
6	0	50	0,11	0,82	0,18	0,78	0,24	0,76
4	2	50	0,14	0,82	0,22	0,78	0,27	0,77
6	2	50	0,13	0,83	0,20	0,79	0,25	0,77
4	4	50	0,17	0,83	0,24	0,79	0,29	0,77
6	4	50	0,16	0,83	0,22	0,79	0,27	0,78

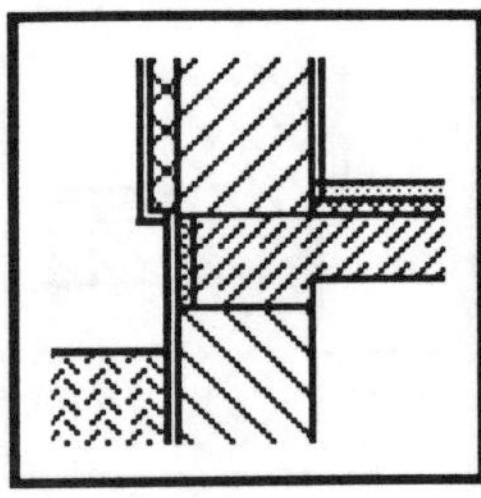

3. Außenwand mit Wärmedämmverbundsystem

3.3.5 Kellerdeckenanschluß zum unbeheizten Keller

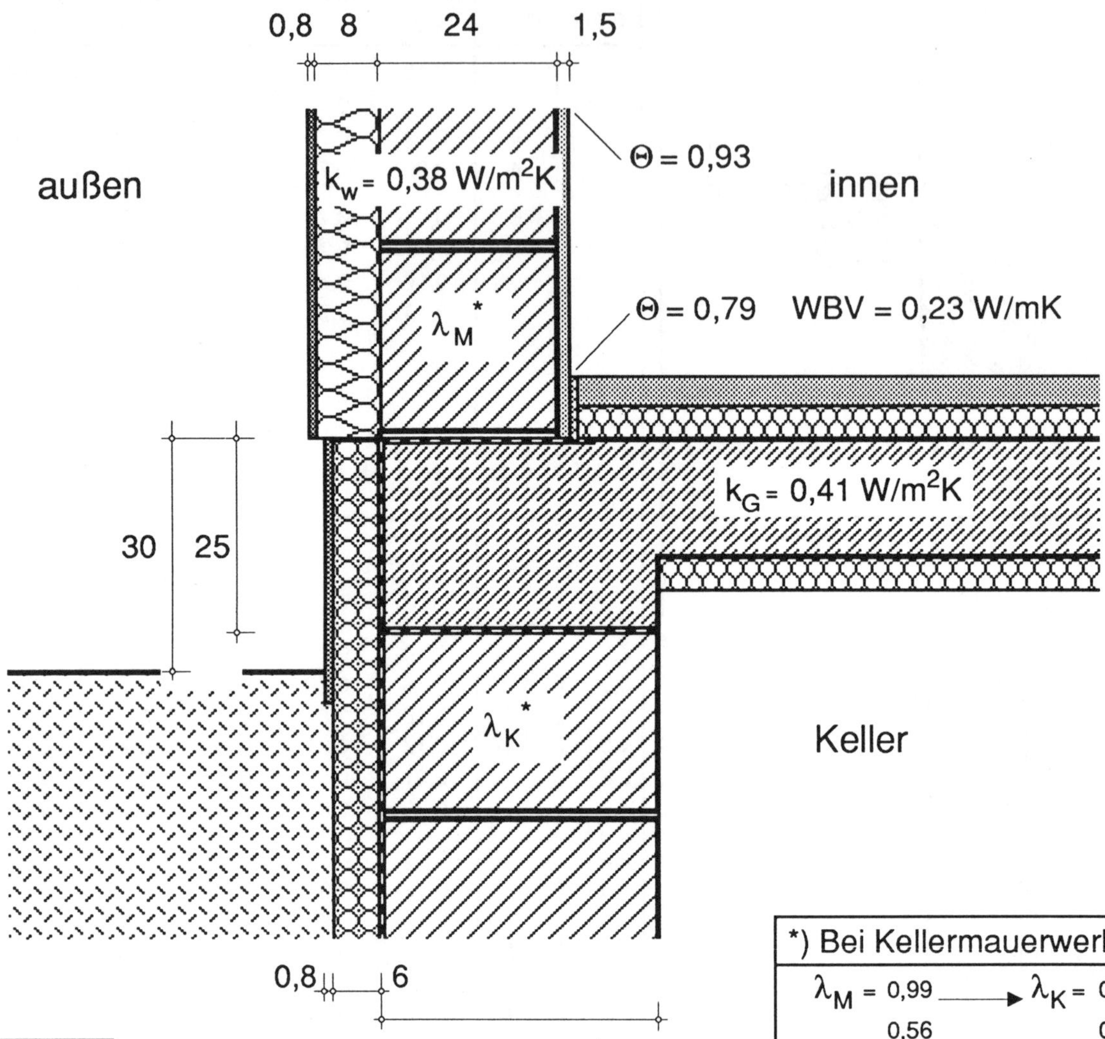

*) Bei Kellermauerwerk gilt:	
λ_M = 0,99 →	λ_K = 0,99
0,56	0,56
0,21	0,56

M 1:10

Baustoff	Dicke s [m]	Rohdichte ρ [kg/m³]	Wärmeleitfähigkeit λ_R [W/mK]
Gipsputz	0,015	1200	0,35
Mauerwerk	-	1200	0,56
Wärmedämmstoff	0,08	-	0,04
Kunstharzputz	0,008	1000	0,70
Zementestrich	0,04	2000	1,4
Wärmedämmstoff / Trittschalldämmung	0,02	-	0,04
Stahlbeton	0,16	2400	2,1
Erdreich	-	-	2,1
Wärmedämmstoff/Perimeterdämmung	0,06	-	0,04
Randdämmstreifen	0,005	-	0,04

Außenwand mit Wärmedämmverbundsystem 3.

Kellerdeckenanschluß zum unbeheizten Keller 3.3.5

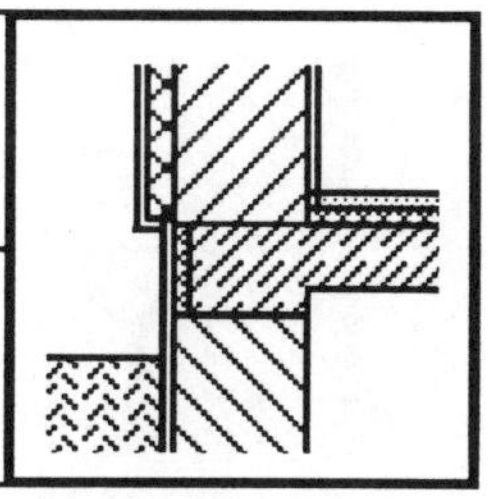

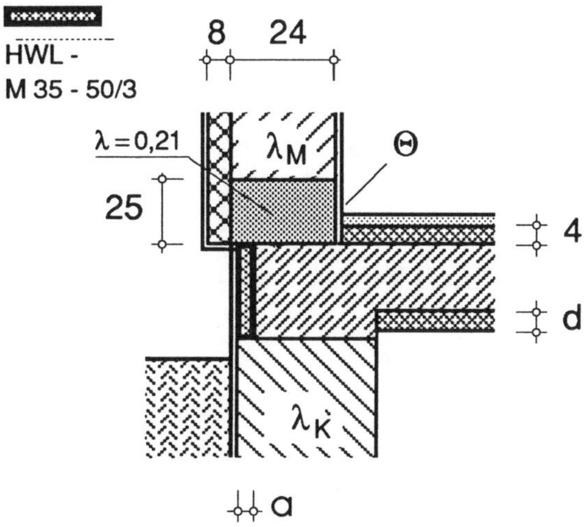

d [cm]	a [cm]	$\lambda_M = 0,21$ WBV	$\lambda_M = 0,21$ Θ	$\lambda_M = 0,56$ WBV	$\lambda_M = 0,56$ Θ	$\lambda_M = 0,99$ WBV	$\lambda_M = 0,99$ Θ
2	0	0,26	0,75	0,27	0,76	0,27	0,76
4	0	0,31	0,76	0,31	0,76	0,31	0,76
6	0	0,34	0,76	0,34	0,76	0,34	0,76
2	2,5	0,19	0,80	0,19	0,80	0,20	0,80
4	2,5	0,22	0,80	0,22	0,81	0,24	0,80
6	2,5	0,25	0,80	0,25	0,81	0,26	0,80
2	4	0,18	0,81	0,18	0,81	0,19	0,81
4	4	0,21	0,81	0,21	0,81	0,23	0,81
6	4	0,23	0,81	0,23	0,82	0,25	0,81

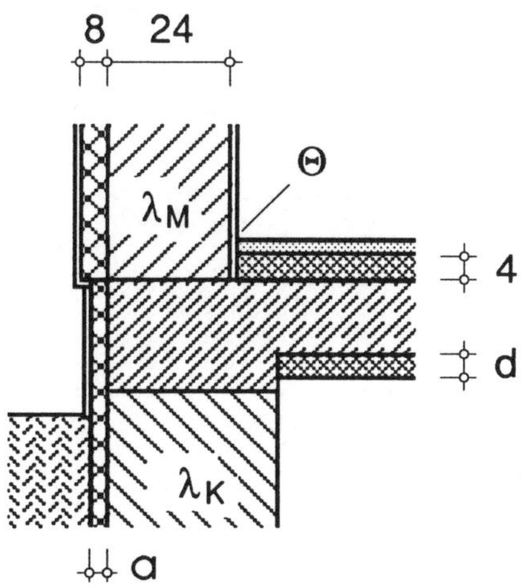

d [cm]	a [cm]	$\lambda_M = 0,21$ WBV	$\lambda_M = 0,21$ Θ	$\lambda_M = 0,56$ WBV	$\lambda_M = 0,56$ Θ	$\lambda_M = 0,99$ WBV	$\lambda_M = 0,99$ Θ
0	4	0,11	0,82	0,18	0,78	0,24	0,76
2	4	0,14	0,83	0,21	0,79	0,26	0,78
4	4	0,17	0,83	0,23	0,79	0,28	0,78
0	6	0,10	0,83	0,17	0,79	0,22	0,78
2	6	0,13	0,84	0,19	0,80	0,23	0,79
4	6	0,15	0,84	0,21	0,81	0,25	0,79
0	8	0,09	0,83	0,16	0,80	0,21	0,78
2	8	0,12	0,84	0,18	0,81	0,22	0,80
4	8	0,14	0,85	0,19	0,81	0,23	0,80

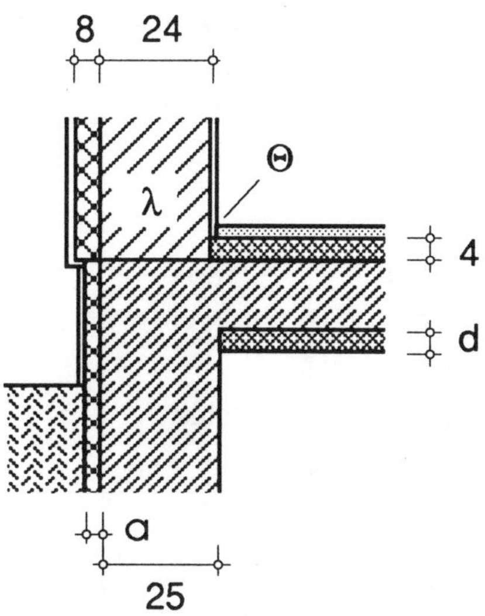

d [cm]	a [cm]	$\lambda = 0,21$ WBV	$\lambda = 0,21$ Θ	$\lambda = 0,56$ WBV	$\lambda = 0,56$ Θ	$\lambda = 0,99$ WBV	$\lambda = 0,99$ Θ
0	4	0,11	0,82	0,18	0,78	0,25	0,76
2	4	0,13	0,83	0,20	0,79	0,26	0,77
4	4	0,16	0,84	0,22	0,80	0,27	0,78
0	6	0,10	0,83	0,17	0,79	0,23	0,77
2	6	0,12	0,84	0,19	0,80	0,24	0,79
4	6	0,14	0,84	0,20	0,81	0,25	0,79
0	8	0,09	0,83	0,17	0,79	0,22	0,78
2	8	0,12	0,84	0,18	0,81	0,22	0,79
4	8	0,14	0,85	0,19	0,81	0,24	0,80

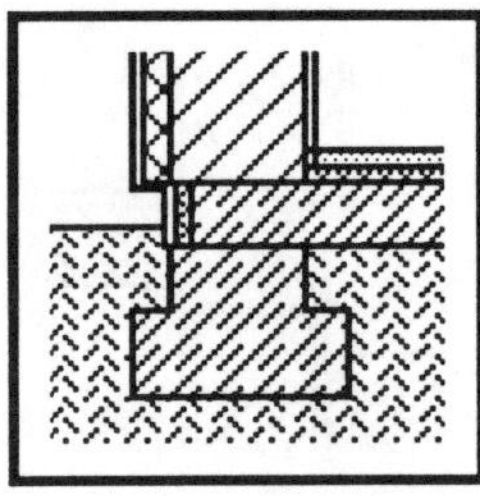

3. Außenwand mit Wärmedämmverbundsystem

3.3.6 Bodenplattenanschluß, nicht unterkellert

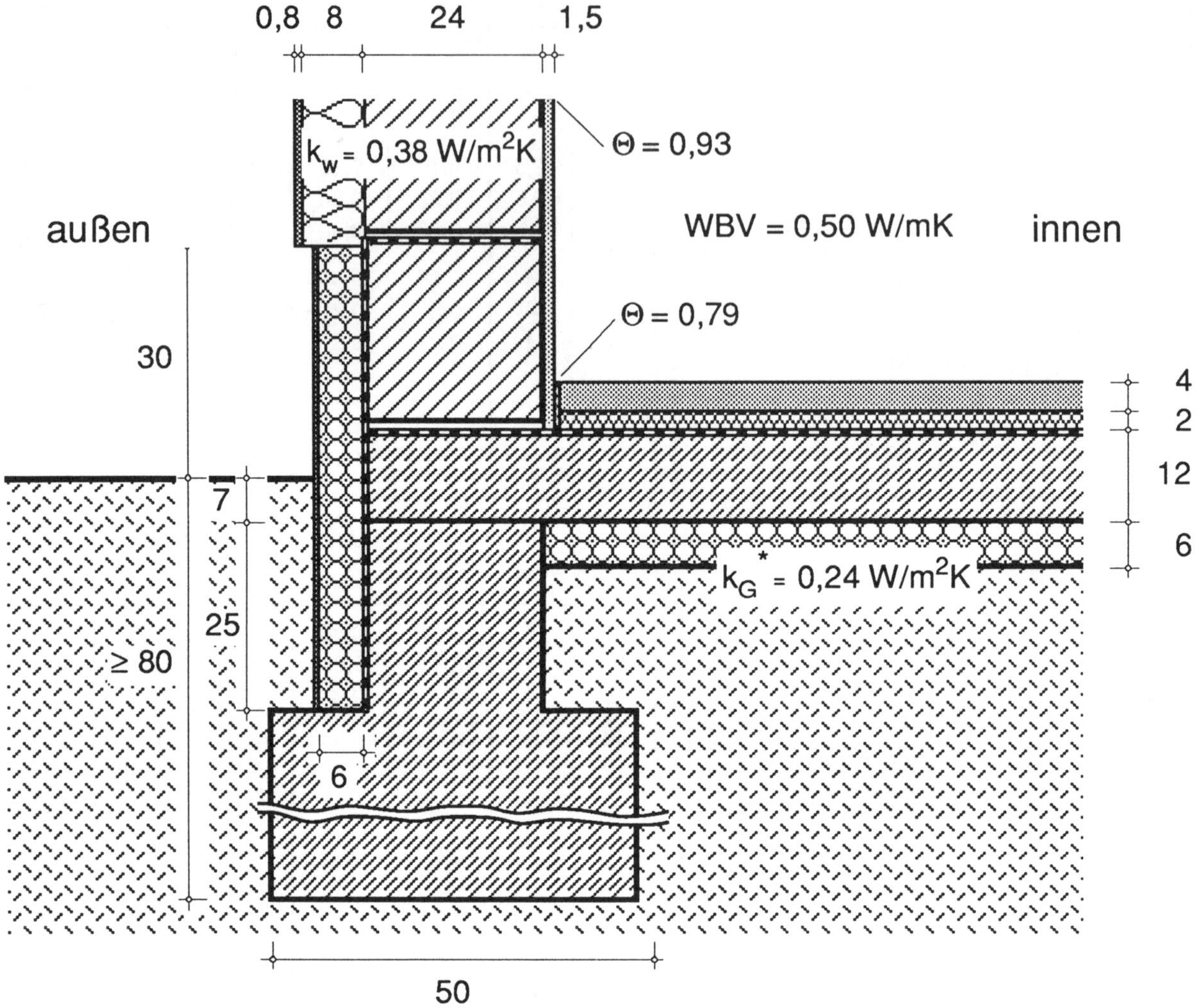

M 1:10

* inkl. Erdreich

Baustoff	Dicke s [m]	Rohdichte ρ [kg/m³]	Wärmeleitfähigkeit λ_R [W/mK]
Gipsputz	0,015	1200	0,35
Mauerwerk	0,24	1200	0,56
Wärmedämmstoff	0,08	-	0,04
Kunstharzputz	0,008	1000	0,70
Zementestrich	0,04	2000	1,4
Wärmedämmstoff / Trittschalldämmung	0,02	-	0,04
Stahlbeton	0,16	2400	2,1
Wärmedämmstoff/Perimeterdämmung	0,06	-	0,04
Randdämmstreifen	0,005	-	0,04
Erdreich	-	-	2,1

Außenwand mit Wärmedämmverbundsystem 3.

Bodenplattenanschluß, nicht unterkellert 3.3.6

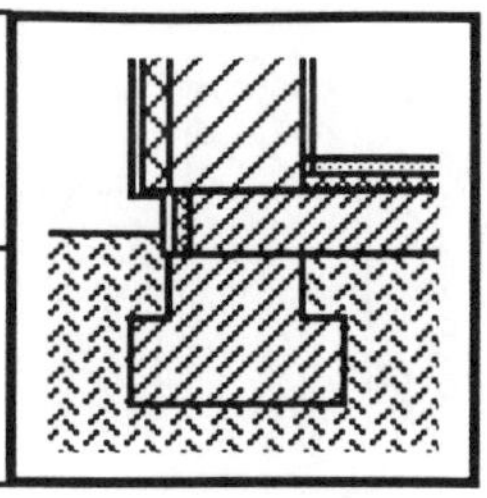

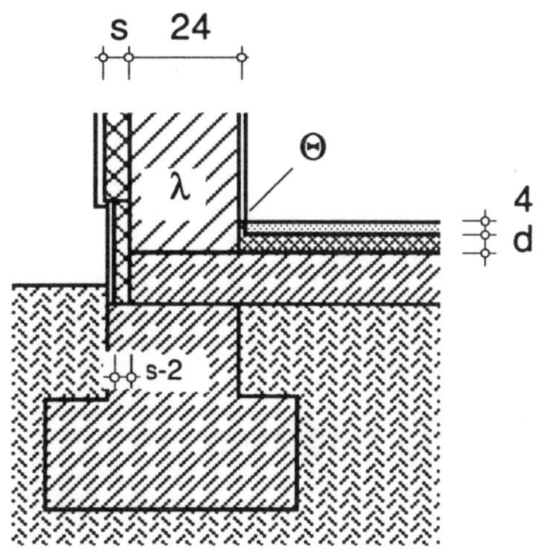

s [cm]	d [cm]	λ = 0,21 WBV	λ = 0,21 Θ	λ = 0,56 WBV	λ = 0,56 Θ	λ = 0,99 WBV	λ = 0,99 Θ
6	4	0,57	0,81	0,66	0,74	0,73	0,71
6	6	0,47	0,81	0,57	0,74	0,65	0,71
6	8	0,41	0,82	0,51	0,75	0,59	0,72
8	4	0,56	0,81	0,65	0,75	0,72	0,73
8	6	0,46	0,82	0,56	0,76	0,63	0,73
8	8	0,40	0,83	0,50	0,76	0,58	0,73
10	4	0,55	0,82	0,64	0,76	0,71	0,74
10	6	0,46	0,83	0,55	0,77	0,63	0,74
10	8	0,39	0,84	0,49	0,77	0,57	0,74
12	4	0,54	0,83	0,63	0,77	0,70	0,75
12	6	0,45	0,83	0,54	0,77	0,62	0,75
12	8	0,39	0,84	0,49	0,78	0,56	0,75

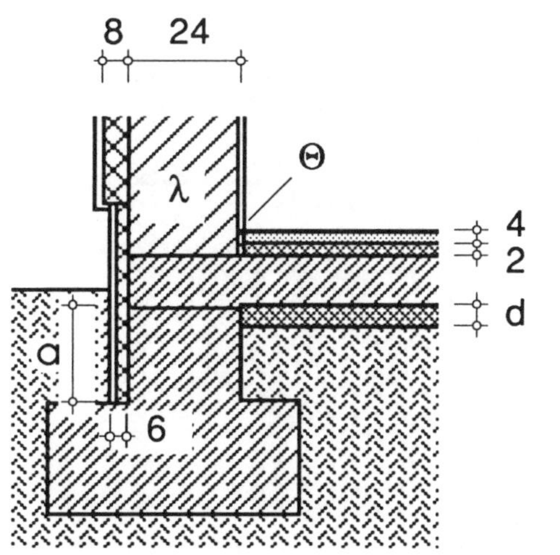

d [cm]	a [cm]	λ = 0,21 WBV	λ = 0,21 Θ	λ = 0,56 WBV	λ = 0,56 Θ	λ = 0,99 WBV	λ = 0,99 Θ
4	0	0,57	0,81	0,65	0,75	0,71	0,73
4	25	0,48	0,84	0,53	0,79	0,57	0,78
4	50	0,42	0,85	0,46	0,81	0,50	0,80
6	0	0,54	0,81	0,62	0,75	0,69	0,73
6	25	0,45	0,84	0,50	0,79	0,55	0,78
6	50	0,40	0,85	0,44	0,81	0,48	0,80
8	0	0,52	0,81	0,60	0,75	0,67	0,73
8	25	0,43	0,84	0,49	0,79	0,53	0,78
8	50	0,38	0,85	0,43	0,81	0,46	0,80

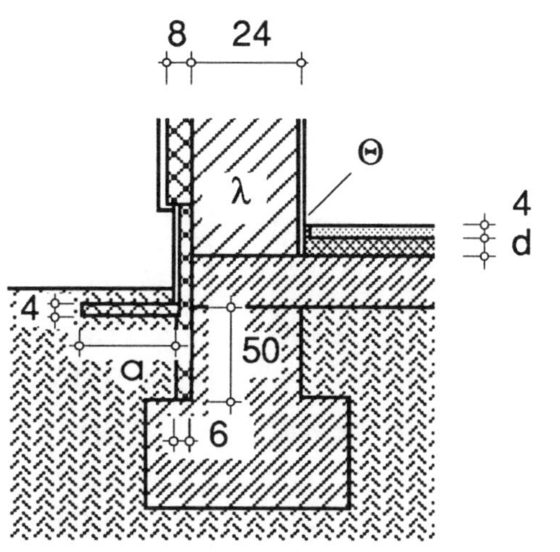

d [cm]	a [cm]	λ = 0,21 WBV	λ = 0,21 Θ	λ = 0,56 WBV	λ = 0,56 Θ	λ = 0,99 WBV	λ = 0,99 Θ
4	0	0,42	0,85	0,47	0,81	0,51	0,79
4	25	0,40	0,86	0,45	0,81	0,49	0,80
4	50	0,38	0,86	0,43	0,82	0,47	0,80
6	0	0,35	0,86	0,41	0,81	0,46	0,79
6	25	0,34	0,86	0,40	0,81	0,44	0,79
6	50	0,32	0,86	0,38	0,81	0,42	0,80
8	0	0,31	0,86	0,37	0,81	0,42	0,79
8	25	0,30	0,86	0,36	0,81	0,41	0,79
8	50	0,28	0,86	0,35	0,81	0,39	0,79

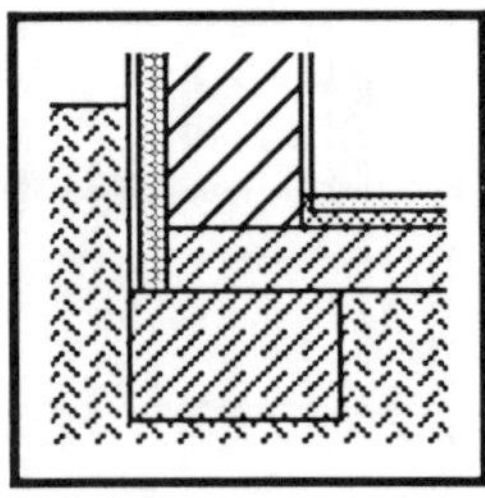

3. Außenwand mit Wärmedämmverbundsystem

3.3.7 Bodenplattenanschluß, unterkellert

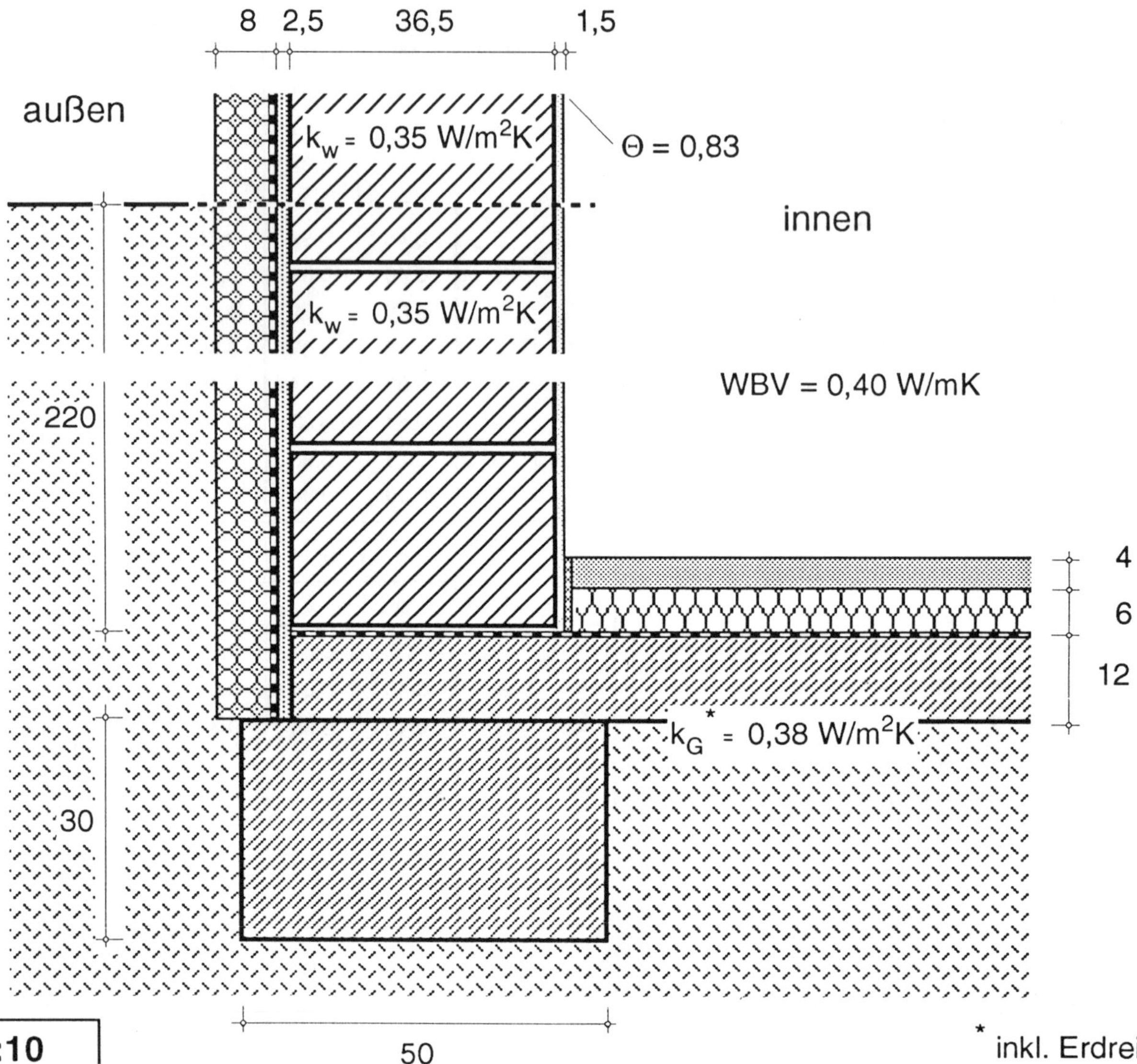

M 1:10

* inkl. Erdreich

Baustoff	Dicke s [m]	Rohdichte ρ [kg/m³]	Wärmeleitfähigkeit λ_R [W/mK]
Gipsputz	0,015	1200	0,35
Mauerwerk	0,365	1200	0,56
Kalkzementputz	0,025	1800	0,87
Wärmedämmstoff/Perimeterdämmung	0,08	-	0,04
Zementestrich	0,04	2000	1,4
Wärmedämmstoff / Trittschalldämmung	0,06	-	0,04
Stahlbeton	-	2400	2,1
Erdreich	-	-	2,1
Randdämmstreifen	0,005	-	0,04

Außenwand mit Wärmedämmverbundsystem 3.

Bodenplattenanschluß, unterkellert 3.3.7

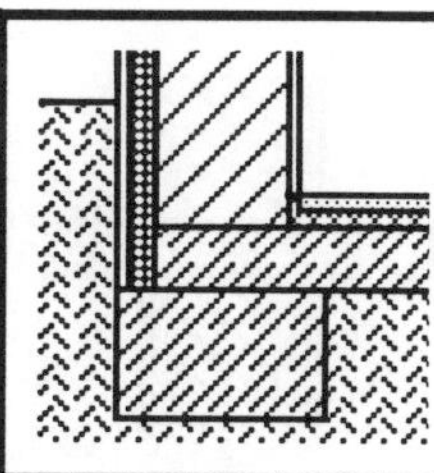

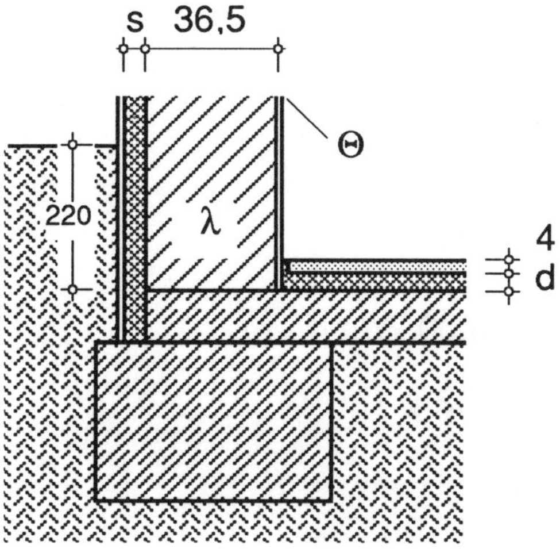

d [cm]	s [cm]	λ = 0,21 WBV	λ = 0,21 Θ	λ = 0,56 WBV	λ = 0,56 Θ	λ = 0,99 WBV	λ = 0,99 Θ
4	4	0,34	0,86	0,44	0,82	0,50	0,81
6	4	0,31	0,87	0,42	0,82	0,49	0,81
8	4	0,29	0,87	0,41	0,83	0,48	0,81
4	6	0,33	0,86	0,43	0,82	0,50	0,81
6	6	0,30	0,87	0,41	0,83	0,49	0,81
8	6	0,28	0,88	0,40	0,83	0,48	0,81
4	8	0,32	0,86	0,42	0,83	0,49	0,81
6	8	0,29	0,87	0,40	0,83	0,48	0,81
8	8	0,27	0,88	0,39	0,83	0,47	0,81

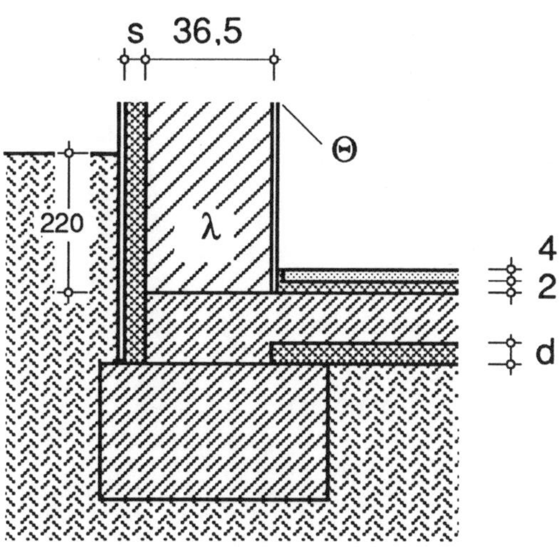

d [cm]	s [cm]	λ = 0,21 WBV	λ = 0,21 Θ	λ = 0,56 WBV	λ = 0,56 Θ	λ = 0,99 WBV	λ = 0,99 Θ
4	4	0,38	0,86	0,47	0,82	0,53	0,81
6	4	0,38	0,86	0,48	0,82	0,54	0,81
8	4	0,39	0,86	0,48	0,83	0,54	0,81
4	6	0,37	0,86	0,47	0,83	0,53	0,82
6	6	0,37	0,86	0,47	0,83	0,54	0,82
8	6	0,38	0,86	0,48	0,83	0,54	0,82
4	8	0,36	0,86	0,46	0,83	0,52	0,82
6	8	0,37	0,86	0,46	0,83	0,53	0,82
8	8	0,37	0,86	0,47	0,83	0,54	0,82

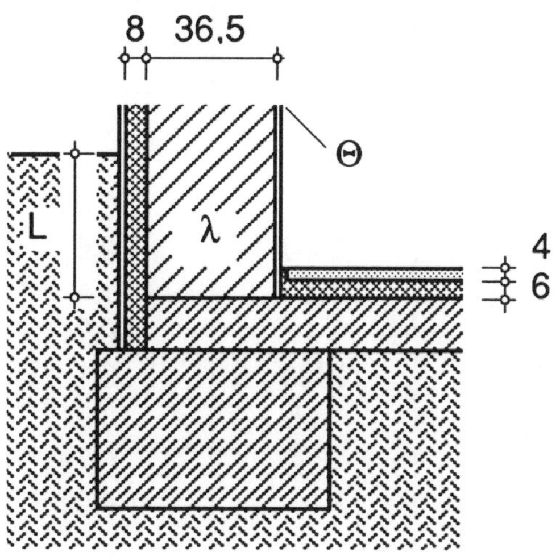

L [cm]	λ = 0,21 WBV	λ = 0,21 Θ	λ = 0,56 WBV	λ = 0,56 Θ	λ = 0,99 WBV	λ = 0,99 Θ
100	0,34	0,86	0,44	0,81	0,52	0,79
125	0,32	0,86	0,43	0,81	0,51	0,80
150	0,31	0,87	0,42	0,82	0,50	0,80
175	0,30	0,87	0,41	0,83	0,49	0,81
200	0,29	0,87	0,40	0,83	0,48	0,81

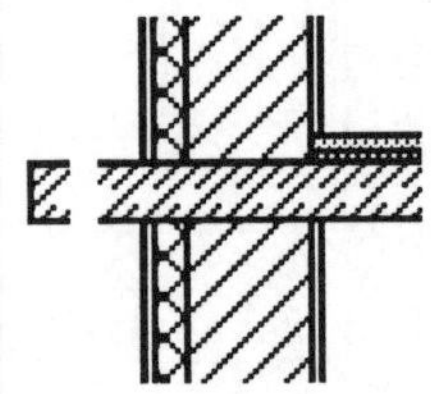

3. Außenwand mit Wärmedämmverbundsystem

3.4.1 Balkonanschluß, Kragplatte

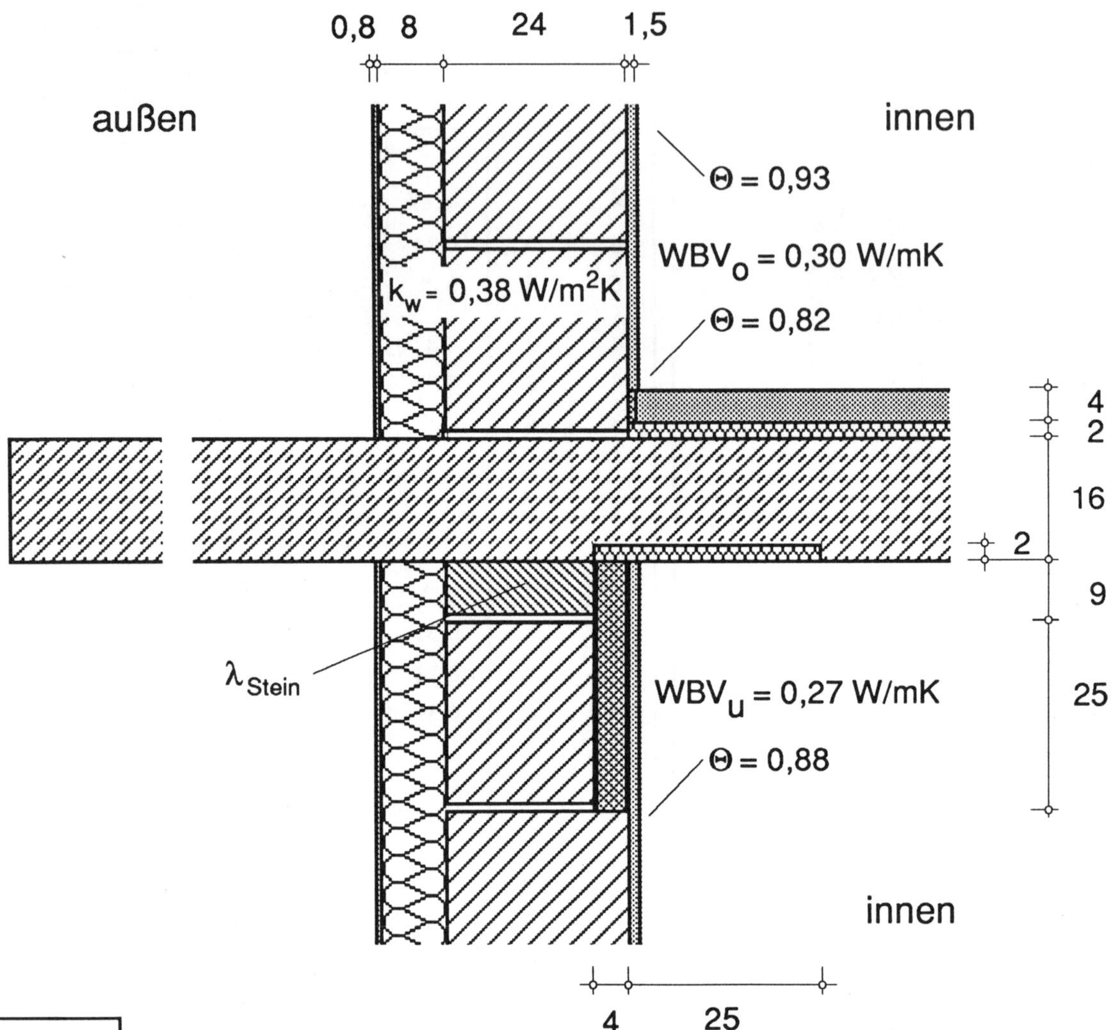

M 1:10

Baustoff	Dicke s [m]	Rohdichte ρ [kg/m³]	Wärmeleitfähigkeit λ_R [W/mK]
Gipsputz	0,015	1200	0,35
Mauerwerk	0,24	1200	0,56
Wärmedämmstoff	-	-	0,04
Kunstharzputz	0,008	1800	0,87
Zementestrich	0,04	2000	1,4
Wärmedämmstoff / Trittschalldämmung	0,02	-	0,04
Stahlbeton	0,16	2400	2,1
Mehrschicht-Leichtbauplatte M-50/3	0,04	≥15	0,04
Ausgleichsstein NF	0,175	1800	0,79
Randdämmstreifen	0,005	-	0,04

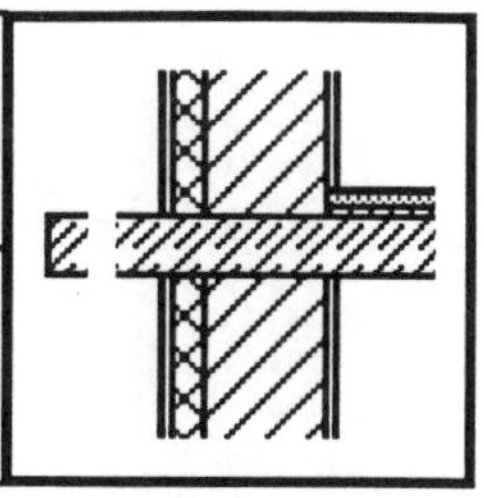

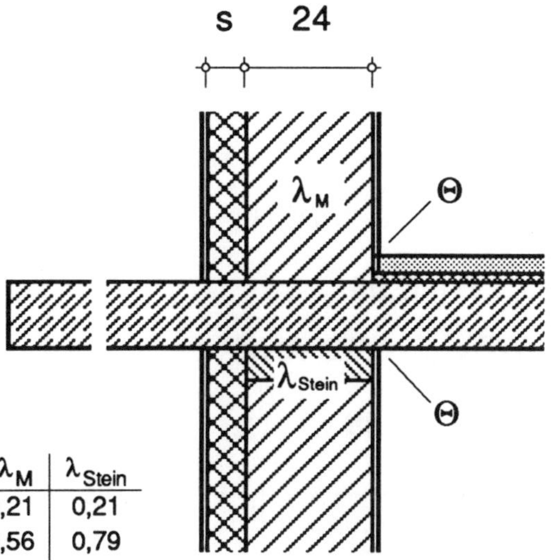

λ_M	λ_{Stein}
0,21	0,21
0,56	0,79
0,99	0,79

s [cm]	$\lambda_M = 0{,}21$ WBV	$\lambda_M = 0{,}21$ Θ	$\lambda_M = 0{,}56$ WBV	$\lambda_M = 0{,}56$ Θ	$\lambda_M = 0{,}99$ WBV	$\lambda_M = 0{,}99$ Θ
6	0,16	0,88	0,22	0,83	0,28	0,80
	0,46	0,71	0,50	0,74	0,51	0,75
8	0,16	0,88	0,22	0,84	0,28	0,82
	0,45	0,72	0,49	0,75	0,49	0,76
10	0,16	0,89	0,22	0,85	0,27	0,83
	0,44	0,74	0,47	0,77	0,48	0,78
12	0,15	0,89	0,21	0,86	0,27	0,84
	0,42	0,75	0,46	0,78	0,46	0,79

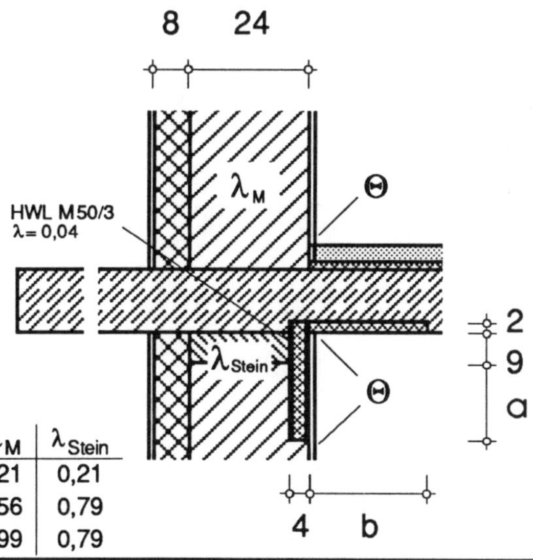

λ_M	λ_{Stein}
0,21	0,21
0,56	0,79
0,99	0,79

a [cm]	b [cm]	$\lambda_M = 0{,}21$ WBV	$\lambda_M = 0{,}21$ Θ	$\lambda_M = 0{,}56$ WBV	$\lambda_M = 0{,}56$ Θ	$\lambda_M = 0{,}99$ WBV	$\lambda_M = 0{,}99$ Θ
0	0	0,16	0,88	0,22	0,84	0,28	0,82
		0,45	0,72	0,49	0,75	0,49	0,77
0	25	0,21	0,87	0,27	0,83	0,32	0,81
		0,34	0,76	0,40	0,75	0,41	0,77
25	0	0,17	0,88	0,24	0,83	0,30	0,81
		0,41	0,71	0,40	0,73	0,40	0,75
25	25	0,22	0,86	0,30	0,82	0,37	0,79
		0,27	0,87	0,27	0,88	0,28	0,87
50	0	0,17	0,88	0,25	0,83	0,31	0,80
		0,39	0,71	0,37	0,73	0,35	0,75
50	25	0,22	0,86	0,31	0,82	0,37	0,79
		0,25	0,87	0,24	0,88	0,23	0,88

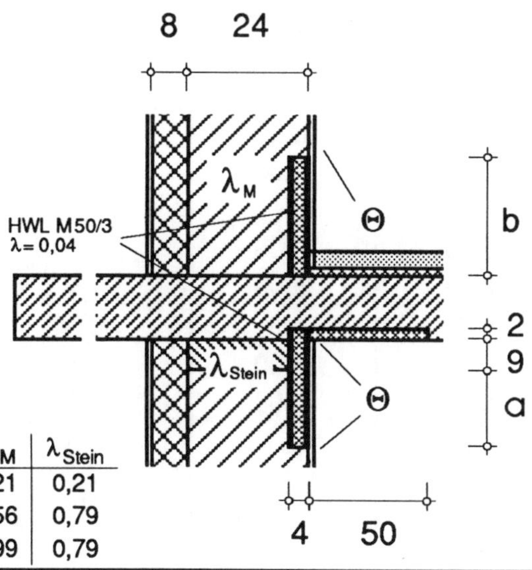

λ_M	λ_{Stein}
0,21	0,21
0,56	0,79
0,99	0,79

a [cm]	b [cm]	$\lambda_M = 0{,}21$ WBV	$\lambda_M = 0{,}21$ Θ	$\lambda_M = 0{,}56$ WBV	$\lambda_M = 0{,}56$ Θ	$\lambda_M = 0{,}99$ WBV	$\lambda_M = 0{,}99$ Θ
0	12,5	0,21	0,89	0,25	0,85	0,30	0,83
		0,32	0,75	0,39	0,74	0,41	0,76
0	25	0,19	0,89	0,20	0,90	0,23	0,87
		0,32	0,75	0,41	0,73	0,43	0,75
25	12,5	0,22	0,89	0,28	0,85	0,34	0,82
		0,24	0,87	0,25	0,87	0,27	0,87
25	25	0,20	0,89	0,23	0,89	0,27	0,88
		0,25	0,86	0,27	0,87	0,28	0,87
25	0	0,25	0,86	0,33	0,81	0,39	0,79
		0,23	0,87	0,24	0,88	0,25	0,87
50	0	0,25	0,86	0,33	0,81	0,40	0,79
		0,22	0,87	0,20	0,87	0,20	0,88

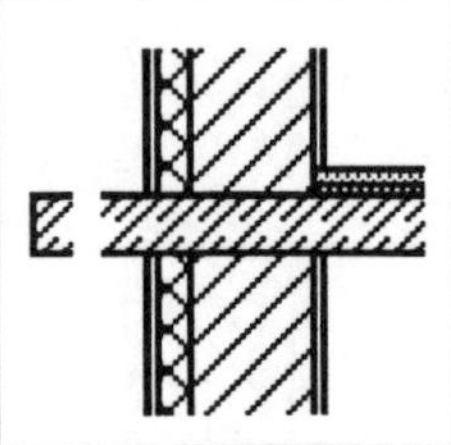

3. Außenwand mit Wärmedämmverbundsystem

3.4.1 Balkonanschluß, Kragplatte

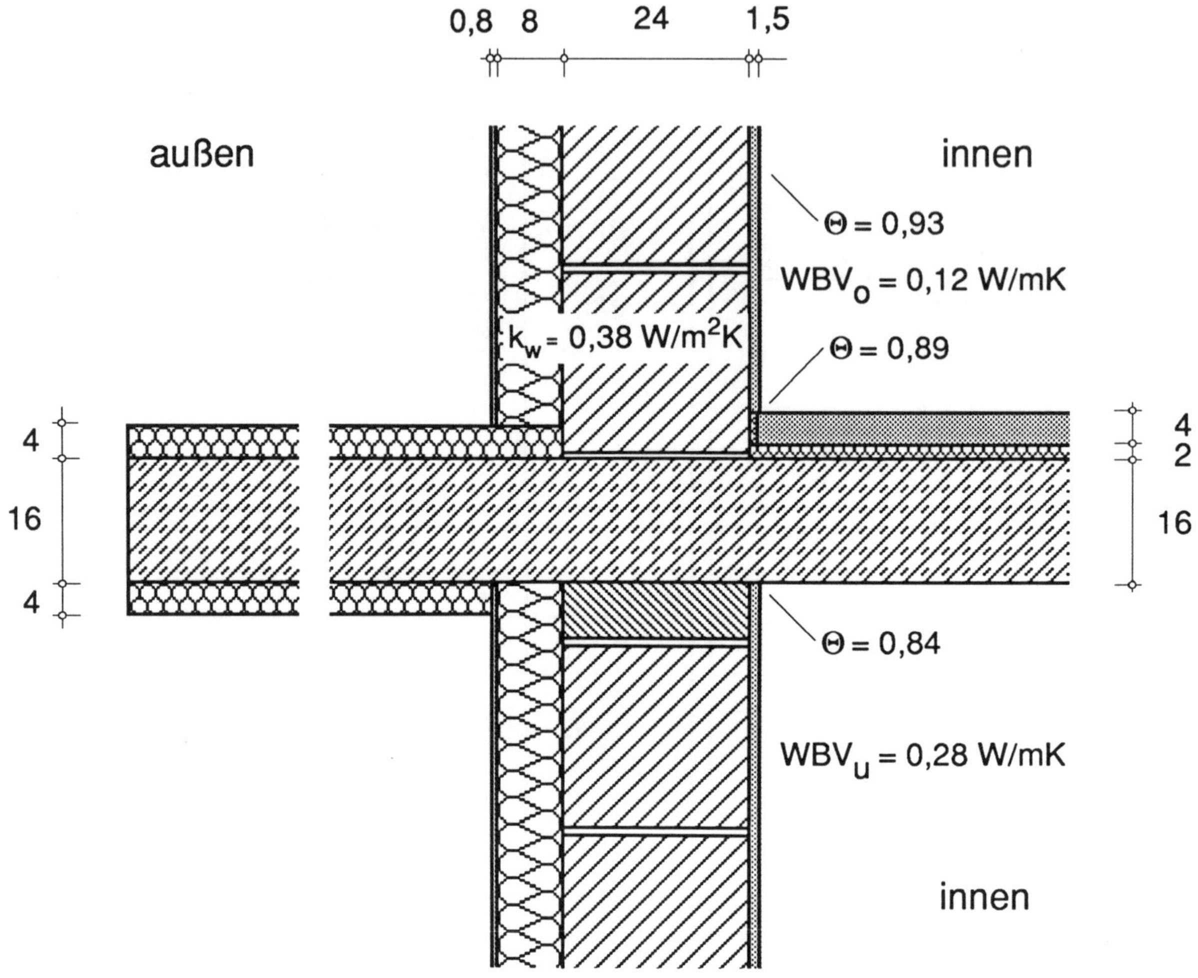

M 1:10

Baustoff	Dicke s [m]	Rohdichte ρ [kg/m³]	Wärmeleitfähigkeit λ_R [W/mK]
Gipsputz	0,015	1200	0,35
Mauerwerk	0,24	1200	0,56
Wärmedämmstoff	-	-	0,04
Kunstharzputz	0,008	1000	0,70
Zementestrich	0,04	2000	1,4
Wärmedämmstoff / Trittschalldämmung	0,02	-	0,04
Stahlbeton	0,16	2400	2,1
Ausgleichsstein NF	0,24	1800	0,79
Randdämmstreifen	0,005	-	0,04

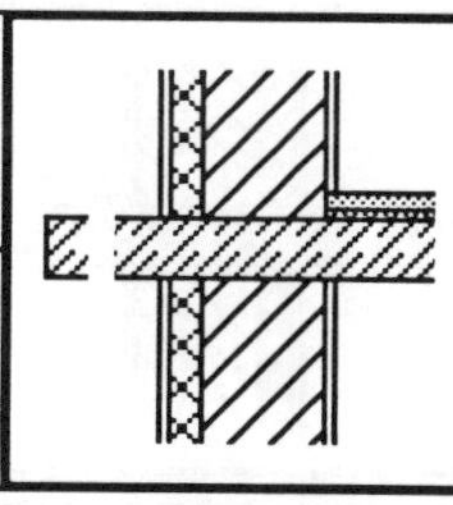

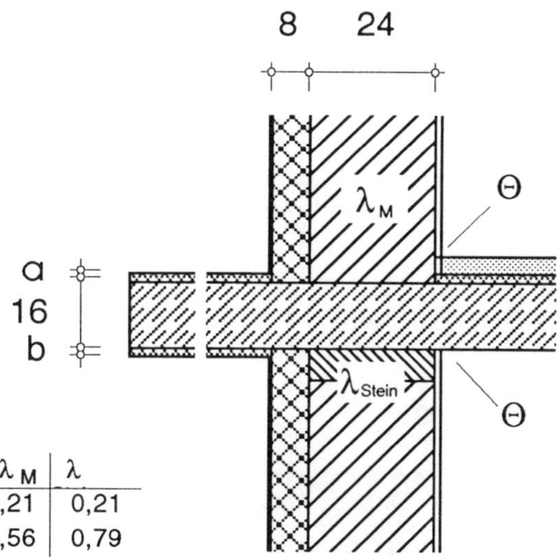

λ_M	λ
0,21	0,21
0,56	0,79
0,99	0,79

a [cm]	b [cm]	$\lambda_M = 0{,}21$ WBV	$\lambda_M = 0{,}21$ Θ	$\lambda_M = 0{,}56$ WBV	$\lambda_M = 0{,}56$ Θ	$\lambda_M = 0{,}99$ WBV	$\lambda_M = 0{,}99$ Θ
0	0	0,16 0,45	0,88 0,73	0,22 0,49	0,84 0,75	0,28 0,49	0,82 0,77
2	2	0,11 0,32	0,91 0,79	0,15 0,33	0,88 0,81	0,18 0,33	0,87 0,83
4	4	0,09 0,28	0,92 0,81	0,12 0,28	0,89 0,84	0,15 0,27	0,88 0,85
0	4	0,15 0,42	0,89 0,74	0,20 0,44	0,85 0,77	0,25 0,44	0,83 0,79
4	0	0,15 0,42	0,89 0,74	0,20 0,44	0,85 0,77	0,25 0,44	0,84 0,79
2	4	0,10 0,31	0,91 0,80	0,14 0,31	0,88 0,83	0,16 0,30	0,87 0,84

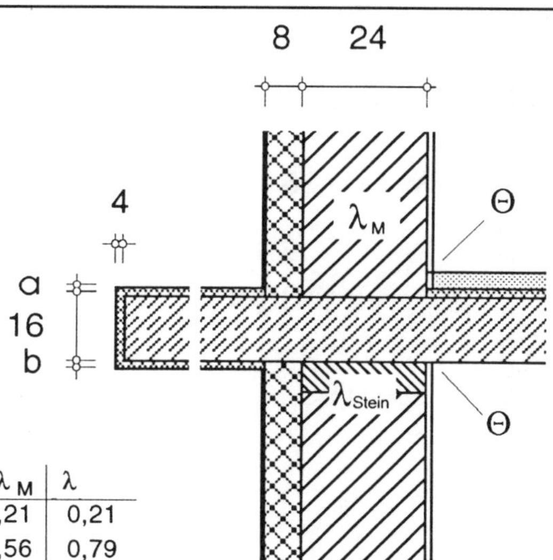

λ_M	λ
0,21	0,21
0,56	0,79
0,99	0,79

a [cm]	b [cm]	$\lambda_M = 0{,}21$ WBV	$\lambda_M = 0{,}21$ Θ	$\lambda_M = 0{,}56$ WBV	$\lambda_M = 0{,}56$ Θ	$\lambda_M = 0{,}99$ WBV	$\lambda_M = 0{,}99$ Θ
0	0	0,16 0,45	0,88 0,73	0,22 0,49	0,84 0,75	0,28 0,49	0,82 0,77
2	2	0,11 0,32	0,91 0,79	0,15 0,33	0,88 0,81	0,18 0,33	0,87 0,83
4	4	0,09 0,28	0,92 0,81	0,12 0,28	0,89 0,84	0,15 0,27	0,88 0,85
0	4	0,15 0,42	0,89 0,74	0,20 0,44	0,85 0,77	0,25 0,44	0,83 0,79
4	0	0,15 0,42	0,89 0,74	0,20 0,44	0,85 0,77	0,25 0,44	0,84 0,79
2	4	0,10 0,31	0,91 0,80	0,14 0,31	0,88 0,83	0,16 0,30	0,87 0,84

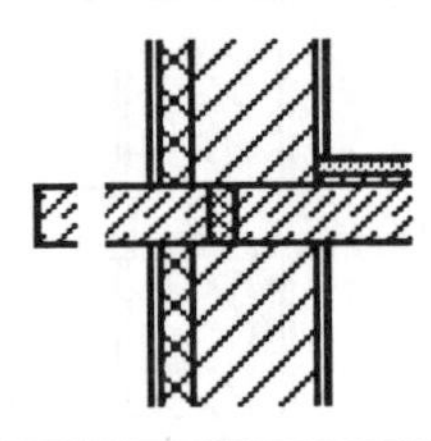

3. Außenwand mit Wärmedämmverbundsystem

3.4.2 Balkonanschluß, thermisch getrennte Balkonplatte

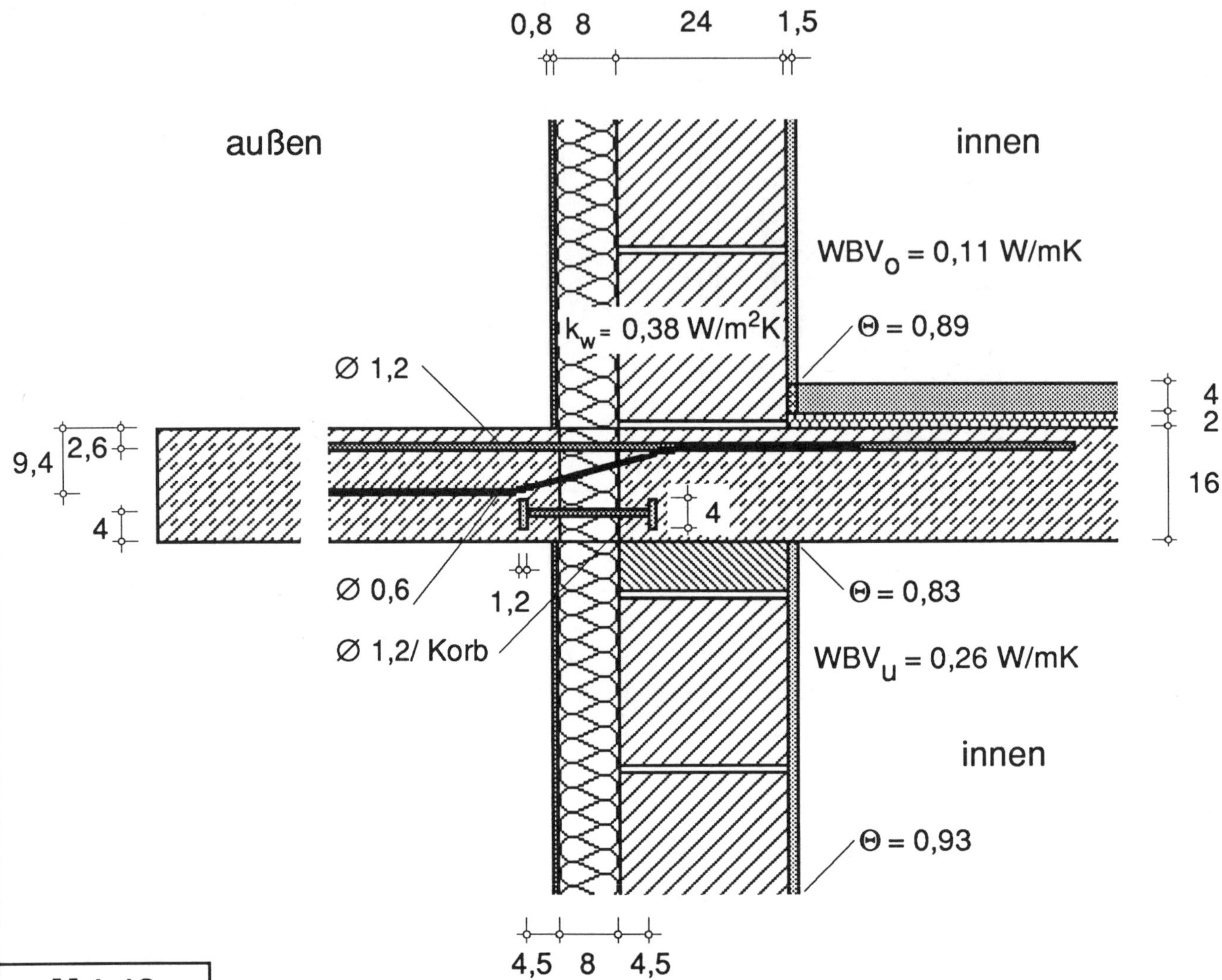

M 1:10

Baustoff	Dicke s [m]	Rohdichte ρ [kg/m³]	Wärmeleitfähigkeit λ_R [W/mK]
Gipsputz	0,015	1200	0,35
Mauerwerk	0,24	1200	0,56
Wärmedämmstoff	0,08	-	0,04
Kunstharzputz	0,008	1000	0,70
Zementestrich	0,04	2000	1,4
Wärmedämmstoff / Trittschalldämmung	0,02	-	0,04
Stahlbeton	0,16	2400	2,1
Ausgleichsstein NF	0,24	1800	0,79
Randdämmstreifen	0,005	-	0,04
Rundstahl ∅ 0,6	-	7850	60
Rundstahl ∅ 1,2	-	7850	60
Rundstahl ∅ 1,2 / Korb	-	7850	15

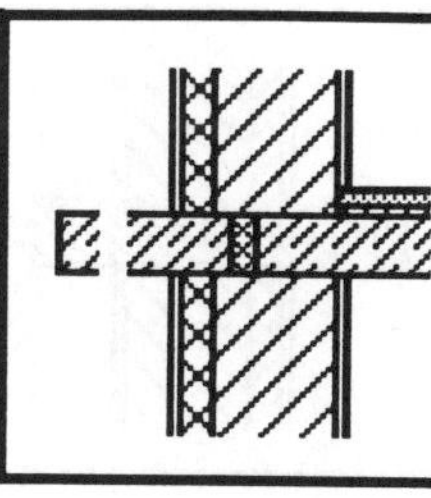

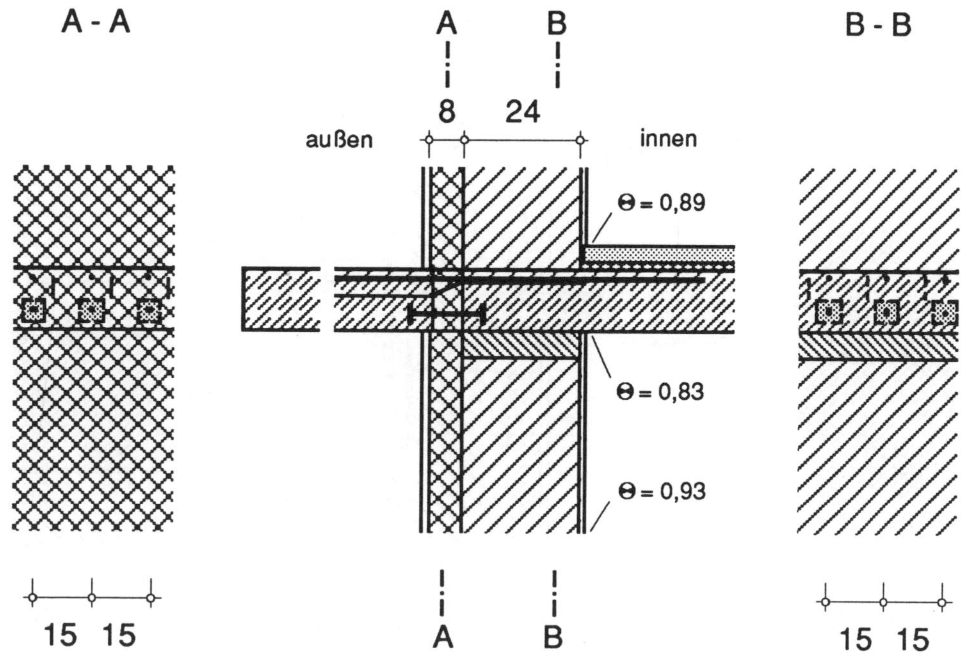

3dimensionale Wärmebrücke

WBV_o = 0,11 W/mK
WBV_u = 0,26 W/mK

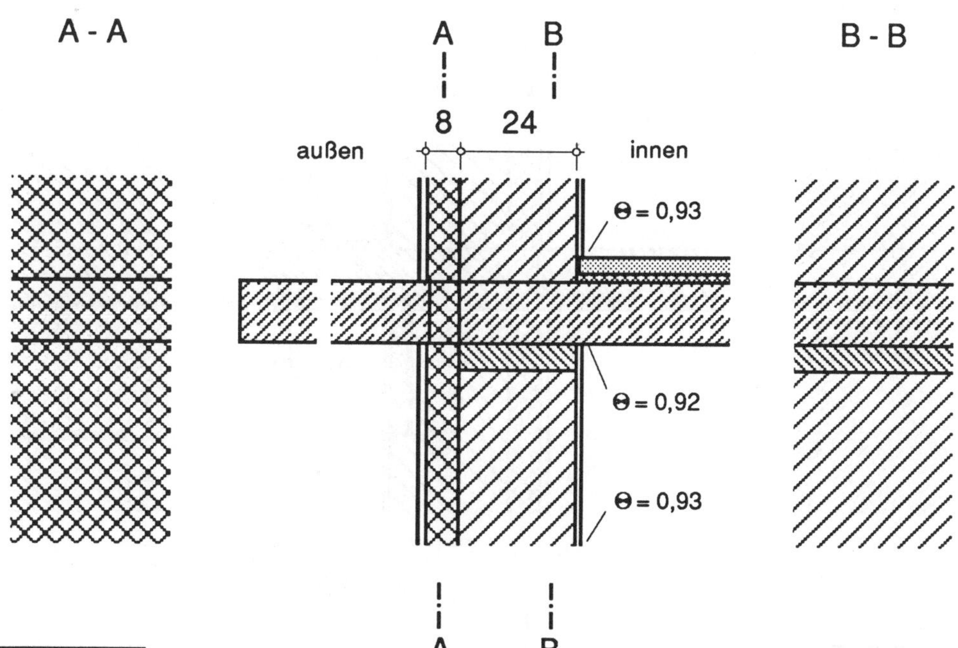

2dimensionale Wärmebrücke

Dient nur zur Darstellung des Einflusses der Stahlteile !

WBV_o = 0,02 W/mK
WBV_u = 0,08 W/mK

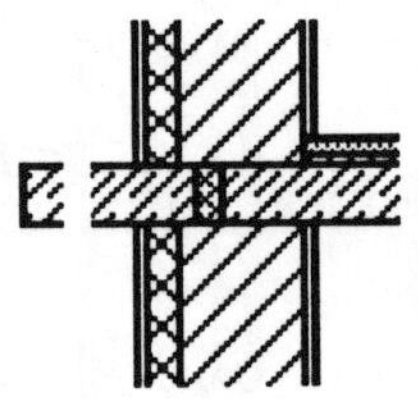

3. Außenwand mit Wärmedämmverbundsystem

3.4.2 Balkonanschluß, thermisch getrennte Balkonplatte

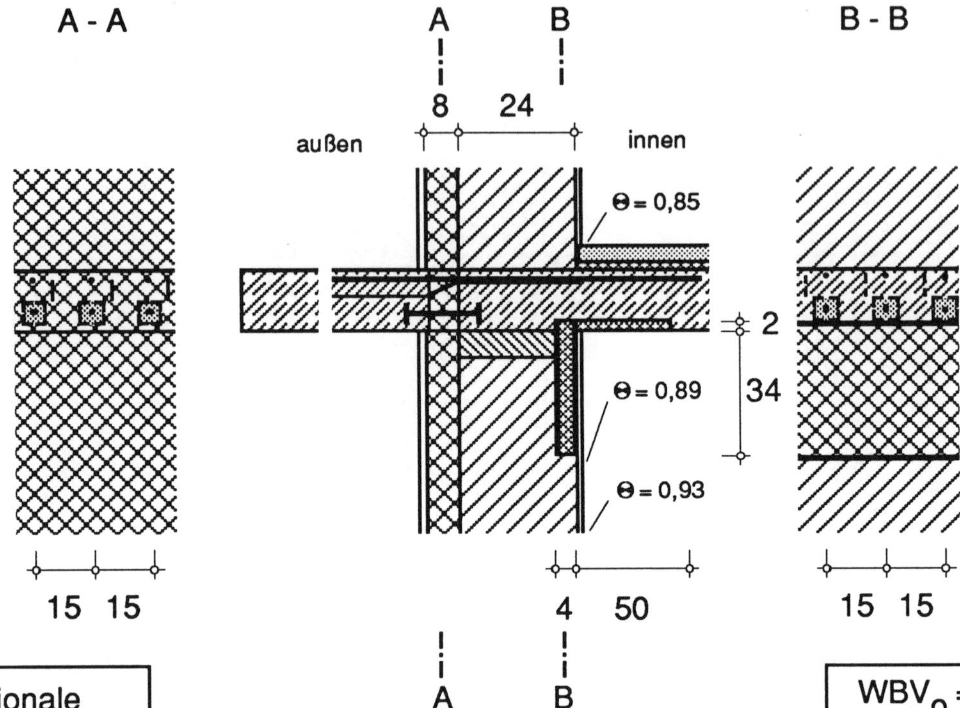

3dimensionale Wärmebrücke

WBV_o = 0,18 W/mK

WBV_u = 0,11 W/mK

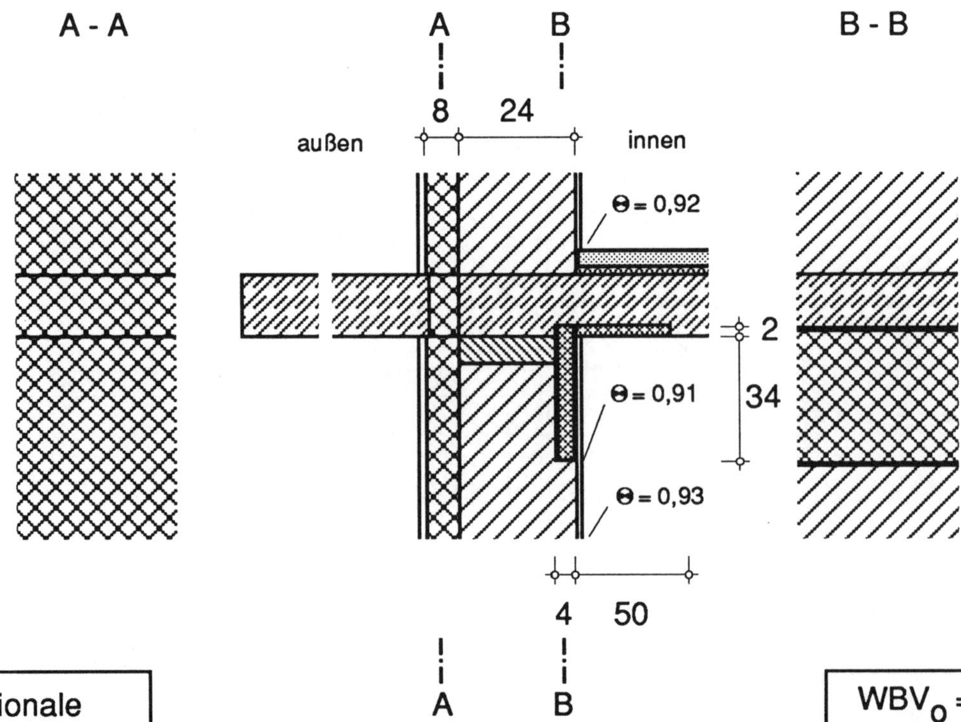

2dimensionale Wärmebrücke

Dient nur zur Darstellung des Einflusses der Stahlteile !

WBV_o = 0,07 W/mK

WBV_u = 0,01 W/mK

Außenwand mit Wärmedämmverbundsystem 3.

Balkonanschluß, thermisch getrennte Balkonplatte 3.4.2

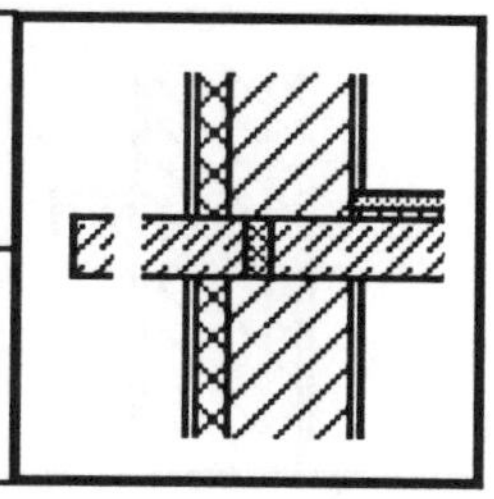

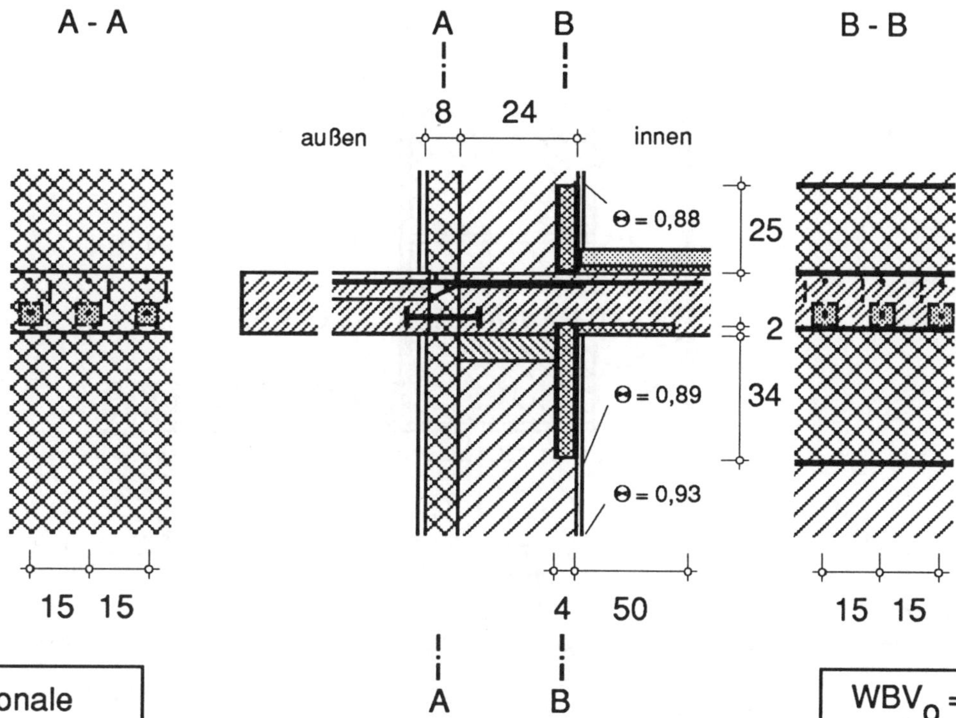

3dimensionale Wärmebrücke

WBV_o = 0,13 W/mK
WBV_u = 0,13 W/mK

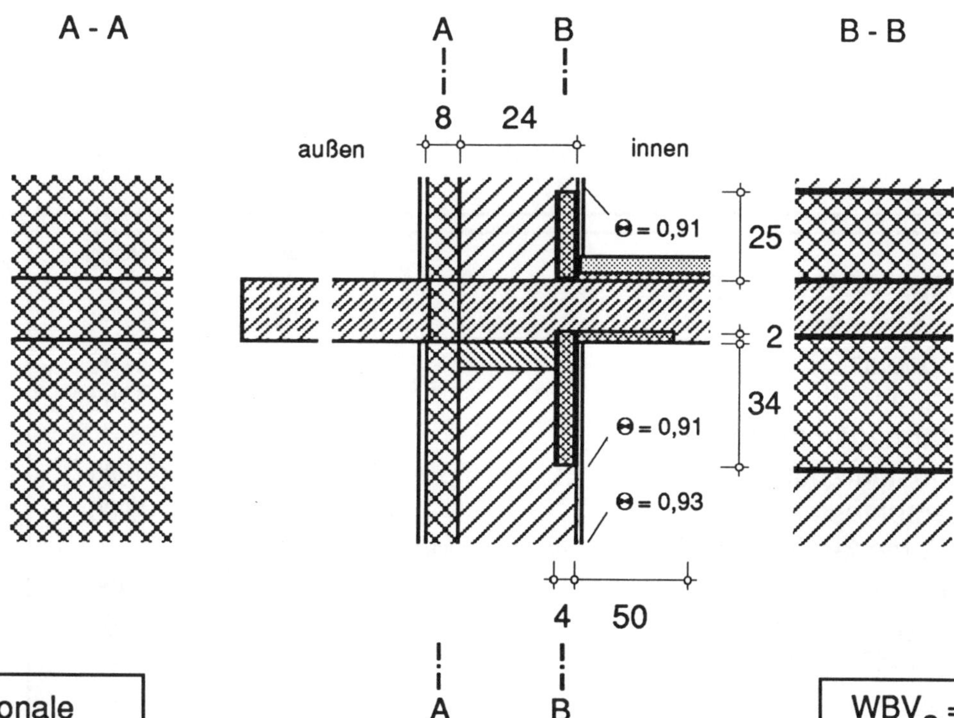

2dimensionale Wärmebrücke

Dient nur zur Darstellung des Einflusses der Stahlteile !

WBV_o = 0,03 W/mK
WBV_u = 0,02 W/mK

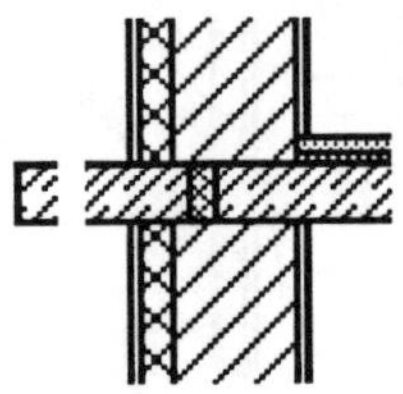

3. Außenwand mit Wärmedämmverbundsystem

3.4.2 Balkonanschluß, thermisch getrennte Balkonplatte

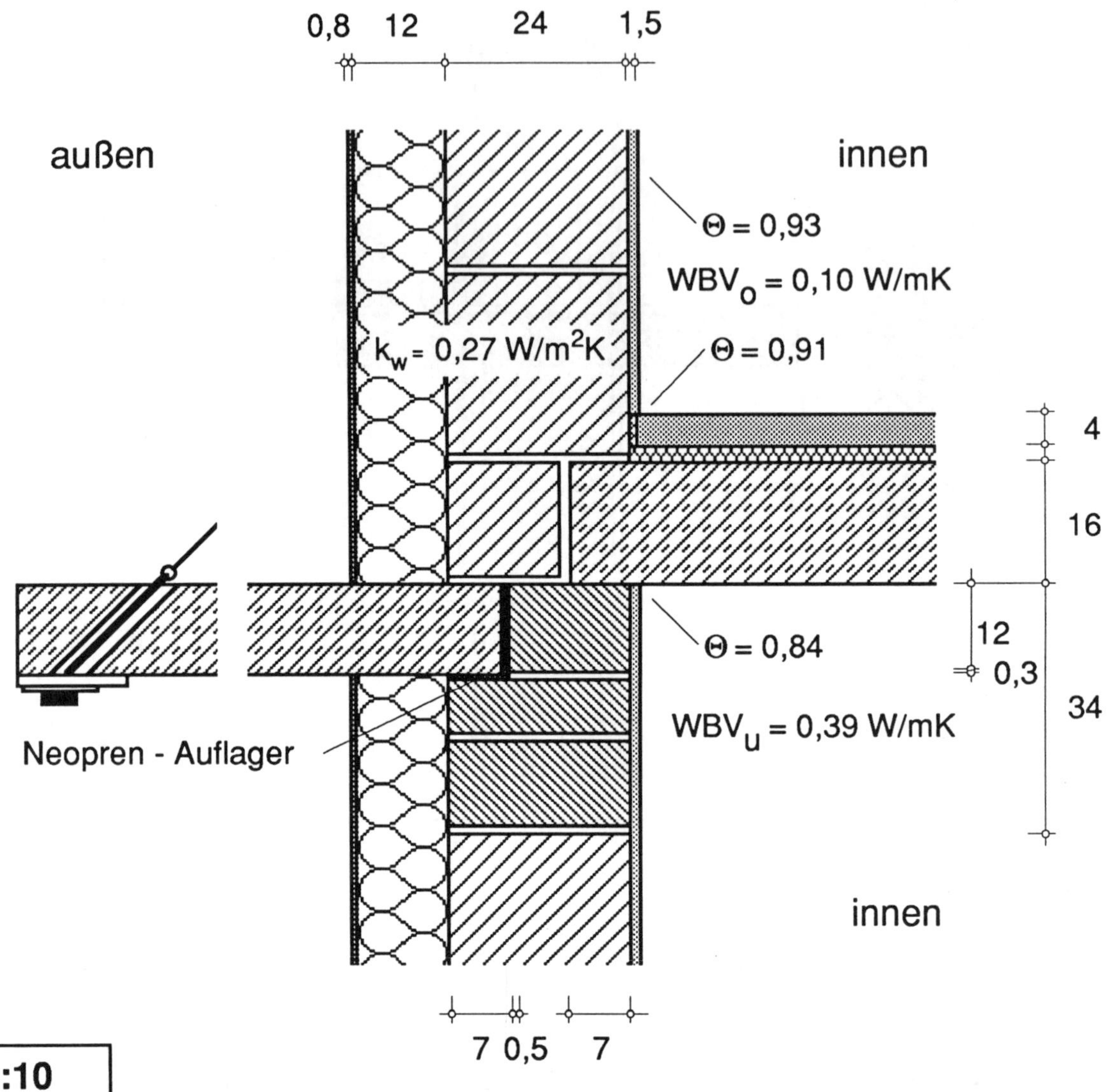

M 1:10

Baustoff	Dicke s [m]	Rohdichte ρ [kg/m³]	Wärmeleitfähigkeit λ_R [W/mK]
Gipsputz	0,015	1200	0,35
Mauerwerk	0,24	1200	0,56
Wärmedämmstoff	-	-	0,04
Kunstharzputz	0,008	1000	0,70
Zementestrich	0,04	2000	1,4
Wärmedämmstoff / Trittschalldämmung	0,02	-	0,04
Stahlbeton	0,16	2400	2,1
Ausgleichssteine NF / 2DF	0,24	1800	0,79
Randdämmstreifen	0,005	-	0,04
Neopren	-	1000	0,20

Außenwand mit Wärmedämmverbundsystem 3.

Balkonanschluß, thermisch getrennte Balkonplatte 3.4.2

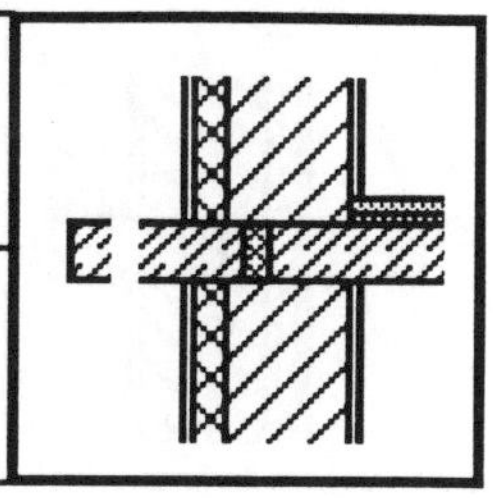

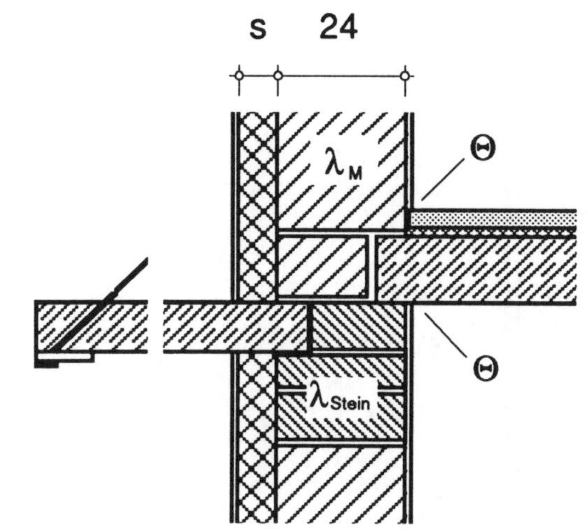

λ Stein	s [cm]	λM = 0,21 WBV	λM = 0,21 Θ	λM = 0,56 WBV	λM = 0,56 Θ	λM = 0,99 WBV	λM = 0,99 Θ
0,21	8	0,05	0,94	0,11	0,90	0,16	0,87
		0,22	0,89	0,25	0,86	0,27	0,84
0,21	10	0,05	0,94	0,10	0,91	0,16	0,88
		0,22	0,89	0,25	0,86	0,27	0,85
0,21	12	0,05	0,95	0,10	0,91	0,15	0,89
		0,22	0,90	0,25	0,87	0,26	0,86
0,79	8	0,06	0,93	0,10	0,90	0,15	0,88
		0,41	0,81	0,42	0,82	0,42	0,83
0,79	10	0,06	0,94	0,10	0,91	0,14	0,89
		0,40	0,82	0,41	0,83	0,41	0,84
0,79	12	0,06	0,94	0,10	0,91	0,14	0,90
		0,39	0,83	0,39	0,84	0,40	0,85

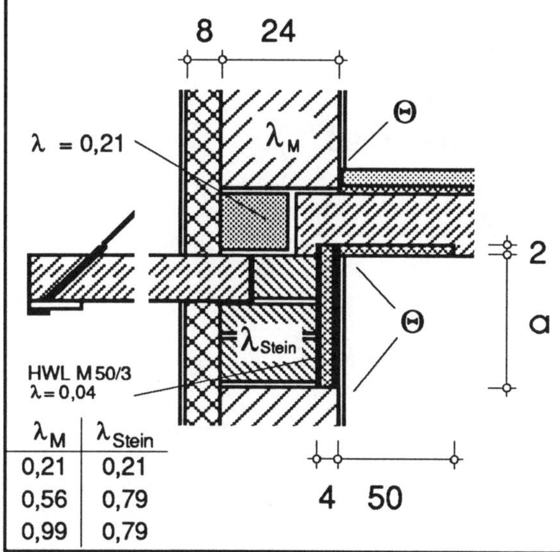

λM	λStein
0,21	0,21
0,56	0,79
0,99	0,79

λ Stein	a [cm]	λM = 0,21 WBV	λM = 0,21 Θ	λM = 0,56 WBV	λM = 0,56 Θ	λM = 0,99 WBV	λM = 0,99 Θ
0,21	0	0,08	0,93	0,11	0,90	0,12	0,89
		0,20	0,87	0,19	0,88	0,19	0,88
0,21	34	0,09	0,93	0,12	0,90	0,14	0,89
		0,16	0,91	0,15	0,89	0,15	0,88
0,79	0	0,09	0,92	0,12	0,90	0,13	0,89
		0,38	0,80	0,36	0,81	0,36	0,82
0,79	34	0,12	0,91	0,15	0,89	0,16	0,88
		0,24	0,88	0,25	0,85	0,26	0,84

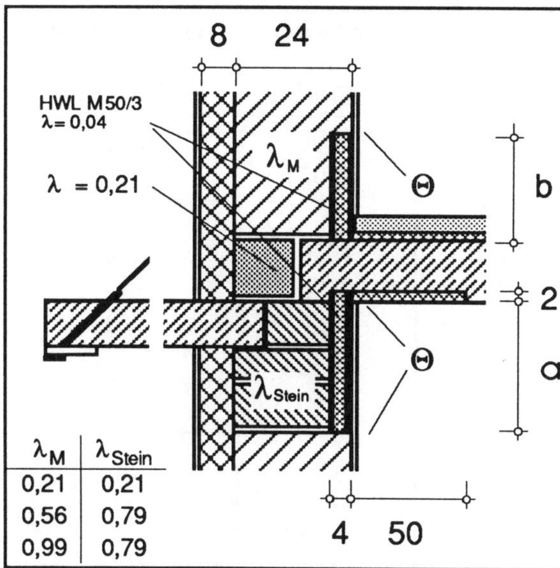

λM	λStein
0,21	0,21
0,56	0,79
0,99	0,79

a [cm]	b [cm]	λM = 0,21 WBV	λM = 0,21 Θ	λM = 0,56 WBV	λM = 0,56 Θ	λM = 0,99 WBV	λM = 0,99 Θ
0	12,5	0,07	0,93	0,09	0,91	0,10	0,89
		0,21	0,87	0,20	0,87	0,20	0,87
0	25	0,06	0,94	0,07	0,91	0,08	0,90
		0,22	0,86	0,21	0,86	0,21	0,87
34	12,5	0,08	0,93	0,10	0,90	0,12	0,89
		0,17	0,91	0,16	0,89	0,16	0,88
34	25	0,07	0,94	0,08	0,91	0,09	0,90
		0,17	0,91	0,17	0,89	0,17	0,88

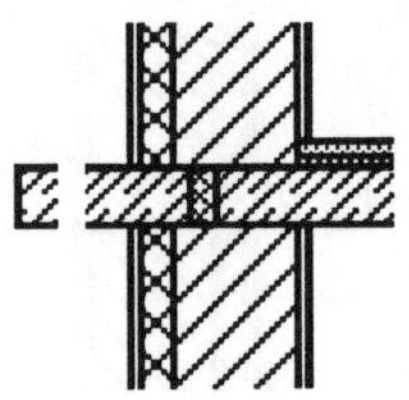

3. Außenwand mit Wärmedämmverbundsystem

3.4.2 Balkonanschluß, thermisch getrennte Balkonplatte

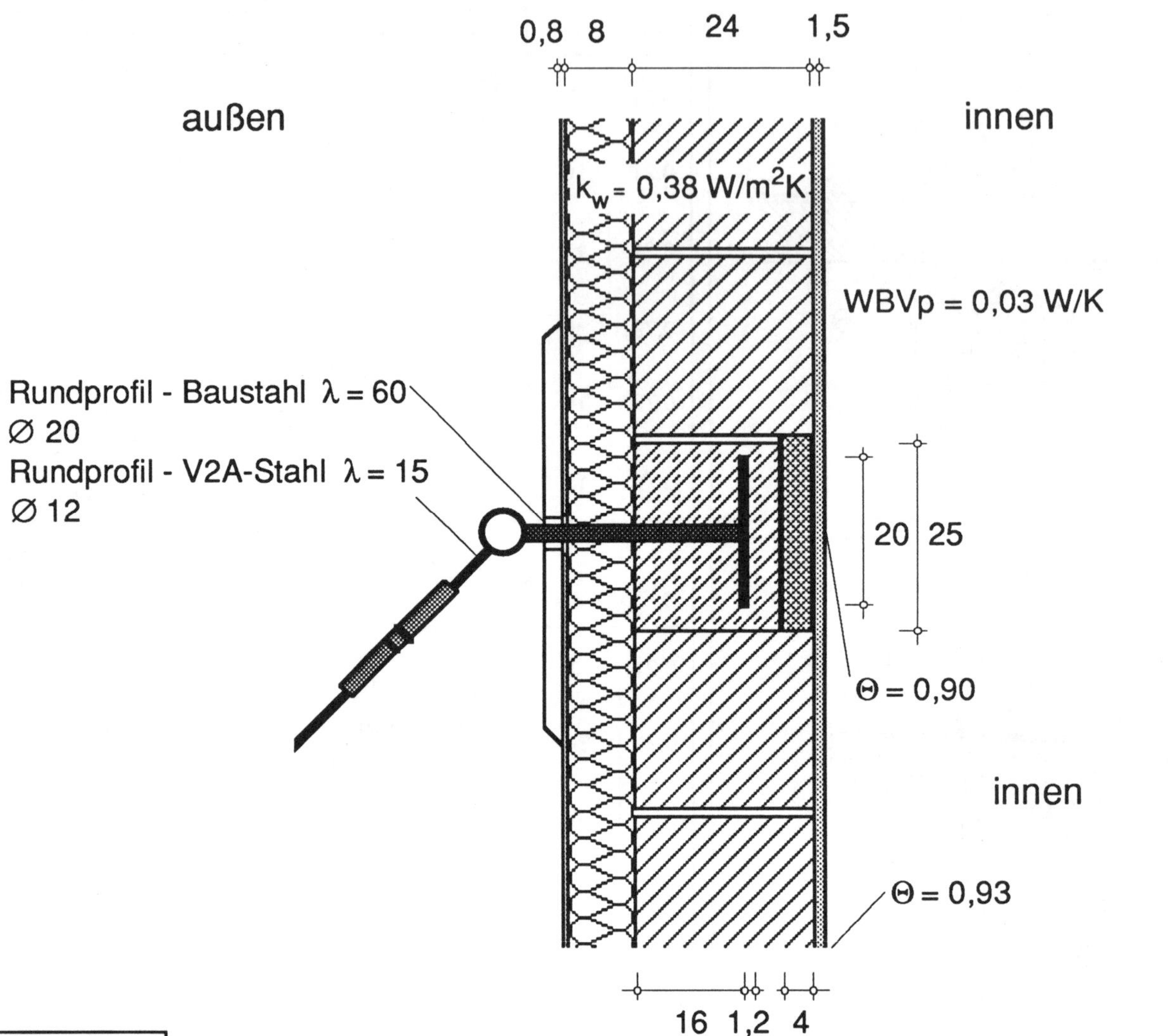

M 1:10

Baustoff	Dicke s [m]	Rohdichte ρ [kg/m³]	Wärmeleitfähigkeit λ_R [W/mK]
Gipsputz	0,015	1200	0,35
Mauerwerk	0,24	1200	0,56
Wärmedämmstoff	0,08	-	0,04
Kunstharzputz	0,008	1000	0,70
Stahlbeton	0,20	2400	2,1
Mehrschicht-Leichtbauplatte M-50/3	0,04	≥15	0,04
Rundstahl Ø 2	-	7850	60
Rundstahl Ø 1,2	-	7850	15

Außenwand mit Wärmedämmverbundsystem	3.
Balkonanschluß, thermisch getrennte Balkonplatte	3.4.2

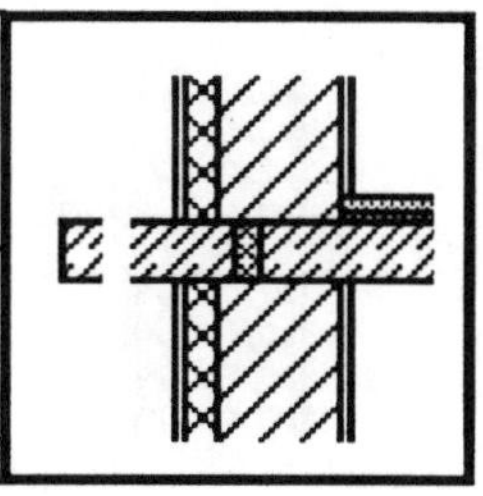

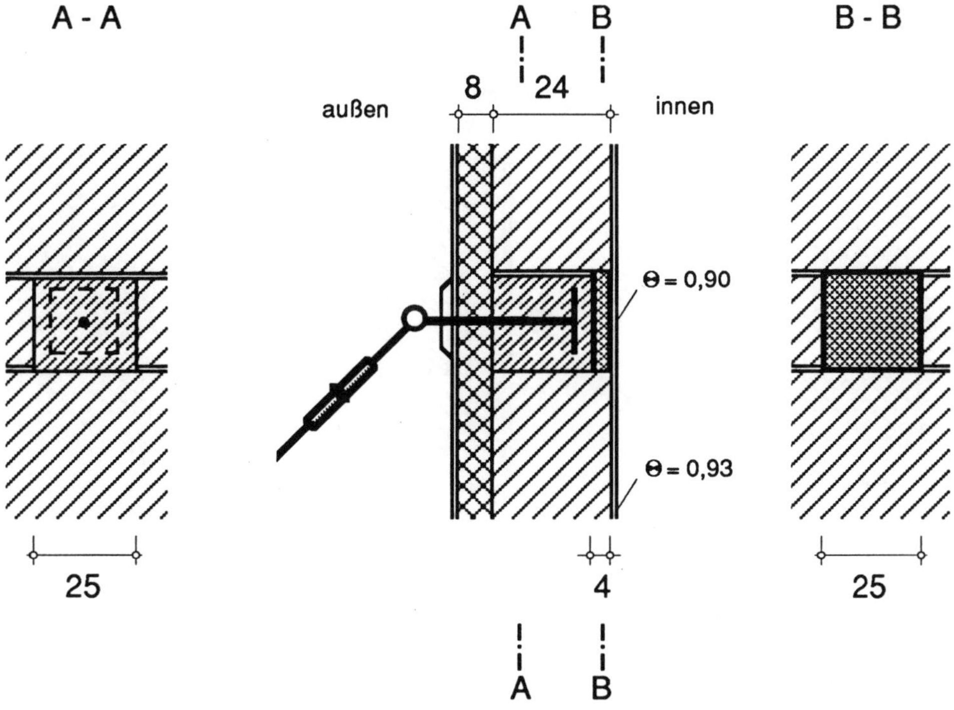

3dimensionale Wärmebrücke

WBVp = 0,03 W/K

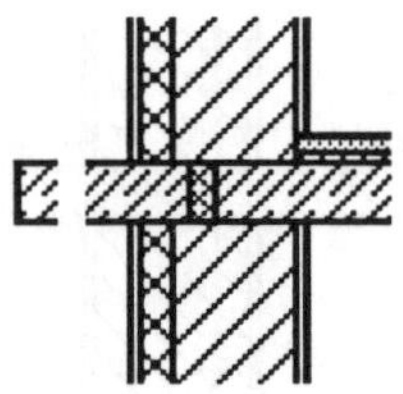	3. Außenwand mit Wärmedämmverbundsystem
	3.4.2 Balkonanschluß, thermisch getrennte Balkonplatte

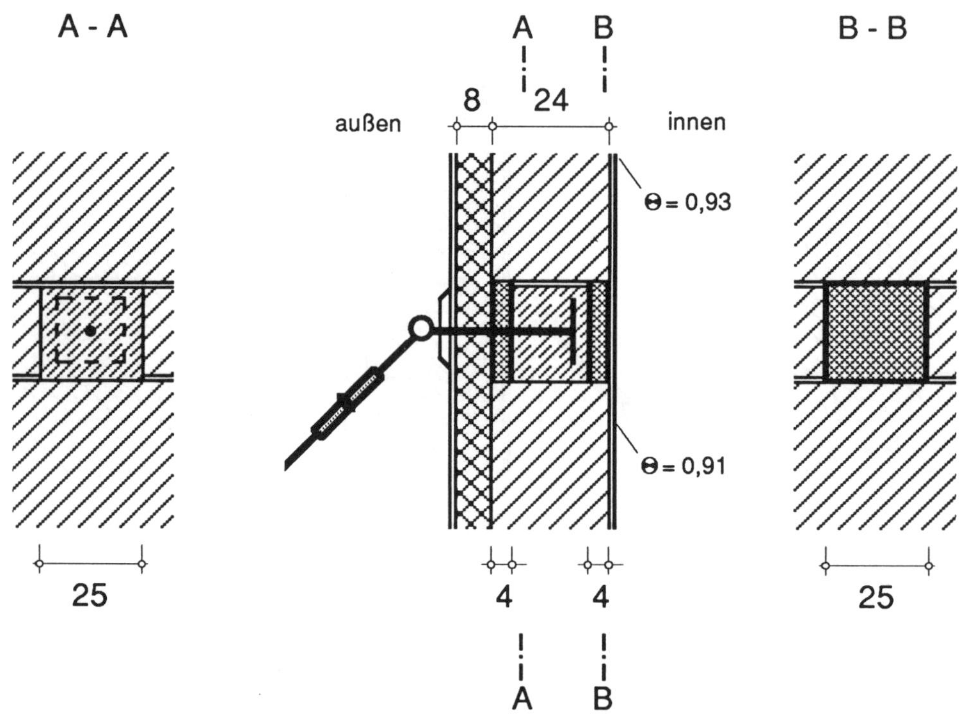

3dimensionale Wärmebrücke	WBVp = -0,03 W/K

Außenwand mit Wärmedämmverbundsystem 3.

Balkonanschluß, thermisch getrennte Balkonplatte 3.4.2

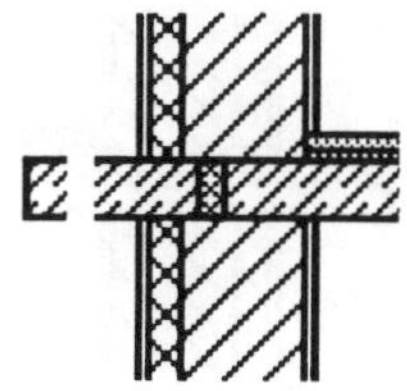

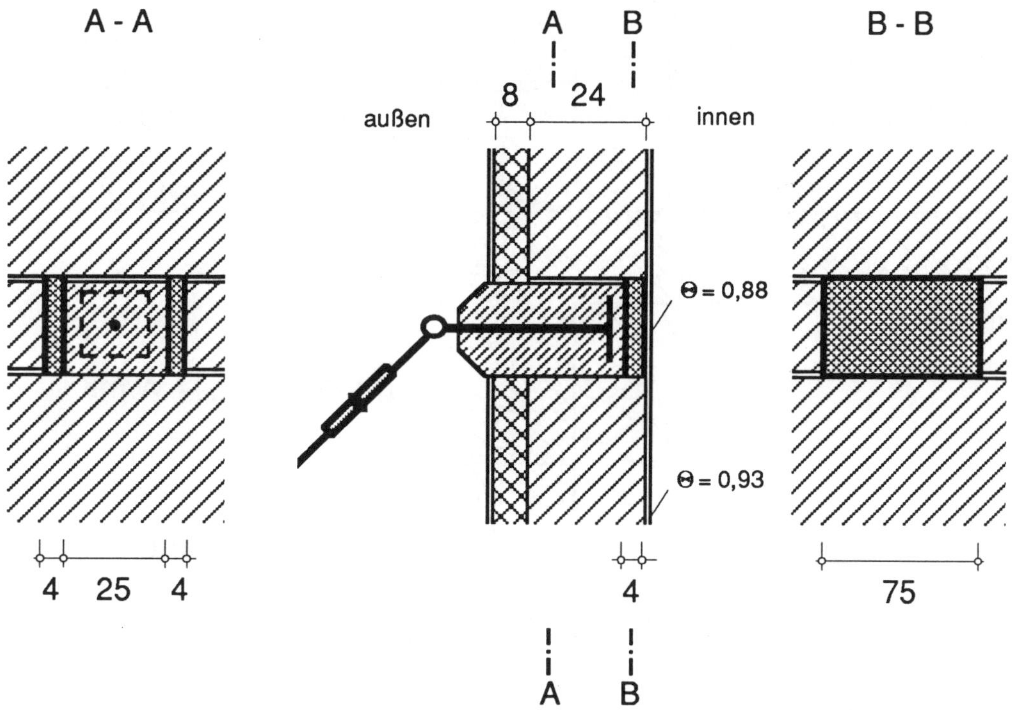

3dimensionale Wärmebrücke

WBVp = 0,30 W/K

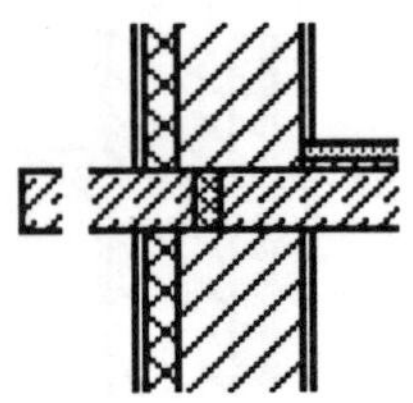

3. Außenwand mit Wärmedämmverbundsystem

3.4.2 Balkonanschluß, thermisch getrennte Balkonplatte

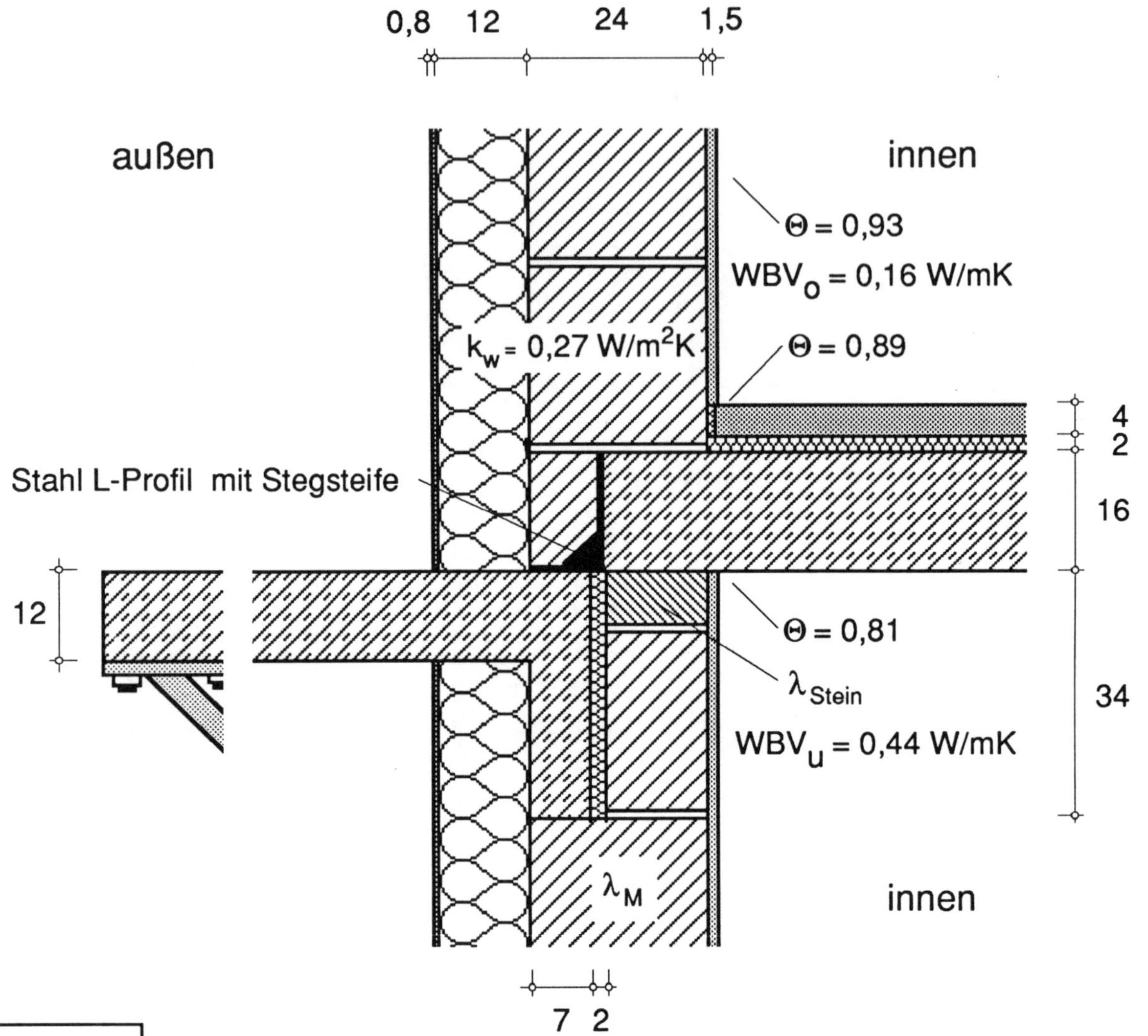

M 1:10

Baustoff	Dicke s [m]	Rohdichte ρ [kg/m³]	Wärmeleitfähigkeit λ_R [W/mK]
Gipsputz	0,015	1200	0,35
Mauerwerk	0,24	1200	0,56
Wärmedämmstoff	0,12	-	0,04
Kunstharzputz	0,008	1000	0,70
Zementestrich	0,04	2000	1,4
Wärmedämmstoff / Trittschalldämmung	0,02	-	0,04
Stahlbeton	0,16	2400	2,1
Ausgleichsstein NF	0,15	1800	0,79
Randdämmstreifen	0,005	-	0,04
Baustahl	0,012	7850	60

Außenwand mit Wärmedämmverbundsystem 3.

Balkonanschluß, thermisch getrennte Balkonplatte 3.4.2

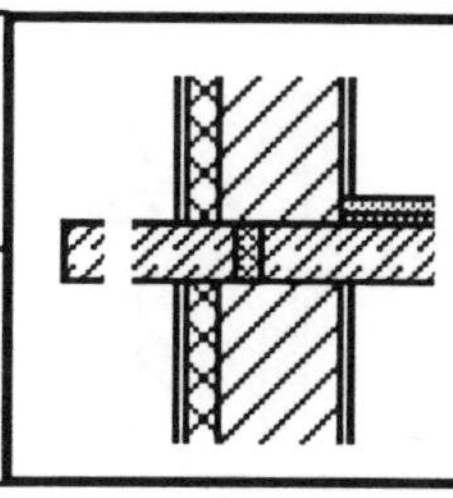

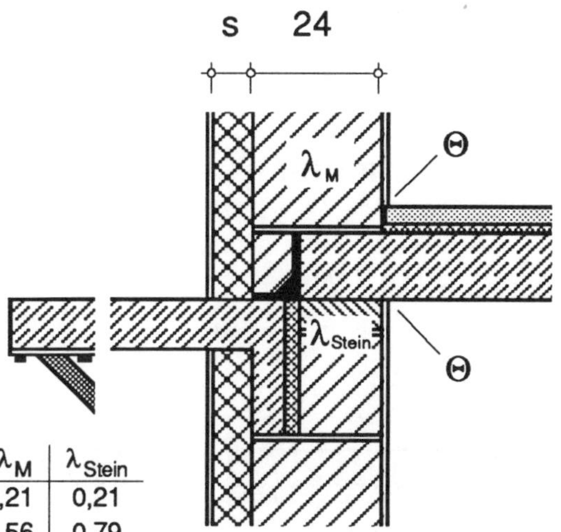

λ_M	λ_{Stein}
0,21	0,21
0,56	0,79
0,99	0,79

s [cm]	$\lambda_M = 0{,}21$		$\lambda_M = 0{,}56$		$\lambda_M = 0{,}99$	
	WBV	Θ	WBV	Θ	WBV	Θ
6	0,13 0,47	0,89 0,74	0,17 0,47	0,85 0,77	0,21 0,48	0,83 0,78
8	0,13 0,44	0,90 0,76	0,17 0,47	0,87 0,78	0,20 0,47	0,85 0,80
10	0,12 0,44	0,90 0,77	0,16 0,45	0,88 0,80	0,20 0,46	0,86 0,82
12	0,12 0,43	0,91 0,78	0,16 0,44	0,89 0,81	0,19 0,44	0,87 0,83

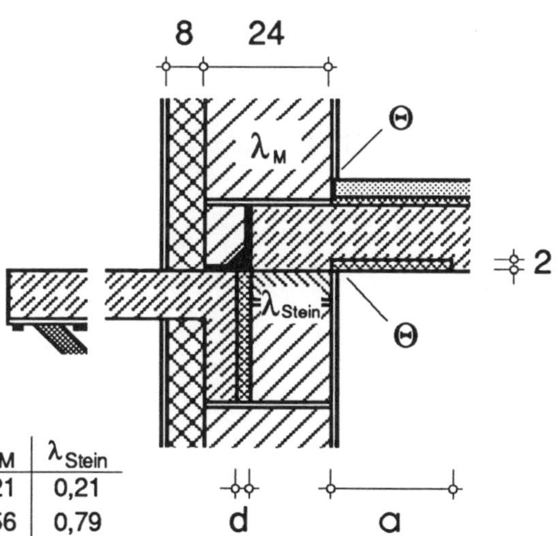

λ_M	λ_{Stein}
0,21	0,21
0,56	0,79
0,99	0,79

a [cm]	d [cm]	$\lambda_M = 0{,}21$		$\lambda_M = 0{,}56$		$\lambda_M = 0{,}99$	
		WBV	Θ	WBV	Θ	WBV	Θ
25	0	0,17 0,39	0,89 0,79	0,20 0,47	0,86 0,77	0,23 0,49	0,84 0,79
25	2	0,17 0,35	0,89 0,79	0,20 0,40	0,86 0,78	0,24 0,41	0,84 0,80
25	6	0,17 0,33	0,88 0,79	0,21 0,37	0,86 0,78	0,25 0,38	0,84 0,80
50	0	0,19 0,36	0,88 0,79	0,22 0,44	0,86 0,77	0,25 0,47	0,84 0,78
50	2	0,19 0,32	0,88 0,79	0,22 0,38	0,85 0,78	0,26 0,39	0,84 0,80
50	6	0,20 0,30	0,88 0,78	0,23 0,35	0,85 0,77	0,27 0,36	0,84 0,79

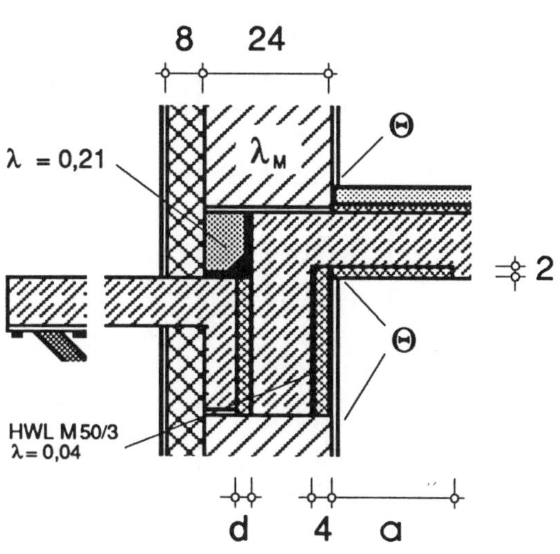

a [cm]	d [cm]	$\lambda_M = 0{,}21$		$\lambda_M = 0{,}56$		$\lambda_M = 0{,}99$	
		WBV	Θ	WBV	Θ	WBV	Θ
25	0	0,18 0,34	0,88 0,87	0,24 0,35	0,84 0,83	0,28 0,36	0,83 0,82
25	2	0,18 0,32	0,88 0,88	0,23 0,31	0,85 0,85	0,27 0,32	0,83 0,83
25	6	0,18 0,30	0,88 0,88	0,23 0,30	0,85 0,86	0,28 0,30	0,83 0,84
50	0	0,21 0,31	0,88 0,87	0,26 0,32	0,84 0,83	0,30 0,33	0,82 0,82
50	2	0,20 0,28	0,88 0,88	0,26 0,28	0,84 0,84	0,30 0,29	0,83 0,83
50	6	0,21 0,26	0,88 0,88	0,26 0,27	0,84 0,86	0,30 0,28	0,83 0,84

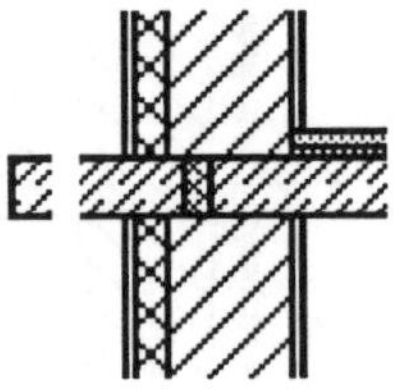

3.	Außenwand mit Wärmedämmverbundsystem
3.4.2	Balkonanschluß, thermisch getrennte Balkonplatte

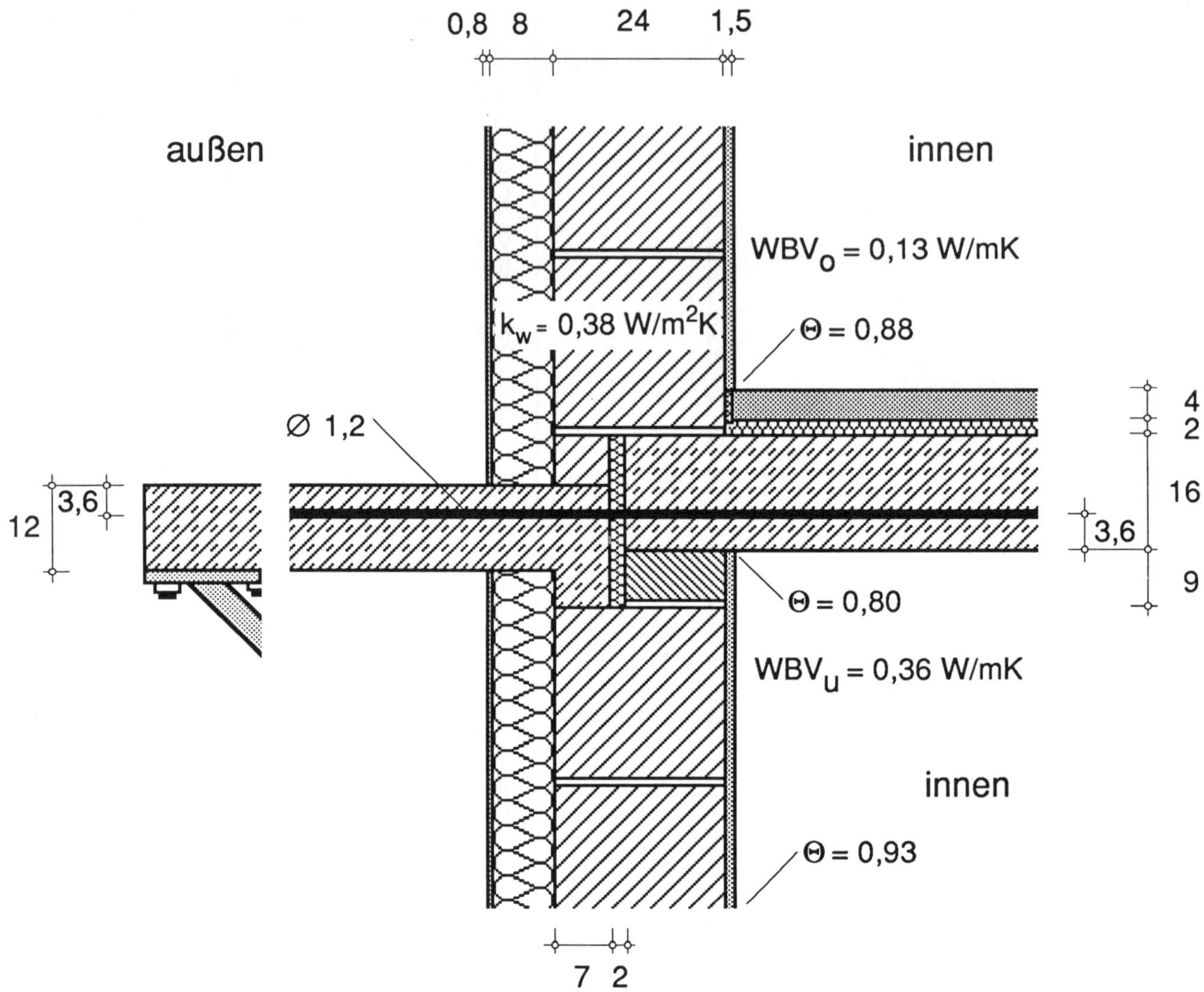

M 1:10

Baustoff	Dicke s [m]	Rohdichte ρ [kg/m³]	Wärmeleitfähigkeit λ_R [W/mK]
Gipsputz	0,015	1200	0,35
Mauerwerk	0,24	1200	0,56
Wärmedämmstoff	0,08	-	0,04
Kunstharzputz	0,008	1000	0,70
Zementestrich	0,04	2000	1,4
Wärmedämmstoff / Trittschalldämmung	0,02	-	0,04
Stahlbeton	-	2400	2,1
Ausgleichsstein NF	0,115	1800	0,79
Randdämmstreifen	0,005	-	0,04
Rundstahl	-	7850	60

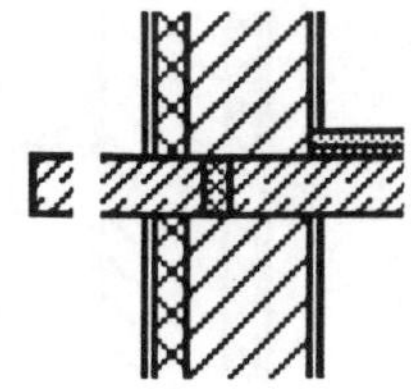

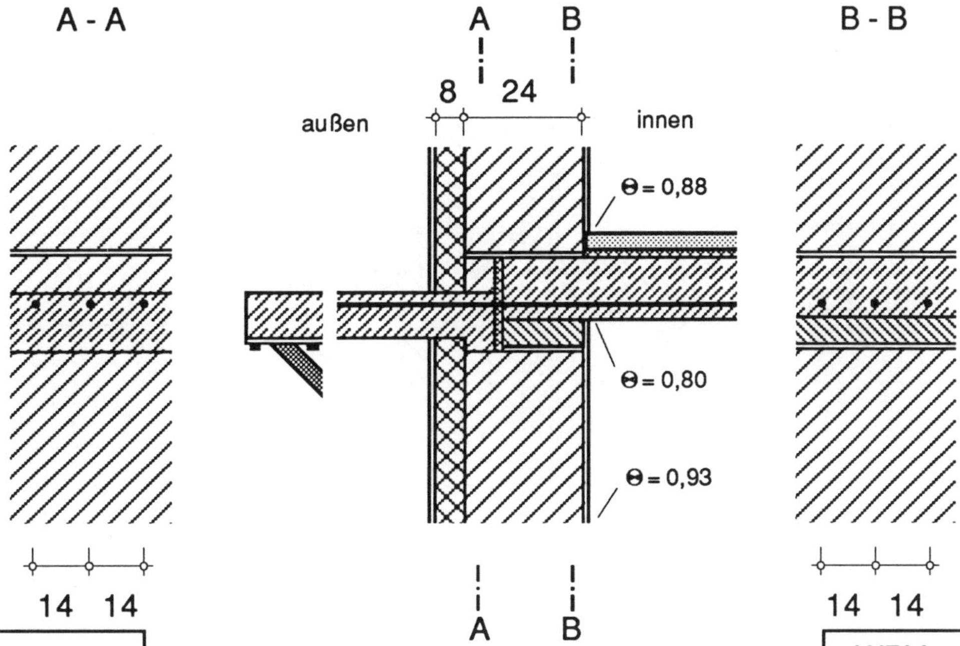

3dimensionale Wärmebrücke

WBV_o = 0,13 W/mK
WBV_u = 0,36 W/mK

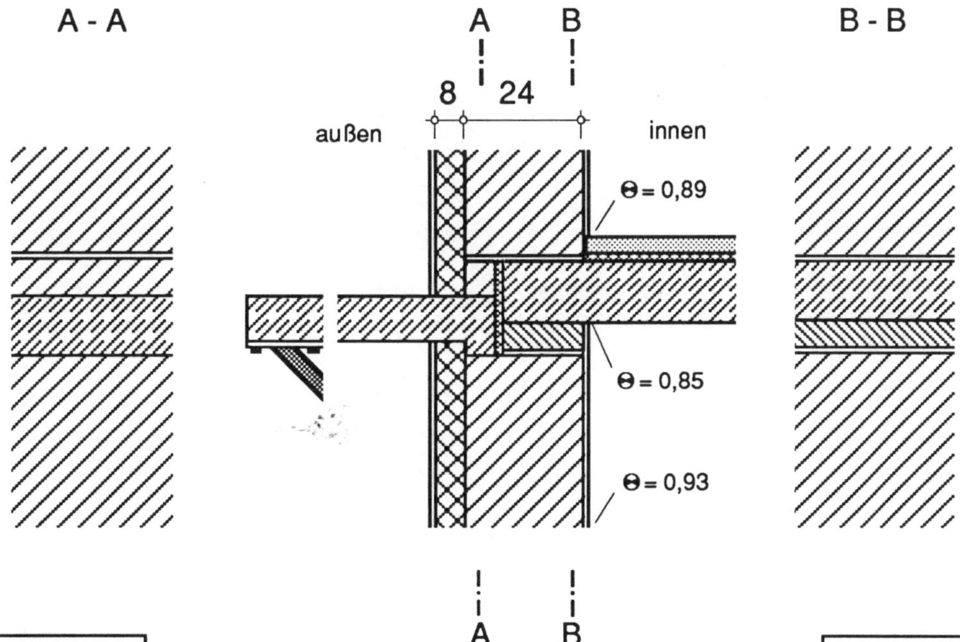

2dimensionale Wärmebrücke

Dient nur zur Darstellung des Einflusses der Stahlteile !

WBV_o = 0,09 W/mK
WBV_u = 0,26 W/mK

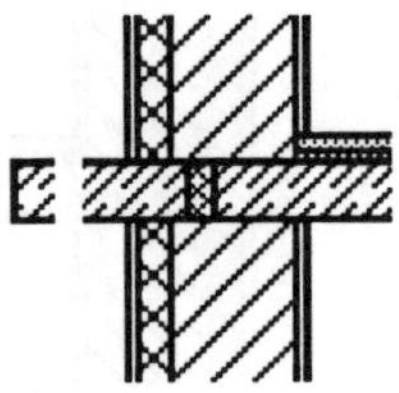

3. Außenwand mit Wärmedämmverbundsystem

3.4.2 Balkonanschluß, thermisch getrennte Balkonplatte

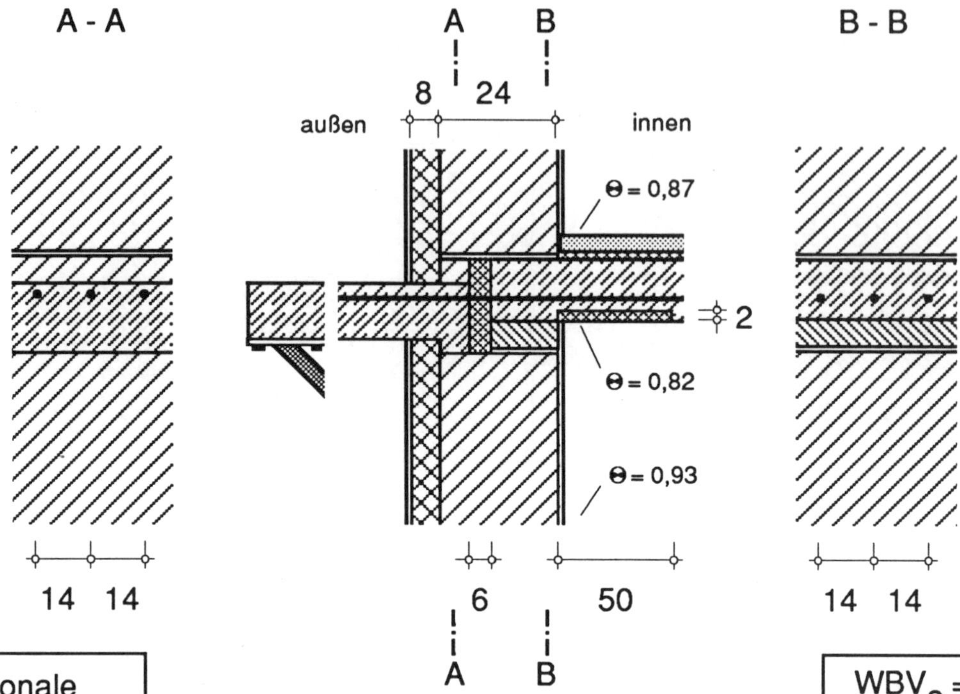

3dimensionale Wärmebrücke

$WBV_o = 0,16$ W/mK
$WBV_u = 0,25$ W/mK

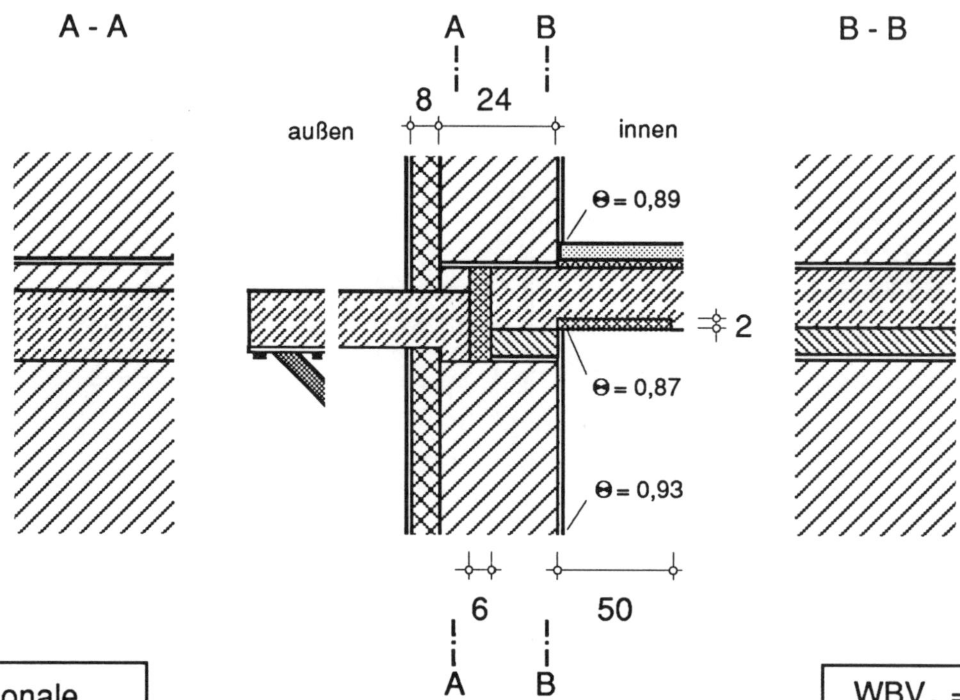

2dimensionale Wärmebrücke

Dient nur zur Darstellung des Einflusses der Stahlteile !

$WBV_o = 0,11$ W/mK
$WBV_u = 0,16$ W/mK

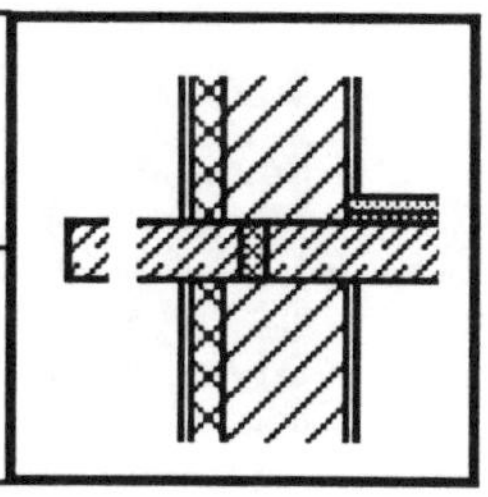

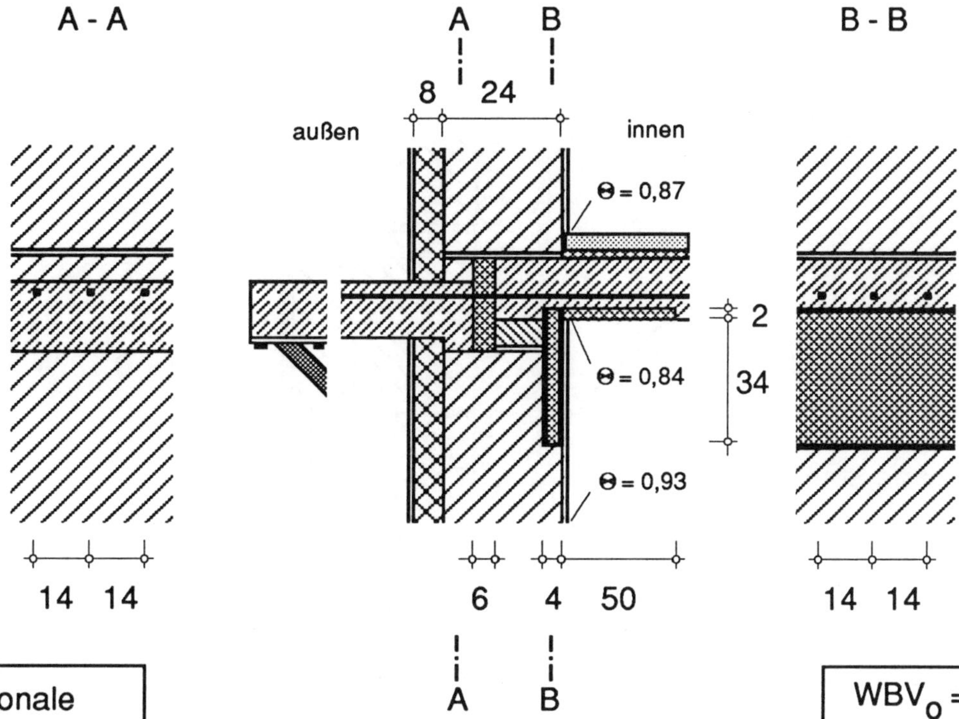

3dimensionale Wärmebrücke

WBV_o = 0,17 W/mK

WBV_u = 0,20 W/mK

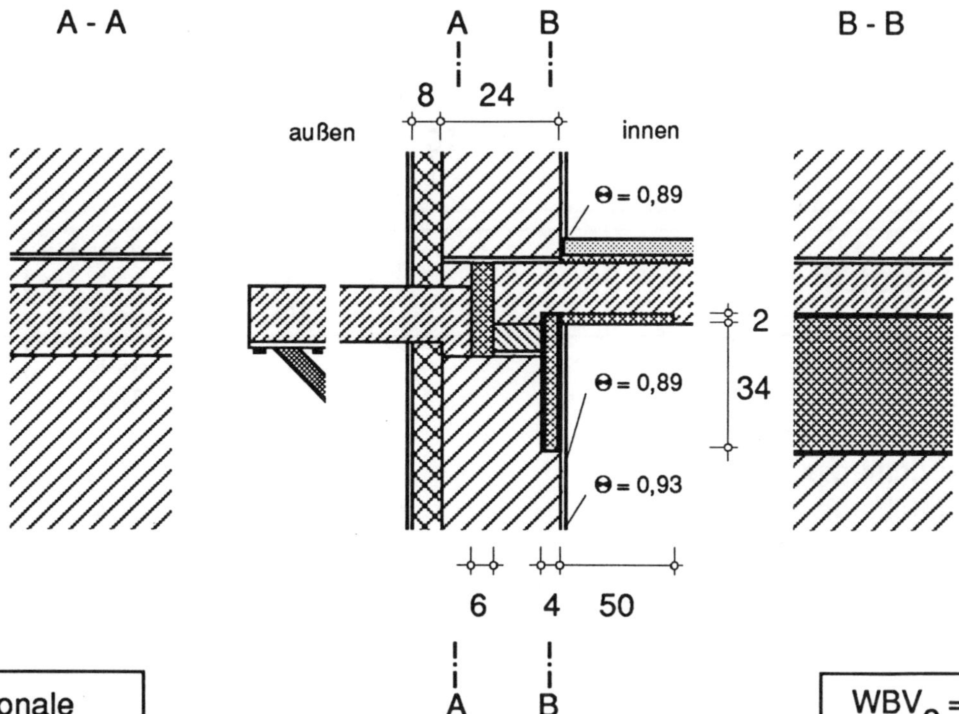

2dimensionale Wärmebrücke

Dient nur zur Darstellung des Einflusses der Stahlteile !

WBV_o = 0,11 W/mK

WBV_u = 0,11 W/mK

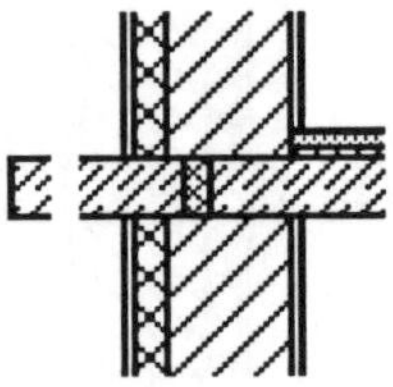

3. Außenwand mit Wärmedämmverbundsystem

3.4.2 Balkonanschluß, thermisch getrennte Balkonplatte

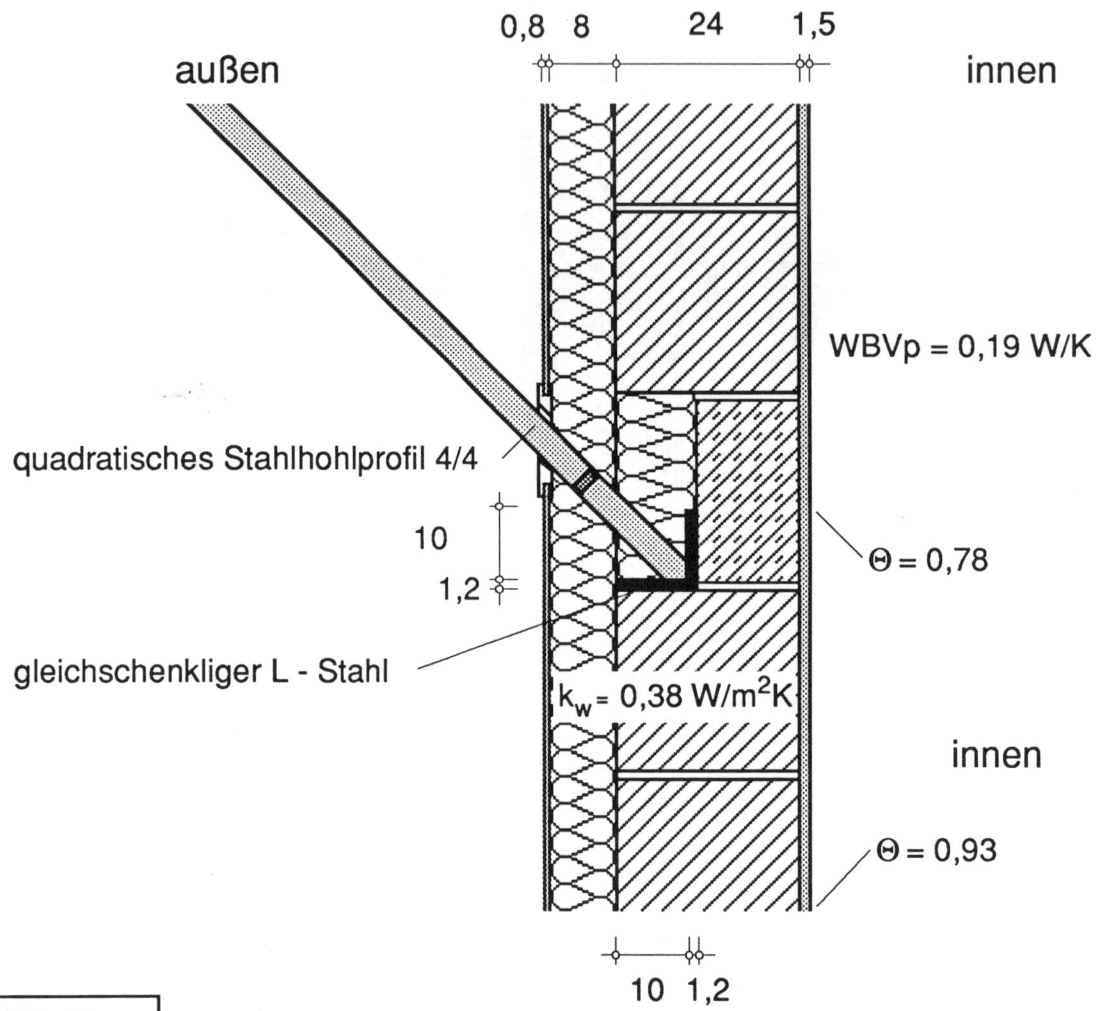

M 1:10

Baustoff	Dicke s [m]	Rohdichte ρ [kg/m³]	Wärmeleitfähigkeit λ_R [W/mK]
Gipsputz	0,015	1200	0,35
Mauerwerk	0,24	1200	0,56
Wärmedämmstoff	0,08	-	0,04
Kunstharzputz	0,008	1000	0,70
Stahlbeton	0,14	2400	2,1
Wärmedämmstoff	0,10	-	0,04
Profilstahl	-	7850	60
Winkelstahl	-	7850	60

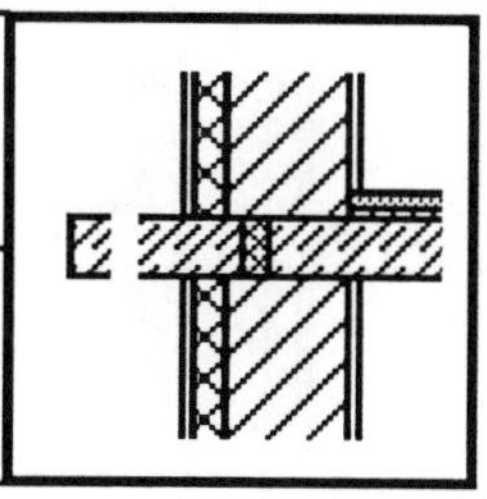

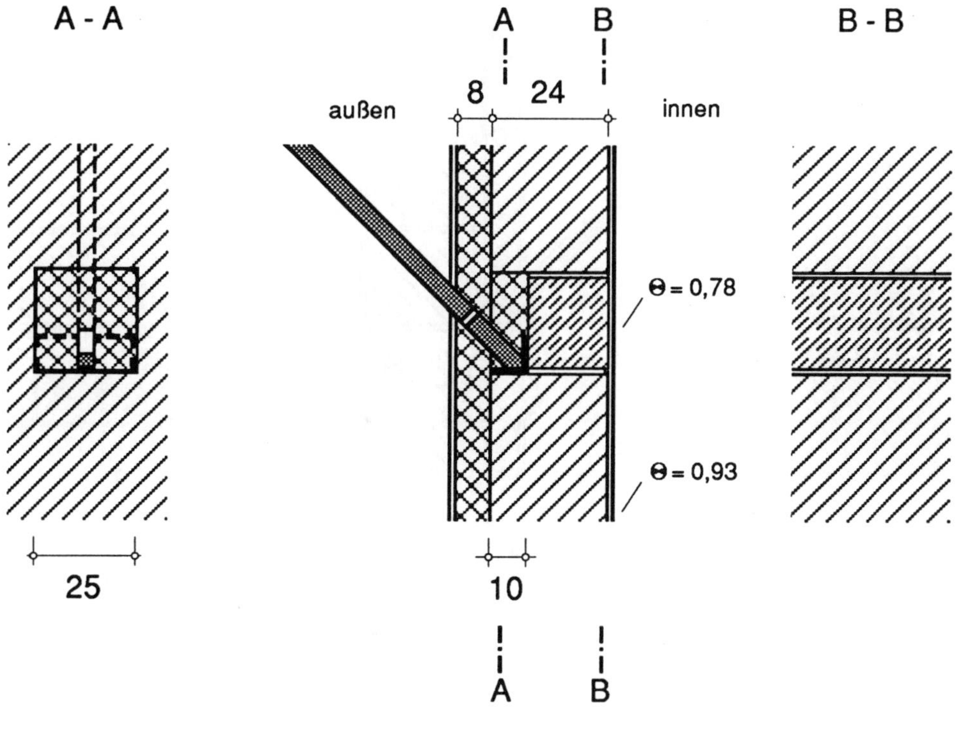

3dimensionale Wärmebrücke

WBVp = 0,19 W/K

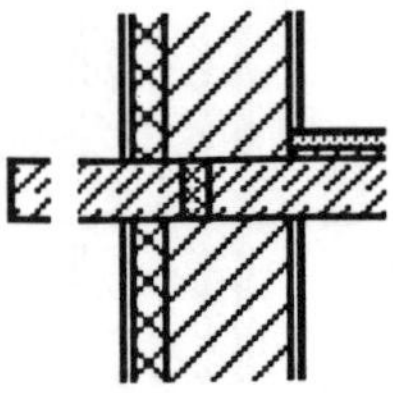

3. Außenwand mit Wärmedämmverbundsystem

3.4.2 Balkonanschluß, thermisch getrennte Balkonplatte

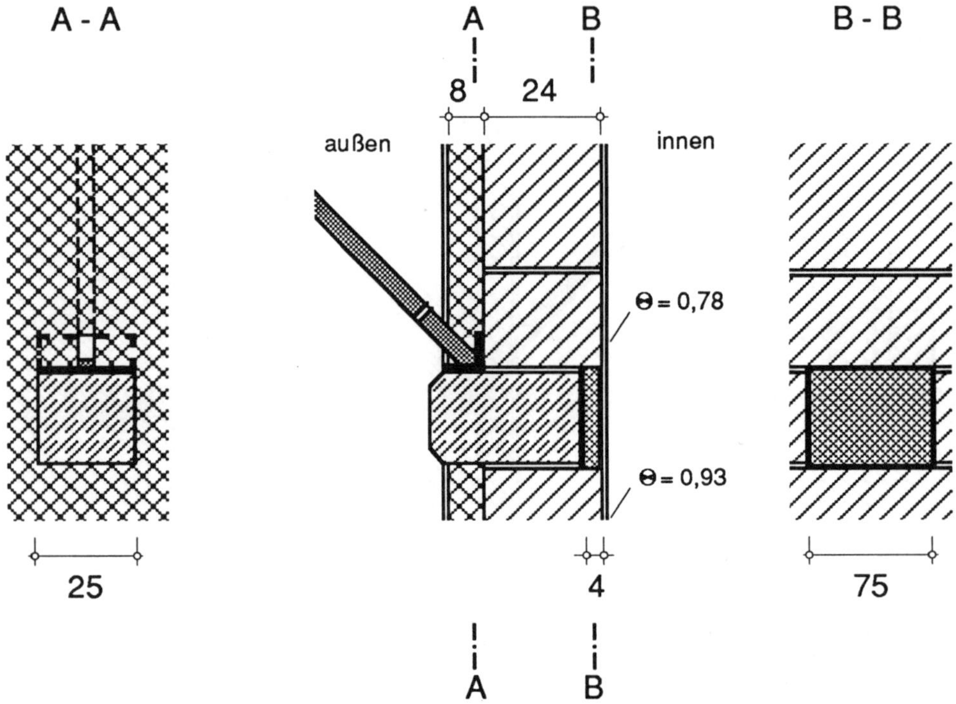

3dimensionale Wärmebrücke

WBVp = 0,23 W/K

Außenwand mit Wärmedämmverbundsystem	3.
Balkonanschluß, thermisch getrennte Balkonplatte	3.4.2

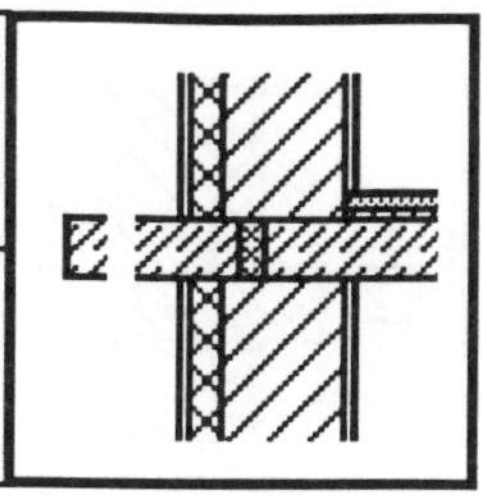

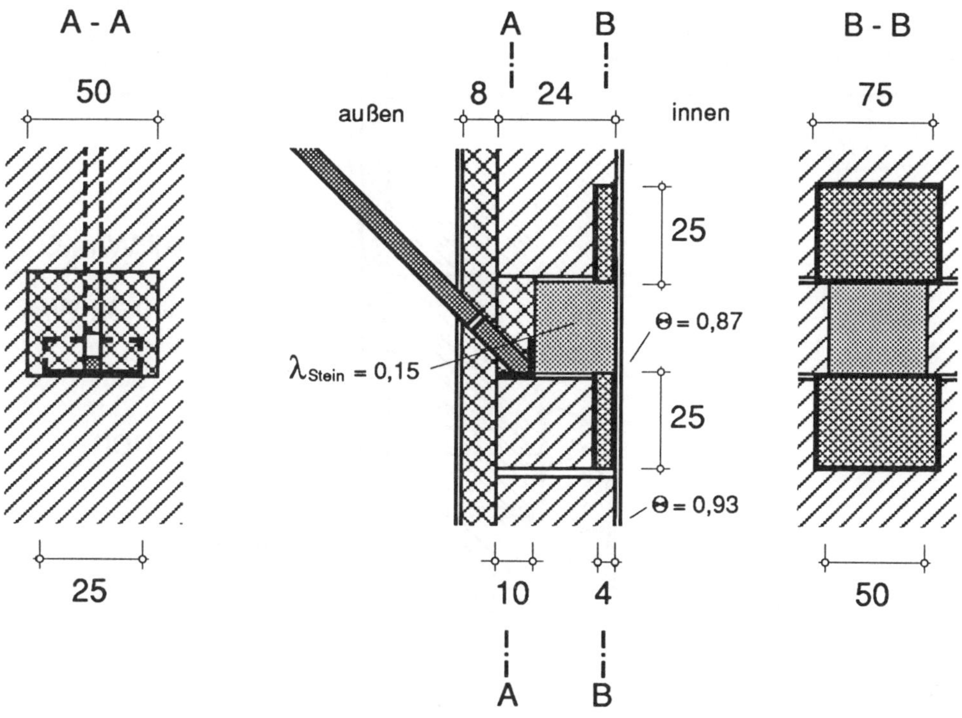

3dimensionale Wärmebrücke

WBVp = 0,07 W/K

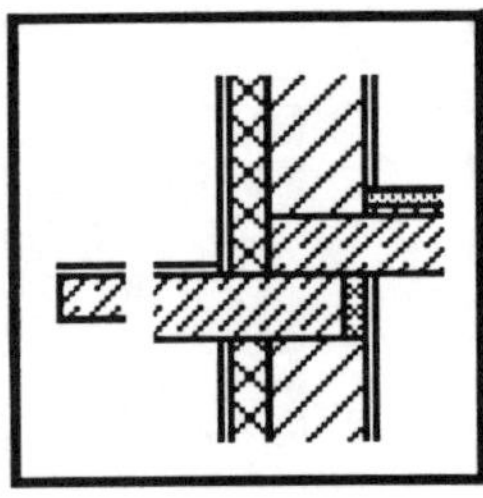

3. Außenwand mit Wärmedämmverbundsystem

3.4.3 Balkonanschluß, Kragarm Stahlbeton

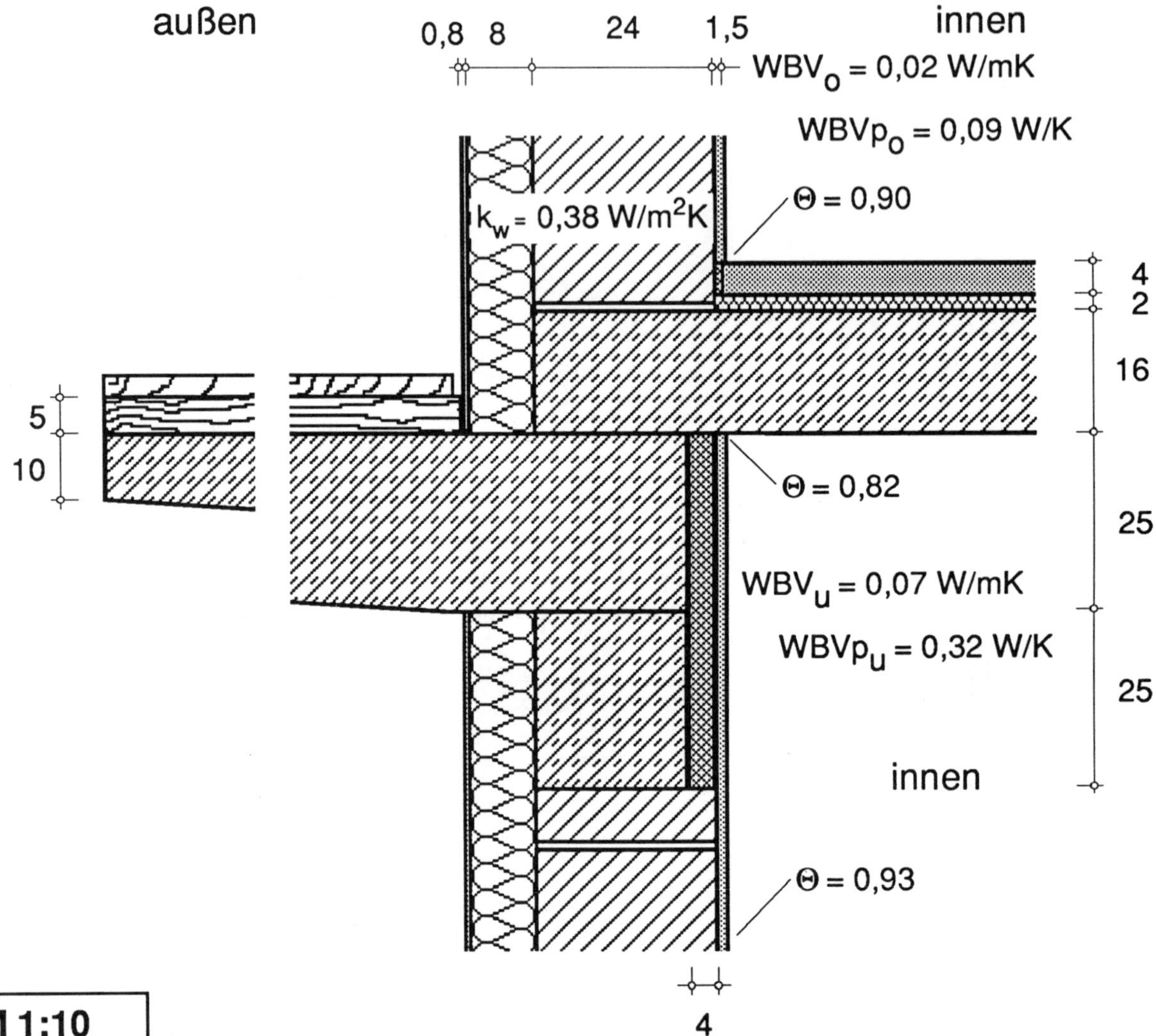

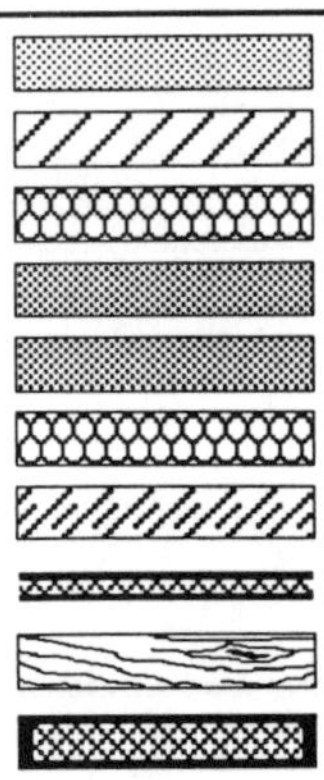

Baustoff	Dicke s [m]	Rohdichte ρ [kg/m³]	Wärmeleitfähigkeit λ_R [W/mK]
Gipsputz	0,015	1200	0,35
Mauerwerk	0,24	1200	0,56
Wärmedämmstoff	0,08	-	0,04
Kunstharzputz	0,008	1000	0,70
Zementestrich	0,04	2000	1,4
Wärmedämmstoff / Trittschalldämmung	0,02	-	0,04
Stahlbeton	-	2400	2,1
Randdämmstreifen	0,005	-	0,04
Holz	-	-	-
Mehrschicht-Leichtbauplatte M-50/3	0,04	≥15	0,04

Außenwand mit Wärmedämmverbundsystem	3.
Balkonanschluß, Kragarm Stahlbeton	3.4.3

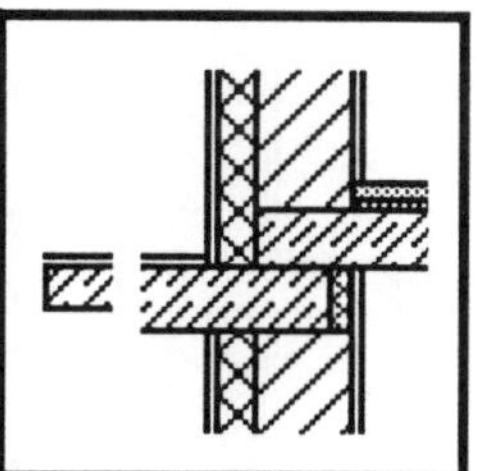

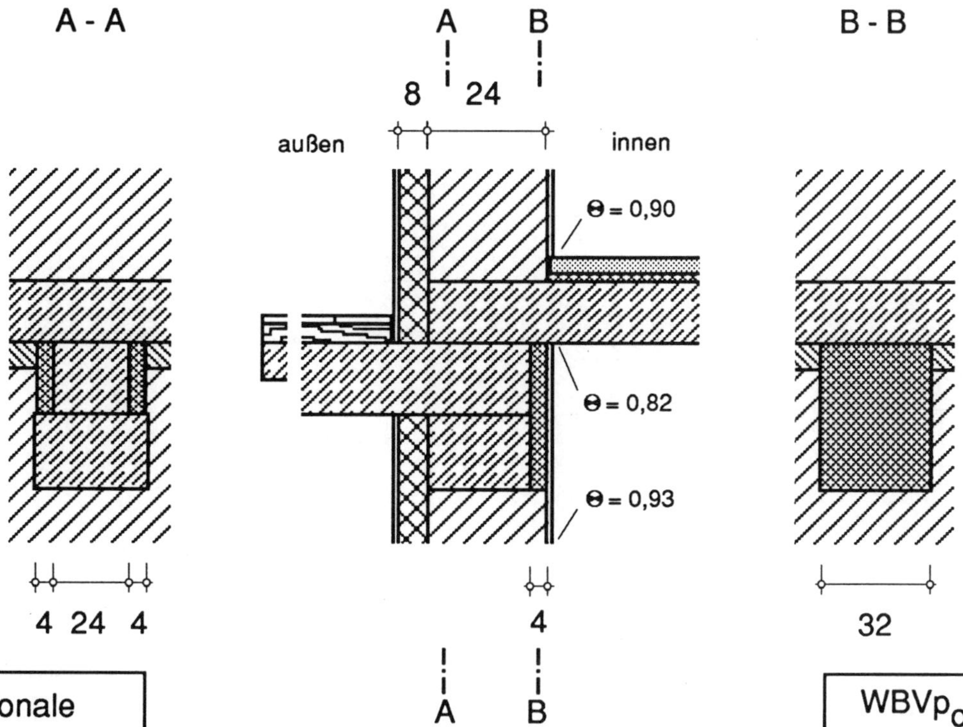

3dimensionale Wärmebrücke

$WBVp_o = 0{,}09$ W/K
$WBVp_u = 0{,}32$ W/K

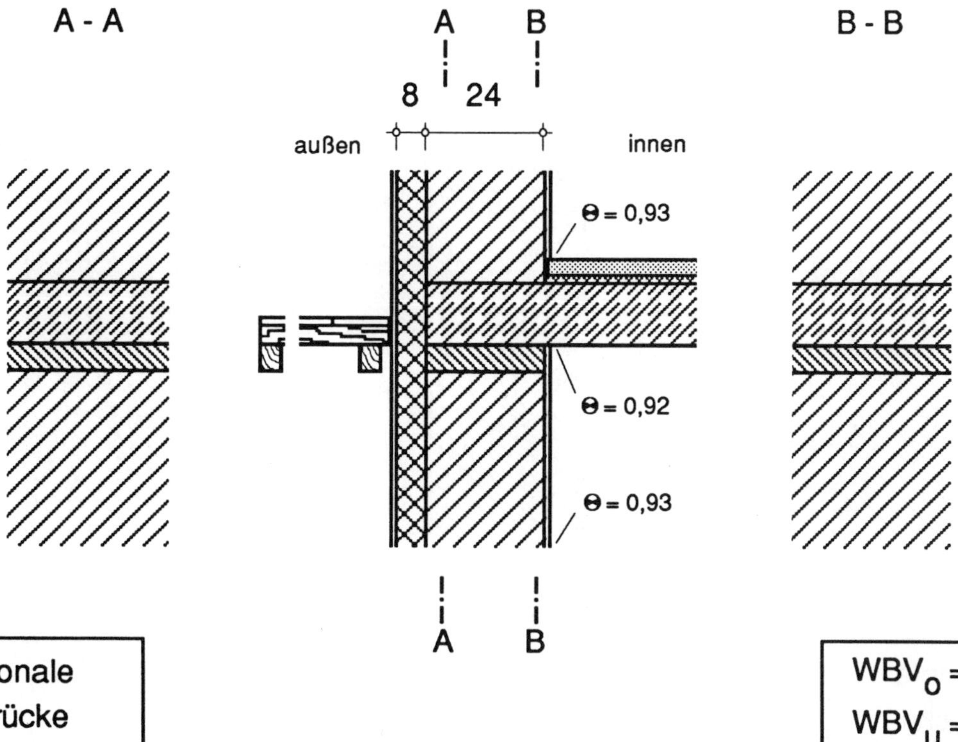

2dimensionale Wärmebrücke

$WBV_o = 0{,}02$ W/mK
$WBV_u = 0{,}07$ W/mK

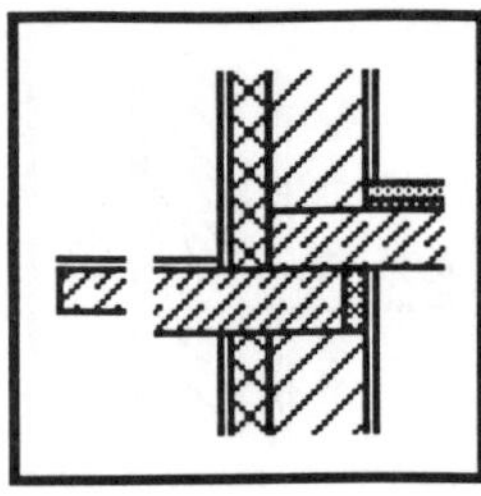

3. Außenwand mit Wärmedämmverbundsystem

3.4.3 Balkonanschluß, Kragarm Stahlbeton

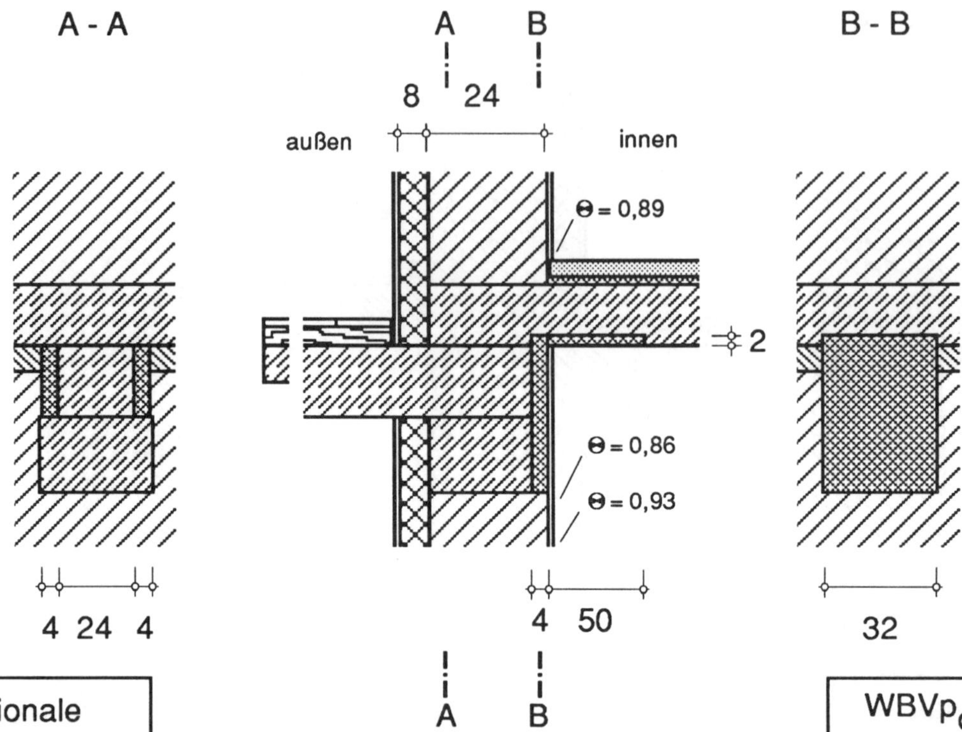

3dimensionale Wärmebrücke

$WBVp_o = 0{,}15$ W/K

$WBVp_u = 0{,}24$ W/K

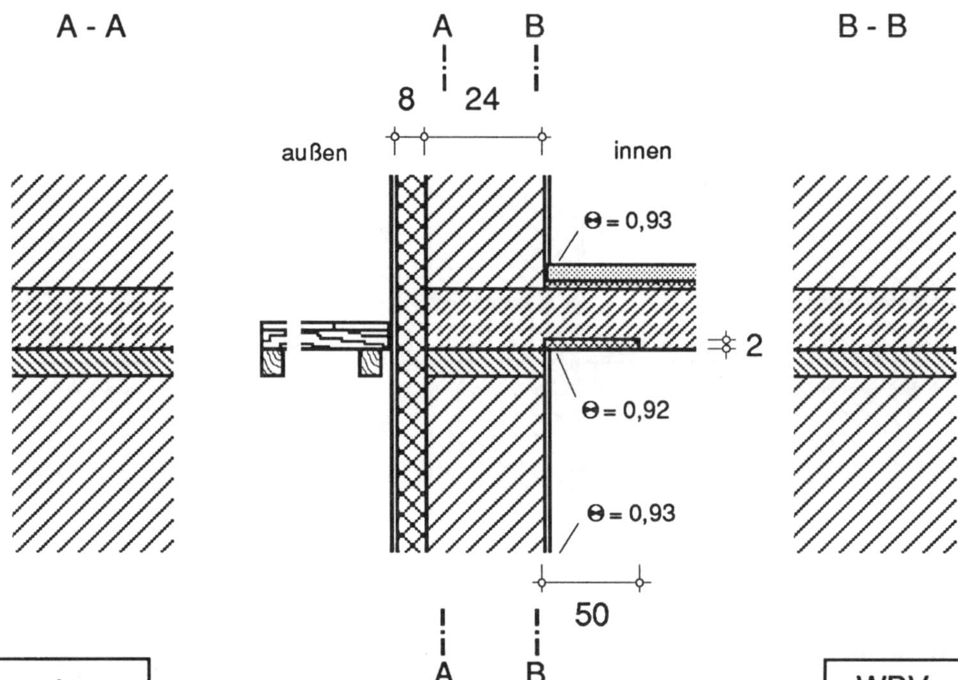

2dimensionale Wärmebrücke

$WBV_o = 0{,}04$ W/mK

$WBV_u = 0{,}04$ W/mK

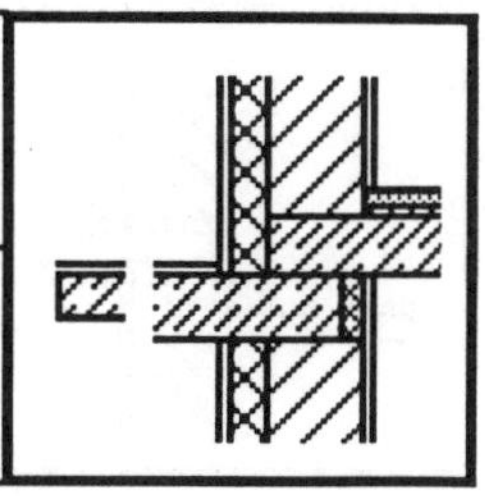

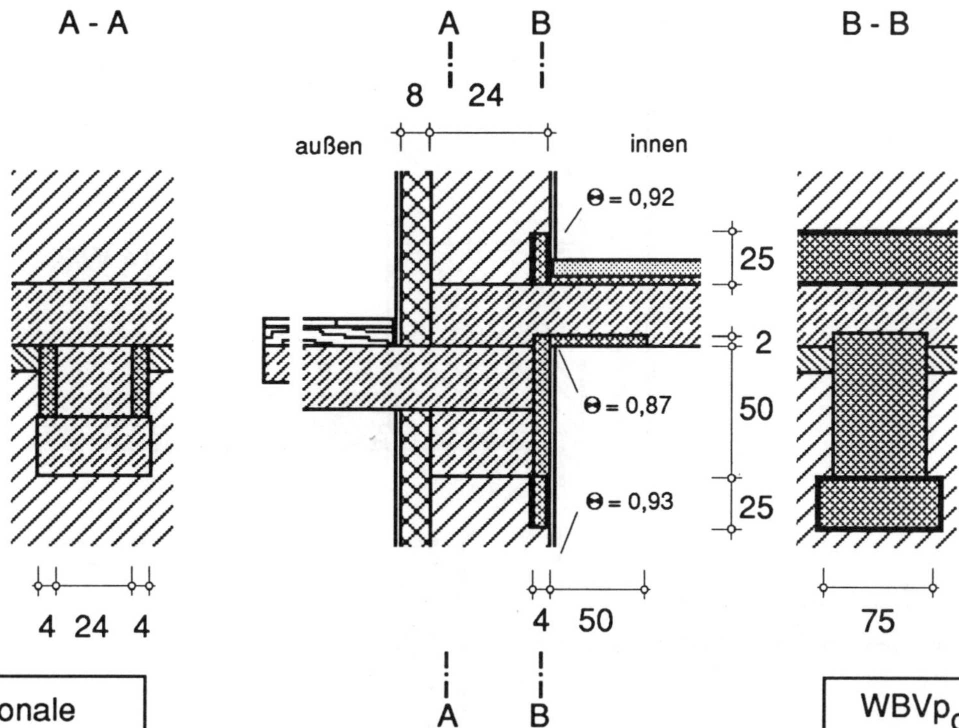

3dimensionale Wärmebrücke

$WBVp_o = 0{,}09$ W/K

$WBVp_u = 0{,}27$ W/K

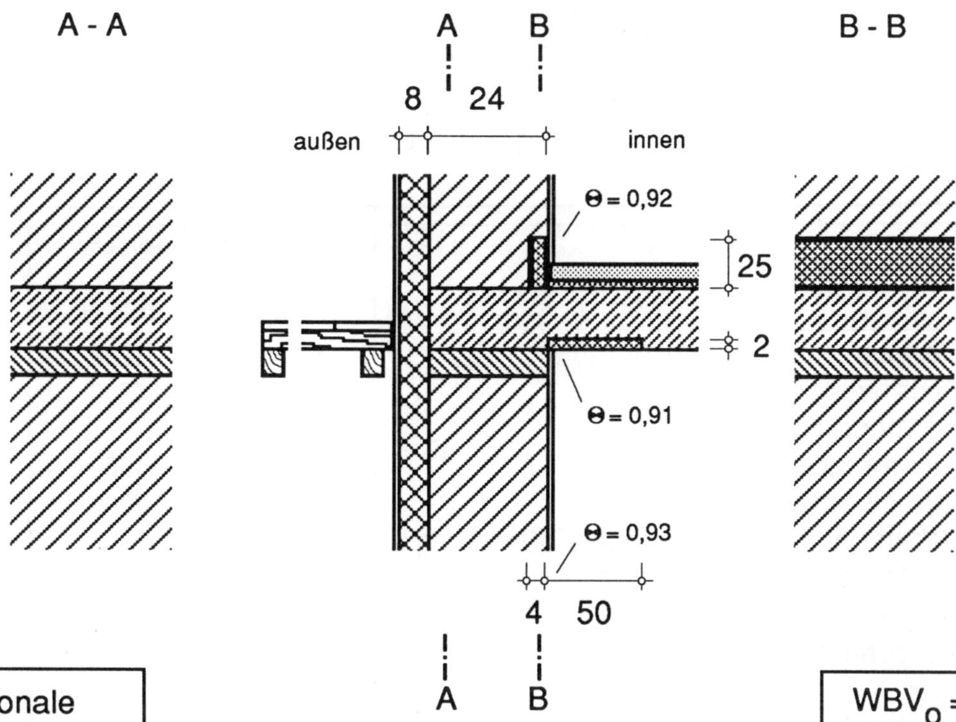

2dimensionale Wärmebrücke

$WBV_o = 0{,}01$ W/mK

$WBV_u = 0{,}06$ W/mK

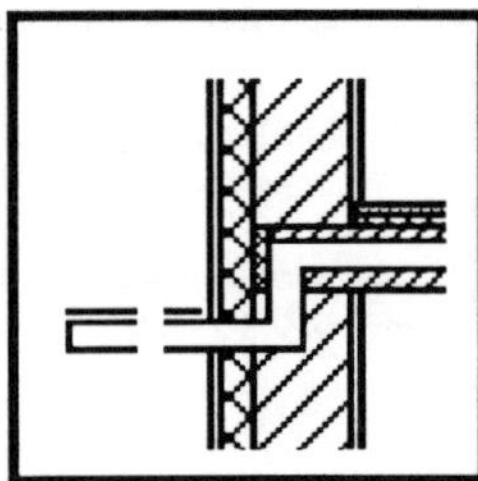

3. Außenwand mit Wärmedämmverbundsystem

3.4.4 Balkonanschluß, Kragarm Stahlprofil

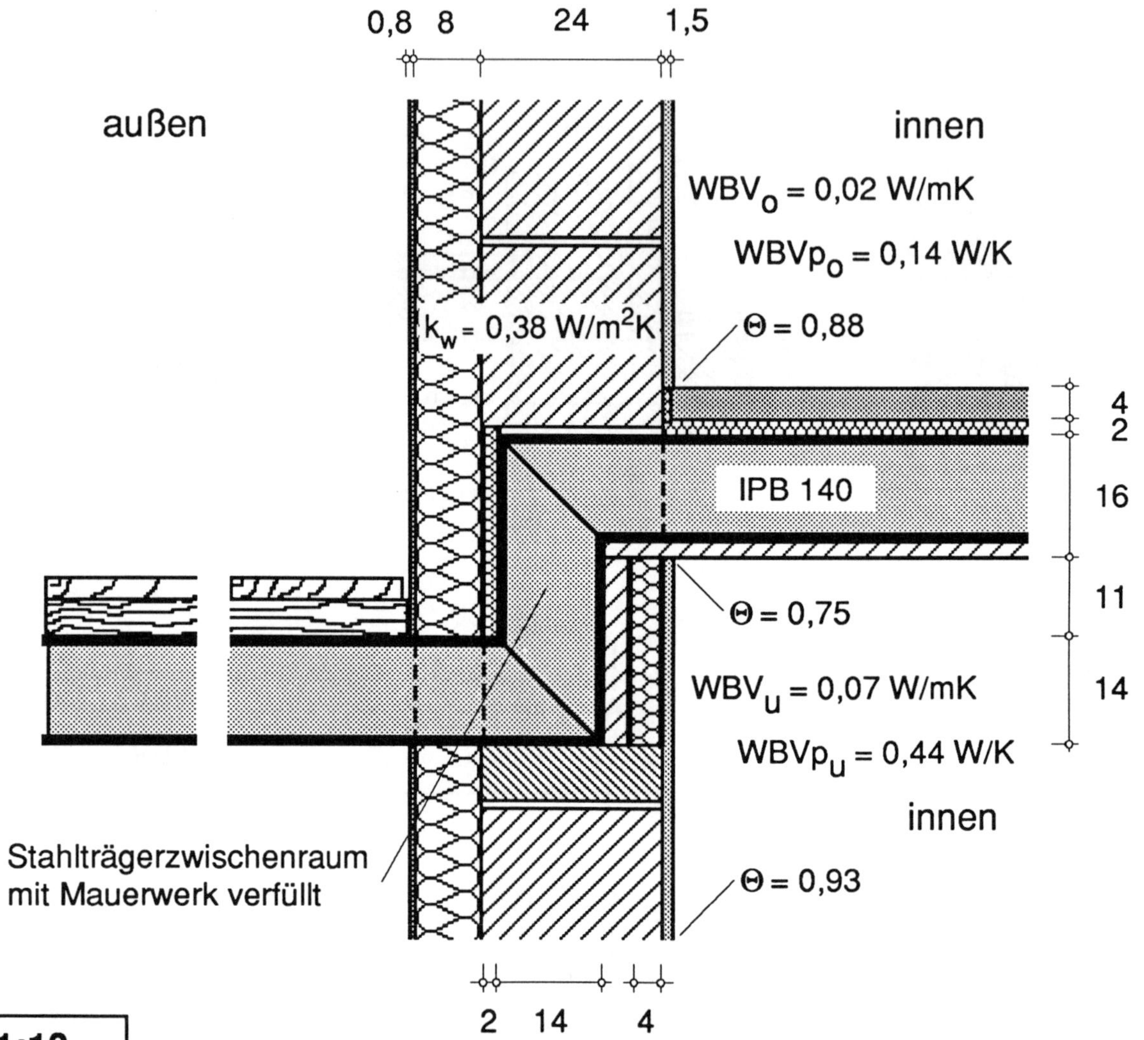

M 1:10

Baustoff	Dicke s [m]	Rohdichte ρ [kg/m³]	Wärmeleitfähigkeit λ_R [W/mK]
Gipsputz	0,015	1200	0,35
Mauerwerk	0,24	1200	0,56
Wärmedämmstoff	-	-	0,04
Kunstharzputz	0,008	1000	0,70
Zementestrich	0,04	2000	1,4
Wärmedämmstoff / Trittschalldämmung	0,02	-	0,04
Stahlbeton	0,16	2400	2,1
Ausgleichsstein NF	0,24	1800	0,79
Randdämmstreifen	0,005	-	0,04
Holz	-	-	-
Stahlprofil IPB 140	-	7850	60

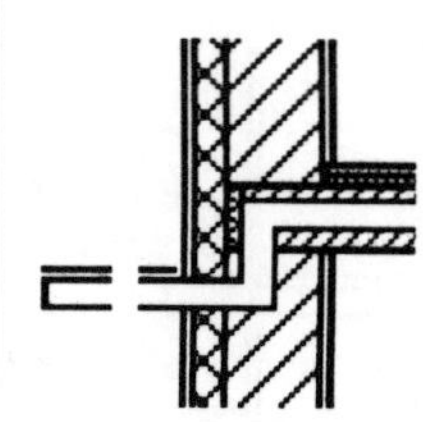

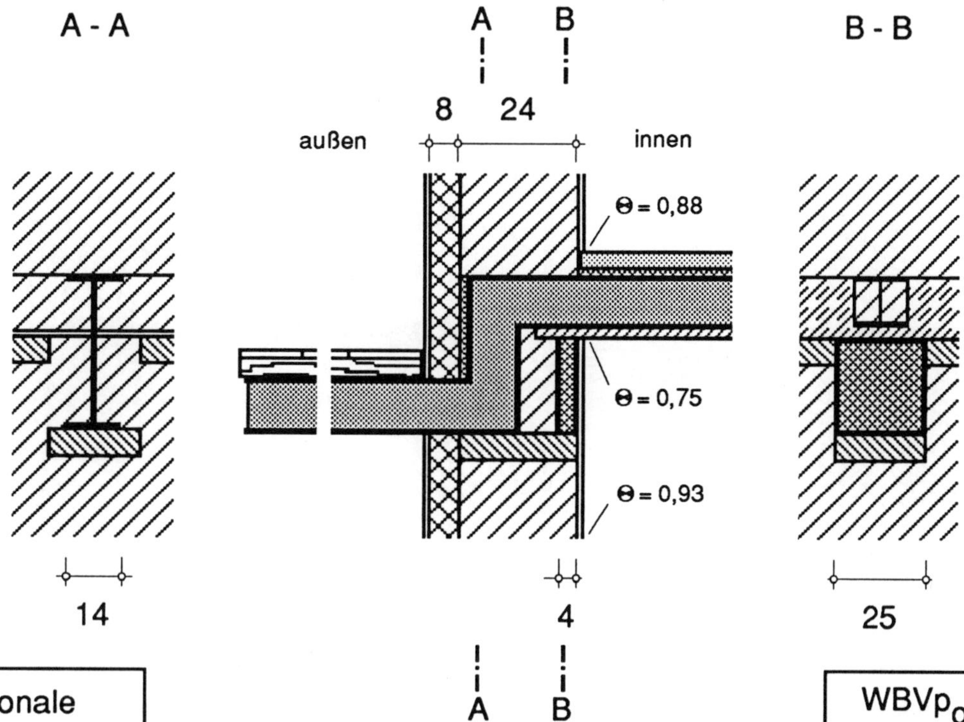

3dimensionale Wärmebrücke

$WBVp_o = 0{,}14$ W/K
$WBVp_u = 0{,}44$ W/K

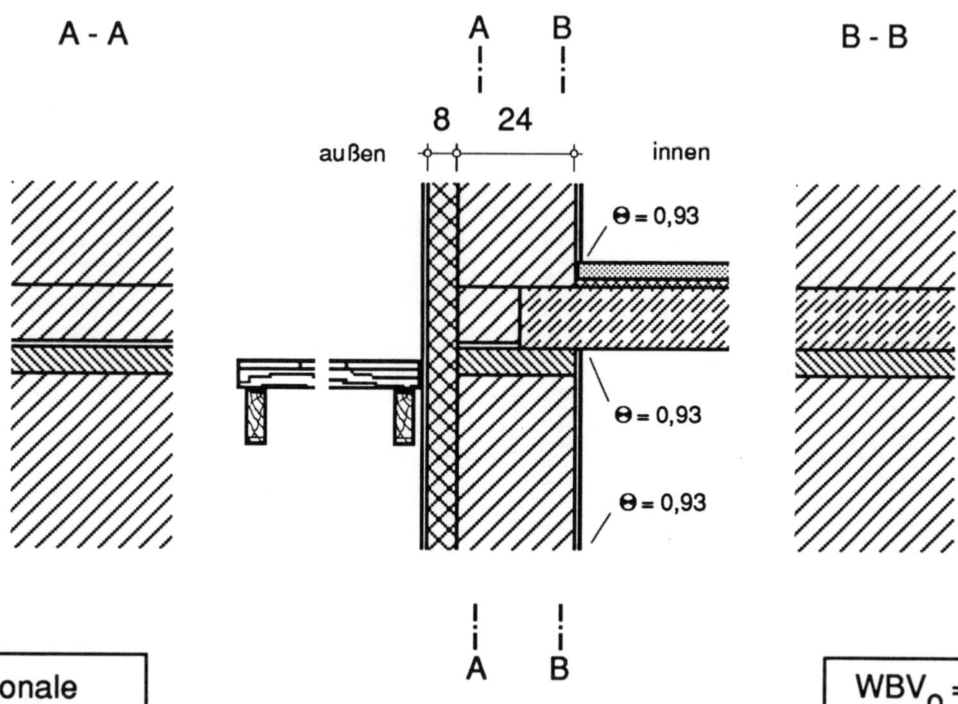

2dimensionale Wärmebrücke

$WBV_o = 0{,}02$ W/mK
$WBV_u = 0{,}07$ W/mK

3. Außenwand mit Wärmedämmverbundsystem

3.4.4 Balkonanschluß, Kragarm Stahlprofil

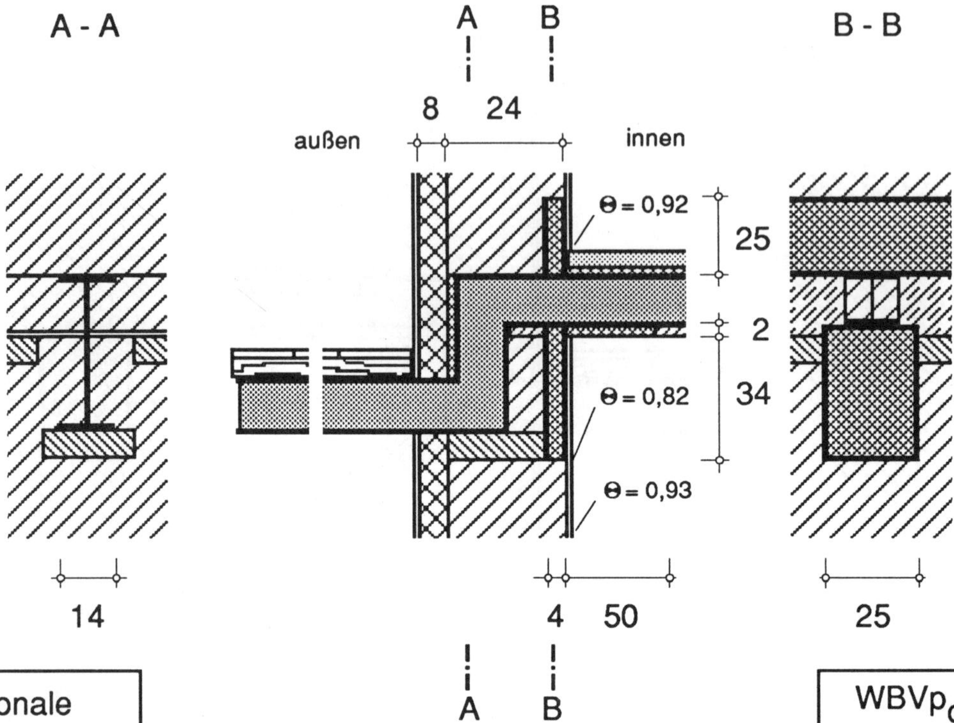

3dimensionale Wärmebrücke

$WBVp_o = 0{,}13$ W/K
$WBVp_u = 0{,}39$ W/K

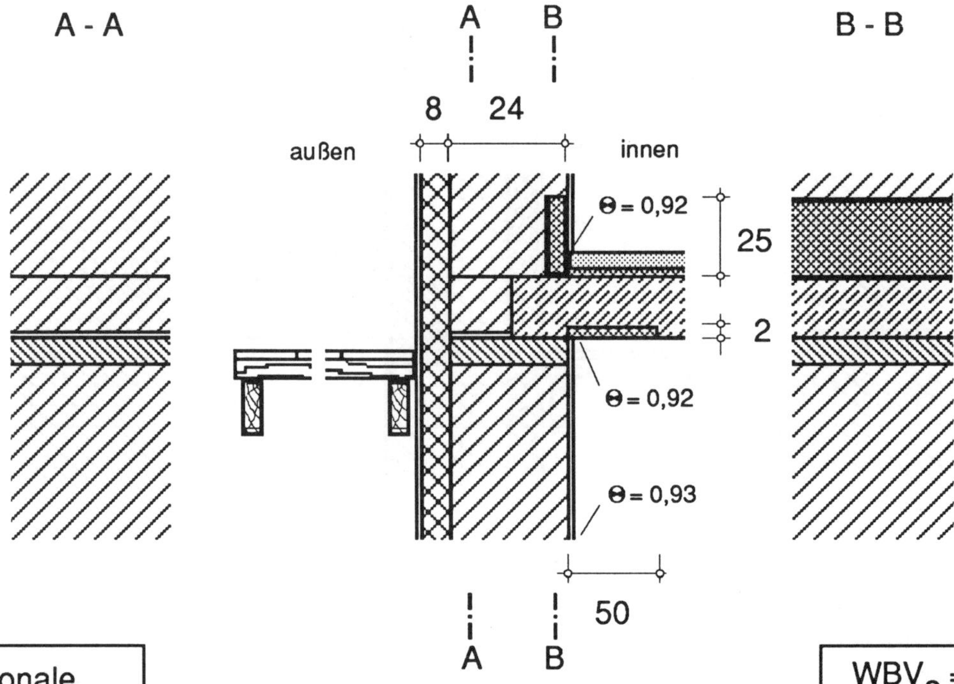

2dimensionale Wärmebrücke

$WBV_o = 0{,}01$ W/mK
$WBV_u = 0{,}06$ W/mK

Außenwand mit Wärmedämmverbundsystem 3.

Balkonanschluß, Kragarm Stahlprofil 3.4.4

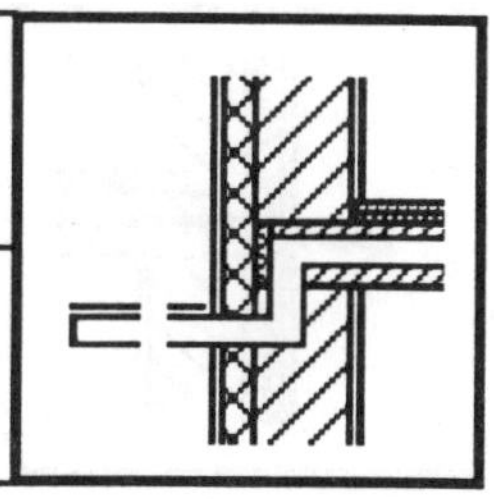

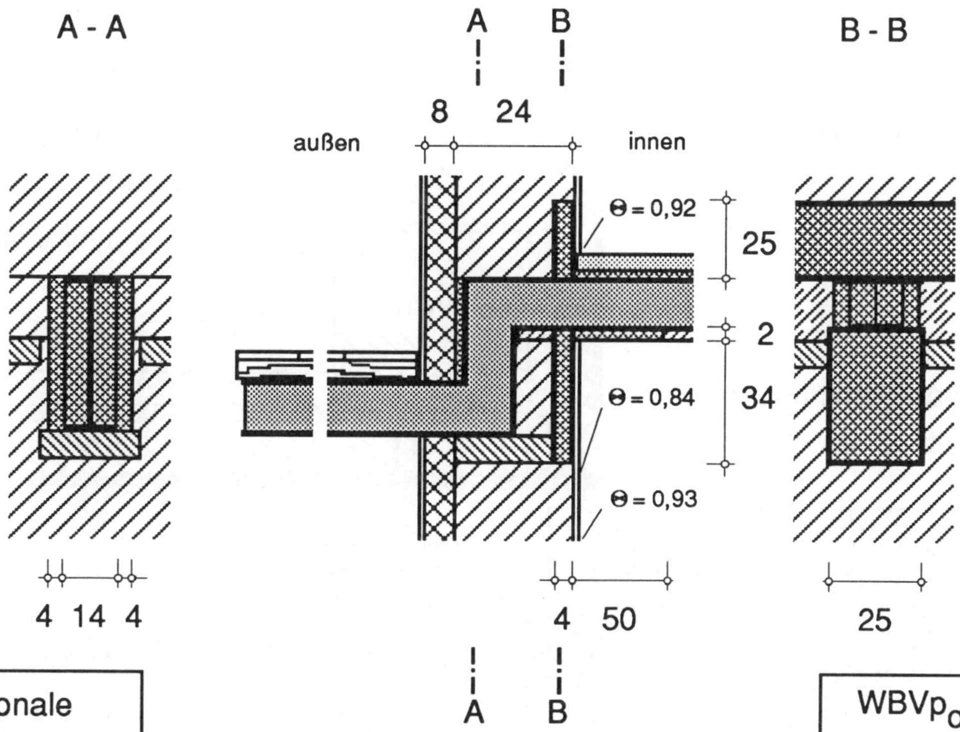

3dimensionale Wärmebrücke

$WBVp_o = 0{,}13$ W/K

$WBVp_u = 0{,}35$ W/K

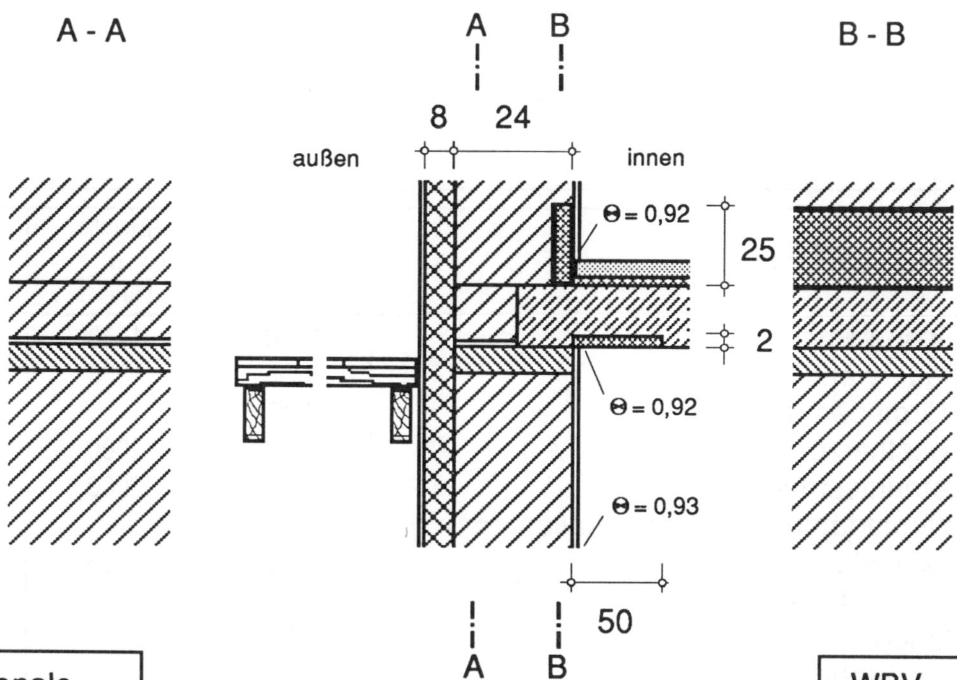

2dimensionale Wärmebrücke

$WBV_o = 0{,}01$ W/mK

$WBV_u = 0{,}06$ W/mK

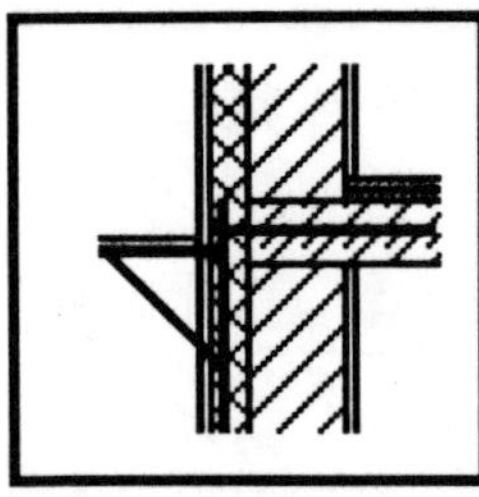

3. Außenwand mit Wärmedämmverbundsystem

3.4.5 Balkonanschluß, vorgehängte Stahlkonstruktion

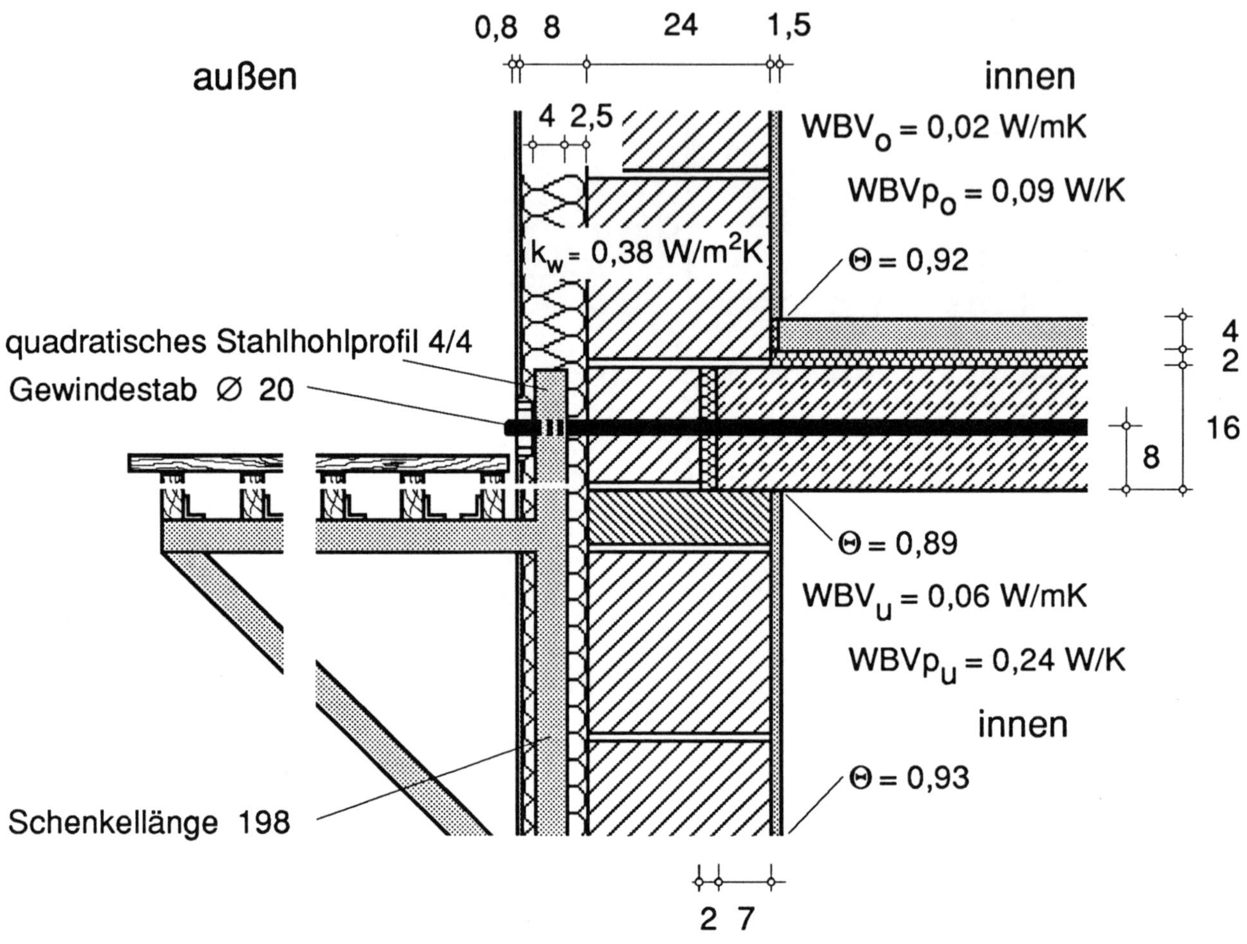

M 1:10

Baustoff	Dicke s [m]	Rohdichte ρ [kg/m³]	Wärmeleitfähigkeit λ_R [W/mK]
Gipsputz	0,015	1200	0,35
Mauerwerk	0,24	1200	0,56
Wärmedämmstoff	0,02	-	0,04
Kunstharzputz	0,008	1000	0,70
Zementestrich	0,04	2000	1,4
Wärmedämmstoff / Trittschalldämmung	0,02	-	0,04
Stahlbeton	0,16	2400	2,1
Ausgleichsstein NF	0,24	1800	0,79
Randdämmstreifen	0,005	-	0,04
Rundstahl	-	7850	60
Profilstahl	-	7850	60

Außenwand mit Wärmedämmverbundsystem 3.

Balkonanschluß, vorgehängte Stahlkonstruktion 3.4.5

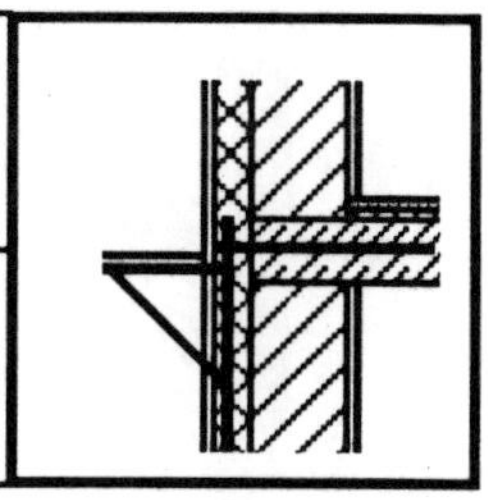

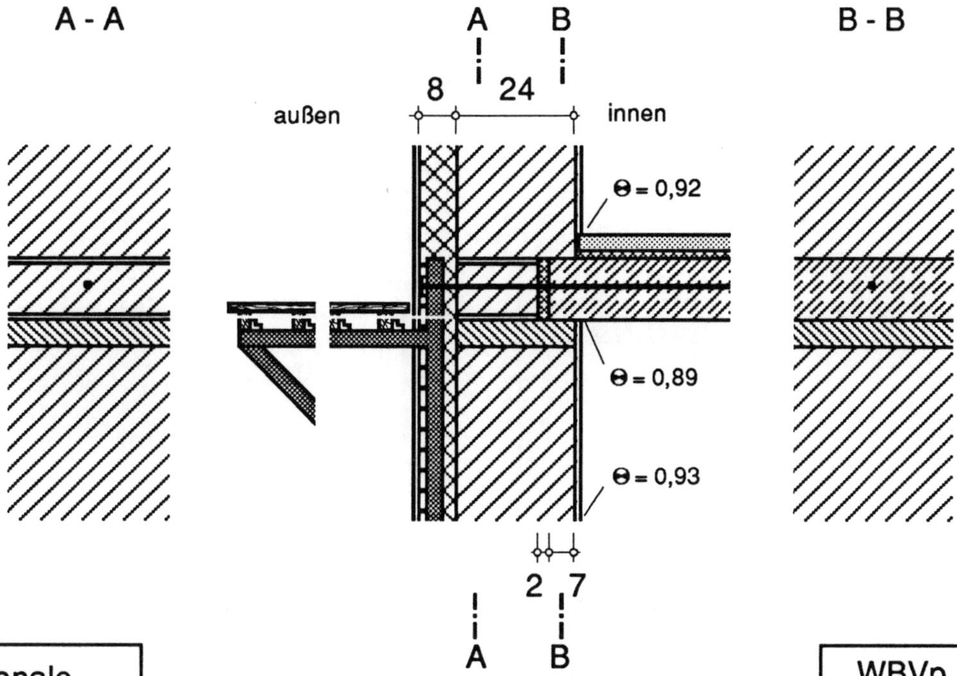

3dimensionale Wärmebrücke

$WBVp_o = 0{,}09$ W/K
$WBVp_u = 0{,}24$ W/K

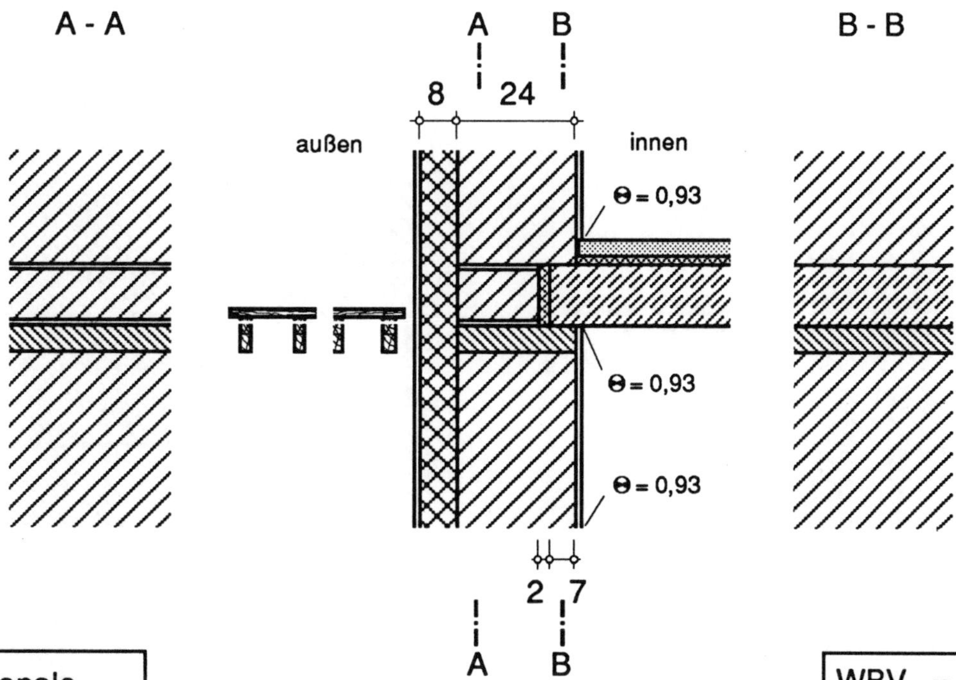

2dimensionale Wärmebrücke

$WBV_o = 0{,}02$ W/mK
$WBV_u = 0{,}06$ W/mK

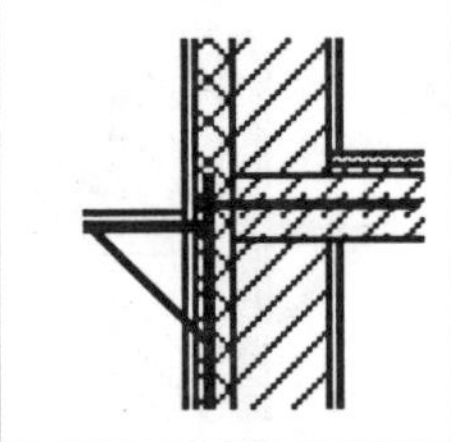

3.	Außenwand mit Wärmedämmverbundsystem
3.4.5	Balkonanschluß, vorgehängte Stahlkonstruktion

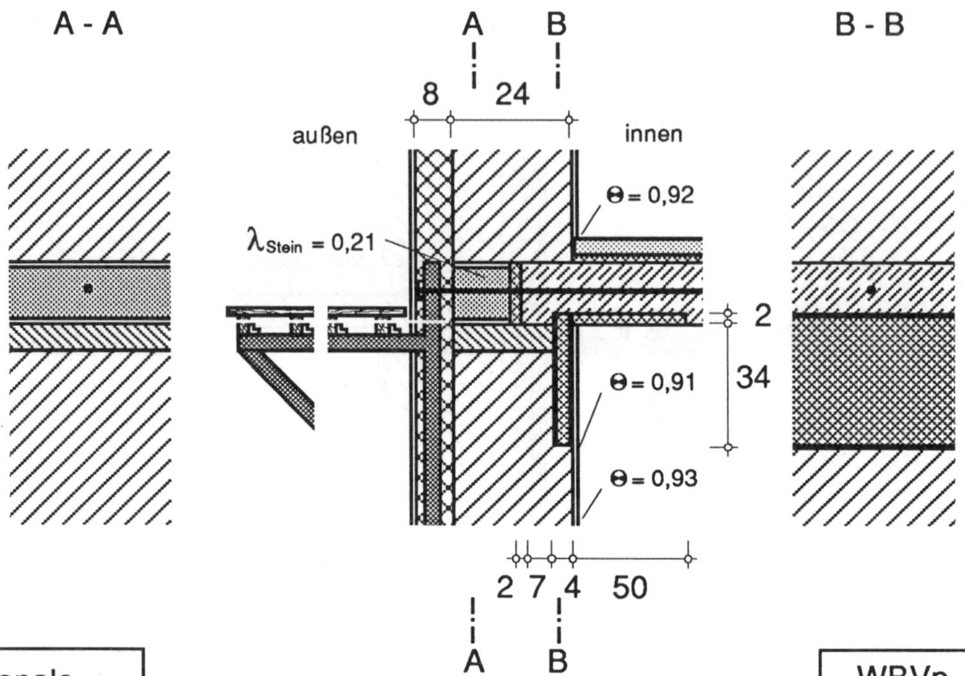

3dimensionale Wärmebrücke

$WBVp_o = 0{,}16$ W/K
$WBVp_u = 0{,}07$ W/K

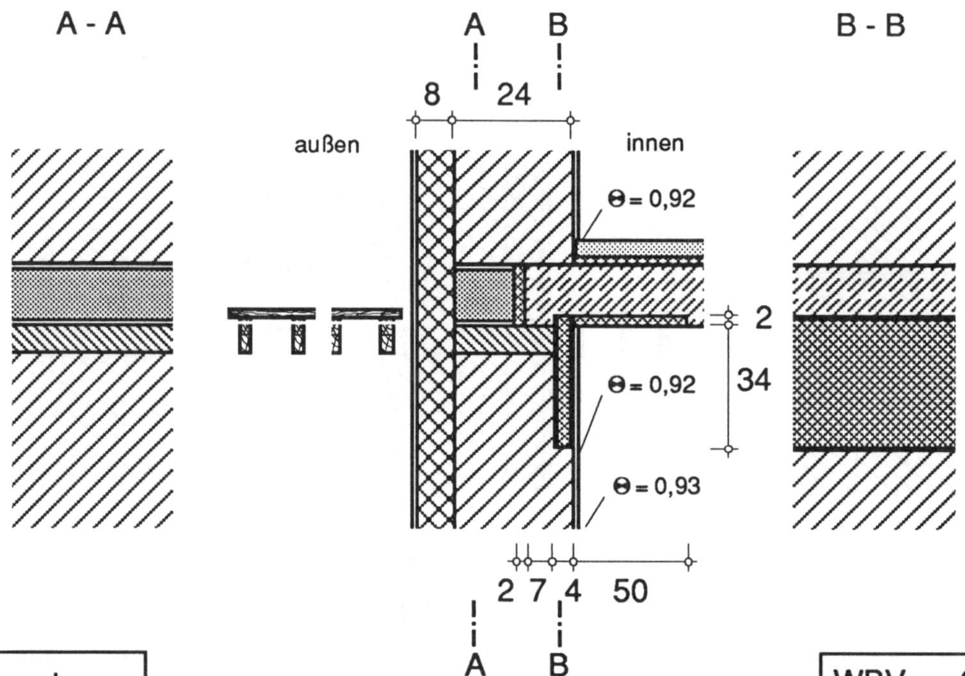

2dimensionale Wärmebrücke

$WBV_o = 0{,}05$ W/mK
$WBV_u = 0{,}01$ W/mK

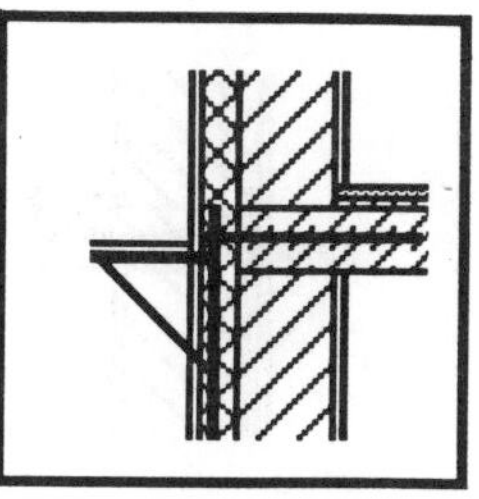

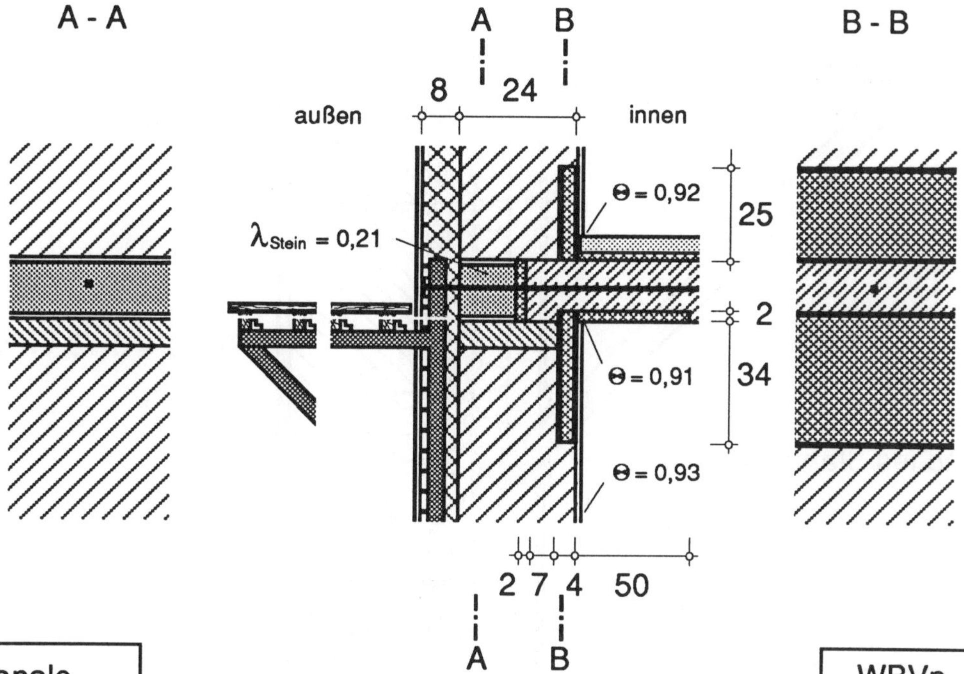

3dimensionale Wärmebrücke

$WBVp_o$ = 0,07 W/K

$WBVp_u$ = 0,12 W/K

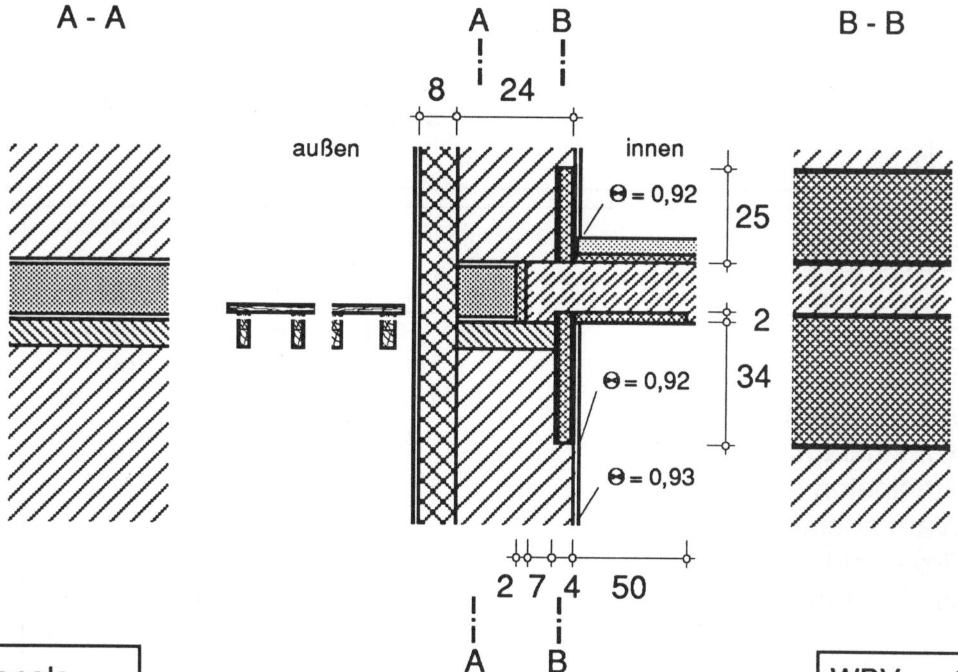

2dimensionale Wärmebrücke

WBV_o = 0,02 W/mK

WBV_u = 0,02 W/mK

3. Außenwand mit Wärmedämmverbundsystem

3.4.5 Balkonanschluß, vorgehängte Stahlkonstruktion

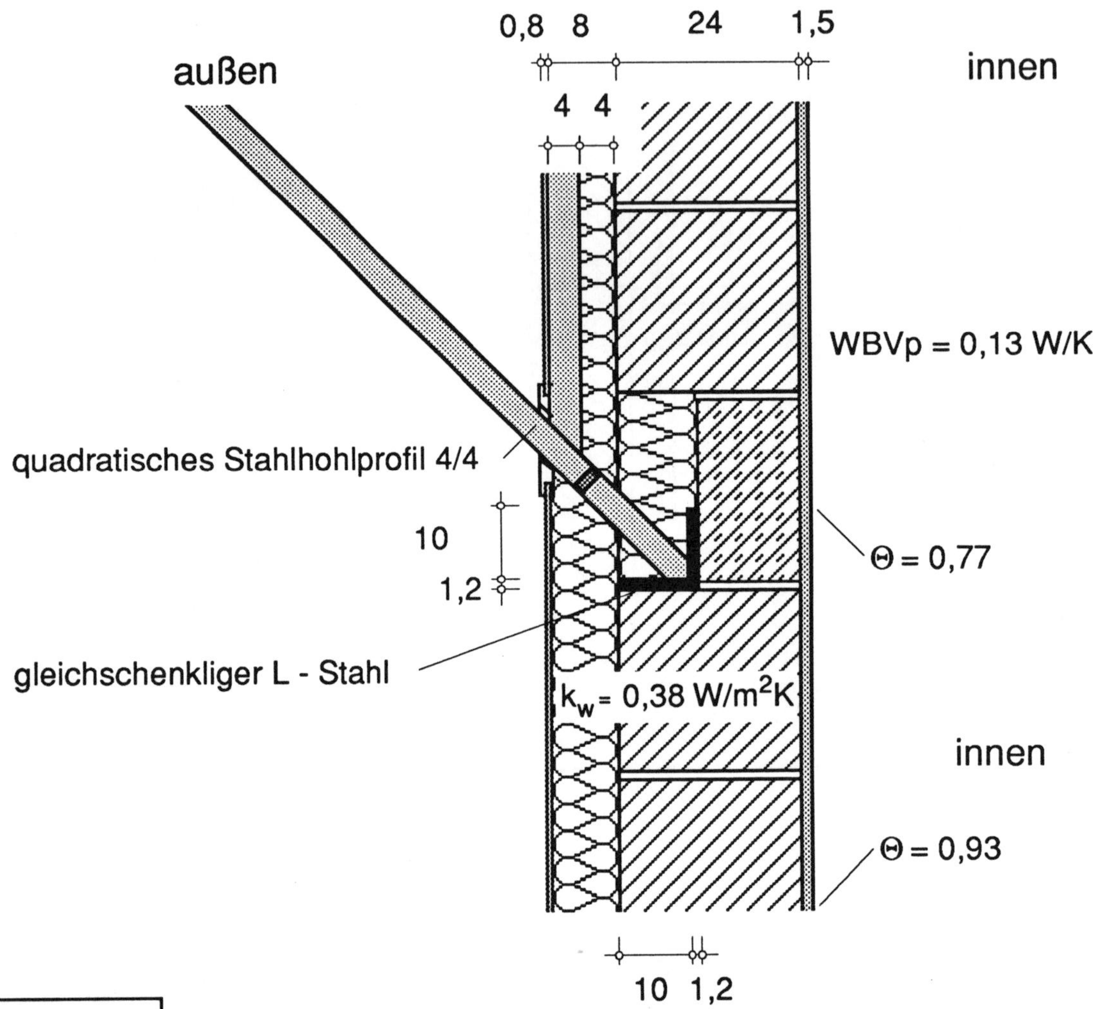

M 1:10

Baustoff	Dicke s [m]	Rohdichte ρ [kg/m³]	Wärmeleitfähigkeit λ_R [W/mK]
Gipsputz	0,015	1200	0,35
Mauerwerk	0,24	1200	0,56
Wärmedämmstoff	0,08	-	0,04
Kunstharzputz	0,008	1000	0,70
Stahlbeton	0,14	2400	2,1
Wärmedämmstoff	0,10	-	0,04
Profilstahl	-	7850	60
Winkelstahl	-	7850	60

Außenwand mit Wärmedämmverbundsystem 3.

Balkonanschluß, vorgehängte Stahlkonstruktion 3.4.5

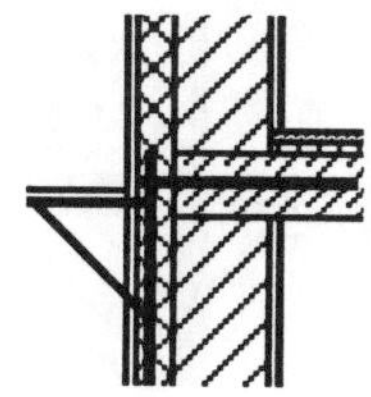

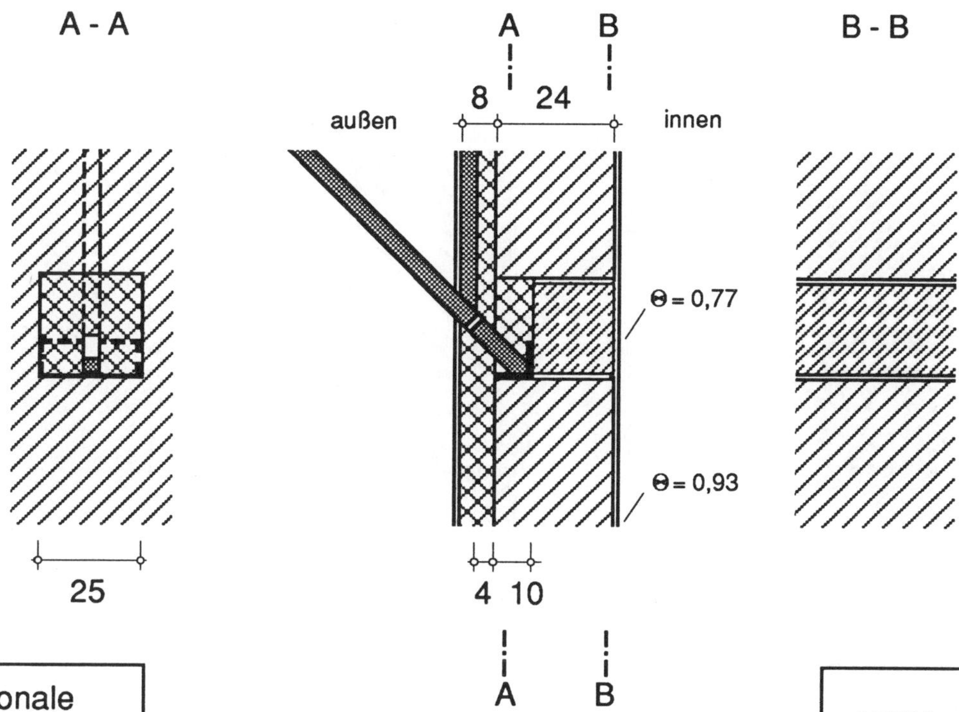

3dimensionale Wärmebrücke

WBVp = 0,13 W/K

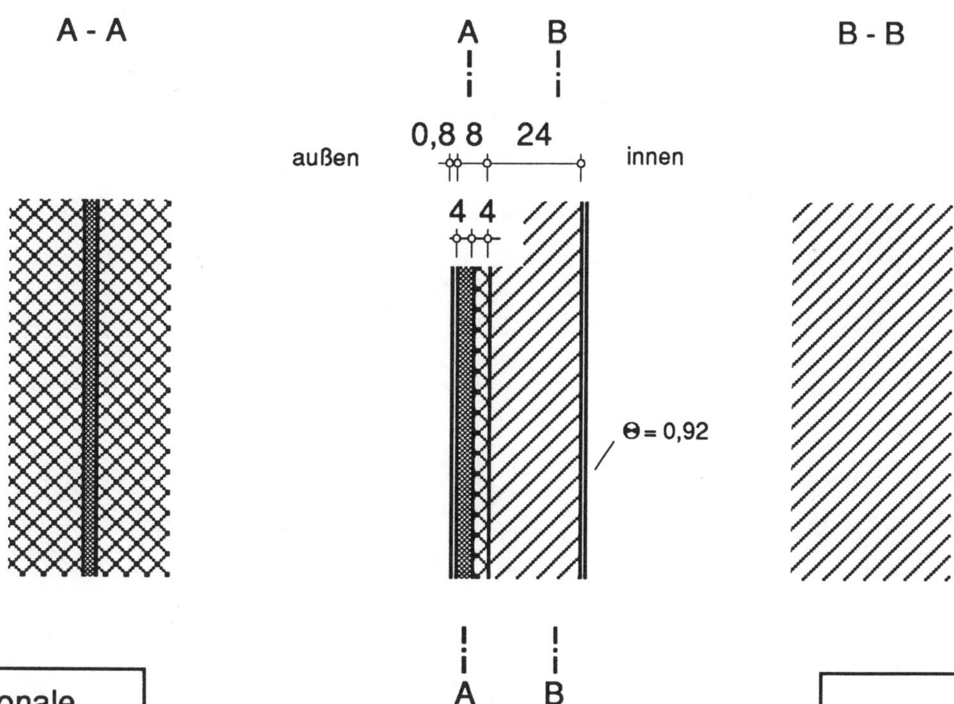

2dimensionale Wärmebrücke

WBV = 0,05 W/mK

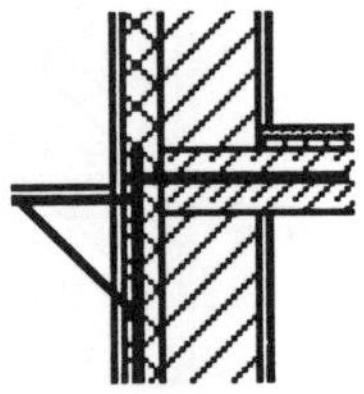

3. Außenwand mit Wärmedämmverbundsystem

3.4.5 Balkonanschluß, vorgehängte Stahlkonstruktion

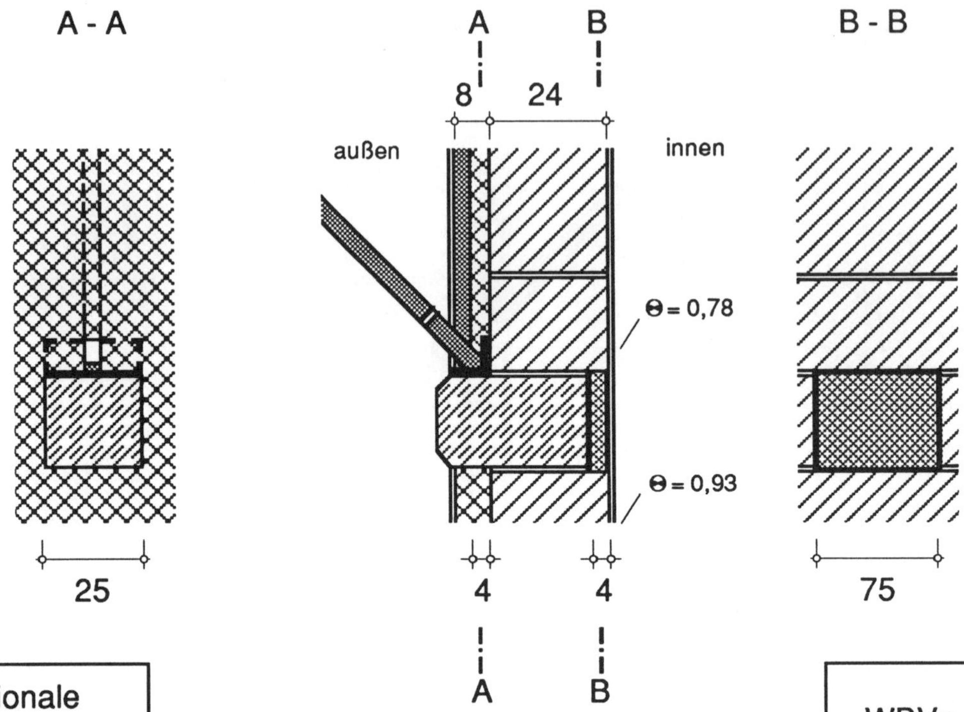

3dimensionale Wärmebrücke

WBVp = 0,16 W/K

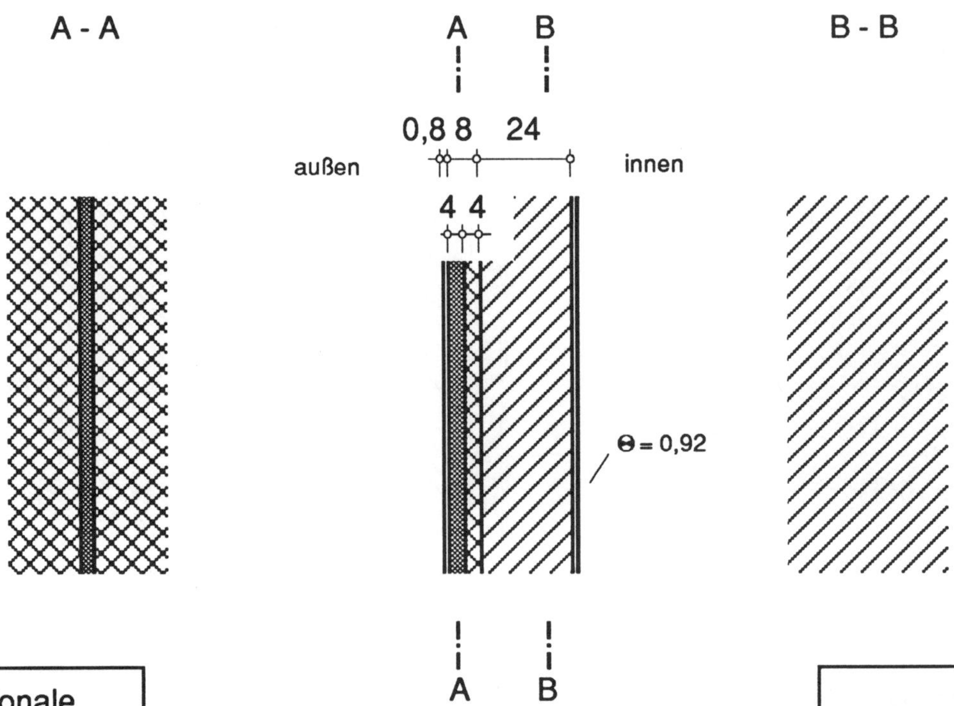

2dimensionale Wärmebrücke

WBV = 0,05 W/mK

Außenwand mit Wärmedämmverbundsystem	3.
Balkonanschluß, vorgehängte Stahlkonstruktion	3.4.5

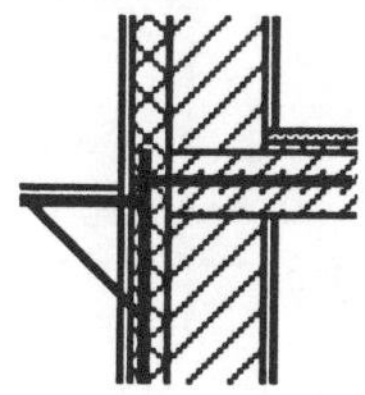

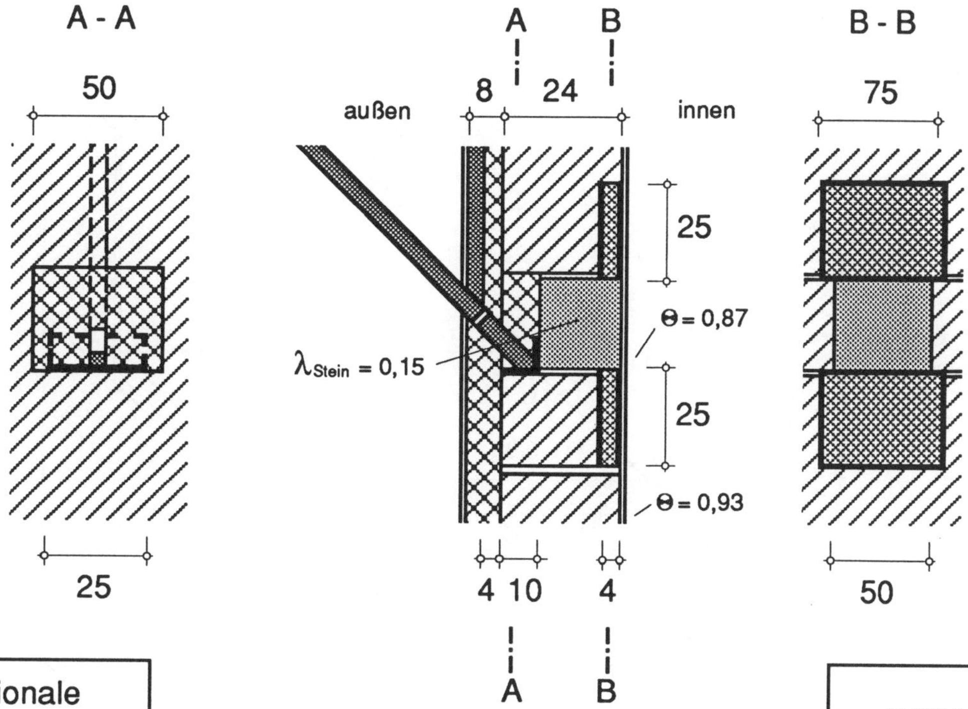

3dimensionale Wärmebrücke

WBVp = 0 W/K

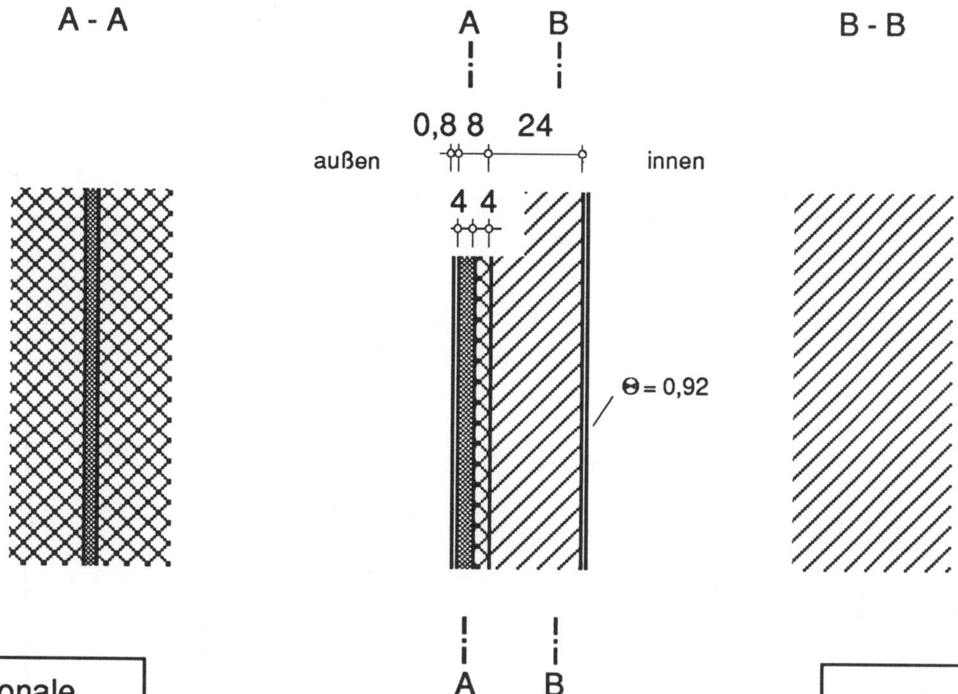

2dimensionale Wärmebrücke

WBV = 0,05 W/mK

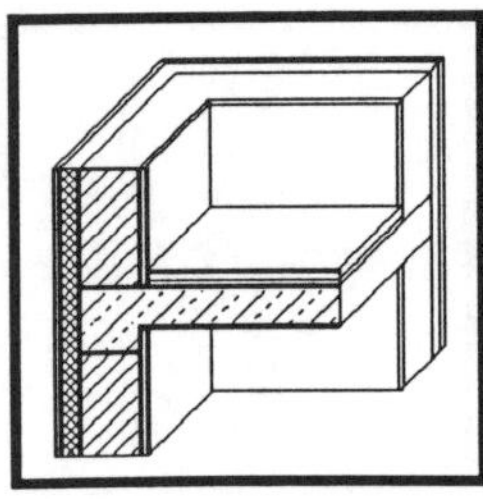

3. Außenwand mit Wärmedämmverbundsystem

3.5.1 Außenwand/Geschoßdecke/Außenwand

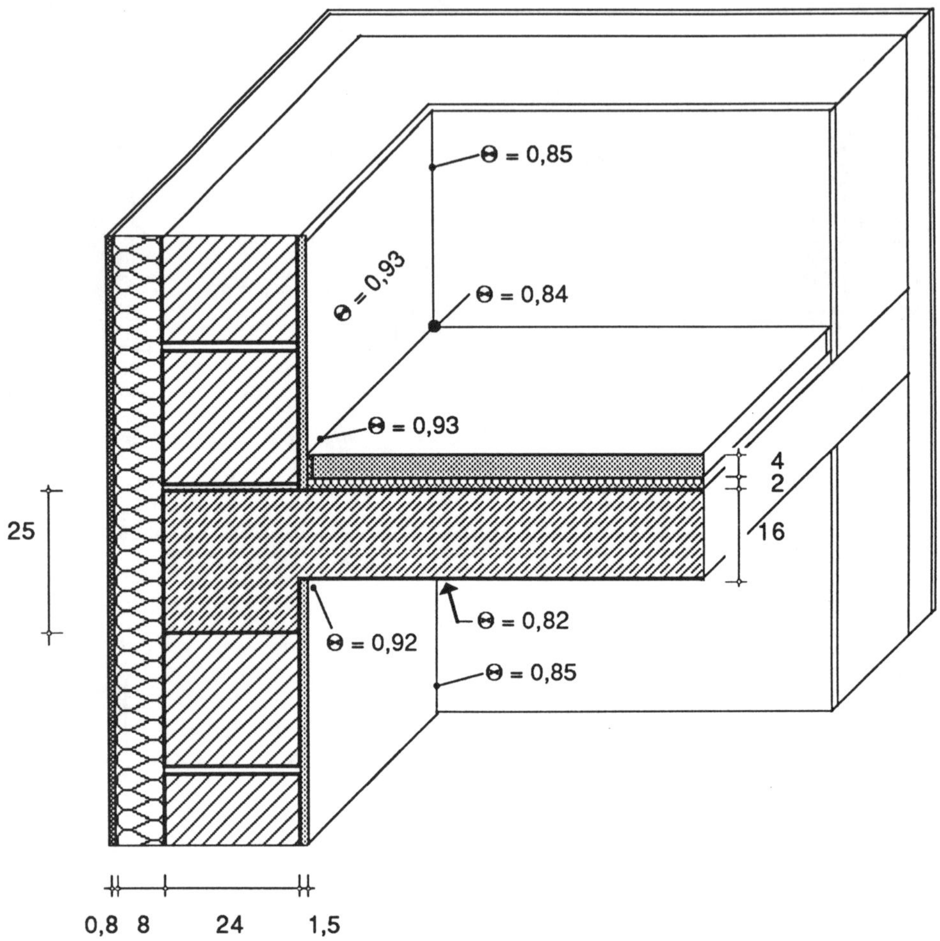

Baustoff	Dicke s [m]	Rohdichte ρ [kg/m³]	Wärmeleitfähigkeit λ_R [W/m K]
Gipsputz	0,015	1200	0,35
Mauerwerk	0,24	1200	0,56
Wärmedämmstoff	**0,08**	-	0,04
Kunstharzputz	0,008	1000	0,70
Zementestrich	0,04	2000	1,4
Wärmedämmstoff / Trittschalldämmung	0,02	-	0,04
Stahlbeton	0,16	2400	2,1
Randdämmstreifen	0,005	-	0,04

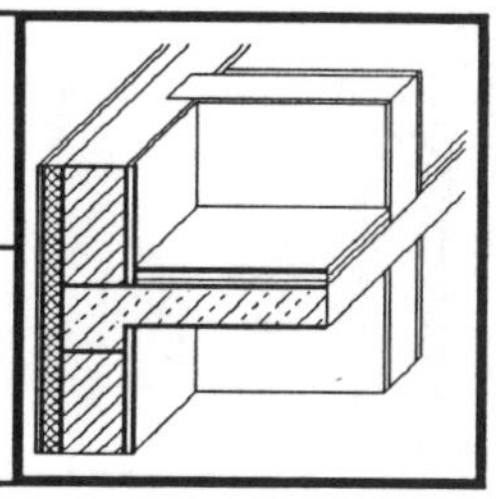

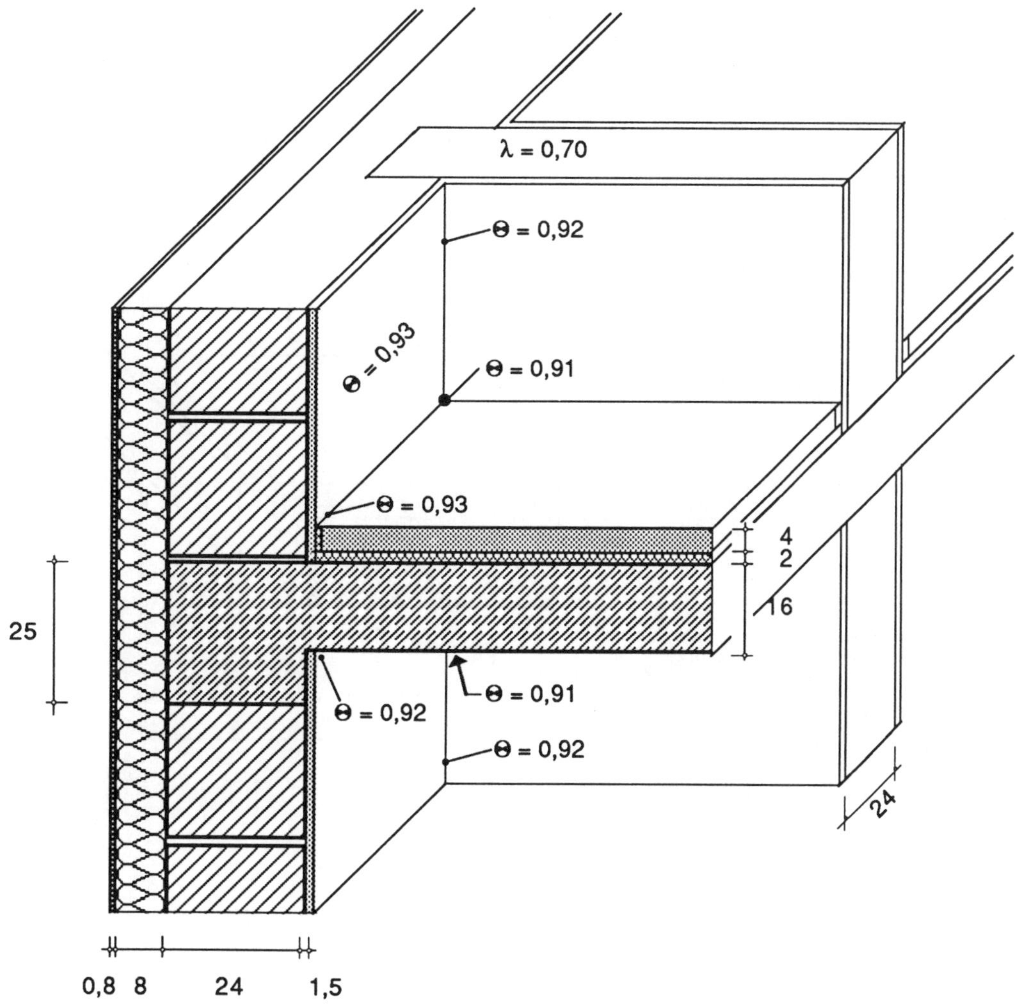

Baustoff	Dicke s [m]	Rohdichte ρ [kg/m³]	Wärmeleitfähigkeit λ_R [W/mK]
Gipsputz	0,015	1200	0,35
Mauerwerk	0,24	1200	0,56
Wärmedämmstoff	**0,08**	-	0,04
Kunstharzputz	0,008	1000	0,70
Zementestrich	0,04	2000	1,4
Wärmedämmstoff / Trittschalldämmung	0,02	-	0,04
Stahlbeton	0,16	2400	2,1
Randdämmstreifen	0,005	-	0,04

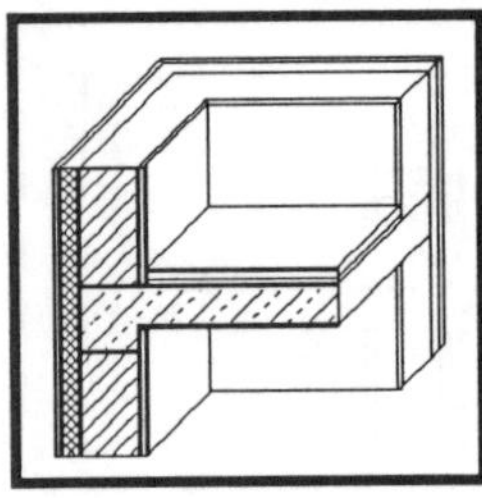

3. Außenwand mit Wärmedämmverbundsystem

3.5.1 Außenwand/Geschoßdecke/Außenwand

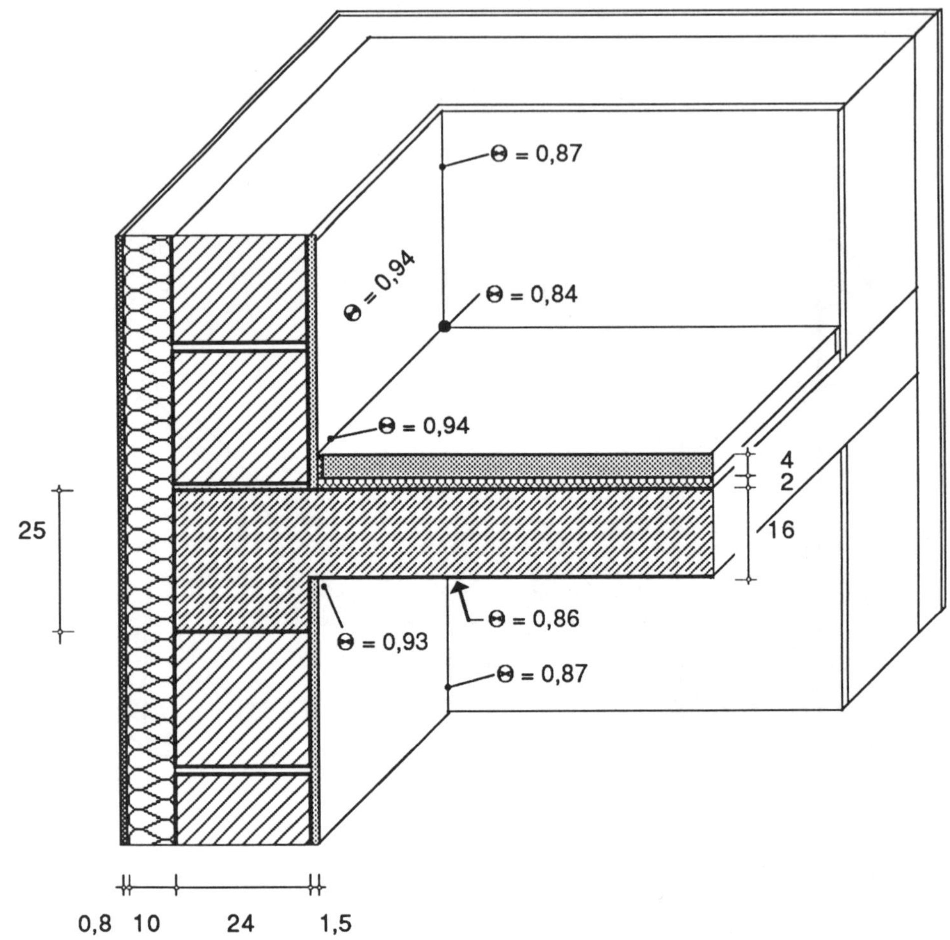

Baustoff	Dicke s [m]	Rohdichte ρ [kg/m³]	Wärmeleitfähigkeit λ_R [W/mK]
Gipsputz	0,015	1200	0,35
Mauerwerk	0,24	1200	0,56
Wärmedämmstoff	**0,10**	-	0,04
Kunstharzputz	0,008	1000	0,70
Zementestrich	0,04	2000	1,4
Wärmedämmstoff / Trittschalldämmung	0,02	-	0,04
Stahlbeton	0,16	2400	2,1
Randdämmstreifen	0,005	-	0,04

Außenwand mit Wärmedämmverbundsystem 3.

Außenwand/Geschoßdecke/Innenwand 3.5.2

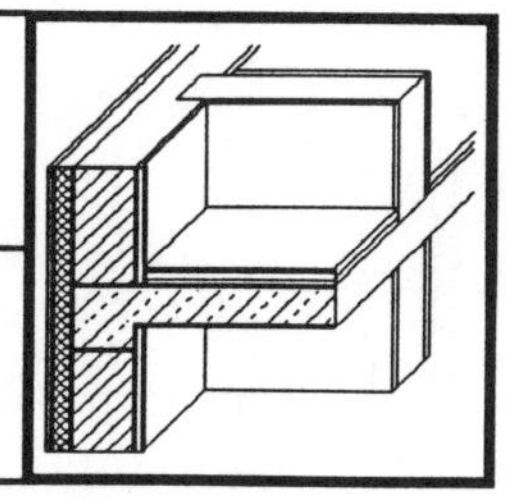

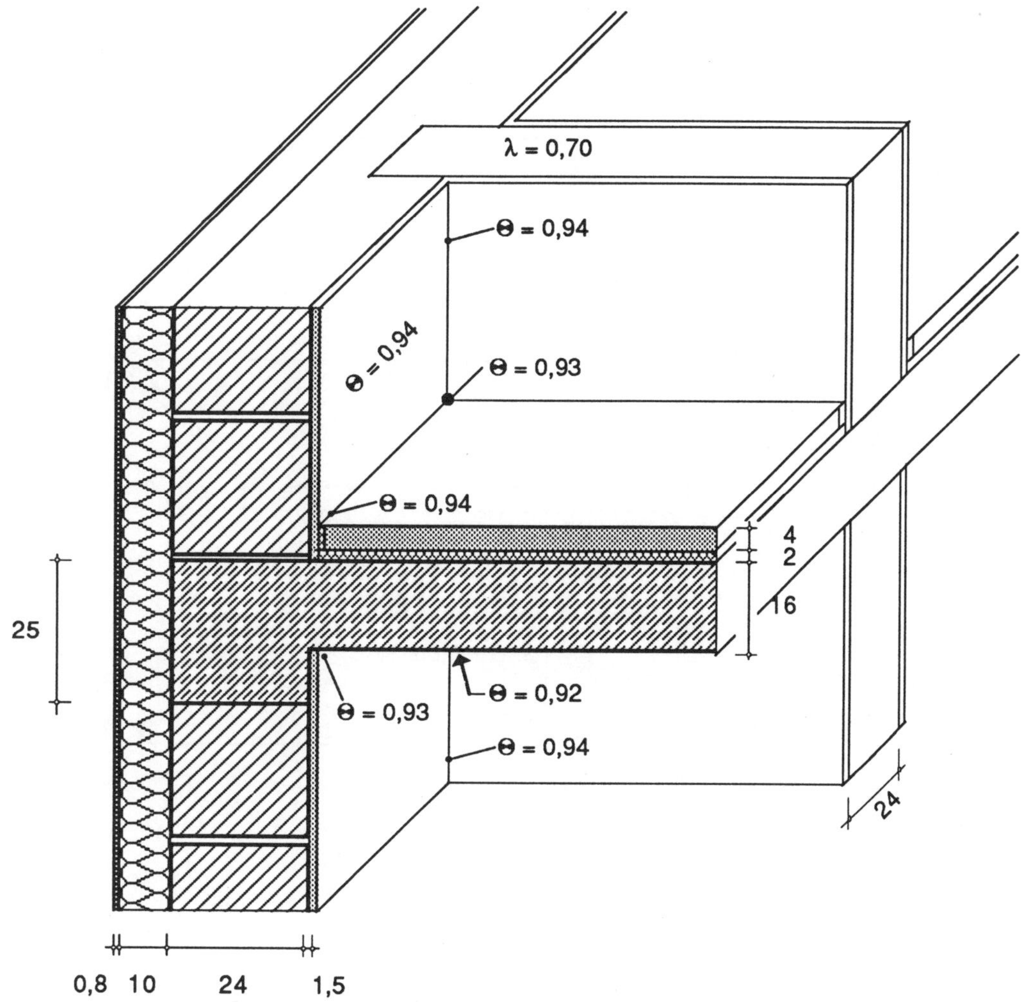

Baustoff	Dicke s [m]	Rohdichte ρ [kg/m³]	Wärmeleitfähigkeit λ_R [W/mK]
Gipsputz	0,015	1200	0,35
Mauerwerk	0,24	1200	0,56
Wärmedämmstoff	**0,10**	-	0,04
Kunstharzputz	0,008	1000	0,70
Zementestrich	0,04	2000	1,4
Wärmedämmstoff / Trittschalldämmung	0,02	-	0,04
Stahlbeton	0,16	2400	2,1
Randdämmstreifen	0,005	-	0,04

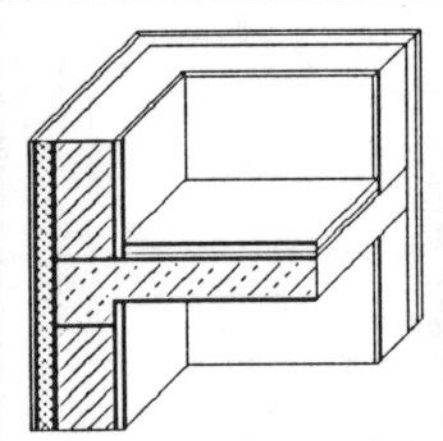

3. Außenwand mit Wärmedämmverbundsystem

3.5.1 Außenwand/Geschoßdecke/Außenwand

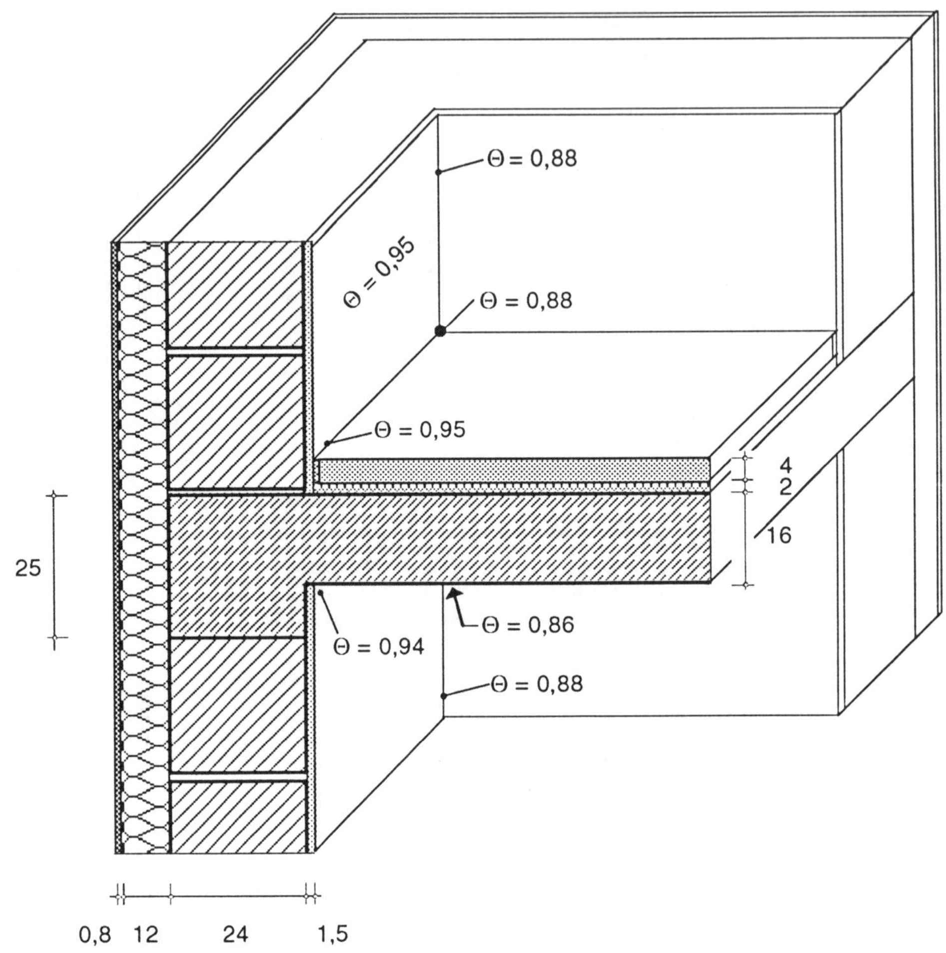

Baustoff	Dicke s [m]	Rohdichte ρ [kg/m³]	Wärmeleitfähigkeit λ_R [W/mK]
Gipsputz	0,015	1200	0,35
Mauerwerk	0,24	1200	0,56
Wärmedämmstoff	**0,12**	-	0,04
Kunstharzputz	0,008	1000	0,70
Zementestrich	0,04	2000	1,4
Wärmedämmstoff / Trittschalldämmung	0,02	-	0,04
Stahlbeton	0,16	2400	2,1
Randdämmstreifen	0,005	-	0,04

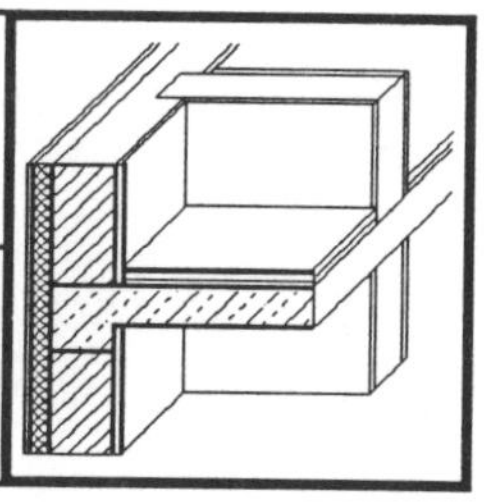

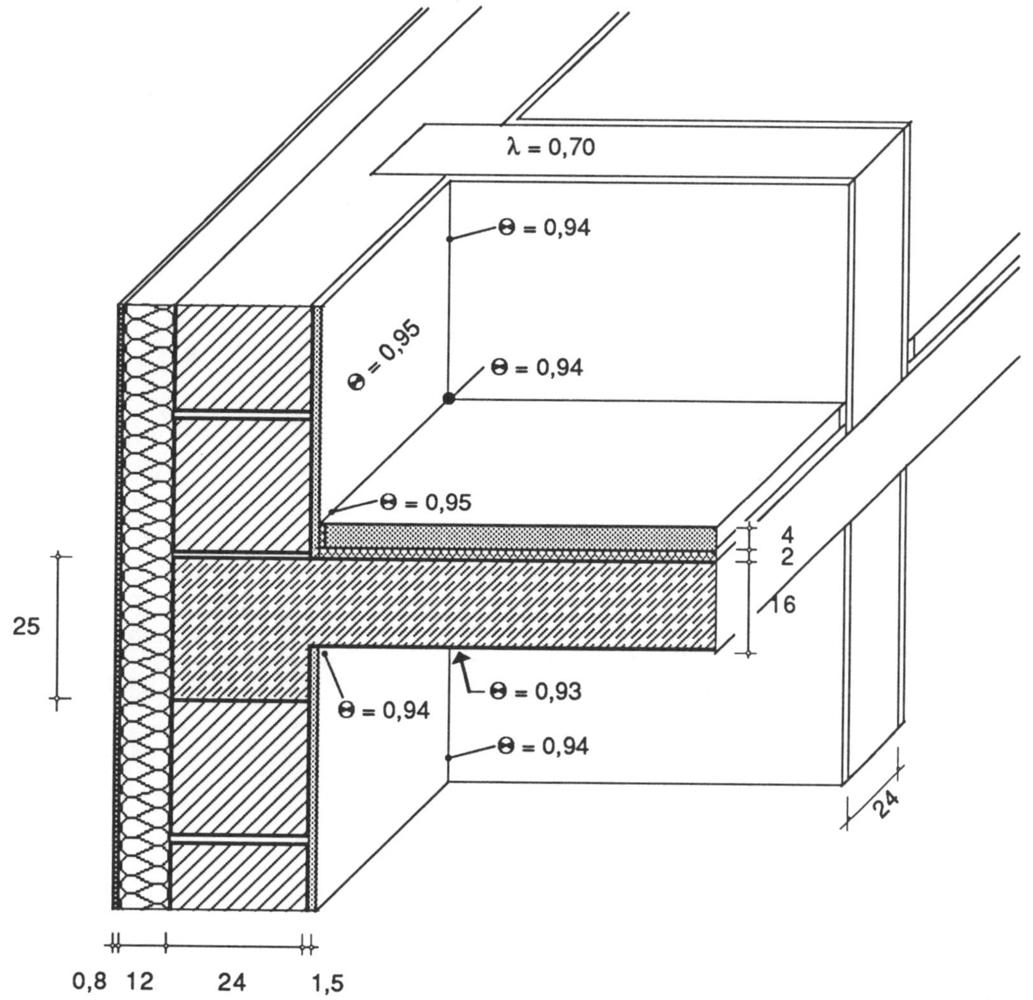

Baustoff	Dicke s [m]	Rohdichte ρ [kg/m³]	Wärmeleitfähigkeit λ_R [W/m K]
Gipsputz	0,015	1200	0,35
Mauerwerk	0,24	1200	0,56
Wärmedämmstoff	**0,12**	-	0,04
Kunstharzputz	0,008	1000	0,70
Zementestrich	0,04	2000	1,4
Wärmedämmstoff / Trittschalldämmung	0,02	-	0,04
Stahlbeton	0,16	2400	2,1
Randdämmstreifen	0,005	-	0,04

Zweischalige Außenwand 4.

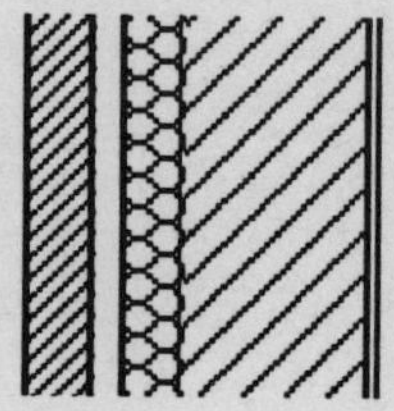

Zweischalige Außenwand 4.

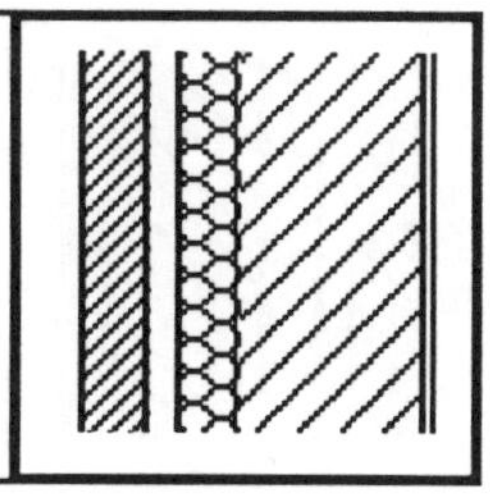

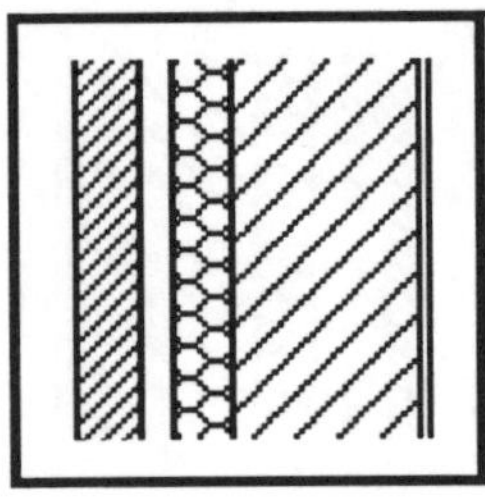

4. Zweischalige Außenwand

Bauteil - Beschreibung

außen | innen

M 1: 20

Baustoff	s [m]	ρ [kg/m³]	λ_R [W/m·K]
Gipsputz	0,015	1200	0,35
Mauerwerk	s	ρ	λ
Wärmedämmstoff	s	20	λ
Luftschicht	0,04	-	0,24
Vormauerstein	0,115	2000	0,96

*) s = 12 cm: ohne Luftschicht

Kenngrößen

Variation in der Bauteilschicht										
2	s [cm]	17,5	17,5	17,5	**24**	**24**	**24**	**24**	**24**	**24**
2	ρ [kg/m³]	1200	**1800**	**700**	1200	1200	1200	1200	1200	1200
2	λ [W/m·K]	0,56	**0,99**	**0,21**	0,56	0,56	0,56	0,56	0,56	0,56
3	s [cm]	8	8	8	**6**	8	**12** *	8	**12** *	**12** *
3	ρ [kg/m³]	20	20	20	20	20	20	20	20	20
3	λ [W/m·K]	0,04	0,04	0,04	0,04	0,04	0,04	**0,035**	**0,035**	**0,02**
5	s [cm]	11,5	11,5	11,5	11,5	11,5	11,5	11,5	11,5	11,5
5	ρ [kg/m³]	2000	2000	2000	2000	2000	2000	2000	2000	800
5	λ [W/m·K]	0,96	0,96	0,96	0,96	0,96	0,96	0,96	0,96	0,33
s_{ges}	[cm]	42,5	42,5	42,5	47	49	49	49	49	49
m_{ges}	[kg/m²]	460	565	372	537	538	538	538	538	538
m_i	[kg/m²]	228	333	140	306	306	306	306	306	306
Θ	[-]	0,93	0,93	0,94	0,92	0,93	0,95	0,94	0,95	0,97
k	[W/m²·K]	0,36	0,37	0,30	0,41	0,34	0,27	0,31	0,24	0,14

Preis [DM/m²]									

Bemerkungen:

Zweischalige Außenwand 4.

Wärmebrücken-Übersicht

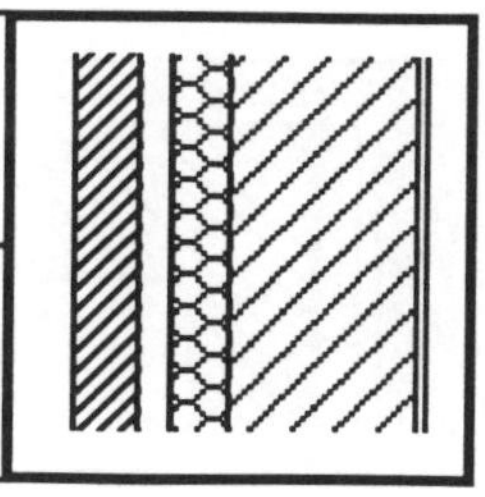

4.1 Wandanschluß	4.2 Fensteranschluß	4.3 Deckenanschluß	4.4 Balkonanschluß

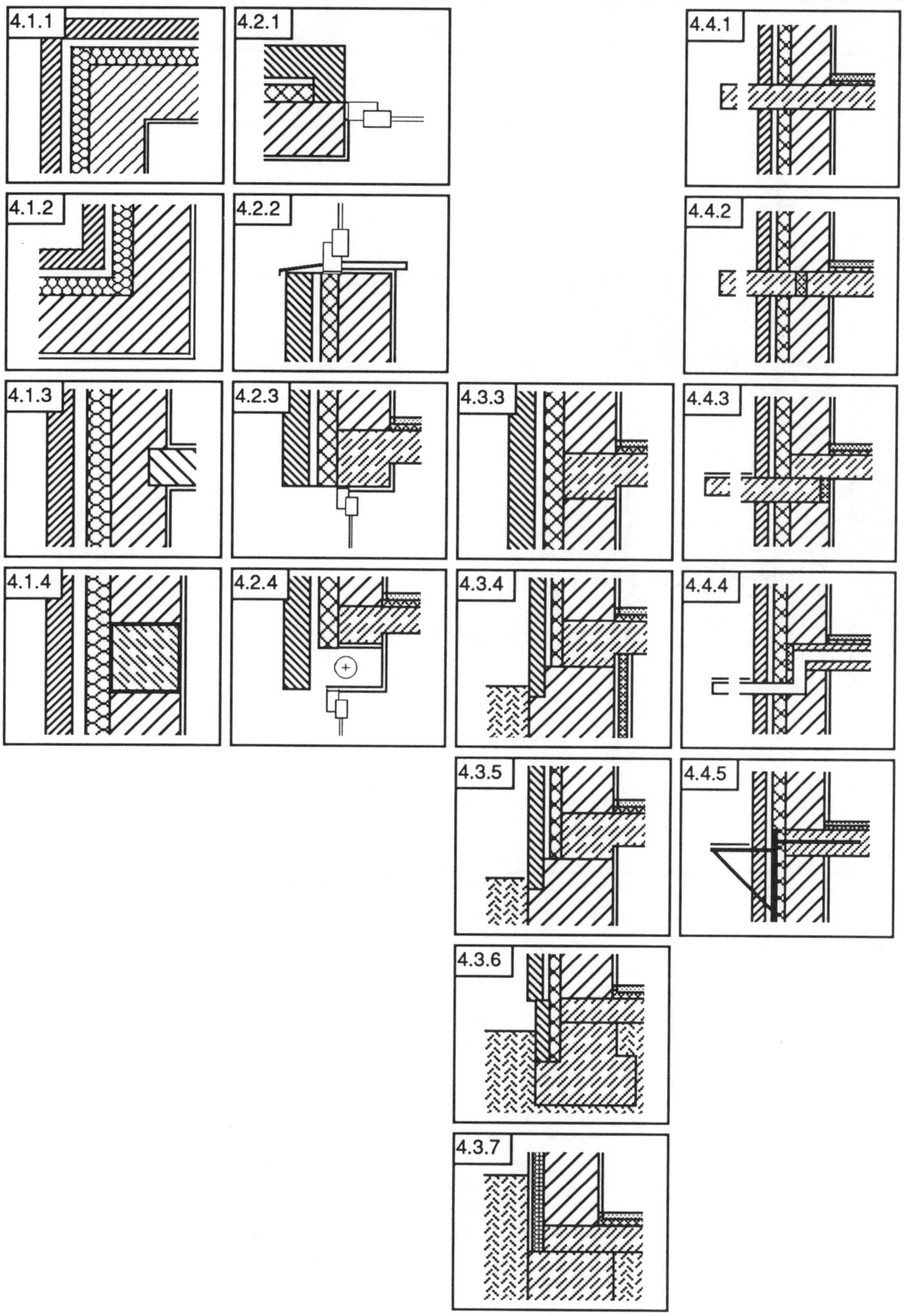

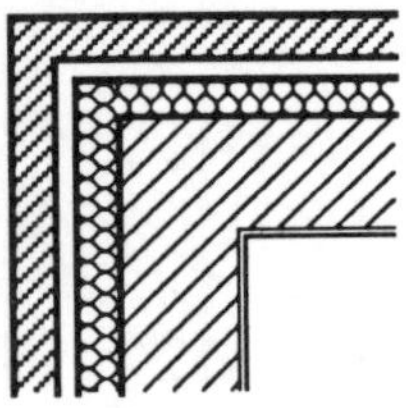

4. Zweischalige Außenwand

4.1.1 Außenecke

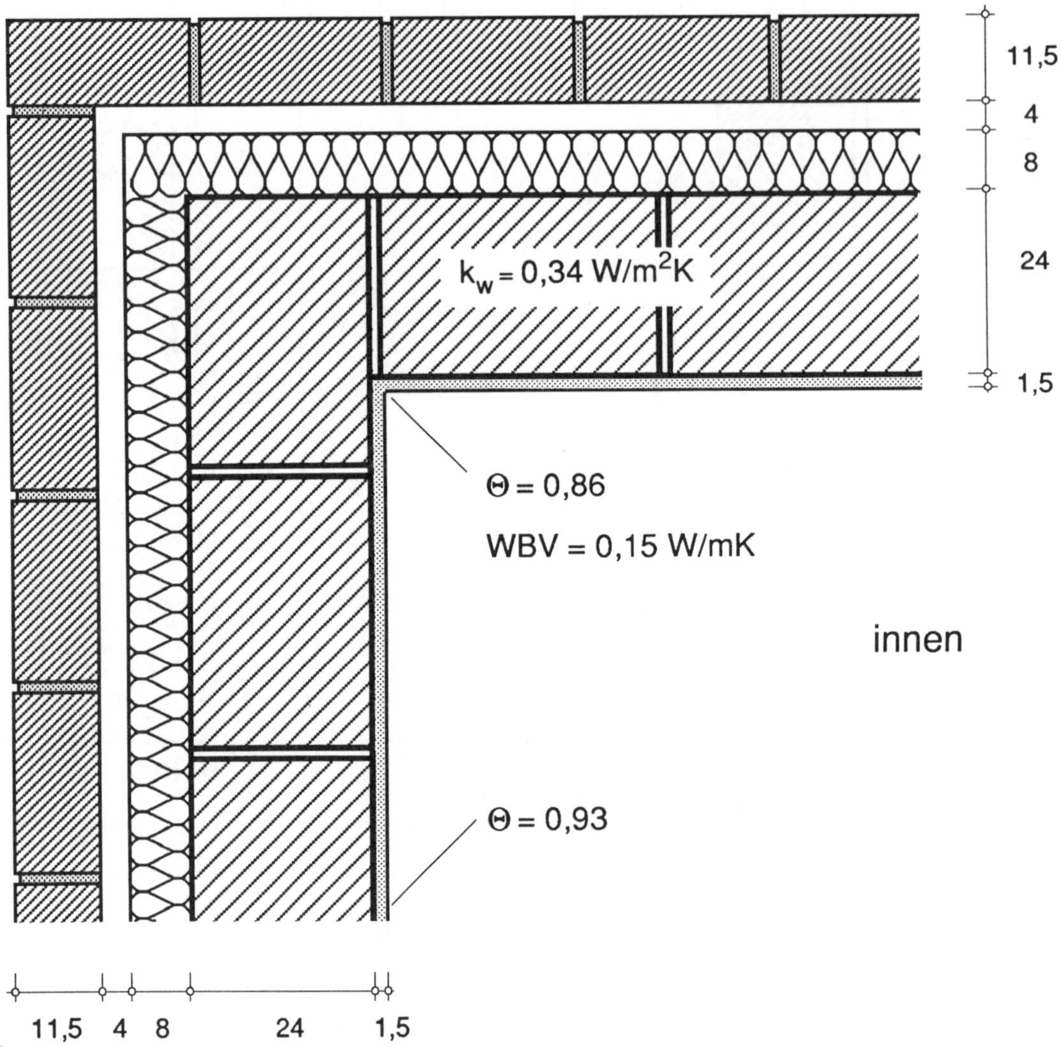

M 1:10

Baustoff	Dicke s [m]	Rohdichte ρ [kg/m³]	Wärmeleitfähigkeit λ_R [W/mK]
Gipsputz	0,015	1200	0,35
Mauerwerk	0,24	1200	0,56
Wärmedämmstoff	0,12	-	0,04
Luftschicht	0,04	-	0,235
Vormauerstein	0,115	2000	0,96

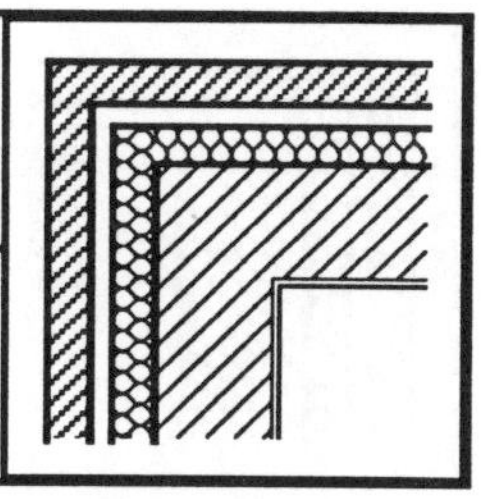

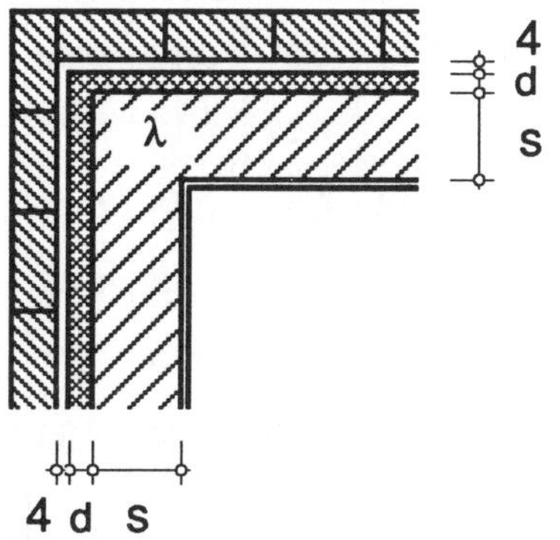

s [cm]	λ	d = 4 cm WBV	d = 4 cm Θ	d = 6 cm WBV	d = 6 cm Θ	d = 8 cm WBV	d = 8 cm Θ
17,5	0,21	0,09	0,82	0,08	0,85	0,08	0,87
17,5	0,56	0,14	0,80	0,12	0,83	0,11	0,86
17,5	0,99	0,17	0,80	0,14	0,84	0,13	0,86
24	0,21	0,09	0,84	0,09	0,86	0,08	0,87
24	0,56	0,16	0,80	0,15	0,83	0,13	0,86
24	0,99	0,21	0,80	0,18	0,83	0,16	0,86

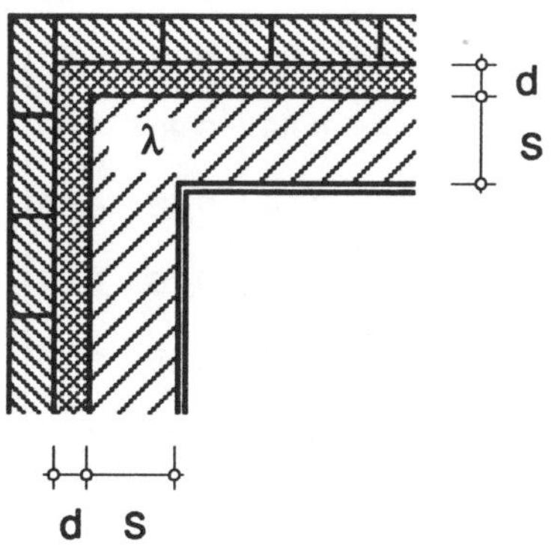

s [cm]	λ	d = 6 cm WBV	d = 6 cm Θ	d = 8 cm WBV	d = 8 cm Θ	d = 10 cm WBV	d = 10 cm Θ	d = 12 cm WBV	d = 12 cm Θ
17,5	0,21	0,08	0,84	0,08	0,86	0,07	0,87	0,07	0,89
17,5	0,56	0,13	0,82	0,12	0,85	0,10	0,87	0,09	0,88
17,5	0,99	0,15	0,83	0,13	0,85	0,12	0,88	0,11	0,89
24	0,21	0,09	0,85	0,09	0,87	0,08	0,88	0,08	0,89
24	0,56	0,15	0,82	0,14	0,85	0,12	0,87	0,11	0,88
24	0,99	0,19	0,83	0,16	0,85	0,14	0,87	0,13	0,89

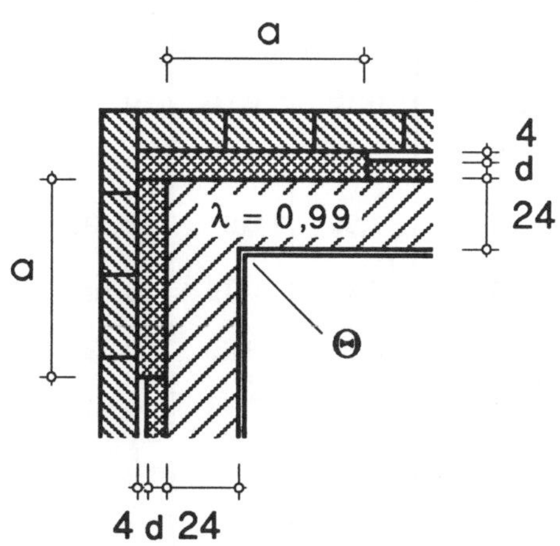

a [cm]	d = 4 cm WBV	d = 4 cm Θ	d = 6 cm WBV	d = 6 cm Θ	d = 8 cm WBV	d = 8 cm Θ	d = 12 cm WBV	d = 12 cm Θ
30	0,15	0,82	0,14	0,85	0,13	0,87	0,13	0,89
45	0,11	0,83	0,11	0,86	0,11	0,88	0,13	0,89
60	0,06	0,84	0,08	0,86	0,08	0,88	0,13	0,89
75	0,03	0,84	0,04	0,87	0,06	0,88	0,13	0,89
90	-0,05	0,85	0,01	0,87	0,03	0,89	0,13	0,89
120	-0,16	0,85	-0,07	0,87	-0,02	0,89	0,13	0,89

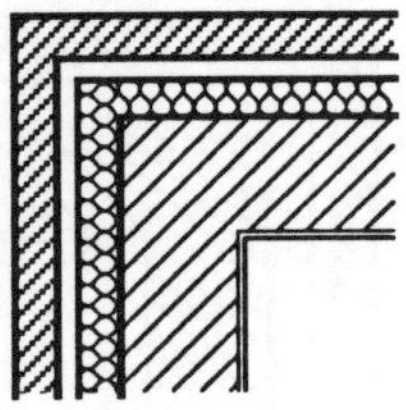

4. Zweischalige Außenwand

4.1.1 Außenecke

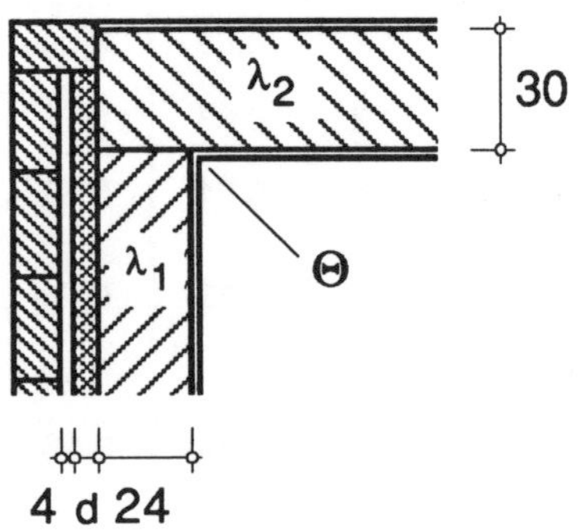

λ_1	λ_2	d = 4 cm		d = 6 cm		d = 8 cm		d = 12 cm	
		WBV	Θ	WBV	Θ	WBV	Θ	WBV	Θ
0,56	0,21	0,11	0,80	0,12	0,81	0,12	0,82	0,12	0,83
0,56	0,56	0,14	0,69	0,15	0,69	0,16	0,70	0,17	0,70
0,56	0,99	0,12	0,60	0,14	0,61	0,15	0,61	0,16	0,62
0,99	0,21	0,13	0,80	0,13	0,82	0,13	0,83	0,14	0,84
0,99	0,56	0,18	0,70	0,19	0,71	0,19	0,71	0,20	0,72
0,99	0,99	0,17	0,62	0,19	0,63	0,20	0,63	0,21	0,64
								ohne Luftschicht	

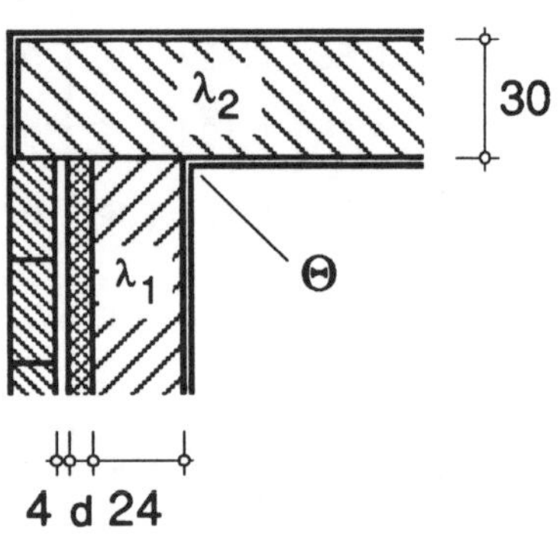

λ_1	λ_2	d = 4 cm		d = 6 cm		d = 8 cm		d = 12 cm	
		WBV	Θ	WBV	Θ	WBV	Θ	WBV	Θ
0,56	0,21	0,13	0,79	0,13	0,80	0,14	0,81	0,15	0,82
0,56	0,56	0,18	0,67	0,19	0,68	0,20	0,68	0,21	0,69
0,56	0,99	0,17	0,59	0,19	0,59	0,20	0,59	0,22	0,60
0,99	0,21	0,15	0,79	0,15	0,80	0,16	0,81	0,17	0,82
0,99	0,56	0,23	0,68	0,24	0,69	0,25	0,70	0,27	0,70
0,99	0,99	0,24	0,60	0,27	0,60	0,28	0,61	0,30	0,61
								ohne Luftschicht	

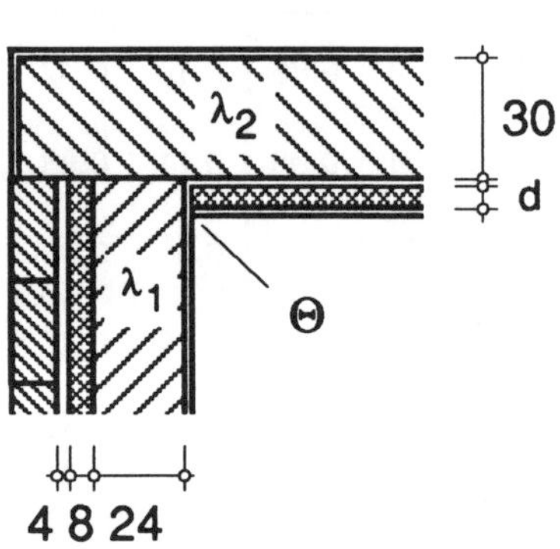

λ_1	λ_2	d = 2 cm		d = 4 cm		d = 6 cm	
		WBV	Θ	WBV	Θ	WBV	Θ
0,56	0,21	0,15	0,79	0,15	0,78	0,16	0,78
0,56	0,56	0,25	0,69	0,25	0,69	0,25	0,70
0,56	0,99	0,31	0,63	0,30	0,64	0,29	0,66
0,99	0,21	0,18	0,79	0,18	0,79	0,19	0,79
0,99	0,56	0,32	0,69	0,32	0,69	0,32	0,69
0,99	0,99	0,41	0,62	0,41	0,63	0,40	0,64

Zweischalige Außenwand 4.

Außenecke 4.1.1

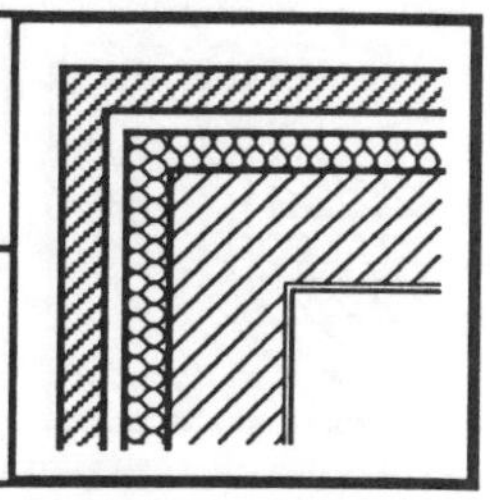

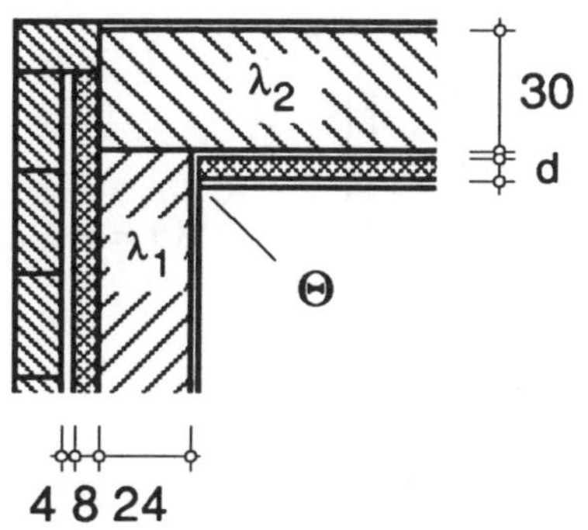

λ_1	λ_2	d = 2 cm		d = 4 cm		d = 6 cm	
		WBV	Θ	WBV	Θ	WBV	Θ
0,56	0,21	0,14	0,80	0,14	0,79	0,14	0,79
0,56	0,56	0,22	0,70	0,22	0,71	0,22	0,72
0,56	0,99	0,28	0,65	0,27	0,66	0,27	0,67
0,99	0,21	0,16	0,81	0,16	0,80	0,17	0,80
0,99	0,56	0,27	0,71	0,28	0,71	0,28	0,71
0,99	0,99	0,36	0,65	0,36	0,65	0,36	0,66

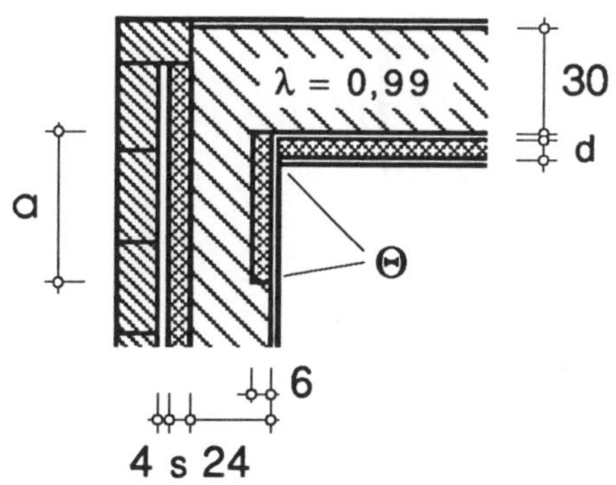

* ohne Luftschicht

S [cm]	a [cm]			d = 4 cm		d = 6 cm	
		WBV	Θ	WBV	Θ	WBV	Θ
8	15			0,28	0,78	0,27	0,78
8	30			0,22	0,78	0,20	0,77
8	45			0,18	0,77	0,16	0,77
8	60			0,15	0,77	0,12	0,76
8	75			0,13	0,76	0,09	0,76
8	90			0,11	0,76	0,06	0,76
12 *	15			0,28	0,80	0,27	0,80
12	30			0,22	0,81	0,20	0,80
12	45			0,18	0,80	0,16	0,80
12	60			0,15	0,80	0,12	0,79
12	75			0,13	0,79	0,09	0,79
12	90			0,11	0,79	0,06	0,79

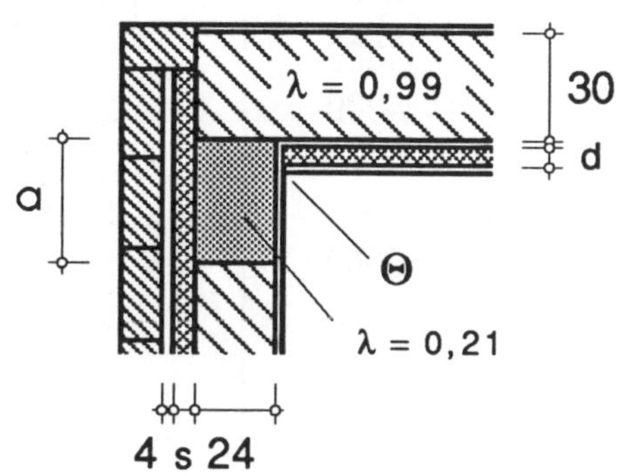

* ohne Luftschicht

S [cm]	a [cm]			d = 4 cm		d = 6 cm	
		WBV	Θ	WBV	Θ	WBV	Θ
8	12,5			0,22	0,74	0,21	0,73
8	25,0			0,18	0,72	0,16	0,71
8	37,5			0,16	0,71	0,14	0,71
8	50,0			0,15	0,71	0,13	0,70
8	62,5			0,14	0,71	0,11	0,70
8	75,0			0,13	0,71	0,10	0,70
12 *	12,5			0,22	0,76	0,21	0,76
12	25,0			0,17	0,74	0,16	0,74
12	37,5			0,15	0,73	0,14	0,73
12	50,0			0,14	0,73	0,12	0,73
12	62,5			0,13	0,73	0,11	0,72
12	75,0			0,12	0,73	0,09	0,72

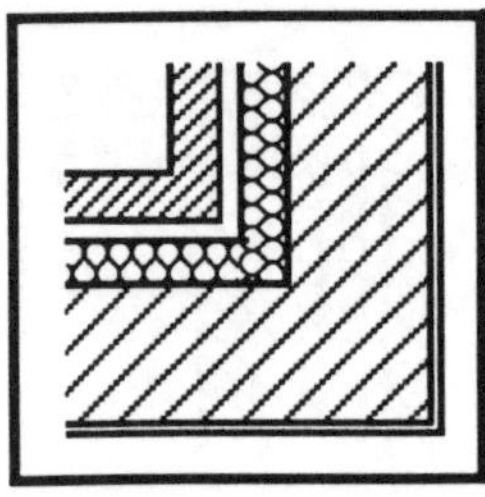

4. Zweischalige Außenwand

4.1.2 Innenecke

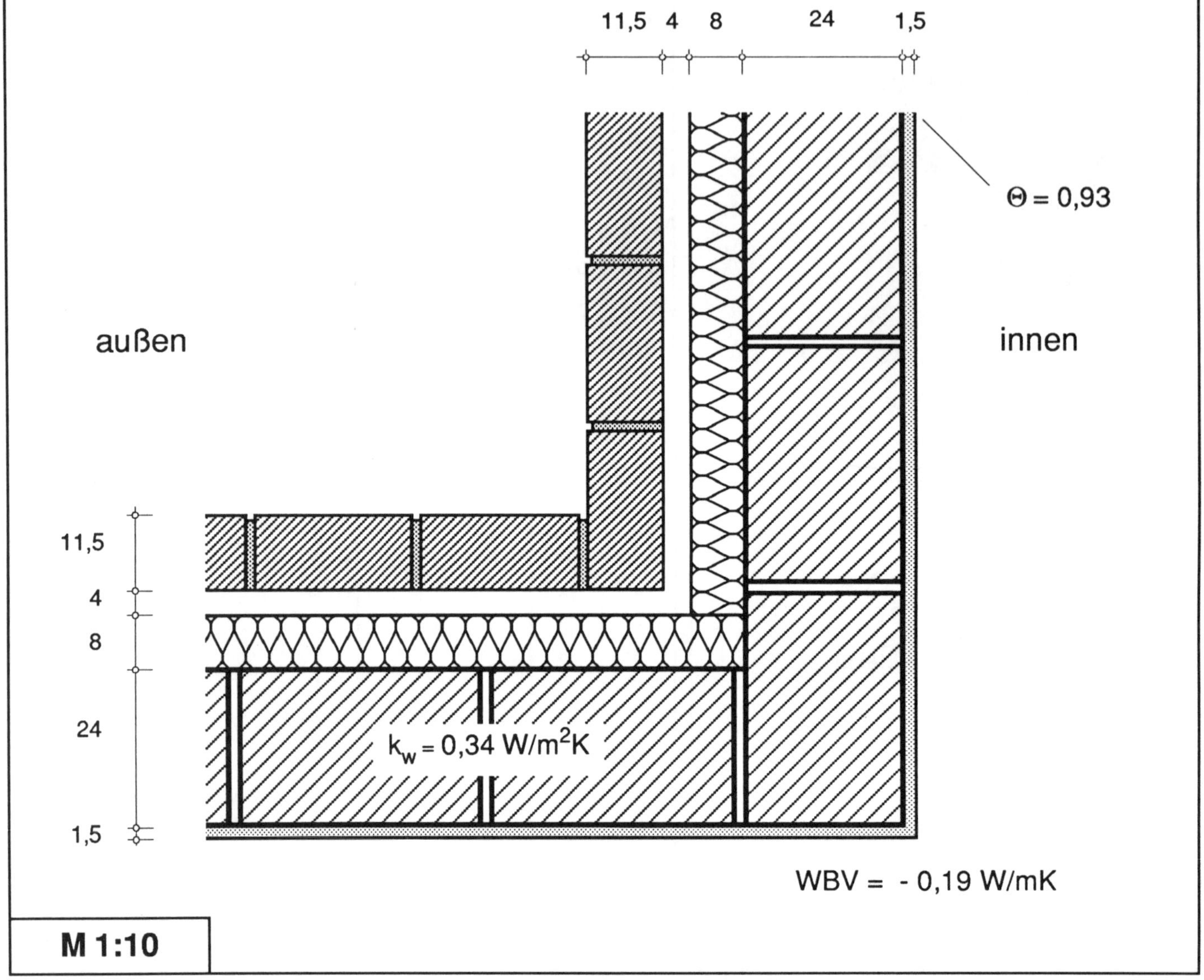

Baustoff	Dicke s [m]	Rohdichte ρ [kg/m³]	Wärmeleitfähigkeit λ_R [W/mK]
Gipsputz	0,015	1200	0,35
Mauerwerk	0,24	1200	0,56
Wärmedämmstoff	0,08	-	0,04
Luftschicht	0,04	-	0,235
Vormauerstein	0,115	2000	0,96

Zweischalige Außenwand 4.

Innenecke 4.1.2

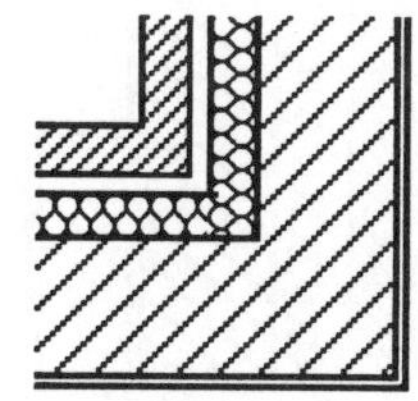

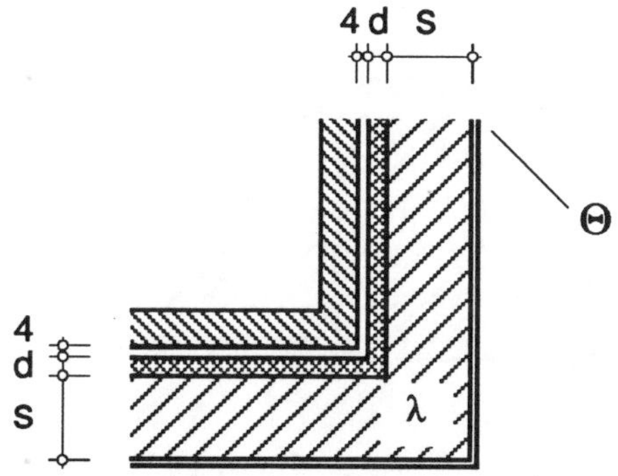

s [cm]	λ	d = 4 cm WBV	d = 4 cm Θ	d = 6 cm WBV	d = 6 cm Θ	d = 8 cm WBV	d = 8 cm Θ	d = 12 cm WBV	d = 12 cm Θ
17,5	0,21	-0,14	0,92	-0,13	0,93	-0,13	0,94	-0,13	0,95
17,5	0,56	-0,17	0,89	-0,16	0,91	-0,15	0,93	-0,16	0,95
17,5	0,99	-0,18	0,88	-0,12	0,91	-0,16	0,93	-0,16	0,94
24	0,21	-0,17	0,93	-0,16	0,94	-0,15	0,95	-0,15	0,96
24	0,56	-0,23	0,90	-0,20	0,92	-0,19	0,93	-0,18	0,95
24	0,99	-0,25	0,89	-0,22	0,91	-0,20	0,93	-0,19	0,95

d = 12 cm: ohne Luftschicht

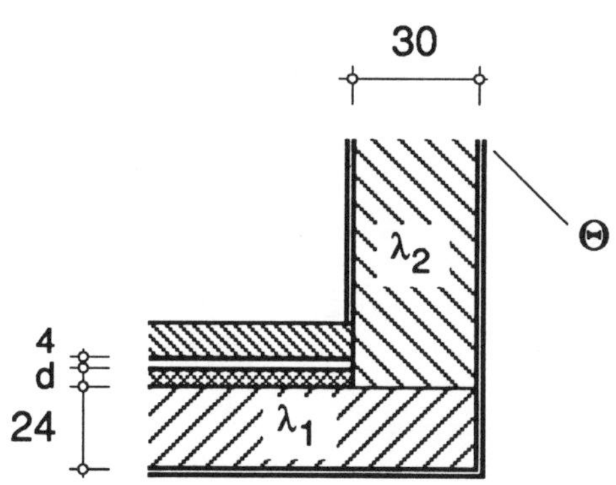

λ_1	λ_2	d = 4 cm WBV	d = 4 cm Θ	d = 6 cm WBV	d = 6 cm Θ	d = 8 cm WBV	d = 8 cm Θ	d = 12 cm WBV	d = 12 cm Θ
0,56	0,21	-0,19	0,89	-0,18	0,89	-0,17	0,89	-0,16	0,89
0,56	0,56	-0,36	0,76	-0,36	0,76	-0,37	0,76	-0,36	0,76
0,56	0,99	-0,51	0,67	-0,51	0,67	-0,52	0,67	-0,51	0,67
0,99	0,21	-0,17	0,89	-0,16	0,89	-0,16	0,89	-0,15	0,89
0,99	0,56	-0,34	0,76	-0,34	0,76	-0,35	0,76	-0,34	0,76
0,99	0,99	-0,47	0,67	-0,48	0,67	-0,49	0,67	-0,48	0,67

d = 12 cm: ohne Luftschicht

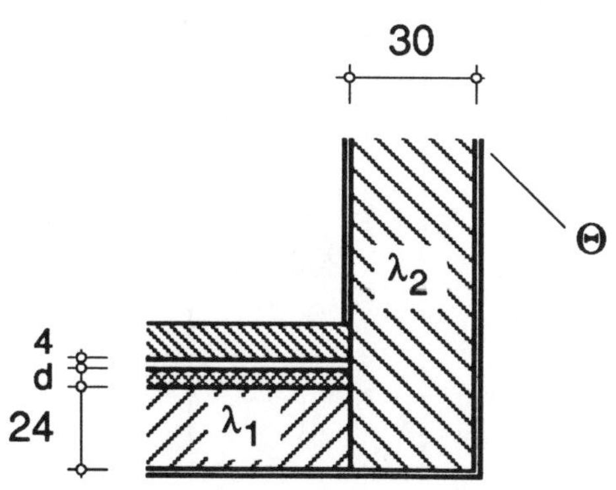

λ_1	λ_2	d = 4 cm WBV	d = 4 cm Θ	d = 6 cm WBV	d = 6 cm Θ	d = 8 cm WBV	d = 8 cm Θ	d = 12 cm WBV	d = 12 cm Θ
0,56	0,21	-0,22	0,89	-0,20	0,89	-0,20	0,89	-0,18	0,89
0,56	0,56	-0,36	0,76	-0,36	0,76	-0,37	0,76	-0,36	0,76
0,56	0,99	-0,47	0,67	-0,48	0,67	-0,49	0,67	-0,48	0,67
0,99	0,21	-0,21	0,89	-0,20	0,89	-0,19	0,89	-0,17	0,89
0,99	0,56	-0,37	0,76	-0,36	0,76	-0,37	0,76	-0,35	0,76
0,99	0,99	-0,47	0,67	-0,48	0,67	-0,49	0,67	-0,48	0,67

d = 12 cm: ohne Luftschicht

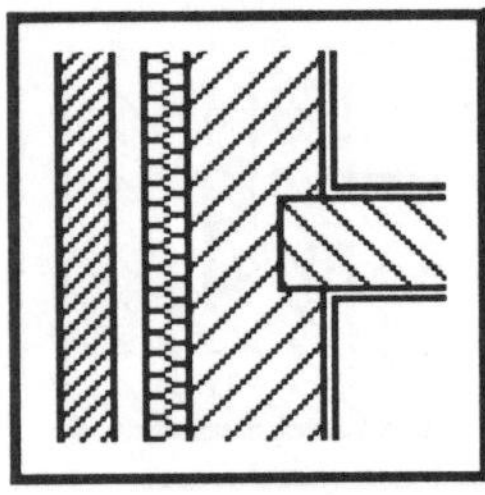

4. Zweischalige Außenwand

4.1.3 Innenwandanschluß

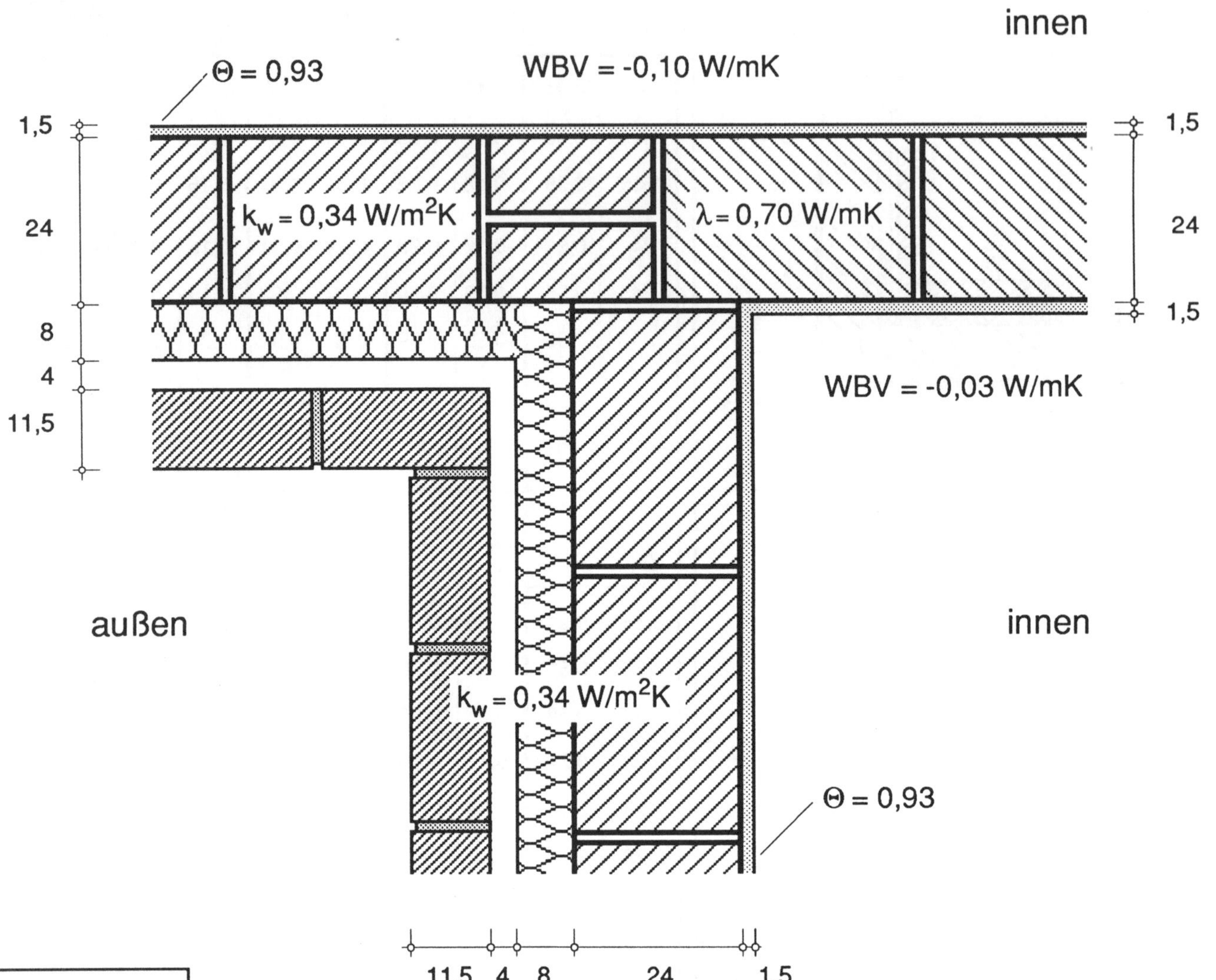

M 1:10

Baustoff	Dicke s [m]	Rohdichte ρ [kg/m³]	Wärmeleitfähigkeit λ_R [W/mK]
Gipsputz	0,015	1200	0,35
Mauerwerk	0,24	1200	0,56
Wärmedämmstoff	0,08	-	0,04
Luftschicht	0,04	-	0,235
Vormauerstein	0,115	2000	0,96
Mauerwerk, Einbindung 1/2-steinig ≙ 12,5 cm	0,24	1400	0,70

Zweischalige Außenwand 4.

Innenwandanschluß 4.1.3

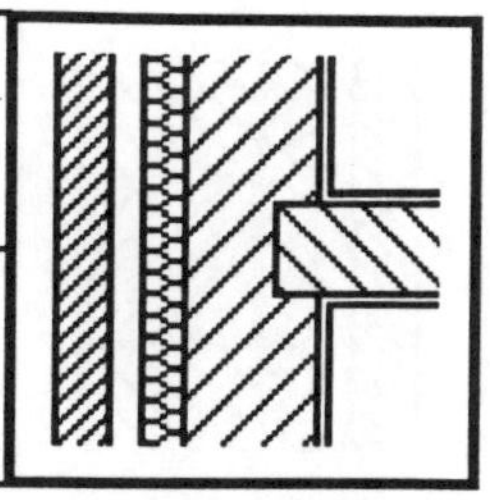

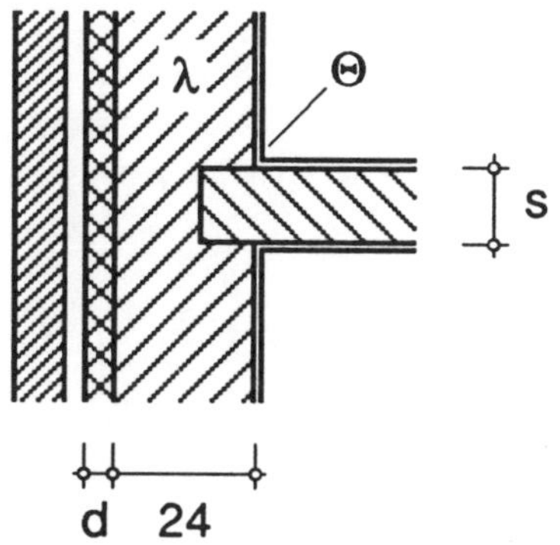

* ohne Luftschicht

d [cm]	s [cm]	λ = 0,21 WBV	λ = 0,21 Θ	λ = 0,56 WBV	λ = 0,56 Θ	λ = 0,99 WBV	λ = 0,99 Θ
6	11,5	0,03	0,94	0,03	0,92	0,03	0,91
		0,03	0,94	0,03	0,92	0,03	0,91
8	11,5	0,02	0,94	0,03	0,93	0,03	0,93
		0,02	0,94	0,03	0,93	0,03	0,93
12 *	11,5	0,02	0,95	0,02	0,95	0,02	0,95
		0,02	0,95	0,02	0,95	0,02	0,95
6	24	0,06	0,91	0,06	0,92	0,05	0,93
		0,06	0,91	0,06	0,92	0,05	0,93
8	24	0,05	0,93	0,05	0,93	0,04	0,94
		0,05	0,93	0,05	0,93	0,04	0,94
12 *	24	0,04	0,94	0,04	0,95	0,03	0,95
		0,04	0,94	0,04	0,95	0,03	0,95

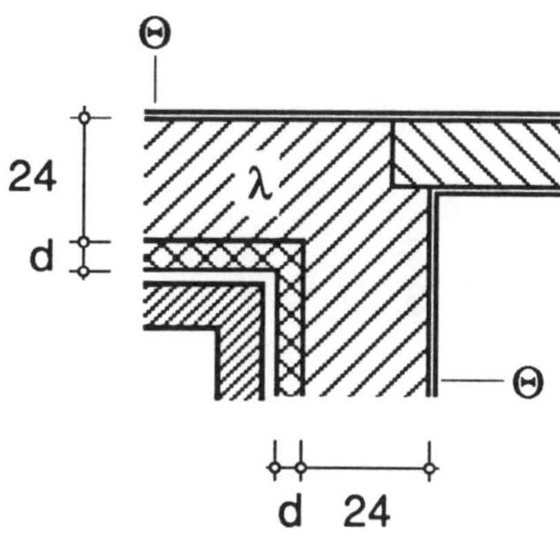

d [cm]	s [cm]	λ = 0,21 WBV	λ = 0,21 Θ	λ = 0,56 WBV	λ = 0,56 Θ	λ = 0,99 WBV	λ = 0,99 Θ
8	11,5	-0,08	0,95	-0,11	0,93	-0,12	0,93
		-0,05	0,95	-0,07	0,93	-0,07	0,93
12 *	11,5	-0,07	0,96	-0,09	0,95	-0,09	0,95
		-0,04	0,96	-0,06	0,95	-0,06	0,95
8	24	-0,08	0,95	-0,10	0,93	-0,11	0,93
		-0,02	0,95	-0,03	0,93	-0,04	0,93
12 *	24	-0,07	0,96	-0,08	0,95	-0,09	0,95
		-0,02	0,96	-0,03	0,95	-0,03	0,95

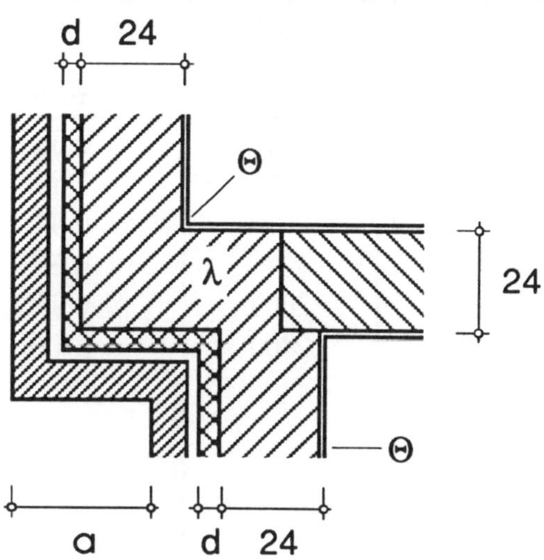

a [cm]	d [cm]	λ = 0,21 WBV	λ = 0,21 Θ	λ = 0,56 WBV	λ = 0,56 Θ	λ = 0,99 WBV	λ = 0,99 Θ
50	8	0,01	0,88	0,03	0,87	0,04	0,88
		-0,02	0,95	-0,02	0,93	-0,02	0,93
75	8	0,01	0,87	0,03	0,85	0,05	0,86
		-0,02	0,95	-0,03	0,93	-0,03	0,93
100	8	0,01	0,86	0,03	0,85	0,05	0,86
		-0,02	0,95	-0,03	0,93	-0,04	0,93
50	12 *	0,01	0,90	0,03	0,90	0,04	0,90
		-0,02	0,96	-0,02	0,95	-0,02	0,95
75	12 *	0,01	0,89	0,03	0,88	0,04	0,89
		-0,02	0,96	-0,03	0,95	-0,03	0,95
100	12 *	0,01	0,88	0,03	0,88	0,04	0,88
		-0,02	0,96	-0,03	0,95	-0,03	0,95

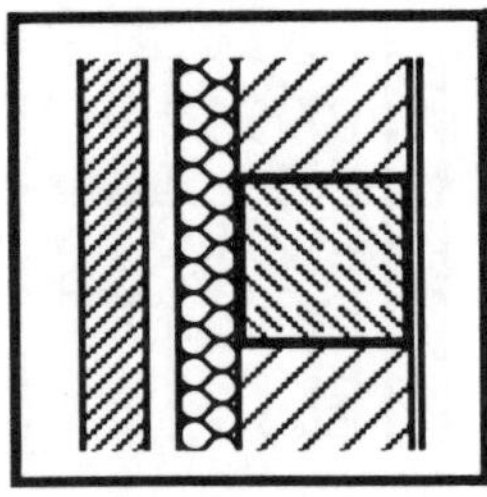

4. Zweischalige Außenwand

4.1.4 Stütze

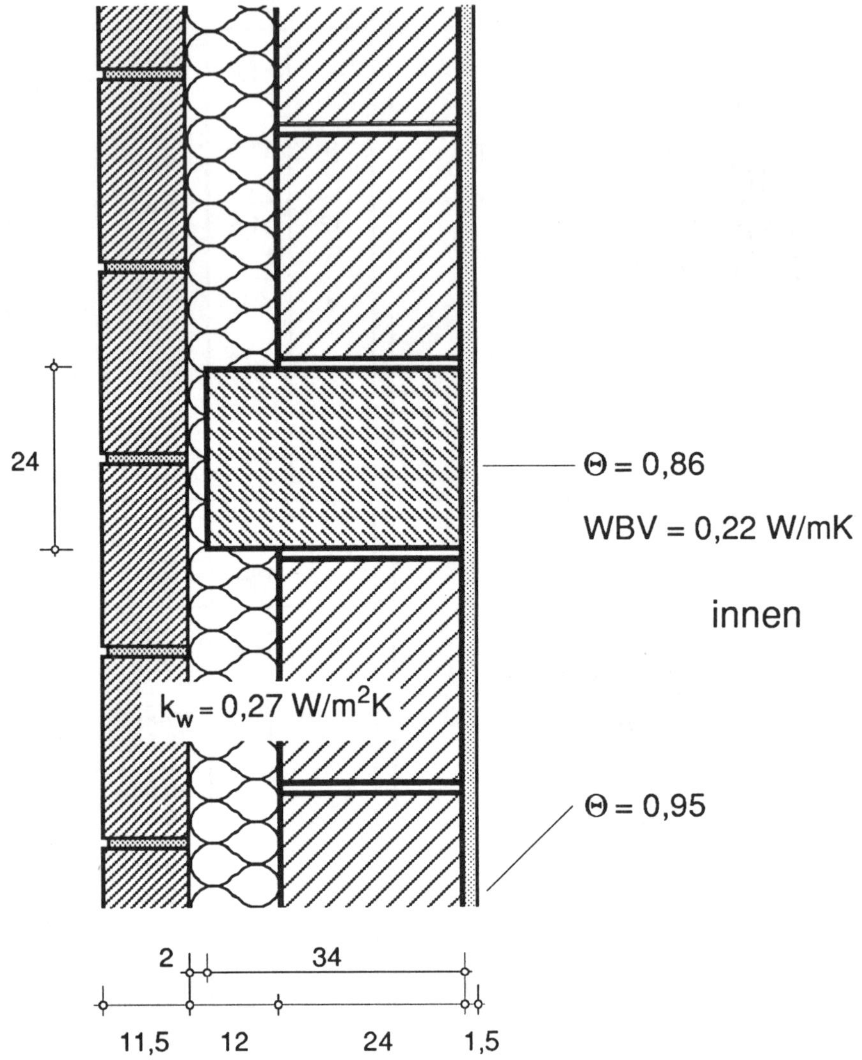

M 1:10

Baustoff	Dicke s [m]	Rohdichte ρ [kg/m³]	Wärmeleitfähigkeit λ_R [W/mK]
Gipsputz	0,015	1200	0,35
Mauerwerk	0,24	1200	0,56
Wärmedämmstoff	0,12	-	0,04
Luftschicht	0,04	-	0,235
Vormauerstein	0,115	2000	0,96
Stahlbeton	0,24	2400	2,1

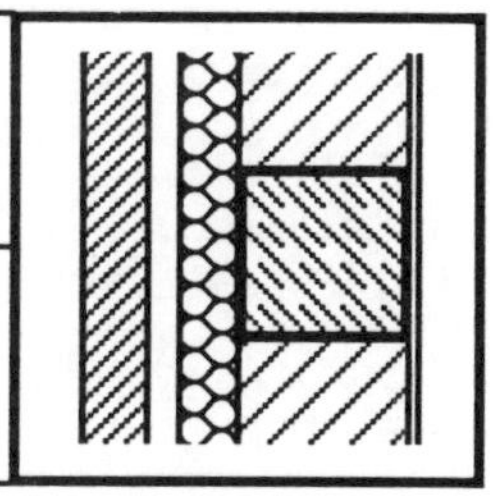

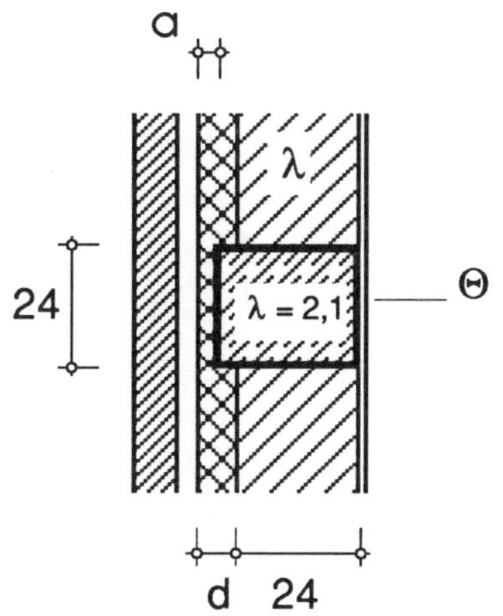

* ohne Luftschicht

d [cm]	a [cm]	λ = 0,21 WBV	λ = 0,21 Θ	λ = 0,56 WBV	λ = 0,56 Θ	λ = 0,99 WBV	λ = 0,99 Θ
8	0	0,37	0,76	0,38	0,79	0,40	0,81
8	2	0,17	0,84	0,15	0,87	0,15	0,88
8	4	0,10	0,88	0,08	0,89	0,07	0,90
8	6	0,06	0,89	0,04	0,91	0,03	0,91
8	8	0,04	0,90	0,01	0,91	0,01	0,92
12*	0	0,54	0,70	0,60	0,74	0,65	0,77
12	2	0,22	0,83	0,22	0,86	0,22	0,88
12	4	0,13	0,87	0,12	0,90	0,12	0,91
12	6	0,09	0,89	0,07	0,91	0,07	0,92
12	8	0,06	0,91	0,04	0,92	0,04	0,93
12	10	0,04	0,92	0,02	0,93	0,02	0,93
12	12	0,02	0,92	0,01	0,93	0	0,94

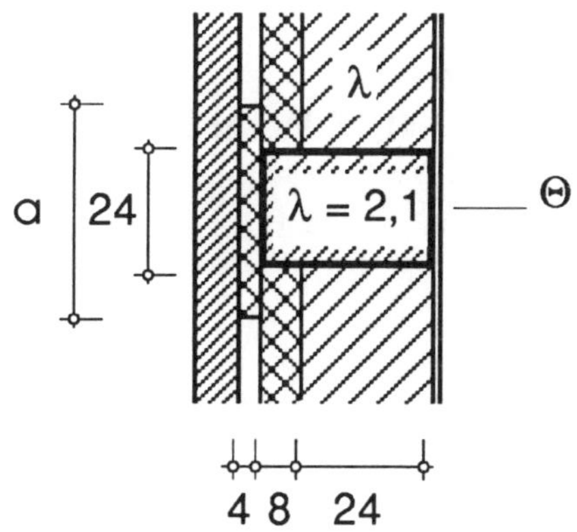

a [cm]	λ = 0,21 WBV	λ = 0,21 Θ	λ = 0,56 WBV	λ = 0,56 Θ	λ = 0,99 WBV	λ = 0,99 Θ
0	0,37	0,76	0,38	0,79	0,40	0,82
24	0,15	0,85	0,13	0,87	0,13	0,89
30	0,12	0,86	0,10	0,88	0,09	0,90
36	0,11	0,87	0,09	0,89	0,08	0,90
42	0,10	0,87	0,08	0,89	0,07	0,90
48	0,10	0,87	0,07	0,89	0,06	0,90

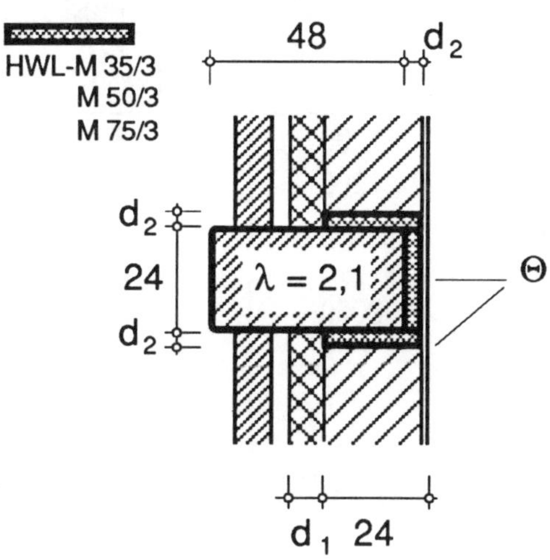

* ohne Luftschicht

d_1 [cm]	d_2 [cm]	λ = 0,21 WBV	λ = 0,21 Θ	λ = 0,56 WBV	λ = 0,56 Θ	λ = 0,99 WBV	λ = 0,99 Θ
4	2,5	0,23	0,84	0,24	0,84	0,26	0,83
4	4,0	0,15	0,88	0,15	0,86	0,15	0,85
4	6,5	0,06	0,90	0,04	0,87	0,04	0,86
6	2,5	0,26	0,84	0,29	0,85	0,31	0,84
6	4,0	0,18	0,88	0,19	0,87	0,21	0,86
6	6,5	0,09	0,91	0,09	0,89	0,10	0,88
8	2,5	0,27	0,85	0,32	0,85	0,34	0,86
8	4,0	0,19	0,88	0,22	0,88	0,24	0,88
8	6,5	0,11	0,91	0,12	0,90	0,13	0,89
12*	2,5	0,30	0,85	0,36	0,86	0,38	0,86
12	4,0	0,22	0,88	0,26	0,89	0,28	0,89
12	6,5	0,14	0,92	0,16	0,91	0,17	0,91

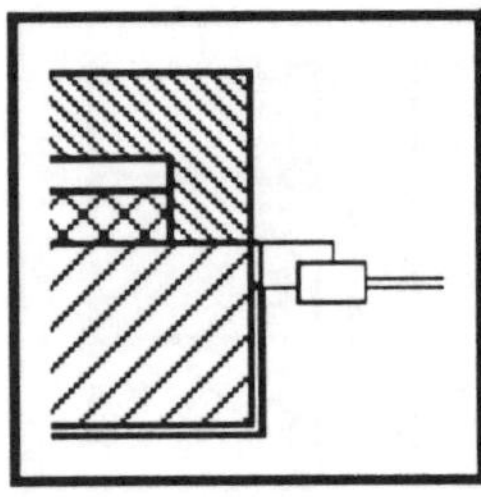

4.	Zweischalige Außenwand
4.2.1	Fensteranschluß Laibung

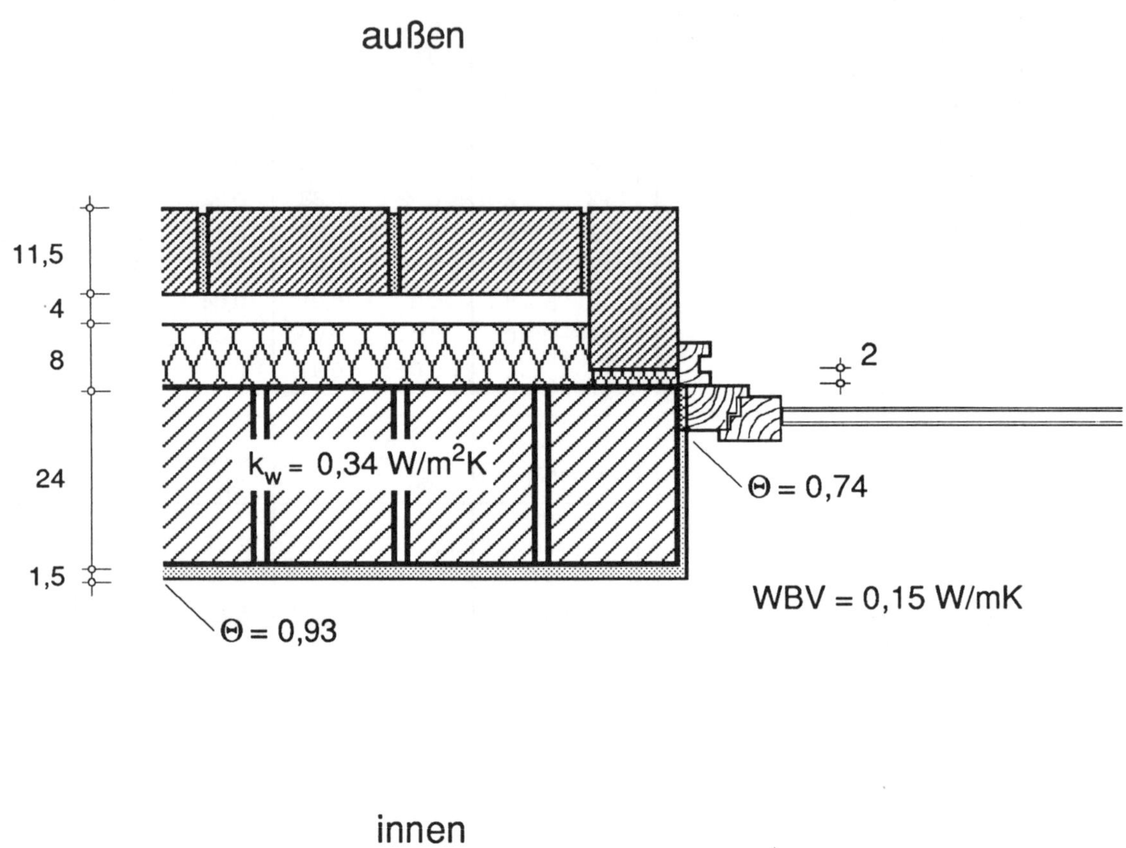

M 1:10

Baustoff	Dicke s [m]	Rohdichte ρ [kg/m³]	Wärmeleitfähigkeit λ_R [W/mK]
Gipsputz	0,015	1200	0,35
Mauerwerk	0,24	1200	0,56
Wärmedämmstoff	0,08	-	0,04
Luftschicht	0,04	-	0,235
Vormauerstein	0,115	2000	0,96

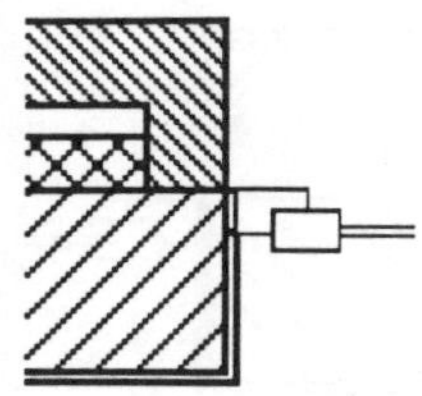

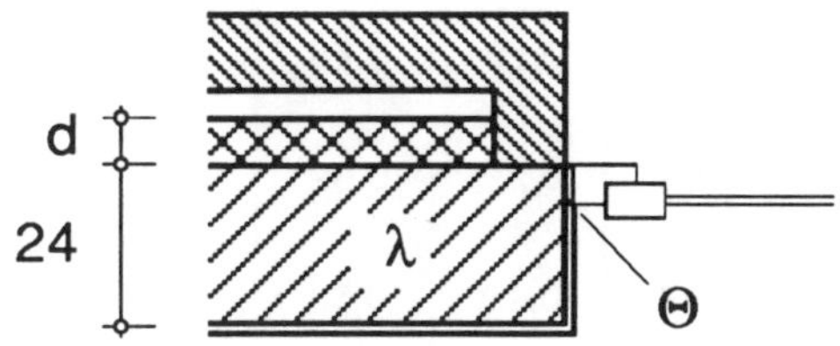

* ohne Luftschicht

d [cm]	λ = 0,21 WBV	λ = 0,21 Θ	λ = 0,56 WBV	λ = 0,56 Θ	λ = 0,99 WBV	λ = 0,99 Θ
6	0,17	0,68	0,32	0,65	0,44	0,64
8	0,18	0,68	0,34	0,65	0,46	0,65
12 *	0,19	0,68	0,36	0,66	0,48	0,65

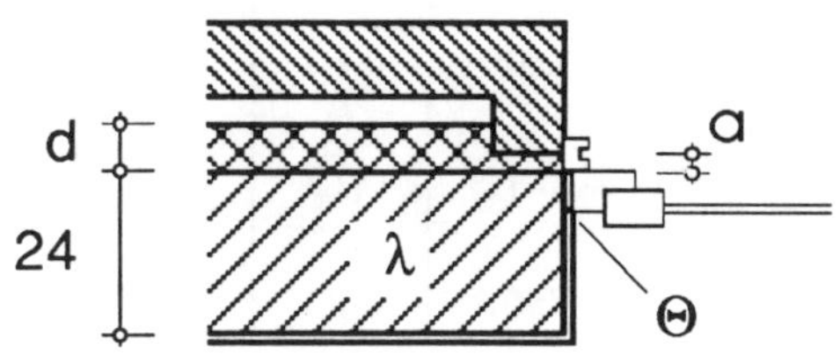

* ohne Luftschicht

d [cm]	a [cm]	λ = 0,21 WBV	λ = 0,21 Θ	λ = 0,56 WBV	λ = 0,56 Θ	λ = 0,99 WBV	λ = 0,99 Θ
6	1	0,12	0,71	0,18	0,72	0,22	0,74
8	1	0,13	0,71	0,20	0,72	0,24	0,74
12 *	1	0,14	0,71	0,22	0,73	0,26	0,74
6	2	0,10	0,72	0,14	0,74	0,16	0,76
8	2	0,11	0,73	0,15	0,74	0,17	0,76
12 *	2	0,12	0,73	0,17	0,75	0,19	0,76
6	4	0,08	0,74	0,10	0,76	0,11	0,77
8	4	0,09	0,74	0,11	0,76	0,13	0,78
12 *	4	0,10	0,74	0,13	0,76	0,14	0,78

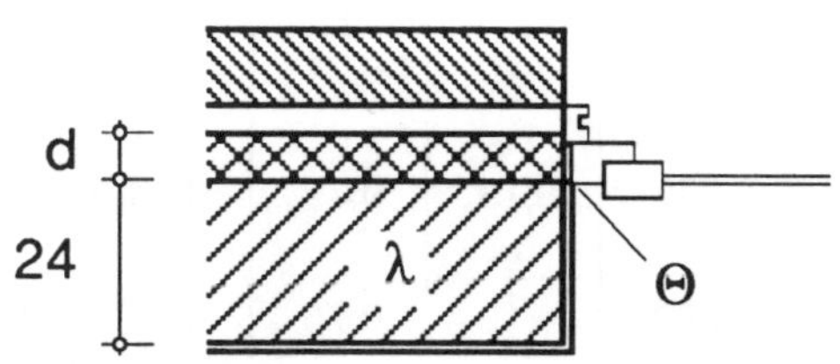

* ohne Luftschicht

d [cm]	λ = 0,21 WBV	λ = 0,21 Θ	λ = 0,56 WBV	λ = 0,56 Θ	λ = 0,99 WBV	λ = 0,99 Θ
6	0,06	0,74	0,05	0,75	0,05	0,76
8	0,06	0,75	0,05	0,76	0,05	0,76
12 *	0,06	0,75	0,05	0,76	0,05	0,77

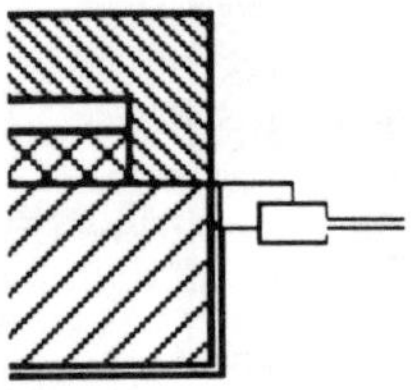

4. Zweischalige Außenwand

4.2.1 Fensteranschluß Laibung

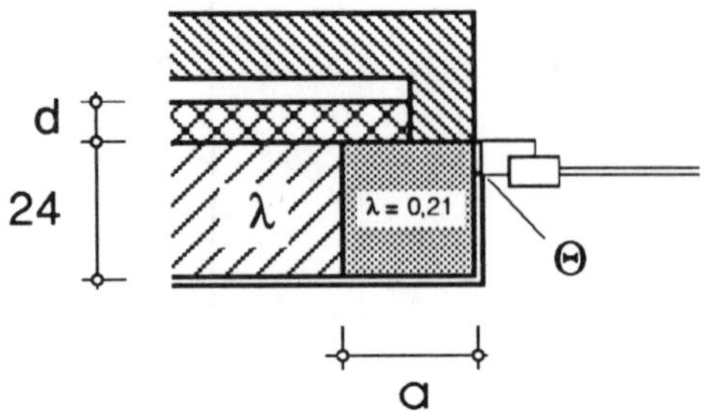

* ohne Luftschicht

d [cm]	a [cm]	λ = 0,21		λ = 0,56		λ = 0,99	
		WBV	Θ	WBV	Θ	WBV	Θ
6	12,5	0,17	0,68	0,18	0,68	0,20	0,69
8	12,5	0,18	0,68	0,20	0,68	0,22	0,69
12*	12,5	0,19	0,68	0,22	0,69	0,24	0,69
6	25	0,17	0,68	0,15	0,68	0,15	0,68
8	25	0,18	0,68	0,17	0,68	0,17	0,68
12*	25	0,19	0,68	0,19	0,68	0,19	0,68

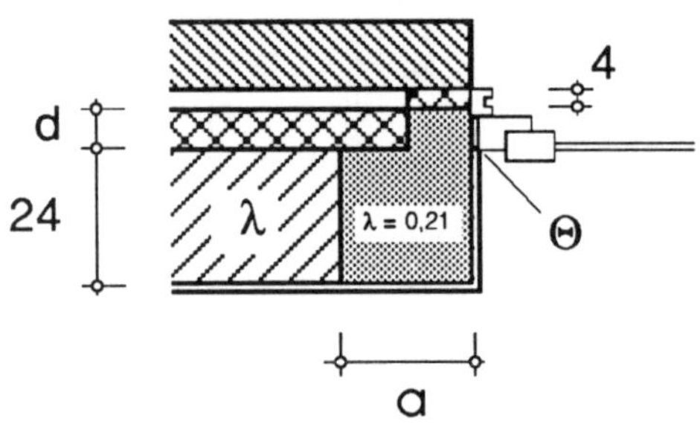

* ohne Luftschicht

d [cm]	a [cm]	λ = 0,21		λ = 0,56		λ = 0,99	
		WBV	Θ	WBV	Θ	WBV	Θ
6	12,5	0,09	0,73	0,08	0,73	0,07	0,74
8	12,5	0,10	0,73	0,09	0,73	0,09	0,74
12*	12,5	0,10	0,73	0,10	0,73	0,10	0,74
6	25	0,09	0,73	0,07	0,73	0,06	0,73
8	25	0,10	0,73	0,08	0,73	0,08	0,73
12*	25	0,10	0,73	0,09	0,73	0,09	0,73

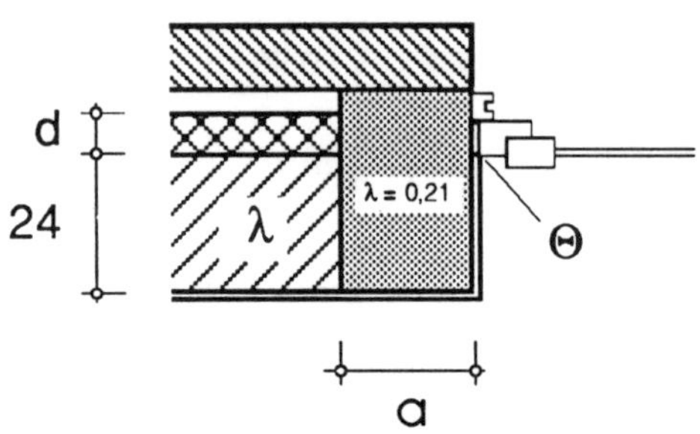

* ohne Luftschicht

d [cm]	a [cm]	λ = 0,21		λ = 0,56		λ = 0,99	
		WBV	Θ	WBV	Θ	WBV	Θ
6	12,5	0,13	0,70	0,12	0,70	0,12	0,71
8	12,5	0,13	0,71	0,12	0,71	0,12	0,72
12*	12,5	0,13	0,71	0,13	0,72	0,14	0,72
6	25	0,16	0,69	0,15	0,70	0,14	0,70
8	25	0,16	0,70	0,15	0,70	0,16	0,71
12*	25	0,18	0,70	0,18	0,71	0,18	0,71

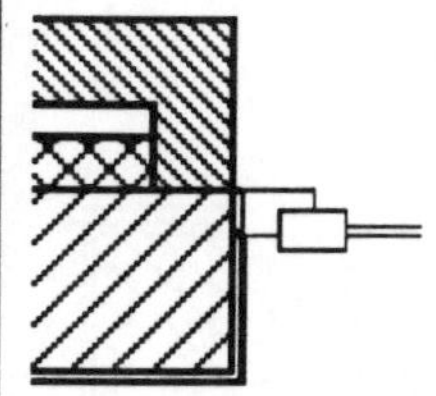

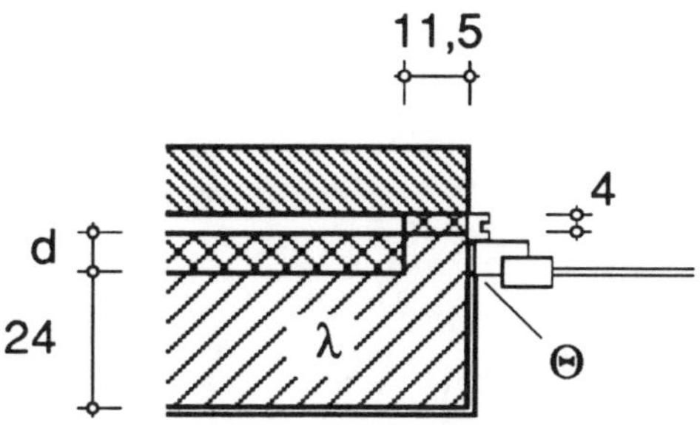

* ohne Luftschicht

d [cm]	λ = 0,21		λ = 0,56		λ = 0,99	
	WBV	Θ	WBV	Θ	WBV	Θ
6	0,09	0,73	0,12	0,74	0,14	0,75
8	0,10	0,73	0,15	0,74	0,18	0,75
12 *	0,10	0,73	0,15	0,75	0,18	0,76

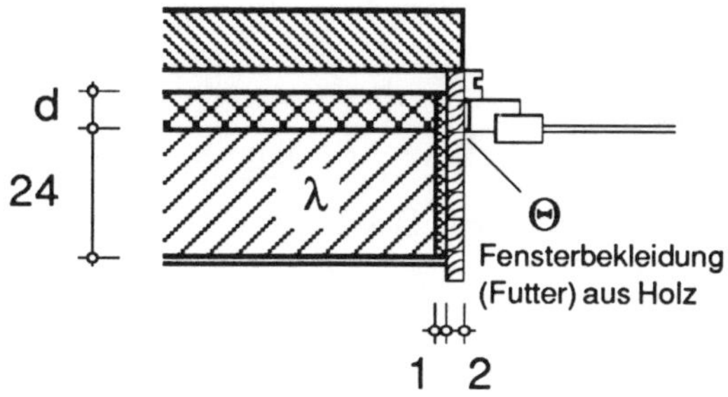

* ohne Luftschicht

d [cm]	λ = 0,21		λ = 0,56		λ = 0,99	
	WBV	Θ	WBV	Θ	WBV	Θ
6	0,06	0,70	0,05	0,71	0,05	0,72
8	0,05	0,71	0,05	0,72	0,05	0,73
12 *	0,05	0,72	0,05	0,73	0,05	0,74

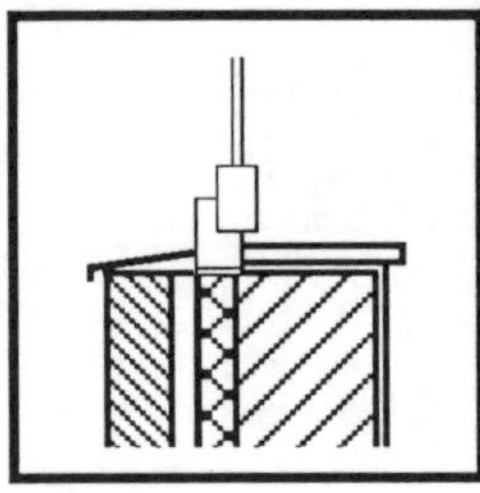

4. Zweischalige Außenwand

4.2.2 Fensteranschluß Brüstung

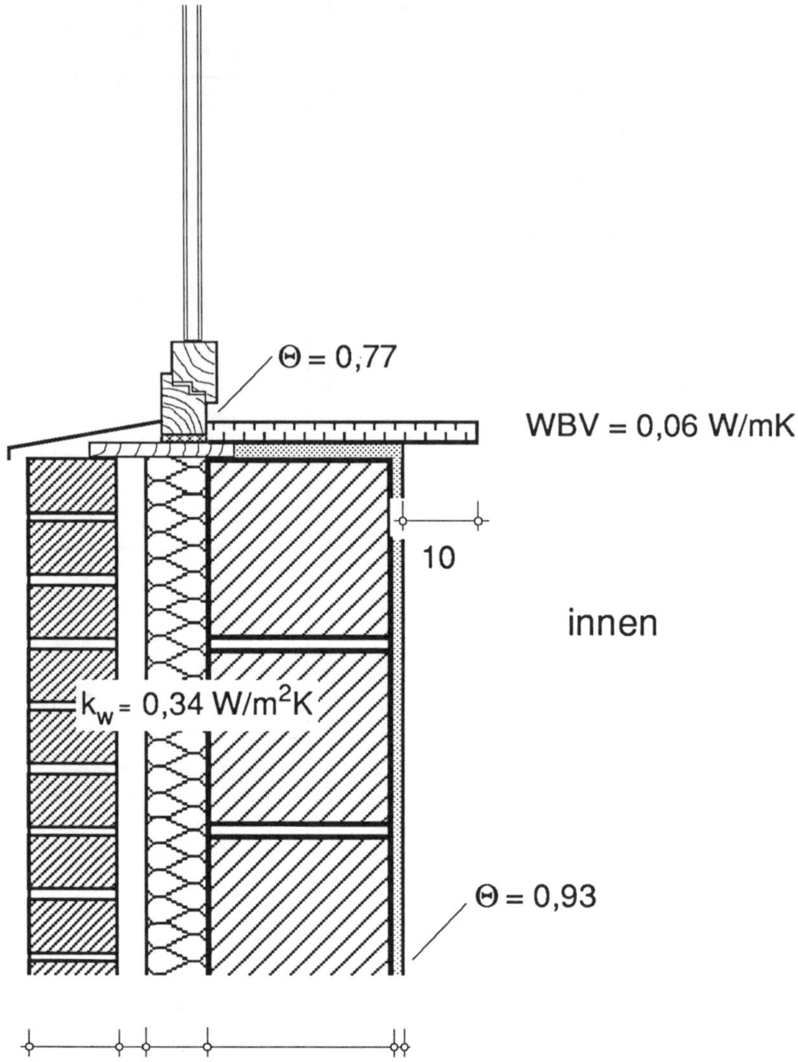

M 1:10

Baustoff	Dicke s [m]	Rohdichte ρ [kg/m³]	Wärmeleitfähigkeit λ_R [W/mK]
Gipsputz	0,015	1200	0,35
Mauerwerk	0,24	1200	0,56
Wärmedämmstoff	0,08	-	0,04
Luftschicht	0,04	-	0,235
Vormauerstein	0,115	2000	0,96
Marmor (Fensterbank)	0,025	2800	3,5

Zweischalige Außenwand 4.

Fensteranschluß Brüstung 4.2.2

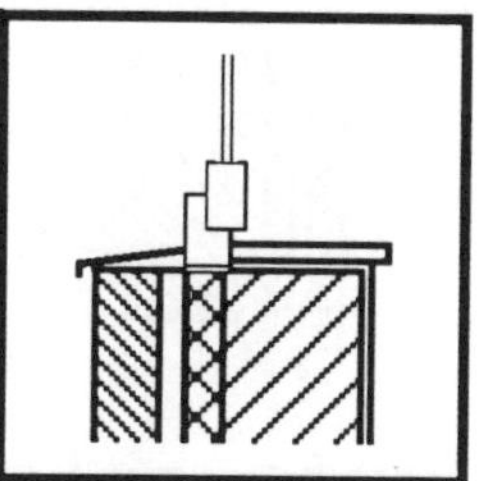

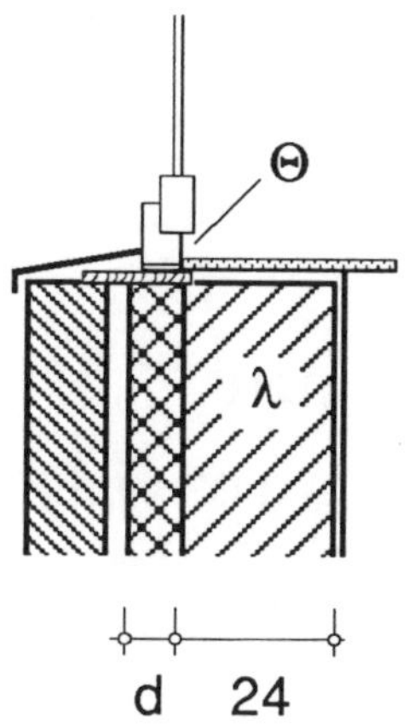

* ohne Luftschicht

d [cm]	λ = 0,21		λ = 0,56		λ = 0,99	
	WBV	Θ	WBV	Θ	WBV	Θ
6	0,07	0,77	0,06	0,77	0,06	0,77
8	0,06	0,77	0,06	0,77	0,06	0,78
12 *	0,06	0,77	0,06	0,78	0,06	0,78

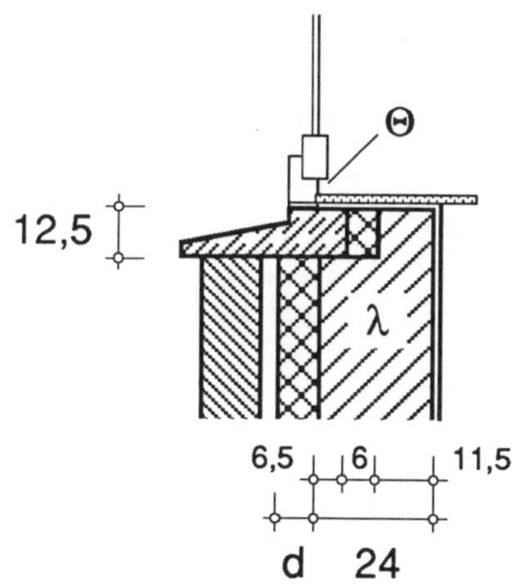

* ohne Luftschicht

d [cm]	λ = 0,21		λ = 0,56		λ = 0,99	
	WBV	Θ	WBV	Θ	WBV	Θ
6	0,47	0,53	0,52	0,55	0,58	0,56
8	0,48	0,53	0,54	0,55	0,60	0,57
12 *	0,49	0,53	0,56	0,55	0,63	0,57

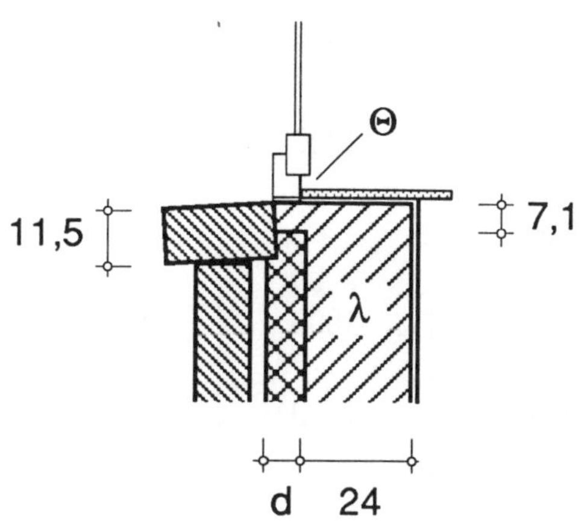

* ohne Luftschicht

d [cm]	λ = 0,21		λ = 0,56		λ = 0,99	
	WBV	Θ	WBV	Θ	WBV	Θ
6	0,12	0,73	0,23	0,71	0,33	0,70
8	0,13	0,73	0,24	0,71	0,34	0,70
12 *	0,14	0,73	0,26	0,71	0,36	0,70

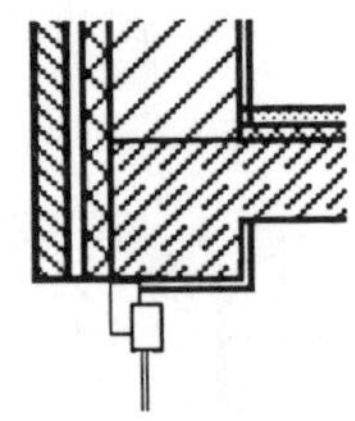

4. Zweischalige Außenwand

4.2.3 Fensteranschluß Sturz

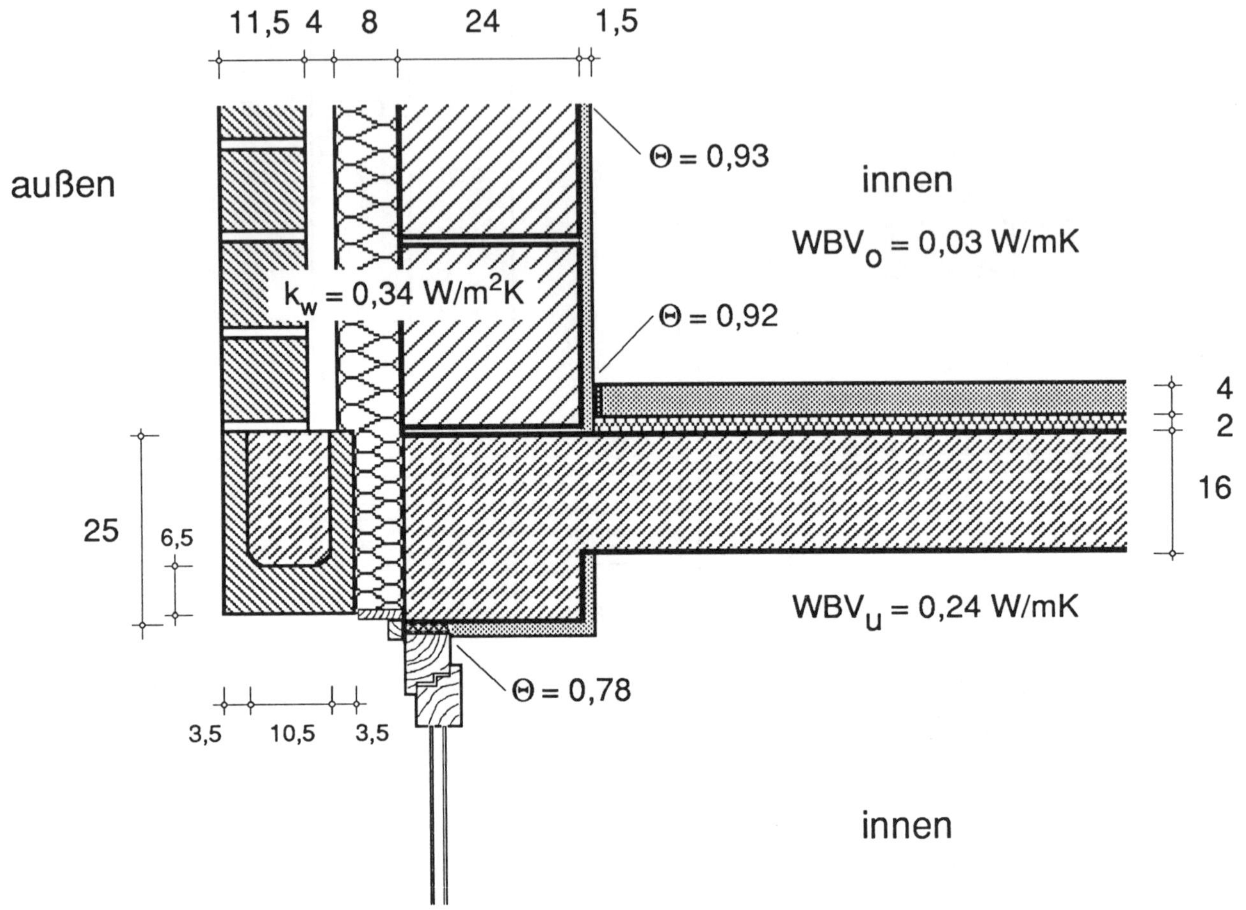

M 1:10

Baustoff	Dicke s [m]	Rohdichte ρ [kg/m³]	Wärmeleitfähigkeit λ_R [W/mK]
Gipsputz	0,015	1200	0,35
Mauerwerk	0,24	1200	0,56
Wärmedämmstoff	0,08	-	0,04
Luftschicht	0,04	-	0,235
Vormauerstein	0,115	2000	0,96
Zementestrich	0,04	2000	1,4
Wärmedämmstoff / Trittschalldämmung	0,02	-	0,04
Stahlbeton	0,16	2400	2,1

Zweischalige Außenwand 4.

Fensteranschluß Sturz 4.2.3

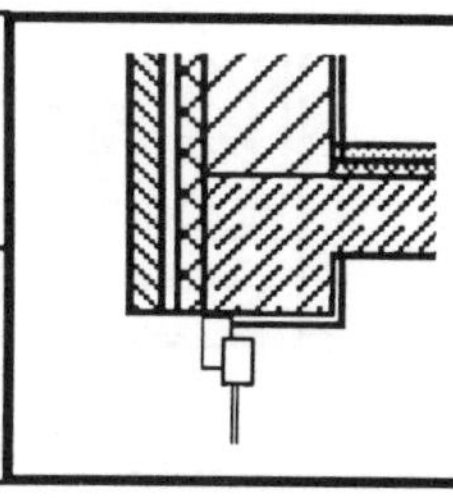

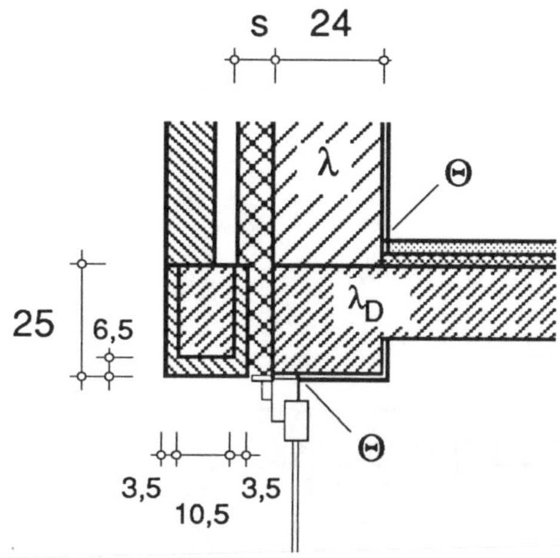

* ohne Luftschicht

s [cm]	λ_D	$\lambda = 0,21$		$\lambda = 0,56$		$\lambda = 0,99$	
		WBV	Θ	WBV	Θ	WBV	Θ
6	2,1	0,03 0,29	0,93 0,77	0,03 0,27	0,91 0,77	0,04 0,26	0,90 0,77
8	2,1	0,02 0,25	0,94 0,78	0,03 0,24	0,92 0,78	0,04 0,22	0,92 0,78
12 *	2,1	0,03 0,25	0,94 0,78	0,04 0,23	0,93 0,79	0,05 0,22	0,93 0,79
6	0,21	0,03 0,14	0,91 0,72	0,05 0,12	0,89 0,73	0,07 0,11	0,88 0,73
8	0,21	0,03 0,13	0,92 0,73	0,05 0,12	0,90 0,73	0,06 0,11	0,90 0,73
12 *	0,21	0,04 0,14	0,93 0,73	0,06 0,12	0,91 0,73	0,07 0,12	0,91 0,73

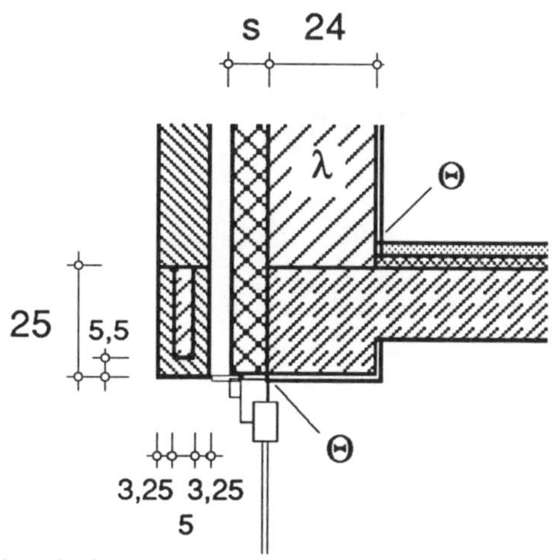

* ohne Luftschicht

s [cm]	$\lambda = 0,21$		$\lambda = 0,56$		$\lambda = 0,99$	
	WBV	Θ	WBV	Θ	WBV	Θ
6	0 0,18	0,94 0,75	0 0,17	0,92 0,75	0 0,17	0,91 0,75
8	0 0,16	0,95 0,76	0 0,15	0,93 0,76	0 0,15	0,93 0,76
12 *	0 0,14	0,96 0,76	0 0,13	0,95 0,76	0 0,13	0,95 0,76

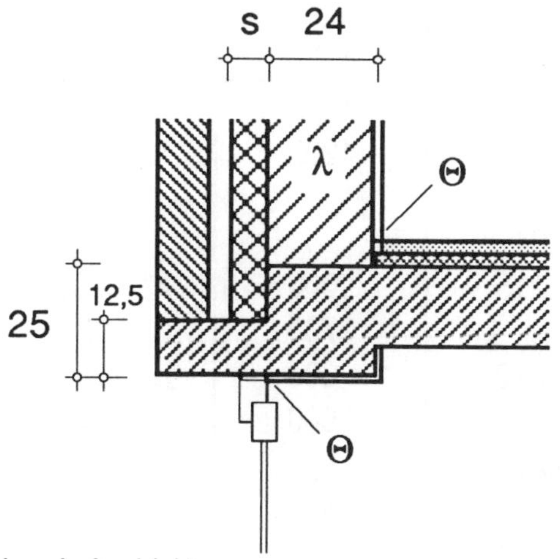

* ohne Luftschicht

s [cm]	$\lambda = 0,21$		$\lambda = 0,56$		$\lambda = 0,99$	
	WBV	Θ	WBV	Θ	WBV	Θ
6	0,10 0,73	0,86 0,60	0,15 0,69	0,83 0,61	0,19 0,66	0,82 0,61
8	0,11 0,72	0,87 0,60	0,15 0,68	0,84 0,61	0,19 0,66	0,83 0,62
12 *	0,11 0,72	0,87 0,61	0,16 0,68	0,85 0,62	0,20 0,65	0,84 0,62

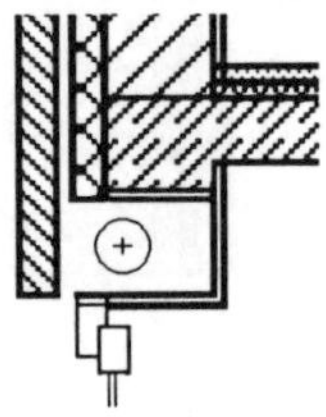

4. Zweischalige Außenwand

4.2.4 Fensteranschluß Rolladenkasten

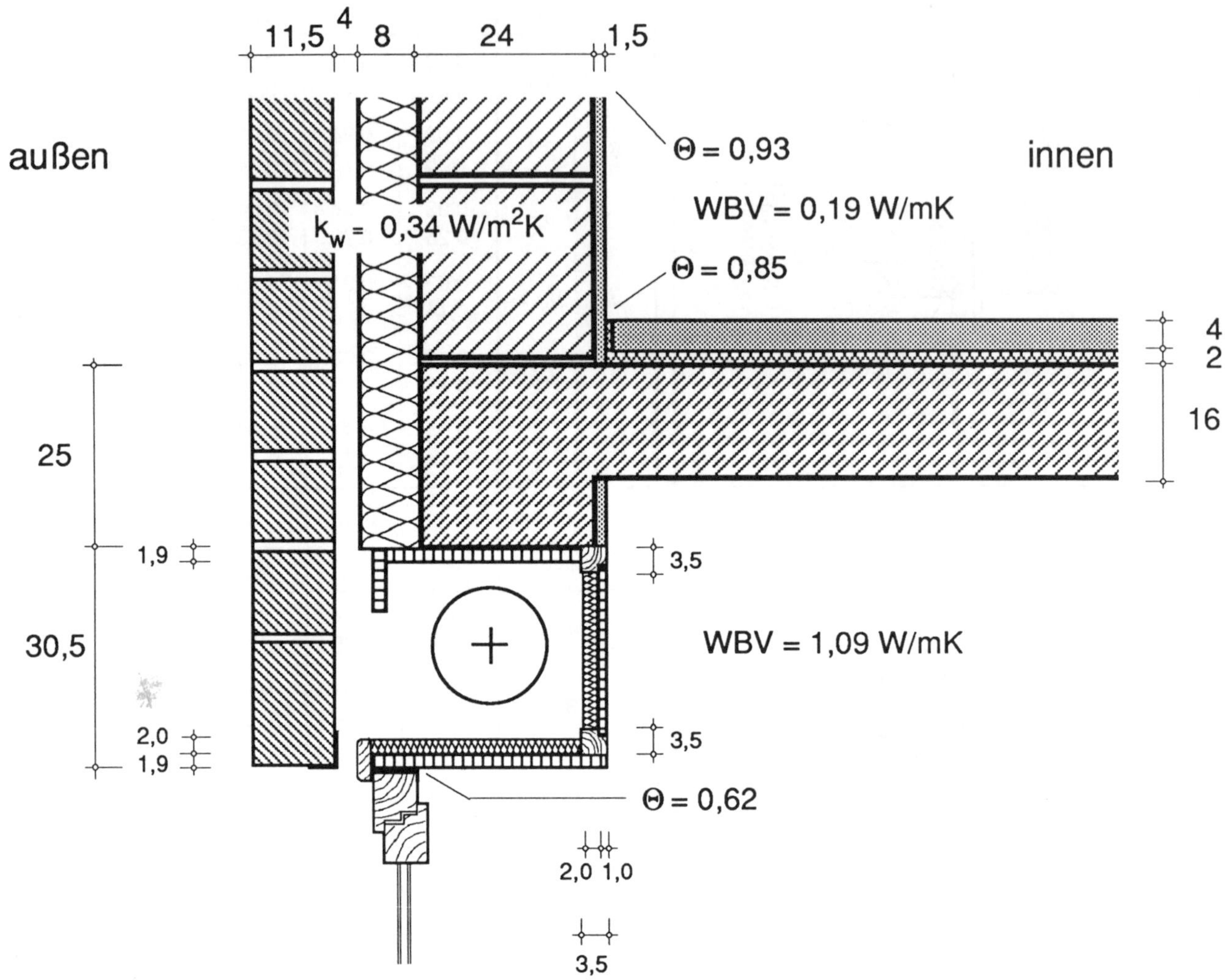

M 1:10

Baustoff	Dicke s [m]	Rohdichte ρ [kg/m³]	Wärmeleitfähigkeit λ_R [W/mK]
Gipsputz	0,015	1200	0,35
Mauerwerk	0,24	1200	0,56
Wärmedämmstoff	-	-	0,04
Luftschicht	0,04	-	0,235
Vormauerstein	0,115	2000	0,96
Spanplatte	-	700	0,17
Holzwolle Leichtbauplatte	0,012	600	0,15
Zementestrich	0,04	2000	1,4
Wärmedämmstoff / Trittschalldämmung	0,02	-	0,04
Stahlbeton	0,16	2400	2,1

Zweischalige Außenwand 4.

Fensteranschluß Rolladenkasten 4.2.4

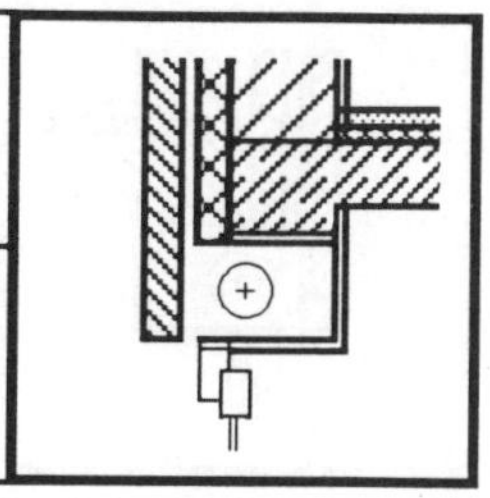

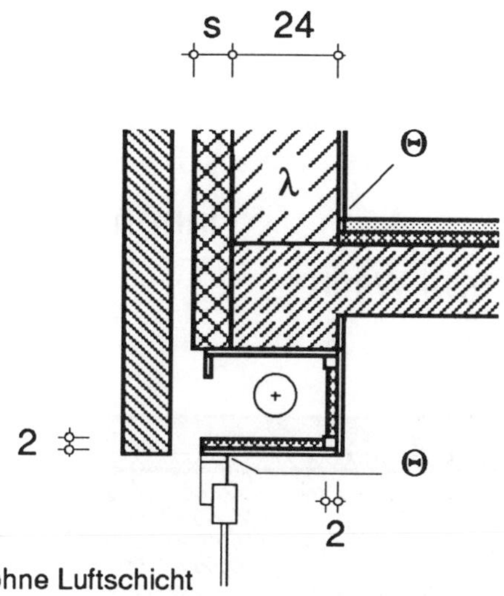

* ohne Luftschicht

s [cm]	λ =0,21 WBV	λ =0,21 Θ	λ =0,56 WBV	λ =0,56 Θ	λ =0,99 WBV	λ =0,99 Θ
6	0,14	0,88	0,18	0,84	0,22	0,83
	1,14	0,62	1,07	0,62	1,04	0,62
8	0,14	0,88	0,19	0,85	0,23	0,83
	1,15	0,62	1,09	0,62	1,06	0,62
12 *	0,14	0,88	0,20	0,85	0,24	0,84
	1,16	0,62	1,11	0,62	1,08	0,62

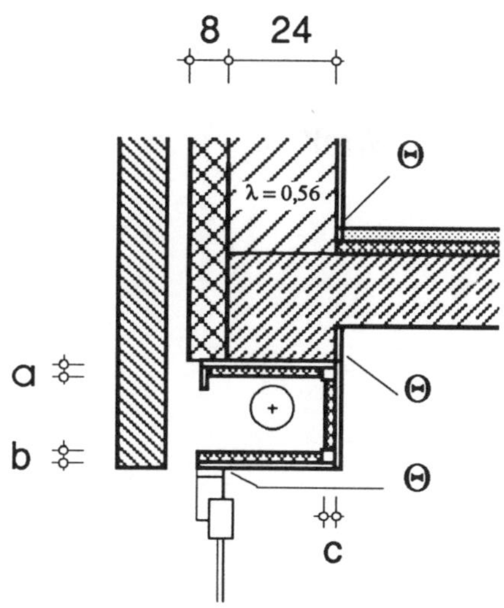

b [cm]	c [cm]	a = 0 cm WBV	a = 0 cm Θ	a = 2 cm WBV	a = 2 cm Θ	a = 4 cm WBV	a = 4 cm Θ
0	2	0,19	0,85	0,09	0,90	0,07	0,92
		1,54	0,42	1,31	0,42	1,23	0,42
0	4	0,18	0,85	0,09	0,90	0,06	0,92
		1,33	0,42	1,10	0,42	1,03	0,42
2	2	0,19	0,85	0,09	0,90	0,07	0,92
		1,09	0,62	0,85	0,62	0,78	0,62
2	4	0,18	0,85	0,09	0,90	0,06	0,92
		0,90	0,62	0,68	0,62	0,61	0,62
4	2	0,19	0,85	0,09	0,90	0,07	0,92
		0,96	0,67	0,73	0,67	0,65	0,67
4	4	0,18	0,85	0,09	0,90	0,06	0,92
		0,78	0,67	0,56	0,67	0,49	0,67

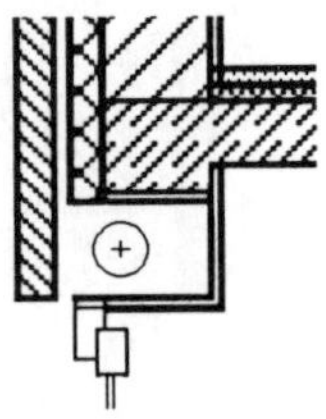

4. Zweischalige Außenwand

4.2.4 Fensteranschluß Rolladenkasten

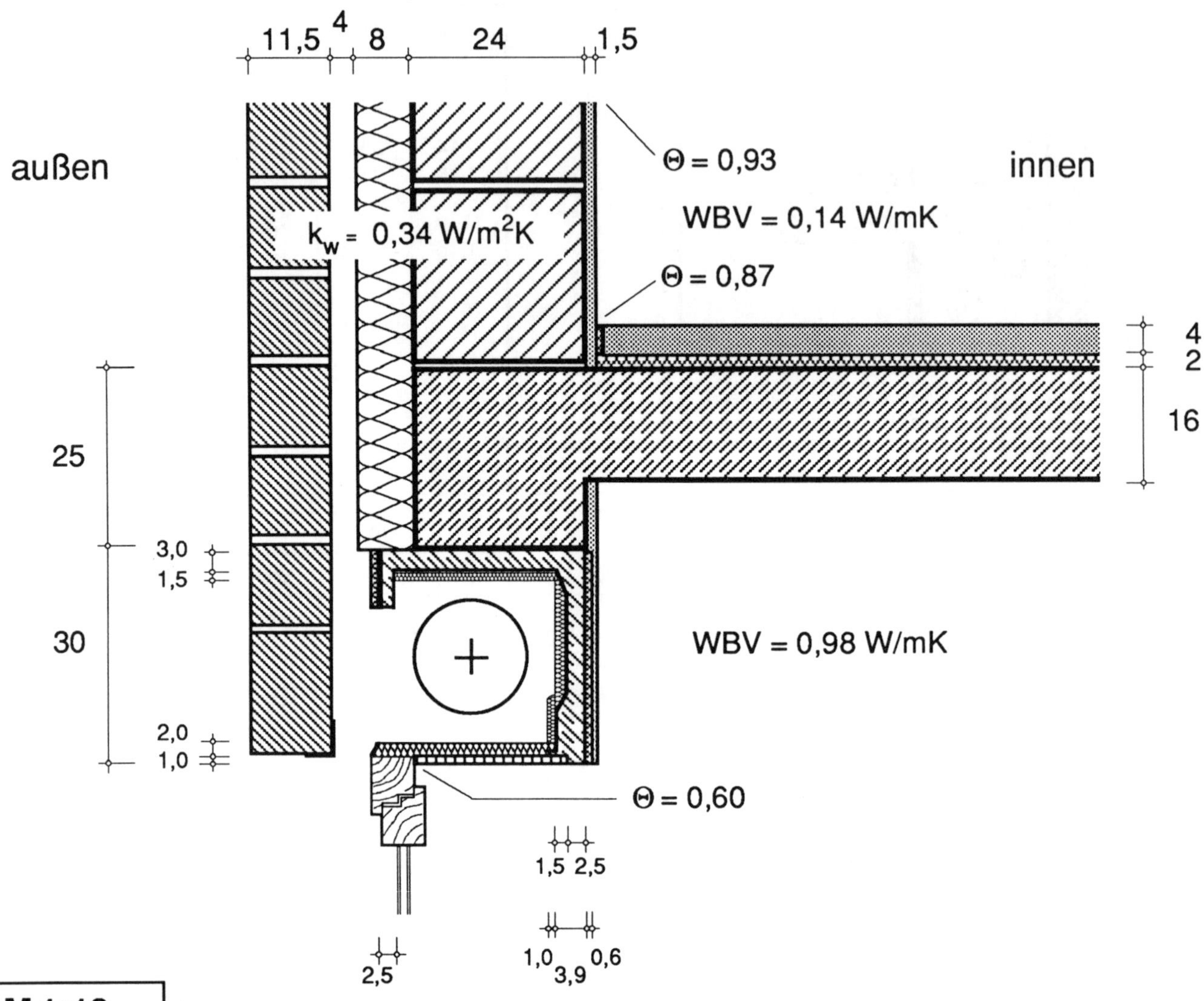

M 1:10

Baustoff	Dicke s [m]	Rohdichte ρ [kg/m³]	Wärmeleitfähigkeit λ_R [W/mK]
Gipsputz	0,015	1200	0,35
Mauerwerk	0,24	1200	0,56
Wärmedämmstoff	-	-	0,04
Luftschicht	0,04	-	0,235
Vormauerstein	0,115	2000	0,96
Leichtbeton	-	1200	0,56
Spanplatte	0,010	700	0,17
Holzwolle Leichtbauplatte	0,006	600	0,15
Zementestrich	0,04	2000	1,4
Wärmedämmstoff / Trittschalldämmung	0,02	-	0,04
Stahlbeton	0,16	2400	2,1

Zweischalige Außenwand 4.

Fensteranschluß Rolladenkasten 4.2.4

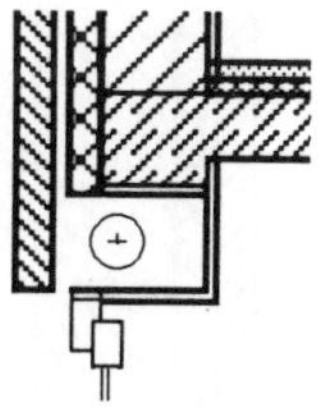

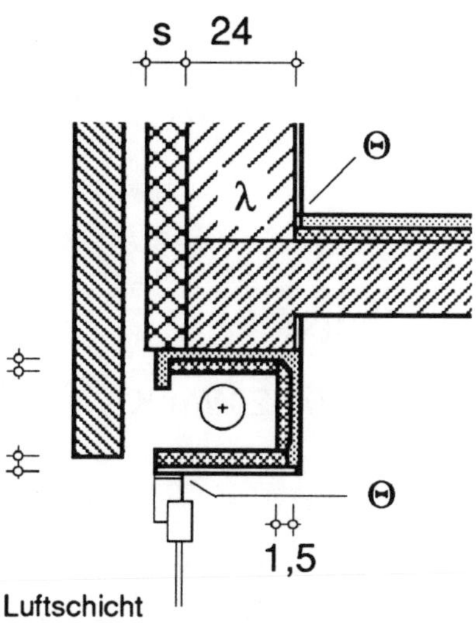

* ohne Luftschicht

S [cm]	λ =0,21		λ =0,56		λ =0,99	
	WBV	Θ	WBV	Θ	WBV	Θ
6	0,10 0,98	0,90 0,61	0,13 0,91	0,87 0,61	0,16 0,88	0,86 0,61
8	0,10 0,98	0,90 0,61	0,13 0,93	0,88 0,61	0,16 0,90	0,87 0,61
12 *	0,10 0,99	0,91 0,61	0,14 0,94	0,89 0,61	0,17 0,92	0,88 0,61

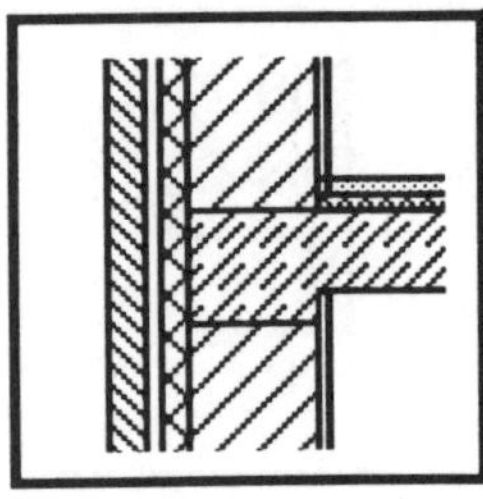

4. Zweischalige Außenwand

4.3.3 Geschoßdeckenanschluß

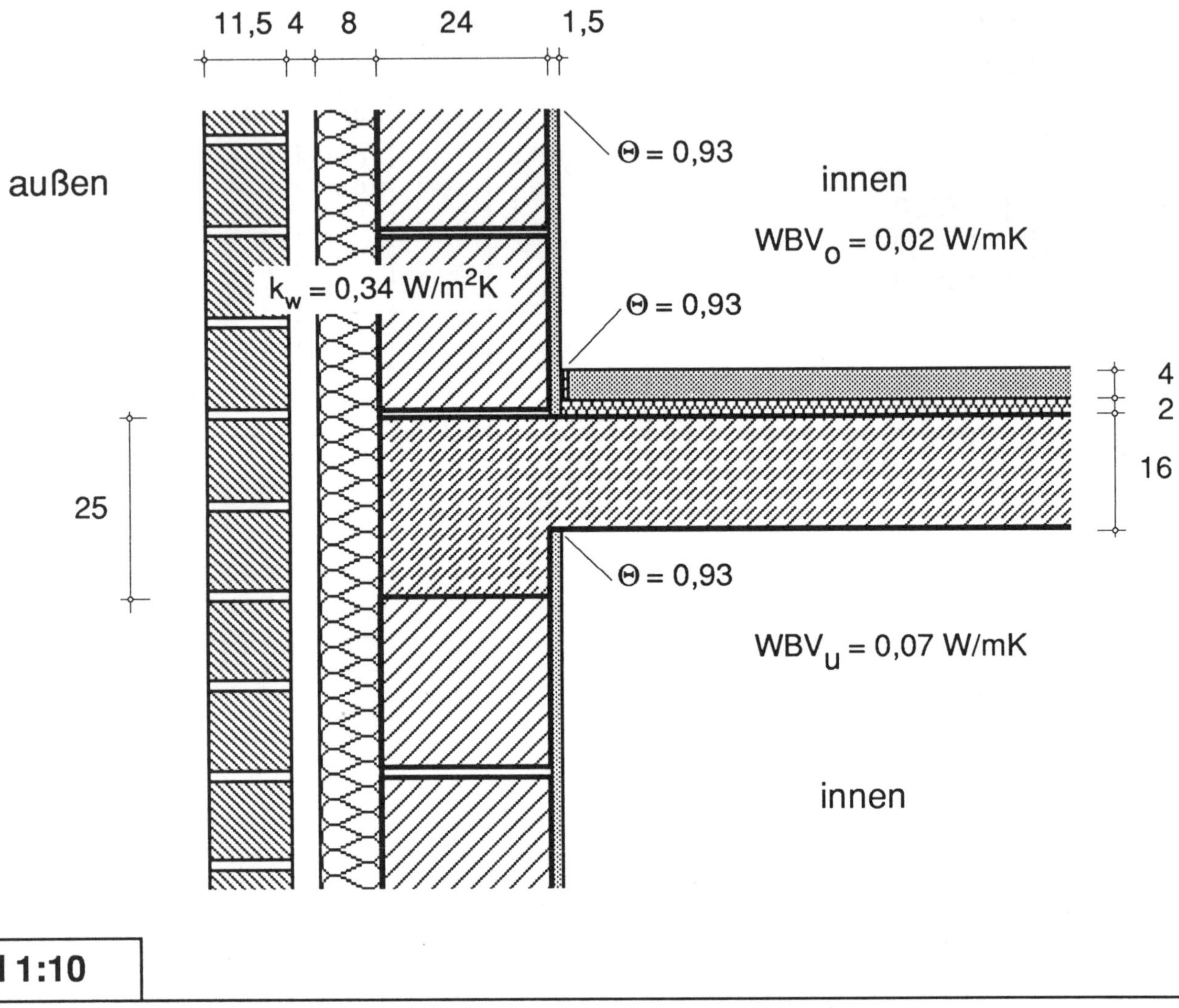

Baustoff	Dicke s [m]	Rohdichte ρ [kg/m³]	Wärmeleitfähigkeit λ_R [W/mK]
Gipsputz	0,015	1200	0,35
Mauerwerk	0,24	1200	0,56
Wärmedämmstoff	0,08	-	0,04
Luftschicht	0,04	-	0,235
Vormauerstein	0,115	2000	0,96
Zementestrich	0,04	2000	1,4
Wärmedämmstoff / Trittschalldämmung	0,02	-	0,04
Stahlbeton	0,16	2400	2,1
Randdämmstreifen	0,005	-	0,04

Zweischalige Außenwand 4.

Geschoßdeckenanschluß 4.3.3

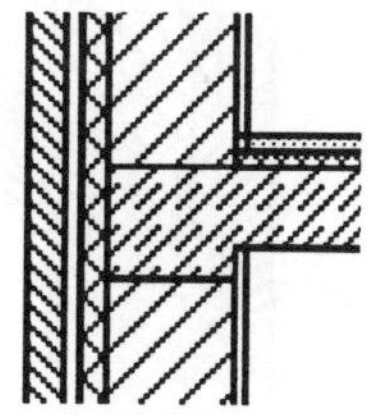

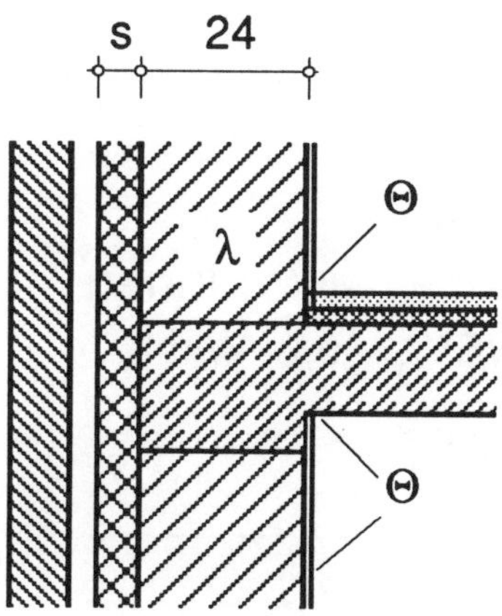

* ohne Luftschicht

s [cm]	λ = 0,21 WBV	λ = 0,21 Θ	λ = 0,56 WBV	λ = 0,56 Θ	λ = 0,99 WBV	λ = 0,99 Θ
6	0,02 0,11	0,94 0,91	0,02 0,09	0,92 0,91	0,02 0,09	0,91 0,91
8	0,01 0,09	0,95 0,92	0,02 0,07	0,93 0,93	0,02 0,07	0,93 0,93
12 *	0,01 0,07	0,96 0,94	0,01 0,06	0,95 0,94	0,01 0,05	0,95 0,95

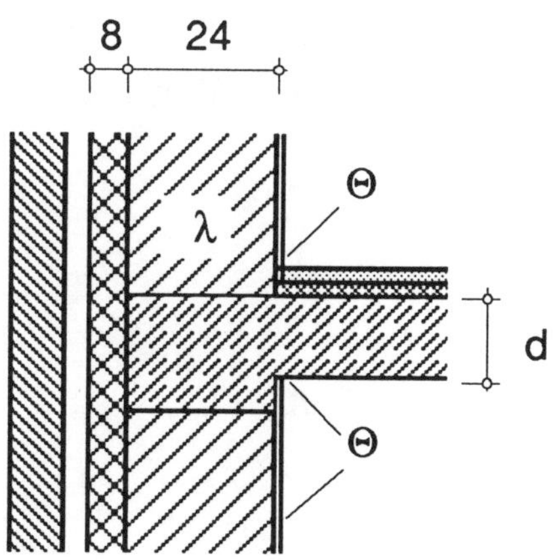

d [cm]	λ = 0,21 WBV	λ = 0,21 Θ	λ = 0,56 WBV	λ = 0,56 Θ	λ = 0,99 WBV	λ = 0,99 Θ
16	0,01 0,09	0,95 0,92	0,02 0,07	0,93 0,93	0,02 0,07	0,93 0,93
18	0,02 0,09	0,95 0,92	0,02 0,08	0,93 0,93	0,02 0,07	0,93 0,93
20	0,02 0,10	0,95 0,92	0,02 0,08	0,93 0,93	0,02 0,08	0,93 0,93
22	0,02 0,10	0,95 0,92	0,02 0,09	0,93 0,93	0,03 0,08	0,93 0,93
25	0,02 0,10	0,95 0,93	0,03 0,09	0,93 0,93	0,03 0,09	0,93 0,93

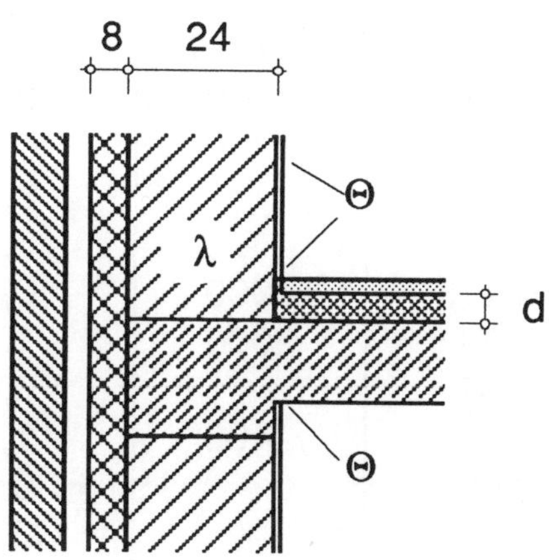

d [cm]	λ = 0,21 WBV	λ = 0,21 Θ	λ = 0,56 WBV	λ = 0,56 Θ	λ = 0,99 WBV	λ = 0,99 Θ
2	0,01 0,09	0,95 0,92	0,02 0,07	0,93 0,93	0,02 0,07	0,93 0,93
3	0,01 0,09	0,95 0,92	0,01 0,08	0,93 0,93	0,02 0,07	0,93 0,93
4	0,01 0,10	0,95 0,92	0,01 0,08	0,93 0,93	0,02 0,08	0,93 0,93
5	0,01 0,10	0,95 0,92	0,01 0,09	0,93 0,92	0,02 0,08	0,93 0,93
6	0,01 0,10	0,95 0,92	0,01 0,09	0,93 0,92	0,02 0,08	0,93 0,93

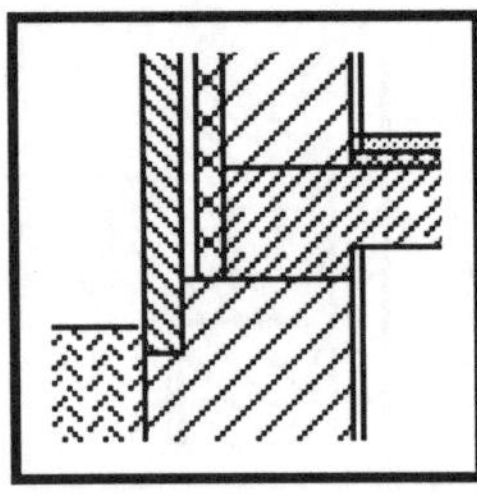

4.	Zweischalige Außenwand
4.3.4	Kellerdeckenanschluß zum beheizten Keller

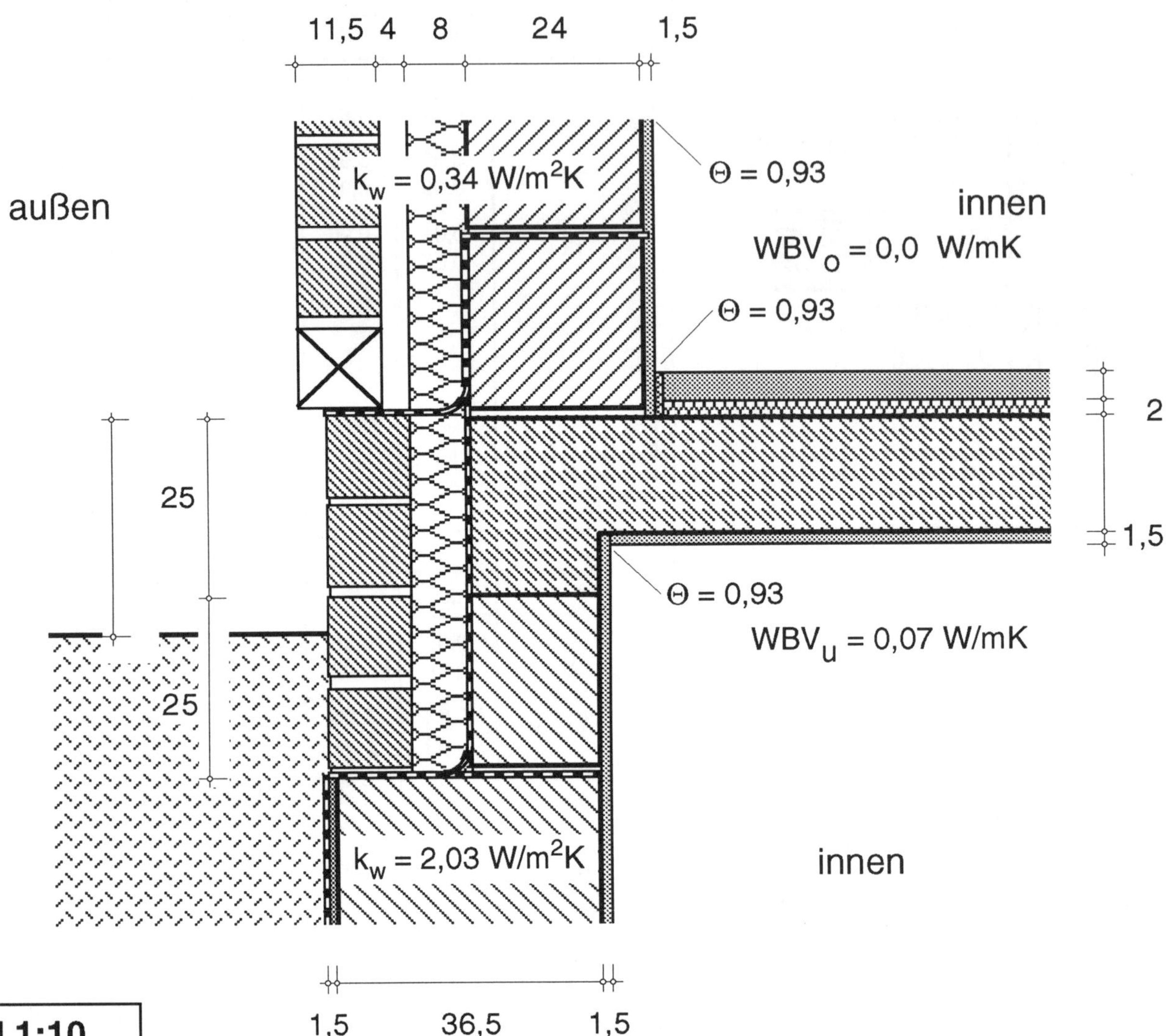

M 1:10

Baustoff	Dicke s [m]	Rohdichte ρ [kg/m³]	Wärmeleitfähigkeit λ_R [W/mK]
Gipsputz	0,015	1200	0,35
Mauerwerk	0,24	1200	0,56
Wärmedämmstoff	0,08	-	0,04
Luftschicht	0,04	-	0,235
Vormauerstein	0,115	2000	0,96
Zementestrich	0,04	2000	1,4
Wärmedämmstoff / Trittschalldämmung	0,02	-	0,04
Stahlbeton	0,16	2400	2,1
Randdämmstreifen	0,005	-	0,04
Erdreich	-	-	2,1
Mauerwerk	0,365	1800	0,99

Kellerdeckenanschluß zum beheizten Keller 4.3.4

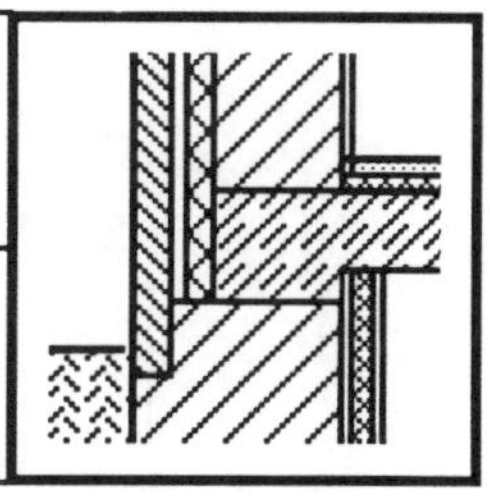

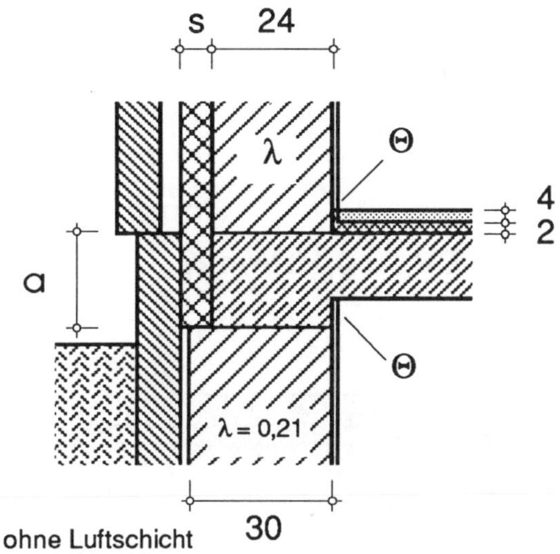

* ohne Luftschicht

s [cm]	a [cm]	λ = 0,21 WBV	λ = 0,21 Θ	λ = 0,56 WBV	λ = 0,56 Θ	λ = 0,99 WBV	λ = 0,99 Θ
6	0	0,14	0,86	0,20	0,82	0,26	0,80
		0,46	0,72	0,43	0,74	0,41	0,75
8	0	0,14	0,86	0,21	0,82	0,27	0,81
		0,45	0,73	0,42	0,74	0,39	0,75
12 *	0	0,08	0,91	0,11	0,89	0,14	0,89
		0,23	0,83	0,21	0,84	0,20	0,85
6	25	0,04	0,93	0,05	0,91	0,06	0,90
		0,15	0,88	0,14	0,88	0,13	0,89
8	25	0,03	0,94	0,04	0,92	0,06	0,92
		0,12	0,89	0,11	0,89	0,10	0,90
12 *	25	0,03	0,95	0,04	0,93	0,05	0,93
		0,10	0,90	0,09	0,91	0,08	0,91

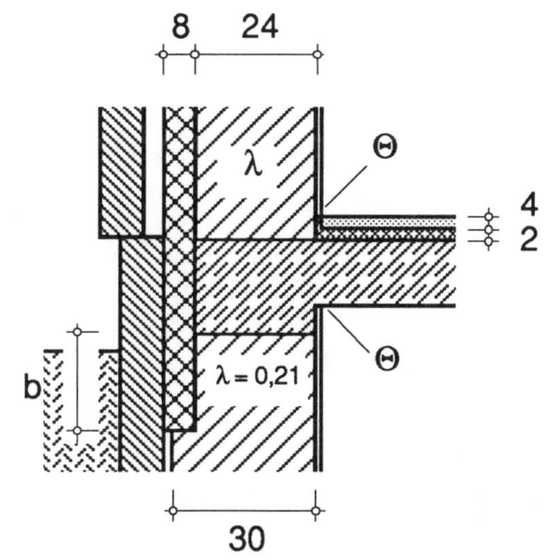

b [cm]	λ = 0,21 WBV	λ = 0,21 Θ	λ = 0,56 WBV	λ = 0,56 Θ	λ = 0,99 WBV	λ = 0,99 Θ
0	0,03	0,94	0,04	0,92	0,06	0,92
	0,12	0,89	0,11	0,89	0,10	0,90
12,5	0,02	0,95	0,03	0,93	0,04	0,93
	0,08	0,91	0,08	0,91	0,07	0,92
25	0,02	0,95	0,02	0,93	0,03	0,93
	0,07	0,92	0,07	0,92	0,06	0,92
37,5	0,02	0,95	0,02	0,93	0,03	0,93
	0,07	0,92	0,06	0,92	0,06	0,93
50	0,02	0,95	0,02	0,93	0,03	0,93
	0,06	0,92	0,06	0,92	0,05	0,93
100	0,02	0,95	0,02	0,93	0,03	0,93
	0,06	0,92	0,06	0,93	0,05	0,93

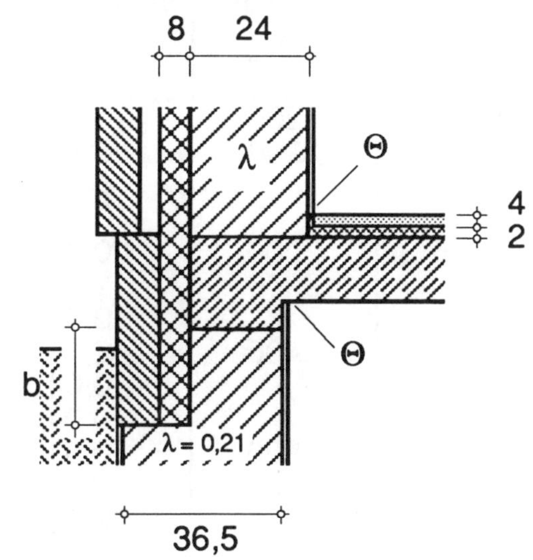

b [cm]	λ = 0,21 WBV	λ = 0,21 Θ	λ = 0,56 WBV	λ = 0,56 Θ	λ = 0,99 WBV	λ = 0,99 Θ
0	0,01	0,95	0,01	0,93	0,02	0,93
	0,10	0,91	0,10	0,91	0,09	0,91
12,5	0,00	0,95	0,01	0,93	0,01	0,93
	0,08	0,92	0,07	0,92	0,07	0,92
25	0,00	0,95	0,00	0,93	0,01	0,93
	0,07	0,93	0,07	0,93	0,06	0,93
37,5	0,00	0,95	0,00	0,93	0,01	0,93
	0,07	0,93	0,06	0,93	0,06	0,93
50	0,00	0,95	0,00	0,93	0,01	0,93
	0,07	0,93	0,06	0,93	0,06	0,93
100	0,00	0,95	0,00	0,93	0,01	0,93
	0,07	0,93	0,06	0,93	0,06	0,93

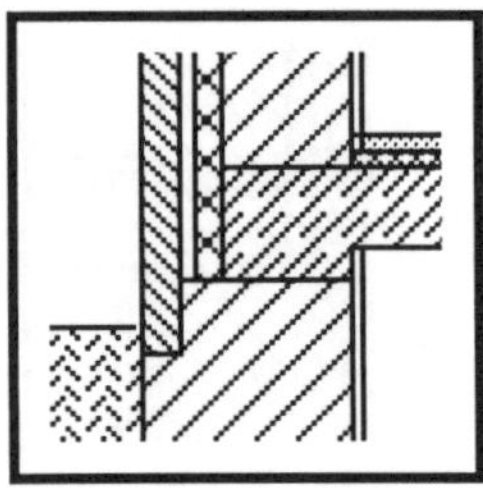

4. Zweischalige Außenwand

4.3.4 Kellerdeckenanschluß zum beheizten Keller

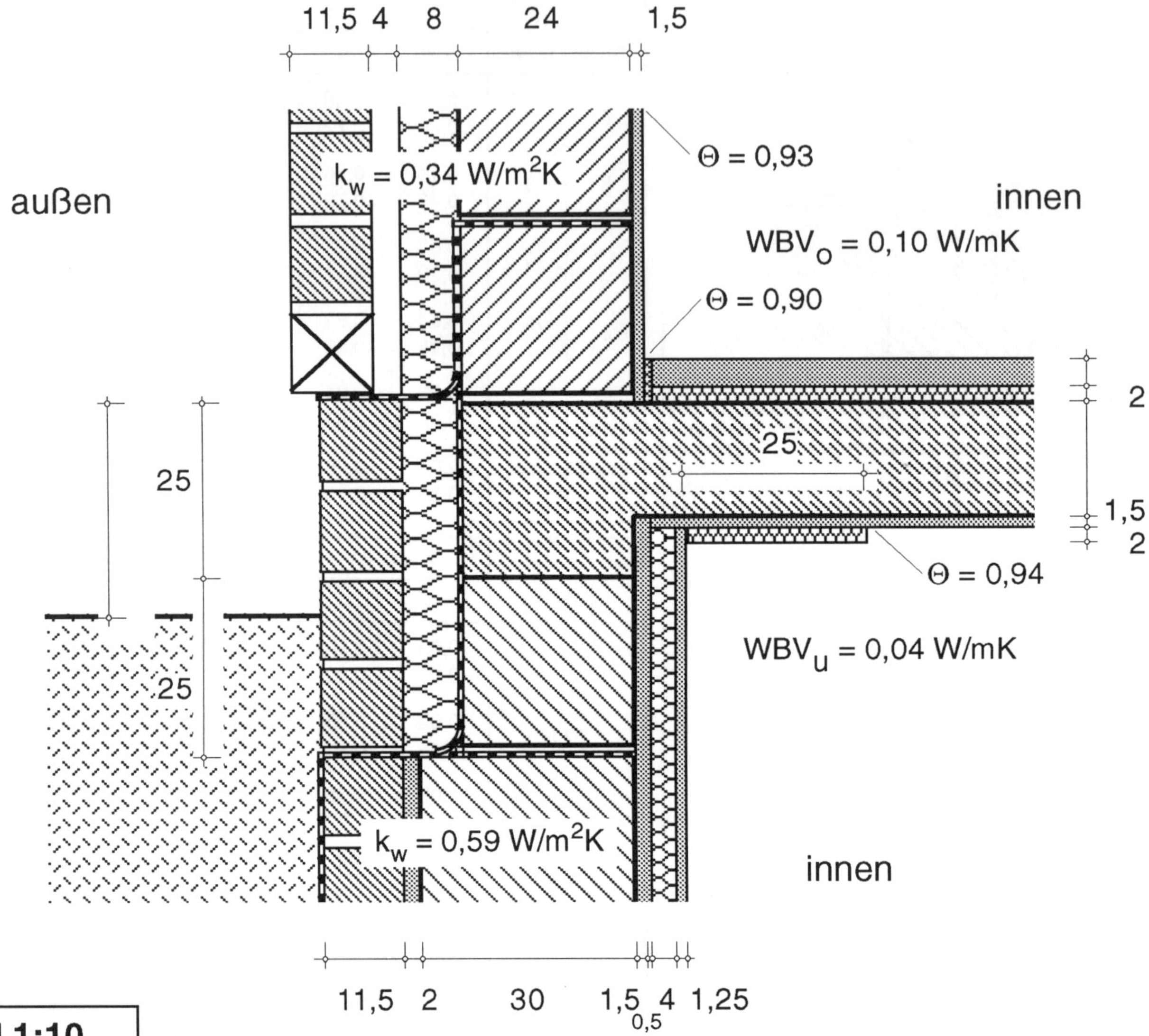

M 1:10

Baustoff	Dicke s [m]	Rohdichte ρ [kg/m³]	Wärmeleitfähigkeit λ_R [W/mK]
Gipsputz	0,015	1200	0,35
Mauerwerk	0,24	1200	0,56
Wärmedämmstoff	0,08	-	0,04
Luftschicht	0,04	-	0,235
Vormauerstein	0,115	2000	0,96
Zementestrich	0,04	2000	1,4
Wärmedämmstoff / Trittschalldämmung	0,02	-	0,04
Stahlbeton	0,16	2400	2,1
Randdämmstreifen	0,005	-	0,04
Wärmedämmstoff	0,04	-	0,04
Gipskartonplatte	0,0125	900	0,21
Mauerwerk	0,30	1800	0,99
Erdreich	-	-	2,1

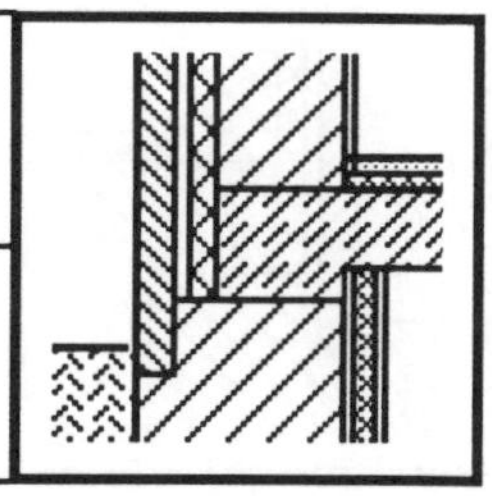

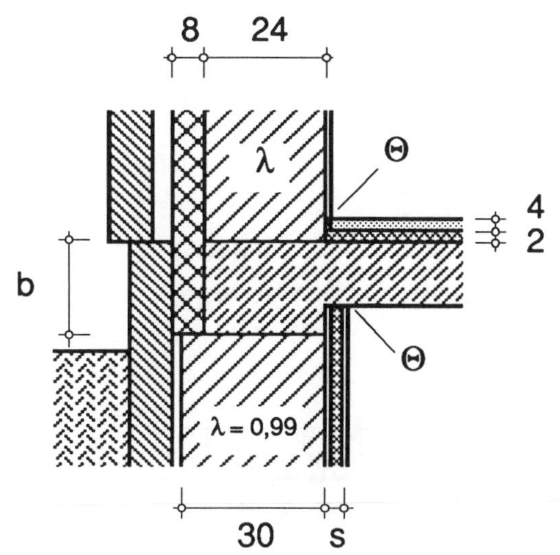

s [cm]	b [cm]	λ = 0,21		λ = 0,56		λ = 0,99	
		WBV	Θ	WBV	Θ	WBV	Θ
2	0	0,18 0,33	0,84 0,72	0,26 0,31	0,80 0,74	0,33 0,29	0,78 0,75
4	0	0,20 0,35	0,83 0,73	0,28 0,32	0,79 0,74	0,35 0,30	0,77 0,75
6	0	0,21 0,35	0,82 0,73	0,30 0,32	0,78 0,75	0,37 0,30	0,76 0,76
2	25	0,10 0,17	0,89 0,82	0,14 0,15	0,87 0,83	0,16 0,14	0,86 0,84
4	25	0,12 0,20	0,88 0,81	0,16 0,18	0,86 0,83	0,19 0,17	0,85 0,84
6	25	0,13 0,22	0,88 0,82	0,17 0,20	0,85 0,83	0,21 0,18	0,84 0,84

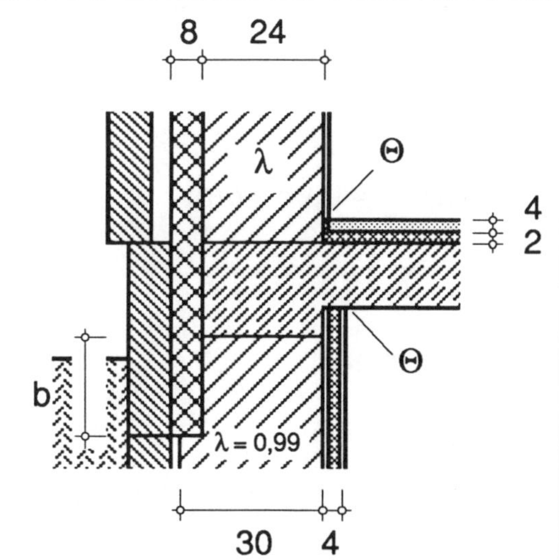

b [cm]	λ = 0,21		λ = 0,56		λ = 0,99	
	WBV	Θ	WBV	Θ	WBV	Θ
0	0,20 0,35	0,83 0,73	0,28 0,32	0,79 0,74	0,19 0,17	0,85 0,84
12,5	0,09 0,15	0,90 0,85	0,12 0,13	0,88 0,86	0,14 0,12	0,87 0,86
25	0,07 0,12	0,91 0,87	0,10 0,11	0,89 0,88	0,12 0,09	0,89 0,88
37,5	0,07 0,10	0,92 0,88	0,09 0,09	0,90 0,89	0,10 0,08	0,89 0,89
50	0,06 0,09	0,92 0,89	0,08 0,08	0,91 0,89	0,09 0,07	0,90 0,90
100	0,05 0,07	0,93 0,90	0,06 0,06	0,91 0,91	0,08 0,05	0,91 0,91

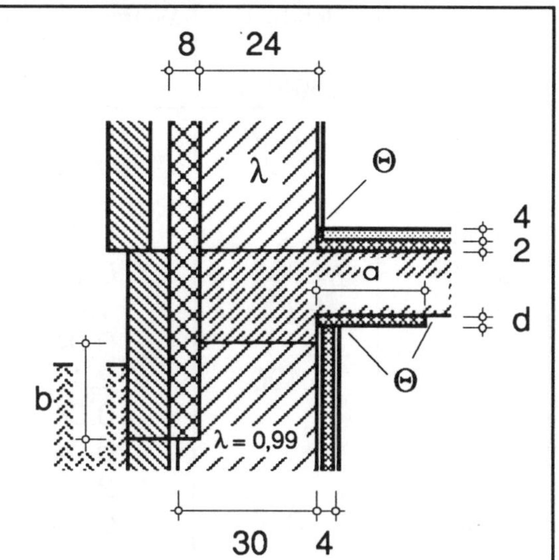

a [cm]	b [cm]	λ = 0,21		λ = 0,56		λ = 0,99	
		WBV	Θ	WBV	Θ	WBV	Θ
12,5	0	0,09 0,10	0,91 0,89	0,11 0,08	0,89 0,90	0,13 0,07	0,88 0,90
25	0	0,10 0,08	0,90 0,92	0,13 0,06	0,88 0,93	0,14 0,05	0,88 0,93
50	0	0,12 0,06	0,90 0,94	0,14 0,04	0,88 0,94	0,16 0,03	0,88 0,95
12,5	25	0,07 0,07	0,92 0,91	0,09 0,06	0,90 0,91	0,10 0,05	0,90 0,92
25	25	0,08 0,05	0,92 0,93	0,10 0,04	0,90 0,94	0,12 0,03	0,89 0,94
50	25	0,10 0,03	0,91 0,95	0,12 0,02	0,90 0,95	0,13 0,02	0,89 0,95

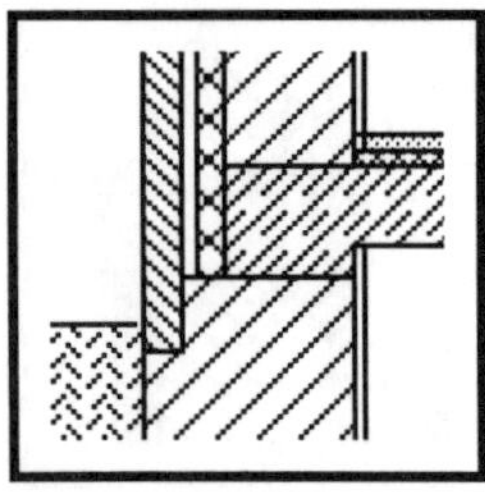

4. Zweischalige Außenwand

4.3.4 Kellerdeckenanschluß zum beheizten Keller

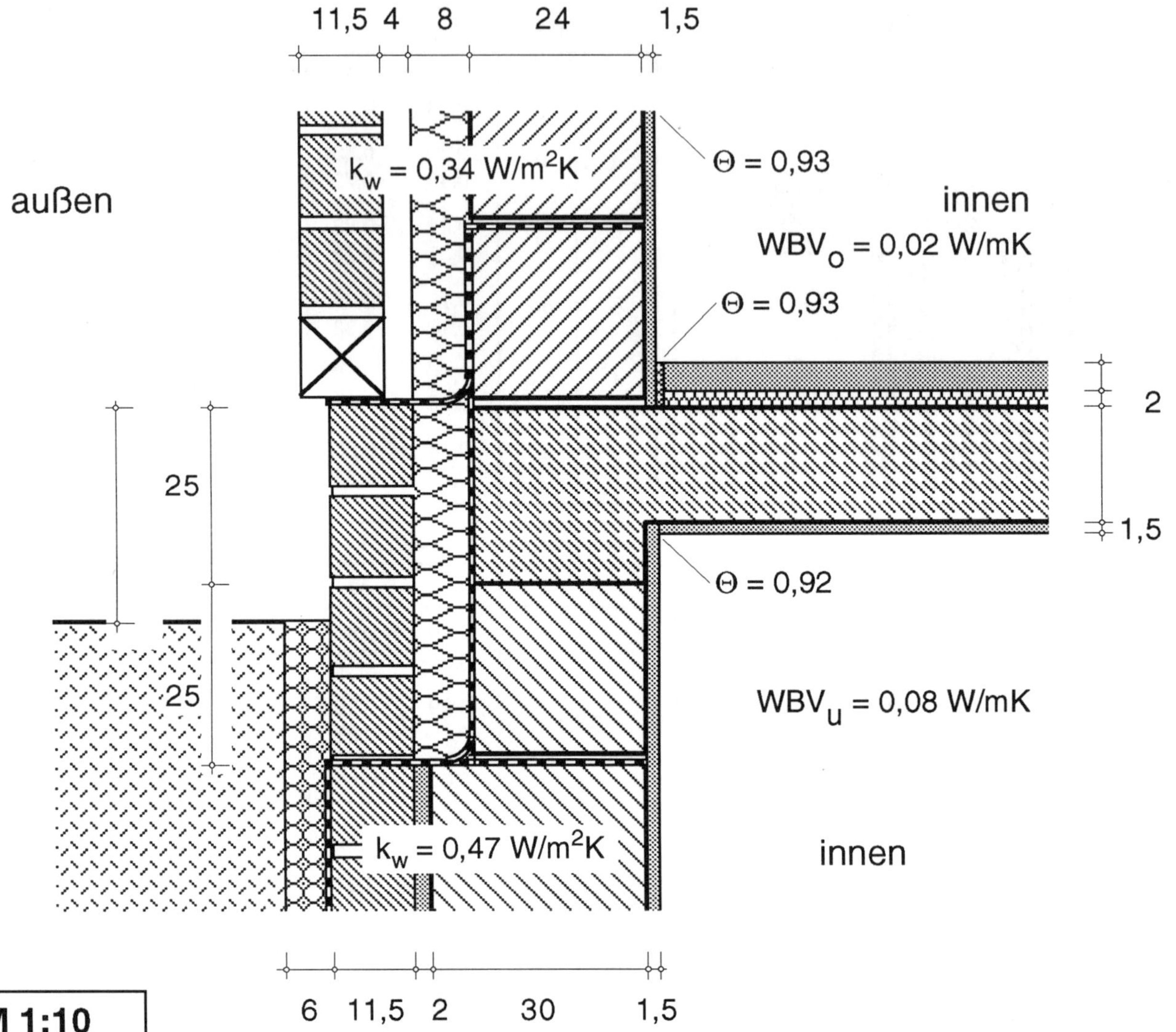

M 1:10

Baustoff	Dicke s [m]	Rohdichte ρ [kg/m³]	Wärmeleitfähigkeit λ_R [W/mK]
Gipsputz	0,015	1200	0,35
Mauerwerk	0,24	1200	0,56
Wärmedämmstoff	0,08	-	0,04
Luftschicht	0,04	-	0,235
Vormauerstein	0,115	2000	0,96
Zementestrich	0,04	2000	1,4
Wärmedämmstoff / Trittschalldämmung	0,02	-	0,04
Stahlbeton	0,16	2400	2,1
Randdämmstreifen	0,005	-	0,04
Wärmedämmstoff/Perimeterdämmung	0,06	-	0,04
Erdreich	-	-	2,1
Mauerwerk	0,365	1800	0,99

Kellerdeckenanschluß zum beheizten Keller 4.3.4

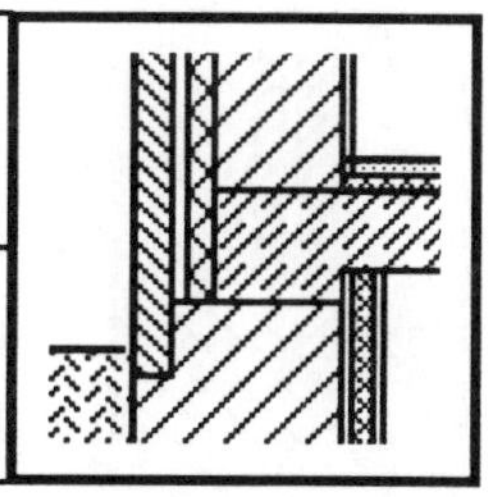

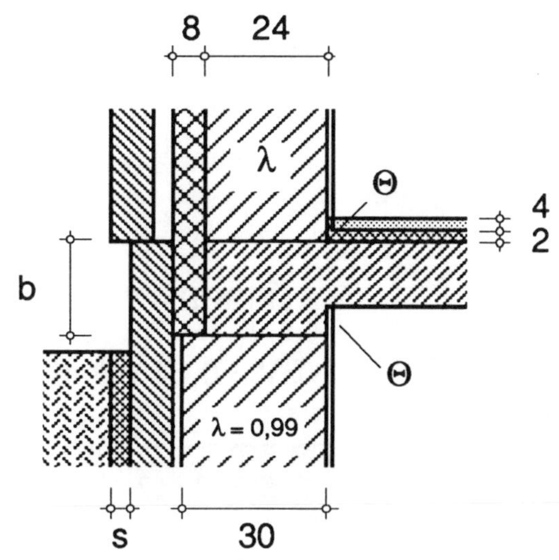

s [cm]	b [cm]	λ = 0,21 WBV	λ = 0,21 Θ	λ = 0,56 WBV	λ = 0,56 Θ	λ = 0,99 WBV	λ = 0,99 Θ
4	0	0,12 0,39	0,87 0,76	0,18 0,37	0,84 0,77	0,23 0,35	0,82 0,78
6	0	0,12 0,41	0,88 0,76	0,18 0,38	0,84 0,77	0,23 0,37	0,83 0,78
8	0	0,12 0,42	0,88 0,76	0,18 0,39	0,84 0,78	0,23 0,38	0,83 0,78
4	25	0,04 0,16	0,93 0,87	0,06 0,15	0,91 0,87	0,07 0,14	0,91 0,87
6	25	0,04 0,17	0,93 0,87	0,05 0,16	0,91 0,87	0,07 0,16	0,91 0,88
8	25	0,04 0,18	0,93 0,87	0,05 0,17	0,92 0,88	0,07 0,16	0,91 0,88

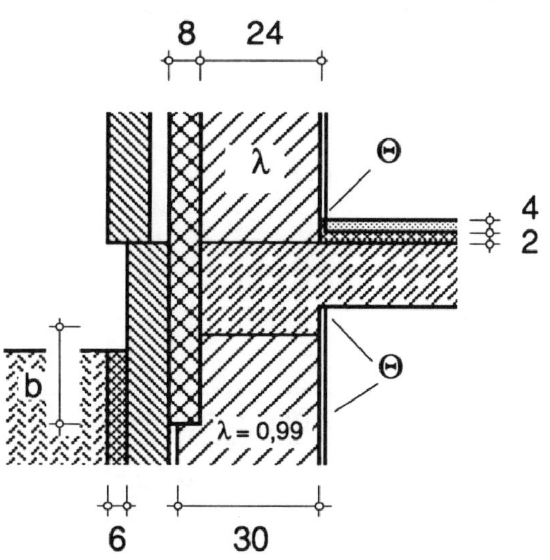

b [cm]	λ = 0,21 WBV	λ = 0,21 Θ	λ = 0,56 WBV	λ = 0,56 Θ	λ = 0,99 WBV	λ = 0,99 Θ
0	0,04 0,17	0,93 0,87	0,05 0,16	0,91 0,87	0,07 0,16	0,91 0,88
12,5	0,02 0,11	0,95 0,91	0,03 0,10	0,93 0,91	0,04 0,10	0,92 0,91
25	0,01 0,08	0,95 0,92	0,02 0,08	0,93 0,92	0,02 0,07	0,93 0,92
37,5	0,01 0,07	0,95 0,93	0,01 0,07	0,93 0,93	0,02 0,06	0,93 0,93
50	0,01 0,06	0,95 0,93	0,01 0,06	0,93 0,93	0,02 0,06	0,93 0,93
100	0,01 0,06	0,95 0,93	0,01 0,06	0,93 0,93	0,02 0,05	0,93 0,93

4. Zweischalige Außenwand

4.3.5 Kellerdeckenanschluß zum unbeheizten Keller

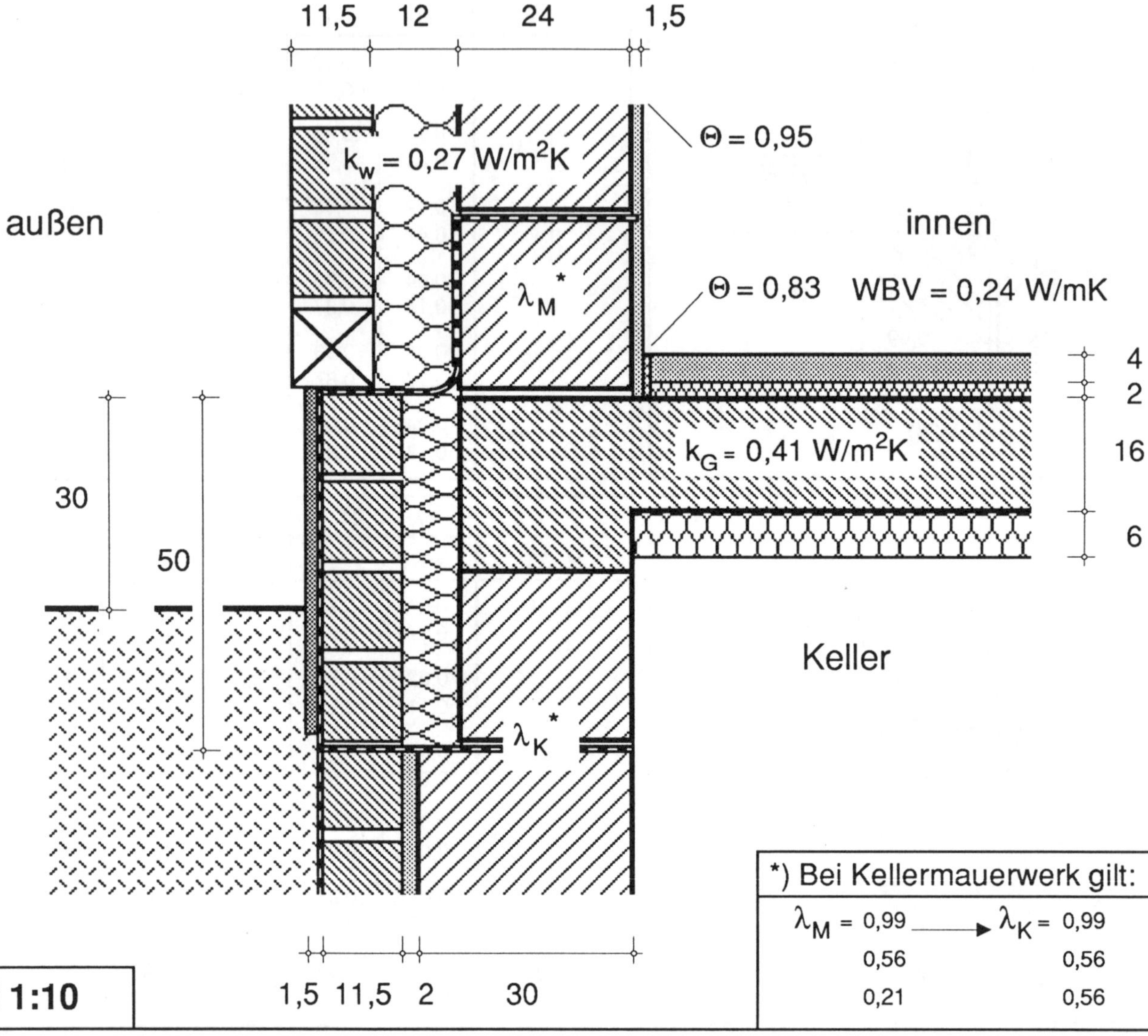

*) Bei Kellermauerwerk gilt:	
λ_M = 0,99 →	λ_K = 0,99
0,56	0,56
0,21	0,56

M 1:10

Baustoff	Dicke s [m]	Rohdichte ρ [kg/m³]	Wärmeleitfähigkeit λ_R [W/mK]
Gipsputz	0,015	1200	0,35
Mauerwerk	-	1200	0,56
Wärmedämmstoff	0,12	-	0,04
Vormauerstein	0,115	2000	0,96
Zementestrich	0,04	2000	1,4
Wärmedämmstoff / Trittschalldämmung	-	-	0,04
Stahlbeton	0,16	2400	2,1
Erdreich	-	-	2,1
Randdämmstreifen	0,005	-	0,04

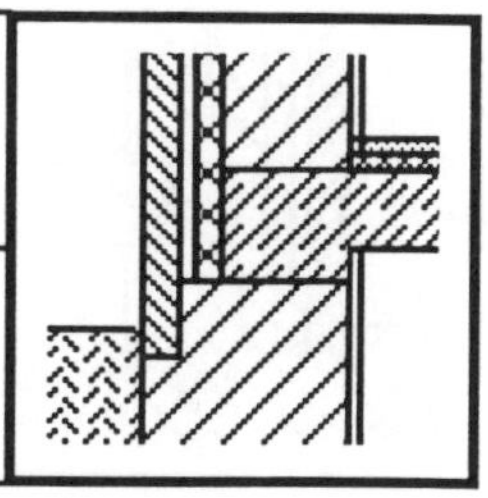

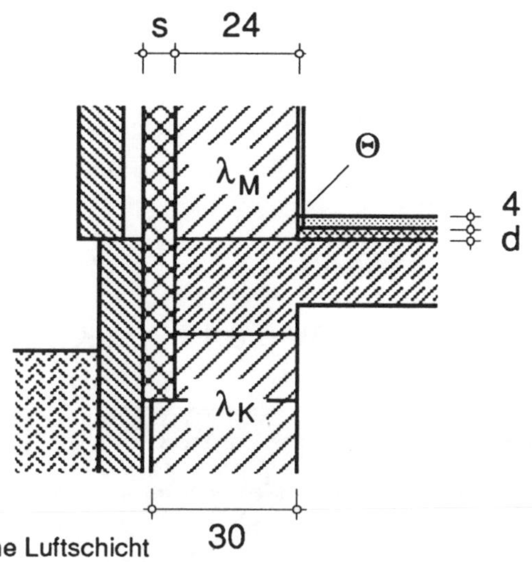

* ohne Luftschicht

s [cm]	d [cm]	λ = 0,21 WBV	λ = 0,21 Θ	λ = 0,56 WBV	λ = 0,56 Θ	λ = 0,99 WBV	λ = 0,99 Θ
6	4	0,09	0,83	0,16	0,79	0,22	0,77
6	6	0,09	0,84	0,16	0,80	0,22	0,77
6	8	0,09	0,85	0,16	0,80	0,22	0,78
8	4	0,09	0,84	0,17	0,80	0,23	0,78
8	6	0,09	0,85	0,16	0,80	0,23	0,78
8	8	0,09	0,86	0,16	0,81	0,22	0,79
12 *	4	0,10	0,84	0,18	0,80	0,24	0,79
12	6	0,09	0,85	0,17	0,81	0,24	0,79
12	8	0,09	0,86	0,17	0,82	0,23	0,80

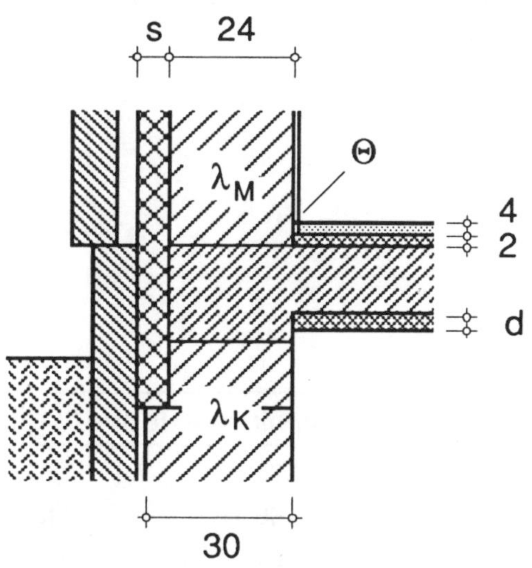

s [cm]	d [cm]	λ = 0,21 WBV	λ = 0,21 Θ	λ = 0,56 WBV	λ = 0,56 Θ	λ = 0,99 WBV	λ = 0,99 Θ
6	2	0,14	0,83	0,19	0,80	0,24	0,78
6	4	0,17	0,84	0,22	0,81	0,27	0,79
6	6	0,19	0,85	0,24	0,81	0,28	0,80
8	2	0,14	0,84	0,19	0,81	0,24	0,80
8	4	0,17	0,85	0,22	0,82	0,27	0,80
8	6	0,19	0,86	0,23	0,82	0,28	0,81
12 *	2	0,14	0,84	0,20	0,82	0,26	0,80
12	4	0,17	0,85	0,22	0,82	0,28	0,81
12	6	0,19	0,86	0,24	0,83	0,29	0,81

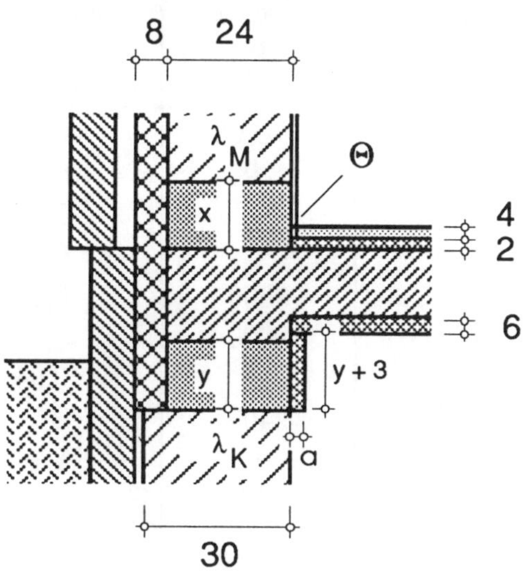

a [cm]	x [cm]	y [cm]	λ = 0,21 WBV	λ = 0,21 Θ	λ = 0,56 WBV	λ = 0,56 Θ	λ = 0,99 WBV	λ = 0,99 Θ
0	25	0	0,19	0,86	0,19	0,86	0,20	0,86
0	25	25	0,18	0,86	0,17	0,87	0,17	0,87
2	25	0	0,19	0,86	0,18	0,86	0,19	0,86
2	25	25	0,17	0,87	0,17	0,87	0,17	0,87
4	25	0	0,19	0,86	0,18	0,86	0,19	0,86
4	25	25	0,17	0,87	0,17	0,87	0,17	0,87
0	50	0	0,19	0,85	0,16	0,85	0,17	0,85
0	50	25	0,18	0,86	0,15	0,86	0,14	0,86
2	50	0	0,19	0,85	0,16	0,86	0,16	0,85
2	50	25	0,17	0,86	0,15	0,86	0,14	0,86
4	50	0	0,18	0,86	0,16	0,86	0,16	0,85
4	50	25	0,17	0,86	0,15	0,86	0,14	0,86

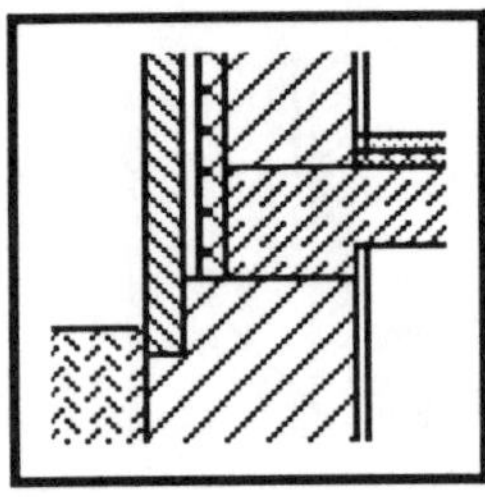

4. Zweischalige Außenwand

4.3.5 Kellerdeckenanschluß zum unbeheizten Keller

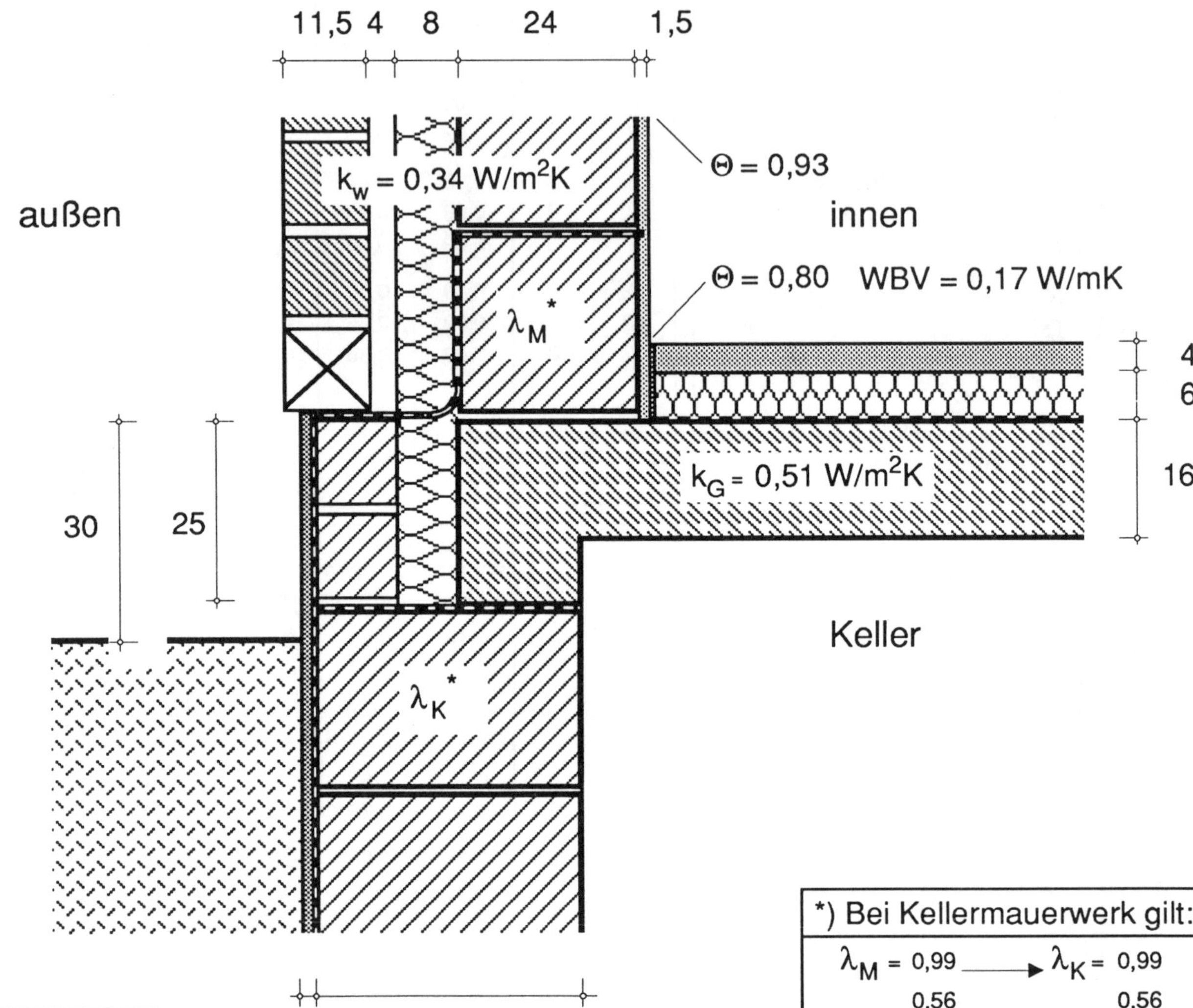

M 1:10

*) Bei Kellermauerwerk gilt:

λ_M = 0,99 →	λ_K = 0,99
0,56	0,56
0,21	0,56

Baustoff	Dicke s [m]	Rohdichte ρ [kg/m³]	Wärmeleitfähigkeit λ_R [W/mK]
Gipsputz	0,015	1200	0,35
Mauerwerk	-	1200	0,56
Wärmedämmstoff	0,08	-	0,04
Luftschicht	0,04	-	0,235
Vormauerstein	0,115	2000	0,96
Zementestrich	0,04	2000	1,4
Wärmedämmstoff / Trittschalldämmung	0,06	-	0,04
Stahlbeton	0,16	2400	2,1
Erdreich	-	-	2,1
Randdämmstreifen	0,005	-	0,04

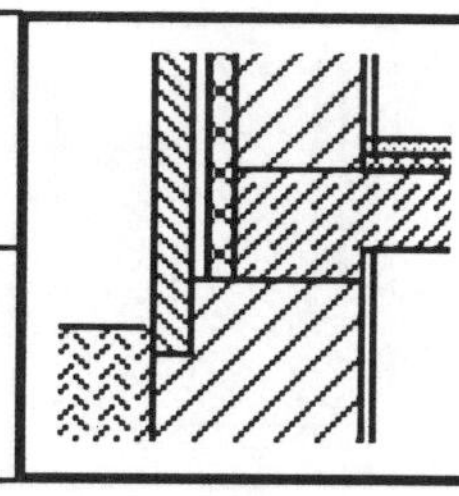

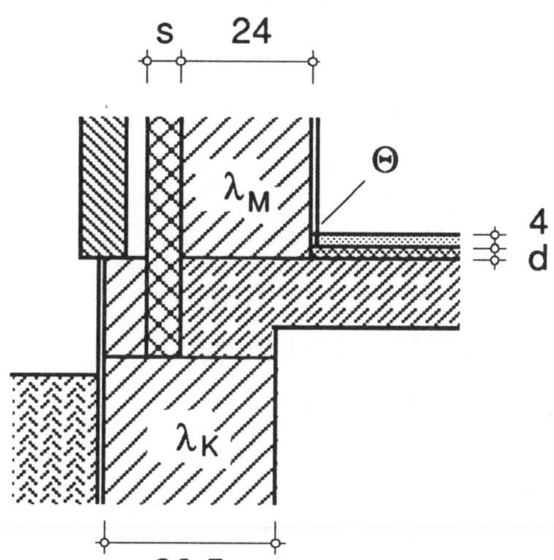

* ohne Luftschicht

s [cm]	d [cm]	λ = 0,21 WBV	λ = 0,21 Θ	λ = 0,56 WBV	λ = 0,56 Θ	λ = 0,99 WBV	λ = 0,99 Θ
6	4	0,10	0,83	0,17	0,78	0,25	0,76
6	6	0,09	0,84	0,17	0,79	0,24	0,76
6	8	0,09	0,85	0,16	0,80	0,24	0,77
8	4	0,10	0,83	0,18	0,79	0,25	0,77
8	6	0,09	0,84	0,17	0,80	0,25	0,77
8	8	0,09	0,85	0,17	0,80	0,24	0,78
12*	4	0,10	0,84	0,18	0,80	0,26	0,78
12	6	0,10	0,85	0,18	0,81	0,25	0,78
12	8	0,09	0,86	0,17	0,81	0,25	0,79

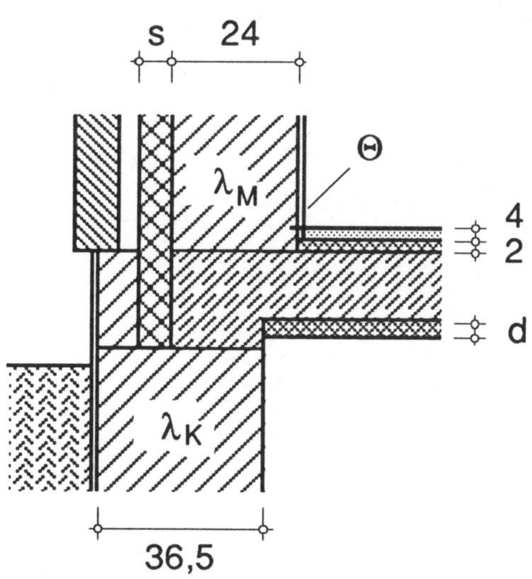

s [cm]	d [cm]	λ = 0,21 WBV	λ = 0,21 Θ	λ = 0,56 WBV	λ = 0,56 Θ	λ = 0,99 WBV	λ = 0,99 Θ
6	2	0,14	0,83	0,20	0,79	0,26	0,77
6	4	0,17	0,84	0,21	0,80	0,28	0,78
6	6	0,19	0,84	0,23	0,81	0,29	0,79
8	2	0,14	0,83	0,20	0,80	0,26	0,78
8	4	0,17	0,84	0,21	0,81	0,28	0,79
8	6	0,18	0,85	0,22	0,82	0,29	0,80
12*	2	0,14	0,84	0,20	0,81	0,26	0,79
12	4	0,16	0,85	0,21	0,82	0,28	0,80
12	6	0,18	0,86	0,22	0,83	0,29	0,81

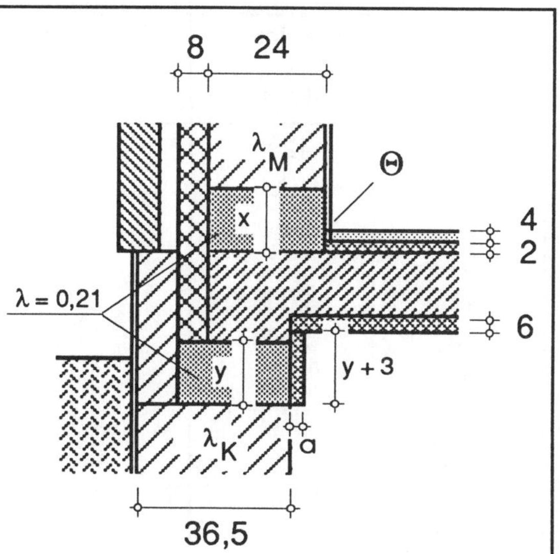

a [cm]	x [cm]	y [cm]	λ = 0,21 WBV	λ = 0,21 Θ	λ = 0,56 WBV	λ = 0,56 Θ	λ = 0,99 WBV	λ = 0,99 Θ
0	25	0	0,18	0,85	0,18	0,85	0,20	0,84
0	25	25	0,16	0,86	0,15	0,86	0,15	0,86
2	25	0	0,18	0,85	0,18	0,85	0,20	0,84
2	25	25	0,15	0,86	0,14	0,87	0,14	0,87
4	25	0	0,18	0,85	0,18	0,85	0,20	0,84
4	25	25	0,15	0,86	0,14	0,87	0,14	0,87
0	50	0	0,18	0,83	0,15	0,84	0,17	0,82
0	50	25	0,15	0,85	0,13	0,85	0,12	0,85
2	50	0	0,18	0,83	0,15	0,84	0,17	0,82
2	50	25	0,15	0,85	0,12	0,85	0,12	0,85
4	50	0	0,18	0,83	0,15	0,84	0,17	0,82
4	50	25	0,14	0,85	0,12	0,85	0,11	0,85

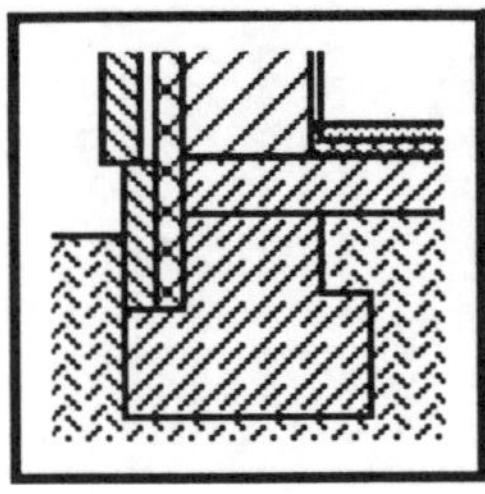

4. Zweischalige Außenwand

4.3.6 Bodenplattenanschluß, nicht unterkellert

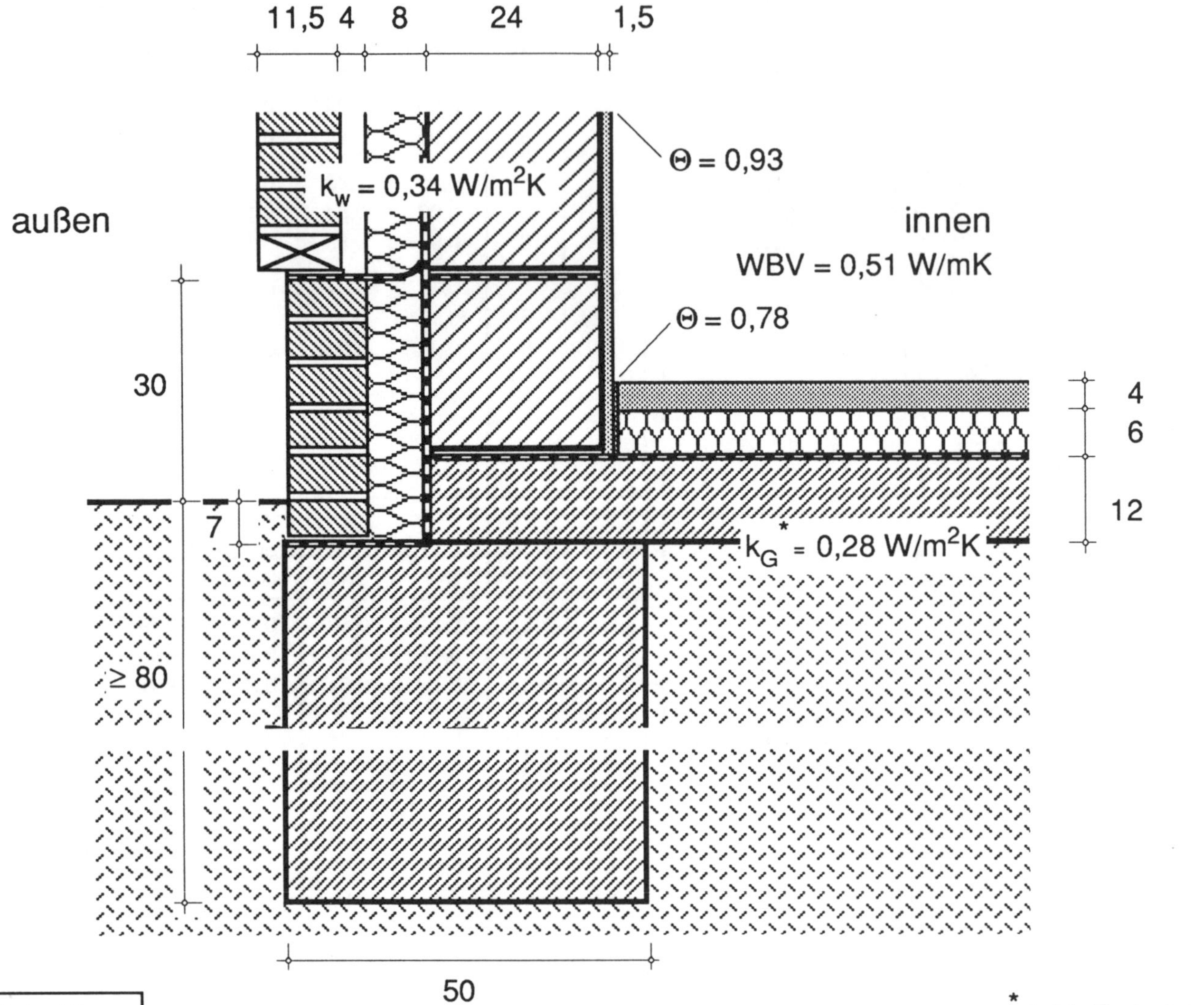

M 1:10

* inkl. Erdreich

Baustoff	Dicke s [m]	Rohdichte ρ [kg/m³]	Wärmeleitfähigkeit λ_R [W/mK]
Gipsputz	0,015	1200	0,35
Mauerwerk	0,24	1200	0,56
Wärmedämmstoff	0,08	-	0,04
Luftschicht	0,04	-	0,235
Vormauerstein	0,115	2000	0,96
Zementestrich	0,04	2000	1,4
Wärmedämmstoff / Trittschalldämmung	0,06	-	0,04
Stahlbeton	-	2400	2,1
Randdämmstreifen	0,005	-	0,04
Erdreich	-	-	2,1

Zweischalige Außenwand 4.

Bodenplattenanschluß, nicht unterkellert 4.3.6

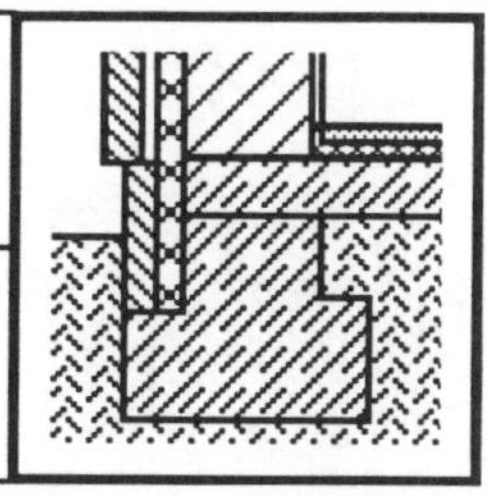

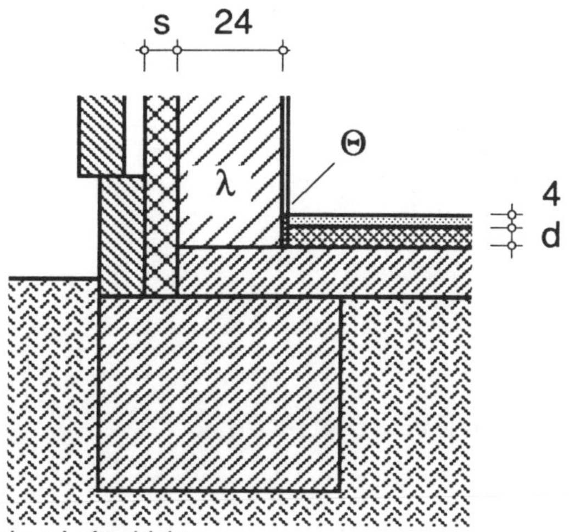

* ohne Luftschicht

s [cm]	d [cm]	λ = 0,21 WBV	λ = 0,21 Θ	λ = 0,56 WBV	λ = 0,56 Θ	λ = 0,99 WBV	λ = 0,99 Θ
6	4	0,52	0,82	0,60	0,77	0,66	0,74
6	6	0,43	0,83	0,52	0,77	0,58	0,74
6	8	0,37	0,84	0,46	0,77	0,53	0,74
8	4	0,52	0,83	0,60	0,77	0,66	0,75
8	6	0,43	0,84	0,51	0,78	0,58	0,75
8	8	0,37	0,84	0,46	0,78	0,53	0,75
12*	4	0,53	0,83	0,61	0,78	0,68	0,76
12	6	0,44	0,84	0,53	0,78	0,60	0,76
12	8	0,38	0,84	0,48	0,78	0,55	0,76

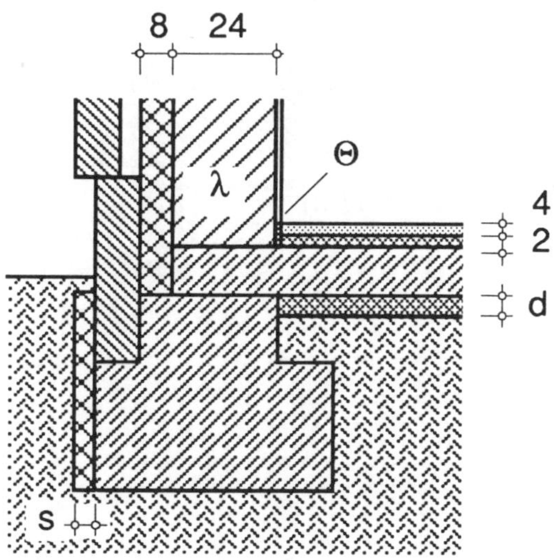

s [cm]	d [cm]	λ = 0,21 WBV	λ = 0,21 Θ	λ = 0,56 WBV	λ = 0,56 Θ	λ = 0,99 WBV	λ = 0,99 Θ
0	4	0,53	0,82	0,59	0,78	0,65	0,76
0	6	0,50	0,82	0,57	0,78	0,62	0,76
0	8	0,48	0,82	0,55	0,77	0,60	0,76
4	4	0,48	0,83	0,54	0,79	0,58	0,78
4	6	0,45	0,83	0,51	0,79	0,56	0,77
4	8	0,44	0,83	0,50	0,79	0,54	0,77
6	4	0,48	0,84	0,53	0,79	0,58	0,78
6	6	0,45	0,84	0,51	0,79	0,55	0,78
6	8	0,43	0,83	0,49	0,79	0,54	0,78

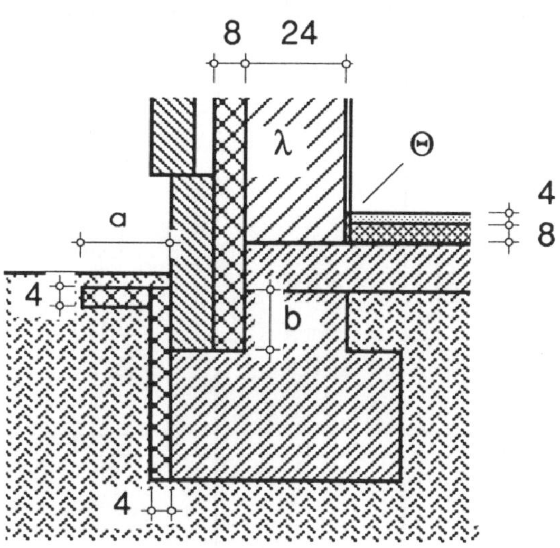

b [cm]	a [cm]	λ = 0,21 WBV	λ = 0,21 Θ	λ = 0,56 WBV	λ = 0,56 Θ	λ = 0,99 WBV	λ = 0,99 Θ
0	0	0,34	0,85	0,42	0,79	0,48	0,77
0	25	0,31	0,86	0,39	0,80	0,44	0,78
0	50	0,31	0,86	0,38	0,80	0,43	0,78
12,5	0	0,30	0,86	0,36	0,81	0,41	0,79
12,5	25	0,29	0,86	0,36	0,81	0,40	0,79
12,5	50	0,28	0,86	0,35	0,82	0,39	0,80

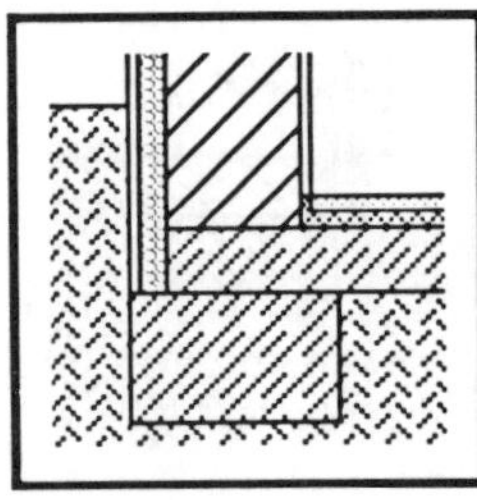

4. Zweischalige Außenwand

4.3.7 Bodenplattenanschluß, unterkellert

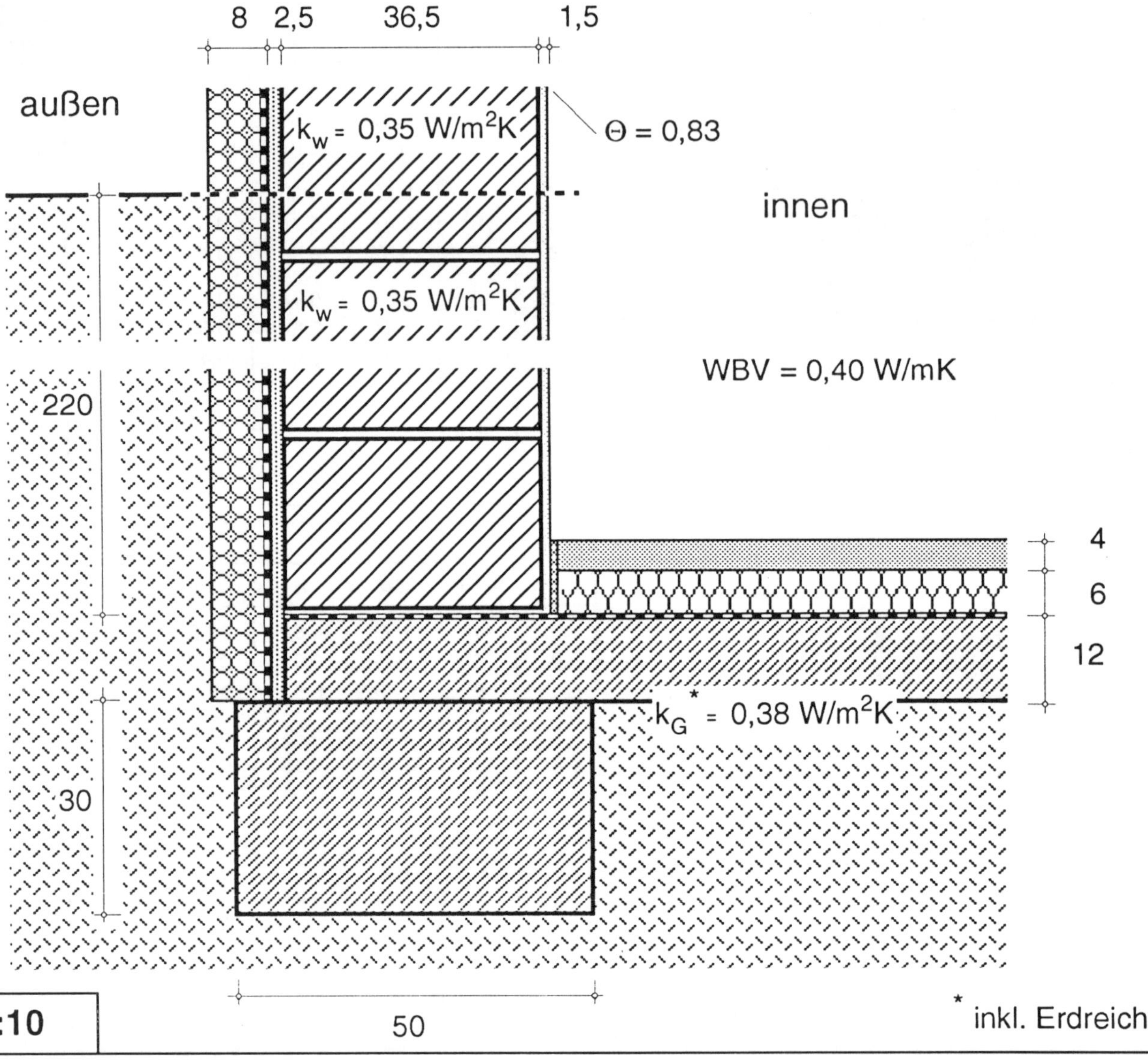

M 1:10

* inkl. Erdreich

Baustoff	Dicke s [m]	Rohdichte ρ [kg/m³]	Wärmeleitfähigkeit λ_R [W / m K]
Gipsputz	0,015	1200	0,35
Mauerwerk	0,365	1200	0,56
Kalkzementputz	0,025	1800	0,87
Wärmedämmstoff/Perimeterdämmung	0,08	-	0,04
Zementestrich	0,04	2000	1,4
Wärmedämmstoff / Trittschalldämmung	0,06	-	0,04
Stahlbeton	-	2400	2,1
Erdreich	-	-	2,1
Randdämmstreifen	0,005	-	0,04

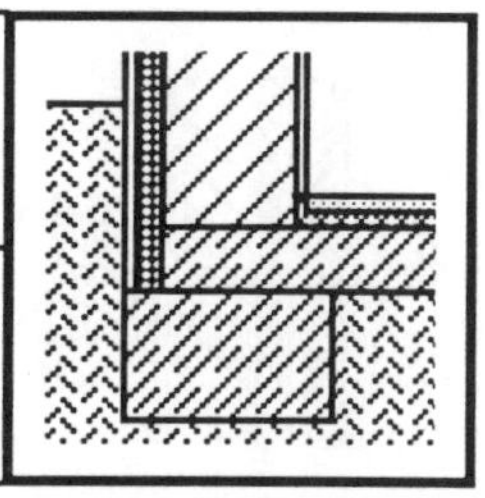

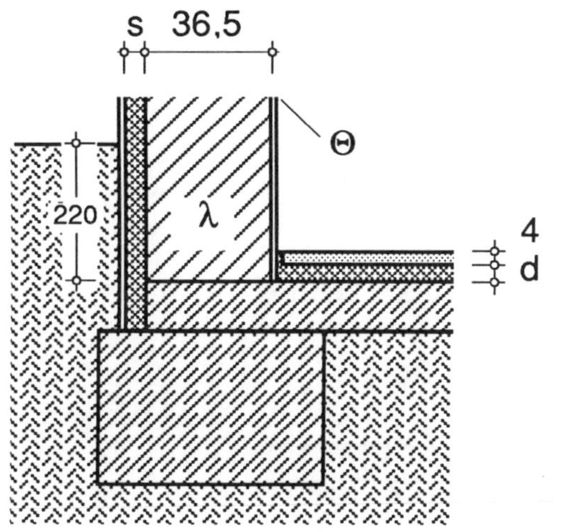

d [cm]	s [cm]	λ = 0,21 WBV	λ = 0,21 Θ	λ = 0,56 WBV	λ = 0,56 Θ	λ = 0,99 WBV	λ = 0,99 Θ
4	4	0,34	0,86	0,44	0,82	0,50	0,81
6	4	0,31	0,87	0,42	0,82	0,49	0,81
8	4	0,29	0,87	0,41	0,83	0,48	0,81
4	6	0,33	0,86	0,43	0,82	0,50	0,81
6	6	0,30	0,87	0,41	0,83	0,49	0,81
8	6	0,28	0,88	0,40	0,83	0,48	0,81
4	8	0,32	0,86	0,42	0,83	0,49	0,81
6	8	0,29	0,87	0,40	0,83	0,48	0,81
8	8	0,27	0,88	0,39	0,83	0,47	0,81

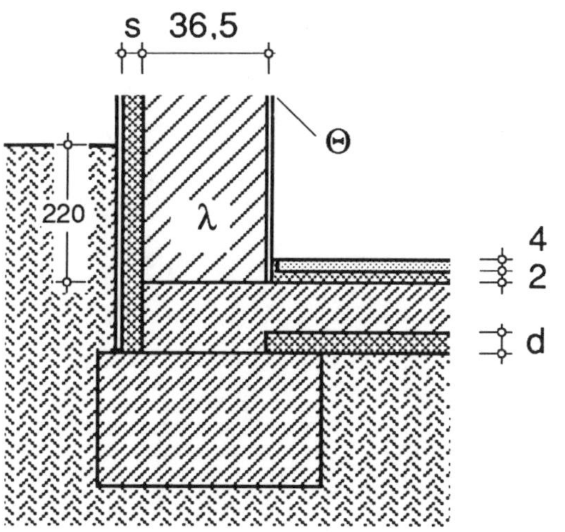

d [cm]	s [cm]	λ = 0,21 WBV	λ = 0,21 Θ	λ = 0,56 WBV	λ = 0,56 Θ	λ = 0,99 WBV	λ = 0,99 Θ
4	4	0,38	0,86	0,47	0,82	0,53	0,81
6	4	0,38	0,86	0,48	0,82	0,54	0,81
8	4	0,39	0,86	0,48	0,83	0,54	0,81
4	6	0,37	0,86	0,47	0,83	0,53	0,82
6	6	0,37	0,86	0,47	0,83	0,54	0,82
8	6	0,38	0,86	0,48	0,83	0,54	0,82
4	8	0,36	0,86	0,46	0,83	0,52	0,82
6	8	0,37	0,86	0,46	0,83	0,53	0,82
8	8	0,37	0,86	0,47	0,83	0,54	0,82

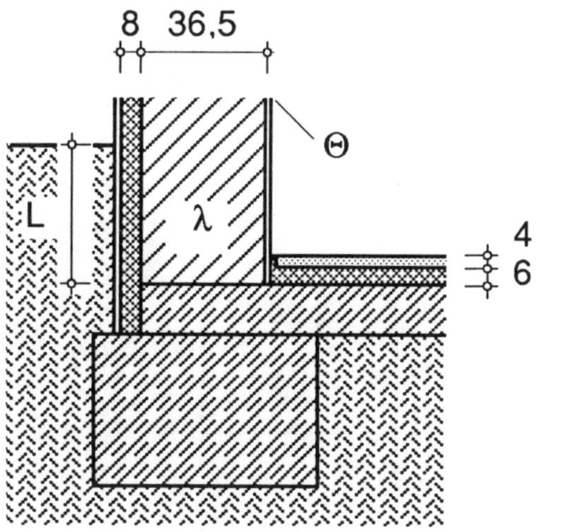

L [cm]	λ = 0,21 WBV	λ = 0,21 Θ	λ = 0,56 WBV	λ = 0,56 Θ	λ = 0,99 WBV	λ = 0,99 Θ
100	0,34	0,86	0,44	0,81	0,52	0,79
125	0,32	0,86	0,43	0,81	0,51	0,80
150	0,31	0,87	0,42	0,82	0,50	0,80
175	0,30	0,87	0,41	0,83	0,49	0,81
200	0,29	0,87	0,40	0,83	0,48	0,81

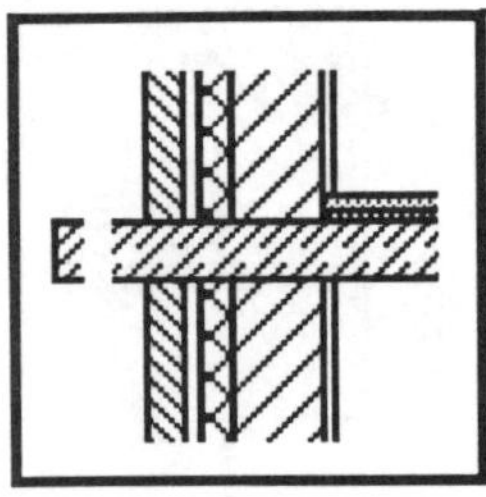

4.	Zweischalige Außenwand
4.4.1	Balkonanschluß, Kragplatte

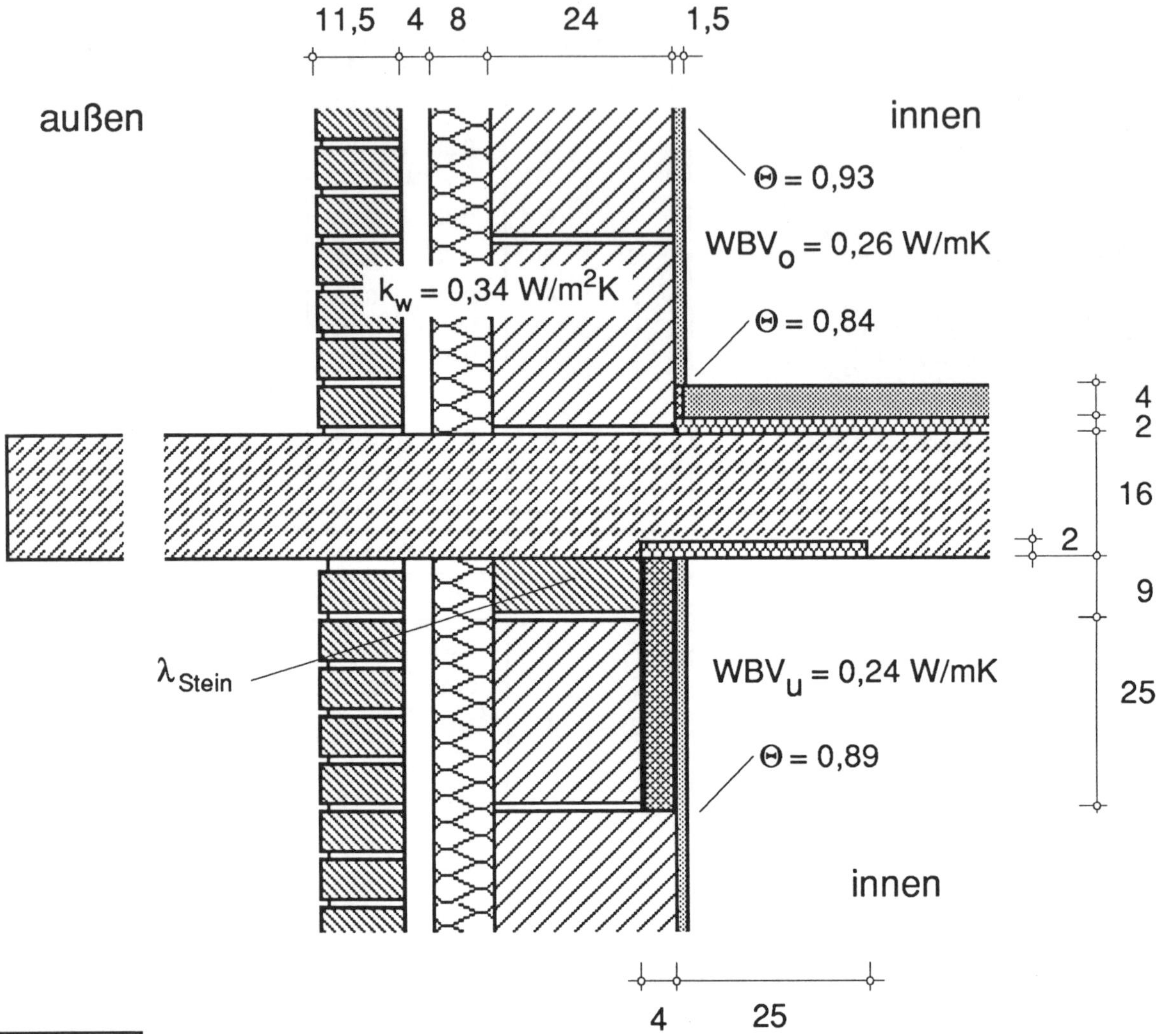

M 1:10

Baustoff	Dicke s [m]	Rohdichte ρ [kg/m³]	Wärmeleitfähigkeit λ_R [W/mK]
Gipsputz	0,015	1200	0,35
Mauerwerk	0,24	1200	0,56
Wärmedämmstoff	0,08	-	0,04
Luftschicht	0,04	-	0,235
Vormauerstein	0,115	2000	0,96
Zementestrich	0,04	2000	1,4
Wärmedämmstoff / Trittschalldämmung	0,02	-	0,04
Stahlbeton	0,16	2400	2,1
Ausgleichsstein NF	0,175	1800	0,79
Randdämmstreifen	0,005	-	0,04
Mehrschicht-Leichtbauplatte M-50/3	0,04	≥15	0,04

Zweischalige Außenwand 4.

Balkonanschluß, Kragplatte 4.4.1

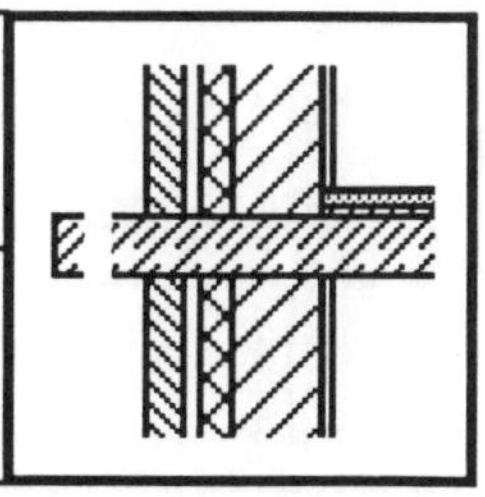

λ_M	λ_{Stein}
0,21	0,21
0,56	0,79
0,99	0,79

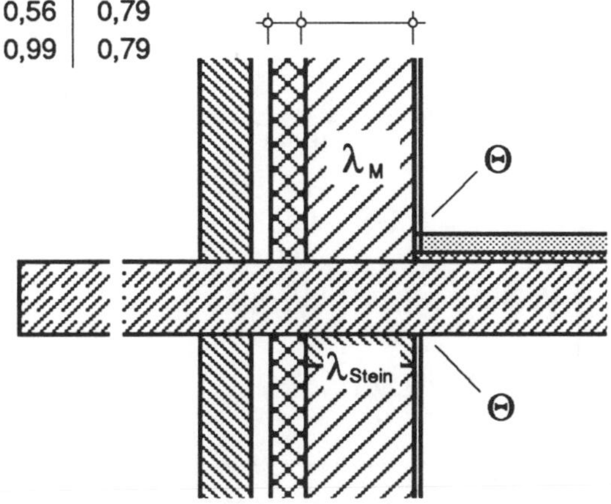

* ohne Luftschicht

s [cm]	$\lambda_M = 0{,}21$ WBV	$\lambda_M = 0{,}21$ Θ	$\lambda_M = 0{,}56$ WBV	$\lambda_M = 0{,}56$ Θ	$\lambda_M = 0{,}99$ WBV	$\lambda_M = 0{,}99$ Θ
4	0,14	0,88	0,18	0,84	0,22	0,82
	0,41	0,74	0,43	0,76	0,42	0,77
6	0,14	0,89	0,19	0,85	0,23	0,83
	0,40	0,75	0,42	0,77	0,42	0,79
8	0,14	0,90	0,19	0,86	0,23	0,85
	0,39	0,76	0,41	0,79	0,41	0,80
12 *	0,14	0,90	0,19	0,87	0,24	0,85
	0,39	0,76	0,42	0,79	0,41	0,81

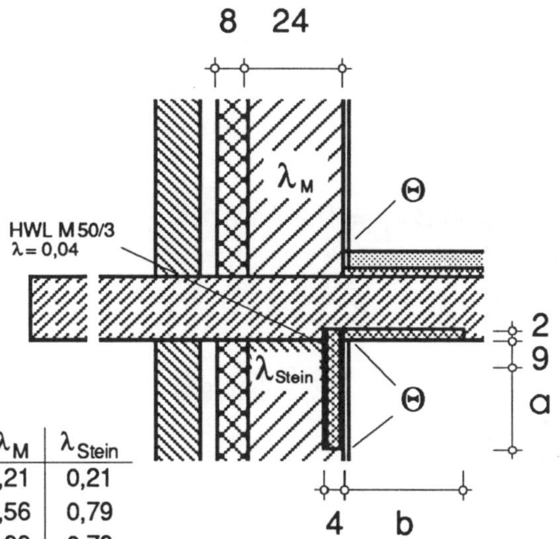

λ_M	λ_{Stein}
0,21	0,21
0,56	0,79
0,99	0,79

a [cm]	b [cm]	$\lambda_M = 0{,}21$ WBV	$\lambda_M = 0{,}21$ Θ	$\lambda_M = 0{,}56$ WBV	$\lambda_M = 0{,}56$ Θ	$\lambda_M = 0{,}99$ WBV	$\lambda_M = 0{,}99$ Θ
0	0	0,14	0,90	0,19	0,86	0,23	0,85
		0,39	0,76	0,41	0,79	0,41	0,80
0	25	0,18	0,88	0,23	0,85	0,27	0,83
		0,30	0,79	0,34	0,78	0,34	0,80
25	0	0,14	0,89	0,21	0,85	0,25	0,84
		0,36	0,75	0,34	0,77	0,33	0,79
25	25	0,20	0,88	0,26	0,84	0,31	0,82
		0,24	0,89	0,24	0,89	0,24	0,88
50	0	0,14	0,89	0,21	0,85	0,26	0,83
		0,34	0,75	0,31	0,77	0,30	0,78
50	25	0,20	0,88	0,27	0,84	0,32	0,82
		0,22	0,88	0,20	0,89	0,19	0,90

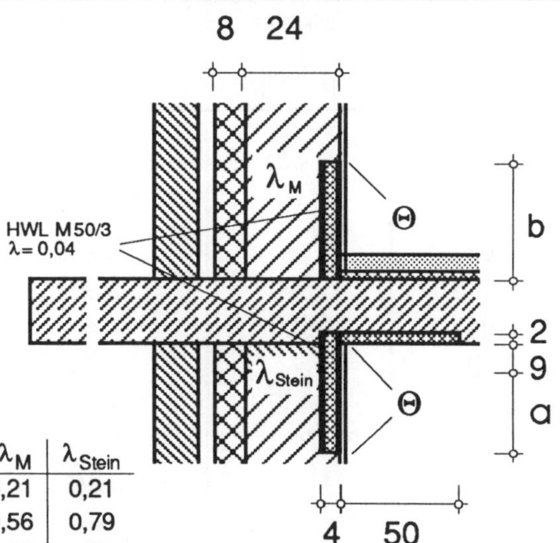

λ_M	λ_{Stein}
0,21	0,21
0,56	0,79
0,99	0,79

a [cm]	b [cm]	$\lambda_M = 0{,}21$ WBV	$\lambda_M = 0{,}21$ Θ	$\lambda_M = 0{,}56$ WBV	$\lambda_M = 0{,}56$ Θ	$\lambda_M = 0{,}99$ WBV	$\lambda_M = 0{,}99$ Θ
0	12,5	0,18	0,91	0,21	0,87	0,25	0,85
		0,28	0,78	0,33	0,77	0,34	0,79
0	25	0,16	0,90	0,17	0,90	0,20	0,89
		0,28	0,78	0,35	0,76	0,36	0,78
25	12,5	0,20	0,90	0,25	0,86	0,29	0,84
		0,22	0,88	0,22	0,89	0,23	0,88
25	25	0,18	0,90	0,20	0,90	0,23	0,88
		0,22	0,88	0,23	0,88	0,25	0,88
25	0	0,22	0,87	0,29	0,84	0,33	0,82
		0,22	0,88	0,21	0,89	0,21	0,88
50	0	0,22	0,87	0,29	0,84	0,34	0,82
		0,20	0,88	0,17	0,89	0,17	0,90

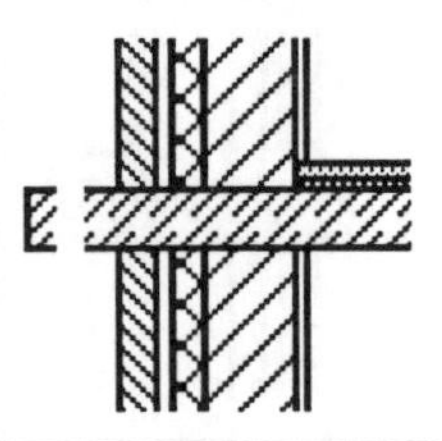

4. Zweischalige Außenwand

4.4.1 Balkonanschluß, Kragplatte

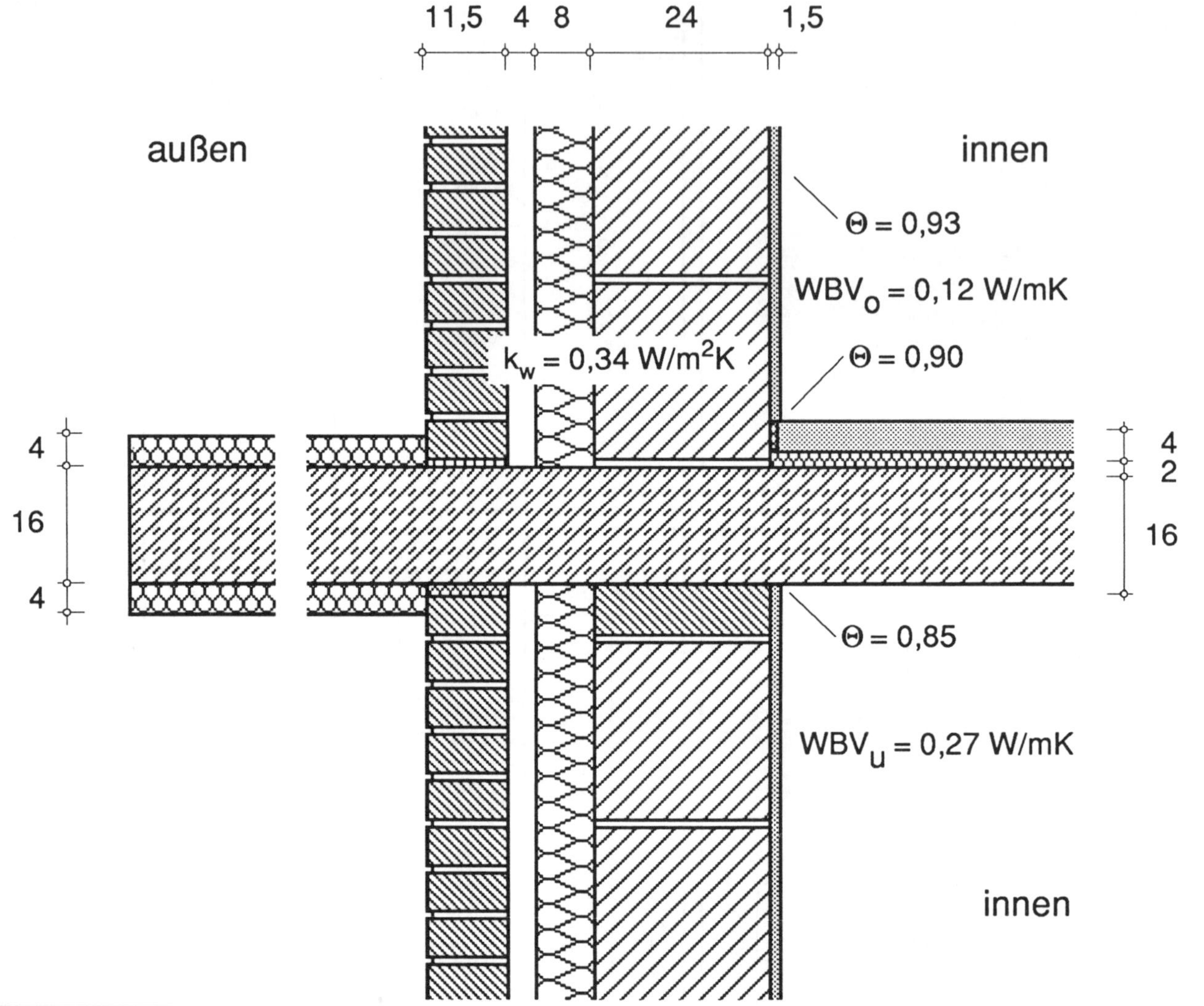

M 1:10

Baustoff	Dicke s [m]	Rohdichte ρ [kg/m³]	Wärmeleitfähigkeit λ_R [W/mK]
Gipsputz	0,015	1200	0,35
Mauerwerk	0,24	1200	0,56
Wärmedämmstoff	-	-	0,04
Luftschicht	0,04	-	0,235
Vormauerstein	0,115	2000	0,96
Zementestrich	0,04	2000	1,4
Wärmedämmstoff / Trittschalldämmung	0,02	-	0,04
Stahlbeton	0,16	2400	2,1
Ausgleichsstein NF	0,24	1800	0,79
Randdämmstreifen	0,005	-	0,04

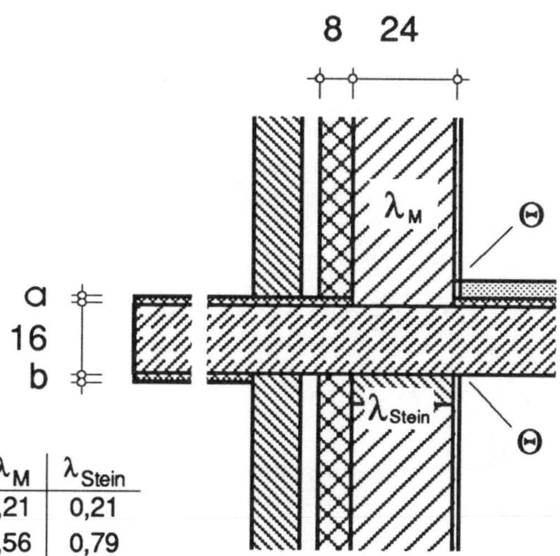

λ_M	λ_{Stein}
0,21	0,21
0,56	0,79
0,99	0,79

a [cm]	b [cm]	$\lambda_M = 0{,}21$		$\lambda_M = 0{,}56$		$\lambda_M = 0{,}99$	
		WBV	Θ	WBV	Θ	WBV	Θ
0	0	0,14 0,39	0,90 0,76	0,19 0,41	0,86 0,79	0,23 0,41	0,85 0,80
2	2	0,10 0,31	0,91 0,80	0,14 0,31	0,89 0,83	0,17 0,31	0,87 0,84
4	4	0,09 0,27	0,92 0,82	0,12 0,27	0,90 0,85	0,14 0,26	0,89 0,86
0	4	0,13 0,36	0,90 0,77	0,17 0,38	0,87 0,80	0,21 0,38	0,86 0,82
4	0	0,13 0,36	0,90 0,77	0,17 0,38	0,87 0,80	0,21 0,37	0,86 0,82
2	4	0,10 0,29	0,92 0,81	0,13 0,29	0,89 0,84	0,16 0,29	0,88 0,85

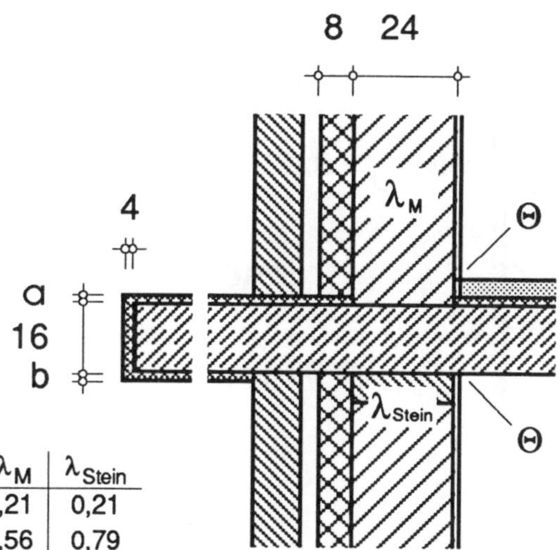

λ_M	λ_{Stein}
0,21	0,21
0,56	0,79
0,99	0,79

a [cm]	b [cm]	$\lambda_M = 0{,}21$		$\lambda_M = 0{,}56$		$\lambda_M = 0{,}99$	
		WBV	Θ	WBV	Θ	WBV	Θ
0	0	0,14 0,39	0,90 0,76	0,19 0,41	0,86 0,79	0,23 0,41	0,85 0,80
2	2	0,10 0,31	0,91 0,80	0,14 0,31	0,89 0,83	0,17 0,31	0,87 0,84
4	4	0,09 0,27	0,92 0,82	0,12 0,27	0,90 0,85	0,14 0,26	0,89 0,86
0	4	0,13 0,36	0,90 0,77	0,17 0,38	0,87 0,80	0,21 0,38	0,86 0,82
4	0	0,13 0,36	0,90 0,77	0,17 0,38	0,87 0,80	0,21 0,37	0,86 0,82
2	4	0,10 0,29	0,92 0,81	0,13 0,29	0,89 0,84	0,16 0,29	0,88 0,85

4. Zweischalige Außenwand

4.4.2 Balkonanschluß, thermisch getrennte Balkonplatte

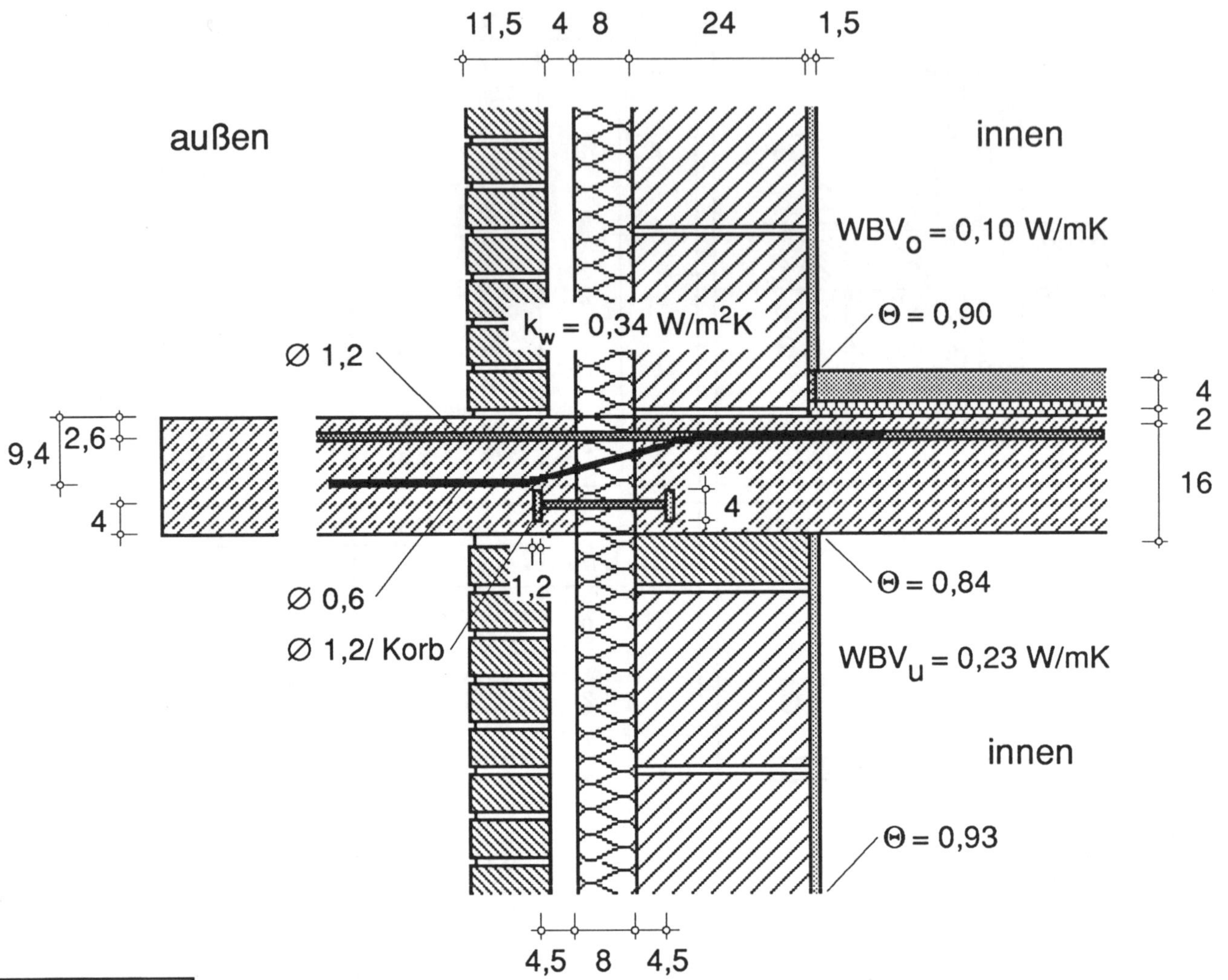

M 1:10

Baustoff	Dicke s [m]	Rohdichte ρ [kg/m³]	Wärmeleitfähigkeit λ_R [W/mK]
Gipsputz	0,015	1200	0,35
Mauerwerk	0,24	1200	0,56
Wärmedämmstoff	0,08	-	0,04
Luftschicht	0,04	-	0,235
Vormauerstein	0,115	2000	0,96
Zementestrich	0,04	2000	1,4
Wärmedämmstoff / Trittschalldämmung	0,02	-	0,04
Stahlbeton	0,16	2400	2,1
Ausgleichsstein NF	0,24	1800	0,79
Randdämmstreifen	0,005	-	0,04
Rundstahl Ø 0,6	-	7850	60
Rundstahl Ø 1,2	-	7850	60
Rundstahl Ø 1,2 / Korb	-	7850	15

Balkonanschluß, thermisch getrennte Balkonplatte 4.4.2

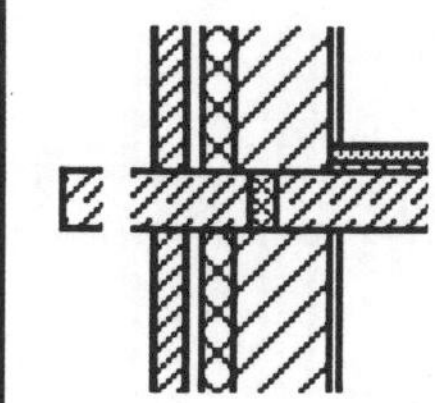

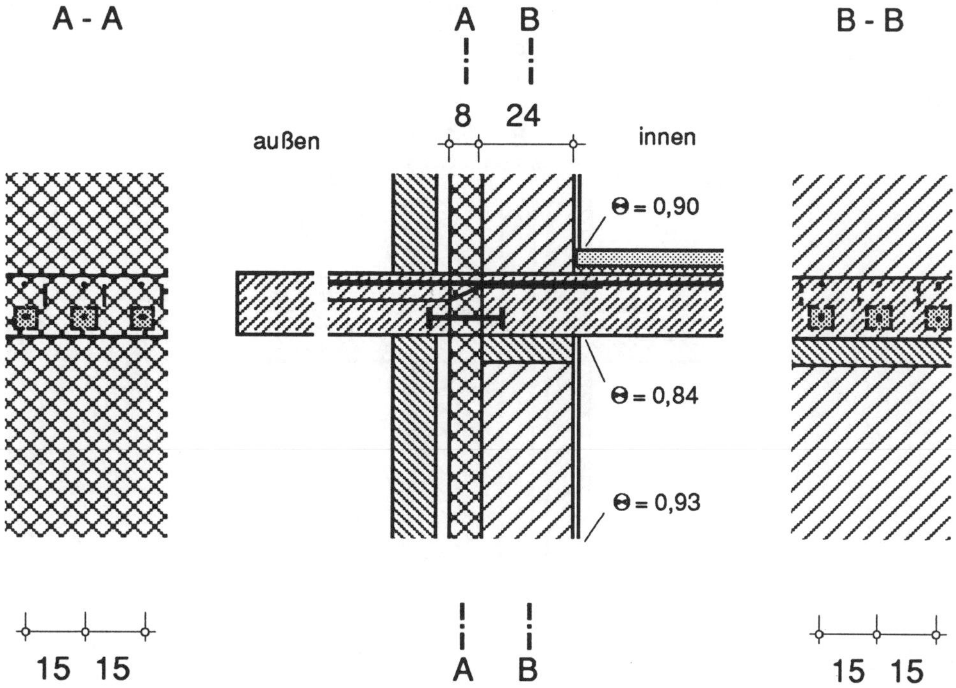

3dimensionale Wärmebrücke

WBV$_o$ = 0,10 W/mK
WBV$_u$ = 0,23 W/mK

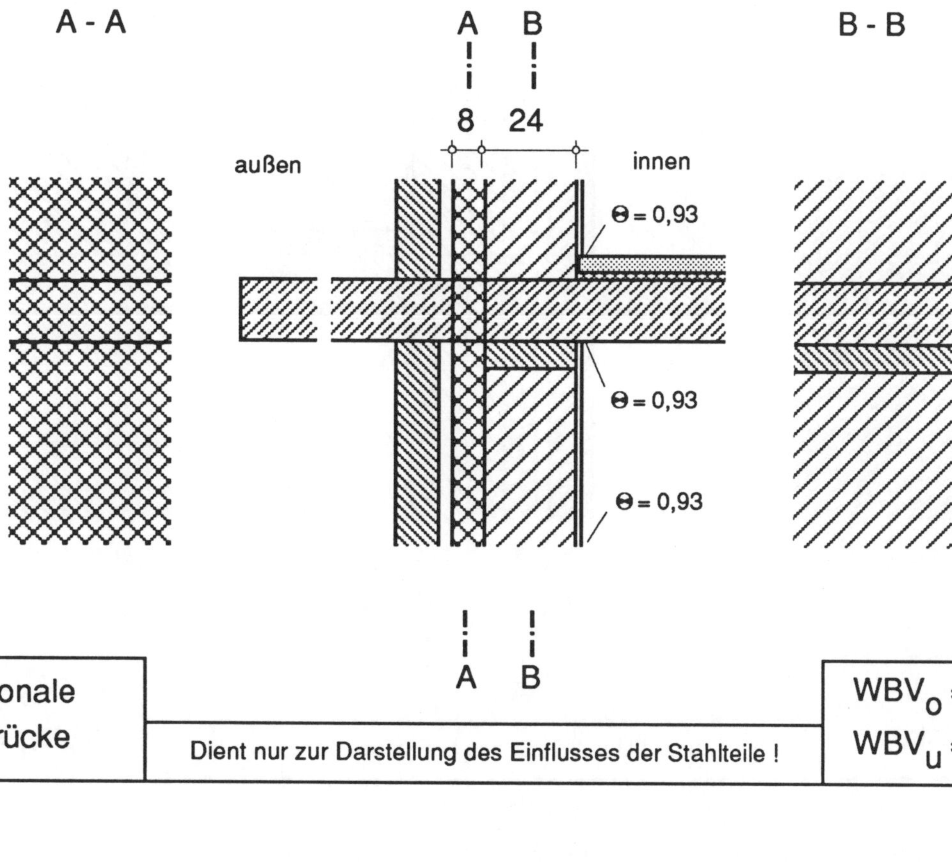

2dimensionale Wärmebrücke

Dient nur zur Darstellung des Einflusses der Stahlteile !

WBV$_o$ = 0,02 W/mK
WBV$_u$ = 0,07 W/mK

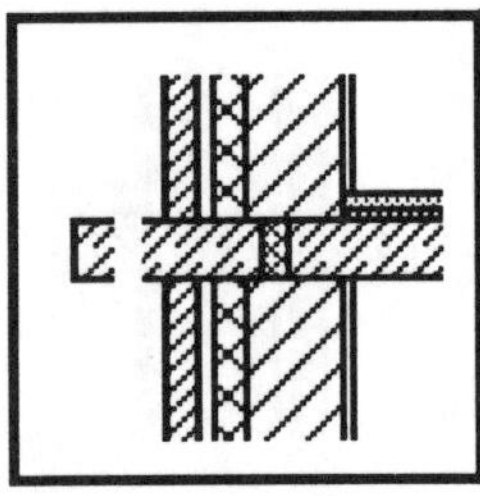

4. Zweischalige Außenwand

4.4.2 Balkonanschluß, thermisch getrennte Balkonplatte

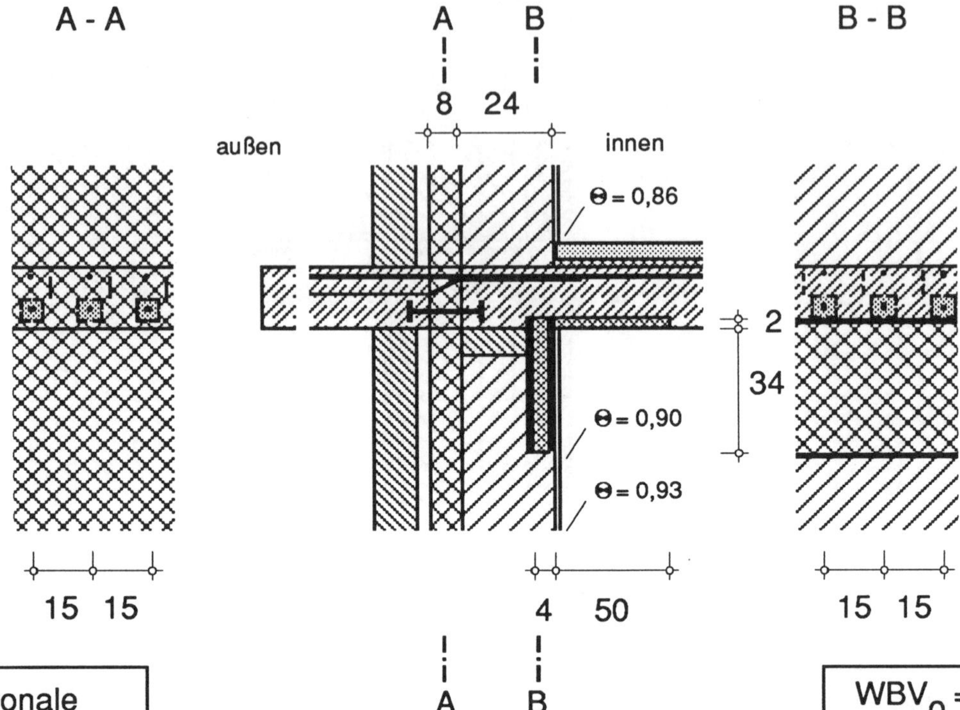

3dimensionale Wärmebrücke

$WBV_o = 0{,}17$ W/mK
$WBV_u = 0{,}11$ W/mK

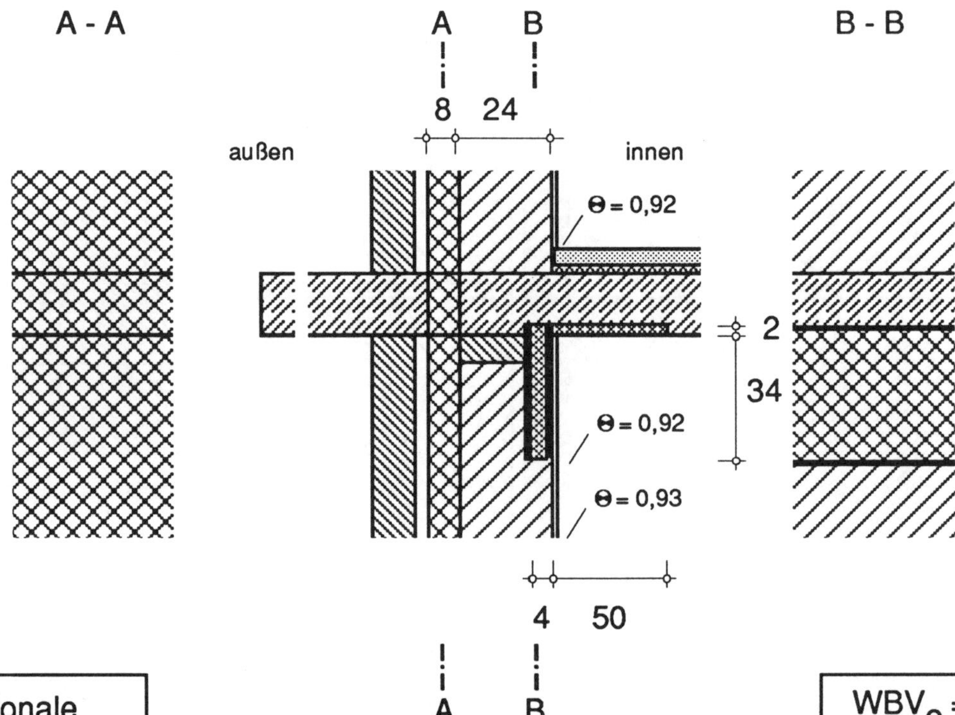

2dimensionale Wärmebrücke

Dient nur zur Darstellung des Einflusses der Stahlteile !

$WBV_o = 0{,}06$ W/mK
$WBV_u = 0{,}01$ W/mK

Zweischalige Außenwand 4.

Balkonanschluß, thermisch getrennte Balkonplatte 4.4.2

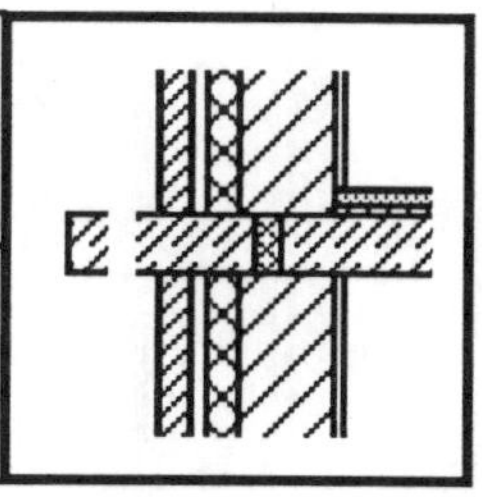

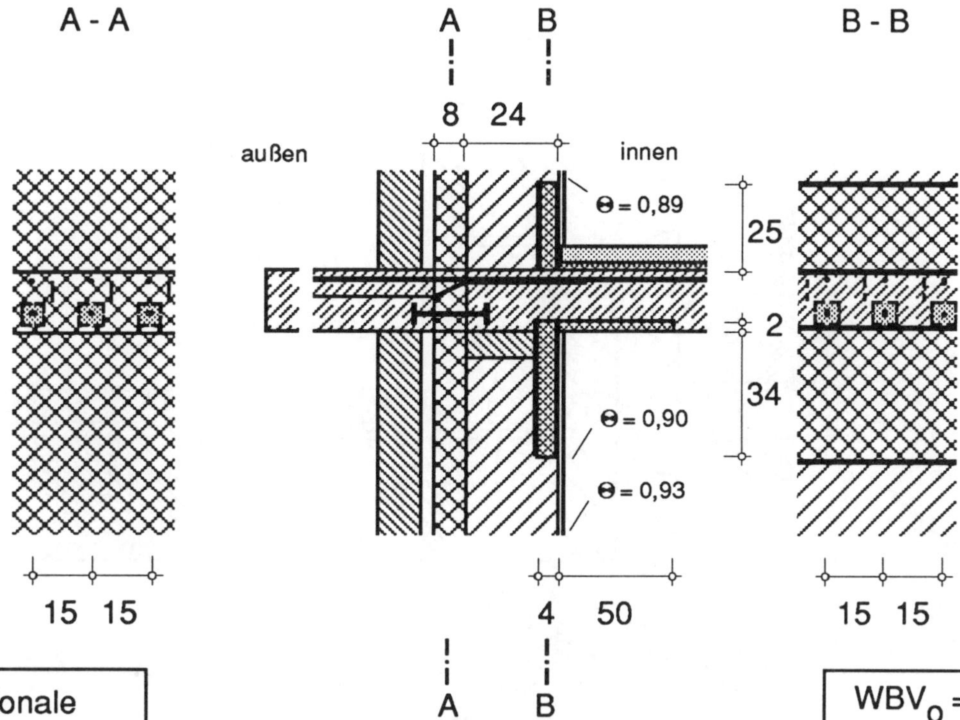

3dimensionale Wärmebrücke

WBV_o = 0,12 W/mK
WBV_u = 0,13 W/mK

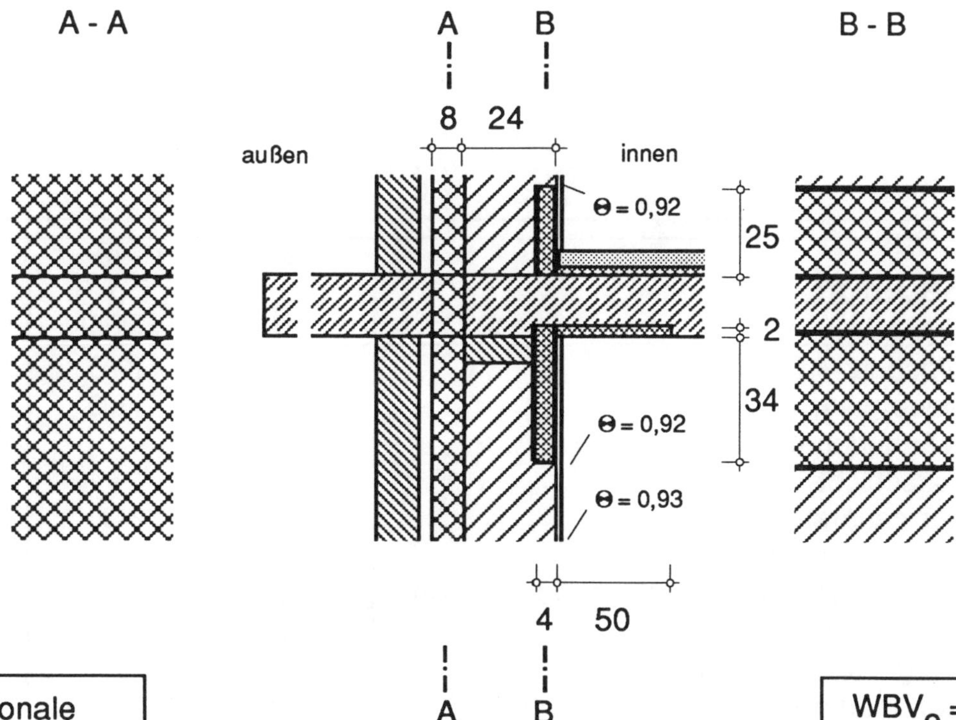

2dimensionale Wärmebrücke

Dient nur zur Darstellung des Einflusses der Stahlteile !

WBV_o = 0,03 W/mK
WBV_u = 0,02 W/mK

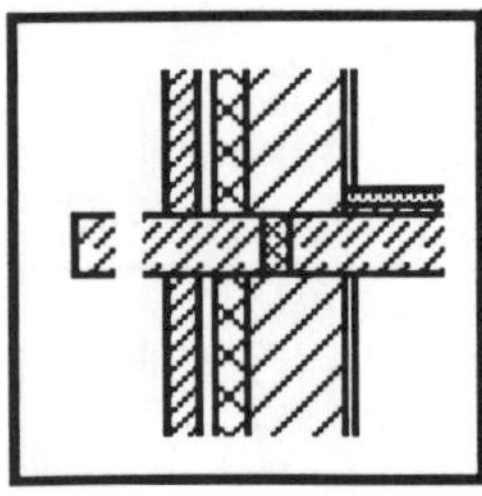

4. Zweischalige Außenwand

4.4.2 Balkonanschluß, thermisch getrennte Balkonplatte

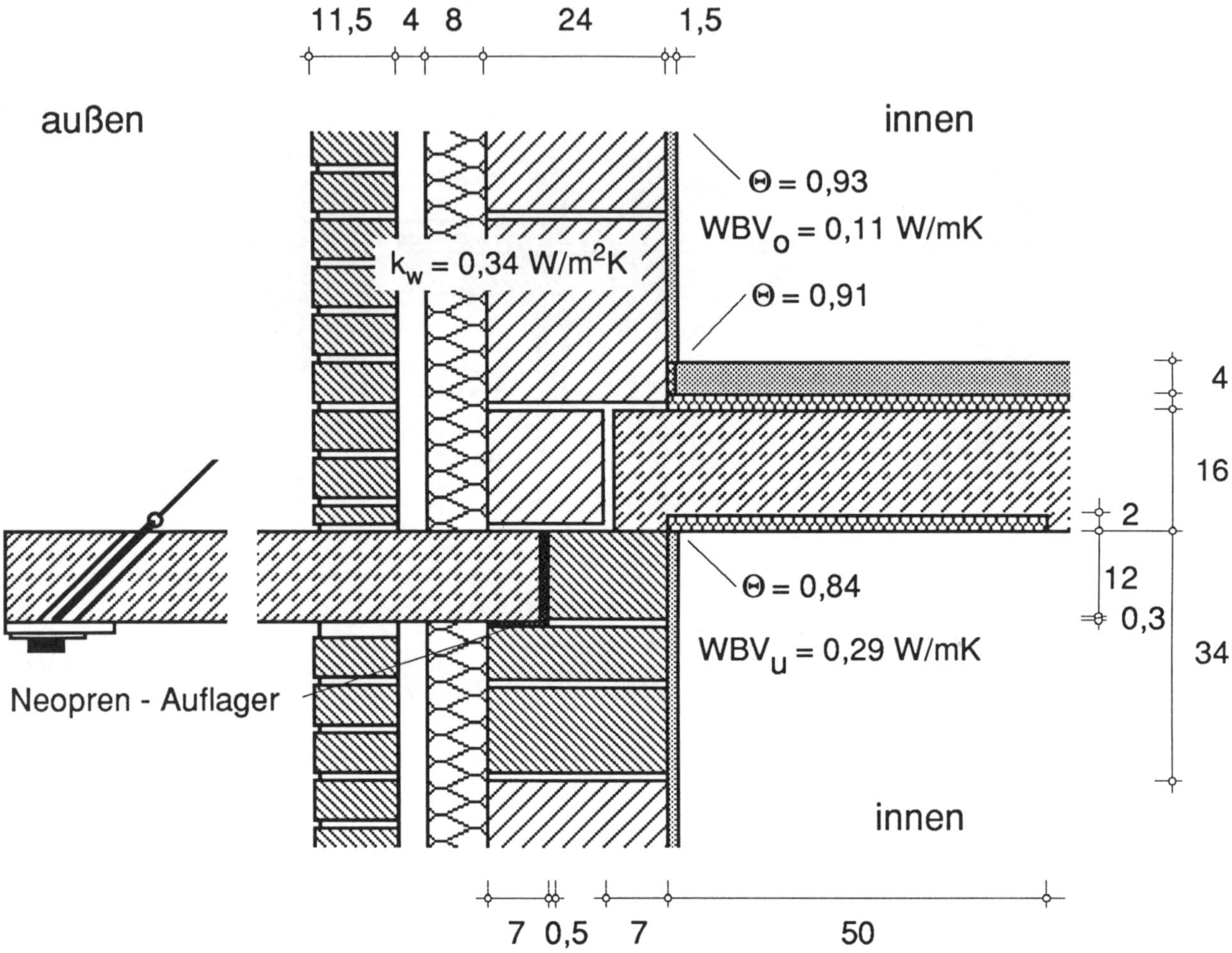

M 1:10

Baustoff	Dicke s [m]	Rohdichte ρ [kg/m³]	Wärmeleitfähigkeit λ_R [W/mK]
Gipsputz	0,015	1200	0,35
Mauerwerk	0,24	1200	0,56
Wärmedämmstoff	-	-	0,04
Luftschicht	0,04	-	0,235
Vormauerstein	0,115	2000	0,96
Zementestrich	0,04	2000	1,4
Wärmedämmstoff / Trittschalldämmung	0,02	-	0,04
Stahlbeton	0,16	2400	2,1
Ausgleichssteine NF / 2DF	0,24	1800	0,79
Randdämmstreifen	0,005	-	0,04
Neopren	-	1000	0,20

Balkonanschluß, thermisch getrennte Balkonplatte 4.4.2

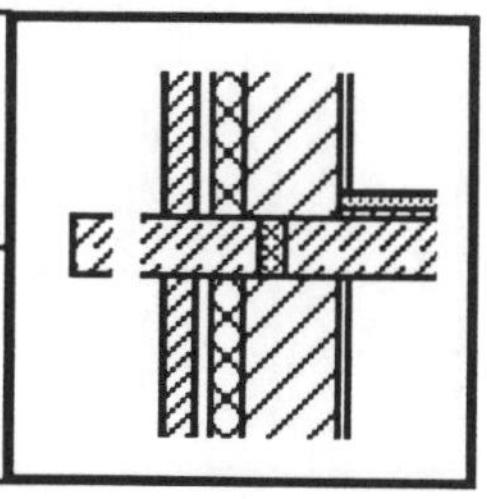

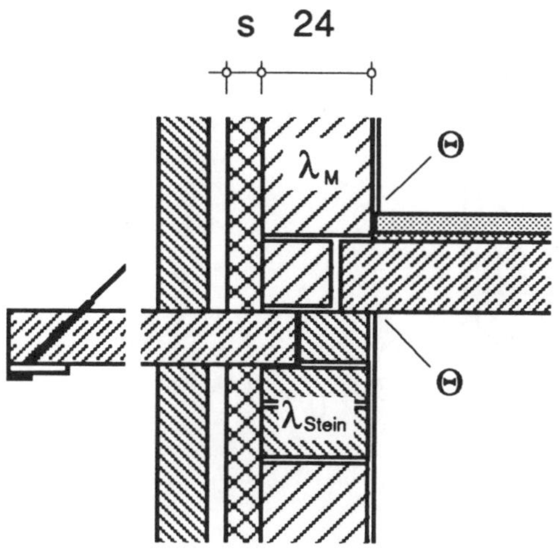

* ohne Luftschicht

λ_{Stein}	s [cm]	$\lambda_M = 0{,}21$ WBV	$\lambda_M = 0{,}21$ Θ	$\lambda_M = 0{,}56$ WBV	$\lambda_M = 0{,}56$ Θ	$\lambda_M = 0{,}99$ WBV	$\lambda_M = 0{,}99$ Θ
0,21	6	0,05 0,20	0,94 0,89	0,09 0,22	0,90 0,86	0,14 0,23	0,88 0,85
0,21	8	0,05 0,20	0,94 0,90	0,09 0,22	0,91 0,87	0,14 0,23	0,89 0,86
0,21	12*	0,07 0,23	0,95 0,90	0,13 0,26	0,92 0,88	0,17 0,28	0,90 0,87
0,79	6	0,05 0,37	0,93 0,82	0,09 0,36	0,90 0,83	0,12 0,36	0,88 0,84
0,79	8	0,05 0,36	0,94 0,83	0,09 0,35	0,91 0,85	0,12 0,35	0,89 0,85
0,79	12*	0,07 0,38	0,95 0,84	0,12 0,39	0,92 0,85	0,16 0,40	0,90 0,86

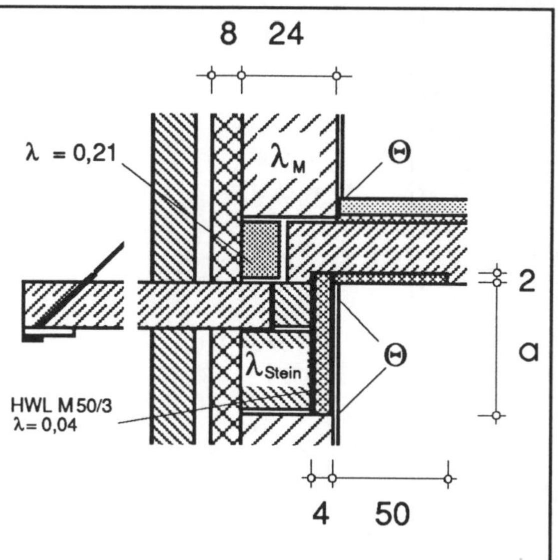

λ_{Stein}	a [cm]	$\lambda_M = 0{,}21$ WBV	$\lambda_M = 0{,}21$ Θ	$\lambda_M = 0{,}56$ WBV	$\lambda_M = 0{,}56$ Θ	$\lambda_M = 0{,}99$ WBV	$\lambda_M = 0{,}99$ Θ
0,21	0	0,09 0,17	0,93 0,88	0,11 0,16	0,91 0,89	0,12 0,15	0,90 0,89
0,21	34	0,10 0,13	0,93 0,92	0,12 0,12	0,91 0,90	0,13 0,12	0,90 0,89
0,79	0	0,09 0,31	0,93 0,82	0,11 0,29	0,91 0,84	0,12 0,29	0,90 0,85
0,79	34	0,12 0,19	0,92 0,89	0,14 0,20	0,90 0,86	0,15 0,20	0,89 0,85

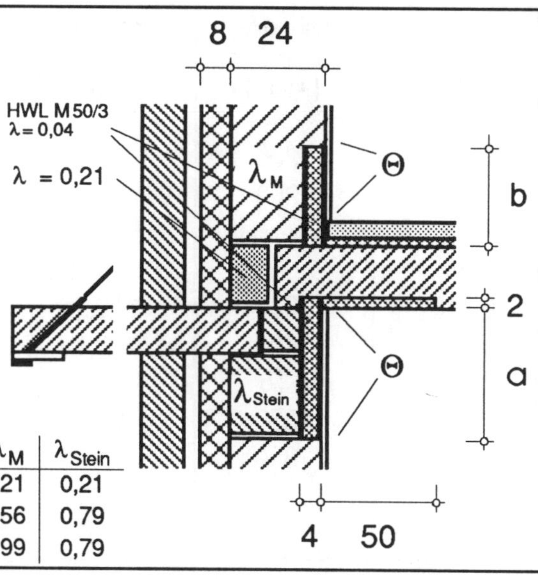

λ_M	λ_{Stein}
0,21	0,21
0,56	0,79
0,99	0,79

a [cm]	b [cm]	$\lambda_M = 0{,}21$ WBV	$\lambda_M = 0{,}21$ Θ	$\lambda_M = 0{,}56$ WBV	$\lambda_M = 0{,}56$ Θ	$\lambda_M = 0{,}99$ WBV	$\lambda_M = 0{,}99$ Θ
0	12,5	0,08 0,32	0,94 0,82	0,09 0,31	0,91 0,83	0,10 0,30	0,90 0,84
0	25	0,07 0,32	0,94 0,82	0,07 0,32	0,92 0,83	0,08 0,32	0,91 0,84
34	12,5	0,11 0,20	0,93 0,89	0,12 0,21	0,91 0,86	0,13 0,22	0,90 0,85
34	25	0,10 0,20	0,94 0,89	0,10 0,22	0,92 0,86	0,11 0,23	0,91 0,85

4. Zweischalige Außenwand

4.4.2 Balkonanschluß, thermisch getrennte Balkonplatte

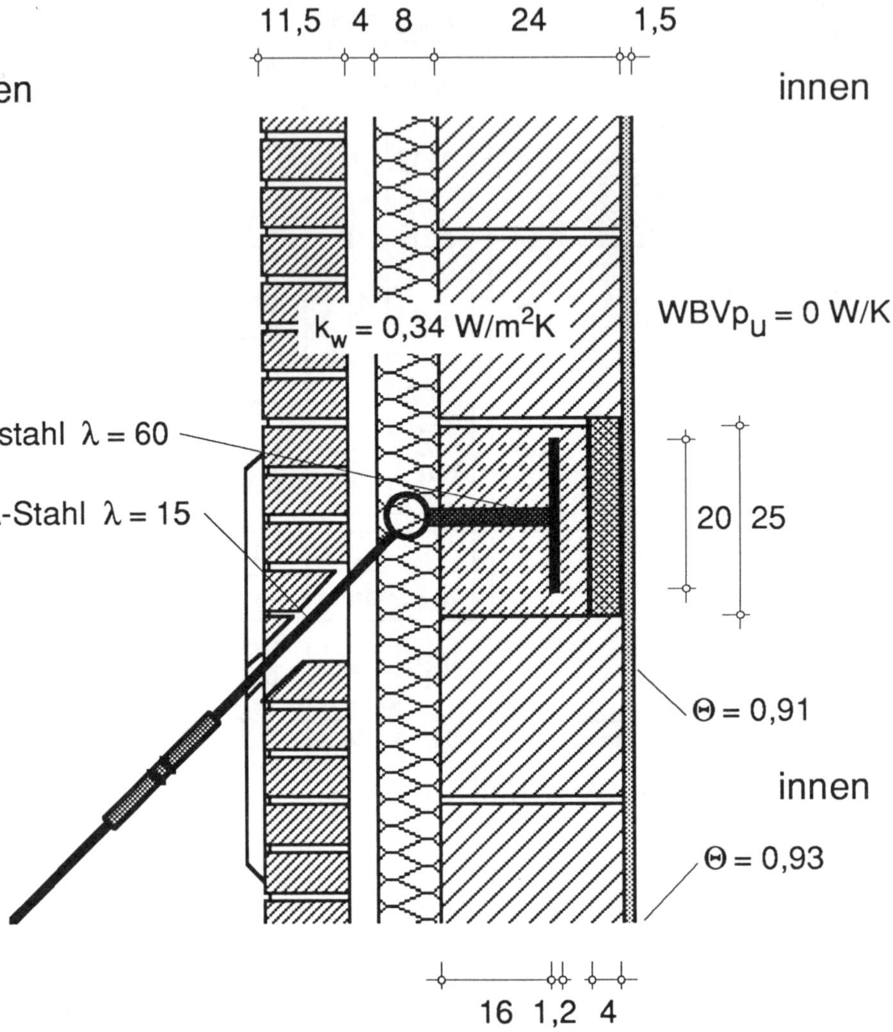

M 1:10

Baustoff	Dicke s [m]	Rohdichte ρ [kg/m³]	Wärmeleitfähigkeit λ_R [W/mK]
Gipsputz	0,015	1200	0,35
Mauerwerk	0,24	1200	0,56
Wärmedämmstoff	0,08	-	0,04
Luftschicht	0,04	-	0,235
Vormauerstein	0,115	2000	0,96
Stahlbeton	0,20	2400	2,1
Mehrschicht-Leichtbauplatte M-50/3	0,04	≥15	0,04
Rundstahl Ø 2	-	7850	60
Rundstahl Ø 1,2	-	7850	15

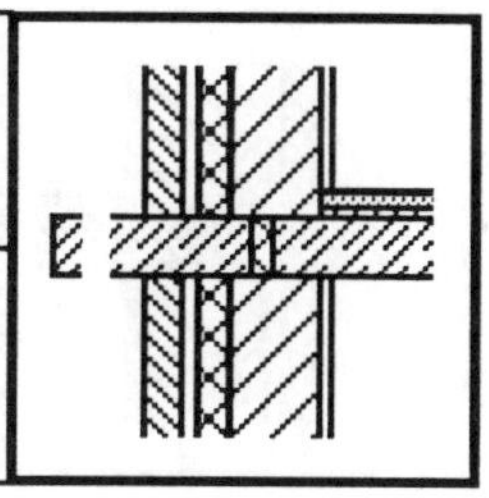

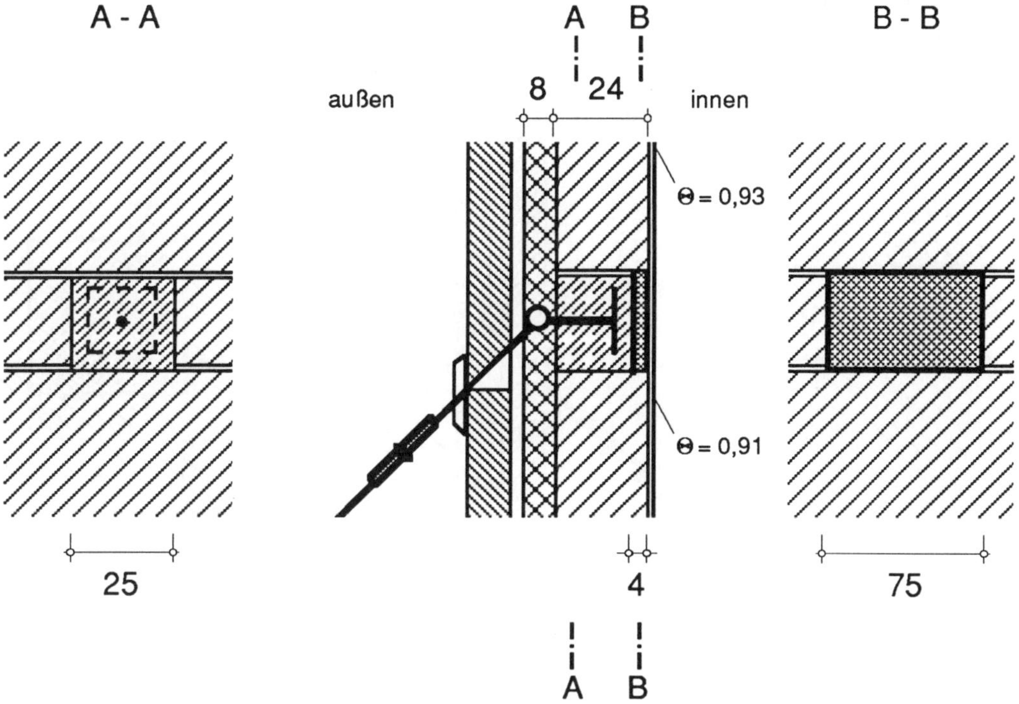

3dimensionale Wärmebrücke

WBVp = 0 W/K

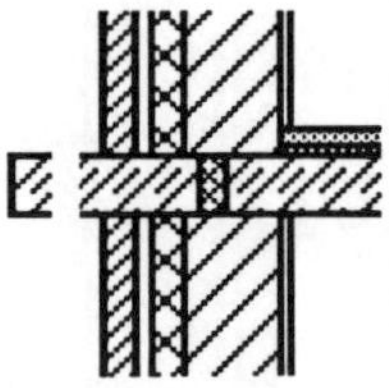

4. Zweischalige Außenwand

4.4.2 Balkonanschluß, thermisch getrennte Balkonplatte

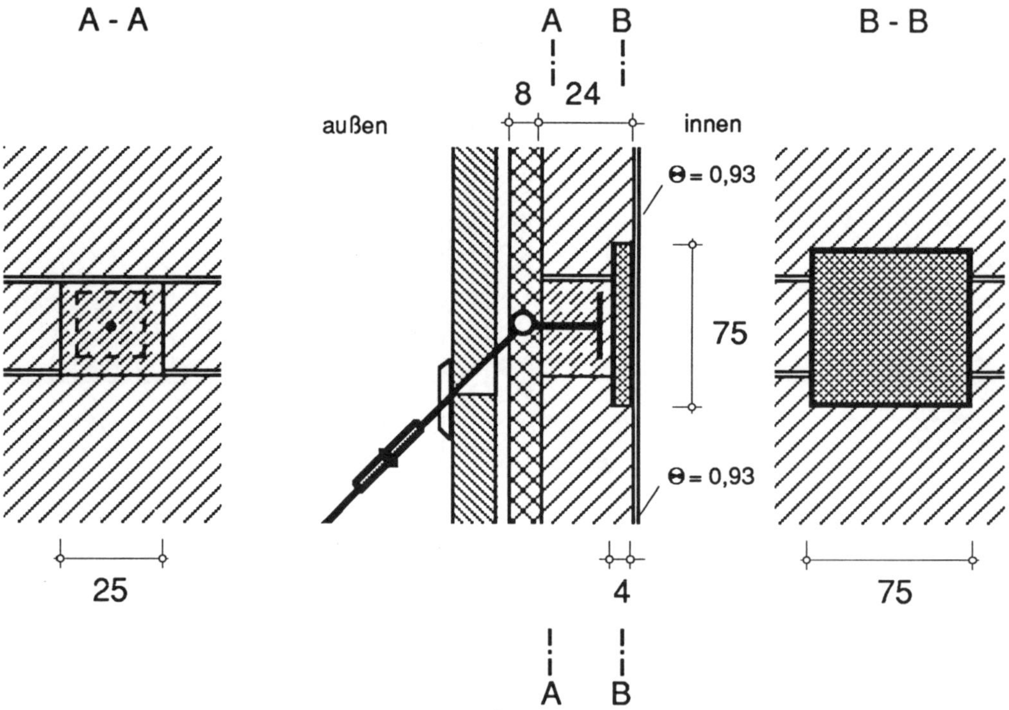

3dimensionale Wärmebrücke

WBVp = -0,01 W/K

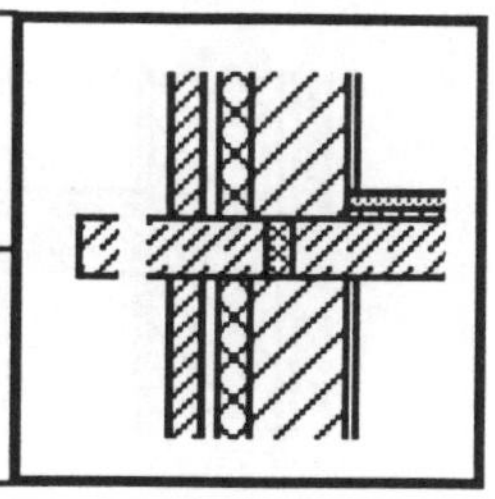

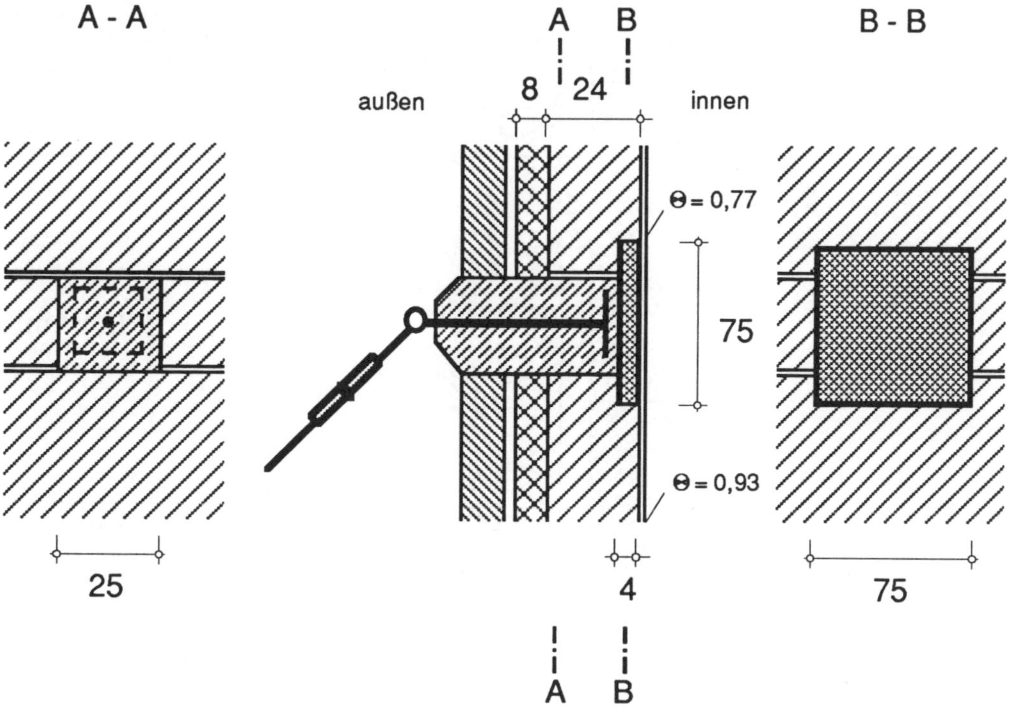

3dimensionale Wärmebrücke

WBVp = 0,51 W/K

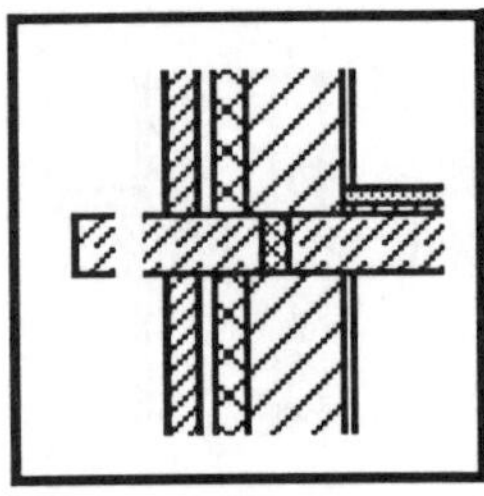

4. Zweischalige Außenwand

4.4.2 Balkonanschluß, thermisch getrennte Balkonplatte

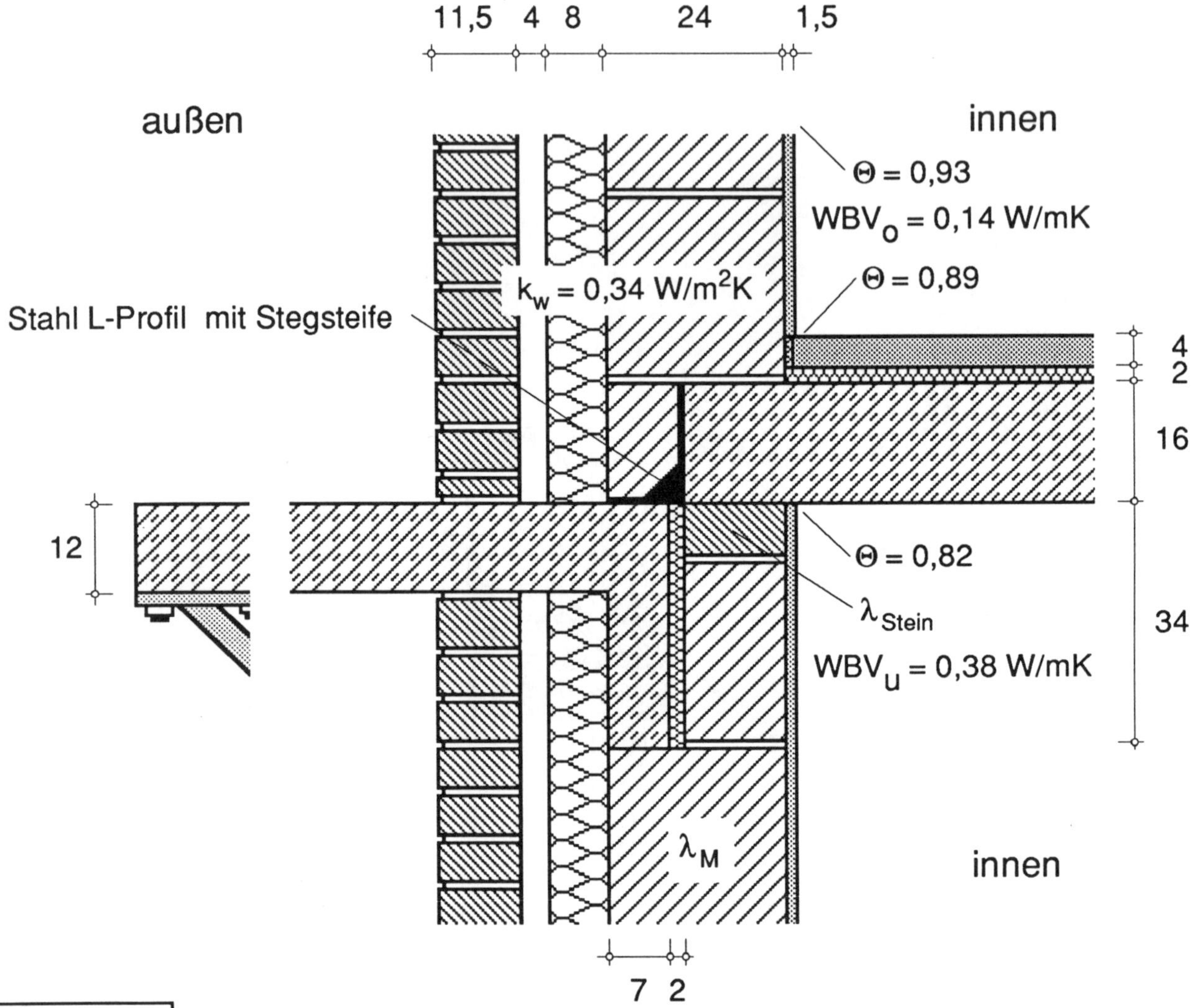

M 1:10

Baustoff	Dicke s [m]	Rohdichte ρ [kg/m³]	Wärmeleitfähigkeit λ_R [W/mK]
Gipsputz	0,015	1200	0,35
Mauerwerk	0,24	1200	0,56
Wärmedämmstoff	0,08	-	0,04
Luftschicht	0,04	-	0,235
Vormauerstein	0,115	2000	0,96
Zementestrich	0,04	2000	1,4
Wärmedämmstoff / Trittschalldämmung	0,02	-	0,04
Stahlbeton	0,16	2400	2,1
Ausgleichsstein NF	0,15	1800	0,79
Randdämmsteifen	0,005	-	0,04
Baustahl	0,012	7850	60

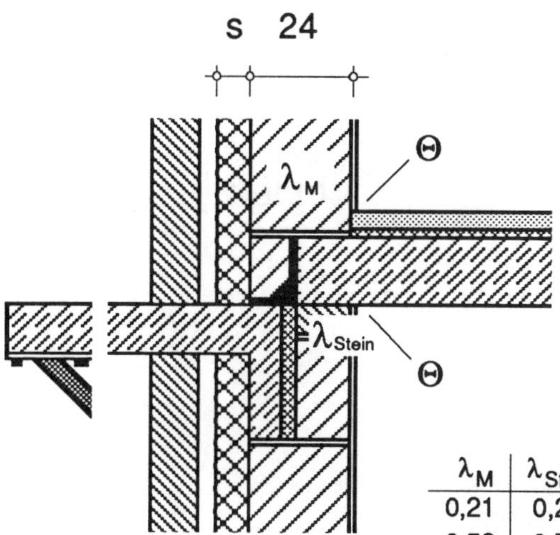

λ_M	λ_{Stein}
0,21	0,21
0,56	0,79
0,99	0,79

* ohne Luftschicht

s [cm]	$\lambda_M = 0{,}21$		$\lambda_M = 0{,}56$		$\lambda_M = 0{,}99$	
	WBV	Θ	WBV	Θ	WBV	Θ
4	0,11 0,39	0,90 0,77	0,14 0,39	0,86 0,79	0,17 0,38	0,84 0,80
6	0,11 0,38	0,91 0,78	0,14 0,39	0,88 0,80	0,17 0,39	0,86 0,82
8	0,11 0,37	0,91 0,79	0,14 0,38	0,89 0,82	0,17 0,38	0,87 0,83
12 *	0,11 0,38	0,92 0,80	0,14 0,39	0,89 0,83	0,17 0,39	0,88 0,84

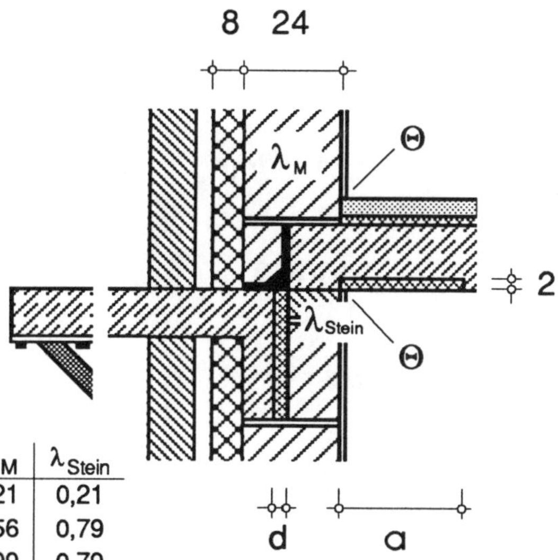

λ_M	λ_{Stein}
0,21	0,21
0,56	0,79
0,99	0,79

a [cm]	d [cm]	$\lambda_M = 0{,}21$		$\lambda_M = 0{,}56$		$\lambda_M = 0{,}99$	
		WBV	Θ	WBV	Θ	WBV	Θ
25	0	0,14 0,33	0,90 0,82	0,17 0,38	0,88 0,81	0,19 0,39	0,88 0,82
25	2	0,15 0,30	0,90 0,82	0,17 0,33	0,88 0,81	0,20 0,34	0,87 0,83
25	6	0,15 0,28	0,90 0,82	0,18 0,31	0,87 0,81	0,20 0,31	0,86 0,83
50	0	0,16 0,30	0,90 0,81	0,18 0,36	0,88 0,80	0,21 0,38	0,87 0,82
50	2	0,17 0,27	0,90 0,82	0,19 0,31	0,87 0,81	0,21 0,32	0,86 0,83
50	6	0,17 0,25	0,89 0,81	0,19 0,29	0,87 0,81	0,22 0,29	0,86 0,82

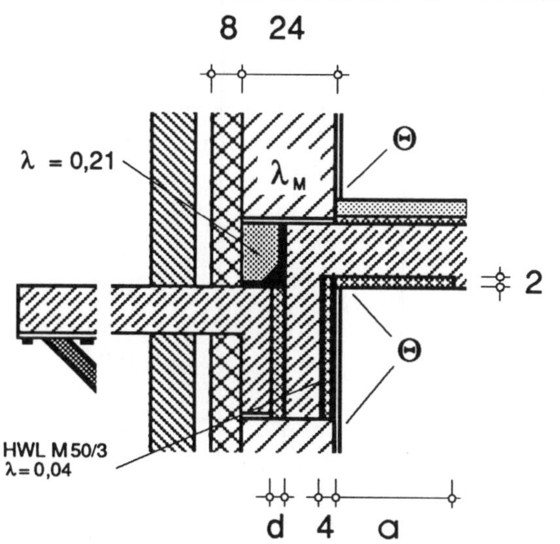

a [cm]	d [cm]	$\lambda_M = 0{,}21$		$\lambda_M = 0{,}56$		$\lambda_M = 0{,}99$	
		WBV	Θ	WBV	Θ	WBV	Θ
25	0	0,16 0,29	0,90 0,89	0,20 0,29	0,87 0,85	0,22 0,29	0,86 0,84
25	2	0,16 0,27	0,90 0,89	0,19 0,26	0,87 0,87	0,22 0,26	0,86 0,85
25	6	0,16 0,25	0,90 0,90	0,19 0,25	0,87 0,88	0,22 0,25	0,86 0,86
50	0	0,18 0,26	0,89 0,89	0,22 0,26	0,86 0,85	0,24 0,27	0,85 0,84
50	2	0,18 0,24	0,89 0,89	0,21 0,24	0,87 0,86	0,24 0,24	0,85 0,85
50	6	0,18 0,23	0,89 0,89	0,21 0,22	0,87 0,87	0,24 0,23	0,86 0,86

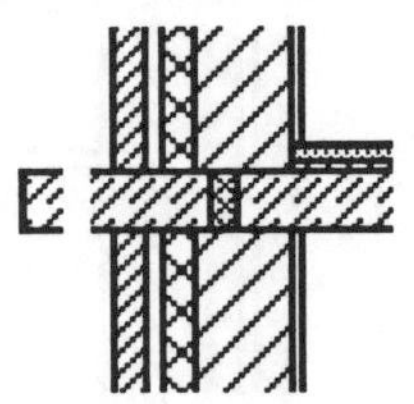

4. Zweischalige Außenwand

4.4.2 Balkonanschluß, thermisch getrennte Balkonplatte

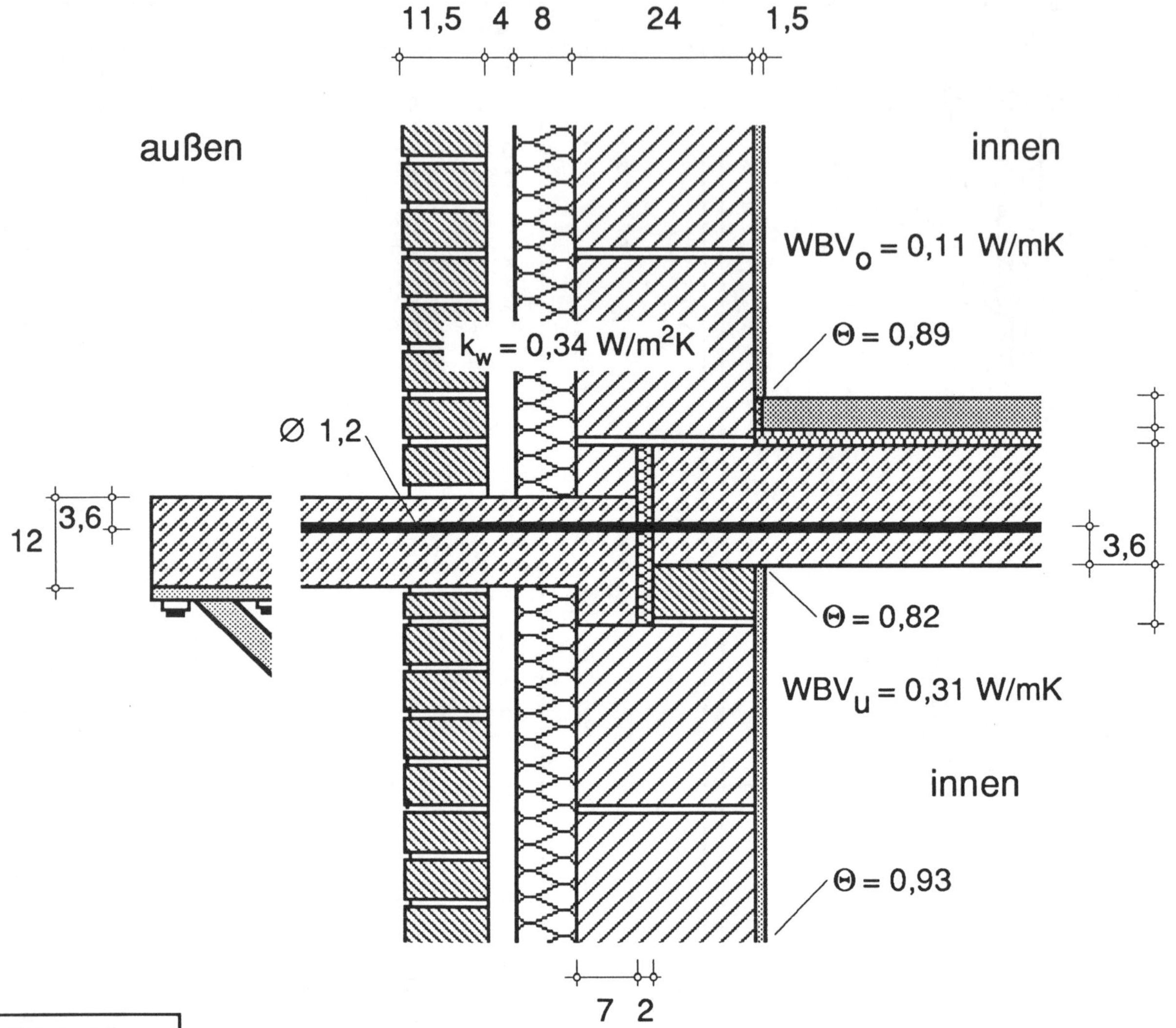

M 1:10

Baustoff	Dicke s [m]	Rohdichte ρ [kg/m³]	Wärmeleitfähigkeit λ_R [W/mK]
Gipsputz	0,015	1200	0,35
Mauerwerk	0,24	1200	0,56
Wärmedämmstoff	0,08	-	0,04
Luftschicht	0,04	-	0,235
Vormauerstein	0,115	2000	0,96
Zementestrich	0,04	2000	1,4
Wärmedämmstoff / Trittschalldämmung	0,02	-	0,04
Stahlbeton	-	2400	2,1
Ausgleichsstein NF	0,115	1800	0,79
Randdämmstreifen	0,005	-	0,04
Rundstahl	-	7850	60

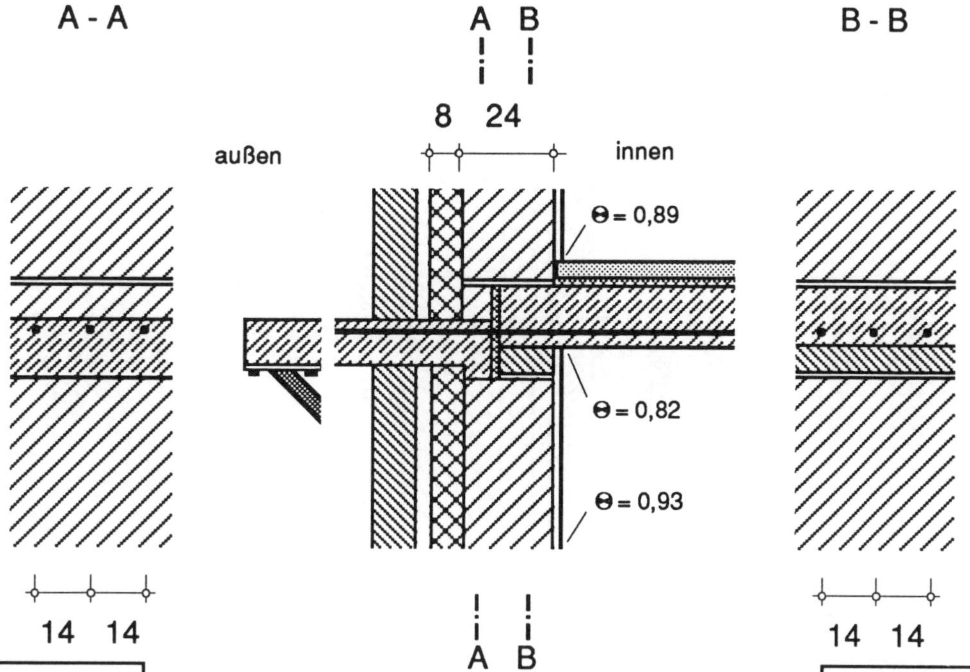

3dimensionale Wärmebrücke

WBV_o = 0,11 W/mK
WBV_u = 0,31 W/mK

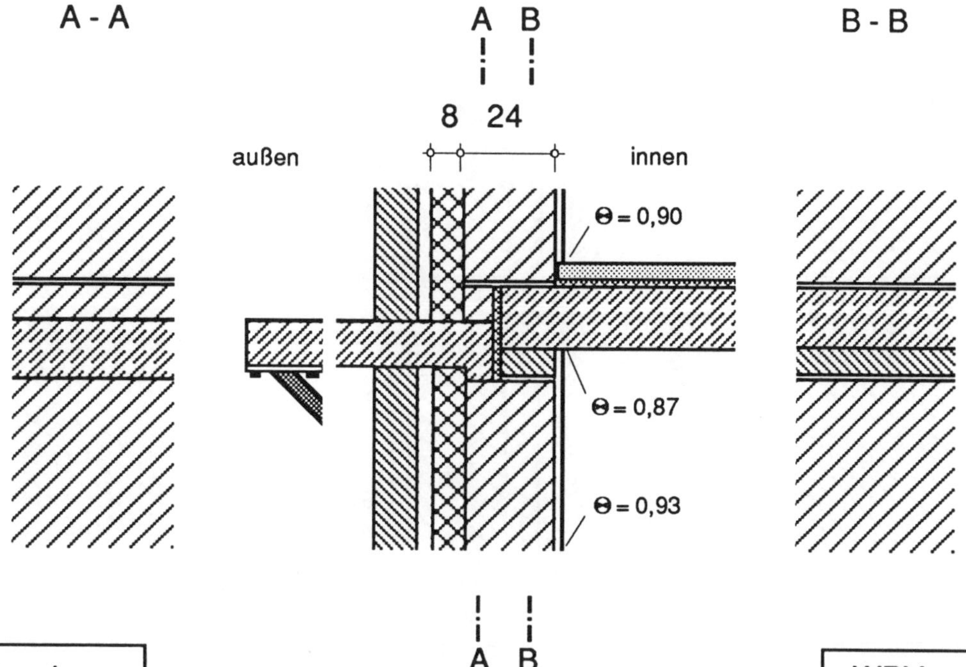

2dimensionale Wärmebrücke

Dient nur zur Darstellung des Einflusses der Stahlteile !

WBV_o = 0,08 W/mK
WBV_u = 0,23 W/mK

4. Zweischalige Außenwand

4.4.2 Balkonanschluß, thermisch getrennte Balkonplatte

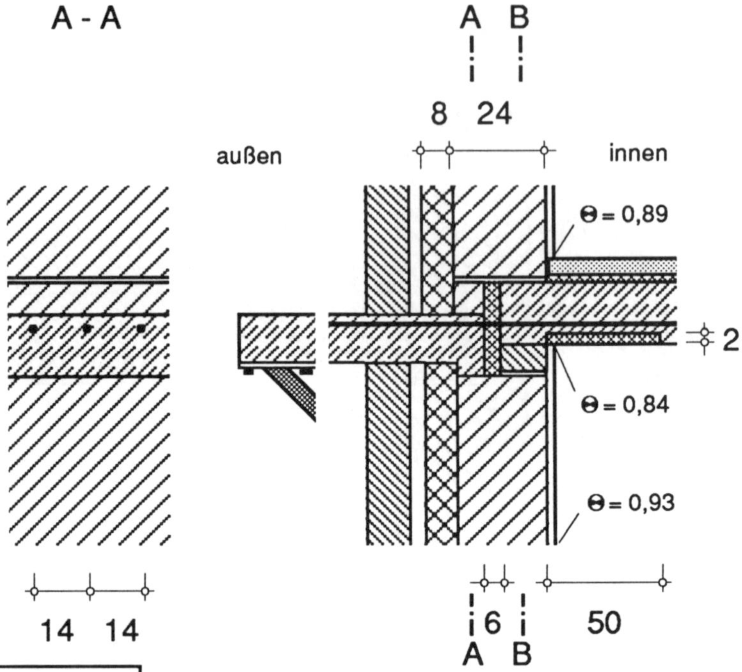

3dimensionale Wärmebrücke

$WBV_o = 0{,}15$ W/mK
$WBV_u = 0{,}22$ W/mK

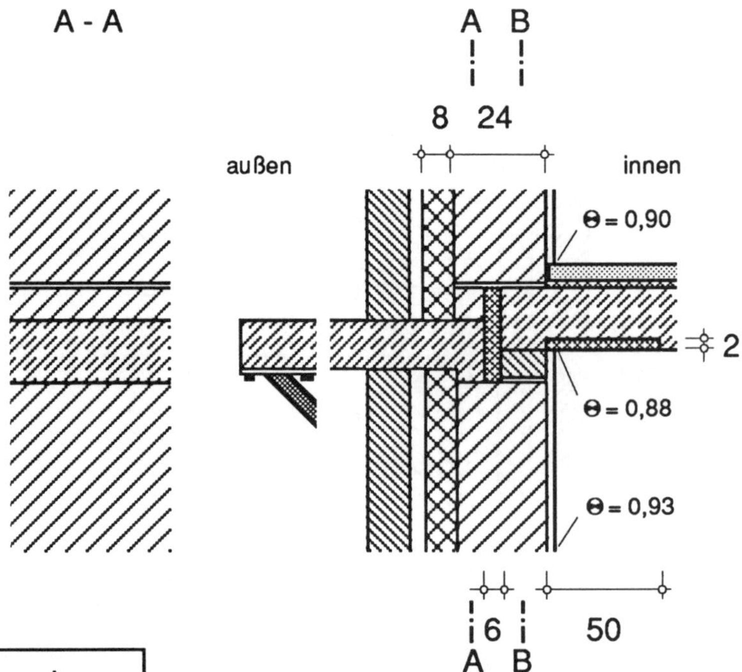

2dimensionale Wärmebrücke

Dient nur zur Darstellung des Einflusses der Stahlteile !

$WBV_o = 0{,}10$ W/mK
$WBV_u = 0{,}15$ W/mK

Balkonanschluß, thermisch getrennte Balkonplatte 4.4.2

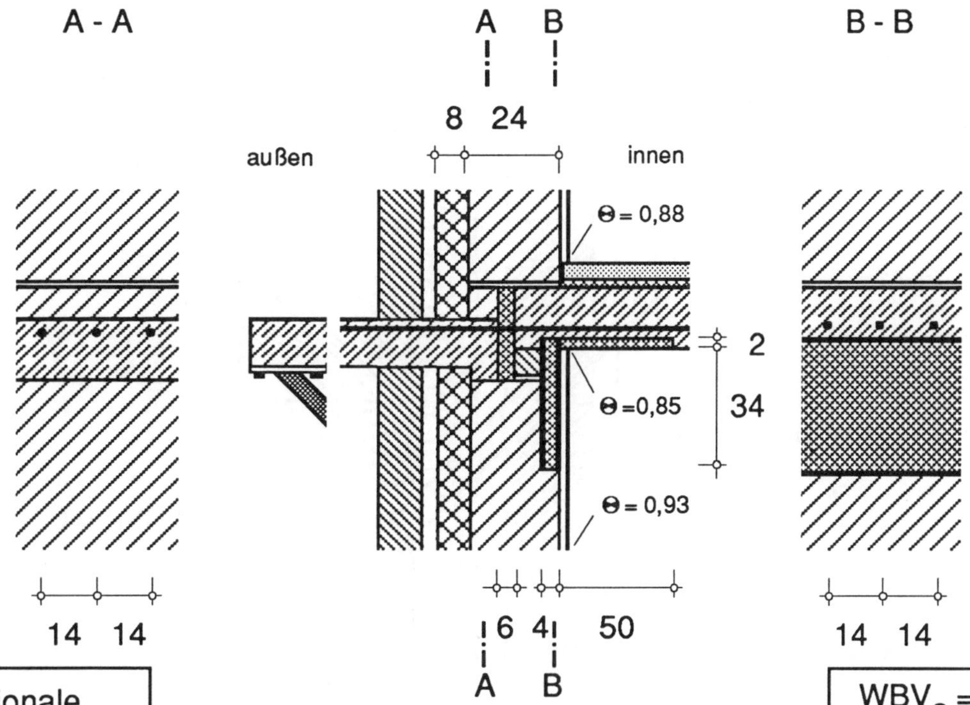

3dimensionale Wärmebrücke

WBV_o = 0,15 W/mK
WBV_u = 0,18 W/mK

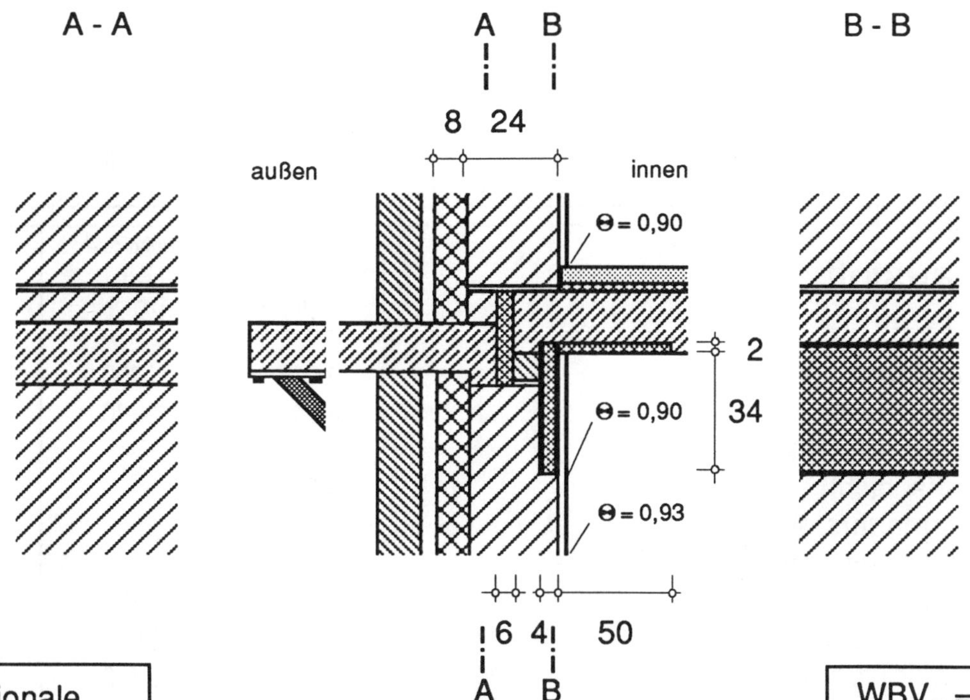

2dimensionale Wärmebrücke

Dient nur zur Darstellung des Einflusses der Stahlteile !

WBV_o = 0,10 W/mK
WBV_u = 0,11 W/mK

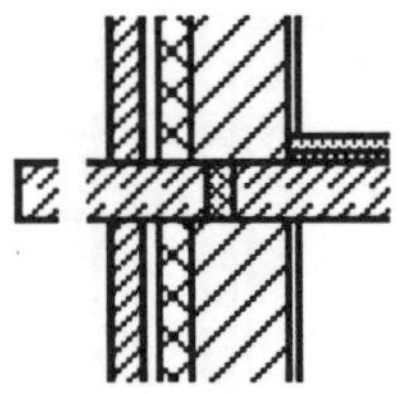

4. Zweischalige Außenwand

4.4.2 Balkonanschluß, thermisch getrennte Balkonplatte

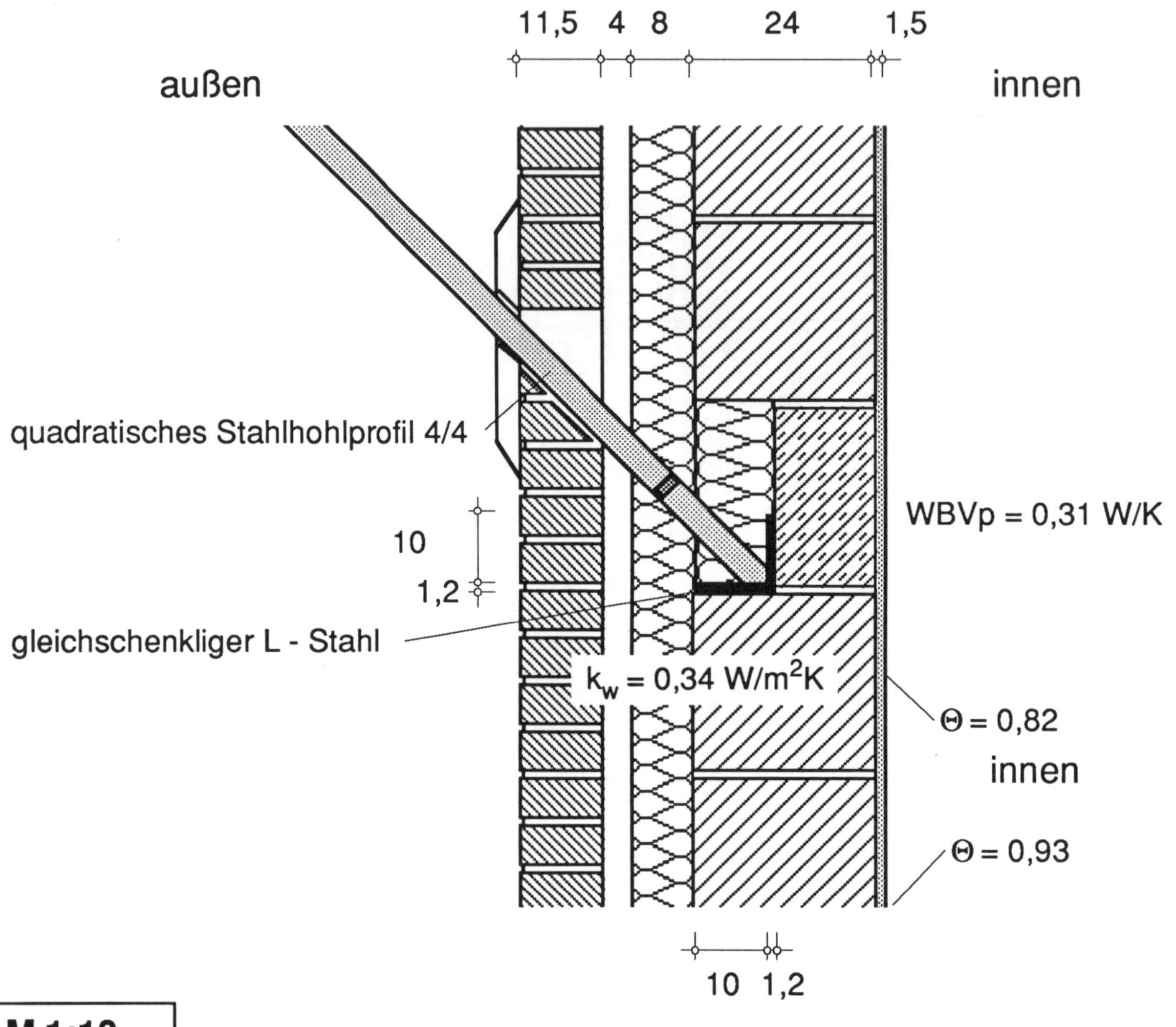

M 1:10

Baustoff	Dicke s [m]	Rohdichte ρ [kg/m³]	Wärmeleitfähigkeit λ_R [W/mK]
Gipsputz	0,015	1200	0,35
Mauerwerk	0,24	1200	0,56
Wärmedämmstoff	0,08	-	0,04
Luftschicht	0,04	-	0,235
Vormauerstein	0,115	2000	0,96
Wärmedämmstoff	0,10	-	0,04
Profilstahl	-	7850	60
Winkelstahl	-	7850	60
Stahlbeton	0,14	2400	2,1

Zweischalige Außenwand 4.

Balkonanschluß, thermisch getrennte Balkonplatte 4.4.2

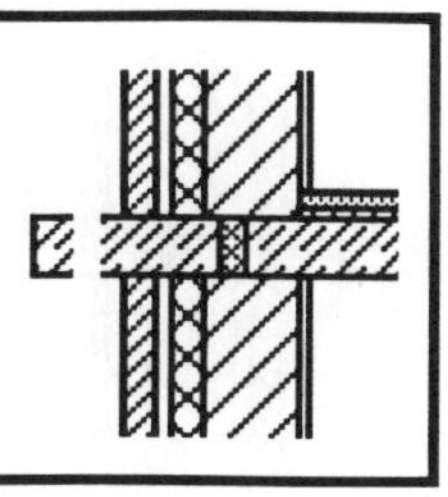

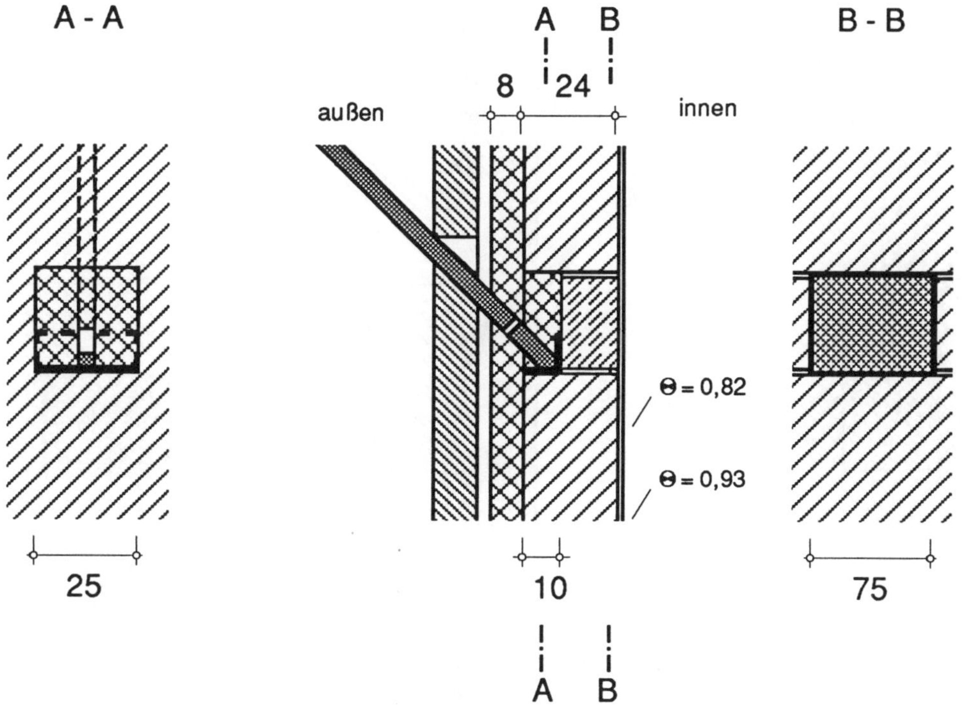

3dimensionale Wärmebrücke

WBVp = 0,31 W/K

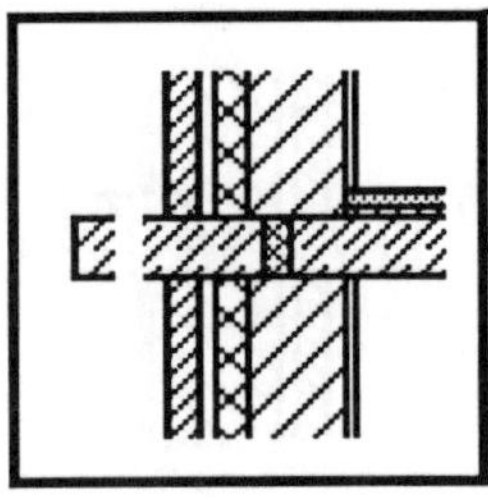

4. Zweischalige Außenwand

4.4.2 Balkonanschluß, thermisch getrennte Balkonplatte

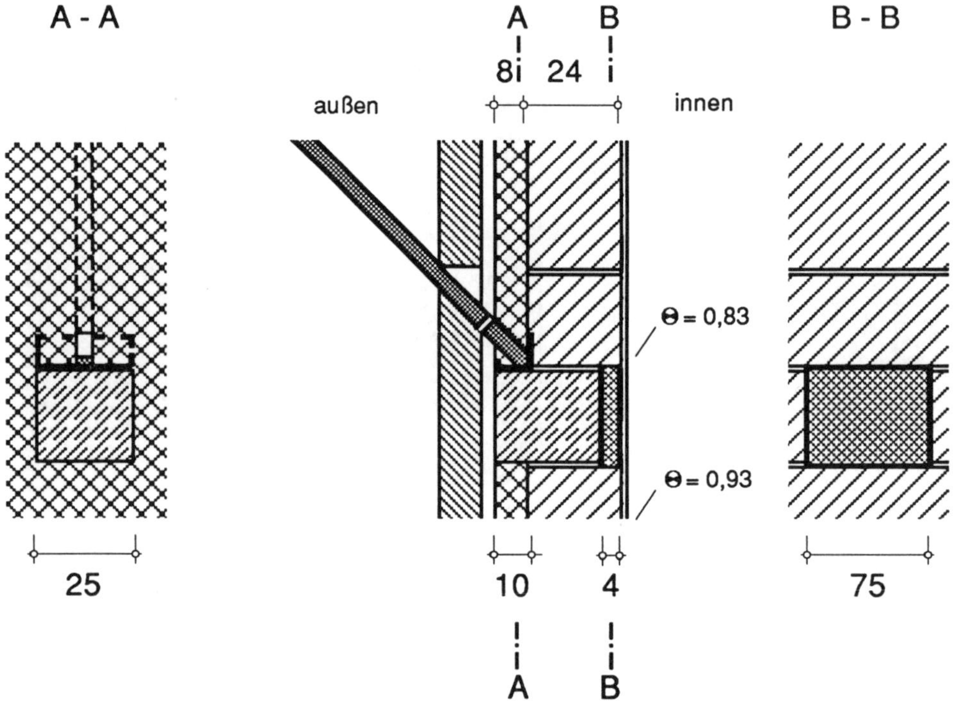

3dimensionale Wärmebrücke

WBVp = 0,17 W/K

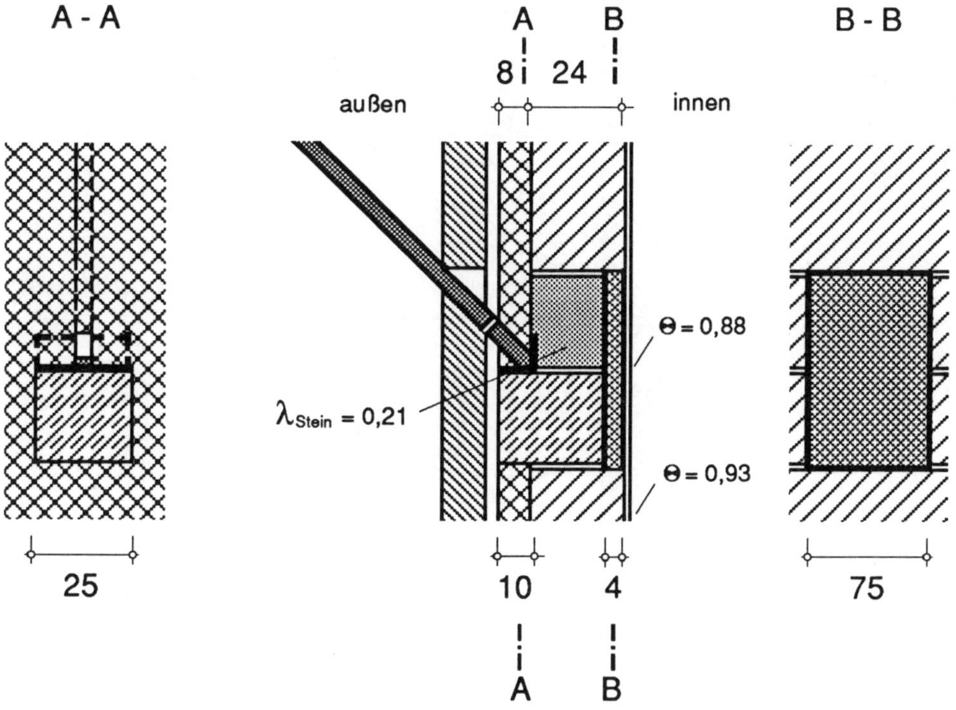

3dimensionale Wärmebrücke

WBVp = 0,06 W/K

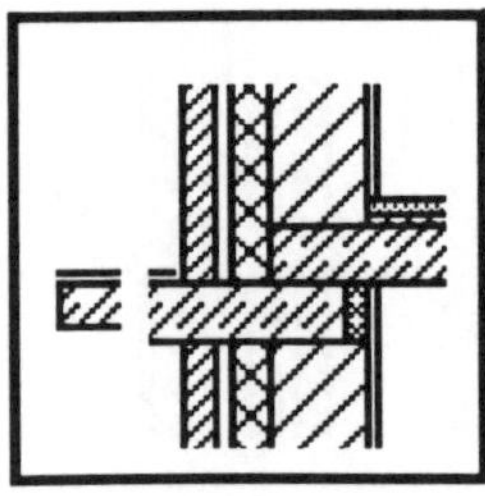

4. Zweischalige Außenwand

4.4.3 Balkonanschluß, Kragarm Stahlbeton

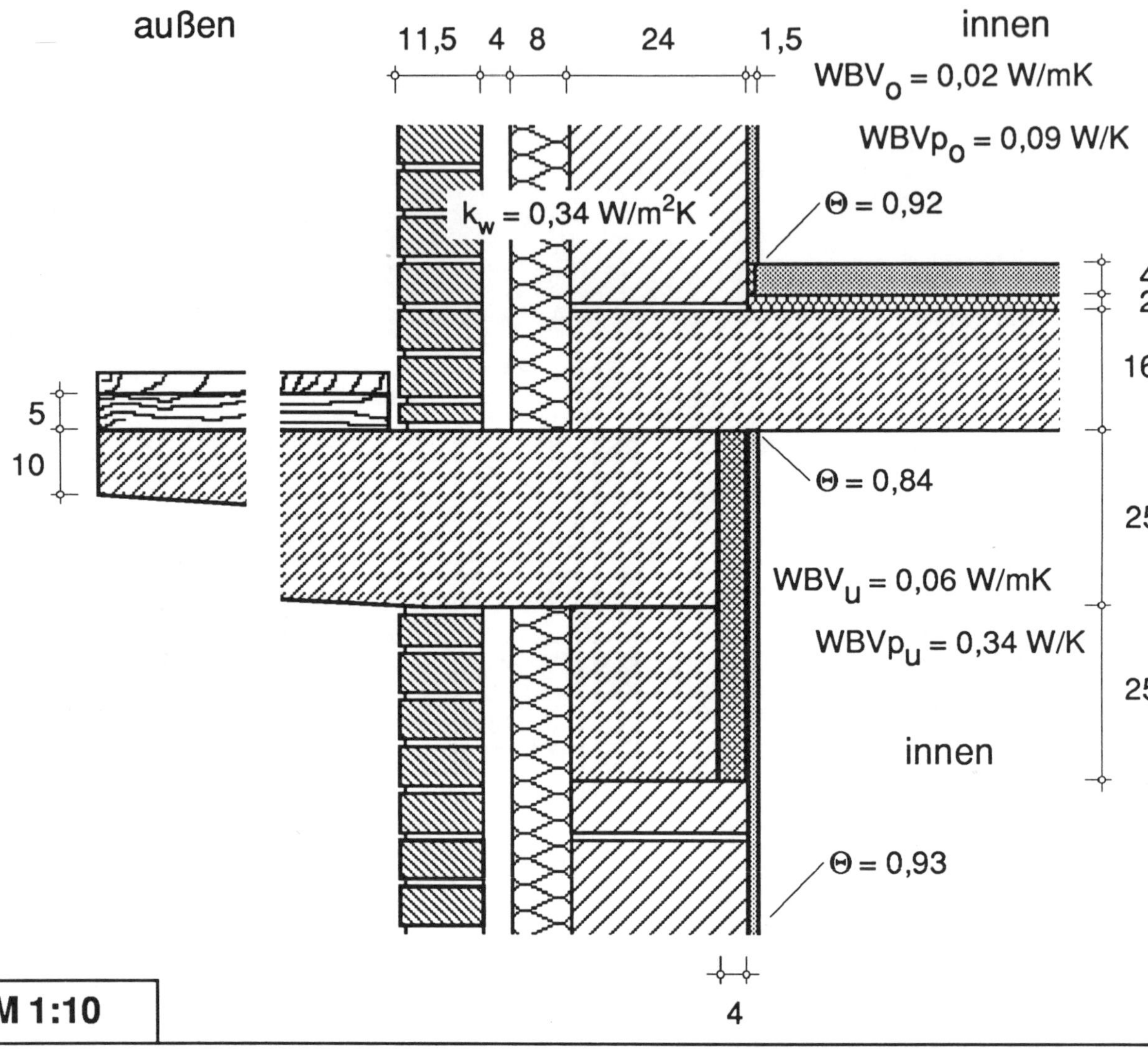

Baustoff	Dicke s [m]	Rohdichte ρ [kg/m³]	Wärmeleitfähigkeit λ_R [W/mK]
Gipsputz	0,015	1200	0,35
Mauerwerk	0,24	1200	0,56
Wärmedämmstoff	0,08	-	0,04
Luftschicht	0,04	-	0,235
Vormauerstein	0,115	2000	0,96
Zementestrich	0,04	2000	1,4
Wärmedämmstoff / Trittschalldämmung	0,02	-	0,04
Stahlbeton	-	2400	2,1
Mehrschicht-Leichtbauplatte M-50/3	0,04	≥15	0,04
Randdämmstreifen	0,005	-	0,04
Holz	-	-	-

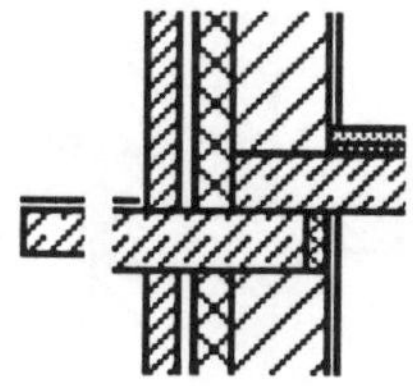

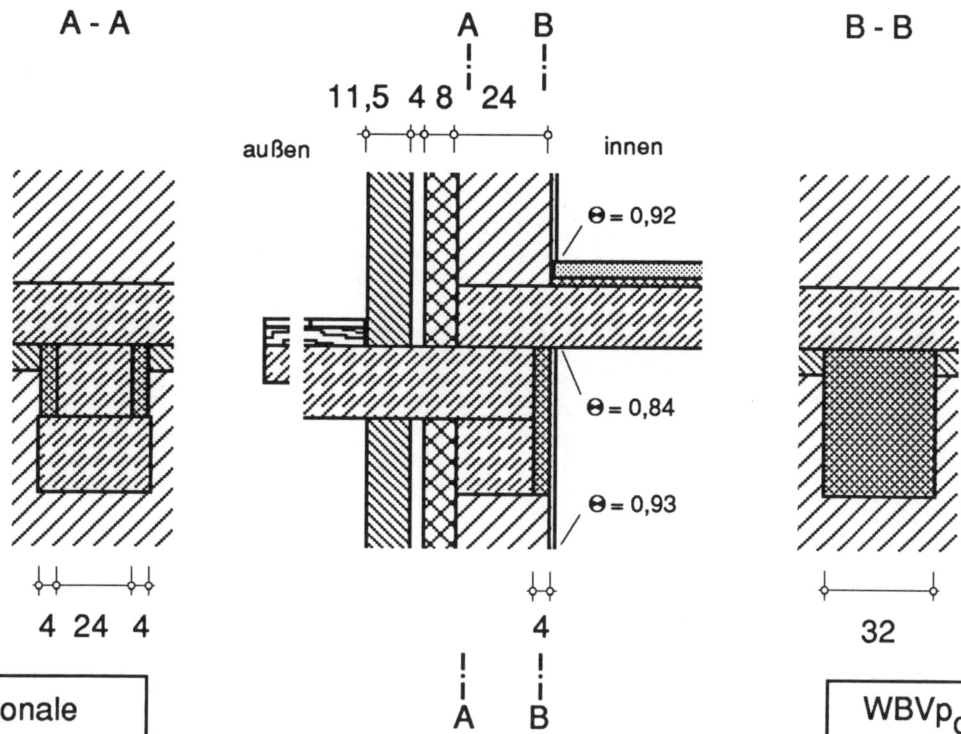

3dimensionale Wärmebrücke

$WBVp_o = 0{,}09$ W/K
$WBVp_u = 0{,}34$ W/K

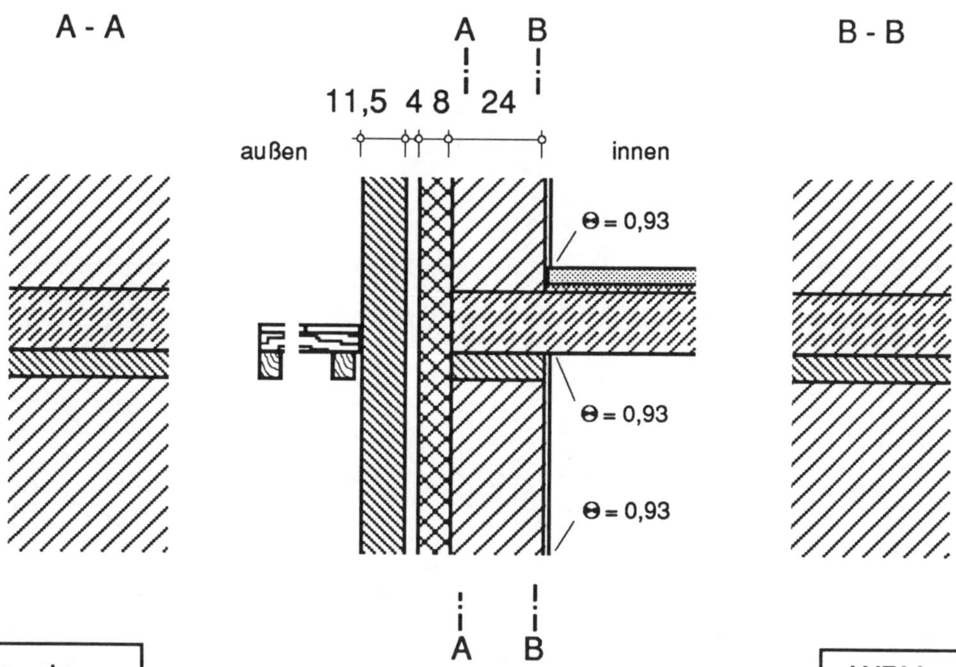

2dimensionale Wärmebrücke

$WBV_o = 0{,}02$ W/mK
$WBV_u = 0{,}06$ W/mK

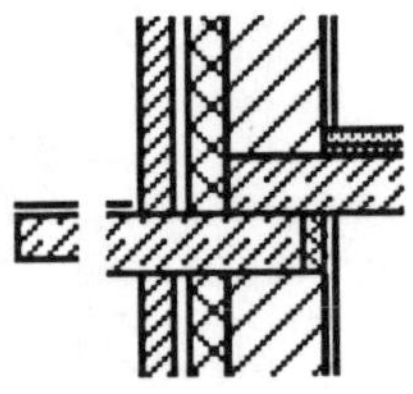

4. Zweischalige Außenwand

4.4.3 Balkonanschluß, Kragarm Stahlbeton

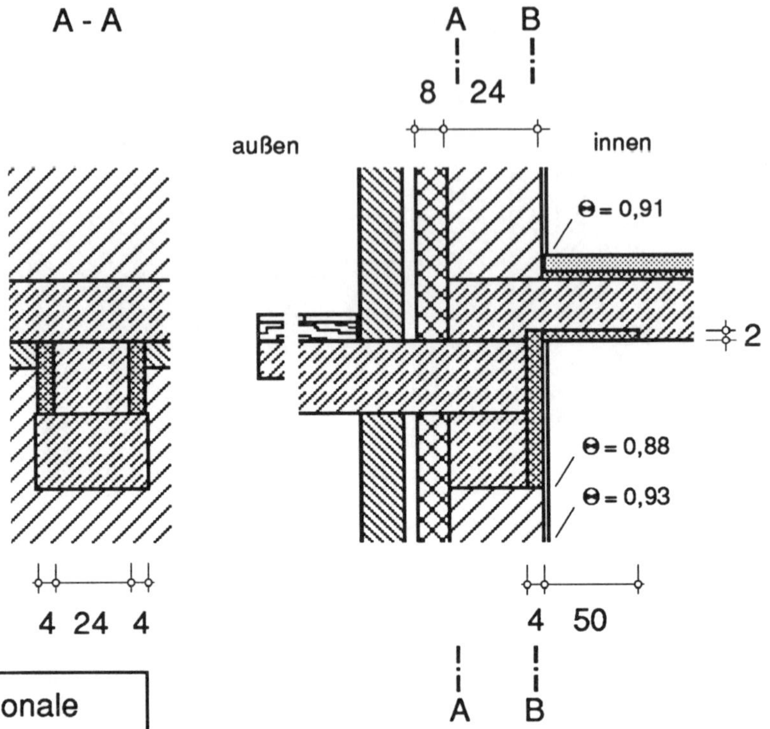

3dimensionale Wärmebrücke

$WBVp_o = 0{,}15$ W/K
$WBVp_u = 0{,}26$ W/K

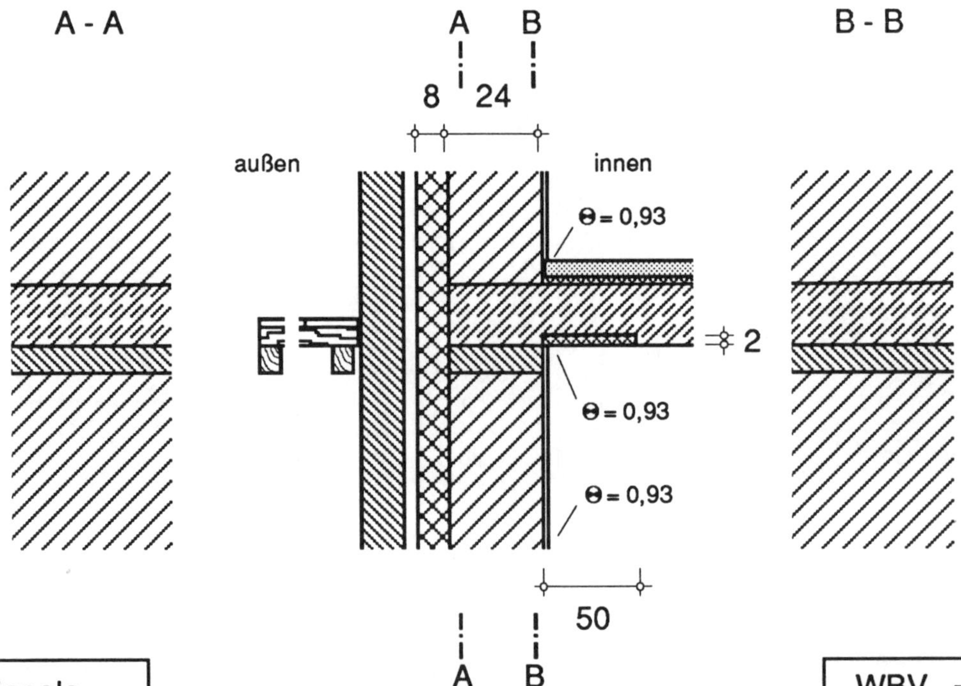

2dimensionale Wärmebrücke

$WBV_o = 0{,}04$ W/mK
$WBV_u = 0{,}04$ W/mK

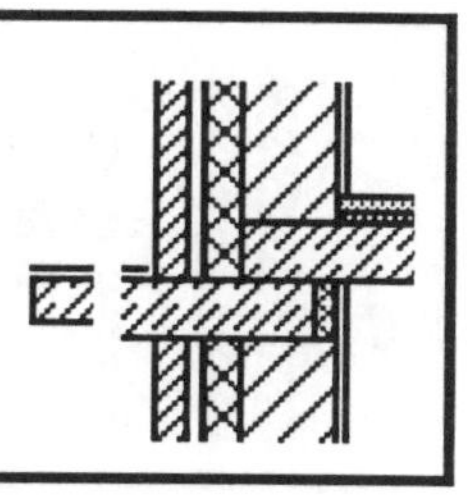

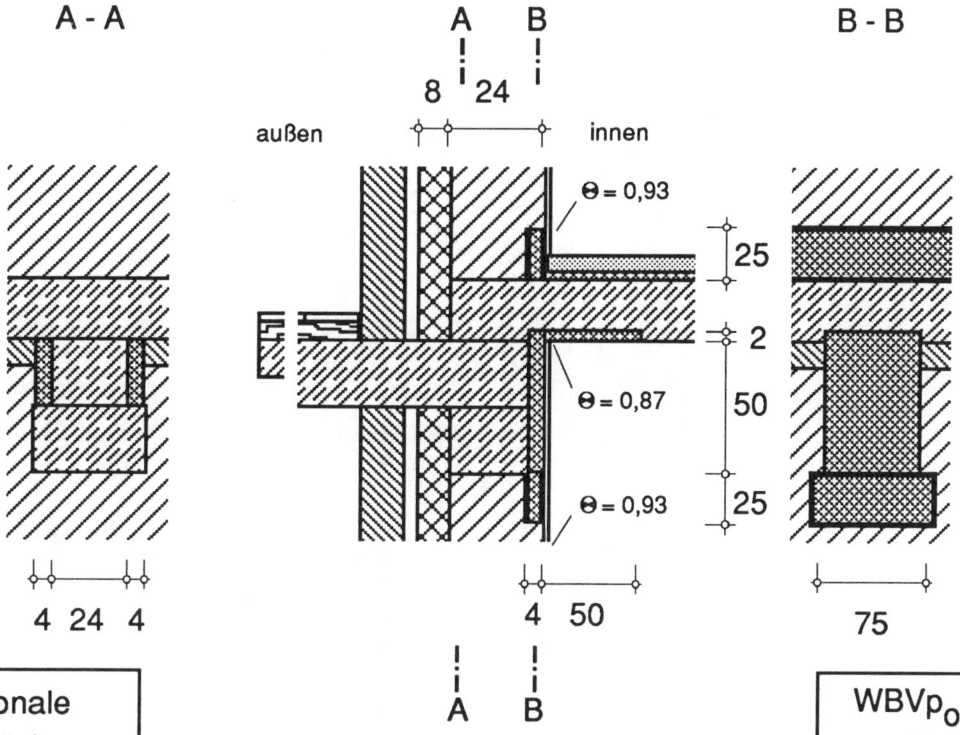

3dimensionale Wärmebrücke

$WBVp_o = 0{,}09$ W/K

$WBVp_u = 0{,}28$ W/K

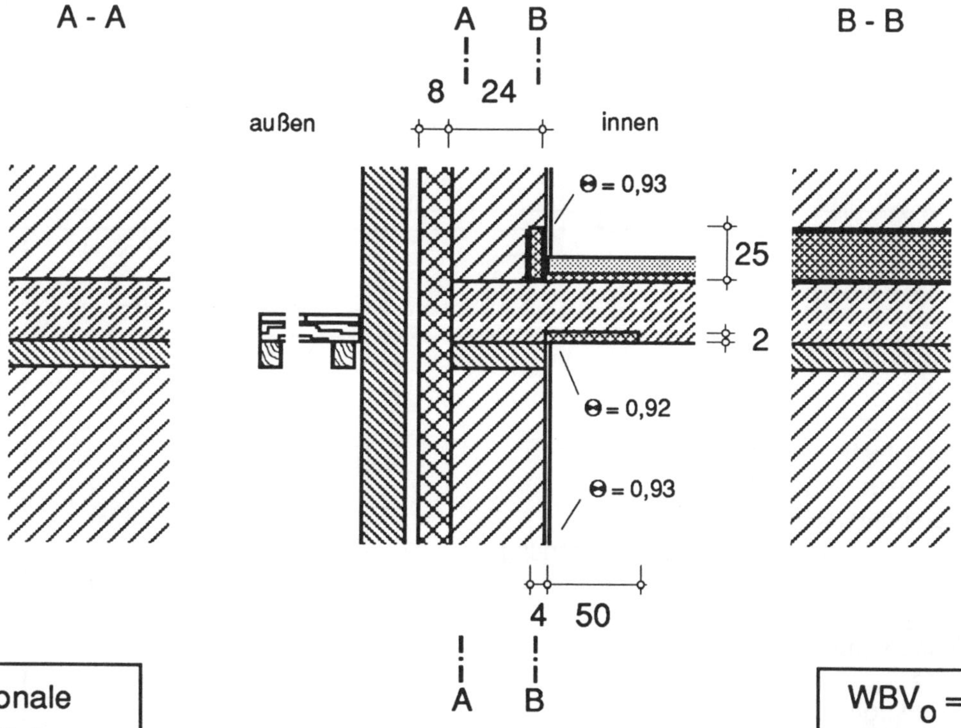

2dimensionale Wärmebrücke

$WBV_o = 0{,}01$ W/mK

$WBV_u = 0{,}05$ W/mK

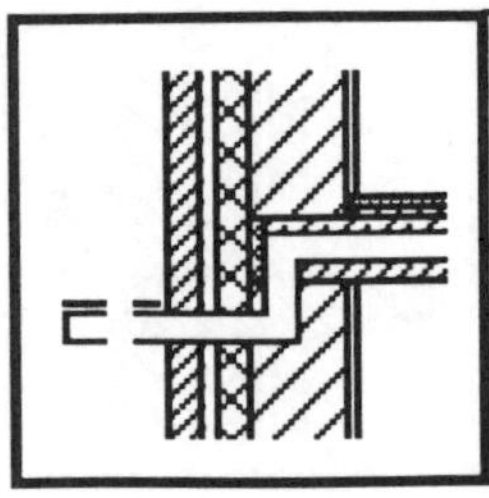

4. Zweischalige Außenwand

4.4.4 Balkonanschluß, Kragarm Stahlprofil

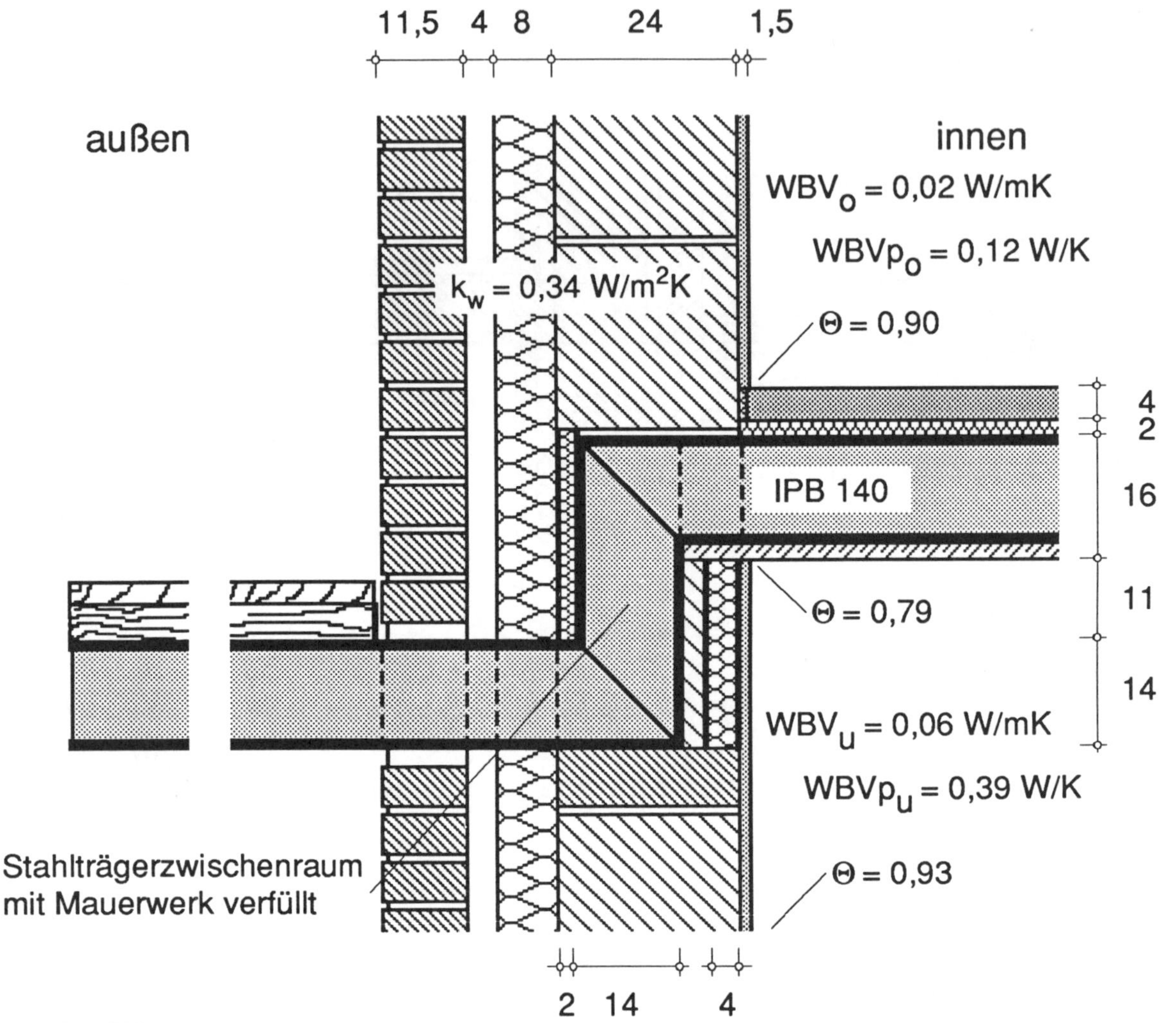

M 1:10

Baustoff	Dicke s [m]	Rohdichte ρ [kg/m³]	Wärmeleitfähigkeit λ_R [W/mK]
Gipsputz	0,015	1200	0,35
Mauerwerk	0,24	1200	0,56
Wärmedämmstoff	0,08	-	0,04
Luftschicht	0,04	-	0,235
Vormauerstein	0,115	2000	0,96
Zementestrich	0,04	2000	1,4
Wärmedämmstoff / Trittschalldämmung	0,02	-	0,04
Stahlbeton	0,16	2400	2,1
Ausgleichsstein NF	0,24	1800	0,79
Randdämmstreifen	0,005	-	0,04
Holz	-	-	-
Stahlprofil IPB 140	-	7850	60
Mehrschicht-Leichtbauplatte M-50/3	-	≥15	0,04

Zweischalige Außenwand 4.

Balkonanschluß, Kragarm Stahlprofil 4.4.4

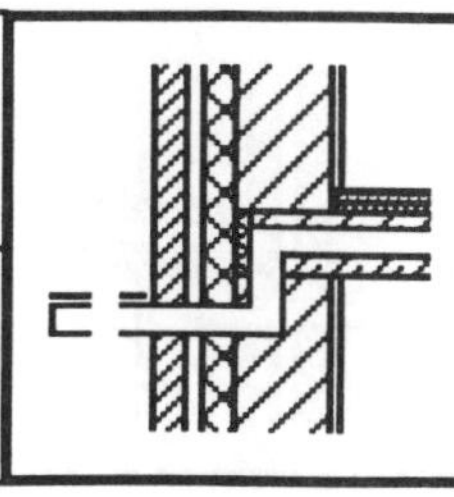

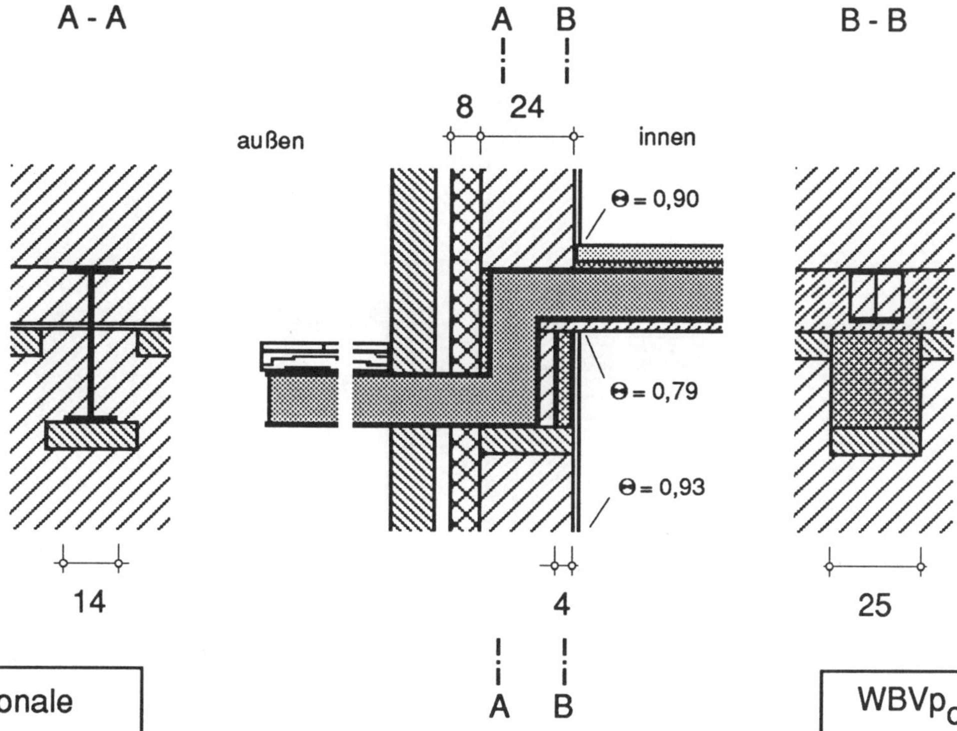

3dimensionale Wärmebrücke

$WBVp_o = 0{,}12$ W/K

$WBVp_u = 0{,}39$ W/K

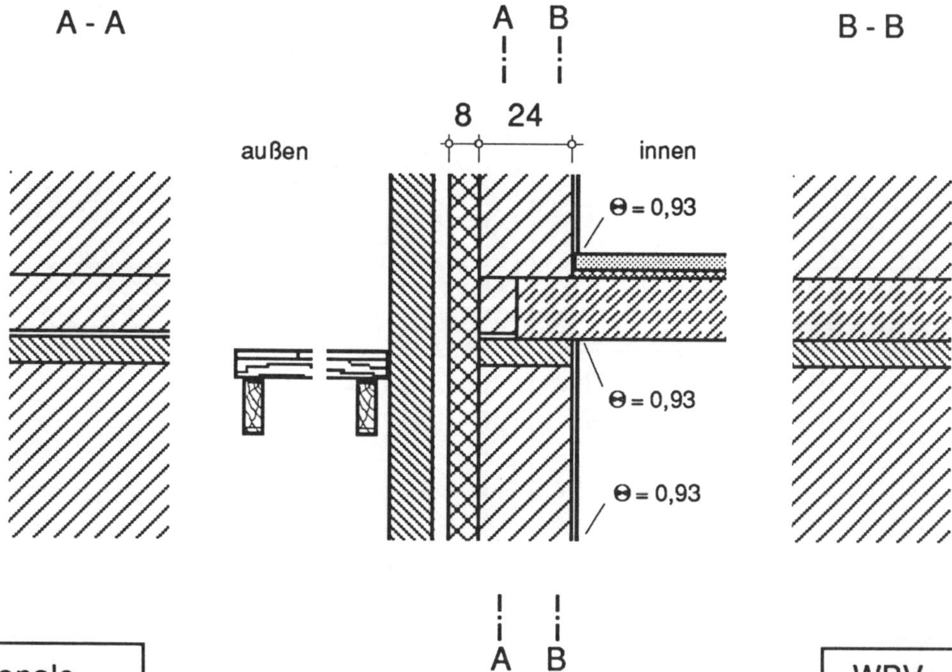

2dimensionale Wärmebrücke

$WBV_o = 0{,}02$ W/mK

$WBV_u = 0{,}06$ W/mK

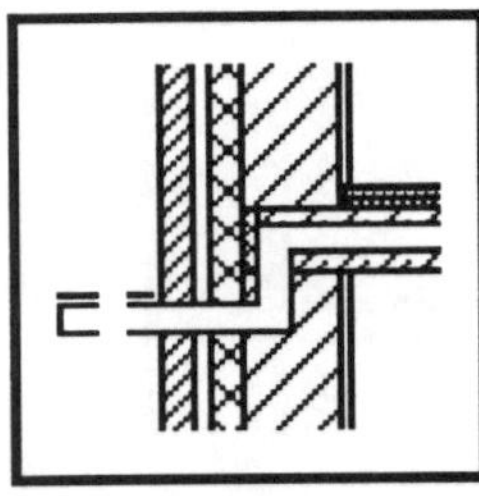

4. Zweischalige Außenwand

4.4.4 Balkonanschluß, Kragarm Stahlprofil

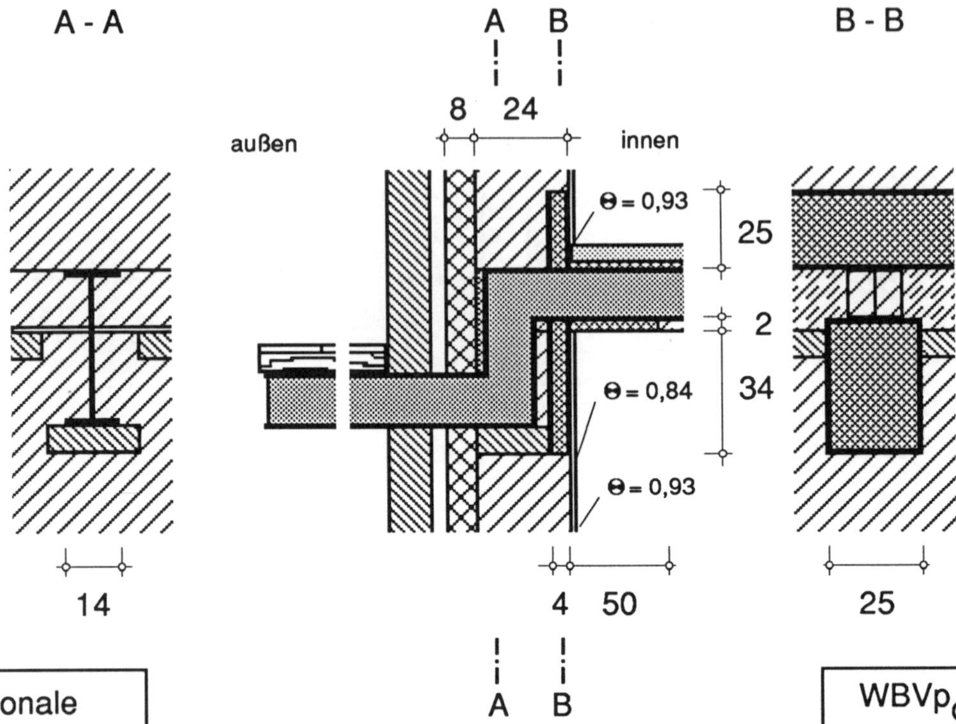

3dimensionale Wärmebrücke

$WBVp_o = 0{,}12$ W/K
$WBVp_u = 0{,}34$ W/K

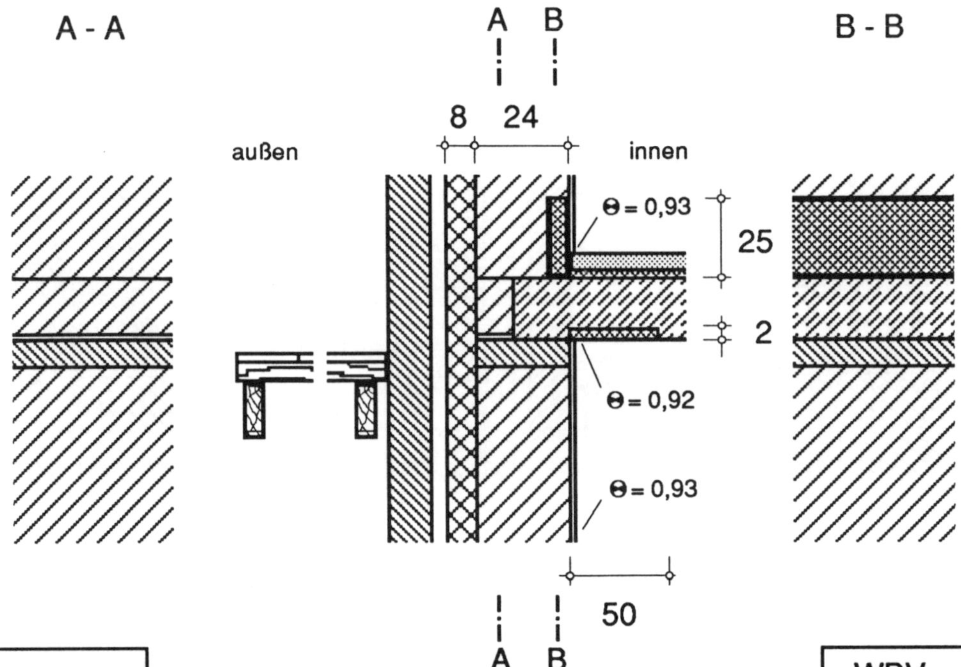

2dimensionale Wärmebrücke

$WBV_o = 0{,}01$ W/mK
$WBV_u = 0{,}05$ W/mK

Zweischalige Außenwand 4.

Balkonanschluß, Kragarm Stahlprofil 4.4.4

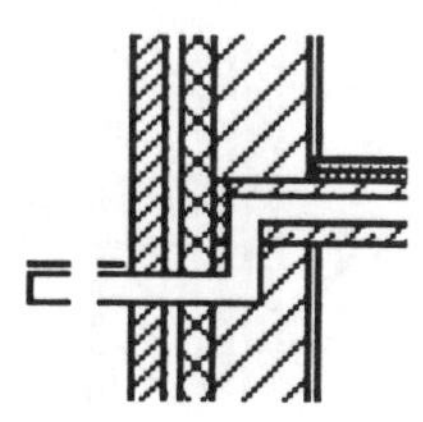

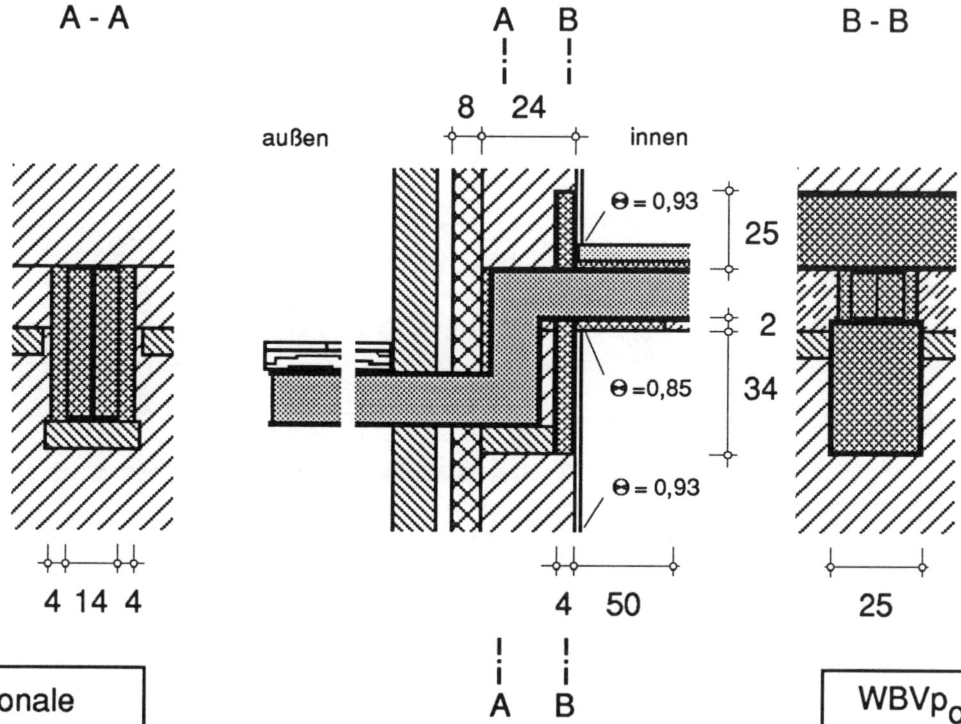

3dimensionale Wärmebrücke

$WBVp_o$ = 0,12 W/K
$WBVp_u$ = 0,31 W/K

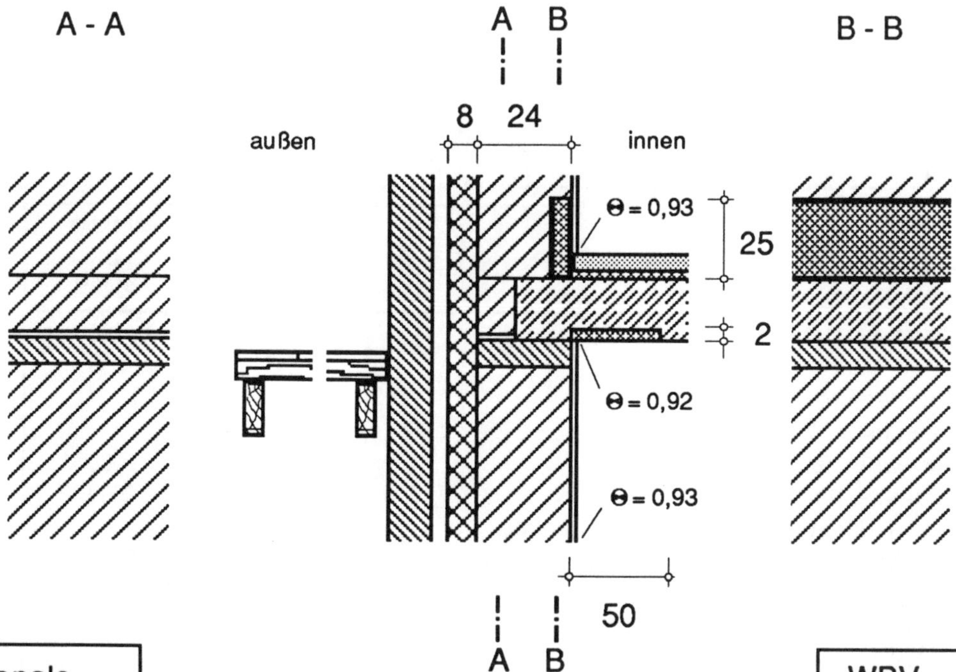

2dimensionale Wärmebrücke

WBV_o = 0,01 W/mK
WBV_u = 0,05 W/mK

4.4.5 Balkonanschluß, vorgehängte Stahlkonstruktion

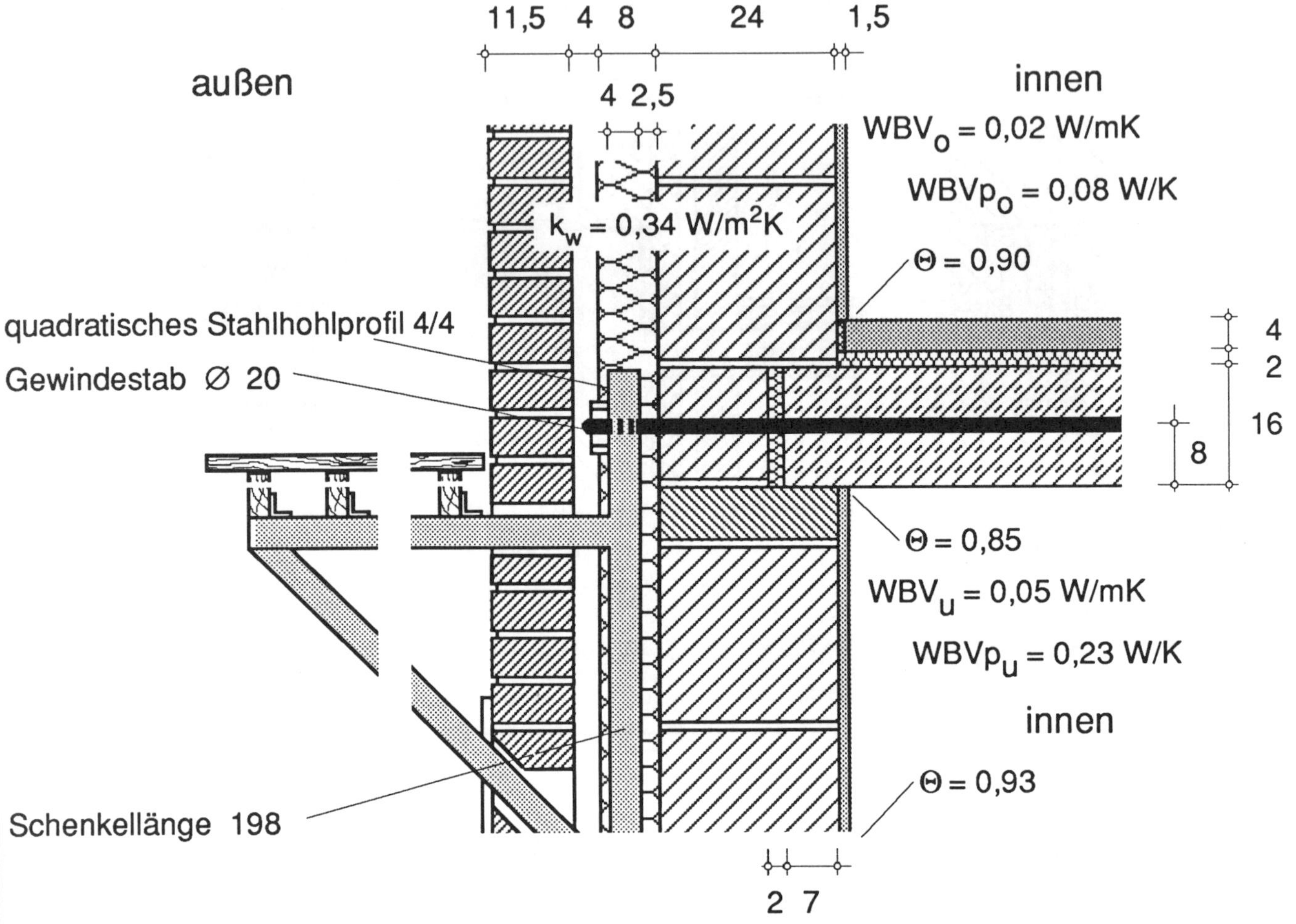

M 1:10

Baustoff	Dicke s [m]	Rohdichte ρ [kg/m³]	Wärmeleitfähigkeit λ_R [W/mK]
Gipsputz	0,015	1200	0,35
Mauerwerk	0,24	1200	0,56
Wärmedämmstoff	-	-	0,04
Luftschicht	0,04	-	0,235
Vormauerstein	0,115	2000	0,96
Zementestrich	0,04	2000	1,4
Wärmedämmstoff / Trittschalldämmung	0,02	-	0,04
Stahlbeton	0,16	2400	2,1
Ausgleichsstein NF	0,24	1800	0,79
Randdämmstreifen	0,005	-	0,04
Holz	-	-	-
Rundstahl	-	7850	60
Profilstahl	-	7850	60

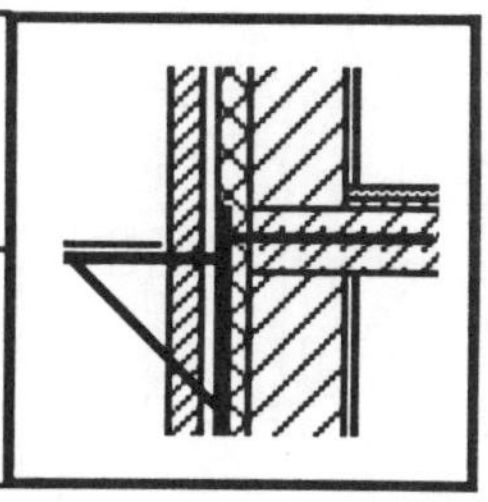

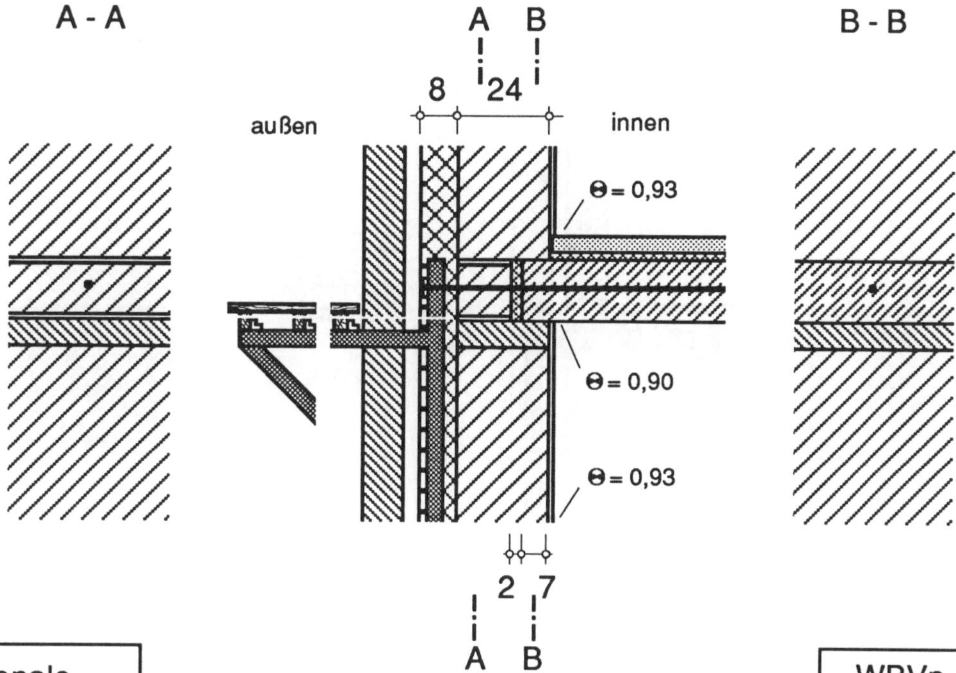

3dimensionale Wärmebrücke

$WBVp_o$ = 0,08 W/K
$WBVp_u$ = 0,23 W/K

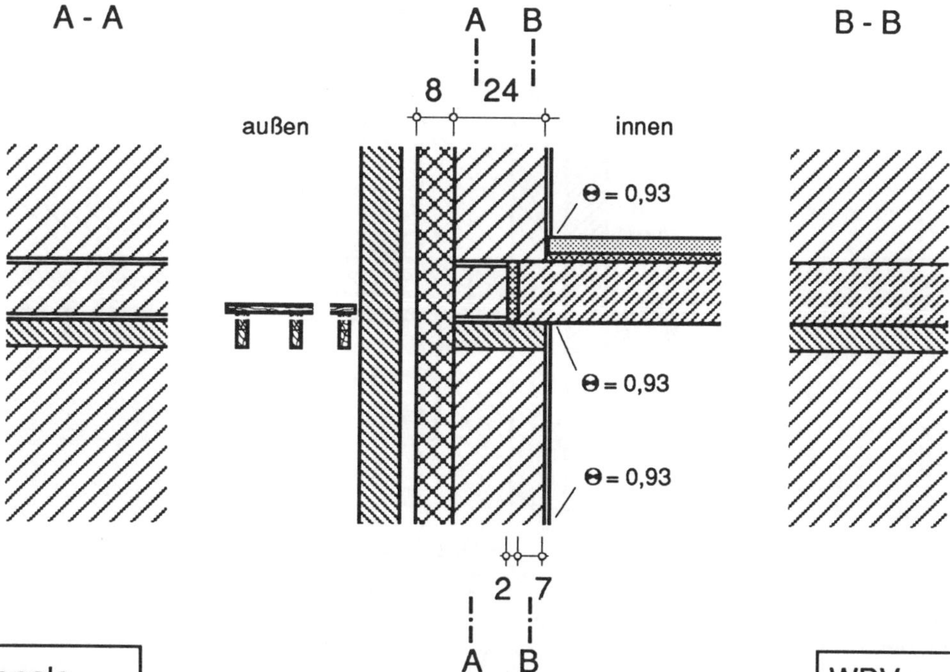

2dimensionale Wärmebrücke

WBV_o = 0,02 W/mK
WBV_u = 0,05 W/mK

4.4.5 Balkonanschluß, vorgehängte Stahlkonstruktion

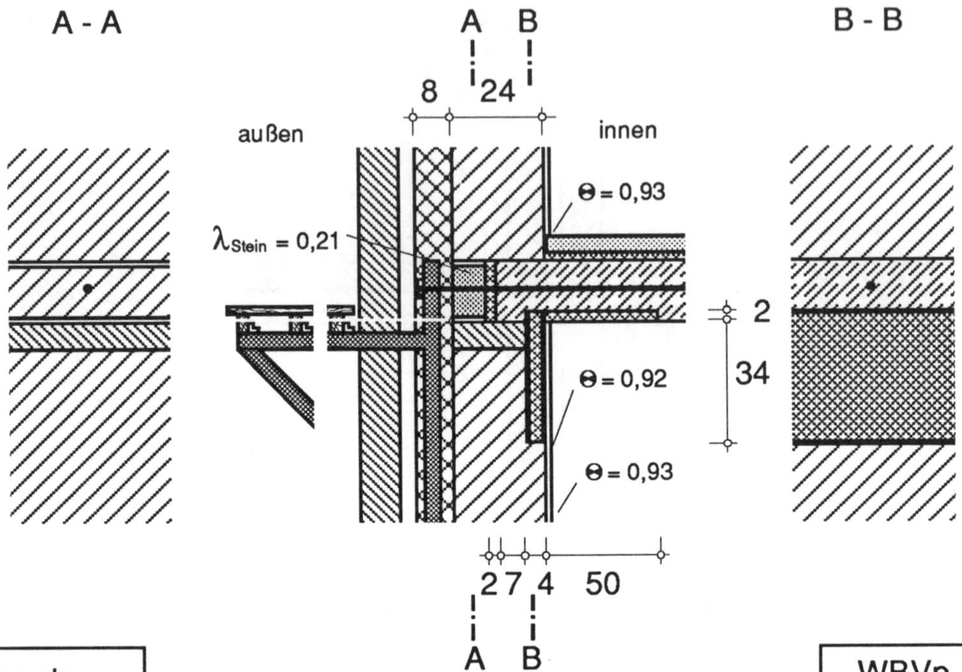

3dimensionale Wärmebrücke

$WBVp_o = 0{,}14$ W/K
$WBVp_u = 0{,}08$ W/K

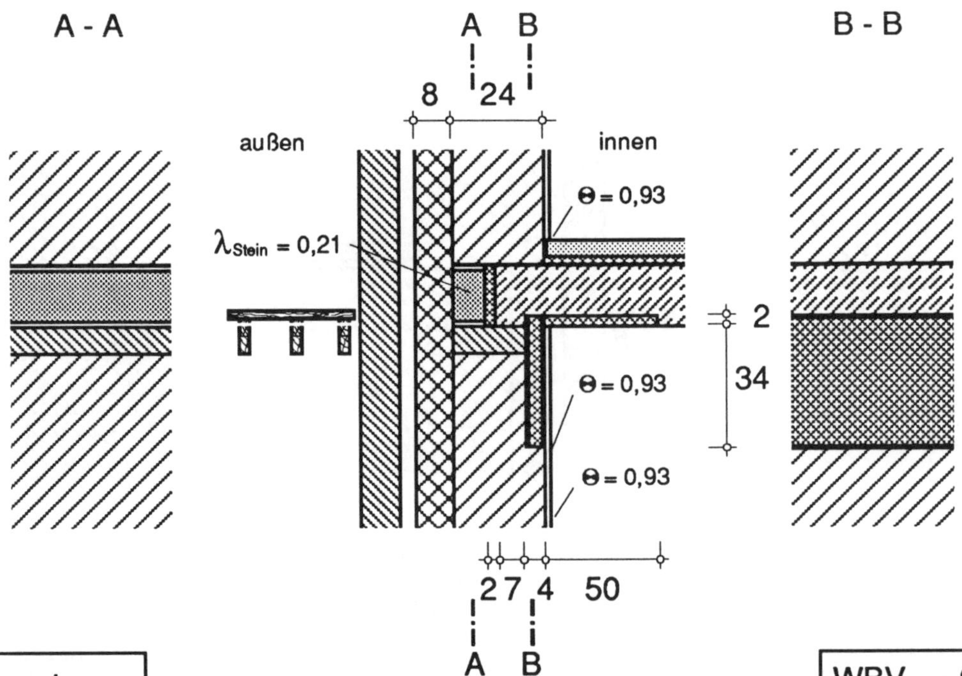

2dimensionale Wärmebrücke

$WBV_o = 0{,}05$ W/mK
$WBV_u = 0{,}01$ W/mK

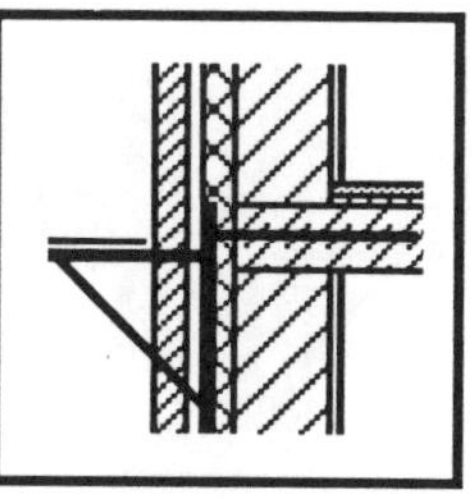

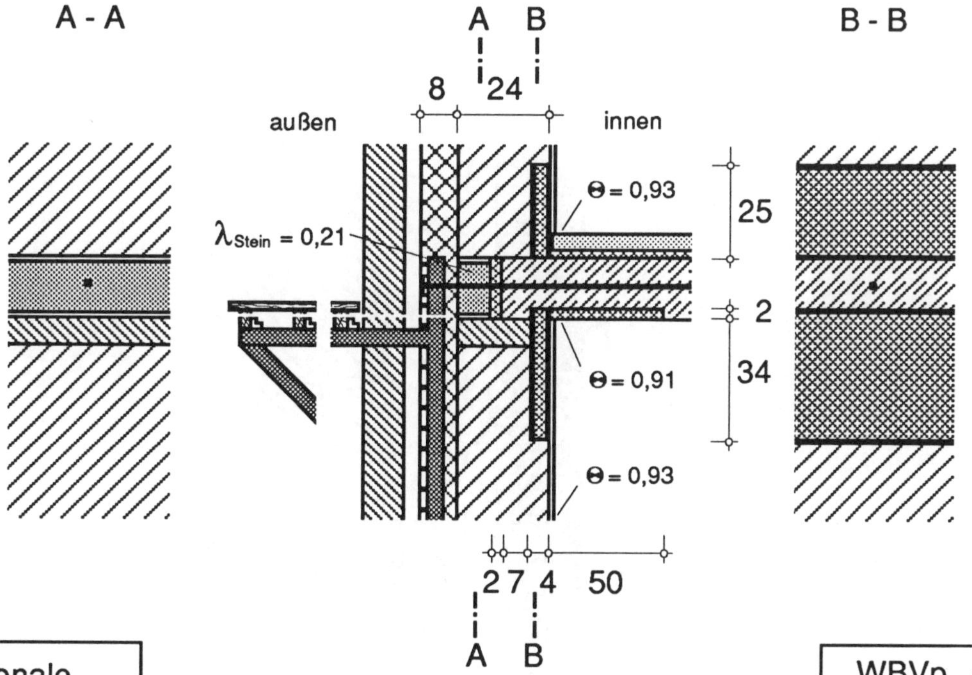

3dimensionale Wärmebrücke

$WBVp_o$ = 0,07 W/K
$WBVp_u$ = 0,12 W/K

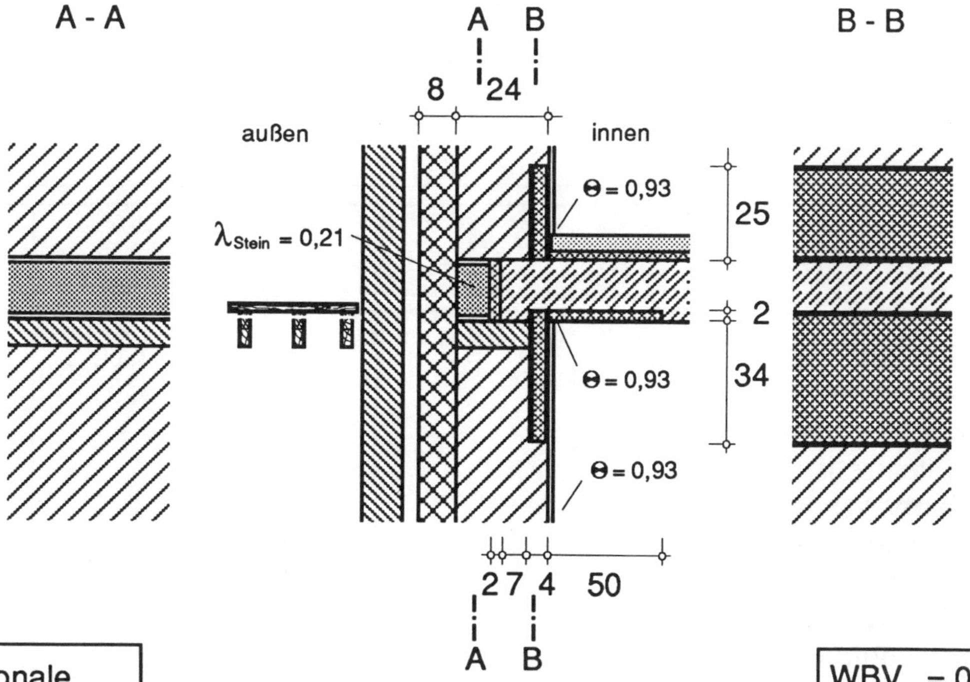

2dimensionale Wärmebrücke

WBV_o = 0,02 W/mK
WBV_u = 0,02 W/mK

4. Zweischalige Außenwand

4.4.5 Balkonanschluß, vorgehängte Stahlkonstruktion

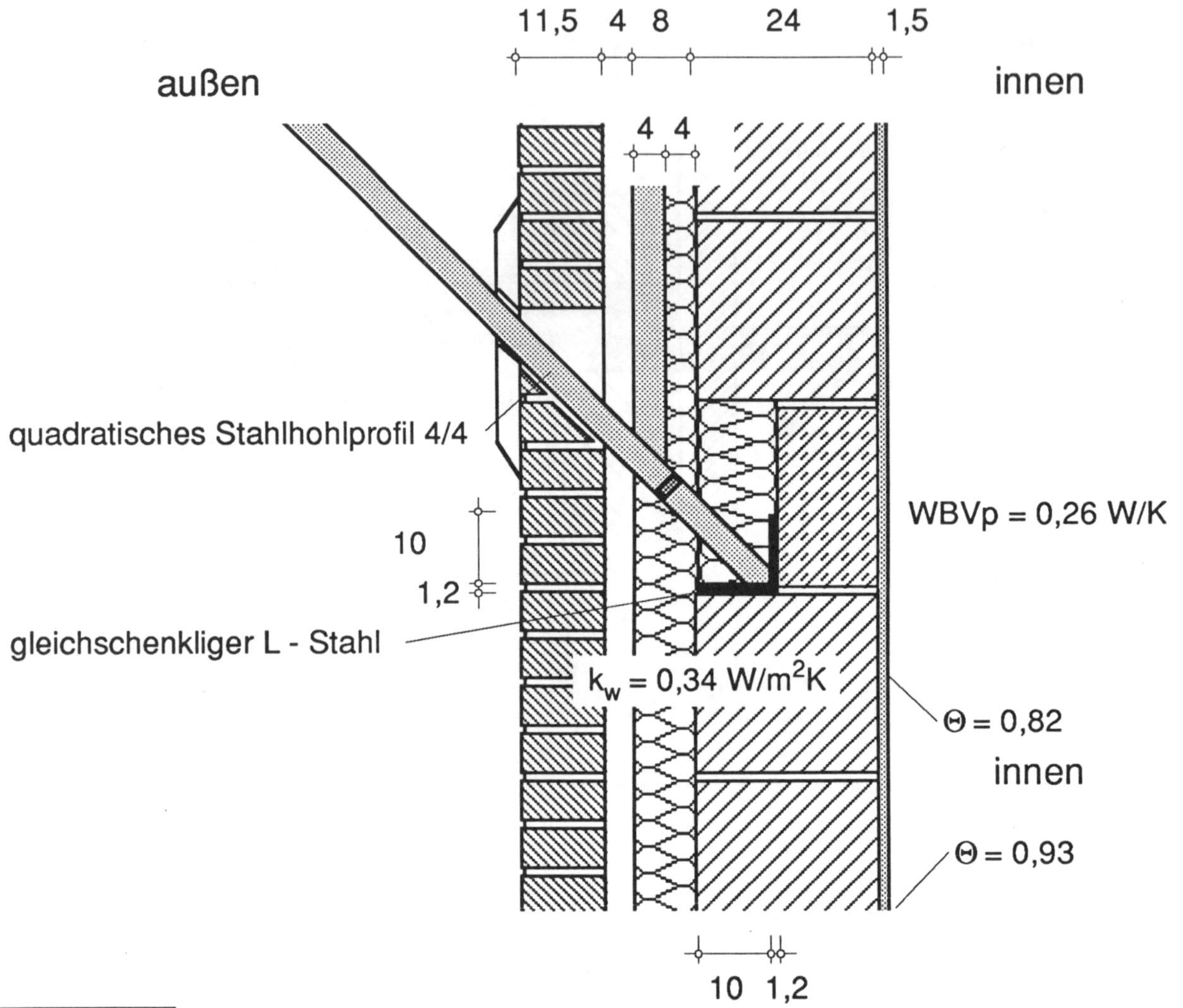

M 1:10

Baustoff	Dicke s [m]	Rohdichte ρ [kg/m³]	Wärmeleitfähigkeit λ_R [W/mK]
Gipsputz	0,015	1200	0,35
Mauerwerk	0,24	1200	0,56
Wärmedämmstoff	0,08	-	0,04
Luftschicht	0,04	-	0,235
Vormauerstein	0,115	2000	0,96
Wärmedämmstoff	0,10	-	0,04
Profilstahl	-	7850	60
Winkelstahl	-	7850	60
Stahlbeton	0,14	2400	2,1

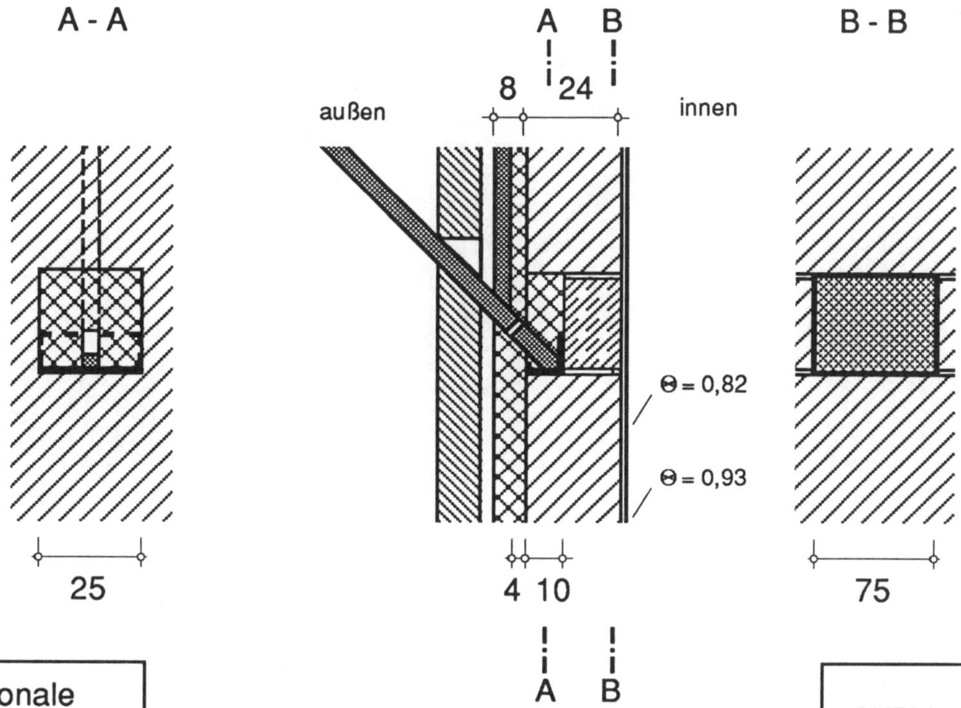

3dimensionale Wärmebrücke

WBVp = 0,26 W/K

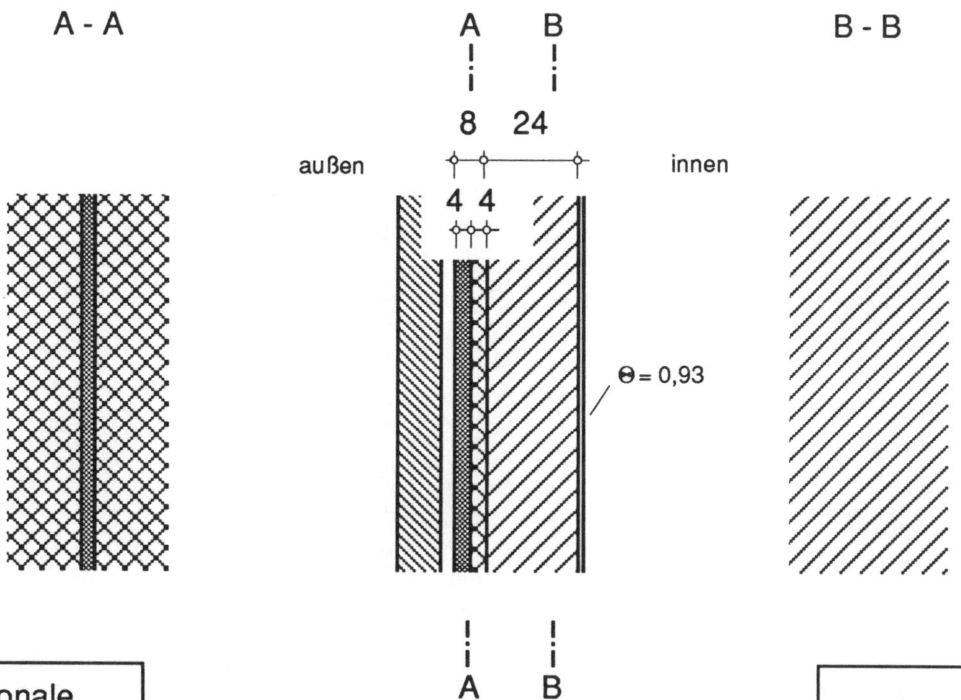

2dimensionale Wärmebrücke

WBV = 0,04 W/mK

4. Zweischalige Außenwand

4.4.5 Balkonanschluß, vorgehängte Stahlkonstruktion

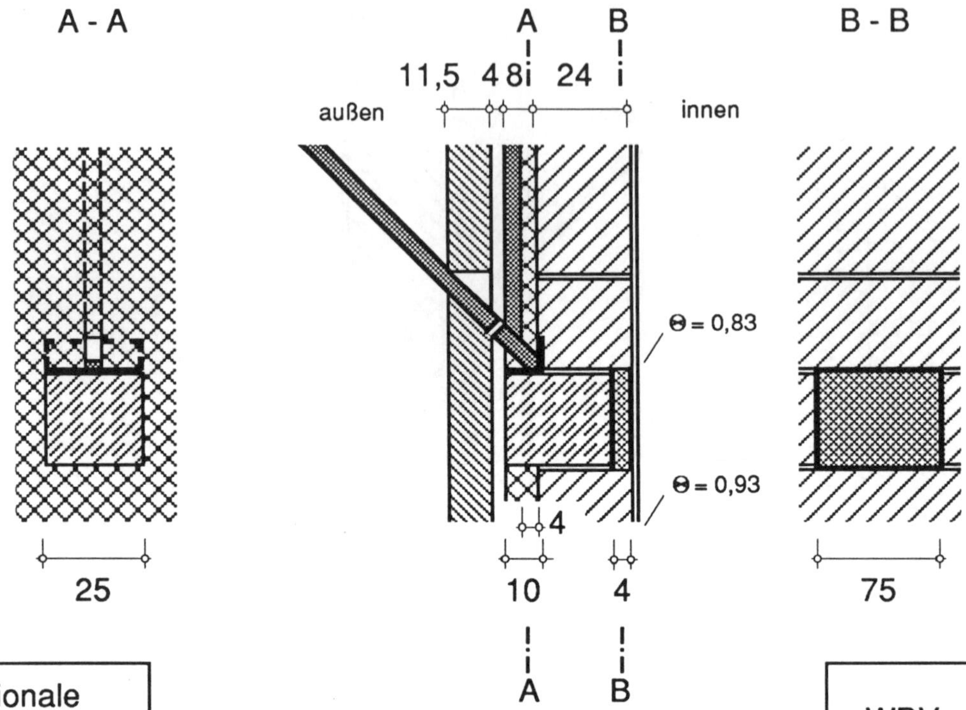

3dimensionale Wärmebrücke

WBVp = 0,11 W/K

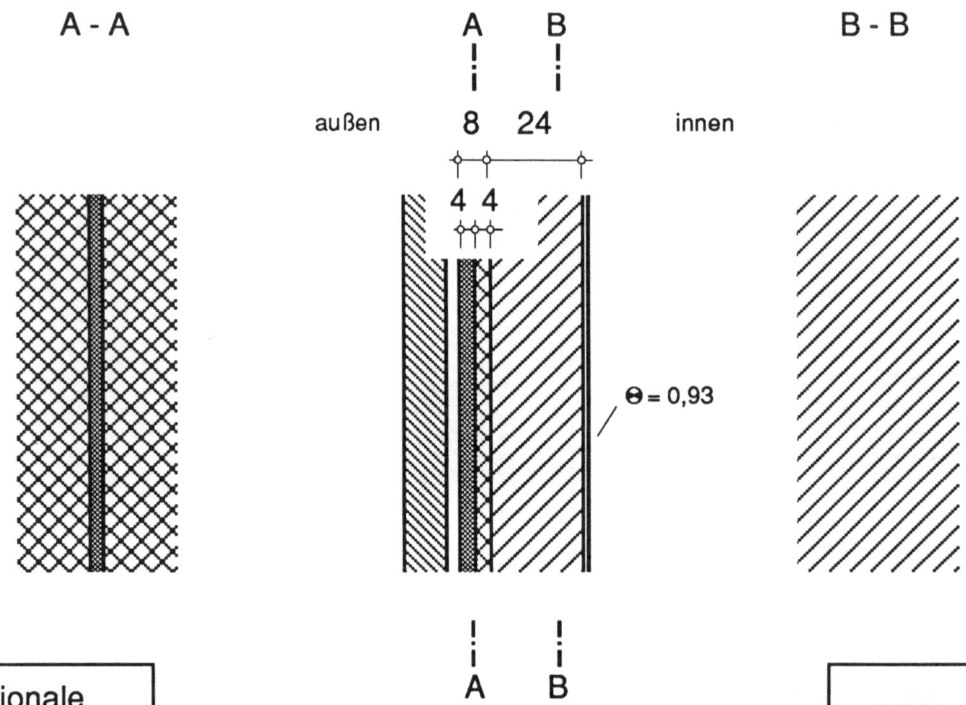

2dimensionale Wärmebrücke

WBV = 0,04 W/mK

Zweischalige Außenwand 4.

Balkonanschluß, vorgehängte Stahlkonstruktion 4.4.5

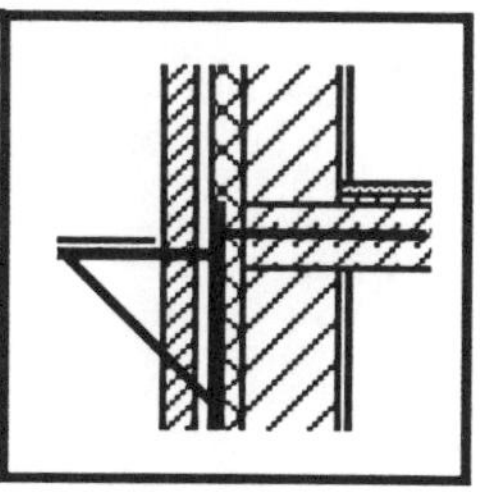

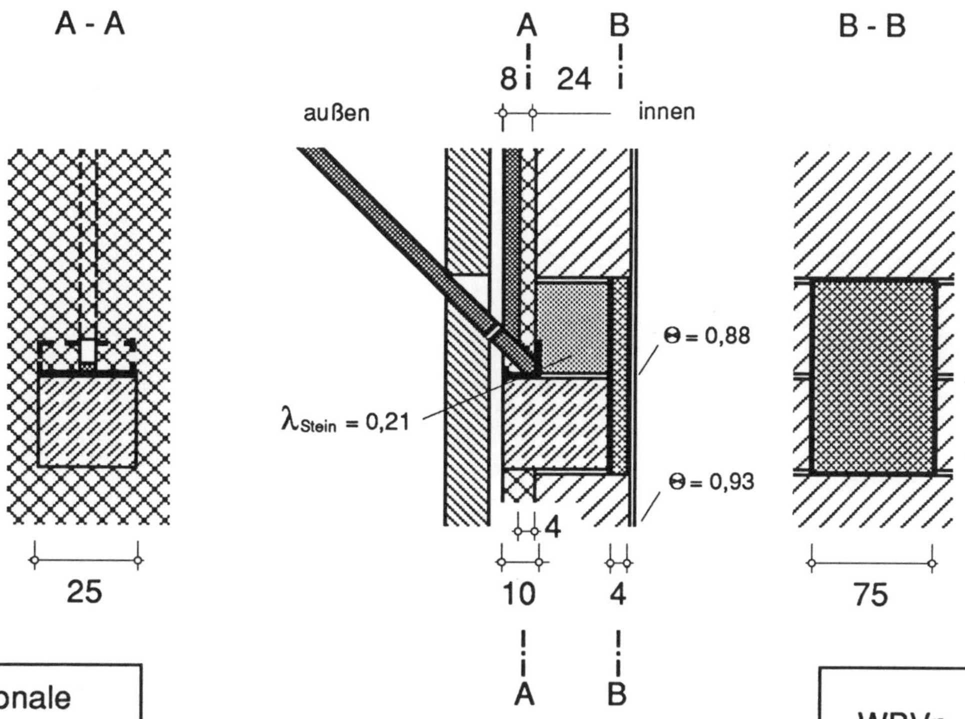

3dimensionale Wärmebrücke

WBVp = 0,01 W/K

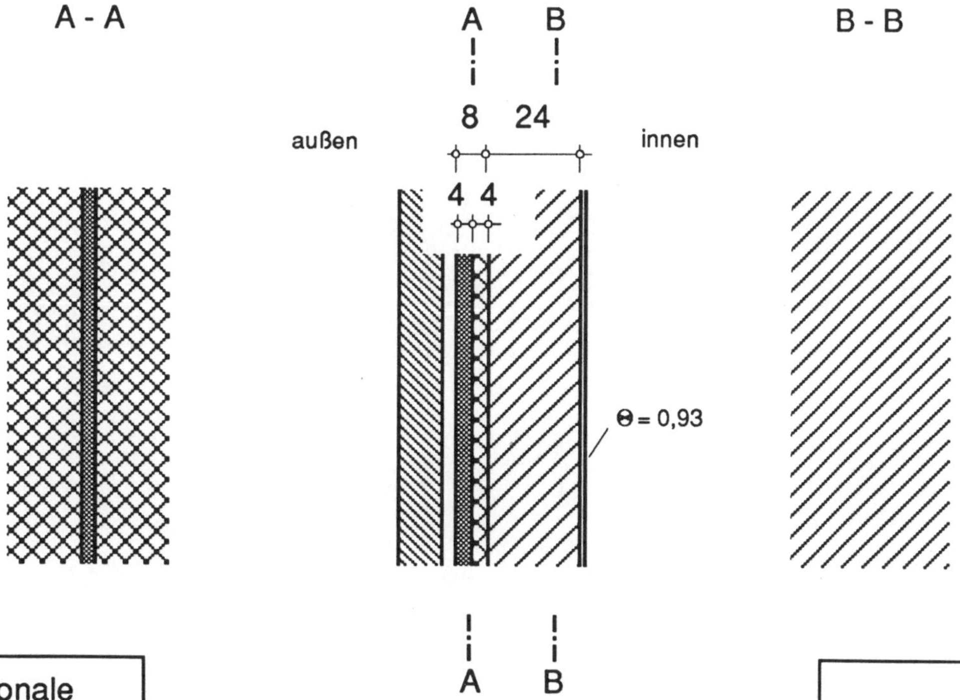

2dimensionale Wärmebrücke

WBV = 0,04 W/mK

Außenwand mit Vorhangfassade 5.

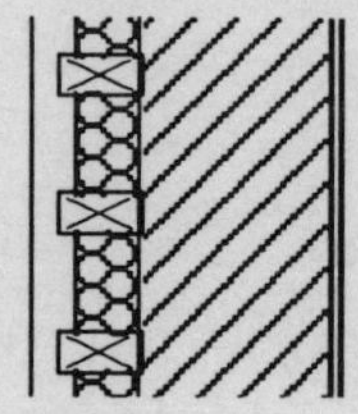

Außenwand mit Vorhangfassade 5.

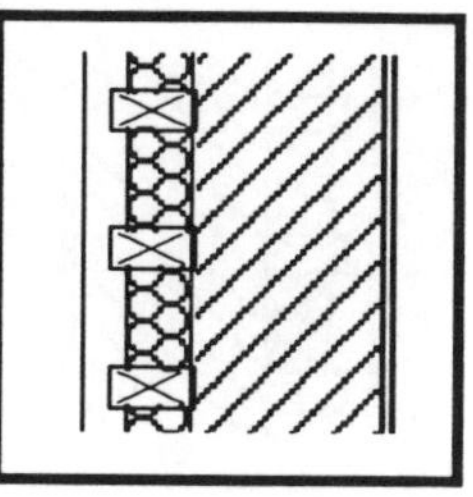

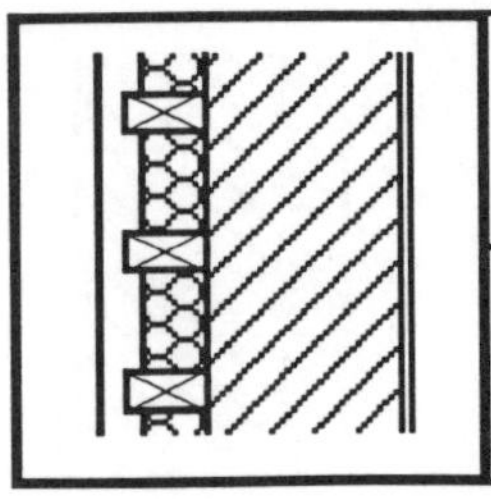

5. Außenwand mit Vorhangfassade

Bauteil - Beschreibung

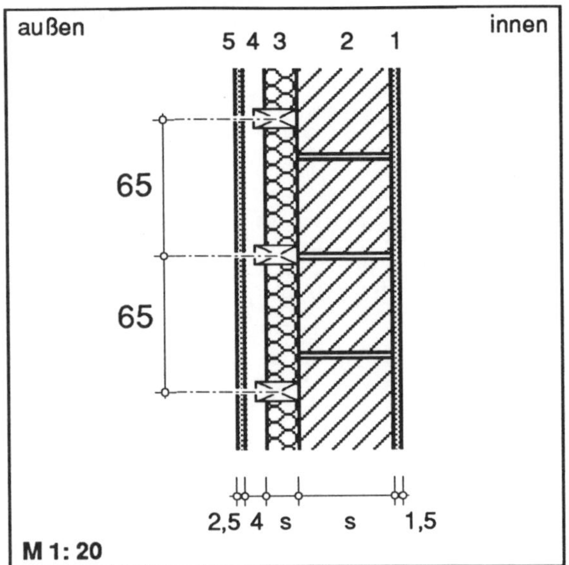

Baustoff	s [m]	ρ [kg/m³]	λ_R [W/m·K]
Gipsputz	0,015	1200	0,35
Mauerwerk	s	ρ	λ
Wärmedämmstoff	s	20	λ
Holzständer (b = 6)	s + 0,04	600	0,13
Hinterlüftung	-	-	-
Vorhangfassade (bleibt unberücksichtigt)	-	-	-

Kenngrößen

Variation in der Bauteilschicht										
2	s [cm]	17,5	17,5	17,5	**24**	**24**	**24**	**24**	**24**	**24**
	ρ [kg/m³]	1200	**1800**	**700**	1200	1200	1200	1200	1200	1200
	λ [W/m·K]	0,56	**0,99**	**0,21**	0,56	0,56	0,56	0,56	0,56	0,56
3	s [cm]	6	**8**	**8**	6	**8**	**10**	**12**	**12**	**12**
	ρ [kg/m³]	20	20	20	20	20	20	20	20	20
	λ [W/m·K]	0,04	0,04	0,04	0,04	0,04	0,04	0,04	**0,035**	**0,02**
	s [cm]									
	ρ [kg/m³]									
	λ [W/m·K]									
s_{ges}	[cm]	31,5	33,5	33,5	38	40	42	44	44	44
m_{ges}	[kg/m²]	229	452	142	307	308	308	308	308	308
m_i	[kg/m²]	228	450	141	306	306	306	306	306	306
Θ	[-]	0,90	0,91	0,93	0,90	0,92	0,93	0,94	0,95	0,96
k	[W/m²·K]	0,53	0,46	0,35	0,50	0,41	0,35	0,31	0,28	0,19

Preis [DM/m²]									

Bemerkungen:

Außenwand mit Vorhangfassade	5.
Wärmebrücken-Übersicht	

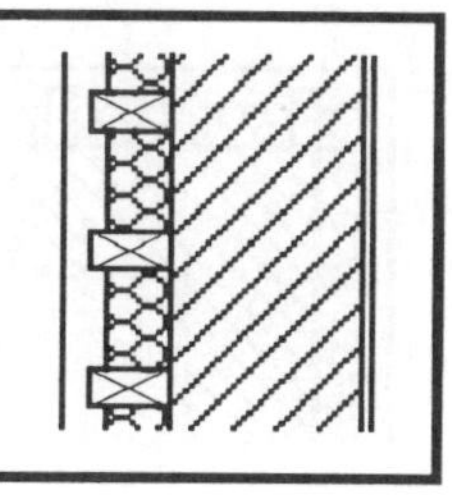

5.1	Wandan-schluß

5.1.1

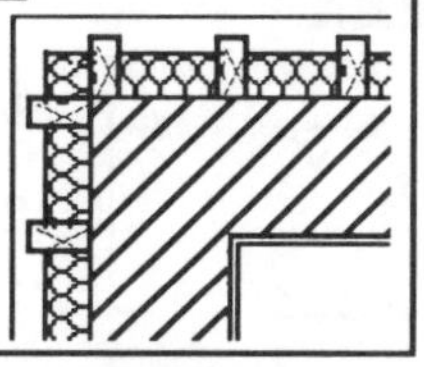

5.1.2

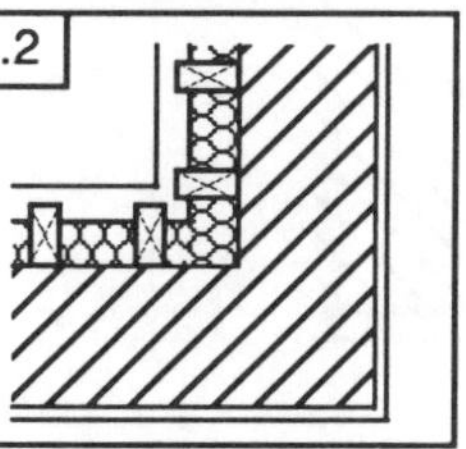

5.1.3

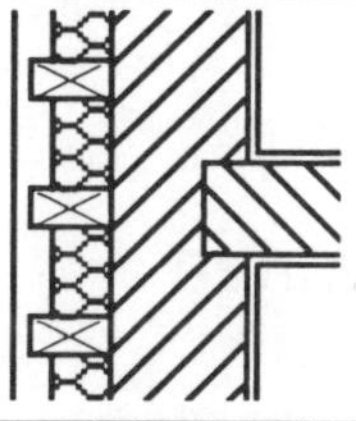

5.1.4

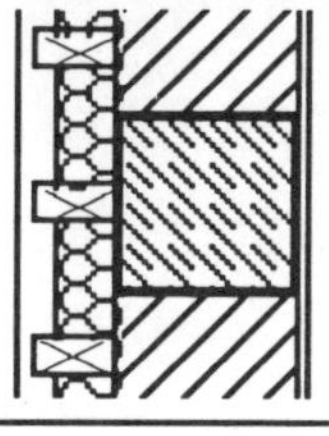

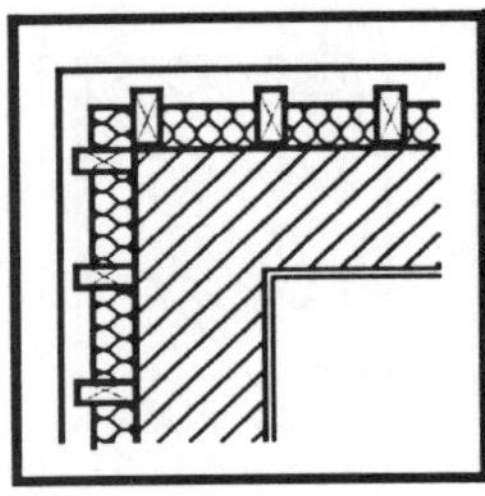

5. Außenwand mit Vorhangfassade

5.1.1 Außenecke

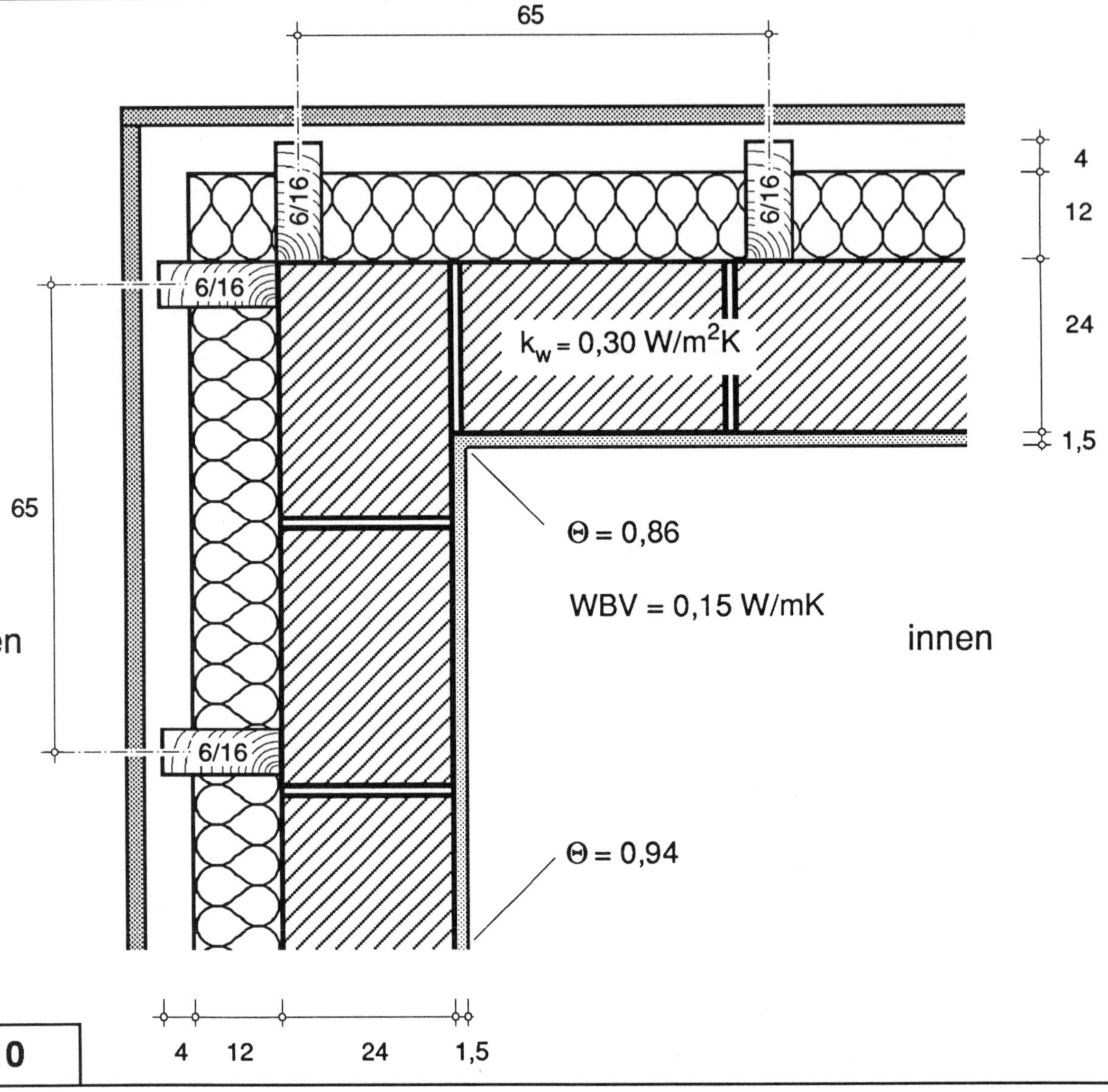

M 1:10

Baustoff	Dicke s [m]	Rohdichte ρ [kg/m³]	Wärmeleitfähigkeit λ_R [W/mK]
Gipsputz	0,015	1200	0,35
Mauerwerk	0,24	1200	0,56
Wärmedämmstoff	0,12	-	0,04
Holzständer	0,16	600	0,13
Hinterlüftung	0,04	-	-
Vorhangfassade (bleibt unberücksichtigt)			

Außenwand mit Vorhangfassade 5.

Außenecke 5.1.1

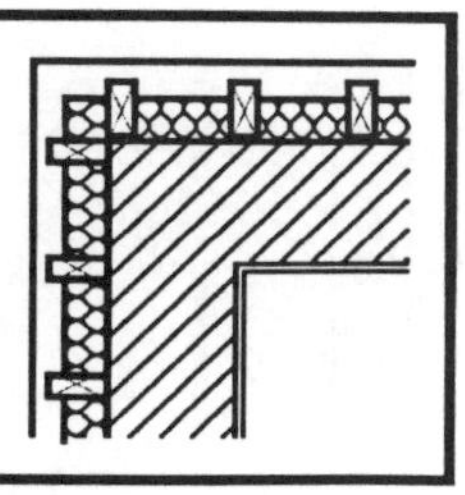

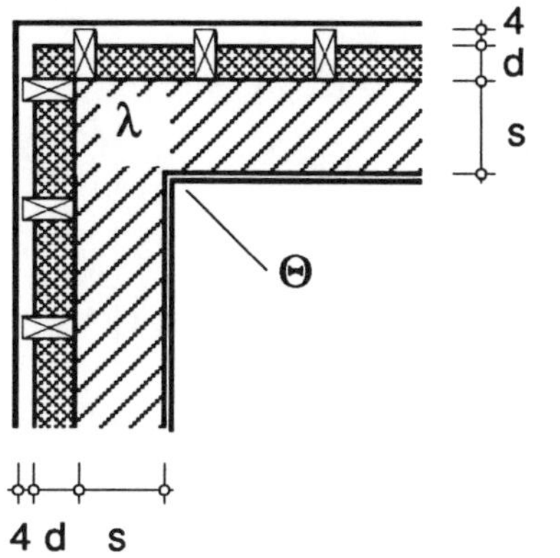

s [cm]	λ	d =6 cm		d =8 cm		d =10 cm		d =12 cm	
		WBV	Θ	WBV	Θ	WBV	Θ	WBV	Θ
17,5	0,21	0,06	0,83	0,07	0,85	0,08	0,86	0,08	0,87
17,5	0,56	0,13	0,80	0,13	0,83	0,12	0,85	0,12	0,86
17,5	0,99	0,16	0,80	0,15	0,83	0,14	0,85	0,13	0,87
24	0,21	0,10	0,86	0,10	0,87	0,10	0,84	0,10	0,85
24	0,56	0,18	0,80	0,17	0,83	0,16	0,85	0,15	0,86
24	0,99	0,22	0,79	0,20	0,83	0,18	0,85	0,17	0,86
30	0,21	0,11	0,84	0,11	0,86	0,11	0,87	0,11	0,88
30	0,56	0,21	0,80	0,20	0,82	0,19	0,84	0,18	0,86
30	0,99	0,27	0,79	0,25	0,82	0,23	0,84	0,22	0,86

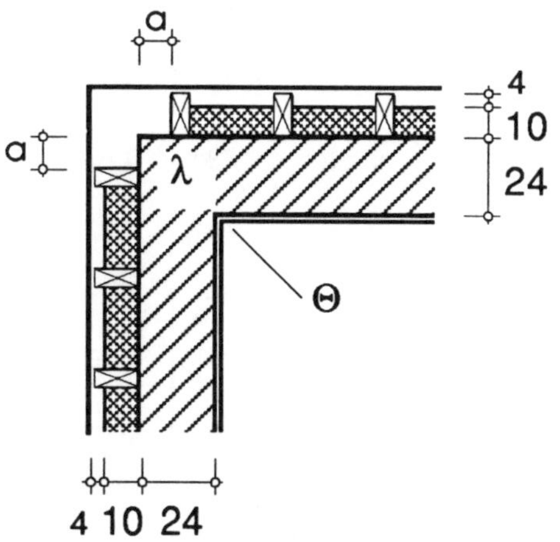

a [cm]	λ = 0,21		λ = 0,56		λ = 0,99	
	WBV	Θ	WBV	Θ	WBV	Θ
0	0,12	0,86	0,20	0,83	0,25	0,83
3	0,13	0,85	0,25	0,81	0,35	0,79
6	0,14	0,84	0,29	0,79	0,42	0,77
9	0,15	0,84	0,32	0,77	0,48	0,74
12	0,16	0,83	0,36	0,76	0,54	0,72

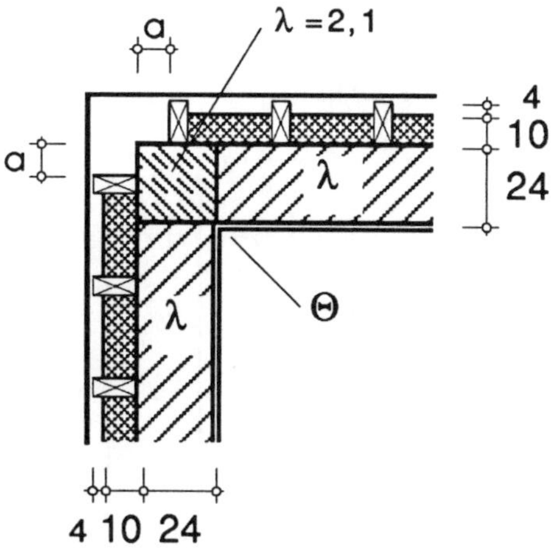

a [cm]	λ = 0,21		λ = 0,56		λ = 0,99	
	WBV	Θ	WBV	Θ	WBV	Θ
0	0,21	0,75	0,27	0,78	0,29	0,80
3	0,28	0,69	0,39	0,72	0,45	0,75
6	0,32	0,66	0,47	0,68	0,55	0,71
9	0,35	0,64	0,52	0,65	0,63	0,68
12	0,37	0,62	0,57	0,63	0,70	0,65

5. Außenwand mit Vorhangfassade

5.1.1 Außenecke

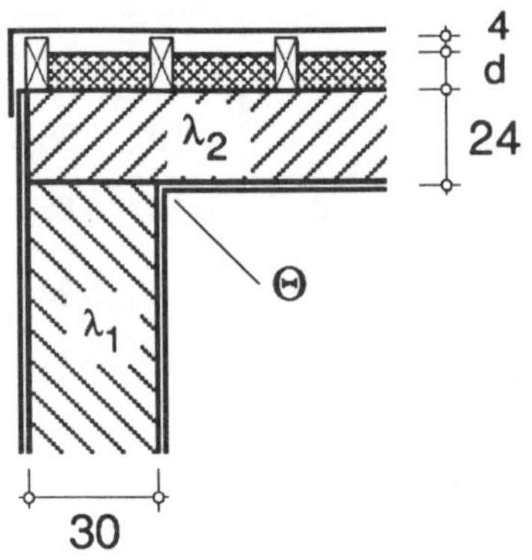

λ_1	λ_2	d = 8 cm		d = 10 cm		d = 12 cm	
		WBV	Θ	WBV	Θ	WBV	Θ
0,21	0,56	0,31	0,74	0,31	0,74	0,31	0,75
0,21	0,99	0,45	0,70	0,45	0,70	0,46	0,71
0,56	0,56	0,31	0,70	0,31	0,70	0,32	0,71
0,56	0,99	0,45	0,67	0,45	0,68	0,45	0,68

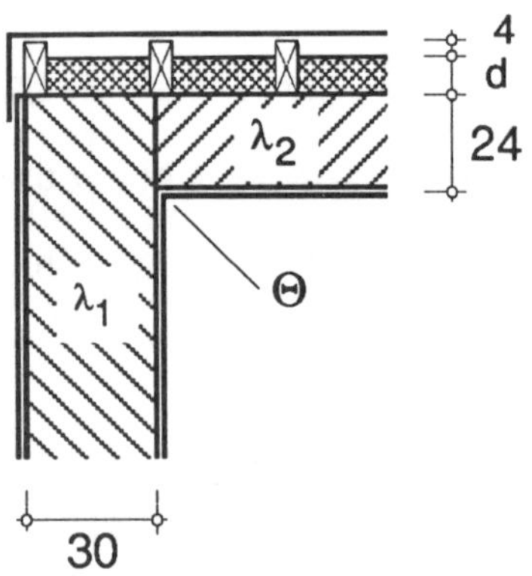

λ_1	λ_2	d = 8 cm		d = 10 cm		d = 12 cm	
		WBV	Θ	WBV	Θ	WBV	Θ
0,21	0,56	0,21	0,81	0,21	0,82	0,21	0,82
0,21	0,99	0,24	0,82	0,24	0,83	0,23	0,83
0,56	0,56	0,31	0,70	0,31	0,70	0,32	0,71
0,56	0,99	0,36	0,71	0,36	0,72	0,36	0,72

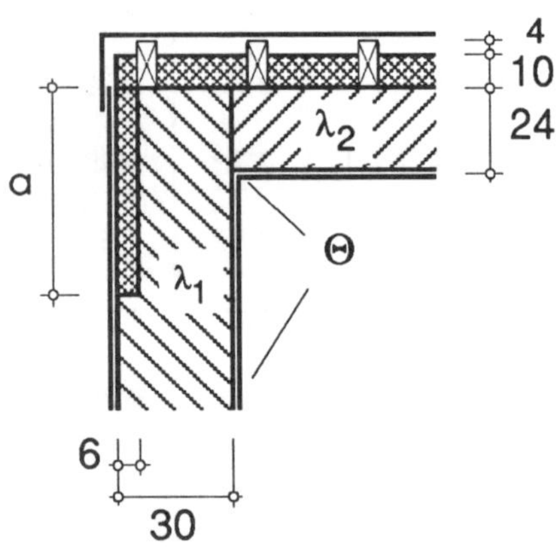

λ_1 / λ_2 / a [cm]	0,21 / 0,56		0,21 / 0,99		0,56 / 0,56		0,56 / 0,99	
	WBV	Θ	WBV	Θ	WBV	Θ	WBV	Θ
24	0,12	0,83	0,13	0,84	0,17	0,74	0,19	0,76
45	0,08	0,85	0,08	0,85	0,04	0,77	0,05	0,77
60	0,04	0,85	0,05	0,86	-0,07	0,77	-0,06	0,77
75	0,00	0,85	0,01	0,86	-0,19	0,77	-0,18	0,77
90	-0,03	0,85	-0,03	0,86	-0,32	0,77	-0,31	0,77
120	-0,11	0,85	-0,10	0,86	-0,56	0,77	-0,56	0,77

Außenwand mit Vorhangfassade 5.

Außenecke 5.1.1

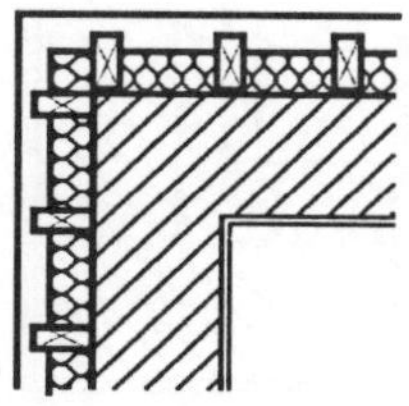

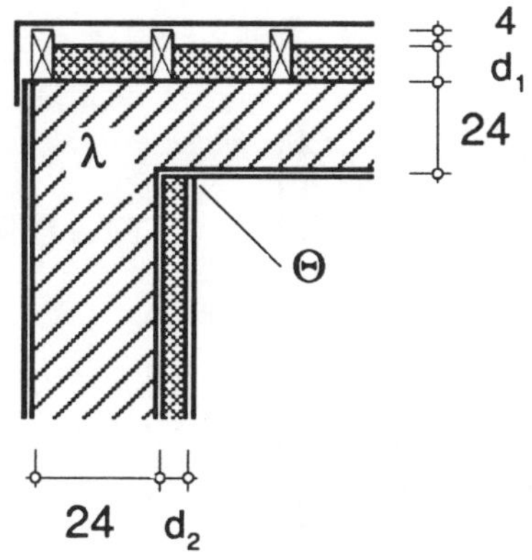

d_1 [cm]	d_2 [cm]	λ = 0,21		λ = 0,56		λ = 0,99	
		WBV	Θ	WBV	Θ	WBV	Θ
8	2	0,10	0,79	0,23	0,71	0,36	0,67
8	4	0,10	0,80	0,23	0,72	0,36	0,67
8	6	0,10	0,80	0,23	0,73	0,36	0,68
10	2	0,11	0,79	0,24	0,71	0,38	0,67
10	4	0,11	0,80	0,24	0,73	0,38	0,68
10	6	0,11	0,81	0,24	0,74	0,37	0,69
12	2	0,12	0,80	0,26	0,72	0,40	0,68
12	4	0,12	0,80	0,25	0,73	0,40	0,68
12	6	0,11	0,81	0,25	0,74	0,39	0,69

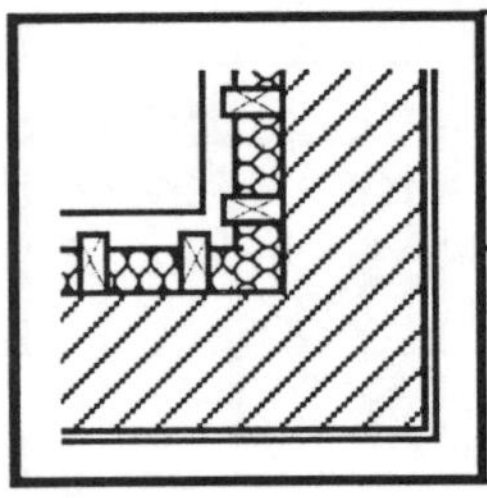

5. Außenwand mit Vorhangfassade

5.1.2 Innenecke

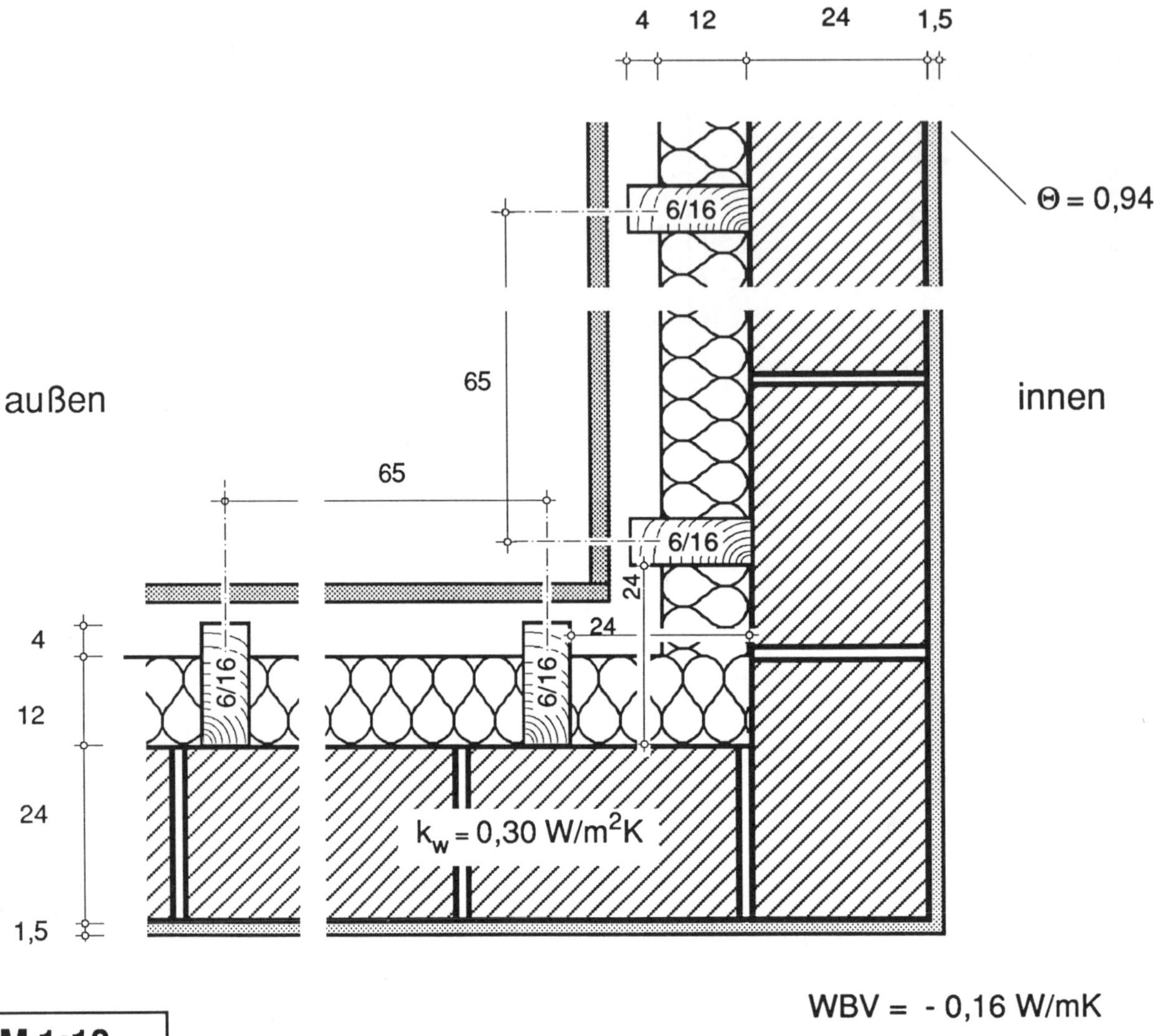

M 1:10

Baustoff	Dicke s [m]	Rohdichte ρ [kg/m³]	Wärmeleitfähigkeit λ_R [W/mK]
Gipsputz	0,015	1200	0,35
Mauerwerk	0,24	1200	0,56
Wärmedämmstoff	0,12	-	0,04
Holzständer	0,16	600	0,13
Hinterlüftung	0,04	-	-
Vorhangfassade (bleibt unberücksichtigt)			

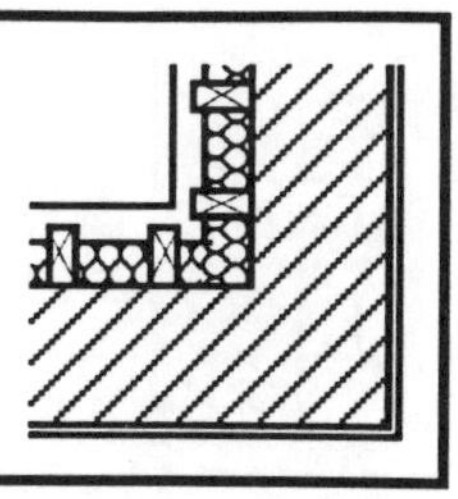

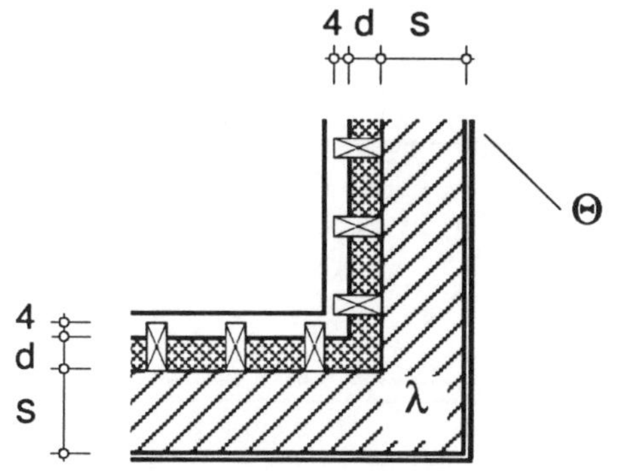

s [cm]	λ	d = 6 cm WBV	d = 6 cm Θ	d = 8 cm WBV	d = 8 cm Θ	d = 10 cm WBV	d = 10 cm Θ	d = 12 cm WBV	d = 12 cm Θ
17,5	0,21	-0,14	0,92	-0,13	0,93	-0,12	0,94	-0,11	0,94
17,5	0,56	-0,19	0,89	-0,16	0,91	-0,15	0,93	-0,14	0,93
17,5	0,99	-0,21	0,89	-0,18	0,91	-0,16	0,92	-0,15	0,93
24	0,21	-0,16	0,93	-0,15	0,94	-0,13	0,94	-0,12	0,95
24	0,56	-0,23	0,90	-0,20	0,92	-0,18	0,93	-0,16	0,94
24	0,99	-0,27	0,89	-0,22	0,91	-0,20	0,93	-0,18	0,94
30	0,21	-0,18	0,93	-0,16	0,94	-0,15	0,95	-0,14	0,95
30	0,56	-0,27	0,91	-0,23	0,92	-0,21	0,93	-0,19	0,94
30	0,99	-0,31	0,90	-0,26	0,92	-0,23	0,93	-0,21	0,94

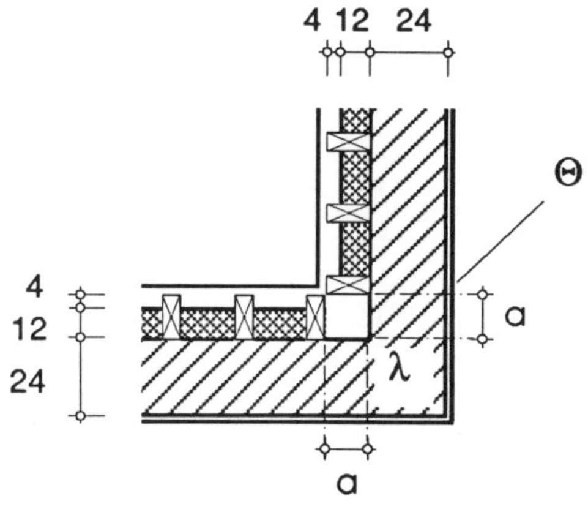

a [cm]	λ = 0,21 WBV	λ = 0,21 Θ	λ = 0,56 WBV	λ = 0,56 Θ	λ = 0,99 WBV	λ = 0,99 Θ
16	0,22	0,90	0,65	0,83	1,02	0,78
18	0,24	0,90	0,71	0,82	1,10	0,77
20	0,26	0,89	0,76	0,81	1,18	0,77
22	0,28	0,89	0,81	0,81	1,26	0,76
24	0,30	0,89	0,87	0,80	1,34	0,75

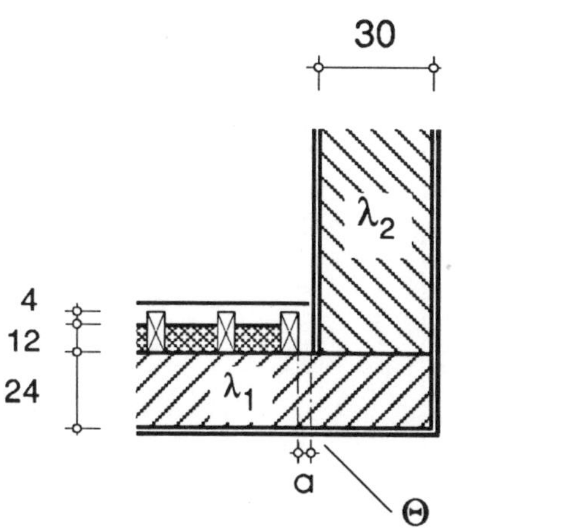

a [cm] \ λ_1 / λ_2	0,56 / 0,21 WBV	0,56 / 0,21 Θ	0,99 / 021 WBV	0,99 / 021 Θ	0,56 / 0,56 WBV	0,56 / 0,56 Θ	0,99 / 0,56 WBV	0,99 / 0,56 Θ
0	-0,21	0,89	-0,21	0,89	-0,51	0,77	-0,49	0,77
2	0,03	0,88	0,12	0,86	-0,22	0,77	-0,11	0,77
4	0,10	0,87	0,19	0,84	-0,18	0,77	-0,05	0,77
6	0,10	0,86	0,24	0,83	-0,14	0,77	0	0,77
8	0,13	0,85	0,29	0,82	-0,11	0,77	0,05	0,77
10	0,17	0,84	0,35	0,81	-0,08	0,77	0,10	0,77

5. Außenwand mit Vorhangfassade

5.1.3 Innenwandanschluß

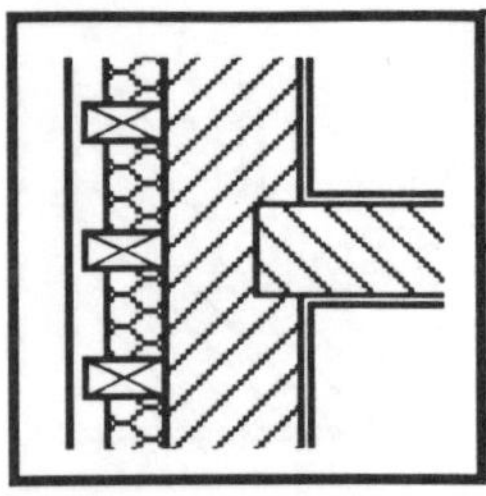

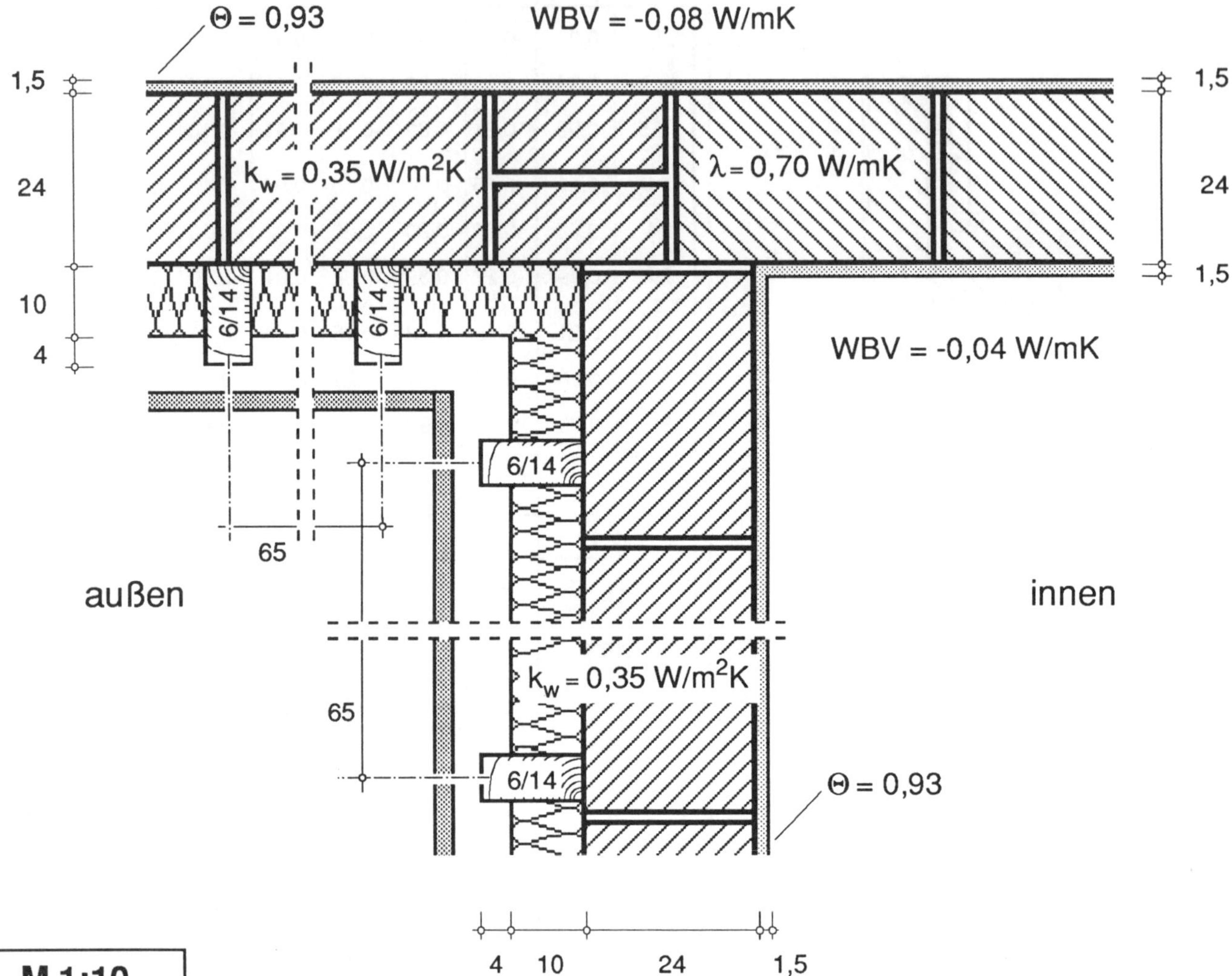

M 1:10

Baustoff	Dicke s [m]	Rohdichte ρ [kg/m³]	Wärmeleitfähigkeit λ_R [W/mK]
Gipsputz	0,015	1200	0,35
Mauerwerk	0,24	1200	0,56
Wärmedämmstoff	0,10	-	0,04
Holzständer	0,16	600	0,13
Hinterlüftung	0,04	-	-
Vorhangfassade (bleibt unberücksichtigt)			
Mauerwerk, Einbindung 1/2-steinig ≙ 12,5 cm	0,24	1400	0,70

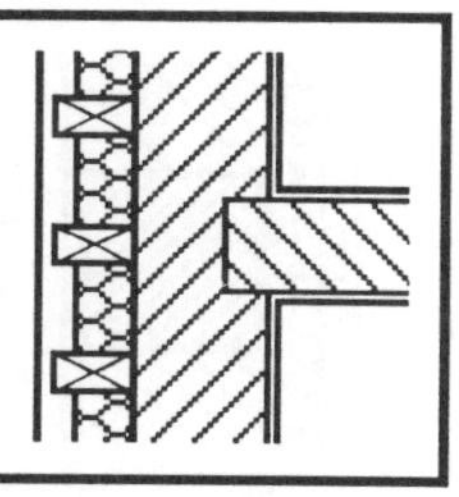

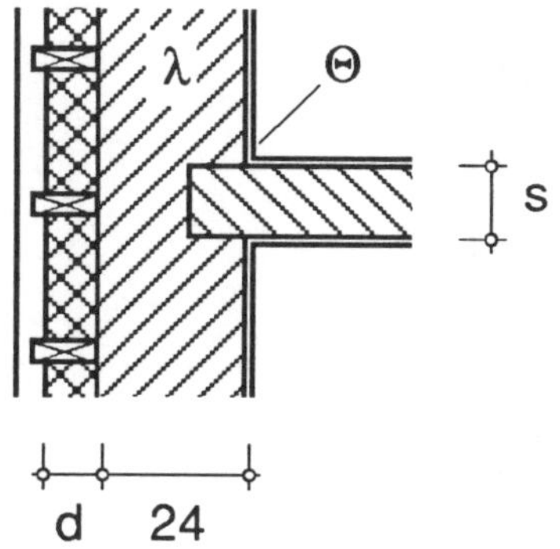

d [cm]	s [cm]	λ = 0,21 WBV	λ = 0,21 Θ	λ = 0,56 WBV	λ = 0,56 Θ	λ = 0,99 WBV	λ = 0,99 Θ
8	11,5	0,03 0,03	0,94 0,94	0,03 0,03	0,92 0,92	0,03 0,03	0,91 0,91
10	11,5	0,03 0,03	0,94 0,94	0,03 0,03	0,93 0,93	0,03 0,03	0,93 0,93
12	11,5	0,03 0,03	0,95 0,95	0,03 0,03	0,94 0,94	0,02 0,02	0,94 0,94
8	24	0,05 0,05	0,93 0,93	0,06 0,06	0,92 0,92	0,06 0,06	0,91 0,91
10	24	0,05 0,05	0,94 0,94	0,05 0,05	0,93 0,93	0,05 0,05	0,92 0,92
12	24	0,04 0,04	0,94 0,94	0,05 0,05	0,94 0,94	0,05 0,05	0,93 0,93

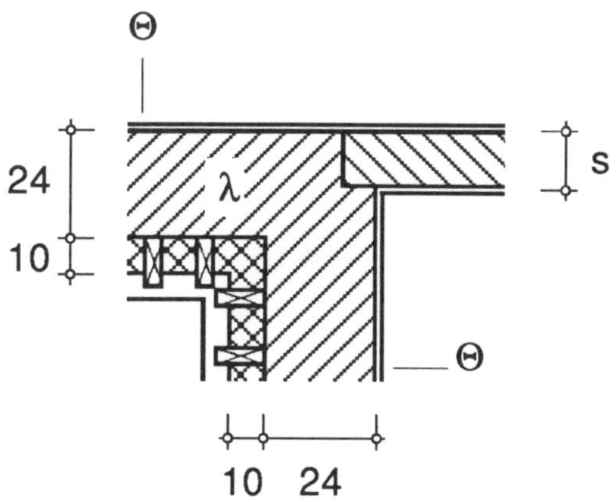

s [cm]	λ = 0,21 WBV	λ = 0,21 Θ	λ = 0,56 WBV	λ = 0,56 Θ	λ = 0,99 WBV	λ = 0,99 Θ
11,5	-0,07 -0,05	0,94 0,94	-0,09 -0,07	0,93 0,93	-0,10 -0,09	0,93 0,93
24	-0,06 -0,02	0,94 0,94	-0,08 -0,04	0,93 0,93	-0,09 -0,05	0,93 0,93

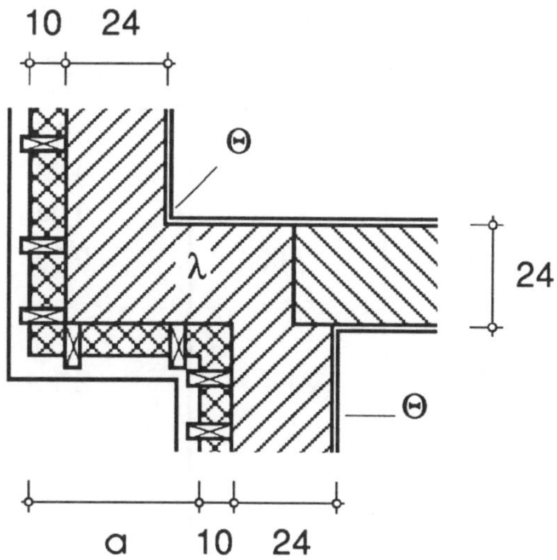

a [cm]	λ = 0,21 WBV	λ = 0,21 Θ	λ = 0,56 WBV	λ = 0,56 Θ	λ = 0,99 WBV	λ = 0,99 Θ
50	0,03 -0,01	0,87 0,94	0,06 -0,01	0,85 0,93	0,08 -0,01	0,86 0,93
75	0,02 -0,01	0,87 0,94	-0,04 -0,02	0,86 0,93	0,05 -0,02	0,86 0,93
100	0,01 -0,01	0,87 0,94	0,03 -0,02	0,86 0,93	0,04 -0,03	0,86 0,93

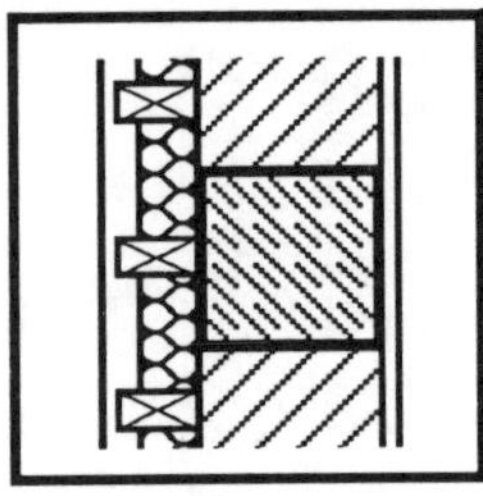

5. Außenwand mit Vorhangfassade

5.1.4 Stütze

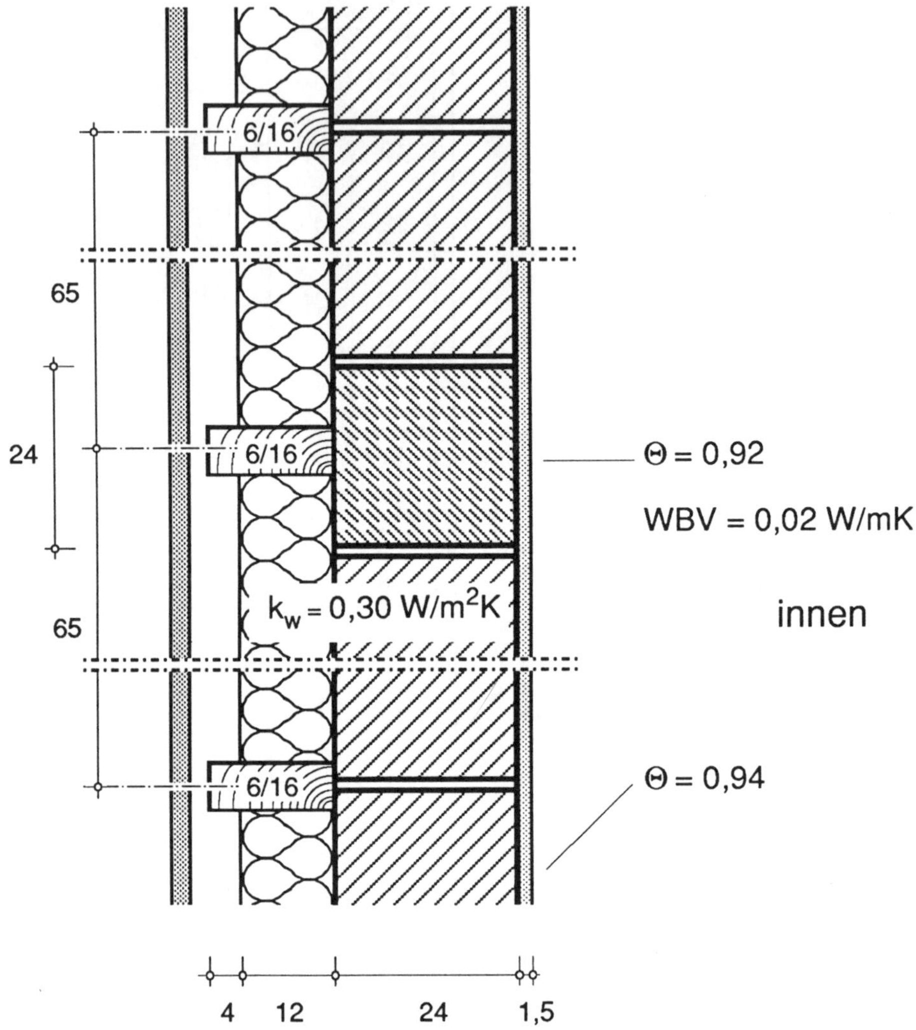

M 1:10

Baustoff	Dicke s [m]	Rohdichte ρ [kg/m³]	Wärmeleitfähigkeit λ_R [W/mK]
Gipsputz	0,015	1200	0,35
Mauerwerk	0,24	1200	0,56
Wärmedämmstoff	0,12	-	0,04
Holzständer	0,16	600	0,13
Hinterlüftung	0,04	-	-
Vorhangfassade (bleibt unberücksichtigt)			
Stahlbeton	0,24	2400	2,1

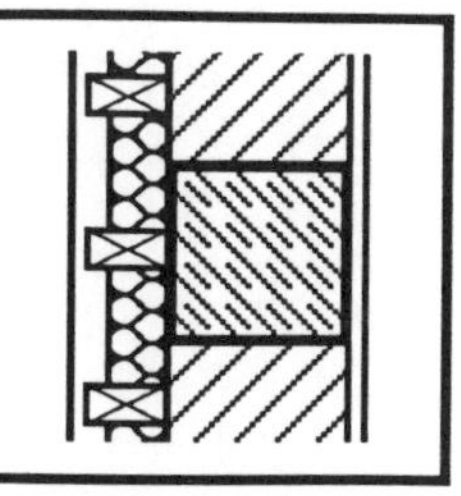

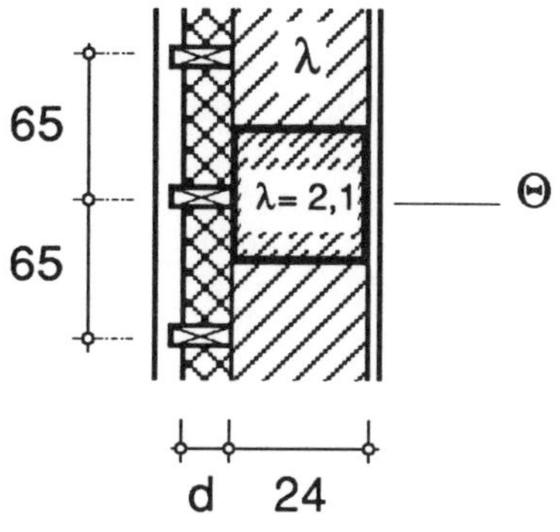

d [cm]	λ = 0,21		λ = 0,56		λ = 0,99	
	WBV	Θ	WBV	Θ	WBV	Θ
6	0,09	0,86	0,04	0,87	0,01	0,88
8	0,07	0,88	0,03	0,89	0,01	0,90
10	0,06	0,90	0,03	0,91	0,01	0,92
12	0,05	0,91	0,02	0,92	0,01	0,93

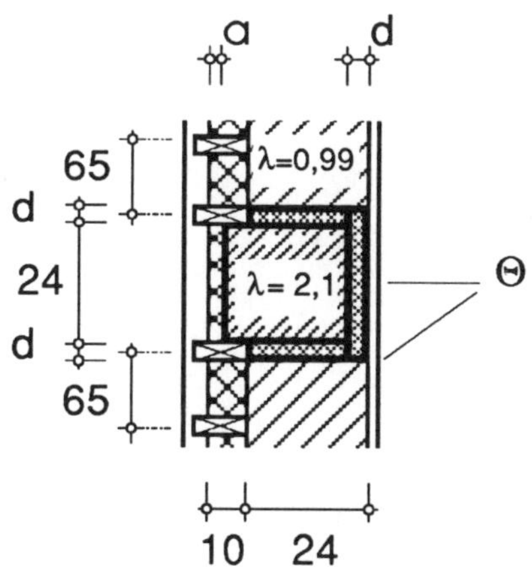

a [cm]	d = 0 cm		d = 2,5 cm		d = 4,0 cm		d = 6,5 cm	
	WBV	Θ	WBV	Θ	WBV	Θ	WBV	Θ
0	0,74	0,73	0,37	0,85	0,26	0,87	0,13	0,89
2	0,25	0,85	0,15	0,89	0,11	0,90	0,05	0,91
4	0,13	0,88	0,08	0,90	0,05	0,91	0,01	0,91
6	0,07	0,90	0,04	0,91	0,02	0,91	-0,01	0,92
8	0,04	0,91	0,01	0,91	0,00	0,91	-0,02	0,92
10	0,02	0,91	0,00	0,92	-0,01	0,92	-0,04	0,92

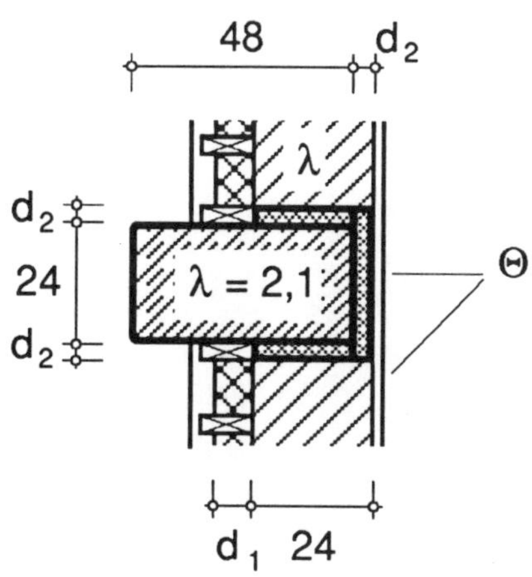

d_1 [cm]	d_2 [cm]	λ = 0,21		λ = 0,56		λ = 0,99	
		WBV	Θ	WBV	Θ	WBV	Θ
8	0	0,63	0,64	0,69	0,68	0,75	0,71
10	0	0,63	0,65	0,70	0,70	0,76	0,72
12	0	0,63	0,66	0,70	0,71	0,77	0,73
8	2,5	0,28	0,84	0,32	0,84	0,34	0,84
10	2,5	0,29	0,84	0,34	0,85	0,37	0,85
12	2,5	0,30	0,84	0,36	0,85	0,39	0,86
8	4,0	0,19	0,88	0,22	0,87	0,23	0,86
10	4,0	0,21	0,88	0,24	0,87	0,26	0,87
12	4,0	0,22	0,88	0,26	0,88	0,28	0,88
8	6,5	0,10	0,91	0,10	0,89	0,10	0,88
10	6,5	0,12	0,91	0,13	0,90	0,13	0,89
12	6,5	0,14	0,91	0,15	0,90	0,16	0,90

Dach/Geschoßdecke zum unbeheizten Dachraum 6.

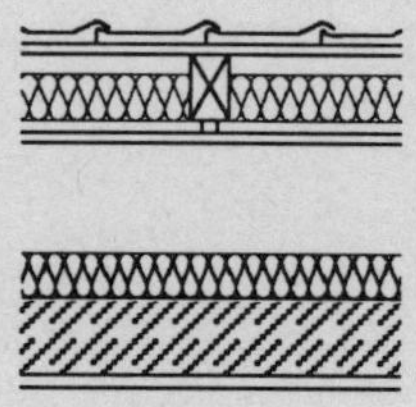

Dach/Geschoßdecke zum unbeheizten Dachraum 6.

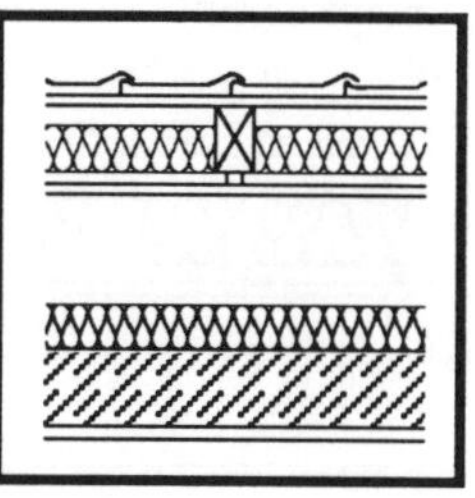

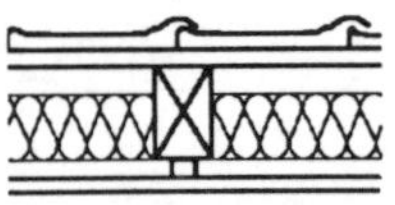

6. Dach/Geschoßdecke zum unbeheizten Dachraum

Bauteil - Beschreibung Dach

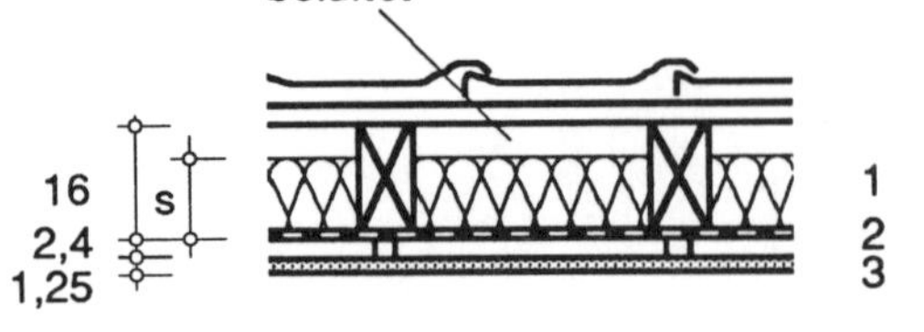

Baustoff	s [m]	ρ [kg/m³]	λ_R [W/m·K]
Wärmedämmstoff	s	20	0,04
Luftschicht	0,024	-	0,14
Gipskartonplatte	0,0125	900	0,21

Kenngrößen

Variation in der Bauteilschicht											
1	s [cm] ρ [kg/m³] λ [W/m·K]	**6** 20 0,04	**8** 20 0,04	**10** 20 0,04	**12** 20 0,04	**14** 20 0,04	**16** 20 0,04			
s_{ges}	[cm]	29	29	29	29	29	29			
m_{ges}	[kg/m²]	72	73	73	74	74	74			
m_i	[kg/m²]	11	11	11	11	11	11			
Θ	[-]	0,90	0,92	0,93	0,94	0,95	0,95			
k_{Gefach}	[W/m²·K]	0,54	0,43	0,35	0,30	0,26	0,23			

Preis [DM/m²]									

Bemerkungen:

Dach/Geschoßdecke zum unbeheizten Dachraum 6.

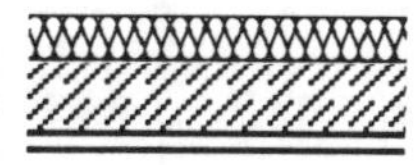

Bauteil - Beschreibung Geschoßdecke

a - Dämmung dachseitig (außen)

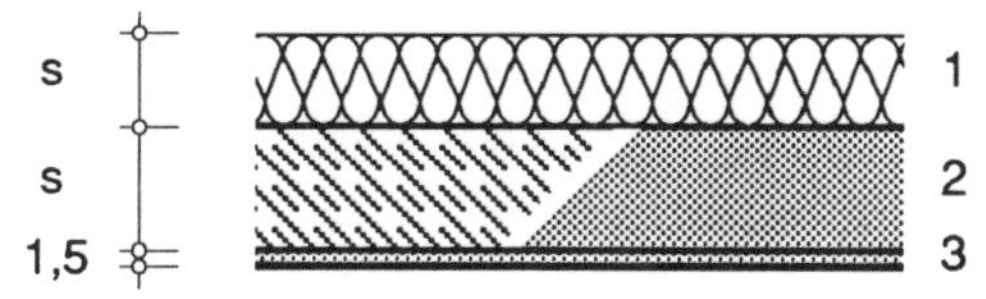

innen

b - Dämmung raumseitig (außen)

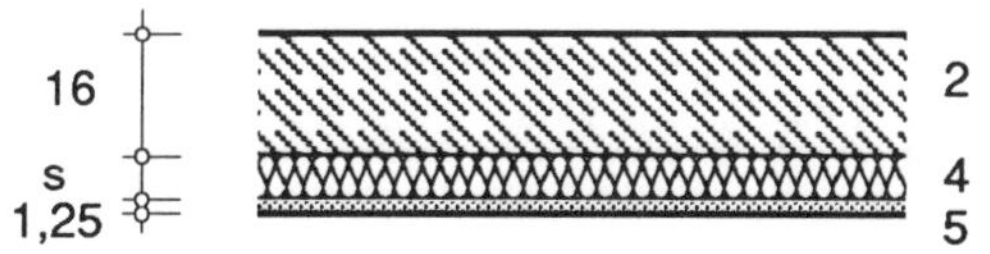

M 1: 20 innen

Baustoff	s [m]	ρ [kg/m³]	λ_R [W/m·K]
Wärmedämmstoff	s	20	0,04
Stahlbeton	0,16	2400	2,1
Gasbeton	0,18	700	0,21
Gipsputz	0,015	1200	0,35
Gipskartonplatte	0,0125	900	0,21

Kenngrößen			a						b		
Variation in der Bauteilschicht	1	s [cm]	8	**10**	**12**	8	**10**	**12**			
		ρ [kg/m³]	20	20	20	20	20	20			
		λ [W/m·K]	0,04	0,04	0,04	0,04	0,04	0,04			
	2	s [cm]	16	16	16	**18**	18	18	16	16	16
		ρ [kg/m³]	2400	2400	2400	**700**	700	700	2400	2400	2400
		λ [W/m·K]	2,1	2,1	2,1	**0,21**	0,21	0,21	2,1	2,1	2,1
	4	s [cm]							2	**4**	**6**
		ρ [kg/m³]							20	20	20
		λ [W/m·K]							0,04	0,04	0,04
s_{ges}		[cm]	25,5	27,5	29,5	27,5	29,5	31,5	19,25	21,25	23,25
m_{ges}		[kg/m²]	404	404	404	146	146	146	396	396	396
m_i		[kg/m²]	402	402	402	144	144	144	11	11	11
Θ		[-]	0,92	0,93	0,94	0,94	0,95	0,95	0,78	0,86	0,90
k		[W/m²·K]	0,43	0,35	0,30	0,32	0,28	0,24	1,18	0,74	0,54

Preis [DM/m²]									

Bemerkungen:

	6. Dach/Geschoßdecke zum unbeheizten Dachraum
	6.1 Innenwandanschluß zum Dach

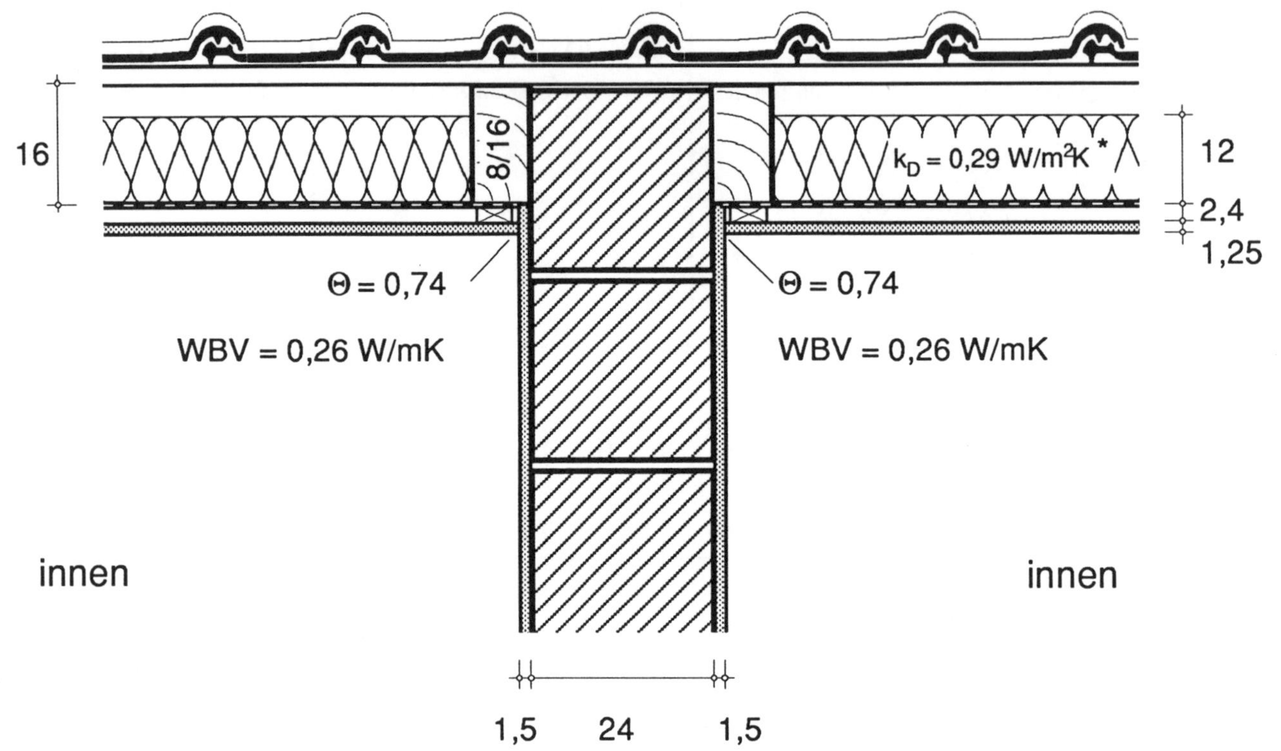

M 1:10

* Gefach

Baustoff	Dicke s [m]	Rohdichte ρ [kg/m³]	Wärmeleitfähigkeit λ_R [W/mK]
Gipsputz	0,015	1200	0,35
Mauerwerk	0,24	1400	0,70
Holz (Sparren 8/16 cm)	-	600	0,13
Wärmedämmstoff	0,12	-	0,04
Luftschicht	0,024	-	0,14
Gipskartonplatte	0,0125	900	0,21

Dach/Geschoßdecke zum unbeheizten Dachraum 6.

Innenwandanschluß zum Dach 6.1

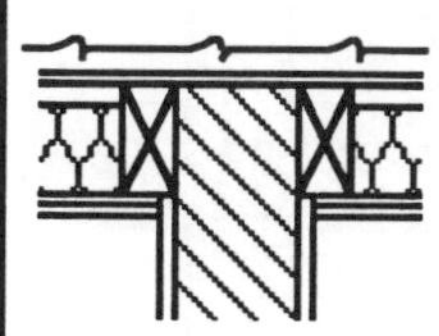

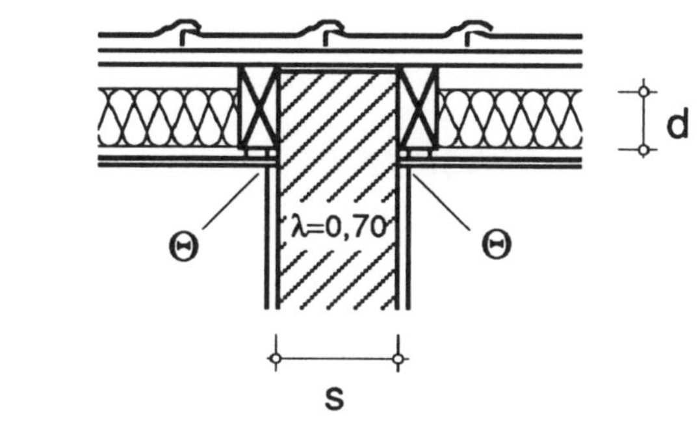

d [cm]	s =11,5 cm		s = 24 cm		s = 36,5 cm	
	WBV	Θ	WBV	Θ	WBV	Θ
10	0,16 0,16	0,79 0,79	0,26 0,26	0,74 0,74	0,34 0,34	0,71 0,71
12	0,16 0,16	0,79 0,79	0,26 0,26	0,74 0,74	0,34 0,34	0,71 0,71
14	0,16 0,16	0,80 0,80	0,26 0,26	0,74 0,74	0,34 0,34	0,72 0,72
16	0,16 0,16	0,80 0,80	0,26 0,26	0,75 0,75	0,34 0,34	0,72 0,72

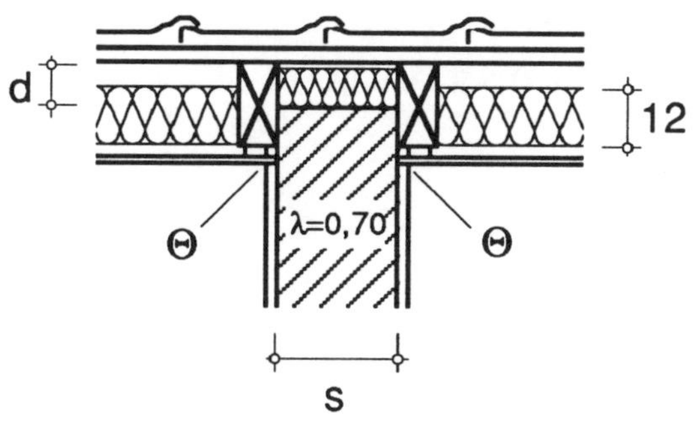

d [cm]	s =11,5 cm		s = 24 cm		s = 36,5 cm	
	WBV	Θ	WBV	Θ	WBV	Θ
2	0,11 0,11	0,84 0,84	0,17 0,17	0,82 0,82	0,22 0,22	0,80 0,80
4	0,10 0,10	0,86 0,86	0,14 0,14	0,85 0,85	0,17 0,17	0,84 0,84
6	0,08 0,08	0,88 0,88	0,11 0,11	0,87 0,87	0,14 0,14	0,86 0,86
8	0,07 0,07	0,89 0,89	0,10 0,10	0,89 0,89	0,12 0,12	0,88 0,88
10	0,06 0,06	0,90 0,90	0,09 0,09	0,90 0,90	0,11 0,11	0,89 0,89

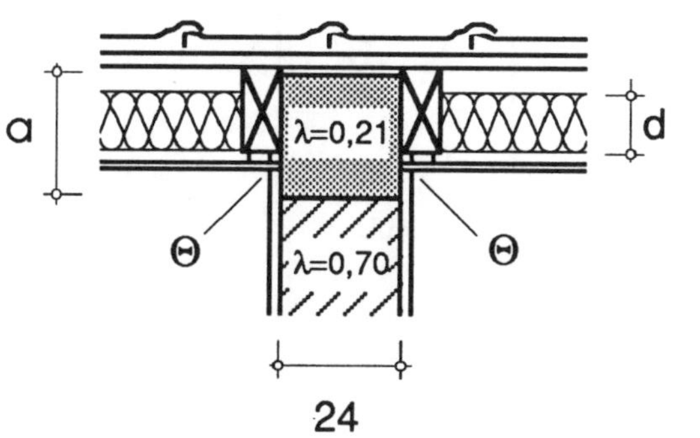

d [cm]	a =12,5 cm		a = 25 cm		a = 50 cm	
	WBV	Θ	WBV	Θ	WBV	Θ
10	0,16 0,16	0,82 0,82	0,13 0,13	0,84 0,84	0,12 0,12	0,82 0,82
12	0,16 0,16	0,83 0,83	0,13 0,13	0,84 0,84	0,12 0,12	0,83 0,83
14	0,16 0,16	0,83 0,83	0,13 0,13	0,85 0,85	0,12 0,12	0,83 0,83
16	0,16 0,16	0,84 0,84	0,13 0,13	0,85 0,85	0,12 0,12	0,83 0,83

6.	Dach/Geschoßdecke zum unbeheizten Dachraum
6.2	Innenwandanschluß zum unbeheizten Dachraum

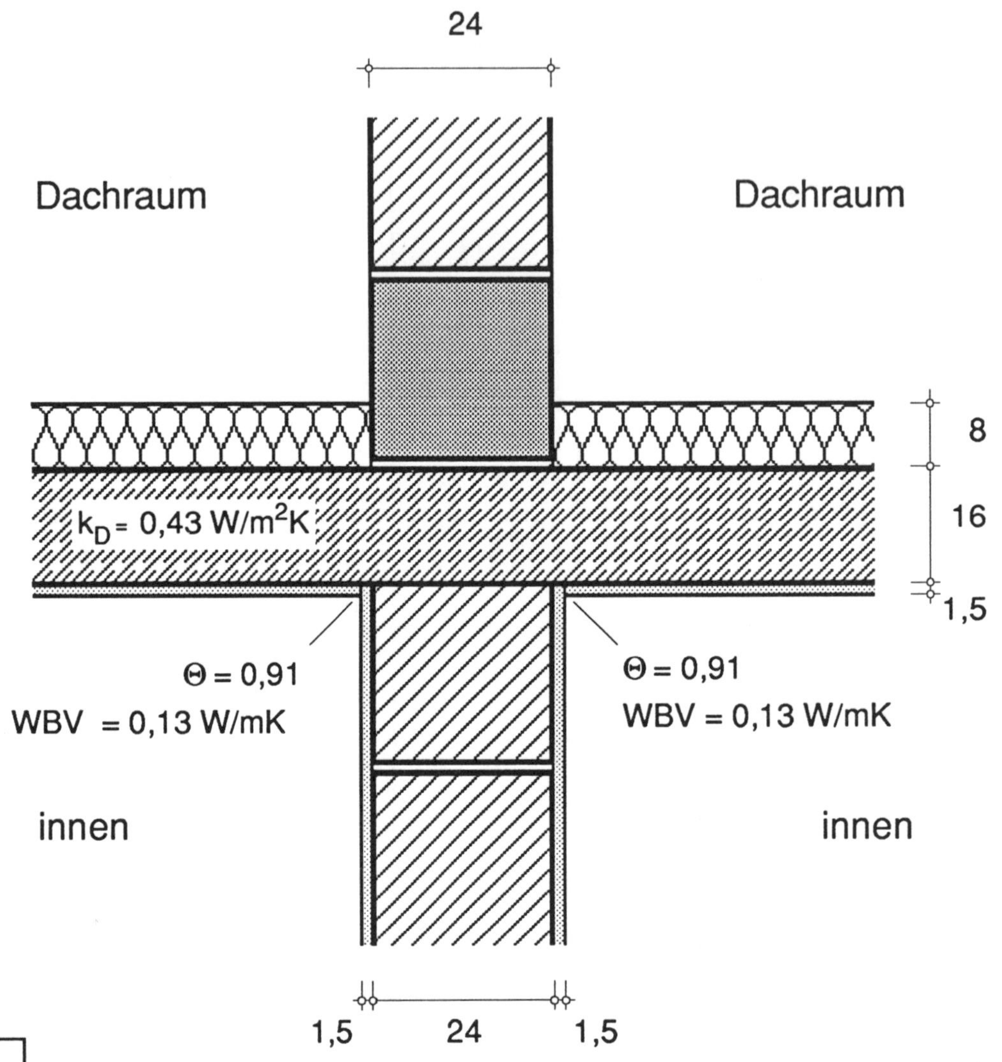

M 1:10

Baustoff	Dicke s [m]	Rohdichte ρ [kg/m³]	Wärmeleitfähigkeit λ_R [W/mK]
Gipsputz	0,015	1200	0,35
Mauerwerk	0,24	1400	0,70
Wärmedämmstoff	0,08	-	0,04
Stahlbeton	0,16	2400	2,1
Gasbeton	0,24	700	0,21

Dach/Geschoßdecke zum unbeheizten Dachraum 6.

Innenwandanschluß zum unbeheizten Dachraum 6.2

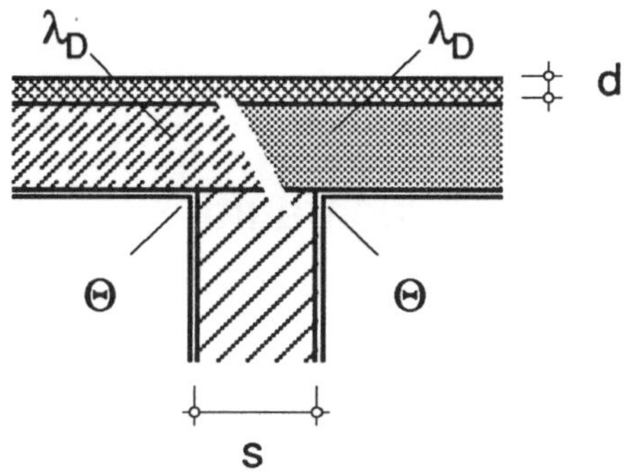

d [cm]	s = 11,5 cm WBV	s = 11,5 cm Θ	s = 17,5 cm WBV	s = 17,5 cm Θ	s = 24 cm WBV	s = 24 cm Θ	s = 36,5 cm WBV	s = 36,5 cm Θ
$\lambda_D = 2,1$								
2	0,09	0,84	0,12	0,84	0,15	0,84	0,21	0,83
4	0,05	0,89	0,08	0,89	0,10	0,89	0,14	0,89
6	0,04	0,92	0,06	0,92	0,07	0,92	0,10	0,91
8	0,03	0,94	0,04	0,94	0,06	0,94	0,08	0,93
10	0,03	0,95	0,04	0,95	0,05	0,95	0,07	0,94
$\lambda_D = 0,21$								
2	0,05	0,91	0,07	0,91	0,09	0,90	0,12	0,90
4	0,04	0,93	0,05	0,93	0,07	0,93	0,09	0,92
6	0,03	0,94	0,04	0,94	0,05	0,94	0,08	0,93
8	0,02	0,95	0,03	0,95	0,04	0,95	0,06	0,94
10	0,02	0,96	0,03	0,96	0,04	0,96	0,05	0,95

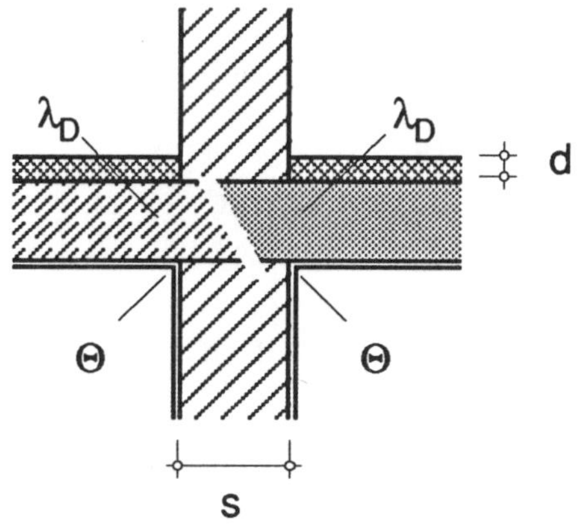

d [cm]	s = 11,5 cm WBV	s = 11,5 cm Θ	s = 17,5 cm WBV	s = 17,5 cm Θ	s = 24 cm WBV	s = 24 cm Θ	s = 36,5 cm WBV	s = 36,5 cm Θ
$\lambda_D = 2,1$								
2	0,23	0,81	0,28	0,80	0,33	0,79	0,39	0,78
4	0,22	0,85	0,28	0,84	0,33	0,83	0,40	0,82
6	0,21	0,87	0,27	0,86	0,31	0,85	0,38	0,84
8	0,19	0,89	0,25	0,87	0,30	0,86	0,37	0,85
10	0,18	0,90	0,23	0,89	0,28	0,88	0,35	0,86
$\lambda_D = 0,21$								
2	0,07	0,90	0,10	0,89	0,12	0,89	0,16	0,88
4	0,07	0,91	0,10	0,90	0,12	0,90	0,16	0,89
6	0,08	0,92	0,10	0,91	0,12	0,90	0,16	0,90
8	0,08	0,92	0,10	0,92	0,12	0,91	0,16	0,90
10	0,08	0,93	0,10	0,92	0,12	0,91	0,16	0,91

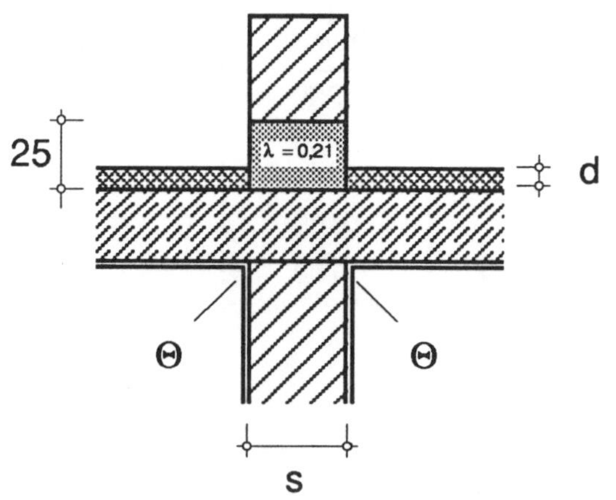

d [cm]	s = 11,5 cm WBV	s = 11,5 cm Θ	s = 17,5 cm WBV	s = 17,5 cm Θ	s = 24 cm WBV	s = 24 cm Θ	s = 36,5 cm WBV	s = 36,5 cm Θ
2	0,13	0,84	0,16	0,83	0,18	0,83	0,22	0,83
4	0,11	0,88	0,14	0,88	0,16	0,87	0,20	0,87
6	0,10	0,91	0,12	0,90	0,15	0,90	0,18	0,89
8	0,08	0,92	0,11	0,92	0,13	0,91	0,17	0,91
10	0,08	0,93	0,10	0,93	0,12	0,92	0,16	0,92

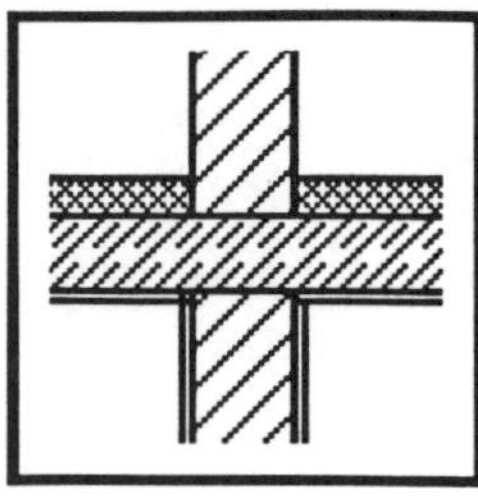

6.	Dach/Geschoßdecke zum unbeheizten Dachraum
6.2	Innenwandanschluß zum unbeheizten Dachraum

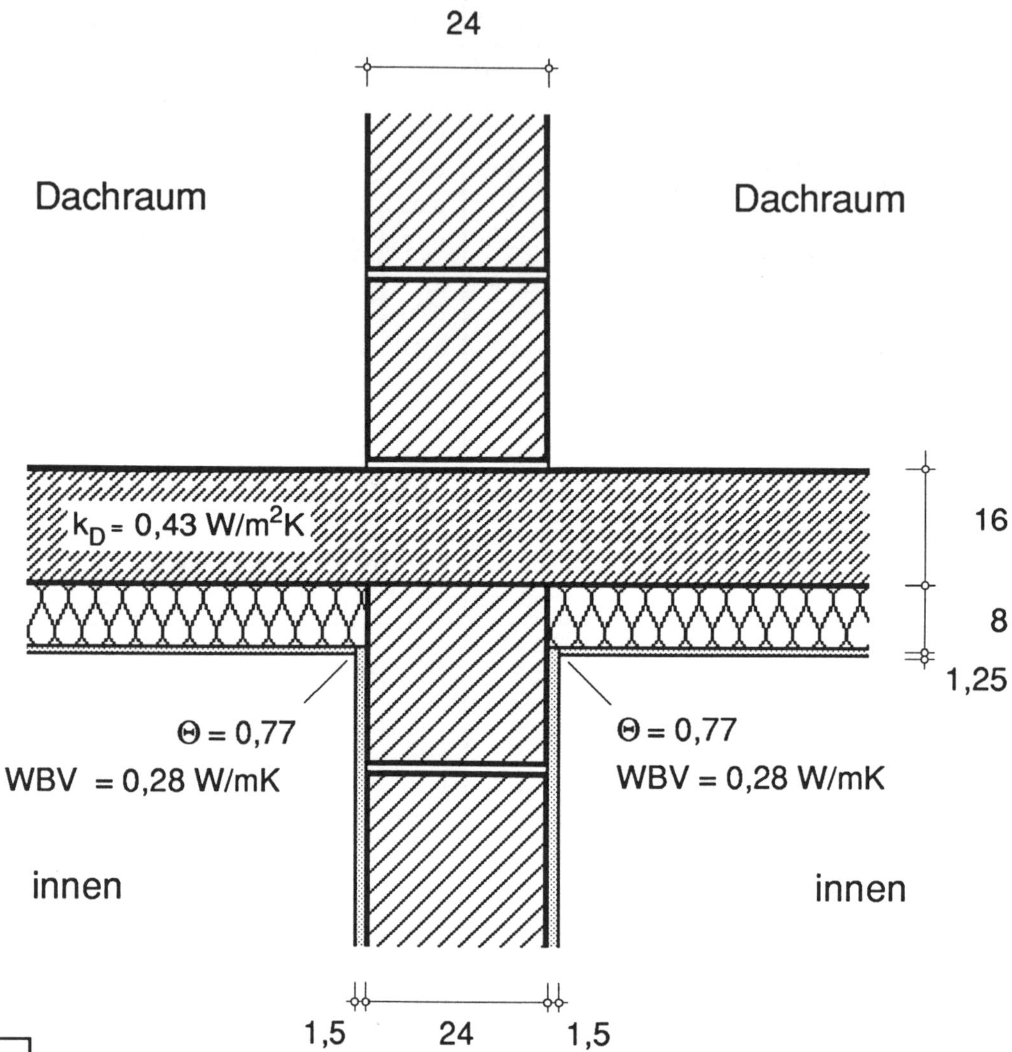

M 1:10

Baustoff	Dicke s [m]	Rohdichte ρ [kg/m³]	Wärmeleitfähigkeit λ_R [W/mK]
Gipsputz	0,015	1200	0,35
Mauerwerk	0,24	1400	0,70
Wärmedämmstoff	0,08	-	0,04
Stahlbeton	0,16	2400	2,1
Gipskartonplatte	0,0125	700	0,21

Dach/Geschoßdecke zum unbeheizten Dachraum 6.

Innenwandanschluß zum unbeheizten Dachraum 6.2

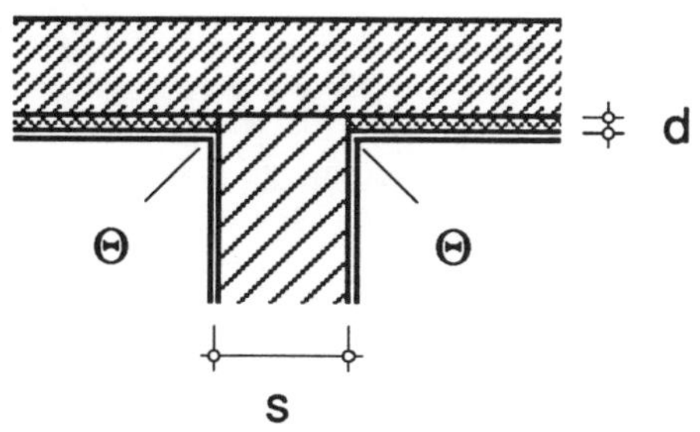

d [cm]	s = 11,5 cm		s = 17,5 cm		s = 24 cm		s = 36,5 cm	
	WBV	Θ	WBV	Θ	WBV	Θ	WBV	Θ
2	0,22	0,75	0,28	0,74	0,33	0,73	0,42	0,72
4	0,21	0,76	0,27	0,75	0,32	0,74	0,41	0,73
6	0,20	0,78	0,25	0,76	0,31	0,75	0,39	0,74
8	0,19	0,79	0,24	0,78	0,29	0,77	0,37	0,75
10	0,17	0,81	0,23	0,79	0,27	0,78	0,36	0,77

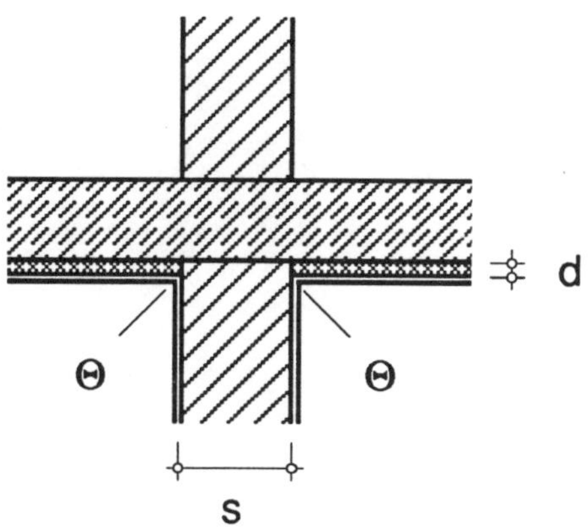

d [cm]	s = 11,5 cm		s = 17,5 cm		s = 24 cm		s = 36,5 cm	
	WBV	Θ	WBV	Θ	WBV	Θ	WBV	Θ
2	0,22	0,74	0,27	0,73	0,31	0,73	0,38	0,73
4	0,21	0,76	0,26	0,75	0,31	0,74	0,38	0,74
6	0,20	0,77	0,25	0,76	0,30	0,75	0,37	0,75
8	0,18	0,79	0,24	0,78	0,28	0,77	0,35	0,76
10	0,17	0,81	0,22	0,79	0,27	0,78	0,34	0,77

Geschoßdecke zum unbeheizten Keller/Bodenplatte 7.

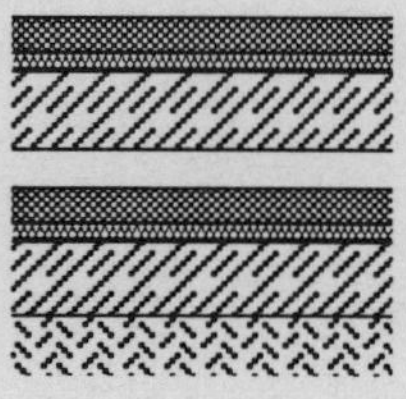

Geschoßdecke zum unbeheizten Keller/Bodenplatte 7.

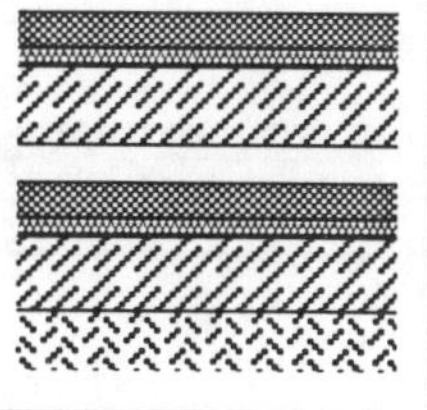

7. Geschoßdecke zum unbeheizten Keller/Bodenplatte

Bauteil - Beschreibung Kellerdecke

a - Dämmung raumseitig

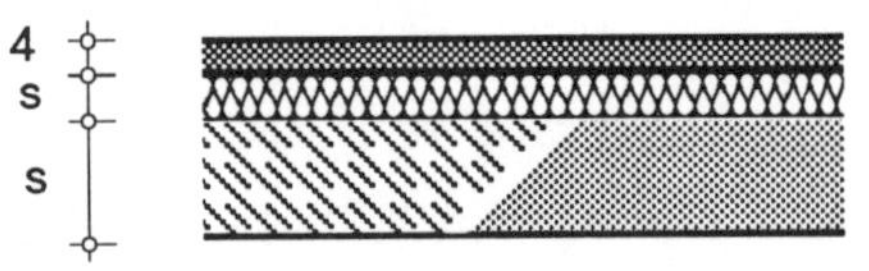

b - Dämmung unter der Kellerdecke

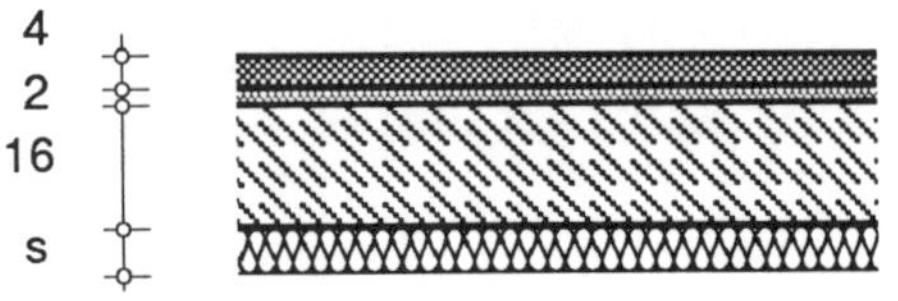

M 1: 20

Baustoff	s [m]	ρ [kg/m³]	λ_R [W/m·K]
Estrich	0,04	2000	1,4
Wärmedämmstoff	s	20	0,04
Stahlbeton	0,16	2400	2,1
Gasbeton	0,18	700	0,21

Kenngrößen			a						b		
Variation in der Bauteilschicht	2	s [cm]	2	**4**	**6**	2	**4**	**6**			
		ρ [kg/m³]	20	20	20	20	20	20			
		λ [W/m·K]	0,04	0,04	0,04	0,04	0,04	0,04			
	3	s [cm]	16	16	16	**18**	18	18	16	16	16
		ρ [kg/m³]	2400	2400	2400	**700**	700	700	2400	2400	2400
		λ [W/m·K]	2,1	2,1	2,1	**0,21**	0,21	0,21	2,1	2,1	2,1
	5	s [cm]							8	**10**	**12**
		ρ [kg/m³]							20	20	20
		λ [W/m·K]							0,04	0,04	0,04
s_{ges}		[cm]	22	24	26	24	26	28	26	28	30
m_{ges}		[kg/m²]	464	465	465	206	207	207	466	466	467
m_i		[kg/m²]	80	80	80	80	80	80	80	80	80
Θ		[-]	0,80	0,87	0,90	0,89	0,91	0,93	0,93	0,94	0,95
k		[W/m²·K]	1,06	0,69	0,51	0,58	0,45	0,37	0,34	0,29	0,25

Preis [DM/m²]									

Bemerkungen:

Geschoßdecke zum unbeheizten Keller/Bodenplatte 7.

Bauteil - Beschreibung Bodenplatte

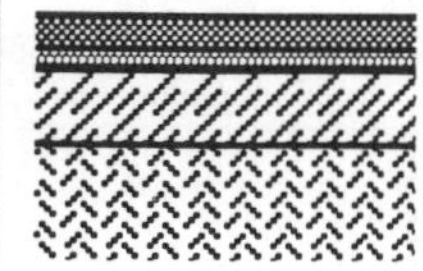

a - Dämmung raumseitig — innen

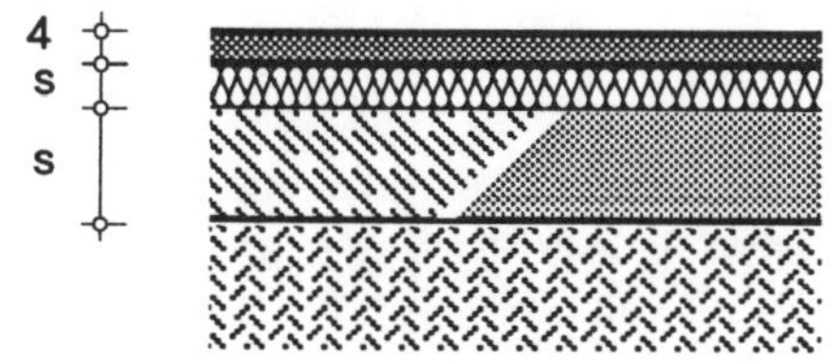

b - Dämmung unter der Bodenplatte — innen

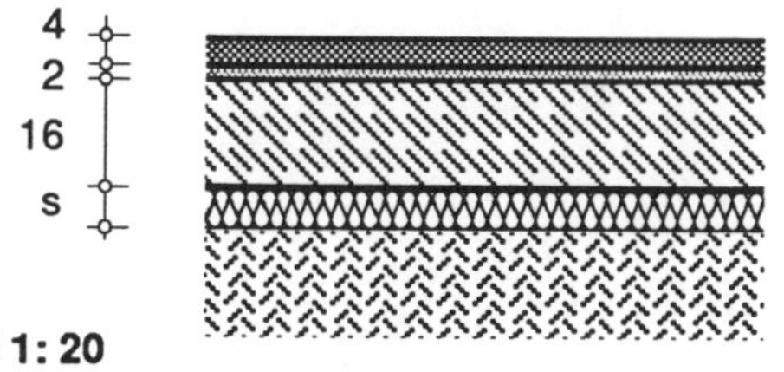

M 1: 20

Baustoff	s [m]	ρ [kg/m³]	λ_R [W/m·K]
Estrich	0,04	2000	1,4
Wärmedämmstoff	s	20	0,04
Stahlbeton	0,16	2400	2,1
Gasbeton	0,18	700	0,21
Erdreich			

Kenngrößen		a						b		
Variation in der Bauteilschicht 2	s [cm]	2	**4**	**6**	2	**4**	**6**			
	ρ [kg/m³]	20	20	20	20	20	20			
	λ [W/m·K]	0,04	0,04	0,04	0,04	0,04	0,04			
3	s [cm]	16	16	16	**18**	18	18	16	16	16
	ρ [kg/m³]	2400	2400	2400	**700**	700	700	2400	2400	2400
	λ [W/m·K]	2,1	2,1	2,1	**0,21**	0,21	0,21	2,1	2,1	2,1
5	s [cm]							8	**10**	**12**
	ρ [kg/m³]							20	20	20
	λ [W/m·K]							0,04	0,04	0,04
s_{ges}	[cm]	22	24	26	24	26	28	26	28	30
m_{ges}	[kg/m²]	464	465	465	206	207	207	466	466	467
m_i	[kg/m²]	80	80	80	80	80	80	80	80	80
Θ	[-]	0,88	0,93	0,95	0,94	0,95	0,96	0,96	0,97	0,97
k	[W/m²·K]	1,29	0,78	0,56	0,64	0,49	0,39	0,36	0,31	0,26

Preis [DM/m²]									

Bemerkungen:

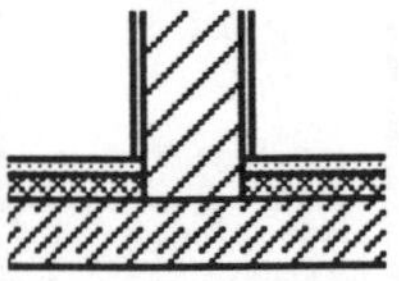

7. Geschoßdecke zum unbeheizten Keller/Bodenplatte

7.1 Innenwandanschluß zum unbeheizten Keller

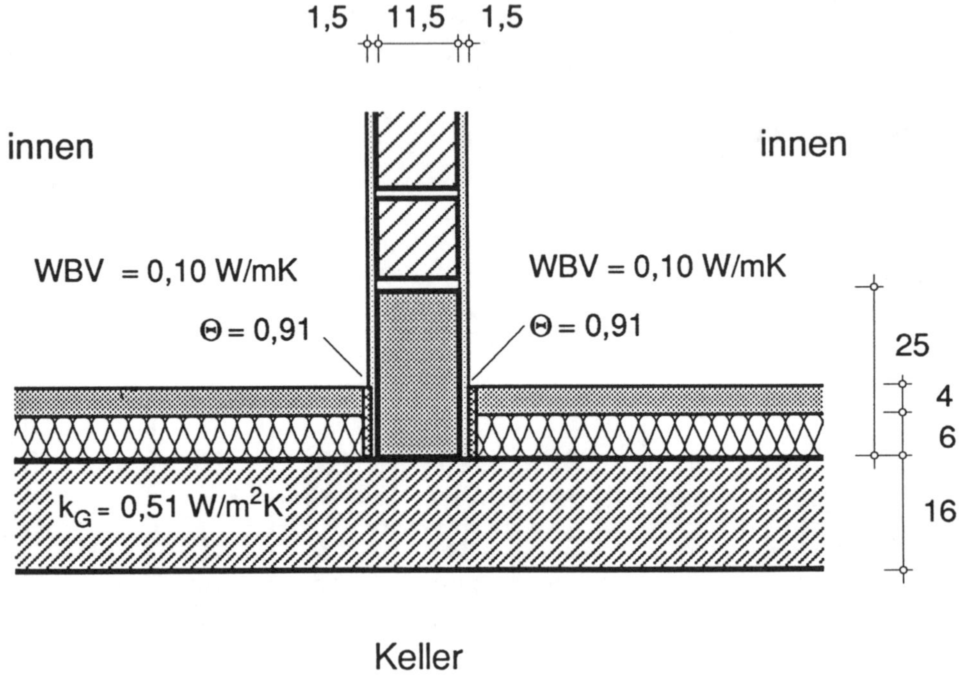

M 1:10

Baustoff	Dicke s [m]	Rohdichte ρ [kg/m³]	Wärmeleitfähigkeit λ_R [W/mK]
Gipsputz	0,015	1200	0,35
Mauerwerk	0,115	1400	0,70
Zementestrich	0,04	2000	1,4
Wärmedämmstoff / Trittschalldämmung	0,06	-	0,04
Stahlbeton	0,16	2400	2,1
Gasbeton	0,115	700	0,21

Geschoßdecke zum unbeheizten Keller/Bodenplatte 7.

Innenwandanschluß zum unbeheizten Keller 7.1

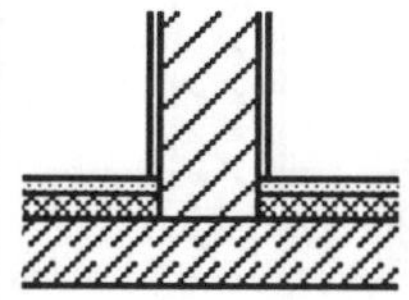

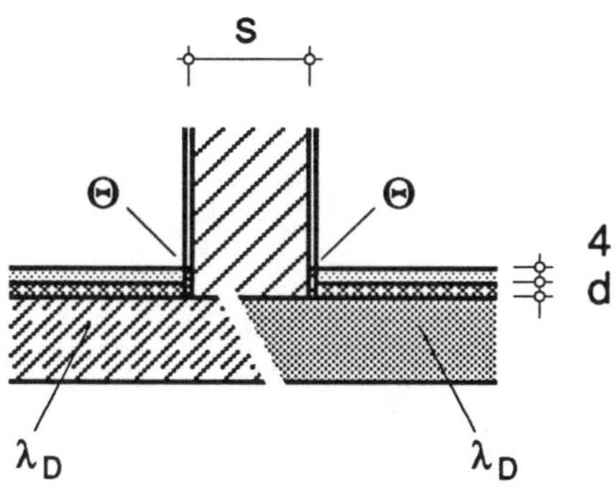

λ_D	d [cm]	s = 11,5 cm WBV	s = 11,5 cm Θ	s = 17,5 cm WBV	s = 17,5 cm Θ	s = 24 cm WBV	s = 24 cm Θ
2,1	2	0,18	0,86	0,23	0,85	0,28	0,84
2,1	4	0,19	0,87	0,24	0,86	0,28	0,85
2,1	6	0,18	0,88	0,23	0,87	0,28	0,86
2,1	8	0,17	0,89	0,22	0,88	0,27	0,87
0,21	2	0,07	0,94	0,09	0,93	0,11	0,93
0,21	4	0,07	0,94	0,09	0,94	0,12	0,93
0,21	6	0,07	0,94	0,10	0,94	0,12	0,93
0,21	8	0,07	0,94	0,10	0,94	0,12	0,93

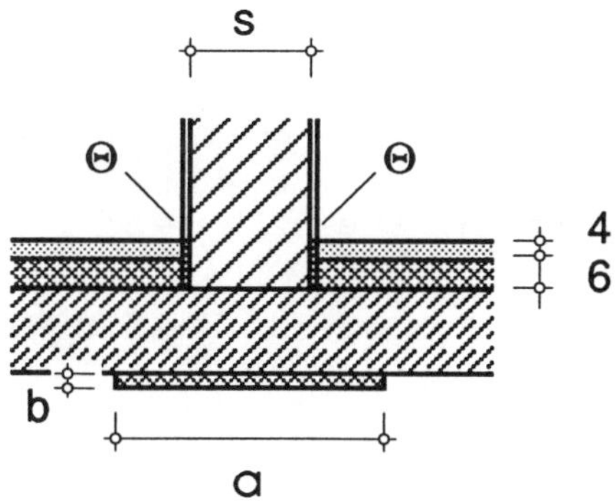

a [cm]	b [cm]	s = 11,5 cm WBV	s = 11,5 cm Θ	s = 17,5 cm WBV	s = 17,5 cm Θ	s = 24 cm WBV	s = 24 cm Θ
25	2	0,16	0,88	0,21	0,88	0,25	0,87
50	2	0,14	0,89	0,18	0,88	0,22	0,88
100	2	0,10	0,90	0,14	0,89	0,18	0,89
25	6	0,16	0,89	0,20	0,88	0,24	0,87
50	6	0,13	0,90	0,16	0,89	0,20	0,88
100	6	0,06	0,91	0,09	0,91	0,12	0,90

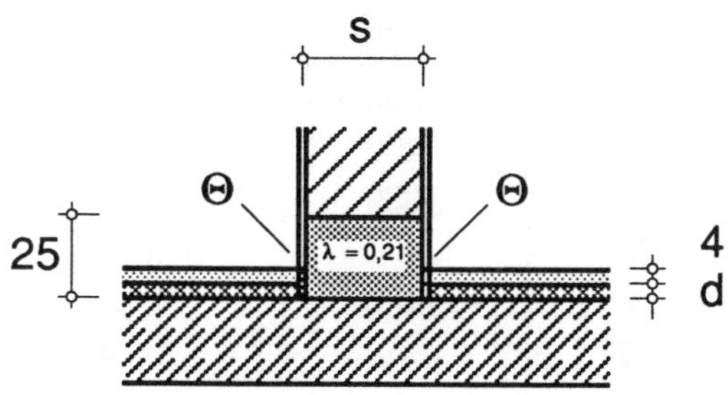

d [cm]	s = 11,5 cm WBV	s = 11,5 cm Θ	s = 17,5 cm WBV	s = 17,5 cm Θ	s = 24 cm WBV	s = 24 cm Θ
2	0,11	0,88	0,14	0,87	0,16	0,87
4	0,11	0,90	0,13	0,89	0,16	0,88
6	0,10	0,91	0,12	0,90	0,15	0,90
8	0,09	0,92	0,11	0,91	0,14	0,91

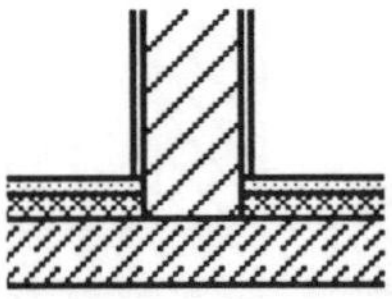

7. Geschoßdecke zum unbeheizten Keller/Bodenplatte

7.1 Innenwandanschluß zum unbeheizten Keller

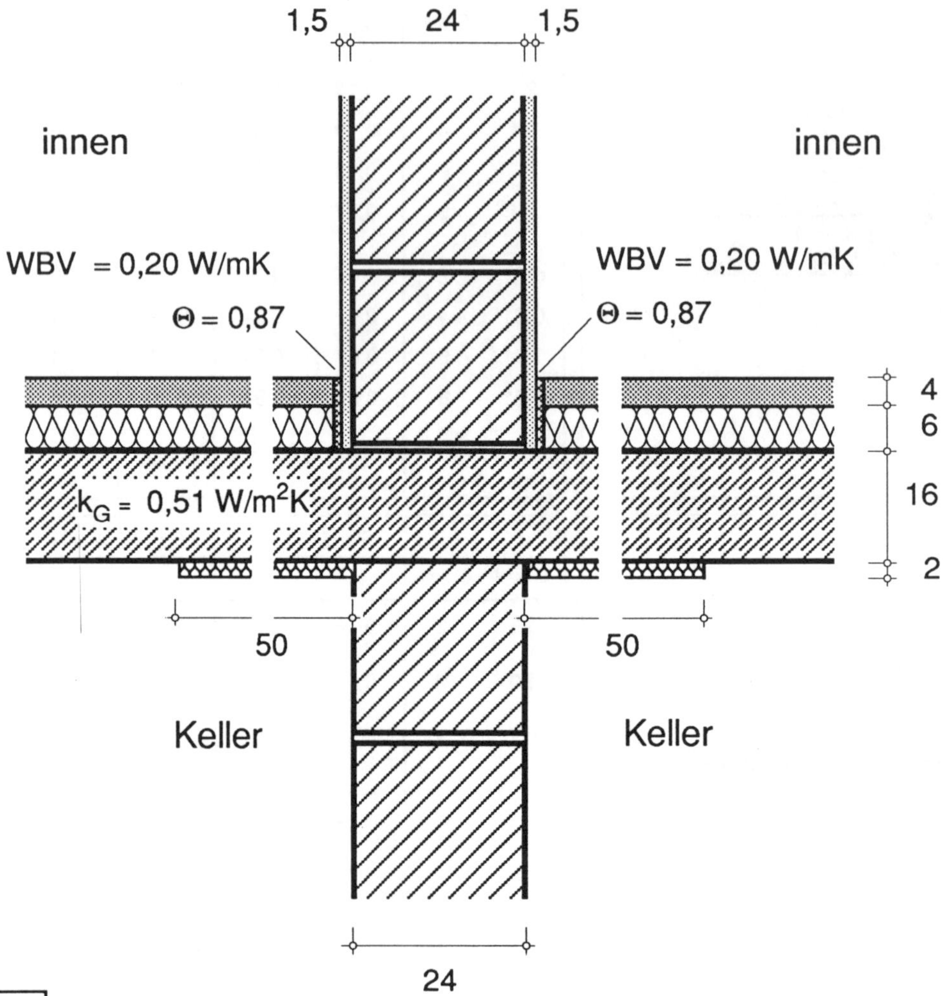

M 1:10

Baustoff	Dicke s [m]	Rohdichte ρ [kg/m³]	Wärmeleitfähigkeit λ_R [W/mK]
Gipsputz	0,015	1200	0,35
Mauerwerk	0,24	1400	0,70
Zementestrich	0,04	2000	1,4
Wärmedämmstoff / Trittschalldämmung	0,06	-	0,04
Stahlbeton	0,16	2400	2,1
Wärmedämmstoff	0,02	-	0,04

Geschoßdecke zum unbeheizten Keller/Bodenplatte 7.

Innenwandanschluß zum unbeheizten Keller 7.1

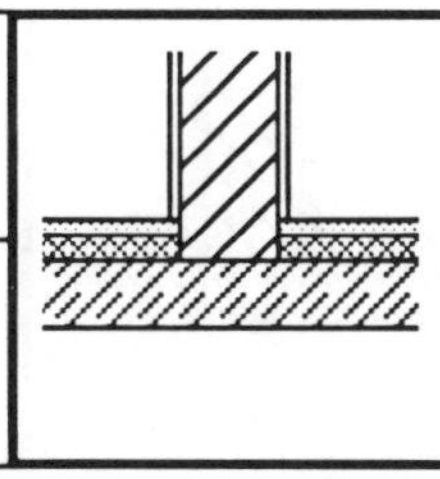

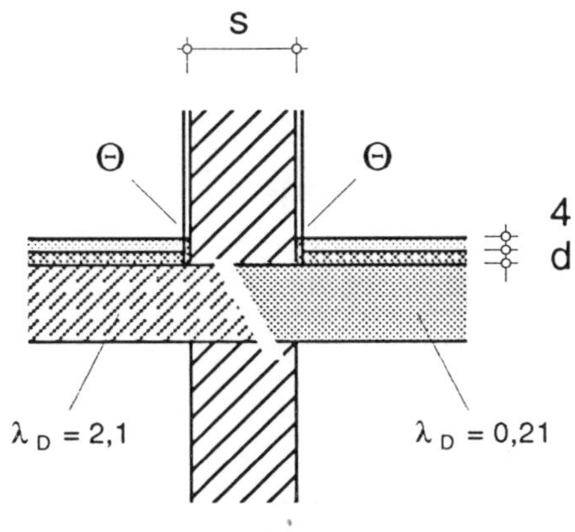

d [cm]	s = 11,5 cm		s = 17,5 cm		s = 24 cm		s = 36,5 cm	
	WBV	Θ	WBV	Θ	WBV	Θ	WBV	Θ
$\lambda_D = 2,1$								
2	0,19	0,86	0,24	0,85	0,28	0,85	0,34	0,84
4	0,19	0,87	0,24	0,86	0,28	0,85	0,35	0,85
6	0,19	0,88	0,23	0,87	0,28	0,86	0,34	0,86
8	0,18	0,89	0,22	0,88	0,27	0,87	0,33	0,86
$\lambda_D = 0,21$								
2	0,07	0,94	0,09	0,93	0,11	0,93	0,15	0,92
4	0,07	0,94	0,10	0,94	0,12	0,93	0,15	0,93
6	0,07	0,94	0,10	0,94	0,12	0,93	0,16	0,93
8	0,08	0,94	0,10	0,94	0,12	0,93	0,16	0,93

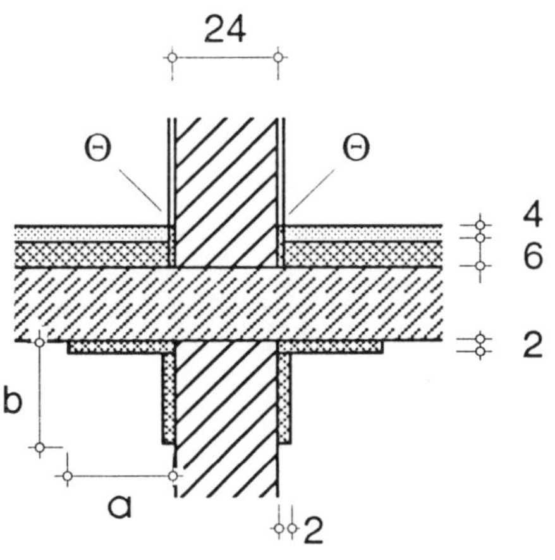

b [cm]	a = 0		a = 12,5		a = 25		a = 50	
	WBV	Θ	WBV	Θ	WBV	Θ	WBV	Θ
0	0,28	0,86	0,25	0,87	0,23	0,87	0,20	0,88
12,5	0,26	0,87	0,24	0,87	0,22	0,88	0,18	0,88
25	0,26	0,87	0,24	0,87	0,21	0,88	0,18	0,88
50	0,26	0,87	0,24	0,87	0,21	0,88	0,17	0,89

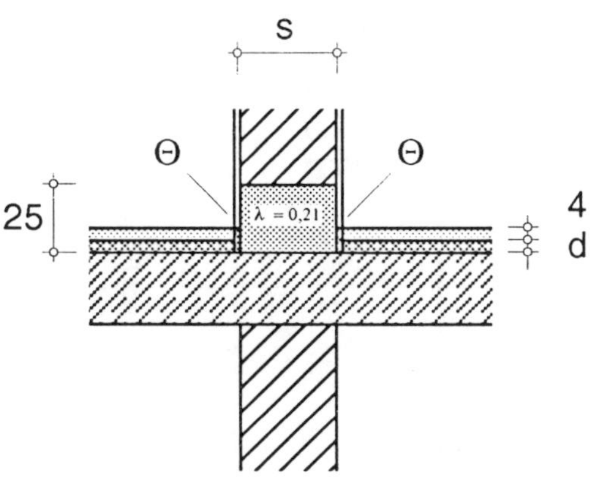

d [cm]	s = 11,5 cm		s = 17,5 cm		s = 24 cm		s = 36,5 cm	
	WBV	Θ	WBV	Θ	WBV	Θ	WBV	Θ
2	0,12	0,88	0,14	0,87	0,16	0,87	0,20	0,87
4	0,11	0,90	0,13	0,89	0,16	0,88	0,19	0,88
6	0,10	0,91	0,13	0,90	0,15	0,90	0,18	0,89
8	0,09	0,92	0,12	0,91	0,14	0,91	0,17	0,90

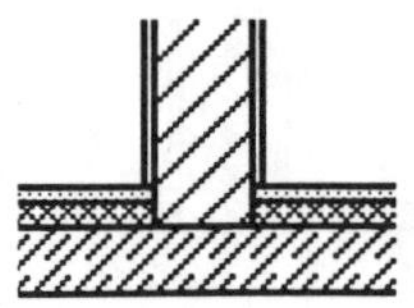	7. Geschoßdecke zum unbeheizten Keller/Bodenplatte
	7.1 Innenwandanschluß zum unbeheizten Keller

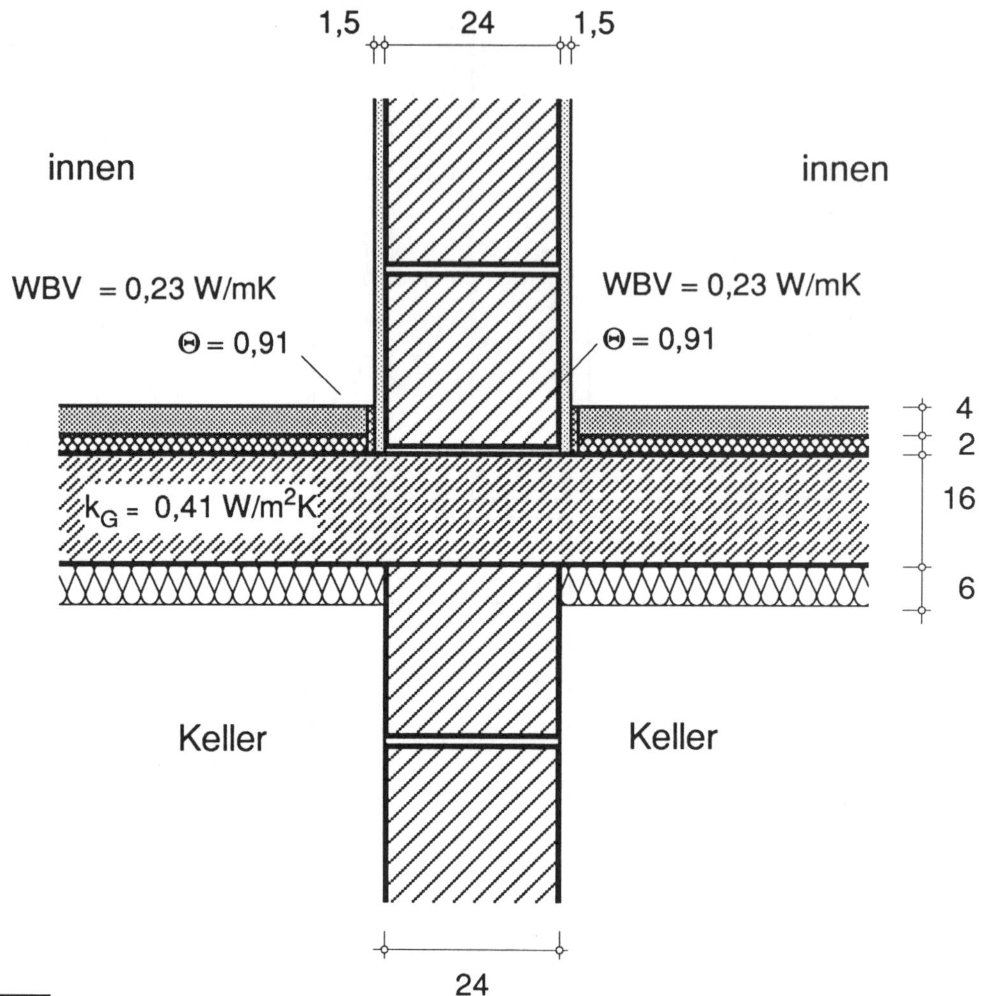

M 1:10

Baustoff	Dicke s [m]	Rohdichte ρ [kg/m³]	Wärmeleitfähigkeit λ_R [W/mK]
Gipsputz	0,015	1200	0,35
Mauerwerk	0,24	1400	0,70
Zementestrich	0,04	2000	1,4
Wärmedämmstoff / Trittschalldämmung	0,02	-	0,04
Stahlbeton	0,16	2400	2,1
Wärmedämmstoff	0,06	-	0,04

Geschoßdecke zum unbeheizten Keller/Bodenplatte 7.

Innenwandanschluß zum unbeheizten Keller 7.1

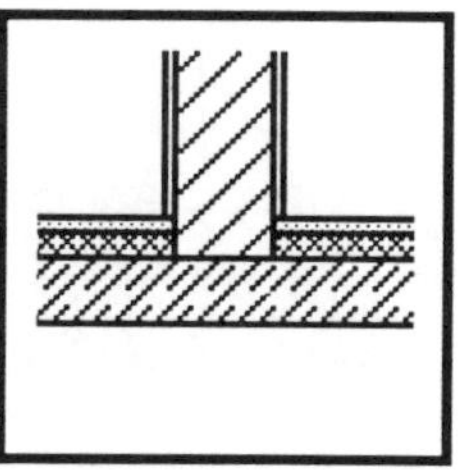

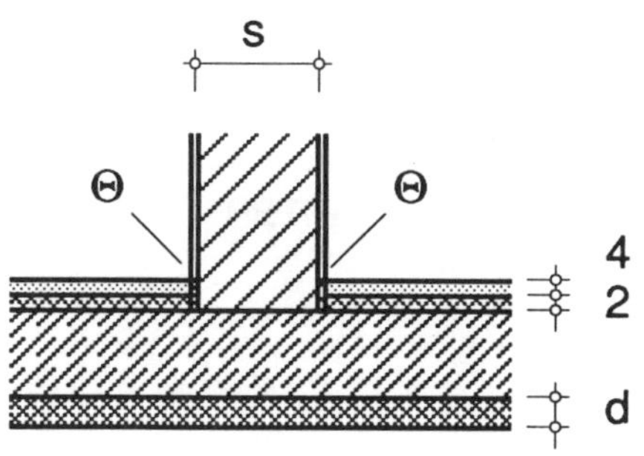

d [cm]	s = 11,5 cm WBV	s = 11,5 cm Θ	s = 17,5 cm WBV	s = 17,5 cm Θ	s = 24 cm WBV	s = 24 cm Θ
2	0,09	0,91	0,12	0,91	0,15	0,90
4	0,06	0,93	0,08	0,93	0,10	0,93
6	0,04	0,95	0,06	0,94	0,07	0,94
8	0,03	0,96	0,05	0,95	0,06	0,95
10	0,03	0,96	0,04	0,96	0,05	0,96

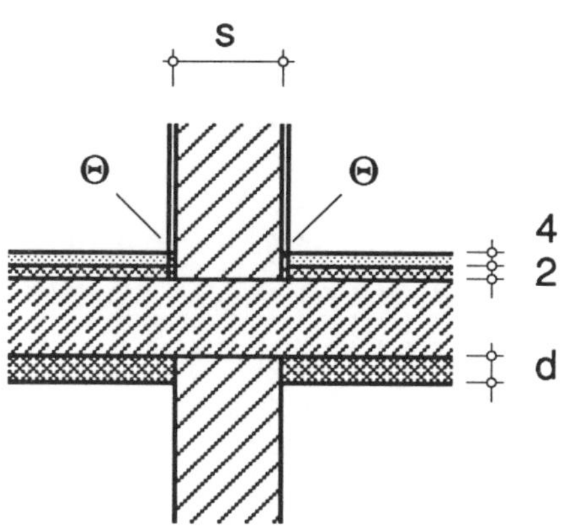

d [cm]	s = 11,5 cm WBV	s = 11,5 cm Θ	s = 17,5 cm WBV	s = 17,5 cm Θ	s = 24 cm WBV	s = 24 cm Θ	s = 36,5 cm WBV	s = 36,5 cm Θ
2	0,16	0,89	0,20	0,89	0,24	0,88	0,30	0,88
4	0,15	0,91	0,20	0,90	0,23	0,90	0,29	0,89
6	0,15	0,92	0,19	0,92	0,23	0,91	0,29	0,90
8	0,14	0,93	0,18	0,92	0,22	0,92	0,28	0,91
10	0,14	0,94	0,18	0,93	0,22	0,93	0,27	0,92

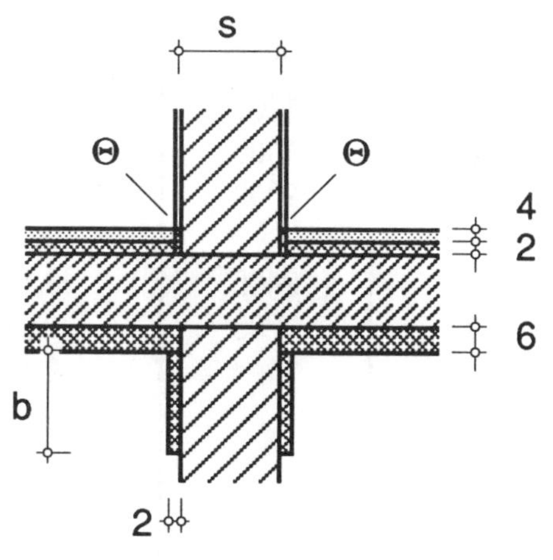

b [cm]	s = 11,5 cm WBV	s = 11,5 cm Θ	s = 17,5 cm WBV	s = 17,5 cm Θ	s = 24 cm WBV	s = 24 cm Θ	s = 36,5 cm WBV	s = 36,5 cm Θ
12,5	0,12	0,93	0,15	0,92	0,19	0,92	0,24	0,91
25	0,11	0,93	0,14	0,93	0,17	0,92	0,22	0,91
50	0,11	0,93	0,14	0,93	0,17	0,92	0,21	0,92

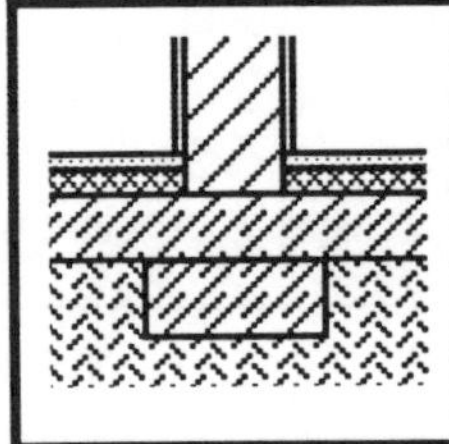

7. Geschoßdecke zum unbeheizten Keller/Bodenplatte

7.2 Innenwandanschluß zur Bodenplatte, nicht unterkellert

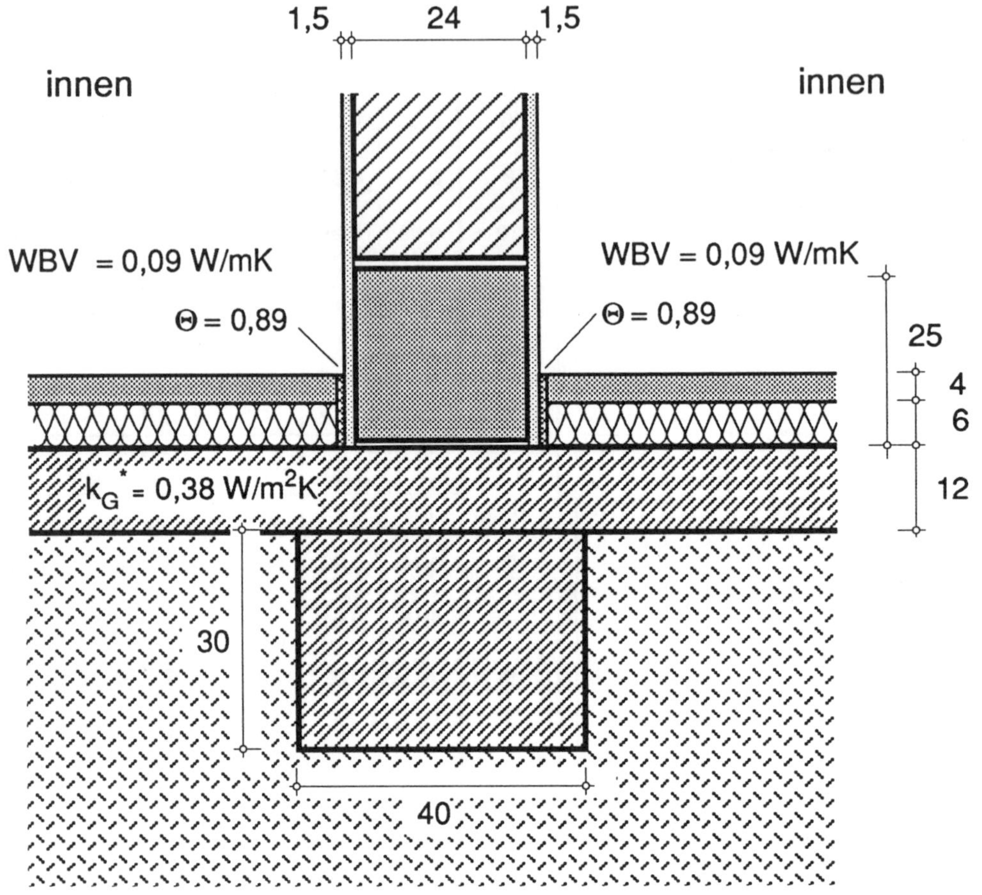

M 1:10

* inkl. Erdreich

Baustoff	Dicke s [m]	Rohdichte ρ [kg/m³]	Wärmeleitfähigkeit λ_R [W/mK]
Gipsputz	0,015	1200	0,35
Mauerwerk	0,24	1400	0,70
Zementestrich	0,04	2000	1,4
Wärmedämmstoff / Trittschalldämmung	0,06	-	0,04
Stahlbeton	-	2400	2,1
Gasbeton	0,24	700	0,21
Erdreich	-	-	2,1

Geschoßdecke zum unbeheizten Keller/Bodenplatte 7.

Innenwandanschluß zum unbeheizten Keller 7.1

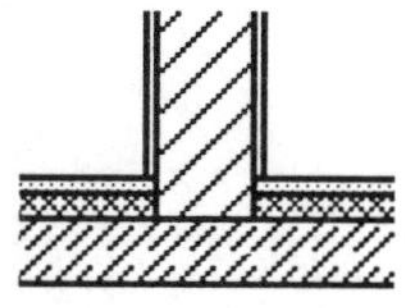

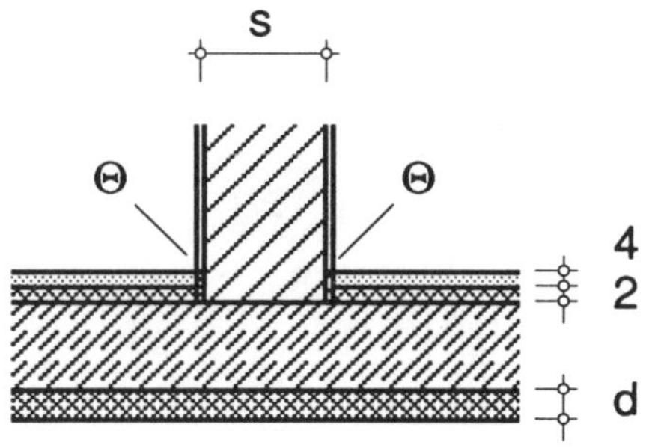

d [cm]	s = 11,5 cm		s = 17,5 cm		s = 24 cm			
	WBV	Θ	WBV	Θ	WBV	Θ		
2	0,09	0,91	0,12	0,91	0,15	0,90		
4	0,06	0,93	0,08	0,93	0,10	0,93		
6	0,04	0,95	0,06	0,94	0,07	0,94		
8	0,03	0,96	0,05	0,95	0,06	0,95		
10	0,03	0,96	0,04	0,96	0,05	0,96		

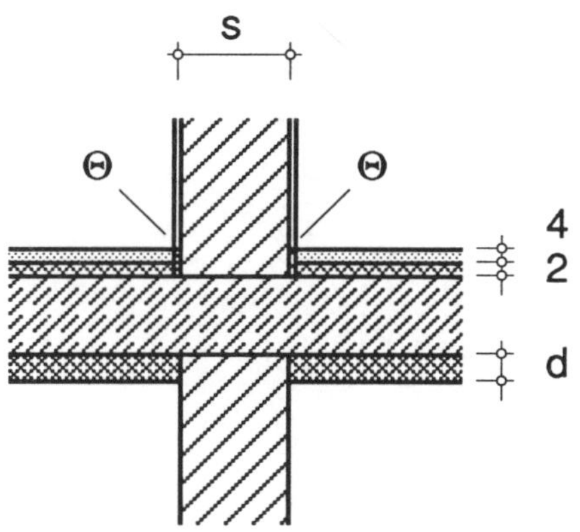

d [cm]	s = 11,5 cm		s = 17,5 cm		s = 24 cm		s = 36,5 cm	
	WBV	Θ	WBV	Θ	WBV	Θ	WBV	Θ
2	0,16	0,89	0,20	0,89	0,24	0,88	0,30	0,88
4	0,15	0,91	0,20	0,90	0,23	0,90	0,29	0,89
6	0,15	0,92	0,19	0,92	0,23	0,91	0,29	0,90
8	0,14	0,93	0,18	0,92	0,22	0,92	0,28	0,91
10	0,14	0,94	0,18	0,93	0,22	0,93	0,27	0,92

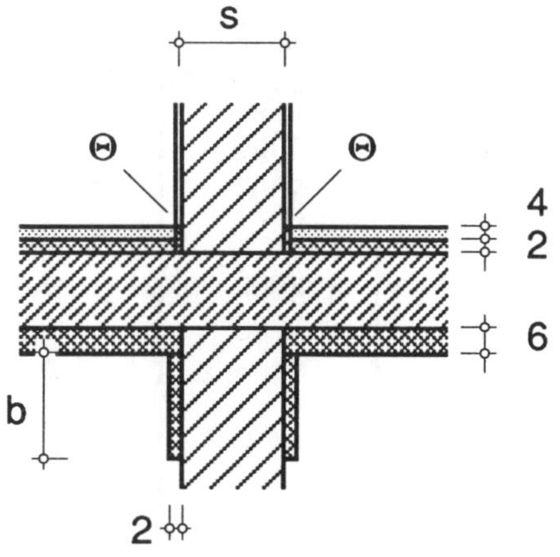

b [cm]	s = 11,5 cm		s = 17,5 cm		s = 24 cm		s = 36,5 cm	
	WBV	Θ	WBV	Θ	WBV	Θ	WBV	Θ
12,5	0,12	0,93	0,15	0,92	0,19	0,92	0,24	0,91
25	0,11	0,93	0,14	0,93	0,17	0,92	0,22	0,91
50	0,11	0,93	0,14	0,93	0,17	0,92	0,21	0,92

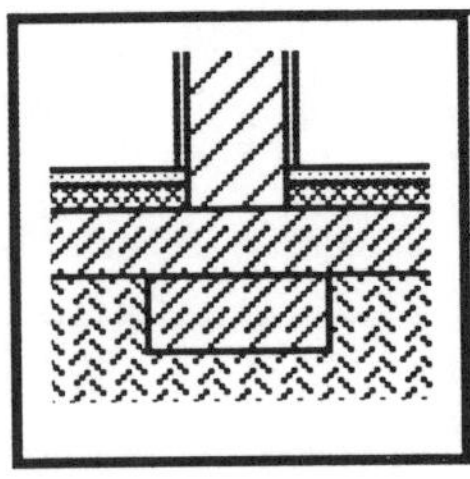

7.	Geschoßdecke zum unbeheizten Keller/Bodenplatte
7.2	Innenwandanschluß zur Bodenplatte, nicht unterkellert

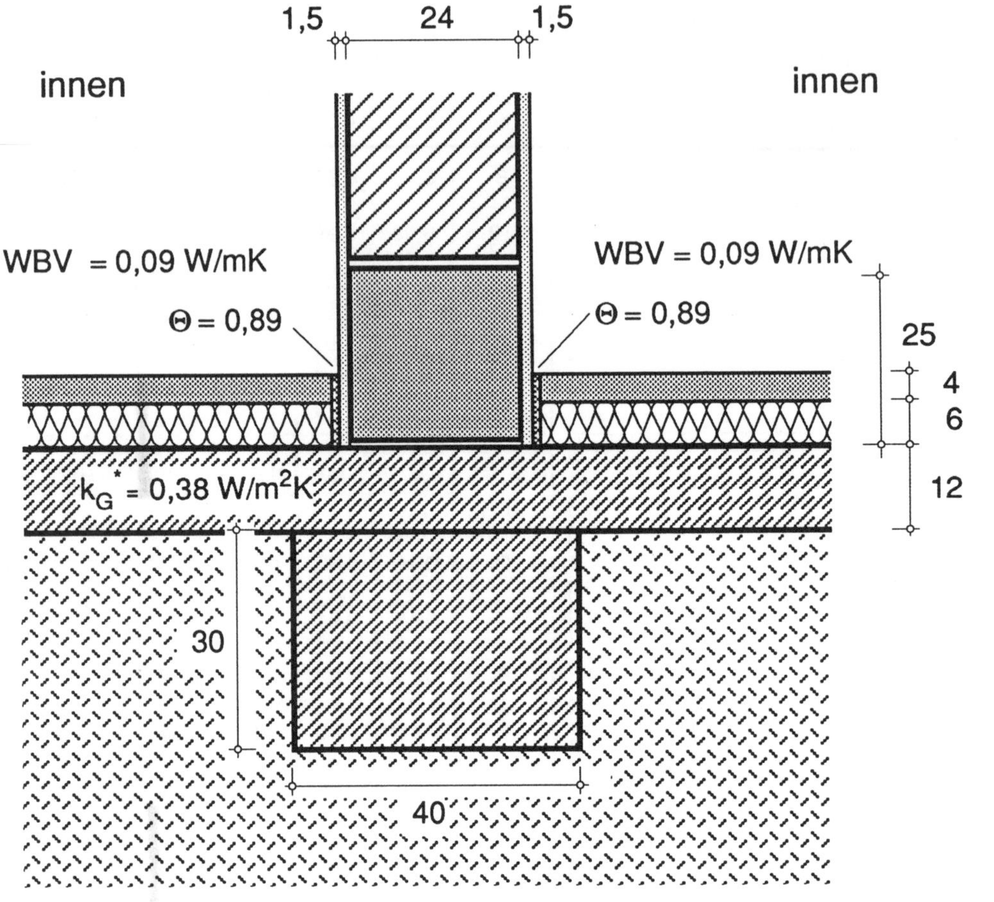

M 1:10

* inkl. Erdreich

Baustoff	Dicke s [m]	Rohdichte ρ [kg/m³]	Wärmeleitfähigkeit λ_R [W/mK]
Gipsputz	0,015	1200	0,35
Mauerwerk	0,24	1400	0,70
Zementestrich	0,04	2000	1,4
Wärmedämmstoff / Trittschalldämmung	0,06	-	0,04
Stahlbeton	-	2400	2,1
Gasbeton	0,24	700	0,21
Erdreich	-	-	2,1

Innenwandanschluß zur Bodenplatte 7.2

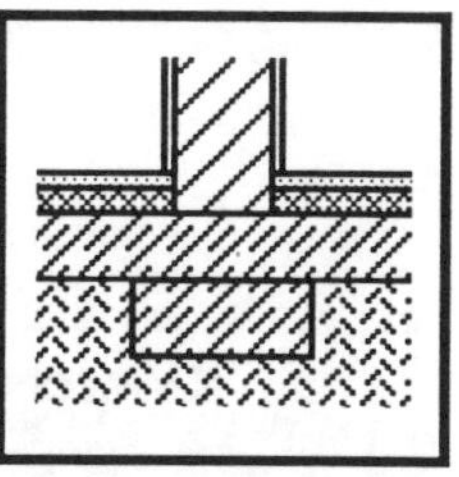

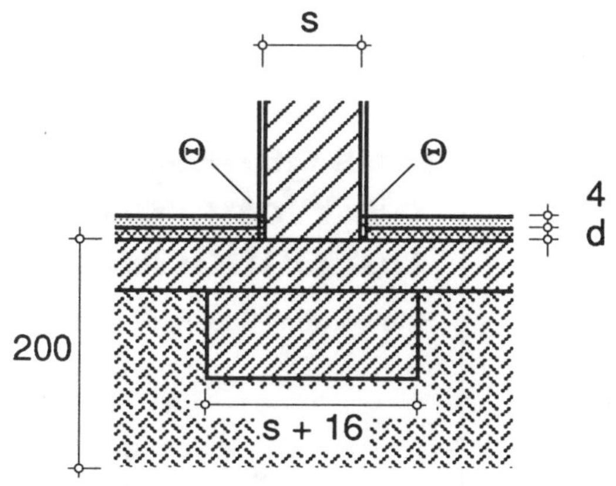

d [cm]	s = 11,5 cm		s = 17,5 cm		s = 24 cm		s = 36,5 cm	
	WBV	Θ	WBV	Θ	WBV	Θ	WBV	Θ
2	0,08	0,88	0,10	0,88	0,12	0,87	0,17	0,86
4	0,09	0,87	0,12	0,86	0,14	0,86	0,19	0,85
6	0,10	0,87	0,13	0,86	0,16	0,85	0,20	0,85
8	0,11	0,87	0,13	0,86	0,16	0,85	0,21	0,85
10	0,11	0,88	0,14	0,86	0,16	0,86	0,21	0,85

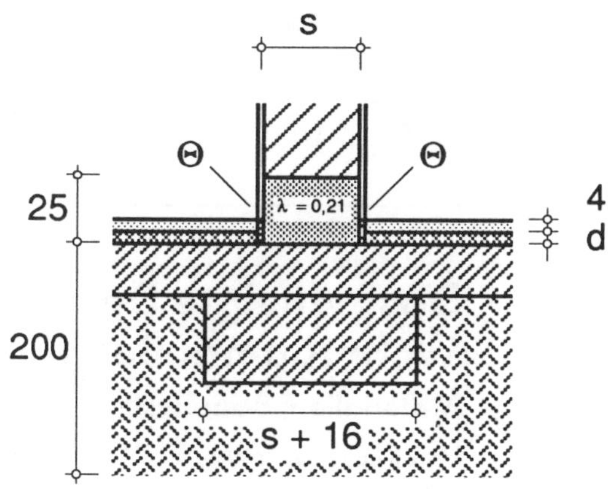

d [cm]	s = 11,5 cm		s = 17,5 cm		s = 24 cm		s = 36,5 cm	
	WBV	Θ	WBV	Θ	WBV	Θ	WBV	Θ
2	0,05	0,90	0,07	0,89	0,09	0,89	0,12	0,88
4	0,06	0,90	0,07	0,89	0,09	0,89	0,12	0,88
6	0,06	0,90	0,08	0,89	0,09	0,89	0,12	0,88
8	0,06	0,91	0,08	0,90	0,09	0,89	0,12	0,89
10	0,06	0,91	0,07	0,88	0,09	0,90	0,12	0,90

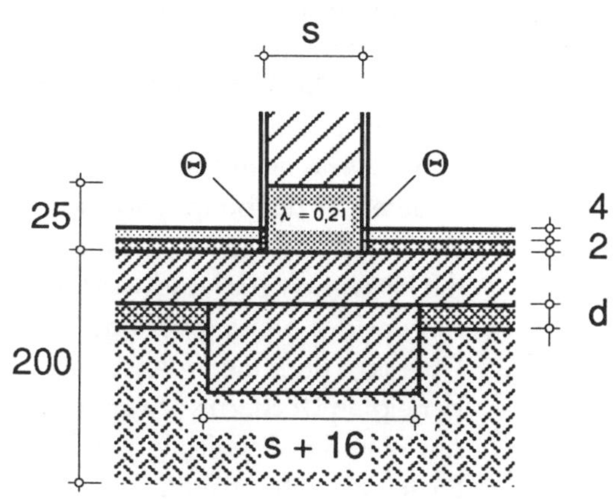

d [cm]	s = 11,5 cm		s = 17,5 cm		s = 24 cm		s = 36,5 cm	
	WBV	Θ	WBV	Θ	WBV	Θ	WBV	Θ
2	0,10	0,90	0,11	0,89	0,13	0,89	0,16	0,88
4	0,13	0,90	0,15	0,89	0,16	0,89	0,20	0,88
6	0,15	0,90	0,17	0,89	0,19	0,89	0,22	0,88
8	0,17	0,90	0,19	0,89	0,21	0,89	0,24	0,88
10	0,18	0,90	0,21	0,89	0,23	0,89	0,26	0,88

BAUVERLAG

BAUPHYSIK / BAUSTOFFE

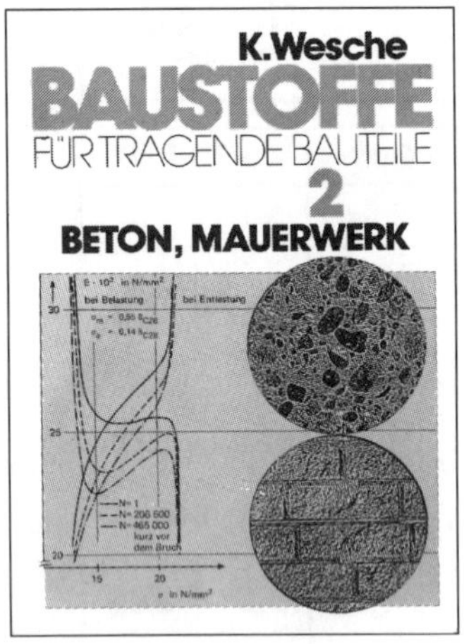

Baustoffe für tragende Bauteile

Band 2:
Beton, Mauerwerk (nichtmetallisch-anorganische Baustoffe)

Von Karlhans Wesche unter Mitarbeit von P. Schubert.
3., überarbeitete und erweiterte Auflage 1993. 524 Seiten.
Format 17 x 24 cm. Geb.
DM 98,– / öS 765,– / sFr 98,–
ISBN 3-7625-2681-8

Bauphysik und Baustofflehre – eine Einführung in Experimenten

Band 3:
Wasserdampfdiffusion – Tauwasserbildung, Feuchte- und Frostwirkungen

Von Georg Staufenbiel und Josef Wessig. 1992. 204 Seiten DIN A 4 mit zahlr. Abb. Kart.
DM 79,– / öS 616,– / sFr 79,–
ISBN 3-7625-2525-0

Wärmebrücken-Atlas für den Holzbau

Von Gerd Hauser und Horst Stiegel. 1992.
169 Seiten DIN A 4, 80 Detailzeichnungen mit je 20–30 gerechneten Varianten.
Geb. DM 89,– / öS 694,– / sFr 89,–
ISBN 3-7625-2955-8

Anhand von rund 80 gezeichneten Detailausbildungen werden, übersichtlich nach Bauteilgruppen getrennt, die Auswirkungen von Wärmebrücken bei Holzbauteilen dargestellt. Für jedes Anschlußdetail werden Ausführungsvarianten gezeigt. Aus den Tabellen und Diagrammen kann der Benutzer die Kenngrößen zur Quantifizierung der wärmebrückenbedingten zusätzlichen Wärmeverluste und die tiefsten raumseitigen Oberflächentemperaturen ablesen, wodurch die Wahl der am besten geeigneten Ausführungsvariante ermöglicht wird.

Das geneigte Dach als Wohnraumaußenfläche

Materialien, Bauphysik, Konstruktion

Von Klaus Werneke. 1992.
158 Seiten mit rund 40 Abbildungen und 7 Tabellen. Format 17 x 24 cm.
Geb. DM 89,– / öS 694,– / sFr 89,–
ISBN 3-7625-2888-8

Anhand von Detailzeichnungen zeigt Klaus Werneke die vielfältigen Möglichkeiten des Schichtenaufbaus von geneigten Dächern über Wohnräumen auf. Ausgehend von einer kleinen Baustoffkunde erläutert er die bauphysikalischen Anforderungen und die Konstruktionsprinzipien mit Hinweisen zur handwerklichen Ausführung. Im Anhang befindet sich eine Übersicht über die im Ausbau von geneigten Dächern verwendeten Produkte, in der die wichtigsten Daten tabellarisch aufgeführt sind.

Preise Stand September 1993, Preisänderungen vorbehalten.

BAUVERLAG GMBH · D-65173 Wiesbaden